Hans Triebel

Analysis
und mathematische Physik

LEIPZIG

BSB B. G. Teubner Verlagsgesellschaft
1981

VLN 294-375/64/81 · LSV 1034
Lektor: Dorothea Ziegler
Printed in the German Democratic Republic
Gesamtherstellung: IV/2/14 VEB Druckerei »Gottfried Wilhelm Leibniz«,
4450 Gräfenhainichen · 5689
Bestell-Nr. 666 044 2
DDR 59,– M

Vorwort

Von 1974 bis 1979 hatte ich an der Friedrich-Schiller-Universität in Jena die sicherlich nicht alltägliche Gelegenheit, einen durchgehenden 10semestrigen Kurs für Mathematikstudenten zu lesen. Entsprechend dem Studienplan hatten diese Vorlesungen verschiedene Namen (Differential- und Integralrechnung, gewöhnliche Differentialgleichungen usw.), Inhalt und Zielstellung werden aber wohl am besten durch „Analysis und mathematische Physik" ausgedrückt. Das Buch ist das erweiterte Skelett dieses Kurses. Skelett insofern, als auf Beweise weitgehend verzichtet wurde (im Gegensatz zu großen Teilen der Vorlesung). Andererseits wurden die Kapitel 27, 32 und 33 nachträglich eingefügt.

Das Ziel des Kurses ist klar, wenn man einen Blick in das Inhaltsverzeichnis dieses Buches wirft: Einerseits hat die Mathematik großartige, elegante, in sich geschlossene Theorien entwickelt, die keiner weiteren Rechtfertigung bedürfen. Andererseits sind es oft gerade die schönsten dieser Theorien, die zugleich das Fundament bilden, auf dem klassische und moderne theoretische Physik ruhen. Es war das Ziel, nicht nur diese Fundamente zu beschreiben, sondern auch einen Eindruck von den Gebäuden zu vermitteln, die über ihnen errichtet werden können. Getreu dem Hilbertschen Ideal werden hierbei mathematische Theorien und ihre physikalischen Interpretationen und Anwendungen säuberlich getrennt.

Das Buch wendet sich an Mathematiker, Physiker und Studenten der Mathematik und der Physik. Insbesondere die Mathematikkapitel sind so abgefaßt, daß sie auch als Nachschlagewerk dienen können. Mathematiker finden die Darstellung von Prinzipien der klassischen und modernen theoretischen Physik in einer ihnen geläufigen Sprache. Durch die zusammenfassende Beschreibung einiger mathematischer Grundlagen klassischer und moderner theoretischer Physik hofft das Buch, auch für Physiker nützlich zu sein.

In jüngster Zeit hat eine Wiederannäherung zwischen theoretischer Physik und Mathematik stattgefunden. Das Buch möchte für diesen Trend werben: bei Mathematikern und Physikern, insbesondere aber bei den Studenten beider Richtungen.

Nachdem gesagt wurde, was das Buch eventuell leisten kann, soll noch erwähnt werden, wozu es nicht in der Lage ist. Es ist weder ein Lehrbuch, noch eine Sammlung kurzer Monographien. Einem Mathematikstudenten bleibt es nicht erspart, sich in entsprechenden Lehrbüchern Zeile für Zeile durch die Beweise jener Sätze zu kämpfen, die hier nur formuliert und kommentiert werden. Manche Passagen dieses Buches erfüllen ihren Zweck, wenn sie den Appetit anregen. Weiterführende Details und Beweise müssen in der angegebenen Literatur nachgelesen werden.

Auf eine Eigenheit soll noch hingewiesen werden, die damit zusammenhängt, daß auch ein 10semestriger Kurs methodische Rücksichten zu nehmen hat. (Die Vorlesungen waren bis zum 5. Semester, dem entspricht Kap. 19, obligatorisch für alle Studenten des betreffenden Studienjahres, später nur noch für die Analysisspezialisten. Der Schluß war fakultativ.) Manche Gegenstände erscheinen mehrfach in sich steigernden Abstraktionsstufen. Hier ein Beispiel: Kap. 19 enthält die klassischen Grundlagen der Theorie der partiellen Differentialgleichungen, ohne Schnörkel und modernes Beiwerk. Wer mehr wissen will, muß auch mehr investieren! Nachdem die Theorie der Distributionen dargelegt wurde, werden auf dieser

Grundlage in Kap. 23 nochmals partielle Differentialgleichungen behandelt. Schließlich wird die Wellengleichung in gekrümmten Raum-Zeiten in Kap. 33 untersucht. Die Basis hierfür sind die vorangehenden Geometriekapitel 29 und 32. Ein Blick in das Inhaltsverzeichnis zeigt, daß es weitere Ketten dieser Art gibt, so etwa die stufenweise Entwicklung des Integralbegriffs oder die Kapitel über Tensoren, Formen und Differentialgeometrie. Es war ein Prinzip dieses Kurses, einerseits die dargestellten Gebiete der Mathematik exakt und (nach Möglichkeit) lückenlos zu entwickeln, andererseits aber nur jenen Allgemeinheitsgrad anzustreben, der zum Verständnis der nachfolgenden Physikkapitel unbedingt notwendig ist. Mitunter wird inhaltlichen (anschaulichen bildhaft-geometrischen) Argumenten der Vorzug vor formal-logischen Schlüssen gegeben. Das ist nicht nur eine Zeit- und Platzfrage, sondern auch eine Angelegenheit des persönlichen Geschmacks.

Der Kurs überstreicht ein relativ weites Feld, und es ist fast selbstverständlich, daß der Verfasser an vielen Stellen keine Darstellungen aus eigener Kraft hat geben können, die Anspruch auf Orginalität erheben könnten. Viele Kapitel sind die aufbereitete Wiedergabe entsprechender Monographien. Das beginnt bereits mit den Kapiteln 13 und 14, die in enger Anlehnung an P. R. Halmos ([15]) gelesen und geschrieben wurden. Weitere Beispiele sind Kap. 32/33 (F. G. Friedlander, [9]), Kap. 34 (Y.–C. Lu, [27]) und Kap. 28 ([43]).

Am Ende des Buches findet man Literaturangaben und Literaturhinweise. Sie dienen als Quellenangaben, aber auch als Empfehlungen für weitere Vertiefungen. Die Bücher ab Nummer [53] und die diesbezüglichen Stellen im Text wurden erst später eingefügt.

Schließlich möchte ich der Teubner Verlagsgesellschaft in Leipzig und insbesondere Frau Ziegler für harmonische Zusammenarbeit danken.

Jena, Herbst 1979 — Hans Triebel

Inhalt

1. Zahlen und Räume 22

1.1. Reelle Zahlen 22

1.1.1. Zahlsysteme 22
1.1.2. Abstand und Vollständigkeitsaxiom 23

1.2. Komplexe Zahlen 23

1.2.1. Definitionen 23
1.2.2. Eigenschaften 24
1.2.3. Konjugierte Elemente, Subtraktion und Division 24
1.2.4. Normaldarstellung 25

1.3. R_n, C_n und metrische Räume 26

1.3.1. Der n-dimensionale reelle Raum R_n 26
1.3.2. Der n-dimensionale komplexe Raum C_n 26
1.3.3. Der metrische Raum 27

2. Konvergenz und Stetigkeit 28

2.1. Folgen 28

2.1.1. Infimum, Supremum und Limes 28
2.1.2. Eigenschaften konvergenter Folgen 29
2.1.3. Beispiele 29

2.2. Reihen 30

2.2.1. Konvergenz und Divergenz 30
2.2.2. Beispiele 31
2.2.3. Konvergenzkriterien 31
2.2.4. Umordnungen, Multiplikationen und Additionen 32

2.3. Reelle Funktionen im R_1 33

2.3.1. Definition 33
2.3.2. Eigenschaften stetiger Funktionen 35

2.4. Stetige Abbildungen in metrischen Räumen 36

2.4.1. Definition 36
2.4.2. Beispiele 36
2.4.3. Reelle stetige Funktionen im R_n 37

2.5. Vollständige metrische Räume 38

2.5.1. Definitionen 38
2.5.2. Der Raum $C[a, b]$ 38
2.5.3. Der Banachsche Fixpunktsatz 39

3. **Differential- und Integralrechnung im R_1 (Grundbegriffe)** 40

3.1. **Differentiation** 40

3.1.1. Definitionen 40
3.1.2. Regeln 41
3.1.3. Beispiele (Rationale Funktionen) 41
3.1.4. Umkehrfunktionen 42
3.1.5. Mittelwertsätze 42
3.1.6. Ableitungen höherer Ordnung, Ableitungen komplexer Funktionen 43

3.2. **Integration reeller Funktionen** 44

3.2.1. Definition des Riemannschen Integrals 44
3.2.2. Eigenschaften 45
3.2.3. Vertauschbarkeit von Limes und Integration 45
3.2.4. Beispiele und Gegenbeispiele integrierbarer Funktionen 46
3.2.5. Stammfunktionen 46
3.2.6. Integraloperatoren 47

4. **Gewöhnliche Differentialgleichungen (Existenz- und Unitätssätze)** 49

4.1. **Anfangswertprobleme** 49

4.1.1. Die Differentialgleichung $f^{(n)}(x) \equiv 0$ 49
4.1.2. Problemstellung 49

4.2. **Existenz- und Unitätssätze** 50

4.2.1. Systeme erster Ordnung 50
4.2.2. Differentialgleichungen n-ter Ordnung 50
4.2.3. Lokale Existenz- und Unitätssätze 51

5. **Elementare Funktionen und Potenzreihen** 51

5.1. **Exponentialfunktionen und Potenzfunktionen (reell)** 51

5.1.1. Die Funktion e^x 51
5.1.2. Die Funktion $\log x$ 52
5.1.3. Die Zahl e 53
5.1.4. Die Funktionen a^x und $\log_a x$ 53
5.1.5. Die Funktion x^α 53

5.2. **Trigonometrische Funktionen** 54

5.2.1. Die Funktionen $\sin x$ und $\cos x$ 54
5.2.2. Die Funktionen $\tan x$ und $\cot x$ 55
5.2.3. Die Funktionen $\arcsin x$ und $\arctan x$ 55
5.2.4. Die Funktion $e^{i\varphi}$ 56

5.3. **Exponentialfunktionen und Potenzfunktionen (komplex)** 57

5.3.1. Die Funktionen e^z und $\ln z$ 57
5.3.2. Die Funktion z^w, Riemannsche Flächen 58
5.3.3. Einheitswurzeln, Fundamentalsatz der Algebra 58

5.4. **Potenzreihen** 60

5.4.1. Konvergenzradius 60
5.4.2. Addition und Multiplikation von Potenzreihen 60
5.4.3. Differentiation von Funktionenfolgen und Potenzreihen 61
5.4.4. Taylorreihen 61
5.4.5. Beispiele und Gegenbeispiele für Taylorreihen 62
5.4.6. Potenzreihe für e^z, analytische Funktionen 63
5.4.7. Irrationalität von e 63

6. **Banachräume** 64

6.1. **Definitionen und Beispiele** 64

6.1.1. Definitionen 64
6.1.2. Beispiele 65

6.2. **Räume vom Typ l_p** 65

6.2.1. Ungleichungen 65
6.2.2. Die Räume $l^n_{p,R}$, $l^n_{p,C}$, $l_{p,R}$ und $l_{p,C}$ 65

7. **Integralrechnung im R_1 (Fortsetzung)** 67

7.1. **Klassen integrierbarer Funktionen** 67

7.1.1. Allgemeine Regeln (partielle Integration, Variablensubstitution) 67
7.1.2. Integration rationaler Funktionen, Partialbruchzerlegung 68
7.1.3. Integration von $R(\cos x, \sin x)$ 69
7.1.4. Integration von $R(e^x)$, $R(x, \sqrt{x^2-1})$ und $R(x, \sqrt{x^2+1})$ 70
7.1.5. Integration von $R(x, \sqrt{1-x^2})$ 70
7.1.6. Integration von $R\left(x, \left(\frac{ax+b}{cx+d}\right)^{\frac{1}{n}}\right)$ 70

7.2. **Uneigentliche Integrale** 71

7.2.1. Typen uneigentlicher Integrale, Beispiele 71
7.2.2. Integralkriterium für Reihen, Euler-Mascheronische Zahl 72
7.2.3. Die Γ-Funktion 73

8. **Differentialrechnung im R_n** 73

8.1. **Partielle Ableitungen** 73

8.1.1. Definition 73
8.1.2. Vertauschbarkeit partieller Ableitungen 74
8.1.3. Taylorpolynome 75
8.1.4. n-dimensionale Potenzreihen 75
8.1.5. Kurven und Flächen im R_n. Kettenregel 76
8.1.6. Geometrische Interpretation des Taylorpolynoms 78
8.1.7. Richtungsableitung 78

8.2. Implizite Funktionen und Auflösungssätze 79

8.2.1. Problemstellung 79
8.2.2. Auflösungssatz, krummlinige Koordinaten 80
8.2.3. Parameterabhängiger Auflösungssatz 81
8.2.4. Implizite Funktionen 81

8.3. Extremwerte von Funktionen 82

8.3.1. Der eindimensionale Fall 82
8.3.2. Der n-dimensionale Fall 82

9. Integralrechnung im R_n 83

9.1. Definitionen und Eigenschaften 83

9.1.1. Q-Gebiete und I-Gebiete 83
9.1.2. Integrale in Q-Gebieten 84
9.1.3. Eigenschaften 85
9.1.4. Integrierbare Funktionen 85
9.1.5. Integrale in I-Gebieten 85
9.1.6. Iterationssatz für n-dimensionale Integrale 86

9.2. Transformationsformeln, Volumenmessung, Flächenmessung 86

9.2.1. Volumenmessung 86
9.2.2. Transformationsformeln 87
9.2.3. Bogenlänge von Kurven 87
9.2.4. Flächenmessung 88
9.2.5. Flächenintegrale 89
9.2.6. Die Einheitskugel, $\Gamma\left(\frac{n}{2}\right)$ 89
9.2.7. Uneigentliche Integrale 90

9.3. Integralsätze 91

9.3.1. Der Gaußsche Satz 91
9.3.2. Die Greenschen Sätze 92

10. Gewöhnliche Differentialgleichungen (Lösungsmethoden) 93

10.1. Trennbare, homogene und exakte Differentialgleichungen 93

10.1.1. Problemstellung 93
10.1.2. Trennbare Differentialgleichungen 93
10.1.3. Homogene Differentialgleichungen 94
10.1.4. Exakte Differentialgleichungen 95
10.1.5. Der integrierende Faktor 96

10.2. Lineare Differentialgleichungen erster Ordnung 96

10.2.1. Die Gleichung $y' = f(x)\, y$ 96
10.2.2. Die inhomogene lineare Differentialgleichung 97

10.3. Lineare Differentialgleichungssysteme erster Ordnung 97

10.3.1. Fundamentalsysteme und Wronskideterminante 97

10.3.2. Inhomogene Differentialgleichungssysteme 99
10.3.3. Spezielle Differentialgleichungssysteme 99
10.3.4. Differentialgleichungssysteme mit konstanten Koeffizienten 100

10.4. Lineare Differentialgleichungen höherer Ordnung 100

10.4.1. Problemstellung 100
10.4.2. Fundamentalsysteme und Wronskideterminante 101
10.4.3. Differentialgleichungen mit konstanten Koeffizienten 102

10.5. Stetige Abhängigkeit von Anfangsdaten 102

10.5.1. Differentialgleichungssysteme erster Ordnung 102
10.5.2. Differentialgleichungen n-ter Ordnung 103
10.5.3. Stetige Abhängigkeit von der rechten Seite 103

11. Variationsrechnung 104

11.1. Die Grundgleichungen der Variationsrechnung 104

11.1.1. Problemstellung 104
11.1.2. Vorbereitungen 105
11.1.3. Die Eulerschen Gleichungen 105

11.2. Beispiele 106

11.2.1. Eine physikalische Vorbemerkung 106
11.2.2. Die Brachistochrone 107
11.2.3. Das Problem von der Geraden als kürzeste Verbindung zweier Punkte 108
11.2.4. Rotationssymmetrische Minimalflächen 109

12. Prinzipien der klassischen Mechanik 110

12.1. Modellbildung in der Physik 110

12.1.1. Zum Verhältnis von Mathematik und Physik 110
12.1.2. Mathematische Modelle 111
12.1.3. Kriterien für Modelle 112
12.1.4. Ein Beispiel 113

12.2. Das Modell für die Punktmechanik 113

12.2.1. Das Hamiltonprinzip 113
12.2.2. Ein Beispiel (Freier Fall) 114
12.2.3. Das erste Integral 114

12.3. Systeme von n Massenpunkten 114

12.3.1. Das Grundmodell 114
12.3.2. Kräftefreie Systeme 115
12.3.3. Konservative Systeme 115
12.3.4. Teilchen im Potentialtopf, harmonischer Oszillator 116

12.4. Planetenbewegung 117

12.4.1. Problemstellung und Grundmodell 117
12.4.2. Ebene Bahnen, zweites Keplersches Gesetz 119

12.4.3. Erstes Keplersches Gesetz 119
12.4.4. Drittes Keplersches Gesetz 120

13. Maßtheorie 121

13.1. Mengensysteme 121

13.1.1. Algebren und σ-Algebren 121
13.1.2. Erweiterungssätze 122
13.1.3. Borelmengen im R_n 122

13.2. Elementarmaße und Maße 123

13.2.1. Definitionen 123
13.2.2. Eigenschaften 123
13.2.3. Überdeckungssatz von Heine-Borel 124
13.2.4. Borelsche Elementarmaße im R_1 125
13.2.5. Lebesguesches Elementarmaß im R_n 126

13.3. Das äußere Maß, Fortsetzung von Elementarmaßen 126

13.3.1. Das äußere Maß 127
13.3.2. Das induzierte Maß 127
13.3.3. Der Fortsetzungssatz 128
13.3.4. Borelsche, Lebesguesche und Diracsche Maße 129
13.3.5. Unitätssätze 129

13.4. Meßbare Funktionen 129

13.4.1. Definition 129
13.4.2. Eigenschaften meßbarer Funktionen 130
13.4.3. Folgen meßbarer Funktionen 131
13.4.4. Konvergenz fast überall, Maßkonvergenz 132

14. Integrationstheorie 134

14.1. Integrierbare Funktionen, Eigenschaften von Integralen 134

14.1.1. Integrierbare einfache Funktionen 134
14.1.2. Integrierbare Funktionen 135
14.1.3. Eigenschaften integrierbarer Funktionen 135
14.1.4. Eigenschaften von Integralen 136

14.2. Die Hauptsätze der Integrationstheorie 136

14.2.1. Die L_1-Konvergenz 136
14.2.2. Der Satz von Lebesgue 137
14.2.3. Weitere Eigenschaften integrierbarer Funktionen 137
14.2.4. Der Banachraum $L_1(X, \mathfrak{B}, \mu)$ 138
14.2.5. Die Sätze von B. Levi und Fatou 139

14.3. Transformationsformeln 139

14.3.1. Meßbare Abbildungen und Bildmaße 139
14.3.2. Eine spezielle Transformationsformel 140
14.3.3. Absolut-stetige Maße, der Satz von Radon-Nikodym 140
14.3.4. Die allgemeine Transformationsformel 140

14.4. Produktmaße, Satz von Fubini 141

14.4.1. Die σ-Algebra im Produktraum, meßbare Schnitte 141
14.4.2. Das Produktmaß 141
14.4.3. Der Satz von Fubini für nicht-negative Funktionen 142
14.4.4. Der Satz von Fubini für beliebige Funktionen 142

14.5. Vergleich zwischen Riemannschen und Lebesgueschen Integralen 142

14.5.1. Integrierbare Funktionen 142
14.5.2. Die Sätze von Lebesgue und Fubini 143
14.5.3. Transformationsformeln 144

14.6. L_p-Räume 145

14.6.1. Definition 145
14.6.2. Die Ungleichungen von Hölder und Minkowski 145
14.6.3. Die Räume $L_p(X, \mathfrak{B}, \mu)$ 145
14.6.4. Die Räume $L_p(R_n)$ und $L_p(\Omega)$ 146

15. Funktionentheorie 147

15.1. Holomorphe Funktionen 147

15.1.1. Die komplexe Ebene C 147
15.1.2. Holomorphe Funktionen 148
15.1.3. Beispiele holomorpher Funktionen 149
15.1.4. Die Cauchy-Riemannschen Differentialgleichungen, harmonische Funktionen 149

15.2. Integralsätze 151

15.2.1. Komplexe Kurvenintegrale 151
15.2.2. Der Cauchysche Integralsatz 152
15.2.3. Die Cauchysche Integralformel 154

15.3. Eigenschaften holomorpher Funktionen 155

15.3.1. Differenzierbarkeit und Ableitungsformeln 155
15.3.2. Taylorreihen 155
15.3.3. Der Identitätssatz 156
15.3.4. Das Maximumprinzip 156
15.3.5. Der Satz von Liouville 157
15.3.6. Der Fundamentalsatz der Algebra 157

15.4. Singularitätentheorie 157

15.4.1. Laurentreihen 157
15.4.2. Singularitäten 158
15.4.3. Systematische Funktionentheorie, rationale Funktionen 159

15.5. Residuentheorie 159

15.5.1. Der Residuensatz 159
15.5.2. Das logarithmische Residuum 160
15.5.3. Abbildungseigenschaften holomorpher Funktionen 161
15.5.4. Umkehrfunktionen 162

15.6. Holomorphe Fortsetzung 162

15.6.1. Das Kreiskettenverfahren 162
15.6.2. Der Monodromiesatz 163
15.6.3. Riemannsche Flächen 163

15.7. Konforme Abbildungen 164

15.7.1. Grundeigenschaften 164
15.7.2. Der Riemannsche Abbildungssatz 165

15.8. Lineare Transformationen 166

15.8.1. Konforme Abbildungen von C und C_1 166
15.8.2. Die Gruppe der linearen Transformationen 166
15.8.3. Kreisinvarianz 167
15.8.4. Abbildungseigenschaften und Doppelverhältnis 167
15.8.5. Fixpunkte und Abbildungstypen 167
15.8.6. Das Spiegelungsprinzip 169
15.8.7. Konforme Abbildungen des Einheitskreises 169

15.9. Spezielle Funktionen 169

15.9.1. Die Funktionen e^z und $\ln z$ 169
15.9.2. Die Funktionen $\sin z$, $\cos z$, $\tan z$ und $\cot z$ 170
15.9.3. Partialbruchzerlegung für $\cot z$ 171

16. Prinzipien der Hydrodynamik ebener Strömungen 172

16.1. Die Grundgleichungen der Hydrodynamik 172

16.1.1. Vorbemerkungen zur Modellbildung 172
16.1.2. Quellenfreie und zirkulationsfreie Strömungen 172
16.1.3. Reelle und komplexe Grundgleichungen 173
16.1.4. Das mathematische Modell 174

16.2. Strömungen 175

16.2.1. Staupunkt- und Multipolströmungen 175
16.2.2. Strudelströmungen 176
16.2.3. Profilströmungen 177
16.2.4. Konforme Abbildungen in der Hydrodynamik und Žukovskij-Profile 178

17. Elemente der Geometrie 180

17.1. Die Geometrie der Raumkurven im R_3 180

17.1.1. Das begleitende Dreibein 180
17.1.2. Die Frenetschen Formeln 181
17.1.3. Ebene Kurven 182
17.1.4. Existenz- und Unitätssatz 182

17.2. Die hyperbolische Geometrie 182

17.2.1. Grundprinzipien axiomatischer Geometrien 182
17.2.2. Ein Modell der hyperbolischen Geometrie 183

17.2.3. Längen, Winkel und Dreiecke 184
17.2.4. Kreise 185
17.2.5. Bogenlänge und Flächeninhalt 185
17.2.6. Flächeninhalt von Dreiecken 186

17.3. Die Geometrie des Hilbertraumes 186

17.3.1. Hilberträume 186
17.3.2. Beispiele von Hilberträumen 187
17.3.3. Orthogonalsysteme 188
17.3.4. Das Schmidtsche Orthogonalisierungsverfahren 189
17.3.5. Orthogonalzerlegungen 189

18. Orthogonalreihen 191

18.1. n-dimensionale trigonometrische Funktionen 191

18.1.1. Orthonormierte Systeme 191
18.1.2. Fourierkoeffizienten und absolute Konvergenz 192
18.1.3. Periodische trigonometrische Reihen in $L_2(Q)$ 193
18.1.4. Halbperiodische trigonometrische Reihen in $L_2(Q)$ 194
18.1.5. Ein Beispiel 194

18.2. Orthogonale Polynome 195

18.2.1. Approximationssätze 195
18.2.2. Legendresche Polynome 196

19. Partielle Differentialgleichungen 196

19.1. Typen partieller Differentialgleichungen und physikalische Beispiele 196

19.1.1. Typen 196
19.1.2. Physikalische Beispiele 197

19.2. Die Laplace-Poisson-Gleichung 198

19.2.1. Grundlösungen und Integraldarstellungen 198
19.2.2. Greensche Funktionen 199
19.2.3. Eigenschaften harmonischer Funktionen 200
19.2.4. Das Dirichletsche Randwertproblem 201
19.2.5. Die Poisson-Gleichung 202

19.3. Die Wellengleichung 202

19.3.1. Unitätssätze 202
19.3.2. Die Wellengleichung in einer Dimension 204
19.3.3. Anfangswertprobleme für die Wellengleichung in zwei und drei Dimensionen 205
19.3.4. Physikalische Interpretationen, Huygenssche Eigenschaft, Kugelwellen 206
19.3.5. Die inhomogene Wellengleichung, retardierte Potentiale 207

19.4. Die Wärmeleitungsgleichung 208

19.4.1. Die Singularitätenlösung 208
19.4.2. Das Maximum-Minimum-Prinzip 209
19.4.3. Das Anfangswertproblem 209

19.5. Separationsansätze 210

19.5.1. Vorbemerkung 210
19.5.2. Die eingespannte belastete Platte 210
19.5.3. Der Separationsansatz für die Laplace-Gleichung 211
19.5.4. Die Fouriersche Methode für die Wellengleichung 212
19.5.5. Die schwingende Membran, die schwingende Saite 213
19.5.6. Die Fouriersche Methode für die Wärmeleitungsgleichung 214

20. Operatoren in Banachräumen 215

20.1. Banachräume 215

20.1.1. Separable Banachräume 215
20.1.2. Spezielle Mengen in Banachräumen 215
20.1.3. Der Raum $C(\bar{\Omega})$ 216
20.1.4. Endlichdimensionale Banachräume 216
20.1.5. Vervollständigung normierter Räume 217

20.2. Operatoren 218

20.2.1. Grundbegriffe 218
20.2.2. Der Raum $L(B_1, B_2)$ 218
20.2.3. Das Spektrum und Resolventen 219
20.2.4. Der Raum $(l_p)'$ 220
20.2.5. Integraloperatoren 220

21. Operatoren in Hilberträumen 221

21.1. Klassen stetiger Operatoren 221

21.1.1. Isomorphie von Hilberträumen 221
21.1.2. Lineare Funktionale 222
21.1.3. Bilinearformen 222
21.1.4. Adjungierte Operatoren 222
21.1.5. Projektionsoperatoren 223
21.1.6. Isometrische und unitäre Operatoren 223
21.1.7. Kompakte und ausgeartete Operatoren 223

21.2. Die Theorie von Riesz und Schauder 224

21.2.1. Problemstellung 224
21.2.2. Zerlegungssätze 224
21.2.3. Das Spektrum kompakter Operatoren 225

21.3. Fredholmsche Integralgleichungen 225

21.3.1. Der adjungierte Integraloperator 225
21.3.2. Die Fredholmschen Alternativsätze 226

22. Distributionen 227

22.1. Grundbegriffe 227

22.1.1. Einleitung 227
22.1.2. Die Räume $D(\Omega)$ und $D'(\Omega)$ 228

22.1.3. Beispiele von Distributionen 228
22.1.4. Operationen mit Distributionen 229
22.1.5. Der Raum $E'(\Omega)$ 231

22.2. Die Fouriertransformation und die Räume $S(R_n)$ und $S'(R_n)$ 232

22.2.1. Der Raum $S(R_n)$ und die Fouriertransformation 232
22.2.2. Eigenschaften der Fouriertransformation 232
22.2.3. Der Raum $S'(R_n)$ 233
22.2.4. Die Fouriertransformation in $S'(R_n)$ 234
22.2.5. Weitere Eigenschaften von Fouriertransformationen 234

22.3. Tensorprodukte und Faltungen 235

22.3.1. Tensorprodukte 235
22.3.2. Eigenschaften von Tensorprodukten 236
22.3.3. Faltungen 236
22.3.4. Eigenschaften von Faltungen 236

23. Partielle Differentialgleichungen und Distributionen 238

23.1. Fundamentallösungen 238

23.1.1. Grundeigenschaften 238
23.1.2. Die Laplace-Gleichung 239
23.1.3. Die Wärmeleitungsgleichung 239
23.1.4. Die Wellengleichung 240

23.2. Anfangswertprobleme 241

23.2.1. Problemstellung 241
23.2.2. Die Wellengleichung 243
23.2.3. Die Wärmeleitungsgleichung 243

24. Grundbegriffe der klassischen Feldtheorie 244

24.1. Tensoren 244

24.1.1. Vorbemerkung 244
24.1.2. Der Fundamentaltensor 245
24.1.3. Tensoren 247
24.1.4. Eigenschaften von Tensoren 249
24.1.5. Metrische Geodäten 249

24.2. Klassische Feldtheorie 251

24.2.1. Das Modell der Feldtheorie 251
24.2.2. Lagrange-Dichten 251
24.2.3. Lagrange-Formalismus 253

24.3. Beispiele für Feldtheorien 255

24.3.1. Die kovariante Punktmechanik 255
24.3.2. Die Maxwell-Lorentz-Gleichungen der Elektrodynamik 257
24.3.3. Interpretation und Umschrift der Maxwellschen Gleichungen 258

25. Prinzipien der speziellen Relativitätstheorie und der Elektrodynamik 260

25.1. Die Lorentz-Gruppe und die Raum-Zeit 260

25.1.1. Der Minkowskiraum und Inertialsysteme 260
25.1.2. Weltlinien 262
25.1.3. Die Lorentz-Gruppe 263
25.1.4. Spezielle Transformationen der eigentlichen Lorentz-Gruppe 264
25.1.5. Die Raum-Zeit (physikalische Aspekte) 265
25.1.6. Die Raum-Zeit (mathematische Aspekte) 266

25.2. Effekte der speziellen Relativitätstheorie 268

25.2.1. Die Zeitdilatation und das Zwillingsparadoxon 268
25.2.2. Die Lorentz-Kontraktion 270
25.2.3. Das relativistische Additionstheorem der Geschwindigkeiten 271
25.2.4. Das freie relativistische Teilchen 271
25.2.5. Eigenzeit, Masse und Energie 272

25.3. Die Maxwellschen Gleichungen 272

25.3.1. Problemstellung 272
25.3.2. Anfangswertprobleme 273

26. Selbstadjungierte Operatoren im Hilbertraum 274

26.1. Unbeschränkte Operatoren 274

26.1.1. Abgeschlossene Operatoren 274
26.1.2. Abschließbare Operatoren 275
26.1.3. Adjungierte Operatoren 275
26.1.4. Symmetrische und selbstadjungierte Operatoren 276
26.1.5. Kriterien für die Selbstadjungiertheit von Operatoren 276

26.2. Das Spektrum selbstadjungierter Operatoren 277

26.2.1. Die Spektren $\tilde{D}_A$ und $\tilde{C}_A$ 277
26.2.2. Die Spektren D_A und C_A 278
26.2.3. Kompakte selbstadjungierte Operatoren 279

26.3. Spektralscharen 279

26.3.1. Definitionen 279
26.3.2. Eigenschaften 280

26.4. Spektraloperatoren 280

26.4.1. Riemann-Stieltjes Integrale für Funktionen 280
26.4.2. Riemann-Stieltjes Integrale für Spektralscharen auf endlichen Intervallen 281
26.4.3. Riemann-Stieltjes Integrale für Spektralscharen auf R_1 282
26.4.4. Spektraloperatoren 282
26.4.5. Der Hauptsatz der Spektraltheorie 683
26.4.6. Das Spektrum selbstadjungierter Operatoren 284
26.4.7. Operatoren mit reinem Punktspektrum 284

27. **Differentialoperatoren und orthogonale Funktionen** 285

27.1. **Klassische orthogonale Funktionen** 285

27.1.1. Vorbemerkung 285
27.1.2. Trigonometrische Funktionen 285
27.1.3. Hermitesche Funktionen 286
27.1.4. Legendresche Funktionen 287
27.1.5. Laguerresche Funktionen 288

27.2. **Kugelflächenfunktionen** 288

27.2.1. Der Beltramische Differentialoperator 288
27.2.2. Kugelflächenfunktionen als Eigenfunktionen 290
27.2.3. Dreidimensionale Kugelflächenfunktionen 290

28. **Prinzipien der Quantenmechanik** 291

28.1. **Axiomatik der Quantenmechanik** 291

28.1.1. Das Hilbertraum-Modell 291
28.1.2. Die Dynamik quantenmechanischer Systeme 292
28.1.3. Stationäre Zustände 293

28.2. **Interpretationen** 293

28.2.1. Das Bohrsche Postulat 293
28.2.2. Die statistische Interpretation der Quantenmechanik 294
28.2.3. Die Heisenbergsche Unschärferelation 295

28.3. **Quantisierung** 296

28.3.1. Die Quantisierungsregel 296
28.3.2. Beispiele zur Quantisierung 297

28.4. **Ein-Teilchen-Probleme** 299

28.4.1. Das freie eindimensionale Teilchen 299
28.4.2. Der harmonische Oszillator 299
28.4.3. Das relativistische freie Teilchen im R_3 300

28.5. **Das Wasserstoffatom** 302

28.5.1. Das Wasserstoffatom ohne Spin 302
28.5.2. Der Zeeman-Effekt 304
28.5.3. Das Wasserstoffatom mit Spin 305
28.5.4. Das relativistische Wasserstoffatom 307

28.6. **Atome und das Periodensystem der chemischen Elemente** 308

28.6.1. Atome ohne Spin 308
28.6.2. Der Raum $L^n_{2,A}(R_{3n})$ 309
28.6.3. Atome mit Spin 310
28.6.4. Das Pauli-Prinzip 311
28.6.5. Das Periodensystem der chemischen Elemente 313

29. **Geometrie auf Mannigfaltigkeiten I (Tensoren)** 314

29.1. **Mannigfaltigkeiten** 314

29.1.1. Der parakompakte Hausdorffraum 314
29.1.2. C^∞-Mannigfaltigkeiten 315
29.1.3. Funktionen auf C^∞-Mannigfaltigkeiten 316

29.2. **Geometrische Objekte** 317

29.2.1. Faserbündel 317
29.2.2. Tensordichten 318

29.3. **Tensoranalysis** 319

29.3.1. Grundoperationen für Tensordichten 319
29.3.2. Differentielle Operationen 319
29.3.3. Integrale auf Mannigfaltigkeiten 320

29.4. **Affine Räume** 320

29.4.1. Affinitäten 320
29.4.2. Normale Koordinaten 321
29.4.3. Kovariante Differentiation 321
29.4.4. Parallelverschiebung 322
29.4.5. Affine Geodäten 323
29.4.6. Krümmungstensor 323
29.4.7. Flache affine Räume 324

29.5. **Metrische Räume** 324

29.5.1. Fundamentaltensor 324
29.5.2. Indexziehen 326
29.5.3. Charakteristische Flächen 326
29.5.4. Metrische Geodäten 327
29.5.5. Geodätisch konvexe Gebiete 328
29.5.6. Metrische Räume 328
29.5.7. Krümmungstensor und verwandte Tensoren 329

30. **Allgemeine Relativitätstheorie I (Grundgleichungen)** 330

30.1. **Extremalprinzipien** 330

30.1.1. Lagrange-Formalismus 330
30.1.2. Die Einsteinschen Gleichungen 330
30.1.3. Die Einstein-Maxwell-Gleichungen 331
30.1.4. Äußerungen Einsteins zur Relativitätstheorie und zur Quantentheorie 333

30.2. **Der Energie-Impuls-Tensor** 335

30.2.1. Killingvektoren und Erhaltungssätze 335
30.2.2. Das Kovarianzprinzip 336
30.2.3. Energie-Impuls-Tensor für ideale Flüssigkeiten 337
30.2.4. Vergleich mit der Newtonschen Gravitationstheorie 337

30.3. **Bewegungsgleichungen** 338

30.3.1. Testteilchen und elektromagnetische Wellen 338
30.3.2. Eigenzeit und Zwillingsparadoxon 339

30.4. Die Schwarzschild-Lösung 339

30.4.1. Das Birkhoff-Theorem 339
30.4.2. Die Eddington-Form der Schwarzschild-Lösung 341

30.5. Die klassischen Effekte der allgemeinen Relativitätstheorie 342

30.5.1. Planetenbewegung 342
30.5.2. Ablenkung von Lichtstrahlen 344
30.5.3. Rotverschiebung im Gravitationsfeld 344

31. Allgemeine Relativitätstheorie II (Singularitäten, schwarze Löcher, Kosmologie) 346

31.1. Singuläre Mannigfaltigkeiten 346

31.1.1. Kriterien 346
31.1.2. Die Schwarzschild-Eddington-Kruskal-Metrik 347
31.1.3. Einschlußflächen 349
31.1.4. Singularitäten 350
31.1.5. Schwarze Löcher 350

31.2. Die Theorie der schwarzen Löcher, Sternentwicklung 352

31.2.1. Die Eddington-Metrik 352
31.2.2. Sterne 353
31.2.3. Das Hertzsprung-Russel-Diagramm und die himmlische Skala 355
31.2.4. Die Kerr-Metrik 356
31.2.5. Energiebilanz schwarzer Löcher 358

31.3. Kosmologie 359

31.3.1. Prinzipien 359
31.3.2. Die Robertson-Walker-Metrik 360
31.3.3. Der Staubkosmos 360
31.3.4. Das Hubblesche Gesetz 361
31.3.5. Lösungen der Friedmannschen Differentialgleichung 362
31.3.6. Die Friedmanschen Modelle 362
31.3.7. Der Urknall 363
31.3.8. Die Entstehung des Lebens im Weltall 363

32. Geometrie auf Mannigfaltigkeiten II (Formen) 365

32.1. Tensoren und Differentialformen 365

32.1.1. Die Vektoren $\frac{\partial}{\partial x^k}$ und dx^k. Tensorprodukte 365
32.1.2. Das alternierende Produkt und das Keilprodukt 366
32.1.3. Die äußere Ableitung 368
32.1.4. n-Formen 368
32.1.5. Der Satz von Poincaré 368

32.2. Integralrechnung auf Mannigfaltigkeiten 369

32.2.1. Integrale über n-Formen 369
32.2.2. Der de Rham Operator 370
32.2.3. Der Satz von Stokes 370
32.2.4. Leray-Formen 371

32.3. Distributionen auf Mannigfaltigkeiten 372

32.3.1. Skalare Distributionen 372
32.3.2. Tensordistributionen 374
32.3.3. Kovariante Ableitung und Koableitung von Distributionen 374
32.3.4. Der Wellenoperator 375
32.3.5. Distributionen vom Typ $f(S)$ 376

33. Die Wellengleichung in gekrümmten Raum-Zeiten 377

33.1. Charakteristische Flächen und Singularitäten 377

33.1.1. Charakteristische Flächen 377
33.1.2. Anfangswertprobleme für charakteristische Flächen und Nullfelder 378
33.1.3. Kaustik 379
33.1.4. Die Kaustik im Minkowskiraum 380
33.1.5. Unstetigkeiten von Lösungen der Wellengleichung und Katastrophen 381

33.2. Fundamentallösungen 382

33.2.1. Problemstellung 382
33.2.2. Kausalgebiete 383
33.2.3. Die Distribution $\delta_{q+}(\Gamma)$ 384
33.2.4. Fundamentallösungen 385

33.3. Lösungen von $Pu=f$, Cauchyprobleme 385

33.3.1. Vergangenheits-kompakte Mengen und Distributionen 385
33.3.2. Ein Existenz- und Unitätssatz 386
33.3.3. Das Cauchyproblem: Existenz und Unität 387
33.3.4. Das Cauchyproblem: Darstellung 388

33.4. Tensor-Wellengleichungen 389

33.4.1. Definitionen 389
33.4.2. Fundamentallösungen 390
33.4.3. Lösungen von $Pu=f$ 391

33.5. Die Maxwellschen Gleichungen 392

33.5.1. Definition 392
33.5.2. Kontinuitätsgleichung und Cauchy-Daten 392
33.5.3. Eichbedingung und Viererpotential 394
33.5.4. Das Cauchyproblem für die Maxwellschen Gleichungen 395

34. Singularitätentheorie 396

34.1. Lokale Abbildungen 396

34.1.1. Abbildungskeime, das Ideal $m(n)$ 396
34.1.2. Endlich-determinierte Keime 397
34.1.3. Kriterien für endlich-determinierte Keime 397

34.2. Stabilität 398

34.2.1. Definitionen 398
34.2.2. Immersionen und Submersionen 400
34.2.3. Globale Sätze 401

34.3. Singularitäten und Morse-Funktionen 402

34.3.1. Singularitäten 402
34.3.2. Morse-Funktionen 403

34.4. Abbildungen in der Ebene 404

34.4.1. Gute und exzellente Abbildungen 404
34.4.2. Normalformen von Faltpunkten und Spitzenpunkten 405
34.4.3. Die Whitneysche Theorie 405

34.5. Entfaltungen 406

34.5.1. Definition 406
34.5.2. Assoziierte und äquivalente Entfaltungen 406
34.5.3. Stabile und universelle Entfaltungen (Definition und Beispiele) 407
34.5.4. Stabile und universelle Entfaltungen (Kriterien) 408
34.5.5. Reduktion von Entfaltungen 408
34.5.6. Minima 409
34.5.7. Der Satz von Thom 410

35. Katastrophen: Theorie und Anwendung 411

35.1. Prinzipien und Modelle 411

35.1.1. Allgemeine Prinzipien und Grundgedanken 411
35.1.2. Das lokale Regime 414
35.1.3. Anwendungsbeispiele 415
35.1.4. Die drei Interpretationen der Katastrophentheorie 417

35.2. Elementare Katastrophen 417

35.2.1. Der generische Aspekt 417
35.2.2. Bilder elementarer Katastrophen 418

35.3. Anwendungen in der Physik 421

35.3.1. Die van der Waalssche Gleichung 421
35.3.2. Eulersche Deformationen 423
35.3.3. Brechung von Wasserwellen 425
35.3.4. Katastrophenmaschinen 425

35.4. Weitere Anwendungen 427

35.4.1. Taylorreihen und Zellen 427
35.4.2. Anwendungen in der Biologie 428
35.4.3. Hunde und Mathematiker 428

Anhang: Über das Verhältnis von Geometrie und Realität im Wandel der Zeiten 429

Literatur 435

Literaturhinweise 437

Register 438

Du mußt verstehn!
Aus Eins mach Zehn,
und Zwei laß gehn,
und Drei mach gleich,
so bist Du reich.
Verlier die Vier!
Aus Fünf und Sechs,
so sagt die Hex',
mach Sieben und Acht,
so ist's vollbracht:
Und Neun ist Eins,
und Zehn ist keins.
Das ist das Hexen-
Einmaleins.
(Goethe, Faust I)

1. Zahlen und Räume

1.1. Reelle Zahlen

1.1.1. Zahlsysteme

Die reellen Zahlen sind aus der Schule bekannt! Hier ein paar Bezeichnungen, die wir später ständig benötigen.

Natürliche Zahlen: 1, 2, 3, ...

Ganze Zahlen: 0, 1, −1, 2, −2, 3, −3, ...

Rationale Zahlen: $r = \frac{n}{m}$, wobei n und m ganze Zahlen sind, $m \neq 0$.

Reelle Zahlen: $\alpha = \pm n_1 n_2 \ldots n_k, n_{k+1}\, n_{k+2} \ldots$, wobei n_j die Werte 0, 1, 2, ..., 9 annehmen kann (Dezimalbruchdarstellung reeller Zahlen).

Die elementaren Rechenoperationen Addition, Subtraktion, Multiplikation und Division sowie die Ordnungsrelationen $<$, $\leqq$, $>$, $\geqq$ gelten als bekannt.

Potenzen: Ist α eine reelle Zahl, so schreiben wir

$$\alpha^2 = \alpha \cdot \alpha, \quad \alpha^3 = \alpha^2 \cdot \alpha, \ldots, \alpha^j = \alpha^{j-1} \cdot \alpha, \ldots \quad (j = 2, 3, \ldots).$$

Ist zusätzlich $\alpha \neq 0$, so können wir auch

$$\alpha^{-1} = \frac{1}{\alpha}, \quad \alpha^{-2} = \alpha^{-1} \cdot \alpha^{-1}, \ldots, \alpha^{-j} = \alpha^{-j+1} \cdot \alpha^{-1}, \ldots \quad (j = 2, 3, \ldots)$$

bilden. Es ist zweckmäßig, $\alpha^0 = 1$ zu setzen. Dann erhält man $\alpha^j \cdot \alpha^k = \alpha^{j+k}$, ($j$ und k ganze Zahlen). Ist eine der beiden ganzen Zahlen j oder k negativ, so muß man zusätzlich $\alpha \neq 0$ fordern.

Betrag: Ist α reell, so setzen wir

$$|\alpha| = \begin{cases} \alpha & \text{für } \alpha \geqq 0, \\ -\alpha & \text{für } \alpha < 0. \end{cases}$$

Zahlengerade: Wie aus der Schule bekannt, kann man die rellen Zahlen α mit den Punkten P einer (nach beiden Seiten unendlich ausgedehnten) Geraden identifizieren. Das ist aber nicht so problemlos, wie es im ersten Moment scheinen mag. Wir gehen hierauf im nächsten Abschnitt noch etwas näher ein.

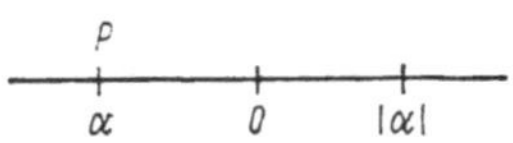

1.1.2. Abstand und Vollständigkeitsaxiom

Definition 1. *Sind α und β reelle Zahlen, so ist $\varrho(\alpha, \beta) = |\alpha - \beta|$ der Abstand dieser Zahlen.*

Lemma. *Der Abstand reeller Zahlen hat folgende Eigenschaften:*

1. $\varrho(\alpha, \beta) \geqq 0$, *wobei* $\varrho(\alpha, \beta) = 0$ *genau dann gilt, wenn* $\alpha = \beta$ *ist.*
2. $\varrho(\alpha, \beta) = \varrho(\beta, \alpha)$.
3. $\varrho(\alpha, \beta) \leqq \varrho(\alpha, \gamma) + \varrho(\gamma, \beta)$.

(α, β, γ *reell*).

Bezeichnungen: $(a, b) = \{\alpha \mid \alpha$ reell, $a < \alpha < b\}$, offenes Intervall,
$[a, b) = \{\alpha \mid \alpha$ reell, $a \leqq \alpha < b\}$, halboffenes Intervall,
$(a, b] = \{\alpha \mid \alpha$ reell, $a < \alpha \leqq b\}$, halboffenes Intervall,
$[a, b] = \{\alpha \mid \alpha$ reell, $a \leqq \alpha \leqq b\}$, abgeschlossenes Intervall.
$\alpha \in (a, b)$ bedeutet $a < \alpha < b$, analog für die anderen Intervalltypen, „$\in$" heißt „Element von".

Definition 2. *Es sei M eine beliebige Menge reeller Zahlen. Die reelle Zahl α heißt Häufungspunkt von M, falls in jedem offenen Intervall (a, b) mit $\alpha \in (a, b)$ unendlich viele Punkte aus M liegen.*

Beispiele: 1. Ist $M = \{\alpha_j\}_{j=1}^{\infty}$ mit $\alpha_1 = \alpha_3 = \alpha_5 = \ldots = 0$ und $\alpha_2 = \alpha_4 = \alpha_6 = \ldots = 1$, so hat M zwei Häufungspunkte, nämlich 0 und 1.

2. Ist $M = \{\alpha_j\}_{j=1}^{\infty}$ mit $\alpha = \frac{1}{j}$, so ist 0 der einzige Häufungspunkt von M.

3. Ist $M = (0, 1)$, so ist die reelle Zahl α genau dann Häufungspunkt von M, wenn $\alpha \in [0, 1]$ gilt.

Bemerkung 1. Am Schluß des letzten Abschnittes hatten wir bemerkt, daß die Zuordnung zwischen reellen Zahlen α und Punkten der Zahlengeraden noch erläutert werden muß. Bildlich gesprochen entsteht das Problem, ob die reellen Zahlen die Zahlengerade lückenlos füllen. Wir verbieten einfach das Auftreten von Löchern durch die folgende Festlegung.

Axiom: *Jede beschränkte unendliche Menge M reeller Zahlen besitzt mindestens einen Häufungspunkt.*

Bemerkung 2. Eine Menge M reeller Zahlen heißt beschränkt, falls es eine nicht-negative Zahl c gibt, so daß $|\alpha| \leqq c$ für jedes $\alpha \in M$ gilt.

Bemerkung 3. Unser Standpunkt ist folgender. Die reellen Zahlen und die mit ihnen verbundenen Rechenoperationen gelten als bekannt. Daran ändern auch die obigen Betrachtungen nichts. Aufbauend auf ihnen werden wir im nächsten Abschnitt komplexe Zahlen in mathematisch strenger Form einführen. Es ist möglich, nicht mit den reellen, sondern mit den natürlichen Zahlen zu beginnen. Man muß dann Schritt für Schritt die ganzen, die rationalen und schließlich die reellen Zahlen axiomatisch einführen. Hierzu gibt es vieles zu sagen. Wir gehen hier aber nicht diesen zeitraubenden Weg.

1.2. Komplexe Zahlen

1.2.1. Definition

Sind a und b reelle Zahlen, so heißt das geordnete Zahlenpaar $z = \{a, b\}$ komplexe Zahl. z kann geometrisch in einem Achsenkreuz dargestellt werden. Addition und Multiplikation werden wie folgt vereinbart.

Definition: *a_1, a_2, b_1 und b_2 seien reelle Zahlen.*

$\{a_1, b_1\}+\{a_2, b_2\}=\{a_1+a_2, b_1+b_2\}$ *(Addition)*;

$\{a_1, b_1\}\cdot\{a_2, b_2\}=\{a_1a_2-b_1b_2, a_1b_2+a_2b_1\}$ *(Multiplikation)*.

Bemerkung. Addition und Multiplikation komplexer Zahlen werden somit axiomatisch auf Addition und Multiplikation reeller Zahlen zurückgeführt.

1.2.2. Eigenschaften

Satz. *z_j seien komplexe Zahlen. Dann gelten:*

$z_1+z_2=z_2+z_1$ *(Kommutativgesetz der Addition)*;

$z_1\cdot z_2=z_2\cdot z_1$ *(Kommutativgesetz der Multiplikation)*;

$(z_1+z_2)+z_3=z_1+(z_2+z_3)$ *(Assoziativgesetz der Addition)*;

$(z_1\cdot z_2)\cdot z_3=z_1\cdot(z_2\cdot z_3)$ *(Assoziativgesetz der Multiplikation)*;

$(z_1+z_2)\cdot z_3=z_1\cdot z_3+z_2\cdot z_3$ *(Distributivgesetz)*.

Bemerkung 1. Die Operation, die in Klammern steht, muß zuerst ausgeführt werden.

Schreibweise: In Zukunft schreiben wir z_1z_2 statt $z_1\cdot z_2$, sowie $z_1+z_2+z_3$ statt $z_1+(z_2+z_3)$ und $z_1z_2z_3$ statt $z_1(z_2z_3)$. Der Satz zeigt, daß es belanglos ist, in welcher Reihenfolge man in $z_1+z_2+z_3$ die Operationen ausführt. Ferner sieht man, daß man nach dem Satz beliebige Klammerausdrücke auflösen kann, z. B.

$$(z_1+z_2z_3)(z_4+z_5)=z_1(z_4+z_5)+z_2z_3(z_4+z_5)$$
$$=z_1z_4+z_1z_5+z_2z_3z_4+z_2z_3z_5\,.$$

Bemerkung 2. Bezüglich Addition und Multiplikation können wir also mit den komplexen Zahlen genauso rechnen wie mit reellen Zahlen, einschließlich der Potenzbildung

$$z,\ z^2=zz,\quad z^3=z^2z,\ldots,\ z^j=z^{j-1}z,\ldots\qquad (j=2,3,\ldots)\,.$$

1.2.3. Konjugierte Elemente, Subtraktion und Division

Definition. *$z=\{a, b\}$ sei eine komplexe Zahl. Dann ist $\bar{z}=\{a, -b\}$ (konjugiertes Element oder konjugierte Zahl zu z) und $-z=\{-a, -b\}$.*

Schreibweise (Subtraktion): Wir schreiben

$z_1-z_2=z_1+(-z_2)$. Es ist $z_1-z_2=-z_2+z_1$.

Lemma. *$z=\{a, b\}$ sei eine komplexe und c eine reelle Zahl. Es gilt*

$$z+\{0,0\}=z,\quad z\cdot\{1,0\}=\{1,0\}\cdot z=z,\quad z\cdot\{c,0\}=\{ac, bc\}\,.$$

Bemerkung 1. $\{0, 0\}$ ist das neutrale Element der Addition und $\{1, 0\}$ das neutrale Element der Multiplikation.

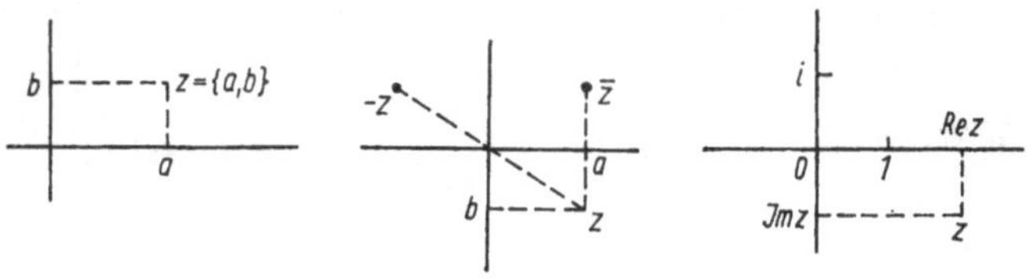

Schreibweise. Ist c reell und z komplex, so schreiben wir cz statt $\{c, 0\}\,z$. Die reellen Zahlen c werden mit den speziellen komplexen Zahlen $\{c, 0\}$ identifiziert und in

Zukunft nicht mehr unterschieden. Die Rechtfertigung hierfür ergibt sich nach Definition 1.2.1 aus den Rechenregeln

$$\{c_1, 0\} + \{c_2, 0\} = \{c_1 + c_2, 0\}, \quad \{c_1, 0\}\{c_2, 0\} = \{c_1c_2, 0\}.$$

Alle anderen Operationen mit komplexen Zahlen (und somit insbesondere mit den speziellen komplexen Zahlen $\{c, 0\}$) werden ja Schritt für Schritt ausgehend von Definition 1.2.1 eingeführt. Wir haben somit den uns zur Verfügung stehenden Zahlbereich erweitert: von den reellen Zahlen zu den komplexen Zahlen.

Satz. (a) *Sind z_1 und z_2 gegebene komplexe Zahlen, so besitzt die Gleichung $z_1 + w = z_2$ genau eine Lösung. Sie ist $w = z_2 - z_1$.*

(b) *Ist z komplex, so ist $z\bar{z}$ reell. Ist $z \neq \{0, 0\}$, so gilt $z\bar{z} > 0$.*

(c) *Ist $z \neq \{0, 0\}$, so gibt es genau eine Lösung von $z \cdot w = \{1, 0\}$. Sie ist $w = \frac{1}{z\bar{z}} \cdot \bar{z}$ $\left(\text{hierbei ist } \frac{1}{z\bar{z}} \text{ reell}\right)$.*

(d) *Ist $z_1 \neq \{0, 0\}$, so besitzt $z_1w = z_2$ genau eine Lösung. Sie ist $w = \frac{1}{z_1\bar{z}_1}\bar{z}_1z_2$.*

Bemerkung 2. Entsprechend den obigen Vereinbarungen schreiben wir in Zukunft 0 statt $\{0, 0\}$ und somit auch $z \neq 0$ statt $z \neq \{0, 0\}$, analog $zw = 1$ statt $z \cdot w = \{1, 0\}$.

Bemerkung 3. Benutzt man die Darstellung $z = \{a, b\}$, so kann man die im Satz angegebenen Formeln durch geordnete Paare reeller Zahlen ausdrücken. Zum Beispiel ist

$$z\bar{z} = \{a, b\}\{a, -b\} = \{a^2 + b^2, 0\} = a^2 + b^2.$$

Bemerkung 4. Der Satz erlaubt, komplexe Zahlen zu subtrahieren und zu dividieren. $z^{-1} = \frac{1}{z}$ hat einen eindeutigen Sinn als Lösung von $(z^{-1})z = 1$ (hierbei ist $z \neq 0$), analog $\frac{z_2}{z_1}$ als Lösung von $z_1w = z_2$ mit $z_1 \neq 0$. Damit können wir auch beliebige Potenzen z^{-1}, $z^{-2} = (z^{-1})^2$, $z^{-3} = z^{-2}z^{-1}$, ... bilden, falls $z \neq 0$ ist. Dann haben wir die vier Grundrechenarten von den reellen Zahlen auf die komplexen Zahlen ausgedehnt. Wie bereits gesagt wurde, betrachten wir in Zukunft die reellen Zahlen als spezielle komplexe Zahlen.

1.2.4. Normaldarstellung

Definition. *Ist $z = \{a, b\}$, so heißt $a = \operatorname{Re} z$ der Realteil und $b = \operatorname{Im} z$ der Imaginärteil von z. Die komplexe Zahl $\mathrm{i} = \{0, 1\}$ heißt imaginäre Einheit.*

Lemma. *Normaldarstellung: Es gilt $z = \operatorname{Re} z + (\operatorname{Im} z)\,\mathrm{i}$.*

Beispiel. Ist $z = \{a, b\} \neq 0$, so gilt

$$\operatorname{Re} z^{-1} = \frac{a}{a^2 + b^2}, \quad \operatorname{Im} z^{-1} = -\frac{b}{a^2 + b^2}.$$

Die Zahl i: Es gilt

$$\mathrm{i}^2 = \mathrm{ii} = \{0, 1\}\{0, 1\} = \{-1, 0\} = -1.$$

In diesem Sinne ist also i die Wurzel aus -1.

1.3. R_n, C_n und metrische Räume

1.3.1. Der n-dimensionale reelle Raum R_n

Definition 1. *n sei eine natürliche Zahl. Dann ist R_n die Gesamtheit der n-tupel $(a_1, \ldots, a_n)$ reeller Zahlen a_j. Sind $\alpha = (a_1, \ldots, a_n)$ und $\beta = (b_1, \ldots, b_n)$ zwei Elemente des R_n, so ist*

$$\varrho(\alpha, \beta) = \sum_{j=1}^{n} |a_j - b_j|$$

der Abstand dieser Elemente.

Bemerkung 1. Die Elemente des R_n werden auch als Punkte bezeichnet.

Satz 1. *α, β und γ seien Punkte des R_n. Es gilt*

1. $\varrho(\alpha, \beta) \geqq 0$, *wobei* $\varrho(\alpha, \beta) = 0$ *genau dann gilt, wenn* $\alpha = \beta$ *ist;*
2. $\varrho(\alpha, \beta) = \varrho(\beta, \alpha)$;
3. $\varrho(\alpha, \beta) \leqq \varrho(\alpha, \gamma) + \varrho(\gamma, \beta)$.

Bemerkung 2. Dieser Satz ist eine Verallgemeinerung von Lemma 1.1.2. Insbesondere sieht man, daß R_1 die Zahlengerade aus 1.1.1. und 1.1.2. ist.

Definition 2. (**a**) *Ist $\varepsilon > 0$ und $\alpha \in R_n$, so heißt*

$$K = \{\beta \mid \beta \in R_n, \quad \varrho(\beta, \alpha) < \varepsilon\}$$

(offene) Kugel (mit dem Mittelpunkt α und dem Radius ε).

(**b**) *M sei eine Punktmenge im R_n, d. h. $M \subset R_n$. Dann heißt $\alpha \in R_n$ Häufungspunkt von M, falls in jeder Kugel um α (d. h. mit α als Mittelpunkt) unendlich viele Punkte aus M liegen.*

(**c**) *$M \subset R_n$ heißt beschränkt, falls es eine positive Zahl K und ein $\beta \in R_n$ gibt, so daß $\varrho(\alpha, \beta) \leqq K$ für alle $\alpha \in M$ gilt.*

Bemerkung 3. Gilt die Eigenschaft (c) für ein fixiertes $\beta \in R_n$, so gilt sie auch für jedes andere Element aus dem R_n. Das folgt aus Eigenschaft 3 in Satz 1. Ob eine Menge $M \subset R_n$ beschränkt ist, ist somit unabhängig von der Wahl von β.

Satz 2. *Jede beschränkte unendliche Punktmenge des R_n besitzt mindestens einen Häufungspunkt.*

Bemerkung 4. Unendliche Punktmenge zu sein bedeutet nicht unbedingt, daß diese Menge aus unendlich vielen verschiedenen Punkten bestehen muß. So ist z. B. $M = \{\alpha_j\}_{j=1}^{\infty}$ mit $\alpha_j = (0, \ldots, 0)$ eine unendliche Punktmenge. Ihr einziger Häufungspunkt ist $(0, \ldots, 0)$.

Bemerkung 5. Im Falle $n = 1$ stimmt Satz 2 mit dem Axiom aus 1.1.2. überein.

1.3.2. Der n-dimensionale komplexe Raum C_n

Definition. (**a**) *Die Gesamtheit der komplexen Zahlen wird mit C_1 bezeichnet (komplexe Ebene). Ist $z_1 \in C_1$ und $z_2 \in C_1$, so ist*

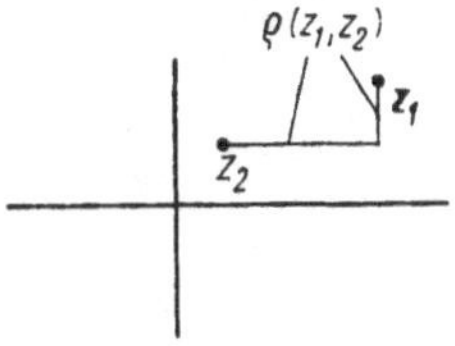

$$\varrho(z_1, z_2) = |\mathrm{Re}\, z_1 - \mathrm{Re}\, z_2| + |\mathrm{Im}\, z_1 - \mathrm{Im}\, z_2|$$

der Abstand der Elemente z_1 und z_2.

(**b**) *Ist n eine natürliche Zahl, so ist C_n die Gesamtheit der n-tupel $(z_1, \ldots, z_n)$ komplexer Zahlen z_j. Sind $\alpha = (z_1, \ldots, z_n)$ und $\beta = (w_1, \ldots, w_n)$ zwei Elemente des C_n, so ist*

$$\varrho(\alpha, \beta) = \sum_{j=1}^{n} \varrho(z_j, w_j)$$

der Abstand dieser Elemente.

(**c**) *Ersetzt man in Definition 1.3.1/2 den Raum R_n durch C_n, so erhält man die Definition für (offene) Kugeln, Häufungspunkte und beschränkte Mengen im C_n.*

Satz 1. *Setzt man $(z_1, \ldots, z_n) = (\mathrm{Re}\, z_1, \mathrm{Im}\, z_1, \ldots, \mathrm{Re}\, z_n, \mathrm{Im}\, z_n)$, so ist $C_n = R_{2n}$.*

Bemerkung. Den n-dimensionalen komplexen Raum C_n kann man somit auch als $2n$-dimensionalen reellen Raum R_{2n} betrachten.

Satz 2. *Die Sätze 1.3.1/1 und 1.3.1/2 bleiben richtig, wenn man R_n durch C_n ersetzt.*

1.3.3. Der metrische Raum

Definition 1. *Ein metrischer Raum besteht aus einer Menge M und einer Vorschrift, die jedem Paar $a \in M$ und $b \in M$ eine nicht-negative Zahl $\varrho(a, b) \geqq 0$ mit den Eigenschaften*

1. *$\varrho(a, b) \geqq 0$, wobei $\varrho(a, b) = 0$ genau dann gilt, wenn $a = b$ ist,*
2. *$\varrho(a, b) = \varrho(b, a)$,*
3. *$\varrho(a, b) \leqq \varrho(a, c) + \varrho(c, b)$ für alle $c \in M$,*

zuordnet, ϱ heißt Metrik.

Bemerkung 1. R_n und C_n sind spezielle metrische Räume. Das folgt aus Satz 1.3.1/1 und Satz 1.3.2/2. Später werden wir viele andere Beispiele von metrischen Räumen angeben, die teilweise ganz andere Eigenschaften als R_n und C_n besitzen.

Definition 2. (**a**) *Ersetzt man in Definition 1.3.1/2 den Raum R_n durch einen beliebigen metrischen Raum M, so erhält man die Definition für (offene) Kugeln, Häufungspunkte und beschränkte Mengen in M.*

(**b**) *Eine Teilmenge K des metrischen Raumes M heißt abgeschlossen, falls alle Häufungspunkte von K zu K gehören.*

Bemerkung 2. Ist $M = R_1$, so sind $K = \{0\}$ und $K = [0, 1]$ abgeschlossen, nicht aber $K = (0, 1)$ oder $K = (0, 1]$.

Lemma. *Jede Teilmenge K eines metrischen Raumes M ist ebenfalls ein metrischer Raum, sofern man auf K die gleiche Metrik wie auf M verwendet.*

2. Konvergenz und Stetigkeit

2.1. Folgen

2.1.1. Infimum, Supremum und Limes

Definition 1. *Es sei* $\{a_j\}_{j=1}^{\infty} \subset R_1$ *eine Folge reeller Zahlen.*
(**a**) $a \in R_1$ *heißt Infimum der Folge* $\{a_j\}$, *falls* a *die größte reelle Zahl mit* $a \leqq a_j$ *für* $j = 1, 2, 3, \ldots$ *ist.*
(**b**) $a \in R_1$ *heißt Supremum der Folge* $\{a_j\}$, *falls* a *die kleinste reelle Zahl mit* $a \geqq a_j$ *für* $j = 1, 2, 3, \ldots$ *ist.*

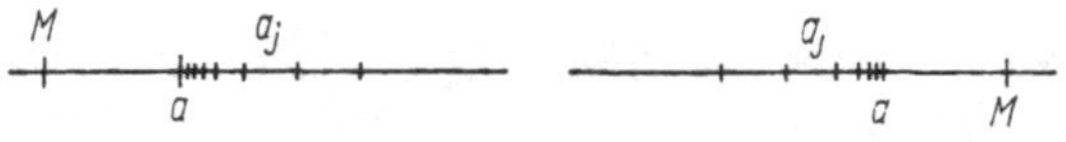

Lemma 1. (**a**) *Jede nach unten beschränkte Folge* $\{a_j\}_{j=1}^{\infty} \subset R_1$ [*d. h., es gibt eine reelle Zahl* M, *so daß* $M < a_j$ *für* $j = 1, 2, \ldots$ *gilt*] *besitzt genau ein Infimum.*

(**b**) *Jede nach oben beschränkte Folge* $\{a_j\}_{j=1}^{\infty} \subset R_1$ [*d. h., es gibt eine reelle Zahl* M, *so daß* $M > a_j$ *für* $j = 1, 2, \ldots$ *gilt*] *besitzt genau ein Supremum.*

Schreibweise: $\inf\limits_j a_j$ bezeichnet das Infimum einer Folge $\{a_j\}$ (falls es existiert) und $\sup\limits_j a_j$ das Supremum (falls es existiert). Da es höchstens ein Infimum bzw. Supremum gibt, ist die Bezeichnung sinnvoll.

Beispiele. 1. Für die Folge $1, 0, -1, 1, 0, -1, 1, 0, -1, \ldots$ ist das Infimum -1 und das Supremum 1.

2. Für $\{a_j\}_{j=1}^{\infty}$ mit $a_j = 1 + \frac{1}{j}$ ist $\inf\limits_j a_j = 1$ und $\sup\limits_j a_j = 2$. Dieses Beispiel zeigt, daß das Infimum (und analog auch das Supremum) nicht unbedingt ein Element der Folge sein muß.

Definition 2. (**a**) *Eine Folge* $\{a_j\}_{j=1}^{\infty} \subset R_1$ *heißt konvergent, falls es eine Zahl* $a \in R_1$ *mit folgender Eigenschaft gibt: Für jede positive Zahl* ε *findet man eine natürliche Zahl* $j_0(\varepsilon)$, *so daß* $|a - a_j| \leqq \varepsilon$ *für alle* $j \geqq j_0(\varepsilon)$ *ist.*

(**b**) *Eine Folge* $\{z_j\} \subset C_1$ *heißt konvergent, falls es eine Zahl* $z \in C_1$ *mit folgender Eigenschaft gibt: Für jede positive Zahl* ε *findet man eine natürliche Zahl* $j_0(\varepsilon)$, *so daß* $\varrho(z_j, z) \leqq \varepsilon$ *für alle* $j \geqq j_0(\varepsilon)$ *ist.*

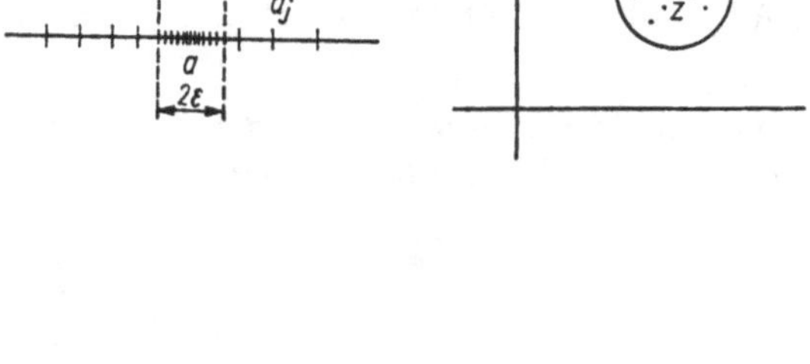

Schreibweise: Für konvergente Folgen schreiben wir

$$a = \lim_{j \to \infty} a_j \quad \text{oder} \quad a_j \to a \quad \text{bzw.}$$
$$z = \lim_{j \to \infty} z_j \quad \text{oder} \quad z_j \to z\,.$$

Das ist gerechtfertigt, da die Limespunkte a bzw. z eindeutig bestimmt sind: Eine konvergente Folge hat genau einen Limes.

Bemerkung. Ist $a_j \to a$, so besitzt $\{a_j\}_{j=1}^{\infty}$ genau einen Häufungspunkt, dieser ist a. Analoges gilt für $z_j \to z$.

Beispiele. $\lim\limits_{j \to \infty} \left(1 + \frac{1}{j}\right) = 1$, $\lim\limits_{j \to \infty} \left(1 + \frac{(-1)^j}{j}\right) = 1$.

Lemma 2. (**a**) *Eine konvergente Folge (aus R_1 oder C_1) ist beschränkt.*

(**b**) $\{z_j\}_{j=1}^{\infty} \subset C_1$ *ist genau dann konvergent, wenn sowohl* $\{\operatorname{Re} z_j\}_{j=1}^{\infty} \subset R_1$ *als auch* $\{\operatorname{Im} z_j\}_{j=1}^{\infty} \subset R_1$ *konvergent sind.*

2.1.2. Eigenschaften konvergenter Folgen

In diesem Abschnitt betrachten wir komplexe Folgen. Da reelle Folgen spezielle komplexe Folgen sind, gelten die Resultate insbesondere auch für reelle Folgen. z und w (mit oder ohne Indizes) sind stets komplex.

Satz 1. *Es sei $z_j \to z$ und $w_j \to w$.*

(**a**) *Sind λ und μ komplexe Zahlen, so gilt*

$$\lambda z_j + \mu w_j \to \lambda z + \mu w, \quad z_j w_j \to z w\,.$$

(**b**) *Ist $z \neq 0$, so ist $z_j \neq 0$ für $j \geqq j_0$, und es gilt* $\frac{w_j}{z_j} \to \frac{w}{z}$ $(j \geqq j_0)$.

(**c**) $\bar{z}_j \to \bar{z}$.

Definition. $\{z_j\}_{j=1}^{\infty} \subset C_1$ *heißt Cauchyfolge (oder Fundamentalfolge), falls es für jede positive Zahl ε eine natürliche Zahl $j_0(\varepsilon)$ gibt, so daß $\varrho(z_j, z_k) \leqq \varepsilon$ für alle j und k mit $j \geqq j_0(\varepsilon)$ und $k \geqq j_0(\varepsilon)$ ist.*

Bemerkung. Damit ist auch festgelegt, wann eine reelle Folge $\{z_j = a_j\}_{j=1}^{\infty}$ Cauchyfolge heißt.

Satz 2 (*Kriterium von Cauchy*). *Eine Folge $\{z_j\}_{j=1}^{\infty} \subset C_1$ ist genau dann konvergent, wenn sie eine Cauchyfolge ist.*

2.1.3. Beispiele

$$\frac{j^2 + 3j - 7}{3j^2 + 4j + 9} = \frac{j^2\left(1 + \frac{3}{j} - \frac{7}{j^2}\right)}{3j^2\left(1 + \frac{4}{3j} + \frac{3}{j^2}\right)} \to \frac{1}{3} \quad \text{für} \quad j \to \infty\,.$$

Lemma 1 (*Ungleichung von Bernoulli*). *Ist n eine natürliche Zahl und $a > -1$, so ist $(1 + a)^n \geqq 1 + na$. Hierbei gilt das Gleichheitszeichen genau dann, wenn entweder $a = 0$ oder $n = 1$ ist.*

Lemma 2. (a) *Ist k eine ganze Zahl und* $0<a<1$, *so gilt*

$$n^k a^n \to 0 \quad \text{für} \quad n \to \infty .$$

(b) *Ist k eine ganze Zahl und* $a>1$, *so gilt*

$$n^k a^n \to \infty \quad \text{für} \quad n \to \infty$$

(d. h., daß $n^k a^n$ *größer als jede vorgegebene positive Zahl ist, falls n genügend groß gewählt wird).*

Lemma 3. $\{a_k\}_{k=1}^{\infty}$ *mit* $a_k = \left(1+\frac{1}{k}\right)^k$ *ist eine monoton wachsende beschränkte Folge.* $\{b_k\}_{k=1}^{\infty}$ *mit* $b_k = \left(1+\frac{1}{k}\right)^{k+1}$ *ist eine monoton fallende beschränkte Folge. Es gilt*

$$\lim_{k\to\infty} \left(1+\frac{1}{k}\right)^k = \lim_{k\to\infty} \left(1+\frac{1}{k}\right)^{k+1} = E .$$

Bemerkung. Es wird also ausgesagt, daß

$$2 = a_1 < a_2 < \ldots < a_k < a_{k+1} < \ldots < E < \ldots < b_{k+1} < b_k < \ldots < b_2 < b_1 = 4$$

ist. Hierbei ist $E = \sup_k a_k = \inf_k b_k$ im Moment nur eine Abkürzung, die aber später von wesentlichem Interesse sein wird.

2.2. Reihen

2.2.1. Konvergenz und Divergenz

Mit Reihen sind hier unendliche Reihen komplexer Zahlen $\sum_{j=1}^{\infty} z_j$, $z_j \in C_1$, gemeint. Ist $z_j \in R_1$, so hat man Reihen reeller Zahlen. Mit $S_N = \sum_{j=1}^{N} z_j$ werden die Partialsummen bezeichnet.

Definition. (a) $\sum_{j=1}^{\infty} z_j$ *heißt konvergent, falls die Folge der Partialsummen* $\{S_N\}_{N=1}^{\infty}$ *konvergent ist. Es wird* $\lim_{N\to\infty} S_N = \sum_{j=1}^{\infty} z_j$ *gesetzt. Anderenfalls heißt* $\sum_{j=1}^{\infty} z_j$ *divergent.*

(b) $\sum_{j=1}^{\infty} z_j$ *heißt absolut konvergent, falls* $\sum_{j=1}^{\infty} \varrho(z_j, 0)$ *konvergent ist.*

Bemerkung 1. Ist z_j reell, so ist $\varrho(z_j, 0) = |z_j|$. In diesem Fall ist $\sum_{j=1}^{\infty} z_j$ genau dann absolut konvergent, wenn $\sum_{j=1}^{\infty} |z_j|$ konvergent ist.

Satz. (a) *Ist* $\sum_{j=1}^{\infty} z_j$ *konvergent, so ist* $z_k \to 0$ *(für* $k \to \infty$*).*

(b) *Ist* $\sum_{j=1}^{\infty} z_j$ *absolut konvergent, so ist* $\sum_{j=1}^{\infty} z_j$ *konvergent.*

(c) $\sum_{j=1}^{\infty} z_j$ *ist genau dann konvergent, wenn sowohl* $\sum_{j=1}^{\infty} \operatorname{Re} z_j$ *als auch* $\sum_{j=1}^{\infty} \operatorname{Im} z_j$ *konvergent sind.*

(d) $\sum_{j=1}^{\infty} z_j$ *ist genau dann absolut konvergent, wenn sowohl* $\sum_{j=1}^{\infty} \operatorname{Re} z_j$ *als auch* $\sum_{j=1}^{\infty} \operatorname{Im} z_j$ *absolut konvergent sind.*

Bemerkung 2. Eine Folge $\{w_j\}_{j=1}^{\infty}$ mit $w_j \to 0$ für $j \to \infty$ heißt Nullfolge. Teil (a) besagt, daß die Glieder einer konvergenten Reihe eine Nullfolge bilden. Die Umkehrung hierzu ist nicht immer richtig, wie wir im nächsten Abschnitt sehen werden.

2.2.2. Beispiele

Lemma 1. *Ist* $0<q<1$, *so konvergiert* $\sum_{j=0}^{\infty} q^j$ *(hierbei ist* $q^0=1$*), und es gilt* $\sum_{j=0}^{\infty} q^j = \frac{1}{1-q}$ *(geometrische Reihe).*

Lemma 2. (a) *Die harmonische Reihe* $\sum_{j=1}^{\infty} \frac{1}{j}$ *divergiert.*

(b) *Ist* $k=2, 3, 4, \ldots$, *so konvergiert* $\sum_{j=1}^{\infty} \frac{1}{j^k}$.

Lemma 3. *Die Reihe* $1-\frac{1}{2}+\frac{1}{3}-\frac{1}{4}+\frac{1}{5}-\frac{1}{6}+\ldots$ *ist konvergent, aber nicht absolut konvergent.*

Bemerkung. Die Reihe $1-\frac{1}{2}+\frac{1}{3}-\ldots$ pendelt sich auf ihren Grenzwert ein, während $1+\frac{1}{2}+\frac{1}{3}+\ldots$ unbegrenzt wächst.

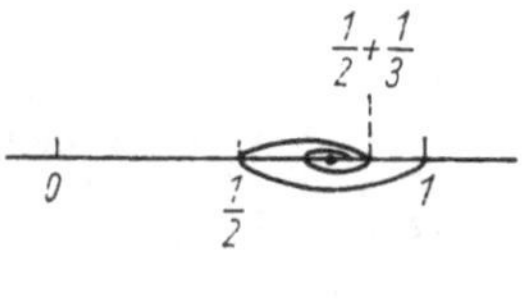

2.2.3. Konvergenzkriterien

Satz 1 (*Majorantenkriterium*). *Es sei* $0 \leqq a_j \leqq b_j$. *Ist* $\sum_{j=1}^{\infty} b_j$ *konvergent, so ist auch* $\sum_{j=1}^{\infty} a_j$ *konvergent.*

Bemerkung 1. Man sagt, daß $\sum_{j=1}^{\infty} b_j$ eine Majorante der Reihe $\sum_{j=1}^{\infty} a_j$ ist.

Satz 2. *Es sei* $a_j \geqq 0$.

(a) (*Quotientenkriterium*). *Gibt es eine Zahl* q *mit* $0<q<1$ *und eine natürliche Zahl* j_0, *so daß* $a_{j+1} \leqq q a_j$ *für* $j \geqq j_0$ *gilt, so ist* $\sum_{j=1}^{\infty} a_j$ *konvergent.*

(b) (*Wurzelkriterium*). *Gibt es eine positive Zahl* C, *eine Zahl* q *mit* $0<q<1$ *und eine natürliche Zahl* j_0, *so daß* $a_j \leqq C q^j$ *für* $j \geqq j_0$ *gilt, so ist* $\sum_{j=1}^{\infty} a_j$ *konvergent.*

Bemerkung 2. Später werden wir das Symbol $\sqrt[j]{a_j}$ (Wurzel) erklären. Dann läßt sich (b) umschreiben als $\sqrt[j]{a_j} \leqq q < 1$ für $j \geqq j_0$. Das erklärt die Bezeichnung „Wurzelkriterium".

Bemerkung 3. Da die Glieder der hier betrachteten Reihen nichtnegativ sind, fallen Konvergenz und absolute Konvergenz zusammen.

Beispiel. Ist k eine ganze Zahl und $0<a<1$, so gilt

$$\frac{(n+1)^k a^{n+1}}{n^k a^n} \leqq q < 1$$

für große Werte von n. Nach dem Quotientenkriterium konvergiert somit $\sum_{n=1}^{\infty} n^k a^n$ (vgl. auch Lemma 2.1.3/2.)

2.2.4. Umordnungen, Multiplikationen und Additionen

Eine Permutation der natürlichen Zahlen ist eine Abbildung $\varphi(n)$, die jeder natürlichen Zahl n eine natürliche Zahl $\varphi(n)$ zuordnet, so daß es zu einer vorgegebenen natürlichen Zahl k genau eine natürliche Zahl $n(k)$ mit $k=\varphi(n(k))$ gibt. Insbesondere ist also $\varphi(n) \neq \varphi(m)$ für $m \neq n$. Die Zahlen 1, 2, 3, ... werden also nur umgeordnet.

Die Reihen dieses Abschnitts sind komplex, sie enthalten somit als Spezialfall Reihen mit reellen Gliedern.

Satz 1. *$\sum_{j=1}^{\infty} z_j$ mit $z_j \in C_1$ sei absolut konvergent. Ferner sei $w_j = z_{\varphi(j)}$, wobei $\varphi(j)$ eine Permutation der natürlichen Zahlen ist. Dann ist $\sum_{j=1}^{\infty} w_j$ absolut konvergent, und es gilt $\sum_{j=1}^{\infty} z_j = \sum_{j=1}^{\infty} w_j$.*

Bemerkung 1. Der Satz ist falsch, wenn man von $\sum_{j=1}^{\infty} z_j$ nur die Konvergenz (nicht aber die absolute Konvergenz) fordert. Das kann man sich leicht an der Reihe $1-\frac{1}{2}+\frac{1}{3}-\frac{1}{4}+\frac{1}{5}-\dots$ klar machen.

Satz 2 (*Großer Umordnungssatz*). *$\sum_{j=1}^{\infty} z_j$ mit $z_j \in C_1$ sei absolut konvergent. Es bestehe eine umkehrbar eindeutige Zuordnung zwischen den Elementen $w_{k,l}$ und z_j, wobei die Indizes k, l und j jeweils die natürlichen Zahlen durchlaufen: $w_{k,l} = z_{j(k,l)}$.*

(a) *Dann ist $\sum_{l=1}^{\infty} w_{k,l}$ für jede Zahl $k=1, 2, 3, \dots$ absolut konvergent.*

(b) *Ist $u_k = \sum_{l=1}^{\infty} w_{k,l}$, so ist $\sum_{k=1}^{\infty} u_k$ absolut konvergent, und es gilt $\sum_{l=1}^{\infty} z_l = \sum_{k=1}^{\infty} u_k$.*

Bemerkung 2. Die Folge $\{z_j\}_{j=1}^{\infty}$ wird also in unendlich viele Teilfolgen $\{w_{k,l}\}_{l=1}^{\infty}$ mit $k=1, 2, 3, \dots$ zerlegt. Dann werden diese Teilfolgen einzeln summiert (Teil (a)), und anschließend werden die so erhaltenen Summen summiert (Teil (b)). Der Satz bleibt richtig, wenn k nur endlich viele Werte annimmt, d. h. wenn $\{z_j\}$ nur in endlich viele Teilfolgen zerlegt wird.

Satz 3 (*Multiplikationssatz*). *Die komplexen Reihen $\sum_{j=1}^{\infty} z_j$ und $\sum_{k=1}^{\infty} w_k$ seien absolut konvergent. Ferner bestehe eine umkehrbar eindeutige Zuordnung zwischen den Elementen $z_j w_k$ und den Elementen u_l, wobei j, k und l jeweils die natürlichen Zahlen durchlaufen. Dann ist $\sum_{l=1}^{\infty} u_l$ absolut konvergent, und es gilt*

$$\left(\sum_{j=1}^{\infty} z_j\right)\left(\sum_{k=1}^{\infty} w_k\right) = \sum_{l=1}^{\infty} u_l \, .$$

Bemerkung 3. Gemeint ist folgendes: Man bildet sämtliche Produkte $z_j w_k$ und ordnet diese irgendwie an, z. B. $z_1w_1, z_2w_1, z_1w_2, z_3w_1, z_2w_2, z_1w_3, z_4w_1, \ldots$ und nennt diese Reihenglieder u_1, $u_2, u_3, \ldots$

Beispiel. Es sei $0<q<1$. Dann folgt aus dem Satz

$$\left(\sum_{k=0}^{\infty} q^k\right)\left(\sum_{l=0}^{\infty} q^l\right)=\sum_{j=0}^{\infty}(j+1)\,q^j .$$

Nach Lemma 2.2.2/1 ergibt sich hieraus

$$\sum_{j=0}^{\infty}(j+1)\,q^j=\frac{1}{(1-q)^2}\,.$$

Dieses Beispiel zeigt, daß der Satz auch nützlich ist, um unendliche Reihen zu berechnen.

Satz 4 (*Additionssatz*). *Die komplexen Reihen $\sum_{j=1}^{\infty} z_j$ und $\sum_{k=1}^{\infty} w_k$ seien konvergent. Sind λ und μ zwei komplexe Zahlen, so ist $\sum_{j=1}^{\infty}(\lambda z_j+\mu w_j)$ konvergent, und es gilt*

$$\sum_{j=1}^{\infty}(\lambda z_j+\mu w_j)=\lambda\sum_{j=1}^{\infty} z_j+\mu\sum_{j=1}^{\infty} w_j\,.$$

2.3. Reelle Funktionen im R_1

2.3.1. Definitionen

Es sei M eine Teilmenge von R_1 mit $M \neq \emptyset$ (leere Menge).

Definition 1. *Eine Abbildung, die jedem Punkt $x \in M$ in eindeutiger Weise einen Wert $f(x) \in R_1$ zuordnet, heißt eine auf M definierte reelle Funktion f. Es wird $M = D(f)$ (Definitionsgebiet von f) gesetzt.*

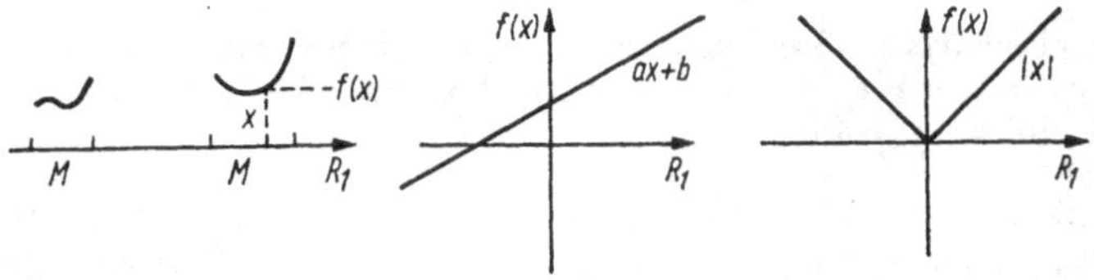

Beispiele. 1. $D(f)=[0,1]$ und $f(x)=\begin{cases}1 & \text{für } x \text{ rational}\\ 0 & \text{für } x \text{ irrational.}\end{cases}$

2. $D(f)=R_1$ und $f(x)=ax+b$ (hierbei sind a und b reell) oder $f(x)=|x|$.

Definition 2. *Es sei $D(f)=M$ das Definitionsgebiet der Funktion f.*

(a) *Mit $\inf\limits_{x\in M} f(x)$ (Infimum von f) wird die größte reelle Zahl α mit $\alpha \leqq f(x)$ für alle $x\in M$ bezeichnet. Mit $\sup\limits_{x\in M} f(x)$ (Supremum von f) wird die kleinste reelle Zahl α mit $f(x)\leqq\alpha$ für alle $x\in M$ bezeichnet.*

(b) *f heißt beschränkt, falls es eine positive Zahl K mit $|f(x)|\leqq K$ für alle $x\in M$ gibt.*

Bemerkung 1. Man vergleiche mit Def. 2.1.1/1. Es ist klar, daß es höchstens ein Infimum und höchstens ein Supremum einer Funktion f gibt, womit die Bezeichnung gerechtfertigt ist.

Lemma 1. *Ist f auf $D(f)$ beschränkt, so besitzt f ein eindeutig bestimmtes Infimum und ein eindeutig bestimmtes Supremum.*

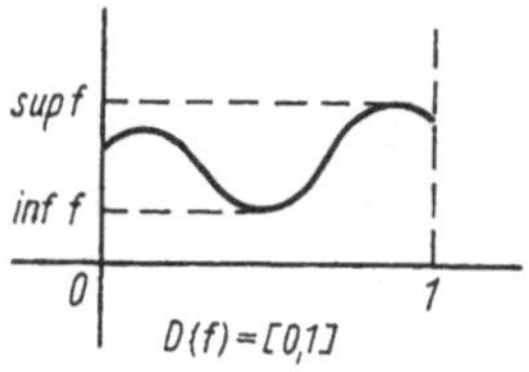

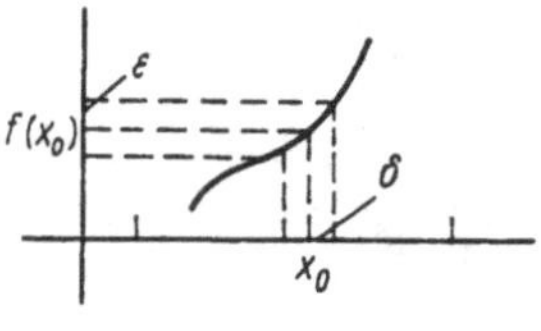

Bemerkung 2. In Analogie zu Lemma 2.1.1/1 kann man das obige Lemma auf Funktionen ausdehnen, die nur nach unten oder nur nach oben beschränkt sind.

Bemerkung 3. Gibt es einen Punkt $x_0 \in M$ mit $f(x_0) = \inf\limits_{x \in M} f(x)$, so wird das Infimum angenommen. Es ist dann das Minimum von f, und wir schreiben

$$f(x_0) = \inf_{x \in M} f(x) = \min_{x \in M} f(x) .$$

Gibt es einen Punkt $x_1 \in M$ mit $f(x_1) = \sup\limits_{x \in M} f(x)$, so wird das Supremum angenommen. Es ist dann das Maximum von f. Wir schreiben

$$f(x_1) = \sup_{x \in M} f(x) = \max_{x \in M} f(x) .$$

Definition 3. *f sei eine Funktion mit $D(f) = M$.*

(**a**) *Ist $x_0 \in M$, so heißt f stetig im Punkt x_0, falls es für alle $\varepsilon > 0$ eine positive Zahl $\delta = \delta(\varepsilon, x_0)$ gibt, so daß $|f(x) - f(x_0)| \leqq \varepsilon$ für alle $x \in M$ mit $|x - x_0| \leqq \delta$ ist.*

(**b**) *f heißt stetig auf M, falls f in jedem Punkt $x_0 \in M$ stetig ist.*

(**c**) *f heißt gleichmäßig stetig auf M, falls f stetig auf M ist und für alle $\varepsilon > 0$ die obige Zahl δ so gewählt werden kann, daß $\delta = \delta(\varepsilon)$ nur von ε, nicht aber von $x_0 \in M$ abhängt.*

Bemerkung 4. Die gleichmäßige Stetigkeit ist wie folgt zu verstehen. f heißt gleichmäßig stetig auf M, falls es zu jedem $\varepsilon > 0$ eine positive Zahl $\delta = \delta(\varepsilon)$ gibt, so daß $|f(x) - f(y)| \leqq \varepsilon$ für alle $x \in M$ und $y \in M$ mit $|x - y| \leqq \delta$ ist.

Beispiele. Die Funktion aus dem ersten obigen Beispiel ist in keinem Punkt $x_0 \in D(f) = [0, 1]$ stetig. Dagegen sind die Funktionen aus dem zweiten Beispiel mit $D(f) = R_1$ stetig.

Definition 4. *$f(x) \underset{x \to x_0}{\to} a$ oder $f(x) \to a$ für $x \to x_0$ heißt, daß $f(x_j) \to a$ für jede Folge $\{x_j\}_{j=1}^{\infty} \subset D(f)$ mit $x_j \to x_0$ gilt.*

Lemma 2. *f ist genau dann im Punkt $x_0 \in D(f)$ stetig, wenn $f(x) \to f(x_0)$ für $x \to x_0$ gilt.*

Definition 5. *f heißt rechtsseitig stetig im Punkt $x_0 \in D(f)$, falls es eine reelle Zahl a gibt, so daß $f(x_j) \to a$ gilt für jede Folge $\{x_j\}_{j=1}^{\infty} \subset D(f)$ mit $x_j \to x_0$ und $x_j > x_0$. f heißt linksseitig stetig im Punkt $x_0 \in D(f)$, falls es eine reelle Zahl a gibt, so daß $f(x_j) \to a$ gilt für jede Folge $\{x_j\}_{j=1}^{\infty} \subset D(f)$ mit $x_j \to x_0$ und $x_j < x_0$.*

Bemerkung 5. In Zukunft schreiben wir $x_j \downarrow x_0$ statt $x_j \to x_0$ mit $x_j > x_0$ bzw. $x_j \uparrow x_0$ statt $x_j \to x_0$ mit $x_j < x_0$. Lemma 2 zeigt, daß Definition 5 eine Verallgemeinerung von Definition 3(a) ist. Bei der rechtsseitigen Stetigkeit werden nur Folgen x_j zugelassen, die „von oben" gegen x_0 konvergieren, während bei der Stetigkeit sämtliche Folgen zugelassen sind, die gegen x_0 streben.

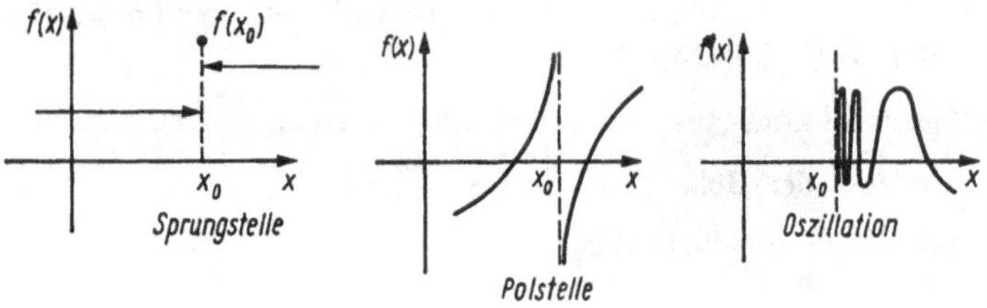

Unstetigkeiten: Ist $f(x)$ die Funktion in der ersten Zeichnung, so ist $f(x)$ im Punkt x_0 linksseitig stetig und rechtsseitig stetig, aber nicht stetig. Eine solche Situation bezeichnet man als Sprungstelle. Außer Unstetigkeiten in Form von Sprungstellen gibt es noch andere Arten von Unstetigkeiten, z. B. Polstellen oder immer stärker werdende Oszillationen von $f(x)$ bei Annäherung an bestimmte Punkte x_0.

2.3.2. Eigenschaften stetiger Funktionen

Satz 1. *f und g seien Funktionen mit $D(f) = D(g)$ im Sinne von Def.* 2.3.1/1. *Im Punkt $x_0 \in D(f)$ seien f und g stetig.*

(a) *Sind λ und μ reelle Zahlen, so ist $\lambda f(x) + \mu g(x)$ im Punkt x_0 stetig.*

(b) *$f(x) \cdot g(x)$ ist im Punkt x_0 stetig.*

(c) *Ist zusätzlich $g(x_0) \neq 0$, so ist $\dfrac{f(x)}{g(x)}$ im Punkt x_0 stetig.*

Satz 2. *f sei eine stetige Funktion im Sinne von Def.* 2.3.1/3(*b*). *Ferner sei $D(f)$ abgeschlossen und beschränkt. Dann ist*

$$\inf_{x \in D(f)} f(x) = \min_{x \in D(f)} f(x), \quad \sup_{x \in D(f)} f(x) = \max_{x \in D(f)} f(x) .$$

Bemerkung 1. Wird $D(f)$ als Teilmenge von R_1 betrachtet, so wurde in Def. 1.3.3/2(b) festgelegt, wann $D(f)$ abgeschlossen ist: Alle Häufungspunkte von $D(f)$ in R_1 gehören zu $D(f)$. Ein abgeschlossenes Intervall oder die Vereinigung endlich vieler abgeschlossener Intervalle sind Beispiele für abgeschlossene Mengen in R_1.

Bemerkung 2. Satz 2 besagt zweierlei, nämlich 1. $f(x)$ ist beschränkt und 2. Infimum und Supremum (die dann nach Lemma 2.3.1/1 existieren) werden angenommen.

Satz 3 (*Satz vom Zwischenwert*). *f sei stetig* (*Def.* 2.3.1/3(*b*)) *und $D(f)$ sei ein Intervall. Ist α eine reelle Zahl mit*

$$\inf f(x) < \alpha < \sup f(x) ,$$

so gibt es mindestens einen Punkt $x_0 \in D(f)$ mit $f(x_0) = \alpha$.

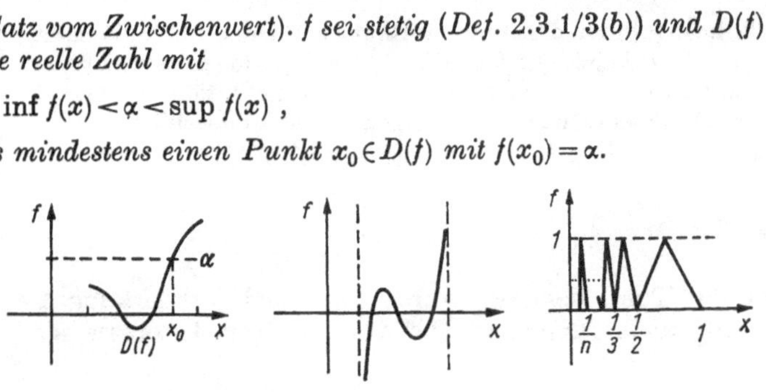

Bemerkung 3. Wir haben im letzten Satz nicht vorausgesetzt, daß $D(f)$ abgeschlossen und beschränkt ist. f kann für offene oder halboffene Intervalle $D(f)$ unbeschränkt sein. Man muß dann im Satz $\inf f(x) = -\infty$ (falls f nach unten unbeschränkt ist) bzw. $\sup f(x) = \infty$ (falls f nach oben unbeschränkt ist) setzen.

Satz 4. *f sei stetig (Def. 2.3.1/3(b)), und $D(f)$ sei abgeschlossen und beschränkt. Dann ist f gleichmäßig stetig (Def. 2.3.1/3(c)).*

Bemerkung 4. Die Zackenfunktion aus dem obigen Bild ist stetig in $D(f) = (0, 1]$, aber nicht gleichmäßig stetig: Dreiecke der Höhe 1 über $\left[\frac{1}{n+1}, \frac{1}{n}\right]$ mit $n = 1, 2, 3, \ldots$ Das zeigt, daß die Forderung im letzten Satz, daß $D(f)$ abgeschlossen ist, wesentlich ist.

2.4. Stetige Abbildungen in metrischen Räumen

2.4.1. Definition

Mit $\varrho(x, y) = |x - y|$ ist R_1 ein metrischer Raum. Ist f eine Funktion im Sinne von Def. 2.3.1/1 mit $D(f) = R_1$, so läßt sich die Stetigkeit von f im Punkt $x_0 \in D(f)$ (Def. 2.3.1/3(a)) auch wie folgt beschreiben: Für alle $\varepsilon > 0$ gibt es ein $\delta > 0$, so daß $\varrho(f(x_0), f(x)) \leqq \varepsilon$ für alle $x \in R_1$ mit $\varrho(x_0, x) \leqq \delta$ ist. Diese Fassung ist aber sofort verallgemeinerungsfähig.

Definition. *M_1 und M_2 seien zwei metrische Räume mit den Metriken ϱ_1 und ϱ_2. Ferner sei f eine Abbildung von M_1 in M_2 (d. h., jedem $x \in M_1$ wird eindeutig ein $f(x) \in M_2$ zugeordnet).*

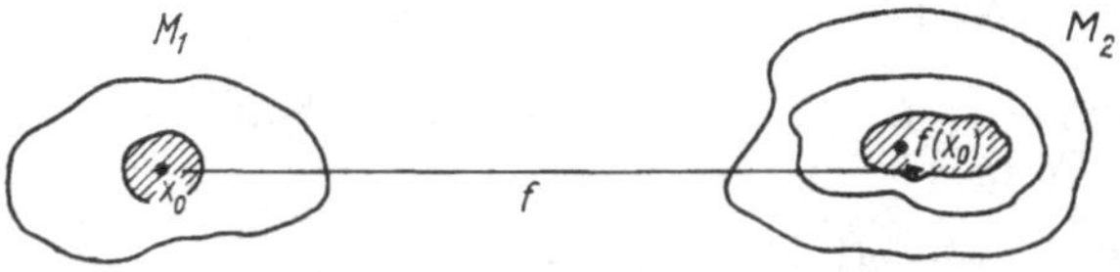

(**a**) *f heißt stetig im Punkt $x_0 \in M_1$, falls es für alle $\varepsilon > 0$ eine positive Zahl $\delta = \delta(\varepsilon, x_0)$ gibt, so daß $\varrho_2(f(x_0), f(x)) \leqq \varepsilon$ für alle $x \in M_1$ mit $\varrho_1(x_0, x) \leqq \delta$ ist.*

(**b**) *f heißt stetig auf M_1, falls f in jedem Punkt $x_0 \in M_1$ stetig ist.*

(**c**) *f heißt gleichmäßig stetig auf M_1, falls f stetig auf M_1 ist und für alle $\varepsilon > 0$ die obige Zahl δ so gewählt werden kann, daß $\delta = \delta(\varepsilon)$ nur von ε, nicht aber von $x_0 \in M_1$ abhängt.*

Bemerkung 1. Das ist das Analogon zu Def. 2.3.1/3, man vgl. auch mit Bemerkung 2.3.1/4.

Bemerkung 2. Die Teilmenge N eines metrischen Raumes M ist ebenfalls ein metrischer Raum (gleiche Metrik). Ist die obige Abbildung f nicht auf ganz M_1, sondern nur auf einer Teilmenge $D(f)$ definiert (Definitionsgebiet), so kann man die obige Definition anwenden, indem man M_1 durch $D(f)$ ersetzt. In diesem Sinne ist die obige Definition tatsächlich eine Verallgemeinerung von Def. 2.3.1/3.

2.4.2. Beispiele

Wie zu Beginn von 2.4.1. bemerkt wurde (vgl. auch Bemerkung 2.4.1/2), ist Def. 2.4.1 eine Verallgemeinerung von Def. 2.3.1/3. Von Interesse sind weitere Beispiele.

Komplexwertige Funktionen: M_1 sei eine Teilmenge von R_1 und $M_2 = C_1$. Dann ist $f(x)$ eine komplexwertige Funktion und zerlegbar als

$$f(x) = \operatorname{Re} f(x) + \mathrm{i} \operatorname{Im} f(x), \quad x \in M_1 . \tag{1}$$

Lemma 1. *Die komplexwertige Funktion $f(x)$ ist genau dann stetig, wenn die reellen Funktionen* Re $f(x)$ *und* Im $f(x)$ *stetig sind.*

Reelle Funktionen im R_n: M_1 ist eine Teilmenge im R_n und $M_2 = R_1$. Die Abbildung f kann man sich als Fläche über dem R_n vorstellen, $n = 2$ hat einen unmittelbaren geometrischen Sinn. Es ist klar, was mit Stetigkeit im Sinne von Def. 2.4.1. gemeint ist.

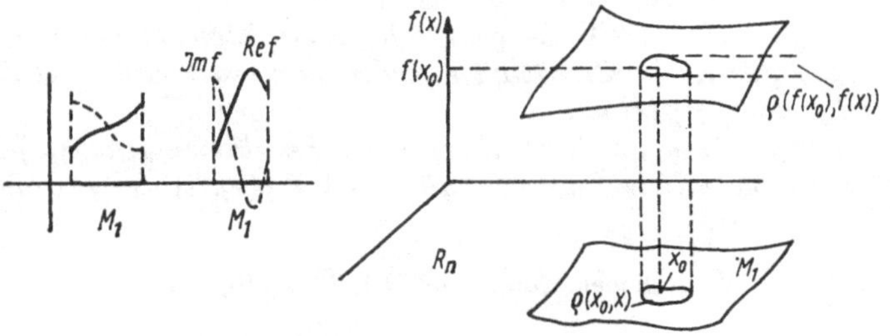

Komplexwertige Funktionen im R_n: M_1 ist eine Teilmenge von R_n und $M_2 = C_1$. Die Zerlegung (1) und Lemma 1 gelten auch in diesem Fall.

Abbildungen im R_n: Es ist $M_1 = M_2 = R_n$ und $f(x) = (f_1(x), \ldots, f_n(x))$, wobei $f_j(x)$ reelle Funktionen im R_n sind. Man nennt $f(x)$ auch eine Vektorfunktion.

Lemma 2. *Die Vektorfunktion $f(x) = (f_1(x), \ldots, f_n(x))$ ist genau dann stetig, wenn die reellen Funktionen $f_j(x)$ mit $j = 1, \ldots, n$ als Abbildungen von R_n in R_1 stetig sind (komponentenweise Stetigkeit).*

Lineare Abbildungen: Sind $a_{j,k}$ mit $j = 1, \ldots, n$ und $k = 1, \ldots, n$ reelle Zahlen, so ist die Vektorfunktion $f(x) = (f_1(x), \ldots, f_n(x))$ mit

$$f_j(x) = \sum_{k=1}^{n} a_{j,k}\, x_k, \quad j = 1, \ldots, n ,$$

stetig.

2.4.3. Reelle stetige Funktionen im R_n

Die Betrachtungen aus 2.3.1. und 2.3.2. sind von R_1 auf R_n übertragbar. f sei eine Funktion, die von $D(f) \subset R_n$ in R_1 abbildet. Def. 2.3.1/4 kann wörtlich übernommen werden.

Lemma. *f ist genau dann im Punkt $x_0 \in D(f)$ stetig, wenn $f(x) \to f(x_0)$ für $x \to x_0$ gilt (Analogon von Lemma 2.3.1/2).*

Satz 1. *f und g seien zwei reelle stetige Funktionen im R_n mit $D(f) = D(g)$, die beide im Punkt $x_0 \in D(f)$ stetig sind.*
(**a**) *Sind λ und μ reelle Zahlen, so sind $\lambda f(x) + \mu g(x)$ und $f(x) \cdot g(x)$ im Punkt x_0 stetig.*
(**b**) *Ist $g(x_0) \neq 0$, so ist $\dfrac{f(x)}{g(x)}$ im Punkt x_0 stetig (Analogon zu Satz 2.3.2/1).*

Satz 2. *M sei abgeschlossen und beschränkt im R_n. Ferner sei f auf $M = D(f)$ stetig (Def. 2.4.1(b) mit $M = M_1$).*

(a) *Es ist* $\inf\limits_{x \in M} f(x) = \min\limits_{x \in M} f(x)$ *und* $\sup\limits_{x \in M} f(x) = \max\limits_{x \in M} f(x)$.

(b) *f ist gleichmäßig stetig (Def. 2.4.1(c)) (Analogon zu Satz 2.3.2/2 und Satz 2.3.2/4).*

2.5. Vollständige metrische Räume

2.5.1. Definitionen

Definition 1. *M sei ein metrischer Raum mit der Metrik ϱ.*

(a) *Eine Folge $\{x_j\}_{j=1}^{\infty} \subset M$ heißt konvergent, falls es ein Element $x_0 \in M$ mit folgender Eigenschaft gibt: Für jede positive Zahl ε findet man eine natürliche Zahl $j_0(\varepsilon)$, so daß $\varrho(x_0, x_j) \leqq \varepsilon$ für alle $j \geqq j_0(\varepsilon)$ ist.*

(b) *Eine Folge $\{x_j\}_{j=1}^{\infty} \subset M$ heißt Cauchyfolge (oder Fundamentalfolge), falls es für jede positive Zahl ε eine natürliche Zahl $j_0(\varepsilon)$ gibt, so daß $\varrho(x_j, x_k) \leqq \varepsilon$ für alle j und k mit $j \geqq j_0(\varepsilon)$ und $k \geqq j_0(\varepsilon)$ ist.*

Bemerkung 1. Das ist die Verallgemeinerung von Def. 2.1.1/2(b) und Def. 2.1.2. Dort ist $M = C_1$.

Lemma 1. *Jede konvergente Folge (im Sinne der obigen Def.) ist Cauchyfolge.*

Bemerkung 2. Nach Satz 2.1.2/2 gilt für $M = C_1$ auch die Umkehrung. Für allgemeine metrische Räume ist das aber nicht richtig. Betrachtet man z. B. $M = (0, 1]$ mit der üblichen Abstandsmetrik, so ist $x_j = \frac{1}{j}$ eine Cauchyfolge, aber keine konvergente Folge.

Definition 2. *Ein metrischer Raum heißt vollständig, falls jede Cauchyfolge eine konvergente Folge ist.*

Bemerkung 3. Bemerkung 2 zeigt, daß die Definition sinnvoll ist.

Lemma 2. *R_n und C_n sind vollständige metrische Räume.*

Bemerkung 4. Das Lemma folgt aus den Sätzen 1.3.1/2 und 1.3.2/2. Der obige Raum $M = (0, 1]$ ist ein Beispiel für einen nicht vollständigen metrischen Raum.

2.5.2. Der Raum $C[a, b]$

Definition. *Ist $-\infty < a < b < \infty$, so ist $C[a, b] = \{f \mid f$ ist reell und stetig auf $[a, b]\}$,*

$$\varrho(f, g) = \sup_{x \in [a,b]} |f(x) - g(x)| \,. \tag{1}$$

Bemerkung 1. $C[a, b]$ ist also der Raum, der aus allen reellen und stetigen Funktionen auf dem abgeschlossenen Intervall $[a, b]$ besteht. Die „Punkte" dieses Raumes sind Funktionen. Sind f und g stetig auf $[a, b]$, so ist auch $f - g$ stetig auf $[a, b]$. Da $[a, b]$ abgeschlossen ist, ist somit $f - g$ beschränkt, und man kann in (1) sup durch max ersetzen (Satz 2.3.2/2).

Satz. *$C[a, b]$ ist ein vollständiger metrischer Raum.*

Bemerkung 2. Die Metrik in $C[a, b]$ ist durch (1) gegeben. Man hat zu zeigen, daß ϱ den Bedingungen aus Def. 1.3.3/1 genügt.

Bemerkung 3. Statt des abgeschlossenen Intervalls $[a, b]$ kann man auch das offene Intervall

(a, b) betrachten. Dann ist $C(a, b) = \{f \mid f$ ist reell, stetig und beschränkt auf $(a, b)\}$. Hier muß man zusätzlich fordern, daß f beschränkt ist. Mit der Metrik (1) ist $C(a, b)$ wieder ein vollständiger metrischer Raum. Es ist leicht zu sehen, daß es $f \in C(a, b)$ gibt, die nicht in die Punkte a und b so fortgesetzt werden können, daß sie nach Fortsetzung zu $C[a, b]$ gehören. Andererseits gehört die Einschränkung von $f \in C[a, b]$ auf (a, b) stets zu $C(a, b)$.

2.5.3. Der Banachsche Fixpunktsatz

Definition. *M sei ein metrischer Raum mit der Metrik ϱ. Eine Abbildung f von M in M heißt kontrahierend, falls es eine Zahl α mit $0 \leqq \alpha < 1$ gibt, so daß*

$$\varrho(f(x), f(y)) \leqq \alpha \varrho(x, y) \tag{1}$$

für alle $x \in M$ und alle $y \in M$ ist.

Lemma. *Eine kontrahierende Abbildung ist stetig.*

Bemerkung. Man hat also nachzuprüfen, daß Def. 2.4.1(b) mit $M_1 = M_2 = M$ erfüllt ist.

Satz (*Banachscher Fixpunktsatz*). *M sei ein vollständiger metrischer Raum, und f sei eine kontrahierende Abbildung in M. Dann gibt es genau einen Punkt $x \in M$ mit $f(x) = x$ (Fixpunkt).*

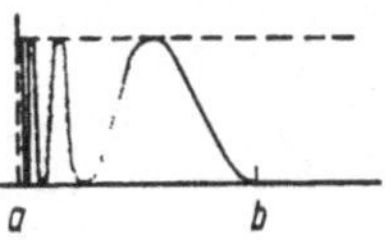

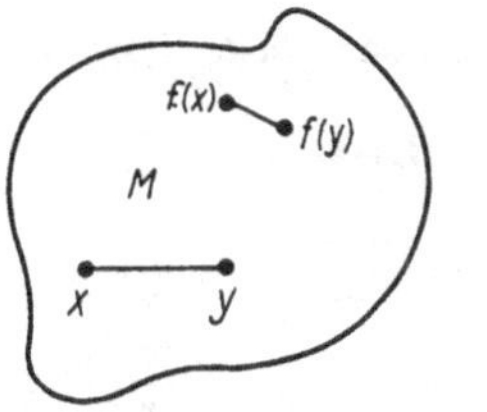

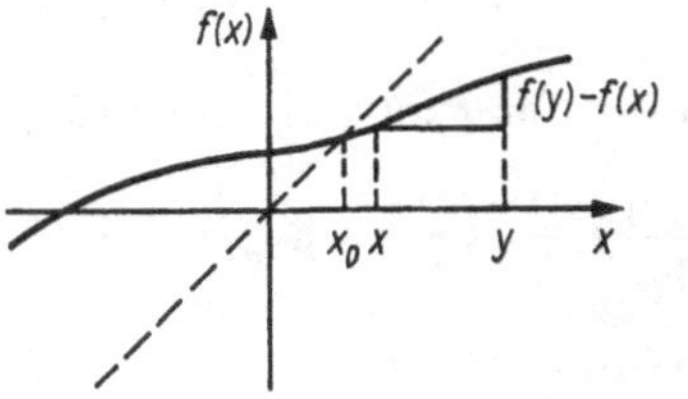

Beispiel 1. Es sei $M = R_1$, und $f(x)$ sei eine stetige Funktion auf R_1 mit $|f(x) - f(y)| \leqq \alpha\, |x - y|$ für alle $x \in R_1$ und alle $y \in R_1$. Hierbei ist $0 \leqq \alpha < 1$. Deutet man $f(x)$ als Abbildung von R_1 in R_1, so ist der Satz anwendbar. x_0 ist der einzige Fixpunkt mit $f(x) = x$.

Beispiel 2. Die Ebene R_2 oder eine Teilmenge M von R_2 ist ein metrischer Raum, wenn man den üblichen Abstand zweier Punkte als Metrik nimmt. Ist M ein Kreisring und f eine Drehung um den gemeinsamen Mittelpunkt der beiden Kreise, so gilt (1) mit $\alpha = 1$. Andererseits haben solche Drehungen i. allg. keine Fixpunkte. Das zeigt, daß $\alpha < 1$ im Satz wesentlich ist.

3. Differential- und Integralrechnung im R_1 (Grundbegriffe)

3.1. Differentiation

3.1.1. Definitionen

In diesem Kapitel werden (mit einigen wenigen Ausnahmen) nur reelle Funktionen im Sinne von Def. 2.3.1/1 betrachtet. Ist f nicht reell, so wird dies ausdrücklich erwähnt.

Definition. *f sei eine reelle Funktion und $D(f)=(a, b)$ ein offenes Intervall. Es sei $x_0 \in (a, b)$.*

(**a**) *$f(x)$ heißt im Punkt x_0 differenzierbar, falls*

$$\frac{f(x_0+h)-f(x_0)}{h} \to \alpha \quad \textit{für} \quad h \to 0$$

gilt. Hierbei ist $|h| \leqq h_0$ und $h \neq 0$. Es wird $\alpha = f'(x_0) = \frac{\mathrm{d}f}{\mathrm{d}x}(x_0)$ gesetzt.

(**b**) *$f(x)$ heißt in $D(f)=(a, b)$ differenzierbar, falls $f(x)$ in jedem Punkt $x_0 \in (a, b)$ differenzierbar ist.*

(**c**) *$f(x)$ heißt im Punkt x_0 rechtsseitig differenzierbar, falls*

$$\frac{f(x_0+h)-f(x_0)}{h} \to \beta \quad \textit{für} \quad h \downarrow 0$$

gilt. Hierbei ist $0 < h < h_0$. Es wird $\beta = f'_+(x_0)$ gesetzt. $f(x)$ heißt im Punkt x_0 linksseitig differenzierbar, falls

$$\frac{f(x_0+h)-f(x_0)}{h} \to \gamma \quad \textit{für} \quad h \uparrow 0$$

gilt. Hierbei ist $h_0 < h < 0$. Es wird $\gamma = f'_-(x_0)$ gesetzt.

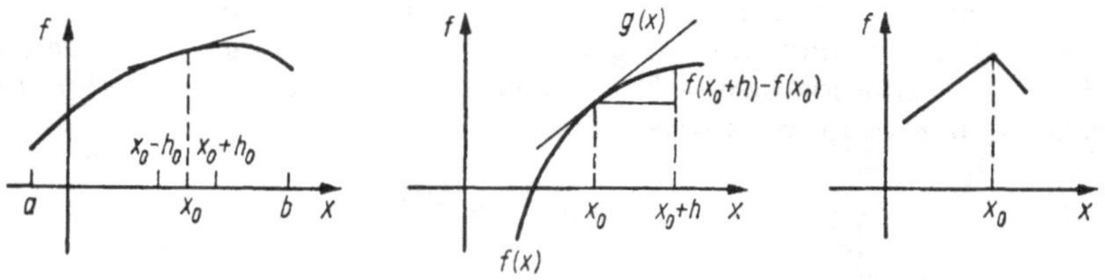

Bemerkung 1. $h \uparrow 0$ und $h \downarrow 0$ wurden in Bemerkung 2.3.1/5 erklärt. Ist $D(f)=[a, b)$, so kann man auch die rechtsseitige Ableitung im Punkt $x_0 = a$ bilden. Analoges gilt für die linksseitige Ableitung im Punkt b, falls $D(f)=(a, b]$ ist.

Bemerkung 2 (Geometrische Interpretation). Ist $f(x)$ im Punkt x_0 differenzierbar, so heißt die Gerade

$$g(x) = f(x_0) + f'(x_0)\,(x - x_0) \tag{1}$$

Tangente (an die Kurve $f(x)$ im Punkt x_0). Es ist leicht zu sehen, daß $g(x)$ die Approximationseigenschaft

$$\left|\frac{f(x)-g(x)}{x-x_0}\right| \to 0 \quad \text{für} \quad x \to x_0 \tag{2}$$

besitzt.

Lemma 1. (**a**) *Ist $f(x)$ im Punkt x_0 differenzierbar, so ist die Gerade* (1) *die einzige Gerade in der Ebene mit der Eigenschaft* (2).
(**b**) *$f(x)$ ist genau dann im Punkt x_0 differenzierbar, wenn $f(x)$ im Punkt x_0 sowohl rechtsseitig als auch linksseitig differenzierbar ist und $f'_+(x_0)=f'_-(x_0)$ gilt. In diesem Fall ist $f'(x_0)=f'_+(x_0)=f'_-(x_0)$.*

Bemerkung 3. Das Dach in der Zeichnung ist im Punkt x_0 rechtsseitig und linksseitig differenzierbar, aber nicht differenzierbar.

Lemma 2. *Ist $f(x)$ im Punkt x_0 differenzierbar, so ist $f(x)$ im Punkt x_0 stetig.*

Bemerkung 4. Differenzierbar ist somit mehr als stetig.

3.1.2. Regeln

Satz 1. *f und g seien im Punkt x_0 differenzierbar.*
(**a**) *Sind λ und μ reelle Zahlen, so ist $\lambda f+\mu g$ im Punkt x_0 differenzierbar, und es gilt $(\lambda f+\mu g)'(x_0)=\lambda f'(x_0)+\mu g'(x_0)$.*
(**b**) *fg ist im Punkt x_0 differenzierbar, und es gilt*

$$(fg)'(x_0)=f'(x_0)\,g(x_0)+f(x_0)\,g'(x_0).$$

(**c**) *Ist $g(x_0)\neq 0$, so ist $\frac{f}{g}$ im Punkt x_0 differenzierbar, und es gilt*

$$\left(\frac{f}{g}\right)'(x_0)=\frac{f'(x_0)\,g(x_0)-f(x_0)\,g'(x_0)}{g^2(x_0)}.$$

Satz 2 (*Kettenregel*). *Ist g im Punkt x_0 und f im Punkt $g(x_0)$ differenzierbar, so ist $h(x)=f(g(x))$ im Punkt x_0 differenzierbar, und es gilt*

$$h'(x_0)=f'(g(x_0))\,g'(x_0)\,.$$

3.1.3. Beispiele (Rationale Funktionen)

Ist n eine natürliche Zahl, so ist

$$(x^n)'=nx^{n-1} \quad \text{für} \quad x\in R_1,$$
$$(x^{-n})'=-nx^{-n-1} \quad \text{für} \quad x\in R_1, \quad x\neq 0\,.$$

Somit gilt für beliebige ganze Zahlen k

$$(x^k)'=kx^{k-1} \quad \text{für} \quad x\in R_1, \quad x\neq 0\,.$$

Benutzt man diese Formel und Satz 3.1.2/1, so kann man die Ableitung beliebiger rationaler Funktionen $R(x)=\dfrac{\sum_{k=0}^{N} a_k x^k}{\sum_{j=0}^{M} b_j x^j}$ bestimmen, wobei man auf die Nullstellen des Nennerpolynoms aufpassen muß.

3.1.4. Umkehrfunktionen

Definition. (**a**) *Das offene Intervall $(a, b) \subset D(f)$ heißt Monotonieintervall der Funktion f, falls f in (a, b) monoton wächst* (d. h. $f(x_1) \geqq f(x_0)$ *für alle x_0 und x_1 mit $a < x_0 \leqq \leqq x_1 < b$) oder monoton fällt (d. h. $f(x_1) \leqq f(x_0)$ für alle x_0 und x_1 mit $a < x_0 \leqq x_1 < b$). Gilt $f(x_1) > f(x_0)$ (bzw. $f(x_1) < f(x_0)$) für alle x_0 und x_1 mit $a < x_0 < x_1 < b$, so heißt f streng monoton wachsend (bzw. streng monoton fallend).*

(**b**) *Ist $y = f(x)$ in (a, b) streng monoton (wachsend oder fallend), so heißt die Zuordnung $y \to x$ Umkehrfunktion und wird mit f^{-1} bezeichnet.*

Bemerkung 1. In (a, b) sei f streng monoton wachsend. Dann vermittelt f eine eineindeutige Abbildung der Punkte $x_0 \in (a, b)$ auf eine gewisse Punktmenge auf der y-Achse. f ist durch die Zuordnung f: $x_0 \to y_0$ bestimmt. Die Umkehrfunktion f^{-1} ist durch die Zuordnung f^{-1}: $y_0 \to x$

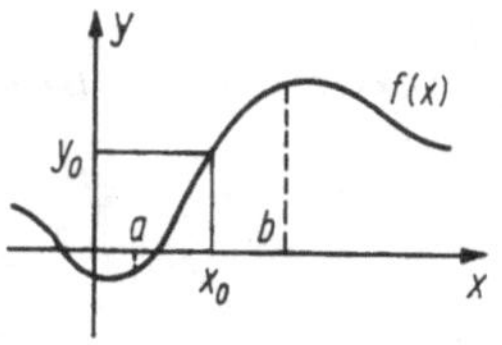

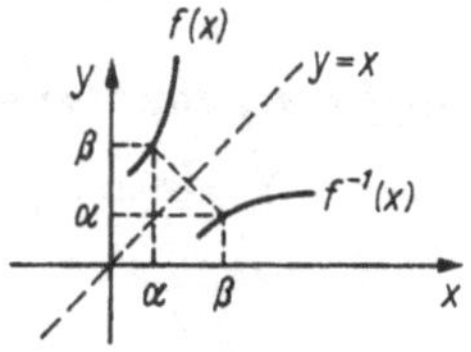

bestimmt. x- und y-Achse tauschen ihre Rollen. Möchte man $f^{-1}(x)$ wieder als Funktion von x auftragen, so geschieht das einfach dadurch, daß man das Bild der Kurve $y = f(x)$ an der Geraden $y = x$ spiegelt.

Satz. *$f(x)$ sei im Intervall $(x_0 - \varepsilon, x_0 + \varepsilon)$ differenzierbar, wobei $\varepsilon > 0$ ist. $f'(x)$ sei im Punkt x_0 stetig, $f'(x_0) \neq 0$ und $y_0 = f(x_0)$. Ist ε genügend klein, so ist f im Intervall $(x_0 - \varepsilon, x_0 + \varepsilon)$ streng monoton. Die Umkehrfunktion f^{-1} ist im Punkt y_0 differenzierbar, und es gilt $(f^{-1})'(y_0) = \dfrac{1}{f'(x_0)}$.*

Bemerkung 2. Die letzte Aussage folgt leicht aus dem obigen Spiegelungsprinzip, wenn man $\alpha = x_0$ und $\beta = y_0$ setzt und berücksichtigt, daß die Ableitung den Anstieg der Tangente beschreibt.

3.1.5. Mittelwertsätze

Die Bezeichnung, f sei in (a, b) „stetig differenzierbar", bedeutet, daß f im offenen Intervall (a, b) differenzierbar ist und daß die Ableitung $f'(x)$ in (a, b) stetig ist.

Satz 1 (*Satz von Rolle*). *f sei in $[a, b]$ stetig und in (a, b) stetig differenzierbar. Ist $f(a) = f(b) = 0$, so gibt es mindestens einen Punkt $x_0 \in (a, b)$ mit $f'(x_0) = 0$.*

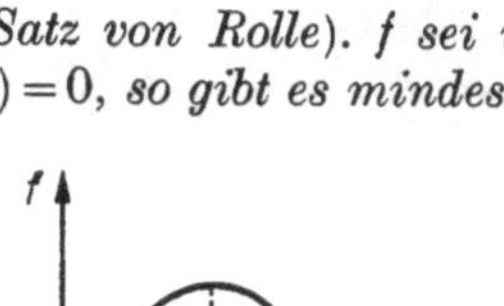

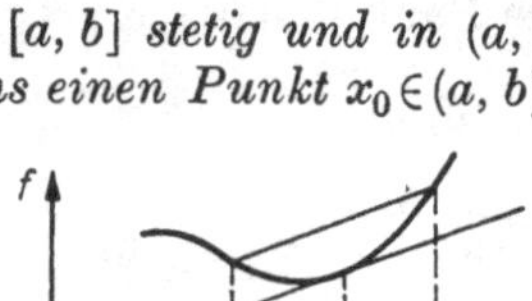

Bemerkung 1. Man kann als x_0 einen Punkt mit $f(x_0) = \sup\limits_{x \in [a,b]} f(x) = \max\limits_{x \in [a,b]} f(x)$ wählen.

Satz 2. *f und g seien in $[a, b]$ stetig und in (a, b) stetig differenzierbar. Ferner sei $g'(x) \neq 0$ in (a, b). Dann gibt es mindestens einen Punkt $x_0 \in (a, b)$ mit*

$$\frac{f(b) - f(a)}{g(b) - g(a)} = \frac{f'(x_0)}{g'(x_0)}. \tag{1}$$

Bemerkung 2. $g(x)$ ist streng monoton in $[a, b]$, insbesondere ist $g(b) \neq g(a)$.

Bemerkung 3. Es sei $g(x) = x$. Dann folgt aus (1), daß es ein $x_0 \in (a, b)$ mit $\frac{f(b)-f(a)}{b-a} = f'(x_0)$ gibt. Geometrisch bedeutet das, daß die Tangente durch x_0 parallel zur Geraden ist, die durch die Punkte $(a, f(a))$ und $(b, f(b))$ geht.

Satz 3 (*l'Hospitalsche Regel*). *f und g seien in $[a, b]$ stetig und in (a, b) stetig differenzierbar. Ferner sei $f(a) = g(a) = 0$, $g(x) \neq 0$ für $x \in (a, b)$ und $g'(x) \neq 0$ für $x \in (a, b)$. Existiert $\lim_{x \downarrow a} \frac{f'(x)}{g'(x)}$, so existiert auch $\lim_{x \downarrow a} \frac{f(x)}{g(x)}$, und es gilt*

$$\lim_{x \downarrow a} \frac{f(x)}{g(x)} = \lim_{x \downarrow a} \frac{f'(x)}{g'(x)} .$$

Bemerkung 4. Ist $f(x) \to \infty$ und $g(x) \to \infty$ für $x \downarrow a$, so kann man den Satz auf $\frac{\frac{1}{g(x)}}{\frac{1}{f(x)}} \left(= \frac{f(x)}{g(x)} \right)$ anwenden.

Bemerkung 5. Einen analogen Satz kann man für $x \uparrow a$ oder $x \to a$ formulieren.

Beispiele. Ist n eine natürliche Zahl, so gilt

$$\lim_{x \to 1} \frac{x^n - 1}{x - 1} = \lim_{x \to 1} \frac{n x^{n-1}}{1} = n ,$$

$$\lim_{x \to 1} \frac{(x^n - 1)^3}{(x-1)^2} = \lim_{x \to 1} \frac{3n\,(x^n - 1)^2\, x^{n-1}}{2\,(x-1)} = \lim_{x \to 1} \frac{(x^n - 1)\,[\ldots]}{2} = 0.$$

Das zweite Beispiel zeigt, daß man den Satz auch iterativ anwenden kann.

3.1.6. Ableitungen höherer Ordnung, Ableitungen komplexer Funktionen

Höhere Ableitungen: Es ist klar, daß man Def. 3.1.1 iterativ anwenden kann. Ist $f(x)$ im Intervall (a, b) differenzierbar, so kann man fragen, ob $f'(x)$ im Punkt $x_0 \in (a, b)$ differenzierbar ist. Ist dies der Fall, so schreiben wir $f''(x_0) = (f')'(x_0)$. Iteration: $f^{(n)}(x_0) = (f^{(n-1)})'(x_0)$.

Komplexe Funktionen: Betrachten wir (ausnahmesweise) komplexwertige Funktionen $f(x) \in C_1$ mit $D(f) = (a, b)$, so kann man Def. 3.1.1(a) wörtlich übernehmen, wobei

$$\frac{f\,(x_0 + h) - f(x_0)}{h} \to f'(x_0) \quad \text{für} \quad h \to 0$$

jetzt als Konvergenz in C_1 zu verstehen ist.

Lemma. *Die komplexwertige Funktion $f(x)$ ist genau dann im Punkt x_0 differenzierbar, wenn die reellen Funktionen $\operatorname{Re} f$ und $\operatorname{Im} f$ im Punkt x_0 differenzierbar sind. Ist dies der Fall, so gilt*

$$f'(x_0) = (\operatorname{Re} f)'(x_0) + \mathrm{i}(\operatorname{Im} f)'(x_0) .$$

3.2. Integration reeller Funktionen

3.2.1. Definition des Riemannschen Integrals

Es sei $-\infty < a < b < \infty$. Wir betrachten eine Zerlegung Z:

$$a = a_0 < a_1 < \ldots < a_n < a_{n+1} = b \tag{1}$$

des Intervalls $[a, b]$.

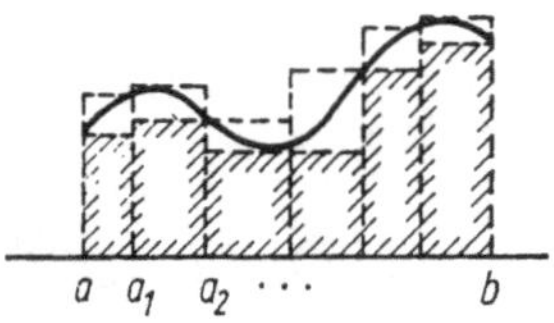

Definition. *$f(x)$ sei eine reelle beschränkte Funktion auf $D(f) = [a, b]$.*
(**a**)

$$\underline{\int} f(x)\,\mathrm{d}x = \sup_Z \textstyle\sum_Z^* \quad \textit{mit} \quad \sum_Z^* = \displaystyle\sum_{j=0}^{n} (a_{j+1} - a_j) \inf_{y \in [a_j, a_{j+1}]} f(y),$$

$$\overline{\int} f(x)\,\mathrm{d}x = \inf_Z \textstyle\sum_Z^{**} \quad \textit{mit} \quad \sum_Z^{**} = \displaystyle\sum_{j=0}^{n} (a_{j+1} - a_j) \sup_{y \in [a_j, a_{j+1}]} f(y) .$$

(**b**) *$f(x)$ heißt integrierbar, falls $\underline{\int} f(x)\,\mathrm{d}x = \overline{\int} f(x)\,\mathrm{d}x$ ist.*

Bemerkung 1. $\sup_Z$ ist das Supremum über alle Zerlegungen Z der Form (1), wobei n variabel ist (Supremum über alle n und alle Zerlegungspunkte) (analog $\inf_Z$). Da $f(x)$ beschränkt ist, existieren $\inf f(y)$ und $\sup f(y)$ über die entsprechenden Teilintervalle. $\sum_Z^*$ heißt Untersumme und entspricht der Summe der schraffierten Rechtecke. $\underline{\int}$ heißt Unterintegral. Entsprechend heißt $\sum_Z^{**}$ Obersumme und $\overline{\int}$ Oberintegral.

Bemerkung 2. Ist $f(x)$ integrierbar, so schreiben wir

$$\underline{\int} f(x)\,\mathrm{d}x = \overline{\int} f(x)\,\mathrm{d}x = \int f(x)\,\mathrm{d}x = \int_a^b f(x)\,\mathrm{d}x ,$$

wobei die letzte Schreibweise das Integrationsintervall kennzeichnet. Das ist das Riemannsche Integral.

Lemma 1. *Es ist $\underline{\int} f(x)\mathrm{d}x \leqq \overline{\int} f(x)\mathrm{d}x$.*

Bemerkung 3. Eine Funktion heißt also genau dann integrierbar, wenn sich $\leqq$ im Lemma 1 in $=$ verwandelt.

Lemma 2. *$f(x)$ sei im Intervall $[a, b]$ integrierbar. Ferner sei y_j ein beliebiger Punkt aus $[a_j, a_{j+1}]$ im Sinne der Zerlegung aus (1). Es sei*

$$\sum_Z = \sum_{j=0}^{n} (a_{j+1} - a_j)\, f(y_j) .$$

Dann gibt es eine Folge Z_k von Zerlegungen mit

$$\int f(x)\mathrm{d}x = \lim_{k\to\infty} \textstyle\sum_{Z_k}^* = \lim_{k\to\infty} \sum_{Z_k}^{**} = \lim_{k\to\infty} \sum_{Z_k} .$$

Bemerkung 4. Es gilt $\sum^*_{Z_k} \leqq \sum_{Z_k} \leqq \sum^{**}_{Z_k}$, wobei $\sum^*_{Z_k}$ das Integral $\int f(x)\mathrm{d}x$ von unten und $\sum^{**}_{Z_k}$ von oben approximiert.

Lemma 3. *$f(x)$ sei in $[a, b]$ integrierbar und $c \in (a, b)$. Mit Z^c werden alle Zerlegungen (1) bezeichnet, die c als Zerlegungspunkt enthalten.*

(a) *Es ist* $\int f(x)\,\mathrm{d}x = \sup\limits_{Z^c} \sum^*_{Z^c} = \inf\limits_{Z^c} \sum^{**}_{Z^c}$.

(b) *Lemma 2 bleibt auch richtig, wenn man sich auf Zerlegungen Z^c beschränkt.*

3.2.2. Eigenschaften

Satz 1. *f und g seien in $[a, b]$ integrierbar.*

(a) *Sind λ und μ reelle Zahlen, so ist $\lambda f + \mu g$ in $[a, b]$ integrierbar, und es gilt*

$$\int (\lambda f(x) + \mu g(x))\,\mathrm{d}x = \lambda \int f(x)\,\mathrm{d}x + \mu \int g(x)\,\mathrm{d}x .$$

(b) *Ist zusätzlich $f(x) \leqq g(x)$, so ist*

$$\int f(x)\,\mathrm{d}x \leqq \int g(x)\,\mathrm{d}x .$$

Satz 2. *f sei in $[a, b]$ integrierbar.*

(a) *Ist $c \in (a, b)$, so ist f in $[a, c]$ und in $[c, b]$ integrierbar, und es gilt*

$$\int_a^b f(x)\,\mathrm{d}x = \int_a^c f(x)\,\mathrm{d}x + \int_c^b f(x)\,\mathrm{d}x .$$

(b) $|f(x)|$ ist in $[a, b]$ integrierbar, und es gilt

$$\left| \int_a^b f(x)\,\mathrm{d}x \right| \leqq \int_a^b |f(x)|\,\mathrm{d}x .$$

Bemerkung. Ist f in $[a, b]$ integrierbar und ist $a < c < d < b$, so ist f auch in $[c, d]$ integrierbar. Das folgt aus (a).

3.2.3. Vertauschung von Limes und Integration

Definition. *Es sei $-\infty < a < b < \infty$. Eine Folge $\{f_j(x)\}_{j=1}^{\infty}$ reeller (oder komplexer) Funktionen mit $D(f_j) = (a, b)$ heißt gleichmäßig konvergent gegen $f(x)$ mit $D(f) = (a, b)$, falls es zu jedem $\varepsilon > 0$ eine natürliche Zahl $j_0(\varepsilon)$ gibt, so daß*

$$\sup_{x \in (a,b)} |f(x) - f_j(x)| \leqq \varepsilon$$

für alle j mit $j \geqq j_0(\varepsilon)$ ist.

Bemerkung 1. Die gleichmäßige Konvergenz von f_j gegen f schreiben wir als $f_j \Rightarrow f$.
Bemerkung 2. Sind die Funktionen f_j in $[a, b]$ stetig, so stimmt die gleichmäßige Konvergenz mit der Konvergenz im Raum $C[a, b]$ aus 2.5.2. überein. Da $C[a, b]$ vollständig ist (Satz 2.5.2), ist dann auch $f \in C[a, b]$.

Satz. *Die Funktionen $f_j(x)$ mit $j = 1, 2, 3, \ldots$ seien in $[a, b]$ integrierbar. Ist $f_j \Rightarrow f$ in (a, b), so ist $f(x)$ ebenfalls in $[a, b]$ integrierbar, und es gilt*

$$\int f(x)\,\mathrm{d}x = \lim_{j \to \infty} \int f_j(x)\,\mathrm{d}x . \tag{1}$$

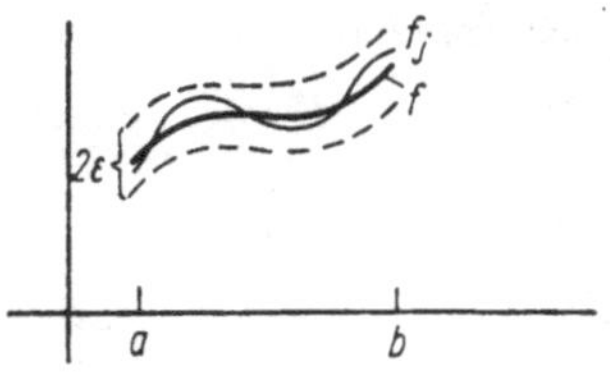

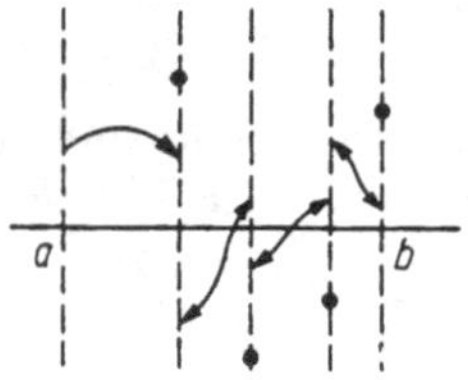

Bemerkung 3. (1) kann man auch als

$$\int (\lim_{j\to\infty} f_j(x))\,dx = \lim_{j\to\infty} \int f_j(x)\,dx$$

schreiben (Vertauschbarkeit von Limes und Integration).

3.2.4. Beispiele und Gegenbeispiele integrierbarer Funktionen

Es sei $-\infty < a < b < \infty$. Eine reelle Funktion $f(x)$ mit $D(f) = [a, b]$ heißt stückweise stetig, falls $f(x)$ in jedem Punkt $x_0 \in [a, b)$ rechtsseitig und in jedem Punkt $x_0 \in (a, b]$ linksseitig stetig ist (Def. 2.3.1/5) und die Anzahl der Unstetigkeitsstellen endlich ist. Die Unstetigkeitsstellen sind also Sprungstellen im Sinne von 2.3.1. Solche Funktionen sind beschränkt. Stetige Funktionen sind spezielle stückweise stetige Funktionen.

Satz. *Jede in $[a, b]$ stückweise stetige Funktion ist integrierbar.*

Bemerkung. Insbesondere ist $f(x) \equiv c$ integrierbar, und es gilt

$$\int f(x)\,dx = c\,(b-a)\,.$$

Gegenbeispiel. Die Funktion $f(x) = \begin{cases} 1 \text{ für } x \text{ rational} \\ -1 \text{ für } x \text{ irrational} \end{cases}$ mit $D(f) = [0, 1]$ ist nicht (im Riemannschen Sinne) integrierbar. Man sieht nämlich sofort, daß sämtliche Untersummen $\sum_Z^* = -1$ und sämtliche Obersummen $\sum_Z^{**} = 1$ sind. Andererseits ist $|f(x)| \equiv 1$ und somit integrierbar in $[0, 1]$. Das zeigt, daß Satz 3.2.2/2(b) nicht umkehrbar ist.

3.2.5. Stammfunktionen

Definition. *Es sei $-\infty < a < b < \infty$. Eine reelle Funktion $f(x)$ mit $D(f) = [a, b]$ heißt Lipschitz-stetig, falls es eine positive Zahl M gibt, so daß $|f(x_1) - f(x_2)| \leq M\,|x_1 - x_2|$ für alle x_1 und alle x_2 aus $[a, b]$ ist.*

Lemma 1. (a) *Jede in $[a, b]$ Lipschitz-stetige Funktion ist dort gleichmäßig stetig* (Def. 2.3.1/3(c)).

(b) *Ist f in $[a, b]$ stetig und in (a, b) differenzierbar mit $\sup_{x\in(a,b)} |f'(x)| < \infty$, so ist f in $[a, b]$ Lipschitz-stetig.*

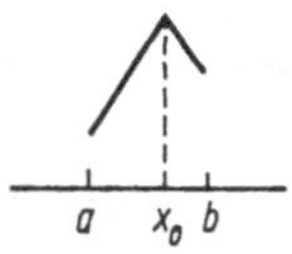

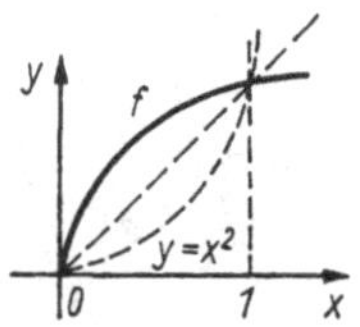

Bemerkung. Eine Dachfunktion ist in $[a, b]$ Lipschitz-stetig, aber im Punkt x_0 nicht differenzierbar. Die Umkehrfunktion f zu $y=x^2$ ist in $[0, 1]$ stetig, aber nicht Lipschitz-stetig.

Satz 1. (a) *Ist f in $[a, b]$ integrierbar, so ist*

$$F(x)=\int_a^x f(y)\,\mathrm{d}y \quad \textit{in } [a, b] \textit{ Lipschitz-stetig.}$$

($F(x)$ heißt Stammfunktion zu $f(x)$).

(b) *Ist $f(x)$ in $[a, b]$ stetig, so ist $F(x)$ in (a, b) differenzierbar, und es gilt $F'(x)=f(x)$.*

Lemma 2. *Ist $f'(x)\equiv 0$ in (a, b), so ist $f(x)$ in (a, b) konstant.*

Satz 2. *f und g seien in $[a, b]$ stetig, g sei in (a, b) differenzierbar und $g'(x)=f(x)$ für $x\in(a, b)$. Dann ist*

$$\int_a^b f(y)\,\mathrm{d}y=g(b)-g(a)\,.$$

Beispiel. Ist n eine natürliche Zahl, so haben $f(x)=x^n$ und $g(x)=\frac{x^{n+1}}{n+1}$ die im Satz genannten Eigenschaften. Es folgt

$$\int_a^b x^n\mathrm{d}x=\frac{b^{n+1}}{n+1}-\frac{a^{n+1}}{n+1}\,.$$

3.2.6. Integraloperatoren

Ist $-\infty<a<b<\infty$, so wird jeder Funktion $f\in C[a, b]$ (Def. 2.5.2) eine Funktion Hf durch

$$(Hf)(x)=\int_a^x h(y, f(y))\,\mathrm{d}y+c, \quad x\in[a, b]\,, \tag{1}$$

zugeordnet. Hierbei ist c eine Konstante und $h(y, z)$ ist eine reelle Funktion mit $D(h)=[a, b]\times R_1=\{(y, z)\mid a\leqq y\leqq b, z\in R_1\}$. Natürlich muß man zusätzlich Bedingungen an $h(y, z)$ stellen, damit (1) sinnvoll wird. Gesucht sind solche Bedingungen, die sichern, daß H eine stetige Abbildung von $C[a, b]$ in $C[a, b]$ im Sinne von Def. 2.4.1(b) ist. [In der dortigen Bezeichnungsweise ist $M_1=M_2=C[a, b]$, $\varrho_1=\varrho_2=\varrho$ hat die Bedeutung aus (2.5.2/1), und das dortige f ist jetzt H.]

Satz 1. *$h(y, z)$ sei in $D(h)=[a, b]\times R_1$ stetig und genüge der Lipschitzbedingung*

$$|h(y, z)-h(y, z^*)|\leqq M\,|z-z^*|\,,$$

für alle $y\in[a, b]$, $z\in R_1$ und $z^*\in R_1$. Hierbei ist M eine positive Zahl, die von y, z und z^* unabhängig ist. Dann ist H eine stetige Abbildung von $C[a, b]$ in $C[a, b]$, und es gilt

$$\varrho(Hf, Hg)\leqq M(b-a)\,\varrho(f, g) \quad \textit{für alle} \quad f\in C[a, b] \quad \textit{und} \quad g\in C[a, b]\,.$$

Ferner ist $(Hf)(x)$ in (a, b) differenzierbar, und es gilt

$$(Hf)'(x)=h(x, f(x)) \quad \textit{für} \quad x\in(a, b)\,. \tag{2}$$

Bemerkung 1. Für $f\in C[a, b]$ ist $h(x, f(x))$ in $D(h)$ stetig.

Definition. *Ist* $-\infty < a < b < \infty$, *so wird*

$$\underbrace{C[a, b] \times \ldots \times C[a, b]}_{n \text{ Faktoren}} = \{f \mid f = \{f_1(x), \ldots, f_n(x)\}, f_j(x) \in C[a, b]\},$$

$$\varrho_n(f, g) = \sum_{j=1}^{n} \sup_{x \in [a,b]} |f_j(x) - g_j(x)|$$

gesetzt. Hierbei ist $g = \{g_1(x), \ldots, g_n(x)\}$.

Lemma. $C[a, b] \times \ldots \times C[a, b]$ *mit* ϱ_n *als Metrik ist ein vollständiger metrischer Raum.*

Wir betrachten das vektorwertige Analogon von (1), nämlich

$$\begin{aligned}(H_j f)(x) &= H_j\{f_1, \ldots, f_n\}(x) \\ &= \int_a^x h_j(y, f_1(y), \ldots, f_n(y))\,\mathrm{d}y + c_j, \quad x \in [a, b], \qquad (3)\end{aligned}$$

wobei c_j wieder Konstanten sind, $j = 1, \ldots, n$. Wir setzen

$$Hf = \{H_1 f, \ldots, H_n f\}.$$

Hierbei sind $h_j(y, z_1, \ldots, z_n)$ reelle Funktionen mit dem Definitionsgebiet

$$D(h_j) = [a, b] \times R_n = \{(y, z_1, \ldots, z_n) \mid a \leqq y \leqq b, (z_1, \ldots, z_n) \in R_n\}.$$

Satz 2. $h_j(y, z_1, \ldots, z_n)$ *sei in* $D(h_j) = [a, b] \times R_n$ *stetig und genüge der Lipschitz-bedingung*

$$|h_j(y, z_1, \ldots, z_n) - h_j(y, z_1^*, \ldots, z_n^*)| \leqq M(|z_1 - z_1^*| + \ldots + |z - z_n^*|)$$

für alle $y \in [a, b]$, $(z_1, \ldots, z_n) \in R_n$ *und* $(z_1^*, \ldots, z_n^*) \in R_n$. *Hierbei ist* M *eine positive Zahl, die von* $y, z_1, \ldots, z_n, z_1^*, \ldots, z_n^*$ *unabhängig ist. Dann ist* H *eine stetige Abbildung von* $C[a,.b] \times \ldots \times C[a, b]$ *in sich, und es gilt*

$$\varrho_n(Hf, Hg) \leqq nM(b-a)\,\varrho_n(f, g) \qquad (4)$$

für alle f *und* g *aus* $C[a, b] \times \ldots \times C[a, b]$. *Ferner ist* $(H_j f)(x)$ *in* (a, b) *differenzierbar, und es gilt*

$$(H_j f)'(x) = h_j(x, f_1(x), \ldots, f_n(x)).$$

Satz 3. *Ist* $nM(b-a) < 1$, *so besitzt* H *aus Satz 2 genau einen Fixpunkt in* $C[a, b] \times \times \ldots \times C[a, b]$.

Bemerkung 2. Satz 3 folgt aus (4) und dem Banachschen Fixpunktsatz 2.5.3. Es gibt somit genau ein n-tupel $\{f_1(x), \ldots, f_n(x)\}$ mit $f_j(x) \in C[a, b]$, so daß

$$f_j(x) = c_j + \int_a^x h_j(x, f_1(x), \ldots, f_n(x))\,\mathrm{d}x, \quad j = 1, \ldots, n,$$

gilt. Aus Satz 2 folgt dann, daß $f_j(x)$ in (a, b) differenzierbar ist und

$$f_j'(x) = h_j(x, f_1(x), \ldots, f_n(x)), \quad x \in (a, b), \quad j = 1, \ldots, n,$$

gilt. Gleichungen dieser Art, in denen Funktionen $f_1(x), \ldots, f_n(x)$ und Ableitungen dieser Funktionen miteinander verknüpft sind, nennt man gewöhnliche Differentialgleichungen (oder besser, Systeme von gewöhnlichen Differentialgleichungen). Man kann die Untersuchungen dieses Abschnittes auch so interpretieren, daß wir die Existenz von Lösungen von Differentialgleichungen gezeigt haben, sofern die Funktionen h_j gewisse Bedingungen erfüllen.

4. Gewöhnliche Differentialgleichungen (Existenz- und Unitätssätze)

4.1. Anfangswertprobleme

4.1.1. Die Differentialgleichung $f^{(n)}(x) \equiv 0$

In diesem Kapitel betrachten wir nur reelle Funktionen. Ist n eine natürliche Zahl, so ist

$$f(x) = \sum_{j=0}^{n-1} a_j x^j, \quad x \in (a, b), \; -\infty < a < b < \infty, \tag{1}$$

ein Polynom $(n-1)$-ten Grades mit den reellen Koeffizienten a_j. Es ist $f^{(n)}(x) \equiv 0$. Ist $n=1$, so zeigt Lemma 3.2.5/2, daß auch die Umkehrung gilt: Aus $f'(x) \equiv 0$ folgt $f(x) = a_0$ in (a, b). Das nachfolgende Lemma verallgemeinert diese Aussage.

Lemma 1. *Ist f in (a, b) n-mal differenzierbar und gilt $f^{(n)}(x) \equiv 0$, so hat f die Form* (1).

Bemerkung 1. Polynome $(n-1)$-ten Grades kann man also auch durch $f^{(n)}(x) \equiv 0$ kennzeichnen.

Lemma 2. *Es sei $x_0 \in R_1$ und $c_j \in R_1$ mit $j = 0, \ldots, n-1$. Es gibt genau eine Lösung von $f^{(n)}(x) \equiv 0$ in R_1 mit $f^{(j)}(x_0) = c_j$ für $j = 0, \ldots, n-1$ $\quad (f^{(0)} = f)$.*

Bemerkung 2. Diese Lösung kann man sofort aufschreiben,

$$f(x) = \sum_{j=1}^{n-1} \frac{c_j}{j!} (x - x_0)^j \quad (j! = 1 \cdot 2 \cdot \ldots \cdot j, \; 0! = 1).$$

Problem. *Es entsteht die Frage, ob die obigen Aussagen für die spezielle Differentialgleichung $f^{(n)}(x) \equiv 0$ auf allgemeinere Differentialgleichungen der Form*

$$f^{(n)}(x) = h(x, f(x), f'(x), \ldots, f^{(n-1)}(x)) \tag{2}$$

ausgedehnt werden können. Besitzt (2) *genau eine Lösung mit den Anfangswerten $f^{(j)}(x_0) = c_j$ für $j = 0, \ldots, n-1$?*

4.1.2. Problemstellung

Ist $-\infty < a < b < \infty$, so wurde $[a, b] \times R_n$ in 3.2.6. erklärt. Stetig differenzierbar hieß, daß die betreffende Funktion differenzierbar und ihre Ableitung stetig ist.

Problem 1 (*Gewöhnliche Differentialgleichungen n-ter Ordnung*). *$h(x_0, x_1, \ldots, x_n)$ sei in $[a, b] \times R_n$ stetig und genüge der Lipschitzbedingung*

$$|h(x_0, x_1, \ldots, x_n) - h(x_0, x_1^*, \ldots, x_n^*)| \leq M(|x_1 - x_1^*| + \ldots + |x_n - x_n^*|) \tag{1}$$

für alle $x_0 \in [a, b]$, $(x_1, \ldots, x_n) \in R_n$ und $(x_1^*, \ldots, x_n^*) \in R_n$. Hierbei ist M eine positive Zahl, die von $x_0, x_1, \ldots, x_n, x_1^*, \ldots, x_n^*$ unabhängig ist. Ferner sei $c_j \in R_1$ mit $j = 0, \ldots, n-1$. Gesucht wird eine in (a, b) n-mal stetig differenzierbare Funktion f mit

$$f^{(j)}(x) \in C[a, b] \quad \text{und} \quad f^{(j)}(a) = c_j \quad \text{für} \quad j = 0, \ldots, n-1 \tag{2}$$

und

$$f^{(n)}(x) = h(x, f(x), f'(x), \ldots, f^{(n-1)}(x)) \quad \text{für} \quad x \in (a, b)\,. \tag{3}$$

Bemerkung 1. Der Raum $C[a, b]$ wurde in 2.5.2. eingeführt. $f^{(j)}(x)$ kann zuerst nur für $x \in (a, b)$ gebildet werden. $f^{(j)}(x) \in C[a, b]$ bedeutet, daß $f^{(j)}(x)$ bei a einen rechtsseitigen und bei b einen linksseitigen Limes besitzt und $f^{(j)}(a) = \lim\limits_{x \downarrow a} f^{(j)}(x)$, $f^{(j)}(b) = \lim\limits_{x \uparrow b} f^{(j)}(x)$ gesetzt wird.

Aufgaben der Art (2), (3) nennt man Anfangswertprobleme für gewöhnliche Differentialgleichungen n-ter Ordnung.

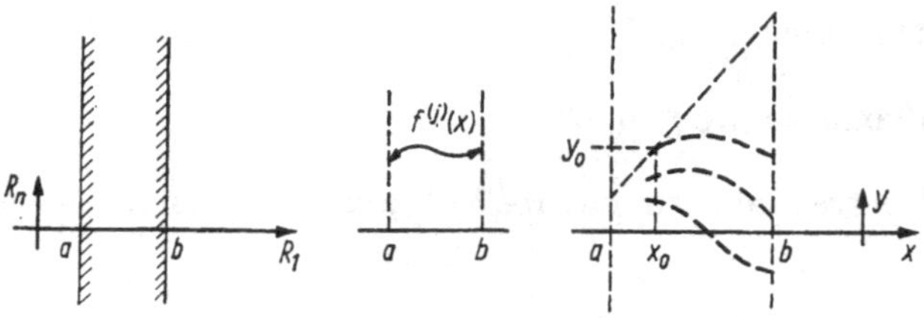

Bemerkung 2. Ist $n = 1$, so verkürzt sich die rechte Seite von (3) auf $f' = h(x, f(x))$. In diesem Fall gibt es eine einfache geometrische Interpretation. In jedem Punkt $(x_0, y_0) \in (a, b) \times R_1$ trägt man ein kleines Stück der Geraden $y - y_0 = h(x_0, y_0) \cdot (x - x_0)$ an. Es entsteht ein sog. Richtungsfeld. Das Problem ist, Funktionen zu finden, die dieses Richtungsfeld aufsaugen, d. h., daß die obigen Geraden zu Tangenten an die Kurve $f(x)$ werden.

Problem 2 (*Systeme gewöhnlicher Differentialgleichungen erster Ordnung*). $h_j(x_0, x_1, \ldots, x_n)$ *mit* $j = 1, \ldots, n$ *sei in* $[a, b] \times R_n$ *stetig und genüge der Lipschitzbedingung*

$$|h_j(x_0, x_1, \ldots, x_n) - h_j(x_0, x_1^*, \ldots, x_n^*)| \leqq M(|x_1 - x_1^*| + \ldots + |x_n - x_n^*|)$$

für alle $x_0 \in [a, b]$, $(x_1, \ldots, x_n) \in R_n$ *und* $(x_1^*, \ldots, x_n^*) \in R_n$. *Hierbei ist* M *eine positive Zahl, die von* $x_0, x_1, \ldots, x_n, x_1^*, \ldots, x_n^*$ *und* $j = 1, \ldots, n$ *unabhängig ist. Ferner sei* $c_j \in R_1$ *mit* $j = 1, \ldots, n$. *Gesucht werden in* (a, b) *stetig differenzierbare Funktionen* $f_1(x), \ldots, f_n(x)$ *mit*

$$f_j(x) \in C[a, b] \quad \textit{und} \quad f_j(a) = c_j \quad \textit{für} \quad j = 1, \ldots, n$$

und

$$f_j'(x) = h_j(x, f_1(x), \ldots, f_n(x)) \quad \textit{für} \quad j = 1, \ldots, n \quad \textit{und} \quad x \in (a, b)\,.$$

4.2. Existenz- und Unitätssätze

4.2.1. Systeme erster Ordnung

Das Problem 2 aus 4.1.2. wird durch Zurückführung auf die Betrachtungen in 3.2.6. gelöst.

Satz. *Problem* 2 *aus* 4.1.2. *besitzt genau eine Lösung.*

4.2.2. Differentialgleichungen n-ter Ordnung

Satz. *Problem* 1 *aus* 4.1.2. *besitzt genau eine Lösung.*

Bemerkung. Problem 1 wird auf Problem 2 zurückgeführt, indem man $f = f_1, f' = f_2, \ldots, f^{(n-1)} = f_n$ setzt. Die Differentialgleichung (4.1.2/3) ist dann äquivalent zum System erster Ordnung

$$f_1' = f_2, f_2' = f_3, \ldots, f_{n-1}' = f_n,$$
$$f_n' = h(x, f_1(x), \ldots, f_n(x))\,,$$

mit den Anfangsbedingungen $f_j(a) = c_{j-1}$ für $j = 1, \ldots, n$. Das bedeutet, daß man gewöhnliche Differentialgleichungen n-ter Ordnung als spezielle Systeme erster Ordnung betrachten kann.

4.2.3. Lokale Existenz- und Unitätssätze

Der Einfachheit halber beschränken wir uns auf $f' = h(x, f)$. Bisher hatten wir gefordert, daß h in $D(h) = [a, b] \times R_1$ stetig ist. Jetzt verlangen wir nur, daß $h(x, y)$ in einem offenen Gebiet Ω der x,y-Ebene stetig ist. Das Richtungsfeld aus Bemerkung 4.1.2/2 ist dann nur in Ω sinnvoll.

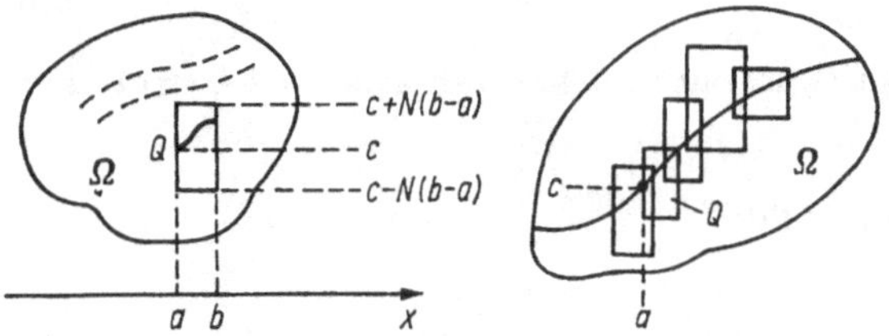

Problem. *$h(x, y)$ sei in $D(h) = \Omega$ stetig und genüge der Lipschitzbedingung*

$$|h(x, y) - h(x, y^*)| \leqq M |y - y^*|$$

für alle Punkte $\{x, y\} \in \Omega$ und $\{x, y^*\} \in \Omega$. Hierbei ist M eine positive Zahl, die von x, y und y^* unabhängig ist. Ferner sei

$$\sup_{\{x,y\} \in \Omega} |h(x, y)| \leqq N .$$

Ist $\{a, c\} \in \Omega$, so wird in einer rechtsseitigen Umgebung (a, b) von a eine Lösung von $f'(x) = h(x, f(x))$ mit $f(a) = c$ gesucht.

Satz. *Ist $(b - a)M < 1$ und ist Q das eingezeichnete (abgeschlossene) Rechteck mit $Q \subset \Omega$, so besitzt das Problem in Q genau eine Lösung.*

Bemerkung 1. Das ist ein lokaler Existenz- und Unitätssatz. Man kann aber das Verfahren iterativ anwenden (Folge von Rechtecken der Form Q) und so die Integralkurve $f(x)$ maximal fortsetzen.

Bemerkung 2. Ein entsprechender Satz gilt für Differentialgleichungen n-ter Ordnung und für Systeme erster Ordnung.

5. Elementare Funktionen und Potenzreihen

5.1. Exponentialfunktionen und Potenzfunktionen (reell)

5.1.1. Die Funktion e^x

Definition. e(x) *ist die in R_1 eindeutig bestimmte Lösung der Differentialgleichung $f'(x) = f(x)$ mit der Anfangsbedingung $f(0) = 1$.*

Bemerkung 1. Im Sinne von 4.1.2. ist $h(x, y) = y$. Nach Satz 4.2.2 besitzt somit $f'(x) = f(x)$ mit $f(0) = 1$ im Intervall $[-N, N]$ genau eine Lösung. $N \to \infty$ zeigt, daß diese Aussage auch mit R_1 statt $[-N, N]$ richtig bleibt.

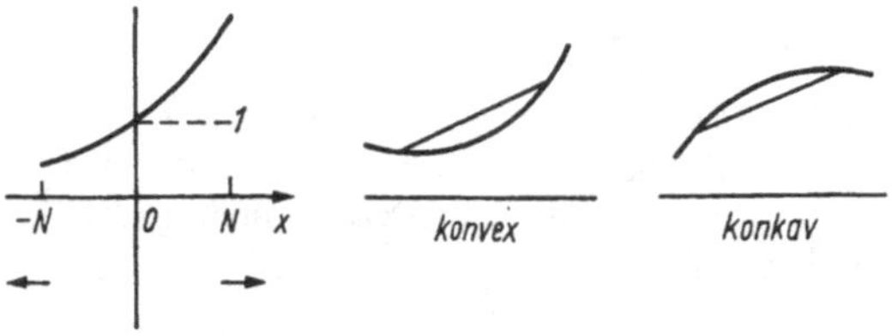

Satz. (a) $\mathrm{e}(x)$ *ist auf* R_1 *positiv, streng monoton wachsend und konvex. Ferner ist*

$$\mathrm{e}(x) \to \infty \quad \textit{für} \quad x \to \infty, \quad \mathrm{e}(x) \to 0 \quad \textit{für} \quad x \to -\infty .$$

(b) *Für alle* $x \in R_1$ *und* $y \in R_1$ *gilt*

$$\mathrm{e}(x+y) = \mathrm{e}(x)\,\mathrm{e}(y) . \tag{1}$$

Bemerkung 2. Eine reelle Funktion heißt konvex, wenn die Verbindungsstrecke zweier Kurvenpunkte oberhalb der Kurve liegt. Eine reelle Funktion heißt konkav, wenn die Verbindungsstrecke zweier Kurvenpunkte unterhalb der Kurve liegt.

Bemerkung 3. Der elegante Beweis des Satzes benutzt nur die Existenz- und Unitätssätze für Differentialgleichungen aus Kap. 4: Es ist ein Jammer, daß dieses Buch keine Beweise enthält.

Bemerkung 4 (Schreibweise). Wir setzen $\mathrm{e}(1) = \mathrm{e}$. Dann folgt aus (1)

$$\mathrm{e}(n) = \mathrm{e}(1)\,\mathrm{e}(n-1) = \ldots = (\mathrm{e}(1))^n = \mathrm{e}^n \quad \text{und} \quad \mathrm{e}(-n) = \mathrm{e}^{-n} ,$$

wobei n eine natürliche Zahl ist. Das rechtfertigt die Schreibweise $\mathrm{e}(x) = \mathrm{e}^x$, da e^x für ganzzahlige Werte von x die frühere Bedeutung hat.

5.1.2. Die Funktion log x

Definition. $\log x$ *ist die Umkehrfunktion von* e^x.

Bemerkung 1. Nach 3.1.4. und Satz 5.1.1 ist die Definition sinnvoll. Die Kurve für $\log x$ gewinnt man durch Spiegelung der Kurve für e^x an der Geraden $y = x$.

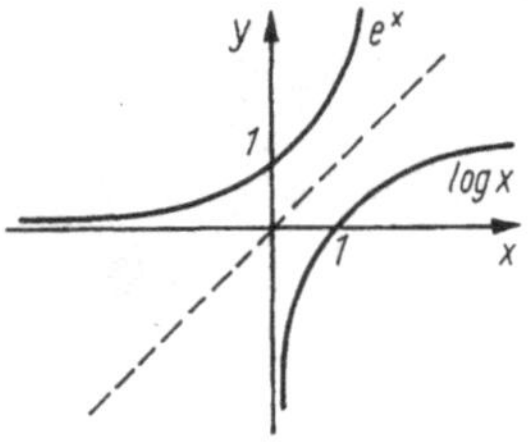

Satz. (a) $D(\log x) = (0, \infty)$ (*Definitionsgebiet von* $\log x$). *Ferner ist* $\log x$ *beliebig oft differenzierbar, streng monoton wachsend und konkav. Es ist* $(\log x)' = \dfrac{1}{x}$,

$$\log 1 = 0, \quad \log x \to \infty \quad \textit{für} \quad x \to \infty, \log x \to -\infty \quad \textit{für} \quad x \downarrow 0 .$$

(b) *Für alle* $x > 0$ *und* $y > 0$ *gilt*

$$\log (xy) = \log x + \log y .$$

Bemerkung 2. Insbesondere gilt $\log x^k = k \log x$, wobei k eine ganze Zahl ist.

Lemma. *Es ist* $\lim\limits_{x \to 1} \dfrac{\log x}{x-1} = 1$.

5.1.3. Die Zahl e

Satz. $e = \lim_{n\to\infty}\left(1+\frac{1}{n}\right)^n$.

Bemerkung. $e = e(1)$ hat die Bedeutung aus 5.1.1. Aus Lemma 2.1.3/3 folgt $e = E$ und $2 < e < 4$. Es ist $e = 2{,}718\ldots$

5.1.4. Die Funktionen a^x und $\log_a x$

Definition. (a) *Für $a > 0$ und $x \in R_1$ wird $a^x = e^{x \log a}$ gesetzt.*
(b) *Ist $a > 0$ und $a \neq 1$, so ist $\log_a x$ die Umkehrfunktion von a^x.*

Bemerkung 1. Für $a = 1$ ist $1^x = a^x = e^0 = 1$. Für $a > 0$ und $a \neq 1$ ist a^x streng monoton. Somit existiert eine Umkehrfunktion, die nach dem Spiegelungsprinzip gewonnen werden kann. Für $a = e$ ist $\log_e x = \log x$, wobei wir in Zukunft auch $\log x = \ln x$ setzen.

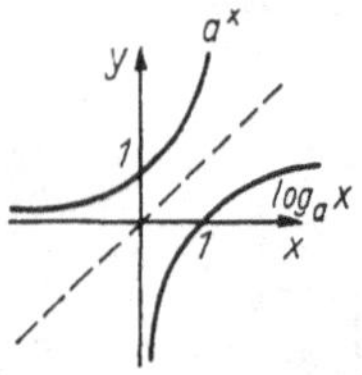

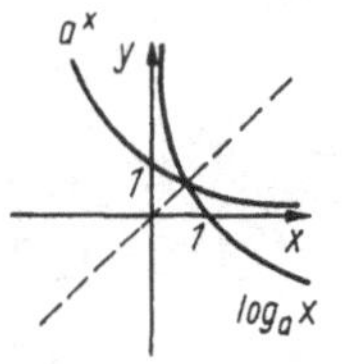

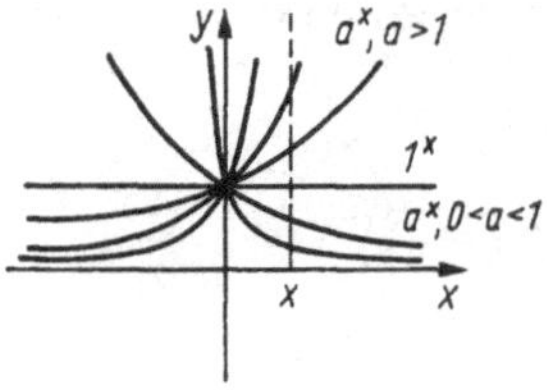

Bemerkung 2. Es ist $a^1 = e^{\ln a} = a$. Ferner hat a^k die übliche Bedeutung, wenn k eine ganze Zahl ist. Das rechtfertigt die Bezeichnung.

Satz. (a) $a^{x+y} = a^x a^y$, $a^x b^x = (ab)^x$, $(a^x)^y = a^{xy}$ *für* $a > 0, b > 0, x \in R_1$ *und* $y \in R_1$.
(b) $(a^x)' = a^x \ln a$ *für* $a > 0$ *und* $x \in R_1$.
(c) $\log_a(xy) = \log_a x + \log_a y$ *für* $x > 0, y > 0, a > 0, a \neq 1$.
(d) $\log_a x = \frac{\ln b}{\ln a} \log_b x$ *für* $x > 0, a > 0, b > 0, a \neq 1, b \neq 1$.

Bemerkung 3. Die Kurven a^x mit $a > 0$ und $x \in R_1$ füllen die obere Halbebene mit Ausnahme der Menge $\{(x, y) \mid x = 0, 0 < y < \infty, y \neq 1\}$ lückenlos aus. Ist z. B. $x > 0$, so gilt $a^x \to \infty$ für $a \to \infty$ und $a^x \to 0$ für $a \downarrow 0$.

5.1.5. Die Funktion x^α

Nach den obigen Betrachtungen ist x^y für $x > 0$ und $y \in R_1$ definiert. Bisher haben wir $x = a$ festgehalten und y variiert. Jetzt fixieren wir $y = \alpha \in R_1$ und untersuchen die Funktion x^α mit dem Definitionsgebiet $D(x^\alpha) = (0, \infty)$.

Satz. (a) *Es ist $x^\alpha > 0$, $x^\alpha y^\alpha = (xy)^\alpha$, $x^\alpha x^\beta = x^{\alpha+\beta}$, $(x^\alpha)^\beta = x^{\alpha\beta}$ für $x > 0$, $y > 0$, $\alpha \in R_1$ und $\beta \in R_1$.*
(b) *Ist $\alpha > 0$, so ist x^α streng monoton wachsend, $x^\alpha \to \infty$ für $x \to \infty$ und $x^\alpha \downarrow 0$ für $x \downarrow 0$. Ist $\alpha < 0$, so ist x^α streng monoton fallend, $x^\alpha \downarrow 0$ für $x \to \infty$ und $x^\alpha \to \infty$ für $x \downarrow 0$. Es ist $x^0 \equiv 1$.*
(c) *Für $x > 0$ und $\alpha \in R_1$ ist $(x^\alpha)' = \alpha x^{\alpha-1}$.*

Bemerkung 1. (a) ist die Umschrift von Satz 5.1.4(a).

Bemerkung 2. Ist $0<\alpha=\frac{p}{q}$ eine rationale Zahl (p und q natürliche Zahlen), so schreiben wir auch $x^\alpha=\sqrt[q]{x^p}$, ferner $x^{\frac{1}{2}}=\sqrt{x}$, $x^{-\frac{1}{2}}=\frac{1}{\sqrt{x}}$. Schließlich setzt man $0^\alpha=0$ für $\alpha>0$.

5.2. Trigonometrische Funktionen

5.2.1. Die Funktionen $\sin x$ und $\cos x$

Definition (a) $\sin x$ *ist die in* R_1 *eindeutig bestimmte Lösung der Differentialgleichung* $f''(x)=-f(x)$ *mit den Anfangsbedingungen* $f(0)=0$, $f'(0)=1$.

(b) $\cos x$ *ist die in* R_1 *eindeutig bestimmte Lösung der Differentialgleichung* $f''(x)=-f(x)$ *mit den Anfangsbedingungen* $f(0)=1$, $f'(0)=1$.

Bemerkung 1. Im Sinne von 4.1.2. ist $h(x, y, z)=y$. Nach Satz 4.2.2 besitzt somit $f''(x)=-f(x)$ mit $f(0)=0$ und $f'(0)=1$ im Intervall $[-N, N]$ genau eine Lösung. $N\to\infty$ zeigt, daß diese Aussage auch mit R_1 statt $[-N, N]$ richtig bleibt.

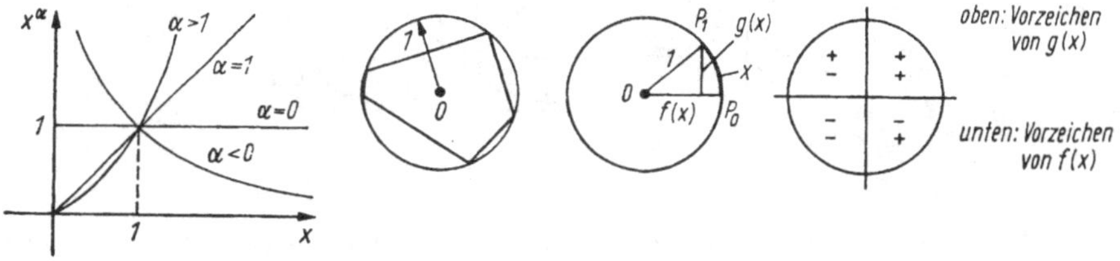

Bemerkung 2 (Geometrische Interpretation). Später werden wir die Länge glatter Kurven L berechnen. Ist L etwa der Einheitskreis (Kreis vom Radius 1), so betrachtet man die Länge einbeschriebener Polygonzüge. Das Supremum dieser Längen ist endlich und wird mit 2π bezeichnet. Es ist $\pi=3{,}141\ldots$ Das Verfahren klappt auch, wenn man die Länge des Bogens P_0P_1 ermitteln will, die mit x bezeichnet wird. Es ist also $0\leqq x\leqq 2\pi$. Ferner haben $f(x)$ und $g(x)$ die eingetragene Bedeutung, wobei Vorzeichen zu berücksichtigen sind.

Lemma. *Für* $0\leqq x\leqq 2\pi$ *ist* $g(x)=\sin x$ *und* $f(x)=\cos x$.

Bemerkung 3. Der Beweis wird geführt, indem man nachweist, daß $f(x)$ und $g(x)$ die obigen Differentialgleichungen und Anfangsbedingungen erfüllen.

Satz. *Es ist* $x\in R_1$ *und* $y\in R_1$.

(a) $\sin x=\sin(x+2\pi)$, $\cos x=\cos(x+2\pi)$ (*periodische Funktionen*).

(b) $\sin x=0$ *gilt genau dann, wenn* $x=k\pi$ (*k ganze Zahl*) *ist*; $\cos x=0$ *gilt genau dann, wenn* $x=\frac{\pi}{2}+k\pi$ (*k ganze Zahl*) *ist.*

(c) $\sin x=-\sin(-x)$ (*ungerade Funktion bezüglich* 0), $\cos x=\cos(-x)$ (*gerade Funktion bezüglich* 0).

(d) $\sin^2 x+\cos^2 x\equiv 1$ *für* $x\in R_1$.

(e) $\sin x=\cos\left(x-\frac{\pi}{2}\right)$.

(f) $(\sin x)'=\cos x$, $(\cos x)'=-\sin x$.

(g) $\sin(x+y)=\sin x\cos y+\sin y\cos x$, $\cos(x+y)=\cos x\cos y-\sin x\sin y$.

Bemerkung 4. Der Satz wird unter Verwendung der Existenz- und Unitätssätze aus Kap. 4 und des obigen Lemmas bewiesen.

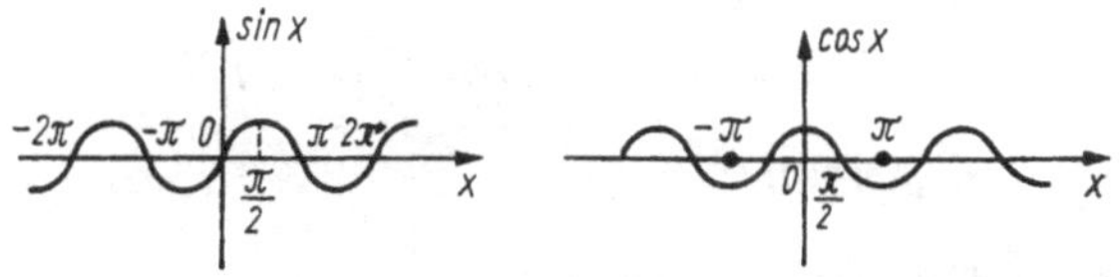

Bemerkung 5. Insbesondere ist $|\sin x| \leqq 1$ und $|\cos x| \leqq 1$. Ferner folgt $\sin(x+\pi) = -\sin x$ und $\cos(x+\pi) = -\cos x$.

5.2.2. Die Funktionen $\tan x$ und $\cot x$

Definition. $\tan x = \dfrac{\sin x}{\cos x}$ *mit dem Definitionsgebiet* $D(\tan x) = \bigcup\limits_{k=-\infty}^{\infty} \left(-\dfrac{\pi}{2} + k\pi, \dfrac{\pi}{2} + k\pi\right)$,

$\cot x = \dfrac{\cos x}{\sin x}$ *mit dem Definitionsgebiet* $D(\cot x) = \bigcup\limits_{k=-\infty}^{\infty} (k\pi, \pi + k\pi)$.

Satz. *Es ist* $\tan(x+\pi) = \tan x$, $\cot(x+\pi) = \cot x$,

$$(\tan x)' = 1 + \tan^2 x, \quad (\cot x)' = -1 - \cot^2 x,$$

wobei $x \in R_1$ *aus dem jeweiligen Definitionsgebiet ist.*

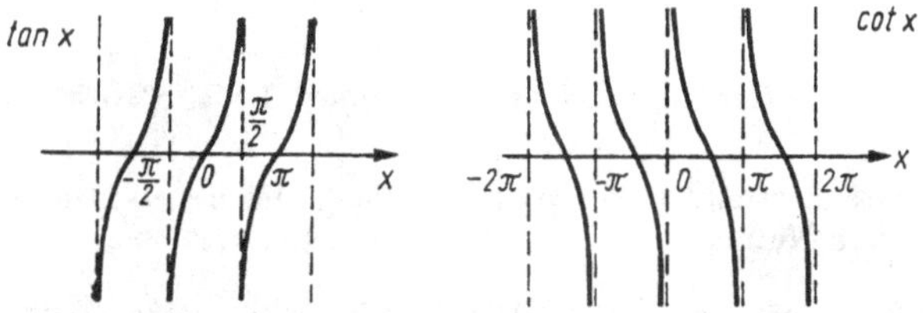

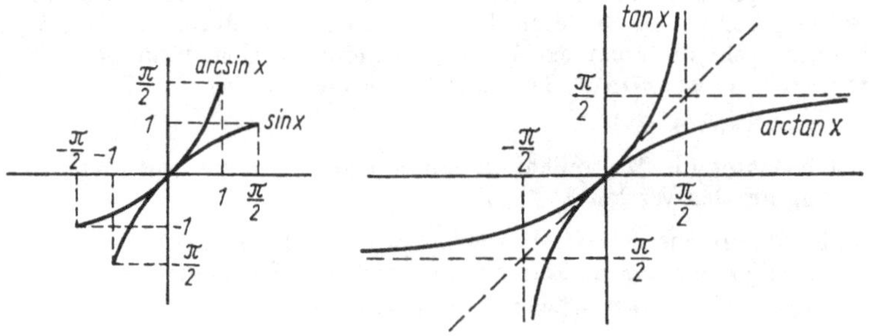

5.2.3. Die Funktionen $\arcsin x$ und $\arctan x$

Definition. $\arcsin x$ *ist die Umkehrfunktion von* $\sin y$ *mit* $-\dfrac{\pi}{2} < y < \dfrac{\pi}{2}$. $\arctan x$ *ist die Umkehrfunktion von* $\tan y$ *mit* $-\dfrac{\pi}{2} < y < \dfrac{\pi}{2}$.

Bemerkung 1. Im Intervall $\left(-\frac{\pi}{2}, \frac{\pi}{2}\right)$ sind $\sin y$ und $\tan y$ streng monoton. Die Umkehrfunktionen können dann nach dem Spiegelungsprinzip konstruiert werden.

Satz. *Es ist* $D(\arcsin x) = (-1, 1)$ *und* $D(\arctan x) = R_1$. *Ferner gilt*

$$(\arcsin x)' = \frac{1}{\sqrt{1-x^2}} \text{ und } (\arctan x)' = \frac{1}{1+x^2},$$

wobei x *aus den entsprechenden Definitionsgebieten ist.*

Bemerkung 2. Analog kann man $\operatorname{arccos} x$ und $\operatorname{arccot} x$ als Umkehrfunktionen von $\cos y$ und $\cot y$ in Monotonieintervallen einführen.

5.2.4. Die Funktion $e^{i\varphi}$

Die Bogenlänge am Einheitskreis wird mit φ bezeichnet (vgl. 5.2.1.), $0 \leqq \varphi \leqq 2\pi$. Es sei $z(\varphi) = \cos\varphi + i \sin\varphi$, wobei wir diese komplexe Funktion mit der Periode 2π auf ganz R_1 ausdehnen, $z(\varphi) = z(\varphi + 2k\pi)$, k ganz, $\varphi \in R_1$.

Lemma. Es ist $z(\varphi + \psi) = z(\varphi)\, z(\psi)$ *für* $\varphi \in R_1$ *und* $\psi \in R_1$.

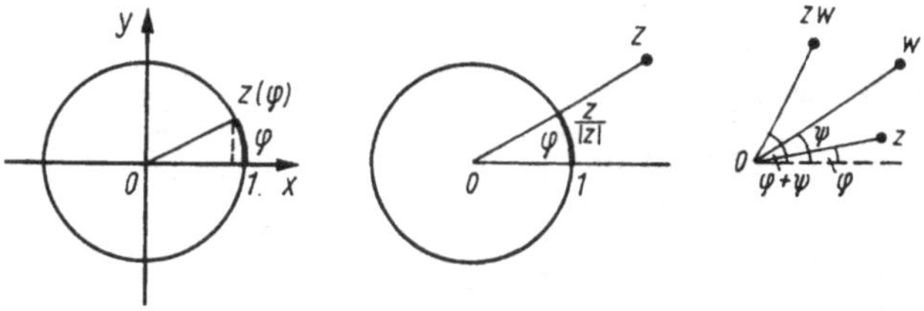

Bemerkung 1. Das Lemma rechtfertigt die Schreibweise $z(\varphi) = e^{i\varphi}$. Es ist $e^0 = e^{2\pi i} = 1$ und $e^{i\pi} = e^{-i\pi} = -1$.

Bemerkung 2 (Polarkoordinatendarstellung komplexer Zahlen). Ist $z = x + iy$ eine komplexe Zahl, so wird der Abstand zum Nullpunkt mit $r = |z|$ bezeichnet. Es ist $r^2 = x^2 + y^2$ und somit nach den früheren Rechenregeln $r = |z| = \sqrt{x^2+y^2}$. Die komplexe Zahl $\frac{z}{r}$ liegt auf dem Einheitskreis ($r \neq 0$ vorausgesetzt) und kann somit als $e^{i\varphi}$ dargestellt werden, also $z = re^{i\varphi}$ (Polarkoordinatendarstellung komplexer Zahlen). Hierbei kann man φ durch $\varphi + 2k\pi$, k ganz, ersetzen. Manche Rechenregeln für komplexe Zahlen vereinfachen sich, wenn man Polarkoordinaten nimmt. Ist $z = re^{i\varphi}$, so ist $\bar{z} = re^{-i\varphi}$. Ist zusätzlich $w = se^{i\psi}$, so ist

$$z \cdot w = rse^{i(\varphi+\psi)} .$$

Geometrisch bedeutet die Multiplikation mit w eine Streckung mit $s = |w|$ und eine gleichzeitige Drehung um den Winkel ψ.

Bemerkung 3 (Moivresche Formeln). Die obige Darstellung kann man auch benutzen, um Identitäten für trigonometrische Formeln auszurechnen. Ist n eine natürliche Zahl, so ist

$$\cos nx + i \sin nx = e^{inx} = (e^{ix})^n = (\cos x + i \sin x)^n .$$

Rechnet man die rechte Seite aus und vergleicht man Real- und Imaginärteil, so ergibt sich

$$\cos nx = \cos^n x - \binom{n}{2} \cos^{n-2} x \sin^2 x + \binom{n}{4} \cos^{n-4} x \sin^4 x - \ldots,$$

$$\sin nx = n \cos^{n-1} x - \binom{n}{3} \cos^{n-3} x \sin^3 x + \binom{n}{5} \cos^{n-5} x \sin^5 x - \ldots .$$

Hierbei sind $\binom{n}{k} = \frac{n!}{k!\,(n-k)!}$ Binomialkoeffizienten, $1 \leqq k \leqq n$.

5.3. Exponentialfunktionen und Potenzfunktionen (komplex)

5.3.1. Die Funktionen e^z und $\ln z$

In diesem Abschnitt betrachten wir komplexe Funktionen $f(z)$ mit der komplexen Ebene C_1 oder $C_1 - \{0\} = \{w \mid w \in C_1,\ w \neq 0\}$ als Definitionsgebiet $D(f(z))$. Wie üblich ist $z = x + iy = \operatorname{Re} z + i \operatorname{Im} z = r\, e^{i\varphi}$, wobei letzteres die Polarkoordinatendarstellung aus 5.2.4. ist.

Definition. (a) *Es sei* $e^z = e^x e^{iy}$ *mit* $D(e^z) = C_1$.
(b) *Es sei* $\ln z = \ln r + i\varphi$, $0 \leq \varphi < 2\pi$ *mit* $D(\ln z) = C_1 - \{0\}$.

Bemerkung. e^x, e^{iy}, $\ln r$ mit $r > 0$ sind von früher bekannt.

Riemannsche Fläche für $\ln z$. Es ist

$$z = re^{i\varphi} = re^{i\varphi + 2k\pi i},$$

k ganz. Die Beschränkung $0 \leq \varphi < 2\pi$ in der Definition für $\ln z$ erscheint künstlich. Dehnt man aber die Definition von $\ln z$ auf $\varphi \in R_1$ aus, so erhält man eine mehrdeutige Funktion, was man gern vermeiden möchte. Um diesem Dilemma zu entgehen, führt man Riemannsche Flächen ein. Im Fall der Funktion $\ln z$ sieht dies wie folgt aus: Man legt unendlich viele komplexe Ebenen C_1 übereinander, nummeriert sie mit $k = 0, 1, -1, 2, -2, \ldots$, schlitzt sie längs der positiven Halbachsen auf und verheftet die frei werdenden Ufer dieser Blätter nach der angegebenen Vorschrift. Die ganzen Zahlen sind die Blattindizes und die übereinander stehenden Zahlen geben die Vorschrift an, von welchem Blatt man in welches Blatt zu wandern hat, wenn man den Schlitz überschreitet. Ist w ein solcher Weg, so heißt dies, daß man bei der Wanderung von A nach B vom Blatt 0 in das Blatt 1 und, allgemein, vom Blatt k in das Blatt $k+1$ gelangt. Läuft man umgekehrt von B nach A, so kommt man z. B. vom Blatt 17 in das Blatt 16 usw. Man legt jetzt fest, daß im k-ten Blatt z durch

$$z = re^{i\varphi} \quad \text{mit} \quad 2k\pi \leq \varphi < 2(k+1)\pi$$

dargestellt wird. Auf dieser Riemannschen Fläche kann jetzt

$$\ln z = \ln r + i\varphi, \quad \varphi \in R_1,\ r > 0,$$

in eindeutiger Weise dargestellt werden (0 gehört nicht zur Fläche). Bei stetiger Wanderung auf der Riemannschen Fläche ändert sich (die eindeutige Funktion) in z stetig.

Satz. (a) *Für* $z \in C_1$ *und* $w \in C_1$ *ist* $e^z e^w = e^{z+w}$.
(b) $\ln z$ *ist die „Umkehrfunktion" von* e^z *in dem Sinne, daß* $e^{\ln z} = z$ *für alle* $z \neq 0$ *unabhängig von der Auswahl des Blattes gilt.*

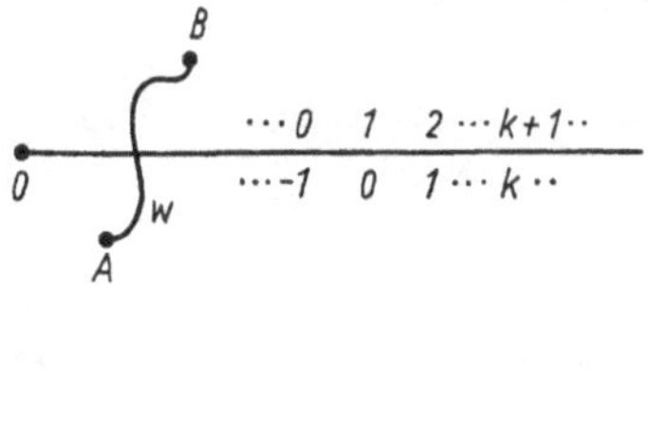

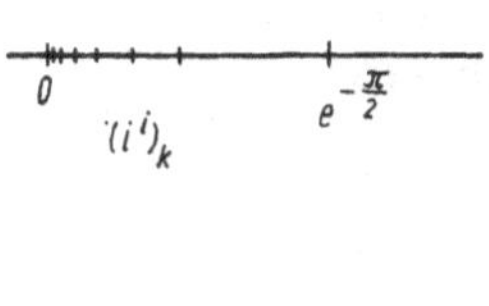

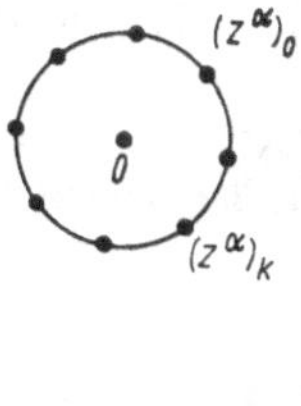

5.3.2. Die Funktion z^w, Riemannsche Flächen

Bisher haben wir x^y für $x>0$ und $y \in R_1$ erklärt.

Definition. *z und w seien zwei beliebige komplexe Zahlen mit $z \neq 0$. Auf der Riemannschen Fläche für $\ln z$ wird $z^w = e^{w \ln z}$ gesetzt.*

Bemerkung 1. Fixiert man w, so ist das Definitionsgebiet der Funktion $f(z) = z^w$ die Riemannsche Fläche für $\ln z$. Ist $(z^w)_k$ der Funktionswert im k-ten Blatt, so gilt mit $0 \leqq \varphi < 2\pi$ und $\ln z = \ln r + i\varphi$

$$(z^w)_k = e^{w \ln r + wi\varphi + wi2k\pi} = (z^w)_0 \, e^{iw2k\pi} . \tag{1}$$

Bemerkung 2. Ist $z = x > 0$ und $w = y \in R_1$, so erhält man $(z^w)_0 = e^{y \ln x} = x^y$. Das rechtfertigt die Definition.

Lemma. *Sind w_1 und w_2 zwei komplexe Zahlen, so gilt $z^{w_1} z^{w_2} = z^{w_1 + w_2}$ auf der Riemannschen Fläche für $\ln z$ (bei geeigneter Blattwahl für $w_1 + w_2$).*

Bemerkung 3. Es ist

$$i^i = e^{i \ln i} = e^{ii\left(\frac{\pi}{2} + 2k\pi\right)} = e^{-\frac{\pi}{2} - 2k\pi} .$$

Im 0-ten Blatt ist also $i^i = e^{-\frac{\pi}{2}}$, eine interessante Formel!

Bemerkung 4. Ist $w = \alpha$ reell, so ist $|e^{i\alpha 2\pi k}| = 1$. Aus (1) folgt dann, daß die Werte $(z^\alpha)_k$ auf einem Kreis vom Radius $|(z^\alpha)_0|$ liegen.

Bemerkung 5. Von besonderem Interesse ist der Fall $w = \frac{p}{q}$ rational, wobei p eine ganze und q eine natürliche Zahl ist, p und q teilerfremd. Sind l und k zwei ganze Zahlen mit $l = k + qn$, n ganz, so folgt aus (1), daß $(z^{\frac{p}{q}})_k = (z^{\frac{p}{q}})_{k+nq}$ gilt. $z^{\frac{p}{q}}$ hat also nur q verschiedene Werte, etwa $(z^{\frac{p}{q}})_0, (z^{\frac{p}{q}})_1, \ldots, (z^{\frac{p}{q}})_{q-1}$. Um $z^{\frac{p}{q}}$ in eine eindeutige Funktion zu verwandeln, benötigt man also nicht die ganze Riemannsche Fläche für $\ln z$, sondern nur q Blätter, etwa die Blätter mit den Indizes $0, 1, \ldots, q-1$. Vom Blatt $q-1$ kehrt man wieder zum Blatt 0 zurück, wie es die untenstehende Vorschrift anzeigt. Die Existenzfläche (Definitionsgebiet) für $\sqrt{z} = z^{\frac{1}{2}}$ besteht dann aus 2 Blättern; z. B. ist $(\sqrt{1})_0 = 1$ und $(\sqrt{1})_1 = e^{i\pi} = -1$.

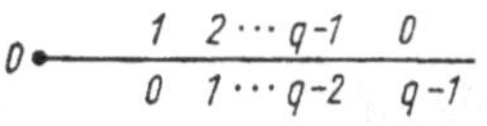

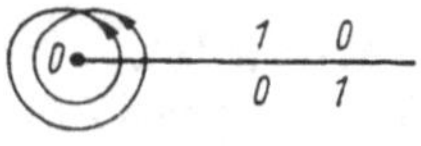

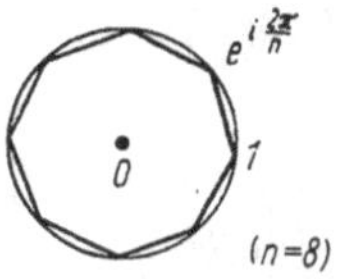

5.3.3. Einheitswurzeln, Fundamentalsatz der Algebra

Definition. *Ist n eine natürliche Zahl, so werden die komplexen Zahlen $1^{\frac{1}{n}}$ als n-te Einheitswurzeln bezeichnet.*

Lemma. *Es gibt n verschiedene n-te Einheitswurzeln, nämlich $e^{\frac{2\pi}{n}ki}$ mit $k = 0, \ldots, n-1$.*

Bemerkung 1. Das Lemma folgt unmittelbar aus den Betrachtungen in 5.3.2. Die Einheitswurzeln bilden die Ecken eines regulären Polygons.

Satz 1. *Das Polynom z^n-1 besitzt in C_1 genau n verschiedene Nullstellen (also komplexe Zahlen z mit $z^n-1=0$). Diese sind die n-ten Einheitswurzeln.*

Bemerkung 2. Der Satz folgt aus den obigen Betrachtungen. Es entsteht die Frage, ob für beliebige komplexe Polynome n-ten Grades $\sum_{j=0}^{n} a_j z^j$, a_j komplex, ein ähnlicher Sachverhalt gilt. Wir können $a_n \neq 0$ voraussetzen. Hierbei heißt z_1 Nullstelle, falls $\sum_{j=0}^{n} a_j z_1^j = 0$ gilt.

Satz 2 (*Fundamentalsatz der Algebra*). *$\sum_{j=0}^{n} a_j z^j$, a_j komplex, $a_n \neq 0$, besitzt genau n komplexe Nullstellen. Sind $z_1, \ldots, z_n$ diese Nullstellen, so gilt*

$$\sum_{j=0}^{n} a_j z^j = a_n (z-z_1)(z-z_2)\ldots(z-z_n)\,. \tag{1}$$

Bemerkung 3. Es kann passieren, daß einige (oder auch alle) Nullstellen gleich sind. Ist etwa $z_1 = z_2 = \ldots = z_r$, aber $z_k \neq z_1$ für $k = r+1, \ldots, n$, so sagt man, daß z_1 eine Nullstelle der Vielfachheit (oder Ordnung) r ist. Hat $\sum_{j=0}^{n} a_j z^j$ genau l verschiedene Nullstellen $w_1, \ldots, w_l$ mit den Vielfachheiten $n_1, \ldots, n_l$, so verwandelt sich (1) in

$$\sum_{j=0}^{n} a_j z^j = a_n (z-w_1)^{n_1}(z-w_2)^{n_2}\ldots(z-w_l)^{n_l}\,, \quad (a_n \neq 0)\,. \tag{2}$$

Hierbei sind n_r natürliche Zahlen und $n_1+n_2+\ldots+n_l=n$. Das Polynom $\sum_{j=0}^{n} a_j z^j$, a_j komplex, $a_n \neq 0$, hat somit genau n komplexe Nullstellen unter Berücksichtigung der Vielfachheiten.

Bemerkung 4. Der Beweis des Satzes ist relativ einfach, wenn man folgende Aussage als richtig voraussetzt: Das Polynom $\sum_{j=0}^{n} a_j z^j$, $a_n \neq 0$, besitzt mindestens eine komplexe Nullstelle. Daß diese Annahme richtig ist, beweist man am besten im Rahmen der Funktionentheorie, Kap. 15. Wir kommen hierauf in 15.3.6. und in Bemerkung 15.5.2/2 zurück.

Satz 3. *a_j mit $j=0, \ldots, n$ seien reelle Zahlen und $a_n \neq 0$.*

(a) *Ist w eine Nullstelle des Polynoms $\sum_{j=0}^{n} a_j z^j$ mit der Vielfachheit m, so ist auch $\bar{w}$ eine Nullstelle mit der gleichen Vielfachheit.*

(b) *Sind $w_1, \ldots, w_l$ die verschiedenen reellen Nullstellen mit den Vielfachheiten $n_1, \ldots, n_l$ und $v_1, \bar{v}_1, v_2, \bar{v}_2, \ldots, v_k, \bar{v}_k$ die verschiedenen echt komplexen Nullstellen (d. h. $\operatorname{Im} v_r \neq 0$) mit den Vielfachheiten $m_1, \ldots, m_k$ von $\sum_{j=0}^{n} a_j z^j$, so gilt*

$$\begin{aligned}\sum_{j=0}^{n} a_j z^j &= \\ &= a_n (z-w_1)^{n_1}\ldots(z-w_l)^{n_l}\,[(z-\operatorname{Re} v_1)^2+(\operatorname{Im} v_1)^2]^{m_1}\ldots \\ &\quad \ldots [(z-\operatorname{Re} v_k)^2+(\operatorname{Im} v_k)^2]^{m_k}\,.\end{aligned} \tag{3}$$

Bemerkung 5. Ist $z=x$ reell, so ist (3) eine rein reelle Zerlegung, was bei reellen Polynomen wünschenswert ist.

5.4. Potenzreihen

5.4.1. Konvergenzradius

In der komplexen Ebene C_1 werden Potenzreihen $P(z) = \sum_{j=0}^{\infty} a_j(z-z_0)^j$ betrachtet. Hierbei sind a_j komplexe Zahlen, $z_0 \in C_1$ ist fest und $z \in C_1$ variabel. Die Reihe konvergiert trivialerweise für $z = z_0$. Für welche anderen z-Werte konvergiert die Reihe in C_1? Von besonderem Interesse ist die absolute Konvergenz, d. h.

$$\sum_{j=0}^{\infty} |a_j|\, |z-z_0|^j < \infty\,. \tag{1}$$

Ist $\{c_j\}_{j=0}^{\infty}$ eine Folge reeller Zahlen, so bezeichnet $\overline{\lim}\, c_j$ (oberer Limes) den größten und $\underline{\lim}\, c_j$ (unterer Limes) den kleinsten Häufungspunkt der Zahlen c_j. Sind a_j die Koeffizienten der obigen Potenzreihe, so wird

$$R = \left(\overline{\lim}\, |a_j|^{\frac{1}{j}}\right)^{-1} \text{ (Konvergenzradius)} \tag{2}$$

gesetzt. Für $\overline{\lim}\, |a_j|^{\frac{1}{j}} = 0$ soll hierbei $R = \infty$ und für $\overline{\lim}\, |a_j|^{\frac{1}{j}} = \infty$ soll $R = 0$ sein.

Satz. *Für $|z-z_0| < R$ konvergiert $\sum_{j=0}^{\infty} a_j(z-z_0)^j$ absolut. Für $|z-z_0| > R$ liegt keine absolute Konvergenz vor.*

Bemerkung 1. Der Satz rechtfertigt die Bezeichnung Konvergenzradius für R. Ob (1) für $|z-z_0| = R$ richtig ist oder nicht, läßt sich nicht allgemein sagen. Es können beide Fälle auftreten.

Bemerkung 2 (Beispiele für Potenzreihen und zugehörige Konvergenzradien).

(a) $\sum_{j=0}^{\infty} z^j$ und $R = 1$; (b) $\sum_{j=1}^{\infty} j^j z^j$ und $R = 0$;

(c) $\sum_{j=1}^{\infty} j^{-j} z^j$ und $R = \infty$.

5.4.2. Addition und Multiplikation von Potenzreihen

Es seien $\sum_{j=0}^{\infty} a_j(z-z_0)^j$ und $\sum_{j=0}^{\infty} b_j(z-z_0)^j$ zwei Potenzreihen mit den Konvergenzradien R_a und R_b.

Satz. (a) *Sind λ und μ komplexe Zahlen und ist R der Konvergenzradius von $\sum_{j=0}^{\infty} (\lambda a_j + \mu b_j)\,(z-z_0)^j$, so gilt $R \geqq \min(R_a, R_b)$.*

(b) *Ist R der Konvergenzradius der Reihe*

$$\left[\sum_{j=0}^{\infty} a_j(z-z_0)^j\right] \cdot \left[\sum_{j=0}^{\infty} b_j(z-z_0)^j\right] = \sum_{j=0}^{\infty} (a_0 b_j + a_1 b_{j-1} + \ldots + a_j b_0)\,(z-z_0)^j,$$

so gilt $R \geqq \min(R_a, R_b)$.

5.4.3. Differentiation von Funktionenfolgen und Potenzreihen

In diesem Abschnitt betrachten wir reelle Funktionen $f \in C[a, b]$ mit $-\infty < a < b < \infty$. Wie früher bedeutet $f' \in C[a, b]$, daß f in (a, b) stetig differenzierbar ist und daß f' bei a einen rechtsseitigen und bei b einen linksseitigen Limes besitzt. $\Rightarrow$ bedeutet gleichmäßige Konvergenz in $[a, b]$.

Satz 1. *Für $j=1, 2, 3, \ldots$ sei $f_j \in C[a, b]$ und $f_j' \in C[a, b]$, sowie $f_j \Rightarrow f$ und $f_j' \Rightarrow g$. Dann ist $f \in C[a, b]$ und $g \in C[a, b]$. Ferner ist f in (a, b) differenzierbar, und es gilt $f' = g$.*

Satz 2. *Für $j=1, 2, 3, \ldots$ sei $f_j \in C[a, b]$ und $f_j' \in C[a, b]$. Ferner seien $\sum_{j=1}^{\infty} f_j(x)$ und $\sum_{j=1}^{\infty} f_j'(x)$ gleichmäßig konvergent. Dann ist $\sum_{j=1}^{\infty} f_j(x)$ in (a, b) differenzierbar, und es gilt*

$$\left(\sum_{j=1}^{\infty} f_j(x)\right)' = \sum_{j=1}^{\infty} f_j'(x) \quad (\textit{gliedweise Differentiation}).$$

Bemerkung 1. Wir betrachten reelle Potenzreihen $\sum_{j=0}^{\infty} a_j(x-x_0)^j$, a_j reell, als Ausschnitte komplexer Potenzreihen. R ist wieder der Konvergenzradius, wobei wir jetzt absolute Konvergenz im Intervall (x_0-R, x_0+R) haben.

Satz 3. *Ist $f(x) = \sum_{j=0}^{\infty} a_j (x-x_0)^j$, a_j reell, mit $R > 0$, so ist $f(x)$ im Intervall (x_0-R, x_0+R) beliebig oft differenzierbar. Es gilt*

$$f^{(k)}(x) = \sum_{j=k}^{\infty} j(j-1) \ldots (j-k+1)\, a_j (x-x_0)^{j-k} \tag{1}$$

(gliedweise Differentiation), $k=1, 2, 3, \ldots$, wobei sämtliche Reihen in (x_0-R, x_0+R) absolut konvergieren.

Bemerkung 2. Es entsteht die Frage, ob man den letzten Satz umkehren kann: Ist jede in (x_0-R, x_0+R) beliebig oft differenzierbare Funktion in eine Potenzreihe entwickelbar? Im allgemeinen ist das nicht richtig.

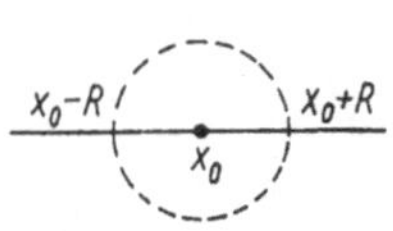

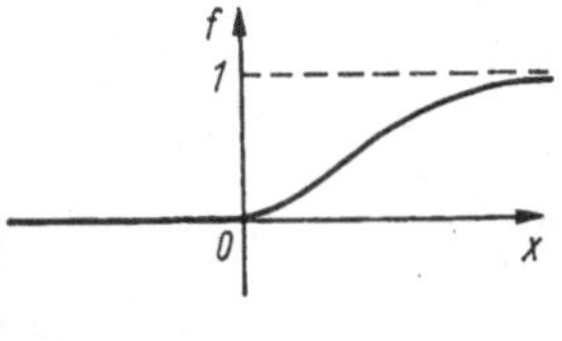

5.4.4. Taylorreihen

Wir untersuchen die am Schluß von 5.4.3. gestellte Frage näher. Setzt man $x = x_0$ in (5.4.3/1), so folgt $f^{(k)}(x_0) = a_k k!$ und somit

$$f(x) = \sum_{k=0}^{\infty} \frac{f^{(k)}(x_0)}{k!} (x-x_0)^k \quad (0! = 1 \text{ gesetzt}). \tag{1}$$

Das nennt man eine Taylorreihe. Die Frage am Schluß von 5.4.3. lautet jetzt: Wann konvergiert die Taylorreihe und wann ist ihr Grenzwert $f(x)$?

Satz 1. *Es sei $-\infty < x_0 < x_1 < \infty$. Ferner sei $k=0, 1, 2, \ldots$ Die Funktion f sei $(k+1)$-*

mal stetig differenzierbar in (x_0, x_1) *mit* $f^{(j)} \in C[x_0, x_1]$ *für* $j=0, \ldots, k+1$. *Dann ist*

$$f(x) = \sum_{j=0}^{k} \frac{f^{(j)}(x_0)}{j!} (x-x_0)^j + \frac{1}{k!} \int_{x_0}^{x} (x-y)^k f^{(k+1)}(y)\, dy \tag{2}$$

für alle x *mit* $x_0 < x < x_1$. *Ferner gibt es eine Funktion* $\vartheta = \vartheta(x)$ *mit* $0 \leqq \vartheta \leqq 1$, *so daß*

$$f(x) = \sum_{j=0}^{k} \frac{f^{(j)}(x_0)}{j!} (x-x_0)^j + \frac{(x-x_0)^{k+1}}{(k+1)!} f^{(k+1)}(x_0 + \vartheta\,(x-x_0)) \tag{3}$$

für alle x *mit* $x_0 < x < x_1$ *gilt.*

Bemerkung 1. Die jeweils letzten Summanden in (2) und (3) bezeichnet man als Restglieder. Die Frage, ob (1) gilt, ist somit eine Frage, ob diese Restglieder gegen null gehen für $k \to \infty$ oder nicht (vorausgesetzt, daß f beliebig oft differenzierbar ist).

Bemerkung 2. Hat f stetige Ableitungen bis zur Ordnung $k+1$ in einer Umgebung $(x_0-\varepsilon, x_0+\varepsilon)$, $\varepsilon > 0$, so gelten (2) und (3) für $x \in (x_0-\varepsilon, x_0+\varepsilon)$, wobei man in (2) $\int_{x_0}^{x}$ für $x < x_0$ durch $-\int_{x}^{x_0}$ ersetzen muß.

Satz 2. *Es sei* $-\infty < x_1 < x_2 < \infty$. *Die Funktion* $f(x)$ *sei in* (x_1, x_2) *beliebig oft differenzierbar,* $x \in (x_1, x_2)$ *und* $x_0 \in (x_1, x_2)$. *Ist*

$$\frac{|x-x_0|^{k+1}}{(k+1)!} \sup_{y \in I(x_0, x)} |f^{(k+1)}(y)| \to 0 \quad \text{für} \quad k \to \infty \tag{4}$$

mit $I(x_0, x) = (x_0, x)$ *für* $x_0 < x$ *und* $I(x_0, x) = (x, x_0)$ *für* $x < x_0$, *so ist* $f(x)$ *durch* (1) *darstellbar.*

Bemerkung 3. Dieser Satz folgt sofort aus (3).

5.4.5. Beispiele und Gegenbeispiele für Taylorreihen

Satz 1. e^x, $\sin x$ *und* $\cos x$ *sind in* R_1 *in absolut konvergente Potenzreihen entwickelbar. Es gilt für* $x \in R_1$

$$e^x = \sum_{j=0}^{\infty} \frac{x^j}{j!},$$

$$\sin x = x - \frac{x^3}{3!} + \frac{x^5}{5!} - \frac{x^7}{7!} + \ldots,$$

$$\cos x = 1 - \frac{x^2}{2!} + \frac{x^4}{4!} - \frac{x^6}{6!} + \ldots .$$

Bemerkung 1. Im Sinne von Satz 5.4.4/2 ist $x_0 = 0$, und es gilt (5.4.4/4).

Satz 2. Ist $\alpha > 0$, so gilt $\lim_{x\to\infty} \frac{e^x}{x^\alpha} = \infty$, $\lim_{x\to\infty} e^{-x} x^\alpha = 0$, $\lim_{x\to\infty} \frac{\ln x}{x^\alpha} = 0$, $\lim_{x \downarrow 0} x^\alpha\, |\ln x| = 0$.

Bemerkung 2. Die erste Aussage folgt aus Satz 1, die anderen Aussagen gewinnt man hieraus.

Satz 3 (*Gegenbeispiel*). *Die Funktion*

$$f(x) = \begin{cases} e^{-\frac{1}{x}} & \text{für} \quad x > 0 \\ 0 & \text{für} \quad x \leqq 0 \end{cases} \qquad \text{(Zeichnung auf S. 61)}$$

ist in R_1 *beliebig oft differenzierbar, aber im Punkt* 0 *nicht in eine Taylorreihe mit positivem Konvergenzradius entwickelbar.*

Bemerkung 3. Für $f(x)$ aus Satz 3 ist $f^{(k)}(x)=\frac{e^{-\frac{1}{x}}}{x^{k+1}}P_k(x)$ für $x>0$, wobei $P_k(x)$ ein Polynom in x ist. Satz 2 zeigt dann, daß f im Punkt 0 beliebig oft differenzierbar ist und $f^{(k)}(0)=0$ ist. Hieraus folgt aber, daß (5.4.4/1) mit $x_0=0$ in einer Umgebung von 0 nicht richtig sein kann.

5.4.6. Potenzreihe für e^z, analytische Funktionen

Es zeigt sich, daß man die Betrachtungen für reelle Funktionen aus den letzten Abschnitten auf komplexe Funktionen ausdehnen kann. Im Kap. 15 werden wir uns damit systematisch beschäftigen. Einige Aussagen können wir aber bereits jetzt machen.

Definition. *G sei ein offenes Gebiet in der komplexen Ebene C_1. Eine komplexwertige Funktion $f(z)$ heißt in G analytisch, falls $f(z)$ in jedem Punkt $z_0 \in G$ in eine absolut konvergente Potenzreihe $\sum_{j=0}^{\infty} a_j(z-z_0)^j$ mit positivem Konvergenzradius entwickelbar ist.*

Satz. e^z *ist in $G=C_1$ eine analytische Funktion, und es gilt*

$$e^z=\sum_{j=0}^{\infty}\frac{z^j}{j!} \quad \textit{für alle } z \in C_1.$$

Bemerkung. Auch die anderen früher betrachteten komplexen Funktionen sind analytisch, sofern man die obige Definition geringfügig modifiziert. So sind $\ln z$ und z^w auf der Riemannschen Fläche für $\ln z$ analytisch.

5.4.7. Irrationalität von e

Eine reelle Zahl, die nicht rational ist, heißt irrational.

Satz. e *ist eine irrationale Zahl.*

Bemerkung. Der Beweis beruht auf der Darstellung $e=\sum_{k=0}^{\infty}\frac{1}{k!}$.

6. Banachräume

6.1. Definitionen und Beispiele

6.1.1. Definitionen

Aus der analytischen Geometrie ist der lineare Vektorraum gut bekannt: Eine nicht leere Menge M, in der zwei Operationen erklärt sind, nämlich eine Addition beliebiger Elemente aus M, sowie eine Multiplikation von Elementen aus M mit reellen oder komplexen Zahlen. Bezüglich der Addition müssen hierbei folgende Forderungen erfüllt sein:

$x+y=y+x$ (Kommutativität),
$x+o=x$ (Existenz eines neutralen Elementes $o\in M$),
$(x+y)+z=x+(y+z)$ (Assoziativität).

Hierbei sind x, y und z beliebige Elemente aus M. Ferner muß es zu je zwei Elementen $x\in M$ und $y\in M$ ein eindeutig bestimmtes Element $z\in M$ mit $x+z=y$ geben. Bezüglich der Multiplikation von Elementen aus M mit reellen oder komplexen Zahlen muß gelten:

$$\lambda\,(x+y)=\lambda x+\lambda y, \quad (\lambda+\mu)\,x=\lambda x+\mu x,$$
$$1\cdot x=x, \quad \lambda(\mu x)=(\lambda\mu)\,x\,.$$

Hierbei sind $x\in M$ und $y\in M$, während λ und μ reelle oder komplexe Zahlen sind. Sind nur reelle Zahlen zur Multiplikation zugelassen, so spricht man von einem reellen linearen Vektorraum. Sind komplexe Zahlen zur Multiplikation zugelassen, so spricht man von einem komplexen linearen Vektorraum. Statt o schreiben wir in Zukunft 0. Ferner sei $z=-y$, falls $y+z=0$ ist.

Definition 1. *Ein (reeller oder komplexer) normierter Raum besteht aus einem (reellen oder komplexen) linearen Vektorraum M und einer Vorschrift, die jedem $x\in M$ eine nicht-negative Zahl $\|x\|$ mit den Eigenschaften*

1. $\|x\|\geqq 0$, *wobei* $\|x\|=0$ *genau dann gilt, wenn* $x=0$ *ist,*
2. $\|\lambda x\|=|\lambda|\,\|x\|$,
3. $\|y+x\|\leqq\|x\|+\|y\|$ *(Dreiecksungleichung),*

zuordnet. Hierbei ist $x\in M$, $y\in M$ und λ reell oder komplex, $\|x\|$ heißt Norm.

Lemma. *Mit $\varrho(x,y)=\|x-y\|$ wird ein normierter Raum zu einem metrischen Raum.*

Bemerkung. Das Lemma folgt aus Def. 1.3.3/1. In Zukunft betrachten wir normierte Räume als spezielle metrische Räume.

Definition 2. *Ein (reeller oder komplexer) Banachraum ist ein (reeller oder komplexer) normierter Raum, der (als metrischer Raum betrachtet) vollständig ist.*

6.1.2. Beispiele

Der Raum R_n. Mit $\|x\| = \sum_{j=1}^{n} |x_j|$ für $x = (x_1, \ldots, x_n)$ ist R_n ein Banachraum, siehe Lemma 2.5.1/2. Hierbei sind die Addition von $x = (x_1, \ldots, x_n)$ und $y = (y_1, \ldots, y_n)$ und die Multiplikation mit reellen Zahlen λ auf natürliche Weise erklärt: $x + y = (x_1 + y_1, \ldots, x_n + y_n)$, $\lambda x = (\lambda x_1, \ldots, \lambda x_n)$.

Der Raum C_n. Betrachtet man komplexe Folgen $x = (x_1, \ldots, x_n)$ und Multiplikationen mit komplexen Zahlen λ, so ist C_n bezüglich der obigen Norm $\|x\|$ ein Banachraum. (Das ist eine geringfügige Modifikation gegenüber 1.3.2.)

Der Raum $C[a, b]$. Mit $\|f\|_{C[a,b]} = \sup_{x \in [a,b]} |f(x)|$ ist $C[a, b]$ aus 2.5.2. ein Banachraum, siehe Satz 2.5.2. Hierbei sind die Addition von Funktionen und die Multiplikation mit reellen Zahlen auf natürliche Weise erklärt:

$$(f+g)(x) = f(x) + g(x), \quad (\lambda f)(x) = \lambda f(x) .$$

6.2. Räume vom Typ l_p

6.2.1. Ungleichungen

Lemma. *Für $x > 0$, $y > 0$, $1 < p < \infty$ und $1/p + 1/p' = 1$ ist*

$$xy \leq x^p/p + y^{p'}/p'$$

Bemerkung 1. p' mit $1/p + 1/p' = 1$ nennt man auch die zu p konjugierte Zahl.

Satz. *Sind $x_1, \ldots, x_n$ und $y_1, \ldots, y_n$ komplexe Zahlen, ist $1 < p < \infty$ und $1/p + 1/p' = 1$, so gilt*

$$\left| \sum_{j=1}^{n} x_j y_j \right| \leq \sum_{j=1}^{n} |x_j|\,|y_j| \leq \left(\sum_{j=1}^{n} |x_j|^p \right)^{1/p} \left(\sum_{j=1}^{n} |y_j|^{p'} \right)^{1/p'} \tag{1}$$

und

$$\left(\sum_{j=1}^{n} |x_j + y_j|^p \right)^{1/p} \leq \left(\sum_{j=1}^{n} |x_j|^p \right)^{1/p} + \left(\sum_{j=1}^{n} |y_j|^p \right)^{1/p} . \tag{2}$$

Bemerkung 2. (1) heißt die Höldersche Ungleichung, (2) die Minkowskische Ungleichung.

6.2.2. Die Räume $l^n_{p,R}$, $l^n_{p,C}$, $l_{p,R}$ und $l_{p,C}$

Wir betrachten lineare Vektorräume, deren Elemente endliche oder unendliche Folgen $x = (x_1, x_2, \ldots)$ reeller oder komplexer Zahlen sind. Die Addition von $x = (x_1, x_2, \ldots)$ und $y = (y_1, y_2, \ldots)$ ist durch $x + y = (x_1 + y_1, x_2 + y_2, \ldots)$ und die Multiplikation mit reellen oder komplexen Zahlen λ durch $\lambda x = (\lambda x_1, \lambda x_2, \ldots)$ erklärt.

Definition 1. (a) *Ist n eine natürliche Zahl und $1 \leq p < \infty$, so ist $l^n_{p,R}$ (bzw. $l^n_{p,C}$) der reelle (bzw. komplexe) lineare Vektorraum der reellen (bzw. komplexen) Folgen $x = (x_1, \ldots, x_n)$ mit $\|x\|_{l^n_p} = \left(\sum_{j=1}^{n} |x_j|^p \right)^{1/p}$.*

(b) *Ist* $1 \leqq p < \infty$, *so ist* $l_{p,R}$ *(bzw.* $l_{p,C}$*) der reelle (bzw. komplexe) lineare Vektorraum der reellen (bzw. komplexen) Folgen* $x = (x_1, x_2, \ldots)$ *mit* $\|x\|_{l_p} = \left(\sum_{j=1}^{\infty} |x_j|^p\right)^{1/p} < \infty$.

Bemerkung 1. Nach 1.3.1. und 6.1.2. ist $R_n = l^n_{1,R}$ und $C_n = l^n_{1,C}$.

Lemma. *Ist n eine natürliche Zahl und* $1 \leqq p < \infty$, *so gilt für alle* $x \in l^n_{1,C}$

$$\|x\|_{l_1^n} \leqq n \|x\|_{l_p^n} \quad \text{und} \quad \|x\|_{l_p^n} \leqq \|x\|_{l_1^n} .$$

Bemerkung 2. Betrachtet man in der zweiten Ungleichung $n \to \infty$, so erhält man $\|x\|_{l_p} \leqq \|x\|_{l_1}$ für alle $x \in l_{1,C}$.

Definition 2. *Zwei Normen* $\|x\|_1$ *und* $\|x\|_2$ *in einem linearen Vektorraum M heißen äquivalent, falls es zwei positive Zahlen* c_1 *und* c_2 *gibt, so daß für alle* $x \in M$

$$c_1 \|x\|_1 \leqq \|x\|_2 \leqq c_2 \|x\|_1$$

gilt.

Bemerkung 3. Die beiden normierten Räume aus Def. 2 betrachten wir als spezielle metrische Räume mit den Metriken $\varrho_j(x, y) = \|x - y\|_j$, $j = 1, 2$. Cauchyfolgen bezüglich ϱ_1 sind auch Cauchyfolgen bezüglich ϱ_2 und umgekehrt. Analoges gilt für konvergente Folgen. Bezüglich des Konvergenzverhaltens sind also die Normen $\|x\|_1$ und $\|x\|_2$ vollkommen gleichwertig.

Bemerkung 4. Aus dem Lemma folgt, daß alle Normen $\|x\|_{l_p^n}$ mit $1 \leqq p < \infty$ in $l^n_{1,R}$ bzw. in $l^n_{1,C}$ äquivalent sind.

Satz. (a) *Ist n eine natürliche Zahl und* $1 \leqq p < \infty$, *so ist* $l^n_{p,R}$ *ein reeller Banachraum. Ist* $1 \leqq q < \infty$, *so ist* $\|x\|_{l_q^n}$ *eine äquivalente Norm in* $l^n_{p,R}$.

(b) *Ist n eine natürliche Zahl und* $1 \leqq p < \infty$, *so ist* $l^n_{p,C}$ *ein komplexer Banachraum. Ist* $1 \leqq q < \infty$, *so ist* $\|x\|_{l_q^n}$ *eine äquivalente Norm in* $l^n_{p,C}$.

(c) *Ist* $1 \leqq p < \infty$, *so ist* $l_{p,R}$ *ein reeller und* $l_{p,C}$ *ein komplexer Banachraum.*

Vereinbarung. R_n können wir mit einer der äquivalenten Normen $\|x\|_{l_p^n}$ normieren. Wir vereinbaren in Zukunft

$$\|x\|_{R_n} = \left(\sum_{j=1}^{n} |x_j|^2\right)^{1/2}, \quad \text{also} \quad R_n = l^n_{2,R} .$$

Analoges gilt für C_n. Ferner schreiben wir l^n_p statt $l^n_{p,R}$ oder $l^n_{p,C}$, da aus dem Zusammenhang heraus klar sein wird, ob es sich um einen reellen oder komplexen Raum handelt. Analog schreiben wir l_p statt $l_{p,R}$ oder $l_{p,C}$.

7. Integralrechnung im R_1 (Fortsetzung)

7.1. Klassen integrierbarer Funktionen

7.1.1. Allgemeine Regeln (partielle Integration, Variablensubstitution)

Satz 1. *Es sei* $-\infty < a < b < \infty$. *Gehören* f, f', g *und* g' *zu* $C[a, b]$, *so gilt*

$$\int_a^b f g' \mathrm{d}x = f(b)\, g(b) - f(a)\, g(a) - \int_a^b f' g \mathrm{d}x .$$

Bemerkung 1. Diese Regel bezeichnet man als partielle Integration. Mit ihrer Hilfe kann man mitunter noch unbekannte Integrale auf schon bekannte zurückführen. Hier ein Beispiel. Ist $0 < a < b < \infty$ und α reell mit $\alpha \neq -1$, so gilt

$$\int_a^b x^\alpha \ln x \mathrm{d}x = \int_a^b \left(\frac{x^{\alpha+1}}{\alpha+1}\right)' \ln x \,\mathrm{d}x = \frac{x^{\alpha+1}}{\alpha+1} \ln x \,\Big|_a^b - \int_a^b \frac{x^{\alpha+1}}{\alpha+1} \frac{1}{x} \mathrm{d}x .$$

Hierbei heißt $h(x)\,|_a^b = h(b) - h(a)$. Das Integral auf der rechten Seite ist aber schon bekannt,

$$\int_a^b x^\beta \mathrm{d}x = \begin{cases} \left.\dfrac{x^{\beta+1}}{\beta+1}\right|_a^b & \text{für } \beta \neq -1 \\ \ln x \,|_a^b & \text{für } \beta = -1 . \end{cases} \tag{1}$$

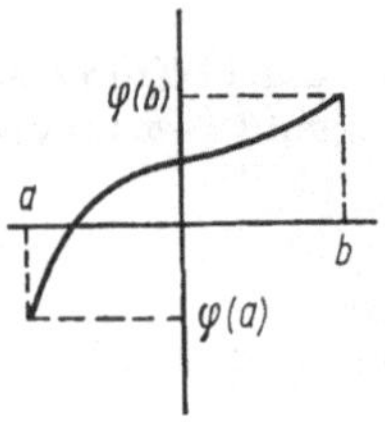

Variablensubstitution: Es sei $-\infty < a < b < \infty$ und $\varphi \in C[a, b]$, $\varphi' \in C[a, b]$ mit $\varphi'(x) > 0$ für $x \in [a, b]$. Dann ist φ streng monoton wachsend. $\psi = \varphi^{-1}$ sei die Umkehrfunktion. Es gilt $\psi \in C[\varphi(a), \varphi(b)]$ und $\psi' \in C[\varphi(a), \varphi(b)]$ (siehe 3.1.4.).

Satz 2. *Ist* $f \in C[a, b]$, *so ist* $g(x) = f(\psi(x)) \in C[\varphi(a), \varphi(b)]$, *und es gilt*

$$\int_a^b f(x) \,\mathrm{d}x = \int_{\varphi(a)}^{\varphi(b)} g(x)\, \psi'(x) \,\mathrm{d}x .$$

Bemerkung 2. Ist $\varphi \in C[a, b]$, $\varphi' \in C[a, b]$ und $\varphi'(x) < 0$ in $[a, b]$, so ist φ streng monoton fallend. Aus $f \in C[a, b]$ folgt dann $g(x) = f(\psi(x)) \in C[\varphi(b), \varphi(a)]$ und

$$\int_a^b f(x) \,\mathrm{d}x = -\int_{\varphi(b)}^{\varphi(a)} g(x)\, \psi'(x) \,\mathrm{d}x = \int_{\varphi(b)}^{\varphi(a)} g(x)\, |\psi'(x)| \,\mathrm{d}x .$$

7.1.2. Integration rationaler Funktionen, Partialbruchzerlegung

Quotienten von Polynomen bezeichnet man als rationale Funktionen,

$$R(x)=\frac{P(x)}{Q(x)}=\frac{\sum\limits_{k=0}^{n} a_k x^k}{\sum\limits_{l=0}^{m} b_l x^l}\,, \quad x\in R_1\,.$$

Hierbei sind a_k und b_k vorerst beliebige komplexe Zahlen, $b_m \neq 0$. Ferner sind $n = 0, 1, 2, \ldots$ und $m=0, 1, 2, \ldots$ Nach (5.3.3/2) ist

$$Q(x)=b_m\,(x-\alpha_1)^{m_1}\,(x-\alpha_2)^{m_2}\,\ldots\,(x-\alpha_j)^{m_j}\,,$$

wobei $\alpha_1, \ldots, \alpha_j$ die verschiedenen (komplexen) Nullstellen von $Q(x)$ mit den Vielfachheiten $m_1, \ldots, m_j$ sind.

Satz (*Partialbruchzerlegung*). (**a**) *$R(x)$ läßt sich in eindeutiger Weise als*

$$R(x)=p(x)+\sum_{\mu=1}^{j}\sum_{\nu=1}^{m_\mu}\frac{A_{\mu,\nu}}{(x-\alpha_\mu)^\nu} \tag{1}$$

darstellen. Hierbei ist $p(x)$ ein Polynom, und $A_{\mu,\nu}$ sind komplexe Zahlen.

(**b**) *Sind alle Koeffizienten a_k und b_l von $R(x)$ reell und ist $\alpha_r=\bar{\alpha}_s$ (konjugiert komplexe Nullstellen von $Q(x)$), so ist $A_{r,\nu}=\bar{A}_{s,\nu}$ für $\nu=1, \ldots, m_r$.*

Bemerkung 1. (1) ist sinnvoll für alle $x \neq \alpha_\mu$ mit $\mu=1, \ldots, j$. Bezüglich (b) vergleiche man mit Satz 5.3.3/3. Insbesondere ist $m_r=m_s$. Ferner folgt in diesem Fall, daß $A_{\mu,\nu}$ reell ist, falls α_ν reell ist (unter den Voraussetzungen von (b)).

Bemerkung 2. $p(x)$ und $A_{\mu,\nu}$ kann man explizit bestimmen, obwohl das Verfahren etwas mühsam ist, wenn mehrfache Nullstellen vorliegen. Multipliziert man (1) mit $(x-\alpha_1)^{m_1}$ und betrachtet anschließend $x\to\alpha_1$, so folgt

$$A_{1,m_1}=\lim_{x\to\alpha_1} R(x)\,(x-\alpha_1)^{m_1}\,,$$

wobei man die rechte Seite nach der l'Hospitalschen Regel berechnen kann. Anschließend wendet man das Verfahren auf die neue (harmlosere) rationale Funktion $R(x)-\dfrac{A_{1,m_1}}{(x-\alpha_1)^{m_1}}$ an. So kann man Schritt für Schritt $A_{\mu,\nu}$ berechnen. Schließlich bleibt nur das Polynom $p(x)$ übrig.

Integration von $R(x)$. Bei der Integration in Intervallen $[a, b]$ haben wir uns auf reelle Funktionen beschränkt, so daß wir auch jetzt voraussetzen, daß alle Koeffizienten a_k und b_l in $R(x)$ reell sind. Hierbei soll $[a, b]$ keine Nullstelle von $Q(x)$ enthalten. Ferner versuchen wir (1) in eine rein reelle Darstellung zu verwandeln. Ist α_μ reell, so folgt aus Bemerkung 1, daß $A_{\mu,\nu}$ reell ist. Sind α und A komplexe Zahlen mit $\operatorname{Im}\alpha \neq 0$, so ist

$$\frac{A}{(x-\alpha)^k}+\frac{\bar{A}}{(x-\bar{\alpha})^k}=q(x)+\sum_{j=1}^{k}\frac{c_j\,(x-\operatorname{Re}\alpha)+d_j}{[(x-\operatorname{Re}\alpha)^2+(\operatorname{Im}\alpha)^2]^j}\,,\ q(x)\ \text{Polynom}, \tag{2}$$

wobei alle Koeffizienten auf der rechten Seite von (2) reell sind. Teil (b) des Satzes zeigt nun, daß man die Glieder in (1) paarweise zusammenfassen kann und daß man auf diese Weise eine rein reelle Darstellung von $R(x)$ erhält. Elementare Variablensubstitutionen der Form $y=ax+b$ zeigen, daß man die Integration von $R(x)$ auf die Integration von x^j, $\dfrac{1}{(x^2+1)^k}$ und $\dfrac{x}{(x^2+1)^k}$ in geeigneten Intervallen zurückführen kann. Hierbei ist j eine ganze und k eine natürliche Zahl. Integrale über x^j wurden in (7.1.1/1) behandelt,

$$\int_c^d \frac{x}{x^2+1}\,dx = \int_c^d \frac{1}{2}\,(\ln(x^2+1))'\,dx = \frac{1}{2}\ln(x^2+1)\,\Big|_c^d ,$$

$$\int_c^d \frac{x}{(x^2+1)^k}\,dx = \int_c^d -\frac{1}{2\,(k-1)}\,((x^2+1)^{-k+1})'\,dx$$

$$= -\frac{1}{2\,(k-1)}\,(x^2+1)^{-k+1}\,\Big|_c^d, \quad k=2, 3, \ldots,$$

$$\int_c^d \frac{dx}{x^2+1} = \arctan x\,\Big|_c^d \quad \text{(Satz 5.2.3)}.$$

Schließlich kann man die noch fehlenden Integrale aus der Formel

$$\int_c^d \frac{k-1}{(x^2+1)^k}\,dx = \int_c^d \frac{2k-3}{(x^2+1)^{k-1}}\,dx + \frac{x}{(x^2+1)^{k-1}}\,\Bigg|_c^d, \quad k=2, 3, \ldots$$

iterativ berechnen. Zusammenfassend ergibt sich, daß man reelle rationale Funktionen auf die Integration weniger Grundtypen reduzieren kann, die man ihrerseits elementar integrieren kann.

7.1.3. Integration von $R(\cos x, \sin x)$

Betrachtet werden rationale Funktionen von $\cos x$ und $\sin x$,

$$R(\cos x, \sin x) = \frac{\sum\limits_{k,l=0}^{n} a_{k,l} \cos^k x \sin^l x}{\sum\limits_{r,s=0}^{m} b_{r,s} \cos^r x \sin^s x}.$$

Hierbei sind $a_{k,l}$ und $b_{r,s}$ reelle Zahlen. Da $R(\cos x, \sin x)$ mit 2π periodisch ist, kann man sich auf die Integration in Intervallen $[a, b] \subset (-\pi, \pi)$ beschränken, die keine Nullstellen des Nenners enthalten. Die Variablensubstitution $y = \varphi(x) = \tan \dfrac{x}{2}$ im Sinne von Satz 7.1.1/2 führt zu

$$\int_a^b R(\cos x, \sin x)\,dx = \int_{\tan\frac{a}{2}}^{\tan\frac{b}{2}} R\left(\frac{2}{2+y^2}-1,\ 2\,\frac{y}{1+y^2}\right)\frac{2dy}{1+y^2} = \int_{\tan\frac{a}{2}}^{\tan\frac{b}{2}} \tilde{R}(y)\,dy,$$

wobei $\tilde{R}(y)$ eine rationale Funktion von y ist. Damit ist das Problem auf die Integration rationaler Funktionen zurückgeführt. Rationale trigonometrische Funktionen

$$R(\cos nx, \sin nx, \cos(n-1)x, \sin(n-1)x, \ldots, \cos x, \sin x)$$

kann man nach den Moivreschen Formeln aus 5.2.4. auf rationale trigonometrische Funktionen in $\cos x$ und $\sin x$ zurückführen und somit elementar integrieren.

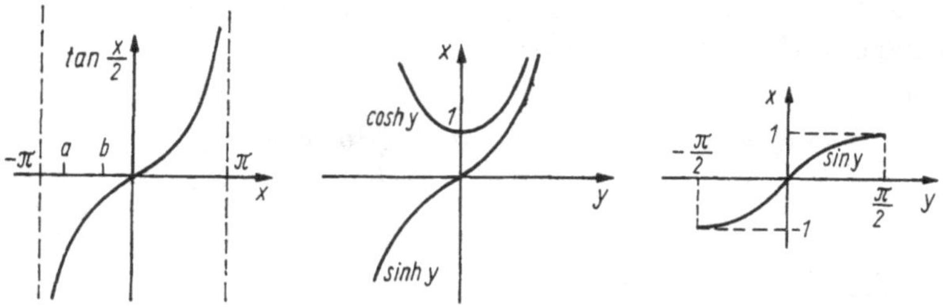

7.1.4. Integration von $R(e^x)$, $R(x, \sqrt{x^2-1})$ und $R(x, \sqrt{x^2+1})$

Wir betrachten rationale Funktionen einer Variablen (wie in 7.1.2.) oder zweier Variablen (wie in 7.1.3.).

Integration von $R(e^x)$. Die Substitution $y=\varphi(x)=e^x$ reduziert das Problem auf die Integration rationaler Funktionen in x im Sinne von 7.1.2.

Integration von $R(x, \sqrt{x^2-1})$. Hier muß $|x| \geqq 1$ sein, da wir nur reelle Funktionen betrachten. Es sei $x>1$. Die Substitution $x=\cosh y=\frac{e^y+e^{-y}}{2}$ (hyperbolischer Kosinus) reduziert das Problem auf die Integration rationaler Funktionen von e^x.

Integration von $R(x, \sqrt{x^2+1})$. Die Substitution $x=\sinh y=\frac{e^y-e^{-y}}{2}$ (hyperbolischer Sinus) reduziert das Problem auf die Integration von rationalen Funktionen von e^x.

7.1.5. Integration von $R(x, \sqrt{1-x^2})$

Es muß $|x| \leqq 1$ gelten. Die Substitution $x=\sin y$ reduziert das Problem auf die Integration rationaler Funktionen von $\cos x$ und $\sin x$ im Sinne von 7.1.3.

7.1.6. Integration von $R\left(x, \left(\frac{ax+b}{cx+d}\right)^{\frac{1}{n}}\right)$

Es sei n eine natürliche Zahl. Ferner seien a, b, c und d reelle Zahlen mit $ad-bc \neq 0$. Das Integrationsintervall soll so beschaffen sein, daß dort $\frac{ax+b}{cx+d}>0$ gilt. Ist $c=0$ (wir können dann $d=1$ annehmen), so reduziert die Substitution $y=(ax+b)^{\frac{1}{n}}$ das Problem auf die Integration rationaler Funktionen im Sinne von 7.1.2. Ist $c \neq 0$, so hat $\frac{ax+b}{cx+d}=\frac{a}{c}-\frac{ad-bc}{c(cx+d)}$ den im Bild gezeigten Verlauf. Liegt das Integrationsintervall in einem Monotonieintervall für diese Funktion, so reduziert die Substitution $y^n=\frac{ax+b}{cx+d}$ das Problem auf die Integration rationaler Funktionen im Sinne von 7.1.2.

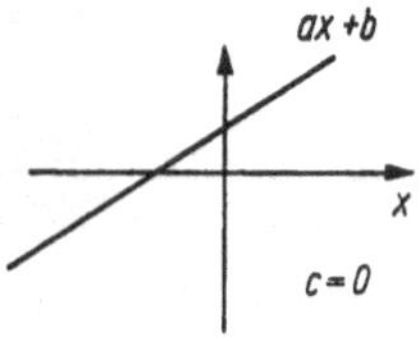

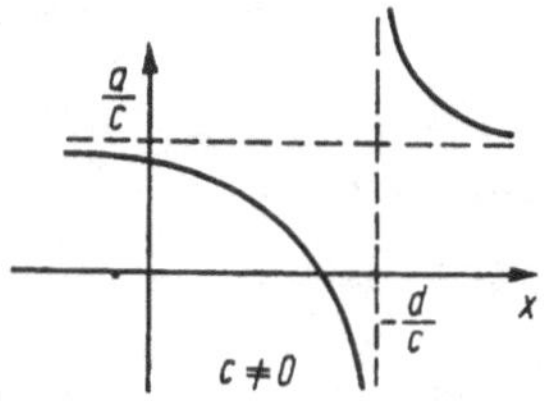

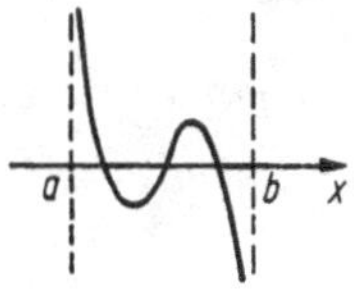

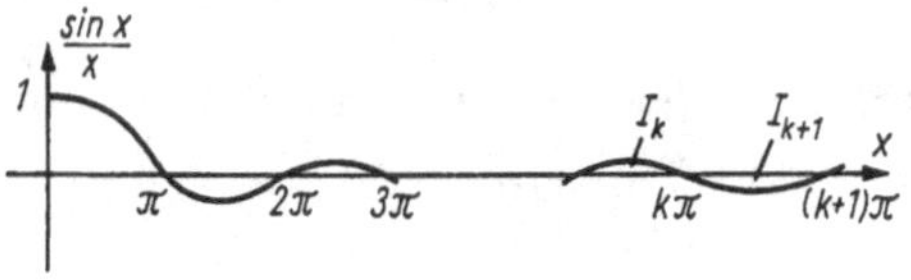

7.2. Uneigentliche Integrale

7.2.1. Typen uneigentlicher Integrale, Beispiele

Es gibt eine umfangreiche Theorie uneigentlicher Riemannscher Integrale. Wir beschränken uns hier auf einige Bemerkungen und einige Beispiele. Es sei $-\infty < a < b < \infty$. In $[a, b]$ integrierbare Funktionen sind (nach Definition 3.2.1) beschränkt. Die erste Frage ist, ob man auch Integrale über unbeschränkte Funktionen bilden kann. Ferner ist von Interesse, ob die Integrationsintervalle unbeschränkt sein können, also $\int\limits_{-\infty}^{b}$, $\int\limits_{a}^{\infty}$ oder $\int\limits_{-\infty}^{\infty}$. Wir betrachten zwei typische Fälle.

1. Fall. Für jedes hinreichend kleine positive ε sei $f(x)$ im Intervall $[a+\varepsilon, b]$ integrierbar. Existiert $\lim\limits_{x \downarrow a} \int\limits_{x}^{b} f(y)\, dy$, so wird dieser Wert mit $\int\limits_{a}^{b} f(x)\, dx$ bezeichnet und uneigentliches (Riemannsches) Integral genannt.

2. Fall. Für jede Zahl N mit $N > a$ sei $f(x)$ im Intervall $[a, N]$ integrierbar. Existiert $\lim\limits_{N \to \infty} \int\limits_{a}^{N} f(y)\, dy$, so wird dieser Wert mit $\int\limits_{a}^{\infty} f(x)\, dx$ bezeichnet und ebenfalls uneigentliches (Riemannsches) Integral genannt.

Bemerkung. Natürlich kann man diese beiden Prozeduren kombinieren oder mehrfach anwenden. Auf diese Weise kann man gewisse unbeschränkte Funktionen in beschränkten oder unbeschränkten Intervallen integrieren.

Beispiel 1. $\frac{\sin x}{x}$ ist in $[0, N]$ stetig. Bezeichnet man mit I_k die angedeuteten Flächeninhalte, so folgt

$$\int\limits_{0}^{x} \frac{\sin y}{y}\, dy = I_1 - I_2 + I_3 - I_4 + - \ldots I_k + \int\limits_{k\pi}^{x} \frac{\sin y}{y}\, dy\,,$$

wobei $k\pi < x \leqq (k+1)\pi$ sein soll. Da I_k eine monoton fallende Folge positiver Zahlen ist, folgt, daß $\int\limits_{0}^{\infty} \frac{\sin y}{y}\, dy$ existiert. In 15.5.1. berechnen wir den Wert dieses Integrals.

Beispiel 2. Ist α eine reelle Zahl, so ist x^α in jedem Intervall $[\varepsilon, 1]$ mit $0<\varepsilon<1$ stetig. Es gilt

$$\int_x^1 y^\alpha dy = \begin{cases} \dfrac{1-x^{\alpha+1}}{\alpha+1} & \text{für} \quad \alpha \neq -1, \\ -\ln x & \text{für} \quad \alpha = -1. \end{cases}$$

Hieraus folgt, daß $\lim\limits_{x \downarrow 0} \int\limits_x^1 y^\alpha dy$ genau dann existiert, wenn $\alpha > -1$ ist. Für $\alpha \geqq 0$ hat man ein Integral im üblichen Sinne, für $0 > \alpha > -1$ ein uneigentliches Integral.

Beispiel 3. In gleicher Weise sieht man, daß $\lim\limits_{x \to \infty} \int\limits_1^x y^\alpha \, dy$ genau dann existiert, wenn $\alpha < -1$ ist.

7.2.2. Integralkriterium für Reihen, Euler-Mascheronische Zahl

Vorgegeben ist $\sum\limits_{j=1}^{\infty} a_j$ mit $a_j > 0$. Gefragt ist nach Konvergenz oder Divergenz dieser Reihe. In der angegebenen Weise wird eine Treppenfunktion $h(x)$ mit den Stufen $a_1, a_2, \ldots$ konstruiert.

Lemma. (a) *Ist* $f(x) \geqq h(x)$ *mit* $\int\limits_0^\infty f(x)\, dx < \infty$, *so gilt* $\sum\limits_{j=1}^{\infty} a_j < \infty$.

(b) *Ist* $0 \leqq g(x) \leqq h(x)$ *und* $\int\limits_0^\infty g(x)\, dx = \infty$, *so gilt* $\sum\limits_{j=1}^{\infty} a_j = \infty$.

Bemerkung 1. Das Lemma folgt aus $\int\limits_0^\infty h(x)\, dx = \sum\limits_{j=1}^{\infty} a_j$. Wir schreiben $=\infty$, wenn die betreffenden Integrale oder Reihen nicht konvergieren.

Satz. *Es gibt eine positive Zahl C, so daß*

$$\lim_{n \to \infty} \left(\sum_{k=1}^{n} \frac{1}{k} - \ln n \right) = C$$

gilt.

Bemerkung 2. C ist die Euler-Mascheronische Zahl. Der Satz wird im Sinne des Lemmas bewiesen. Man setzt $g(x) = \dfrac{1}{x+1}$. Es ist $\int\limits_0^n g(x)\, dx = \ln(n+1)$, und man zeigt, daß

$$\lim_{n \to \infty} \left(\sum_{k=1}^{n} \frac{1}{k} - \ln(n+1) \right) = \sum_{k=1}^{n} I_k$$

konvergiert.

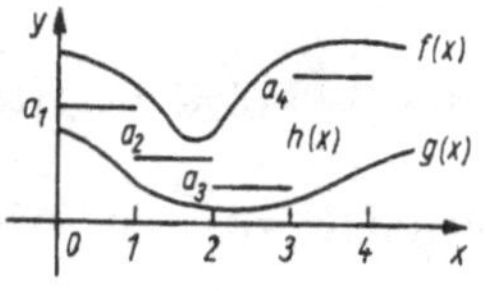

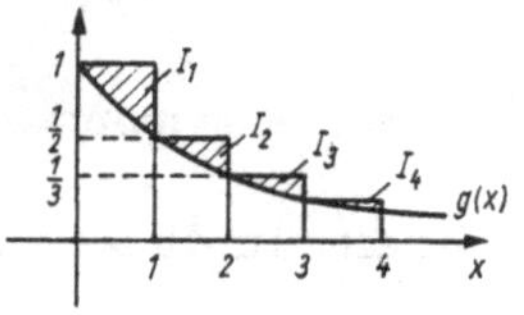

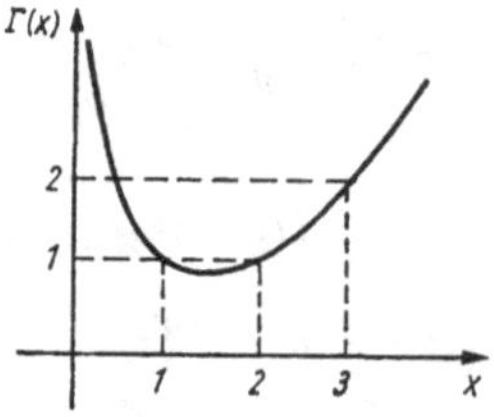

7.2.3. Die Γ-Funktion

Definition. *Für $x>0$ ist* $\Gamma(x)=\int\limits_0^\infty e^{-t}t^{x-1}\,dt$.

Bemerkung 1. $\Gamma(x)$ ist ein konvergentes uneigentliches Integral.

Satz. *$\Gamma(x)$ ist in $(0, \infty)$ eine beliebig oft differenzierbare, konvexe, positive Funktion. Es gilt*

$$\Gamma(x)\to\infty \quad \text{für} \quad x\to\infty \quad \text{und für} \quad x\downarrow 0\,,$$
$$x\Gamma(x)=\Gamma(x+1) \quad \text{für} \quad x>0 \quad \text{und}$$
$$\Gamma(n)=(n-1)! \quad \text{für} \quad n=1, 2, 3, \ldots$$

Bemerkung 2. Die Funktion $\Gamma(x)$ ist von großer Wichtigkeit. Da $\Gamma(n)=(n-1)!$ für natürliche Zahlen n ist, schreibt man auch $\Gamma(x)=(x-1)!$ für $x>0$.

8. Differentialrechnung im R_n

8.1. Partielle Ableitungen

8.1.1. Definition

Wie in 6.2.2. vereinbart wird R_n durch $|x|=\sqrt{x_1^2+\ldots+x_n^2}$ normiert. Hierbei ist $x=(x_1, \ldots, x_n)\in R_n$, x_j reell. Wir betrachten reelle Funktionen $f(x)=f(x_1, \ldots, x_n)$, deren Definitionsgebiete $D(f)$ offene Mengen in R_n sind.

Definition 1. *$f(x)$ besitzt im Punkt $x^0=(x_1^0, \ldots, x_n^0)\in D(f)$ eine partielle Ableitung nach x_j, falls*

$$\varphi(x_j)=f(\underbrace{x_1^0, \ldots, x_{j-1}^0}_{\text{fest}}, x_j, \underbrace{x_{j+1}^0, \ldots, x_n^0}_{\text{fest}})$$

im Punkt x_j^0 differenzierbar ist; $j=1, 2, \ldots, n$.

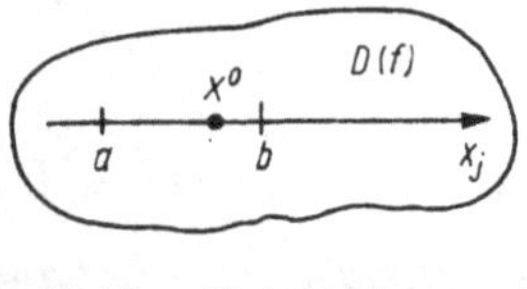

Bemerkung 1. Man fixiert also $n-1$ Koordinaten und betrachtet $\varphi(x_j)$ als reelle Funktion im x_j-Intervall $[a, b]$ mit $x_j^0\in(a, b)$. Existiert $\varphi'(x_j^0)$, so schreibt man $\varphi'(x_j^0)=\frac{\partial f}{\partial x_j}(x^0)$. Es ist also

$$\frac{\partial f}{\partial x_j}(x^0)=\lim_{h\to 0}\frac{f(x_1^0, \ldots, x_{j-1}^0, x_j^0+h, x_{j+1}^0, \ldots, x_n^0)-f(x^0)}{h}\,.$$

Bemerkung 2. Man kann leicht Beispiele angeben:

$$\frac{\partial}{\partial x_j}\left(\sum_{k=1}^{n} a_k x_k\right)=a_j, \quad a_k \text{ reell},$$

$$\frac{\partial}{\partial x_j}\left(\sum a_{k_1\ldots k_n} x_1^{k_1}\ldots x_n^{k_n}\right)=\sum k_j a_{k_1\ldots k_n} x_1^{k_1}\ldots x_j^{k_j-1}\ldots x_n^{k_n},$$

wobei $\sum$ eine endliche Summe sein soll (partielle Ableitungen von Polynomen), $a_{k_1\ldots k_n}$ reell.

Bemerkung 3. Prinzipielle Bedeutung hat das Beispiel

$$f(x, y)=\begin{cases}\dfrac{2xy}{x^2+y^2} & \text{für} \quad (x, y)\neq(0, 0), \\ 0 & \text{für} \quad x=y=0,\end{cases} \qquad x\in R_1,\ y\in R_1 .$$

Für $(x, y)\neq(0, 0)$ existieren $\frac{\partial f}{\partial x}$ und $\frac{\partial f}{\partial y}$. Aus $f(0, y)=f(x, 0)=0$ folgt aber, daß auch $\frac{\partial f}{\partial x}(0, 0)=\frac{\partial f}{\partial y}(0, 0)=0$ existieren. Andererseits ist $f(x, y)$ im Punkt $(0, 0)$ nicht stetig. Das sieht man, wenn man Polarkoordinaten $x=r\cos\varphi$, $y=r\sin\varphi$ einführt. Dann ist nämlich $f(x,y)=2\sin\varphi\cos\varphi=\sin 2\varphi$ von r unabhängig.

Lemma. *Besitzt $f(x)$ in einer Umgebung U des Punktes $x^0\in D(f)$ sämtliche partielle Ableitungen $\frac{\partial f}{\partial x_1}(x), \ldots, \frac{\partial f}{\partial x_n}(x)$ und ist $\sup\limits_{x\in U}\left|\frac{\partial f}{\partial x_j}(x)\right|<\infty$ für $j=1, \ldots, n$, so ist f im Punkt x^0 stetig.*

Bemerkung 4. Das Beispiel aus Bemerkung 3 zeigt, daß man auf die Beschränktheit der partiellen Ableitungen in einer Umgebung von x^0 nicht verzichten kann. In diesem Beispiel sind nämlich $\frac{\partial f}{\partial x}$ und $\frac{\partial f}{\partial y}$ in einer Umgebung von $(0, 0)$ nicht beschränkt.

Definition 2. *$f(x)$ besitzt im Punkt $x^0\in D(f)$ zweite partielle Ableitungen $\frac{\partial^2 f}{\partial x_j\,\partial x_k}(x^0)$, falls $\frac{\partial f}{\partial x_k}$ in einer Umgebung von x^0 und $\frac{\partial}{\partial x_j}\left(\frac{\partial f}{\partial x_k}\right)$ im Punkt x^0 existieren.*

Bemerkung 5. Iterativ kann man dann

$$\frac{\partial^m f}{\partial x_{k_m}\ldots\partial x_{k_1}}=\frac{\partial}{\partial x_{k_m}}\left(\frac{\partial^{m-1} f}{\partial x_{k_{m-1}}\ldots\partial x_{k_1}}\right)$$

definieren.

8.1.2. Vertauschbarkeit partieller Ableitungen

Satz. *Ist $f(x)$ in einer Umgebung U von $x^0\in D(f)\subset R_n$ stetig, existieren in U die Ableitungen $\frac{\partial f}{\partial x_j}$, $\frac{\partial f}{\partial x_k}$ und $\frac{\partial^2 f}{\partial x_j\,\partial x_k}$ und sind sie in U ebenfalls stetig, so existiert auch $\frac{\partial^2 f}{\partial x_k\,\partial x_j}$ in U, und es gilt*

$$\frac{\partial^2 f}{\partial x_j\,\partial x_k}(x)=\frac{\partial^2 f}{\partial x_k\,\partial x_j}(x), \quad x\in U .$$

Bemerkung. Besitzt $f(x)$ in einer Umgebung U sämtliche partiellen Ableitungen bis zur Ordnung m und sind alle diese Ableitungen in U stetig, so kann man den Satz iterativ anwenden. Es folgt

$$\frac{\partial^m f}{\partial x_{k_m} \dots \partial x_{k_1}} = \frac{\partial^m f}{\partial x_1^{\alpha_1} \dots \partial x_n^{\alpha_n}} = D^\alpha f .$$

Hierbei ist $\alpha = (\alpha_1, \dots, \alpha_n)$ ein Multiindex. α_j gibt an, wie viele der k_r gleich j sind, $\alpha_j = 0, 1, 2, \dots$; es ist $|\alpha| = \sum_{j=1}^{n} \alpha_j = m$.

8.1.3. Taylorpolynome

Gefragt wird nach einer Verallgemeinerung von Satz 5.4.4/1 auf den n-dimensionalen Fall. Wir suchen also Entwicklungen von reellen Funktionen $f(x)$ im Punkt $x^0 \in D(f) \subset R_n$. Ohne Beschränkung der Allgemeinheit setzen wir $x^0 = 0$. Es sei wieder $\alpha = (\alpha_1, \dots, \alpha_n)$ ein Multiindex mit $\alpha_j = 0, 1, \dots$ und $|\alpha| = \sum_{j=1}^{n} \alpha_j$. Ferner sei $\alpha! = \alpha_1! \dots \alpha_n!$ (mit $0! = 1$) und $x^\alpha = x_1^{\alpha_1} \dots x_n^{\alpha_n}$. Schließlich bedeutet $O(|x|^l)$ eine Funktion, die in einer Umgebung von 0 definiert ist und dort durch $|O(|x|^l)| \leqq C|x|^l$ abgeschätzt werden kann. C ist von $|x|$ unabhängig.

Satz. *$f(x)$ sei in einer Umgebung U des Nullpunktes $(m+1)$-mal stetig differenzierbar (d. h., daß alle Ableitungen $(D^\alpha f)(x)$ mit $|\alpha| \leqq m+1$ in einer Umgebung von 0 existieren und stetig sind). Hierbei ist $m = 0, 1, 2, \dots$*

(**a**) *Für $x \in U$ ist*

$$f(x) = \sum_{|\alpha| \leqq m} \frac{1}{\alpha!} (D^\alpha f)(0)\, x^\alpha + O(|x|^{m+1}) \quad \text{(Taylorpolynom)} . \tag{1}$$

(**b**) *Ist*

$$f(x) = \sum_{|\alpha| \leqq m} a_\alpha x^\alpha + O(|x|^{m+1})$$

für $x \in U$, so ist $a_\alpha = \frac{1}{\alpha!} (D^\alpha f)(0)$.

Bemerkung 1. (b) besagt, daß das Taylorpolynom aus (a) die bestmögliche Approximation von $f(x)$ bei 0 durch ein Polynom m-ten Grades liefert.

Bemerkung 2. In Analogie zu (5.4.4/3) kann man das Restglied $R_m = O(|x|^{m+1})$ in (1) durch

$$R_m(x) = \sum_{|\beta| = m+1} \frac{x^\beta}{\beta!} D^\beta f(\vartheta_j^{(\beta)} x_j) \tag{2}$$

darstellen. Hierbei sind $\vartheta_j^{(\beta)}$ von x abhängige Zahlen mit $0 \leqq \vartheta_j^{(\beta)} \leqq 1$.

8.1.4. n-dimensionale Potenzreihen

Gefragt wird nach einer Verallgemeinerung von Satz 5.4.4/2: Darstellung von $f(x)$ in einer Umgebung des Nullpunktes im R_n als Taylorreihe

$$f(x) = \sum_{|\alpha| < \infty} \frac{1}{\alpha!} (D^\alpha f)(0)\, x^\alpha . \tag{1}$$

Eine erste Möglichkeit ergibt sich aus (8.1.3/1) und (8.1.3/2): Ist $R_m(x)\to 0$ für $m\to\infty$, so ist $f(x)$ in der Form (1) darstellbar. Wir beschreiben eine zweite Möglichkeit.

Satz. *Es sei $a>0$ und $|x_k|<a$ für $k=1,\ldots,n$. Für jeden Multiindex α und bei fixierten $x_1,\ldots,x_{j-1},x_{j+1},\ldots,x_n$ sei die (eindimensionale) Funktion $D^\alpha f(x_1,\ldots,x_j,\ldots,x_n)$ im Intervall $[-a,a]$ als absolut konvergente Potenzreihe (bez. x_j und mit dem Entwicklungspunkt 0) darstellbar. Dann ist $f(x)$ im Quader $Q=\{x\mid |x_j|<a\}$ als absolut konvergierende Taylorreihe darstellbar (im Sinne von (1)).*

8.1.5. Kurven und Flächen im R_n. Kettenregel

Satz 1 (*Kettenregel*). *$F(x_1,\ldots,x_n)$ besitze in einem offenen Gebiet U im R_n stetige partielle Ableitungen erster Ordnung. Ferner seien $\varphi_j(t)$ mit $j=1,\ldots,n$ im Intervall (a,b) stetig differenzierbare Funktionen. Es sei $(\varphi_1(t),\ldots,\varphi_n(t))\in U$ für $t\in(a,b)$. Dann ist $\psi(t)=F(\varphi_1(t),\ldots,\varphi_n(t))$ in (a,b) stetig differenzierbar, und es gilt*

$$\psi'(t)=\sum_{j=1}^{n}\frac{\partial F}{\partial x_j}(\varphi_1(t),\ldots,\varphi_n(t))\,\varphi_j'(t),\quad t\in(a,b)\,.$$

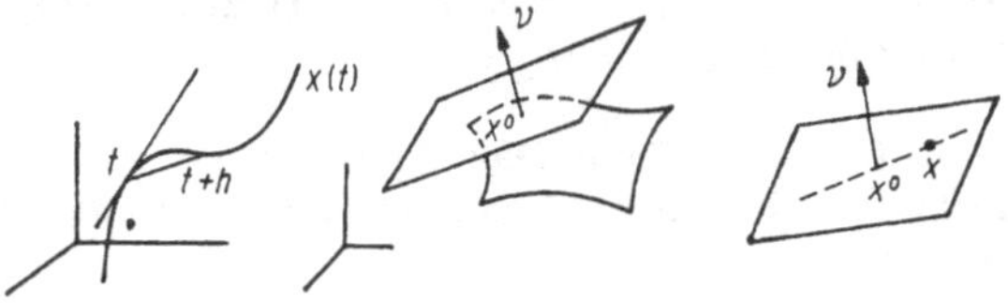

Kurven im R_n: Sind $\varphi_1(t),\ldots,\varphi_n(t)$ reelle stetige Funktionen, so heißt

$$x(t)=(\varphi_1(t),\ldots,\varphi_n(t)),\quad t\in(a,b)=I\,,$$

Kurve im R_n. Hierbei ist I ein Intervall. $x(t)$ heißt differenzierbare Kurve, falls die Komponenten $\varphi_j(t)$ in I differenzierbare Funktionen sind. Von Interesse ist der Tangentenvektor $v(t)$, der durch

$$v(t)=\lim_{h\to 0}\left(\ldots,\frac{\varphi_j(t+h)-\varphi_j(t)}{h},\ldots\right),\quad t\in(a,b),\quad |h|<\varepsilon\,,$$

erklärt ist.

Lemma. *Ist $x(t)$ eine differenzierbare Kurve, so gilt*

$$v(t)=(\varphi_1'(t),\ldots,\varphi_n'(t))\quad \textit{für}\quad t\in(a,b)\,.$$

Bemerkung 1. Die Gerade, die durch die Punkte $x(t)$ und $x(t+h)$, $h\neq 0$, läuft, heißt Sekante. Für $h\to 0$ pendeln sich die Sekanten auf die Tangente ein, deren Richtung durch $v(t)$ gegeben ist.

Flächen im R_n: Ist $F(x)=F(x_1,\ldots,x_n)$ eine gegebene reelle Funktion, so heißt die Gesamtheit der Punkte $x\in R_n$ mit $F(x)=0$ Fläche im R_n. Sind a_j mit $j=1,\ldots,n$ und c reell, so ist

$$F(x)=\sum_{j=0}^{n}a_jx_j-c=0$$

eine Ebene im R_n, $\sum_{j=1}^{n}|a_j|>0$. Ist $r>0$, so ist

$$F(x)=\sum_{j=1}^{n}(x_j-x_j^0)^2-r^2=0$$

eine Kugel im R_n mit x^0 als Mittelpunkt und r als Radius. In Analogie zu den Kurven suchen wir Tangentialebenen an Flächen sowie Vektoren, die auf den Flächen senkrecht stehen.

Definition 1. *Zwei Vektoren* $x=(x_1, \ldots, x_n)$ und $y=(y_1, \ldots, y_n)$ *im* R_n *heißen orthogonal, falls* $\sum_{j=1}^{n} x_j y_j = 0$ *gilt.*

Bemerkung 2. Aus der analytischen Geometrie ist bekannt, daß für $n=2$ und $n=3$ zwei Vektoren x und y genau dann orthogonal sind, wenn sie (im anschaulichen Sinne) senkrecht aufeinander stehen (sofern $|x|\,|y|>0$ ist).

Normalenvektor einer Ebene. Ein Vektor $v=(v_1, \ldots, v_n)$ heißt Normalenvektor für die Ebene $F(x)=\sum_{j=1}^{n} a_j x_j - c = 0$, falls v orthogonal zu allen Geraden (genauer: allen Richtungen von Geraden) ist, die in der Ebene enthalten sind. Ist x^0 ein fester und x ein variabler Punkt der Ebene, so sind sämtliche fraglichen Richtungen durch $x-x^0$ gegeben. Also muß $\sum_{j=1}^{n} v_j(x_j - x_j^0) = 0$ gelten. Andererseits folgt sofort $\sum_{j=1}^{n} a_j(x_j - x_j^0) = 0$. Also ist $(a_1, \ldots, a_n)$ ein Normalenvektor. Man zeigt leicht, daß jeder andere Normalenvektor v die Form $v=(ca_1, \ldots, ca_n)$ mit c reell hat, also proportional zu $(a_1, \ldots, a_n)$ ist. Es ist das Ziel, diese Betrachtungen auf Flächen auszudehnen.

Definition 2. x^0 *sei ein Punkt der Fläche* $F(x)=0$. *Dann heißt* $\sum_{j=1}^{n} a_j(x_j - x_j^0) = 0$ *mit* $\sum_{j=1}^{n} |a_j| > 0$ *Tangentialebene (an die Fläche im Punkt* x^0*), falls in einer Umgebung von* x^0

$$F(x) - \sum_{j=1}^{n} a_j(x_j - x_j^0) = O(|x-x^0|^2) \tag{1}$$

gilt. $v=(a_1, \ldots, a_n)$ *heißt dann Normalenvektor (im Punkt* x^0 *bez. der Fläche).*

Bemerkung 3. Tangentialebenen werden also durch Approximationseigenschaften erklärt. Das ist die Verallgemeinerung der Betrachtungen in 3.1.1. Man vergleiche auch den folgenden Satz mit Lemma 3.1.1/1.

Satz 2. *Besitzt* $F(x)$ *in einer Umgebung des Punktes* $x^0 \in R_n$ *stetige partielle Ableitungen erster und zweiter Ordnung und ist* $F(x^0)=0$, *sowie* $\sum_{j=1}^{n} \left|\frac{\partial F}{\partial x_j}(x^0)\right| > 0$, *so existiert genau eine Tangentialebene (im Punkt* x^0 *an die Fläche* $F(x)=0$*). Sie ist durch*

$$\sum_{j=1}^{n} \frac{\partial F}{\partial x_j}(x^0)\,(x_j - x_j^0) = 0$$

gegeben. $v=(\operatorname{grad} F)(x^0)=\left(\frac{\partial F}{\partial x_1}(x^0), \ldots, \frac{\partial F}{\partial x_n}(x^0)\right)$ *ist der zugehörige Normalenvektor.*

8.1.6. Geometrische Interpretation des Taylorpolynoms

In einem offenen Gebiet $U = D(f)$ im R_n besitze die Funktion $f(x_1, \ldots, x_n)$ stetige partielle Ableitungen erster und zweiter Ordnung. Dann stellen wir f als Fläche im R_{n+1} dar,

$$x_{n+1} = f(x_1, \ldots, x_n),$$

also

$$F(x_1, \ldots, x_{n+1}) = f(x_1, \ldots, x_n) - x_{n+1} = 0 .$$

F erfüllt die Voraussetzungen von Satz 8.1.5/2, wobei man n durch $n+1$ ersetzen muß. Es ist

$$\nu = \left(\frac{\partial f}{\partial x_1}, \frac{\partial f}{\partial x_2}, \ldots, \frac{\partial f}{\partial x_n}, -1\right) \neq 0$$

der Normalenvektor und

$$\sum_{j=1}^{n} \frac{\partial f}{\partial x_j}(x^0)\,(x_j - x_j^0) - (x_{n+1} - f(x_0)) = 0$$

die zugehörige Tangentialebene. Also ist (im Sinne von Satz 8.1.5/2 und (8.1.5/1))

$$x_{n+1} = f(x^0) + \sum_{j=1}^{n} \frac{\partial f}{\partial x_j}(x^0)\,(x_j - x_j^0)$$

die beste Approximation von f im Punkt x^0 durch ein Polynom ersten Grades. Das stimmt aber mit dem Taylorpolynom ersten Grades aus 8.1.3. überein. Hat f höhere Ableitungen, so erhält man entsprechende geometrische Interpretationen für die höheren Taylorpolynome aus (8.1.3/1). Für $m = 2$ erhält man beste Approximationen von $f(x)$ im Punkt x^0 durch Flächen zweiter Ordnung, also durch Ellipsoide, Hyperboloide usw.

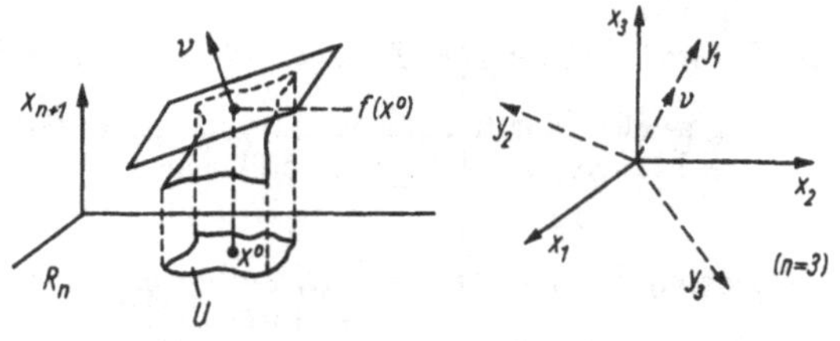

8.1.7. Richtungsableitung

Es sei $\nu = (\nu_1, \ldots, \nu_n)$ mit $|\nu| = \sqrt{\nu_1^2 + \ldots + \nu_n^2} = 1$.

Definition. *Ist $f(x)$ in der Umgebung eines Punktes $x^0 \in R_n$ stetig differenzierbar, so heißt*

$$\frac{\partial f}{\partial \nu}(x^0) = \sum_{j=1}^{n} \frac{\partial f}{\partial x_j}(x^0)\,\nu_j$$

Richtungsableitung.

Bemerkung. Es sei ohne Beschränkung der Allgemeinheit $x^0=0$. Drehungen im R_n können bekanntlich (analytische Geometrie) durch

$$x_j=\sum_{k=1}^{n} a_{j,k}\, y_k,\quad j=1,\ldots,n,$$

beschrieben werden, wobei $(a_{j,k})_{j,k=1}^{n}$ eine Drehungsmatrix ist, also

$$\sum_{k=1}^{n} a_{j,k}\, a_{l,k}=\begin{cases}1 & \text{für } j=l,\\ 0 & \text{für } j\neq l\end{cases}$$

gilt. Damit die y_1-Achse mit der ν-Richtung übereinstimmt, muß $a_{k,1}=\nu_k$ gelten. Setzt man jetzt $f(x_1,\ldots,x_n)=f\left(\ldots,\sum_{k=1}^{n} a_{j,k}\, y_k,\ldots\right)=g(y_1,\ldots,y_n)$, so folgt

$$\frac{\partial g}{\partial y_1}=\sum_{l=1}^{n}\frac{\partial f}{\partial x_l}(\ldots,\Sigma\ldots,\ldots)\,a_{l,1}=\frac{\partial f}{\partial \nu}$$

im Punkt $x=y=0$. Die Richtungsableitung ist somit eine ganz gewöhnliche partielle Ableitung bez. y_1.

8.2. Implizite Funktionen und Auflösungssätze

8.2.1. Problemstellung

In 3.1.4. hatten wir uns mit Umkehrfunktionen $g(y)=f^{-1}(y)$ stetig differenzierbarer Funktionen $f(x)$ in der Umgebung eines Punktes $x^0\in R_1$ beschäftigt. Die entscheidende Forderung war $f'(x^0)\neq 0$. Dann vermittelte f eine eineindeutige Abbil-

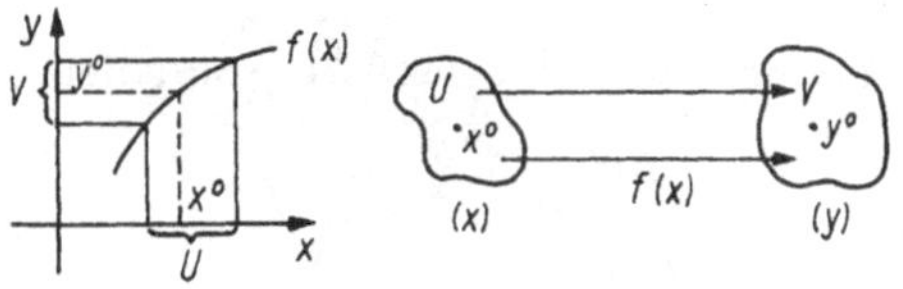

dung einer Umgebung U von x^0 auf eine Umgebung V von $y^0=f(x^0)$. Wir wollen die Betrachtungen auf den n-dimensionalen Fall ausdehnen. $y=f(x)=(f_1(x),\ldots,f_n(x))$ sei eine Vektorfunktion, $f_j(x)$ seien stetige Funktionen in einer Umgebung U des Punktes $x^0\in R_n$. Wir suchen Bedingungen, die sichern, daß $y=f(x)$ eine eineindeutige Abbildung von U auf eine Umgebung V des Punktes $y^0=f(x^0)$ ist. Sind die Funktionen $f_k(x)$ in U zweimal stetig differenzierbar, so folgt aus Satz 8.1.3

$$f_k(x)=f_k(x^0)+\sum_{j=1}^{n}\frac{\partial f_k}{\partial x_j}(x^0)\,(x_j-x_j^0)+O(|x-x^0|^2),\qquad k=1,\ldots,n. \tag{1}$$

Aus der analytischen Geometrie ist bekannt, daß die beiden ersten Terme auf der rechten Seite von (1) genau dann eine eineindeutige (und lineare) Abbildung des R_n auf sich vermitteln, wenn die Determinante der Koeffizienten $\frac{\partial f}{\partial x_j}(x^0)$ mit $j=1,\ldots,n$ und $k=1,\ldots,n$ von Null verschieden ist. Man kann jetzt hoffen, daß der „Störterm" $O(|x-x^0|^2)$ für kleine Werte von $|x-x^0|$ diese Eigenschaft nicht ändert. Die obige Koeffizientendeterminante spielt eine fundamentale Rolle und bekommt deshalb einen besonderen Namen.

Definition. *Besitzt $y(x) = f(x) = (f_1(x), \ldots, f_n(x))$ partielle Ableitungen erster Ordnung, so heißt*

$$\frac{\partial(f_1, \ldots, f_n)}{\partial(x_1, \ldots, x_n)} = \frac{\partial(y_1, \ldots, y_n)}{\partial(x_1, \ldots, x_n)} = \begin{vmatrix} \frac{\partial f_1}{\partial x_1} & \cdots & \frac{\partial f_1}{\partial x_n} \\ \vdots & & \vdots \\ \frac{\partial f_n}{\partial x_1} & \cdots & \frac{\partial f_n}{\partial x_n} \end{vmatrix}$$

Funktionaldeterminante (oder Jacobische Determinante). $\left(\frac{\partial(y_1, \ldots, y_n)}{\partial(x_1, \ldots, x_n)}\right)_{j,k}$ *bezeichnet die Unterdeterminante, die durch Streichen der j-ten Zeile und der k-ten Spalte in* $\frac{\partial(y_1, \ldots, y_n)}{\partial(x_1, \ldots, x_n)}$ *entsteht* $\left(\text{Minor zum Element } \frac{\partial f_j}{\partial x_k}\right)$.

8.2.2. Auflösungssatz, krummlinige Koordinaten

Satz 1. *Sind die Funktionen $f_j(x)$ mit $j = 1, \ldots, n$ in einer Umgebung U von $x^0 \in R_n$ zweimal stetig differenzierbar und ist $\frac{\partial(f_1, \ldots, f_n)}{\partial(x_1, \ldots, x_n)}(x^0) \neq 0$, so gibt es eine Umgebung W von x^0, so daß $f(x) = (f_1(x), \ldots, f_n(x))$ eine eineindeutige Abbildung von W auf eine Umgebung V von $y^0 = f(x^0)$ vermittelt. Die Umkehrabbildung $x = g(y) = (g_1(y), \ldots, g_n(y))$ ist in V zweimal stetig differenzierbar, und es gilt für $k = 1, \ldots, n$ und $j = 1, \ldots, n$*

$$\frac{\partial g_k}{\partial y_j}(y^0) = \left(\frac{\partial(f_1, \ldots, f_n)}{\partial(x_1, \ldots, x_n)}\right)_{k,j}(x^0) \left[\frac{\partial(f_1, \ldots, f_n)}{\partial(x_1, \ldots, x_n)}(x^0)\right]^{-1}$$

Bemerkung 1. Für $n = 1$ hat man die zu Beginn von 8.2.1. beschriebene Situation, siehe 3.1.4.

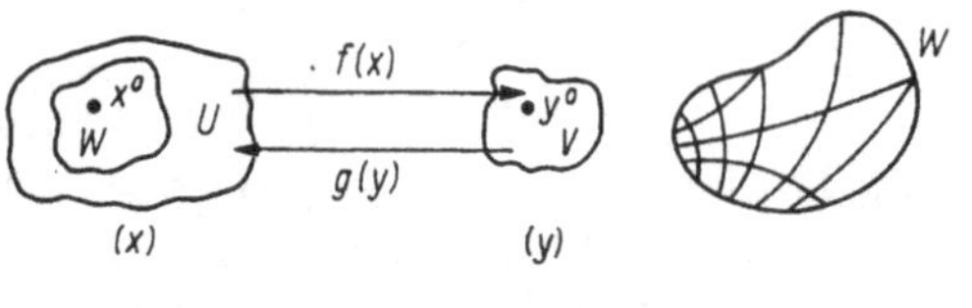

Bemerkung 2. Nach den Betrachtungen in 8.2.1. ist der Satz plausibel. Sein Beweis ist aber relativ kompliziert und beruht auf dem Banachschen Fixpunktsatz 2.5.3.

Satz 2. *Es gelten die Voraussetzungen von Satz 1. Die Funktionen $f_j(x)$ seien m-mal stetig differenzierbar in U. Dann sind die Funktionen $g_j(y)$ mit $j = 1, \ldots, n$ in V ebenfalls m-mal stetig differenzierbar.*

Bemerkung 3. Sind die obigen Voraussetzungen erfüllt, so erhält man bei passender Wahl von c_j durch

$$f_j(x_1, \ldots, x_n) \equiv c_j \quad \text{mit} \quad j = 1, \ldots, n$$

Flächen in W. Man braucht hierzu nur $(c_1, \ldots, c_n) \in V$ zu wählen. Aus Satz 1 folgt dann, daß jeder Punkt $x \in W$ in eineindeutiger Weise durch die Angabe der Parameterwerte $c_1, \ldots, c_n$ gekennzeichnet werden kann. Man nennt $c_1, \ldots, c_n$ krummlinige Koordinaten.

8.2.3. Parameterabhängiger Auflösungssatz

Wir betrachten Funktionen $f_j(x, \lambda) = f_j(x_1, \ldots, x_n, \lambda_1, \ldots, \lambda_r)$, die von $x = (x_1, \ldots, x_n)$ und den Parametern $\lambda = (\lambda_1, \ldots, \lambda_r)$ abhängen. Es ist $j = 1, \ldots, n$. Hierbei variiert λ in einer Kugel $K = \{\lambda \mid |\lambda - \lambda^0| < \eta\} \subset R_r$.

Satz. (**a**) *Sind bei fixiertem* $\lambda \in K$ *die Voraussetzungen von Satz* 8.2.2/1 *erfüllt und sind* $f_j(x, \lambda)$ *und* $\frac{\partial f_j}{\partial x_k}(x, \lambda)$ *in einer* $(n+r)$*-dimensionalen Umgebung von* (x^0, λ^0) *stetig, so sind auch die Umkehrfunktionen* $g_k(y, \lambda)$ *aus Satz* 8.2.2/1 *in einer* $(n+r)$*-dimensionalen Umgebung von* (y^0, λ^0) *stetig. Hierbei ist* $y^0 = f(x^0, \lambda^0)$.
(**b**) *Sind die Funktionen* $f_j(x, \lambda)$ *zusätzlich m-mal stetig differenzierbar bez.* $\lambda_1, \ldots, \lambda_r$ *in einer Umgebung von* λ^0, *so haben auch die Umkehrfunktionen* $g_k(y, \lambda)$ *partielle Ableitungen bis zur Ordnung m einschließlich bez.* $\lambda_1, \ldots, \lambda_r$ *in einer Umgebung von* λ^0. *Hierbei berechnen sich* $\frac{\partial g_k}{\partial \lambda_\varrho}$ *aus*

$$\frac{\partial f_j}{\partial \lambda_s} + \sum_{t=1}^{n} \frac{\partial f_j}{\partial x_t} \frac{\partial g_t}{\partial \lambda_s} = 0 \quad \textit{mit} \quad j = 1, \ldots, n \quad \textit{und} \quad s = 1, \ldots, r. \tag{1}$$

Bemerkung. Da die Funktionaldeterminante $\frac{\partial(f_1, \ldots, f_n)}{\partial(x_1, \ldots, x_n)}(x^0)$ ungleich 0 ist, ist (1) eindeutig nach $\frac{\partial g_t}{\partial \lambda_s}$ auflösbar.

8.2.4. Implizite Funktionen

Die Frage ist, ob man $F(x_1, \ldots, x_n) = 0$ nach einer Variablen auflösen kann, etwa $x_1 = f(x_2, \ldots, x_n)$. Es sei $\tilde{x} = (x_2, \ldots, x_n)$ und entsprechend $\tilde{x}^0 = (x_2^0, \ldots, x_n^0)$ für $x^0 = (x_1^0, \ldots, x_n^0)$. Die durch $F(x) = 0$ beschriebene Fläche im R_n bezeichnen wir mit F.

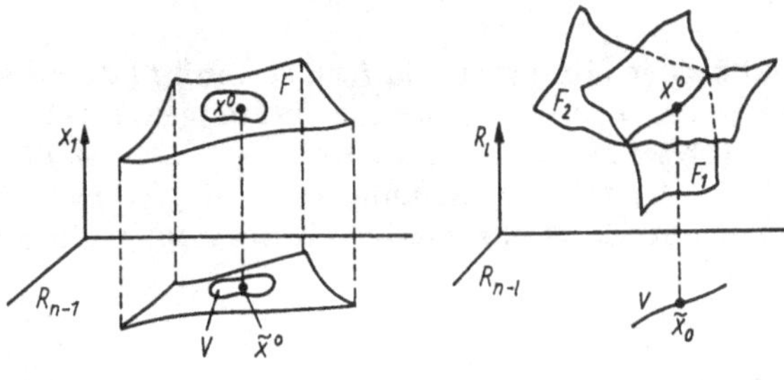

Satz 1. (**a**) $F(x)$ *sei in einer n-dimensionalen Umgebung U von* $x^0 \in R_n$ *zweimal stetig differenzierbar. Es sei* $F(x^0) = 0$ *und* $\frac{\partial F}{\partial x_1}(x^0) \neq 0$. *Dann läßt sich F in einer* $(n-1)$*-dimensionalen Umgebung V von* $\tilde{x}^0$ *als* $x_1 = f(\tilde{x})$ *darstellen.* $f(\tilde{x})$ *ist stetig in einer Umgebung von* $\tilde{x}^0$.
(**b**) *Ist* $F(x)$ *in U zusätzlich m-mal stetig differenzierbar, so ist* $f(\tilde{x})$ *in V ebenfalls m-mal stetig differenzierbar.*

Bemerkung 1. Der Satz folgt aus den Auflösungssätzen aus 8.2.2. und 8.2.3.

Bemerkung 2. Ist $(\operatorname{grad} F)(x^0) = \left(\frac{\partial F}{\partial x_1}(x^0), \ldots, \frac{\partial F}{\partial x_n}(x^0)\right) \neq 0$, so kann man den obigen Satz anwenden, wobei man eventuell x_1 durch eine andere Koordinate ersetzen muß.

Verallgemeinerung: Wir betrachten jetzt Flächen $F_1, \ldots, F_l$ in R_n, die durch $F_j(x) = 0$ für $j = 1, \ldots, l$ gegeben sind. Es sei $1 \leqq l < n$. Ferner sei $\tilde{x} = (x_{l+1}, \ldots, x_n)$ für $x = (x_1, \ldots, x_n)$ und entsprechend $\tilde{x}^0 = (x^0_{l+1}, \ldots, x^0_n)$ für $x^0 = (x^0_1, \ldots, x^0_n)$.

Satz 2. (**a**) *Sind die Funktionen $F_1(x), \ldots, F_l(x)$ in einer n-dimensionalen Umgebung U von $x^0 \in R_n$ zweimal stetig differenzierbar, ist $F_j(x^0) = 0$ für $j = 1, \ldots, l$ und $\frac{\partial(F_1, \ldots, F_l)}{\partial(x_1, \ldots, x_l)}(x^0) \neq 0$, so läßt sich $\bigcap_{j=1}^{l} F_j$ in einer $(n-l)$-dimensionalen Umgebung V von $\tilde{x}^0$ als $x_j = f_j(\tilde{x})$ mit $j = 1, \ldots, l$ darstellen. Hierbei sind $f_j(\tilde{x})$ stetig in V.*

(**b**) *Sind die Funktionen $F_1(x), \ldots, F_l(x)$ zusätzlich m-mal stetig differenzierbar in U, so sind die Funktionen $f_1(\tilde{x}), \ldots, f_l(\tilde{x})$ in V ebenfalls m-mal stetig differenzierbar.*

Bemerkung 3. Der Beweis folgt wieder aus den Auflösungssätzen aus 8.2.2. und 8.2.3.

8.3. Extremwerte von Funktionen

8.3.1. Der eindimensionale Fall

Ist $y = f(x)$ dreimal stetig differenzierbar im Intervall $[a, b]$ mit $-\infty < a < b < \infty$, so gilt nach Satz 5.4.4/1

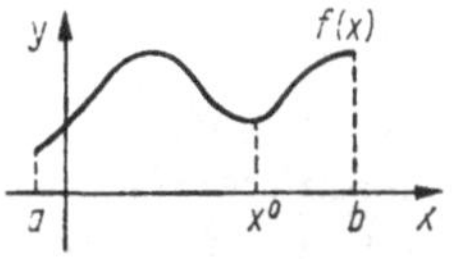

$$f(x) = f(x^0) + f'(x^0)(x - x^0) + \frac{f''(x^0)}{2!}(x - x^0)^2 + O(|x - x^0|^3)\,. \tag{1}$$

Ist x^0 ein relatives Maximum oder Minimum von $f(x)$, so muß $f'(x^0) = 0$ sein, sonst wäre $f(x)$ in einer Umgebung von x^0 streng monoton. Ist umgekehrt $f'(x^0) = 0$ und $f''(x^0) > 0$, so zeigt (1), daß $f(x)$ bei x^0 ein relatives Minimum hat. Ist $f'(x^0) = 0$ und $f''(x^0) < 0$, so liegt bei x^0 ein relatives Maximum vor. Ist $f'(x^0) = f''(x^0) = 0$, so braucht an der Stelle x^0 nicht unbedingt ein relatives Extremum vorliegen, wie das Beispiel $f(x) = x^3$ für $x^0 = 0$ zeigt.

8.3.2. Der n-dimensionale Fall

Definition 1. *$f(x) = f(x_1, \ldots, x_n)$ sei stetig in einer Umgebung des Punktes $x^0 \in R_n$.*

(**a**) *$f(x^0)$ ist ein relatives Maximum, falls $f(x) \leqq f(x^0)$ für alle x aus einer passenden Umgebung von x^0 gilt.*

(**b**) *$f(x^0)$ ist ein relatives Minimum, falls $f(x) \geqq f(x^0)$ für alle x aus einer passenden Umgebung von x^0 gilt.*

Definition 2. *$a_{j,k}$ seien reelle Zahlen. Die quadratische Form $\sum_{j,k=1}^{n} a_{j,k}\xi_j\xi_k$ heißt po-*

sitiv-definit, falls es eine positive Zahl c mit $\sum_{j,k=1}^{n} a_{j,k}\xi_j\xi_k \geqq c|\xi|^2$ *für alle* $\xi \in R_n$ *gibt, und sie heißt negativ-definit, falls es eine positive Zahl c mit* $\sum_{j,k=1}^{n} a_{j,k}\xi_j\xi_k \leqq -c|\xi|^2$ *für alle* $\xi \in R_n$ *gibt,* $\xi = (\xi_1, \ldots, \xi_n)$.

Bemerkung. $\sum_{j=1}^{n} c_j\xi_j^2$ mit $c_j > 0$ ist positiv-definit.

Satz. *$f(x)$ sei dreimal stetig differenzierbar in einer Umgebung von* $x^0 \in R_n$.

(**a**) *Ist $f(x^0)$ ein relatives Extremum (Minimum oder Maximum), so ist* $\frac{\partial f}{\partial x_j}(x^0) = 0$ *für* $j = 1, \ldots, n$.

(**b**) *Es sei* $\frac{\partial f}{\partial x_j}(x^0) = 0$ *für* $j = 1, \ldots, n$. *Ist* $\sum_{j,k=1}^{n} \frac{\partial^2 f}{\partial x_j \partial x_k}(x^0)\xi_j\xi_k$ *positiv-definit, so ist $f(x^0)$ ein relatives Minimum. Ist* $\sum_{j,k=1}^{n} \frac{\partial^2 f}{\partial x_j \partial x_k}(x^0)\xi_j\xi_k$ *negativ-definit, so ist $f(x^0)$ ein relatives Maximum.*

9. Integralrechnung im R_n

9.1. Definitionen und Eigenschaften

9.1.1. Q-Gebiete und I-Gebiete

Ist $Q = \{x \mid x \in R_n, |x - x_j^0| < a_j \text{ für } j = 1, \ldots, n\}$ ein achsenparalleler Quader im R_n, so sei $|Q| = 2^n a_1 \ldots a_n$ sein Volumen. Hierbei sind a_j positive Zahlen. Ein Q-Gebiet Ω ist eine endliche Vereinigung achsenparalleler Quader,

$$\Omega = \bigcup_{j=1}^{N} \bar{Q}_j - \partial\left(\bigcup_{j=1}^{N} \bar{Q}_j\right). \tag{1}$$

Hierbei ist $\bar{Q}_j$ der Abschluß des offenen Quaders Q_j (also der Quader einschließlich seiner Randfläche). Ferner sei $\partial\omega$ der Rand einer Menge ω in R_n: $y \in \partial\omega$ genau dann, wenn es in jeder Umgebung von y Punkte gibt, die zu ω gehören, aber auch Punkte die nicht zu ω gehören. Gebiet heißt bei uns stets, daß die betreffende Menge offen ist. In diesem Sinne ist Ω aus (1) ein Gebiet.

Definition. *Ein beschränktes Gebiet Ω im R_n heißt I-Gebiet, falls es für jede positive Zahl ε eine endliche Überdeckung von $\partial\Omega$ mit achsenparallelen Quadern Q_r^ε gibt,* $\partial\Omega \subset \bigcup_{r=1}^{N_\varepsilon} Q_r^\varepsilon$, *so daß* $\sum_{r=1}^{N_\varepsilon} |Q_r^\varepsilon| \leqq \varepsilon$ *ist.*

Lemma. *Ω sei ein beschränktes Gebiet im R_n mit* $\partial\Omega = \bigcup_{j=1}^{N} F_j$, *wobei F_j ein inneres*

Stück einer Fläche G_j im R_n ist, die durch $G_j(x) \equiv 0$ beschrieben wird. Hat $G_j(x)$ stetige partielle Ableitungen und ist $\sum_{l=1}^{n} \left| \frac{\partial G_j}{\partial x_l}(x) \right| > 0$ *für $x \in G_j$, so ist Ω ein I-Gebiet.*

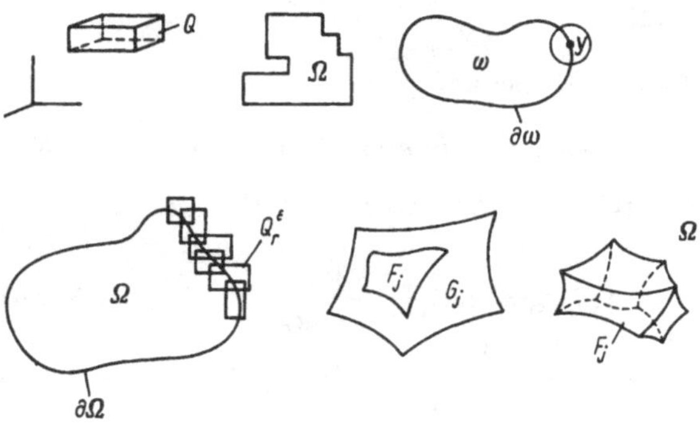

Bemerkung. Die I-Gebiete sind relativ allgemein. Sie umfassen beschränkte Gebiete mit glatten Rändern (auch mit Löchern), aber auch gewisse Gebiete mit Kanten und Ecken.

9.1.2. Integrale in Q-Gebieten

Ist Ω ein Q-Gebiet, so werden beliebige endliche Zerlegungen Z in achsenparallele Quader betrachtet, $\bar{\Omega} = \bigcup_{j=1}^{N} \bar{Q}_j$.

Definition. *$f(x)$ mit dem Definitionsgebiet $D(f) = \bar{\Omega}$ sei eine reelle beschränkte Funktion, wobei Ω ein Q-Gebiet ist.*

(a) $\underline{\int} f(x)\,dx = \sup\limits_{Z} \sum_Z^*$, *wobei* $\sum_Z^* = \sum\limits_{j=1}^{N} |Q_j| \inf\limits_{y \in Q_j} f(y)$,

$\overline{\int} f(x)\,dx = \inf\limits_{Z} \sum_Z^{**}$, *wobei* $\sum_Z^{**} = \sum\limits_{j=1}^{N} |Q_j| \sup\limits_{y \in Q_j} f(y)$.

(b) *$f(x)$ heißt integrierbar, falls* $\underline{\int} f(x)\,dx = \overline{\int} f(x)\,dx$ *ist.*

Bemerkung 1. Das ist die Verallgemeinerung von Def. 3.2.1. Wie dort heißt $\sup\limits_Z$ (bzw. $\inf\limits_Z$) das Supremum (bzw. Infimum) über alle zulässigen Zerlegungen der obigen Art, wobei N variabel ist.

Bemerkung 2. Die Aussagen aus 3.2.1. lassen sich sofort übertragen: Lemma 3.2.1/1 bleibt richtig. Nach passender Modifikation gilt auch Lemma 3.2.1/2.

Bemerkung 3. Ist f integrierbar, so schreiben wir $\int f(x)\,dx$ oder $\int\limits_{\Omega} f(x)\,dx$ statt $\underline{\int} f(x)\,dx$ oder $\overline{\int} f(x)\,dx$.

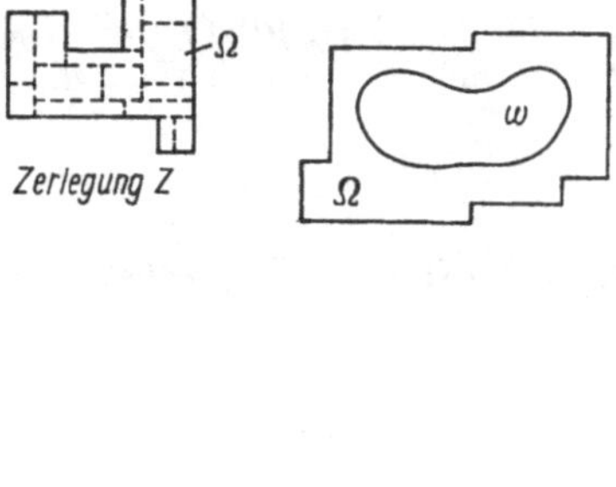

9.1.3. Eigenschaften

Die Sätze dieses Abschnitts sind die Analoga entsprechender Aussagen aus 3.2.2. und 3.2.3.

Satz 1. *$f(x)$ und $g(x)$ seien integrierbare Funktionen im Q-Gebiet Ω.*

(a) *Sind λ und μ reelle Zahlen, so ist $\lambda f(x)+\mu g(x)$ in Ω integrierbar, und es gilt*

$$\int_\Omega (\lambda f(x)+\mu g(x))\,dx=\lambda\int_\Omega f(x)\,dx+\mu\int_\Omega g(x)\,dx\,.$$

(b) *$|f(x)|$ ist integrierbar, und es gilt* $|\int_\Omega f(x)\,dx|\leqq\int_\Omega |f(x)|\,dx$.

(c) *Ist zusätzlich $f(x)\leqq g(x)$, so gilt* $\int_\Omega f(x)\,dx\leqq\int_\Omega g(x)\,dx$.

Definition. *Sind $\{f_j(x)\}_{j=1}^\infty$ und $f(x)$ in $\bar\Omega$ definierte reelle Funktionen, so bedeutet $f_j\Rightarrow f$ in Ω (gleichmäßige Konvergenz), daß es zu jeder positiven Zahl ε eine natürliche Zahl $j_0(\varepsilon)$ mit $\sup_{x\in\Omega}|f(x)-f_j(x)|\leqq\varepsilon$ für alle j mit $j\geqq j_0(\varepsilon)$ gibt.*

Satz 2. *Die Funktionen $f_j(x)$ mit $j=1,2,3,\ldots$ seien in dem Q-Gebiet Ω integrierbar, und es sei $f_j\Rightarrow f$ in Ω. Dann ist $f(x)$ in Ω integrierbar, und es gilt*

$$\int_\Omega f(x)\,dx=\lim_{j\to\infty}\int_\Omega f_j(x)\,dx\,.$$

9.1.4. Integrierbare Funktionen

Satz. (a) *Ist Ω ein Q-Gebiet, so ist jede in $\bar\Omega$ stetige Funktion integrierbar.*

(b) *ω sei ein I-Gebiet, und $f(x)$ sei in $\bar\omega$ stetig. Ist Ω ein Q-Gebiet mit $\bar\omega\subset\Omega$, so ist*

$$g(x)=\begin{cases}f(x) & \text{für}\quad x\in\bar\omega\\ 0 & \text{für}\quad x\in\bar\Omega-\bar\omega\end{cases}$$

in Ω integrierbar (siehe Zeichnung auf S. 84).

Bemerkung. ω und Ω sind offen. Aus $\bar\omega\subset\Omega$ folgt, dann daß ω von $\partial\Omega$ einen positiven Abstand hat. Ferner ergibt sich, daß $\int_\Omega g(x)\,dx$ von Ω unabhängig ist.

9.1.5. Integrale in *I*-Gebieten

Definition. *$f(x)$ sei eine in $\bar\omega$ stetige Funktion, wobei ω ein I-Gebiet ist. Ist Ω ein Q-Gebiet mit $\bar\omega\subset\Omega$, so wird*

$$\int_\omega f(x)\,dx=\int_\Omega g(x)\,dx\quad mit\quad g(x)=\begin{cases}f(x) & \text{für}\quad x\in\bar\omega\\ 0 & \text{für}\quad x\in\bar\Omega-\bar\omega\end{cases}$$

gesetzt.

Bemerkung. Aus Satz 9.1.4 und Bemerkung 9.1.4 folgt, daß die Definition sinnvoll ist und daß $\int_\omega f(x)\,dx$ von Ω unabhängig ist.

Satz 1. *Beschränkt man sich auf stetige Funktionen, so bleiben die Sätze* 9.1.3/1 *und* 9.1.3/2 *auch für I-Gebiete richtig.*

Satz 2. *Sind ω, ω_1 und ω_2 drei I-Gebiete und ist $\bar\omega=\bar\omega_1\cup\bar\omega_2$ und $\omega_1\cap\omega_2=\emptyset$, so gilt für jede in $\bar\omega$ stetige Funktion $f(x)$*

$$\int_\omega f(x)\,dx=\int_{\omega_1} f(x)\,dx+\int_{\omega_2} f(x)\,dx\,.$$

9.1.6. Iterationssatz für n-dimensionale Integrale

Ist ω ein Gebiet im R_n, so sei $\omega_c = \omega \cap \{x \mid x_n = c\}$ der Schnitt von ω mit der Ebene $x_n = c$. Ist ω ein n-dimensionales Q-Gebiet, so ist ω_c entweder leer oder ein $(n-1)$-dimensionales Q-Gebiet.

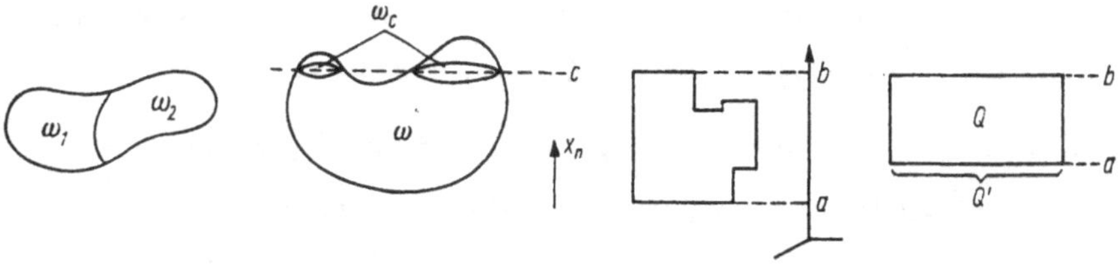

Satz. *Ist ω ein Q-Gebiet und ist $f(x)$ in $\bar{\omega}$ stetig, so gilt*

$$\int_\omega f(x)\, dx = \int_a^b \Big(\int_{\omega_{x_n}} f(x^*, x_n)\, dx^* \Big)\, dx_n \,. \qquad (1)$$

Hierbei ist $x^* = (x_1, \ldots, x_{n-1})$ und $dx^* = dx_1 \ldots dx_{n-1}$.

Bemerkung 1. Nach den obigen Betrachtungen ist das innere $(n-1)$-dimensionale Integral über ω_{x_n} sinnvoll. Es liefert eine im Intervall $[a, b]$ integrierbare Funktion.

Bemerkung 2. Ist $\omega = Q$ ein Quader und ist $f(x) = g(x^*)\, h(x_n)$, so erhält man

$$\int_Q f(x)\, dx = \int_{Q'} g(x^*)\, dx^* \int_a^b h(x_n)\, dx_n \,.$$

Bemerkung 3. Ist $\omega = Q = \{x \mid a_j < x_j < b_j\}$ ein Quader, so führt iterative Anwendung von (1) zu

$$\int_Q f(x)\, dx = \int_{a_n}^{b_n} \left(\int_{a_{n-1}}^{b_{n-1}} \ldots \left(\int_{a_1}^{b_1} f(x_1, \ldots, x_{n-1}, x_n)\, dx_1 \right) \ldots dx_{n-1} \right) dx_n \,.$$

Bemerkung 4. Der Satz ist nicht voll befriedigend, insbesondere ist die Beschränkung auf Q-Gebiete störend. Wir werden später diesen Satz wesentlich verallgemeinern (Satz von Fubini).

9.2. Transformationsformeln, Volumenmessung, Flächenmessung

9.2.1. Volumenmessung

Definition. *Ist ω ein I-Gebiet im R_n, so ist $|\omega| = \int_\omega 1\, dx$ das Volumen von ω.*

Bemerkung 1. Diese Definition ist mit der Festlegung in 9.1.1., daß der Quader $Q = \{x \mid |x_j - x_j^0| < a_j\}$ das Volumen $|Q| = 2^n a_1 \ldots a_n$ hat, verträglich. Um das zu zeigen, betrachten wir den allgemeineren Fall eines Parallelflachs. Sind $a^j = (a_1^j, \ldots, a_n^j)$ mit $j = 1, \ldots, n$ linear unabhängige Vektoren im R_n, so spannen sie ein Parallelflach mit den 2^n Ecken $\sum_{j=1}^n \varepsilon_j a^j$ auf. Hierbei ist $\varepsilon_j = 0$ oder $\varepsilon_j = 1$. Ein Parallelflach ist ein I-Gebiet, sein Volumen wird mit $|(a^1, \ldots, a^n)|$ bezeichnet.

Lemma. *Es ist $|(a^1, \ldots, a^n)| = |\det (a^1, \ldots, a^n)|$ mit*

$$\det (a^1, \ldots, a^n) = \begin{vmatrix} a_1^1 & \ldots & a_n^1 \\ \vdots & & \vdots \\ a_1^n & \ldots & a_n^n \end{vmatrix}.$$

Bemerkung 2. Es ist klar, daß Quader spezielle Parallelflache sind und daß die oben angegebene Volumenformel für Quader richtig ist.

Bemerkung 3. Ist $y_j = \sum_{k=1}^{n} d_{j,k} x_k$ eine Drehung im R_n, so folgt aus dem Lemma und elementaren Rechenregeln für Determinanten, daß das Volumen eines Parallelflachs drehungsinvariant ist. Hieraus ergibt sich, daß auch das Volumen eines I-Gebietes drehungsinvariant ist.

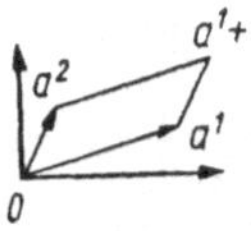

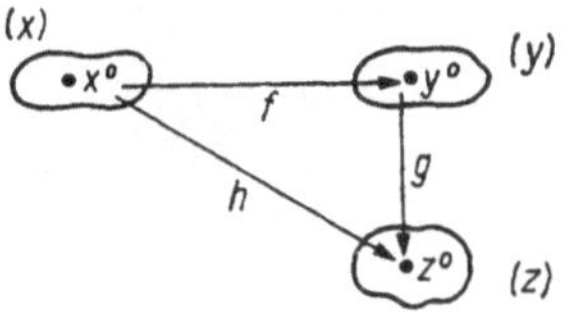

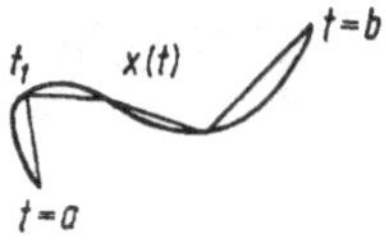

9.2.2. Transformationsformeln

Lemma. *Es sei* $y = f(x) = (f_1(x), \ldots, f_n(x))$ *mit* $y^0 = f(x^0)$, $f_j(x)$ *zweimal stetig differenzierbar in einer Umgebung von* $x^0 \in R_n$. *Es sei* $z = g(y) = (g_1(y), \ldots, g_n(y))$ *mit* $z^0 = g(y^0)$, $g_j(y)$ *zweimal stetig differenzierbar in einer Umgebung von* $y^0 \in R_n$. *Ist* $z = g(f(x)) = h(x) = (h_1(x), \ldots, h_n(x))$, *so ist* $z^0 = h(x^0)$, $h_j(x)$ *sind zweimal stetig differenzierbar in einer Umgebung von* x^0, *und es gilt*

$$\frac{\partial(z_1, \ldots, z_n)}{\partial(x_1, \ldots, x_n)}(x^0) = \frac{\partial(z_1, \ldots, z_n)}{\partial(y_1, \ldots, y_n)}(y^0) \cdot \frac{\partial(y_1, \ldots, y_n)}{\partial(x_1, \ldots, x_n)}(x^0) .$$

Ist zusätzlich $\frac{\partial(y_1, \ldots, y_n)}{\partial(x_1, \ldots, x_n)}(x^0) \neq 0$, *so gilt für die Umkehrabbildung* $x = x(y)$

$$\frac{\partial(y_1, \ldots, y_n)}{\partial(x_1, \ldots, x_n)}(x^0) \cdot \frac{\partial(x_1, \ldots, x_n)}{\partial(y_1, \ldots, y_n)}(y^0) = 1 .$$

Bemerkung 1. Ist $\frac{\partial(y_1, \ldots, y_n)}{\partial(x_1, \ldots, x_n)}(x^0) \neq 0$, so folgt aus Satz 8.2.2/1, daß $y(x)$ eine eineindeutige Abbildung einer Umgebung ω von x^0 auf eine Umgebung Ω von y^0 ist. Insbesondere existiert eine Umkehrabbildung.

Satz. $y = y(x)$ *sei eine eineindeutige Abbildung des I-Gebietes* ω *in* R_n *auf das I-Gebiet* Ω *in* R_n *mit* $\frac{\partial(y_1, \ldots, y_n)}{\partial(x_1, \ldots, x_n)}(x) \neq 0$ *für* $x \in \bar{\omega}$. *Ist* $f(x)$ *in* $\bar{\omega}$ *stetig und ist* $x = x(y)$ *die Umkehrabbildung zu* $y(x)$, *so ist* $g(y) = f(x(y))$ *in* $\bar{\Omega}$ *stetig, und es gilt*

$$\int_{\omega} f(x)\, dx = \int_{\Omega} g(y) \left| \frac{\partial(x_1, \ldots, x_n)}{\partial(y_1, \ldots, y_n)}(y) \right| dy .$$

Bemerkung 2. Man beachte, daß nicht die Funktionaldeterminante, sondern ihr Betrag in der letzten Formel erscheint.

9.2.3. Bogenlänge von Kurven

Differenzierbare Kurven $x(t) = (\varphi_1(t), \ldots, \varphi_n(t))$ im R_n wurden in 8.1.5. behandelt. Wir setzen hier voraus, daß die Tangente $v(t) = (\varphi_1'(t), \ldots, \varphi_n'(t)) \neq 0$ ist. Hierbei seien $\varphi_j(t)$ in $[a, b]$ mit $-\infty < a < b < \infty$ stetig differenzierbare Funktionen. Es sei

$a=t_0<t_1<\ldots<t_{l+1}=b$. Die Punkte $x(t_j)$ und $x(t_{j+1})$ mit $j=0,\ldots,l$ werden durch gerade Strecken verbunden. Es entsteht ein Polygonzug P, dessen Länge $L_P=$ $=\sum_{j=0}^{l}|x(t_{j+1})-x(t_j)|$ ist.

Definition. $L=\sup L_P$ *ist die Länge der Kurve, wobei das Supremum über alle Polygonzüge der oben beschriebenen Art zu bilden ist.*

Satz. *Es ist* $L=\int\limits_a^b\sqrt{\sum\limits_{j=1}^{n}\varphi_i'^2(t)}\,dt$.

9.2.4. Flächenmessung

Wir wollen den Inhalt von Flächen F messen, die im R_{n+1} durch $F(x_1,\ldots,x_{n+1})=0$ beschrieben werden. Nach 8.2.4. können wir ohne Beschränkung der Allgemeinheit $F(x_1,\ldots,x_n,x_{n+1})=f(x)-x_{n+1}$ mit $x=(x_1,\ldots,x_n)$ voraussetzen. F wird also durch $x_{n+1}=f(x)$ mit $x\in\omega\subset R_n$ beschrieben. ω sei ein n-dimensionales I-Gebiet. Das Verfahren ist analog zu 9.2.3. Ist $n=2$, so führen wir eine Triangulierung durch: Auf F werden Punkte markiert, die durch Dreiecke verbunden werden. Die Fläche wird also durch ein Wabennetz approximiert, dessen Segmente Dreiecke sind. Ist $n>2$, so hat man es mit Stücken Δ_j von n-dimensionalen Ebenen zu tun. Da es sich um n-dimensionale I-Gebiete handelt, kann man nach 9.2.1. das Volumen $|\Delta_j|$ bestimmen.

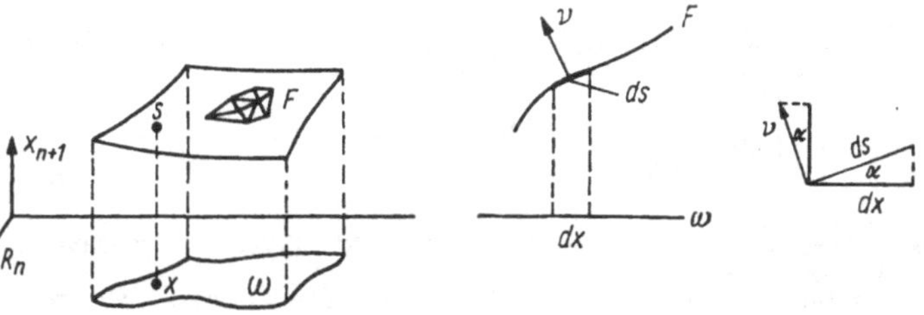

Definition. $|F|=\sup\limits_Z\sum\limits_j|\Delta_j|$ *ist der Inhalt der Fläche F, wobei das Supremum über alle zulässigen Zerlegungen der obigen Art zu bilden ist.*

Bemerkung 1. Für $n=2$ ist die Definition zufriedenstellend, da man sich die Triangulierung gut vorstellen kann. Für $n>2$ versagt die Anschauung, und die Definition ist noch präzisierungsbedürftig. Wir gehen hierauf aber nicht ein.

Satz. *Besitzt $f(x)$ stetige partielle Ableitungen in einer Umgebung von $\bar{\omega}$, so ist*

$$|F|=\int\limits_\omega|\text{grad }F|\,dx=\int\limits_\omega\sqrt{1+\sum_{j=1}^{n}\left|\frac{\partial f}{\partial x_j}\right|^2}\,dx\,. \qquad (1)$$

Bemerkung 2. Es ist grad $F=\left(\frac{\partial f}{\partial x_1},\ldots,\frac{\partial f}{\partial x_n},-1\right)\neq0$. Es ist üblich

$$ds=|\text{grad }F|\,dx \qquad (2)$$

das Oberflächenelement auf F zu nennen. Man kann ds und auch der Formel im Satz einen anschaulichen Sinn geben, indem man mit „infinitesimalen" Flächenstückchen (statt der obigen

Ebenenstücke) arbeitet. Aus der Figur folgt, daß $\frac{dx}{ds} = \frac{|\nu_{n+1}|}{|\nu|}$ ist, wobei $\nu = \text{grad } F$ die Normale und ν_{n+1} die $(n+1)$-te Komponente von ν ist. Setzt man ν und $|\nu_{n+1}| = 1$ ein, so erhält man (2) und auch eine anschauliche Interpretation von (1).

9.2.5. Flächenintegrale

Wir betrachten die gleiche Fläche F wie in 9.2.4. Der allgemeine Punkt auf F wird mit s bezeichnet. Jedem $s \in F$ entspricht in eindeutiger Weise ein $x \in \omega$, $s = s(x)$. Ist eine Funktion $g(s)$ auf F definiert, so erhalten wir eine entsprechende Funktion $G(x) = g(s(x))$ auf $\bar{\omega}$. Ist $G(x)$ in $\bar{\omega}$ stetig, so sagen wir, daß $g(s)$ auf F stetig ist.

Definition. *Ist $g(s)$ eine auf F definierte, reelle, stetige Funktion, so setzen wir*

$$\int_F g(s)\, ds = \int_\omega G(x)\, |\text{grad } F|\, dx\,. \tag{1}$$

Bemerkung 1. Die geometrische Interpretation dieser Formel folgt aus Bemerkung 9.2.4/2. Insbesondere ist die linke Seite von (1) von der speziellen Wahl der Koordinaten $x_1, \ldots, x_n$ unabhängig. Man kann die linke Seite von (1) auch direkt auf F definieren, indem man Definition 9.1.2 auf F ausdehnt. Wir machen darauf aufmerksam, daß (1) unter der Voraussetzung gilt, daß F die Form hat, wie sie zu Beginn von 9.2.4. beschrieben wurde.

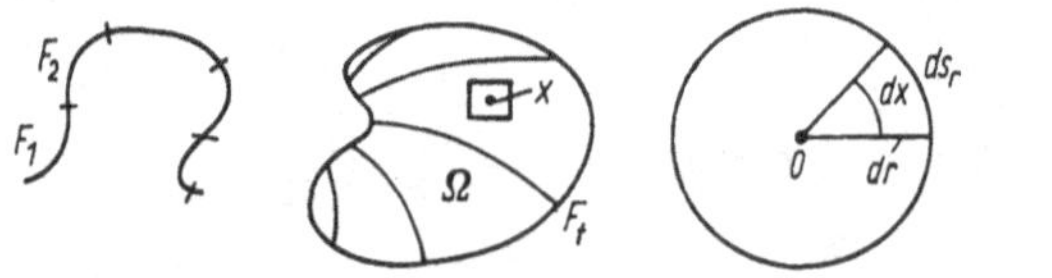

Bemerkung 2. F sei eine beliebige Fläche $F(x_1, \ldots, x_{n+1}) = 0$ im R_{n+1} mit $(\text{grad } F)(x) \neq 0$ auf F. Dann kann man F in Teilflächen $F_1, F_2, \ldots$ zerlegen, wobei jede der Teilflächen die Normalgestalt aus 9.2.4. hat (wobei eventuell x_{n+1} durch $x_1, \ldots, x_n$ zu ersetzen ist; vgl. 8.2.4.). Jetzt kann man $\int_F g(s)\, ds$ berechnen, indem man die Integrale $\int_{F_j} g(s)\, ds$ addiert.

Bemerkung 3. Flächenintegrale erlauben folgende Anwendung. Ω sei ein glattes beschränktes Gebiet im R_n, das von den glatten Flächen F_t mit $F(x) \equiv t$ überdeckt wird. Hierbei ist t ein Parameter, $t \in (a, b)$, und $F(x)$ ist in $\bar{\Omega}$ stetig differenzierbar, $|\text{grad } F(x)| \neq 0$ für $x \in \bar{\Omega}$. Ist

$$dx = \varrho(s_t, t)\, ds_t dt, \quad \varrho(s_t, t) > 0\,,$$

wobei ds_t das Flächenelement auf F_t ist, so erhält man

$$\int_\Omega g(x)\, dx = \int_a^b \Big(\int_{F_t} \tilde{g}(s_t, t)\, \varrho(s_t, t)\, ds_t \Big)\, dt.$$

Hierbei ist $g(x)$ in $\bar{\Omega}$ stetig, $s_t \in F_t$ und $\tilde{g}(s_t, t) = g(x)$ falls x dem Punkt $(s_t, t) \in F_t$ entspricht. Den Faktor $\varrho(s_t, t)$ muß man von Fall zu Fall bestimmen. Wir betrachten ein wichtiges Beispiel. ds_r sei das Flächenelement einer n-dimensionalen Kugel um den Nullpunkt mit dem Radius $r > 0$. Dann ist $dx = ds_r dr$ (in diesem Fall ist also $\varrho \equiv 1$, da, grob gesprochen, ds_r und dr orthogonal sind). Ist $ds = ds_1$ das Flächenelement der Einheitskugel, so gilt $ds_r = r^{n-1}\, ds$, also $dx = r^{n-1}\, ds\, dr$.

9.2.6. Die Einheitskugel, $\Gamma\left(\frac{n}{2}\right)$

Mit $|V_n|$ bezeichnen wir das Volumen der Einheitskugel $V_n = \{x \mid |x| < 1\}$ im R_n und mit $|\omega_n|$ den Inhalt der Oberfläche $\omega_n = \{x \mid |x| = 1\}$ von V_n. Gut bekannt sind $|\omega_2| = 2\pi$ (Definition von π), $|V_2| = \pi$, sowie $|\omega_3| = 4\pi$ und $|V_3| = \frac{4}{3}\pi$.

Satz. (a)

$$\Gamma\left(\frac{1}{2}\right) = \int_{-\infty}^{\infty} e^{-t^2} dt = \sqrt{\pi}.$$

(b)

$$\Gamma\left(\frac{n}{2}\right) = \begin{cases} \left(\frac{n}{2}-1\right)! & \textit{für} \quad n=2, 4, 6, \ldots \quad (0!=1), \\ \left(\frac{n}{2}-1\right)\left(\frac{n}{2}-2\right) \ldots \frac{3}{2} \cdot \frac{1}{2} \cdot \sqrt{\pi} & \textit{für} \quad n=3, 5, 7, \ldots \end{cases}$$

(c)

$$|\omega_n| = \frac{2\pi^{\frac{n}{2}}}{\Gamma\left(\frac{n}{2}\right)} = \frac{(2\pi)^{\frac{n}{2}}}{(n-2)(n-4)\ldots} \cdot \begin{cases} 1 & \textit{für} \quad n=2, 4, 6, \ldots \\ \sqrt{\frac{2}{\pi}} & \textit{für} \quad n=3, 5, 7, \ldots, \end{cases}$$

$$|V_n| = \frac{|\omega_n|}{n}.$$

Bemerkung 1. Der Beweis beruht auf einem Trick. Man rechnet das uneigentliche n-dimensionale Riemannsche Integral $\int_{R_n} e^{-|x|^2} dx$ auf zwei Weisen aus:

$$\left(\int_{-\infty}^{\infty} e^{-t^2} dt\right)^n = \int_{R_n} e^{-|x|^2} dx = \int_0^{\infty} \int_{\omega_n} e^{-r^2} r^{n-1} \, dr ds = \frac{|\omega_n|}{2} \Gamma\left(\frac{n}{2}\right),$$

wobei wir die Formel am Schluß von 9.2.5. verwendet haben. Hieraus gewinnt man relativ leicht sämtliche Aussagen des Satzes, siehe [43], Anhang 2.

Bemerkung 2. $|\omega_n|$ nimmt sein Maximum für $n=7$ an. Ferner gilt $|\omega_n| \to 0$ für $n \to \infty$.

9.2.7. Uneigentliche Integrale

Analog zu 7.2.1., wo uneigentliche eindimensionale Integrale betrachtet wurden, kann man auch uneigentliche n-dimensionale Riemannsche Integrale untersuchen. Wir beschränken uns wieder auf zwei Typen.

(1) Ist ω ein I-Gebiet im R_n, so ist auch $\omega_\varepsilon = \omega - \{x \mid |x - x^0| < \varepsilon\}$ ein I-Gebiet, sofern $x^0 \in \omega$ und $\varepsilon > 0$ hinreichend klein ist. Ist $f(x)$ in $\bar{\omega} - \{x^0\}$ stetig, so kann man fragen, ob $\lim_{\varepsilon \downarrow 0} \int_{\omega_\varepsilon} f(x) \, dx$ existiert. Ist dies der Fall so bezeichnet man den Limes als $\int_{\omega} f(x) \, dx$ und nennt ihn uneigentliches (Riemannsches) Integral.

(2) $\Omega_N = \{x \mid 1 < |x| < N\}$ ist ein I-Gebiet. Ist $f(x)$ für $|x| \geq 1$ stetig, so kann man analog zu (1) den Limes

$$\lim_{N \to \infty} \int_{\Omega_N} f(x) \, dx = \int_{|x|>1} f(x) \, dx$$

untersuchen.

Lemma. (a) $\int_{|x|<1} |x|^\alpha \, dx$ *existiert genau dann, wenn* $\alpha > -n$ *ist.*

(b) $\int_{|x|>1} |x|^\alpha \, dx$ *existiert genau dann, wenn* $\alpha < -n$ *ist.*

Bemerkung. Das ist das Analogon zu Beispiel 7.2.1/2. Im Fall (a) ist $x^0 = 0$ im obigen Sinne.

9.3. Integralsätze

9.3.1. Der Gaußsche Satz

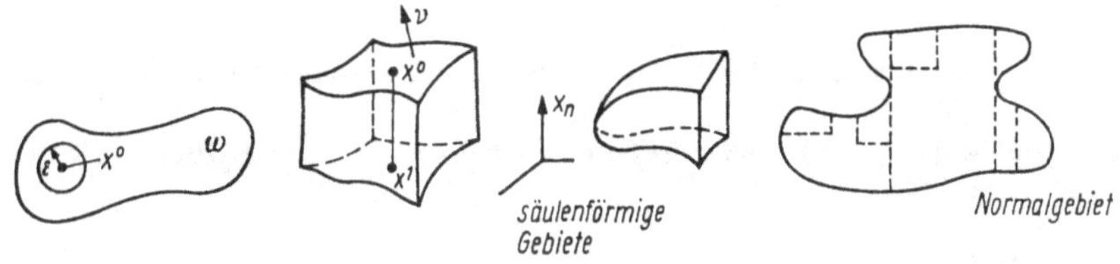

In x_n-Richtung säulenförmige Gebiete werden durch endlich viele glatte Flächen begrenzt, wobei die Grenzflächen die Eigenschaften der Flächen F_j aus Lemma 9.1.1 haben (einschließlich der Differenzierbarkeitseigenschaften von $G_j(x)$). Sind $x^0 = (x_1, \ldots, x_{n-1}, x_n^0)$ und $x^1 = (x_1, \ldots, x_{n-1}, x_n^1)$ zwei Randpunkte, die sich nur in ihren x_n-Komponenten unterscheiden, $x_n^0 > x_n^1$, so soll die Strecke $\{x \mid x = (x_1, \ldots, x_{n-1}, x_n), x_n^1 < x_n < x_n^0\}$ zu dem Gebiet gehören. Säulenförmige Gebiete sind beschränkt. Normalgebiete sind Gebiete, die sich aus endlich vielen Gebieten zusammensetzen, die bezüglich der x_1-Richtung, ..., x_n-Richtung säulenförmig sind. $\nu = (\nu_1, \ldots, \nu_n)$ sei die normierte äußere Normale, also $|\nu| = 1$ $\left(\text{vgl. 8.1.5.: Ist die Fläche durch } F(x) = 0 \text{ gegeben, so ist } \nu = \pm \frac{\text{grad } F}{|\text{grad } F|}\right)$. Diese Normale existiert in jedem Randpunkt, abgesehen von eventuellen Kantenpunkten, die keine Rolle spielen. Sind $a = (a_1, \ldots, a_n)$ und $b = (b_1, \ldots, b_n)$ zwei Vektoren aus R_n, so ist $(a, b) = \sum_{j=1}^{n} a_j b_j$ das Skalarprodukt. Ist $|a| = 1$ und $|b| = 1$, so folgt

$$|(a, b)| \leq \sum_{j=1}^{n} |a_j|\,|b_j| \leq \left(\sum_{j=1}^{n} a_j^2\right)^{\frac{1}{2}} \left(\sum_{j=1}^{n} b_j^2\right)^{\frac{1}{2}} = 1 .$$

Wir können somit $(a, b) = \cos \alpha$ mit $0 \leq \alpha \leq \pi$ setzen. α wird als der von den normierten Vektoren a und b eingeschlossene Winkel bezeichnet. Ohne Verwechslungsgefahr schreiben wir $\cos(a, b)$ statt $\cos \alpha$, wobei dann (a, b) in $\cos(a, b)$ nicht das Skalarprodukt (a, b) bedeutet. Ist $e_j = (0, \ldots, 0, \underset{j}{1}, 0, \ldots, 0)$ der Einheitsvektor in x_j-Richtung, so ist $\nu_j = (\nu, e_j) = \cos(\nu, x_j)$, wobei das letzte eine übliche (wenn auch mit ganz korrekte) Schreibweise ist. Also

$$\nu = (\cos(\nu, x_1), \ldots, \cos(\nu, x_n)) .$$

Satz 1 (*Integralformel von Gauß*). *Ist Ω ein Normalgebiet und ist $f(x)$ in $\bar{\Omega}$ stetig differenzierbar, so gilt für $j = 1, \ldots, n$*

$$\int_{\Omega} \frac{\partial f}{\partial x_j}(x)\, dx = \int_{\partial\Omega} f(s) \cos(\nu_s, x_j)\, ds .$$

Hierbei ist ds *das Flächenelement von $\partial\Omega$, und ν_s ist die normierte äußere Normale im Punkt $s \in \partial\Omega$.*

Definition. *Sind die Funktionen $f_j(x)$ mit $j = 1, \ldots, n$ im Punkt $x^0 \in R_n$ differenzierbar, so ist*

$$(\operatorname{div} f)(x^0) = \sum_{j=1}^{n} \frac{\partial f_j}{\partial x_j}(x^0) \quad \textit{mit} \quad f = (f_1, \ldots, f_n).$$

Satz 2. *Ist Ω ein Normalgebiet und sind die Funktionen $f_j(x)$ mit $j=1, \ldots, n$ in $\bar{\Omega}$ stetig differenzierbar, so ist*

$$\int_{\Omega} (\operatorname{div} f)(x)\, \mathrm{d}x = \int_{\partial\Omega} (f, \nu)\, \mathrm{d}s$$

mit $f=f(_1, \ldots, f_n)$ und $(f, \nu) = \sum_{j=1}^{n} f_j(s) \cos(\nu_s, x_j)$. Hierbei ist d*s das Flächenelement von $\partial\Omega$, und ν_s ist die normierte äußere Normale im Punkt $s \in \partial\Omega$.*

9.3.2. Die Greenschen Sätze

Definition. *Ist $f(x)$ im Punkt $x^0 \in R_n$ zweimal differenzierbar, so wird $(\Delta f)(x^0) = \sum_{j=1}^{n} \frac{\partial^2 f}{\partial x_j^2}(x^0)$ gesetzt (Laplacescher Ausdruck).*

Satz 1 (*Erster Greenscher Satz*). *Ist Ω ein Normalgebiet, ist $f(x)$ in $\bar{\Omega}$ zweimal und $g(x)$ in $\bar{\Omega}$ einmal stetig differenzierbar, so gilt*

$$\int_{\Omega} g(x)\, (\Delta f)(x)\, \mathrm{d}x = -\int_{\Omega} (\operatorname{grad} f, \operatorname{grad} g)\, \mathrm{d}x + \int_{\partial\Omega} g \frac{\partial f}{\partial \nu}\, \mathrm{d}s\,.$$

Hierbei ist $\nu = \nu_s$ die normierte äußere Normale an $\partial\Omega$, und $\frac{\partial f}{\partial \nu}$ ist die Richtungsableitung aus 8.1.7.

Bemerkung. d*s* ist wieder das Flächenelement von $\partial\Omega$ und

$$(\operatorname{grad} f, \operatorname{grad} g) = \sum_{j=1}^{n} \frac{\partial f}{\partial x_j} \frac{\partial g}{\partial x_j}\,.$$

Satz 2 (*Zweiter Greenscher Satz*). *Ist Ω ein Normalgebiet und sind $f(x)$ und $g(x)$ in $\bar{\Omega}$ zweimal stetig differenzierbar, so gilt*

$$\int_{\Omega} (g(x)\, (\Delta f)(x) - f(x)\, (\Delta g)(x))\, \mathrm{d}x = \int_{\partial\Omega} \left(g \frac{\partial f}{\partial \nu} - f \frac{\partial g}{\partial \nu} \right) \mathrm{d}s\,.$$

Hierbei ist $\nu = \nu_s$ die normierte äußere Normale an $\partial\Omega$ und $\frac{\partial f}{\partial \nu}$ ist die Richtungsableitung aus 8.1.7.

10. Gewöhnliche Differentialgleichungen (Lösungsmethoden)

10.1. Trennbare, homogene und exakte Differentialgleichungen

10.1.1. Problemstellung

In 4.1.2. und 4.2.3. hatten wir das typische Anfangswertproblem für gewöhnliche Differentialgleichungen n-ter Ordnung formuliert: In einer Umgebung von x_0 sind n-mal stetig differenzierbare reelle Funktionen $f(x)$ gesucht, die die Differentialgleichung $f^{(n)}(x)=h(x, f(x), \ldots, f^{(n-1)}(x))$ erfüllen und im Punkt x_0 vorgeschriebene Anfangswerte $f^{(j)}(x_0)=c_j$ annehmen, $j=0, \ldots, n-1$. Entsprechendes gilt für Systeme von Differentialgleichungen. Kap. 4 sicherte Existenz und Unität derartiger Probleme, sofern h gewisse Glattheitseigenschaften besaß. In Kap. 5 hatten wir elementare Funktionen mit Hilfe gewöhnlicher Differentialgleichungen definiert. Jetzt nehmen wir den umgekehrten Standpunkt ein: Für spezielle Klassen gewöhnlicher Differentialgleichungen werden explizite Lösungen gesucht. Hilfsmittel sind hierbei die Theorie der elementaren Funktionen und die Integralrechnung einer Variablen.

10.1.2. Trennbare Differentialgleichungen

Satz. *Es seien* $-\infty<a<b<\infty$ *und* $-\infty<c<d<\infty$. *Ferner seien* $f_1(t)$ *in* $[a, b]$ *und* $f_2(t)$ *in* $[c, d]$ *stetig differenzierbar und* $f_2(t)\neq 0$ *für* $t\in[c, d]$. *Ist* $x_0\in(a, b)$ *und* $y_0\in(c, d)$, *so läßt sich die eindeutig bestimmte Lösung des Anfangswertproblems*

$$y'=f_1(x)\, f_2(y), \quad y(x_0)=y_0\,, \tag{1}$$

aus

$$F(x, y)=\int_{y_0}^{y} \frac{\mathrm{d}u}{f_2(u)}-\int_{x_0}^{x} f_1(v)\, \mathrm{d}v=0 \tag{2}$$

berechnen.

Bemerkung 1. Existenz und Unität der Lösung folgen aus Satz 4.2.3 (zumindest lokal in einer Umgebung von $\{x_0, y_0\}$). Da $\frac{\partial F}{\partial y}(x_0, y_0)=\frac{1}{f_2(y_0)}\neq 0$ ist, zeigt Satz 8.2.4/1, daß $F(x, y)=0$ in einer Umgebung von x_0 als $y=y(x)$ darstellbar ist. Es gilt $y_0=y(x_0)$. Das ist dann die gesuchte Lösung von (1). Ob die Integrale in (2) explizit berechnet werden können und ob die dann entstehende Gleichung explizit mit Hilfe elementarer Funktionen nach $y=y(x)$ aufgelöst werden kann, hängt von f_1 und f_2 ab.

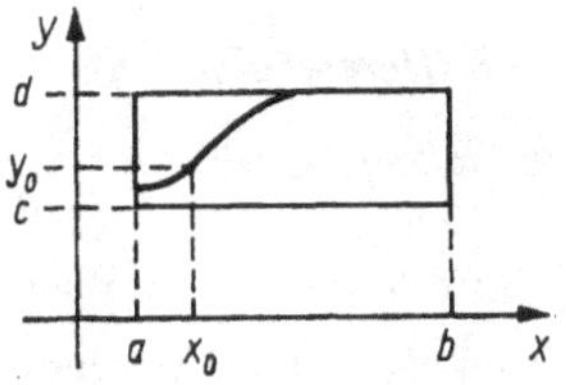

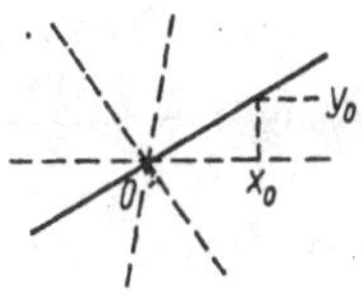

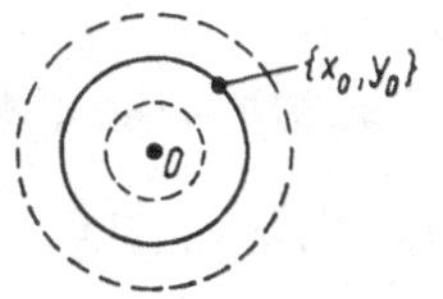

Bemerkung 2. Formal gewinnt man (2) wie folgt. Man schreibt

$$\frac{\mathrm{d}y}{\mathrm{d}x}=f_1(x)\,f_2(y) \quad \text{als} \quad \frac{\mathrm{d}y}{f_2(y)}=f_1(x)\,\mathrm{d}x$$

und integriert den letzten Ausdruck

$$\int^{y}\frac{\mathrm{d}u}{f_2(u)}=\int^{x}f_1(v)\,\mathrm{d}v+c, \quad c \text{ reell.} \tag{3}$$

Hierbei läßt man die untere Integrationsgrenze in (3) weg, $\int^{y}\frac{\mathrm{d}u}{f_2(u)}$ ist eine beliebige Stammfunktion von $\frac{1}{f_2(u)}$ im Sinne von 3.2.5. Analoges gilt für das Integral $\int^{x} f_1(v)\,\mathrm{d}v$. Anschließend wählt man den frei verfügbaren Parameter c so, daß die Kurve durch $\{x_0, y_0\}$ geht.

Bemerkung 3 (Beispiele). **1.** Gesucht sind Lösungen von $y'=\frac{y}{x}$. Es folgt

$$\frac{dy}{y}=\frac{\mathrm{d}x}{x}, \quad \ln y=\ln x+\ln c \quad \text{und} \quad y=cx\,.$$

Das sind Geraden durch den Nullpunkt (s. Abbildung S. 93) Fordert man, daß die Gerade durch einen gegebenen Punkt $\{x_0, y_0\}$ geht, so muß man c entsprechend bestimmen.

2. Gesucht sind Lösungen von $y'=-\frac{x}{y}$. Es folgt

$$y\,\mathrm{d}y=-x\,\mathrm{d}x, \quad \frac{1}{2}y^2=-\frac{1}{2}x^2+\frac{c}{2} \quad \text{und} \quad x^2+y^2=c\,.$$

Das sind konzentrische Kreise um den Nullpunkt (s. Abbildung S. 93). Diese beiden Beispiele zeigen auch, daß es nicht immer wünschenswert ist, $F(x, y)=0$ aus (2) nach y aufzulösen.

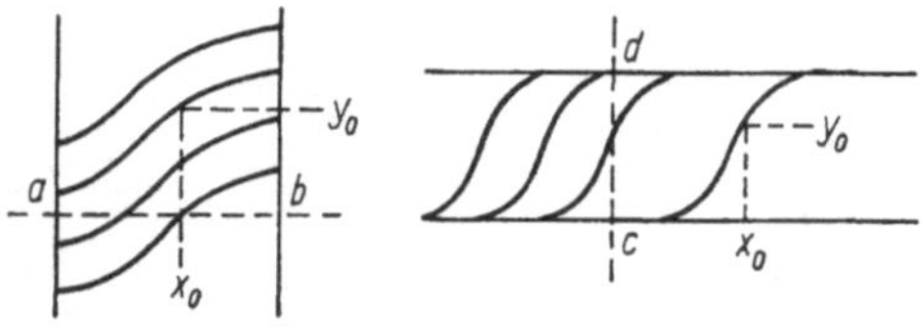

Bemerkung 4 (Spezialfälle). 1. Ist $y'=f(x)=f_1(x)$ (also $f_2(y)\equiv 1$), so gilt $y=y_0+\int_{x_0}^{x} f(v)\,\mathrm{d}v$. Die Integralkurven sind längs der y-Achse parallel verschoben. 2. Ist $y'=f(y)=f_2(y)$ (also $f_1(x)\equiv 1$), so gilt $x-x_0=\int_{y_0}^{y}\frac{\mathrm{d}u}{f(u)}$. Die Integralkurven sind längs der x-Achse parallel verschoben.

10.1.3. Homogene Differentialgleichungen

Satz. *Durch den Ansatz $y(x)=xz(x)$ wird die homogene Differentialgleichung $y'=f\left(\frac{y}{x}\right)$ auf die trennbare Differentialgleichung $z'=\frac{f(z)-z}{x}$ zurückgeführt.*

Bemerkung. Im Sinne von (10.1.2/2) ist $f_1(x)=\frac{1}{x}$ also $\int^{x} f_1(v)\,\mathrm{d}v=\ln x$. Natürlich muß f die notwendigen Differenzierbarkeitseigenschaften erfüllen, damit Satz 10.1.2 anwendbar ist.

10.1.4. Exakte Differentialgleichungen

Satz. *Es sei* $-\infty < a < b < \infty$ *und* $-\infty < c < d < \infty$. *Die Funktionen* $P(x, y)$ *und* $Q(x, y)$ *seien im Rechteck* $R = (a, b) \times (c, d)$ *stetig differenzierbar, und es gelte*

$$\frac{\partial P}{\partial y}(x, y) = \frac{\partial Q}{\partial x}(x, y) \quad \text{für} \quad \{x, y\} \in R . \tag{1}$$

Ferner sei $Q(x_0, y_0) \neq 0$ *für einen fixierten Punkt* $\{x_0, y_0\} \in R$. *Ist*

$$M(x, y) = \int_{x_0}^{x} P(u, y_0)\, du + \int_{y_0}^{y} Q(x, v)\, dv \quad \text{für} \quad \{x, y\} \in R , \tag{2}$$

so läßt sich die eindeutig bestimmte Lösung von

$$P(x, y) + Q(x, y)\, y' = 0, \quad y(x_0) = y_0 , \tag{3}$$

in einer Umgebung von $\{x_0, y_0\}$ *aus* $M(x, y) = 0$ *bestimmen.*

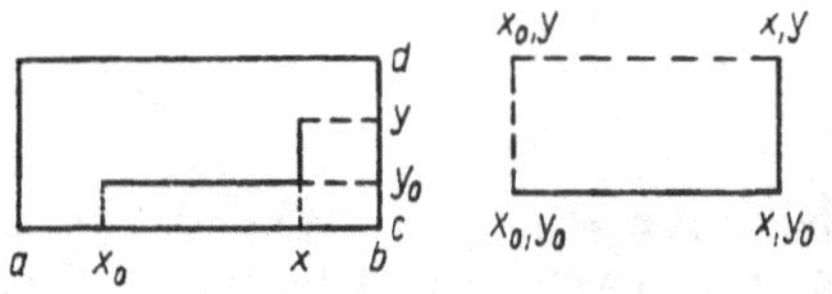

Bemerkung 1. In (2) haben wir $x \geqq x_0$ und $y \geqq y_0$ angenommen. Ist etwa $x < x_0$, so hat man (wie üblich) $\int_{x_0}^{x}$ als $-\int_{x}^{x_0}$ zu interpretieren. Analoges gilt für das y-Integral. Aus 4.2.3. folgt, daß (3) in einer Umgebung von $\{x_0, y_0\}$ genau eine Lösung hat. Ferner gilt (unter Verwendung von (1))

$$\frac{\partial M}{\partial x}(x, y) = P(x, y), \quad \frac{\partial M}{\partial y}(x, y) = Q(x, y) . \tag{4}$$

Insbesondere ist $\frac{\partial M}{\partial y}(x, y) \neq 0$ in einer Umgebung von $\{x_0, y_0\}$. Satz 8.2.4/1 zeigt dann, daß $M(x, y) = 0$ lokal als $y = y(x)$ darstellbar ist. Es gilt $y_0 = y(x_0)$. Das ist die Lösung von (3).

Bemerkung 2. Der Integrationsweg in (2) entspricht dem ausgezogenen Weg. Wählt man den gestrichelten Weg, so erhält man

$$\tilde{M}(x, y) = \int_{y_0}^{y} Q(x_0, v)\, dv + \int_{x_0}^{x} P(u, y)\, du .$$

Unter Verwendung von (1) ergibt sich $M(x, y) = \tilde{M}(x, y)$. Mit anderen Worten: Die beiden Wege sind vollkommen gleichberechtigt, wie es ja auch sein sollte.

Bemerkung 3. Differentialgleichungen vom Typ (3), (1) nennt man exakte Differentialgleichungen. Nach (4) haben sie die Form

$$\frac{\partial M}{\partial x} + \frac{\partial M}{\partial y}\, y' = 0 . \tag{5}$$

Wünscht man umgekehrt, daß es zu zwei stetig differenzierbaren Funktionen $P(x, y)$ und $Q(x, y)$ eine zweimal stetig differenzierbare Funktion $M(x, y)$ mit (4) gibt, so folgt aus Satz 8.1.2

$$\frac{\partial P}{\partial y} = \frac{\partial^2 M}{\partial x \partial y} = \frac{\partial Q}{\partial x} .$$

(1) ist also notwendig und hinreichend, um die Differentialgleichung in (3) in der Form (5) schreiben zu können.

Bemerkung 4. Ist $M(x, y)$ stetig differenzierbar, so nennt man

$$dM = \frac{\partial M}{\partial x}\,dx + \frac{\partial M}{\partial y}\,dy \tag{6}$$

das totale Differential von M. Ist $M(x, y)$ die Funktion aus (2), so gilt nach (4)

$$dM = P\,dx + Q\,dy\,. \tag{7}$$

Damit kann man die Lösungstheorie für exakte Differentialgleichungen wie folgt beschreiben: Gesucht sind Funktionen $M(x, y)$, die zeigen, daß $P\,dx + Q\,dy$ ein totales Differential im Sinne (6), (7) ist. Funktionen $y(x)$ mit $M(x, y(x)) \equiv c$ sind dann Lösungen von $P + Qy' = 0$.

Bemerkung 5. Die Differentialgleichung $x + yy' = 0$ aus Bemerkung 10.1.2/3 ist exakt. Es ist $P = x$ und $Q = y$ und somit $\frac{\partial P}{\partial y} = \frac{\partial Q}{\partial x} = 0$. Im Sinne von (4) ist $M(x, y) = \frac{1}{2}(x^2 + y^2)$. Also sind $x^2 + y^2 = c$ Lösungen.

10.1.5. Der integrierende Faktor

In 10.1.4. haben wir Differentialgleichungen $P + Qy' = 0$ behandelt, indem wir sie in der Form (10.1.4/5) dargestellt haben. Notwendig und hinreichend hierfür war (10.1.4/1). Ist diese Bedingung nicht erfüllt, so kann man eine exakte Differentialgleichung suchen, die die gleichen Funktionen $y(x)$ als Lösungen hat wie $P + Qy' = 0$. Ist etwa $\mu(x, y) > 0$, so ist jede Lösung von $P + Qy' = 0$ auch Lösung von

$$\mu(x, y)\,P(x, y) + \mu(x, y)\,Q(x, y)\,y' = 0 \tag{1}$$

und umgekehrt. (1) wird exakt, wenn

$$0 = \frac{\partial}{\partial y}(\mu P) - \frac{\partial}{\partial x}(\mu Q) = \frac{\partial \mu}{\partial y}P - \frac{\partial \mu}{\partial x}Q + \mu\left(\frac{\partial P}{\partial y} - \frac{\partial Q}{\partial x}\right) \tag{2}$$

ist. Bei gegebenem P und Q ist das eine partielle Differentialgleichung für $\mu(x, y)$. Im allgemeinen sind partielle Differentialgleichungen viel komplizierter als gewöhnliche. Eine systematische Lösungstheorie für (2) läßt sich nicht angeben. Aber in speziellen Fällen kann man Lösungen $\mu(x, y)$ erraten. $\mu(x, y)$ heißt dann integrierender Faktor. Er reduziert das ursprüngliche Problem auf eine exakte Differentialgleichung.

10.2. Lineare Differentialgleichungen erster Ordnung

10.2.1. Die Gleichung $y' = f(x)\,y$

Satz. *Es sei* $-\infty < a < b < \infty$ *und* $x_0 \in [a, b]$. *Ist* $f(x)$ *in* $[a, b]$ *stetig, so ist*

$$y(x) = y_0 e^{\int_{x_0}^{x} f(u)\,du}\,, \quad a \leq x \leq b\,, \tag{1}$$

die eindeutig bestimmte Lösung des Problems

$$y' = f(x)\,y, \quad y(x_0) = y_0\,.$$

Bemerkung 1. Wie üblich ist $\int_{x_0}^{x}$ als $-\int_{x}^{x_0}$ zu deuten, falls $x < x_0$ ist.

Bemerkung 2. Die Bedingungen von Problem 4.1.2/1 sind erfüllt. Satz 4.2.2 sichert dann die Existenz und Unität der Lösung. $y' = f(x)\, y$ ist eine spezielle trennbare Differentialgleichung im Sinne von 10.1.2. In diesem Fall kann man aber $F(x, y) = 0$ aus (10.1.2/2) leicht explizit lösen (und benötigt nicht Satz 8.2.4/1 mit seinen zusätzlichen Differenzierbarkeitsvoraussetzungen).

10.2.2. Die inhomogene lineare Differentialgleichung

Satz. *Es sei* $-\infty < a < b < \infty$ *und* $x_0 \in [a, b]$. *Sind* $f(x)$ *und* $g(x)$ *in* $[a, b]$ *stetig, so ist*

$$y(x) = y_0 e^{\int_{x_0}^{x} f(u)du} + e^{\int_{x_0}^{x} f(u)du} \int_{x_0}^{x} e^{-\int_{x_0}^{z} f(u)du} g(z)\,dz, \quad a \leqq x \leqq b\,, \tag{1}$$

die eindeutig bestimmte Lösung des Problems

$$y' = f(x)\, y + g(x), \quad y(x_0) = y_0\,. \tag{2}$$

Bemerkung 1. Bezüglich Interpretation, Existenz und Unität vergleiche man die Bemerkungen aus 10.2.1.

Bemerkung 2. Interessanter als die komplizierte Formel für $y(x)$ ist ihre Herleitung mit Hilfe der Methode der Variation der Konstanten. Die allgemeine Lösung der homogenen Gleichung $y' = f(x)\, y$ gewinnt man aus (10.2.1/1), indem man $y_0 = c$ als beliebigen reellen Parameter betrachtet. Um die Differentialgleichung in (2) zu lösen, macht man den Ansatz

$$y(x) = c(x)\, e^{\int_{x_0}^{x} f(u)du}\,,$$

d. h. die Konstante c in der Lösung für die homogene Gleichung wird variiert, $c = c(x)$. Geht man mit diesem Ansatz in die Gleichung $y' = f(x)\, y + g(x)$ ein, so erhält man für $c(x)$ die Differentialgleichung

$$c'(x) = g(x)\, e^{-\int_{x_0}^{x} f(u)du}\,.$$

Löst man diese Gleichung, so erhält man (1). Bei konkret vorgegebenen Funktionen $f(x)$ und $g(x)$ ist es häufig besser, diesem einfachen Lösungsweg zu folgen, und nicht die fertige Formel (1) zu benutzen: Es ergeben sich Rechenvorteile.

10.3. Lineare Differentialgleichungssysteme erster Ordnung

10.3.1. Fundamentalsysteme und Wronskideterminante

Sind $f_{j,k}(x)$ in $[a, b]$ reelle stetige Funktionen, so besitzt

$$y_j'(x) = \sum_{k=1}^{n} f_{j,k}(x)\, y_k(x), \quad y_j(x_0) = y_j^{(0)}\,, \tag{1}$$

mit $j = 1, \ldots, n$ genau eine Lösung. Hierbei ist $-\infty < a < b < \infty$ und $a \leqq x \leqq b$. Ferner sind $y_1^{(0)}, \ldots, y_n^{(0)}$ vorgegebene reelle Zahlen und $x_0 \in [a, b]$. Das folgt aus 4.1.2. (Problem 2) und Satz 4.2.1. Im Gegensatz zu dem dort behandelten allgemeinen Fall ist (1) linear bezüglich $y_1, \ldots, y_n$ (das erklärt den Namen lineare Differentialgleichungssysteme).

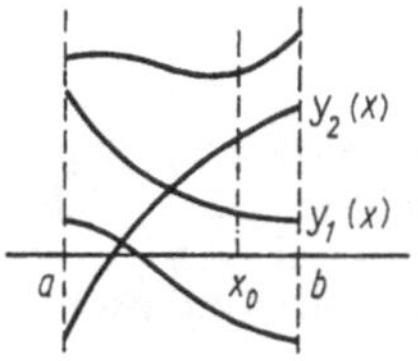

Satz 1. *$(y_{1,1}(x), \ldots, y_{1,n}(x))$ und $(y_{2,1}(x), \ldots, y_{2,n}(x))$ seien Lösungen von*

$$y_j'(x) = \sum_{k=1}^{n} f_{j,k}(x)\, y_k(x) \quad \text{mit} \quad j=1, \ldots, n\,. \tag{2}$$

Sind c_1 und c_2 reelle Zahlen, so ist auch $(c_1 y_{1,1}(x) + c_2 y_{2,1}(x), \ldots, c_1 y_{1,n}(x) + c_2 y_{2,n}(x))$ eine Lösung von (2) (Linearkombination).

Bemerkung 1. Gemeint ist, daß (2) mit $y_{1,k}$ statt y_k bzw. $y_{2,k}$ statt y_k gelten soll (entsprechend $y'_{1,j}$ bzw. $y'_{2,j}$). Der Beweis ist einfach. Zur Abkürzung schreiben wir in Zukunft $\vec{y}(x) = (y_1(x), \ldots, y_n(x))$. Die Linearkombination im Satz schreibt sich dann als $c_1\vec{y_1}(x) + c_2\vec{y_2}(x)$, sofern $\vec{y_1}$ und $\vec{y_2}$ die beiden Lösungen sind. Es entsteht folgendes Problem: Kann man jede Lösung von (2) als Linearkombination spezieller Lösungen darstellen?

Definition 1. *Die Lösungen $\vec{y_j}(x) = (y_{j,1}(x), \ldots, y_{j,n}(x))$ von (2) mit $j=1, \ldots, n$ heißen Fundamentalsystem, falls für alle $x \in [a, b]$*

$$W(x) = \begin{vmatrix} y_{1,1}(x) & \ldots & y_{1,n}(x) \\ \vdots & & \vdots \\ y_{n,1}(x) & \ldots & y_{n,n}(x) \end{vmatrix} \neq 0$$

gilt (Wronskideterminante).

Bemerkung 2. Für die $\vec{y_j}$ gilt also

$$y'_{j,k}(x) = \sum_{l=1}^{n} f_{k,l}(x)\, y_{j,l}(x) \tag{2'}$$

mit $k=1, \ldots, n$ und $j=1, \ldots, n$.

Satz 2. (**a**) *(2) besitzt Fundamentalsysteme.*

(**b**) *Ist $W(x_0) \neq 0$ für einen Punkt $x_0 \in [a, b]$ bez. des Systems $\vec{y_1}, \ldots, \vec{y_n}$ von Lösungen von (2), so ist $W(x) \neq 0$ für alle x mit $a \leq x \leq b$.*

(**c**) *Ist $\vec{y_1}(x), \ldots, \vec{y_n}(x)$ ein Fundamentalsystem von (2), so ist $\vec{y}(x) = \sum_{j=1}^{n} c_j \vec{y_j}(x)$ die allgemeine Lösung von (2). Hierbei sind $c_1, \ldots, c_n$ beliebige reelle Konstanten.*

Bemerkung 3. Um (b) zu beweisen, zeigt man, daß

$$W'(x) = \left(\sum_{l=1}^{n} f_{l,l}(x) \right) W(x) \quad \text{für} \quad a \leq x \leq b$$

gilt. Ist $W(x_0) = 0$ für einen Punkt $x_0 \in [a, b]$, so folgt aus dem Unitätssatz, daß $W(x) \equiv 0$ für $a \leq x \leq b$ sein muß. Somit gilt folgende Alternative: Entweder ist $W(x) \neq 0$ für alle $x \in [a, b]$ oder $W(x) \equiv 0$ für alle $x \in [a, b]$. Jetzt ist der Beweis von (a) ganz einfach. Die Lösungen $\vec{y_1}, \ldots, \vec{y_n}$ von (2) sind z. B. ein Fundamentalsystem, falls $y_{j,k}(x_0) = \delta_{j,k}$ für einen Punkt $x_0 \in [a, b]$ gilt.

Definition 2. *Die Lösungen $\vec{y_j}(x) = (y_{j,1}(x), \ldots, y_{j,n}(x))$ von (2) (bzw. (2')) mit $j=1, \ldots, m$ heißen linear abhängig, falls es reelle Zahlen $c_1, \ldots, c_m$ mit $\sum_{j=1}^{m} |c_j| > 0$ und*

$$\sum_{j=1}^{m} c_j \vec{y_j}(x) \equiv 0 \quad \textit{für alle} \quad x \in [a, b] \tag{3}$$

gibt. Existieren keine solchen Zahlen $c_1, \ldots, c_m$, so daß (3) für alle $x \in [a, b]$ richtig ist, so heißen die Lösungen $\vec{y_1}, \ldots, \vec{y_m}$ linear unabhängig.

Satz 3. *Die Lösungen $\vec{y_1}(x), \ldots, \vec{y_n}(x)$ von (2) (bzw. (2')) sind genau dann linear abhängig, wenn $W(x) \equiv 0$ für alle $x \in [a, b]$ gilt.*

Bemerkung 4. Nach Bemerkung 3 sind also $\vec{y_1}, \ldots, \vec{y_n}$ genau dann linear unabhängig, wenn es einen Punkt $x_0 \in [a, b]$ mit $W(x_0) \neq 0$ gibt.

10.3.2. Inhomogene Differentialgleichungssysteme

In Bemerkung 10.2.2/2 hatten wir die Methode der Variation der Konstanten zur Lösung inhomogener Differentialgleichungen beschrieben. Das Verfahren läßt sich auf Systeme übertragen. Gesucht sind Lösungen des inhomogenen linearen Differentialgleichungssystems erster Ordnung

$$y_j'(x) = \sum_{k=1}^{n} f_{j,k}(x)\, y_k(x) + g_j(x) \quad \text{mit} \quad j = 1, \ldots, n\,. \tag{1}$$

Hierbei sind $f_{j,k}(x)$ und $g_j(x)$ reelle stetige Funktionen in $[a, b]$ mit $-\infty < a < b < \infty$. Bezüglich Existenz und Unität von Lösungen gelten die gleichen Aussagen wie in 10.3.1. (vgl. Satz 4.2.1). Ist $\vec{y_j} = (y_{j,1}, \ldots, y_{j,n})$ mit $j = 1, \ldots, n$ ein Fundamentalsystem für (10.3.1/2) im Sinne von Def. 10.3.1/1, so machen wir (in Analogie zu 10.2.2.) den Ansatz

$$\vec{y}(x) = \sum_{l=1}^{n} c_l(x)\, \vec{y_l}(x)\,. \tag{2}$$

Geht man mit diesem Ansatz in (1) ein, so erhält man für die Funktionen $c_1(x), \ldots, c_n(x)$ die Differentialgleichungen

$$\sum_{l=1}^{n} c_l'(x)\, y_{l,j}(x) = g_j(x) \quad \text{mit} \quad j = 1, \ldots, n \quad \text{und} \quad x \in [a, b]\,. \tag{3}$$

Die Determinante der $(y_{l,j}(x))_{l,j=1}^{n}$ ist $W(x)$ und somit $\neq 0$ für $x \in [a, b]$. Also kann man (3) nach $c_1'(x), \ldots, c_n'(x)$ auflösen und integrieren. Setzt man das Resultat in (2) ein, so erhält man eine spezielle Lösung $\vec{y_0}(x)$ von (1). Die allgemeine Lösung von (1) ist dann durch

$$\vec{y}(x) = \vec{y_0}(x) + \sum_{j=1}^{n} b_j \vec{y_j}(x), \quad x \in [a, b]\,,$$

gegeben. Hierbei sind $b_1, \ldots, b_n$ beliebige reelle Zahlen. Kennt man also ein Fundamentalsystem für das homogene System, so kann man hieraus auch die allgemeine Lösung für das inhomogene System konstruieren.

10.3.3. Spezielle Differentialgleichungssysteme

Sämtliche Voraussetzungen aus 10.3.1. und 10.3.2. seien erfüllt. Ferner sei zusätzlich $f_{j,k}(x) \equiv 0$ für $k > j$. Somit hat (10.3.2/1) die Form

$$\begin{aligned}
y_1' &= f_{1,1}y_1 && + g_1\\
y_2' &= f_{2,1}y_1 + f_{2,2}y_2 && + g_2\\
y_3' &= f_{3,1}y_1 + f_{3,2}y_2 + f_{3,3}y_3 && + g_3\\
&\;\;\vdots && \;\;\vdots\\
y_n' &= f_{n,1}y_1 + \ldots \quad + f_{n,n}y_n && + g_n\,.
\end{aligned}$$

Hierbei ist $f_{j,k}=f_{j,k}(x)$, $g_j=g_j(x)$ und $y_j=y_j(x)$. Diese Dreieckssysteme kann man explizit lösen. Die Lösung $y_1(x)$ findet man nach 10.2.2. Setzt man $y_1(x)$ in die zweite Zeile ein, so findet man die Lösung $y_2(x)$ ebenfalls nach 10.2.2. Iteration zeigt, daß man auf diese Weise Schritt für Schritt sämtliche $y_j(x)$ bestimmen kann. Bei diesem Verfahren kann man vorgegebene Anfangsdaten $y_j(x_0)=a_j$ mit $j=1, \ldots, n$ erfüllen.

Bemerkung. Beliebige Systeme der Form (10.3.2/1) kann man im allgemeinen nicht explizit lösen.

10.3.4. Differentialgleichungssysteme mit konstanten Koeffizienten

Aus den Betrachtungen in 10.3.2. und 10.3.3. folgt, daß man Systeme (10.3.2/1) explizit lösen kann, sofern man sie auf Dreieckssysteme im Sinne von 10.3.3. reduzieren kann. Im allgemeinen ist das nicht möglich, wohl aber, wenn die Funktionen $f_{j,k}(x)$ aus (10.3.2/1) konstant sind. Aus 10.3.2. folgt ferner, daß wir uns auf den homogenen Fall $g_j(x)\equiv 0$ beschränken können. Ist

$$F=\begin{pmatrix} f_{1,1} & \ldots & f_{1,n} \\ \vdots & & \vdots \\ f_{n,1} & \ldots & f_{n,n} \end{pmatrix}, \quad f_{j,k} \text{ reelle Zahlen,}$$

so können wir das homogene System (10.3.2/1) mit konstanten Koeffizienten $f_{j,k}(x)=f_{j,k}$ als

$$\vec{y}'(x)=F\vec{y}(x) \tag{1}$$

schreiben. Hierbei ist wie früher $\vec{y}=(y_1, \ldots, y_n)$ und $F\vec{y}=\left(\sum_{j=1}^{n} f_{1,j}y_j, \ldots, \sum_{j=1}^{n} f_{n,j}y_j\right)$ (Matrizenmultiplikation). Mit dem Ansatz $\vec{z}=A\vec{y}$, wobei $A=(a_{j,k})_{j,k=1}^{n}$ eine Matrix mit konstanten Koeffizienten ist, geht (1) in

$$\vec{z}'(x)=AFA^{-1}\vec{z}(x) \tag{2}$$

über. Hierbei setzen wir voraus, daß die Determinante $(a_{j,k})_{j,k=1}^{n}$ von Null verschieden ist. Aus der Matrizentheorie ist bekannt, daß man A so wählen kann, daß AFA^{-1} Dreiecksform hat (oberhalb der Hauptdiagonale stehen nur Nullen). Dieses System (und damit auch das Ausgangssystem) kann man nach 10.3.3. lösen. Die Details, auf die wir hier nicht eingehen, sind relativ kompliziert. Einen speziellen Fall, der einer Differentialgleichung n-ter Ordnung entspricht, werden wir später genauer behandeln.

10.4. Lineare Differentialgleichungen höherer Ordnung

10.4.1. Problemstellung

In $[a, b]$ mit $-\infty<a<b<\infty$ wird die lineare Differentialgleichung n-ter Ordnung

$$y^{(n)}(x)=\sum_{j=0}^{n-1} f_j(x)\, y^{(j)}(x)+g(x) \tag{1}$$

betrachtet. Hierbei sind $f_0(x), \ldots, f_{n-1}(x)$ und $g(x)$ in $[a, b]$ reelle stetige Funktionen. Insbesondere sind die Voraussetzungen von Problem 1 aus 4.1.2. erfüllt. Nach

Satz 4.2.2 gibt es dann genau eine Lösung von (1) mit vorgegebenen Anfangsdaten $y^{(j)}(x_0)=c_j$ für $j=0, \ldots, n-1$. Hierbei ist $x_0 \in [a, b]$. Wie in Bemerkung 4.2.2 angegeben, reduziert sich (1) auf ein spezielles System erster Ordnung. Ist $z_j(x)=y^{(j)}(x)$ für $j=0, 1, \ldots, n-1$, so gilt

$$\begin{aligned} z_0' &= z_1 \\ z_1' &= \quad z_2 \\ &\vdots \qquad \ddots \\ z_{n-2}' &= \qquad\qquad z_{n-1} \\ z_{n-1}' &= f_0(x)\, z_0 + \ldots + f_{n-1}(x)\, z_{n-1} + g(x)\,. \end{aligned}$$

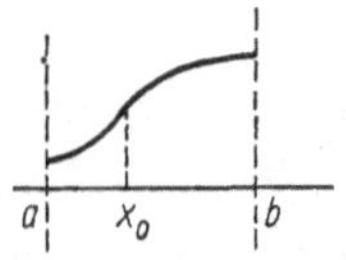

Das ist ein spezielles System, leider aber nicht von der in 10.3.3. behandelten Form. Aber die Aussagen aus 10.3.1., 10.3.2. und 10.3.4. lassen sich übertragen, was in den nächsten zwei Abschnitten geschieht.

10.4.2. Fundamentalsysteme und Wronskideterminante

Die Funktionen $f_j(x)$ haben die gleiche Bedeutung wie in 10.4.1.

Definition. *Die Lösungen $y_1(x), \ldots, y_n(x)$ der homogenen Differentialgleichung*

$$y^{(n)}(x) = \sum_{j=0}^{n-1} f_j(x)\, y^{(j)}(x) \tag{1}$$

heißen Fundamentalsystem, falls für alle $x \in [a, b]$

$$W(x) = \begin{vmatrix} y_1(x) & y_1'(x) & \ldots & y_1^{(n-1)}(x) \\ \vdots & \vdots & & \vdots \\ y_n(x) & y_n'(x) & \ldots & y_n^{(n-1)}(x) \end{vmatrix} \neq 0\,,$$

gilt (Wronskideterminante).

Bemerkung 1. $W(x)$ stimmt mit $W(x)$ aus Def. 10.3.1/1 bezüglich des Systems aus 10.4.1. überein.

Bemerkung 2. Wie in Def. 10.3.1/2 heißen Lösungen $y_1(x), \ldots, y_m(x)$ von (1) linear abhängig, falls es reelle Zahlen $c_1, \ldots, c_m$ mit $\sum_{j=1}^{m} |c_j| > 0$ und $\sum_{j=1}^{m} c_j y_j(x) \equiv 0$ für $x \in [a, b]$ gibt. Existieren keine solche Zahlen, so heißen $y_1(x), \ldots, y_m(x)$ linear unabhängig.

Satz. (a) *Sind $y_1(x), \ldots, y_m(x)$ Lösungen von (1) und sind $c_1, \ldots, c_m$ reelle Zahlen, so ist $\sum_{j=1}^{m} c_j y_j(x)$ ebenfalls eine Lösung von (1).*

(b) *Ist $y_1(x), \ldots, y_m(x)$ ein Fundamentalsystem, so läßt sich jede Lösung $y(x)$ von (1) als $y(x) = \sum_{j=1}^{n} c_j y_j(x)$ mit geeigneten reellen Zahlen $c_1, \ldots, c_n$ darstellen.*

(c) *(1) besitzt Fundamentalsysteme.*

(d) *Die Lösungen $y_1(x), \ldots, y_n(x)$ von (1) sind genau dann linear abhängig, wenn $W(x) \equiv 0$ für $x \in [a, b]$ ist.*

(e) *Sind* $y_1(x), \ldots, y_n(x)$ *Lösungen von* (1), *so ist entweder* $W(x) \neq 0$ *für alle* $x \in [a, b]$ *oder* $W(x) \equiv 0$ *für alle* $x \in [a, b]$.

Bemerkung 3. Der Satz folgt aus 10.4.1. und den Betrachtungen über Systeme aus 10.3.

10.4.3. Differentialgleichungen mit konstanten Koeffizienten

Sind $f_1, \ldots, f_n$ reelle Zahlen mit $f_n = 1$, so betrachten wir die lineare Differentialgleichung n-ter Ordnung

$$\sum_{j=0}^{n} f_j y^{(j)}(x) \equiv 0 \tag{1}$$

mit konstanten Koeffizienten. Man sieht sofort, daß $y(x) = e^{\lambda x}$ genau dann eine Lösung von (1) ist, wenn λ eine (im allgemeinen komplexe) Nullstelle des Polynoms $P(\lambda) = \sum_{j=0}^{n} f_j \lambda^j$ ist. (Vorübergehend lassen wir auch komplexe Funktionen als Lösungen zu.) Damit ist klar, daß die paarweise verschiedenen Nullstellen $\lambda_1, \ldots, \lambda_l$ mit ihren Vielfachheiten $m_1, \ldots, m_l$, eine entscheidende Rolle spielen. Nach 5.3.3. gilt

$$P(\lambda) = \sum_{j=0}^{n} f_j \lambda^j = (\lambda - \lambda_1)^{m_1} \ldots (\lambda - \lambda_l)^{m_l}.$$

Satz.
$$\begin{matrix} e^{\lambda_1 x}, & x e^{\lambda_1 x}, & \ldots, & x^{m_1 - 1} e^{\lambda_1 x}, \\ e^{\lambda_2 x}, & x e^{\lambda_2 x}, & \ldots, & x^{m_2 - 1} e^{\lambda_2 x}, \\ \vdots & \vdots & & \vdots \\ e^{\lambda_l x}, & x e^{\lambda_l x}, & \ldots, & x^{m_l - 1} e^{\lambda_l x} \end{matrix} \tag{2}$$

ist ein (*komplexes*) *Fundamentalsystem für* (1).

Bemerkung. Es sind dies n Funktionen, da $n = m_1 + \ldots + m_l$ gilt. Nach Satz 5.3.3/3 ist $\bar{\lambda}_1$ ebenfalls eine Nullstelle von $P(\lambda)$ mit der Vielfachheit m_1 (hierbei können wir $\operatorname{Im} \lambda_1 \neq 0$ annehmen). Ist etwa $\lambda_2 = \bar{\lambda}_1$, so kann man aus den beiden ersten Zeilen leicht $2m_1 = m_1 + m_2$ reelle linear unabhängige Lösungen von (1) linear kombinieren. Durch paarweises Zusammenfassen kann man so ein reelles Fundamentalsystem konstruieren. Andererseits ist (2) auch ein Fundamentalsystem, wenn die Koeffizienten f_j komplex sind (und in diesem Fall ist ein Zusammenfassen weder im allgemeinen möglich noch wünschenswert).

10.5. Stetige Abhängigkeit von Anfangsdaten

10.5.1. Differentialgleichungssysteme erster Ordnung

Wir betrachten Systeme erster Ordnung

$$y_j'(x) = h_j(x, y_1(x), \ldots, y_n(x)), \quad y_j(x_0) = c_j, \tag{1}$$

mit $j = 1, \ldots, n$ in $[a, b]$. Hierbei ist $-\infty < a < b < \infty$ und $x_0 \in [a, b]$. Die Funktionen $h_j(x, x_1, \ldots, x_n)$ sollen die Bedingungen aus Problem 4.1.2/2 erfüllen. Nach Satz 4.2.1 besitzt (1) genau eine Lösung. Gefragt wird nach der Abhängigkeit dieser Lösung $y_j(x, c_1, \ldots, c_n)$ mit $j = 1, \ldots, n$ von den Anfangsdaten $c_1, \ldots, c_n$.

Satz. *Es gibt eine Zahl* $\delta > 0$ *und eine Zahl* $L = L(\delta) > 0$, *so daß*

$$\sum_{j=1}^{n} |y_j(x, c_1, \ldots, c_n) - y_j(x, \tilde{c}_1, \ldots, \tilde{c}_n)| \leq L \sum_{l=1}^{n} |c_l - \tilde{c}_l|$$

für alle reellen Zahlen $c_1, \ldots, c_n, \tilde{c}_1, \ldots, \tilde{c}_n$ *und alle* x *mit* $x \in [x_0 - \delta, x_0 + \delta] \cap [a, b]$ *gilt (stetige Abhängigkeit von Anfangsdaten).*

Bemerkung. Das ist eine lokale Aussage. Dementsprechend genügen auch lokale Voraussetzungen für die Funktionen h_j etwa im Sinne von 4.2.3.

10.5.2. Differentialgleichungen *n*-ter Ordnung

Nach 10.4.1. können Differentialgleichungen n-ter Ordnung auf Systeme erster Ordnung reduziert werden. Also gibt es auch ein Analogon von Satz 10.5.1 für Gleichungen n-ter Ordnung. Wir betrachten das Problem

$$y^{(n)}(x) = h(x, y(x), y'(x), \ldots, y^{(n-1)}(x)), \quad y^{(j)}(x_0) = c_j, \tag{1}$$

mit $j = 0, \ldots, n-1$ in $[a, b]$. Hierbei ist $-\infty < a < b < \infty$ und $x_0 \in [a, b]$. Die Funktion $h(x, x_1, \ldots, x_n)$ soll die Bedingungen aus Problem 4.1.2/1 erfüllen. Nach Satz 4.2.2 besitzt (1) genau eine Lösung $y(x, c_0, \ldots, c_{n-1})$.

Satz. *Es gibt eine Zahl* $\delta > 0$ *und eine Zahl* $L = L(\delta) > 0$, *so daß*

$$\sum_{j=0}^{n-1} |y^{(j)}(x, c_0, \ldots, c_{n-1}) - y^{(j)}(x, \tilde{c}_0, \ldots, \tilde{c}_{n-1})| \leq L \sum_{l=0}^{n-1} |c_l - \tilde{c}_l|$$

für alle reellen Zahlen $c_0, \ldots, c_{n-1}, \tilde{c}_0, \ldots, \tilde{c}_{n-1}$ *und alle* x *mit* $x \in [x_0 - \delta, x_0 + \delta] \cap$ $\cap [a, b]$ *gilt (stetige Abhängigkeit von den Anfangsdaten).*

Bemerkung. Es gilt das Analogon zu Bemerkung 10.5.1.

10.5.3. Stetige Abhängigkeit von der rechten Seite

Wir beschränken uns auf Differentialgleichungen erster Ordnung. Entsprechende Aussagen gelten aber auch für Systeme erster Ordnung und Differentialgleichungen höherer Ordnung. Wie in 4.2.3. sei Ω ein offenes Gebiet in der x, y-Ebene. Es sei $\{x_0, y_0\} \in \Omega$ und $\{x_0, \tilde{y}_0\} \in \Omega$. Ferner seien $h(x, y)$ und $\tilde{h}(x, y)$ in Ω reelle stetige beschränkte Funktionen, die die Lipschitzbedingung

$$|h(x, y) - h(x, y')| \leq M\, |y - y'|, \quad |\tilde{h}(x, y) - \tilde{h}(x, y')| \leq M\, |y - y'|$$

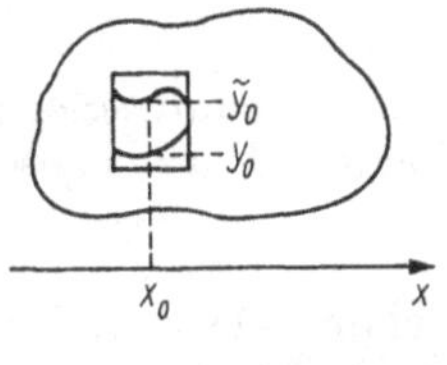

für alle $\{x, y\} \in \Omega$ und $\{x, y'\} \in \Omega$ erfüllen (vgl. 4.2.3.). Nach Satz 4.2.3 besitzen

$$y'(x) = h(x, y(x)), \quad y(x_0) = y_0,$$

und

$$\tilde{y}'(x) = \tilde{h}(x, \tilde{y}(x)), \quad \tilde{y}(x_0) = \tilde{y}_0,$$

eindeutig bestimmte Lösungen (das gilt zumindest lokal in einem Intervall $[x_0 - \delta, x_0 + \delta]$). Das Problem ist, diese beiden Lösungen zu vergleichen.

Satz. *Es gibt eine Zahl* $\delta > 0$ *und eine Zahl* $L = L(\delta) > 0$, *so daß*

$$|\tilde{y}(x) - y(x)| \leqq L(\delta \sup_{\{u,v\} \in \Omega} |h(u, v) - \tilde{h}(u, v)| + |y_0 - \tilde{y}_0|)$$

für alle zulässigen $x_0, y_0, \tilde{y}_0$ *und* $x \in [x_0 - \delta, x_0 + \delta]$ *gilt.*

Bemerkung 1. „Zulässig" bedeutet, daß die Rechtecke aus dem Bild in 4.2.3. in Ω liegen.

Bemerkung 2. Die Sätze aus 10.5.1. und 10.5.2. und der obige Satz sind für numerische und physikalische Anwendungen nützlich: Kleine Störungen der Anfangsdaten und der Differentialgleichung stören auch die Lösung nur wenig.

11. Variationsrechnung

11.1. Die Grundgleichungen der Variationsrechnung

11.1.1. Problemstellung

Zur Veranschaulichung der Problemstellung betrachten wir einen einfachen Fall, den wir später verallgemeinern werden. $L(t, u_1, v_1)$ sei eine reelle, in $[a, b] \times R_2$ stetige Funktion. Ist $x(t)$ in $[a, b]$ stetig differenzierbar, so kann man

$$L(x(t)) = \int_a^b L(t, x(t), \dot{x}(t))\, dt \quad \text{mit} \quad \dot{x}(t) = \frac{\mathrm{d}x}{\mathrm{d}t}(t) \tag{1}$$

bilden. Das Problem ist, in $[a, b]$ stetig differenzierbare Funktionen $x(t)$ zu finden, für welche $L(x(t))$ extremal wird.

1. Aufgabe (*Freie Randwertprobleme*). Zur Konkurrenz sind alle in $[a, b]$ stetig differenzierbaren Funktionen $x(t)$ zugelassen.

2. Aufgabe (*Gebundene Randwertprobleme*). Zur Konkurrenz sind nur solche in $[a, b]$ stetig differenzierbare Funktionen $x(t)$ zugelassen, die bei a und b vorgeschriebene Randwerte annehmen: $x(a) = c_a$ und $x(b) = c_b$.

Nachbarkurven: Es muß noch gesagt werden, nach welchem Verfahren extremale Kurven bestimmt werden. Ist $x(t)$ gegeben, so sei

$$I(\varphi, \varepsilon) = \int_a^b L(t, x(t) + \varepsilon\varphi(t), \dot{x}(t) + \varepsilon\dot{\varphi}(t))\, \mathrm{d}t\,.$$

Hierbei ist $\varphi(t)$ eine beliebige in $[a, b]$ stetig differenzierbare Funktion (im Fall der zweiten Aufgabe mit $\varphi(a) = \varphi(b) = 0$). ε ist ein reeller Parameter. $x(t)$ heißt extremal, falls $\frac{\mathrm{d}}{\mathrm{d}\varepsilon} I(\varphi, \varepsilon)\,|_{\varepsilon=0} = 0$ für alle zulässigen $\varphi(t)$ gilt. Das entspricht nicht ganz dem üblichen Vorgehen in der Variationsrechnung, ist aber für unsere Zwecke ausreichend. Damit hat man Variationsprobleme für Kurven auf Extremwerte von Funktionen reduziert, vgl. 8.3. In 8.3. wurden Punkte variiert, um Extremwerte von Funktionen zu ermitteln. Jetzt sind es Funktionen, die variiert werden.

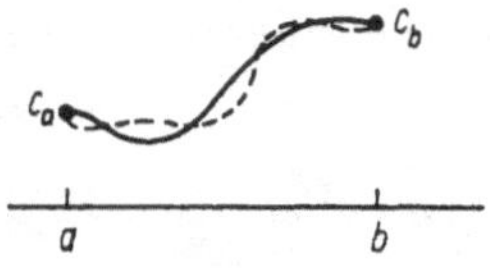

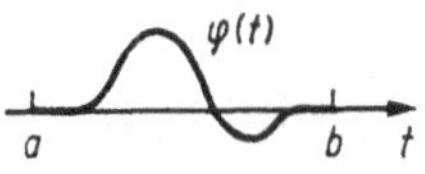

11.1.2. Vorbereitungen

Es werden zwei Vorbereitungen benötigt, die auch von selbständigem Interesse sind: Differentiation parameterabhängiger Integrale und das Fundamentallemma der Variationsrechnung.

Lemma 1. *$L(t, \lambda)$ sei in $[a, b]\times R_1$ mit $-\infty<a<b<\infty$ stetig und reell sowie bei fixiertem $t\in[a, b]$ nach λ differenzierbar. $\frac{\partial}{\partial\lambda} L(t, \lambda)$ sei in $[a, b]\times R_1$ stetig. Sind $a(\lambda)$ und $b(\lambda)$ zwei in R_1 stetig differenzierbare reelle Funktionen mit $a<a(\lambda)<b(\lambda)<b$, so ist $\int_{a(\lambda)}^{b(\lambda)} L(t, \lambda)\, \mathrm{d}t$ in R_1 stetig differenzierbar, und es gilt*

$$\frac{\mathrm{d}}{\mathrm{d}\lambda}\int_{a(\lambda)}^{b(\lambda)} L(t, \lambda)\, \mathrm{d}\lambda = L(b(\lambda), \lambda)\, b'(\lambda) - L(a(\lambda), \lambda)\, a'(\lambda) + \int_{a(\lambda)}^{b(\lambda)} \frac{\partial}{\partial\lambda} L(t, \lambda)\, \mathrm{d}t\,.$$

Lemma 2 (*Fundamentallemma der Variationsrechnung*). *Ist $y(t)$ in $[a, b]$ stetig und gilt*

$$\int_a^b y(t)\, \varphi(t)\, \mathrm{d}t = 0$$

für alle in $[a, b]$ stetig differenzierbaren Funktionen $\varphi(t)$, die in einer rechtsseitigen Umgebung von a und in einer linksseitigen Umgebung von b gleich null sind, so ist $y(t)\equiv 0$ in $[a, b]$.

11.1.3. Die Eulerschen Gleichungen

Definition. *$L(t, u_1, \ldots, u_n, v_1, \ldots, v_n)$ sei in $[a, b]\times R_{2n}$ mit $-\infty<a<b<\infty$ reell und stetig und besitze dort stetige partielle Ableitungen erster und zweiter Ordnung nach allen Variablen. Ist ε eine reelle Zahl und sind $x_1(t), \ldots, x_n(t), \varphi_1(t), \ldots, \varphi_n(t)$ in $[a, b]$ stetig differenzierbare reelle Funktionen, so sei*

$$I(\varphi_1, \ldots, \varphi_n, \varepsilon) = \int_a^b L(t, x_1(t)+\varepsilon\varphi_1(t), \ldots, x_n(t)+\varepsilon\varphi_n(t),\ \dot{x}_1(t)+\varepsilon\dot{\varphi}_1(t), \ldots, \dot{x}_n(t)+\varepsilon\dot{\varphi}_n(t))\, \mathrm{d}t\,.$$

(**a**) *$x(t)=(x_1(t), \ldots, x_n(t))$ heißt Extremale des freien Randwertproblems, falls für alle obigen $\varphi(t)=(\varphi_1(t), \ldots, \varphi_n(t))$*

$$\frac{\mathrm{d}}{\mathrm{d}\varepsilon} I(\varphi_1, \ldots, \varphi_n, \varepsilon)\,|_{\varepsilon=0} = 0 \tag{1}$$

gilt.

(b) *$x(t)$ heißt Extremale des gebundenen Randwertproblems, falls* (1) *für alle obigen $\varphi(t)$ mit $\varphi_j(a) = \varphi_j(b) = 0$ für $j = 1, \ldots, n$ gilt.*

Bemerkung 1. Das ist eine Verallgemeinerung (und Präzisierung) der in 11.1.1. beschriebenen Situation.

Satz 1 (*Eulersche Gleichungen*). *$x(t)$ ist genau dann Extremale des gebundenen Randwertproblems, wenn*

$$\frac{\partial L}{\partial x_j} - \frac{\mathrm{d}}{\mathrm{d}t}\left(\frac{\partial L}{\partial \dot{x}_j}\right) = 0 \quad \text{für} \quad j = 1, \ldots, n \quad \text{und} \quad t \in [a, b] \tag{2}$$

gilt.

Bemerkung 2. Die Gleichungen (2) sind wie folgt zu verstehen.

$$\frac{\partial L}{\partial x_j} = \frac{\partial L}{\partial u_j}(t, x_1(t), \ldots, \dot{x}_n(t)), \quad \frac{\partial L}{\partial \dot{x}_j} = \frac{\partial L}{\partial v_j}(t, x_1(t), \ldots, \dot{x}_n(t)) = g_j(t)$$

sind Funktionen, die nur noch von $t \in [a, b]$ abhängen. Hierbei haben u_j und v_j die gleiche Bedeutung wie in der Definition. Man muß in (2) also erst die partiellen Ableitungen bilden, dann $x(t)$ einsetzen und anschließend $\frac{\mathrm{d}}{\mathrm{d}t} g_j(t) = \frac{\mathrm{d}}{\mathrm{d}t}\left(\frac{\partial L}{\partial \dot{x}_j}\right)$ bilden.

Satz 2. *$x(t)$ ist genau dann Extremale des freien Randwertproblems, falls* (2) *gilt und zusätzlich*

$$\frac{\partial L}{\partial \dot{x}_j}(b, x_1(b), \ldots, \dot{x}_n(b)) = \frac{\partial L}{\partial \dot{x}_j}(a, x_1(a), \ldots, \dot{x}_n(a)) = 0 \tag{3}$$

für $j = 1, \ldots, n$ erfüllt ist.

Bemerkung 3. Im Fall des freien Randwertproblems stellen sich für eine Extremale automatisch gewisse Randbedingungen (sog. natürliche Randbedingungen) ein.

Bemerkung 4. Führt man die Ableitung nach t in (2) aus, so erhält man

$$\frac{\partial L}{\partial x_j} - \frac{\partial^2 L}{\partial t \partial \dot{x}_j} - \sum_{l=1}^{n} \frac{\partial^2 L}{\partial x_l \partial \dot{x}_j} \dot{x}_l - \sum_{l=1}^{n} \frac{\partial^2 L}{\partial \dot{x}_l \partial \dot{x}_j} \ddot{x}_l = 0 \tag{4}$$

für $j = 1, \ldots, n$. Hierbei ist $\ddot{x}_l = \frac{\mathrm{d}^2 x_l}{\mathrm{d}t^2}$. Das ist ein System von gewöhnlichen Differentialgleichungen zweiter Ordnung, im allgemeinen nicht linear, da $L = L(t, x_1(t), \ldots, \dot{x}_n(t))$ ist. Durch den gleichen Trick wie etwa in 10.4.1. kann man es auf ein System erster Ordnung zurückführen. Ist die Determinante von $\left(\frac{\partial^2 L}{\partial \dot{x}_l \partial \dot{x}_j}\right)_{l,j=1}^{n}$ von null verschieden, so kann man (4) nach den höchsten Ableitungen $\ddot{x}_l$ auflösen.

11.2. Beispiele

11.2.1. Eine physikalische Vorbemerkung

Die Betrachtungen in 11.1.3. haben für die theoretische Physik große Bedeutung. Man versucht physikalische Vorgänge (etwa im Rahmen der klassischen Mechanik, der Elektrodynamik, der speziellen oder allgemeinen Relativitätstheorie) durch Extremalprinzipien zu beschreiben. Einem solchen physikalischen Geschehen ordnet man eine sog. Lagrange-Dichte zu, die eng mit der Funktion L aus Def.

11.1.3 verwandt ist. Die Dynamik des Geschehens läuft dann so ab, daß $L(x(t))$ aus (11.1.1/1) extremal wird. Stimmt L mit der Funktion aus Def. 11.1.3 überein, so heißt dies, daß der Prozeß durch die Eulerschen Gleichungen (11.1.3/2) beschrieben wird. Viele physikalische Vorgänge werden nicht durch gewöhnliche, sondern durch partielle Differentialgleichungen beschrieben. Will man an dem Konzept der Extremalprinzipien festhalten, muß man die Betrachtungen aus 11.1. entscheidend verallgemeinern. Im Kap. 24 untersuchen wir die mathematischen und physikalischen Aspekte dieses Prinzips genauer. Für die klassische Punktmechanik sind aber die Resultate aus 11.1. vollkommen ausreichend. Eine detaillierte Beschreibung, insbesondere auch der physikalischen Seite dieser Angelegenheit, findet man zu Beginn von Kap. 12. In 11.2. betrachten wir einige isolierte Beispiele, die aber bereits die physikalische Bedeutung von Extremalprinzipien ahnen lassen.

11.2.2. Die Brachistochrone

Ein Massenpunkt (etwa eine Stahlkugel) läuft längs einer Bahn (etwa in einer Schiene) unter dem Einfluß der Erdschwere von A nach B. Das Geschehen spielt sich in einer Ebene senkrecht zur Erdoberfläche ab. Ferner soll die Kugel zu Beginn ihrer Laufbahn im Punkt A ruhen. Für welche Bahn (oder Bahnen) benötigt die Kugel minimale Zeit, um von A nach B zu gelangen? Läuft die Kugel längs der

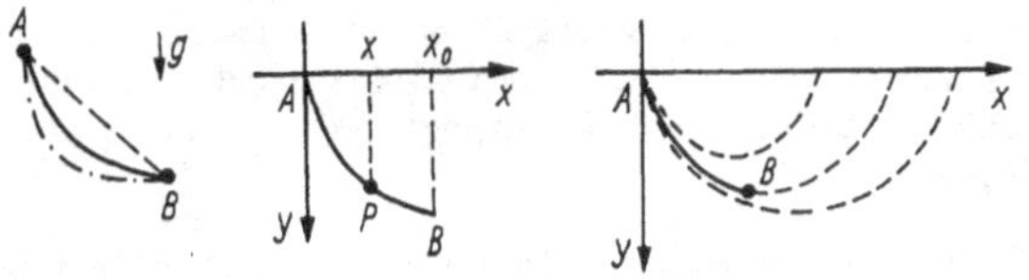

Geraden von A nach B (gestrichelte Linie), so ist dies wohl der kürzeste Weg, aber die Kugel braucht Zeit, um in Schwung zu kommen. Wählt man andererseits einen Weg der Form Strich-Punkt, so erreicht die Kugel rasch hohe Geschwindigkeiten, aber der Weg ist nun relativ lang geworden. Der physikalische Kompromiß könnte die stark gezeichnete Bahn sein. A sei der Nullpunkt eines y,x-Koordinatensystems. $y(x)$ sei die Bahn der Kugel, also $y(0)=0$, und $v=v(x)$ sei die Geschwindigkeit. Ist m die Masse der Kugel, so ist die Gesamtenergie E im Punkt P

$$\mathrm{E} = \frac{m}{2}\, v^2 - mgy = \text{kin. Energie} + \text{pot. Energie}\,.$$

Hierbei ist g die Schwerebeschleunigung $\approx 9{,}81\,\frac{m}{\mathrm{s}^2}$. Benutzt man den physikalischen Sachverhalt, daß $\mathrm{E}(x)=\mathrm{E}$ eine von x unabhängige Konstante ist (Energieerhaltungssatz), so folgt aus $v(0)=y(0)=0$, daß $v(x)=\sqrt{2\mathrm{g}\,y(x)}$ ist. Bezeichnet $s(x)$ die Bogenlänge der Kurve $y(x)$ von A bis P, so folgt aus 9.2.3.

$$s(x) = \int_0^x \sqrt{1+y'^2(z)}\ \mathrm{d}z, \quad y' = \frac{\mathrm{d}y}{\mathrm{d}z}\,.$$

Ist t die Zeit, die die Kugel braucht, um von A nach P zu laufen, so ist $t=t(s)$ eine streng monoton wachsende Funktion; für die Umkehrfunktion $s=s(t)$ gilt $v(t)=\frac{\mathrm{d}s}{\mathrm{d}t}$.

Nach Satz 3.1.4 ist dann $\frac{dt}{ds} = \frac{1}{v}$. Ist T die Zeit, die die Kugel braucht, um längs $y(x)$ von A nach B zu laufen, so erhält man jetzt

$$T = \int_0^T dt = \int_0^{x_0} \frac{dt}{ds} \cdot \frac{ds}{dx} dx = \int_0^{x_0} \frac{1}{v} \sqrt{1+y'^2} \, dx = \int_0^{x_0} \sqrt{\frac{1+y'^2(x)}{2g\, y(x)}} \, dx.$$

Da T minimal werden soll, hat man somit ein Extremalproblem im Sinne von Def. 11.1.3 mit

$$L(x, y, y') = \sqrt{\frac{1+y'^2}{2g\,y}} \,. \tag{1}$$

Bahnen, für die T minimal wird, heißen Brachistochronen. Die kleine Schwierigkeit, daß L für $y=0$ singulär wird, läßt sich umgehen. Hierzu ist es zweckmäßig, die Kurve $y = y(x)$ in Parameterdarstellung zu betrachten, $y = y(u)$ und $x = x(u)$.

Satz. *Die Brachistochronen sind Zykloiden*

$$x(u) = c\,(u - \sin u), \quad y(u) = c\,(1 - \cos u)\,. \tag{2}$$

Hierbei ist $0 \leqq u \leqq 2\pi$, *und* $c > 0$ *ist ein Parameter.*

Bemerkung 1. Die Kurve (2) gewinnt man durch Lösen der Eulerschen Gleichung (11.1.3/2). Hierbei ist $n=1$, ferner hat man t durch x und x durch y zu ersetzen. Man erhält eine gewöhnliche Differentialgleichung zweiter Ordnung, wobei in (2) berücksichtigt wurde, daß nur Lösungen von Interesse sind, die durch A gehen. $x(u)$ ist streng monoton, es gibt somit eine Umkehrfunktion, und (2) ist als $y = y(x)$ darstellbar. Variiert man c, so wird der gesamte Quadrant $\{x > 0, y > 0\}$ schlicht und lückenlos überdeckt. Ist B vorgegeben, so gibt es also genau ein $c > 0$, so daß (2) durch A und B geht.

Bemerkung 2. Die Zykloide erlaubt folgende hübsche geometrische Interpretation. Auf einer Straße rollt ein Rad. Gefragt ist nach der Bahn des Ventils des Rades. Ist c der Radius des Rades, so ergibt sich aus den Zeichnungen, daß die Zykloide (2) die Bahn des Ventils beschreibt.

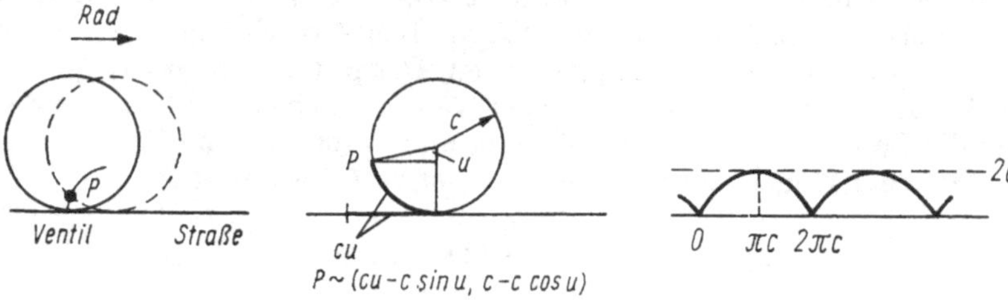

11.2.3. Das Problem von der Geraden als kürzeste Verbindung zweier Punkte

(Das ist die Überschrift zum 4. Problem aus dem berühmten Vortrag von D. Hilbert „Mathematische Probleme", Paris 1900.) Im R_n werden stetig differenzierbare Kurven $x(t) = (x_1(t), \ldots, x_n(t))$ mit $t_0 \leqq t \leqq t_1$ betrachtet, die durch zwei vorgegebene Punkte A und B laufen. $x(t_0)$ ist A und $x(t_1)$ ist B. Ferner sei $\dot{x}(t) = (\dot{x}_1(t), \ldots, \dot{x}_n(t)) \neq 0$ für $t_0 \leqq t \leqq t_1$. Nach Satz 9.2.3 ist

$$L = \int_{t_0}^{t_1} \sqrt{\dot{x}_1^2(t) + \ldots + \dot{x}_n^2(t)} \, dt \tag{1}$$

die Länge der Kurve von A bis B. Gefragt wird nach Kurven minimaler Länge.

Satz. *Die Gerade von A nach B ist die eindeutig bestimmte Kurve minimaler Länge.*

Bemerkung 1. Das ist ein Variationsproblem im Sinne von 11.1.3. mit $L(v_1, \ldots, v_n) = \sqrt{v_1^2 + \ldots + v_n^2}$. Bezüglich der zweimaligen Differenzierbarkeit tritt bei 0 eine kleine Schwierigkeit auf, die man vermeiden kann, wenn man z. B. $t = x_1$ als Parameter wählt, sofern A und B verschiedene x_1-Koordinaten haben (die Gesamtheit der Vergleichskurven ist dann etwas eingeschränkt, was aber unwichtig ist). Bleibt man bei der obigen Formulierung, so führt die Lösung der Differentialgleichung (11.1.3/2) zum gewünschten Resultat.

Bemerkung 2. Aufgaben dieser Art werden wir später in der Differentialgeometrie und in der allgemeinen Relativitätstheorie ausführlich untersuchen. So kann man nach Kurven minimaler Länge fragen, die in einer gegebenen Fläche verlaufen und zwei gegebene Punkte verbinden. Betrachtungen dieser Art sind z. B. nötig, um den Weg von Lichtstrahlen in vierdimensionalen gekrümmten Raum-Zeiten im Rahmen der allgemeinen Relativitätstheorie berechnen zu können.

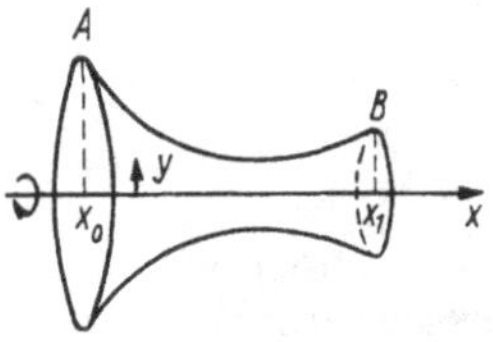

11.2.4. Rotationssymmetrische Minimalflächen

Man nehme eine geschlossene Drahtschlinge und tauche diese in eine Seifenlösung. Nach dem Herausziehen entsteht (wenn man Glück hat) ein Häutchen, das eine Fläche minimalen Inhalts realisiert, die durch die Drahtschlinge läuft. Mit anderen Worten: Man betrachtet zweidimensionale Flächen, die durch eine vorgegebene Raumkurve im R_3 gehen. Gefragt ist nach solchen Flächen, die einen minimalen Inhalt im Sinne von 9.2.4. haben. Das ist das Plateausche Minimalproblem, die zugehörigen Flächen heißen Minimalflächen. Die allgemeine Theorie dieser Flächen ist relativ kompliziert, aber ein Spezialfall liegt in unserer Reichweite: Gegeben sind zwei Punkte A und B in der oberen Halbebene. $y(x)$ sei eine zweimal stetig differenzierbare Kurve in der oberen Halbebene, die diese beiden Punkte verbindet. Läßt man die Kurve um die x-Achse rotieren, so entsteht eine zweidimensionale Rotationsfläche im R_3.

Lemma. *Der Inhalt L der eben beschriebenen Rotationsfläche ist*

$$L = 2\pi \int_{x_0}^{x_1} y(x) \sqrt{1 + y'^2(x)} \, dx .$$

Bemerkung 1. Gefragt wird nun nach Kurven $y(x)$, die den Inhalt L dieser Fläche minimal machen. Wir behandeln diese Frage als ein Variationsproblem im Sinne von Def. 11.1.3 mit $L(u, v) = 2\pi u \sqrt{1 + v^2}$. Löst man die zugehörige Eulersche Differentialgleichung (11.1.3/2), so erhält man folgendes Resultat.

Satz. *Ist a ein positiver und b ein reeller Parameter, so ist*

$$y(x) = a \cosh \frac{x - b}{a} \tag{1}$$

die erzeugende Kurve einer rotationssymmetrischen Minimalfläche. Hierbei ist cosh *der hyperbolische Kosinus aus* 7.1.4.

Bemerkung 2. Die entstehende rotationssymmetrische Minimalfläche heißt Katenoid. Wir diskutieren hier nicht, wie a und b gewählt werden müssen (sofern dies möglich ist!), damit (1) durch die vorgegebenen Punkte A und B geht.

... wird uns die Aufgabe nahegelegt, ... diejenigen physikalischen Disziplinen axiomatisch zu behandeln, in denen schon heute die Mathematik eine hervorragende Rolle spielt; dies sind in erster Linie die Wahrscheinlichkeitsrechnung und die Mechanik.
(D. Hilbert, „Mathematische Probleme", Paris, 1900)

12. Prinzipien der klassischen Mechanik

12.1. Modellbildung in der Physik

12.1.1. Zum Verhältnis von Mathematik und Physik

Mit Physik ist hier stets theoretische Physik gemeint. Ein Mathematiker sieht die Physik mit anderen Augen als ein Physiker. Letzterer ist am Einbau experimenteller Fakten in vorhandene Theorien interessiert, an der Vorhersage neuer Effekte (qualitativ und quantitativ) sowie an der Schaffung neuer Theorien, falls die alten Theorien nicht mehr leistungsfähig genug sind. Mathematik ist für ihn ein Hilfsmittel. (In wohlmeinenden Physikerkreisen vergleicht man die Physik gern mit einer Königin, der die Mathematik in doppelter Weise dient: Sie trägt die Schleppe, schreitet aber auch als Fackelträgerin voran.) Neue Theorien (oder neue Aussagen im Rahmen vorhandener Theorien) müssen überzeugen, die verwendete Mathematik muß glaubwürdig sein. Hierbei ist es durchaus üblich (vielleicht sogar notwendig, sofern man in Neuland eindringt), daß mathematische Deduktion und physikalische Argumentation Hand in Hand gehen. Das setzt ein sicheres physikalisches Gefühl voraus. In der Geschichte der Physik gibt es viele sehr eindrucksvolle Beispiele hierfür. Ein Mathematiker fühlt sich vielleicht an die traumwandlerische Sicherheit erinnert, mit der einst Euler mit divergenten unendlichen Reihen hantierte. Gerade dieses physikalische Gefühl ist es, das auch physikalisch interessierten Mathematikern (und von anderen ist hier nicht die Rede) häufig abgeht. Für einen Mathematiker muß die verwendete Mathematik nicht nur glaubwürdig, sondern zweifelsfrei logisch fundiert sein: Und das ist ein riesiger Unterschied. Ferner wird er versuchen, die Mathematik säuberlich von ihrer physikalischen Interpretation zu trennen. Das führt zur Axiomatik und zur Modellbildung. Das Herzstück einer solchen Axiomatik ist eine mathematische Theorie, die, für sich genommen, nichts mit Physik zu tun hat. Es werden Anschlußmechanismen und Interpretationen benötigt, die physikalische Probleme in die verwendete mathematische Sprache übersetzen. Es ist wie bei einer modernen Rechenmaschine, die für sich funktionsfähig ist und ihre innere Logik besitzt, aber erst dann nützlich wird, wenn umfangreiche Ein- und Ausgabegeräte angeschlossen werden. Theoretische Physiker werden von ihren experimentellen Kollegen häufig peinlich nach Sinn und Nutzen ihrer Theorien befragt. Sie rächen sich hierfür an den Mathematikern, die sich mit der Axiomatik physikalischer Disziplinen beschäftigen. Die Frage lautet: „Was bringt dies physikalisch?" Hierauf kann man zwei Antworten geben: 1. Nichts, 2. Sicherheit. Die erste Antwort ist im Sinne des Fragestellers, denn zu jenen Problemen, die ihn interessieren (siehe oben) vermag Axiomatik nichts beizusteuern: Es werden keine physikalisch neuen Theorien geschaffen und keine neuen Effekte erklärt. Überhaupt scheint Axiomatik erst möglich (oder gar wünschenswert?) zu sein, wenn sich die betreffende physikalische Disziplin relativ weit entwickelt hat. (Etwa wie ein schwarzes Loch als Lebensabend eines einst strahlenden Sternes? Das würde auch die magische Anziehungskraft erklären.) Die zweite Antwort trifft den Kern der Sache: Axiomatik schafft mathematische Sicherheit. Es ist wie der Bau breiter Straßen, die eine großartige physikalische Landschaft dem mathematischen Tourismus erschließen. (Nach einer Schamfrist tippelt auch das physikalische Fußvolk auf diesen Wegen.) Die Befestigung der Etappe ist auch jenen Pionieren von Nutzen, die sich an der Frontlinie der Physik mit dem Buschmesser einen Weg durch den Dschungel bahnen. In diesem Sinne ist Axiomatik physikalischer Disziplinen nicht nur mathematisch wünschenswert, sondern auch physikalisch notwendig.

> Zudem ist es ein Irrtum zu glauben, daß die Strenge in der Beweisführung die Feindin der Einfachheit wäre.
> (D. Hilbert, „Mathematische Probleme", Paris, 1900)

12.1.2. Mathematische Modelle

Ein mathematisches Modell für eine physikalische Disziplin kann man in 5 Punkte unterteilen.

1. Ein gegebener physikalischer Wirklichkeitsbereich, wie etwa Mechanik, Elektrodynamik, Thermodynamik, Relativitätstheorie, Quantenmechanik usw. Gemeint ist die Gesamtheit der physikalischen Vorgänge, die man unter das betreffende Stichwort einordnet. Das ist keine sehr genaue Beschreibung, aber in konkreten Fällen ist klar, was gemeint ist.

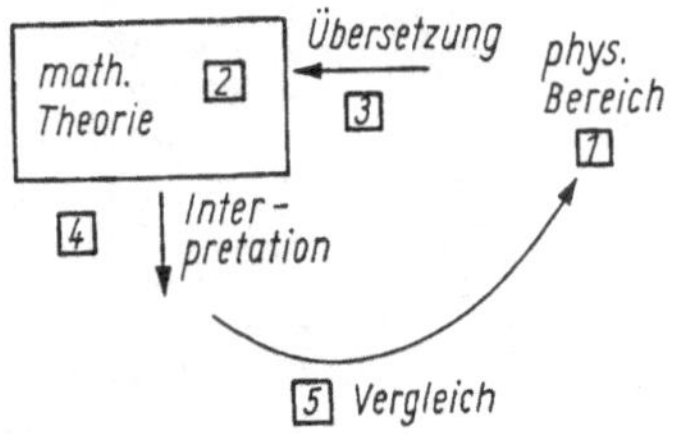

2. Eine innermathematische Theorie, die (was ihre inneren logischen Strukturen anbelangt) nichts mit Physik zu tun hat.
3. Eine Übersetzungsvorschrift, die physikalische Größen mit entsprechenden mathematischen Größen verbindet.
4. Nach der Übersetzung liefert die Theorie Daten (reelle Zahlen), die als physikalische Größen interpretiert werden müssen.
5. Schließlich müssen die theoretisch erhaltenen interpretierten Daten mit entsprechendem experimentellen Material verglichen werden. Fällt dieser Vergleich nicht voll befriedigend aus, so ist dies eine Kritik an der Übersetzung, an der Interpretation und an der Zweckmäßigkeit, die betreffende mathematische Theorie zu benutzen. Es ist aber keine Kritik an der inneren Struktur dieser Theorie, denn diese ist höchstens innermathematisch, nicht aber physikalisch kritisierbar.

Physikalische Gesetze sollten mathematische Schönheit besitzen
(P. A. M. Dirac)

12.1.3. Kriterien für Modelle

1. Ein Modell ist gut, wenn es funktioniert. In diesem Sinne gibt es keine richtigen und keine falschen Modelle, sondern nur brauchbare und unbrauchbare. Hierbei heißt brauchbar, daß im Sinne von 12.1.2. alle Effekte eines abgegrenzten physikalischen Wirklichkeitsbereichs im Rahmen vorgegebener Meßgenauigkeit befriedigend beschrieben werden. Ein Modell wird also nicht nur durch den Gegenstand, den es beschreibt, gekennzeichnet, sondern auch durch die Genauigkeit mit der dies geschieht. So ist z. B. die klassische Punktmechanik eine vorzügliche Theorie, sofern man es mit Geschwindigkeiten zu tun hat, die klein gegenüber der Lichtgeschwindigkeit sind. Erst für hohe Geschwindigkeiten und große Genauigkeiten muß sie durch die spezielle Relativitätstheorie ersetzt werden.

2. Ein Modell sollte mathematisch so einfach wie möglich sein, ohne daß Zugeständnisse an die mathematische Strenge gemacht werden. Für das Ablösen einer Theorie durch eine kompliziertere neue Theorie müssen also handfeste physikalische Gründe vorliegen. Zur Zeit Newtons hätte die spezielle Relativitätstheorie (in Konkurrenz zur klassischen Mechanik) gegen dieses Postulat verstoßen.

3. Es gibt eine Hierarchie von Theorien und zugeordneten Modellen. Eine neue Theorie umfaßt einen größeren Wirklichkeitsbereich mit größerer Genauigkeit als die zugehörige alte Theorie. Die Geschichte lehrt, daß das hierbei verwendete mathematische Instrumentarium immer komplizierter wird. Die volle Leistungsfähigkeit einer Theorie überschaut man wohl erst dann, wenn die nächst bessere Theorie in Umrissen erkennbar ist. Als die Punktmechanik entstand, glaubte man, daß sie alles Geschehen in der Welt in abschließender Weise beschreibt. Man hatte sich von dem Glanz dieser Theorie blenden lassen und ihre Leistungsfähigkeit gewaltig überschätzt (hinterher ist man immer klüger). Zumindest die Physiker haben diesen Fehler nicht ein zweites Mal begangen: Theorien und Modelle liefern immer nur approximierende Beschreibungen.

Beispiel zu 12.1.4., Seite 113

allgem. Schema	Anwendung auf Mechanik	spezielles Beispiel (12.2.2.)
1. phys. Bereich	klassische Punktmechanik	fallender Stein
2. math. Theorie	Extremalprinzip, Eulersche Gleichungen	$\frac{\partial L}{\partial x} - \frac{\mathrm{d}}{\mathrm{d}t}\frac{\partial L}{\partial \dot{x}} = 0$, $\ddot{x} = \mathrm{g}$, $x = \frac{g}{2} t^2 + c_1 t + c_2$
3. Übersetzung	Lagrangefunktion $L(t, x_j, \dot{x}_j)$	$L(t, x, \dot{x}) = \frac{m}{2} \dot{x}^2 + mgx$
4. Interpretation	$x_j(t)$ Bahnkurven der Teilchen	$x(t)$: Weg
5. Vergleich		Galilei auf dem schiefen Turm von Pisa

4. Eine wesentliche Rechtfertigung für die Beschäftigung mit Theorien und Modellen ist deren Fähigkeit, neue Effekte vorhersagen zu können. Hierfür gibt es eindrucksvolle Beispiele: Die Vorhersage von Einstein, daß Lichtstrahlen von schweren Massen abgelenkt werden, oder die Vorhersage von Dirac über die Existenz von Positronen. Formeln sind eben klüger als Menschen.

12.1.4. Ein Beispiel

Im Laufe dieses Buches werden wir mehrere physikalische Theorien behandeln, wobei wir uns eng an das oben beschriebene Modelldenken anlehnen werden. Zur Illustration betrachten wir hier ein einfaches Beispiel (siehe Übersicht Seite 112 unten).

12.2. Das Modell für die Punktmechanik

12.2.1. Das Hamiltonprinzip

Der physikalische Wirklichkeitsbereich, den wir hier betrachten, ist ein System von n Massenpunkten, die sich im dreidimensionalen euklidischen Raum bewegen. Auf diese Massenpunkte wirken innere und äußere Kräfte. Innere Kräfte sind z. B. Gravitationskräfte, äußere Kräfte z. B. elektromagnetische Felder, die auf geladene Teilchen wirken. Der Ort des j-ten Teilchens zum Zeitpunkt t sei $(x_{3j-2}(t), x_{3j-1}(t), x_{3j}(t)) \in R_3$. Das gesamte System wird also zum Zeitpunkt t durch einen Punkt $(x_1(t), \ldots, x_{3n}(t)) \in R_{3n}$ mit der angegebenen Interpretation beschrieben. Zu jedem System gehört eine Lagrangefunktion $L(t, x_j(t), \dot{x}_j(t))$, die durch physikalische Betrachtungen bestimmt werden muß.

Axiom (*Hamiltonprinzip*). *Ein System von n Teilchen mit der Lagrangefunktion $L(t, x_1(t), \ldots, x_{3n}(t), \dot{x}_1(t), \ldots, \dot{x}_{3n}(t))$ bewegt sich so, daß $x(t) = (x_1(t), \ldots, x_{3n}(t))$ eine Extremale des zugehörigen gebundenen Randwertproblems ist.*

Bemerkung 1. Damit ist der Zyklus aus 12.1.2. im wesentlichen bestimmt. Die mathematische Theorie ist die Variationsrechnung aus 11.1.3. Die Übersetzung erfolgt durch Finden einer geeigneten Lagrangefunktion $L(t, x_1, \ldots, x_{3n}, \dot{x}_1, \ldots, \dot{x}_{3n})$. Das Axiom und die Theorie aus 11.1.3. führen zu den Eulerschen Gleichungen (11.1.3/2) (es wird immer vorausgesetzt, daß L die notwendigen Differenzierbarkeitseigenschaften hat). Ihre Lösung liefert Bahnkurven $(x_1(t), \ldots, x_{3n}(t))$ im R_{3n}. Die Interpretation legt dann fest, daß $(x_{3j-2}(t), x_{3j-1}(t), x_{3j}(t))$ der Ort des j-ten Teilchens im realen dreidimensionalen Raum ist.

Satz. *Die Bewegungsgleichungen eines Systems von n Teilchen mit der (zweimal stetig differenzierbaren) Lagrangefunktion $L(t, x_1, \ldots, x_{3n}, \dot{x}_1, \ldots, \dot{x}_{3n})$ sind die Eulerschen Gleichungen*

$$\frac{\partial L}{\partial x_j} - \frac{\mathrm{d}}{\mathrm{d}t}\left(\frac{\partial L}{\partial \dot{x}_j}\right) = 0 \quad \textit{mit} \quad j = 1, \ldots, 3n\,. \tag{1}$$

Bemerkung 2. Der Satz folgt unmittelbar aus Satz 11.1.3/1. Man nennt (1) auch Lagrangesche Bewegungsgleichungen zweiter Art. Die obigen Betrachtungen zeigen, daß sich das Problem auf zwei Fragen reduziert: 1. Bestimmung von L, ausgehend von physikalischen Prinzipien, 2. Lösen des Differentialgleichungssystems (1). Ist die Determinante von $\left(\frac{\partial^2 L}{\partial \dot{x}_l \partial \dot{x}_k}\right)_{l,k=1}^{n}$ stets ungleich null, so kann man (1) nach Bemerkung 11.1.3/4 nach $\ddot{x}_l$ auflösen. Die Sätze aus Kap. 4 zeigen dann, daß (1) lokal genau eine Lösung besitzt, die zu einem vorgegebenen Zeitpunkt t_0 vorgegebene Werte $x_j(t_0) = a_j$ und $\dot{x}_j(t_0) = b_j$ mit $j = 1, \ldots, 3n$ annimmt (Ort und Geschwindigkeit für t_0).

12.2.2. Ein Beispiel (Freier Fall)

Wir erläutern das Beispiel aus 12.1.4. näher. Betrachtet wird der freie Fall mit $x=0$ für $t=0$. Es sei

$$L(t, x(t), \dot{x}(t)) = \frac{m}{2}\dot{x}^2 + mgx = T - V$$
$$= \text{kin. Energie} - \text{pot. Energie}.$$

Hierbei ist m die Masse, g die Erdbeschleunigung und $V = -mgx$ die potentielle Energie. (12.2.1/1) lautet $\ddot{x} = g$, also $x(t) = \frac{g}{2}t^2 + c_1 t + c_2$. Aus $x(0) = 0$ und $c_1 = \dot{x}(0) = v_0$ (Anfangsgeschwindigkeit) folgt $x(t) = \frac{g}{2}t^2 + v_0 t$.

12.2.3. Das erste Integral

Satz. *Hängt die Lagrangefunktion*

$$L(t, x_1, \ldots, x_{3n}, \dot{x}_1, \ldots, \dot{x}_{3n}) = L(x_1, \ldots, x_{3n}, \dot{x}_1, \ldots, \dot{x}_{3n})$$

nicht explizit von t ab, so gilt für jede Bahnkurve

$$L - \sum_{k=1}^{3n} \frac{\partial L}{\partial \dot{x}_k} \dot{x}_k \equiv \mathrm{E} = \text{const} \quad (\textit{erstes Integral}). \tag{1}$$

Bemerkung. Setzt man eine Lösung von (12.2.1/1) in die linke Seite von (1) ein, so erhält man eine Funktion von t. Der Satz besagt, daß diese Funktion von t eine Konstante ist. Man deutet (1) als Energieerhaltungssatz. Das Beispiel aus 12.2.2. liefert $(T+V)(t) \equiv \mathrm{E}$.

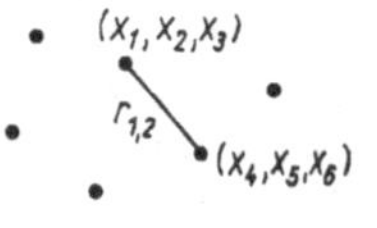

12.3. Systeme von *n* Massenpunkten

12.3.1. Das Grundmodell

Betrachtet werden n punktförmige Teilchen mit den Massen $m_1, \ldots, m_n$ im dreidimensionalen realen Raum (z. B. Himmelskörper).

$$r_{j,k} = \sqrt{(x_{3j-2} - x_{3k-2})^2 + (x_{3j-1} - x_{3k-1})^2 + (x_{3j} - x_{3k})^2}$$

sei der Abstand zwischen dem j-ten und dem k-ten Teilchen. Hierbei zählen wir die Koordinaten wie in 12.2.1. vereinbart. Das Gravitationspotential des Systems ist

$$V_0 = V_0(x_1, \ldots, x_{3n}) = -\frac{1}{2}\gamma \sum_{j \neq k} \frac{m_j m_k}{r_{j,k}},$$

γ Newtonsche Gravitationskonstante. Ferner sei ein äußeres Potential $V_1 = V_1(t, x_1, \ldots, x_{3n}, \dot{x}_1, \ldots, \dot{x}_{3n})$ gegeben (z. B. ein elektromagnetisches Potential). Aus physikalischer Erfahrung und physikalischen Prinzipien, die außerhalb der mathematischen Axiomatik liegen, macht man für die Lagrangefunktion den Ansatz

$$L(t, x_1, \ldots, \dot{x}_{3n}) = \sum_{k=1}^{n} \frac{m_k}{2}(\dot{x}_{3k-2}^2 + \dot{x}_{3k-1}^2 + \dot{x}_{3k}^2) - V$$
$$= T - V = \text{kin. Energie} - \text{pot. Energie} \qquad (1)$$

mit $V = V_0 + V_1$ als potentieller Energie. Die Bahnkurven dieses Systems sind Lösungen von (12.2.1/1).

Satz. *Ist $V = V(t, x_1, \ldots, x_{3n})$ von $\dot{x}_k$ unabhängig, so sind die Bahnkurven des Systems Lösungen von*

$$m_k \ddot{x}_{3k-r}(t) = -\frac{\partial V}{\partial x_{3k-r}} \quad \textit{mit} \quad k = 1, \ldots, n \quad \textit{und} \quad r = 0, 1, 2\,. \qquad (2)$$

Bemerkung. Das folgt sofort aus (12.2.1/1) und dem obigen Ansatz für L. Die Interpretation zeigt, daß $\vec{x}_k = (x_{3k-2}, x_{3k-1}, x_{3k})$ der Ort des k-ten Teilchens und $\vec{\dot{x}}_k = (\dot{x}_{3k-2}, \dot{x}_{3k-1}, \dot{x}_{3k})$ seine Geschwindigkeit ist. $\vec{K}_k = \left(-\frac{\partial V}{\partial x_{3k-2}}, -\frac{\partial V}{\partial x_{3k-1}}, -\frac{\partial V}{\partial x_{3k}}\right)$ ist die Kraft, die auf das k-te Teilchen wirkt. (2) ist dann die Newtonsche Formel

Kraft = Masse × Beschleunigung.

12.3.2. Kräftefreie Systeme

Das System aus 12.3.1. heißt kräftefrei, falls $V(t, x_1, \ldots, \dot{x}_{3n}) \equiv 0$ in (12.3.1/1) ist. Mit anderen Worten: Die inneren Kräfte werden vernachlässigt, $V_0 \equiv 0$, und äußere Kräfte sind nicht vorhanden, $V_1 \equiv 0$.

Satz. *Die Bahnkurven eines kräftefreien Systems sind*

$$x_k(t) = a_k t + b_k \quad \textit{mit} \quad k = 1, \ldots, 3n\,, \qquad (1)$$

wobei a_k und b_k reelle Zahlen sind.

Bemerkung. Der Satz folgt aus (12.3.1/2). Entsprechend der Interpretation aus 12.2.1. bewegt sich das k-te Teilchen auf der Geraden $x(t) = \vec{a}_k t + \vec{b}_k$ mit $\vec{a}_k = (a_{3k-2}, a_{3k-1}, a_{3k})$ und $\vec{b}_k = (= b_{3k-2}, b_{3k-1}, b_{3k})$. Die Geschwindigkeit, mit der sich das Teilchen bewegt, ist $\frac{\mathrm{d}x(t)}{\mathrm{d}t} = \vec{a}_k$ In einem kräftefreien System bewegen sich somit die Teilchen geradlinig und gleichförmig.

12.3.3. Konservative Systeme

Das System aus 12.3.1. heißt konservativ, falls $V(t, x_1, \ldots, \dot{x}_{3n}) = V(x_1, \ldots, x_{3n}$ aus (12.3.1/1) von $t, \dot{x}_1, \ldots, \dot{x}_{3n}$ unabhängig ist. Die kinetische Energie T hat die gleiche Bedeutung wie dort.

Satz. *Für die Bahnkurven eines konservativen Systems ist*

$$\sum_{k=1}^{3n} \frac{m_k}{2}(\dot{x}_{3k-2}^2 + \dot{x}_{3k-1}^2 + \dot{x}_{3k}^2) + V(x_1, \ldots, x_{3n}) = T + V \equiv \mathrm{E} = \mathrm{const}$$

(*Energieerhaltungssatz*).

Bemerkung. Der Satz folgt aus Satz 12.2.3. Ein konservatives System ändert also seine Gesamtenergie im Laufe der Zeit nicht.

12.3.4. Teilchen im Potentialtopf, harmonischer Oszillator

Betrachtet wird ein Teilchen der Masse m, das sich in R_1 bewegt. Auf das Teilchen wirkt eine Kraft $K(x) = -V'(x)$ mit $x \in R_1$ ein, die durch ein Potential $V(x)$ erzeugt wird. Entsprechend 12.3.1. ist $L(t, x, \dot{x}) = \frac{m}{2}\dot{x}^2 - V(x)$ die zugehörige Lagrangefunktion. Das ist ein eindimensionales konservatives System im Sinne von 12.3.3., und man erhält

$$\frac{m}{2}\dot{x}^2 + V(x) = \mathrm{E} = \mathrm{const} \tag{1}$$

für die Bahnkurve $x(t)$ des Teilchens. E ist eine charakteristische Größe des Systems (Energie), und (1) liefert

$$\dot{x}^2 = \frac{2}{m}(\mathrm{E} - V(x)) . \tag{2}$$

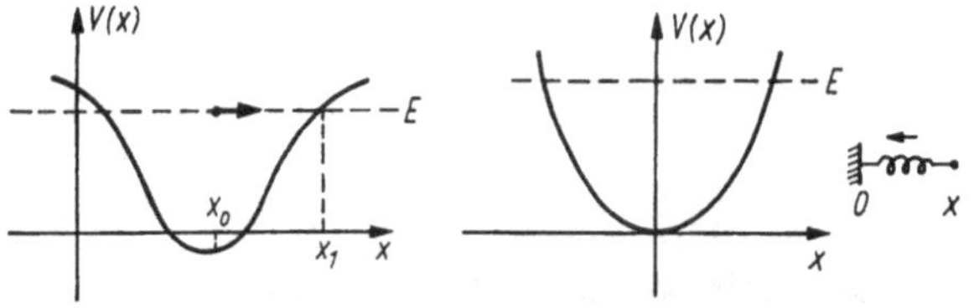

Also muß $V(x) \leqq \mathrm{E}$ sein. Das Teilchen kann also den Potentialtopf (siehe Zeichnung) nicht verlassen. Integration von (2) führt zu

$$t - t_0 = \pm\sqrt{\frac{m}{2}} \int_{x_0}^{x} \frac{\mathrm{d}u}{\sqrt{\mathrm{E} - V(u)}} . \tag{3}$$

Wählt man (ohne Beschränkung der Allgemeinheit) + in (3), so heißt dies, daß das Teilchen von x_0 nach rechts wandert. Die Frage ist, ob das Teilchen in endlicher Zeit den Punkt x_1 erreicht.

Satz 1. *$V(x)$ sei zweimal stetig differenzierbar in R_1.*

(**a**) *Ist $V'(x_1) \neq 0$, so erreicht das Teilchen nach endlicher Zeit $x_1 = x(t_1)$, und es ist*

$$t_1 - t_0 = \sqrt{\frac{m}{2}} \int_{x_0}^{x_1} \frac{\mathrm{d}u}{\sqrt{\mathrm{E} - V(u)}} \quad \textit{(konvergentes uneigentliches Integral).}$$

(**b**) *Ist $V'(x_1) = 0$, so erreicht das Teilchen x_1 nicht (Herankriechen), und es ist*

$$\lim_{x \uparrow x_1} \int_{x_0}^{x} \frac{\mathrm{d}u}{\sqrt{\mathrm{E} - V(u)}} = \infty \quad \textit{(divergentes uneigentliches Integral).}$$

Harmonischer Oszillator: Von besonderem Interesse ist der Spezialfall des harmonischen Oszillators mit $V(x) = \frac{k}{2}x^2$. Die Kraft $K(x) = -kx$, die auf das Teilchen wirkt, ist also bestrebt, das Teilchen am Nullpunkt festzuhalten (Rückstellkraft). Eine im Nullpunkt befestigte gedehnte Stahlfeder ist eine technische Realisierung für eine derartige Rückstellkraft.

Satz 2. *Ist $x(0)=0$ (Anfangsort) und $x'(0)=v_0$ (Anfangsgeschwindigkeit), so schwingt der harmonische Oszillator um den Nullpunkt*

$$x(t)=v_0\sqrt{\frac{m}{k}}\sin\sqrt{\frac{k}{m}}\,t\,. \tag{4}$$

Bemerkung. (4) ist die Lösung der Bewegungsgleichung $m\ddot{x}=-kx$ (vgl. mit (12.3.1/2)) unter Berücksichtigung der Anfangsbedingungen. Nach (4) ist $x_{\max}=v_0\sqrt{\frac{m}{k}}$ die maximale Auslenkung und $T=2\pi\sqrt{\frac{m}{k}}$ die Schwingungsdauer.

Seht die Sterne, die da lehren,
wie man soll den Meister ehren.
Jeder folgt nach Newton's Plan
ewig schweigend seiner Bahn.
(A. Einstein zum 300. Geburtstag von I. Newton 1942)

12.4. Planetenbewegung

12.4.1. Problemstellung und Grundmodell

Die empirisch gefundenen Keplerschen Gesetze für die Bewegung der Planeten um die Sonne lauten wie folgt.

1. Keplersches Gesetz: Die Bahn eines Planeten ist eine Ellipse, die in einer festen Ebene liegt. Die Sonne steht in einem der beiden Brennpunkte.

2. Keplersches Gesetz (*Flächensatz*): In gleichen Zeiten überstreicht der Strahl Sonne-Planet gleiche Flächen: F_1 bzw. F_2 sei der Inhalt des schraffierten (krummlinigen) Dreiecks. Ist $t_2-t_1=t_4-t_3$, so gilt $F_1=F_2$. Hierbei sind t_k Zeitpunkte, in denen sich der Planet an der betreffenden Stelle aufhält.

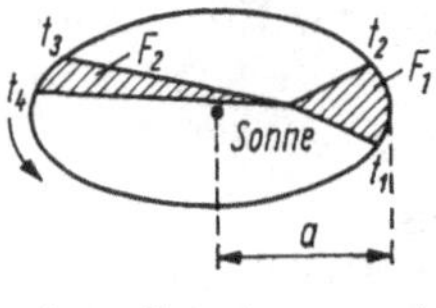

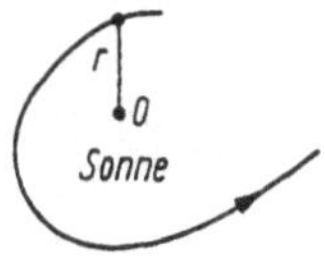

3. Keplersches Gesetz. a_1 sei die große Halbachse der Ellipse und T_1 die Umlaufzeit eines ersten Planeten, entsprechend a_2 und T_2 für einen zweiten Planeten. Es gilt $\frac{T_1^2}{T_2^2}=\frac{a_1^3}{a_2^3}$.

Das Grundmodell. Es ist das Ziel, die Keplerschen Gesetze aus den früheren Betrachtungen abzuleiten. Die Aufgabe wird als 1-Körper-Problem behandelt. Die Sonne mit der Masse M sitzt starr im Nullpunkt des R_3 und der Himmelskörper mit der Masse m bewegt sich auf einer Bahn $(x(t), y(t), z(t))$ um die Sonne. t ist die Zeit. Ist $r(t)=\sqrt{x^2+y^2+z^2}$ der Abstand zum Nullpunkt, so machen wir für die Lagrangefunktion den Ansatz

$$L(t, x, y, z, \dot{x}, \dot{y}, \dot{z})=\frac{m}{2}(\dot{x}^2+\dot{y}^2+\dot{z}^2)+\gamma\frac{Mm}{r}\,. \tag{1}$$

Hierbei ist $-\gamma \frac{Mm}{r}$ das Gravitationspotential und γ die Newtonsche Gravitationskonstante. Das stimmt mit dem Ansatz aus 12.3.1. überein, wobei wir jetzt aber ein Teilchen, nämlich die Sonne, als unbeweglich ansehen: Die physikalische Rechtfertigung hierfür lautet, daß die Masse der Sonne wesentlich größer ist als die Masse aller Planeten und demzufolge die Beeinflussung der Sonne durch die Planeten vernachlässigt werden kann.

Polarkoordinaten. Wir benutzen die aus der analytischen Geometrie bekannten räumlichen Polarkoordinaten

$$\begin{aligned} x &= r \sin\vartheta \cos\varphi, & 0 &< r < \infty, \\ y &= r \sin\vartheta \sin\varphi, & 0 &< \vartheta < \pi, \\ z &= r \cos\vartheta, & 0 &\leqq \varphi < 2\pi\,. \end{aligned}$$

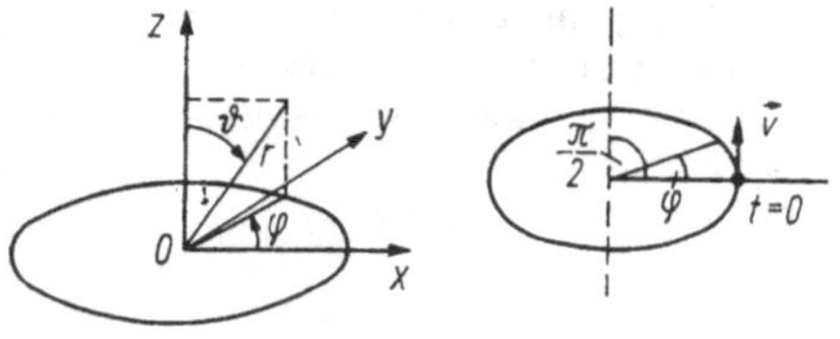

Die Singularitäten für $r=0$, $\vartheta\to 0$ und $\vartheta\to\pi$ werden unsere Betrachtungen nicht stören. Rechnet man (1) auf r, ϑ und φ um, so ergibt sich

$$\begin{aligned} L(t, x, y, z, \dot{x}, \dot{y}, \dot{z}) &= \frac{m}{2}(\dot{r}^2 + r^2\dot{\vartheta}^2 + r^2\dot{\varphi}^2 \sin^2\vartheta) + \gamma\frac{Mm}{r} \\ &= \tilde{L}(t, r, \vartheta, \varphi, \dot{r}, \dot{\vartheta}, \dot{\varphi})\,. \end{aligned} \tag{2}$$

Nach dem Axiom aus 12.2.1. ist die gesuchte Bahnkurve eine Extremale für

$$\int_{t_0}^{t_1} L(t, x, y, z, \dot{x}, \dot{y}, \dot{z})\,\mathrm{d}t = \int_{t_0}^{t_1} \tilde{L}(t, r, \vartheta, \varphi, \dot{r}, \dot{\vartheta}, \dot{\varphi})\,\mathrm{d}t\,.$$

Da sich der Wert des Integrals beim Übergang von kartesischen Koordinaten zu Polarkoordinaten nicht ändert, geht Extremale in Extremale über. Somit ist nach Satz 11.1.3/1 die gesuchte Bahnkurve eine Lösung der Eulerschen Differentialgleichungen, die zu $\tilde{L}$ aus (2) gehören:

$$0 = \frac{\partial\tilde{L}}{\partial r} - \frac{\mathrm{d}}{\mathrm{d}t}\left(\frac{\partial\tilde{L}}{\partial\dot{r}}\right) = mr\,(\dot{\vartheta}^2 + \dot{\varphi}^2\sin^2\vartheta) - \gamma\frac{Mm}{r^2} - \frac{\mathrm{d}}{\mathrm{d}t}(m\dot{r})\,, \tag{3}$$

$$0 = \frac{\partial\tilde{L}}{\partial\varphi} - \frac{\mathrm{d}}{\mathrm{d}t}\left(\frac{\partial\tilde{L}}{\partial\dot{\varphi}}\right) = -\frac{\mathrm{d}}{\mathrm{d}t}(mr^2\dot{\varphi}\sin^2\vartheta)\,, \tag{4}$$

$$0 = \frac{\partial\tilde{L}}{\partial\vartheta} - \frac{\mathrm{d}}{\mathrm{d}t}\left(\frac{\partial\tilde{L}}{\partial\dot{\vartheta}}\right) = mr^2\dot{\varphi}^2\sin\vartheta\cos\vartheta - m\frac{\mathrm{d}}{\mathrm{d}t}(r^2\dot{\vartheta})\,. \tag{5}$$

Anfangswerte: Für $t=0$ soll der Himmelskörper seine geringste Entfernung zur Sonne annehmen (zumindest im Vergleich mit $t\in(-\delta, \delta)$, $\delta>0$). Das schließt lediglich den Fall aus, daß der Himmelskörper in die Sonne stürzt. Ist $\vec{v}(t) = (\dot{x}(t), \dot{y}(t), \dot{z}(t))$ der Geschwindigkeitsvektor an die Bahnkurve, so wählen wir das x,y,z-Koordinatensystem so, daß $y(0)=z(0)=\dot{z}(0)=0$ gilt. In Polarkoordinaten heißt dies

$$\begin{aligned} \vartheta(0) &= \frac{\pi}{2}, & \varphi(0) &= 0, & r(0) &= r_0 > 0\,, \\ \dot{\vartheta}(0) &= 0, & \dot{\varphi}(0) &= v, & \dot{r}(0) &= 0\,. \end{aligned} \tag{6}$$

Das System (3)–(5) kann man nach $\ddot r$, $\ddot\varphi$ und $\ddot\vartheta$ auflösen. Die Sätze aus Kap. 4 zeigen dann, daß (3)–(5) genau eine Lösung mit den Anfangswerten (6) besitzt. (Das ist zumindes lokal in einer Umgebung von $t=0$ gesichert, gilt aber, wie sich zeigen wird, auch global für alle t-Werte.) Das ist dann die gesuchte Bahnkurve.

12.4.2. Ebene Bahnen, zweites Keplersches Gesetz

Satz 1. *Ist $r(t)$ und $\varphi(t)$ eine Lösung von*

$$0 = mr\dot\varphi^2 - \frac{\gamma M m}{r^2} - m\ddot r, \quad r(0)=r_0, \quad \dot r(0)=0, \tag{1}$$

$$0 = m\frac{\mathrm{d}}{\mathrm{d}t}(r^2\dot\varphi), \quad \varphi(0)=0, \quad \dot\varphi(0)=v\,, \tag{2}$$

so ist $r(t)$, $\varphi(t)$, $\vartheta(t)\equiv\frac{\pi}{2}$ die (in einer Umgebung von $t=0$) eindeutig bestimmte Lösung von (12.4.1/3) – (12.4.1/6).

Bemerkung 1. Der Satz ist überraschend und trivial: Setzt man $\vartheta(t)\equiv\frac{\pi}{2}$ in (12.4.1/3) – (12.4.1/6) ein, so erhält man das obige System. Der Rest folgt aus den Unitätsaussagen. Das Problem reduziert sich somit auf (1), (2).

Satz 2. *Die Bahn eines Planeten (oder anderen Himmelskörpers) liegt in einer festen Ebene. Es gilt das zweite Keplersche Gesetz.*

Bemerkung 2. Der erste Teil des Satzes folgt aus $\vartheta(t)\equiv\frac{\pi}{2}$. Ferner ist $\mathrm{d}F=\frac{1}{2}rr\,\mathrm{d}\varphi$, also $\dot F=\frac{\mathrm{d}F}{\mathrm{d}t}=\frac{1}{2}r^2\dot\varphi$. Nach (2) gilt also $\dot F(t)\equiv c=\text{const}$. Das ist aber der Flächensatz.

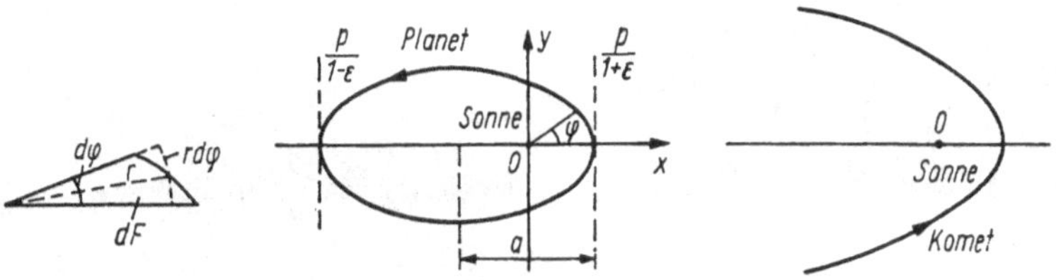

12.4.3. Erstes Keplersches Gesetz

Aus Satz 12.4.2/1 folgt $r^2\dot\varphi=r_0^2v=h\neq 0$ (mit $h\neq 0$ schließen wir nur den Fall aus, daß der Planet in die Sonne stürzt, $\varphi(t)\equiv 0$). Hierbei ist h die Konstante aus dem Flächensatz, die wir als bekannt voraussetzen (Beobachtungsdaten!). $\varphi(t)$ ist also streng monoton, und wir können $r(t)=r(t(\varphi))=\frac{1}{\varrho(\varphi)}$ als Funktionen von φ schreiben. Aus (12.4.2/1) erhält man dann $\frac{\mathrm{d}^2\varrho}{\mathrm{d}\varphi^2}=\frac{\gamma M}{h^2}-\varrho$. Unter Berücksichtigung der Anfangsdaten ergibt sich als Lösung

$$\varrho(\varphi)=\frac{\gamma M}{h^2}+\left(\frac{1}{r_0}-\frac{\gamma M}{h^2}\right)\cos\varphi\,.$$

Also ist

$$r(\varphi)=\frac{p}{1+\varepsilon\cos\varphi}\quad\text{mit}\quad p=\frac{h^2}{\gamma M}\quad\text{und}\quad\frac{\varepsilon}{p}=\frac{1}{r_0}-\frac{\gamma M}{h^2}. \tag{1}$$

Hierbei können p und ε aus astronomischen Daten bestimmt werden.

Satz (*Erstes Keplersches Gesetz*). *Die durch* (1) *beschriebene Bahn eines Himmelskörpers ist ein Kegelschnitt* (*der in einer festen Ebene liegt*). *Die Sonne steht in einem Brennpunkt. Der Kegelschnitt ist für*

$|\varepsilon|<1$ *eine Ellipse* (*Planetenbahn*),
$|\varepsilon|=1$ *eine Parabel,*
$|\varepsilon|>1$ *eine Hyperbel* (*Kometenbahn*).

Bemerkung. Man erhält den Satz, indem man (1) wieder auf x, y-Koordinaten umrüstet. Entsprechend unserer Vereinbarung, daß $\varphi=0$ der sonnennächste Punkt der Bahnkurve ist, können wir $0\leqq\varepsilon$ voraussetzen. Im Fall der Ellipse erhält man für die große Halbachse $a=\frac{p}{1-\varepsilon^2}$.

12.4.4. Drittes Keplersches Gesetz

Satz. *Ist a die große Halbachse der Ellipse einer Planetenbahn und T die Umlaufszeit des betreffenden Planeten, so gilt* $\frac{T^2}{a^3}=\frac{4\pi^2}{\gamma M}$.

Bemerkung 1. Aus dem Flächensatz folgt $\dot F=\frac{h}{2}$. Ist b die kleine Halbachse der Ellipse, so ist πab ihr Flächeninhalt. Man kann T aus

$$\pi ab=\int_0^T\frac{\mathrm{d}F}{\mathrm{d}t}\,\mathrm{d}t=\frac{h}{2}\,T$$

berechnen. Mit $b=\sqrt{\frac{a}{\gamma M}}\,h$ ergibt sich der Satz.

Bemerkung 2. Hieraus folgt das dritte Keplersche Gesetz, da $\frac{T^2}{a^3}$ unabhängig vom Planeten ist.

13. Maßtheorie

13.1. Mengensysteme

13.1.1. Algebren und σ-Algebren

Im Kap. 9 hatten wir das Riemannsche Integral im R_n betrachtet. An vielen Stellen waren anschauliche Argumentationen notwendig. Das Ziel der Kapitel 13 und 14 ist eine wesentliche Verallgemeinerung des Riemannschen Integrals. Das Vorgehen ist abstrakt, Anleihen bei der Anschauung sind nicht erforderlich.

Mengen. Wir erinnern an einige Bezeichnungen der Mengelehre. X sei eine beliebige (abstrakte) Menge. E mit $E \subset X$ heißt Untermenge. Sind $E \subset X$ und $F \subset X$, so heißt

$E \cup F = \{x \mid x \in E$ oder $x \in F\}$ Vereinigung,
$E \cap F = \{x \mid x \in E$ und $x \in F\}$ Durchschnitt,
$E' = X \setminus E = \{x \mid x \notin E\}$ Komplement und
$E \setminus F = \{x \mid x \in E$ und $x \notin F\} = E \cap F'$ Differenz.

Wir vereinbaren $\emptyset \subset X$ (wobei $\emptyset$ die leere Menge ist).

Definition. *X sei eine beliebige nicht-leere Menge. $\mathfrak{A}$ sei ein nicht-leeres System von Untermengen von X.*

(**a**) *$\mathfrak{A}$ heißt Algebra, falls*
mit $E \in \mathfrak{A}$ auch $E' \in \mathfrak{A}$ ist und
mit $E \in \mathfrak{A}$ und $F \in \mathfrak{A}$ auch $E \cup F \in \mathfrak{A}$ ist.

(**b**) *$\mathfrak{A}$ heißt σ-Algebra, falls*
mit $E \in \mathfrak{A}$ auch $E' \in \mathfrak{A}$ ist und
mit $E_j \in \mathfrak{A}$ für $j = 1, 2, 3, \ldots$ auch $\bigcup_{j=1}^{\infty} E_j \in \mathfrak{A}$ ist.

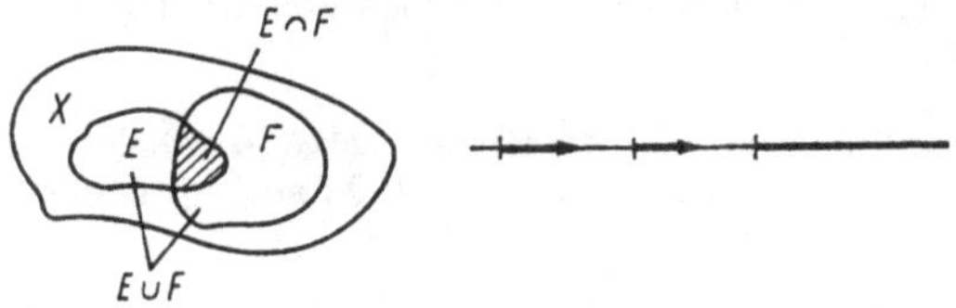

Bemerkung 1. Das System $P(X)$ aller Untermengen einer gegebenen Menge X (Potenzmenge) ist eine Algebra und auch eine σ-Algebra.

Bemerkung 2. Es sei $X = R_1$. Eine Untermenge E von R_1 gehöre genau dann zum Mengensystem $\mathfrak{A}$, wenn E die endliche Vereinigung halboffener Intervalle $[a, b)$ ist. Hierbei sind die Intervalle $(-\infty, b)$ und $[a, \infty)$, sowie R_1 und $\emptyset$ zur Konkurrenz zugelassen. $\mathfrak{A}$ ist eine Algebra. Wie $(0, 1) = \bigcup_{n=2}^{\infty} \left[\frac{1}{n}, 1\right)$ zeigt, ist $\mathfrak{A}$ aber keine σ-Algebra.

Satz. (**a**) *Jede σ-Algebra ist eine Algebra.*

(**b**) *$\mathfrak{A}$ sei eine Algebra. Dann ist $\emptyset \in \mathfrak{A}$ und $X \in \mathfrak{A}$. Ferner folgt aus $E_j \in \mathfrak{A}$ für $j = 1, 2, \ldots, N$, daß*

$$\bigcup_{j=1}^{N} E_j \in \mathfrak{A} \quad \text{und} \quad \bigcap_{j=1}^{N} E_j \in \mathfrak{A} \quad \text{gilt} \quad (N = 1, 2, 3, \ldots).$$

(**c**) *Ist $\mathfrak{A}$ eine σ-Algebra, so folgt aus $E_j \in \mathfrak{A}$ mit $j = 1, 2, 3, \ldots$, daß $\bigcap_{j=1}^{\infty} E_j \in \mathfrak{A}$ gilt.*

Bemerkung 3. Algebren sind also gegenüber Komplementbildungen, endlichen Durchschnitten und endlichen Vereinigungen abgeschlossen. σ-Algebren sind auch gegenüber abzählbar unendlichen Durchschnitten und Vereinigungen abgeschlossen.

13.1.2. Erweiterungssätze

Sind $\mathfrak{A}$ und $\mathfrak{B}$ nicht-leere Systeme von Untermengen der gegebenen Menge X, so bedeutet $\mathfrak{B} \supset \mathfrak{A}$, daß jede Menge aus $\mathfrak{A}$ auch zu $\mathfrak{B}$ gehört. Ist $\mathfrak{A}$ vorgegeben, so wird nach dem kleinsten System $\mathfrak{B}$ mit $\mathfrak{B} \supset \mathfrak{A}$ gefragt, das Algebra bzw. σ-Algebra ist. Mit anderen Worten: Ist $\mathfrak{C}$ eine Algebra bzw. σ-Algebra mit $\mathfrak{C} \supset \mathfrak{A}$, so soll auch $\mathfrak{C} \supset \mathfrak{B}$ gelten.

Satz. *$\mathfrak{A}$ sei ein nicht-leeres System von Untermengen aus X.*

(**a**) *Es gibt eine kleinste Algebra, die $\mathfrak{A}$ umfaßt. Sie wird mit $R(\mathfrak{A})$ bezeichnet.*

(**b**) *Es gibt eine kleinste σ-Algebra, die $\mathfrak{A}$ umfaßt. Sie wird mit $S(\mathfrak{A})$ bezeichnet.*

Bemerkung. Es entsteht die Frage, ob man $R(\mathfrak{A})$ und $S(\mathfrak{A})$ konstruieren kann. Für $R(\mathfrak{A})$ gibt es folgende Möglichkeit. Es sei $\mathfrak{A}_0 = \mathfrak{A}$ und $\mathfrak{A}_{k+1} = \left\{E \mid E' \in \mathfrak{A}_k \text{ oder } E = \bigcup_{j=1}^{N} E_j \text{ mit } E_j \in \mathfrak{A}_k\right\}$, $k = 0, 1, 2, \ldots$

Lemma. $R(\mathfrak{A}) = \bigcup_{k=0}^{\infty} \mathfrak{A}_k$.

13.1.3. Borelmengen im R_n

Wir wollen das Beispiel aus Bemerkung 13.1.1/2 erweitern und auf den n-dimensionalen Fall verallgemeinern. Es sei $X = R_n$, und $Q = \{x \mid x \in R_n, a_j < x_j < b_j \text{ für } j = 1, \ldots, n\}$ heißt offener (achsenparalleler) Quader. Wie üblich ist $x = (x_1, \ldots, x_n)$.

Definition. *Ist $\mathfrak{A}$ das System der offenen achsenparallelen Quader im R_n, so heißen die Elemente von $S(\mathfrak{A})$ Borelmengen.*

Bemerkung 1. Man sagt, daß die Borelmengen von den offenen achsenparallelen Quadern erzeugt werden. Nach Lemma 13.1.2 kann man sich Mengen aus $R(\mathfrak{A})$ noch ganz gut vorstellen; allgemeine Borelmengen haben jedoch eine komplizierte Struktur.

Satz. *Die Borelmengen sind die kleinste σ-Algebra über*

(**a**) *der Gesamtheit der Quader $\{x \mid a_j < x_j < b_j\}$,*

(**b**) *der Gesamtheit der Quader $\{x \mid a_j \leqq x_j \leqq b_j\}$,*

(**c**) *der Gesamtheit der Quader $\{x \mid a_j \leqq x_j < b_j\}$,*

(**d**) *der Gesamtheit der offenen Mengen im R_n,*

(**e**) *der Gesamtheit der abgeschlossenen Mengen im R_n.*

Bemerkung 2. Insbesondere ist die Menge $\{x\}$, die nur aus dem Punkt $x \in R_n$ besteht, eine Borelmenge. Damit ist auch $\bigcup_{j=1}^{\infty} \{x_j\}$ eine Borelmenge. Für $n = 1$ ist somit $\{x \mid x \text{ rational}\}$ eine Borelmenge. Als Komplement ist dann auch $\{x \mid x \text{ irrational}\}$ eine Borelmenge im R_1.

13.2. Elementarmaße und Maße

13.2.1. Definitionen

Ist X eine beliebige Menge und $\mathfrak{A}$ eine Algebra von Untermengen, so werden nicht-negative Mengenfunktionen μ auf $\mathfrak{A}$ betrachtet: Jedem $E \in \mathfrak{A}$ wird eine Zahl $\mu(E)$ mit $0 \leqq \mu(E) \leqq \infty$ zugeordnet. Hierbei kann $\mu(E) = \infty$ sein. Dabei wird wie folgt mit ∞ gerechnet: Ist a eine beliebige reelle Zahl, so ist $a + \infty = \infty + \infty = \infty$.

Definition. (**a**) *Eine nicht-negative Mengenfunktion μ auf einer Algebra $\mathfrak{A}$ heißt Elementarmaß, falls folgende Eigenschaften erfüllt sind:*

1. *Ist $E_j \in \mathfrak{A}$ mit $j = 1, 2, 3, \ldots$ und $E_j \cap E_k = \emptyset$ für $j \neq k$ sowie $\bigcup_{j=1}^{\infty} E_j \in \mathfrak{A}$, dann gilt* $\mu\left(\bigcup_{j=1}^{\infty} E_j\right) = \sum_{j=1}^{\infty} \mu(E_j)$ (*σ-Additivität*).
2. $\mu(\emptyset) = 0$.
3. *Es gibt eine Folge $E_j \in \mathfrak{A}$ von Mengen mit $E_1 \subset E_2 \subset E_3 \subset \ldots$ und $\mu(E_j) < \infty$ für $j = 1, 2, 3, \ldots$, so daß $X = \bigcup_{j=1}^{\infty} E_j$ gilt* (*σ-Endlichkeit*).

(**b**) *Ein Elementarmaß auf einer σ-Algebra heißt Maß.*

Bemerkung 1. Ist $\mathfrak{A}$ eine σ-Algebra, so ist $\bigcup_{j=1}^{\infty} E_j \in \mathfrak{A}$ für $E_j \in \mathfrak{A}$. Ist $\mathfrak{A}$ aber nur eine Algebra, so mußte in der Definition $\bigcup_{j=1}^{\infty} E_j \in \mathfrak{A}$ ausdrücklich gefordert werden. Die σ-Endlichkeit wird häufig nicht mit in die Definition des Elementarmaßes aufgenommen. Für unsere Zwecke ist die obige Formulierung aber ausreichend.

Bemerkung 2. Ein Elementarmaß μ heißt endlich, falls $\mu(X) < \infty$ gilt.

Bemerkung 3. Ist $\mathfrak{A}$ die σ-Algebra der Borelmengen im R_n, so ist

$$\mu(E) = \begin{cases} 1 & \text{falls } 0 \in E \\ 0 & \text{falls } 0 \notin E \end{cases} \quad \text{ein endliches Maß, } E \in \mathfrak{A}.$$

Es heißt Diracsches Maß. $a_1, \ldots, a_k$ seien fixierte Punkte im R_n und $\mu(E)$ mit $E \in \mathfrak{A}$ sei die Anzahl der Punkte $a_1, \ldots, a_k$, die in E liegen. Dann ist $\mu(E)$ ein Maß.

13.2.2. Eigenschaften

Da Maße Elementarmaße sind, genügt es, Aussagen für Elementarmaße zu formulieren.

Satz 1. *μ sei ein Elementarmaß auf der Algebra $\mathfrak{A}$.*

(**a**) *Ist $E_j \in \mathfrak{A}$ für $j = 1, \ldots, N$ und ist $E_j \cap E_k = \emptyset$ für $j \neq k$, so gilt* $\mu\left(\bigcup_{j=1}^{N} E_j\right) = \sum_{j=1}^{N} \mu(E_j)$ (*Additivität*).

(**b**) *Ist $E \in \mathfrak{A}$, $F \in \mathfrak{A}$ und $E \subset F$, so gilt $\mu(E) \leqq \mu(F)$* (*Monotonie*).

(**c**) *Ist $E_j \in \mathfrak{A}$ (endlich viele oder abzählbar unendlich viele), $E \in \mathfrak{A}$ und $E \subset \bigcup E_j$, so gilt $\mu(E) \leqq \sum \mu(E_j)$* (*Subadditivität*).

(**d**) *Ist $E_j \in \mathfrak{A}$ (endlich oder abzählbar unendlich viele), $E_j \cap E_k = \emptyset$ für $j \neq k$, $E \in \mathfrak{A}$ und $\bigcup E_j \subset E$, so gilt $\sum \mu(E_j) \leqq \mu(E)$.*

(e) *Ist* $E_j \in \mathfrak{A}$ *mit* $E_1 \subset E_2 \subset E_3 \subset \ldots$ *und* $\bigcup_{j=1}^{\infty} E_j \in \mathfrak{A}$, *so gilt*

$$\mu\left(\bigcup_{k=1}^{\infty} E_k\right) = \lim_{j\to\infty} \mu(E_j)\,.$$

(f) *Ist* $E_j \in \mathfrak{A}$ *mit* $E_1 \supset E_2 \supset E_3 \supset \ldots$ *und* $\bigcap_{j=1}^{\infty} E_j \in \mathfrak{A}$ *und gibt es ein* j_0 *mit* $\mu(E_{j_0}) < \infty$, *so gilt*

$$\mu\left(\bigcap_{k=1}^{\infty} E_k\right) = \lim_{j\to\infty} \mu(E_j)\,.$$

Bemerkung 1. Der Beweis ist relativ einfach. Auf $\mu(E_{j_0}) < \infty$ für ein geeignetes j_0 im Teil (f) kann nicht verzichtet werden. (e) und (f) sind Stetigkeitseigenschaften.

Bemerkung 2. Ist $E \in \mathfrak{A}$, $F \in \mathfrak{A}$, $E \supset F$ und $\mu(E) < \infty$, so gilt die Subtraktionseigenschaft $\mu(E \setminus F) = \mu(E) - \mu(F)$.

Bemerkung 3. Ist $\mathfrak{A}$ eine Algebra, so heißt eine nicht-negative Mengenfunktion μ endlich, falls $\mu(E) < \infty$ für alle $E \in \mathfrak{A}$ gilt. Eine nicht-negative Mengenfunktion μ heißt additiv, falls $\mu(\emptyset) = 0$ und $\mu\,(E \cup F) = \mu(E) + \mu(F)$ für alle $E \in \mathfrak{A}$ und $F \in \mathfrak{A}$ mit $E \cap F = \emptyset$ gilt.

Satz 2. μ *sei eine nicht-negative endliche, additive Mengenfunktion auf der Algebra* $\mathfrak{A}$.

(a) μ *ist ein Elementarmaß, falls* $\mu\left(\bigcup_{j=1}^{\infty} E_j\right) = \lim_{j\to\infty} \mu(E_j)$ *für alle* $E_j \in \mathfrak{A}$ *mit* $\bigcup_{j=1}^{\infty} E_j \in \mathfrak{A}$ *und* $E_1 \subset E_2 \subset E_3 \subset \ldots$ *gilt.*

(b) μ *ist ein Elementarmaß, falls* $\mu(E_j) \downarrow 0$ *für alle* $E_j \in \mathfrak{A}$ *mit* $E_1 \supset E_2 \supset \ldots$ *und* $\bigcap_{j=1}^{\infty} E_j = \emptyset$ *gilt.*

Bemerkung 4. Eine nicht-negative endliche, additive Mengenfunktion ist also genau dann ein Elementarmaß, wenn eine der beiden Stetigkeitseigenschaften (e) oder (f) aus Satz 1 gilt.

13.2.3. Überdeckungssatz von Heine-Borel

Das ist kein Satz der Maßtheorie, sondern ein Versäumnis der Kapitel über Differential- und Integralrechnung.

Satz. *Ist* E *eine abgeschlossene beschränkte Menge im* R_n *und sind* $F_1, F_2, F_3, \ldots$ *offene Mengen im* R_n *mit* $E \subset \bigcup_{j=1}^{\infty} F_j$, *so gibt es eine natürliche Zahl* N, *so daß* $E \subset \bigcup_{j=1}^{N} F_j$ *gilt.*

Bemerkung. Mit anderen Worten: Wird E von (abzählbar) unendlich vielen offenen Mengen überdeckt, so genügen bereits endlich viele dieser Mengen, um E zu überdecken.

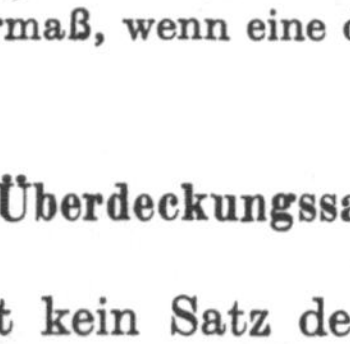

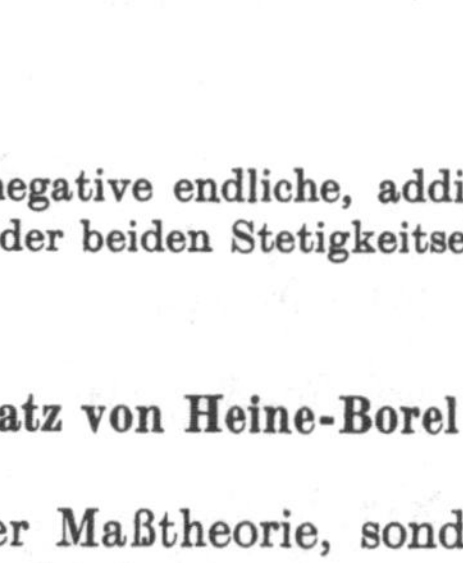

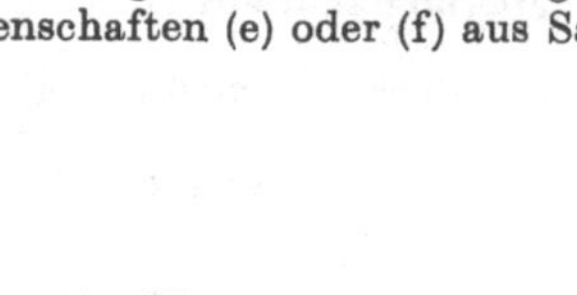

13.2.4. Borelsche Elementarmaße im R_1

Unser Ziel ist, Maße auf den Borelmengen im R_1 zu charakterisieren. Ist $\mathfrak{A}$ die Algebra aus Bemerkung 13.1.1/2, so folgt aus Satz 13.1.3, daß die Borelmengen die kleinste σ-Algebra $S(\mathfrak{A})$ über $\mathfrak{A}$ bilden. Wir nennen $\mathfrak{A}$ die Algebra der Prä-Borelmengen. Wir wollen vorerst sämtliche Elementarmaße auf $\mathfrak{A}$ beschreiben. In R_1 betrachten wir monoton wachsende, linksseitig stetige reelle Funktionen $\varphi(t)$, also $\varphi(t_0) = \lim_{t \uparrow t_0} \varphi(t)$. Hierbei ist zugelassen, daß $\varphi(t)$ in Intervallen konstant ist (also nicht streng monoton). Ist

$$\varphi(\infty) = \lim_{t \to \infty} \varphi(t), \quad \varphi(-\infty) = \lim_{t \to -\infty} \varphi(t),$$

so sind die Werte $\varphi(\infty) = \infty$ und $\varphi(-\infty) = -\infty$ zugelassen ($\varphi(\infty)$ und/oder $\varphi(-\infty)$ können aber auch endlich sein). Mit ∞ wird wie üblich gerechnet: $a + \infty = \infty$, $a - \infty = -\infty$ für a reell, $-(-\infty) = \infty$.

Satz 1. *Es sei* $a_1 < b_1 < a_2 < b_2 < \ldots < a_n < b_n$ *(wobei* $a_1 = -\infty$ *und/oder* $b_n = \infty$ *sein kann) und* $E = \bigcup_{j=1}^{n} [a_j, b_j)$. *Ist* $\varphi(t)$ *die oben beschriebene Funktion, so ist*

$$\mu(E) = \sum_{j=1}^{n} (\varphi(b_j) - \varphi(a_j)) \quad \textit{mit} \quad \mu(\emptyset) = 0 \tag{1}$$

ein Elementarmaß auf den Prä-Borelmengen.

Bemerkung 1. Der Satz ist plausibel. Im Falle $a_1 = -\infty$ muß man natürlich $[a_1, b_1)$ durch $(-\infty, b_1)$ ersetzen. Der Nachweis der σ-Additivität ist aber etwas langwierig.

Bemerkung 2. Ist c eine reelle Zahl, so erzeugt $\varphi(t) + c$ das gleiche Elementarmaß μ wie $\varphi(t)$. Man kann also $\varphi(t)$ durch $\varphi(0) = 0$ normieren.

Satz 2. *Ist* μ *ein Elementarmaß auf der Algebra der Prä-Borelmengen, so gibt es eine reelle, monoton wachsende, linksseitig stetige Funktion* $\varphi(t)$, *die* μ *im Sinne von Satz 1 erzeugt.* $\varphi(t)$ *ist bis auf eine additive Konstante eindeutig bestimmt.*

Bemerkung 3. Die Funktion

$$\varphi(t) = \begin{cases} \mu([0, t)) & \text{für } t > 0 \\ 0 & \text{für } t = 0 \\ -\mu([t, 0)) & \text{für } t < 0 \end{cases} \tag{2}$$

leistet das Gewünschte.

Bemerkung 4. Die beiden Sätze (und die Konstruktionsvorschriften (1) und (2)) liefern eine umkehrbar eindeutige Zuordnung zwischen monoton wachsenden Funktionen auf dem R_1 und den Elementarmaßen auf den Prä-Borelmengen im R_1.

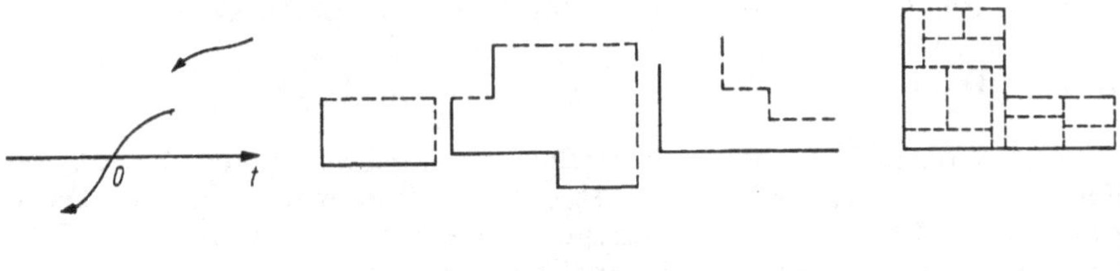

13.2.5. Lebesguesches Elementarmaß im R_n

Setzt man $\varphi(t)=t$ in (13.2.4/1), so erhält man das sogenannte Lebesguesche Elementarmaß auf der Algebra der Prä-Borelmengen im R_1. Es ist $\mu([a, b))=b-a$. Gefragt ist nach einer Verallgemeinerung dieses Elementarmaßes auf den n-dimensionalen Fall. Die Algebra der Prä-Borelmengen im R_n wird wie folgt konstruiert. Es sei

$$Q=\{x \mid x=(x_1, \ldots, x_n)\in R_n,\ a_j \leqq x_j < b_j \text{ mit } j=1, \ldots, n\} \tag{1}$$

ein halboffener Quader. Hierbei ist $-\infty \leqq a_j < \infty$ und $-\infty < b_j \leqq \infty$. (Ist $a_j=-\infty$, so muß man $a_j \leqq x_j < b_j$ als $-\infty < x_j < b_j$ lesen.)

Lemma. $\mathfrak{A}=\{E \mid E=\bigcup\limits_{k=1}^{N} Q_k,\ Q_k$ *Quader der Form* (1)$\}$ *ist eine Algebra von Untermengen im* R_n *(die Algebra der Prä-Borelmengen im* R_n*).*

Bemerkung 1. N ist eine beliebige natürliche Zahl. $\emptyset \in \mathfrak{A}$ (hierzu muß man etwa $a_j=b_j$ in (1) wählen, sonst setzen wir natürlich stets $a_j<b_j$ voraus). Eine Prä-Borelmenge E ist somit eine endliche Vereinigung (möglicherweise unbeschränkter) halboffener Quader. Die „linken" und die „unteren" Seiten von E gehören zu E, nicht aber die „rechten" und die „oberen". Für $n=1$ erhält man die frühere Algebra der Prä-Borelmengen.

Bemerkung 2. Nach 13.1.3. sind die Borelmengen die kleinste σ-Algebra $S(\mathfrak{A})$ über der Algebra der Prä-Borelmengen.

Bemerkung 3. Wir verallgemeinern das Lebesguesche Elementarmaß aus dem R_1 wie folgt. Hat $E=Q$ die Form (1), so sei $\mu(Q)=\prod\limits_{j=1}^{n}(b_j-a_j)$ (hierbei setzen wir $b_j>a_j$ voraus, $a\cdot\infty=\infty$ für $a>0$). Ist $E\in\mathfrak{A}$ eine beliebige Menge, so gibt es eine (nicht eindeutig bestimmte) Darstellung

$$E=\bigcup_{k=1}^{N} Q_k \quad \text{mit} \quad Q_k \cap Q_l=\emptyset \quad \text{für} \quad k \neq l\,, \tag{2}$$

wobei Q_k die Form (1) hat (siehe Zeichnung auf S. 125). Wir setzen

$$\mu(E)=\sum_{k=1}^{N}\mu(Q_k)\,.$$

Die Frage ist, ob $\mu(E)$ von der Art der Darstellung unabhängig ist.

Satz. (**a**) $\mu(E)$ *ist von der Art der Darstellung* (2) *unabhängig.*

(**b**) $\mu(E)$ (*mit* $\mu(\emptyset)=0$) *ist ein Elementarmaß auf der Algebra der Prä-Borelmengen.* (*Es wird als Lebesguesches Elementarmaß bezeichnet.*)

13.3. Das äußere Maß, Fortsetzung von Elementarmaßen

13.3.1. Das äußere Maß

Ziel der Betrachtungen ist es, Maße auf σ-Algebren zu konstruieren. Von besonderem Interesse ist hierbei die σ-Algebra der Borelmengen im R_n. Die Konstruktionen aus 13.2.4. und 13.2.5. liefern vorerst nur Elementarmaße auf der Algebra der Prä-Borelmengen im R_n. Es entsteht die Frage, ob man diese Elementarmaße so fortsetzen kann, daß sie Maße auf den Borelmengen werden. Das geschieht in mehreren Stufen, wobei wir den abstrakten Fall betrachten.

Definition. *$\mathfrak{A}$ sei eine Algebra von Untermengen der Menge X, und μ sei ein Elementarmaß auf $\mathfrak{A}$. Ist E eine beliebige Menge aus X, so ist*

$$\mu^*(E) = \inf \sum_{j=1}^{\infty} \mu(E_j), \quad E \subset \bigcup_{j=1}^{\infty} E_j, \quad E_k \in \mathfrak{A}, \tag{1}$$

das äußere Maß (zu μ). Das Infimum wird hierbei über alle Systeme $\{E_j\}_{j=1}^{\infty} \subset \mathfrak{A}$ mit $E \subset \bigcup_{j=1}^{\infty} E_j$ gebildet.

Bemerkung. Im Gegensatz zu μ ist μ^* auf jeder Untermenge von X definiert.

Satz. *Das äußere Maß μ^* hat folgende Eigenschaften:*
(a) $0 \leqq \mu^*(E) \leqq \infty$, $\mu^*(\emptyset) = 0$.
(b) $\mu^*(E) \leqq \mu^*(F)$ *für* $E \subset F$ *(Monotonie).*
(c) $\mu^*(E) \leqq \sum_{j=1}^{\infty} \mu(E_j)$ *für* $E \subset \bigcup_{j=1}^{\infty} E_j$ *(Subadditivität).*
(d) *Es gibt eine Folge* $E_1 \subset E_2 \subset E_3 \subset \ldots$ *mit* $\bigcup_{j=1}^{\infty} E_j = X$ *und* $\mu^*(E_k) < \infty$ *für* $k = 1, 2, 3, \ldots$ *(σ-Endlichkeit).*

13.3.2. Das induzierte Maß

Wir haben die gleiche Situation wie in 13.3.1.: Eine Algebra $\mathfrak{A}$ von Untermengen der Menge X, ein Elementarmaß μ auf $\mathfrak{A}$ und ein zugehöriges äußeres Maß μ^*.

Definition 1. *Eine Menge E mit $E \subset X$ heißt μ^*-meßbar, falls für alle Untermengen A von X*

$$\mu^*(A) = \mu^*(A \cap E) + \mu^*(A \cap E') \tag{1}$$

gilt.

Bemerkung 1. Unser Ziel ist, Maße zu konstruieren. Maße haben die Eigenschaft (1). Damit hat man ein Motiv, um aus der Gesamtheit aller Untermengen E von X jene mit der Eigenschaft (1) auszusondern.

Definition 2. *Ein Maß μ auf einer σ-Algebra $\mathfrak{C}$ heißt vollständig, falls aus $E \in \mathfrak{C}$ mit $\mu(E) = 0$ und $F \subset E$ folgt, daß auch F zu $\mathfrak{C}$ gehört.*

Bemerkung 2. Aus $\mu(F) \leqq \mu(E)$ folgt dann $\mu(F) = 0$.

Satz. (a) *Die Gesamtheit $\mathfrak{B}$ der μ^*-meßbaren Mengen ist eine σ-Algebra.*
(b) *Ist $\mu^*(E) = 0$ für $E \subset X$, so gehört E zu $\mathfrak{B}$.*
(c) *Die Einschränkung $\bar{\mu}(E) = \mu^*(E)$ von μ^* auf die Mengen $E \in \mathfrak{B}$ induziert auf $\mathfrak{B}$ ein vollständiges Maß $\bar{\mu}$.*

Bemerkung 3. $\bar{\mu}$ heißt das (von μ auf $\mathfrak{B}$) induzierte Maß.

13.3.3. Der Fortsetzungssatz

Der bisherige Stand kann wie folgt beschrieben werden. Ausgangspunkt ist $[X, \mathfrak{A}, \mu]$: eine Menge X, eine Algebra $\mathfrak{A}$ und ein Elementarmaß μ auf $\mathfrak{A}$. In 13.3.1. haben wir hierzu das äußere Maß μ^* auf der Gesamtheit $P(X)$ aller Untermengen von X konstruiert: $[X, P(X), \mu^*]$. Durch Einschränkung haben wir hieraus in

13.3.2. das induzierte Maß $\bar{\mu}$ auf der σ-Algebra der μ^*-meßbaren Mengen $\mathfrak{B}$ erhalten: $[X, \mathfrak{B}, \bar{\mu}]$. Die Frage ist, wie hängt $\mathfrak{B}$ mit $\mathfrak{A}$ und $\bar{\mu}$ mit μ zusammen. Wie üblich ist $S(\mathfrak{A})$ die kleinste σ-Algebra über $\mathfrak{A}$.

Satz. (a) $\mathfrak{B} \supset S(\mathfrak{A})$.

(b) *Die Einschränkung von $\bar{\mu}$ auf $S(\mathfrak{A})$ ist eine Fortsetzung von μ, d. h., ist $E \in \mathfrak{A}$, so gilt $\bar{\mu}(E) = \mu(E)$.*

(c) *$\bar{\mu}$ ist auf $\mathfrak{B}$ eine vollständige Fortsetzung von μ, d. h., $\bar{\mu}$ ist eine Fortsetzung von μ im Sinne von (b), und $\bar{\mu}$ ist ein vollständiges Maß auf $\mathfrak{B}$.*

Bemerkung. Damit haben wir das Ziel erreicht, das zu Beginn von 13.3.1. beschrieben wurde. Es bleibt die Frage, wie weit diese Fortsetzungen eindeutig bestimmt sind. Hierauf gehen wir in 13.3.5. ein.

13.3.4. Borelsche, Lebesguesche und Diracsche Maße

In 13.2.4. hatten wir Borelsche Elementarmaße auf der Algebra $\mathfrak{A}$ der Prä-Borelmengen im R_1 betrachtet. In 13.2.5. hatten wir das Lebesguesche Elementarmaß auf der Algebra $\mathfrak{A}$ der Prä-Borelmengen im R_n eingeführt.

Definition. (a) *Ein Borelsches Maß im R_1 ist die Fortsetzung (im Sinne von Satz 13.3.3(b)) eines Borelschen Elementarmaßes von der Algebra $\mathfrak{A}$ der Prä-Borelmengen im R_1 auf die σ-Algebra $S(\mathfrak{A})$ der Borelmengen im R_1.*

(b) *Das Lebesguesche Maß ist die vollständige Fortsetzung des Lebesgueschen Elementarmaßes von der Algebra $\mathfrak{A}$ der Prä-Borelmengen im R_n auf die σ-Algebra $\mathfrak{B}$ im Sinne von Satz 13.3.3(c).*

Bemerkung 1. Nach 13.3.2. besteht $\mathfrak{B}$ aus den μ^*-meßbaren Mengen, wobei μ das Lebesguesche Elementarmaß auf den Prä-Borelmengen $\mathfrak{A}$ im R_n ist. Die Mengen aus $\mathfrak{B}$ nennt man Lebesgue-meßbare Mengen, die Mengen aus $S(\mathfrak{A})$ (also die Borelmengen) nennt man auch Borel-meßbare Mengen.

Bemerkung 2. $[X, \mathfrak{C}, \nu]$ nennt man einen Maßraum, falls X eine beliebige Menge, $\mathfrak{C}$ eine σ-Algebra von Untermengen von X und ν ein Maß auf $\mathfrak{C}$ ist. Nach der obigen Definition haben wir zwei Beispiele: $[R_1$, σ-Algebra der Borel-meßbaren Mengen im R_1, Borelsches Maß$]$, $[R_n$, σ-Algebra der Lebesgue-meßbaren Mengen im R_n, Lebesguesches Maß$]$.

Bemerkung 3. Im R_1 betrachten wir eine monoton wachsende Treppenfunktion $\varphi(t)$ mit endlich vielen oder abzählbar unendlich vielen Sprungstellen t_j. Die Sprunghöhe ist

$$\sigma_j = \lim_{t \downarrow t_j} \varphi(t) - \varphi(t_j)$$

($\varphi(t)$ sei wieder linksseitig stetig). Ist E eine Prä-Borelmenge, so ist

$$\mu(E) = \sum_{t_j \in E} \sigma_j \tag{1}$$

(wobei $= \infty$ nicht ausgeschlossen ist) der Wert des zugehörigen Borelschen Elementarmaßes (Satz 13.2.4/1). Hierbei ist die Summe über die σ_j-Werte zu nehmen, für welche t_j zu E gehört. Das zugehörige Borelsche Maß $\bar{\mu}$ im Sinne von Definition (a) heißt Diracsches Maß. (1) (mit

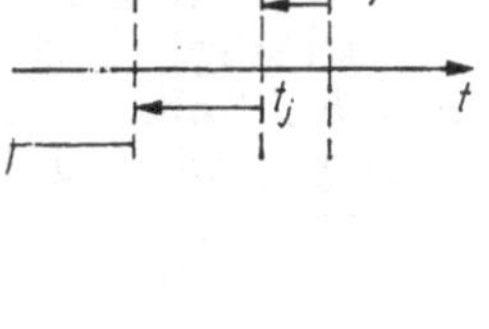

$\bar{\mu}$ statt μ) gilt für beliebige Borel-meßbare Mengen. Insbesondere ist $\bar{\mu}(\{t_j\}) = \sigma_j$ und $\bar{\mu}(R_1) = \sum \sigma_j$. Gehört keine Sprungstelle t_j zur Borel-meßbaren Menge E, so ist $\mu(E) = 0$. Man sagt, daß sich die „Masse" des Diracschen Maßes $\bar{\mu}$ in den Punkten t_j konzentriert.

13.3.5. Unitätssätze

Wir betrachten jetzt die Frage der Unität der Fortsetzungen $\bar{\mu}$ aus Satz 13.3.3.

Satz 1. *Die Fortsetzung $\bar{\mu}$ aus Satz* 13.3.3(*b*) *ist eindeutig bestimmt: Ist ν ein Maß auf $S(\mathfrak{A})$ mit $\mu(E) = \nu(E)$ für $E \in \mathfrak{A}$, so ist $\nu = \bar{\mu}$.*

Bemerkung 1. Insbesondere sind also die Borelschen Maße durch die Borelschen Elementarmaße eindeutig bestimmt. Jedes Maß auf den Borel-meßbaren Mengen ist ein Borelsches Maß im Sinne von Definition 13.3.4.

Satz 2. *Ist $[X, \mathfrak{C}, \varrho]$ ein Maßraum, so gibt es eine kleinste vollständige Fortsetzung $[X, \bar{\mathfrak{C}}, \bar{\varrho}]$.*

Bemerkung 2. $[X, \bar{\mathfrak{C}}, \bar{\varrho}]$ ist ein Maßraum mit $\bar{\mathfrak{C}} \supset \mathfrak{C}$ und $\bar{\varrho}(E) = \varrho(E)$ für $E \in \mathfrak{C}$. Ferner ist $\bar{\varrho}$ ein vollständiges Maß. Das ist die Definition einer vollständigen Fortsetzung. Kleinste vollständige Fortsetzung heißt: Ist $[X, \mathfrak{B}, \nu]$ eine vollständige Fortsetzung von $[X, \mathfrak{C}, \varrho]$, so ist $[X, \mathfrak{B}, \nu]$ auch Fortsetzung von $[X, \bar{\mathfrak{C}}, \bar{\varrho}]$.

Bemerkung 3. Man kann zeigen, daß $[X, \mathfrak{B}, \bar{\mu}]$ aus Satz 13.3.3(c) die kleinste vollständige Fortsetzung von $[X, S(\mathfrak{A}), \bar{\mu}]$ aus Satz 13.3.3(b) ist. Darin ist auch ein Unitätssatz enthalten für das Lebesguesche Maß aus Def. 13.3.4: Es ist das kleinste vollständige Maß, das auf den Prä-Borelmengen im R_n mit dem Lebesgueschen Elementarmaß übereinstimmt.

13.4. Meßbare Funktionen

13.4.1. Definition

Wie vereinbart, besteht ein Maßraum $[X, \mathfrak{B}, \mu]$ aus einer Menge X, einer σ-Algebra von Untermengen von X und einem Maß μ auf $\mathfrak{B}$. Auf X werden reelle Funktionen $f(x)$ betrachtet. Ist M eine Teilmenge des R_1, so heißt

$$f^{-1}(M) = \{x \mid x \in X, f(x) \in M\}$$

Urbild von M.

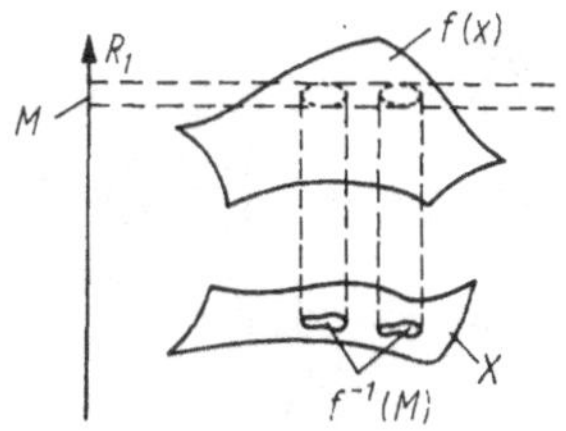

Definition. *$f(x)$ heißt meßbar (oder meßbare Funktion), falls $f^{-1}(M) \in \mathfrak{B}$ für jede Borelmenge M aus R_1 gilt.*

Bemerkung 1. Die Meßbarkeit einer Funktion hängt also nur von $\mathfrak{B}$, nicht von μ ab.

Bemerkung 2. Ist $X = R_n$, so gibt es zwei wichtige σ-Algebren: $\mathfrak{B}_{\mathrm{B}}$, die σ-Algebra der Borelmeßbaren Mengen, und $\mathfrak{B}_{\mathrm{L}}$, die σ-Algebra der Lebesgue-meßbaren Mengen, siehe 13.3.4. Da

$\mathfrak{B}_B \subset \mathfrak{B}_L$ ist, ist jede Borel-meßbare Funktion (d. h. $\mathfrak{B} = \mathfrak{B}_B$ in der obigen Definition) auch Lebesgue-meßbar (d. h. $\mathfrak{B} = \mathfrak{B}_L$ in der obigen Definition).

Lemma. $[X, \mathfrak{B}, \mu]$ *sei ein Maßraum. Eine Funktion* $f(x)$ *ist genau dann meßbar, wenn für jede reelle Zahl c das Urbild* $f^{-1}((-\infty, c))$ *zu* $\mathfrak{B}$ *gehört.*

Bemerkung 3. $(-\infty, c)$ ist eine Borelmenge im R_1. Somit ist $f^{-1}((-\infty, c)) \in \mathfrak{B}$, falls $f(x)$ meßbar ist. Das Lemma besagt, daß es ausreicht, die Urbilder der speziellen Borelmengen $(-\infty, c)$ zu testen, ob sie zu $\mathfrak{B}$ gehören oder nicht.

Bemerkung 4. $[X, \mathfrak{B}, \mu]$ sei ein Maßraum. Ist $f(x)$ meßbar, so gilt

$$\{x \mid x \in X,\ c_1 \underset{(=)}{\leq} f(x) \underset{(=)}{\leq} c_2\} \in \mathfrak{B} \tag{1}$$

für $-\infty \leqq c_1 \leqq c_2 \leqq \infty$. Dabei heißt $\underset{(=)}{\leq}$, daß sowohl $<$ als auch $\leqq$ stehen kann. (1) schließt also 4 Fälle ein. Ist $c_1 = -\infty$ und/oder $c_2 = \infty$, so muß man $\underset{(=)}{\leq}$ als $<$ lesen. Als Spezialfall entnimmt man (1), daß $f^{-1}(\{c\}) = \{x \mid f(x) = c\}$ für jede reelle Zahl c meßbar ist.

Bemerkung 5. Mitunter ist es zweckmäßig, $f(x) = \infty$ und $f(x) = -\infty$ zuzulassen. Die obige Definition muß man dann durch $\{x \mid f(x) = \infty\} \in \mathfrak{B}$ und $\{x \mid f(x) = -\infty\} \in \mathfrak{B}$ ergänzen.

13.4.2. Eigenschaften meßbarer Funktionen

Satz 1. $[X, \mathfrak{B}, \mu]$ *sei ein Maßraum, und* $f(x)$ *sei eine meßbare Funktion.*

(a) $|f(x)|$, $f^+(x) = \max(f(x), 0)$ *(positiver Teil von* $f(x)$*) und* $f^-(x) = -\min(f(x), 0)$ *(negativer Teil von* $f(x)$*) sind meßbar.*

(b) *Ist*

$$\left(\frac{1}{f}\right)(x) = \begin{cases} \dfrac{1}{f(x)} & \text{für } f(x) \neq 0, \\ 0 & \text{für } f(x) = 0, \end{cases}$$

so ist $\left(\frac{1}{f}\right)(x)$ *meßbar.*

(c) *Ist* λ *eine reelle Zahl, so ist* $(\lambda f)(x) = \lambda f(x)$ *meßbar.*

(d) *Ist* $f(x) \geqq 0$ *und* $\alpha \geqq 0$, *so ist* $f^\alpha(x)$ *meßbar.*

Bemerkung. Es gilt also $f = f^+ - f^-$ und $|f| = f^+ + f^-$.

Satz 2. $[X, \mathfrak{B}, \mu]$ *sei ein Maßraum,* $f(x)$ *und* $g(x)$ *seien meßbare Funktionen.*

(a) *Für jede reelle Zahl c gilt*

$$\{x \mid f(x) < g(x) + c\} \in \mathfrak{B},\ \{x \mid f(x) \leqq g(x) + c\} \in \mathfrak{B},$$
$$\{x \mid f(x) = g(x) + c\} \in \mathfrak{B}.$$

(b) $(f+g)(x)$, $\max(f(x), g(x))$, $\min(f(x), g(x))$, $(f \cdot g)(x)$ *sind meßbar.*

(c) *Ist*

$$\left(\frac{f}{g}\right)(x) = \begin{cases} \dfrac{f(x)}{g(x)} & \text{für } g(x) \neq 0, \\ 0 & \text{für } g(x) = 0, \end{cases}$$

so ist $\left(\frac{f}{g}\right)(x)$ *meßbar.*

13.4.3. Folgen meßbarer Funktionen

Ist $[X, \mathfrak{B}, \mu]$ ein Maßraum und $\{f_j(x)\}_{j=1}^{\infty}$ eine Folge meßbarer Funktionen, die für jedes $x \in X$ konvergiert, so kann man fragen, ob $f(x) = \lim_{j\to\infty} f_j(x)$ ebenfalls eine meßbare Funktion ist. Es ist zweckmäßig, diese Frage zu modifizieren. Eine Untermenge E von X heißt Menge vom Maß 0, falls E meßbar ist (d. h. zu $\mathfrak{B}$ gehört) und $\mu(E) = 0$ gilt.

Vereinbarung. Eine Eigenschaft (z. B. die Konvergenz einer Folge) gilt fast überall in X (Abkürzung: f. ü.), falls diese Eigenschaft für alle $x \in X$ mit Ausnahme einer Menge vom Maß Null gilt.

Bemerkung 1. Da $\emptyset$ ebenfalls eine Menge vom Maß Null ist, schließt die Vereinbarung „f. ü." nicht aus, daß die Eigenschaft für alle $x \in X$ gilt.

Beispiele. $\lim_{j\to\infty} f_j(x)$ existiert f. ü. heißt, daß es eine Menge $E \in \mathfrak{B}$ mit $\mu(E) = 0$ gibt, so daß $\lim_{j\to\infty} f_j(x)$ für alle $x \in X \setminus E$ existiert. $|f(x)| < \infty$ f. ü. heißt, daß es eine Menge $E \in \mathfrak{B}$ mit $\mu(E) = 0$ gibt, so daß $|f(x)| < \infty$ für $x \in X \setminus E$ gilt.

Satz 1. $[X, \mathfrak{B}, \mu]$ *sei ein Maßraum und* $\{f_j(x)\}_{j=1}^{\infty}$ *sei eine Folge meßbarer Funktionen.*

(a) *Ist* $f_0(x) = \sup_j f_j(x) < \infty$ *f. ü., so ist*

$$f(x) = \begin{cases} f_0(x) & \text{für} \quad f_0(x) < \infty, \\ 0 & \text{für} \quad f_0(x) = \infty \end{cases}$$

meßbar.

(b) *Ist* $f_0(x) = \inf_j f_j(x) > -\infty$ *f. ü., so ist*

$$f(x) = \begin{cases} f_0(x) & \text{für} \quad f_0(x) > -\infty, \\ 0 & \text{für} \quad f_0(x) = -\infty \end{cases}$$

meßbar.

(c) *Ist* $f_0(x) = \overline{\lim_j}\, f_j(x)$ *und* $|f_0(x)| < \infty$ *f. ü., so ist*

$$f(x) = \begin{cases} f_0(x) & \text{für} \quad |f_0(x)| < \infty, \\ 0 & \text{für} \quad |f_0(x)| = \infty \end{cases}$$

meßbar.

(d) *Ist* $f_0(x) = \underline{\lim_j}\, f_j(x)$, $|f_0(x)| < \infty$ *f. ü., so ist*

$$f(x) = \begin{cases} f_0(x) & \text{für} \quad |f_0(x)| < \infty \\ 0 & \text{für} \quad |f_0(x)| = \infty \end{cases}$$

meßbar.

Bemerkung 2. $\overline{\lim}$ (oberer Limes) und $\underline{\lim}$ (unterer Limes) wurden in 5.4.1. erklärt. Existiert $\lim_{j\to\infty} f_j(x)$ f. ü., so ist $\overline{\lim} = \underline{\lim} = \lim$ f. ü. Ist E die Ausnahmemenge mit $\mu(E) = 0$, so folgt aus (c) und (d), daß

$$f(x) = \begin{cases} \lim_{j\to\infty} f_j(x) & \text{für} \quad x \in X - E \\ 0 & \text{für} \quad x \in E \end{cases}$$

meßbar ist.

Definition. $[X, \mathfrak{B}, \mu]$ *sei ein Maßraum.* $f(x)$ *heißt einfache Funktion, falls*

$$f(x) = \sum_{j=1}^{N} \alpha_j \chi_j(x) \quad \text{mit} \quad \chi_j(x) = \begin{cases} 1 & \text{für} \quad x \in E_j \\ 0 & \text{für} \quad x \in X \setminus E_j, \end{cases} \quad E_j \in \mathfrak{B},$$

gilt. Hierbei sind α_j *reelle Zahlen.*

Bemerkung 3. χ_j heißt charakteristische Funktion der Menge E_j. Man sieht sofort, daß eine einfache Funktion meßbar ist.

Satz 2. *Ist $[X, \mathfrak{B}, \mu]$ ein Maßraum und $f(x)$ eine meßbare Funktion, so existiert eine Folge einfacher Funktionen $f_j(x)$ mit*

$$f(x)=\lim_{j\to\infty} f_j(x) \quad \textit{für} \quad x\in X\,.$$

Bemerkung 4. Die Folge

$$f_j(x)=\begin{cases} j & \text{für } f(x)\geqq j,\\ \dfrac{l-1}{2^j} & \text{für } \dfrac{l-1}{2^j}\leqq f(x)<\dfrac{l}{2^j},\\ -j & \text{für } f(x)<-j \end{cases} \tag{1}$$

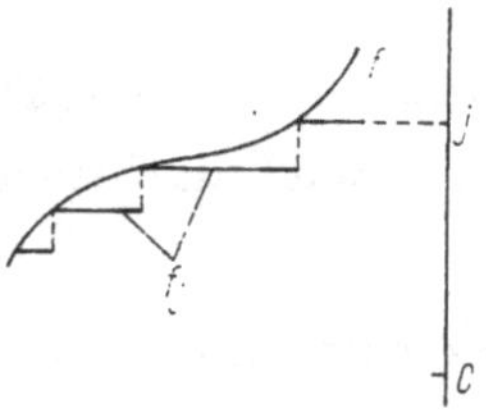

leistet das Gewünschte, $l=-j2^j+1,\ldots,0,1,\ldots,j2^j$.

Bemerkung 5. Ist $f(x)\geqq 0$, so zeigt (1), daß $f_j(x)\uparrow f(x)$ eine monoton wachsende Folge einfacher Funktionen ist.

13.4.4. Konvergenz fast überall, Maßkonvergenz

Definition. *$[X, \mathfrak{B}, \mu]$ sei ein Maßraum und $\{f_j(x)\}_{j=1}^\infty$ sei eine Folge meßbarer Funktionen.*

(**a**) *$f_j \underset{\text{f.ü.}}{\to} f$ (Konvergenz f. ü.) heißt, daß es eine Menge $E\in\mathfrak{B}$ mit $\mu(E)=0$ gibt, so daß $f_j(x)\to f(x)$ für alle $x\in X\setminus E$ gilt (punktweise Konvergenz f. ü.).*

(**b**) *$\{f_j(x)\}_{j=1}^\infty$ heißt f.ü.-Fundamentalfolge (oder f.ü.-Cauchyfolge), falls es eine Menge $E\in\mathfrak{B}$ mit $\mu(E)=0$ gibt, so daß für alle $\varepsilon>0$ und alle $x\in X\setminus E$ eine natürliche Zahl $m_0=m_0(\varepsilon, x)$ mit*

$$|f_n(x)-f_m(x)|\leqq\varepsilon$$

für alle $n\geqq m\geqq m_0$ existiert.

(**c**) *$f(x)$ sei eine meßbare Funktion. $f_j \underset{\mu}{\to} f$ (μ-Konvergenz oder Maßkonvergenz) heißt, daß für alle $\varepsilon>0$*

$$\lim_{j\to\infty}\mu(\{x \mid |f(x)-f_j(x)|\geqq\varepsilon\})=0 \quad \textit{gilt}\,.$$

(**d**) *$\{f_j(x)\}_{j=1}^\infty$ heißt μ-Fundamentalfolge (oder μ-Cauchyfolge), falls es für alle $\varepsilon>0$ und alle $\delta>0$ eine natürliche Zahl $m_0=m_0(\varepsilon,\delta)$ gibt mit*

$$\mu(\{x \mid |f_k(x)-f_l(x)|\geqq\varepsilon\})\leqq\delta \tag{1}$$

für alle $l\geqq k\geqq m_0$.

Bemerkung 1. Für (c) und (d) ist folgende Verallgemeinerung von Interesse. Ist $A\in\mathfrak{B}$, so heißt $\underset{\mu|A}{\to} f$ (μ-Konvergenz in A), daß für alle $\varepsilon>0$

$$\lim_{j\to\infty}\mu\,(\{x \mid x\in A, |f(x)-f_j(x)|\geqq\varepsilon\})=0$$

gilt. Analog gilt für μ-Fundamentalfolgen in A: In (1) muß man $\{x \mid \ldots$ durch $\{x \mid x\in A \ldots$ ersetzen.

Satz 1. $[X, \mathfrak{B}, \mu]$ *sei ein Maßraum, und* $\{f_j(x)\}_{j=1}^{\infty}$ *sei eine Folge meßbarer Funktionen.*

(**a**) *Aus* $f_j \underset{f.ü.}{\to} f$ *folgt* $f_j \underset{\mu|A}{\to} f$ *für jede Menge* $A \in \mathfrak{B}$ *mit* $\mu(A) < \infty$.

(**b**) *Eine f.ü.-Fundamentalfolge ist auch eine μ-Fundamentalfolge in A für jede Menge* $A \in \mathfrak{B}$ *mit* $\mu(A) < \infty$.

(**c**) *Ist* $f_j \underset{\mu}{\to} f$, *so existiert eine Folge natürlicher Zahlen* $j_1 < j_2 < j_3 < \ldots$ *mit* $f_{j_k} \underset{f.ü.}{\to} f$ *für* $k \to \infty$.

(**d**) *Ist* $\{f_j\}_{j=1}^{\infty}$ *eine μ-Fundamentalfolge, so gibt es eine Teilfolge* $\{f_{j_k}\}_{k=1}^{\infty}$, *die f. ü.-Fundamentalfolge ist.*

Bemerkung 2. Ist $f_j \underset{f.ü.}{\to} f$, so folgt aus Bemerkung 13.4.3/2, daß $f(x)$ meßbar ist. Aussage (a) des Satzes ist also sinnvoll.

Bemerkung 3. Die Aussagen (a) und (b) lassen sich nicht auf $A = X$ ausdehen, wenn $\mu(X) = \infty$ ist. Man kann leicht Gegenbeispiele angeben.

Bemerkung 4. Man kann $\{f_{j_k}(x)\}_{k=1}^{\infty}$ aus (c) so konstruieren, daß es eine Folge $E_1 \supset E_2 \supset E_3 \supset \ldots$ von Mengen aus $\mathfrak{B}$ gibt mit $\mu(E_l) \leqq 2^{-l}$ und

$$\sup_{x \in X - E_l} |f_{j_k v}(x) - f(x)| \to 0 \quad \text{für} \quad k \to \infty$$

und $l = 1, 2, 3, \ldots$ Mit anderen Worten: Für jedes $\varepsilon > 0$ gibt es eine Menge $E_\varepsilon \in \mathfrak{B}$ mit $\mu(E_\varepsilon) \leqq \varepsilon$, so daß $f_{j_k}(x)$ auf $X \backslash E_\varepsilon$ gleichmäßig gegen $f(x)$ konvergiert. Als Ausnahmemenge kann man in (c) etwa $\bigcap_{l=1}^{\infty} E_l$ nehmen.

Bemerkung 5. Ist $\mu(X) < \infty$, so kann man $A = X$ in (a) und (b) setzen. Aus der f. ü.-Konvergenz folgt dann die μ-Konvergenz. Die Umkehrung ist im allgemeinen nicht richtig, aber für eine passende Teilfolge hat man die Aussage (c).

Satz 2. $[X, \mathfrak{B}, \mu]$ *sei ein Maßraum, und* $\{f_j(x)\}_{j=1}^{\infty}$ *sei eine Folge meßbarer Funktionen.*

(**a**) *Aus* $f_j \underset{f.ü.}{\to} f$ *folgt, daß* $\{f_j(x)\}_{j=1}^{\infty}$ *eine f.ü.-Fundamentalfolge ist.*

(**b**) *Aus* $f_j \underset{\mu}{\to} f$ *folgt, daß* $\{f_j(x)\}_{j=1}^{\infty}$ *eine μ-Fundamentalfolge ist.*

(**c**) *Ist* $\{f_j(x)\}_{j=1}^{\infty}$ *eine f. ü.-Fundamentalfolge, so gibt es eine meßbare Funktion* $f(x)$ *mit* $f_j \underset{f.ü.}{\to} f$. *Ist* $f_j \underset{f.ü.}{\to} g$, *so gilt* $f(x) = g(x)$ *f. ü.*

(**d**) *Ist* $\{f_j(x)\}_{j=1}^{\infty}$ *eine μ-Fundamentalfolge, so gibt es eine meßbare Funktion* $f(x)$ *mit* $f_j \underset{\mu}{\to} f$. *Ist* $f_j \underset{\mu}{\to} g$, *so gilt* $f(x) = g(x)$ *f. ü.*

14. Integrationstheorie

14.1. Integrierbare Funktionen, Eigenschaften von Integralen

14.1.1. Integrierbare einfache Funktionen

Definition. $[X, \mathfrak{B}, \mu)$ *sei ein Maßraum.*

(a) *Eine einfache Funktion* $f(x)=\sum_{j=1}^{N} \alpha_j \chi_{E_j}(x)$ *mit* α_j *reell,* $E_j \in \mathfrak{B}$, $\bigcup_{j=1}^{N} E_j = X$, $E_k \cap E_l = \emptyset$ *für* $k \neq l$ *und* $\chi_{E_j}(x)$ *als charakteristische Funktion von* E_j *(siehe Def. 13.4.3) heißt integrierbar, falls* $\mu(E_j) < \infty$ *für* $\alpha_j \neq 0$ *ist. Es wird*

$$\int f(x)\,\mathrm{d}\mu = \sum_{j=1}^{N} \alpha_j \mu(E_j) \quad (\mathit{mit}\ 0 \cdot \infty = 0) \tag{1}$$

gesetzt.

(b) *Ist* $f(x)$ *eine integrierbare einfache Funktion und* $A \in \mathfrak{B}$, *so sei*

$$\int_A f(x)\,\mathrm{d}\mu = \int f(x)\,\chi_A(x)\,\mathrm{d}\mu\,,$$

wobei χ_A *die charakteristische Funktion von* A *ist.*

Bemerkung 1. Man zeigt leicht, daß (1) unabhängig von der Darstellung ist: Ist $f(x)=\sum_{k=1}^{M} =\beta_k \chi_{F_k}(x)$ mit β_k reell, $F_k \in \mathfrak{B}$, $\bigcup_{k=1}^{M} F_k = X$, $F_k \cap F_l = \emptyset$ für $k \neq l$, die einfache Funktion aus (a), so gilt

$$\sum_{j=1}^{N} \alpha_j \mu(E_j) = \sum_{k=1}^{M} \beta_k \mu(F_k)\,.$$

Bemerkung 2. Ist $f(x)$ eine integrierbare einfache Funktion und ist $A \in \mathfrak{B}$, so ist auch $f(x)\,\chi_A(x)$ eine integrierbare einfache Funktion. Das rechtfertigt Teil (b) der Definition.

Lemma. $[X, \mathfrak{B}, \mu]$ *sei ein Maßraum.*

(a) *Sind* $f(x)$ *und* $g(x)$ *integrierbare einfache Funktionen und sind* α *und* β *reelle Zahlen, so ist auch* $\alpha f(x)+\beta g(x)$ *eine integrierbare einfache Funktion, und es gilt*

$$\int (\alpha f(x)+\beta g(x))\,\mathrm{d}\mu = \alpha \int f(x)\,\mathrm{d}\mu + \beta \int g(x)\,\mathrm{d}\mu\,.$$

(b) *Ist* $f(x)$ *eine integrierbare einfache Funktion, so ist auch* $|f(x)|$ *eine integrierbare einfache Funktion, und es gilt*

$$\left|\int f(x)\,\mathrm{d}\mu\right| \leqq \int |f(x)|\,\mathrm{d}\mu\,.$$

(c) *Sind* $f(x)$ *und* $g(x)$ *integrierbare einfache Funktionen mit* $f(x) \leqq g(x)$, *so gilt* $\int f(x)\,\mathrm{d}\mu \leqq \int g(x)\,\mathrm{d}\mu$.

(d) *Ist* $f(x)$ *eine integrierbare einfache Funktion und ist* $A \in \mathfrak{B}$, *so gilt*

$$\int f(x)\,\mathrm{d}\mu = \int_A f(x)\,\mathrm{d}\mu + \int_{X\setminus A} f(x)\,\mathrm{d}\mu\,.$$

Bemerkung 3. Alle Eigenschaften folgen leicht aus der Definition. Aus (c) ergibt sich

$$\int g(x)\,\mathrm{d}\mu \geqq 0\,,$$

falls $g(x) \geqq 0$ eine integrierbare einfache Funktion ist.

14.1.2. Integrierbare Funktionen

Definition. $[X, \mathfrak{B}, \mu]$ *sei ein Maßraum, und $f(x)$ sei eine meßbare Funktion. $f(x)$ heißt integrierbar, falls es eine Folge $\{f_j(x)\}_{j=1}^{\infty}$ integrierbarer einfacher Funktionen mit $f_j \underset{\mu}{\to} f$ gibt, so daß für alle $\varepsilon > 0$ eine natürliche Zahl $k_0 = k_0(\varepsilon)$ mit*

$$\int |f_l(x) - f_k(x)| \, d\mu \leqq \varepsilon \quad \textit{für alle} \quad l \geqq k \geqq k_0 \tag{1}$$

existiert. Wir setzen

$$\int f(x) \, d\mu = \lim_{j \to \infty} \int f_j(x) \, d\mu \, . \tag{2}$$

Bemerkung. Der Limes in (2) existiert, da

$$\begin{aligned} \left|\int f_k(x) \, d\mu - \int f_l(x) \, d\mu\right| &= \left|\int (f_k(x) - f_l(x)) \, d\mu\right| \\ &\leqq \int |f_k(x) - f_l(x)| \, d\mu \leqq \varepsilon \end{aligned}$$

für $l \geqq k \geqq k_0(\varepsilon)$ ist. Schwieriger zu zeigen ist, daß dieser Limes von der Folge $\{f_j(x)\}_{j=1}^{\infty}$ unabhängig ist: Ist $g_j \underset{\mu}{\to} f$ eine Folge integrierbarer einfacher Funktionen und gilt das Analogon zu (1) (mit g statt f), so folgt

$$\lim_{j \to \infty} \int g_j(x) \, d\mu = \lim_{j \to \infty} \int f_j(x) \, d\mu \, .$$

Damit ist (2) gerechtfertigt.

14.1.3. Eigenschaften integrierbarer Funktionen

Die Eigenschaften aus Lemma 14.1.1 lassen sich auf integrierbare Funktionen übertragen.

Satz. $[X, \mathfrak{B}, \mu]$ *sei ein Maßraum.*

(a) *Ist $f(x)$ integrierbar, so ist auch $|f(x)|$ integrierbar, und es gilt*

$$\left|\int f(x) \, d\mu\right| \leqq \int |f(x)| \, d\mu \, .$$

(b) *Sind $f(x)$ und $g(x)$ integrierbar und sind α und β reelle Zahlen, so ist auch $\alpha f(x) + \beta g(x)$ integrierbar, und es gilt*

$$\int (\alpha f(x) + \beta g(x)) \, d\mu = \alpha \int f(x) \, d\mu + \beta \int g(x) \, d\mu \, .$$

(c) *Sind $f(x)$ und $g(x)$ integrierbar und ist $f(x) \leqq g(x)$, so gilt*

$$\int f(x) \, d\mu \leqq \int g(x) \, d\mu \, .$$

Insbesondere ist $\int g(x) \, d\mu \geqq 0$ falls $g(x) \geqq 0$ integrierbar ist.

(d) *$f(x)$ sei integrierbar. $\int |f(x)| \, d\mu = 0$ gilt genau dann, wenn $f(x) = 0$ f. ü. ist.*

(e) *$f(x)$ sei integrierbar, $g(x)$ sei meßbar. Ist $f(x) = g(x)$ f. ü., so ist $g(x)$ integrierbar, und es gilt $\int f(x) \, d\mu = \int g(x) \, d\mu$.*

Bemerkung 1. Die Eigenschaften (a), (b) und (c) gelten auch für Riemannsche Integrale, vgl. Satz 9.1.3/1 und Satz 9.1.5/1. Dagegen sind (d) und (e) typische neue Eigenschaften.

Bemerkung 2. Aus (a) folgt, daß auch $f^+(x) = \max(f(x), 0) = \frac{1}{2}(|f(x)| + f(x))$ integrierbar ist.

14.1.4. Eigenschaften von Integralen

Definition. $[X, \mathfrak{B}, \mu]$ *sei ein Maßraum, und* $f(x)$ *sei eine integrierbare Funktion. Ist* $E \in \mathfrak{B}$ *und ist* $\chi_E(x)$ *die charakteristische Funktion von E, so wird*

$$\int_E f(x)\, d\mu = \int f(x)\, \chi_E(x)\, d\mu$$

gesetzt.

Bemerkung 1. Das ist die Verallgemeinerung von Def. 14.1.1(b). Ist $f(x)$ integrierbar und $E \in \mathfrak{B}$, so ist auch $f(x)\, \chi_E(x)$ integrierbar. Damit ist die obige Definition sinnvoll.

Satz. $[X, \mathfrak{B}, \mu]$ *sei ein Maßraum.*

(a) *Ist* $f(x)$ *integrierbar und* $E \in \mathfrak{B}$, *so gilt*

$$\int f(x)\, d\mu = \int_E f(x)\, d\mu + \int_{X \setminus E} f(x)\, d\mu\,.$$

(b) $f(x)$ *sei integrierbar und* $f(x) > 0$ *für* $x \in X$. *Ist* $\int_E f(x)\, d\mu = 0$, *so gilt* $\mu(E) = 0$.

(c) *Ist* $f(x)$ *integrierbar und ist* $X = \bigcup_{j=1}^{\infty} E_j$ *mit* $E_j \in \mathfrak{B}$ *und* $E_k \cap E_l = \emptyset$ *für* $k \neq l$, *so gilt*

$$\int f(x)\, d\mu = \sum_{k=1}^{\infty} \int_{E_k} f(x)\, d\mu$$

(*absolut konvergente Reihe*).

Bemerkung 2. Aus (c) gewinnt man folgendes Resultat: Ist $f(x)$ integrierbar und ist $E_1 \subset E_2 \subset \subset E_3 \subset \ldots$ mit $X = \bigcup_{j=1}^{\infty} E_j$ und $E_j \in \mathfrak{B}$, so gilt

$$\lim_{j \to \infty} \int_{E_j} f(x)\, d\mu = \int f(x)\, d\mu\,.$$

Bemerkung 3. Eine weitere Folgerung aus (c) lautet: Ist $f(x)$ integrierbar und $f(x) \geqq 0$, so ist

$$\nu(E) = \int_E f(x)\, d\mu, \quad E \in \mathfrak{B}\,,$$

ein Maß.

14.2. Die Hauptsätze der Integrationstheorie

14.2.1. Die L_1-Konvergenz

Definition. $[X, \mathfrak{B}, \mu]$ *sei ein Maßraum,* $f(x)$ *und* $f_j(x)$ *mit* $j = 1, 2, 3, \ldots$ *seien integrierbare Funktionen.*

(a) $f_j \underset{L_1}{\to} f$ (*L_1-Konvergenz oder Konvergenz im Mittel*) *bedeutet, daß*

$$\lim_{j \to \infty} \int |f_j(x) - f(x)|\, d\mu = 0$$

gilt.

(b) $\{f_j(x)\}_{j=1}^{\infty}$ *heißt L_1-Fundamentalfolge* (*oder L_1-Cauchyfolge*), *falls für alle* $\varepsilon > 0$ *eine natürliche Zahl* $m_0 = m_0(\varepsilon)$ *mit*

$$\int |f_n(x) - f_m(x)|\, d\mu \leqq \varepsilon \quad \text{für alle} \quad n \geqq m \geqq m_0$$

existiert.

Lemma. $[X, \mathfrak{B}, \mu]$ *sei ein Maßraum.*

(a) *Aus* $f_j \underset{L_1}{\to} f$ *folgt* $f_j \underset{\mu}{\to} f$.

(b) *Ist* $\{f_j(x)\}_{j=1}^{\infty}$ *eine* L_1*-Fundamentalfolge, so ist* $\{f_j(x)\}_{j=1}^{\infty}$ *auch eine* μ*-Fundamentalfolge.*

Bemerkung. Ist $\mu(X) < \infty$, so hat man nach 13.4.4. folgende Situation: Aus der f. ü.-Konvergenz folgt die μ-Konvergenz, aus der L_1-Konvergenz folgt ebenfalls die μ-Konvergenz. Aus der μ-Konvergenz einer Folge folgt die f. ü.-Konvergenz einer geeigneten Teilfolge. Insbesondere kann man also aus einer L_1-konvergenten Folge eine fast überall konvergente Teilfolge auswählen.

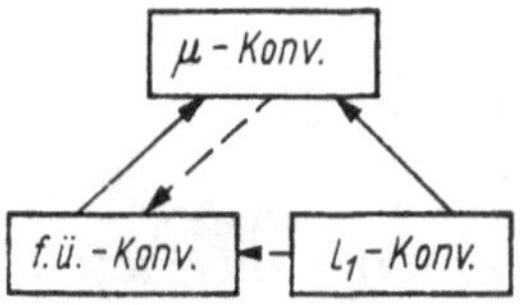

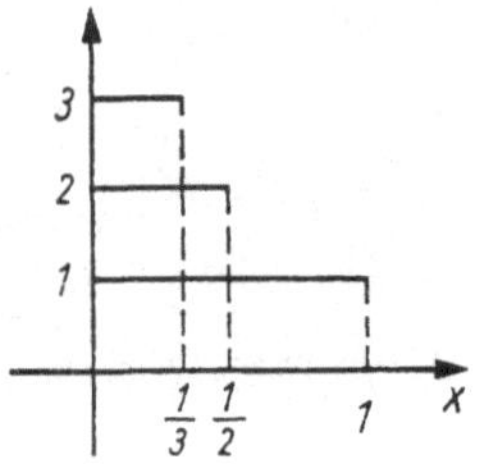

14.2.2. Der Satz von Lebesgue

Satz. $[X, \mathfrak{B}, \mu]$ *sei ein Maßraum,* $\{f_j(x)\}_{j=1}^{\infty}$ *sei eine Folge integrierbarer Funktionen,* $g(x)$ *sei integrierbar und*

$$|f_j(x)| \leqq g(x) \quad \text{für} \quad j = 1, 2, 3, \ldots \text{ und } x \in X .$$

Ist entweder $f_j \underset{\mu}{\rightarrow} f$ *oder* $f_j \underset{\text{f. ü.}}{\rightarrow} f$ *oder* $f_j \underset{L_1}{\rightarrow} f$*, so ist* $f(x)$ *integrierbar, und es gilt*

$$\int f(x) \, \mathrm{d}\mu = \lim_{j \to \infty} \int f_j(x) \, \mathrm{d}\mu . \tag{1}$$

Bemerkung. Formal kann man (1) als

$$\int (\lim_{j \to \infty} f_j(x)) \, \mathrm{d}\mu = \lim_{j \to \infty} \int f_j(x) \, \mathrm{d}\mu$$

schreiben. Der Satz von Lebesgue drückt also die Vertauschbarkeit von Limes und Integration aus. $g(x)$ nennt man eine integrierbare Majorante. Ohne die Existenz einer derartigen integrierbaren Majorante ist der Satz nicht mehr richtig, wie folgendes Beispiel zeigt: Im R_1 sei $f_j(x) = j$ für $0 \leqq x \leqq \frac{1}{j}$ und $f_j(x) = 0$ sonst. Dann ist $\int f_j(x) \, \mathrm{d}x = 1$ für $j = 1, 2, \ldots$ Andererseits ist $f_j \to 0$ f. ü. und $\int 0 \, \mathrm{d}x = 0$. Das zeigt, daß der Satz von Lebesgue in diesem Fall nicht gelten kann.

14.2.3. Weitere Eigenschaften integrierbarer Funktionen

Aus dem Satz von Lebesgue und früheren Betrachtungen kann man einige einfache Folgerungen ziehen.

Satz 1. $[X, \mathfrak{B}, \mu]$ *sei ein Maßraum, und* $f(x) \geqq 0$ *sei integrierbar. Haben die Funktionen* $f_j(x)$ *die Bedeutung aus* (13.4.3/1), *so gilt*

$$\int f(x) \, \mathrm{d}\mu = \lim_{j \to \infty} \int f_j(x) \, \mathrm{d}\mu . \tag{1}$$

Bemerkung 1. Der Satz folgt sofort aus Satz 14.2.2, wenn man $0 \leqq f_j(x) \leqq f(x)$ und $f_j \underset{\text{f.ü.}}{\rightarrow} f$ berücksichtigt. Das Integral über eine nichtnegative integrierbare Funktion kann man somit als Limes von Integralen über Treppenfunktionen darstellen. Das erinnert an das Riemannsche Integral. Die Verfahren sind aber unterschiedlich. Es sei etwa $X = R_1$, und μ sei das Lebesguesche Maß im R_1. Zur Konstruktion approximierender Treppenfunktionen unterteilt man beim Riemannschen Integral die x-Achse (siehe 3.2.1.), beim Lebesgueschen Integral aber die y-Achse.

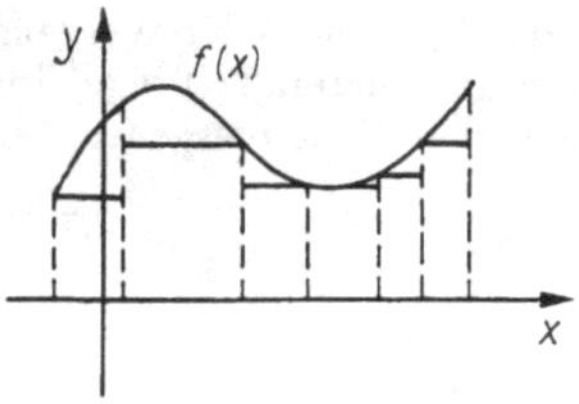

Riemannsches Integral, längsgestreift

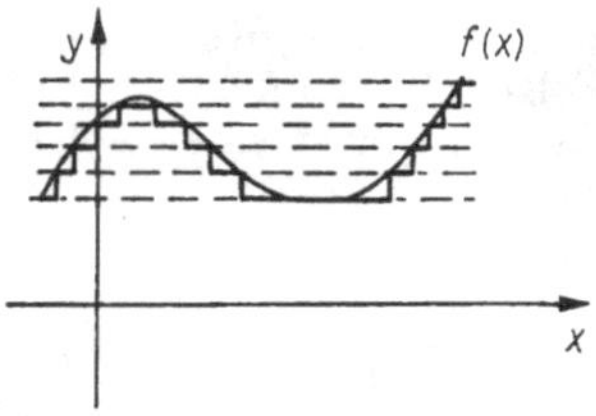

Lebesguesches Integral, quergestreift

Satz 2. $[X, \mathfrak{B}, \mu]$ *sei ein Maßraum.* $f(x)$ *ist genau dann integrierbar, wenn* $|f(x)|$ *integrierbar ist.*

Bemerkung 2. Zu diesem Satz gibt es kein Analogon in der Riemannschen Integrationstheorie. Man vergleiche mit Satz 3.2.2/2(b) und dem Gegenbeispiel aus 3.2.4. Die dort betrachtete Funktion $f(x)$ ist Lebesgue-integrierbar.

Satz 3. $[X, \mathfrak{B}, \mu]$ *sei ein Maßraum. Ist* $f(x)$ *meßbar und* $g(x)$ *integrierbar mit* $|f(x)| \leqq |g(x)|$ *für* $x \in X$, *so ist auch* $f(x)$ *integrierbar.*

14.2.4. Der Banachraum $L_1(X, \mathfrak{B}, \mu)$

Ist $[X, \mathfrak{B}, \mu]$ ein Maßraum, so führen wir in der Gesamtheit der meßbaren Funktionen eine Äquivalenzrelation ein: $f \sim g$, falls $f(x) = g(x)$ f. ü. gilt. Man sieht leicht, daß $\sim$ die Forderungen erfüllt, die man an eine Äquivalenzrelation stellt: $f \sim f$ (reflexiv); $f \sim g$ genau dann, wenn $g \sim f$ (symmetrisch); aus $f \sim g$ und $g \sim h$ folgt $f \sim h$ (transitiv). Somit kann man die meßbaren Funktionen in Äquivalenzklassen unterteilen: $[f]$ sei die Äquivalenzklasse, die $f(x)$ als Repräsentanten enthält.

Definition. $L_1 = L_1(X, \mathfrak{B}, \mu)$ *ist die Gesamtheit der Äquivalenzklassen meßbarer Funktionen, für die*

$$\|[f]\|_{L_1} = \int |h(x)| \, d\mu < \infty \quad mit \quad h(x) \in [f] \tag{1}$$

gilt.

Bemerkung 1. Man sieht leicht, daß (1) unabhängig von der Auswahl des Repräsentanten $h(x) \in [f]$ ist. Somit ist (1) sinnvoll.

Satz. L_1 *ist ein Banachraum mit* $\|[\cdot]\|_{L_1}$ *als Norm.*

Bemerkung 2. Einen entsprechenden Satz für Riemannsche Integrale gibt es nicht. Hier zeigt sich ein entscheidender Vorteil der jetzigen allgemeineren Auffassung.

Bemerkung 3 (Vereinbarung). Statt mit Äquivalenzklassen $[f] \in L_1$ rechnen wir in Zukunft mit Repräsentanten $f \in L_1$. Wir schreiben auch $\|f\|_{L_1}$ statt $\|[f]\|_{L_1}$. Im Sinne von L_1 sind also zwei Funktionen gleich, wenn sie f. ü. übereinstimmen.

Bemerkung 4. Aus $f_j \xrightarrow[L_1]{} f$ folgt $\int |f_j(x)| \, d\mu \to \int |f(x)| \, d\mu$.

14.2.5. Die Sätze von B. Levi und Fatou

Satz 1 (*B. Levi*). *$[X, \mathfrak{B}, \mu]$ sei ein Maßraum, und $0 \leqq f_1(x) \leqq f_2(x) \leqq f_3(x) \leqq \ldots$ sei eine monotone Folge integrierbarer Funktionen. Es sei $\sup_j \int f_j(x)\,\mathrm{d}\mu < \infty$. Dann ist $f(x) = \lim_{j\to\infty} f_j(x)$ integrierbar, und es gilt $\int f(x)\,\mathrm{d}\mu = \lim_{j\to\infty} \int f_j(x)\,\mathrm{d}\mu$.*

Bemerkung 1. Insbesondere drückt der Satz aus, daß $f_j(x)$ fast überall konvergiert. Der Satz bleibt auch für $\sup_j \int f_j(x)\,\mathrm{d}\mu = \infty$ richtig, sofern man $\int f(x)\,\mathrm{d}\mu = \infty$ so interpretiert, daß $f(x)$ meßbar, aber nicht integrierbar ist. (Hierbei kann $f(x) = \infty$ auch auf einer Menge mit positivem Maß sein).

Satz 2 (*Lemma von Fatou*). *$[X, \mathfrak{B}, \mu]$ sei ein Maßraum. $\{f_j(x)\}_{j=1}^{\infty}$ sei eine Folge integrierbarer Funktionen mit $f_j(x) \geqq 0$ für $j = 1, 2, 3, \ldots$ Ist $\underline{\lim}_j \int f_j(x)\,\mathrm{d}\mu < \infty$, so ist $f(x) = \underline{\lim}_j f_j(x)$ integrierbar, und es gilt*

$$\int f(x)\,\mathrm{d}\mu \leqq \underline{\lim}_j \int f_j(x)\,\mathrm{d}\mu\,.$$

Bemerkung 2. $\underline{\lim}_j = \underline{\lim}$ wurde in 5.4.1. erklärt.

14.3. Transformationsformeln

14.3.1. Meßbare Abbildungen und Bildmaße

Betrachtet werden ein Maßraum $[X, \mathfrak{B}, \mu]$ und ein meßbarer Raum $(Y, \mathfrak{C})$, der aus einer Grundmenge Y und einer σ-Algebra $\mathfrak{C}$ von Untermengen von Y besteht.

Definition. *Eine eindeutige Abbildung $T(x)$ von X in Y heißt meßbar, falls*

$$T^{-1}(M) = \{x \mid x \in X,\ T(x) \in M\} \in \mathfrak{B} \tag{1}$$

für jede Menge $M \in \mathfrak{C}$ gilt.

Bemerkung 1. Verlangt wird also, daß das Urbild $T^{-1}(M)$ jeder Menge M aus $\mathfrak{C}$ zu $\mathfrak{B}$ gehört. Ist $Y = R_1$ und $\mathfrak{C}$ die σ-Algebra der Borelmengen in R_1, so stimmt die obige Definition mit Def. 13.4.1 überein: Meßbare Funktionen sind also spezielle meßbare Abbildungen.

Satz. *$[X, \mathfrak{B}, \mu]$ sei ein Maßraum, $(Y, \mathfrak{C})$ sei ein meßbarer Raum, und $T(x)$ sei eine meßbare Abbildung von X in Y im Sinne der Definition. Es sei $\nu(M) = \mu(T^{-1}(M))$ für $M \in \mathfrak{C}$. Gibt es eine Folge $F_1 \subset F_2 \subset F_3 \subset \ldots$ mit $F_j \in \mathfrak{C}$, $\nu(F_j) < \infty$ und $Y = \bigcup_{j=1}^{\infty} F_j$, so ist ν ein Maß.*

Bemerkung 2. Da $T(x)$ meßbar ist, ist $\nu(M)$ für jede Menge $M \in \mathfrak{C}$ definiert. Zum Beweis des Satzes muß man die Eigenschaften aus Def. 13.2.1 nachprüfen: Die σ-Additivität folgt aus dem Ansatz, und die σ-Endlichkeit haben wir gefordert. Man kann Beispiele angeben, die zeigen, daß sich die σ-Endlichkeit nicht automatisch aus dem Ansatz für ν ergibt.

Bemerkung 3. Man schreibt $\nu = \mu T^{-1}$ und nennt ν das Bildmaß (zu μ und T). Wir vereinbaren, daß die Bezeichnung „Bildmaß" die Existenz einer Folge von Mengen $F_1 \subset F_2 \subset F_3 \subset \ldots$ mit den im Satz genannten Eigenschaften einschließt.

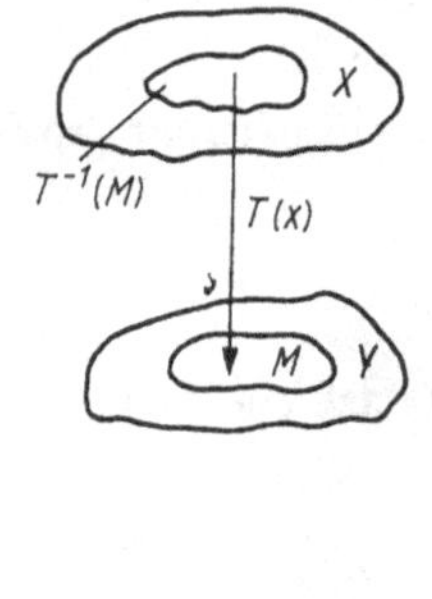

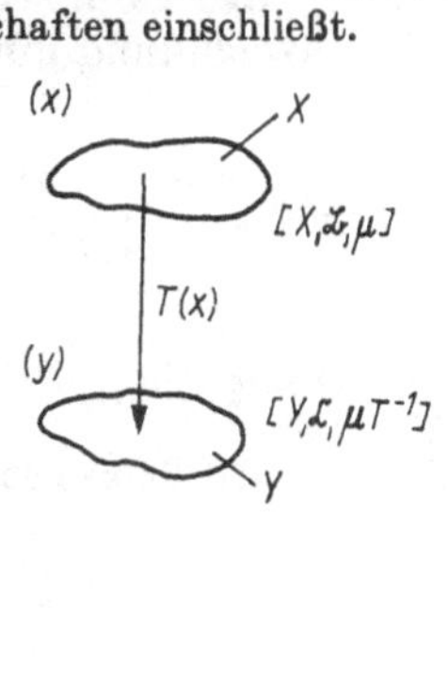

14.3.2. Eine spezielle Transformationsformel

Betrachtet werden ein Maßraum $[X, \mathfrak{B}, \mu]$, ein meßbarer Raum $(Y, \mathfrak{C})$ und eine meßbare Abbildung $T(x)$ von X in Y. Entsprechend Bemerkung 14.3.1/3 sei $\nu = \mu T^{-1}$ das zugehörige Bildmaß. Dann ist $[Y, \mathfrak{C}, \nu]$ ein Maßraum. x sei der allgemeine Punkt in X und y der allgemeine Punkt in Y. Funktionen f in X werden als $f(x)$ und Funktionen f in Y als $f(y)$ geschrieben. Meßbarkeit, Integrierbarkeit usw. sind dann stets bezüglich des zugehörigen Maßraumes zu verstehen.

Satz. (a) *Ist $f(y)$ meßbar, so ist auch $h(x) = f(T(x))$ meßbar.*
(b) *Ist $f(y)$ integrierbar, so ist auch $h(x) = f(T(x))$ integrierbar, und es gilt*

$$\int f(y)\, \mathrm{d}(\mu T^{-1}) = \int f(T(x))\, \mathrm{d}\mu\,.$$

14.3.3. Absolut-stetige Maße, der Satz von Radon-Nikodym

Definition. *$[X, \mathfrak{B}, \mu]$ sei ein Maßraum. Ein Maß ν auf $\mathfrak{B}$ heißt absolut-stetig (bezüglich μ), falls aus $\mu(E) = 0$ mit $E \in \mathfrak{B}$ stets $\nu(E) = 0$ folgt.*

Bemerkung 1. Ist ν absolut-stetig bezüglich μ, so schreibt man $\nu \ll \mu$. Man kann leicht Beispiele angeben. Ist $f(x) \geqq 0$ integrierbar, so ist

$$\nu(E) = \int_E f(x)\, \mathrm{d}\mu, \quad E \in \mathfrak{B}\,, \tag{1}$$

absolut-stetig bez. μ, siehe Bemerkung 14.1.4/3.

Bemerkung 2. Ist $f(x) \geqq 0$ meßbar, aber nicht integrierbar, so schreiben wir $\int f(x)\, \mathrm{d}\mu = \infty$. Dann ist (1) für beliebige meßbare Funktionen $f(x) \geqq 0$ sinnvoll. Ist ν ein Maß (insbesondere also σ-endlich), so ist es absolut-stetig bez. μ. Der nachfolgende Satz ist in diesem Sinne zu verstehen.

Satz (*Radon-Nikodym*). *$[X, \mathfrak{B}, \mu]$ sei ein Maßraum. Ist $\nu \ll \mu$, so gibt es eine meßbare Funktion $f(x) \geqq 0$ mit*

$$\nu(E) = \int_E f(x)\, \mathrm{d}\mu \quad \textit{für alle} \quad E \in \mathfrak{B}\,.$$

Ist $g(x) \geqq 0$ eine meßbare Funktion mit $\nu(E) = \int_E g(x)\, \mathrm{d}\mu$ für alle $E \in \mathfrak{B}$, so ist $f(x) = g(x)$ fast überall.

Bemerkung 3. $f(x)$ ist also im wesentlichen eindeutig bestimmt, und man schreibt $f(x) = \frac{\mathrm{d}\nu}{\mathrm{d}\mu}$: Radon-Nikodym-Ableitung (oder Radon-Nikodym-Derivierte).

14.3.4. Die allgemeine Transformationsformel

Betrachtet werden zwei Maßräume $[X, \mathfrak{B}, \mu]$ und $[Y, \mathfrak{C}, \varrho]$ sowie eine meßbare Abbildung $T(x)$ von X in Y. Es sei μT^{-1} das Bildmaß zu μ und T im Sinne von Bemerkung 14.3.1/3. Bezüglich der Kennzeichnung durch x oder y sollen die Vereinbarungen aus 14.3.2. gelten.

Satz. *Es sei $\mu T^{-1} \ll \varrho$. Ist $f(y)$ meßbar und $f(y) \frac{\mathrm{d}(\mu T^{-1})}{\mathrm{d}\varrho}(y)$ integrierbar, so ist $h(x) = f(T(x))$ integrierbar, und es gilt*

$$\int f(T(x))\, \mathrm{d}\mu = \int f(y) \frac{\mathrm{d}(\mu T^{-1})}{\mathrm{d}\varrho}(y)\, \mathrm{d}\varrho\,.$$

Bemerkung 1. Dieser Satz ist eine Kombination der Sätze aus 14.3.2. und 14.3.3.

14.4. Produktmaße, Satz von Fubini

14.4.1. Die σ-Algebra im Produktraum, meßbare Schnitte

Es sei $\mathfrak{B}$ eine σ-Algebra von Untermengen der Menge X und $\mathfrak{C}$ eine σ-Algebra von Untermengen der Menge Y. Es sei

$$X\times Y=\{(x,\,y)\mid x\in X,\;y\in Y\},\quad E\times F=\{(x,\,y)\mid x\in E,\;y\in F\}\,,$$

wobei E eine Untermenge von X und F eine Untermenge von Y ist.

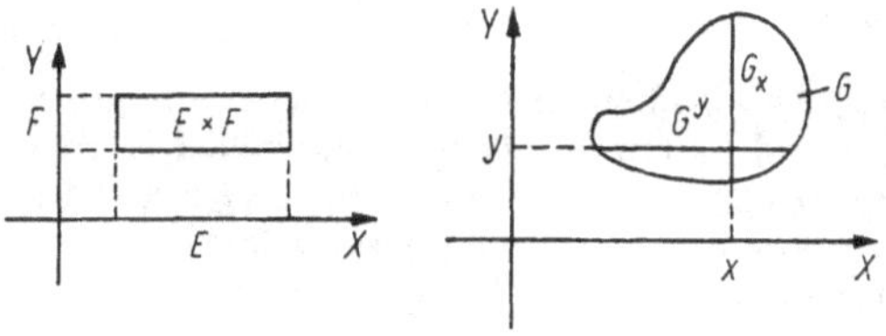

Definition. (**a**) *$\mathfrak{B}\times\mathfrak{C}$ ist die kleinste σ-Algebra von Untermengen der Menge $X\times Y$, die sämtliche Mengen der Form $E\times F$ mit $E\in\mathfrak{B}$ und $F\in\mathfrak{C}$ umfaßt (Produkt-σ-Algebra).*

(**b**) *Ist $G\subset X\times Y$ und $x\in X$, so heißt $G_x=\{y\mid y\in Y,\;(x,\,y)\in G\}$ Schnitt von G. Entsprechend heißt $G^y=\{x\mid x\in X,\;(x,\,y)\in G\}$ mit $y\in Y$ Schnitt von G.*

(**c**) *Ist $f(x,\,y)$ eine reelle Funktion auf $X\times Y$, so heißen $f_x(y)=f(x,\,y)$ Schnitt von f und $f^y(x)=f(x,\,y)$ Schnitt von f.*

Bemerkung 1. Es ist $G_x\subset Y$ und $G^y\subset X$. Ferner bedeutet $f_x(y)$, daß $f(x,\,y)$ bei fixiertem $x\in X$ als Funktion von y betrachtet wird, analog $f^y(x)$.

Satz. (**a**) *Ist $G\in\mathfrak{B}\times\mathfrak{C}$, so gilt $G_x\in\mathfrak{C}$ für alle $x\in X$ und $G^y\in\mathfrak{B}$ für alle $y\in Y$.*

(**b**) *Ist $f(x,\,y)$ meßbar bez. $\mathfrak{B}\times\mathfrak{C}$, so ist $f_x(y)$ für alle $x\in X$ meßbar bez. $\mathfrak{C}$ und $f^y(x)$ für alle $y\in Y$ meßbar bez. $\mathfrak{B}$.*

Bemerkung 2. Schnitte meßbarer Mengen sind also meßbare Mengen, und Schnitte meßbarer Funktionen sind meßbare Funktionen.

14.4.2. Das Produktmaß

Definition. *$[X,\,\mathfrak{B},\,\mu]$ und $[Y,\mathfrak{C},\,\nu]$ seien zwei Maßräume. Ein Maß λ auf der Produkt-σ-Algebra $\mathfrak{B}\times\mathfrak{C}$ heißt Produktmaß, falls $\lambda(E\times F)=\mu(E)\cdot\nu(F)$ für alle $E\in\mathfrak{B}$ und alle $F\in\mathfrak{C}$ gilt.*

Bemerkung 1. $\mu(E)$ und/oder $\nu(F)$ können ∞ sein. Wir erinnern an die frühere Vereinbarung $0\cdot\infty=0$ und $a\cdot\infty=\infty$ für $a>0$. Ferner setzen wir (wie in Bemerkung 14.3.3/2) $\int f(x)\,\mathrm{d}\mu=\infty$, falls $f(x)\geqq 0$ meßbar, aber nicht integrierbar ist. Hierbei ist es für die Formulierung des folgenden Satzes zweckmäßig, $f(x)=\infty$ auf einer beliebigen meßbaren Menge zuzulassen, vgl. Bemerkung 13.4.1/5. Hat die Menge mit $f(x)=\infty$ ein positives Maß, so ist $\int f(x)\,\mathrm{d}\mu=\infty$.

Satz. *Im Sinne der Definition gibt es genau ein Produktmaß. Ist λ dieses Produktmaß und ist $G\in\mathfrak{B}\times\mathfrak{C}$; so gilt*

$$\lambda(G)=\int\nu(G_x)\,\mathrm{d}\mu=\int\mu(G^y)\,\mathrm{d}\nu\,. \tag{1}$$

Bemerkung 2. $\lambda(G)=\infty$ ist nach Bemerkung 1 möglich. Die Bildungen in (1) sind sinnvoll. Nach Satz 14.4.1 ist $G_x\in\mathfrak{C}$, somit kann man $\nu(G_x)$ bilden und als Funktion von x betrachten.

Man muß zeigen, daß $\nu(G_x)$ bezüglich $\mathfrak{B}$ meßbar ist. Da $\nu(G_x) \geqq 0$ ist, ist dann das erste Integral in (1) nach Bemerkung 1 sinnvoll. Entsprechendes gilt für das zweite Integral. Das Produktmaß wird auch $\lambda = \mu \times \nu$ geschrieben.

14.4.3. Der Satz von Fubini für nicht-negative Funktionen

Satz. $[X, \mathfrak{B}, \mu]$ *und* $[Y, \mathfrak{C}, \nu]$ *seien zwei Maßräume.* $[X \times Y, \mathfrak{B} \times \mathfrak{C}, \mu \times \nu]$ *sei der zugehörige Produktmaßraum. Ist* $f(x, y) \geqq 0$ *eine* $\mathfrak{B} \times \mathfrak{C}$*-meßbare Funktion, so ist* $\int f(x, y) \mathrm{d}\mu$ *eine* $\mathfrak{C}$*-meßbare und* $\int f(x, y) \mathrm{d}\nu$ *eine* $\mathfrak{B}$*-meßbare Funktion. Ferner gilt*

$$\int f(x, y) \, \mathrm{d}(\mu \times \nu) = \int \left(\int f(x, y) \, \mathrm{d}\mu \right) \mathrm{d}\nu = \int \left(\int f(x, y) \, \mathrm{d}\nu \right) \mathrm{d}\mu \, . \tag{1}$$

Bemerkung 1. Im Sinne von Bemerkung 14.4.2/1 können die auftretenden Integrale auch ∞ sein. In jedem Fall sind $\int f(x, y) \mathrm{d}\mu = \int f^y(x) \mathrm{d}\mu$ und $\int f(x, y) \mathrm{d}\nu = \int f_x(y) \mathrm{d}\nu$ sinnvoll. Die erste Aussage des Satzes ist, daß $\int f^y(x) \mathrm{d}\mu$ bezüglich der σ-Algebra $\mathfrak{C}$ meßbar ist, analog $\int f_x(y) \mathrm{d}\nu$. Da diese Funktionen nicht-negativ sind, sind alle Integrale in (1) sinnvoll. (1) soll folgende Aussage einschließen: Ist eines der drei Integrale endlich, so sind auch die beiden anderen Integrale endlich, und alle drei Integrale sind dann gleich.

14.4.4. Der Satz von Fubini für beliebige Funktionen

Satz. $[X, \mathfrak{B}, \mu]$ *und* $[Y, \mathfrak{C}, \nu]$ *seien zwei Maßräume.* $[X \times Y, \mathfrak{B} \times \mathfrak{C}, \mu \times \nu]$ *sei der zugehörige Produktmaßraum.* $f(x, y)$ *sei* $\mu \times \nu$*-integrierbar. Dann gilt:* $f_x(y)$ *ist für fast alle* $x \in X$ *eine* ν*-integrierbare Funktion,* $f^y(x)$ *ist für fast alle* $y \in Y$ *eine* μ*-integrierbare Funktion,*

$$\int f_x(y) \, \mathrm{d}\nu \textit{ ist } \mu\textit{-integrierbar}, \quad \int f^y(x) \, \mathrm{d}\mu \textit{ ist } \nu\textit{-integrierbar} \, , \tag{1}$$

$$\int f(x, y) \, \mathrm{d}(\mu \times \nu) = \int \left(\int f(x, y) \, \mathrm{d}\mu \right) \mathrm{d}\nu = \int \left(\int f(x, y) \, \mathrm{d}\nu \right) \mathrm{d}\mu \, . \tag{2}$$

Bemerkung 1. $f_x(y)$ gehört also für alle $x \in X \setminus E$ mit $E \in \mathfrak{B}$ und $\mu(E) = 0$ zu $L_1(Y, \mathfrak{C}, \nu)$. Für diese x existiert das erste Integral in (1). Für $x \in E$ kann man etwa $\int f_x(y) \, \mathrm{d}\nu = 0$ setzen. Analoges gilt für $f^y(x)$.

Bemerkung 2. Dieser Satz enthält Satz 14.4.3 nicht als Spezialfall. Satz 14.4.3 hat selbständige Bedeutung, da er (im Gegensatz zum obigen Satz) auf beliebige nicht-negative meßbare Funktionen anwendbar ist.

> Das Riemannsche Integral ist ein Spezialfall des Lebesgueschen Integrals
> (Mathematische Folklore)

14.5. Vergleich zwischen Riemannschen und Lebesgueschen Integralen

14.5.1. Integrierbare Funktionen

In Def. 9.1.2(b) wurde festgelegt, wann eine reelle beschränkte Funktion $f(x)$ in einem Q-Gebiet Ω im R_n Riemann-integrierbar ist. Das entsprechende Riemannsche Integral bezeichnen wir jetzt mit $\mathrm{R} \int_\Omega f(x) \, \mathrm{d}x$. Ist Ω ein I-Gebiet, so wurde in Def. 9.1.5 das Riemannsche Integral für Funktionen eingeführt, die in $\bar{\Omega}$ stetig sind. Wir benutzen auch hierfür die Bezeichnung $\mathrm{R} \int_\Omega f(x) \, \mathrm{d}x$. Entsprechend 13.3.4. sei $[R_n, \mathfrak{B}_\mathrm{L}, \mu_\mathrm{L}]$ der Maßraum, der aus der Grundmenge $X = R_n$, der σ-Algebra $\mathfrak{B}_\mathrm{L}$ der Lebesgue-meßbaren Mengen im R_n und dem Lebesgueschen Maß μ_L besteht. Das zugehörige Lebesguesche Integral im Sinne von Def. 14.1.2 bezeichnen wir jetzt mit $\mathrm{L}\int f(x)\,dx$, wobei wir dx statt $d\mu_L$ schreiben. Ist $\Omega \in \mathfrak{B}_L$, so setzen wir in Übereinstimmung mit Def. 14.1.4 $\int\limits_\Omega f(x)\,d\mu_L = \mathrm{L}\int\limits_\Omega f(x)\,dx$.

Satz. (a) *Jedes I-Gebiet (und somit auch jedes Q-Gebiet) gehört zu* $\mathfrak{B}_L$.

(b) *Ist $f(x)$ im Q-Gebiet Ω Riemann-integrierbar, so ist $f(x)$ Lebesgue-integrierbar, und es gilt*

$$\mathrm{R}\int\limits_\Omega f(x)\,dx = \mathrm{L}\int\limits_\Omega f(x)\,dx\,. \tag{1}$$

(c) *Ist Ω ein I-Gebiet und ist $f(x)$ in $\bar{\Omega}$ stetig, so ist $f(x)$ Lebesgue-integrierbar, und es gilt* (1).

Bemerkung 1. Teil (a) kann man verschärfen: Jedes I-Gebiet ist eine Borelmenge. In (b) und (c) kann man sich $f(x)$ außerhalb von Ω mit Null fortgesetzt denken, so daß $f(x)$ in ganz R_n definiert ist.

Bemerkung 2. Der Satz zeigt, daß das Lebesguesche Integral eine wesentliche Verallgemeinerung des Riemannschen Integrals ist. Beim Riemannschen Integral hatten wir nur beschränkte Gebiete und beschränkte Funktionen betrachtet. Beim Lebesgueschen Integral sind beliebige (Lebesgue-meßbare) Mengen erlaubt, und die Funktionen können auch unbeschränkt sein. Absolut konvergente uneigentliche Riemannsche Integrale im Sinne von 9.2.7. sind spezielle Lebesguesche Integrale. In diesem Sinne macht Lemma 9.2.7 Aussagen über die Existenz der speziellen Lebesgueschen Integrale $\mathrm{L}\int\limits_{|x|<1} |x|^\alpha dx$ und $\mathrm{L}\int\limits_{|x|>1} |x|^\alpha\,dx$. Man vergleiche auch mit den Beispielen 2 und 3 in 7.2.1. Die Γ-Funktion aus 7.2.3. ist ein Lebesguesches Integral. Konvergieren uneigentliche Riemannsche Integrale nicht absolut, so brauchen die betreffenden Lebesgueschen Integrale nicht zu existieren. Man vergleiche hierzu Beispiel 1 aus 7.2.1. Es ist $\mathrm{L}\int\limits_{R_1} \left|\frac{\sin x}{x}\right| dx = \infty$, und somit existiert auch $\mathrm{L}\int\limits_{R_1} \frac{\sin x}{x}\,dx$ nicht. Man kann aber nach bewährtem Riemannschen Vorbild uneigentliche Lebesguesche Integrale einführen.

Bemerkung 3. In Zukunft schreiben wir für Lebesguesche Integrale

$$\int f(x)\,dx \quad \text{statt} \quad \mathrm{L}\int f(x)\,dx \quad \text{oder} \quad \int f(x)\,d\mu_L.$$

14.5.2. Die Sätze von Lebesgue und Fubini

Der Satz von Lebesgue: Die Sätze 9.1.3/2 und 9.1.5/1 sind Vorläufer von Satz 14.2.2. Die dort geforderte gleichmäßige Konvergenz der Funktionen und ihre Beschränktheit sichern sofort die Existenz einer integrierbaren Majorante $g(x)$ im Sinne von Satz 14.2.2.

Der Satz von Fubini: Satz 9.1.6 ist jetzt ein sehr bescheidener Spezialfall von Satz 14.4.4. Es sei $X = R_n$, $\mathfrak{B} = \mathfrak{B}_L^n$ die σ-Algebra der Lebesgue-meßbaren Mengen im R_n und $\mu = \mu_L^n$ das Lebesguesche Maß im R_n, entsprechend $Y = R_m$, $\mathfrak{C} = \mathfrak{B}_L^m$ und $\nu = \mu_L^m$. Damit ist $[X\times Y,\ \mathfrak{B}\times\mathfrak{C},\ \mu\times\nu] = [R_{n+m},\ \mathfrak{B}_L^{n+m},\ \mu_L^{n+m}]$ der Produktmaßraum im Sinne von Satz 14.4.4. Ist $f(x, y)$ mit $x \in R_n$ und $y \in R_m$ in R_{n+m} Lebesgue-integrierbar, so gilt

$$\int\limits_{R_{n+m}} f(x, y)\,dx dy = \int\limits_{R_n}\Big(\int\limits_{R_m} f(x, y)\,dy\Big)\,dx = \int\limits_{R_m}\Big(\int\limits_{R_n} f(x, y)\,dx\Big)\,dy\,.$$

Ist $f(x)$ mit $x = (x_1, \ldots, x_n)$ Lebesgue-integrierbar im R_n, so folgt durch Iteration

$$\int\limits_{R_n} f(x)\,dx = \int\limits_{R_1}\Big(\int\limits_{R_1}\Big(\ldots\int\limits_{R_1} f(x_1, \ldots, x_{n-1}, x_n)\,dx_1\ldots\Big)\,dx_{n-1}\Big)\,dx_n\,,$$

wobei man üblicherweise die Klammern nicht schreibt. Ist $f(x)$ nur auf einer Lebesgue-meßbaren Menge Ω im R_n definiert, so setzt man $f(x)$ mit Null auf $R_n \setminus \Omega$ fort. Ist das Resultat eine Lebesgue-integrierbare Funktion im R_n, so kann man die obige Formel anwenden. In diesem Sinne gilt z. B.

$$\int_{\Omega} f(x)\,\mathrm{d}x = \int_{\Omega^*} \int_{a(x^*)}^{b(x^*)} f(x_1, x^*)\,\mathrm{d}x_1 \mathrm{d}x^*$$

mit $x^* = (x_2, \ldots, x_n)$, wobei die Größen die in der Zeichnung angegebene Bedeutung haben. Sind die betrachteten Funktionen nicht-negativ, so kann man auch Satz 14.4.3 und seine Spezialisierungen im obigen Sinne verwenden.

14.5.3. Transformationsformeln

Ist Ω eine Lebesgue-meßbare Menge im R_n und ist $f(x)$ eine auf Ω definierte reelle Funktion, so wird $f(x)$ mit Null auf $R_n \setminus \Omega$ fortgesetzt. Wir sagen, daß $f(x)$ in Ω Lebesgue-meßbar bzw. Lebesgue-integrierbar ist, wenn die so fortgesetzte Funktion im R_n Lebesgue-meßbar bzw. Lebesgue-integrierbar ist. Nach Satz 14.5.1 sind insbesondere I-Gebiete im R_n Lebesgue-meßbar. Man kann jetzt die Sätze 9.2.2 und 14.3.4 kombinieren, wobei die verwendeten Symbole die dortige Bedeutung haben.

Satz. $y = y(x)$ *sei eine eineindeutige Abbildung des I-Gebietes ω im R_n auf das I-Gebiet Ω im R_n mit* $\dfrac{\partial(y_1, \ldots, y_n)}{\partial(x_1, \ldots, x_n)}(x) \neq 0$ *für* $x \in \bar{\omega}$. *Ist $f(x)$ in ω Lebesgue-integrierbar und ist $x = x(y)$ die Umkehrfunktion zu $y(x)$, so ist $g(y) = f(x(y))$ in Ω Lebesgue-integrierbar, und es gilt*

$$\int_{\omega} f(x)\,\mathrm{d}x = \int_{\Omega} g(y) \left| \frac{\partial(x_1, \ldots, x_n)}{\partial(y_1, \ldots, y_n)}(y) \right| \mathrm{d}y\,.$$

Bemerkung. Im Sinne von 14.3.4. sind sowohl μ als auch ϱ das Lebesguesche Maß im R^n sowie $T(x) = y(x)$ (in diesem Fall ist T eineindeutig) und $f(x) = g(y(x)) = g(T(x))$. Vergleich der Formeln in den Sätzen 9.2.2 und 14.3.4 führt zu

$$\frac{\mathrm{d}(\mu T^{-1})}{\mathrm{d}\varrho} = \left| \frac{\partial(x_1, \ldots, x_n)}{\partial(y_1, \ldots, y_n)}(y) \right|. \tag{1}$$

Damit hat man zugleich auch ein konkretes Beispiel für eine Radon-Nikodym-Ableitung.

Polarkoordinaten: Zur Illustration von (1) betrachten wir Polarkoordinaten. Im R_2 ergibt sich

$$\begin{matrix} x = r\cos\varphi, \\ y = r\sin\varphi, \end{matrix} \qquad 0 < r < \infty, \quad 0 \leq \varphi < 2\pi \quad \text{und} \quad \left| \frac{\partial(x, y)}{\partial(r, \varphi)} \right| = r\,.$$

Im R_3 wurden die Polarkoordinaten r, ϑ, φ in 12.4.1. beschrieben. Man erhält

$$\left| \frac{\partial(x, y, z)}{\partial(r, \vartheta, \varphi)} \right| = r^2 \sin\vartheta.$$

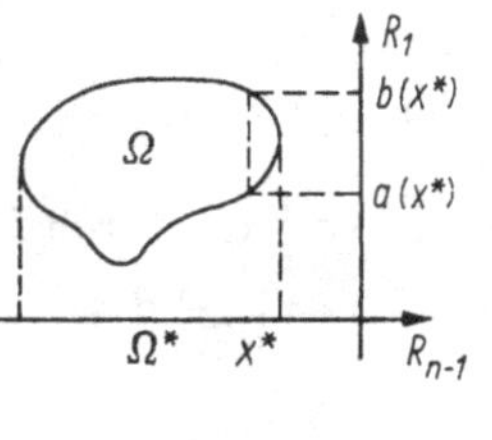

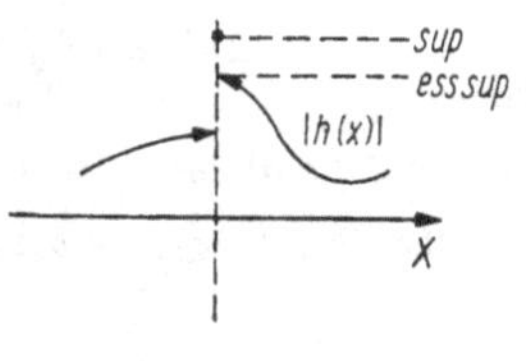

14.6. L_p-Räume

14.6.1. Definition

Im Maßraum $[X, \mathfrak{B}, \mu]$ werden Äquivalenzklassen $[f]$ meßbarer Funktionen im Sinne von 14.2.4. betrachtet.

Definition. (a) *Für* $1 \leq p < \infty$ *ist* $L_p = L_p(X, \mathfrak{B}, \mu)$ *die Gesamtheit der Äquivalenzklassen meßbarer Funktionen, für die*

$$\|[f]\|_{L_p} = \left(\int |h(x)|^p \, dy\right)^{\frac{1}{p}} < \infty \quad mit \quad h(x) \in [f] \tag{1}$$

gilt.

(b) $L_\infty = L_\infty(X, \mathfrak{B}, \mu)$ *ist die Gesamtheit der Äquivalenzklassen meßbarer Funktionen, für die*

$$\|[f]\|_{L_\infty} = \text{ess sup } |h(x)| < \infty \quad mit \quad h(x) \in [f] \tag{2}$$

gilt.
Hierbei ist ess sup $|h(x)| = \inf N$, *wobei das Infimum über alle nicht-negativen Zahlen* N *mit* $\mu(\{x \mid |h(x)| > N\}) = 0$ *genommen wird.*

Bemerkung 1. Für $p = 1$ stimmt dies mit Def. 14.2.4 überein. Man sieht leicht, daß (1) und (2) von der Auswahl der Repräsentanten $h(x) \in [f]$ unabhängig sind. In (2) nimmt man nicht das Supremum, sondern nur das „wesentliche Supremum" (essential supremum). Sonst wäre (2) auch nicht unabhängig von der Auswahl des Repräsentanten. Die Werte einer gegebenen Funktion können auf einer Menge vom Maß Null nach Belieben abgeändert werden.

Bemerkung 2. (*Vereinbarung*). Wie in Bemerkung 14.2.4/3 werden wir in Zukunft mit Funktionen $f \in L_p$ statt mit Äquivalenzklassen $[f] \in L_p$ rechnen. Wir schreiben auch $\|f\|_{L_p}$ statt $\|[f]\|_{L_p}$.

14.6.2. Die Ungleichungen von Hölder und Minkowski

Satz. $[X, \mathfrak{B}, \mu]$ *sei ein Maßraum, und* $L_p = L_p(X, \mathfrak{B}, \mu)$ *seien die Räume aus Def.* 14.6.1.

(a) *Ist* $f(x) \in L_p$ *und* $g(x) \in L_{p'}$ *mit* $1 < p < \infty$ *und* $\frac{1}{p} + \frac{1}{p'} = 1$, *so ist* $f(x) \cdot g(x) \in L_1$, *und es gilt die Höldersche Ungleichung*

$$\int |f(x) \cdot g(x)| \, d\mu \leq \|f\|_{L_p} \|g\|_{L_{p'}} .$$

(b) *Ist* $f(x) \in L_p$ *und* $g(x) \in L_p$ *mit* $1 \leq p \leq \infty$, *so ist auch* $f(x) + g(x) \in L_p$, *und es gilt die Minkowskische Ungleichung*

$$\|f + g\|_{L_p} \leq \|f\|_{L_p} + \|g\|_{L_p} .$$

Bemerkung. Entsprechende Ungleichungen für komplexe Zahlen findet man in Satz 6.2.1. Der obige Satz wird durch Zurückführung auf Satz 6.2.1 bewiesen.

14.6.3. Die Räume $L_p(X, \mathfrak{B}, \mu)$

Definition. *Eine Menge* M *in einem Banachraum* B *heißt dicht, falls es zu jedem Element* $b \in B$ *und zu jedem* $\varepsilon > 0$ *ein Element* $m \in M$ *mit* $\|b - m\| \leq \varepsilon$ *gibt.*

Bemerkung 1. Banachräume wurden in Kap. 6 betrachtet, $\|\cdot\|$ ist die Norm. Die Definition besagt, daß jedes Element aus B bezüglich der Norm beliebig gut durch Elemente aus M approximiert werden kann.

Satz. $[X, \mathfrak{B}, \mu]$ *sei ein Maßraum, und* $L_p = L_p(X, \mathfrak{B}, \mu)$ *seien die Räume aus Def.* 14.6.1.

(a) L_p *mit* $\|f\| = \|f\|_{L_p}$ *als Norm ist ein Banachraum. Hierbei ist* $1 \leq p \leq \infty$.

(b) *Ist* $1 \leq p < \infty$, *so bilden die integrierbaren einfachen Funktionen eine dichte Menge in* L_p.

Bemerkung 2. Teil (a) soll die Aussage einschließen, daß $\|f\|_{L_p}$ eine Norm ist. Bezüglich integrierbarer einfacher Funktionen verweisen wir auf Def. 14.1.1. Zum Beweis von (b) kann man Satz 14.2.3/1 und die Treppenfunktionen aus (13.4.3/1) benutzen.

14.6.4. Die Räume $L_p(R_n)$ und $L_p(\Omega)$

In diesem Abschnitt wird der Maßraum $[X, \mathfrak{B}, \mu]$ spezialisiert, $X = R_n$, $\mathfrak{B} = \mathfrak{B}_L$ ist die σ-Algebra der Lebesgue-meßbaren Mengen im R_n und $\mu = \mu_L$ das Lebesguesche Maß.

Definition 1. *Es sei* $1 \leq p \leq \infty$.

(a) *Es ist* $L_p(R_n) = L_p(R_n, \mathfrak{B}_L, \mu_L)$ *im Sinne von Def.* 14.6.1.

(b) *Ist* Ω *eine Lebesgue-meßbare Menge im* R_n, *so ist*

$$L_p(\Omega) = \{f \mid f \in L_p(R_n),\ f(x) = 0 \text{ für } x \in R_n \setminus \Omega\}\ . \tag{1}$$

Bemerkung 1. Wir erinnern an die frühere Vereinbarung, daß wir $f \in L_p$ statt (genauer) $[f] \in L_p$ schreiben: (1) ist in diesem Sinne zu verstehen. $L_p(\Omega)$ besteht somit wie $L_p(R_n)$ aus Äquivalenzklassen fast überall (im Lebesgueschen Sinne) gleicher Funktionen. Ebenfalls im Sinne früherer Vereinbarungen schreiben wir

$$\|f\|_{L_p(\Omega)} = \left(\int_\Omega |f(x)|^p \mathrm{d}x\right)^{\frac{1}{p}} \quad \text{für} \quad 1 \leq p < \infty$$

und

$$\|f\|_{L_\infty(\Omega)} = \operatorname*{ess\,sup}_{x \in \Omega} |f(x)| \qquad \text{für} \quad p = \infty\ .$$

Definition 2. Ω *sei ein Gebiet im* R_n (*d. h. eine offene Menge im* R_n). *Eine Lebesgue-meßbare Funktion* $f(x)$ *heißt finit* (*bezüglich* Ω), *falls* $\operatorname{supp} f = \overline{\{x \mid f(x) \neq 0\}}$ *beschränkt ist und in* Ω *liegt.*

Bemerkung 2. $\operatorname{supp} f$ nennt man den Träger von f (support). Da Ω offen und $\operatorname{supp} f$ abgeschlossen und beschränkt ist, hat $\operatorname{supp} f$ vom Rand $\partial\Omega$ von Ω einen positiven Abstand. Hierbei ist $\partial\Omega = \bar{\Omega} \setminus \Omega$.

Satz 1. Ω *sei ein Gebiet im* R_n.

(a) *Für* $1 \leq p \leq \infty$ *ist* $L_p(\Omega)$ *mit* $\|f\|_{L_p(\Omega)}$ *als Norm ein Banachraum.*

(b) *Ist* $1 \leq p < \infty$, *so bilden die in* Ω *stetigen und finiten Funktionen eine dichte Menge in* $L_p(\Omega)$.

Bemerkung 3. Teil (a) ist auch richtig, wenn Ω eine beliebige Lebesgue-meßbare Menge ist. Teil (b) beweist man unter Verwendung von Satz 14.6.3(b). Man approximiert eine beliebige integrierbare einfache Funktion durch Funktionen der Form $\sum_{j=1}^{N} \alpha_j \chi_{Q_j}(x)$, wobei $\chi_{Q_j}(x)$ die charakteristische Funktion eines Quaders Q_j mit $\bar{Q}_j \subset \Omega$ ist. Anschließend approximiert man die charakteristische Funktion eines Quaders Q mit $\bar{Q} \subset \Omega$ in elementarer Weise durch stetige finite Funktionen.

Satz 2. *Ist* Ω *ein Gebiet im* R_n *und ist* $1 \leq p < \infty$, *so bilden die in* Ω *beliebig oft differenzierbaren und finiten Funktionen eine dichte Menge in* $L_p(\Omega)$.

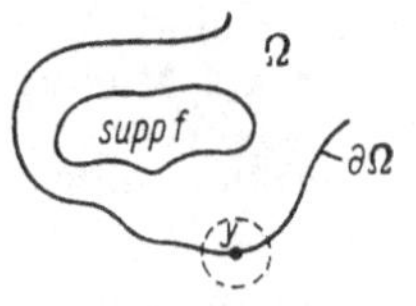

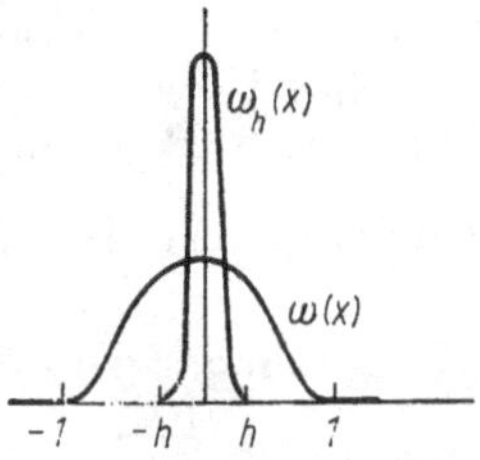

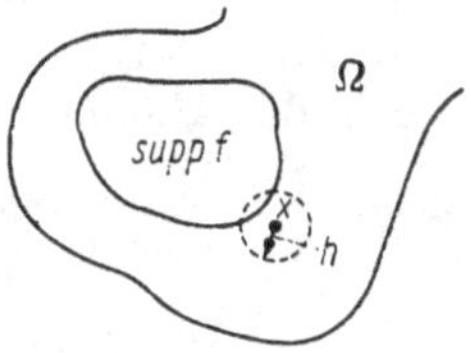

Bemerkung 4. Der Beweis dieses wichtigen Satzes geschieht mit Hilfe des Sobolevschen Mittlungsverfahrens. Es sei

$$\omega(x)=\begin{cases} c e^{\frac{-1}{1-|x|^2}} & \text{für} \quad |x|<1, \\ 0 & \text{für} \quad |x|\geqq 1, \end{cases} \qquad \int_{R_n} \omega(x)\,dx=1\,.$$

Unter Verwendung von Satz 5.4.5./3 kann man leicht nachprüfen, daß $\omega(x)$ im R_n beliebig oft differenzierbar ist. Ferner ist supp $\omega=\{y \mid |y|\leqq 1\}$. Für $h>0$ wird $\omega_h(x)=h^{-n}\omega\left(\frac{x}{h}\right)$ gesetzt. Es ist supp $\omega_h=\{y \mid |y|\leqq h\}$. Nach Satz 1(b) genügt es, stetige und finite Funktionen zu approximieren. Ist $f(x)$ eine solche Funktion, so wird

$$f_h(x)=\int_{R_n} f(z)\,\omega_h\,(x-z)\,dz, \quad h>0\,,$$

gesetzt. Man kann jetzt zeigen, daß $f_h(x)$ in R_n beliebig oft differenzierbar ist. Ferner ist supp $f_h\subset\Omega$ für kleine positive h, und es gilt $f_h\to f$ in $L_p(\Omega)$. Details findet man in [43], S. 37–40.

15. Funktionentheorie

15.1. Holomorphe Funktionen

15.1.1. Die komplexe Ebene C

Eine komplexe Zahl $z\in C_1$ kann man als $z=x+iy$ (Normaldarstellung aus 1.2.4.) oder als $z=re^{i\varphi}$ (Polarkoordinatendarstellung aus 5.2.4.) schreiben. Für die folgenden Betrachtungen ist es zweckmäßig, C_1 durch einen unendlich fernen Punkt abzuschließen. Hierzu denken wir uns eine Kugel auf der Zahlenebene C_1, die C_1 im Punkt 0 berührt. Ist dieser Berührungspunkt der Südpol, so zeichnen wir vom Nordpol aus einen Strahl zum Punkt $z\in C_1$, der die Kugel im Punkt ζ durchstößt. Die Zuordnung ist eineindeutig: Jedem ζ auf der Kugel mit Ausnahme des Nordpols entspricht genau ein $z\in C_1$. Das Verfahren heißt stereographische Projektion, und die Kugel nennt man Riemannsche Zahlenkugel. Man schließt jetzt diese Zahlenkugel ab, indem man den Nordpol hinzunimmt. In der z-Ebene ordnet man bei der stereographischen Projektion dem Nordpol den Punkt ∞ zu und schreibt $C=C_1\cup\cup\{\infty\}$ (Abschluß der komplexen Ebene C_1 durch den unendlich fernen Punkt ∞).

Begriffe bezüglich ∞ kann man sich dann an der Zahlenkugel klar machen, z. B. die Sprechweise, daß $\{z \mid z \in C_1,\ |z| > N\} \cup \{\infty\}$ Umgebungen von ∞ sind. Umgebungen um $z \in C_1$ haben die übliche Bedeutung: z. B. Kreise mit z als Mittelpunkt. Ist $z = re^{i\varphi}$, so ist $w = \frac{1}{z} = \frac{1}{r}\,e^{-i\varphi}$, insbesondere geht $\{z \mid |z| > N\} \cup \{\infty\}$ in $\left\{w \mid |w| < \frac{1}{N}\right\}$ über. $\left(\text{Hierbei ist } 0 = \frac{1}{\infty}.\right)$ Damit gehen Umgebungen von ∞ in Umgebungen von 0 über. (Wie in 6.2.2. vereinbart, setzen wir $|z| = \sqrt{x^2+y^2}$ mit $x = \operatorname{Re} z$ und $y = \operatorname{Im} z$.) Das legt folgendes Verfahren nahe: 1. Begriffe der (komplexen) Funktionentheorie werden zuerst für Punkte z mit $|z| < \infty$ definiert. 2. Für $z = \infty$ definiert man den betreffenden Begriff, indem man den schon definierten Begriff für $w = 0$ nimmt und w durch $\frac{1}{z}$ ersetzt.

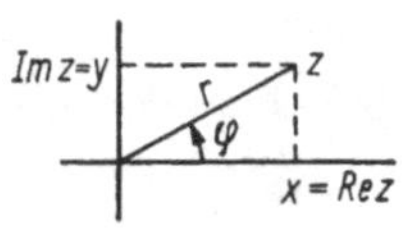

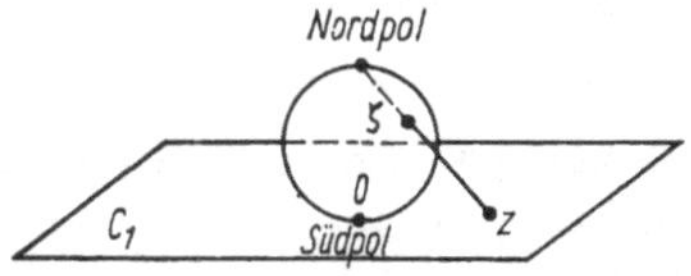

15.1.2. Holomorphe Funktionen

Betrachtet werden Funktionen $f(z)$ in der Ebene $C = C_1 \cup \{\infty\}$, mit Werten in C, also $f(z) \in C$. Denkt man sich C eineindeutig auf die Zahlenkugel abgebildet, so heißt dies, daß wir Funktionen auf der Zahlenkugel betrachten, deren Werte wieder auf der Zahlenkugel liegen. Es ist jedoch bequemer mit der Ebene C zu rechnen, auch wenn dann der Punkt ∞ von Zeit zu Zeit eine Extrawurst gebraten bekommt. Es sei G ein Gebiet (d. h. offene Menge) in C. Ist $\infty \in G$, so muß $\{z \mid |z| > N\} \subset G$ für genügend große Werte von N gelten.

Definition 1. *$f(z)$ sei in dem Gebiet G in C definiert, $D(f) = G$, und $f(z) \in C_1$ für $z \in G$ (also $f(z) \neq \infty$ für $z \in G$). Dann heißt $f(z)$ im Punkt $z_0 \in G$ mit $z_0 \neq \infty$ stetig, falls es zu jedem $\varepsilon > 0$ eine hinreichend kleine positive Zahl $\delta = \delta(\varepsilon)$ mit $|f(z) - f(z_0)| \leqq \varepsilon$ für $|z - z_0| < \delta$ gibt. $f(z)$ heißt im Punkt ∞ stetig (vorausgesetzt, daß $\infty \in G$ gilt), falls es zu jedem $\varepsilon > 0$ eine hinreichend große Zahl $N = N(\varepsilon)$ mit $|f(z) - f(\infty)| \leqq \varepsilon$ für $|z| > N$* gibt.

Bemerkung 1. Hierbei muß $\delta > 0$ so klein gewählt werden, daß $\{z \mid |z - z_0| < \delta\} \subset G$ gilt. Ist $\infty \in G$, so muß N so groß gewählt werden, daß $\{z \mid |z| > N\} \subset G$ gilt. Man sieht, daß die Stetigkeit im Punkt ∞ dem Prinzip am Schluß von 15.1.1. entspricht.

Definition 2. *$f(z)$ sei in einem Gebiet G in C definiert, $D(f) = G$ und $f(z) \in C_1$ für $z \in G$.*

(**a**) *$f(z)$ heißt im Punkt $z_0 \in G$ mit $z_0 \neq \infty$ differenzierbar, falls der C_1-Limes $\lim_{C_1 \ni h \to 0} \frac{1}{h}\,(f(z_0+h) - f(z_0))$ existiert, der dann mit $f'(z_0)$ bezeichnet wird. $f(z)$ heißt im Punkt ∞ differenzierbar (vorausgesetzt, daß $\infty \in G$ gilt), falls $w(z) = f\left(\frac{1}{z}\right)$ im Punkt $z_0 = 0$ differenzierbar ist. In diesem Fall wird $f'(\infty) = 0$ gesetzt.*

(**b**) *$f(z)$ heißt in G holomorph, falls $f(z)$ in jedem Punkt $z \in G$ differenzierbar ist.*

Bemerkung 2. $f(z)$ ist also im Punkt $z_0 \neq \infty$ differenzierbar, und der Wert der Ableitung ist $f'(z_0)$, falls es zu jedem $\varepsilon > 0$ ein $\delta = \delta(\varepsilon)$ gibt, so daß

$$\left|\frac{f(z_0+h) - f(z_0)}{h} - f'(z_0)\right| \leqq \varepsilon \quad \text{für} \quad h \in C_1 \quad \text{und} \quad |h| \leqq \delta$$

gilt. Hierbei ist $f'(z_0) \in C_1$ (also $f'(z_0) = \infty$ ist nicht erlaubt). Das ist das komplexe Analogon zur reellen Differenzierbarkeit aus 3.1.1. Die Rechenregeln für die reelle Differentiation aus 3.1.2. gelten auch für die komplexe Differentiation. Insbesondere gilt die Kettenregel aus Satz 3.1.2/2 auch für die komplexe Differentiation.

Bemerkung 3. Mit ∞ wird wie folgt gerechnet: $z + \infty = z - \infty = z \cdot \infty = \infty$, sowie $\frac{z}{\infty} = 0$ und $\frac{z}{0} = \infty$ für $z \neq \infty$. (Im Gegensatz zu R_1 gibt es jetzt keine Unterscheidung zwischen ∞ und $-\infty$.) Die Festlegung $f'(\infty) = 0$ im Teil (b) der Definition ist natürlich: Ist nämlich $w(z) = f\left(\frac{1}{z}\right)$ in einer Umgebung von 0 stetig differenzierbar, so folgt aus der Kettenregel

$$f'(z) = -w'\left(\frac{1}{z}\right)\frac{1}{z^2} \to -w'(0)\frac{1}{\infty} = 0 \quad \text{für} \quad z \to \infty .$$

Lemma. *Ist $f(z)$ im Punkt $z_0 \in G$ differenzierbar, so ist $f(z)$ im Punkt z_0 stetig.*

Bemerkung 4. Das Lemma gilt insbesondere für $\infty = z_0 \in G$.

15.1.3. Beispiele holomorpher Funktionen

Polynome: Sind $a_0, \ldots, a_N$ komplexe Zahlen, so ist das Polynom $f(z) = P(z) = \sum_{k=0}^{N} a_k z^k$ in $G = C_1 = C \setminus \{\infty\}$ holomorph. Es gilt $f'(z) = \sum_{k=1}^{N} k a_k z^{k-1}$. Im Spezialfall $f(z) \equiv a_0$ ist $f(z)$ in C holomorph, und es gilt $f'(z) \equiv 0$.

Die Funktion $\frac{1}{z}$: Die Funktion $f(z) = \frac{1}{z}$ ist in $G = C \setminus \{0\}$ holomorph, und es gilt $f'(z) \equiv -\frac{1}{z^2}$ (einschließlich $z \equiv \infty$).

Potenzreihen: In 5.4.1. wurden komplexe Potenzreihen behandelt, der Konvergenzradius R hat die Bedeutung aus (5.4.1/2).

Satz. *Hat die Potenzreihe $P(z) = \sum_{k=0}^{\infty} a_k (z - z_0)^k$ mit $z_0 \in C_1$ den Konvergenzradius R, so ist $P(z)$ in $G = \{z \mid |z - z_0| < R\}$ holomorph, und es gilt $P'(z) = \sum_{k=1}^{\infty} k a_k (z - z_0)^{k-1}$.*

Bemerkung. Das ist das komplexe Analogon von Satz 5.4.3/3. Die Polynome sind ein Spezialfall mit $R = \infty$ als Konvergenzradius.

Die Funktion e^z: Die Funktion e^z wurde in 5.4.6. behandelt. Nach Satz 5.4.6 is der obige Satz anwendbar, und es folgt, daß e^z in $G = C_1$ holomorph ist. Es gilt $(e^z)' = \sum_{k=0}^{\infty} \frac{z^k}{k!} = e^z$. Damit sind auch $a^z = e^{z \ln a}$ mit $a > 0$ in C_1 holomorph, und nach der Kettenregel gilt $(a^z)' = \ln a \cdot a^z$.

15.1.4. Die Cauchy-Riemannschen Differentialgleichungen, harmonische Funktionen

Ist $f(z) = f(x, y)$ in einem Gebiet G in C_1 definiert und $f(z) \in C_1$, so setzen wir $f(z) = \operatorname{Re} f(z) + \mathrm{i} \operatorname{Im} f(z) = u(x, y) + \mathrm{i}\, v(x, y)$, wobei $u(x, y) = \operatorname{Re} f(z)$ und $v(x, y) = \operatorname{Im} f(z)$ als reelle Funktionen in R_2 betrachtet werden. Ist $f(z)$ in G holomorph, so prüft man leicht nach, daß $u(x, y)$ und $v(x, y)$ in G stetig sind und dort partielle Ableitungen erster Ordnung nach x und y besitzen. Aus

$$f'(z_0) = \lim_{h\to 0} \frac{f(x_0+h_1, y_0+h_2) - f(x_0, y_0)}{h_1 + \mathrm{i}h_2}, \quad h = h_1 + \mathrm{i}h_2,$$

liest man

$$\frac{\partial f}{\partial x} = \frac{\partial u}{\partial x} + \mathrm{i}\,\frac{\partial v}{\partial x} = f'(z_0), \qquad \frac{\partial f}{\partial y} = \frac{\partial u}{\partial y} + \mathrm{i}\frac{\partial v}{\partial y} = \mathrm{i}f'(z_0)$$

ab. Vergleicht man Realteil und Imaginärteil der beiden letzten Gleichungen, so ergeben sich die Cauchy-Riemannschen Differentialgleichungen

$$\frac{\partial u}{\partial x} = \frac{\partial v}{\partial y}, \quad \frac{\partial u}{\partial y} = -\frac{\partial v}{\partial x}, \quad (x, y) \in G. \tag{1}$$

Satz 1. *G sei ein Gebiet in C_1 ($=R_2$). Ferner seien $u(x, y)$ und $v(x, y)$ in G stetig und stetig differenzierbar (d. h., daß $u(x, y)$ und $v(x, y)$ in G stetig sind und daß die partiellen Ableitungen von $u(x, y)$ und $v(x, y)$ nach x und y existieren und ebenfalls in G stetig sind). $f(z) = u(x, y) + \mathrm{i}\, v(x, y)$ mit $z = x + \mathrm{i}y$ ist genau dann in G holomorph, wenn die Cauchy-Riemannschen Differentialgleichungen* (1) *gelten.*

Bemerkung 1. Ist $f(z)$ holomorph in G, so zeigen die Vorbetrachtungen, daß $u(x, y)$ und $v(x, y)$

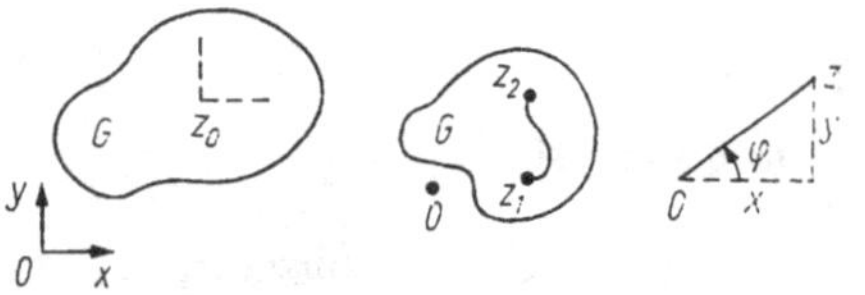

in G stetig sind, daß die partiellen Ableitungen $\frac{\partial u}{\partial x}, \frac{\partial u}{\partial y}, \frac{\partial v}{\partial x}$ und $\frac{\partial v}{\partial y}$ in G existieren und daß (1) gilt. Abgesehen von der Stetigkeit dieser partiellen Ableitungen sind also die Bedingungen des Satzes notwendig dafür, daß $f(z)$ in G holomorph ist.

Bemerkung 2. (*Die Funktionen* ln z *und* z^w). G sei ein zusammenhängendes Gebiet in C_1 und $0 \notin G$ (je zwei Punkte z_1 und z_2 kann man also durch eine glatte Kurve verbinden, die ganz in G verläuft). Ferner fordern wir, daß es keinen geschlossenen Weg in G gibt, mit dem man den Punkt 0 umlaufen kann. Nach Def. 5.3.1 ist dann

$$f(z) = \ln z = \ln r + \mathrm{i}\varphi \tag{2}$$

in G stetig. Es ist $u(x, y) = \ln r = \ln \sqrt{x^2+y^2}$ und $v(x, y) = \varphi = \arctan \frac{y}{x}$. Man prüft jetzt leicht nach, daß die Bedingungen des Satzes für $u(x, y)$ und $v(x, y)$ erfüllt sind. $\ln z$ ist also in G holomorph, und es gilt $(\ln z)' = \frac{1}{z}$. Den Begriff der Holomorphie kann man sofort auf Riemannsche Flächen ausdehnen. Dann ist $\ln z$ auf der in 5.3.1. beschriebenen Riemannschen Fläche holomorph. Ist $w \neq 0$ eine komplexe Zahl, so folgt aus der Kettenregel, daß $z^w = e^{w \ln z}$ in G holomorph ist. Nach 5.3.2. kann man die Holomorphie wieder auf Riemannsche Flächen ausdehnen.

Definition. *G sei ein Gebiet in C_1. Die reelle Funktion $u(x, y)$ heißt in G harmonisch, falls $u(x, y)$ in G stetig ist, dort partielle Ableitungen nach x und y erster und zweiter Ordnung besitzt und*

$$\Delta u = \frac{\partial^2 u}{\partial x^2} + \frac{\partial^2 u}{\partial y^2} \equiv 0$$

in G gilt.

Satz 2. *$f(z)$ sei holomorph in G, wobei G ein Gebiet in C_1 ist. Besitzen $u(x, y) = \operatorname{Re} f(z)$ und $v(x, y) = \operatorname{Im} f(z)$ stetige zweite partielle Ableitungen nach x und y in G, so sind $u(x, y)$ und $v(x, y)$ in G harmonisch.*

Bemerkung 3. Der Satz ist eine einfache Folge von (1):

$$\frac{\partial^2 u}{\partial x^2} + \frac{\partial^2 u}{\partial y^2} = \frac{\partial^2 v}{\partial x \partial y} - \frac{\partial^2 v}{\partial y \partial x} = 0$$

(vgl. Satz 8.1.2). Wie wir später sehen werden, sind $u(x, y) = \operatorname{Re} f(z)$ und $v(x, y) = \operatorname{Im} f(z)$ für holomorphe Funktionen $f(z)$ beliebig oft differenzierbar. Die Zusatzvoraussetzung über die zweiten Ableitungen im Satz ist also überflüssig.

15.2. Integralsätze

15.2.1. Komplexe Kurvenintegrale

Entsprechend 8.1.5. werden in der komplexen Ebene C_1 Kurven $\mathfrak{C}$ betrachtet, die durch $z(t) = x(t) + \mathrm{i}\, y(t)$ gegeben sind. Hierbei ist $\alpha \leqq t \leqq \beta$. Ferner sind $x(t)$ und $y(t)$ stetig differenzierbare Funktionen in $[\alpha, \beta]$. Wir schreiben $z'(t) = x'(t) + \mathrm{i}\, y'(t)$. Die Orientierung der Kurve ist durch die wachsenden t-Werte gegeben, also $A = z(\alpha)$ und $B = z(\beta)$. Die Kurve kann geschlossen sein, also $z(\alpha) = z(\beta)$. Ansonsten soll sie aber keine Doppelpunkte haben, also $z(t_1) \neq z(t_2)$ für $\alpha \leqq t_1 < t_2 < \beta$ und $\alpha < t_1 < t_2 \leqq \beta$.

Definition. *Ist $f(z)$ eine stetige komplexwertige Funktion auf $\mathfrak{C}$, so ist*

$$\int_{\mathfrak{C}} f(z)\, \mathrm{d}z = \int_\alpha^\beta f(z(t))\, z'(t)\, \mathrm{d}t = \int_\alpha^\beta \operatorname{Re}\, [f(z(t))\, z'(t)]\, \mathrm{d}t + \mathrm{i} \int_\alpha^\beta \operatorname{Im}\, [f(z(t))\, z'(t)]\, \mathrm{d}t\,.$$

Bemerkung 1. Komplexe Kurvenintegrale $\int_{\mathfrak{C}} f(z)\, \mathrm{d}z$ werden somit auf reelle Integrale über Intervallen $[\alpha, \beta]$ zurückgeführt. Damit übertragen sich die Eigenschaften dieser reellen Integrale, z. B.

$$\int_{\mathfrak{C}} (\lambda_1 f_1(z) + \lambda_2 f_2(z))\, \mathrm{d}z = \lambda_1 \int_{\mathfrak{C}} f_1(z)\, \mathrm{d}z + \lambda_2 \int_{\mathfrak{C}} f_2(z)\, \mathrm{d}z\,,$$

wobei λ_1 und λ_2 komplexe Zahlen sind und $f_1(z)$ und $f_2(z)$ stetige komplexe Funktionen auf $\mathfrak{C}$.

Bemerkung 2. $\int_{\mathfrak{C}} f(z)\, \mathrm{d}z$ ist von der Wahl des Parameters t unabhängig. Ist $\tau = \tau(t)$ in $[\alpha, \beta]$ stetig differenzierbar, $\tau'(t) > 0$ für $t \in [\alpha, \beta]$, sowie $\gamma = \tau(\alpha)$ und $\delta = \tau(\beta)$, so gilt

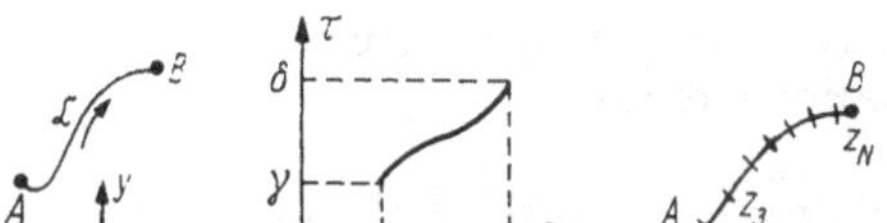

$$\int_\alpha^\beta f(z(t))\, z'(t)\, \mathrm{d}t = \int_\gamma^\delta f(w(\tau))\, \frac{\mathrm{d}w}{\mathrm{d}\tau}\, \mathrm{d}\tau \quad \text{mit} \quad w(\tau) = z(t(\tau))\,.$$

Bemerkung 3. Man kann $\int_{\mathfrak{C}} f(z)\, \mathrm{d}z$ auch direkt, analog zu Def. 3.2.1, als Limes Riemannscher Summen bestimmen. Hierzu wählt man Punkte $z_k \in \mathfrak{C}$ mit $z_1 = A$ und $z_n = B$. Dann ist

$$\int_{\mathfrak{C}} f(z)\, \mathrm{d}z = \lim \sum_{k=1}^{N-1} f(z_k)\, (z_{k+1} - z_k)\,,$$

wobei der Limes im Sinne immer feinerer Zerlegungen zu verstehen ist (analog wie beim Riemannschen Integral).

Eigenschaften von Kurvenintegralen. 1. Ist $\mathfrak{C}$ eine glatte Kurve und $\mathfrak{C}=\mathfrak{C}_1\cup\mathfrak{C}_2$, so gilt

$$\int_{\mathfrak{C}} f(z)\,dz=\int_{\mathfrak{C}_1} f(z)\,dz+\int_{\mathfrak{C}_2} f(z)\,dz\,.$$

Ist $\mathfrak{C}'$ gleich der Kurve $\mathfrak{C}$, aber mit umgekehrter Orientierung, so gilt

$$\int_{\mathfrak{C}'} f(z)\,dz=-\int_{\mathfrak{C}} f(z)\,dz\,.$$

Wir machen darauf aufmerksam, daß $\mathfrak{C}$ die Kurve einschließlich ihrer Orientierung bedeutet.

2. Ist $f_j(z)\Rightarrow f(z)$ (gleichmäßige Konvergenz von $f_j(z)$ gegen $f(z)$ auf $\mathfrak{C}$), so gilt

$$\int_{\mathfrak{C}} f_j(z)\,dz\to\int_{\mathfrak{C}} f(z)\,dz\,.$$

Das folgt etwa aus Satz 3.2.3.

3. Ist $\mathfrak{C}$ eine glatte geschlossene Kurve, so ist $\int_{\mathfrak{C}} f(z)\,dz$ unabhängig davon, ob man $\int_{\mathfrak{C}}$ als Integral von A bis A oder als Integral von A' bis A' berechnet.

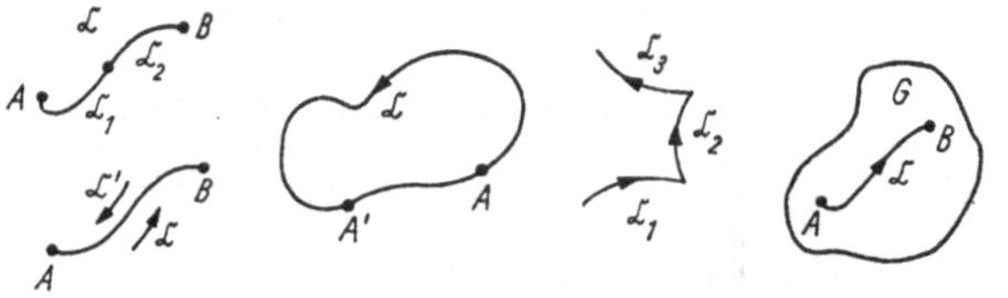

4. Ist $\mathfrak{C}=\mathfrak{C}_1\cup\mathfrak{C}_2\cup\mathfrak{C}_3\cup\ldots$ eine stückweise glatte Kurve mit den endlich vielen glatten Kurvenstücken $\mathfrak{C}_1$, $\mathfrak{C}_2$, $\mathfrak{C}_3$ usw., so setzen wir

$$\int_{\mathfrak{C}} f(z)\,dz=\int_{\mathfrak{C}_1} f(z)\,dz+\int_{\mathfrak{C}_2} f(z)\,dz+\int_{\mathfrak{C}_3} f(z)\,dz+\ldots$$

Die obigen Eigenschaften bleiben auch hierfür richtig.

5. $f(z)$ sei eine holomorphe Funktion in einem Gebiet G in C_1. Ist $\mathfrak{C}$ eine glatte Kurve in G, so gilt

$$\int_{\mathfrak{C}} f'(z)\,dz=f(B)-f(A)\,.$$

In diesem Fall ist also das Integral vom Weg unabhängig.

6. Unter den Bedingungen der Definition gilt

$$\left|\int_{\mathfrak{C}} f(z)\,dz\right|\leq\max_{z\in\mathfrak{C}}|f(z)|\int_\alpha^\beta|z'(t)|\,dt\,.$$

Nach 9.2.3. ist $\int_\alpha^\beta|z'(t)|\,dt=\int_\alpha^\beta\sqrt{x'^2(t)+y'^2(t)}\,dt$ die Länge der Kurve $\mathfrak{C}$.

15.2.2. Der Cauchysche Integralsatz

Ein Gebiet G in C_1 heißt einfach zusammenhängend, wenn man jede geschlossene Kurve $\mathfrak{C}$ in G innerhalb von G stetig auf einen Punkt zusammenziehen kann. Die Kurve $\mathfrak{C}'$ in der Abbildung kann man nicht innerhalb von G stetig auf einen Punkt zusammenziehen: G ist in diesem Fall also nicht einfach zusammenhängend.

Satz (*Cauchyscher Integralsatz*). *G sei ein beschränktes, einfach zusammenhängendes Gebiet in C_1. Ferner seien $\mathfrak{C}_1$ und $\mathfrak{C}_2$ zwei stückweise glatte Kurven in G, die von A nach B laufen. Ist f(z) in G holomorph, so gilt*

$$\int_{\mathfrak{C}_1} f(z)\,dz = \int_{\mathfrak{C}_2} f(z)\,dz\,.$$

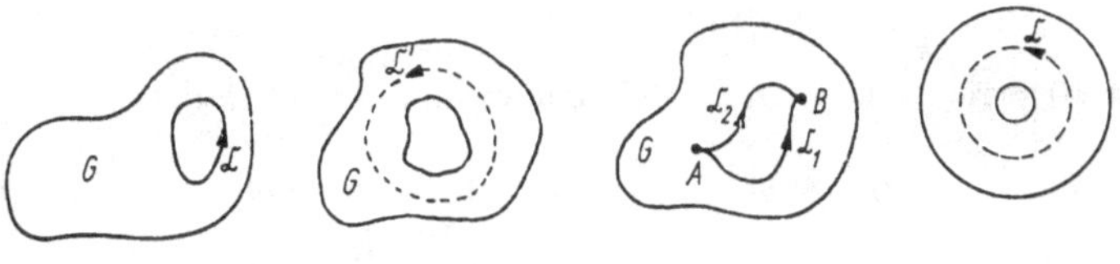

Bemerkung 1. Mathematik ist Kunst. Das ist sicherlich eine überzogene und etwas einseitige Feststellung. Aber sie betont einen wesentlichen Gradmesser der Mathematik, nämlich die Ästhetik ihrer Sätze. Es gibt nicht wenige Mathematiker, die den Integralsatz von Cauchy für den schönsten Satz der Mathematik halten.

Bemerkung 2. Den Satz kann man wie folgt umformulieren: G sei wieder ein beschränktes, einfach zusammenhängendes Gebiet in C_1, und $\mathfrak{C}$ sei eine stückweise glatte geschlossenen Kurve in G. Ist $f(z)$ in G holomorph, so gilt $\int_{\mathfrak{C}} f(z)\,dz = 0$.

Bemerkung 3. Die Forderung, daß G einfach zusammenhängend ist, ist für den Satz wesentlich. Ist $G = \left\{ z \,\middle|\, \frac{1}{2} < |z| < 2 \right\}$, so ist G nicht einfach zusammenhängend. $f(z) = \frac{1}{z}$ ist in G holomorph. Ist $\mathfrak{C} = \{e^{it}, 0 \leqq t < 2\pi\}$ der Einheitskreis, so folgt

$$\int_{\mathfrak{C}} \frac{1}{z}\,dz = \int_0^{2\pi} e^{-it}(ie^{it})\,dt = i2\pi\,.$$

Also gilt in diesem Fall der Integralsatz von Cauchy nicht.

Bemerkung 4 (*Fresnelsche Integrale und Cornusche Spirale*). Den Satz kann man auch effektvoll zur Berechnung reeller Integrale einsetzen. In der geometrischen Optik spielen die Fresnelschen Integrale

$$z(t) = x(t) + iy(t) = \int_0^t \cos v^2\,dv + i\int_0^t \sin v^2\,dv$$

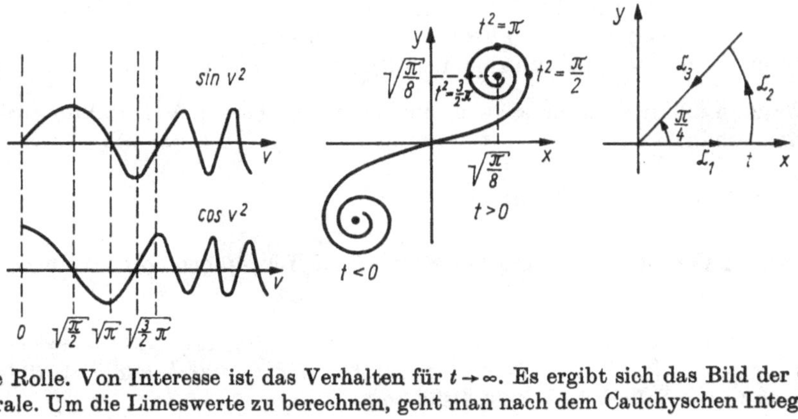

eine große Rolle. Von Interesse ist das Verhalten für $t \to \infty$. Es ergibt sich das Bild der Cornuschen Spirale. Um die Limeswerte zu berechnen, geht man nach dem Cauchyschen Integralsatz von

$$\int_{\mathfrak{C}_1 \cup \mathfrak{C}_2 \cup \mathfrak{C}_3} e^{iz^2}\,dz = 0 \tag{1}$$

aus. Hierbei sind $\mathfrak{C}_1$ und $\mathfrak{C}_3$ Geradenstücke, während $\mathfrak{C}_2$ ein Kreisbogen ist. Es ist

$$\int_{\mathfrak{C}_1} e^{iz^2} dz = \int_0^t e^{ix^2} dx = z(t) , \tag{2}$$

$$\int_{\mathfrak{C}_3} e^{iz^2} dz = - \int_0^t e^{-r^2} e^{i\frac{\pi}{4}} dr . \tag{3}$$

Auf $\mathfrak{C}_3$ setzen wir $z(r) = re^{i\frac{\pi}{4}}$. Dann ist $z^2 = ir^2$, und wir erhalten (3). Für $t \to \infty$ gilt $\int_0^t e^{-r^2} dr \to \int_0^\infty e^{-r^2} dr = \frac{\sqrt{\pi}}{2}$ (siehe 9.2.6.). Man kann auch zeigen, daß $\lim_{t\to\infty} \int_{\mathfrak{C}_2} e^{iz^2} dz = 0$ gilt. Mit $t \to \infty$ in (1) ergibt dies

$$z(\infty) = \frac{\sqrt{\pi}}{2} e^{i\frac{\pi}{4}} = \frac{\sqrt{\pi}}{2} \frac{1+i}{\sqrt{2}} = \sqrt{\frac{\pi}{8}} \; (1+i) .$$

15.2.3. Die Cauchysche Integralformel

Es sei G ein zusammenhängendes beschränktes Gebiet in C_1, dessen Rand aus endlich vielen Komponenten besteht. Wir wählen glatte geschlossene orientierte Kurven $\mathfrak{C}_0, \mathfrak{C}_1, \ldots, \mathfrak{C}_n$, die die einzelnen Randkomponenten einschließen (siehe Zeichnung). Wir erinnern daran, daß entsprechend 15.2.1. Kurven keine Doppelpunkte haben dürfen. Hierbei sei $\mathfrak{C}_0$ die Außenkurve. Die Kurven $\mathfrak{C}_1, \ldots, \mathfrak{C}_n$ ver-

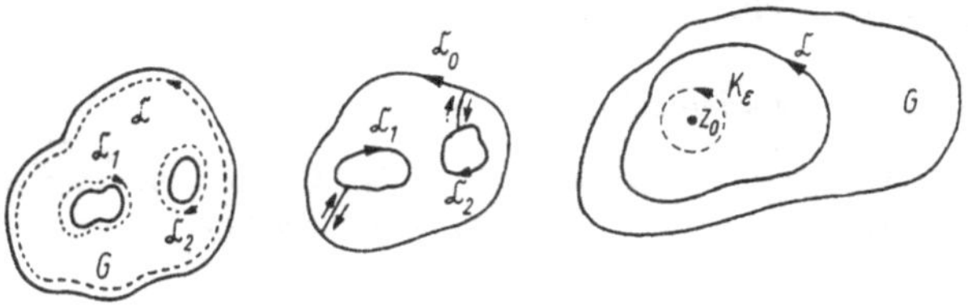

binden wir durch glatte Kurven mit $\mathfrak{C}_0$, so daß insgesamt eine stückweise glatte orientierte Kurve $\mathfrak{C}$ entsteht, die aus $\mathfrak{C}_0, \mathfrak{C}_1, \ldots, \mathfrak{C}_n$ und den doppelt durchlaufenen Verbindungsstücken besteht (ausnahmsweise lassen wir Doppelpunkte zu, da die Verbindungsstücke doppelt zu zählen sind). Ist $f(z)$ in G holomorph, so ist $\int_{\mathfrak{C}} f(z)\, dz = 0$ nach Satz 15.2.2. Hierbei heben sich die Integrale über die Verbindungsstücke weg, und man erhält

$$\int_{\mathfrak{C}_0} f(z)\, dz + \sum_{k=1}^{n} \int_{\mathfrak{C}_k} f(z)\, dz = 0 . \tag{1}$$

Das ist eine Verallgemeinerung von Satz 15.2.2 für mehrfach zusammenhängende Gebiete.

Satz (*Cauchysche Integralformel*). *G sei ein beschränktes, einfach zusammenhängendes Gebiet in C_1, und $\mathfrak{C}$ sei eine glatte Kurve in G. Ist $f(z)$ in G holomorph und ist z_0 ein Punkt, der innerhalb der Kurve $\mathfrak{C}$ liegt, so gilt*

$$f(z_0) = \frac{1}{2\pi i} \int_{\mathfrak{C}} \frac{f(z)}{z - z_0}\, dz . \tag{2}$$

Bemerkung 1. $\frac{f(z)}{z-z_0}$ ist holomorph in $G\backslash\{z_0\}$. Ist K_ε ein Kreis um z_0 vom Radius ε, so kann man (1) auf $\frac{f(z)}{z-z_0}$ anwenden und erhält

$$\int\limits_{\mathfrak{C}} \frac{f(z)}{z-z_0}\,\mathrm{d}z = \int\limits_{K_\varepsilon} \frac{f(z)}{z-z_0}\,\mathrm{d}z \underset{\varepsilon \downarrow 0}{\rightarrow} f(z_0)\,\mathrm{i}2\pi\,,$$

wobei Bemerkung 15.2.2/3 benutzt wurde. Mit anderen Worten: Der Satz folgt aus (1) und einer Limesbetrachtung $\varepsilon \downarrow 0$.

Bemerkung 2. Formel (2) besagt, daß man $f(z_0)$ berechnen kann, wenn man die Werte von $f(z)$ auf einer Kurve kennt, die z_0 umschließt. Das ist ein sehr bemerkenswerter Sachverhalt, für den es kein Analogon für reelle Funktionen gibt. Er zeigt zugleich, daß holomorph etwas ganz Besonderes ist.

15.3. Eigenschaften holomorpher Funktionen

15.3.1. Differenzierbarkeit und Ableitungsformeln

Satz. *Ist $f(z)$ in einem Gebiet G in C_1 holomorph, so ist $f(z)$ in G beliebig oft (komplex) differenzierbar, und die n-te Ableitung $f^{(n)}(z)$ ist in G ebenfalls holomorph. $\mathfrak{C}$ sei eine geschlossene, stückweise glatte Kurve in G, wobei das Innere von $\mathfrak{C}$ nur Punkte aus G enthält. Ist z ein Punkt, der innerhalb von $\mathfrak{C}$ liegt, so gilt*

$$f^{(n)}(z) = \frac{n!}{2\pi\mathrm{i}} \int\limits_{\mathfrak{C}} \frac{f(\zeta)}{(\zeta - z)^{n+1}}\,\mathrm{d}\zeta, \quad n = 0, 1, 2, \ldots \tag{1}$$

Bemerkung 1. Ist $f(z)$ holomorph, so wurde $f'(z)$ in Def. 15.1.2/2 erklärt. Ist $f'(z)$ ebenfalls holomorph, so kann man $f^{(2)}(z) = (f'(z))'$ bilden, usw. $f^{(n)}(z)$ ist die n-te Iteration. Da komplexe Differentiation nach $z = x + iy$ reelle Differentiation nach x und y als Spezialfall enthält, folgt aus dem Satz, daß $f(z) = f(x + iy) = g(x, y)$ beliebig oft nach x und y differenzierbar ist. Ist $f(z)$ einmal komplex differenzierbar (und somit holomorph), so ist nach dem Satz $f(z)$ beliebig oft komplex differenzierbar. Auch hierfür gibt es in der reellen Analysis kein Analogon.

Bemerkung 2. Formel (1) gewinnt man formal aus (15.2.3/2), indem man unter dem Integralzeichen differenziert. Ist $n = 0$, so bedeutet $f^{(0)}(z) = f(z)$ und (1) stimmt mit (15.2.3/2) überein.

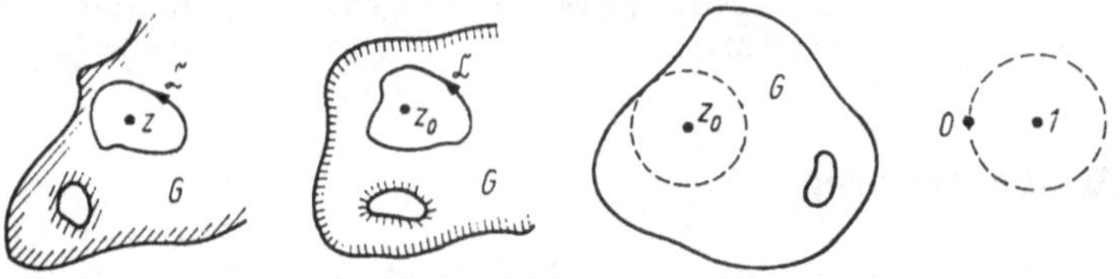

15.3.2. Taylorreihen

Satz. *Ist $f(z)$ in einem Gebiet G in C_1 holomorph, so ist $f(z)$ in einer Umgebung eines beliebigen Punktes $z_0 \in G$ in eine absolut und gleichmäßig konvergente Potenzreihe entwickelbar:*

$$f(z) = \sum_{k=0}^{\infty} a_k (z - z_0)^k \quad \textit{mit} \quad a_k = \frac{1}{2\pi\mathrm{i}} \int\limits_{\mathfrak{C}} \frac{f(\zeta)}{(\zeta - z_0)^{k+1}}\,\mathrm{d}\zeta\,. \tag{1}$$

Hierbei ist $\mathfrak{C}$ eine stückweise glatte Kurve in G um z_0, wobei das Innere von $\mathfrak{C}$ nur Punkte aus G enthält.

Bemerkung 1. Im Satz 15.1.3 hatten wir gesehen, daß komplexe Potenzreihen mit positivem Konvergenzradius R holomorphe Funktionen sind. Der obige Satz ist (zumindest lokal) die Umkehrung dieser Aussage: Wählt man einen beliebigen Punkt $z_0 \in G$, so ist $f(z)$ in einer Umgebung von z_0 als Potenzreihe mit positivem Konvergenzradius R darstellbar. R hat die Bedeutung aus (5.4.1/2). Man kann also holomorphe Funktionen auch als jene Funktionen definieren, die in jedem Punkt ihres Definitionsgebietes lokal in eine komplexe Potenzreihe mit positivem Konvergenzradius entwickelbar sind. Das ist der Weierstraßsche Zugang, während man die frühere Variante als den Riemannschen Zugang bezeichnet.

Bemerkung 2. Von Interesse ist die Größe R des Konvergenzradius der Reihe (1). Es zeigt sich, daß (1) in jedem Kreis um z_0 konvergiert, der ganz in G liegt. Der Konvergenzradius R von (1) ist also mindestens so groß wie der Radius des größten Kreises um z_0, der in G liegt.

Bemerkung 3. Aus (1) und (15.3.1/1) folgt

$$f(z)=\sum_{k=0}^{\infty}\frac{f^{(k)}(z_0)}{k!}(z-z_0)^k \tag{2}$$

Das ist das komplexe Analogon von (5.4.4/1).

Bemerkung 4. Als Beispiel entwickeln wir $\ln z$ an der Stelle 1. Nach Bemerkung 2 und Bemerkung 15.1.4/2 konvergiert die Potenzreihe für $\ln z$ im Punkte $z_0=1$ in einem Kreis um 1 vom Radius 1. Aus (2), $\ln 1=0$, $(\ln z)'=\frac{1}{z}$ und höheren Ableitungen ergibt sich

$$\ln z=\sum_{k=1}^{\infty}\frac{(-1)^{k+1}}{k}(z-1)^k .$$

15.3.3. Der Identitätssatz

Satz. *G sei ein zusammenhängendes Gebiet in C_1, und $\{z_k\}_{k=1}^{\infty}$ sei eine Folge von Punkten aus G mit $z_k \neq z_l$ für $k \neq l$, die mindestens einen Häufungspunkt besitzt, der in G liegt. Sind $f(z)$ und $g(z)$ zwei holomorphe Funktionen in G mit $f(z_k)=g(z_k)$ für $k=1, 2, 3, \ldots$, so gilt $f(z)\equiv g(z)$ in G.*

Bemerkung. Eine holomorphe Funktion $f(z)$ in G ist also durch die Werte $f(z_k)$ bereits eindeutig bestimmt. Aus dem Verhalten im Kleinen (etwa der Umgebung des Häufungspunktes von $\{z_k\}_{k=1}^{\infty}$) folgt bereits das Gesamtverhalten.

15.3.4. Das Maximumprinzip

Satz. *$f(z)$ sei in einem zusammenhängenden Gebiet G in C_1 holomorph. G_0 sei ein Teilgebiet von G und $z_0 \in G_0$. Ist $|f(z_0)|=\max_{z\in G_0}|f(z)|$, so ist $f(z)\equiv c$ in G konstant.*

Bemerkung. Die Konstanten sind also die einzigen holomorphen Funktionen $f(z)$ in G, für die $|f(z)|$ in G ein lokales Maximum haben kann. Eine entsprechende Aussage gilt auch für lokale positive Minima für $|f(z)|$ (hierbei maß man natürlich $|f(z_0)|=0$ ausschließen).

15.3.5. Der Satz von Liouville

Satz. *Eine in der komplexen Ebene C_1 beschränkte holomorphe Funktion ist konstant.*

Bemerkung. Der Satz folgt aus (15.3.2/1). Setzt man dort $z_0=0$ und $\mathfrak{C}=\{\zeta \mid |\zeta|=R\}$, so ergibt sich

$$|a_k| \leq (\sup_{z\in C_1} |f(z)|) \frac{1}{R^k} \to 0 \quad \text{für} \quad R\to\infty \quad \text{und} \quad k=1,2,\ldots$$

Also ist $f(z)\equiv a_0$.

15.3.6. Der Fundamentalsatz der Algebra

Wir beweisen die Aussage aus Bemerkung 5.3.3/4: Das Polynom $P(z)=\sum_{k=0}^{n} a_k z^k$ mit den komplexen Koeffizienten $a_0, \ldots, a_n$ und $a_n \neq 0$ sowie $n\geq 1$ besitzt mindestens eine komplexe Nullstelle. Wenn $P(z)$ keine Nullstelle besitzt, so ist $\frac{1}{P(z)}$ in C_1 holomorph. Man sieht leicht, daß $\left|\frac{1}{P(z)}\right|$ auch beschränkt ist. Nach Satz 15.3.5 ist dann $\frac{1}{P(z)}\equiv c$, also ist $P(z)$ konstant. Das ist ein Widerspruch. So einfach geht es, wenn man die richtigen Hilfsmittel zur Hand hat!

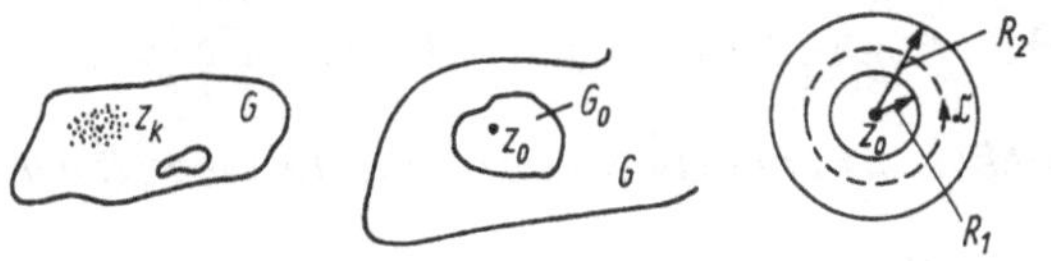

15.4. Singularitätentheorie

15.4.1. Laurentreihen

Satz. *Ist $f(z)$ im Kreisring $\{z \mid R_1<|z-z_0|<R_2\}$ mit $z_0\in C_1$ und $0\leq R_1<R_2<\infty$ holomorph, so gilt*

$$f(z)=\sum_{k=-\infty}^{\infty} a_k (z-z_0)^k \quad \textit{mit} \quad a_k=\frac{1}{2\pi i}\int_{\mathfrak{C}} \frac{f(\zeta)}{(\zeta-z_0)^{k+1}}\,d\zeta\,. \tag{1}$$

Hierbei ist $\mathfrak{C}=\{w \mid |w|=R\}$, $R_1<R<R_2$, mit der angegebenen Orientierung. Ist $\varepsilon>0$ hinreichend klein, so ist (1) im Kreisring $\{z \mid R_1+\varepsilon<|z-z_0|<R_2-\varepsilon\}$ absolut und gleichmäßig konvergent.

Bemerkung 1. Die Darstellung (1) nennt man Laurentreihe. Es ist

$$f(z)=\underbrace{\sum_{k=0}^{\infty} a_k (z-z_0)^k}_{\text{regulärer Teil}}+\underbrace{\sum_{k=-\infty}^{-1} a_k (z-z_0)^k}_{\text{Hauptteil}}\,.$$

Der reguläre Teil konvergiert für $|z-z_0|<R_2$, und der Hauptteil konvergiert für $|z-z_0|>R_1$.

Bemerkung 2. Aus dem Identitätssatz 15.3.3 kann man folgende Aussage ableiten: Ist $f(z)$ aus dem Satz im Kreisring $\{z \mid R_1<|z-z_0|<R_2\}$ als $f(z)=\sum_{k=-\infty}^{\infty} b_k (z-z_0)^k$ darstellbar, so gilt $b_k=a_k$ für $k=0, \pm 1, \pm 2, \ldots$ Die a_k in (1) sind also eindeutig bestimmt. Das gilt dann insbesondere auch für Potenzreihen.

15.4.2. Singularitäten

Definition. *$f(z)$ sei in der punktierten Kreisscheibe $\{z \mid 0<|z-z_0|<\varepsilon\}$ mit $z_0 \in C_1$ holomorph. $f(z)=\sum_{k=-\infty}^{\infty} a_k (z-z_0)^k$ sei die zugehörige Laurentreihe.*

(a) *z_0 heißt hebbare Singularität, falls $a_k=0$ für $k=-1, -2, -3, \ldots$ gilt.*

(b) *z_0 heißt Polstelle der Ordnung m, falls $a_{-m} \neq 0$ und $a_k=0$ für $k=-m-1, -m-2, \ldots$ gilt. Hierbei ist $m=1, 2, 3, \ldots$*

(c) *z_0 heißt wesentliche Singularität, falls z_0 weder eine hebbare Singularität, noch eine Polstelle ist.*

Bemerkung 1. Im Fall einer hebbaren Singularität setzt man einfach $f(z_0)=a_0$. Dann ist $f(z)$ in der Kreisscheibe $\{z \mid |z-z_0|<\varepsilon\}$ holomorph. Die Singularität ist verschwunden, und $f(z)=$ $=\sum_{k=0}^{\infty} a_k (z-z_0)^k$ ist eine normale Potenzreihenentwicklung in $\{z \mid |z-z_0|<\varepsilon\}$. Im Fall einer Polstelle bei z_0 gilt

$$f(z)=\frac{a_{-m}}{(z-z_0)^m}+\frac{a_{-m+1}}{(z-z_0)^{m-1}}+\ldots+\frac{a_{-1}}{z-z_0}+a_0+a_1(z-z_0)+\ldots$$

Ist z_0 eine wesentliche Singularität, so enthält der Hauptteil (siehe Bemerkung 15.4.1/1) unendlich viele Glieder mit nicht verschwindenden Koeffizienten a_k.

Satz. *$f(z)$ sei eine holomorphe Funktion in der punktierten Kreisscheibe $\{z \mid 0<|z-z_0|<$ $<\varepsilon\}$ mit $z_0 \in C_1$.*

(a) *z_0 ist genau dann eine hebbare Singularität, wenn $|f(z)|$ in einer Umgebung von z_0 beschränkt ist.*

(b) *z_0 ist genau dann eine Polstelle, wenn $f(z) \to \infty$ für $z \to z_0$ gilt.*

(c) (*Satz von Casorati-Weierstraß*). *z_0 ist genau dann eine wesentliche Singularität, wenn es zu jedem $\varepsilon>0$, jedem $\delta>0$ und jedem $w \in C_1$ ein $z \in C_1$ mit $0<|z-z_0|<\varepsilon$ und $|f(z)-w|<\delta$ gibt.*

Bemerkung 2. In der älteren Literatur heißt der Satz von Casorati-Weierstraß auch der Satz mit dem dreimal „beliebig“: Ist $w \in C_1$ ein beliebiger Punkt, so gibt es in jeder beliebigen Umgebung von z_0 Punkte z, deren Bilder $f(z)$ dem Punkt w beliebig nahe kommen. Die Funktionswerte $f(z)$ werden also in der Nähe von z_0 furchtbar durcheinander gewirbelt. Ist z_0 dagegen eine Polstelle, so können wir in natürlicher Weise $f(z_0)=\infty$ setzen. z_0 ist dann eine harmlose Singularität, die wir mit in das Definitionsgebiet von f aufnehmen können.

Bemerkung 3. Bisher war $z_0 \in C_1$. Ist $z_0=\infty$, so setzen wir, entsprechend dem Verfahren aus 15.1.1., $g(z)=f\left(\frac{1}{z}\right)$ und betrachten $g(z)$ in einer Umgebung von 0. Ist $f(z)$ holomorph für $|z|>N$, so ist $g(z)$ holomorph für $0<|z|<\frac{1}{N}$. Dann ist

$$f\left(\frac{1}{z}\right)=g(z)=\sum_{k=-\infty}^{\infty} a_k z^k=\sum_{k=-\infty}^{\infty} a_{-k}\left(\frac{1}{z}\right)^k,$$

also

$$f(z)=\sum_{k=-\infty}^{\infty} a_{-k} z^k=\underbrace{\sum_{k=-\infty}^{0} a_{-k} z^k}_{\text{regulärer Teil}}+\underbrace{\sum_{k=1}^{\infty} a_{-k} z^k}_{\text{Hauptteil}}.$$

Eine Polstelle bei $z_0=\infty$ hat also die Form $a_{-m} z^m+a_{-m+1} z^{m-1}+\ldots$

15.4.3. Systematische Funktionentheorie, rationale Funktionen

Ist G ein Gebiet in C (der komplexen Ebene einschließlich ∞), so kann man sich nach der Gesamtheit der Funktionen $f(z)$ erkundigen, die in G holomorph sind. Oder man kann nach Funktionen $f(z)$ fragen, die in G als Singularitäten nur Polstellen besitzen (nach Bemerkung 15.4.2/2 wird $f(z_0)=\infty$ in einer Polstelle z_0 gesetzt). Untersuchungen dieser Art sind Gegenstand der systematischen Funktionentheorie. In einigen einfachen Fällen kann man abschließende Antworten geben.

Satz. (**a**) *Die Konstanten sind die einzigen holomorphen Funktionen in C.*

(**b**) *Die rationalen Funktionen sind die einzigen Funktionen, die in C als Singularitäten nur Pole besitzen.*

Bemerkung 1. Zur Konkurrenz sind in (b) natürlich nur Funktionen $f(z)$ zugelassen, die in der Umgebung jedes Punktes $z_0 \in C$ entweder holomorph sind oder eine Polstelle im Sinne von Bemerkung 15.4.2/1 haben. Ist $z_0=\infty$, so vergleiche man mit Def. 15.1.2/2 und Bemerkung 15.4.2/3. Teil (a) ist im wesentlichen eine Folge von Satz 15.3.5. Daß die rationalen Funktionen $R(z)=\left(\sum\limits_{k=0}^{n} a_k z^k\right)\left(\sum\limits_{l=0}^{m} b_l z^l\right)^{-1}$ mit komplexen Koeffizienten a_k, b_l und mit $b_m \neq 0$ sowie $n=0, 1, 2, \ldots$ und $m=0, 1, 2, \ldots$ in C nur Pole als Singularitäten haben, folgt aus der Partialbruchzerlegung aus Satz 7.1.2, die auch für $z \in C_1$ statt $x \in R_1$ gilt.

Bemerkung 2. Funktionen $f(z)$, die in $C_1=C\setminus\{\infty\}$ holomorph sind, nennt man ganze Funktionen. Funktionen $f(z)$, die in C_1 als Singularitäten nur Pole besitzen (und in der Umgebung anderer Stellen aus C_1 holomorph sind) nennt man meromorphe Funktionen.

15.5. Residuentheorie

15.5.1. Der Residuensatz

Satz. *G sei ein einfach zusammenhängendes Gebiet in C_1, und $\mathfrak{C}$ sei eine glatte geschlossene Kurve in G. Sind $z_1, \ldots, z_N$ Punkte, die innerhalb von $\mathfrak{C}$ liegen, und ist $f(z)$ in $G\setminus(\{z_1\}\cup\{z_2\}\cup\ldots\cup\{z_N\})$ holomorph, so seien*

$$f(z)=\sum_{k=-\infty}^{\infty} c_{l,k}\,(z-z_l)^k, \quad l=1, \ldots, N,$$

die lokalen Laurententwicklungen. Es gilt

$$\frac{1}{2\pi i}\int_{\mathfrak{C}} f(z)\,dz=\sum_{l=1}^{N} c_{l,-1} \quad (\textit{Residuensatz})\,. \tag{1}$$

Bemerkung 1. $c_{l,-1}$ nennt man das Residuum an der Stelle z_l.

Bemerkung 2. Ist z_l eine einfache Polstelle, also $f(z)=\frac{c_{l,-1}}{z-z_l}+c_{l,0}+\ldots$, so kann man $c_{l,-1}$ aus $c_{l,-1}=\lim\limits_{z\to z_l}(z-z_l)\,f(z)$ berechnen. Das ist die gleiche Technik wie bei der Partialbruchzerlegung in 7.1.2.

Bemerkung 3. Wie bei vielen Integralsätzen der komplexen Funktionentheorie kann man sie in trickreicher Weise zur Berechnung reeller Integrale einsetzen (siehe z. B. Bemerkung 15.2.2/4). Wir wollen hier skizzieren, wie man das uneigentliche Riemannsche Integral $\int\limits_{-\infty}^{\infty}\frac{\sin x}{x}\,dx = 2\int\limits_{0}^{\infty}\frac{\sin x}{x}\,dx$ aus 7.2.1. berechnen kann. $\frac{1}{2i z}(e^{iz}-e^{-iz})$ ist in $C_1=C-\{\infty\}$ holomorph (auch

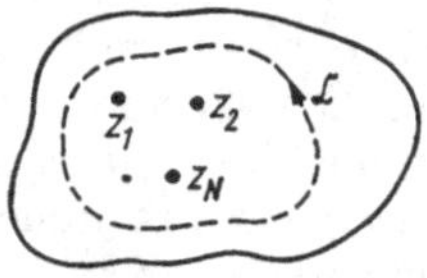

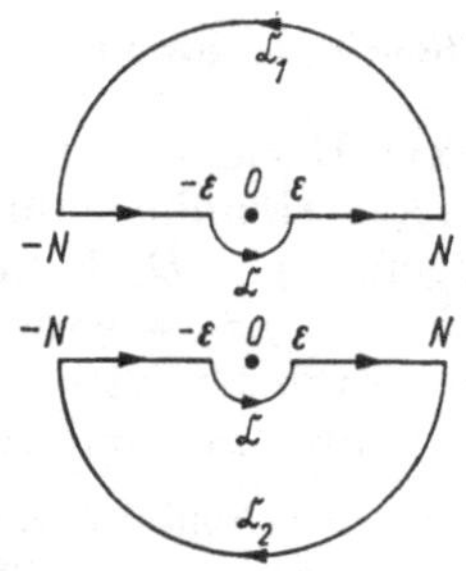

im Punkt $z=0$). Ist $z=x$ reell, so folgt

$$\frac{e^{iz}-e^{-iz}}{2iz}=\frac{e^{ix}-e^{-ix}}{2ix}=\frac{\sin x}{x}.$$

(Die holomorphe Funktion e^z wurde in 15.1.3. behandelt.) Aus dem Integralsatz von Cauchy, 15.2.2, folgt

$$\int_{-N}^{N}\frac{\sin x}{x}\,dx=\int_{\mathfrak{C}}\frac{e^{iz}-e^{-iz}}{2iz}\,dz=\frac{1}{2i}\int_{\mathfrak{C}}\frac{e^{iz}}{z}\,dz-\frac{1}{2i}\int_{\mathfrak{C}}\frac{e^{-iz}}{z}\,dz\,, \tag{2}$$

wobei $\mathfrak{C}$ der eingezeichnete Weg ist (obige rechte Skizze). Sind $\mathfrak{C}_1$ und $\mathfrak{C}_2$ die eingezeichneten Halbkreise, so folgt aus dem obigen Satz

$$\int_{\mathfrak{C}}\frac{e^{iz}}{z}\,dz=-\int_{\mathfrak{C}_1}\frac{e^{iz}}{z}\,dz+2\pi i\cdot 1\,,\qquad \int_{\mathfrak{C}}\frac{e^{-iz}}{z}\,dz=-\int_{\mathfrak{C}_2}\frac{e^{-iz}}{z}\,dz\,,$$

wobei 1 das Residuum von $\frac{e^{iz}}{z}$ im Punkt 0 ist. Man kann jetzt abschätzen daß die Integrale über $\mathfrak{C}_1$ und $\mathfrak{C}_2$ für $N\to\infty$ gegen 0 streben. Dann erhält man aus (2)

$$\int_{-\infty}^{\infty}\frac{\sin x}{x}\,dx=\pi\,.$$

15.5.2. Das logarithmische Residuum

Satz. *$z_1, \ldots, z_n$ seien Punkte in dem einfach zusammenhängenden Gebiet G in C_1. Die Funktion $f(z)$ sei holomorph in $G\setminus(\{z_1\}\cup\ldots\cup\{z_n\})$ und besitze in z_k eine Polstelle der Ordnung N_k, $k=1, \ldots, n$. Ferner besitze $f(z)$ in G endlich viele Nullstellen $w_1, \ldots, w_m$, wobei w_l eine Nullstelle der Ordnung M_l ist, $l=1, \ldots, m$. Umschließt die glatte Kurve $\mathfrak{C}$ alle Null- und Polstellen von $f(z)$, so gilt*

$$\frac{1}{2\pi i}\int_{\mathfrak{C}}\frac{f'(z)}{f(z)}\,dz=\sum_{l=1}^{m}M_l-\sum_{k=1}^{n}N_k\,. \tag{1}$$

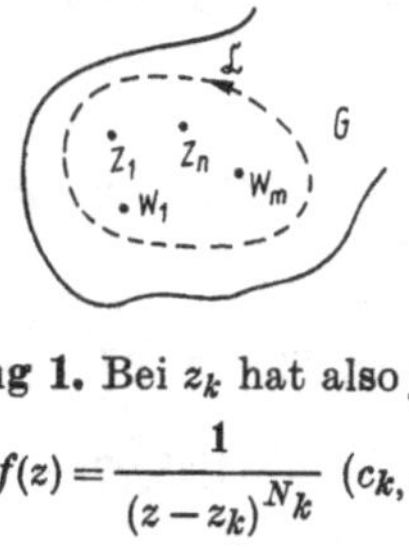

Bemerkung 1. Bei z_k hat also $f(z)$ eine lokale Laurententwicklung der Form

$$f(z)=\frac{1}{(z-z_k)^{N_k}}\left(c_{k,-N_k}+c_{k,-N_k+1}(z-z_k)+\ldots\right),\quad c_{k,-Nk}\neq 0\,.$$

Hierbei ist $N_k = 1, 2, \ldots$ Somit ist $\sum_{k=1}^{n} N_k$ die Summe der Polstellen unter Berücksichtigung der Vielfachheiten. Analog ist in einer Umgebung von w_l

$$f(z) = (z - w_l)^{M_l}(d_{l,M_l} + d_{l,M_l+1}(z - w_l) + \ldots), \qquad d_{l,M_l} \neq 0 .$$

Hierbei ist $M_l = 1, 2, \ldots$ und $\sum_{l=1}^{m} M_l$ ist die Summe der Nullstellen unter Berücksichtigung der Vielfachheiten. Aus diesen Entwicklungen ergibt sich

$$\frac{f'(z)}{f(z)} = \begin{cases} -\dfrac{N_k}{z - z_k}(1 + \ldots) & \text{bei } z_k , \\ \dfrac{M_l}{z - w_l}(1 + \ldots) & \text{bei } w_l . \end{cases} \tag{2}$$

An allen anderen Stellen ist $\dfrac{f'(z)}{f(z)}$ holomorph. Dann folgt (1) sofort aus (15.5.1/1). Die Bezeichnung logarithmisches Residuum kommt von (2), da man die Residuen von $(\ln f(z))' = \dfrac{f'(z)}{f(z)}$ berechnet.

Bemerkung 2. Unter Verwendung von (1) kann man den Fundamentalsatz der Algebra aus Satz 5.3.3/2 (und 15.3.6.) wie folgt beweisen. Man schätzt zuerst ab, daß alle Nullstellen von $f(z) = \sum_{k=0}^{n} a_k z^k$ innerhalb eines Kreises $\mathfrak{C} = \{z \mid |z| = R\}$ liegen. Ferner ist $\dfrac{f'(z)}{f(z)} = \dfrac{n}{z}(1 + \ldots)$ für $|z| > R$. Polstellen besitzt $f(z)$ nicht. Aus (1) folgt nun

$$n = 2\pi i \frac{n}{2\pi i} = \frac{1}{2\pi i} \int_{\mathfrak{C}} \frac{n}{z}(1 + \ldots)\, dz = \frac{1}{2\pi i} \int_{\mathfrak{C}} \frac{f'(z)}{f(z)}\, dz = \sum_{l=1}^{m} M_l ,$$

und das ist das gewünschte Resultat.

15.5.3. Abbildungseigenschaften holomorpher Funktionen

Satz 1. *$f(z)$ sei in einer Umgebung eines Punktes $z_0 \in C_1$ holomorph, und es gelte dort*

$$f(z) = w_0 + c_n (z - z_0)^n + c_{n+1} (z - z_0)^{n+1} + \ldots$$

mit $c_n \neq 0$. Dann gibt es eine Umgebung U von z_0 und eine Umgebung V von w_0 mit $f(U) = V$. Ist $w_1 \in V$ mit $w_1 \neq w_0$, so gibt es genau n verschiedene Punkte $z_1, \ldots, z_n$ aus U mit $f(z_k) = w_1$ für $k = 1, \ldots, n$. Dagegen gibt es keinen Punkt $z \in U$ mit $z \neq z_0$ und $f(z) = w_0$.

Bemerkung 1. Es ist $f(U) = \{w \mid \exists z \in U \text{ mit } f(z) = w\}$. Den Satz kann man in eleganter Weise mit Hilfe von Satz 15.5.2 beweisen. Ersetzt man nämlich in (15.5.2/1) $f(z)$ durch $f(z) - w_1$, so zählt das Integral die Anzahl der Stellen mit $f(z) = w_1$. Auf die (notwendigen) Details können wir leider nicht eingehen.

Satz 2 (*Satz von der Gebietstreue*). *$f(z)$ sei in einem Gebiet G in C_1 holomorph. Ist $f(z)$ nicht konstant, so ist $f(G) = \{w \mid \exists z \in G \text{ mit } f(z) = w\}$ ebenfalls ein Gebiet im C_1.*

Bemerkung 2. Dieser Satz folgt unmittelbar aus Satz 1.

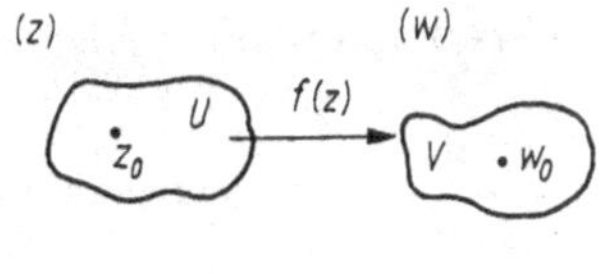

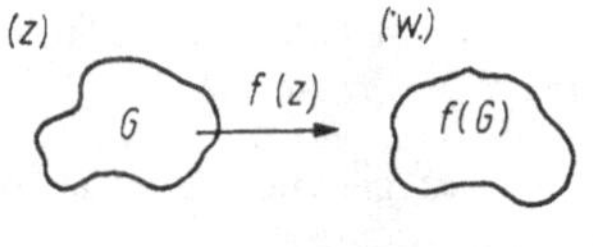

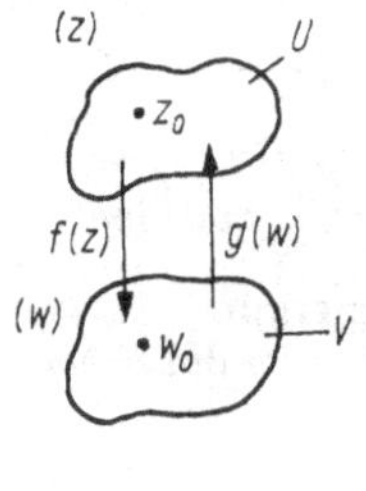

15.5.4. Umkehrfunktionen

Satz. *$f(z)$ sei in einer Umgebung eines Punktes $z_0 \in C_1$ holomorph. Es sei $f(z_0) = w_0$ und $f'(z_0) \neq 0$. Dann gibt es eine Umgebung U von z_0 und eine Umgebung V von w_0, so daß U durch $f(z)$ eineindeutig auf V abgebildet wird, die Umkehrfunktion $z = g(w)$ in V holomorph ist und dort*

$$g'(w) = \frac{1}{f'(z)} \quad \textit{mit} \quad w = f(z)$$

gilt.

Bemerkung. Der erste Teil des Satzes folgt sofort aus Satz 15.5.3/1. Der zweite Teil ist das komplexe Analogon zu Satz 3.1.4.

15.6. Holomorphe Fortsetzung

15.6.1. Das Kreiskettenverfahren

Ist $f_0(z)$ im Kreis K_0 holomorph und ist $z_1 \in K_0$, so kann man $f_0(z)$ im Punkt z_1 in eine Potenzreihe entwickeln:

$$f_0(z) = \sum_{k=0}^{\infty} a_k (z - z_1)^k . \tag{1}$$

Ist K_1 ein Kreis um z_1, so ist die absolute und gleichmäßige Konvergenz von (1) in K_1 gesichert, sofern $K_1 \subset K_0$ gilt (Satz 15.3.2 und Bemerkung 15.3.2/2). Es kann jedoch passieren, daß die rechte Seite von (1) in einem Kreis K_1 absolut konvergiert, der über K_0 hinausragt (siehe Zeichnung). Nach Satz 15.1.3 ist die rechte Seite von

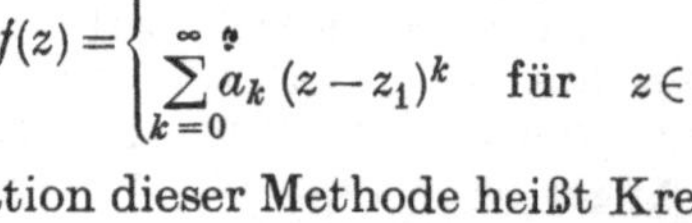

(1) auch in diesem Fall in K_1 eine holomorphe Funktion. Somit erhalten wir eine holomorphe Fortsetzung von $f_0(z)$, nämlich

$$f(z) = \begin{cases} f_0(z) & \text{für} \quad z \in K_0 , \\ \sum_{k=0}^{\infty} a_k (z - z_1)^k & \text{für} \quad z \in K_1 . \end{cases}$$

Die Iteration dieser Methode heißt Kreiskettenverfahren: Man versucht längs einer vorgegebenen glatten Kurve $\mathfrak{C}$ in C_1 die Ausgangsfunktion $f_0(z)$ holomorph bis zu einem Punkt $w \in \mathfrak{C}$ fortzusetzen. Die fortgesetzte holomorphe Funktion heißt wieder $f(z)$. Ob man den Punkt w erreicht oder nicht, läßt sich im allgemeinen nicht sagen. Ferner entsteht die Frage, ob der Wert $f(w)$ von den Kreisen im Kreiskettenverfahren abhängt.

Satz. *Das Kreiskettenverfahren längs der Kurve $\mathfrak{C}$ liefert einen Wert $f(w)$, der unabhängig von der Auswahl der Kreise ist.*

Bemerkung. Statt $f(w)$ muß man genauer $f_{\mathfrak{C}}(w)$ schreiben, da $f(w)$ im allgemeinen von $\mathfrak{C}$ (nicht aber von den Kreisen längs $\mathfrak{C}$) abhängt.

15.6.2. Der Monodromiesatz

Satz (*Monodromiesatz*). *$f(z)$ sei im Kreis K holomorph und lasse sich längs der glatten Kurven $\mathfrak{C}_0$ und $\mathfrak{C}_1$ im Sinne von 15.6.1. holomorph nach w fortsetzen. $f_{\mathfrak{C}_0}(w)$ und $f_{\mathfrak{C}_1}(w)$ seien die entsprechenden Werte. Existiert eine Schar $\{\mathfrak{C}_s\}_{0 \leqq s \leqq 1}$ glatter Kurven, die das Gebiet zwischen $\mathfrak{C}_0$ und $\mathfrak{C}_1$ schlicht, lückenlos und stetig ausfüllen und ist $f(z)$ längs jeder Kurve $\mathfrak{C}_s$ mittels eines Kreiskettenverfahrens holomorph nach w fortsetzbar, so gilt $f_{\mathfrak{C}_0}(w) = f_{\mathfrak{C}_1}(w)$.*

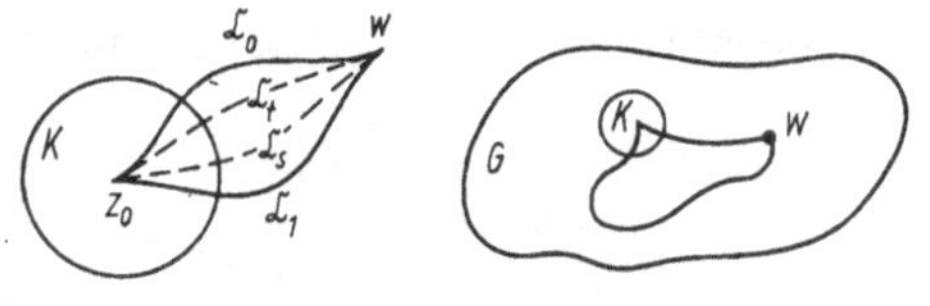

Bemerkung 1. „Schlicht, lückenlos und stetig" heißt folgendes: $\mathfrak{C}_s$ und $\mathfrak{C}_t$ sollen für $t \neq s$ nur die Punkte z_0 und w gemeinsam haben (das gilt insbesondere auch für $\mathfrak{C}_0$ und $\mathfrak{C}_1$), jeder Punkt in dem Gebiet zwischen $\mathfrak{C}_0$ und $\mathfrak{C}_1$ gehört zu einer Kurve $\mathfrak{C}_s$, schließlich liegt $\mathfrak{C}_s$ dicht bei $\mathfrak{C}_t$ wenn $|s-t|$ klein ist.

Bemerkung 2. Läßt sich $f(z)$ vom Kreis K holomorph mittels Kreiskettenverfahren in das einfach zusammenhängende Gebiet G fortsetzen, so ist die Fortsetzung eindeutig (insbesondere also wegunabhängig). Das folgt sofort aus dem obigen Satz.

15.6.3. Riemannsche Flächen

Ist das Gebiet G aus Bemerkung 15.6.2/2 nicht einfach zusammenhängend, so ist die Fortsetzung mittels Kreiskettenverfahren im allgemeinen wegabhängig. Insbesondere kann man längs geschlossener Wege zu neuen Funktionswerten gelangen. Wir setzen $f(z) = \sqrt{z}$ längs des Einheitskreises $\mathfrak{C}$ fort. Die Existenzfläche von $\sqrt{z}$ hatten wir am Ende von 5.3.2. beschrieben. Auf dem Einheitskreis ist $z = e^{i\varphi}$ und $\sqrt{z} = e^{i\frac{\varphi}{2}}$. Beginnt man etwa mit $\sqrt{1} = 1$ (d. h. $\varphi = 0$), so erhält man nach einem vollen Umlauf mittels Kreiskettenverfahren den Wert $e^{i\frac{2\pi}{2}} = e^{i\pi} = -1$. Diese Mehrdeutig-

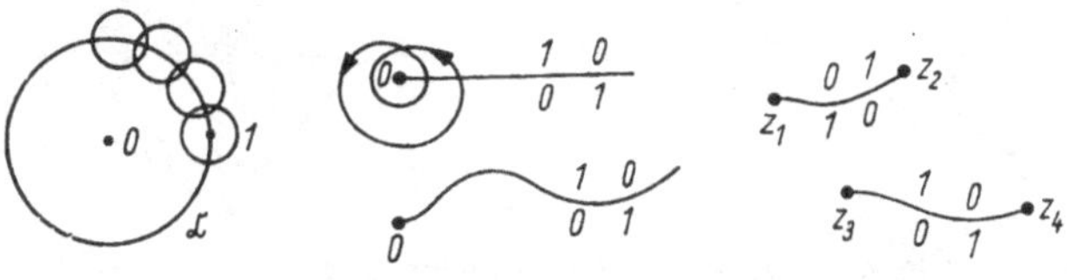

keit vermeidet man durch Einführung der Riemannschen Fläche für $\sqrt{z}$ im Sinne von 5.3.2.: Zwei Blätter mit den „Windungspunkten" 0 und ∞ und einem Schlitz, der diese beiden Windungspunkte verbindet und längs dessen die beiden Blätter miteinander verheftet sind. (Der Weg dieses Schlitzes ist belanglos.) Das Kreiskettenverfahren auf der Riemannschen Fläche für $\sqrt{z}$ ist dagegen wegunabhängig. Das gibt die Möglichkeit, Riemannsche Flächen für beliebige holomorphe Funktionen $f(z)$ zu konstruieren. $f(z)$ sei eine beliebige holomorphe Funktion in einem Kreis K. Durch maximale Ausschöpfung des Kreiskettenverfahrens erhält man dann die

Riemannsche Fläche (Existenzfläche) für $f(z)$. Führt man diese Verfahren für $f(z)=\ln z$ durch und beginnt man mit einem Kreis um $z=1$ und dem Funktionswert $f(1)=\ln 1=0$, so gelangt man zur Riemannschen Fläche für $\ln z$ aus 5.3.1. Ein anderes Beispiel ist

$$f(z)=\sqrt{(z-z_1)(z-z_2)(z-z_3)(z-z_4)}, \quad z_j \neq z_k .$$

Es zeigt sich, daß die zugehörige Existenzfläche aus 2 Blättern mit den 4 Windungspunkten z_1, z_2, z_3 und z_4 besteht mit den angegebenen Verheftungen. Man kann leicht ausprobieren, daß das Kreiskettenverfahren auf dieser Riemannschen Fläche für $f(z)$ wegunabhängig ist. Zu Riemannschen Flächen ist noch viel zu sagen, insbesondere sind die obigen unscharfen Formulierungen präzisionsbedürftig. Eine schöne Darstellung findet man in [3].

15.7. Konforme Abbildungen

15.7.1. Grundeigenschaften

Definition. *Eine stetig differenzierbare eineindeutige Abbildung $u=u(x,y)$, $v=v(x,y)$ eines Gebietes G in $R_2=C_1$ auf ein Gebiet G' in R_2 heißt konform, falls Winkel einschließlich ihrer Orientierungen ungeändert bleiben.*

Bemerkung 1. Gemeint ist folgendes. Die stetig differenzierbare Abbildung $u=u(x,y)$, $v=v(x,y)$ bildet G eineindeutig auf G' ab. Betrachtet werden zwei stetig differenzierbare Kurven $\mathfrak{C}_1$ und $\mathfrak{C}_2$ in G, deren Tangenten den Winkel α einschließen sollen. Hierbei wird α von $\mathfrak{C}_1$ nach $\mathfrak{C}_2$ im mathematisch positiven Sinne gemessen (Orientierung). Die Abbildung heißt nun konform, falls die Tangenten der Bildkurven $\mathfrak{C}_1'$ und $\mathfrak{C}_2'$ den gleichen Winkel α, einschließlich seiner Orientierung, einschließen.

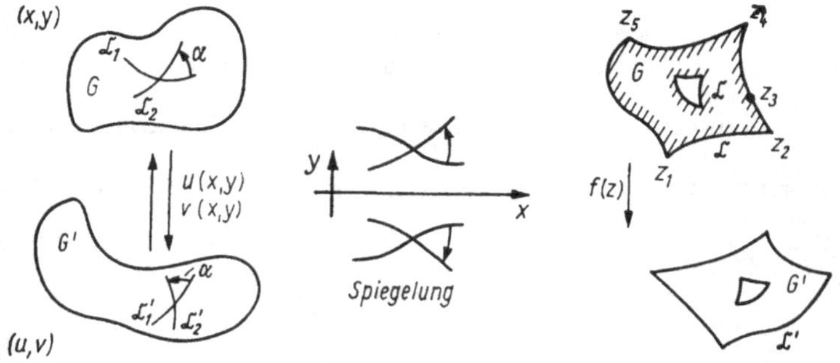

Bemerkung 2. Sind a und b reelle Zahlen, so ist die Translation $u=x+a$, $v=y+b$ in R_2 eine konforme Abbildung. Dagegen ist die Spiegelung $u=x$, $v=-y$ nicht konform: Die Größe der Winkel bleibt erhalten, nicht aber die Orientierung.

Satz 1. *Bildet die nicht-konstante holomorphe Funktion $f(z)$ das Gebiet G in C_1 eineindeutig auf $G'=f(G)$ ab, so ist $f(z)$ eine konforme Abbildung. Hierbei ist G' wieder ein Gebiet.*

Bemerkung 3. Daß G' wieder ein Gebiet ist, folgt aus Satz 15.5.3/2. Da die Abbildung $f(z)$ eineindeutig sein soll, ergibt sich ferner aus Satz 15.5.3/1, daß $f'(z)\neq 0$ für jeden Punkt $z\in G$ gelten muß.

Satz 2. *$\mathfrak{C}$ sei eine stückweise glatte geschlossene Kurve, die ein beschränktes Gebiet G in C_1 einschließt, $z_1, \ldots, z_N$ seien Punkte auf $\mathfrak{C}$, die insbesondere alle Eckpunkte von $\mathfrak{C}$ erfassen. $f(z)$ sei in $\bar{G} \setminus \bigcup_{k=1}^{N} \{z_k\}$ holomorph und in $\bar{G}$ stetig. Ist die Abbildung $z \in \mathfrak{C} \to f(z) \in \mathfrak{C}' = f(\mathfrak{C})$ eineindeutig, so vermittelt $f(z)$ eine konforme Abbildung von G auf das von der Kurve $\mathfrak{C}'$ eingeschlossene Gebiet G'.*

Bemerkung 4. $\{z_1, \ldots, z_N\}$ umfaßt also die Gesamtheit aller Eckpunkte von $\mathfrak{C}$, in denen glatte Kurvenstücke zusammentreffen, sowie eventuelle weitere Punkte auf den glatten Kurvenstücken. Glatt heißt hier einmal stetig differenzierbar. Ferner lassen wir zu, daß $\mathfrak{C}$ (wie in der Zeichnung angedeutet) aus mehreren zusammenhängenden Randkomponenten besteht. $f(z)$ holomorph in $\bar{G} \setminus \bigcup_{k=1}^{N} \{z_k\}$ heißt, daß $f(z)$ in einer Umgebung $U(z_0)$ jedes Punktes $z_0 \in \bar{G} \setminus \bigcup_{k=1}^{N} \{z_k\}$ holomorph ist.

Bemerkung 5. Der Wert des Satzes besteht darin, daß man nur noch die Bilder der Ränder betrachten muß.

15.7.2. Der Riemannsche Abbildungssatz

Lemma. *Ist $f(z)$ eine holomorphe Funktion, die den Einheitskreis $\{z \mid |z| < 1\}$ konform auf sich abbildet, und gilt $f(0) = 0$ und $f'(0) > 0$, so ist $f(z) = z$ die identische Abbildung.*

Bemerkung 1. Verlangt wird also, daß $f(z)$ den Einheitskreis $K = \{z \mid |z| < 1\}$ konform auf $f(K) = K$ abbildet und die Zusatzbedingungen $f(0) = 0$ und $f'(0) > 0$ erfüllt. Ausgesagt wird, daß nur $f(z) = z$ diese Eigenschaften hat. Das ist ein erster wesentlicher Schritt, um alle konformen Abbildungen $f(z)$ zu bestimmen, die K auf sich abbilden, vgl. Satz 15.8.7.

Bemerkung 2. Im Zusammenhang mit dem Lemma ergibt sich folgendes Problem: Welche Gebiete G in C kann man eineindeutig durch holomorphe Funktionen auf den Einheitskreis K abbilden? Es kann jetzt $\infty \in G$ sein. Ist G ein Gebiet in C_1, so zeigt Satz 15.7.1/1, daß diese Abbildung dann konform im obigen Sinne ist. Man spricht deshalb auch im Fall beliebiger Gebiete G in C von konformer Abbildung und meint eineindeutige Abbildungen durch holomorphe Funktionen.

Satz (*Riemannscher Abbildungssatz*). *G sei ein einfach zusammenhängendes Gebiet in C, das mindestens zwei verschiedene Randpunkte besitzt. Ferner sei $z_0 \in G$ mit $z_0 \neq \infty$ und $0 \leqq \varphi < 2\pi$. Dann gibt es genau eine konforme Abbildung $f(z)$ von G auf $K = \{z \mid |z| < 1\}$ mit $f(z_0) = 0$ und $f'(z_0) = |f'(z_0)|\, e^{i\varphi}$.*

Bemerkung 3. Es ist also $f(G) = K$, wobei man noch vorschreiben kann, welcher Punkt $z_0 \neq \infty$ aus G auf 0 abgebildet wird und wie groß $\arg f'(z_0)$ ist. Die Unitätsaussage folgt relativ leicht aus dem Lemma. Der Beweis der Existenz einer konformen Abbildung mit den gewünschten Eigenschaften ist dagegen kompliziert.

Bemerkung 4. Da G mindestens zwei verschiedene Randpunkte z_0 und z_1 besitzt und einfach zusammenhängend ist, gibt es auch eine Kurve von z_0 nach z_1, die nur aus Randpunkten be-

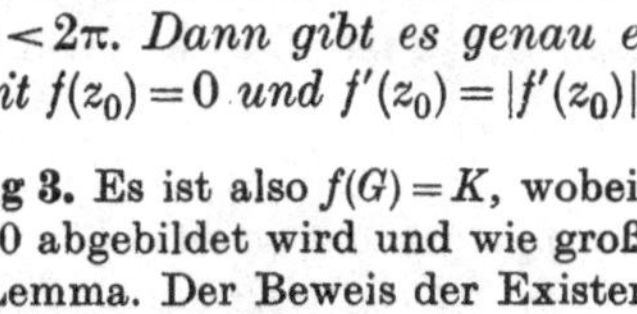

steht. Ist etwa $G = C \setminus \mathfrak{C}$, wobei $\mathfrak{C}$ eine Kurve von z_0 nach z_1 in C ist (siehe Zeichnung), so ist dies ein einfach zusammenhängendes Gebiet, da man jede geschlossene Kurve in G nötigenfalls über den Punkt ∞ auf einen Punkt zusammenziehen kann (man vergleiche mit der entsprechenden Situation auf der Riemannschen Zahlenkugel). Es werden nur zwei Typen von einfach zusammenhängenden Gebieten nicht erfaßt, nämlich die Vollebene C und die punktierte Vollebene $C\backslash\{z_0\}$. Man sieht leicht, daß man $C\backslash\{z_0\}$ konform auf $C\backslash\{\infty\}=C_1$ abbilden kann. Ferner sieht man relativ leicht, daß man weder C noch C_1 konform auf $K=\{z \mid |z|<1\}$ abbilden kann. Schließlich ist es auch nicht möglich, C konform auf C_1 abzubilden. Damit kann man die Gesamtheit der einfach zusammenhängenden Gebiete in C in 3 Konformtypen einteilen: K, C_1 und C.

15.8. Lineare Transformationen

15.8.1. Konforme Abbildungen von C und C_1

Am Schluß von 15.7.2. hatten wir festgestellt, daß es für einfach zusammenhängende Gebiete in C drei Konformtypen gibt, nämlich den Einheitskreis K, die endliche Ebene C_1 und die Vollebene C. Damit ist es von Interesse, die Gesamtheit der konformen Abbildungen zu ermitteln, die C auf sich, C_1 auf sich und K auf sich abbilden. Auf den Fall des Einheitskreises kommen wir in 15.8.7. zurück.

Satz. (a) *$f(z)$ ist genau dann eine konforme Abbildung von C auf C, wenn entweder $f(z)=\dfrac{a}{z-b}+c$ oder $f(z)=az+b$ gilt. Hierbei sind a, b, c komplexe Zahlen mit $a\neq 0$.*

(b) *$f(z)$ ist genau dann eine konforme Abbildung von C_1 auf C_1, wenn $f(z)=az+b$ gilt. Hierbei sind a und b komplexe Zahlen mit $a\neq 0$.*

15.8.2. Die Gruppe der linearen Transformationen

Eine konforme Abbildung von C auf sich heißt lineare Transformation (genauer: gebrochen-lineare Transformation). Aus Satz 15.8.1(a) folgert man, daß $L(z)$ genau dann eine lineare Transformation ist, wenn

$$L(z)=\frac{az+b}{cz+d} \quad \text{mit} \quad ad-bc\neq 0 \tag{1}$$

gilt. Ist $L(z)=\dfrac{az+b}{cz+d}$ mit $ad-bc=0$ und $|c|+|d|>0$, so ist $L(z)$ konstant und für unsere Zwecke uninteressant.

Satz. (a) *Die linearen Abbildungen bilden eine Gruppe mit der identischen Abbildung als 1-Element und der Gruppenmultiplikation L_1L_2: $(L_1L_2)(z)=L_1(L_2(z))$, $z\in C$, L_1 und L_2 lineare Transformationen.*

(b) *Jede lineare Transformation läßt sich als endliches Produkt spezieller linearer Transformationen der Form*

$$L_1(z)=z+b, \quad L_2(z)=az \quad \text{und} \quad L_3(z)=\frac{1}{z}$$

darstellen. Hierbei sind a und b komplexe Zahlen mit $a\neq 0$.

Bemerkung. Im allgemeinen ist $L_1L_2\neq L_2L_1$, die Gruppe ist also nicht kommutativ.

15.8.3. Kreisinvarianz

Satz. *Die Gesamtheit aller Geraden und Kreise in C geht bei einer linearen Transformation in sich über.*

Bemerkung 1. Betrachtet man Geraden als spezielle Kreise, die durch ∞ gehen, so kann man den Satz auch wie folgt formulieren: Bei Anwendung einer linearen Transformation geht ein Kreis wieder in einen Kreis über. Ein Kreis, der durch den Nullpunkt geht, wird bei $L(z)=\frac{1}{z}$ in eine Gerade transformiert und umgekehrt.

Bemerkung 2. Man braucht den Satz nur für die drei Standardtypen aus Satz 15.8.2(b) zu beweisen, den Rest erledigt Satz 15.8.2(b).

15.8.4. Abbildungseigenschaften und Doppelverhältnisse

Satz 1. *z_1, z_2, z_3 seien drei verschiedene Punkte in C. Ferner seien w_1, w_2, w_3 drei verschiedene Punkte in C. Dann gibt es genau eine lineare Transformation $L(z)$ mit $L(z_k)=w_k$ für $k=1, 2, 3$.*

Bemerkung 1. Man kann also 3 Originalpunkte und 3 Bildpunkte frei vorgeben. Sind alle 6 Punkte von ∞ verschieden, so leistet $w=L(z)$ mit

$$\frac{z-z_1}{z-z_2}\cdot\frac{z_3-z_2}{z_3-z_1}=\frac{w-w_1}{w-w_2}\cdot\frac{w_3-w_2}{w_3-w_1} \tag{1}$$

das Gewünschte.

Satz 2 (*Invarianz des Doppelverhältnisses*). *Ist $L(z)$ eine lineare Transformation und $w_k=L(z_k)$ für $k=1, 2, 3, 4$, wobei die Punkte z_k paarweise verschieden sind, so ist*

$$\frac{w_4-w_1}{w_4-w_2}\cdot\frac{w_3-w_2}{w_3-w_1}=\frac{z_4-z_1}{z_4-z_2}\cdot\frac{z_3-z_2}{z_3-z_1}\,. \tag{2}$$

Bemerkung 2. Man erhält (2) aus (1) und der Unitätsaussage von Satz 1. Ist einer der Punkte ∞, so rechnet man mit ∞ in der üblichen Weise, wobei $\frac{\infty}{\infty}=1$ gesetzt wird.

15.8.5. Fixpunkte und Abbildungstypen

Satz. *Eine lineare Transformation, die nicht gleich der identischen Transformation ist, besitzt entweder genau einen Fixpunkt oder genau zwei Fixpunkte.*

Bemerkung. Gesucht werden also Punkte $z\in C$ mit $\frac{az+b}{cz+d}=L(z)=z$. Ein solcher Punkt heißt Fixpunkt. ∞ ist hierbei als Kandidat zugelassen. Für die identische Transformation $L(z)\equiv z$ ist natürlich jeder Punkt $z\in C$ Fixpunkt. Ist $L(z)$ nicht die identische Transformation, so hat die Gleichung $\frac{az+b}{cz+d}=z$ entweder eine oder zwei Lösungen.

Typeneinteilung: Hat die lineare Transformation $L_0(z)$ genau einen Fixpunkt und ist dieser Fixpunkt ∞, so ist $L_0(z)=z+b$, wobei b eine komplexe Zahl mit $b\neq 0$ ist. Hat die lineare Transformation $L_1(z)$ genau zwei Fixpunkte und sind 0 und ∞ diese Fixpunkte, so ist $L_1(z)=az$, wobei a eine komplexe Zahl mit $a\neq 0$ und $a\neq 1$ ist. Die beiden Standardtypen sind also

$$L_0(z)=z+b \quad\text{und}\quad L_1(z)=az \quad\text{mit}\quad b\neq 0,\quad a\neq 0,\quad a\neq 1\,. \tag{1}$$

Ist $L = L(z)$ eine beliebige lineare Transformation, die nicht gleich der Identität ist, so gibt es eine lineare Transformation l, so daß

$$\text{entweder} \quad L = lL_0l^{-1} \quad \text{oder} \quad L = lL_1l^{-1} \tag{2}$$

gilt. l^{-1} ist die zu l inverse Transformation. Im ersten Fall hat L genau einen Fixpunkt und im zweiten Fall genau zwei Fixpunkte. (L_0 und L_1 haben die Bedeutung aus (1)).

Parabolisches Kreisbüschel: $L_0(z) = z + b$ ist eine Translation.

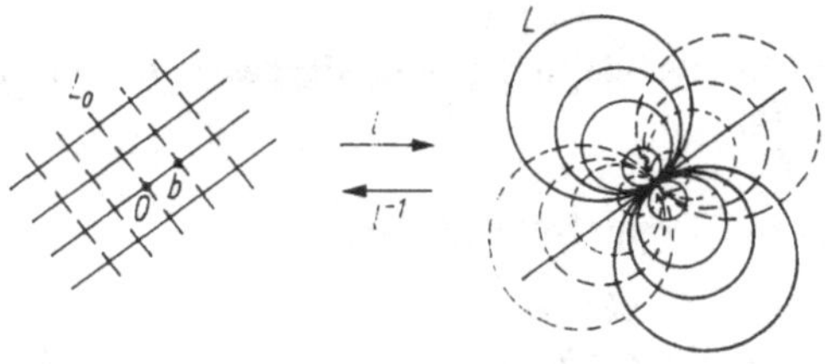

Bei iterativer Anwendung von L_0 laufen die Punkte z aus C auf den ausgezogenen Geraden, wobei die orthogonalen gestrichelten Geraden die Abstände von Original- und Bildpunkt angeben. Die ausgezogenen Geraden sind also die Bahnkurven, und die gestrichelten Geraden geben den Takt bei iterativer Anwendung von L_0 an. Bei Anwendung von l geht dieses Bild in ein parabolisches Kreisbüschel über: das folgt aus der Kreisinvarianz und der Konformität. Besitzt L genau einen Fixpunkt, so kann man die erste Formel in (2) anwenden: Die ausgezogenen Kreise sind dann die Bahnkurven, und die gestrichelten Kreise geben den Takt bei iterativer Anwendung von L an. Der Büschelpunkt, wo sich alle Kreise treffen, ist der Fixpunkt.

Elliptisch-hyperbolisches Kreisbüschel: Betrachtet man $L_1(z) = az$ mit $a > 0$, so erhält man eine Streckung. Die Bahnkurven sind die Geraden durch den Nullpunkt, und die konzentrischen Kreise um den Nullpunkt geben den Takt an. Ist $a = e^{i\varphi}$, φ reell, so ist L_1 eine Drehung. Man erhält das gleiche Bild, nur daß jetzt die Kreise die Bahnkurven sind und die Geraden den Takt angeben. Wendet man hierauf eine lineare Transformation l an, so erhält man ein elliptisch-hyperbolisches Kreisbüschel. Das hyperbolische Kreisbüschel besteht aus allen Kreisen, die durch die Punkte z_0 und z_1 gehen (dem entsprechen die Geraden durch 0). Das elliptische Kreisbüschel besteht aus allen dazu orthogonalen Kreisen (dem entsprechen die Kreise mit 0 als Mittelpunkt). Besitzt L genau zwei Fixpunkte, so kann man die zweite Formel in (2) anwenden. z_0 und z_1 sind dann die Fixpunkte. Ist in der zugehörigen Standardtransformation L_1 entweder $a > 0$ oder $a = e^{i\varphi}$, so sind die Kreise des elliptisch-hyper-

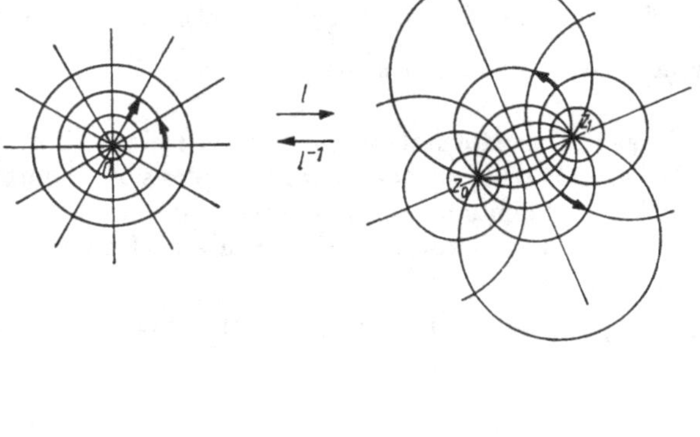

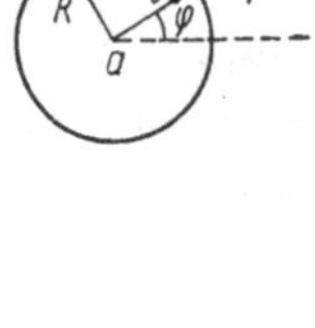

bolischen Büschels die entsprechenden Bahnkurven. Im allgemeinen Fall ist $L_1(z) = az$ mit $a = |a|\,e^{i\varphi}$ eine Drehstreckung. Derartige Abbildungen nennt man auch loxodromische Abbildungen.

15.8.6. Das Spiegelungsprinzip

Ist K ein Kreis mit $a \in C_1$ als Mittelpunkt und $R > 0$ als Radius, so heißen die Punkte z_0 und z_1 Spiegelpunkte (bezüglich K), falls $z_0 - a = R_0 e^{i\varphi}$, $z_1 - a = R_1 e^{i\varphi}$ und $R_0 R_1 = R^2$ gilt. Für Geraden haben Spiegelpunkte die übliche Bedeutung.

Satz. *Bei linearen Transformationen gehen Spiegelpunkte wieder in Spiegelpunkte über.*

Bemerkung. Da bei linearen Transformationen Kreise in Kreise übergehen, ist die Aussage des Satzes sinnvoll. (Geraden werden wie üblich als spezielle Kreise betrachtet.)

15.8.7. Konforme Abbildungen des Einheitskreises

In Ergänzung zu Satz 15.8.1 bestimmen wir die konformen Abbildungen des Einheitskreises $K = \{z \mid |z| < 1\}$ auf sich.

Satz. *$f(z)$ ist genau dann eine konforme Abbildung von K auf K, wenn $f(z) = e^{i\varphi} \cdot \dfrac{z-a}{1-z\bar{a}}$ mit $a \in C_1$, $|a| < 1$, $0 \leqq \varphi < 2\pi$ ist.*

Bemerkung 1. Man kann den Satz relativ leicht auf Satz 15.8.6 und Lemma 15.7.2 zurückführen: $f(z)$ sei eine konforme Abbildung von K auf K mit $f(a) = 0$ und $a \neq 0$. Ist $h(z) = \dfrac{z-a}{1-z\bar{a}}$, so gilt $h(a) = 0$, $h\left(\dfrac{1}{\bar{a}}\right) = \infty$. Da a und $\dfrac{1}{\bar{a}}$ Spiegelpunkte am Einheitskreis sind, müssen 0 und ∞ Spiegelpunkte am Bild des Einheitskreises sein. Das ist aber nur möglich, wenn dieses Bild ein Kreis mit Null als Mittelpunkt ist. Aus $|h(1)| = 1$ folgt, daß dieses Bild wieder der Einheitskreis ist. $h(z)$ bildet also den Einheitskreis auf sich ab. Ist $g(z) = f(h^{-1}(z))$, so ist $g(z)$ eine konforme Abbildung von K auf sich, und es gilt $g(0) = 0$. Der Rest folgt jetzt aus Lemma 15.7.2.

Bemerkung 2. Die Transformationen des Einheitskreises auf sich bilden eine Untergruppe der Gruppe aller linearer Tranformationen.

15.9. Spezielle Funktionen

15.9.1. Die Funktionen e^z und $\ln z$

Die holomorphe Funktion e^z wurde in 15.1.3. und 5.4.6. behandelt. Bezüglich der holomorphen Funktion $\ln z$ verweisen wir auf 15.1.4., 5.3.1. und 15.3.2. Die bekannten Eigenschaften der reellen Funktionen e^x und $\ln x$ übertragen sich auf e^z und $\ln z$: Für beliebige komplexe Zahlen z_1 und z_2 und $z \neq 0$ gilt

$$e^{z_1+z_2} = e^{z_1}\,e^{z_2} \quad \text{und} \quad e^{\ln z} = z\,. \tag{1}$$

Hierbei spielt es keine Rolle, in welchem Zweig der Wert von $\ln z$ genommen wird: Es ist $(\ln z)_k = (\ln z)_0 + 2\pi i k$ und $e^{2\pi i k} = 1$. Relationen der Form (1) kann man einfach beweisen: $f(z) = e^{\ln z} - z$ ist holomorph und $f(x) = 0$ für x reell, $x \neq 0$. Aus dem Identitätssatz 15.3.3 folgt dann $f(z) \equiv 0$. Mit anderen Worten: Man kann Identitäten für reelle Funktionen auf komplexe Funktionen ausdehnen, sofern die betrachteten Funktionen holomorph sind.

Abbildungseigenschaften: Aus $e^z = e^x e^{iy}$ für $z = x + iy$ liest man leicht folgende Abbildungseigenschaften ab: e^z bildet den Streifen $\{z \mid 0 < \operatorname{Im} z < 2\pi\}$ konform auf die

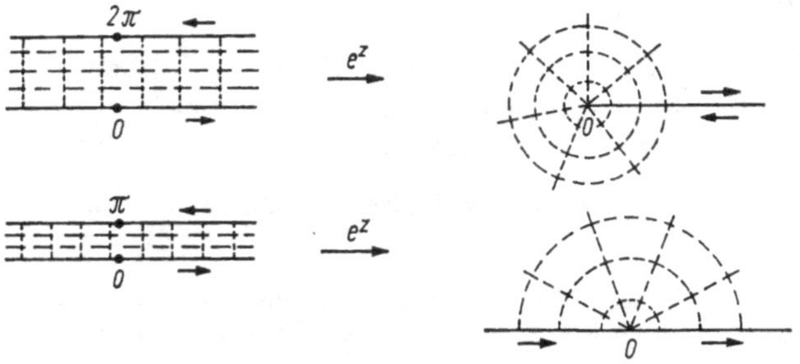

längs der positiven Halbachse geschlitzte Ebene ab. e^z bildet den Streifen $\{z \mid 0 < \operatorname{Im} z < \pi\}$ konform auf die obere Halbebene ab. Hierbei gehen die markierten Geraden in die entsprechenden Geraden und Kreise über.

15.9.2. Die Funktionen sin *z*, cos *z*, tan *z* und cot *z*

Wir dehnen die Potenzreihenentwicklungen für sin *x* und cos *x* aus 5.4.5. von R_1 auf die komplexe Ebene aus. Für $z \in C_1$ sei also

$$\sin z = z - \frac{z^3}{3!} + \frac{z^5}{5!} - \frac{z^7}{7!} + \ldots \quad \text{und} \quad \cos z = 1 - \frac{z^2}{2!} + \frac{z^4}{4!} - \frac{z^6}{6!} + \ldots,$$

sowie $\tan z = \dfrac{\sin z}{\cos z}$ und $\cot z = \dfrac{\cos z}{\sin z}$. Der Konvergenzradius beider Reihen ist ∞ (vgl. 5.4.1.). Aus Satz 15.1.3 folgt dann, daß sin *z* und cos *z* holomorphe Funktionen in C_1 sind.

Satz. *Alle Aussagen aus Satz* 5.2.1 *bleiben richtig, wenn man* $x \in R_1$ *durch* $z \in C_1$ *und* $y \in R_1$ *durch* $w \in C_1$ *ersetzt.*

Bemerkung. Wie in 15.9.1. angedeutet, beweist man den Satz, indem man Satz 15.3.3 und die entsprechenden Aussagen für reelle *z* und *w* benutzt. Ferner gilt für alle $z \in C_1$

$$\sin z = \frac{1}{2i}(e^{iz} - e^{-iz}), \quad \cos z = \frac{1}{2}(e^{iz} + e^{-iz}).$$

So ist z. B. $\sin i = \frac{1}{2i}(e^{-1} - e)$.

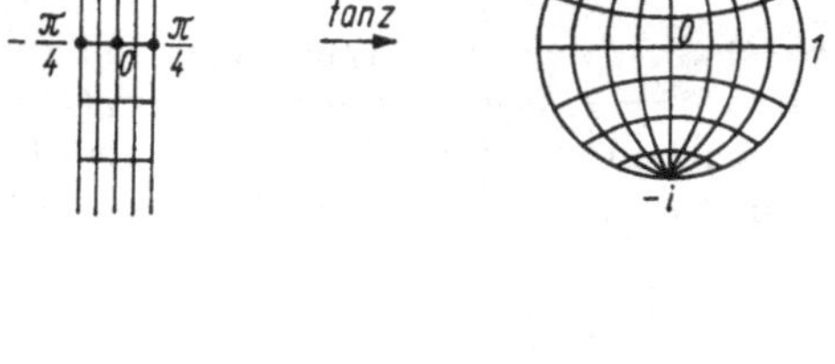

Abbildungseigenschaften: Aus $\tan z = -i\dfrac{e^{iz}-e^{-iz}}{e^{iz}+e^{-iz}}$ und den Abbildungseigenschaften von e^z folgt, daß $\tan z$ den Streifen $\left\{z \mid |\mathrm{Re}\, z| < \dfrac{\pi}{4}\right\}$ konform auf den Einheitskreis abbildet.

15.9.3. Partialbruchzerlegung für cot z

Aus den Potenzreihenentwicklungen für $\sin z$ und $\cos z$ folgt, daß $\cot z = \dfrac{\cos z}{\sin z}$ bei 0 die Laurententwicklung

$$\cot z = \frac{1-\dfrac{z^2}{2}+\dots}{z\left(1-\dfrac{z^2}{6}+\dots\right)} = \frac{1}{z} - \frac{z}{3} + \dots \tag{1}$$

hat. Da $\cot z$ die Periode π hat, ist $\dfrac{1}{z-k\pi}$ der Hauptteil der Laurentreihe an der Stelle $k\pi$. Hierbei ist k eine ganze Zahl. Außer diesen einfachen Polstellen besitzt $\cot z$ keine weiteren Polstellen.

Satz 1. *Es ist* $\cot z = \dfrac{1}{z} + \sum\limits_{k=1}^{\infty}\left[\dfrac{1}{z-k\pi}+\dfrac{1}{z+k\pi}\right]$, *wobei die Reihe in einer Umgebung jeder Stelle z, die keine Polstelle ist, gleichmäßig konvergiert.*

Bemerkung 1. Das ist ein unendliches Analogon der Partialbruchzerlegung aus 7.1.2. Es werden also einfach alle Hauptteile gesammelt, wobei man Konvergenz erreicht, wenn man die Hauptteile mit $k\pi$ und $-k\pi$ zusammenfaßt.

Satz 2. *Es ist* $\sum\limits_{k=1}^{\infty} \dfrac{1}{k^2} = \dfrac{\pi^2}{6}$. (2)

Bemerkung 2. Entwickelt man $\sum\limits_{k=1}^{\infty}\left[\dfrac{1}{z-k\pi}+\dfrac{1}{z+k\pi}\right] = \sum\limits_{k=1}^{\infty}\dfrac{2z}{z^2-k^2\pi^2}$ bei 0 in eine Potenzreihe, so folgt

$$\cot z = \frac{1}{z} - 2z\sum_{k=1}^{\infty}\frac{1}{\pi^2k^2} + \dots \tag{3}$$

Vergleich mit (1) liefert sofort (2). In gleicher Weise kann man in (1) und (3) die Koeffizienten bei $z^3, z^5, \dots$ vergleichen. Man erhält dann

$$\sum_{k=1}^{\infty}\frac{1}{k^4} = \frac{\pi^4}{90}, \quad \sum_{k=1}^{\infty}\frac{1}{k^6} = \frac{\pi^6}{945}, \dots$$

16. Prinzipien der Hydrodynamik ebener Strömungen

16.1. Die Grundgleichungen der Hydrodynamik

16.1.1. Vorbemerkungen zur Modellbildung

In den nächsten drei Abschnitten gehen wir folgenden Weg zur Bildung eines mathematischen Modells für das physikalische Problem ebener Strömungen:

1. Durch heuristische Betrachtungen versuchen wir mathematische Aussagen zu finden, die das physikalische Problem charakterisieren. In unserem Fall ist das die formelmäßige Umsetzung, wann eine ebene Strömung quellenfrei und zirkulationsfrei ist (16.1.2.).
2. Eine innermathematische Formulierung des Problems, die sich aus diesen Untersuchungen ergibt: Die reelle Fassung der Grundgleichungen der Hydrodynamik (16.1.3.).
3. Innermathematische Umformulierung des Problems, wobei nach einem möglichst schlagkräftigen Instrumentarium Ausschau gehalten wird: Komplexe Fassung der Grundgleichungen der Hydrodynamik (16.1.3.).
4. Axiomatisierung im Sinne von 12.1.2. Die mathematische Theorie steht an der Spitze (in unserem Fall ist sie sehr einfach), die Physik wird durch Übersetzung und Interpretation angeschlossen (16.1.4.).

16.1.2. Quellenfreie und zirkulationsfreie Strömungen

Es werden Strömungen betrachtet, die man näherungsweise als ebene Strömungen ansehen kann, z. B. Strömungen an der Wasseroberfläche oder Luftströmungen, bei denen man eine Dimension vernachlässigen kann. Die fließenden Teilchen bewegen sich mit einer gewissen Geschwindigkeit. Ihre Bahnen heißen Stromlinien. Sie können in der x,y-Ebene durch den Geschwindigkeitsvektor $w(x, y) = (p(x, y), q(x, y))$ gekennzeichnet werden. $|w| = \sqrt{p^2 + q^2}$ ist dann die Größe der Geschwindig-

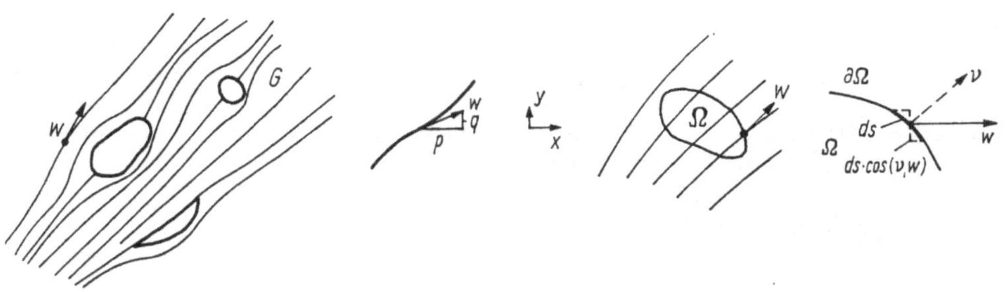

keit, und $\frac{dy}{dx} = \frac{q(x, y)}{p(x, y)}$ bestimmt die Richtung der Stromlinie. Diese Formulierung enthält bereits eine erste wesentliche Voraussetzung: Es werden nur stationäre ebene Strömungen betrachtet, also Strömungen, die von der Zeit unabhängig sind. Ferner verlangen wir, daß diese Strömungen keine Quellen, keine Senken und keine Wirbel haben. Hierzu betrachten wir ein einfach zusammenhängendes Gebiet Ω mit glattem Rand $\partial\Omega$, das ganz im Stromgebiet G liegt. Quellen- und senkenfrei heißt, daß die Menge an Flüssigkeit (oder Luft usw.), die in einer Zeiteinheit in Ω hineinfließt, gleich der Menge ist, die in dieser Zeiteinheit aus Ω herausfließt. ds sei das Linienelement von $\partial\Omega$ und ν die äußere Normale. Dann fließt in einer Zeiteinheit durch ds die Menge $c \cdot ds \cdot \cos(\nu, w)\,|w| = c\,ds\,\nu \cdot w$, wobei c ein Proportionalitätsfaktor ist. $w_\nu = \nu \cdot w$ ist die Normalkomponente von w. Quellen- und senkenfrei heißt also $\int\limits_{\partial\Omega} w_\nu ds = 0$ für jedes derartige Gebiet Ω. Es ist $\nu = (\cos(\nu, x), \cos(\nu, y))$ und somit $w_\nu = p \cos(\nu, x) + q \cos(\nu, y)$. Aus Satz 9.3.1/2 folgt dann $\int\limits_\Omega \left(\frac{\partial p}{\partial x} + \frac{\partial q}{\partial y}\right) dx\,dy = 0$. Da dies für jedes zulässige Gebiet Ω gelten muß, erhält man schließlich

$$\frac{\partial p(x, y)}{\partial x} + \frac{\partial q(x, y)}{\partial y} \equiv 0 \quad \text{im Stromgebiet } G\,. \tag{1}$$

Der Vektor $t = (-\cos(\nu, y), \cos(\nu, x))$ ist orthogonal zu ν und somit der normierte Tangentenvektor an die Kurve $\partial\Omega$. Dann ist $w_t = w \cdot t = -p \cos(\nu, y) + q \cos(\nu, x)$ die Tangentialkomponente von w. Lokal zirkulationsfrei heißt dann $\int\limits_{\partial\Omega} w_t\, ds = 0$ für jedes zulässige Gebiet Ω. Aus der obigen Darstellung für w_t und Satz 9.3.1/1 folgt dann $\int\limits_\Omega \left(\frac{\partial p}{\partial y} - \frac{\partial q}{\partial x}\right) dx\,dy = 0$. Da dies für jedes zulässige Gebiet Ω gelten muß, erhält man schließlich

$$\frac{\partial p(x, y)}{\partial y} - \frac{\partial q(x, y)}{\partial x} \equiv 0 \quad \text{im Stromgebiet } G\,. \tag{2}$$

16.1.3. Reelle und komplexe Grundgleichungen

Grundgleichungen (*reelle Variante*). Es seien $p(x, y)$ und $q(x, y)$ in einem Gebiet G im R_2 stetige und stetig differenzierbare reelle Funktionen, die dort den Bedingungen

$$\frac{\partial p(x, y)}{\partial x} + \frac{\partial q(x, y)}{\partial y} = 0 \quad \text{und} \quad \frac{\partial p(x, y)}{\partial y} - \frac{\partial q(x, y)}{\partial x} = 0 \tag{1}$$

genügen. Die Stromlinien der zugehörigen ebenen quellen-, senken- und zirkulationsfreien Strömung sind die Lösungen der Differentialgleichung $p(x, y)\,dy - -q(x, y)\,dx = 0$. Der Geschwindigkeitsvektor der Strömung im Punkt $(x, y) \in G$ ist $w(x, y) = (p(x, y), q(x, y))$.

Bemerkung 1. Ist $p(x, y) \neq 0$, so ist $\frac{dy}{dx} = \frac{q(x, y)}{p(x, y)}$. Nach den Existenz- und Unitätssätzen für gewöhnliche Differentialgleichungen aus Kap. 4 gibt es dann (zumindest lokal) durch jeden Punkt $(x_0, y_0) \in G$ genau eine Stromlinie. Aus (1) folgt, daß $p dy - q dx = 0$ eine exakte Differentialgleichung im Sinne von 10.1.4. ist.

Die Stromfunktion: Die obige Fassung reduziert das Problem auf das Lösen gewöhnlicher exakter Differentialgleichungen. Hierbei ist die Rolle, die die Bedingungen (1) spielen, nicht ganz klar. Man wird versuchen, eine Fassung zu finden, bei der die Bedingungen (1) in natürlicher Weise berücksichtigt werden. G sei wieder ein Gebiet im R_2 und $P_0 \in G$ ein fixierter Punkt. Ist γ eine stetig differenzierbare Kurve in G, die P_0 mit $P \sim (x, y) \in G$ verbindet, so setzen wir

$$u(x, y) = \int_\gamma \left(p(\xi, \eta) \frac{d\xi}{ds} + q(\xi, \eta) \frac{d\eta}{ds} \right) ds , \tag{2}$$

$$v(x, y) = \int_\gamma \left(p(\xi, \eta) \frac{d\eta}{ds} - q(\xi, \eta) \frac{d\xi}{ds} \right) ds , \tag{3}$$

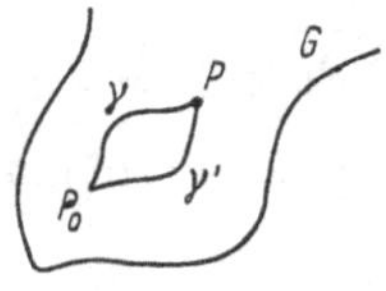

wobei γ durch $(\xi(s), \eta(s))$ mit der Bogenlänge s als Parameter gegeben ist. $u(x, y)$ heißt Geschwindigkeitspotential, $v(x, y)$ Strömungsfunktion und $f(z) = f(x + iy) = = u(x, y) + i\, v(x, y)$ Stromfunktion.

Satz 1. *G sei ein einfach zusammenhängendes Gebiet im R_2. Dann sind $u(x, y)$ und $v(x, y)$ wegunabhängig und genügen in G den Cauchy-Riemannschen Differentialgleichungen*

$$\frac{\partial u}{\partial x} = \frac{\partial v}{\partial y} = p(x, y) \quad \textit{und} \quad \frac{\partial u}{\partial y} = -\frac{\partial v}{\partial x} = q(x, y) . \tag{4}$$

$f(z)$ ist in G holomorph.

Bemerkung 2. $u(x, y)$ und $v(x, y)$ sind vom Weg γ unabhängig. Ersetzt man also in (2) und (3) die Kurve γ durch eine andere Kurve γ' (siehe Zeichnung), so bleiben die Werte von $u(x, y)$ und $v(x, y)$ ungeändert. Das rechtfertigt auch die Bezeichnungen (sonst hätte man in (2) und (3) etwa u_γ statt u und v_γ statt v setzen müssen). Zum Beweis der Wegunabhängigkeit benötigt man in natürlicher Weise (1). Ein Problem der gleichen Art hatten wir in 10.1.4. behandelt. Daß $f(z)$ holomorph ist, falls (4) gilt, folgt aus Satz 15.1.4/1.

Satz 2. *Unter den Voraussetzungen von Satz 1 ist $w(x, y) = \overline{f'(z)}$ der Geschwindigkeitsvektor. Die Stromlinien bestimmen sich aus $v(x, y) \equiv c$.*

Bemerkung 3. Die erste Aussage folgt aus

$$\overline{f'(z)} = \frac{\partial u}{\partial x} - i \frac{\partial v}{\partial x} = p + iq = w ,$$

wobei $w(x, y)$ jetzt als komplexe Zahl dargestellt wird, sowie Real- und Imaginärteil die Komponenten des Vektors $w(x, y)$ sind. Die zweite Aussage ergibt sich aus Satz 10.1.4, da die dortige Funktion $M(x, y)$ mit der obigen Funktion $v(x, y)$ übereinstimmt (siehe Bemerkung 1).

Grundgleichungen (*komplexe Variante*): G sei ein einfach zusammenhängendes Gebiet im R_2, und $p(x, y)$ und $q(x, y)$ seien die Funktionen aus der reellen Variante der Grundgleichungen. Haben $v(x, y)$ und $f(z)$ die obige Bedeutung, so berechnen sich die Stromlinien aus $v(x, y) \equiv c$ und der Geschwindigkeitsvektor aus $w(x, y) = \overline{f'(z)}$.

Bemerkung 4. Störend an dieser Fassung ist die einschränkende Bedingung, daß G einfach zusammenhängend ist.

16.1.4. Das mathematische Modell

Axiom. *Ist G ein beliebiges Gebiet im R_2, so wird eine ebene quellen-, senken- und lokal zirkulationsfreie Strömung durch eine in G holomorphe Funktion $f(z)$ beschrieben. Die Stromlinien berechnen sich aus* $\operatorname{Im} f(z) \equiv c$, *und der Geschwindigkeitsvektor ist durch $w(x, y) = \overline{f'(z)}$ gegeben.*

Bemerkung 1. Ist $f(z)=u(x, y)+iv(x, y)$, so ist also $w(x, y)=(p(x, y), q(x, y))$ mit $p=\frac{\partial u}{\partial x}=\frac{\partial v}{\partial y}$ und $q=-\frac{\partial v}{\partial x}=\frac{\partial u}{\partial y}$. Hieraus folgt

$$\frac{\partial p}{\partial x}+\frac{\partial q}{\partial y}=\frac{\partial p}{\partial y}-\frac{\partial q}{\partial x}=0 \quad \text{in } G.$$

Somit ist (16.1.3/1) erfüllt. Aus $v(x, y)\equiv c$ ergibt sich $0=\frac{\partial v}{\partial x}\,dx+\frac{\partial v}{\partial y}\,dy=p\,dy-q\,dx$. Damit haben wir einen lückenlosen Anschluß an die reelle Variante der Grundgleichungen aus 16.1.3. erreicht. Außerdem sind wir die unangenehme Zusatzbedingung aus der komplexen Variante der Grundgleichungen, daß G einfach zusammenhängend ist, los geworden.

Das Modell: Im Sinne von 12.1.2. haben wir also folgende Situation: Die mathematische Theorie besteht in der Bestimmung der Niveaulinien $c\equiv v(x, y)=\operatorname{Im} f(z)$ holomorpher Funktionen $f(z)$. Ist eine konkrete Strömung gegeben, so entsteht das Übersetzungsproblem: Finden (oder Erraten) der holomorphen Stromfunktion $f(z)$. Die Interpretation ist dann klar: Die Niveaulinien von $\operatorname{Im} f(z)$ sind die Stromlinien und $w(x, y)=\overline{f'(z)}$ ist die Geschwindigkeit.

Bemerkung 2. Wir gehen hier wie folgt vor. Zuerst untersuchen wir einfache holomorphe Funktionen und verschaffen uns so einen Vorrat elementarer Strömungen. Durch Kombination solcher Grundströmungen gelangt man dann zu komplizierteren Strömungen, die physikalisch interessante konkrete Strömungen mathematisch beschreiben.

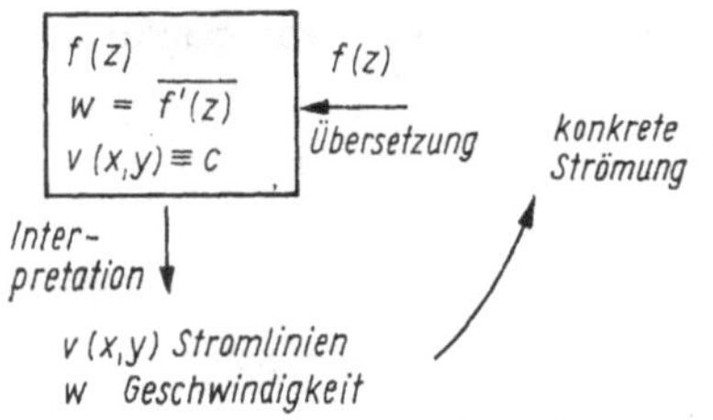

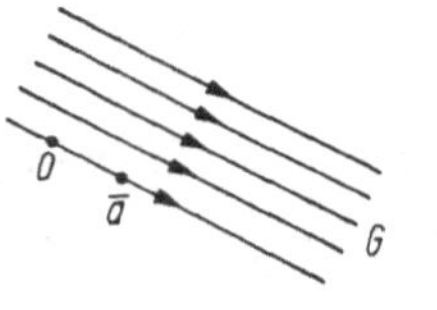

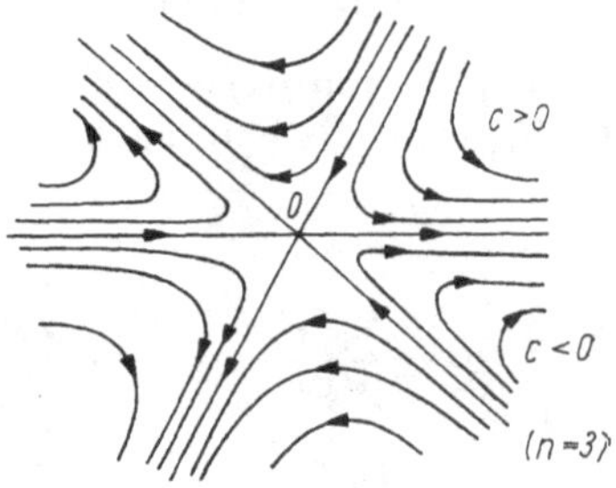

16.2. Strömungen

16.2.1. Staupunkt- und Multipolströmungen

Parallelströmung: Ist $a=\alpha+i\beta$ komplex, so wird $f(z)=az$ als Stromfunktion betrachtet. Es ist $\overline{f'(z)}=\bar{a}$ und $\operatorname{Im} f(z)=\beta x+\alpha y$. Es handelt sich um eine Parallelströmung mit den Stromlinien $\beta x+\alpha y\equiv c$ und $\overline{f'(z)}=\bar{a}$ als Geschwindigkeit. $G=C_1$ kann als Stromgebiet gewählt werden.

Staupunktströmung: Es sei $f(z)=z^n$ mit $n=2, 3, \ldots$ die Stromfunktion. In Polarkoordinaten ist dann $f(z)=r^n\, e^{in\varphi}$ und $\overline{f'(z)}=nr^{n-1}\, e^{-(n-1)i\varphi}$. Die Stromlinien sind $r^n \sin n\varphi\equiv c$. Es ergibt sich eine Staupunktströmung mit $G=C_1\setminus\{0\}$ als Stromgebiet.

Multipolströmung: Es sei $f(z)=z^{-n}$ mit $n=1, 2, 3, \ldots$ die Stromfunktion. In Polarkoordinaten ist $f(z)=r^{-n}\, e^{-in\varphi}$ und $\overline{f'(z)}=-n\, r^{-(n+1)}\, e^{i(n+1)\varphi}$. Die Stromlinien sind $r^n=c\sin n\varphi$. Es ergibt sich eine Multipolströmung mit $G=C_1\setminus\{0\}$ als Stromgebiet.

Dipolströmung: Von Interesse ist der Spezialfall einer Multipolströmung $f(z)=\frac{1}{z}$, die Dipolströmung. Die Stromlinien sind $r=c \sin \varphi$. Es ergibt sich $x^2+y^2=r^2= =cr \sin \varphi = cy$. Die Stromlinien sind somit ein parabolisches Kreisbüschel (siehe 15.8.5.).

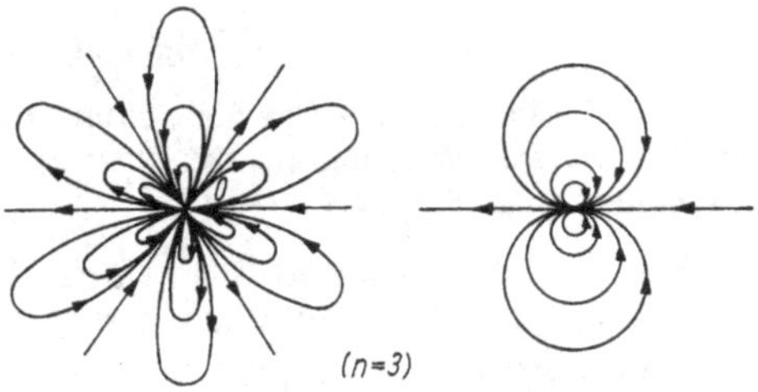

16.2.2. Strudelströmungen

Quellen und Senken: Die Stromfunktion sei $f(z)=\ln z$. In Polarkoordinaten heißt dies $f(z)=\ln r+i\varphi$ und $\overline{f'(z)}=\frac{1}{r}\,e^{i\varphi}$. Die Stromlinien sind $\varphi\equiv c$, also die Geraden durch den Nullpunkt. Man erhält eine Quelle mit $G=C_1-\{0\}$ als Stromgebiet. Geht man von $f(z)=-\ln z$ aus, so ist $\overline{f'(z)}=-\frac{1}{r}\,e^{i\varphi}$. Es ergibt sich eine Senke mit $G=C_1-\{0\}$ als Stromgebiet.

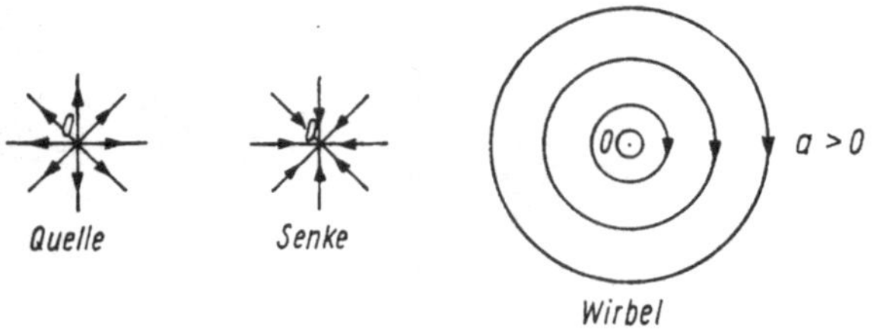

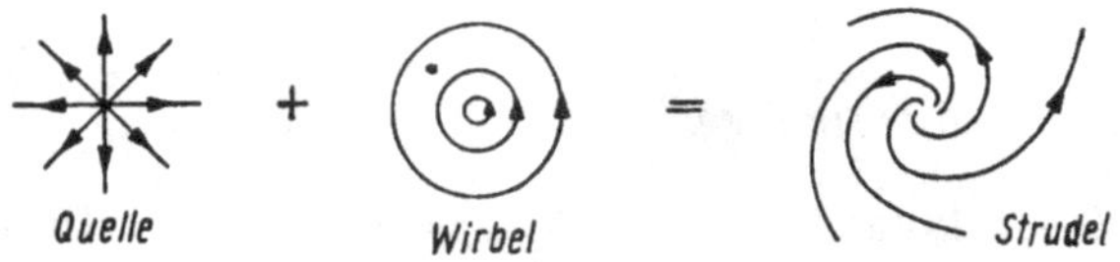

Bemerkung. Die betrachteten Strömungen sind nach Voraussetzung quellen- und senkenfrei. Das ist nur eine lokale Aussage in einer Umgebung eines beliebigen Punktes $z\in G$ und widerspricht den obigen Beispielen nicht (0 gehört nicht zum Stromgebiet).

Wirbel: Die Stromfunktion sei $f(z)=i\,a\ln z$ mit a reell. In Polarkoordinaten ergibt sich $f(z)=i\,a\ln r-a\varphi$ und $\overline{f'(z)}=-\frac{ia}{r}\,e^{i\varphi}$. Die Stromlinien sind $r\equiv c$, also Kreise um den Nullpunkt.

Strudel: Man kann Quellen und Senken mit Wirbeln kombinieren. Der anschaulichen Kombination entspricht hierbei die Kombination der Stromfunktion. Es sei $f(z)=(\alpha+i\beta)\ln z$ die Stromfunktion, α und β reell, $\beta\neq 0$. Die Stromlinien sind dann $\beta\ln r+\alpha\varphi\equiv c$, also $\ln r=\frac{c}{\beta}-\frac{\alpha}{\beta}\,\varphi$, logarithmische Spiralen, $\varphi\in R_1$.

16.2.3. Profilströmungen

Die bisher behandelten elementaren Strömungen weisen als Singularitäten nur Punkte auf. Wesentlich interessanter (vom physikalischen Standpunkt) ist die Frage, wie eine Strömung auf ein Hindernis reagiert oder wie ein gegebenes Profil umströmt wird. Eng damit zusammen hängt die folgende Frage: Was passiert, wenn in einer gegebenen Strömung zusätzliche Quellen oder Senken angebracht werden? Das letztere Problem kann man nach dem Verfahren am Ende von 16.2.2. behandeln: Kombination passender elementarer Strömungen und der zugehörigen Stromfunktionen. Es zeigt sich aber, daß man durch diese Methode auch einige markante Profilströmungen beschreiben kann.

Parallelströmung mit Quelle: Betrachtet wird eine Parallelströmung (in C_1), die durch eine Quelle (im Punkt 0) gestört wird: Etwa das Einleiten von Chemieabwässern in die ansonsten doch so saubere Saale. Anschaulich wird man etwa die gezeichnete Situation erwarten. Da mit z und $\ln z$ die Stromfunktionen für die

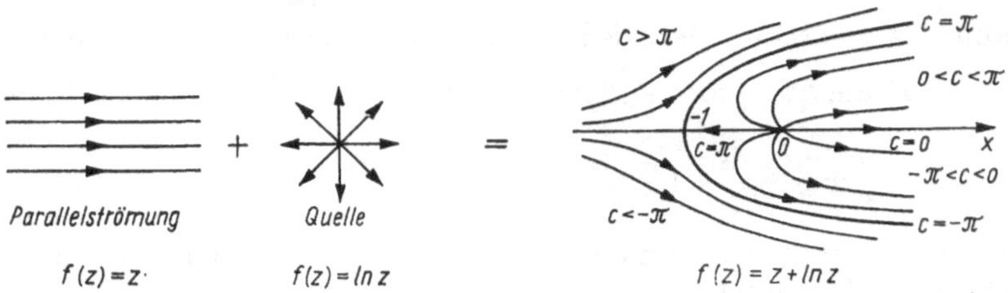

Parallelströmung und die Quelle bekannt sind, wird man $f(z)=z+\ln z$ als Stromfunktion ansetzen. Sind x, y kartesische Koordinaten und r, φ Polarkoordinaten, so ergeben sich als Stromlinien $\operatorname{Im}(z+\ln z)=y+\varphi\equiv c$. Es sei $-\pi<\varphi\leqq\pi$. Man erhält das obige Bild. Die interessante Grenzkurve ist $y+\varphi=\pi$ bzw. $y+\varphi=-\pi$. Die Kurve mündet bei -1 senkrecht in die x-Achse ein. Es ist $f'(z)=1+\dfrac{1}{z}$ und somit $\overline{f'(-1)}=0$, das heißt, daß -1 ein Staupunkt ist. Man kann das obige Bild aber auch als Profilströmung betrachten: Umströmen des Profils, das durch die Kurve $y+\varphi=\pi$, bzw. $y+\varphi=-\pi$ beschrieben wird. Die Stromfunktion ist $f(z)=z+\ln z$, und nur der äußere Teil des obigen Bildes ist dann von Interesse.

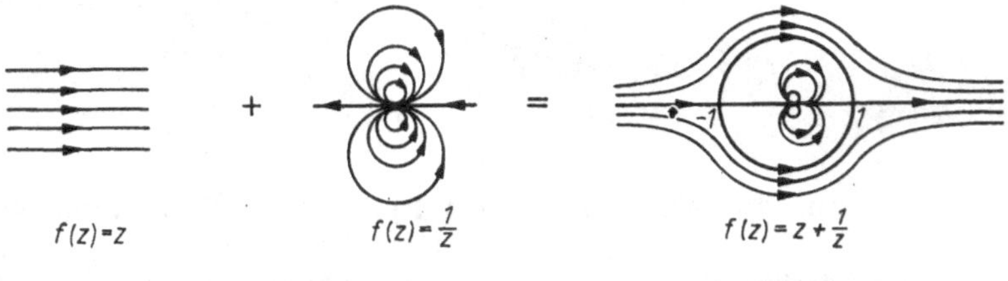

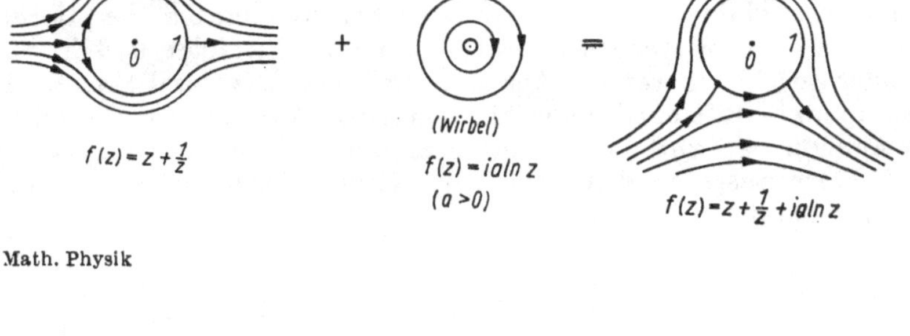

Umströmung eines Kreises: Betrachtet wird eine Parallelströmung (in C_1) und eine Dipolströmung mit 0 als singulären Punkt. Man erhält die in der Abbildung dargestellte Situation. Die Stromlinien in Polarkoordinaten sind $\left(r-\frac{1}{r}\right)\sin\varphi\equiv c$. Also ist der Einheitskreis $r=1$ Stromlinie mit $c=0$. Ist $0\leqq\varphi<\pi$ und $c<0$, so ist $r<1$ (verzerrte Dipolströmung). Ist $0\leqq\varphi<\pi$ und $c>0$, so ist $r>1$: Umströmung des Einheitskreises. Analoges gilt für $-\pi<\varphi<0$. Aus $f'(z)=1-\frac{1}{z^2}=0$ folgen $z=\pm1$ als Staupunkte.

Staupunktströmungen: Wir betrachten die Umströmung des Einheitskreises aus dem letzten Beispiel (wobei die Stromlinien im Innern des Kreises jetzt ohne Interesse sind) und kombinieren sie mit einem Wirbel (mit 0 als singulärem Punkt). Die Stromfunktion ist $f(z)=z+\frac{1}{z}+ia\ln z$, wobei $a>0$ ist. In Polarkoordinaten sind $\left(r-\frac{1}{r}\right)\sin\varphi+a\ln r\equiv c$ die Stromlinien. Insbesondere ist der Einheitskreis $r=1$ Stromlinie. Man erhält also wieder eine Umströmung des Einheitskreises. Von Interesse sind die Staupunkte $f'(z)=0$. Aus $f'(z)=1-\frac{1}{z^2}+\frac{ia}{z}=0$ ergibt sich

$$z=-\frac{ia}{z}\pm\sqrt{-\frac{a^2}{4}+1}\,.$$

Man erhält drei Fälle, wobei man deutlich sieht, daß mit wachsendem a auch der Einfluß des Wirbels wächst.

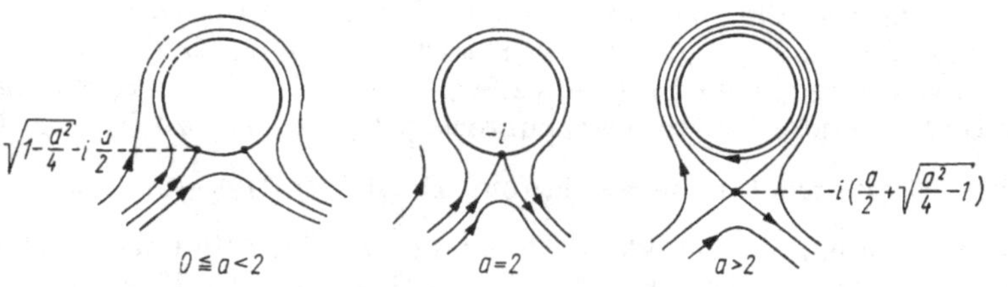

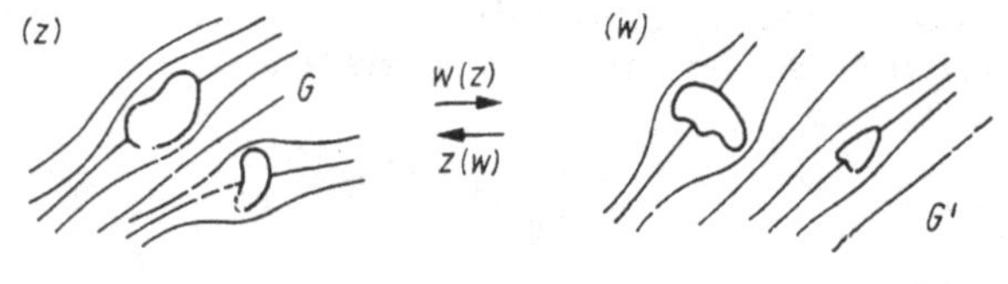

16.2.4. Konforme Abbildungen in der Hydrodynamik und Žukovskij-Profile

Konforme Abbildung: $f(z)$ sei die Stromfunktion in einem Stromgebiet G. Die Stromlinien sind $\text{Im}\, f(z)\equiv c$, die Staupunkte ergeben sich aus $f'(z)=0$. Ist $w=w(z)$ eine konforme Abbildung von G auf G', so betrachten wir die überpflanzte Stromfunktion $g(w)=f(z(w))$. Aus $\text{Im}\, g(w)=\text{Im}\, f(z)$ mit $z=z(w)$ folgt, daß die Stromlinien aufeinander abgebildet werden. Aus $g'(w)=f'(z(w))\cdot z'(w)$ und $z'(w)\neq0$ folgt, daß auch Staupunkte aufeinander abgebildet werden. Mit anderen Worten: Bei konformen Abbildungen wird das gesamte Strömungsbild übertragen. Es ist klar, daß man auf dieser Basis aus den bisherigen Beispielen zahlreiche neue Strömungen konstruieren kann.

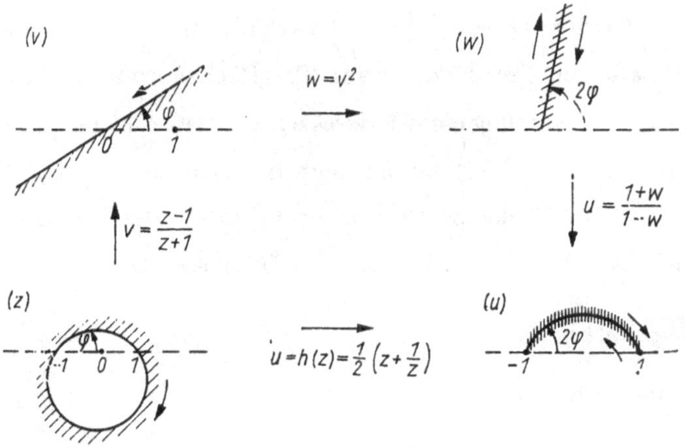

Žukovskij-Profile (Жуковский): Das Ziel ist, die Umströmung von Tragflächen (etwa bei Flugzeugen) zu beschreiben. Wir benutzen hierzu das eben geschilderte Prinzip der konformen Abbildung. Zuvor untersuchen wir einige konforme Abbildungen. Die lineare Abbildung $v = L(z) = \dfrac{z-1}{z+1}$ bildet das Äußere des angegebenen Kreises in der z-Ebene auf eine Halbebene ab, die durch $w = v^2$ auf eine geschlitzte Ebene abgebildet wird. Schließlich erhält man durch die lineare Abbildung $u = \dfrac{1+w}{1-w}$ eine durch einen Kreisbogen geschlitzte Ebene als Bild. Die zusammengesetzte Abbildung ist $u = \dfrac{1}{2}\left(z + \dfrac{1}{z}\right)$. Wir betrachten jetzt die Umströmung eines Kreises K im Sinne von 16.2.3., wobei K den gestrichelten Kreis im Punkt 1 berührt. Das Bild von K bei Anwendung von $u = \dfrac{1}{2}\left(z + \dfrac{1}{z}\right)$ sieht dann tropfenförmig aus. Hierbei kann man den Winkel φ und den Kreis K variieren. Man erhält dann schlanke und dicke Profile, sowie gestreckte und stark gekrümmte. Nach dem Prinzip der kon-

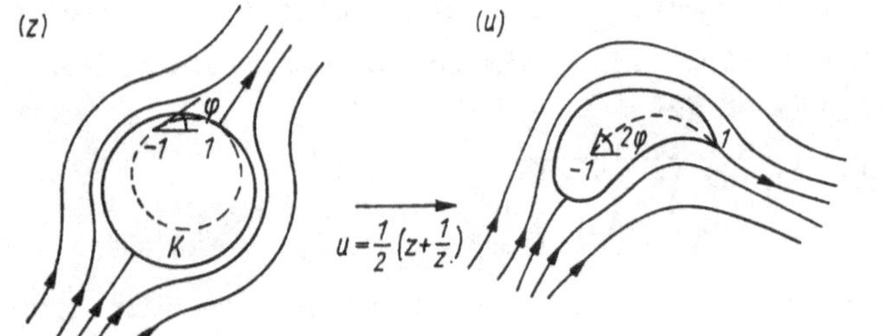

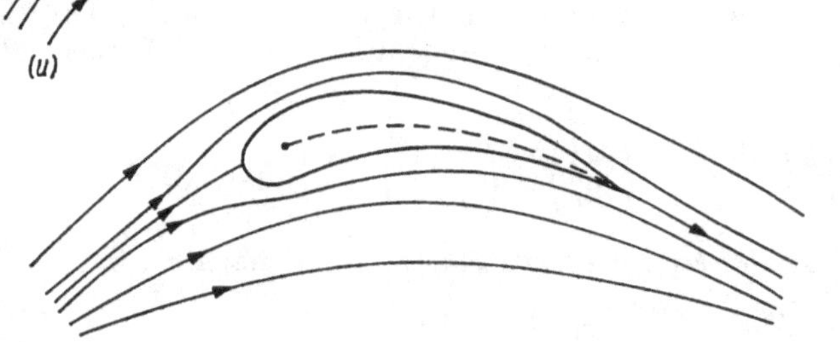

formen Abbildung werden bei $u=\frac{1}{2}\left(z+\frac{1}{z}\right)$ Stromlinien auf Stromlinien abgebildet. Man erhält also die Umströmung von Tragflächenprofilen. Da die Stromfunktion $f(z)$ für die Umströmung eines Kreises explizit bekannt ist $\left(\text{eine passende lineare Transformation von } z+\frac{1}{z}\right)$, so ist auch die Stromfunktion $g(u)=f(z)$ mit $u=\frac{1}{2}\left(z+\frac{1}{z}\right)$ für das Tragflächenprofil explizit bekannt. Bei Tragflächen ist die Frage des Auftriebs $A=X+\mathrm{i}Y$ von besonderem Interesse. Es gilt die Formel von Blasius

$$X-\mathrm{i}Y=c\mathrm{i}\int_{\mathfrak{C}} g'^2(u)\,\mathrm{d}u\ ,$$

wobei $\mathfrak{C}$ die umströmte Kurve und c eine Materialkonstante ist.

17. Elemente der Geometrie

17.1. Die Geometrie der Raumkurven im $\boldsymbol{R}_3$

17.1.1. Das begleitende Dreibein

Kurven im R_n wurden in 8.1.5. behandelt. Jetzt ist $n=3$, und wir betrachten Raumkurven

$$x(u)=(x_1(u),\ x_2(u),\ x_3(u)),\quad u \text{ Parameter},\quad u\in[a,\ b],\quad -\infty<a<b<\infty\ .$$

Sind die Funktionen $x_k(u)$ stetig differenzierbar, so hatten wir in 9.2.3. die Bogenlänge von $x(u)$ bestimmt. Es war

$$s=\int_{u_0}^{u}\sqrt{\left(\frac{\mathrm{d}x_1}{\mathrm{d}v}\right)^2+\left(\frac{\mathrm{d}x_2}{\mathrm{d}v}\right)^2+\left(\frac{\mathrm{d}x_3}{\mathrm{d}v}\right)^2}\,\mathrm{d}v\ .$$

Bis auf die Festlegung des Anfangspunktes $s=0$ und der Orientierung der Kurve ist s eindeutig bestimmt. s ist somit ein natürlicher Parameter, den wir in Zukunft benutzen werden. Ableitungen nach s bezeichnen wir mit . Insbesondere ist

$$x_k'(s)=\frac{\mathrm{d}x_k}{\mathrm{d}u}\left(\left(\frac{\mathrm{d}x_1}{\mathrm{d}u}\right)^2+\left(\frac{\mathrm{d}x_2}{\mathrm{d}u}\right)^2+\left(\frac{\mathrm{d}x_3}{\mathrm{d}u}\right)^2\right)^{-\frac{1}{2}},\quad k=1,\ 2,\ 3\ .$$

Für die Tangente $t=t(s)$ an die Kurve $x(s)$ ist somit nach 8.1.5.

$$t=(x_1'(s),\ x_2'(s),\ x_3'(s))\quad \text{mit}\quad |t|=1\ .$$

Ist $t'(s) \neq 0$, so ist

$$n(s) = \frac{t'(s)}{|t'(s)|}$$

die Normale und

$$b(s) = t(s) \times n(s)$$

die Binormale. Aus $t \cdot t' = \frac{1}{2}(t \cdot t)' = \frac{1}{2}(1)' = 0$ folgt, daß n orthogonal zu t ist.

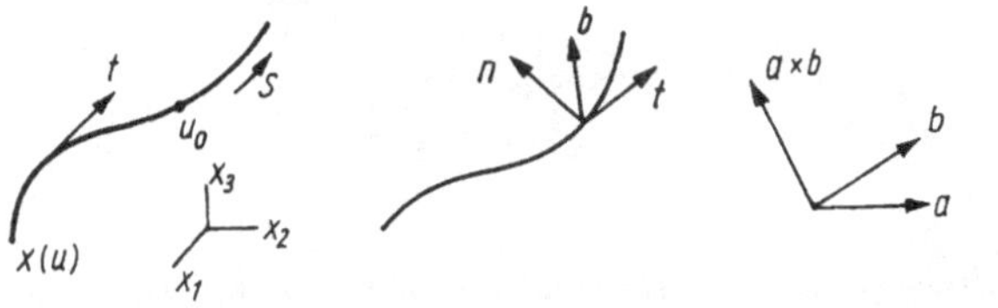

b ist orthogonal zu t und n, ferner ist $|n| = |b| = 1$. Insgesamt haben wir ein orthonormiertes rechtshändiges Dreibein (t, n, b): das (die Kurve) begleitende Dreibein. Wir verwenden hier bekannte Bezeichnungen der analytischen Geometrie: Sind $a = (a_1, a_2, a_3)$ und $b = (b_1, b_2, b_3)$ Vektoren im R_3, so ist $a \cdot b = a_1b_1 + a_2b_2 + a_3b_3$ das Skalarprodukt und $a \times b = (a_2b_3 - a_3b_2, a_3b_1 - a_1b_3, a_1b_2 - a_2b_1)$ das Vektorprodukt, das orthogonal sowohl zu a als auch zu b ist. Wir erinnern an die Merkregel, daß die Komponenten von $a \times b$ die Unterdeterminanten von $\begin{vmatrix} * & * & * \\ a_1 & a_2 & a_3 \\ b_1 & b_2 & b_3 \end{vmatrix}$ sind (mit Vorzeichen).

17.1.2. Die Frenetschen Formeln

Satz. *Es sei $x(s)$ eine dreimal stetig differenzierbare Raumkurve im R_3 mit der Bogenlänge s als Parameter, $s_0 < s < s_1$. Ferner sei $x''(s) \neq 0$ für $s_0 < s < s_1$. Dann gibt es eine positive Funktion $\varkappa(s)$ und eine reelle Funktion $\tau(s)$ mit*

$$\begin{aligned} t' &= \quad \varkappa n \quad , \\ n' &= -\varkappa t \quad + \tau b, \quad s_0 < s < s_1 \quad \text{(Frenetsche Formeln)}\,. \\ b' &= \quad -\tau n \quad , \end{aligned}$$

Bemerkung 1. Da $t(s)$, $n(s)$ und $b(s)$ den R_3 aufspannen, gilt etwa $t'(s) = a_1(s)\,t(s) + a_2(s)\,n(s) + a_3(s)\,b(s)$, analog für $n'(s)$ und $b'(s)$. Aus der Orthogonalität von t, n, b und der obigen Konstruktion folgt dann, daß die Koeffizienten die im Satz angegebene Form haben müssen.

Bemerkung 2. Ist $x''(s) \neq 0$ nicht garantiert, so zerlegt man die Kurve in Teilkurven, wo entweder $x''(s) \neq 0$ für alle s oder $x''(s) \equiv 0$ für alle s gilt. Ist $x''(s) \equiv 0$, so ist $x(s)$ ein Geradenstück.

Bemerkung 3. $\varkappa(s)$ heißt die Krümmung und $\tau(s)$ die Windung einer Raumkurve. Aus

$$\varkappa(s_2)\,n(s_2) = t'(s_2) = \lim_{s_1 \to s_2} \frac{t(s_2) - t(s_1)}{s_2 - s_1}$$

folgt, daß $\varkappa(s)$ ein Maß für die Abweichung der Kurve $x(s)$ von einer Geraden ist. t und n spannen die „Schmiegebene" auf. Wie wir in 17.1.3. sehen werden, ist $\tau(s) \equiv 0$ genau dann, wenn $x(s)$ in einer festen Ebene liegt, die dann für alle s die Schmiegebene ist. Im allgemeinen Fall gibt $\tau(s)$ an, in welchem Maß sich die Kurve aus der Schmiegebene herauswindet.

Bemerkung 4. Wir betrachten einen Kreis

$$x_1(s) = R\cos\frac{s}{R}, \qquad x_2(s) = R\sin\frac{s}{R},$$
$$x_3(s) \equiv 0, \qquad s \text{ Bogenlänge.}$$

Man rechnet rasch nach, daß $\varkappa(s)=\frac{1}{R}$ und $\tau(s)\equiv 0$ ist.

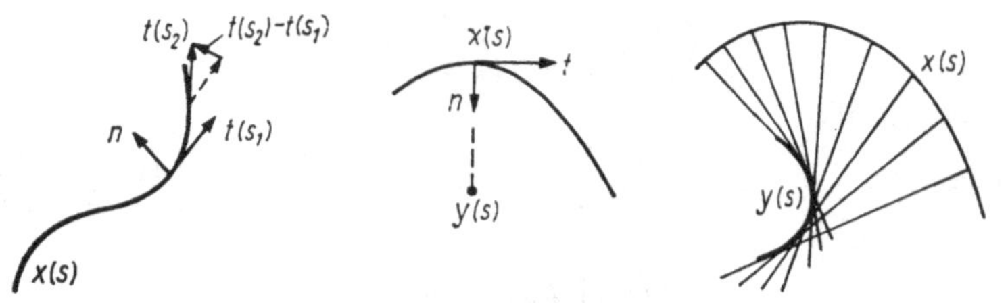

17.1.3. Ebene Kurven

Satz. *Eine dreimal stetig differenzierbare Raumkurve $x(s)$ im R_3 mit $x''(s)\neq 0$ verläuft genau dann in einer festen Ebene, wenn $\tau(s)\equiv 0$ ist. (Hierbei ist s die Bogenlänge und $s_0<s<s_1$.)*

Bemerkung 1. Man vergleiche mit Bemerkung 17.1.2/3.

Bemerkung 2 (Evolute einer ebenen Kurve). Für ebene Kurven $x(s)$ reduzieren sich die Frenetschen Formeln auf

$$t'=\varkappa n \quad \text{und} \quad n'=-\varkappa t\,.$$

In Anlehnung an Bemerkung 17.1.2/4 bezeichnen wir $R(s)=\frac{1}{\varkappa(s)}$ als Krümmungsradius. Die Evolute $y(s)$ zur Kurve $x(s)$ ist

$$y(s)=x(s)+R(s)\,n(s)=x(s)+\frac{n(s)}{\varkappa(s)}\,,$$

der geometrische Ort der sogenannten Krümmungsmittelpunkte. Aus den Frenetschen Gleichungen folgt $y'(s)=x'(s)+\frac{1}{\varkappa}n'-\frac{\varkappa'}{\varkappa^2}n=-\frac{\varkappa'}{\varkappa^2}n$. Daraus ergibt sich, daß $y(s)$ auch die Einhüllende der Normalen ist, sofern $\varkappa'(s)\neq 0$ gilt.

17.1.4. Existenz- und Unitätssatz

Satz. *$\varkappa(s)$ und $\tau(s)$ seien stetig differenzierbare Funktionen für $s_0<s<s_1$. Ferner sei $\varkappa(s)>0$. Dann gibt es eine Raumkurve $x(s)$ im R_3, so daß s die Bogenlänge, $\varkappa(s)$ die Krümmung und $\tau(s)$ die Windung ist. Diese Raumkurve $x(s)$ ist im R_3 bis auf Kongruenztransformationen eindeutig bestimmt.*

Bemerkung. Haben zwei Raumkurven $x(s)$ und $\tilde{x}(s)$ die gleiche Krümmung und die gleiche Windung, so kann man $\tilde{x}(s)$ durch eine Translation und durch eine Drehung im R_3 in $x(s)$ überführen. Die innere Geometrie der Kurve ist also durch $\varkappa(s)$ und $\tau(s)$ eindeutig bestimmt. Man nennt deshalb $\varkappa(s)$ und $\tau(s)$ auch die natürlichen Gleichungen der Kurve.

17.2. Die hyperbolische Geometrie

17.2.1. Grundprinzipien axiomatischer Geometrien

Durch die Elemente des Euklid wurde um 325 v. u. Z. der Versuch gemacht, die Geometrie der Ebene axiomatisch zu fassen, soweit es sich um Punkte, Geraden und Kreise handelt. Später wurden diese axiomatischen Geometrien wesentlich verfeinert und neue Gesichtspunkte aufgenommen (etwa um die Jahrhundertwende durch

D. Hilbert). Das Ziel ist, einige wenige Aussagen (Axiome) an die Spitze zu stellen und alle anderen Aussagen daraus durch rein logische Schlüsse, ohne Rückgriff auf die Anschauung, abzuleiten. Auch die Grundbegriffe werden axiomatisch, inhaltsleer, festgelegt. Das sieht etwa folgendermaßen aus. Die Elemente P einer Menge M heißen Punkte. Gewisse Untermengen g von M heißen Geraden. Man trifft jetzt Festlegungen über die gegenseitigen Beziehungen von Punkten und Geraden sowie Geraden und Geraden usw. Hier 3 Beispiele:

1. Sind g_1 und g_2 zwei Geraden, so ist entweder $g_1 = g_2$ oder $g_1 \cap g_2 = \emptyset$ oder es gibt genau einen Punkt P mit $P \in g_1 \cap g_2$.

2. Sind P_1 und P_2 zwei verschiedene Punkte, $P_1 \neq P_2$, so gibt es genau eine Gerade g mit $P_1 \in g$ und $P_2 \in g$.

3. (Das Parallelenaxiom von Euklid). Ist g_1 eine Gerade und P ein Punkt mit $P \notin g_1$, so gibt es genau eine Gerade g_2 mit $P \in g_2$ und $g_1 \cap g_2 = \emptyset$.

Das ist keine erschöpfende Aufzählung, es sind typische Beispiele. Das Parallelenaxiom hat in der Geschichte der Mathematik eine entscheidende Rolle gespielt. Es ist wesentlich komplizierter als die anderen Axiome bei Euklid. Man bemühte sich, dieses Axiom aus den anderen Axiomen abzuleiten. Erst in der ersten Hälfte des 19. Jahrhunderts fanden Gauß, J. Bolyai und Lobačevskij, daß das Parallelenaxiom von Euklid nicht aus den anderen Axiomen von Euklid ableitbar war. Man kann es nämlich durch die beiden nachfolgenden Parallelenaxiome 3′ oder 3″ ersetzen (unter Beibehaltung aller übrigen Axiome von Euklid) und erhält jeweils eine widerspruchsfreie Geometrie:

3′. Ist g_1 eine Gerade und P ein Punkt mit $P \notin g_1$, so gibt es keine Gerade g_2 mit $P \in g_2$ und $g_1 \cap g_2 = \emptyset$ (elliptische Geometrie).

3″. Ist g_1 eine Gerade und P ein Punkt mit $P \notin g_1$, so gibt es unendlich viele verschiedene Geraden g_2 mit $P \in g_2$ und $g_1 \cap g_2 = \emptyset$ (hyperbolische Geometrie).

Gesucht werden Modelle für derartige Geometrien, und es ist das Ziel der Betrachtungen in den folgenden Abschnitten, das sogenannte Konformmodell der hyperbolischen Geometrie zu beschreiben.

Ein weiteres Problem sind die quantitativen Größen in einer Geometrie. In der euklidischen Geometrie in der Ebene sind dies z. B. Längen, Flächeninhalte, Winkel usw. Diese Größen sind invariant gegenüber Kongruenztransformationen der Ebene, d. h. Translationen und Drehungen. Diese simple Feststellung wurde von F. Klein 1872 im Erlanger Programm wesentlich verallgemeinert. Danach ist Geometrie die Invariantentheorie einer Transformationsgruppe. Vorgegeben ist also eine Gruppe von Transformationen auf einer gewissen Grundmenge M. Als geometrisch zulässig werden nun nur solche quantitativen Größen angesehen, die bei Anwendung einer Transformation der Gruppe ungeändert bleiben. Wir werden hier auch diesen Aspekt verfolgen.

17.2.2. Ein Modell der hyperbolischen Geometrie

Im Sinne der Terminologie aus 17.2.1. legen wir fest: $M = \{z \mid |z| < 1\}$ ist der Einheitskreis in der komplexen Ebene. Die Punkte P sind die üblichen Punkte des Einheitskreises. Die Geraden g sind die Orthogonalkreise zum Einheitskreis, also jene Kreise, die den Einheitskreis senkrecht schneiden. Die Transformationsgruppe besteht aus allen konformen Abbildungen des Einheitskreises auf sich. Das sind die linearen Transformationen aus Satz 15.8.7. Bei linearen Transformationen gehen Kreise in Kreise über, Satz 15.8.3. Da bei den linearen Transformationen aus Satz 15.8.7 der Einheitskreis in sich übergeht und Winkel erhalten bleiben, gehen Or-

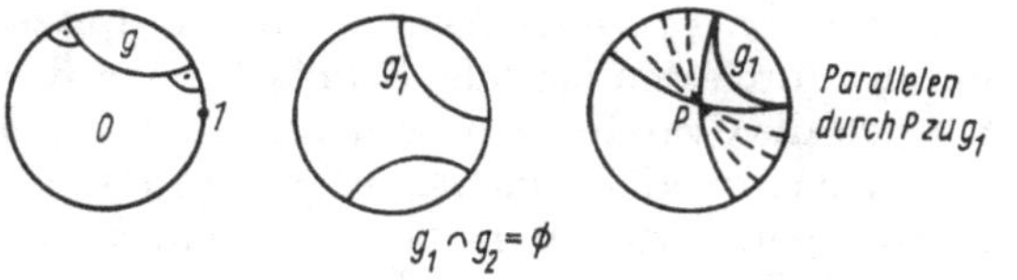

thogonalkreise wieder in Orthogonalkreise über. Mit anderen Worten: Die Transformationsgruppe bildet die obigen Punkte P wieder auf Punkte und die obigen Geraden wieder auf Geraden ab (wie es ja wohl auch sein sollte in einer anständigen Geometrie mit Transformationsgruppe).

Satz. (a) *Sind g_1 und g_2 zwei Geraden, so ist entweder $g_1 = g_2$ oder $g_1 \cap g_2 = \emptyset$, oder es gibt genau einen Punkt P mit $P \in g_1 \cap g_2$.*

(b) *Sind P_1 und P_2 zwei verschiedene Punkte, so gibt es genau eine Gerade g mit $P_1 \in g$ und $P_2 \in g$.*

(c) *Ist g_1 eine Gerade und ist P ein Punkt mit $P \notin g_1$, so gibt es unendlich viele Geraden g_2 mit $P \in g_2$ und $g_1 \cap g_2 = \emptyset$ (Parallelen).*

Bemerkung. Das sind die Axoime 1, 2 und 3″ aus 17.2.1.

17.2.3. Längen, Winkel und Dreiecke

Definition. (a) *Sind z_0 und z_1 zwei verschiedene Punkte aus M und sind ζ_0 und ζ_1 die Schnittpunkte der Verbindungsgeraden g mit dem Einheitskreis, so ist*

$$d(z_0, z_1) = \frac{1}{2} \ln \frac{\zeta_0 - z_1}{\zeta_0 - z_0} \cdot \frac{\zeta_1 - z_0}{\zeta_1 - z_1} \tag{1}$$

der (hyperbolische) Abstand von z_0 und z_1.

(b) *Der (hyperbolische) Winkel zwischen zwei Geraden g_1 und g_2 ist gleich dem euklidischen Winkel der zugehörigen Tangenten.*

(c) *Dreiecke werden von drei Geraden gebildet.*

Bemerkung 1. $d(z_0, z_1)$ ist $\frac{1}{2}$ ln von einem Doppelverhältnis im Sinne von Satz 15.8.4/2. Dieser Satz zeigt auch, daß das Doppelverhältnis bei linearen Transformationen (und somit insbesondere bei den obigen Transformationen) invariant bleibt. Man kann jetzt leicht nachprüfen, daß $\frac{\zeta_0 - z_1}{\zeta_0 - z_0} \cdot \frac{\zeta_1 - z_0}{\zeta_1 - z_1} > 1$ ist. Somit ist $d(z_0, z_1)$ eine positive Zahl, die invariant gegenüber der zugelassenen Transformationsgruppe ist. Wir setzen $d(z_0, z_1) = 0$ für $z_0 = z_1$. Da die Abbildungen der Transformationsgruppe konform sind, ist auch Teil (b) der Definition sinnvoll.

Bemerkung 2. Man sieht sofort, daß $d(z_0, z_1) = d(z_1, z_0)$ gilt. Fixiert man z_1 und betrachtet $z_0 \to \zeta_0$, so folgt $d(z_0, z_1) \to \infty$. Die Geraden sind also unendlich lang. Ein hyperbolisch empfindender Bewohner des Einheitskreises lebt also in einer unendlichen Welt.

Satz. (a) *Sind z_0, z_1 und z_2 drei Punkte auf einer Geraden, wobei z_1 zwischen z_0 und z_2 liegt, so ist $d(z_0, z_2) = d(z_0, z_1) + d(z_1, z_2)$.*

(b) *Es ist* $\lim\limits_{z\to 0} \dfrac{d(0, z)}{|z|} = 1.$

(c) *Sind* α, β *und* γ *die Innenwinkel eines Dreiecks, so gilt* $0 \leqq \alpha + \beta + \gamma < \pi$.

Bemerkung 3. (b) besagt, daß bei 0 näherungsweise euklidische Verhältnisse herrschen.

Bemerkung 4. Im Gegensatz zum euklidischen Fall kann die Summe der drei Winkel α, β und γ eines Dreiecks jeden Wert zwischen 0 (einschließlich) und π (ausschließlich) annehmen.

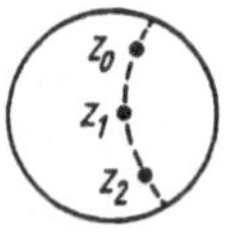

$\alpha+\beta+\gamma=0$

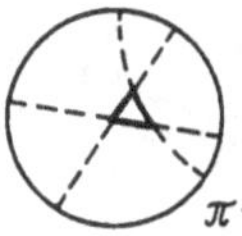

$\pi-(\alpha+\beta+\gamma)$ klein

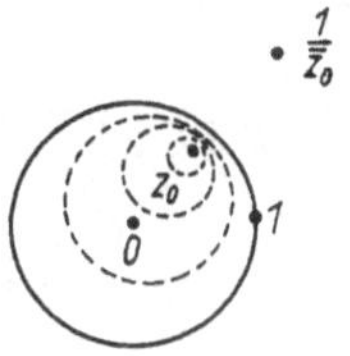

17.2.4. Kreise

Definition. *Ist* $z_0 \in M$ *und* $r > 0$, *so ist* $K = \{z \mid z \in M,\ d(z_0, z) = r\}$ *ein (hyperbolischer) Kreis.* z_0 *heißt Mittelpunkt von* K.

Bemerkung 1. Da M eine unendliche Welt ist, erhält man für jedes $z_0 \in M$ und $r > 0$ einen Kreis.

Satz. *Die (hyperbolischen) Kreise mit* z_0 *als Mittelpunkt sind die gewöhnlichen euklidischen Kreise in* M, *die zu dem elliptischen Kreisbüschel mit* z_0 *und* $\frac{1}{\bar z_0}$ *als Grundpunkten gehören.*

Bemerkung 2. Das elliptische Kreisbüschel (mit z_0 und z_1 als Grundpunkte) wurde in 15.8.5. beschrieben. z_0 und $\frac{1}{\bar z_0}$ sind Spiegelpunkte bezüglich des Einheitskreises im Sinne von Satz 15.8.6. Dann zeigt man relativ leicht, daß insbesondere der Einheitskreis zum elliptischen Kreisbüschel mit z_0 und $\frac{1}{\bar z_0}$ als Grundpunkten gehört.

17.2.5. Bogenlänge und Flächeninhalt

Die (hyperbolische) Länge von stetig differenzierbaren Kurven $\mathfrak{C}$ in M wird nach dem gleichen Verfahren wie in 9.2.3. bestimmt: Approximation der Kurve durch Polygonzüge, wobei ein Polygonzug aus (hyperbolischen) Geradenstücken (also aus Teilen von Kreisen, die orthogonal zum Einheitskreis sind) besteht, deren Enden auf $\mathfrak{C}$ liegen. Das Supremum dieser Polygonzüge ist die Länge L der Kurve $\mathfrak{C}$.

Satz 1. *Eine stetig differenzierbare Kurve in* M *mit der Parameterdarstellung* $z(s)$, $s_0 \leqq s \leqq s_1$, *hat die (hyperbolische) Bogenlänge* $L = \int\limits_{s_0}^{s_1} \dfrac{\mathrm{d}s}{1 - |z(s)|^2}$, *falls* s *die euklidische Bogenlänge ist.*

Bemerkung 1. Die Formel legt nahe, $\dfrac{\mathrm{d}x\mathrm{d}y}{(1-|z|^2)^2}$ als infinitesimales Flächenelement in M zu definieren.

Satz 2. *Ist* B *ein (hyperbolisch) beschränktes Gebiet in* M, *dessen Rand aus stückweise glatten Kurven besteht, so ist der (hyperbolische) Flächeninhalt*

$$|B| = \int\limits_B \frac{\mathrm{d}x\mathrm{d}y}{(1-|z|^2)^2}.$$

Bemerkung 2. Man kann die Formel auch erhalten, indem man zuerst den Flächeninhalt (hyperbolischer) Rechtecke (aus elliptisch-hyperbolischen Kreisbüscheln) definiert und anschließend eine beliebige Fläche durch derartige Rechtecke ausschöpft.

Bemerkung 3. Der Flächeninhalt von M ist unendlich, da

$$\int_{0 \leq |z| < 1} \frac{dx dy}{(1-|z|^2)^2} = 2\pi \int_0^1 \frac{r dr}{(1-r^2)^2} = \infty$$

ist.

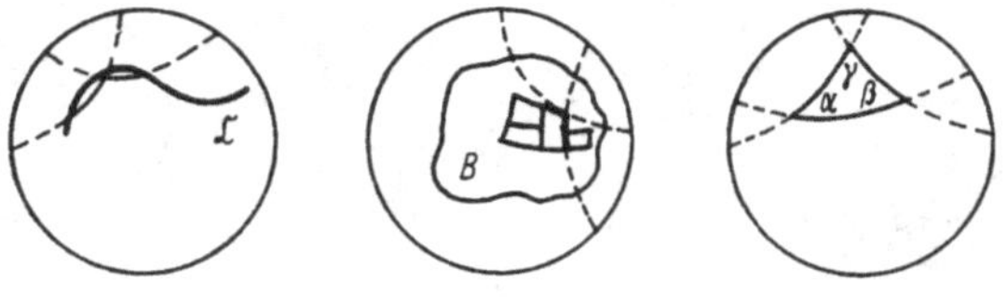

17.2.6. Flächeninhalt von Dreiecken

Satz. *Ist B ein Dreieck mit den Winkeln α, β und γ, so ist* $|B| = \frac{1}{4}(\pi - \alpha - \beta - \gamma)$.

Bemerkung 1. Wir hatten schon in Satz 17.2.3 festgestellt, daß $\alpha + \beta + \gamma < \pi$ ist.

Bemerkung 2. Viele Eigenschaften in der hyperbolischen Geometrie sind analog zu entsprechenden Eigenschaften in der euklidischen Geometrie. Der Satz zeigt aber, daß auch ganz neue Effekte auftreten können, die kein Gegenstück in der euklidischen Geometrie haben.

17.3. Die Geometrie des Hilbertraumes

17.3.1. Hilberträume

Definition 1. *H sei ein komplexer linearer Raum. Ein Skalarprodukt in H ordnet jedem geordneten Paar $x_1 \in H$ und $x_2 \in H$ eine komplexe Zahl (x_1, x_2) mit folgenden Eigenschaften zu:*

1. $(\lambda_1 x_1 + \lambda_2 x_2, x_3) = \lambda_1(x_1, x_3) + \lambda_2(x_2, x_3)$.
2. $\overline{(x_1, x_2)} = (x_2, x_1)$.
3. *Für* $x \neq 0$ *ist* $(x, x) > 0$, *wobei* $\|x\| = \sqrt{(x, x)}$ *gesetzt wird.*

Hierbei sind x_1, x_2, x_3 Elemente aus H und λ_1, λ_2 komplexe Zahlen.

Bemerkung 1. Der Begriff des komplexen linearen Raumes wurde in 6.1.1. erläutert.

Satz. (a) *Es gilt $(x, 0) = (0, x) = 0$ für alle $x \in H$ (insbesondere ist $\|0\| = 0$).*

(b) *Sind x_1, x_2, x_3 Elemente aus H und λ_1, λ_2 komplex, so ist*

$$(x_3, \lambda_1 x_1 + \lambda_2 x_2) = \bar{\lambda}_1(x_3, x_1) + \bar{\lambda}_2(x_3, x_2) \ .$$

(c) *(Schwarzsche Ungleichung). Für $x_1 \in H$ und $x_2 \in H$ gilt*

$$|(x_1, x_2)| \leq \|x_1\| \, \|x_2\| \ .$$

Hierbei ist $|(x_1, x_2)| = \|x_1\| \, \|x_2\|$ genau dann, wenn entweder $x_1 = 0$ oder $x_2 = 0$ oder $x_1 = \lambda x_2$ gilt.

(d) *$\|x\|$ ist eine Norm.*

(e) *Ist $\|x_n - x\| \to 0$ für $n \to \infty$, so gilt $\|x_n\| \to \|x\|$. Ist ferner $\|y_n - y\| \to 0$ für $n \to \infty$, so gilt $(x_n, y_n) \to (x, y)$.*

Bemerkung 2. $\|x\|$ erfüllt also die Bedingungen einer Norm im Sinne von Definition 6.1.1/1. Ein komplexer linearer Raum mit Skalarprodukt ist also insbesondere auch ein normierter Raum. Wir verwenden in Zukunft die Begriffe für normierte Räume, wobei sie sich stets auf $\|x\|$ im Sinne der obigen Definition beziehen.

Definition 2. *Ein komplexer linearer Raum H mit Skalarprodukt heißt Hilbertraum, falls er vollständig ist und es in H eine abzählbar unendliche dichte Teilmenge gibt.*

Bemerkung 3. Damit ein komplexer linearer Raum H mit Skalarprodukt Hilbertraum genannt wird, müssen also zwei Bedingungen erfüllt sein:

1. Er muß ein komplexer Banachraum im Sinne von Def. 6.1.1/2 sein.
2. Es muß eine Menge $\{x_j\}_{j=1}^{\infty} \subset H$ existieren, die dicht in H ist.

Wann eine Menge dicht in einem Banachraum ist, wurde in Def. 14.6.3 beschrieben. Es ist üblich, die letzte Forderung nicht mit in die Definition eines Hilbertraumes aufzunehmen; danach ist ein Hilbertraum ein spezieller komplexer Banachraum, dessen Norm $\|x\|$ aus einem Skalarprodukt im obigen Sinne gewonnen wird. Ein Banachraum B heißt separabel, falls es eine dichte Menge $\{x_j\}_{j=1}^{\infty} \subset B$ gibt. Im Sinne der üblichen Terminologie haben wir also in Def. 2 festgelegt, wann ein komplexer linearer Raum H ein separabler Hilbertraum ist. Da aber andere als separable Hilberträume für uns hier nicht von Interesse sind, haben wir gleich die obige Fassung gewählt.

Bemerkung 4. Wir beschränken uns hier auf komplexe Räume. Alle Definitionen gelten aber auch für reelle lineare Räume. Insbesondere kann man von reellen (separablen) Hilberträumen sprechen.

17.3.2. Beispiele von Hilberträumen

Der Raum C_n: Ist $x=(x_1, \ldots, x_n) \in C_n$ und $y=(y_1, \ldots, y_n) \in C_n$, so wird

$$(x, y) = \sum_{j=1}^{n} x_j \bar{y}_j$$

gesetzt. Das ist ein Skalarprodukt, und es ist $C_n = l_{2,C}^n$ im Sinne von 6.2.2. Man sieht leicht, daß $\{x \mid x=(x_1, \ldots, x_n),$ Re x_k und Im x_k rational$\}$ eine abzählbare dichte Menge in C_n ist. Also ist C_n ein Hilbertraum.

Der Raum l_2: Wir setzen $l_2 = l_{2,C}$ im Sinne von 6.2.2. Ist $x=(x_1, x_2, \ldots) \in l_2$ und $y=(y_1, y_2, \ldots) \in l_2$, so ist

$$(x, y) = \sum_{j=1}^{\infty} x_j \bar{y}_j$$

ein Skalarprodukt. Nach der Schwarzschen Ungleichung ist $|(x, y)| \leqq \|x\|_{l_2} \|y\|_{l_2} < \infty$, so daß die Bildung sinnvoll ist. (Die Schwarzsche Ungleichung ergibt sich in diesem Fall auch aus der Hölderschen Ungleichung aus 6.2.1.). Die Vektoren $x=(x_1, \ldots, x_N, 0, 0, \ldots)$ mit Re x_k und Im x_k rational, sind dicht in l_2. Somit ist l_2 ein Hilbertraum.

Der Raum $L_2(\Omega)$: Ist Ω ein Gebiet im R_n, so hatten wir in 14.6.4. den reellen Raum $L_2(\Omega)$ eingeführt. In gleicher Weise kann man den komplexen Raum $L_2(\Omega)$ definieren: Die Gesamtheit der komplexwertigen Funktionen $f(x)$ (genauer: Äquivalenzklassen von Funktionen), so daß $|f(x)|$ zum reellen Raum $L_2(\Omega)$ gehört. Wie in 14.6.4. ist

$$\|f\|_{L_2(\Omega)} = \left(\int_{\Omega} |f(x)|^2 \, dx\right)^{\frac{1}{2}}. \tag{1}$$

Wir vereinbaren, daß ab jetzt mit $L_2(\Omega)$ stets der komplexe Raum $L_2(\Omega)$ gemeint ist. Die Eigenschaften des reellen Raumes $L_2(\Omega)$ übertragen sich auf den (komplexen) Raum $L_2(\Omega)$. Insbesondere ist $L_2(\Omega)$ mit (1) als Norm ein Banachraum. Hierbei wird (1) aus dem Skalarprodukt

$$(f, g)_{L_2(\Omega)} = \int_\Omega f(x)\, \overline{g(x)}\, dx$$

erzeugt. Satz 14.6.2 zeigt, daß $(f, g)_{L_2(\Omega)}$ sinnvoll ist. Unter Verwendung von Satz 14.6.3 kann man zeigen, daß die Menge

$$\{f \mid f = \sum_{j=1}^{N} r_j \chi_{Q_j}(x),\ r_j \text{ komplex-rational, } Q_j \text{ Würfel mit rationalen Ecken, } \overline{Q_j} \subset \Omega\} \qquad (2)$$

dicht in $L_2(\Omega)$ ist. „r_j komplex-rational" bedeutet, daß Re r_j und Im r_j rational sind. $\chi_{Q_j}(x)$ ist die charakteristische Funktion des Würfels Q_j. „Rationale Ecken" bedeutet, daß die Ecken von Q_j die Form $x = (x_1, \ldots, x_n)$, x_k rational, haben. Diese Menge ist abzählbar. Also ist $L_2(\Omega)$ ein Hilbertraum.

Bemerkung. In gleicher Weise kann man komplexe Räume $L_p(\Omega)$ mit $1 \leq p \leq \infty$ definieren. Ist $1 \leq p < \infty$, so ist (2) dicht, und man erhält separable komplexe Banachräume. Entsprechend sind die reellen Räume $L_p(\Omega)$ aus 14.6.4. reelle separable Banachräume.

17.3.3. Orthogonalsysteme

Definition. *H sei ein Hilbertraum.*

(a) *Zwei Elemente $u \in H$ und $v \in H$ heißen orthogonal, falls $(u, v) = 0$ gilt. $u \in H$ heißt normiert, falls $\|u\| = 1$ gilt.*

(b) *Ein (endliches oder abzählbar unendliches) System $\{u_j\}_j$ heißt orthonormiert, falls $(u_j, u_k) = 0$ für $j \neq k$ und $\|u_j\| = 1$ gilt. Ist $x \in H$, so heißen $\alpha_k = (x, u_k)$ die Fourierkoeffizienten (von x bez. $\{u_j\}$).*

(c) *Ein orthonormiertes System $\{u_j\}_{j=1,2,\ldots}$ heißt vollständig (oder abgeschlossen), falls $(x, u_j) = 0$ für $j = 1, 2, \ldots$ dann und nur dann gilt, wenn $x = 0$ ist.*

Bemerkung 1. $H = C_n$ ist ein spezieller (endlich-dimensionaler) Hilbertraum. In diesem Fall sind $u = (u_1, \ldots, u_n)$ und $v = (v_1, \ldots, v_n)$ genau dann orthogonal, wenn das (komplexe) Skalarprodukt $\sum_{j=1}^{n} u_j \bar{v}_j = 0$ ist. Ist $\{u_j\}_{j=1}^n$ orthonormiert, so kann man in diesem Fall jedes Element $x \in H$ als

$$x = \sum_{j=1}^{n} \alpha_j u_j$$

darstellen. Hieraus folgt $(x, u_k) = \sum_{j=1}^{n} \alpha_j (u_j, u_k) = \alpha_k$, d. h., α_k sind die Fourierkoeffizienten. Ein spezielles vollständiges orthonormiertes System in C_n ist $u_j = (0, \ldots, 0, \overset{j}{1}, 0, \ldots, 0)$ mit $j = 1, \ldots, n$. Mit anderen Worten: Die obigen Begriffe sind der Anfang einer analytischen Geometrie in C_n. Im allgemeinen sind Hilberträume bei uns unendlich-dimensional, also von C_n verschieden. Die nachfolgenden Betrachtungen kann man somit als analytische Geometrie im unendlich-dimensionalen (komplexen) Hilbertraum ansehen.

Bemerkung 2. Ist $x = 0$, so gilt $(x, u_j) = 0$, d. h., eine Richtung im Teil (c) der Definition ist immer erfüllt. Es entsteht das Problem, ob es in einem beliebigen Hilbertraum vollständige orthonormierte Systeme gibt. Im Fall $H = C_n$ ist dies klar nach Bemerkung 1.

Satz. *$\{u_j\}$ sei ein orthonormiertes System im Hilbertraum H. Ferner seien $\alpha_k = (x, u_k)$ die Fourierkoeffizienten für $x \in H$.*

(a) *Für jedes* $x \in H$ *gilt*

$$\sum_j |\alpha_j|^2 \leqq \|x\|^2 \quad (\textit{Besselsche Ungleichung}) .$$

Ferner ist $\left\{\sum_{j=1}^{n} \alpha_j u_j\right\}_{n=1,2,\ldots}$ *eine Fundamentalfolge in* H.

(b) $\sum_{j=1}^{n} \alpha_j u_j$ *konvergiert dann und nur dann gegen* x, *wenn gilt*

$$\sum_j |\alpha_j|^2 = \|x\|^2 \quad (\textit{Parsevalsche Gleichung}) .$$

(c) $\{u_j\}$ *ist genau dann vollständig, wenn für jedes* $x \in H$ *die Parsevalsche Gleichung gilt.*

Bemerkung 3. Ist $\{u_j\} = \{u_j\}_{j=1}^{\infty}$ ein unendliches orthonormiertes System (und dies ist der Normalfall), so ist $\sum_j = \sum_{j=1}^{\infty}$ in der Besselschen Ungleichung und der Parsevalschen Gleichung. Die Konvergenz in (b) ist dann im Sinne von $n \to \infty$ zu verstehen. Es ist klar, wie die Aussagen im Fall endlicher Systeme (und insbesondere im Fall endlich-dimensionaler Hilberträume) zu verstehen sind.

Bemerkung 4. Im Raum l_2 ist $u^{(j)} = (0, \ldots, 0, \underset{j}{1}, 0, \ldots)$ ein vollständiges orthonormiertes System, $j = 1, 2, 3, \ldots$ Ist $x = (x_1, x_2, \ldots) \in l_2$ so sind $x_j = (x, u^{(j)})$ die Fourierkoeffizienten bezüglich dieses Systems.

Bemerkung 5. Aus (b) und (c) erhält man folgende Aussage: Das orthonormierte System $\{u_j\}$ ist genau dann vollständig, wenn die (endlichen) Linearkombinationen der Elemente $u_1, u_2, \ldots$ in H eine dichte Menge bilden.

17.3.4. Das Schmidtsche Orthogonalisierungsverfahren

Satz. *In jedem Hilbertraum gibt es vollständige orthonormierte Systeme.*

Bemerkung. Der Beweis des Satzes beruht auf dem Schmidtschen Orthogonalisierungsverfahren. Man beginnt mit einer abzählbaren dichten Menge $\{x_j\}_{j=1}^{\infty}$, wobei man $x_j \neq 0$ voraussetzen darf, und setzt $v_1 = \frac{x_1}{\|x_1\|}$. Ist $v_2' = x_2 - (x_2, v_1)v_1 \neq 0$, so setzt man $v_2 = \frac{v_2'}{\|v_2'\|}$, anderenfalls $v_2 = 0$. Dann bildet man $v_3' = x_3 - (x_3, v_1)v_1 - (x_3, v_2)v_2$ und $v_3 = \frac{v_3'}{\|v_3'\|}$ für $v_3' \neq 0$ sowie $v_3 = 0$ für $v_3' = 0$. Iteration liefert ein System $v_1, v_2, v_3, \ldots$ Läßt man noch diejenigen v_j weg, die gleich null sind, so erhält man ein vollständiges orthonormiertes System.

17.3.5. Orthogonalzerlegungen

Der C_n wird von den orthonormierten Elementen $(0, \ldots, 0, \underset{j}{1}, 0, \ldots, 0)$ aufgespannt. Ferner kann man C_n als orthogonale Summe $C_n = C_{n_1} \oplus C_{n_2}$ mit $n = n_1 + n_2$ darstellen. Es entsteht die Frage, ob dies auch in beliebigen Hilberträumen geht. Für Untersuchungen dieser Art liefert Satz 17.3.4 die notwendige Basis.

Definition 1. *Eine Menge* M *in einem Hilbertraum heißt konvex, falls aus* $x \in M$, $y \in M$ *und* $0 \leqq t \leqq 1$ *folgt, daß auch* $tx + (1-t)y \in M$ *gilt.*

Lemma. *Jede nicht-leere abgeschlossene konvexe Menge in einem Hilbertraum enthält genau ein Element mit minimaler Norm.*

Bemerkung 1. Ist M konvex und abgeschlossen, so besagt das Lemma, daß es ein $z \in M$ mit $\|z\| = \inf_{x \in M} \|x\|$ gibt. Das ist plausibel, aber nicht trivial.

Definition 2. (a) *Eine lineare Teilmenge eines Hilbertraumes heißt Unterraum.*

(b) *Ist H_1 ein Unterraum eines Hilbertraumes H, so heißt $H_1^\perp = \{y \mid y \in H,\ (x, y) = 0$ für alle $x \in H_1\}$ das orthogonale Komplement (zu H_1).*

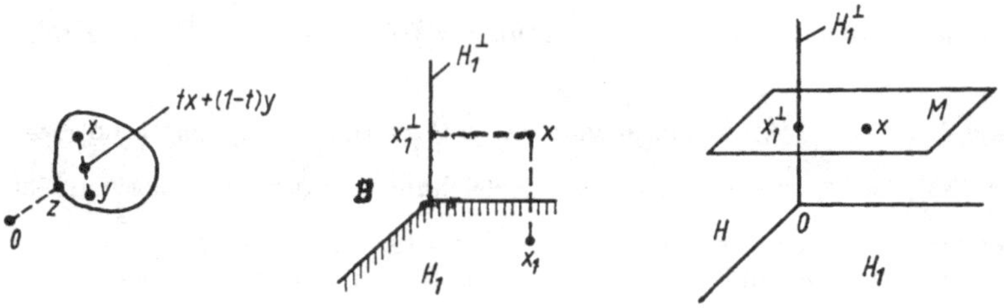

Bemerkung 2. H_1 ist also ein Unterraum, falls aus $x \in H_1$ und $y \in H_1$ stets $\lambda x + \mu y \in H_1$ folgt, wobei λ und μ komplexe Zahlen sind. Insbesondere ist also $0 \in H_1$. Aus der Linearität des Skalarprodukts folgt sofort, daß auch $H_1^\perp$ ein Unterraum ist. Die Frage, die analog zum C_n (oder R_n) ist, lautet: Spannen H_1 und $H_1^\perp$ ganz H auf?

Satz. *Ist H_1 ein abgeschlossener Unterraum eines Hilbertraumes H, so läßt sich jedes Element $x \in H$ eindeutig als*

$$x = x_1 + x_1^\perp \quad \textit{mit} \quad x_1 \in H_1 \quad \textit{und} \quad x_1^\perp \in H_1^\perp$$

darstellen.

Bemerkung 3. Die Hyperebene $M = \{y \mid y = x + z,\ z \in H_1\}$ ist eine abgeschlossene konvexe Menge. $x_1^\perp$ sei das Element minimaler Norm aus dem Lemma. Dann liefert $x = x_1 + x_1^\perp$ die gewünschte Zerlegung. Ein entsprechender Schluß ist im R_3 anschaulich klar. Viele Aussagen im Hilbertraum sind einfach das Gegenstück entsprechender geometrischer Sachverhalte aus dem R_3. Eine kleine Schwierigkeit bringt der Umstand mit sich, daß Hilberträume im allgemeinen nicht endlich-dimensional sind. So ist z. B. der obige Satz nicht richtig, wenn H_1 nicht abgeschlossen ist. (In einem endlich-dimensionalen Raum ist jeder Unterraum abgeschlossen, so daß diese Schwierigkeit nicht auftritt).

Bemerkung 4. Den Satz schreibt man auch als

$$H = H_1 \oplus H_1^\perp \quad \text{(orthogonale Summe)}$$

und sagt, daß H von H_1 und $H_1^\perp$ aufgespannt wird. Man sieht leicht, daß H_1 und $H_1^\perp$ wieder Hilberträume sind (nach unserer Definition muß man hierzu die Separabilität nachprüfen!). Man kann jetzt das Verfahren wiederholen und $H_1^\perp$ als orthogonale Summe zweier Hilberträume H_2 und H_3 darstellen: $H_1^\perp = H_2 \oplus H_3$. Insgesamt ergibt sich

$$H = H_1 \oplus H_2 \oplus H_3.$$

Iteration liefert

$$H = H_1 \oplus H_2 \oplus \ldots \oplus H_n = \sum_{k=1}^{n} \oplus H_k .$$

Dem entspricht eine eindeutige Zerlegung $x = \sum_{k=1}^{n} x_k$, insbesondere ist also $(x_k, x_l) = 0$ für $k \neq l$. Sind umgekehrt $H_1, \ldots, H_n$ abgeschlossene, paarweise orthogonale Unterräume eines

Hilbertraumes H, so ist klar, was mit $\sum_{k=1}^{n} \oplus H_k$ gemeint ist, auch wenn nicht ganz H aufgespannt wird: die Gesamtheit der Elemente $x \in H$, die als $x = \sum_{k=1}^{n} x_k$ mit $x_k \in H_k$ darstellbar sind. Sind $H_1, H_2, \ldots$ abgeschlossene, paarweise orthogonale Unterräume eines Hilbertraumes H, so sei $\sum_{k=1}^{\infty} \oplus H_k$ der kleinste abgeschlossene Unterraum von H, der alle Räume $\sum_{k=1}^{n} \oplus H_k$ mit $n = 1, 2, 3, \ldots$ enthält.

Bemerkung 5. Ist H_1 ein abgeschlossener Unterraum eines Hilbertraumes H, so ist $(H_1^{\perp})^{\perp} = H_1$. Im übrigen ist $H_1^{\perp}$ stets ein abgeschlossener Unterraum (auch dann, wenn H_1 nicht abgeschlossen ist).

18. Orthogonalreihen

18.1. n-dimensionale trigonometrische Funktionen

18.1.1. Orthonormierte Systeme

Ist Ω ein Gebiet im R_n, so ist $L_2(\Omega)$ nach 17.3.2. ein (komplexer separabler) Hilbertraum. Satz 17.3.4 zeigt dann, daß es in $L_2(\Omega)$ vollständige orthonormierte Systeme $\{f_j(x)\}_{j=1}^{\infty}$ gibt. Im Sinne von 17.3.5. spannen diese Funktionen $f_1(x)$, $f_2(x)$, ... den Raum $L_2(\Omega)$ auf: Sie übernehmen die Rolle der Koordinatenachsen im R_n oder C_n. Es ist plausibel, daß man versuchen wird, explizite vollständige orthonormierte Systeme in $L_2(\Omega)$ zu konstruieren. Für allgemeine Gebiete Ω ist dies aber kaum möglich (zumindest, wenn man aussagekräftige einfache Systeme sucht). Die Situation bessert sich entscheidend, wenn man etwa den Würfel

$$\Omega = Q = \{x \mid x = (x_1, \ldots, x_n) \in R_n, |x_j| < \pi \text{ für } j = 1, \ldots, n\} \tag{1}$$

als Grundgebiet wählt. Es sei $Z_n = \{m \mid m = (m_1, \ldots, m_n) \in R_n, m_j \text{ ganz}\}$ das Gitter der Punkte des R_n mit ganzzahligen Koordinaten. Wie üblich ist $xm = \sum_{j=1}^{n} x_j m_j$ für $x = (x_1, \ldots, x_n) \in R_n$ und $m = (m_1, \ldots, m_n) \in R_n$.

Lemma 1. $\{(2\pi)^{-\frac{n}{2}} e^{ixm}\}_{m \in Z_n}$ *ist ein orthonormiertes System in* $L_2(Q)$.

Bemerkung 1. Der Beweis folgt durch einfaches Integrieren. Das nicht so einfache Problem, das dieses Lemma aufwirft, ist die Frage, ob dieses System auch vollständig ist.

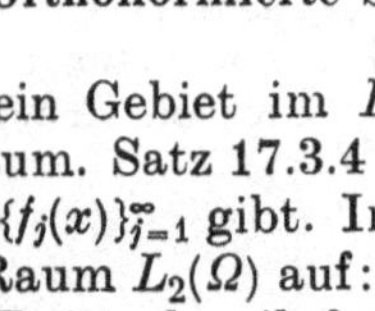

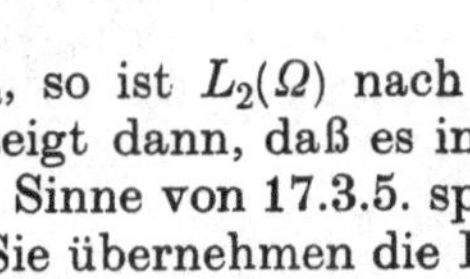

Bemerkung 2. Man kann das System aus dem Lemma wie folgt umschreiben. Es ist

$$e^{ixm} = (\cos m_1x_1 + i \sin m_1x_1)(\cos m_2x_2 + i \sin m_2x_2) \ldots (\cos m_nx_n + i \sin m_nx_n),$$

und umgekehrt kann man cos ... und sin ... als Linearkombinationen von $e^{i\cdots}$ darstellen. Da cos und sin gerade bzw. ungerade sind, genügt es, sich auf $N_n = \{m \mid m = (m_1, \ldots, m_n) \in Z_n, m_j \geqq 0\}$ zu beschränken.

Lemma 2. *In dem System* $\left\{\varrho_m^{-1} \pi^{-\frac{n}{2}} \begin{Bmatrix}\cos\\ \sin\end{Bmatrix} m_1x_1\right\} \ldots \left.\begin{Bmatrix}\cos\\ \sin\end{Bmatrix} m_nx_n\right\}_{m\in N_n}$ *sei* $\varrho_m = (\sqrt{2})^k$, *wobei k die Anzahl der Terme* $m_j = 0$ *in* $m = (m_1, \ldots, m_n) \in N_n$ *ist. Hierbei bedeutet* $\begin{Bmatrix}\cos\\ \sin\end{Bmatrix} m_1x_1$, *daß man entweder* $\cos m_1x_1$ *oder* $\sin m_1x_1$ *nehmen kann (wobei alle Kombinationen zugelassen sind). Läßt man in dem obigen System die identisch verschwindenden Glieder weg, so erhält man ein orthonormiertes System in* $L_2(Q)$.

Bemerkung 3. Die etwas schwerfällige Formulierung erklärt sich aus den unterschiedlichen Werten von

$$\int_{-\pi}^{\pi} \cos^2 lt\,dt = \int_{-\pi}^{\pi} \sin^2 lt\,dt = \pi, \qquad \int_{-\pi}^{\pi} \cos 0t\,dt = \int_{-\pi}^{\pi} dt = 2\pi,$$

$l = 1, 2, \ldots$ Ansonsten zeigt man leicht, daß Lemma 2 eine Umschrift von Lemma 1 ist.

Bemerkung 4. Im Fall $n = 1$, also $Q = (-\pi, \pi)$ lauten die Systeme aus Lemma 1 und Lemma 2

$$\left\{\frac{1}{\sqrt{2\pi}} e^{imx}\right\}_{m=-\infty}^{\infty} \quad \text{und} \quad \left\{\frac{1}{\sqrt{2\pi}}, \frac{1}{\sqrt{\pi}} \cos mx, \frac{1}{\sqrt{\pi}} \sin mx\right\}_{m=1}^{\infty}.$$

Es sind also im Intervall $(-\pi, \pi)$ periodische Funktionen.

Bemerkung 5. Hat man es nicht mit dem speziellen Quader Q aus (1), sondern mit einem allgemeinen achsenparallelen Quader $q = \{x \mid x \in R_n, |x_j - a_j| < b_j$ für $j = 1, \ldots, n\}$ zu tun, so kann man die Systeme aus Lemma 1 und Lemma 2 leicht auf diesen Fall umrechnen. Lemma 1 lautet dann:

$$\left\{\frac{1}{\sqrt{2b_1 \cdot 2b_2 \cdot \ldots \cdot 2b_n}} \prod_{k=1}^{n} e^{im_k(x_k - a_k)\frac{\pi}{b_k}}\right\}_{m\in Z_n} \tag{2}$$

ist ein orthonormiertes System in $L_2(q)$. Analoges gilt für Lemma 2.

18.1.2. Fourierkoeffizienten und absolute Konvergenz

Betrachten wir den Hilbertraum $H = L_2(Q)$ aus 18.1.1. und das orthonormierte System aus Lemma 18.1.1/1, so sind

$$a_m = (f, (2\pi)^{-\frac{n}{2}} e^{imx})_{L_2(Q)} = (2\pi)^{-\frac{n}{2}} \int_Q f(x)\, e^{-imx}\, dx \tag{1}$$

die zugehörigen Fourierkoeffizienten im Sinne von Def. 17.3.3(b). Hierbei ist $m \in Z_n$ und $f \in L_2(Q)$. Wir erinnern daran, daß $f(x)$ finit heißt, falls $\operatorname{supp} f \subset Q$ gilt, Def. 14.6.4/2.

Satz. *Q sei der Würfel aus* (18.1.1/1), *und a_m seien die Fourierkoeffizienten aus* (1).
(a) *Ist* $f \in L_2(Q)$, *so gilt*

$$\sum_{m\in Z_n} |a_m|^2 \leqq \|f\|^2_{L_2(Q)} \quad (\textit{Besselsche Ungleichung}). \tag{2}$$

(b) *Ist $f(x)$ k-mal stetig differenzierbar und finit in Q, so ist*

$$|a_m| \leqq |m|^{-k}|b_m| \quad mit \quad |m| \neq 0 \quad und \quad \sum_{m\in Z_n} |b_m|^2 < \infty . \tag{3}$$

Hierbei ist $k=1, 2, 3, \ldots$ *und* $|m|^2 = \sum_{k=1}^{n} m_k^2$.

(c) *Ist $f(x)$ k-mal stetig differenzierbar und finit in Q und ist* $k > \frac{n}{2}$, *so ist*

$$g(x) = \sum_m \frac{a_m}{(2\pi)^{\frac{n}{2}}} e^{imx} \tag{4}$$

in $\bar{Q}$ *absolut und gleichmäßig konvergent. Insbesondere ist* $g(x)$ *in* $\bar{Q}$ *stetig.*

Bemerkung. Formel (2) ergibt sich sofort aus Satz 17.3.3(a) und Lemma 18.1.1/1. Aus dem gleichen Satz folgt auch, daß die Reihe (4) zumindest in $L_2(Q)$ konvergiert. Die absolute Konvergenz von (4) ergibt sich aus (3):

$$\sum_{\substack{m\in Z_n\\ m\neq 0}} |a_m| \leqq \Big[\sum_{m\neq 0} (|a_m|\,|m|^k)^2\Big]^{\frac{1}{2}} \left(\sum_{m\neq 0} \frac{1}{|m|^{2k}}\right)^{\frac{1}{2}} < \infty , \tag{5}$$

da man $\sum_{m\neq 0} \frac{1}{|m|^{2k}}$ im wesentlichen durch

$$\sum_{m_l \geqq 1} (m_1^2+\ldots+m_n^2)^{-k} \leqq \sum_{m_1=1}^{\infty} \frac{1}{m_1^{2\frac{k}{n}}} \cdot \sum_{m_2=1}^{\infty} \frac{1}{m_2^{2\frac{k}{n}}} \cdots < \infty$$

abschätzen kann. Man kann also Teil (c) auch umformulieren: Die Reihe $\sum_{m\in Z_n} |a_m|$ konvergiert unter den Voraussetzungen von Teil (c).

18.1.3. Periodische trigonometrische Reihen in $L_2(Q)$

Satz. *Ist Q der Würfel aus* (18.1.1/1), *so sind die orthonormierten Systeme aus Lemma* 18.1.1/1 *und Lemma* 18.1.1/2 *vollständig.*

Bemerkung 1. Einen relativ kurzen Beweis dieses wichtigen Satzes findet man in [23].

Bemerkung 2. Damit haben wir den Anschluß an die allgemeine Theorie aus 17.3. gefunden. Aus Satz 17.3.3 folgt, daß für alle $f \in L_2(Q)$

$$f(x) = \sum_{m\in Z_n} \frac{a_m}{(2\pi)^{\frac{n}{2}}} e^{imx} \quad \text{in } L_2(Q) \tag{1}$$

und $\sum_{m\in Z_n} |a_m|^2 = \|f\|_{L_2}^2$ (Parsevalsche Gleichung) gilt. Hierbei sind a_m die Fourierkoeffizienten aus (18.1.2/1). Das ist die Entwicklung von Funktionen $f(x) \in L_2(Q)$ in Fourierreihen. Entsprechend kann man eine Entwicklung in sin-cos-Termen aufschreiben. Sind die Voraussetzungen von Satz 18.1.2(c) erfüllt, so ist $g(x) = f(x)$ in (18.1.2/4), und (1) konvergiert nicht nur in $L_2(Q)$, sondern auch absolut und gleichmäßig.

18.1.4. Halbperiodische trigonometrische Reihen in $L_2(Q)$

Die Zahlen ϱ_m haben die gleiche Bedeutung wie in Lemma 18.1.1/2. Ferner sei $\bar{N}_n = \{m \mid m = (m_1, \ldots, m_n) \in Z_n,\ m_j \geqq 1\}$ und

$$q = \{x \mid x = (x_1, \ldots, x_n) \in R_n, \quad 0 < x_j < \pi \text{ für } j = 1, \ldots, n\}.$$

Satz. $\left\{\left(\frac{2}{\pi}\right)^{\frac{n}{2}} \prod_{k=1}^{n} \sin m_k x_k\right\}_{m \in \bar{N}_n}$ *und* $\left\{\left(\frac{2}{\pi}\right)^{\frac{n}{2}} \frac{1}{\varrho_m} \prod_{k=1}^{n} \cos m_k x_k\right\}_{m \in \bar{N}_n}$ *sind vollständige orthonormierte Systeme in* $L_2(q)$.

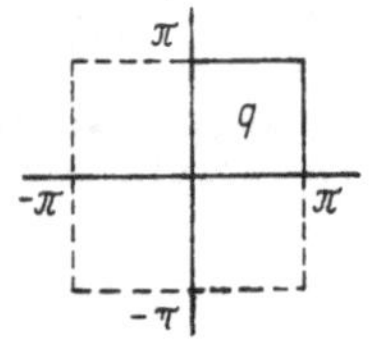

Bemerkung 1. Für $n = 1$ ist $q = (0, \pi)$, und die Systeme haben die Form

$$\left\{\sqrt{\frac{2}{\pi}} \sin mx\right\}_{m=1}^{\infty} \quad \text{und} \quad \left\{\frac{1}{\sqrt{\pi}},\ \sqrt{\frac{2}{\pi}} \cos mx\right\}_{m=1}^{\infty}.$$

Diese Systeme umfassen also die halbperiodischen Funktionen im Intervall $(0, \pi)$. Die zur Konkurrenz zugelassenen sin- und cos-Funktionen sind jetzt zahlreicher geworden (im Vergleich zu den periodischen Funktionen aus 18.1.2. und 18.1.3.; man beachte, daß jetzt $(0, \pi)$ das Grundintervall ist), dafür genügt es aber, entweder nur die sin- oder nur die cos-Funktionen zu betrachten.

Bemerkung 2. Man beweist den Satz, indem man ihn auf Satz 18.1.3 zurückführt. Ist $f \in L_2(q)$, so setzt man f gerade oder ungerade auf Q aus (18.1.1/1) fort und entwickelt die so fortgesetzte Funktion im Sinne von (18.1.3/1). Reduziert man diese Entwicklung auf $x \in q$, so erhält man die Vollständigkeit der Systeme aus dem obigen Satz. Daß die Systeme orthonormiert sind, rechnet man direkt nach.

Bemerkung 3. Analog zu Bemerkung 18.1.3/2 kann man jetzt Funktionen $f \in L_2(q)$ nach den Systemen aus dem Satz entwickeln. Ist q der allgemeine Quader aus 18.1.1., so muß analog zu Bemerkung 18.1.1/5 eine entsprechende Modifikation angebracht werden.

18.1.5. Ein Beispiel

Wir entwickeln $f(x) = x^2$ im Intervall $(-\pi, \pi)$ nach dem (vollständigen orthonormierten) zweiten System aus Bemerkung 18.1.1/4. Die Fourierkoeffizienten lassen sich leicht explizit berechnen, und man erhält

$$x^2 = \frac{\pi^2}{3} + \sum_{m=1}^{\infty} 4 \frac{(-1)^m}{m^2} \cos mx, \quad x \in (-\pi, \pi). \tag{1}$$

Die Theorie sichert die Konvergenz der Reihe in $L_2(Q)$ mit $Q = (-\pi, \pi)$. Man sieht aber sofort, daß diese Reihe auch absolut und gleichmäßig konvergiert. Dann muß diese Reihe auch punktweise gegen x^2 konvergieren. Setzt man $x = \pi$ und $x = 0$, so folgt

$$\sum_{m=1}^{\infty} \frac{1}{m^2} = \frac{\pi^2}{6} \quad \text{und} \quad \sum_{m=1}^{\infty} \frac{(-1)^{m+1}}{m^2} = \frac{\pi^2}{12}.$$

Das erste Resultat ist uns aus Satz 15.9.3/2 bereits bekannt. Man kann weitere Resultate dieser Art gewinnen: Integriert man etwa (1) zweimal, so erhält man eine Darstellung für x^4, und hieraus kann man eine Formel für $\sum_{m=1}^{\infty} \frac{1}{m^4}$ herleiten. Es lohnt sich, ein wenig mit solchen Entwicklungen zu spielen.

18.2. Orthogonale Polynome

18.2.1. Approximationssätze

Ist δ eine kleine positive Zahl, so vermittelt $x_k = \cos y_k$ mit $k = 1, \ldots, n$ eine eineindeutige beliebig oft differenzierbare Abbildung von Q auf q. Eine k-mal stetig differenzierbare Funktion $f(x_1, \ldots, x_n)$ liefert eine k-mal stetig differenzierbare Funktion $g(y_1, \ldots, y_n) = f(x_1(y_1), \ldots, x_n(y_n))$ und umgekehrt.

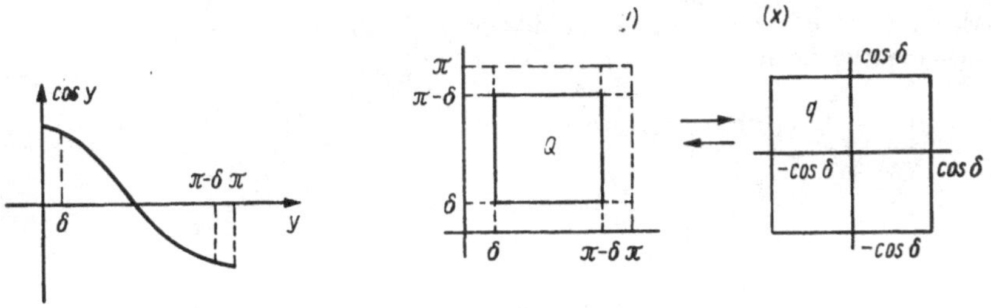

Satz 1. *Ist $f(x)$ eine in q finite k-mal stetig differenzierbare Funktion mit $k > \frac{n}{2}$, so gibt es für jede positive Zahl ε ein Polynom $P_\varepsilon(x) = P_\varepsilon(x_1, \ldots, x_n)$ mit* $\sup_{x \in q} |f(x) - P_\varepsilon(x)| \leqq \varepsilon$.

Bemerkung 1. Den Satz führt man auf Satz 18.1.2(c) zurück: Man überpflanzt $f(x)$ durch $x_k = \cos y_k$ in Q und approximiert die neue Funktion $g(y)$ wie in Satz 18.1.2(c). Hierbei wählt man aber das cos-System aus Satz 18.1.4 und erhält

$$\left| g(y) - \sum_{|m| \leqq M} a_m \prod_{k=1}^{n} \cos m_k y_k \right| \leqq \varepsilon$$

bei geeigneter Wahl von M und a_m. Nach den Moivreschen Formeln aus 5.2.4. ist $\cos my = P(\cos y)$ (Polynom in $\cos y$). Setzt man dies ein und macht man die Transformation rückgängig, so erhält man den Satz. Man gewinnt also den Satz durch einige einfache Umformungen und Modifikationen aus Satz 18.1.2(c).

Bemerkung 2. Durch Anwendung einfacher linearer Transformationen folgt, daß der Satz richtig bleibt, wenn q ein beliebiger Quader im R_n ist. Verwendet man noch das Sobolevsche Mittlungsverfahren aus 14.6.4., so sieht man, daß der Satz auch für beliebige Quader q und für beliebige in $\bar{q}$ stetige Funktionen gilt. Das ist der Weierstraßsche Approximationssatz.

Satz 2. *Ist Ω ein beschränktes Gebiet im R_n und ist $1 \leqq p < \infty$, so bilden die Polynome in $L_p(\Omega)$ eine dichte Menge.*

Bemerkung 3. Der Satz folgt aus Satz 14.6.4/2 und Satz 1.

Bemerkung 4. Man kann jetzt nach dem Schmidtschen Orthogonalisierungsverfahren aus 17.3.4. ein vollständiges orthonormiertes System in $L_2(\Omega)$ konstruieren.

18.2.2. Legendresche Polynome

Wir betrachten den eindimensionalen Fall und $\Omega=(-1,1)$.

Satz. (a) *Bei geeigneter Wahl der reellen Konstanten c_k bilden die Legendreschen Polynome*

$$L_k(x)=c_k\,\frac{\mathrm{d}^k}{\mathrm{d}x^k}\,[(1-x^2)^k] \quad \textit{mit} \quad k=0,1,2,\ldots \quad \textit{und} \quad -1\leqq x\leqq 1 \tag{1}$$

ein vollständiges orthonormiertes System in $L_2(\Omega)$ mit $\Omega=(-1,1)$.

(b) *Ist $\{P_k(x)\}_{k=0}^{\infty}$ ein orthogonales System von Polynomen in $L_2(\Omega)$ mit $\Omega=(-1,1)$ und hat $P_k(x)$ den Grad k, so ist $P_k(x)=d_kL_k(x)$, wobei $L_k(x)$ die Legendreschen Polynome aus* (1) *und d_k geeignete Zahlen sind.*

Bemerkung 1. Daß $(L_k, L_l)_{L_2(\Omega)}=0$ für $k\neq l$ gilt, prüft man durch partielle Integration nach. Die Vollständigkeit des Systems ergibt sich aus Satz 18.2.1/2.

Bemerkung 2. Man kann somit jede Funktion $f\in L_2(\Omega)$ mit $\Omega=(-1,1)$ nach Legendreschen Polynomen entwickeln:

$$f(x)=\sum_{k=0}^{\infty} L_k(x)\int_{-1}^{1} f(y)\,L_k(y)\,\mathrm{d}y\,. \tag{2}$$

19. Partielle Differentialgleichungen

19.1. Typen partieller Differentialgleichungen und physikalische Beispiele

19.1.1. Typen

In den Kapiteln 4 und 10 hatten wir gewöhnliche Differentialgleichungen erster und höherer Ordnung betrachtet,

$$F(x,y')=0,\quad F(x,y',y'',\ldots,y^{(n)})=0\,.$$

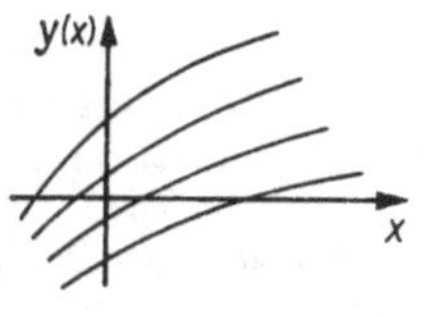

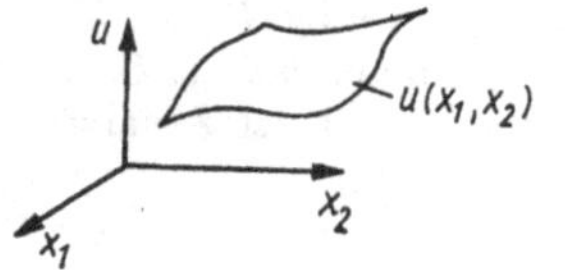

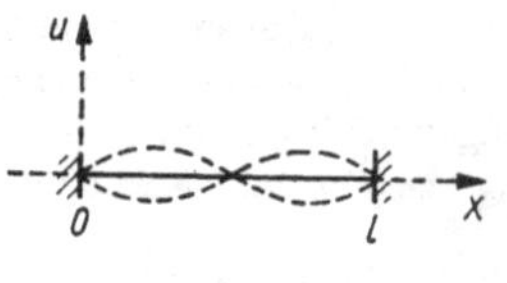

Qualitative Aussagen (Kap. 4) und explizite Lösungen (Kap. 10) standen im Vordergrund. Jetzt suchen wir Funktionen $u(x)=u(x_1,\ldots,x_n)$, die Lösungen partieller Differentialgleichungen erster und höherer Ordnung sind,

$$F\left(x,\frac{\partial u}{\partial x_1},\ldots,\frac{\partial u}{\partial x_n}\right)=0,\quad F\left(x,\frac{\partial u}{\partial x_j},\ldots,\frac{\partial^2 u}{\partial x_j\partial x_k},\ldots\right)=0\,.$$

Ein Gegenstück zu Kap. 10 gibt es jetzt nicht: Abgesehen von sehr speziellen partiellen Differentialgleichungen ist es nicht möglich, die Gesamtheit aller Lösungen einer gegebenen partiellen Differentialgleichung (höherer Ordnung) explizit anzugeben. Es gibt jedoch eine ausgebaute qualitative Theorie. Hierbei erweist es sich, daß man einige wesentliche Teile der Theorie der partiellen Differentialgleichungen erster Ordnung in enger Anlehnung an die Theorie der gewöhnlichen Differentialgleichungen entwickeln kann. Wesentlich neue Effekte treten aber bei partiellen Differentialgleichungen höherer Ordnung auf. Von besonderem Interesse sind hierbei partielle Differentialgleichungen zweiter Ordnung, da viele Probleme der Physik auf diese Differentialgleichungen zurückgeführt werden können. In diesem Kapitel behandeln wir die drei physikalisch interessanten Grundtypen linearer partieller Differentialgleichungen zweiter Ordnung: Ist $x=(x_1, \ldots, x_n) \in R_n$, so sei $\Delta = \sum_{j=1}^{n} \frac{\partial^2}{\partial x_j^2}$ der Laplacesche Differentialausdruck. (x, t) bedeutet $x=(x_1, \ldots, x_n) \in R_n$ und $t \in R_1$. Insbesondere ist also $u(x, t)=u(x_1, \ldots, x_n, t)$. Die drei Grundtypen sind:

$$\Delta u = f(x) \qquad \textit{Laplace-Poisson-Gleichung}, \tag{1}$$

$$\Delta u - \frac{\partial^2 u}{\partial t^2} = f(x, t) \qquad \textit{Wellengleichung}, \tag{2}$$

$$\Delta u - \frac{\partial u}{\partial t} = f(x, t) \qquad \textit{Wärmeleitungsgleichung}. \tag{3}$$

In (1) hängt $u=u(x)$ nur von $x \in R_n$ ab, in (2) und (3) dagegen von $(x, t) \in R_{n+1}$. In jedem Fall bedeutet aber $\Delta u(x, t) = \sum_{k=1}^{n} \frac{\partial^2 u}{\partial x_k^2}$, die Ableitungen nach t werden also in (2) und (3) separat aufgeführt. Es zeigt sich, daß man eine Vielzahl physikalisch interessanter linearer partieller Differentialgleichungen zweiter Ordnung auf diese drei Grundtypen reduzieren kann (zumindest qualitativ). Ihre Behandlung gibt somit einen repräsentativen Einblick in die Theorie der linearen partiellen Differentialgleichungen zweiter Ordnung.

19.1.2. Physikalische Beispiele

Die schwingende Saite: Betrachtet wird eine Saite, die das Intervall $[0, l]$ der x-Achse füllt und in ihren Endpunkten $x=0$ und $x=l$ fest eingespannt ist. Lenkt man die Saite aus und läßt sie los, so schwingt sie. Beim Loslassen kann man der Saite noch einen Stoß geben und auf diese Weise eine Anfangsgeschwindigkeit realisieren. Ist $u(x, t)$ mit $0 \leqq x \leqq l$ und $t \geqq 0$ die Auslenkung der Saite aus der Normallage zum Zeitpunkt t und am Ort x, so wird der Schwingungsvorgang für kleine Auslenkungen durch die Wellengleichung (19.1.1/2) mit $f(x, t) \equiv 0$ beschrieben (bei normierten Materialkonstanten). Insgesamt führt dies zu folgender Aufgabe: Gesucht ist eine Lösung $u(x, t)$ der Differentialgleichung

$$\Delta u - \frac{\partial^2 u}{\partial t^2} = 0 \quad \text{für} \quad 0 \leqq x \leqq l \quad \text{und} \quad t \geqq 0 \quad \text{mit}$$

$$u(x, 0) = u_0(x) \text{ und } \frac{\partial u}{\partial t}(x, 0) = u_1(x) \text{ (Anfangsbedingungen)},$$

$$u(0, t) = u(l, t) = 0 \text{ (Randbedingungen)}.$$

Hierbei sind $u_0(x)$ (Anfangsauslenkung) und $u_1(x)$ (Anfangsgeschwindigkeit) vorgegebene Funktionen.

Wärmeleitung: Betrachtet wird ein beschränkter Körper Ω im R_3 mit glattem Rand $\partial\Omega$. Zum Zeitpunkt $t=0$ herrsche in dem Körper die Temperaturverteilung $w(x)$, $x\in\Omega$. Ferner nehmen wir an, daß auf der Oberfläche $\partial\Omega$ des Körpers eine Temperaturverteilung $\varphi(y)$, $y\in\partial\Omega$, gegeben ist, die von der Zeit unabhängig ist. Gefragt wird nach der Temperaturverteilung $u(x, t)$ im Innern des Körpers zum Zeitpunkt $t>0$ und am Ort $x\in\Omega$. Bei normierten Materialkonstanten führt dies auf die Lösung des Problems

$$\Delta u(x, t) - \frac{\partial u(x, t)}{\partial t} = 0 \quad \text{für} \quad x\in\Omega \quad \text{und} \quad t\geqq 0 \quad \text{mit}$$

$$u(x, 0) = w(x) \quad \text{für} \quad x\in\Omega \quad \text{(Anfangsbedingung)},$$

$$u(y, t) = \varphi(y) \quad \text{für} \quad y\in\partial\Omega \quad \text{und} \quad t\geqq 0 \quad \text{(Randbedingung)}.$$

Stationäre Verteilungen: Wir betrachten $t\to\infty$ in dem eben untersuchten Problem der Wärmeleitung: Was für eine Temperatur stellt sich im Innern des Körpers Ω nach langer Zeit ein? Man wird vermuten, daß die Anfangstemperaturverteilung hierauf keinen Einfluß hat, wohl aber die (zeitlich unabhängige) Temperaturverteilung auf der Oberfläche. Die Endtemperaturverteilung $u(x)$ hängt nicht von t ab. Setzt man (etwas kühn) $u(x, t) = u(x)$ in die obige Gleichung ein, so hat man eine plausible Begründung für folgende Aussage: Die Temperaturverteilung $u(x)$, die sich nach langer Zeit im Innern des Körpers Ω einstellt, wenn auf der Oberfläche $\partial\Omega$ die zeitlich unabhängige Temperaturverteilung $\varphi(y)$ gegeben ist, ist Lösung des Problems:

$$\Delta u(x) \equiv 0 \quad \text{für} \quad x\in\Omega,$$

$$u(y) = \varphi(y) \quad \text{für} \quad y\in\partial\Omega \quad \text{(Randbedingung)}.$$

Bemerkung. Damit haben wir drei typische physikalische Probleme, die auf drei typische Probleme für die drei Grundtypen führen. Die Physik liefert Hinweise, welche mathematischen Problemstellungen fruchtbar sein könnten.

19.2. Die Laplace-Poisson-Gleichung

19.2.1. Grundlösungen und Integraldarstellungen

Singularitätenlösungen: Wir suchen in $R_n\setminus\{0\}$ zweimal stetig differenzierbare Funktionen $u(x) = u(x_1, \ldots, x_n)$ mit $\Delta u(x) \equiv 0$ in $R_n\setminus\{0\}$, die nur von $r = \sqrt{x_1^2 + \ldots + x_n^2}$ abhängen, also $u(x_1, \ldots, x_n) = v(r)$. Geht man mit diesem Ansatz in $\Delta u(x) = 0$ ein, so erhält man die gewöhnliche Differentialgleichung $\frac{\mathrm{d}^2 v}{\mathrm{d}r^2} + \frac{n-1}{r}\frac{\mathrm{d}v}{\mathrm{d}r} = 0$. Neben der (hier uninteressanten) Lösung $v(r) \equiv c$ erhält man

$$v(r) = \frac{1}{r^{n-2}} \quad \text{für} \quad n>2 \quad \text{und} \quad v(r) = \ln r \quad \text{für} \quad n=2 \tag{1}$$

(abgesehen von multiplikativen Konstanten). Wir setzen hier stets $n\geqq 2$ voraus.

Bezeichnungen: Wir betrachten in diesem Abschnitt zusammenhängende Normalgebiete Ω im R_n im Sinne von 9.3.1. Ω ist dann insbesondere beschränkt, die Integralsätze aus 9.3. sind anwendbar, und es hat einen Sinn, von der äußeren Normalen ν bezüglich des Randes $\partial\Omega$ von Ω zu sprechen (abgesehen von einigen Ecken und Kanten). Besitzt die reelle Funktion $f(x)$ in einem beliebigen Gebiet Ω (das nicht notwendig ein Normalgebiet zu sein braucht) sämtliche partielle Ableitungen bis zur Ordnung k einschließlich und sind alle diese Ableitungen in Ω stetig, so schreiben wir $f \in C^k(\Omega)$. Kann man zusätzlich alle diese partiellen Ableitungen stetig in $\bar{\Omega}$ fortsetzen, so schreiben wir $f \in C^k(\bar{\Omega})$. Hierbei ist $k=0, 1, 2, \ldots$ und $f(x)$ wird mit der nullten Ableitung identifiziert. Statt $C^0(\Omega)$ oder $C^0(\bar{\Omega})$ setzen wir auch $C(\Omega)$ bzw. $C(\bar{\Omega})$.

Definition. *Ω sei ein zusammenhängendes Normalgebiet im R_n und $x^0 \in \Omega$. Dann heiß*

$$\gamma_{x^0}(x) = \begin{cases} \dfrac{1}{(n-2)\,|\omega_n|}\,\dfrac{1}{|x-x^0|^{n-2}} + \Phi(x) & \text{für} \quad n > 2\,, \\ -\dfrac{1}{2\pi}\ln|x-x^0| + \Phi(x) & \text{für} \quad n = 2 \end{cases} \tag{2}$$

Grundlösung, falls $\Phi \in C^2(\bar{\Omega})$ und $\Delta\Phi(x) \equiv 0$ in Ω gilt.

Bemerkung 1. $|\omega_n|$ ist die Oberfläche der Einheitskugel im R_n aus 9.2.6.

Bemerkung 2. (1) sind Lösungen der Laplace-Gleichung $\Delta u(x) = 0$. Dann sind auch $cu(x-x^0)$ Lösungen. Somit gilt $\Delta\gamma_{x^0}(x) \equiv 0$ in $\Omega\setminus\{x^0\}$. Die Grundlösung ist also eine normierte Singularitätenlösung, wobei $\Phi(x)$ noch frei verfügbar ist.

Satz. *Ω sei ein zusammenhängendes Normalgebiet im R_n. Ferner sei $u \in C^2(\bar{\Omega})$ und $\Delta u(x) = f(x)$ für $x \in \Omega$. Ist $x^0 \in \Omega$, so gilt*

$$u(x^0) = \int_{\partial\Omega} \left[\gamma_{x^0}\frac{\partial u}{\partial\nu} - u\,\frac{\partial\gamma_{x^0}}{\partial\nu}\right] \mathrm{d}s - \int_{\Omega} \gamma_{x^0}(x)\,f(x)\,\mathrm{d}x\,. \tag{3}$$

Bemerkung 3. Hierbei ist $\gamma_{x^0}(x)$ eine beliebige Grundlösung aus der obigen Definition. Das erste Integral ist ein Flächenintegral im Sinne von 9.2.5.

Bemerkung 4. Man beweist (3) durch Anwendung des zweiten Greenschen Satzes aus 9.3.2., wobei man in der dortigen Bezeichnung Ω durch $\Omega\setminus K_\varepsilon$, g durch u und f durch γ_{x^0} zu ersetzen hat. Hierbei ist K_ε eine kleine Kugel vom Radius ε um x^0. Einige Abschätzungen führen für $\varepsilon\downarrow 0$ zum gewünschten Resultat. Die Formel ist also harmloser als sie aussieht.

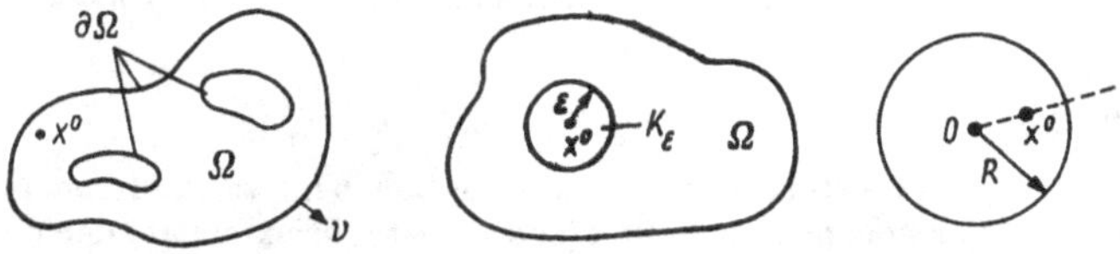

19.2.2. Greensche Funktionen

Definition 1. *Ω sei ein zusammenhängendes Normalgebiet im R_n. Eine reelle Funktion $u(x)$ heißt harmonisch in Ω, falls $u \in C^2(\Omega)$ und $\Delta u(x) \equiv 0$ für $x \in \Omega$ gilt.*

Bemerkung 1. Es gibt Funktionen $u(x)$, die nicht in allen Punkten aus Ω stetig sind, trotzdem aber für alle $x \in \Omega$ die Gleichung $\Delta u(x) = 0$ erfüllen. Entsprechend der Definition sind solche Funktionen nicht harmonisch.

Definition 2. *Ist Ω ein zusammenhängendes Normalgebiet im R_n, so heißt $g(x^0, x)$ Greensche Funktion (erster Art), falls bei fixiertem $x^0 \in \Omega$ die Funktion $g(x^0, x)$ Grundlösung im Sinne von Def. 19.2.1 ist und $g(x^0, y) = 0$ für alle $y \in \partial\Omega$ gilt.*

Bemerkung 2. Zur Konkurrenz ist jedes $x^0 \in \Omega$ zugelassen, und $g(x^0, x)$ wird als Funktion von x in Ω betrachtet. Vergleich mit Def. 19.2.1 zeigt das Problem, das hier entsteht: Gibt es harmonische Funktionen Φ, so daß $\gamma_{x^0}(x)$ aus (19.2.1/2) eine Greensche Funktion wird?

Bemerkung 3. (19.2.1/3) vereinfacht sich, wenn $\gamma_{x^0}(x)=g(x^0, x)$ eine Greensche Funktion ist. Unter den Voraussetzungen von Satz 19.2.1 ist

$$u(x^0)=-\int_{\partial\Omega} u\,\frac{\partial g(x^0, y)}{\partial \nu}\,\mathrm{d}s_y-\int_{\Omega} g(x^0, x)\,f(x)\,\mathrm{d}x\,. \tag{1}$$

Ist $u(x)\in C^2(\overline{\Omega})$ in Ω harmonisch, so erhält man

$$u(x^0)=-\int_{\partial\Omega} u(y)\,\frac{\partial g(x^0, y)}{\partial \nu}\,\mathrm{d}s_y\,. \tag{2}$$

Das ist eine interessante Formel, die wir später noch benötigen werden.

Satz. *Es sei* $\Omega=K_R=\{x \mid |x|<R\}$.

(a) *Ist* $n>2$ *und* $x^0\in K_R$, *so ist*

$$g(x^0, x)=\frac{1}{(n-2)\,|\omega_n|}\left[\frac{1}{|x-x^0|^{n-2}}-\left(\frac{R}{|x^0|}\right)^{n-2}\frac{1}{\left|x-\frac{R^2}{|x^0|^2}\,x^0\right|^{n-2}}\right]\quad \textit{für}\quad x^0\neq 0\,,$$

$$g(0, x)=\frac{1}{(n-2)\,|\omega_n|}\left[\frac{1}{|x|^{n-2}}-\frac{1}{R^{n-2}}\right] \tag{3}$$

eine Greensche Funktion in K_R.

(b) *Ist* $u(x)\in C^2(\overline{K}_R)$ *in* K_R *harmonisch,* $n\geqq 2$, *und* $x^0\in K_R$, *so ist*

$$u(x^0)=\frac{R^2-|x^0|^2}{R|\omega_n|}\int_{\partial K_R}\frac{u(y)}{|y-x^0|^n}\,\mathrm{d}s_y\,. \tag{4}$$

Bemerkung 4. Der Punkt $y^0=x^0\,\frac{R^2}{|x^0|^2}$ ist der Spiegelpunkt von $x^0\in K_R$ an der Kugeloberfläche (man vgl. mit 15.8.6.). Insbesondere liegt y^0 außerhalb von K_R. Dann ist klar, daß $g(x^0, x)$ eine Grundlösung im Sinne von Def. 19.2.1 ist. Zu zeigen hat man noch, daß $g(x^0, x)=0$ für $|x|=R$ gilt. (4) erhält man aus (2), wenn man $g(x^0, x)$ einsetzt. (4) gilt auch für $n=2$, während man $g(x^0, x)$ für $n=2$ abzuwandeln hat.

Bemerkung 5. Setzt man $u(x)\equiv 1$ in (4) ein, so erhält man für $|x^0|<R$ und $n=2, 3, \ldots$

$$1=\frac{R^2-|x^0|^2}{R|\omega_n|}\int_{\partial K_R}\frac{\mathrm{d}s_y}{|y-x^0|^n}\,. \tag{5}$$

Randbemerkung philosophischer Natur: Sollte man vergessen haben, wie groß 1 ist, so kann man das Integral in (5) numerisch berechnen und erhält (zumindest approximativ) den gewünschten Wert.

Bemerkung 6. Für allgemeine Normalgebiete ist es nicht möglich, die Greensche Funktion explizit anzugeben. Es gilt jedoch folgender (für Mathematik und Physik gleichermaßen) wichtige Sachverhalt: Ist Ω ein zusammenhängendes Normalgebiet im R_n, so gibt es eine eindeutig bestimmte Greensche Funktion in Ω.

19.2.3. Eigenschaften harmonischer Funktionen

Ist Ω ein beschränktes Gebiet im R_n, so sagt man, daß $u(x)\in C(\overline{\Omega})$ in Ω die Mittelwerteigenschaft besitzt, falls für jeden Punkt $x^0\in\Omega$ und jede Kugel $K=\{x \mid |x-x^0|<\varepsilon\}$ mit $K\subset\Omega$

$$u(x^0)=\frac{1}{|\partial K|}\int_{\partial K} u(y)\,\mathrm{d}s$$

gilt. Hierbei ist ∂K der Rand von K und $|\partial K|$ sein Inhalt (siehe auch 9.2.6.).

Satz. *Ω sei ein beschränktes Gebiet im R_n und $u(x) \in C(\overline{\Omega})$ sei in Ω harmonisch. Dann gilt:*

(a) *$u(x)$ besitzt in Ω die Mittelwerteigenschaft.*

(b) *$u(x)$ ist in Ω beliebig oft differenzierbar.*

(c) *(Maximum-Minimum-Prinzip). $u(x)$ nimmt sein Maximum und sein Minimum auf $\partial\Omega$ an.*

Bemerkung 1. Sämtliche Aussagen des Satzes sind relativ einfache Folgerungen aus der Darstellungsformel (19.2.2/4).

Bemerkung 2. Für $n=2$ gibt es einen Zusammenhang mit holomorphen Funktionen, man vgl. mit 15.1.4. und 15.3.4.

Bemerkung 3. Teil (a) des Satzes charakterisiert harmonische Funktionen: $u(x) \in C(\overline{\Omega})$ hat genau dann die Mittelwerteigenschaft, wenn $u(x)$ in Ω harmonisch ist.

Bemerkung 4. In Analogie zu 15.3.4. und 15.3.5. gelten folgende Aussagen: (a) Eine im R_n harmonische und beschränkte Funktion ist konstant. (b) Ist Ω ein zusammenhängendes beschränktes Gebiet im R_n, ist $u(x) \in C(\overline{\Omega})$ in Ω harmonisch und gilt $u(x^0) = \max_{y \in \overline{\Omega}} u(y)$ für einen Punkt $x^0 \in \Omega$, so ist $u(x)$ in Ω konstant. Analoges gilt für das Minimum.

19.2.4. Das Dirichletsche Randwertproblem

Definition (*Dirichletsches Randwertproblem*). *Ω sei ein zusammenhängendes Normalgebiet im R_n, und $\varphi(y)$ sei eine stetige Funktion auf dem Rand $\partial\Omega$. Gesucht ist eine Funktion $u(x) \in C(\overline{\Omega})$ mit $u(y) = \varphi(y)$ für $y \in \partial\Omega$, die in Ω harmonisch ist.*

Satz 1. *Das Dirichletsche Randwertproblem besitzt höchstens eine Lösung.*

Bemerkung 1. Der Satz ist eine einfache Folgerung aus dem Maximum-Minimum-Prinzip aus Satz 19.2.3(c).

Satz 2. *Ist $\Omega = K_R = \{x \mid |x| < R\}$ und ist $\varphi(y)$ auf ∂K_R stetig, so ist*

$$u(x) = \frac{R^2 - |x|^2}{R|\omega_n|} \int_{\partial K_R} \frac{\varphi(y)}{|x-y|^n} \, ds_y \tag{1}$$

die eindeutig bestimmte Lösung des Dirichletschen Randwertproblems für die Kugel K_R.

Bemerkung 2. Falls es überhaupt eine Lösung des Dirichletschen Randwertproblems für $\Omega = K_R$ gibt, so muß sie notwendigerweise die Form (1) haben. Das folgt aus (19.2.2/4). Daß (1) aber tatsächlich eine Lösung ist, muß man explizit nachprüfen.

Bemerkung 3. Man kann zeigen, daß das Dirichletsche Randwertproblem aus der Definition (also für beliebige zusammenhängende Normalgebiete) genau eine Lösung besitzt. Der Existenzbeweis ist aber relativ kompliziert, vgl. z. B. [32].

Bemerkung 4 (Stabilität). $\varphi_1(y)$ und $\varphi_2(y)$ seien stetige Funktionen auf $\partial\Omega$, und $u_1(x)$ und $u_2(x)$ seien die zugehörigen Lösungen des Dirichletschen Randwertproblems im Sinne der Definition. Dann ist

$$\max_{x \in \Omega} |u_1(x) - u_2(x)| \leqq \max_{y \in \partial\Omega} |\varphi_1(y) - \varphi_2(y)| \,. \tag{2}$$

Das drückt Stabilität aus: Kleine Änderungen der Randwerte bewirken auch nur kleine Änderungen der Lösungen. (2) folgt aus Satz 19.2.3(c).

Bemerkung 5. (Physikalische Interpretation). Die physikalische Interpretation des Dirichletschen Randwertproblems haben wir im Fall $n=3$ in 19.1.2. (stationäre Verteilungen) beschrieben.

19.2.5. Die Poisson-Gleichung

Üblicherweise nennt man $\Delta u(x)=0$ die Laplace-Gleichung und $\Delta u(x)=f(x)$ die Poisson-Gleichung (oder inhomogene Laplace-Gleichung).

Satz 1. *$f(x)\in C^2(R_n)$ sei eine Funktion mit kompaktem Träger im R_n. Ist*

$$u(x)=-\frac{1}{(n-2)\,|\omega_n|}\int\limits_{R_n}\frac{f(y)}{|x-y|^{n-2}}\,\mathrm{d}y \quad (\textit{Newtonsches Potential}), \tag{1}$$

$x\in R_n$ und $n\geqq 3$, so ist $u(x)\in C^2(R_n)$ und $\Delta u(x)=f(x)$ für $x\in R_n$.

Bemerkung 1. Differenziert man

$$u(x)=-\frac{1}{(n-2)\,|\omega_n|}\int\limits_{R_n}\frac{f(x-z)}{|z|^{n-2}}\,\mathrm{d}z$$

skrupellos unter dem Integralzeichen, so erhält man nach Satz 19.2.1

$$\Delta u(x)=-\frac{1}{(n-2)\,|\omega_n|}\int\limits_{R_n}\frac{(\Delta f)(x-z)}{|z|^{n-2}}\,\mathrm{d}z=f(x)\,.$$

Das ist die gewünschte Aussage, wobei man allerdings die Differenzierbarkeitseigenschaften von $u(x)$ sorgfältig beweisen muß.

Bemerkung 2. Der Satz ist auch für $f\in C^1(R_n)$ richtig (kompakter Träger von f im R_n vorausgesetzt), aber der Beweis ist komplizierter.

Satz 2. *Es sei $\Omega=K_R=\{x\mid x\in R_n,\ |x|<R\}$ und $n\geqq 3$. Ist $\varphi(y)$ auf ∂K_R stetig und $f(x)\in C^2(R_n)$ mit kompaktem Träger im R_n, so besitzt das Dirichletsche Randwertproblem für die Poisson-Gleichung*

$$\Delta u(x)=f(x) \quad \textit{für} \quad x\in K_R,\quad u(x)\in C^2(\Omega)\,,$$
$$u(y)=\varphi(y) \quad \textit{für} \quad y\in\partial K_R,\quad u(x)\in C(\overline{\Omega})\,,$$

genau eine Lösung.

Bemerkung 3. Man kann diesen Satz relativ einfach auf Satz 1 und Satz 19.2.4/2 zurückführen.

Bemerkung 4. Der Satz bleibt richtig, wenn Ω ein zusammenhängendes Normalgebiet ist, $\varphi(y)$ auf $\partial\Omega$ stetig ist und $f\in C^1(\overline{\Omega})$ gilt. Der Beweis ist dann aber komplizierter, vgl. mit Bemerkung 2 und Bemerkung 19.2.4/3.

19.3. Die Wellengleichung

19.3.1. Unitätssätze

Ist $x=(x_1,\ldots,x_n)\in R_n$ und $t\in R_1$, so setzen wir $(x,t)\in R_{n+1}$. Es sei

$$R_{n+1}^+=\{(x,t)\mid (x,t)\in R_{n+1},\ t>0\},\quad n=1,2,3,\ldots$$

Dann ist $\overline{R_{n+1}^+}=\{(x,t)\mid (x,t)\in R_{n+1},\ t\geqq 0\}$.

Definition 1 (*Anfangswertproblem oder Cauchyproblem*). *Es sei $u_0(x)\in C(R_n)$, $u_1(x)\in C(R_n)$ und $f(x,t)\in C(R_{n+1}^+)$. Gesucht ist eine Funktion $u(x,t)\in C^2(R_{n+1}^+)$ mit*

$$\Delta u(x,t)-\frac{\partial^2 u}{\partial t^2}(x,t)=f(x,t) \quad \textit{für} \quad (x,t)\in R_{n+1}^+\,,$$

$$u(x,t)\in C(\overline{R_{n+1}^+}) \quad \textit{und} \quad u(x,0)=u_0(x) \quad \textit{für} \quad x\in R_n\,,$$

$$\frac{\partial u}{\partial t}(x,t)\in C(\overline{R_{n+1}^+}) \quad \textit{und} \quad \frac{\partial u}{\partial t}(x,0)=u_1(x) \quad \textit{für} \quad x\in R_n\,.$$

Bemerkung 1. Die Räume $C^k(R_n)$ usw. haben die gleiche Bedeutung wie in 19.2.1. Entsprechend der Vereinbarung aus 19.1.1. ist $\Delta u(x, t) = \sum_{k=1}^{n} \frac{\partial^2 u}{\partial x_k^2}(x, t)$, d. h., daß sich Δ stets nur auf die räumlichen Koordinaten $x_1, \ldots, x_n$ bezieht.

Satz 1. *Das Anfangswertproblem aus Definition* 1 *besitzt höchstens eine Lösung (in der Klasse hinreichend glatter Funktionen $u(x, t)$).*

Bemerkung 2. Der Beweis beruht auf der Herleitung einer Integralidentität für hinreichend glatte Funktionen $u(x, t)$. Betrachtet wird ein Kreiskegel K, dessen Bodenfläche D_0 eine Kugel in der Ebene $t=0$ ist und dessen Mantel mit der t-Achse einen Winkel von $\frac{\pi}{4}$ bildet. D_t sei die eingezeichnete Schnittfläche mit der Ebene $t=\text{const}$, und S_t sei die Mantelfläche zwischen D_0

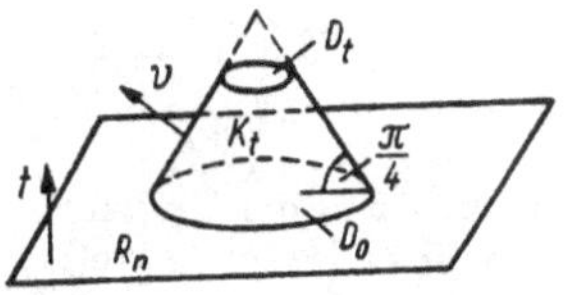

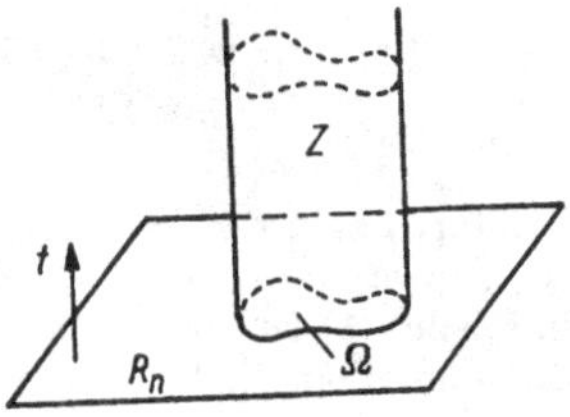

und D_t. Ferner sei ν der Normalenvektor auf S_t $\left(\text{es ist dann } \cos(\nu, t) = \frac{1}{\sqrt{2}}\right)$. Schließlich sei K_t der Kegelstumpf zwischen D_0 und D_t. Bei genügend hohen Differenzierbarkeitseigenschaften gilt dann die Identität

$$2\int\limits_{K_t}\left(\frac{\partial^2 u}{\partial t^2} - \Delta u\right)\frac{\partial u}{\partial t}\,dx\,dt + \int\limits_{D_0}\left[\left(\frac{\partial u}{\partial t}\right)^2 + \sum_{k=1}^{n}\left(\frac{\partial u}{\partial x_k}\right)^2\right]dx \tag{1}$$

$$= \int\limits_{D_t}\left[\left(\frac{\partial u}{\partial t}\right)^2 + \sum_{k=1}^{n}\left(\frac{\partial u}{\partial x_k}\right)^2\right]dx + \int\limits_{S_t}\frac{1}{\cos(\nu, t)}\left[\sum_{k=1}^{n}\left(\frac{\partial u}{\partial x_k}\cos(\nu, t) - \frac{\partial u}{\partial t}\cos(\nu, x_k)\right)^2\right]ds\,.$$

Um den Satz zu beweisen, kann man $\frac{\partial^2 u}{\partial t^2} - \Delta u \equiv 0$ und $u(x, 0) = \frac{\partial u}{\partial t}(x, 0) \equiv 0$ voraussetzen. Dann ist die linke Seite von (1) gleich null und die rechte Seite ist $\geqq 0$. Daraus folgt dann $u(x, t) \equiv 0$. Der obige Kegel spielt eine fundamentale Rolle in der Theorie der Wellengleichung.

Definition 2 (*Rand-Anfangswertproblem*). *Ω sei ein zusammenhängendes Normalgebiet im R_n, und $Z = \Omega \times (0, \infty)$ sei der eingezeichnete Zylinder über Ω. Es sei $u_0(x) \in C(\bar{\Omega})$, $u_1(x) \in C(\bar{\Omega})$ und $f(x, t) \in C(Z)$. Ferner sei $\varphi(y)$ eine stetige Funktion auf $\partial\Omega$. Gesucht ist eine Funktion $u(x, t) \in C^2(Z)$ mit*

$$\Delta u(x, t) - \frac{\partial^2 u}{\partial t^2}(x, t) = f(x, t) \quad \textit{für} \quad (x, t) \in Z\,,$$

$$u(x, t) \in C(\bar{Z}) \quad \textit{und} \quad u(x, 0) = u_0(x) \quad \textit{für} \quad x \in \Omega\,,$$

$$\frac{\partial u}{\partial t}(x, t) \in C(\bar{Z}) \quad \textit{und} \quad \frac{\partial}{\partial t}u(x, 0) = u_1(x) \quad \textit{für} \quad x \in \Omega \quad \textit{sowie}$$

$$u(y, t) = \varphi(y) \quad \textit{für} \quad y \in \partial\Omega \quad \textit{und} \quad t > 0\,.$$

Satz 2. *Das Rand-Anfangswertproblem aus Definition* 2 *besitzt höchstens eine Lösung (in der Klasse hinreichend glatter Funktionen).*

Bemerkung 3. Die Art der Rand- und Anfangswertannahme führt auf diffizile Probleme, die wir hier nicht behandeln wollen. Das erklärt auch die unscharfen Formulierungen der Sätze 1 und 2. Eine genauere Diskussion im Rahmen verallgemeinerter Lösungen aus Sobolevschen Räumen findet man in [43].

19.3.2. Die Wellengleichung in einer Dimension

Es sei jetzt $n=1$. Betrachtet wird also die (homogene) Wellengleichung $\frac{\partial^2 u}{\partial x^2}=\frac{\partial^2 u}{\partial t^2}$ mit $u=u(x, t)$ und $x\in R_1$, $t\in R_1$.

Satz 1. *$u(x, t)\in C^2(R_2)$ ist genau dann eine Lösung von $\frac{\partial^2 u}{\partial x^2}=\frac{\partial^2 u}{\partial t^2}$, wenn*

$$u(x, t)=v(x+t)+w(x-t) \quad \text{mit} \quad v\in C^2(R_1) \quad \text{und} \quad w\in C^2(R_1) \tag{1}$$

gilt. Hierbei ist $x\in R_1$ und $t\in R_1$.

Bemerkung 1. Man prüft sofort nach, daß (1) eine Lösung ist. Auch die Umkehrung ist nicht kompliziert. Ist $v(x)\in C^2(R_1)$, so ist $v(x+t)$ für $t\to\infty$ eine nach links laufende Welle und $v(x-t)$ eine nach rechts laufende Welle. (1) ist somit eine Überlagerung einer nach rechts laufenden Welle und einer nach links laufenden Welle.

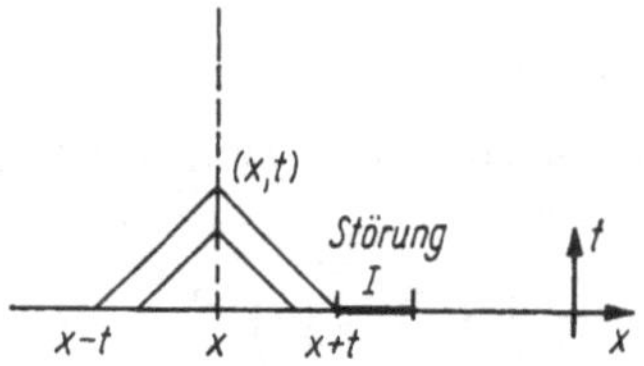

Satz 2 (*Die unendlich lange schwingende Saite*). *Ist $u_0(x)\in C^2(R_1)$ und $u_1(x)\in C^1(R_1)$, so ist*

$$u(x, t)=\frac{1}{2}\,(u_0(x+t)+u_0(x-t))+\frac{1}{2}\int\limits_{x-t}^{x+t} u_1(\tau)\,d\tau, \quad x\in R_1, \quad t\geqq 0\,, \tag{2}$$

die eindeutig bestimmte Lösung des Anfangswertproblems

$$\frac{\partial^2 u}{\partial x^2}=\frac{\partial^2 u}{\partial t^2}\,, \quad u(x, 0)=u_0(x) \quad \text{und} \quad \frac{\partial u}{\partial t}(x, 0)=u_1(x) \tag{3}$$

im Sinne von Def. 19.3.1/1.

Bemerkung 2. $u(x, t)$ hat die Struktur aus Satz 1. Ferner sieht man leicht, daß die Anfangswerte richtig angenommen werden.

Bemerkung 3 (Physikalische Interpretation). Im Sinne von 19.1.2. kann man (3) als Schwingung einer unendlich langen Saite interpretieren. $u_0(x)$ ist dann die Anfangsauslenkung und $u_1(x)$ die Anfangsgeschwindigkeit. Die laufenden Wellen aus Bemerkung 1 haben jetzt einen realen physikalischen Sinn.

Bemerkung 4 (Abhängigkeitsgebiet). Im Zusammenhang mit der physikalischen Interpretation aus Bemerkung 3 ist auch folgende Feststellung von Interesse. Um den Wert von $u(x, t)$ im Punkt (x, t) mit $x\in R_1$ und $t>0$ zu berechnen, benötigt man nach (2) nur die Werte von $u_0(y)$ und $u_1(y)$ aus dem Intervall $[x-t, x+t]$ (Abhängigkeitsgebiet). Sind $u_0(y)$ und $u_1(y)$ außerhalb des Intervalls I gleich null, so macht sich die Störung, die durch die Werte von $u_0(y)$ und $u_1(y)$ in I hervorgerufen wird, im Punkt x erst nach endlicher Zeit bemerkbar, nämlich dann, wenn $[x-t, x+t] \cap I \neq \emptyset$ ist.

Satz 3 (*Eingespannte Saite*). *Es sei* $\Omega = (0, l)$ *mit* $l > 0$. *Ist* $u_0(x) \in C^2(\bar{\Omega})$, $u_1(x) \in C^1(\bar{\Omega})$ *und* $u_0(0) = u_0(l) = u_1(0) = u_1(l) = u_0''(0) = u_1''(l) = 0$, *so besitzt das Rand-Anfangswertproblem*

$$\frac{\partial^2 u}{\partial x^2} = \frac{\partial^2 u}{\partial t^2} \quad \text{für} \quad x \in \bar{\Omega} \quad \text{und} \quad t \geq 0 ,$$

$$u(x, 0) = u_0(x), \quad \frac{\partial u}{\partial t}(x, 0) = u_1(x) \quad \text{für} \quad x \in \bar{\Omega} ,$$

$$u(0, t) = u(l, t) = 0 \quad \text{für} \quad t \geq 0 ,$$

genau eine Lösung $u(x, t) \in C^2(\bar{Z})$ *mit* $Z = (0, l) \times (0, \infty)$.

Bemerkung 5. Die Lösung $u(x, t)$ kann man wie folgt konstruieren: $u_0(x)$ und $u_1(x)$ werden ungerade auf das Intervall $(-l, 0)$ fortgesetzt. Anschließend werden die so erhaltenen Funktionen periodisch, mit der Periode $2l$, auf ganz R_1 ausgedehnt. Bezeichnet man das Resultat wieder mit $u_0(x)$ und $u_1(x)$, so ist $u_0 \in C^2(R_1)$ und $u_1 \in C^1(R_1)$. Jetzt liefert (2) mit $0 \leq x \leq l$ und $t \geq 0$ die gesuchte Lösung.

Bemerkung 6. Die physikalische Interpretation hatten wir in 19.1.2. beschrieben.

19.3.3. Anfangswertprobleme für die Wellengleichung in zwei und drei Dimensionen

Sphärische Mittelbildung im R_3. Ist $u(x) \in C(R_3)$, so setzen wir für $t > 0$

$$(M(t)\, u)\,(x) = \frac{1}{4\pi} \int_{\omega} u\,(x + \nu t)\, \mathrm{d}\nu \tag{1}$$

$$= \frac{1}{4\pi t^2} \int_{|y-x|=t} u(y)\, \mathrm{d}s_y \,.$$

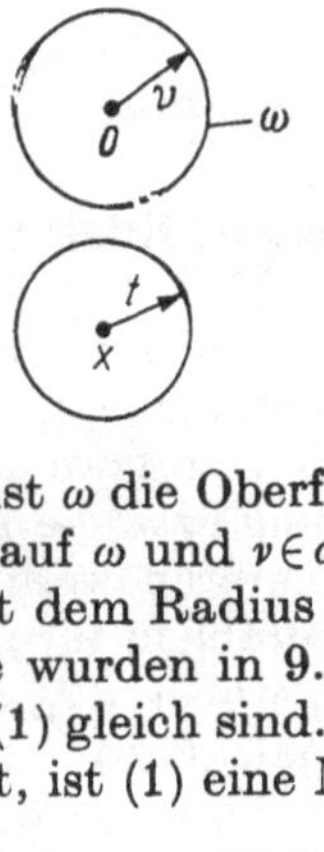

Hierbei ist ω die Oberfläche der Einheitskugel im R_3, ferner sei $d\nu$ das Oberflächenelement auf ω und $\nu \in \omega$. Im zweiten Integral wird über die Oberfläche einer Kugel um x mit dem Radius t integriert, wobei $\mathrm{d}s_y$ das Oberflächenelement ist. (Flächenintegrale wurden in 9.2.5. behandelt.) Es ist leicht zu sehen, daß die beiden Integrale in (1) gleich sind. Da $4\pi t^2$ der Inhalt der Oberfläche einer Kugel vom Radius t im R_3 ist, ist (1) eine Mittelbildung.

Satz 1. *Ist* $u_0(x) \in C^3(R_3)$ *und* $u_1(x) \in C^2(R_3)$, *so ist*

$$u(x, t) = t(M(t)\, u_1)\,(x) + \frac{\partial}{\partial t}\,[t(M(t)\, u_0)\,(x)] \quad \text{mit} \quad x \in R_3 \quad \text{und} \quad t > 0 \tag{2}$$

die eindeutig bestimmte Lösung des Anfangswertproblems

$$\Delta u = \frac{\partial^2 u}{\partial t^2} \quad \text{für} \quad x \in R_3 \quad \text{und} \quad t > 0\,,$$

$$u(x, 0) = u_0(x), \quad \frac{\partial u}{\partial t}(x, 0) = u_1(x) \quad \text{für} \quad x \in R_3 \quad \text{mit} \quad u(x, t) \in C^2(\overline{R_4^+})\,.$$

Bemerkung. Der Beweis ist etwas mühsam, insbesondere der Nachweis, daß $u(x, t)$ Lösung der Wellengleichung ist. $u \in C^2(\overline{R_4^+})$ ist so zu verstehen, daß u sowie seine ersten und zweiten partiellen Ableitungen stetig von R_4^+ auf $\overline{R_4^+}$ fortgesetzt werden können.

Die zweidimensionale Wellengleichung. Die zweidimensionale Wellengleichung behandelt man mit Hilfe der sogenannten Abstiegsmethode. Sind $u_0(x_1, x_2)$ und $u_1(x_1, x_2)$ die vorgegebenen Anfangsdaten, so fügt man eine dritte Dimension hinzu: $u_0(x) = u_0(x_1, x_2)$ und $u_1(x) = u_1(x_1, x_2)$ mit $x = (x_1, x_2, x_3)$. Es ist nicht schwer zu sehen, daß dann auch die dreidimensionale Lösung $u(x, t)$ nicht von x_3 abhängt. Das Problem ist dann, (1) und (2) in zweidimensionale Ausdrücke zu verwandeln. Das zweidimensionale Gegenstück zu (1) ist

$$(\bar{M}_t u)(x_1, x_2) = \frac{1}{2\pi} \int_K \frac{u(y_1, y_2)}{\sqrt{t^2 - (x_1 - y_1)^2 - (x_2 - y_2)^2}}\, dy_1\, dy_2\,, \tag{3}$$

wobei über den Kreis $K = \{(y_1, y_2) \mid (x_1 - y_1)^2 + (x_2 - y_2)^2 < t^2\}$ mit (x_1, x_2) als Mittelpunkt und t als Radius integriert wird.

Satz 2. *Ist $u_0(x_1, x_2) \in C^3(R_2)$ und $u_1(x_1, x_2) \in C^2(R_2)$, so ist*

$$u(x_1, x_2, t) = (\bar{M}_t u_1)(x_1, x_2) + \frac{\partial}{\partial t}[(\bar{M}_t u_0)(x_1, x_2)] \quad \text{mit} \quad (x_1, x_2) \in R_2 \quad \text{und} \quad t \geqq 0$$

die eindeutig bestimmte Lösung des Anfangswertproblems

$$\frac{\partial^2 u}{\partial x_1^2} + \frac{\partial^2 u}{\partial x_2^2} = \frac{\partial^2 u}{\partial t^2} \quad \text{für} \quad (x_1, x_2) \in R_2 \quad \text{und} \quad t > 0\,,$$

$$u(x_1, x_2, 0) = u_0(x_1, x_2), \quad \frac{\partial u}{\partial t}(x_1, x_2, 0) = u_1(x_1, x_2) \quad \text{für} \quad (x_1, x_2) \in R_2$$

mit $u(x_1, x_2, t) \in C^2(\overline{R_3^+})$.

19.3.4. Physikalische Interpretationen, Huygenssche Eigenschaft, Kugelwellen

Schwingende Membran: In Analogie zur unendlich langen schwingenden Saite aus 19.3.2. kann man eine unendlich ausgedehnte Membran betrachten, die in Ruhelage die gesamte R_2-Ebene einnimmt. Wird zum Zeitpunkt $t = 0$ die Membran lokal ausgelenkt, so sollen $u_0(x_1, x_2)$ und $u_1(x_1, x_2)$ die Anfangsauslenkung bzw. die Anfangsgeschwindigkeit sein. Die (kleinen) Schwingungen dieser Membran werden dann (bei normierten Materialkonstanten) durch das Anfangswertproblem für die zweidimensionale Wellengleichung aus Satz 19.3.3/2 beschrieben, wobei $u(x_1, x_2, t)$ die Auslenkung am Ort $(x_1, x_2) \in R_2$ zum Zeitpunkt $t \geqq 0$ ist. In Analogie zu Bemerkung 19.3.2/4 kann man das Abhängigkeitsgebiet bertimmen: Der Wert von $u(x_1, x_2, t)$ hängt nur von den Werten von $u_0(x_1, x_2)$ und $u_1(x_1, x_2)$ in $\{(y_1, y_2) \mid (x_1 - y_1)^2 + (x_2 - y_2)^2 \leqq t^2\}$ ab. Sind u_0 und u_1 außerhalb der eingezeichneten Störung gleich null, so macht sich diese Störung erst bemerkbar, wenn die eingezeichneten Kegel erstmals das Störungsgebiet berühren.

Schallausbreitung: Schallwellen breiten sich im R_3 durch Druckwellen aus. Ist $u(x, t)$ die Abweichung vom (konstanten) Normaldruck am Ort $x \in R_3$ und zum Zeitpunkt $t \geqq 0$, so genügt $u(x, t)$ der dreidimensionalen Wellengleichung $\Delta u = \frac{\partial^2 u}{\partial t^2}$. Nimmt man jetzt an, daß zum Zeitpunkt $t = 0$ eine (lokale) Druckschwankung $u_0(x)$ und eine Anfangsänderung $u_1(x)$ dieser Druckschwankung erzeugt wird, so ist $u(x, t)$ die Lösung des Anfangswertproblems für die dreidimensionale Wellengleichung aus Satz 19.3.3/1. Das Abhängigkeitsgebiet weist jetzt eine bemerkenswerte Besonderheit auf: Um u im Punkt (x, t) zu berechnen, benötigt man nur die

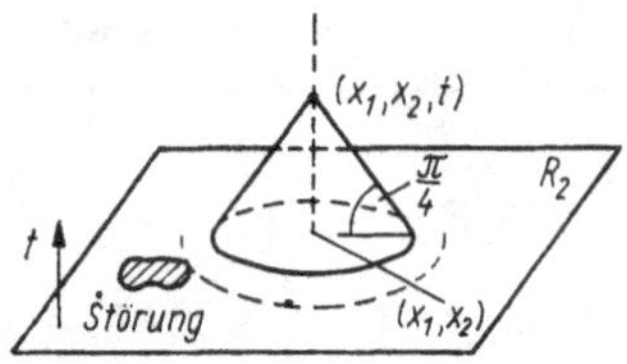

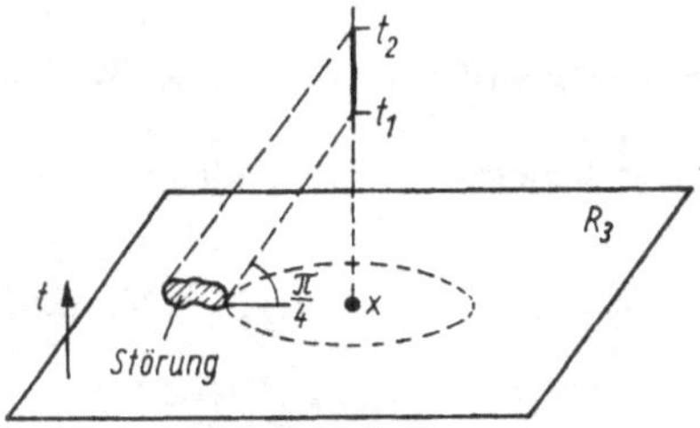

Kenntnis von $u_0(x)$ und $u_1(x)$ in einer kleinen Umgebung der Kugeloberfläche $\{y \mid y \in R_3, |y - x| = t\}$. Das folgt aus Satz 19.3.3/1 und (19.3.3/1). Wir betrachten jetzt u_0 und u_1 als lokale Störung, z. B. eine Explosion, und nehmen an, daß u_0 und u_1 außerhalb der eingezeichneten Störung gleich null sind. Ein Beobachter im Punkt $x \in R_3$ bemerkt die Explosion erst nach endlicher Zeit. Zum Zeitpunkt t_1 setzt der Lärm schlagartig ein und zum Zeitpunkt t_2 schlagartig aus. Hat das Abhängigkeitsgebiet die eben beschriebene Form, so sagt man, daß die Differentialgleichung die huygenssche Eigenschaft hat. Es zeigt sich, daß die Wellengleichungen in 1, 2, 4, 6, 8, ... Dimensionen nicht die huygenssche Eigenschaft besitzen, wohl aber die Wellengleichungen in 3, 5, 7, ... Dimensionen. Welch ein Glück, daß wir in einem ungeradzahligen Raum leben (abgesehen vom R_1, der sowieso keinen Komfort bietet).

Kugelwellen: Im Zusammenhang mit Explosionen sind kugelförmige Schallwellen von Interesse. Geht man mit dem Ansatz $u(x, t) = v(r, t)$, wobei $x \in R_3$, $t \geqq 0$, $r = \sqrt{x_1^2 + x_2^2 + x_3^2}$ ist, in die dreidimensionale Wellengleichung $\Delta u = \frac{\partial^2 u}{\partial t^2}$ ein, so erhält man für $rv(r, t)$ die eindimensionale Wellengleichung $\frac{\partial^2}{\partial r^2}(rv) = \frac{\partial^2}{\partial t^2}(rv)$. Satz 19.3.2/1 zeigt dann, daß

$$u(x, t) = \frac{1}{r} v_1(r + t) + \frac{1}{r} v_2(r - t)$$

ist. $\frac{1}{r} v_1(r + t)$ beschreibt eine einlaufende und $\frac{1}{r} v_2(r - t)$ eine auslaufende Kugelwelle.

19.3.5. Die inhomogene Wellengleichung, retardierte Potentiale

In diesem Abschnitt beschränken wir uns auf den Fall $n = 3$, also die dreidimensionale Wellengleichung. Ist $f(x, t) \in C^2(\overline{R_4^+})$, so heißt

$$(Rf)(x, t) = \frac{1}{4\pi} \int_{|x-y| \leqq t} \frac{f(y, t - |x - y|)}{|x - y|} \, dy, \tag{1}$$

$x \in R_3$, $t > 0$, retardiertes Potential. Ist $x \in R_3$ und $t > 0$ gegeben, so werden in (1) nur Werte von $f(y, \tau)$ benötigt, die auf dem Kegelmantel liegen (siehe Zeichnung).

Satz 1. *Ist $f(x, t) \in C^2(\overline{R_4^+})$, so ist $u(x, t) = (Rf)(x, t)$ mit $x \in R_3$ und $t > 0$ die eindeutig bestimmte Lösung des Anfangswertproblems*

$$\frac{\partial^2 u}{\partial t^2} - \Delta u = f(x, t) \quad \text{für} \quad x \in R_3 \quad \text{und} \quad t > 0\,,$$

$$u(x, 0) = \frac{\partial u}{\partial t}(x, 0) = 0 \text{ für } x \in R_3 \text{ mit } u(x, t) \in C^2(\overline{R_4^+}).$$

Bemerkung. Das retardierte Potential ist also eine Lösung der inhomogenen Wellengleichung mit verschwindenden Anfangsbedingungen. $u \in C^2(\overline{R_4^+})$ ist wieder wie in Bemerkung 19.3.3 zu verstehen. Kombiniert man jetzt diesen Satz mit Satz 19.3.3/1, so erhält man folgendes Resultat:

Satz 2. *Ist $f(x, t) \in C^2(\overline{R_4^+})$, $u_0(x) \in C^3(R_3)$ und $u_1(x) \in C^2(R_3)$, so ist*

$$u(x, t) = (Rf)(x, t) + t(M(t)u_1)(x) + \frac{\partial}{\partial t}[t(M(t)u_0)(x)],\ x \in R_3,\ t > 0,$$

die eindeutig bestimmte Lösung des Anfangswertproblems

$$\frac{\partial^2 u}{\partial t^2} - \Delta u = f(x, t) \quad \text{für} \quad x \in R_3 \quad \text{und} \quad t > 0\,,$$

$$u(x, 0) = u_0(x),\ \frac{\partial}{\partial t} u(x, 0) = u_1(x) \text{ für } x \in R_3 \text{ mit } u(x, t) \in C^2(\overline{R_4^+}).$$

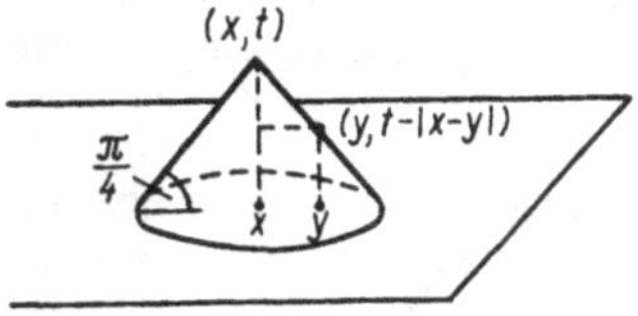

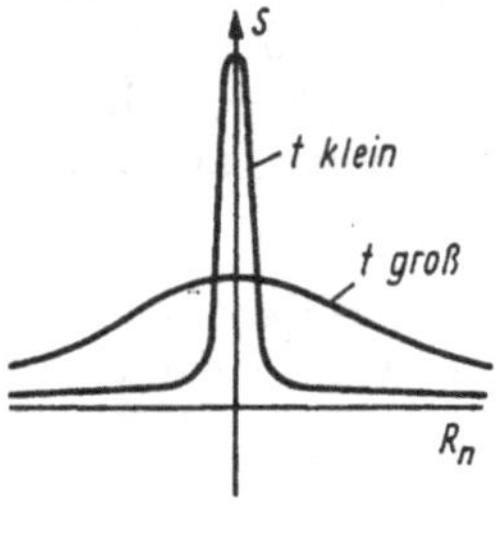

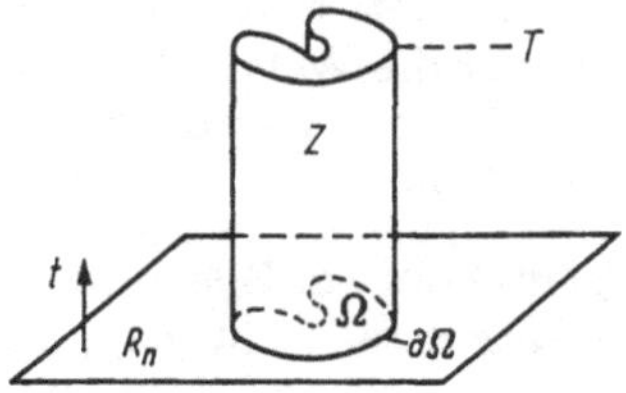

19.4. Die Wärmeleitungsgleichung

19.4.1. Die Singularitätenlösung

Es sei wieder $x = (x_1, \ldots, x_n) \in R_n$, $t \in R_1$ und $(x, t) \in R_{n+1}$. Ferner habe R_{n+1}^+ die gleiche Bedeutung wie in 19.3.1.

Lemma. $s(x, t) = (4\pi t)^{-\frac{n}{2}} e^{-\frac{|x|^2}{4t}}$ *erfüllt in R_{n+1}^+ die Wärmeleitungsgleichung* $\dfrac{\partial s}{\partial t} = \Delta s$.

Bemerkung. $s(x, t)$ spielt für die Wärmeleitungsgleichung die gleiche Rolle wie r^{-n+2} aus 19.2.1. für die Laplace-Gleichung. Wir erinnern daran, daß $\Delta s = \sum_{k=1}^{n} \dfrac{\partial^2 s}{\partial x_k^2}$ ist. Bei fixiertem t ist $s(x, t)$ eine glockenförmige Fläche (Glockenkurve für $n = 1$).

19.4.2. Das Maximum-Minimum-Prinzip

Satz. *Ω sei ein beschränktes Gebiet im R_n mit Rand $\partial\Omega$. Ferner sei $Z=\Omega\times(0, T]$ mit $T>0$ der Zylinder über Ω (einschließlich Deckel). Ist $u(x, t)\in C^2(Z)$, $u(x, t)\in C(\overline{Z})$ und $\frac{\partial u}{\partial t}=\Delta u$ in Z, so nimmt $u(x, t)$ sein Maximum und sein Minimum entweder auf dem Boden Ω oder auf dem Mantel $\partial\Omega\times[0, T]$ an.*

Bemerkung. Das ist das Gegenstück zum Maximum-Minimum-Prinzip für die Laplace-Gleichung aus Satz 19.2.3(c).

19.4.3. Das Anfangswertproblem

Definition (*Anfangswertproblem oder Cauchyproblem*). *Ist $\varphi(x)\in C(R_n)$, so wird eine Funktion $u(x, t)\in C^2(R^+_{n+1})$ gesucht mit*

$$\frac{\partial u}{\partial t}(x, t)=(\Delta u)(x, t) \quad \text{für} \quad (x, t)\in R^+_{n+1},$$

$$u(x, t)\in C(\overline{R^+_{n+1}}) \text{ und } u(x, 0)=\varphi(x) \text{ für } x\in R_n.$$

Bemerkung 1. Das ist das Gegenstück zu Def. 19.3.1/1.

Satz. *Ist $\varphi(x)\in C(R_n)$ eine beschränkte Funktion, so gibt es genau eine in $\overline{R^+_{n+1}}$ beschränkte Lösung des Anfangswertproblems im Sinne der Definition. Diese Lösung ist*

$$u(x, t)=(4\pi t)^{-\frac{n}{2}}\int_{R_n} e^{-\frac{|x-y|^2}{4t}}\varphi(y)\mathrm{d}y \quad \text{für} \quad x\in R_n \quad \text{und} \quad t>0, \tag{1}$$

$$u(x, 0)=\varphi(x) \quad \text{für} \quad x\in R_n.$$

Bemerkung 2. (1) heißt Poisson-Integral und wird aus $\varphi(y)$ und der Singularitätenlösung aus 19.4.1. gebildet. Läßt man die Forderung fallen, daß $u(x, t)$ in $\overline{R^+_{n+1}}$ beschränkt sein soll, so ist die Unität nicht mehr gesichert.

Bemerkung 3. Dieser Satz und Satz 19.4.2 zeigen, daß die Wärmeleitungsgleichung einige Eigenschaften hat, die an die Laplace-Gleichung erinnern, und andere Eigenschaften, die analog zur Wellengleichung sind.

Bemerkung 4 (Physikalische Interpretation). Wir betrachten einen unendlich langen Stab (etwa aus Eisen), dessen Querdimensionen vernachlässigt werden und der mit R_1 identifiziert wird. Ist $\varphi(x)$ mit $x\in R_1$ die Wärmeverteilung in diesem Stab zum Zeitpunkt $t=0$, so beschreibt (1) die Wärmeverteilung zum Zeitpunkt $t>0$. Ist z. B. $\varphi(x)=\frac{1}{\sqrt{4\pi\varepsilon}}e^{-\frac{x^2}{4\varepsilon}}$, wobei ε eine kleine positive Zahl ist (Wärmepol bei $x=0$), so ist

$$u(x, t)=\frac{1}{\sqrt{4\pi(t+\varepsilon)}}e^{-\frac{x^2}{4(\varepsilon+t)}}$$

für $t>0$ (Singularitätenlösung aus 19.4.1.). Man sieht, wie die Wärme breitläuft.

Bemerkung 5. Die physikalische Interpretation von (1) ist nicht voll befriedigend: Ist $\varphi(y)$ eine lokale Störung (etwa wie in Bemerkung 19.3.2/4), so macht sich diese Störung sofort an allen Stellen $x\in R_1$ bemerkbar. Das widerspricht physikalischen Prinzipien, wonach sich Informationen nur mit endlicher Geschwindigkeit ausbreiten. Die entsprechenden Bemerkungen für die Wellengleichung zeigten, daß sich dort Störungen nur mit endlicher Geschwindigkeit ausbreiten. Trotzdem beschreibt die Wärmeleitungsgleichung viele physikalische Effekte (Wärmeleitung, Diffusion usw.) in befriedigender Weise.

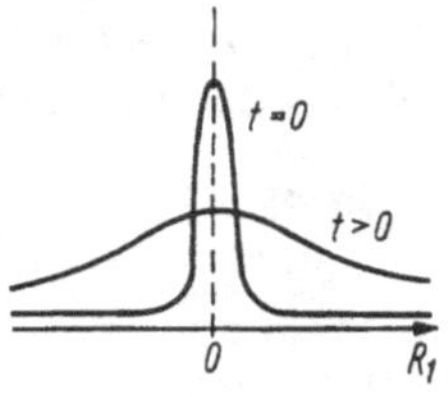

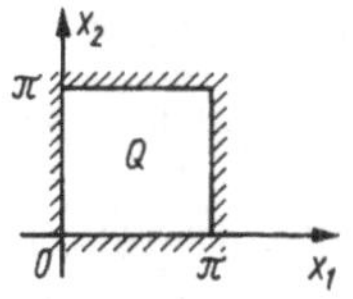

19.5. Separationsansätze

19.5.1. Vorbemerkung

Separationsansätze für Randwertprobleme und Rand-Anfangswertprobleme partieller Differentialgleichungen sind von fundamentaler Bedeutung für Mathematik und Physik. Sie erlauben häufig aufschlußreiche physikalische Interpretationen. Da die Verfahren konstruktiv sind, sind sie auch von numerischem Interesse. Mit ihrer Hilfe kann man häufig numerisch-approximativ Lösungen physikalischer Probleme berechnen. Auf der anderen Seite ist eine saubere mathematische Begründung dieser Verfahren relativ kompliziert. Im Rahmen der klassischen Mathematik ist sie an viele komplizierte Zusatzbedingungen gebunden. Wir verweisen z. B. auf [32]. Einen natürlichen Zugang erhält man im Rahmen der Theorie der Sobolevschen Räume und der verallgemeinerten Lösungen, man vgl. z. B. [43]. Diese Theorie wollen wir hier jedoch nicht entwickeln. Wir werden in den nächsten Abschnitten die grundlegenden Ideen darstellen, wobei wir häufig formal vorgehen und auf die präzise Formulierung von Voraussetzungen usw. verzichten.

19.5.2. Die eingespannte belastete Platte

In der x_1,x_2-Ebene betrachten wir die quadratische elastische Platte $Q=\{x \mid x \in R_2, 0<x_1<\pi,\ 0<x_2<\pi\}$, die an den Rändern eingespannt ist. Unter dem Einfluß einer Belastung $f(x) \in L_2(Q)$ biegt sich die Platte durch. Ist $u(x)$ die Auslenkung aus der Normallage, $x \in Q$, so zeigt sich, daß $u(x)$ die Lösung des Dirichletschen Randwertproblems

$$\Delta u(x)=f(x) \quad \text{für} \quad x \in Q \quad \text{und} \quad u(y)=0 \quad \text{für} \quad y \in \partial Q \tag{1}$$

ist. Da $f(x) \in L_2(Q)$ gilt (eine sehr allgemeine Voraussetzung), kann man $f(x)$ nach Satz 18.1.4 nach halbperiodischen sin-Funktionen entwickeln:

$$f(x)=\sum_{n,m=1}^{\infty} a_{n,m} \sin nx_1 \sin mx_2, \qquad \sum_{n,m=1}^{\infty} |a_{n,m}|^2=\|f\|^2_{L_2(Q)} \,. \tag{2}$$

Macht man für $u(x)$ den Ansatz

$$u(x)=-\sum_{n,m=1}^{\infty} \frac{a_{n,m}}{n^2+m^2} \sin nx_1 \cdot \sin mx_2 \,, \tag{3}$$

so folgt durch (formales) Differenzieren

$$(\Delta u)(x)=-\sum_{n,m=1}^{\infty} \frac{a_{n,m}}{n^2+m^2} \Delta (\sin nx_1 \cdot \sin mx_2)$$

$$=\sum_{n,m=1}^{\infty} a_{n,m} \sin nx_1 \cdot \sin mx_2=f(x) \,, \tag{4}$$

$$u(y)=0 \quad \text{für} \quad y \in \partial\Omega \,. \tag{5}$$

Somit ist (3) die gewünschte (eindeutig bestimmte) Lösung. Die Eleganz des Verfahrens ist klar, noch klarer aber ist, daß die Begründung mangelhaft ist. Im Rahmen der Theorie der Sobolevschen Räume kann man eine befriedigende Erklärung für (4) und (5) geben. (5) muß man dann im Sinne der Randwertannahme von Funktionen aus Sobolevschen Räumen verstehen. Details findet man in [43]. Man nennt $u(x)$ aus (3) eine verallgemeinerte Lösung von (1). Ist $f(x)$ hinreichend glatt (z. B. $f(x)$ beliebig oft differenzierbar in Q und finit), so ist $u(x)$ eine klassische Lösung, und (5) gilt im üblichen Sinne. Man kann also folgendes festhalten: Ist $f(x) \in L_2(Q)$, so ist das obige Verfahren zulässig, es ist numerisch praktikabel und (im Rahmen einer neuen Theorie) zweifelsfrei begründbar.

19.5.3. Der Separationsansatz für die Laplace-Gleichung

Wir verallgemeinern jetzt das Problem aus 19.5.2. auf beliebige zusammenhängende Normalgebiete Ω im R_n. (Normalgebiete wurden in 9.3.1. beschrieben. Sie sind stets beschränkt.) Vorgegeben ist also $f(x) \in L_2(\Omega)$, und gesucht ist eine Funktion $u(x)$ mit

$$\Delta u(x) = f(x) \quad \text{für} \quad x \in \Omega \quad \text{und} \quad u(y) = 0 \quad \text{für} \quad y \in \partial\Omega\,. \tag{1}$$

Zuerst wird man nach einem Analogon zu dem (vollständigen orthonormierten) System der halbperiodischen sin-Funktionen aus 19.5.2. fragen. Eine reelle Funktion $v(x)$ heißt (normierte) Eigenfunktion des Operators Δ (mit verschwindenden Randbedingungen), falls es eine reelle Zahl λ gibt, so daß

$$\Delta v(x) = \lambda v(x) \quad \text{für} \quad x \in \Omega\,, \tag{2}$$

$$\|v\|_{L_2(\Omega)} = 1 \quad \text{und} \quad v(y) = 0 \quad \text{für} \quad y \in \partial\Omega \tag{3}$$

gilt. Man sieht sofort, daß für $\Omega = Q$ die sin-Funktionen aus 19.5.2. Eigenfunktionen sind. λ heißt Eigenwert. Ist Ω ein beliebiges zusammenhängendes Normalgebiet im R_n, so gilt folgender Sachverhalt:

Es gibt ein in $L_2(\Omega)$ vollständiges orthonormiertes System $\{v_j(x)\}_{j=1}^{\infty}$ von Eigenfunktionen im Sinne von (2), (3).

Sind λ_j die zugehörigen Eigenwerte, also $\Delta v_j = \lambda_j v_j$, so ist $0 > \lambda_1 \geqq \lambda_2 \geqq \lambda_3 \geqq \ldots \to -\infty$ für $j \to \infty$. Hierbei sind Δv_j und auch $v_j\,|_{\partial\Omega} = 0$ im Sinne der Theorie der Sobolevschen Räume zu verstehen, worauf wir hier nicht eingehen (vgl. [43]). Ist der Rand von Ω hinreichend glatt (z. B. beliebig oft differenzierbar), so ist $v_j(x) \in C^2(\overline{\Omega})$, und Δv_j und $v_j\,|_{\partial\Omega} = 0$ sind im klassischen Sinne zu verstehen. Damit kann man aber das Verfahren aus 19.5.2. auf den jetzigen allgemeineren Fall übertragen. $f(x) \in L_2(\Omega)$ wird nach dem vollständigen orthonormierten System $\{v_k(x)\}_{k=1}^{\infty}$ entwickelt (man vgl. mit Satz 17.3.3),

$$f(x) = \sum_{k=1}^{\infty} a_k v_k(x) \quad \text{für} \quad x \in \Omega, \qquad \sum_{k=1}^{\infty} |a_k|^2 = \|f\|^2_{L_2(\Omega)}\,.$$

Macht man für $u(x)$ den Ansatz

$$u(x) = \sum_{k=1}^{\infty} \frac{a_k}{\lambda_k} v_k(x) \quad \text{für} \quad x \in \Omega\,,$$

so folgt durch formales Differenzieren

$$\Delta u(x) = \sum_{k=1}^{\infty} \frac{a_k}{\lambda_k} \Delta v_k(x) = \sum_{k=1}^{\infty} a_k v_k(x) = f(x) \quad \text{für} \quad x \in \Omega$$

und $u(y) = 0$ für $y \in \partial\Omega$. Somit ist $u(x)$ die (eindeutig bestimmte) Lösung von (1). Es gelten wieder die gleichen Bemerkungen wie in 19.5.2.: Im Rahmen der Theorie der Sobolevschen Räume lassen sich die Rechnungen im strengen Sinne begründen, $u(x)$ ist eine verallgemeinerte Lösung. Ist Ω ein hinreichend glattes Gebiet und ist $f(x)$ hinreichend glatt, so ist $u(x)$ eine klassische Lösung, und $u\,|_{\partial\Omega} = 0$ gilt im üblichen Sinn. Die numerische Verwendbarkeit dieses Verfahrens hängt an der Frage, ob man die Eigenfunktionen $u_j(x)$ und die Eigenwerte λ_j explizit oder numerisch berechnen kann.

19.5.4. Die Fouriersche Methode für die Wellengleichung

Betrachtet wird das Rand-Anfangswertproblem aus Def. 19.3.1/2 für die homogene Wellengleichung mit Null-Randbedingungen: Ω sei ein zusammenhängendes Normalgebiet im R_n und $Z = \Omega \times (0, \infty)$. Gesucht ist eine Funktion $u(x, t)$ mit

$$\frac{\partial^2 u}{\partial t^2} = \Delta u \quad \text{für} \quad (x, t) \in Z, \quad u(y, t) = 0 \quad \text{für} \quad y \in \partial\Omega \quad \text{und} \quad t > 0\,, \tag{1}$$

$$u(x, 0) = u_0(x) \quad \text{und} \quad \frac{\partial u}{\partial t}(x, 0) = u_1(x) \quad \text{für} \quad x \in \Omega\,. \tag{2}$$

Nach Satz 19.3.1/2 ist die Unität (zumindest für glatte Funktionen) gesichert. Gefragt wird nach Existenz und Konstruktion. Zuerst suchen wir nicht-triviale Lösungen $v(x, t) = X(x)\,T(t)$ mit

$$\frac{\partial^2 v}{\partial t^2} = \Delta v \quad \text{für} \quad (x, t) \in Z \quad \text{und} \quad X(y) = 0 \quad \text{für} \quad y \in \partial\Omega\,. \tag{3}$$

Setzt man $v = XT$ ein, so folgt

$$\frac{\Delta X(x)}{X(x)} = \frac{T''(t)}{T(t)} = \lambda\,,$$

wobei λ eine Konstante sein muß. Zusammen mit (3) zeigt dies, daß $X(x)$ Eigenfunktion im Sinne von 19.5.3. ist, also $X(x) = v_k(x)$ und $\lambda = \lambda_k$. Dann ist $T''(t) = \lambda_k T(t)$. Da $\lambda_k < 0$ ist, erhält man

$$v_k(x, t) = v_k(x)\left(a_k e^{i\sqrt{|\lambda_k|}\,t} + b_k e^{-i\sqrt{|\lambda_k|}\,t}\right), \tag{4}$$

wobei wir $v_k(x, t)$ statt $v(x, t)$ geschrieben haben. a_k und b_k sind beliebige (komplexe) Konstanten. Macht man den Ansatz

$$u(x, t) = \sum_{k=1}^{\infty} v_k(x)\left(a_k e^{i\sqrt{|\lambda_k|}\,t} + b_k e^{-i\sqrt{|\lambda_k|}\,t}\right), \tag{5}$$

so ist (1) formal erfüllt (d. h. ohne Rücksicht auf Konvergenzfragen). Sind $u_0(x) \in L_2(\Omega)$ und $u_1(x) \in L_2(\Omega)$, so kann man u_0 und u_1 nach dem vollständigen orthonormierten System $\{v_k(x)\}_{k=1}^{\infty}$ entwickeln,

$$u_0(x) = \sum_{k=1}^{\infty} c_k v_k(x), \quad u_1(x) = \sum_{k=1}^{\infty} d_k v_k(x)\,. \tag{6}$$

Andererseits folgt aus (5) (formal)

$$u(x, 0) = \sum_{k=1}^{\infty} (a_k + b_k)\, v_k(x), \quad \frac{\partial u}{\partial t}(x, 0) = \sum_{k=1}^{\infty} i\sqrt{|\lambda_k|}\,(a_k - b_k)\, v_k(x)\,. \tag{7}$$

Wählt man a_k und b_k so, daß $a_k+b_k=c_k$ und $\mathrm{i}\sqrt{|\lambda_k|}\,(a_k-b_k)=d_k$ gilt, so ist auch (2) erfüllt. Ferner ist $u(y, t)=0$ für $y\in\partial\Omega$ und $t>0$. Alle Betrachtungen (Konvergenzfragen, Differenzierbarkeitsfragen usw.) kann man im Rahmen der Theorie der Sobolevschen Räume rechtfertigen. Wir verweisen auf [43]. In diesem Sinne ist $u(x, t)$ die (verallgemeinerte) Lösung von (1), (2).

Physikalische Interpretation: Für $n=2$ beschreibt (1), (2) die Schwingungen einer eingespannten Membran, die im Ruhezustand das Gebiet Ω in der x_1,x_2-Ebene einnimmt. $u(x, t)$ ist die Auslenkung aus der Ruhelage zum Zeitpunkt t und am Ort $x\in\Omega$. Nach (5) ist $u(x, t)$ die Superposition der Grundschwingungen

$$v_k(x)\,\mathrm{e}^{\pm\mathrm{i}\sqrt{|\lambda_k|}\,t}, \quad x\in\Omega, \quad t\in R_1 .$$

Eine derartige Grundschwingung hat die Periode $T_k=\dfrac{2\pi}{\sqrt{|\lambda_k|}}$ und eine Frequenz $\nu_k=\dfrac{1}{T_k}=\dfrac{\sqrt{|\lambda_k|}}{2\pi}$. Der Grundton, der zu $|\lambda_1|$ gehört, wird also von Obertönen, die zu $|\lambda_2|, |\lambda_3|, \ldots$ gehören, überlagert.

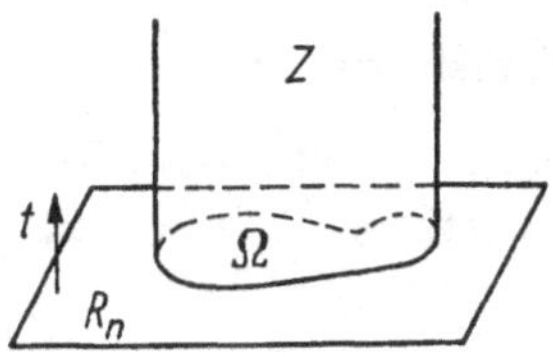

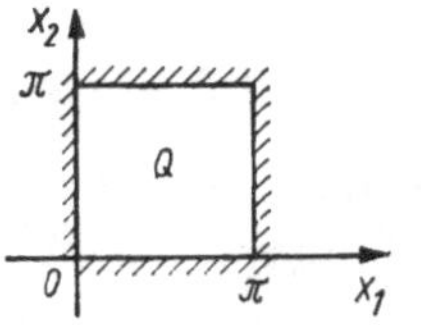

19.5.5. Die schwingende Membran, die schwingende Saite

Schwingende Membran: Wir knüpfen unmittelbar an die letzten Ausführungen in 19.5.4. an und betrachten die eingespannte quadratische Membran $\Omega=Q=\{(x_1, x_2)\mid 0<x_1<\pi,\ 0<x_2<\pi\}$. In diesem Fall sind die Eigenfunktionen $\{v_k(x)\}_{k=1}^{\infty}$ explizit bekannt:

$$\left\{\frac{2}{\pi}\sin nx_1 \sin mx_2\right\}_{n,\,m=1}^{\infty}, \qquad \text{Satz 18.1.4}$$

(man vgl. auch mit 19.5.2.). Die Eigenwerte sind $\lambda_{n,m}=-n^2-m^2$. Die allgemeine Schwingung ist somit

$$u(x, t)=\sum_{n,\,m=1}^{\infty}\left(a_{n,m}\mathrm{e}^{\mathrm{i}\sqrt{n^2+m^2}\,t}+b_{n,m}\mathrm{e}^{-\mathrm{i}\sqrt{n^2+m^2}\,t}\right)\sin nx_1\cdot\sin mx_2 .$$

Schwingende Saite: Wir behandeln nochmals das Problem der eingespannten schwingenden Saite aus Satz 19.3.2/3. Die Bemerkungen am Ende von 19.5.4. gelten natürlich auch für $n=1$ und $\Omega=(0, \pi)$. Nach Satz 18.1.4 sind $v_k(x)=\dfrac{\sqrt{2}}{\pi}\sin kx$ die Eigenfunktionen und $\lambda_k=-k^2$ die Eigenwerte. Also wird die allgemeine Schwingung einer eingespannten Saite der Länge π beschrieben durch

$$u(x, t)=\sum_{k=1}^{\infty}(a_k\mathrm{e}^{\mathrm{i}kt}+b_k\mathrm{e}^{-\mathrm{i}kt})\sin kx .$$

Die Frequenzen der Grundschwingungen sind $\nu_k=\dfrac{k}{2\pi}$.

19.5.6. Die Fouriersche Methode für die Wärmeleitungsgleichung

In Analogie zu 19.5.4. betrachten wir jetzt das Rand-Anfangswertproblem für die homogene Wärmeleitungsgleichung mit Null-Randbedingungen: Ω sei ein zusammenhängendes Normalgebiet im R_n und $Z=\Omega\times(0, \infty)$. Gesucht ist eine Funktion $u(x, t)$ mit

$$\frac{\partial u}{\partial t}=\Delta u \quad \text{für} \quad (x, t)\in Z, \quad u(y, t)=0 \quad \text{für} \quad y\in\partial\Omega \quad \text{und} \quad t>0\,, \tag{1}$$

$$u(x, 0)=u_0(x) \quad \text{für} \quad x\in\Omega\,. \tag{2}$$

Man kann wieder zeigen, daß diese Aufgabe (zumindest für hinreichend glatte Funktionen) höchstens eine Lösung besitzt. Gefragt wird nach Existenz und Konstruktion dieser Lösung. Wie in 19.5.4. fragt man zuerst nach nicht-trivialen Funktionen $v(x, t)=X(x)\,T(t)$ mit

$$\frac{\partial v}{\partial t}=\Delta v \quad \text{für} \quad (x, t)\in Z \quad \text{und} \quad X(y)=0 \quad \text{für} \quad y\in\partial\Omega\,.$$

Es muß $\dfrac{\Delta X(x)}{X(x)}=\dfrac{T'(t)}{T(t)}=\lambda$ gelten, wobei λ eine Konstante ist. Also ist $X(x)$ wie in 19.5.4. eine Eigenfunktion $v_k(x)$ im Sinne von 19.5.3. mit dem Eigenwert λ_k. Für $T(t)$ ergibt sich dann $T(t)=a_k e^{\lambda_k t}$. Macht man jetzt in Analogie zu (19.5.4/5) den Ansatz

$$u(x, t)=\sum_{k=1}^{\infty} a_k v_k(x)\, e^{\lambda_k t}\,, \tag{3}$$

so ist (1) formal erfüllt. Ist $u_0(x)\in L_2(\Omega)$, so kann man $u_0(x)$ wie in (19.5.4/6) entwickeln. Setzt man jetzt $a_k=c_k$ in (3), so ist auch (2) erfüllt, und man erhält die gewünschte Lösung. Man kann wieder im Rahmen der Theorie der Sobolevschen Räume alle Rechnungen rechtfertigen (wir verweisen auf [43]). In diesem Sinne ist $u(x, t)$ eine verallgemeinerte Lösung von (1), (2).

Physikalische Interpretation: Ist $n=3$ und $\varphi(y)=0$, so ist $u(x, t)$ die Lösung des Problems „Wärmeleitung" aus 19.1.2. Da $\lambda_k<0$ ist, gilt $u(x, t)\to 0$ für $t\to\infty$, wie es auch sein muß, da die Temperatur auf $\partial\Omega$ stets gleich null ist. Ist $n=1$ und $\Omega=(0, \pi)$, so erhalten wir analog zu 19.5.5.

$$u(x, t)=\sum_{k=1}^{\infty} a_k e^{-k^2 t}\sin kx\,.$$

Das kann man als Temperaturverteilung in einem Stab der Länge π deuten, der in den Querrichtungen wärmeisoliert ist und dessen Enden die Temperatur Null haben.

20. Operatoren in Banachräumen

20.1. Banachräume

20.1.1. Separable Banachräume

Reelle und komplexe Banachräume wurden in Kap. 6 behandelt. Falls es nicht ausdrücklich anders gesagt wird, soll ab jetzt ein Banachraum stets ein komplexer Banachraum sein.

Definition. *Ein Banachraum B heißt separabel, falls es eine abzählbar unendliche Menge $\{x_k\}_{k=1}^{\infty} \subset B$ gibt, die in B dicht liegt.*

Bemerkung 1. Nach Def. 17.3.1/2 (und Bemerkung 17.3.1/3) sind Hilberträume spezielle separable Banachräume. Wann eine Menge dicht in einem Banachraum ist, findet man in Def. 14.6.3.

Bemerkung 2 (Beispiele). Die Banachräume l_p^n $[=l_{p,C}^n]$ und l_p $[=l_{p,C}]$ aus 6.2.2. mit $1 \leqq p < \infty$ sind separabel: Die in 17.3.2. bez. l_2 beschriebene abzählbare Menge ist auch dicht in l_p mit $1 \leqq p < \infty$. Ist Ω ein Gebiet im R_n, so ist nach Bemerkung 17.3.2 auch $L_p(\Omega)$ für $1 \leqq p < \infty$ ein separabler Banachraum. Ist Ω ein beschränktes Gebiet im R_n, so kann man auch zeigen, daß die abzählbare Menge der Polynome $\sum a_m x_1^{m_1} \ldots x_n^{m_n}$ mit (komplexen) rationalen Koeffizienten a_m für $1 \leqq p < \infty$ dicht in $L_p(\Omega)$ ist. Das folgt relativ leicht aus den Betrachtungen in 18.2.1.

20.1.2. Spezielle Mengen in Banachräumen

Definition 1. *B sei ein Banachraum und E eine nicht-leere Menge in B.*

(a) *E heißt abgeschlossen, falls aus $\{x_k\}_{k=1}^{\infty} \subset E$ und $x_k \to x$ für $k \to \infty$ folgt, daß $x \in E$ gilt.*

(b) *E heißt beschränkt, falls $\sup\limits_{x \in E} \|x\| < \infty$ gilt.*

(c) *E heißt präkompakt, falls man aus jeder Folge $\{x_k\}_{k=1}^{\infty} \subset E$ eine konvergente Teilfolge $\{x_{k_l}\}_{l=1}^{\infty}$ auswählen kann.*

(d) *E heißt kompakt, falls E präkompakt und abgeschlossen ist.*

Bemerkung 1. Wir erinnern daran, daß $x_k \to x$ für $k \to \infty$ bedeutet, daß $\lim\limits_{k \to \infty} \|x_k - x\| = 0$ gilt. E heißt somit abgeschlossen, falls der Grenzwert konvergenter Folgen aus E wieder in E liegt.

Satz 1. *Jede präkompakte Menge in einem Banachraum ist beschränkt.*

Bemerkung 2. Die Umkehrung ist im allgemeinen nicht richtig, vgl. auch Satz 20.1.4(a).

Definition 2. *N und M seien zwei Mengen in einem Banachraum B. Ist $\varepsilon > 0$, so nennt man N ein ε-Netz für M, falls $M \subset \bigcup\limits_{x \in N} \{y \mid y \in B, \|x-y\| < \varepsilon\}$ gilt.*

Bemerkung 3. $K_\varepsilon(x) = \{y \mid y \in B, \|x-y\| < \varepsilon\}$ ist eine Kugel um x mit dem Radius ε. Die Definition besagt, daß derartige Kugeln M überdecken, falls die Mittelpunkte zu N gehören.

Satz 2. (a) *Eine Menge im Banachraum B ist genau dann präkompakt, wenn es für jedes $\varepsilon > 0$ ein endliches ε-Netz gibt.*

(b) *Eine Menge im Banachraum B ist genau dann präkompakt, wenn es für jedes $\varepsilon > 0$ ein präkompaktes ε-Netz gibt.*

Bemerkung 4. Die Vermutung, daß die Aussage (b) nutzlos ist, ist falsch.

20.1.3. Der Raum $C(\bar{\Omega})$

In 2.5.2. und 6.1.2. hatten wir den reellen Banachraum $C[a, b]$ betrachtet. Ferner hatten wir in 19.2.1. als abkürzendes Symbol $C(\bar{\Omega})$ eingeführt. Wir betrachten jetzt komplexwertige Funktionen, behalten aber die früheren Bezeichnungen bei.

Definition 1. *Ist Ω ein beschränktes Gebiet im R_n, so ist*

$$C(\bar{\Omega}) = \{f(x) \mid f(x) \text{ komplex und stetig in } \bar{\Omega}\},$$

$$\|f\|_{C(\bar{\Omega})} = \sup_{x \in \bar{\Omega}} |f(x)| \,. \tag{1}$$

Bemerkung 1. Da $f(x)$ stetig auf der abgeschlossenen Menge $\bar{\Omega}$ ist, ist $f(x)$ auch beschränkt. Also ist (1) sinnvoll.

Satz 1. *Erklärt man in $C(\bar{\Omega})$ die Addition von Funktionen durch $(f+g)(x) = f(x) + g(x)$ und die Multiplikation von Funktionen $f(x)$ mit komplexen Zahlen λ durch $(\lambda f)(x) = \lambda f(x)$, so ist $C(\bar{\Omega})$ ein Banachraum bez. der Norm* (1).

Bemerkung 2. Der Fall $n = 1$ und $\Omega = (a, b)$ stimmt im wesentlichen mit Satz 2.5.2 überein.

Definition 2. *Ist M eine beliebige (nicht notwendig abzählbare) Indexmenge, so heißt eine Familie von Funktionen $\{f_\mu(x)\}_{\mu \in M}$ aus $C(\bar{\Omega})$ gleichgradig stetig, falls es zu jedem $\varepsilon > 0$ eine Zahl $\delta = \delta(\varepsilon)$ gibt, so daß $|f_\mu(x) - f_\mu(y)| \leqq \varepsilon$ ist für alle $\mu \in M$ sowie alle $x \in \bar{\Omega}$ und $y \in \bar{\Omega}$ mit $|x-y| \leqq \delta$.*

Bemerkung 3. Aus 2.3.2/4 (und seinem n-dimensionalen Gegenstück) folgt, daß jede Funktion $\in C(\bar{\Omega})$ gleichmäßig stetig in $\bar{\Omega}$ ist. Der Sinn der Definition besteht also nicht in der Unabhängigkeit von δ von x, y, sondern in der Unabhängigkeit von μ, x, y.

Satz 2 (*Satz von Arzelà-Ascoli*). *Eine Familie von Funktionen $\{f_\mu(x)\}_{\mu \in M}$ aus $C(\bar{\Omega})$ ist genau dann präkompakt, wenn $\{f_\mu(x)\}_{\mu \in M}$ in $C(\bar{\Omega})$ eine beschränkte und gleichgradig stetige Menge ist.*

20.1.4. Endlichdimensionale Banachräume

Ein komplexer linearer Vektorraum B im Sinne von 6.1.1. heißt n-dimensional, falls es n linear unabhängige Vektoren $x_1, \ldots, x_n$ aus B gibt, aber je $n+1$ Vektoren aus B linear abhängig sind. Hierbei heißen $y_k \in B$ mit $k = 1, \ldots, m$ linear abhängig, falls es komplexe Zahlen λ_k mit $k = 1, \ldots, m$ gibt, so daß $\sum_{k=1}^{m} |\lambda_k| > 0$ und $\sum_{k=1}^{m} \lambda_k y_k = 0$ gilt. Gibt es keine solchen Zahlen $\lambda_1, \ldots, \lambda_m$, so heißen $y_1, \ldots, y_m$ linear unabhängig. C_n aus 6.1.2. und l_p^n $[= l_{p,C}^n]$ aus 6.2.2. sind n-dimensional. Haben $x_1, \ldots, x_n$ die obige Bedeutung und ist $x \in B$, so gibt es komplexe Zahlen $\lambda, \lambda_1, \ldots, \lambda_n$ mit $\lambda x + \sum_{k=1}^{n} \lambda_k x_k = 0$ und $|\lambda| + \sum_{k=1}^{n} |\lambda_k| > 0$. Da $\lambda \neq 0$ sein muß, erhält man

$$x = \sum_{k=1}^{n} \varrho_k x_k \,, \quad \varrho_k \text{ komplex} \,,$$

d. h., daß $x_1, \ldots, x_n$ eine Basis in B bildet. Die „Koordinatenräume" C_n und l_p^n sind also bereits die allgemeinsten n-dimensionalen (komplexen) linearen Vektorräume. In Def. 6.2.2/2 hatten wir festgelegt, wann zwei Normen auf einem linearen Vektorraum äquivalent heißen. Satz 6.2.2 machte eine Aussage über äquivalente Normen in l_p^n. Es zeigt sich, daß man diesen Satz wie folgt wesentlich verallgemeinern kann.

Satz. (**a**) *Ein Banachraum ist genau dann endlich-dimensional, wenn jede beschränkte Menge präkompakt ist.*

(**b**) *Sämtliche Normierungen eines n-dimensionalen linearen Vektorraumes sind äquivalent.*

Bemerkung 1. Man vgl. mit Bemerkung 20.1.2/2.

Bemerkung 2. Ein normierter endlich-dimensionaler linearer Vektorraum ist stets vollständig, also ein Banachraum Teil. (b) zeigt dann, daß man C_n im wesentlichen nur auf eine Weise normieren kann.

20.1.5. Vervollständigung normierter Räume

In Bemerkung 20.1.4/2 hatten wir gerade festgestellt, daß normierte endlich-dimensionale lineare Vektorräume automatisch vollständig sind. Für allgemeine (unendlich-dimensionale) normierte Räume gilt dies nicht. Die Polynome $P(x)$ über $\Omega = (-1, 1)$ bilden einen linearen Vektorraum, der durch $\|P(x)\|_{L_2(\Omega)}$ normiert werden kann. Dieser Raum ist aber nicht vollständig, wie etwa aus Satz 18.2.2 folgt. Damit entsteht das Problem, einen gegebenen (unvollständigen) normierten linearen Vektorraum zu einem Banachraum zu vervollständigen.

Definition. *Ist M_1 ein linearer Vektorraum mit Norm $\|x\|_1$ und ist M_2 ein linearer Vektorraum mit Norm $\|x\|_2$, so heißen M_1 und M_2 isometrisch-isomorph, falls es eine lineare Abbildung I von M_1 auf M_2 mit $\|Ix\|_2 = \|x\|_1$ für alle $x \in M_1$ gibt.*

Bemerkung 1. Linear heißt $I(\lambda x + \mu y) = \lambda I(x) + \mu I(y)$ für alle $x \in M_1$, $y \in M_1$, λ und μ komplex. Daß I den Raum M_1 auf M_2 abbildet, soll heißen, daß der Wertevorrat von I ganz M_2 ist. Aus $\|Ix\|_2 = \|x\|_1$ folgt, daß die Abbildung eineindeutig ist. Insbesondere ist die Definition symmetrisch in M_1 und M_2 (man braucht nur I durch den Umkehroperator I^{-1} zu ersetzen, wenn man die Rollen von M_1 und M_2 vertauschen will).

Satz. *Ist M_1 ein linearer normierter Vektorraum, so gibt es einen Banachraum B und eine in B dichte lineare Teilmenge M_2, so daß M_1 isometrisch-isomorph auf M_2 abgebildet werden kann.*

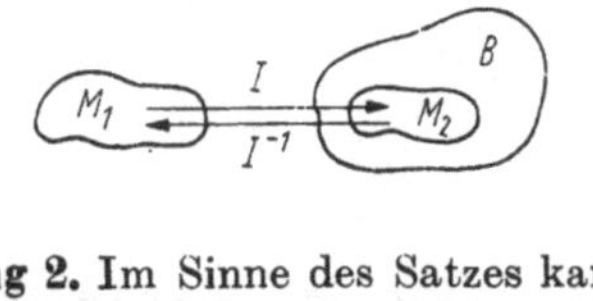

Bemerkung 2. Im Sinne des Satzes kann man also jeden linearen normierten Vektorraum zu einem Banachraum vervollständigen. (Dem Bild sieht man wirklich nicht an, daß alle Räume linear sind.)

20.2. Operatoren

20.2.1. Grundbegriffe

Definition. *B_1 und B_2 seien Banachräume, und D sei ein linearer Unterraum (Vektorraum) von B_1.*

(**a**) *Eine Abbildung A von D in B_2 heißt linear, falls für alle $x \in D$ und $y \in D$ sowie alle komplexen Zahlen λ und μ gilt $A(\lambda x + \mu y) = \lambda Ax + \mu Ay$. Hierbei heißt $D = D(A)$ das Definitionsgebiet von A.*

(**b**) *Eine lineare Abbildung A von D in B_2 mit $D = D(A) = B_1$ heißt stetig, falls aus $x_k \to x$ in B_1 für $k \to \infty$ stets $Ax_k \to Ax$ in B_2 folgt.*

(**c**) *Eine lineare Abbildung A von D in B_2 mit $D = D(A) = B_1$ heißt beschränkt, falls es eine positive Zahl c gibt, so daß $\|Ax\|_{B_2} \leqq c\,\|x\|_{B_1}$ für alle $x \in B_1$ gilt.*

(**d**) *Eine lineare Abbildung A von D in B_2 mit $D = D(A) = B_1$ heißt kompakt, falls A jede beschränkte Menge aus B_1 in eine präkompakte Menge in B_2 abbildet.*

Bemerkung 1. Wir schreiben Ax statt $A(x)$, wenn keine Verwechslungen zu befürchten sind. In (b), (c) und (d) setzen wir voraus, daß das Definitionsgebiet $D(A) = B_1$ ist. Nur solche Operatoren werden in diesem Kapitel behandelt. Für die späteren Untersuchungen ist aber die schwächere Formulierung (a) nützlich. Eine Abbildung „in" B_2 heißt, daß der Wertevorrat in B_2 liegt, aber nicht notwendig mit ganz B_2 übereinstimmt. Ist der Wertvorrat gleich B_2, so sprechen wir von einer Abbildung „auf" B_2.

Satz. (**a**) *Eine Abbildung A ist genau dann beschränkt, wenn sie stetig ist.*

(**b**) *Ist eine Abbildung A kompakt, so ist sie auch stetig.*

(**c**) *Eine Abbildung A ist genau dann kompakt, wenn man aus jeder beschränkten Folge $\{x_k\}_{k=1}^{\infty} \subset B_1$ eine Teilfolge $\{x_{k_l}\}_{l=1}^{\infty}$ auswählen kann, so daß $\{Ax_{k_l}\}_{l=1}^{\infty}$ konvergiert.*

Bemerkung 2. Alle Operatoren (= Abbildungen), die wir betrachten, sind linear, so daß wir dies nicht mit aufschreiben.

20.2.2. Der Raum $L(B_1, B_2)$

Definition 1. *Sind B_1 und B_2 zwei Banachräume, so ist $L(B_1, B_2)$ die Gesamtheit der stetigen Operatoren, die $B_1 = D(A)$ in B_2 abbilden.*

Bemerkung 1. $L(B_1, B_2)$ wird ein linearer Vektorraum, wenn man die Addition von stetigen Operatoren A_1 und A_2 aus $L(B_1, B_2)$ und die Multiplikation mit komplexen Zahlen λ_1 und λ_2 durch

$$(\lambda_1 A_1 + \lambda_2 A_2)(x) = \lambda_1 A_1 x + \lambda_2 A_2 x \quad \text{für alle} \quad x \in B_1$$

erklärt. Man sieht leicht, daß $\lambda_1 A_1 + \lambda_2 A_2$ wieder zu $L(B_1, B_2)$ gehört. Ferner ist

$$\|A\| = \sup_{\|x\|_{B_1} \leqq 1} \|Ax\|_{B_2} \tag{1}$$

eine Norm auf $L(B_1, B_2)$. Es ist

$$\|A\| = \sup_{\|x\|_{B_1} = 1} \|Ax\|_{B_2} \quad \text{und} \quad \|A\| = \inf c\,,$$

wobei das Infimum über alle Zahlen c mit $\|Ax\|_{B_2} \leqq c\|x\|_{B_1}$ für alle $x \in B_1$ gebildet wird.

Satz 1. *Mit (1) als Norm ist $L(B_1, B_2)$ ein Banachraum. Die Gesamtheit der kompakten Operatoren aus $L(B_1, B_2)$ bildet einen abgeschlossenen Unterraum in $L(B_1, B_2)$.*

Bemerkung 2. Ein Unterraum ist ein linearer Teilraum. Mit (1) als Norm bilden also die kompakten Operatoren aus $L(B_1, B_2)$ ebenfalls einen Banachraum.

Bemerkung 3. Ist $A_1 \in L(B_1, B_2)$ und $A_2 \in L(B_2, B_3)$, so ist $A_2A_1 \in L(B_1, B_3)$, wobei A_2A_1 durch $(A_2A_1)(x) = A_2(A_1x)$ definiert ist. Es gilt $\|A_2A_1\| \leqq \|A_2\| \cdot \|A_1\|$.

Definition 2. *B_1 und B_2 seien zwei Banachräume. Ferner seien A und $\tilde{A}$ zwei lineare Operatoren mit $D(A) \subset D(\tilde{A}) \subset B_1$, die in B_2 abbilden. Dann heißt $\tilde{A}$ Fortsetzung von A, falls $\tilde{A}x = Ax$ für alle $x \in D(A)$ gilt.*

Satz 2. *B_1 und B_2 seien zwei Banachräume. A sei ein linearer Operator, dessen Definitionsgebiet $D(A)$ dicht in B_1 liegt und der in B_2 abbildet. Gibt es eine positive Zahl c, so daß $\|Ax\|_{B_2} \leqq c\,\|x\|_{B_1}$ für alle $x \in D(A)$ gilt, so existiert genau ein Operator $\tilde{A} \in L(B_1, B_2)$, der Fortsetzung von A ist.*

Lineare Funktionale: Ist $B_2 = C_1$ die komplexe Ebene, so schreibt man $L(B, C_1) = B'$, wobei $B_1 = B$ ein Banachraum ist. $f \in B'$ heißt lineares stetiges Funktional. $f \in B'$ bildet also den Banachraum B in die komplexe Ebene ab. Ist $B_2 = C_1$, so kann man Satz 2 wesentlich verschärfen. Hierzu braucht man den Begriff der stetigen Linearform. B sei ein Banachraum, und f sei ein linearer Operator im Sinne von Def. 20.2.1(a) von $D(f) \subset B$ in die komplexe Ebene C_1. Dann heißt f stetige Linearform, falls eine positive Zahl c existiert, so daß $|f(x)| \leqq c\,\|f\|_B$ für alle $x \in D(f)$ gilt.

Satz 3 (*Satz von Hahn-Banach*). *Ist f eine stetige Linearform mit $D(f) \subset B$, so gibt es ein lineares stetiges Funktional $\tilde{f} \in B'$, das Fortsetzung von f ist. Hierbei kann man erreichen, daß*

$$\|f\| = \sup_{\substack{\|x\| = 1 \\ x \in D(f)}} |f(x)| = \sup_{\substack{\|x\| = 1 \\ x \in B}} |\tilde{f}(x)| = \|\tilde{f}\|$$

gilt.

Bemerkung 4. Im Gegensatz zu Satz 2 wird nicht gefordert, daß $D(f)$ dicht in B liegt. Dafür gibt es auch keine Unitätsaussage wie im Satz 2. Der Beweis von Satz 3 ist wesentlich komplizierter als der (einfache) Beweis von Satz 2.

20.2.3. Das Spektrum und Resolventen

Sind B_1 und B_2 zwei Banachräume und ist $A \in L(B_1, B_2)$, so bezeichnet

$$R(A) = \{y \mid y \in B_2, \text{ es gibt ein } x \in B_1 \text{ mit } y = Ax\}$$

den Wertevorrat von A. Leistet $A \in L(B_1, B_2)$ eine eineindeutige Abbildung von B_1 auf $R(A)$, so heißt A^{-1} mit $x = A^{-1}y$, falls $y = Ax$ gilt, Umkehroperator oder inverser Operator (zu A). Es ist $D(A^{-1}) = R(A) \subset B_2$. Man sieht leicht, daß A^{-1} ein linearer Operator ist. ($R(A)$ ist in jedem Fall ein linearer Unterraum von B_2). Ist $B_1 = B_2 = B$, so schreiben wir $L(B) = L(B, B)$. Mit E bezeichnen wir den Einheitsoperator in B.

Definition. *Ist B eine Banachraum und $A \in L(B)$, so heißt*

$$M_A = \{\lambda \mid \lambda \in C_1, \text{ es existiert } (A - \lambda E)^{-1} \text{ und } (A - \lambda E)^{-1} \in L(B)\}$$

die Resolventenmenge (von A) und $S_A = C_1 / M_A$ das Spektrum (von A).

Bemerkung 1. In der komplexen Ebene C_1 fragen wir also nach den komplexen Zahlen λ, für die $A - \lambda E$ eine eineindeutige Abbildung von B auf B leistet, $R(A - \lambda E) = B$, und für die (der dann existierende) Umkehroperator $(A - \lambda E)^{-1}$ stetig ist. Die Gesamtheit dieser Zahlen heißt Resolventenmenge, der Rest Spektrum. Für $\lambda \in M_A$ heißt $(A - \lambda E)^{-1}$ Resolvente.

Satz. *Ist B ein Banachraum und $A \in L(B)$, so gilt*

$$\{\lambda \mid \lambda \in C_1, |\lambda| > \|A\|\} \subset M_A \, .$$

Für $|\lambda| > \|A\|$ *ist* $\left\{-\sum_{k=0}^{N} \frac{A^k}{\lambda^{k+1}}\right\}_{N=1}^{\infty}$ *eine Fundamentalfolge in* $L(B)$, *und für das Limeselement gilt* $(A-\lambda E)^{-1} = -\sum_{k=0}^{\infty} \frac{A^k}{\lambda^{k+1}}$ *(von Neumannsche Reihe).*

Bemerkung 2. Hierbei ist $A^0 = E$, $A^2 = AA$, $A^{k+1} = A^k A$ für $k = 2, 3, \ldots$ Das Spektrum eines Operators $A \in L(B)$ liegt also in einem Kreis um den Nullpunkt mit dem Radius $\|A\|$.

20.2.4. Der Raum $(l_p)'$

Ist $1 \leqq p < \infty$, so sei $l_p\ [= l_{p,C}]$ der (komplexe) Banachraum aus 6.2.2. Gefragt wird nach $(l_p)'$, dem Raum der linearen stetigen Funktionale über l_p im Sinne von 20.2.2. Ist $f \in (l_p)'$, so ist wie früher $\|f\|_{(l_p)'} = \sup_{\|x\|_{l_p} \leqq 1} |f(x)|$.

Satz. *Es sei* $1 < p < \infty$ *und* $\frac{1}{p} + \frac{1}{p'} = 1$.

(**a**) *Ist* $y = (y_1, y_2, \ldots) \in l_{p'}$, *so gehört* f *mit*

$$f(x) = \sum_{k=1}^{\infty} x_k y_k \quad \text{für} \quad x = (x_1, x_2, \ldots) \in l_p \tag{1}$$

zu $(l_p)'$, *und es gilt* $\|f\|_{(l_p)'} = \|y\|_{l_{p'}}$.

(**b**) *Ist* $f \in (l_p)'$, *so gibt es genau ein Element* $y \in l_{p'}$, *so daß* $f(x)$ *durch* (1) *darstellbar ist.*

Bemerkung 1. Daß f aus (1) zu $(l_p)'$ gehört, folgt im wesentlichen aus der Hölderschen Ungleichung (6.2.1/1). Der Satz bleibt auch für $p = 1$ richtig, wenn man $p' = \infty$ und

$$l_\infty = \{x \mid x = (x_1, x_2, \ldots),\ \|x\|_{l_\infty} = \sup_k |x_k| < \infty\}$$

setzt.

Bemerkung 2. Aus dem Satz folgt leicht, daß $(l_p)'$ und $l_{p'}$ im Sinne von Def. 20.1.5 isometrisch-isomorph sind. Man schreibt deshalb auch $(l_p)' = l_{p'}$, wobei man aber beachten muß, daß dies im Sinne von (1) zu verstehen ist.

Bemerkung 3. Ist Ω ein Gebiet im R_n, so hat der (komplexe) Banachraum $L_p(\Omega)$ die Bedeutung aus Bemerkung 17.3.2 und Bemerkung 20.1.1/2. Ist $1 < p < \infty$ und $g \in L_{p'}(\Omega)$, so gehört f mit

$$f(h) = \int_\Omega h(x)\, g(x)\, dx \quad \text{für} \quad h \in L_p(\Omega) \tag{2}$$

zu $(L_p(\Omega))'$, und es gilt $\|f\|_{(L_p(\Omega))'} = \|g\|_{L_{p'}(\Omega)}$. Umgekehrt läßt sich jedes $f \in (L_p(\Omega))'$ in eindeutiger Weise in der Form (2) mit $g \in L_{p'}(\Omega)$ darstellen. In diesem Sinne ist $(L_p(\Omega))' = L_{p'}(\Omega)$.

20.2.5. Integraloperatoren

Ist Ω ein beschränktes Gebiet im R_n, so betrachten wir den Integraloperator K,

$$(Kf)(x) = \int_\Omega K(x, y)\, f(y)\, dy, \quad x \in \Omega, \tag{1}$$

der jeder Funktion $f(x)$ aus Ω eine Funktion $(Kf)(x)$ aus Ω zuordnet (sofern das Integral existiert). $K(x, y)$ ist über $\Omega \times \Omega$ definiert und heißt Kern des Integraloperators. K ist ein linearer Operator (sofern er existiert).

Satz 1. *Ist* $K(x, y) \in C(\overline{\Omega \times \Omega})$, *so ist* K *ein kompakter Operator aus* $L(C(\bar{\Omega}))$.

Bemerkung 1. Der Raum $C(\bar{\Omega})$ wurde in 20.1.3. betrachtet. Ferner hat $L(C(\bar{\Omega}))$ die Bedeutung $L(B)$ aus 20.2.3. mit $B = C(\bar{\Omega})$.

Bemerkung 2. Ist $K(x, y) \in L_2(\Omega \times \Omega)$, so folgt aus dem Satz von Fubini aus 14.4.4., daß $K(x, y)$ bei festem $x \in \Omega$ als Funktion von y betrachtet für fast alle $x \in \Omega$ zu $L_2(\Omega)$ gehört. Für derartige $x \in \Omega$ ist dann $K(x, y) f(y)$ als Funktion von y integrierbar, sofern $f(y) \in L_2(\Omega)$ gilt. Man kann dann (1) bilden. Der nachfolgende Satz ist in diesem Sinne zu verstehen.

Satz 2. *Ist* $K(x, y) \in L_2(\Omega \times \Omega)$, *so ist* K *ein kompakter Operator aus* $L(L_2(\Omega))$.

21. Operatoren in Hilberträumen

21.1. Klassen stetiger Operatoren

21.1.1. Isomorphie von Hilberträumen

Hilberträume wurden in 17.3. eingeführt. Alle Bezeichnungen haben die dortige Bedeutung. Nach Def. 17.3.1/2 gibt es in einem Hilbertraum eine abzählbar unendliche dichte Teilmenge. Hilberträume sind somit spezielle separable Banachräume im Sinne von Def. 20.1.1.

Definition. *Zwei Banachräume* B_1 *und* B_2 *sind isomorph, falls es einen Operator* $A \in L(B_1, B_2)$ *gibt, der einen Umkehroperator* $A^{-1} \in L(B_2, B_1)$ *besitzt.*

Bemerkung 1. Gefordert wird also die Existenz eines stetigen Operators A mit $D(A) = B_1$ und $R(A) = B_2$, der eine eineindeutige Abbildung von B_1 auf B_2 leistet und dessen (somit existierender Umkehroperator) A^{-1} eine stetige Abbildung von B_2 auf B_1 vermittelt. Ist $y = Ax$, so folgt aus $\|y\|_{B_2} \leqq \|A\| \, \|x\|_{B_1}$ und $\|x\|_{B_1} \leqq \|A^{-1}\| \, \|y\|_{B_2}$, daß es zwei positive Zahlen c_1 und c_2 gibt, so daß für alle $x \in B_1$

$$c_1 \|y\|_{B_2} \leqq \|x\|_{B_1} \leqq c_2 \|y\|_{B_2} \quad \text{mit} \quad y = Ax \tag{1}$$

gilt. Die obige Definition ist somit eine Verallgemeinerung des Begriffes der äquivalenten Normen aus Def. 6.2.2/2 und eine Verallgemeinerung des Begriffes der isometrisch-isomorphen Banachräume aus Def. 20.1.5.

Bemerkung 2. Nach 17.3.2. und 20.1.4. ist C_n ein n-dimensionaler Hilbertraum. Aus Satz 20.1.4(b) folgt jetzt leicht, daß jeder endlich-dimensionale Hilbertraum isomorph zu C_n mit passend gewähltem n (der Dimension des Raumes) ist. Nennt man einen Hilbertraum unendlich-dimensional, wenn er nicht endlich-dimensional ist, so gilt nachstehender Sachverhalt.

Satz. *Ein unendlich-dimensionaler Hilbertraum ist isomorph zu* l_2.

21.1.2. Lineare Funktionale

Satz (*F. Riesz, Fischer*). *H sei ein Hilbertraum und H' der Raum der linearen stetigen Funktionale über H.*

(**a**) *Ist $y \in H$, so ist $f(x) = (x, y)$ ein lineares stetiges Funktional über H, und es gilt $\|y\|_H = \|f\|_{H'}$.*

(**b**) *Ist $f \in H'$, so gibt es genau ein $y \in H$ mit $f(x) = (x, y)$ für alle $x \in H$.*

Bemerkung. Im Sinne dieses Satzes ist $H' = H$. Ist $H = l_2$ oder $H = L_2(\Omega)$, so stimmt der Satz (im wesentlichen) mit Satz 20.2.4 und Bemerkung 20.2.4/3 überein.

21.1.3. Bilinearformen

Definition. *Ist H ein Hilbertraum, so heißt $L(x, y)$ beschränkte Bilinearform, falls jedem geordneten Paar $x \in H$ und $y \in H$ eine komplexe Zahl $L(x, y)$ mit folgenden Eigenschaften zugeordnet wird:*

(**a**) *Sind x_1, x_2, y Elemente aus H und λ_1, λ_2 komplexe Zahlen, so gilt*

$$L(\lambda_1 x_1 + \lambda_2 x_2, y) = \lambda_1 L(x_1, y) + \lambda_2 L(x_2, y) ,$$

$$L(y, \lambda_1 x_1 + \lambda_2 x_2) = \bar{\lambda}_1 L(y, x_1) + \bar{\lambda}_2 L(y, x_2) .$$

(**b**) *Es gibt eine positive Zahl c, so daß für alle $x \in H$ und $y \in H$ gilt*

$$|L(x, y)| \leqq c \, \|x\|_H \, \|y\|_H . \tag{1}$$

Bemerkung 1. $L(x, y) = (x, y)$ ist eine beschränkte Bilinearform. Ist $A \in L(H)$, so sind auch (Ax, y) und (x, Ay) beschränkte Bilinearformen.

Bemerkung 2. In Analogie zur Norm von Operatoren und Funktionalen setzen wir

$$\|L\| = \sup_{\|x\| = \|y\| = 1} |L(x, y)| = \sup_{\substack{\|x\| \leqq 1 \\ \|y\| \leqq 1}} |L(x, y)| = \inf c ,$$

wobei das Infimum über alle Zahlen c mit (1) gebildet wird.

Satz. *Ist $L(x, y)$ eine beschränkte Bilinearform im Hilbertraum H, so gibt es genau einen Operator $A_1 \in L(H)$ und genau einen Operator $A_2 \in L(H)$ mit*

$$L(x, y) = (A_1 x, y) = (x, A_2 y) \quad \text{für alle} \quad x \in H \quad \text{und} \quad y \in H .$$

Ferner ist $\|L\| = \|A_1\| = \|A_2\|$.

Bemerkung 3. Die Beispiele aus Bemerkung 1 sind also bereits die allgemeinsten beschränkten Bilinearformen.

21.1.4. Adjungierte Operatoren

Definition. *Ist H ein Hilbertraum und $A \in L(H)$, so heißt $A^* \in L(H)$ der zu A adjungierte Operator, falls für alle $x \in H$ und alle $y \in H$ gilt*

$$(Ax, y) = (x, A^* y) .$$

Bemerkung. Aus $A \in L(H)$ folgt, daß $L(x, y) = (Ax, y)$ eine beschränkte Bilinearform ist. Nach Satz 21.1.3 gibt es somit genau einen Operator $A^* \in L(H)$ mit $(Ax, y) = (x, A^* y)$ für alle $x \in H$ und alle $y \in H$. Das rechtfertigt die Definition.

Satz. *H sei ein Hilbertraum.*

(**a**) *Ist $A \in L(H)$, so gilt $\|A\| = \|A^*\|$ und $(A^*)^* = A$.*

(b) *Ist* $A_1 \in L(H)$ *und* $A_2 \in L(H)$ *und sind* λ_1, λ_2 *komplexe Zahlen, so gilt*

$$(\lambda_1 A_1 + \lambda_2 A_2)^* = \bar{\lambda}_1 A_1^* + \bar{\lambda}_2 A_2^* \text{ und } (A_1 A_2)^* = A_2^* A_1^* .$$

(c) *Ist* $A \in L(H)$ *und existiert* $A^{-1} \in L(H)$, *so existiert auch* $(A^*)^{-1} \in L(H)$, *und es gilt* $(A^*)^{-1} = (A^{-1})^*$.

21.1.5. Projektionsoperatoren

Definition. *H sei ein Hilbertraum und* H_1 *ein abgeschlossener Unterraum in H. Ist* $x = x_1 + x_1^\perp$ *die Darstellung von x im Sinne von Satz* 17.3.5, *so heißt P mit* $Px = x_1$ *Projektionsoperator (oder Projektor). P projiziert H auf* H_1.

Bemerkung 1. Man sieht leicht, daß die Zuordnung $x \to x_1$, also P, linear ist, $D(P) = H$ und $\|Px\| \leqq \|x\|$ gilt. Somit ist $P \in L(H)$. Ist $x \in H_1$, so gilt $Px = x$. Daraus folgt $\|P\| = 1$, sofern H_1 mindestens eindimensional ist.

Satz. *Ist H ein Hilbertraum, so ist* $P \in L(H)$ *genau dann ein Projektionsoperator, wenn* $P = P^* = P^2$ *gilt.*

Bemerkung 2. Der zugehörige Projektionsraum ist $H_1 = \{x \mid x \in H, Px = x\}$.

21.1.6. Isometrische und unitäre Operatoren

Definition. H_1 *und* H_2 *seien zwei Hilberträume.*

(a) *Ist V ein linearer Operator im Sinne von Def.* 20.2.1 *mit* $D(V) \subset H_1$ *und* $R(V) \subset H_2$, *so heißt V isometrisch, falls* $\|Vx\|_{H_2} = \|x\|_{H_1}$ *für alle* $x \in D(V)$ *gilt.*

(b) *Ein isometrischer Operator im Sinne von* (a) *heißt unitär, falls* $D(V) = H_1$ *und* $R(V) = H_2$ *gilt.*

Bemerkung. Ein unitärer Operator gehört zu $L(H_1, H_2)$. Gibt es zu zwei Hilberträumen H_1 und H_2 einen unitären Operator, so sind diese Räume isometrisch-isomorph im Sinne von Def. 20.1.5 (und somit auch isomorph im Sinne von Def. 21.1.1).

Satz. *Sind* H_1 *und* H_2 *zwei Hilberträume und ist V ein isometrischer Operator im obigen Sinne, so ist*

$$(Vx, Vy)_{H_2} = (x, y)_{H_1} \quad \text{für alle} \quad x \in D(V) \quad \text{und} \quad y \in D(V) .$$

Der Umkehroperator V^{-1} *ist ein isometrischer Operator von* $D(V^{-1}) = R(V)$ *in* H_2 *auf* $R(V^{-1}) = D(V)$ *in* H_1. *Ist V unitär, so ist auch* V^{-1} *unitär.*

21.1.7. Kompakte und ausgeartete Operatoren

Wann ein Operator kompakt heißt, wurde in Def. 20.2.1(d) festgelegt.

Definition. *Ist H ein Hilbertraum, so heißt* $A \in L(H)$ *ausgeartet, falls die Dimension des Wertevorrats* $R(A)$ *endlich ist.*

Bemerkung 1. Es ist leicht zu sehen, daß jeder ausgeartete Operator auch kompakt ist.

Lemma. *Ist H ein Hilbertraum und* $A \in L(H)$ *ausgeartet, so läßt sich A in der Form*

$$Ax = \sum_{k=1}^{m} (x, e_k^*) \, e_k \quad \text{für alle} \quad x \in H \, .$$

darstellen. Hierbei ist $\{e_k\}_{k=1}^m$ *ein orthonormiertes System und m ist die Dimension des (endlich-dimensionalen linearen) Raumes* $R(A)$. *Ferner ist* A^* *ebenfalls ausgeartet, die*

Dimension von $R(A^*)$ ist m, und es gilt

$$A^*x = \sum_{k=1}^{m} (x, e_k)\, e_k^* \quad \text{für alle} \quad x \in H\,.$$

Bemerkung 2. Die Dimension eines linearen Vektorraumes wurde in 20.1.4. erklärt.

Satz. *H sei ein Hilbertraum.*

(a) *$A \in L(H)$ ist genau dann kompakt, wenn es eine Folge $\{A_k\}_{k=1}^{\infty} \subset L(H)$ ausgearteter Operatoren mit $\lim_{k\to\infty} \|A_k - A\| = 0$ gibt.*

(b) *$A \in L(H)$ ist genau dann kompakt, wenn A^* kompakt ist.*

21.2. Die Theorie von Riesz und Schauder

21.2.1. Problemstellung

Die Lösungstheorie linearer algebraischer Gleichungen $\sum_{k=1}^{m} a_{l,k} x_k = y_l$ mit $l = 1, \ldots,$ ist gut bekannt. Hierbei ist $(a_{l,k})_{l,k=1}^{m}$ eine gegebene Matrix. Die Eigenschaften dieser Matrix sowie der adjungierten Matrix (Rang, Unterdeterminanten usw.) bestimmen die Theorie dieser Gleichungen. Wir suchen das unendlich-dimensionale Analogon dieser Theorie. Ist H ein Hilbertraum und $A \in L(H)$, so kann man fragen für welche $y \in H$ die Gleichung $Ax = y$ eine Lösung hat und was man über die Gesamtheit der Lösungen aussagen kann. Hierbei ist es zweckmäßig, die Gleichung $Ax = y$ nicht allein, sondern die Gleichungsschar $(A - \lambda E)x = Ax - \lambda x = y$ zu betrachten. E ist der Einheitsoperator in H, und λ ist eine beliebige komplexe Zahl. Ist $\lambda \in M_A$, so besitzt $(A - \lambda E)x = y$ nach Def. 20.2.3 für jedes $y \in H$ genau eine Lösung, $x = (A - \lambda E)^{-1} y$. Eine Lösungstheorie für die Gleichung $(A - \lambda E)x = y$ ist somit eng mit der Bestimmung der Resolventenmenge M_A und des Spektrums S_A aus Def. 20.2.3 verbunden.

Definition. *H sei ein Hilbertraum und $A \in L(H)$.*

(a) *$R(A) = \{y \mid y \in H$, es gibt ein $x \in H$ mit $Ax = y\}$ heißt Wertevorrat und $N(A) = \{y \mid Ay = 0\}$ Nullraum.*

(b) *$\lambda \in C_1$ heißt Eigenwert von A, falls es ein Element $x \neq 0$ mit $Ax = \lambda x$ gibt. Die Dimension von $N(A - \lambda E)$ heißt Vielfachheit des Eigenwertes λ.*

Bemerkung 1. Es ist klar, daß $R(A)$ und $N(A)$ lineare Unterräume von H sind. Ist $N(A - \lambda E)$ nicht endlich-dimensional, so sagt man, daß λ ein Eigenwert unendlicher Vielfachheit ist. Ferner ist leicht zu sehen, daß $N(A - \lambda E)$ in jedem Fall ein abgeschlossener Unterraum ist. Ist λ ein Eigenwert, so ist $\lambda \in S_A$.

Bemerkung 2. Ist $R(A - \lambda E) = H$, so hat $Ax - \lambda x = y$ für jedes $y \in H$ mindestens eine Lösung. Ist $N(A - \lambda E) = \{0\}$ (besteht nur aus dem Nullelement), so hat $Ax - \lambda x = y$ für ein gegebenes $y \in H$ höchstens eine Lösung.

21.2.2. Zerlegungssätze

Ist H_1 ein (linearer) Unterraum des Hilbertraumes H, so ist $\overline{H}_1 = \{x \mid x \in H$, es gibt eine Folge $\{x_k\}_{k=1}^{\infty} \subset H_1$ mit $x_k \to x\}$ der Abschluß von H_1. Man sieht leicht, daß $\overline{H}_1$ ein abgeschlossener (linearer) Unterraum von H ist.

Satz. *Es sei H ein Hilbertraum, $A \in L(H)$ und λ eine komplexe Zahl.*

(a) $H = \overline{R(A - \lambda E)} \oplus N(A^* - \bar{\lambda} E) = \overline{R(A^* - \bar{\lambda} E)} \oplus N(A - \lambda E)$.

(b) *Ist A kompakt und* $\lambda \neq 0$, *so gilt*

$$H = R(A-\lambda E) \oplus N(A^*-\bar{\lambda} E) = R(A^*-\bar{\lambda} E) \oplus N(A-\lambda E) . \tag{1}$$

Bemerkung. $\oplus$ hat die Bedeutung aus 17.3.5. Die wesentliche Aussage des Satzes ist in (1) enthalten: $R(A-\lambda E)$ und $R(A^*-\bar{\lambda}E)$ sind abgeschlossene Unterräume, falls A kompakt und $\lambda \neq 0$ ist. Nach (1) ist $Ax-\lambda x = y$ genau dann lösbar, wenn $(y, z) = 0$ ist für alle $z \in N(A^*-\bar{\lambda}E)$, also $A^*z = \bar{\lambda}z$.

21.2.3. Das Spektrum kompakter Operatoren

Wir hatten bereits festgestellt, daß ein Eigenwert λ eines Operators $A \in L(H)$ zum Spektrum S_A des Operators A gehört. Im Gegensatz zum endlich-dimensionalen Fall kann es jedoch passieren, daß es komplexe Zahlen $\lambda \in S_A$ gibt, die keine Eigenwerte sind. In diesem Fall existiert der Umkehroperator $(A-\lambda E)^{-1}$, gehört aber nicht zu $L(H)$. Der nachfolgende (vergleichsweise tiefliegende) Satz zeigt nun, daß sich kompakte Operatoren (im Gegensatz zu beliebigen Operatoren aus $L(H)$) im wesentlichen so verhalten, wie man es vom endlich-dimensionalen Fall gewöhnt ist.

Satz 1. *H sei ein unendlich-dimensionaler Hilbertraum. Das Spektrum S_A des kompakten Operators $A \in L(H)$ besteht aus dem Punkt $\lambda = 0$ und aus höchstens abzählbar unendlich vielen Eigenwerten, die sich nur im Nullpunkt häufen können. Jeder von null verschiedene Eigenwert ist ein Eigenwert endlicher Vielfachheit. Ferner ist* $S_{A^*} = \{\lambda \mid \lambda \in C_1, \bar{\lambda} \in S_A\}$.

Bemerkung 1. Aus diesem Satz und Satz 21.2.2 kann man eine bemerkenswerte Folgerung ziehen: Es sei $A \in L(H)$ kompakt und $\lambda \neq 0$. Die Gleichung $Ax-\lambda x = y$ hat für jedes $y \in H$ genau dann eine eindeutig bestimmte Lösung, falls λ kein Eigenwert ist; ferner ist $N(A^*-\bar{\lambda}E) = \{0\}$ genau dann, wenn $N(A-\lambda E) = \{0\}$ gilt. Die letzte Aussage läßt sich noch wie folgt verschärfen.

Satz 2. *Ist H ein Hilbertraum und ist $\lambda \neq 0$ Eigenwert eines kompakten Operators $A \in L(H)$, so haben $N(A-\lambda E)$ und $N(A^*-\bar{\lambda}E)$ die gleiche (endliche) Dimension.*

Bemerkung 2. Die Sätze dieses Abschnitts sind die abstrakte Fassung der sogenannten Fredholmschen Alternativsätze für Integralgleichungen, die wir im nächsten Abschnitt behandeln.

21.3. Fredholmsche Integralgleichungen

21.3.1. Der adjungierte Integraloperator

Ist Ω ein beschränktes Gebiet im R_n, so ist K,

$$(Kf)(x) = \int_\Omega K(x, y)\, f(y)\, dy ,$$

der Integraloperator aus 20.2.5., wobei wir jetzt für den Kern $K(x, y) \in L_2(\Omega \times \Omega)$ voraussetzen. Nach Satz 20.2.5/2 ist dann $K \in L(L_2(\Omega))$ ein kompakter Operator. Somit kann man die Theorie von Riesz und Schauder aus 21.2. anwenden. Das erste Problem ist die Bestimmung des adjungierten Operators $K^* \in L(L_2(\Omega))$.

Satz. *Unter den obigen Voraussetzungen ist*

$$(K^*f)(x) = \int_\Omega \overline{K(y, x)}\, f(y)\, dy \quad \textit{für} \quad f \in L_2(\Omega) .$$

Bemerkung. Die Gleichungen aus 21.2. haben jetzt die Form

$$\int_\Omega K(x, y) f(y)\, dy - \lambda f(x) = h(x) . \tag{1}$$

Hierbei sind $h(x) \in L_2(\Omega)$ und $K(x, y) \in L_2(\Omega \times \Omega)$ gegeben, und $\lambda \neq 0$ ist eine komplexe Zahl. Gesucht ist eine Funktion $f(x) \in L_2(\Omega)$, so daß (1) erfüllt ist. Gleichungen dieser Art heißen Fredholmsche Integralgleichungen zweiter Art. Die Theorie aus 21.2. und der obige Satz zeigen, daß neben (1) noch die adjungierte Gleichung

$$\int_\Omega \overline{K(y, x)}\, g(y)\, dy - \bar{\lambda} g(x) = h(x) \tag{2}$$

von Interesse ist.

21.3.2. Die Fredholmschen Alternativsätze

Wir übertragen jetzt die abstrakte Theorie aus 21.2. auf die Operatoren und Gleichungen aus 21.3.1. Alle Bezeichnungen haben die gleiche Bedeutung wie in 21.3.1.

Satz 1. *Das Spektrum S_K des kompakten Integraloperators $K \in L(L_2(\Omega))$ aus* 21.3.1. *besteht aus dem Punkt $\lambda = 0$ und aus höchstens abzählbar unendlich vielen von null verschiedenen Eigenwerten endlicher Vielfachheit, die sich nur im Nullpunkt häufen können.*

Bemerkung 1. Der Satz folgt aus Satz 21.2.3/1 und aus 21.3.1.

Satz 2. *Ist $\lambda \neq 0$ kein Eigenwert des Integraloperators K, so besitzen die Fredholmschen Integralgleichungen zweiter Art* (21.3.1/1) *und* (21.3.1/2) *für jede Funktion $h(x) \in L_2(\Omega)$ genau eine Lösung $f(x) \in L_2(\Omega)$ und $g(x) \in L_2(\Omega)$.*

Bemerkung 2. Der Satz folgt aus Satz 21.2.2(b) und Bemerkung 21.2.3/1.

Satz 3. *Ist $\lambda \neq 0$, so gilt folgende Alternative: Entweder besitzt die Fredholmsche Integralgleichung zweiter Art* (21.3.1/1) *für jede Funktion $h(x) \in L_2(\Omega)$ genau eine Lösung aus $L_2(\Omega)$, oder die homogene Integralgleichung*

$$\int_\Omega K(x, y)\, f(y)\, dy - \lambda f(x) = 0 \tag{1}$$

besitzt eine nicht-triviale Lösung aus $L_2(\Omega)$.

Bemerkung 3. Dieser Satz ist ebenfalls eine Umsetzung von Bemerkung 21.2.3/1.

Satz 4. *Ist $\lambda \neq 0$, so haben die homogenen Integralgleichungen* (1) *und*

$$\int_\Omega \overline{K(y, x)}\, g(y)\, dy - \bar{\lambda} g(x) = 0 \tag{2}$$

die gleiche (endliche) Anzahl N linear unabhängiger Lösungen in $L_2(\Omega)$. Es seien $f_1(x), \ldots, f_N(x)$ linear unabhängige Lösungen von (1) *und $g_1(x), \ldots, g_N(x)$ linear unabhängige Lösungen von* (2). *Dann hat* (21.3.1/1) *mit $h(x) \in L_2(\Omega)$ genau dann eine Lösung aus $L_2(\Omega)$, wenn*

$$\int_\Omega h(x)\, \overline{g_k(x)}\, dx = 0 \quad \textit{für} \quad k = 1, \ldots, N$$

gilt. Entsprechend hat (21.3.1/2) *mit $h(x) \in L_2(\Omega)$ genau dann eine Lösung aus $L_2(\Omega)$, wenn*

$$\int_\Omega h(x)\, \overline{f_k(x)}\, dx = 0 \quad \textit{für} \quad k = 1, \ldots, N$$

gilt.

Bemerkung 4. Der Satz folgt aus Satz 21.2.2 und Satz 21.2.3/2. Der Satz ist nur für solche $\lambda \neq 0$ von Interesse, die Eigenwerte von K sind. Für andere Zahlen λ ist der Satz auch richtig, liefert aber nichts Neues im Vergleich mit den vorhergehenden Sätzen.

Bemerkung 5. Die Sätze dieses Abschnitts heißen die Fredholmschen Alternativsätze für Integralgleichungen.

22. Distributionen

22.1. Grundbegriffe

22.1.1. Einleitung

Eine stetige Funktion im R_n besitzt nicht notwendig stetige partielle Ableitungen erster Ordnung, eine stetig differenzierbare Funktion besitzt nicht notwendig stetige partielle Ableitungen zweiter Ordnung usw. Diese Aussagen sind elementar und lassen sich leicht durch Beispiele belegen. Vom physikalischen Standpunkt sind diese Feststellungen aber bedauerlich. Einerseits basieren viele physikalische Theorien auf partiellen Differentialgleichungen, andererseits führen die mathematischen Idealisierungen physikalischer Probleme auf natürliche Weise auf nicht differenzierbare oder sogar unstetige Funktionen. Die Elektrodynamik und die Quantenmechanik kennen hierfür viele Beispiele. Es gibt zwei Möglichkeiten, diesem Dilemma zu entgehen. Entweder man formuliert die Grundgesetze entsprechender physikalischer Theorien um, oder man sucht eine neue Basis, einen erweiterten Funktionsbegriff, einen neuen Differenzierbarkeitsbegriff usw. Beide Wege sind möglich. Im ersten Fall kann man z. B. partielle Differentialgleichungen durch Integralidentitäten ersetzen, die auch für allgemeinere Funktionen gelten. Hierbei stößt man aber häufig auf neue Schwierigkeiten, ganz davon abgesehen, daß Mathematiker und Physiker lieber mit Differentialgleichungen als mit Integralidentitäten rechnen. Der andere Weg führt zur Theorie der Distributionen (verallgemeinerte Funktionen): Man erweitert den Funktionsbegriff, den Begriff der Differenzierbarkeit usw., hält aber an den partiellen Differentialgleichungen fest. Viele technische Schwierigkeiten und (vom physikalischen Standpunkt aus) künstliche Zusatzbedingungen bei den partiellen Differentialgleichungen der theoretischen Physik entfallen im Rahmen dieses neuen Kalküls. Die Physiker hatten sich sowieso nicht viel um diese „mathematischen Spitzfindigkeiten“ gekümmert (zu Recht, wie man heute weiß). Überhaupt scheint es eine Art Qualitätsmerkmal für gute theoretische Physiker zu sein, daß sie auch in unerforschtem mathematischen Gelände die reichlich vorhandenen Fallgruben (auch die gut getarnten) instinktiv umgehen oder überspringen. Weniger gute theoretische Physiker sammeln sich in diesen Fallgruben, bestreiten dieses aber heftig. Hier empfiehlt es sich wohl zu warten, bis die Mathematik mit schwerem Gerät die betreffenden Stellen urbar macht und „beliebte“ Wanderwege ausschildert. Als Mathematiker kann man über die erstgenannten Physiker entweder hochnäsig die Nase rümpfen oder mit Staunen und Bewunderung (wenn auch mit einem leichten Unbehagen und etwas Neid) feststellen, daß am Ende eines zur Zeit noch nicht mathematisch voll abgesicherten Weges physikalisch und mathematisch gleichermaßen verblüffende und großartige Resultate herauskommen. In diesem Kapitel entwickeln wir die Grundlagen der Theorie der Distributionen, im nachfolgenden 23. Kap. beschreiben wir dann Anwendungen dieser Theorie auf partielle Differentialgleichungen.

22.1.2. Die Räume $D(\Omega)$ und $D'(\Omega)$

Ist Ω ein Gebiet im R_n, so bezeichnen wir die Gesamtheit der in Ω beliebig oft differenzierbaren finiten komplexen Funktionen mit $D(\Omega)$ (üblich ist auch die Bezeichnung $C_0^\infty(\Omega)$). Wann eine Funktion finit heißt, hatten wir in Def. 14.6.4/2 festgelegt. In Satz 14.6.4/2 hatten wir gesehen, daß $D(\Omega)$ dicht in $L_p(\Omega)$ mit $1 \leqq p < \infty$ ist.

Definition 1. *Eine Folge von Funktionen* $\{\varphi_k(x)\}_{k=1}^\infty \subset D(\Omega)$ *konvergiert in* $D(\Omega)$ *gegen* $\varphi(x) \in D(\Omega)$, *falls sämtliche Träger der Funktionen* $\varphi_k(x)$ *in einer abgeschlossenen und beschränkten Teilmenge aus* Ω *enthalten sind und* $D^\alpha\varphi_k(x)$ *für jeden Multiindex* α *gleichmäßig gegen* $D^\alpha\varphi(x)$ *konvergiert.*

Bemerkung 1. Für die Konvergenz in $D(\Omega)$ schreiben wir auch $\varphi_k \xrightarrow[D(\Omega)]{} \varphi$. Verlangt wird also folgendes: Es gibt eine abgeschlossene und beschränkte (von der Folge $\{\varphi_k\}$ abhängende) Menge ω mit $\omega \subset \Omega$, so daß supp $\varphi_k \subset \omega$ gilt. Der Träger supp wurde in Def. 14.6.4/2 und Bemerkung 14.6.4/2 erklärt. Da ω abgeschlossen und beschränkt und Ω offen ist, hat ω einen positiven Abstand vom Rand $\partial\Omega$ von Ω. Da $\varphi(x)$ der gleichmäßige Limes von $\varphi_k(x)$ ist, gilt auch supp $\varphi \subset \omega$ (dem entspricht der Multiindex $\alpha = (0, \ldots, 0)$). Die Bezeichnung $D^\alpha\varphi$ für einen Multiindex α findet man in Bemerkung 8.1.2.

Definition 2. *Eine Distribution ist eine komplexe stetige Linearform T über $D(\Omega)$. Das heißt: Jedem $\varphi \in D(\Omega)$ wird eine komplexe Zahl $T(\varphi)$ mit folgenden zwei Eigenschaften zugeordnet:*

1. *Für $\varphi \in D(\Omega)$, $\psi \in D(\Omega)$ und die komplexen Zahlen λ und μ gilt* $T(\lambda\varphi + \mu\psi) = \lambda T(\varphi) + \mu T(\psi)$ *(Linearität).*
2. *Aus* $\varphi_k \xrightarrow[D(\Omega)]{} \varphi$ *folgt* $T(\varphi_k) \longrightarrow T(\varphi)$ *(Stetigkeit).*

Die Gesamtheit der Distributionen über $D(\Omega)$ wird mit $D'(\Omega)$ bezeichnet. Hierbei bedeutet $T_1 = T_2$, daß $T_1(\varphi) = T_2(\varphi)$ für alle $\varphi \in D(\Omega)$ gilt.

Bemerkung 2. Das ist der grundlegende Begriff in der Theorie der Distributionen, die in ihren Anfängen 1936 von S. L. Sobolev und systematisch von L. Schwartz Ende der vierziger und in den fünfziger Jahren geschaffen wurde. Seither spielen Distributionen eine fundamentale Rolle in der modernen Analysis und auch in einigen Teilen der theoretischen Physik.

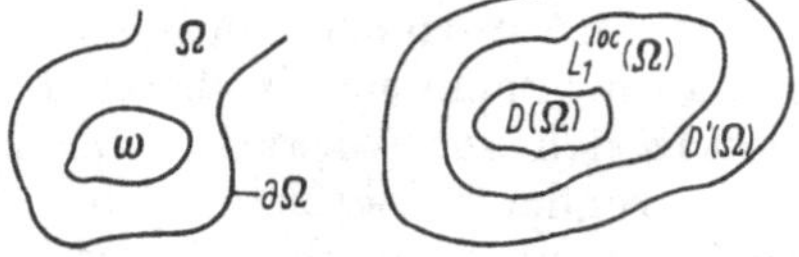

22.1.3. Beispiele von Distributionen

Ist Ω ein Gebiet im R_n, so bezeichnet $L_1^{\text{loc}}(\Omega)$ die Gesamtheit der lokal integrierbaren komplexen Funktionen in Ω. Das bedeutet: Ist ω ein abgeschlossenes und beschränktes Teilgebiet von Ω und $\chi_\omega(x)$ die zugehörige charakteristische Funktion, so gehört $f(x)$ genau dann zu $L_1^{\text{loc}}(\Omega)$, wenn $\chi_\omega(x)\, f(x) \in L_1(\Omega)$ für jede derartige Menge ω gilt. Zum Beispiel ist $\frac{1}{t} \in L_1^{\text{loc}}(\Omega)$ mit $\Omega = (0, 1)$, aber $\frac{1}{t} \notin L_1(\Omega)$. Die Zugehörigkeit von $f(x)$ zu $L_1^{\text{loc}}(\Omega)$ macht keine Aussagen über das Randverhalten. Wie bei den Räumen $L_p(\Omega)$ vereinbaren wir, daß zwei Funktionen $f(x)$ und $g(x)$ als gleiche Elemente aus $L_1^{\text{loc}}(\Omega)$ angesehen werden, wenn sie sich nur auf einer Menge vom Lebesgueschen Maß Null unterscheiden. Man vgl. hierzu mit 14.6.1.

Lemma. *Ist* $f(x) \in L_1^{\text{loc}}(\Omega)$ *und*

$$\int_\Omega f(x)\,\varphi(x)\,dx = 0 \quad \textit{für alle} \quad \varphi(x) \in D(\Omega)\,, \tag{1}$$

so ist $f(x) = 0$ *für fast alle* $x \in \Omega$ *(also das Nullelement in* $L_1^{\text{loc}}(\Omega)$*).*

Bemerkung. Da $\varphi(x)$ finit ist, ist das Integral in (1) sinnvoll. Das Lemma ist eine Verallgemeinerung des Fundamentallemmas der Variationsrechnung aus 11.1.2.

Reguläre Distributionen (oder *Distributionen vom Typ einer Funktion*): Ist Ω ein beliebiges Gebiet im R_n und $f(x) \in L_1^{\text{loc}}(\Omega)$, so sieht man leicht, daß

$$T_f(\varphi) = \int_\Omega f(x)\,\varphi(x)\,dx \quad \text{für} \quad \varphi(x) \in D(\Omega) \tag{2}$$

die Bedingungen aus Def. 22.1.2/2 erfüllt. Somit ist $T_f \in D'(\Omega)$. Ist andererseits $g \in L_1^{\text{loc}}(\Omega)$ und $T_f(\varphi) = T_g(\varphi)$ für alle $\varphi \in D(\Omega)$, so folgt aus dem obigen Lemma $f = g$ in $L_1^{\text{loc}}(\Omega)$. Nach der obigen Vereinbarung ist also die Zuordnung zwischen $f \in L_1^{\text{loc}}(\Omega)$ und $T_f \in D'(\Omega)$ eineindeutig. In diesem Sinne identifizieren wir $L_1^{\text{loc}}(\Omega)$ mit den entsprechenden Distributionen. Statt $T_f \in D'(\Omega)$ schreiben wir dann kürzer $f(x) \in D'(\Omega)$. Derartige Distributionen nennt man regulär.

δ-Distribution (oder *Diracsche Distribution*): Eine Distribution, die nicht regulär im obigen Sinne ist, heißt singulär. Ist $a \in \Omega$, so ist δ_a,

$$\delta_a(\varphi) = \varphi(a) \quad \text{für alle} \quad \varphi \in D(\Omega)\,,$$

eine singuläre Distribution. Ist $0 \in \Omega$, so schreibt man auch δ statt δ_0.

Weitere Beispiele: Ist $a \in \Omega$ und $f(x) \in L_1^{\text{loc}}(\Omega)$, so sieht man leicht, daß T,

$$T(\varphi) = D^\alpha \varphi(a) \quad \text{und} \quad T(\varphi) = \int_\Omega f(x)\,D^\alpha\varphi(x)\,dx \quad \text{für} \quad \varphi \in D(\Omega)\,,$$

für jeden Multiindex α Distributionen aus $D'(\Omega)$ sind.

22.1.4. Operationen mit Distributionen

Definition 1. *Ω sei ein Gebiet im R_n.*

(a) (*Differentiation*). *Ist $T \in D'(\Omega)$ und ist α ein Multiindex, so sei*

$$(D^\alpha T)(\varphi) = (-1)^{|\alpha|}\,T(D^\alpha\varphi) \quad \textit{für} \quad \varphi \in D(\Omega)\,.$$

(b) (*Multiplikation*). *Ist $a(x)$ eine komplexe, in Ω beliebig oft differenzierbare Funktion und ist $T \in D'(\Omega)$, so sei*

$$(aT)(\varphi) = (a(x)T)(\varphi) = T(a(x)\,\varphi(x)) \quad \textit{für} \quad \varphi \in D(\Omega)\,.$$

(c) (*Addition*). *Für $T_1 \in D'(\Omega)$, $T_2 \in D'(\Omega)$ und die komplexen Zahlen λ_1 und λ_2 sei*

$$(\lambda_1 T_1 + \lambda_2 T_2)(\varphi) = \lambda_1 T_1(\varphi) + \lambda_2 T_2(\varphi) \quad \textit{für} \quad \varphi \in D(\Omega)\,.$$

Satz 1. *Haben alle Größen die Bedeutung der obigen Definition, so gilt*

$$D^\alpha T \in D'(\Omega), \quad aT \in D'(\Omega) \quad \textit{und} \quad \lambda_1 T_1 + \lambda_2 T_2 \in D'(\Omega)\,.$$

Ferner ist (im Sinne der obigen Definition)

$$\frac{\partial}{\partial x_j}(a(x)\,T)=\frac{\partial a}{\partial x_j}\,T+a\,\frac{\partial T}{\partial x_j} \quad \text{für} \quad j=1,\ldots,n \tag{1}$$

und $D^{\alpha+\beta}T=D^\alpha(D^\beta T)=D^\beta(D^\alpha T)$. *Hierbei sind* $\alpha=(\alpha_1,\ldots,\alpha_n)$ *und* $\beta=(\beta_1,\ldots,\beta_n)$ *Multiindizes und* $\alpha+\beta=(\alpha_1+\beta_1,\ldots,\alpha_n+\beta_n)$.

Bemerkung 1. Distributionen kann man also beliebig oft differenzieren und mit glatten Funktionen multiplizieren. Ist $f\in L_1^{\text{loc}}(\Omega)$ und $T_f\in D'(\Omega)$ die zugehörige Distribution, so ist $T_{af}=aT_f$, $a(x)$ bel. oft differenzierbar in Ω. Hat $f(x)\in L_1^{\text{loc}}(\Omega)$ klassische partielle Ableitungen bis zur Ordnung $|\alpha|$, die wir mit $D^\alpha f(x)$ bezeichnen, so ist $D^\alpha T_f=T_{D^\alpha f(x)}$. Im Sinne der Identifizierung von $L_1^{\text{loc}}(\Omega)$ mit den regulären Distributionen stimmen also die früheren Begriffe (Multiplikation mit Funktionen, Differenzieren) mit den neu eingeführten Begriffen überein.

Bemerkung 2. Aus (1) folgt, daß für $D^\alpha(a(x)T)$ die übliche Produktregel (Leibnizsche Regel) gilt.

Bemerkung 3 (Beispiele). Ist Ω ein Gebiet im R_n und $a\in\Omega$, so gilt

$$(D^\alpha\delta_a)(\varphi)=(-1)^{|\alpha|}D^\alpha\varphi(a) \quad \text{für} \quad \varphi\in D(\Omega)\,.$$

Ist außerdem $p(x)$ eine beliebig oft differenzierbare Funktion in Ω, so gilt

$$(p(x)\delta_a)(\varphi)=p(a)\,\varphi(a)\,.$$

Wir betrachten ein weiteres Beispiel. Es sei $\Omega=R_1$ und

$$y(t)=\begin{cases}1 & \text{für} \quad 0<t<\infty\\ 0 & \text{für} \quad -\infty<t\leqq 0\end{cases} \quad \text{die Heaviside-Funktion.}$$

Sieht man $y(t)\in D'(R_1)$ als Distribution über R_1 an, so ist $y'=\delta$ (wobei y' die Distributionsableitung ist).

Lemma (*Zerlegung der Einheit*). *Es sei B eine beschränkte abgeschlossene Menge im R_n und $\{O_k\}_{k=1}^N$ ein System beschränkter offener Gebiete im R_n mit $B\supset\bigcup_{k=1}^N O_k$. Dann gibt es reelle Funktionen $\varphi_k\in D(O_k)$ mit $\sum_{k=1}^N\varphi_k(x)=1$ für $x\in B$. (Hierbei werden die Funktionen $\varphi_k(x)$ außerhalb von O_k mit Null fortgesetzt.)*

Bemerkung 4. Die Funktion $f(x)\equiv 1$ für $x\in B$ kann also in glatte Teilfunktionen zerlegt werden, die jeweils nur in einem kleinen Gebiet von null verschieden sind. Hierbei kann man noch $0\leqq\varphi_k(x)\leqq 1$ für die obigen Funktionen erreichen. Der Sinn dieses wichtigen Lemmas ist, daß man globale Eigenschaften (für Funktionen und Distributionen) auf lokale Eigenschaften reduzieren kann. Der nachfolgende Satz ist ein Beispiel hierfür.

Satz 2. *Es sei Ω ein Gebiet im R_n und $\{O_k\}_{k=1}^\infty$ sei ein System nicht-leerer beschränkter Gebiete im R_n mit $\bigcup_{k=1}^\infty O_k=\Omega$. Stimmen die Einschränkungen zweier Distributionen $T_1\in D'(\Omega)$ und $T_2\in D'(\Omega)$ auf O_k überein, $k=1, 2, 3, \ldots$, so ist $T_1=T_2$.*

Bemerkung 5. Ist $T\in D'(\Omega)$, so ist auch $T\in D'(O_k)$, da die Einschränkung $T(\varphi)$ auf $\varphi\in D(O_k)$ eine Distribution über O_k liefert. In diesem Sinne ist die Einschränkung einer Distribution über Ω auf ein Teilgebiet von Ω wieder eine Distribution. Der Satz besagt dann, daß (die globale Eigenschaft) $T_1=T_2\in D'(\Omega)$ genau dann gilt, wenn (die lokale Eigenschaft) $T_1=T_2\in D'(O_k)$ für $k=1, 2, \ldots$ gilt. Man beweist den Satz mit Hilfe des obigen Lemmas.

Definition 2. *Ist Ω ein Gebiet im R_n und $T\in D'(\Omega)$, so ist* supp T *(der Träger von T) die Gesamtheit aller Punkte $x\in\bar\Omega$, für welche die Einschränkung von T auf $\Omega\cap\{y\mid |x-y|<\delta\}$ für jede positive Zahl δ ungleich der Nulldistribution ist.*

Bemerkung 6. Das Prüfungsverfahren für $x \in \operatorname{supp} T$ sieht also wie folgt aus: Es wird gefragt, ob es für jede positive Zahl δ eine Funktion $\varphi_\delta \in D(\Omega \cap \{y \mid |x-y| < \delta\})$ mit $T(\varphi_\delta) \neq 0$ gibt. Ist dies der Fall, so gehört x zu supp T, anderenfalls nicht. Zu supp T können auch Punkte $x \in \partial\Omega$ gehören, die also nicht in Ω liegen. Man sieht leicht, daß supp T eine abgeschlossene Menge im R_n ist. Die Einschränkung von T auf $\Omega \backslash (\Omega \cap \operatorname{supp} T)$ ist die Nulldistribution. Das folgt aus Satz 2. Zugleich sieht man, daß $\Omega \backslash (\Omega \cap \operatorname{supp} T)$ das größte Gebiet mit dieser Eigenschaft ist.

Bemerkung 7. Ist $f(x) \in L_1^{\mathrm{loc}}(\Omega)$, so können wir supp f nach Def. 14.6.4/2 und supp $f = \operatorname{supp} T_f$ nach Definition 2 bilden. Es ist supp $T_f \subset \operatorname{supp} f$, es kann aber passieren, daß supp f mit f als Funktion echt größer ist als supp $T_f = \operatorname{supp} f$ mit f als Distribution. Im ersten Fall wird jeder Punkt x mit $f(x) \neq 0$ erfaßt, im letzten Fall spielen Punkte einer Menge vom Maß Null keine Rolle. Für stetige Funktionen fallen beide Begriffe zusammen.

Bemerkung 8. Ist Ω ein Gebiet im R_n und $a \in \Omega$, so gilt supp $D^\alpha \delta_a = \{a\}$ für jeden Multiindex α. Ist $y(t)$ die Heaviside-Funktion aus Bemerkung 3, so gilt supp $y = [0, \infty)$.

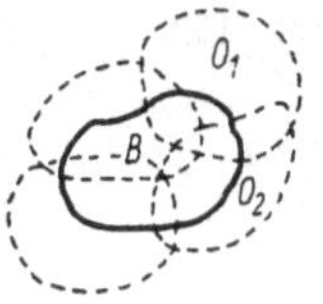

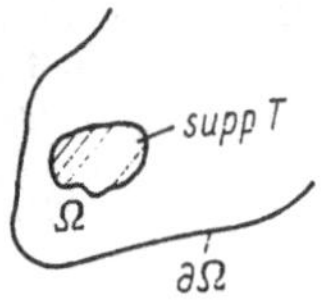

22.1.5. Der Raum $E'(\Omega)$

Definition. *Ist Ω ein Gebiet im R_n, so ist $E'(\Omega)$ die Gesamtheit der Distributionen aus $D'(\Omega)$, deren Träger beschränkt sind und in Ω liegen.*

Bemerkung 1. Da supp $T \subset \bar{\Omega}$ für beliebige $T \in D'(\Omega)$ gilt, ist die obige Forderung supp $T \subset \Omega$ eine wesentliche Einschränkung. Da supp T für $T \in E'(\Omega)$ außerdem beschränkt und abgeschlossen ist, hat supp T in diesem Fall vom Rand $\partial\Omega$ einen positiven Abstand. Das ist auch die wesentliche Eigenschaft, die man zum Beweis des nachfolgenden Satzes benötigt.

Satz 1. *Ist Ω ein Gebiet im R_n und $T \in E'(\Omega)$, so gibt es eine natürliche Zahl N und eine positive Zahl C, so daß für alle $\varphi \in D(\Omega)$*

$$|T(\varphi)| \leqq C \sup_{x \in \Omega} \sum_{|\alpha| \leqq N} |D^\alpha \varphi(x)| \tag{1}$$

gilt.

Bemerkung 2. Gilt umgekehrt für eine beliebige Linearform T über $D(\Omega)$ eine Abschätzung der Form (1), so sieht man sofort, daß $T \in D'(\Omega)$ ist.

Satz 2. *Ist Ω ein Gebiet im R_n sowie $a \in \Omega$ und* supp $T = \{a\}$, *so gibt es eine natürliche Zahl N und komplexe Zahlen a_α mit*

$$T = \sum_{|\alpha| \leqq N} a_\alpha D^\alpha \delta_a. \tag{2}$$

Bemerkung 3. Hat T die Form (2), so ist T entweder die Nulldistribution, oder supp $T = \{a\}$. Mit anderen Worten: Abgesehen von der Nulldistribution ist supp $T = \{a\}$ genau dann, wenn T die Form (2) hat.

22.2. Die Fouriertransformation und die Räume $S(R_n)$ und $S'(R_n)$

22.2.1. Der Raum $S(R_n)$ und die Fouriertransformation

Definition 1. *Der Raum $S(R_n)$ besteht aus allen komplexen im R_n beliebig oft differenzierbaren Funktionen $\varphi(x)$ mit*

$$\|\varphi\|_{k,l} = \sup_{x \in R_n} (1 + |x|^k) \sum_{|\alpha| \leq l} |D^\alpha \varphi(x)| < \infty \tag{1}$$

für $k = 1, 2, 3, \ldots$ und $l = 1, 2, \ldots$ Ist $\{\varphi_m\}_{m=1}^\infty \subset S(R_n)$ und $\varphi \in S(R_n)$, so schreiben wir $\varphi_m \xrightarrow[S(R_n)]{} \varphi$ (Konvergenz in $S(R_n)$), falls $\|\varphi_m - \varphi\|_{k,l} \to 0$ für alle k und l und $m \to \infty$ gilt.

Bemerkung 1. $\|\varphi\|_{k,l}$ ist eine Norm. $S(R_n)$ ist somit durch abzählbar viele Normen gekennzeichnet. Derartige Räume heißen auch lokalkonvex. $S(R_n)$ nennt man den Raum der schnell fallenden Funktionen. Die Bezeichnung ist klar, wenn man (1) betrachtet. Es ist $D(R_n) \subset S(R_n)$. Eine Funktion, die nicht zu $D(R_n)$, aber zu $S(R_n)$ gehört, ist $\mathrm{e}^{-|x|^2}$.

Definition 2. *Ist $\varphi \in S(R_n)$, so ist $F\varphi$,*

$$(F\varphi)(x) = (2\pi)^{-\frac{n}{2}} \int_{R_n} \mathrm{e}^{-\mathrm{i}\langle x, \xi\rangle} \varphi(\xi)\, \mathrm{d}\xi, \quad x \in R_n\,, \tag{2}$$

die Fouriertransformierte von φ.

Bemerkung 2. Ist $\xi = (\xi_1, \ldots, \xi_n)$ und $x = (x_1, \ldots, x_n)$, so setzen wir jetzt (um Verwechslungen zu vermeiden) $\langle x, \xi\rangle = \sum_{k=1}^n x_k \xi_k$. Da $\varphi \in S(R_n)$ ist, sieht man leicht, daß (2) für jedes $x \in R_n$ existiert.

22.2.2. Eigenschaften der Fouriertransformation

Wie früher schreiben wir $x^\alpha = x_1^{\alpha_1} \ldots x_n^{\alpha_n}$, falls $x = (x_1, \ldots x_n) \in R_n$ und $\alpha = (\alpha_1, \ldots, \alpha_n)$ ein Multiindex ist.

Lemma 1. (a) *Ist $\varphi \in S(R_n)$, so gilt auch $F\varphi \in S(R_n)$ und*

$$D^\alpha(F\varphi) = (-\mathrm{i})^{|\alpha|} F(x^\alpha \varphi) \quad \textit{sowie} \quad \xi^\alpha F\varphi = (-\mathrm{i})^{|\alpha|} F(D^\alpha \varphi)\,. \tag{1}$$

(b) *Ist $\{\varphi_k\}_{k=1}^\infty \subset S(R_n)$ und $\varphi_k \xrightarrow[S(R_n)]{} \varphi$, so gilt auch $F\varphi_k \xrightarrow[S(R_n)]{} F\varphi$.*

Bemerkung 1. Nach (1) vertauscht die Fouriertransformation Ableitungen D^α und Multiplikationen x^α. Damit kann man schon ahnen, daß man mit Hilfe der Fouriertransformation partielle Differentialgleichungen auf algebraische Gleichungen reduzieren kann.

Lemma 2. (a) *Es gilt $F(\mathrm{e}^{-\frac{|\xi|^2}{2}}) = \mathrm{e}^{-\frac{|x|^2}{2}}$.*

(b) *Ist $\varphi \in S(R_n)$ und $\varepsilon > 0$, so gilt*

$$F(\varphi(\varepsilon\xi))(x) = \varepsilon^{-n} F(\varphi(\xi))(\xi\varepsilon^{-1})\,.$$

Bemerkung 2. $\mathrm{e}^{-\frac{|x|^2}{2}}$ ist also eine Eigenfunktion von F.

Satz. *Die Fouriertransformation F vermittelt eine eineindeutige Abbildung von $S(R_n)$ auf $S(R_n)$. Die Umkehrabbildung F^{-1} wird inverse Fouriertransformation genannt* *und ist*

$$(F^{-1}\varphi)(x) = (2\pi)^{-\frac{n}{2}} \int_{R_n} e^{i\langle x,\xi\rangle} \varphi(\xi)\, d\xi, \quad \varphi \in S(R_n). \tag{2}$$

Bemerkung 3. Abbildung „auf" $S(R_n)$ bedeutet, daß der Wertevorrat von F ganz $S(R_n)$ ist, $F(S(R_n)) = S(R_n)$. Die Formel (2) unterscheidet sich von (22.2.1/2) nur durch ein Vorzeichen im Exponenten. Für $\varphi \in S(R_n)$ gilt $F(F^{-1}\varphi) = F^{-1}(F\varphi) = \varphi$.

22.2.3. Der Raum $S'(R_n)$

Definition. *Eine temperierte (oder langsam wachsende) Distribution ist eine komplexe stetige Linearform T über $S(R_n)$. Das heißt: Jedem $\varphi \in S(R_n)$ wird eine komplexe Zahl $T(\varphi)$ mit folgenden zwei Eigenschaften zugeordnet:*

1. *Für $\varphi \in S(R_n)$, $\psi \in S(R_n)$ und die komplexen Zahlen λ und μ gilt*

$$T(\lambda\varphi + \mu\psi) = \lambda T(\varphi) + \mu T(\psi) \quad (\textit{Linearität}).$$

2. *Aus $\varphi_k \xrightarrow[S(R_n)]{} \varphi$ folgt $T(\varphi_k) \to T(\varphi)$ (Stetigkeit).*

Die Gesamtheit der temperierten Distributionen wird mit $S'(R_n)$ bezeichnet. Hierbei bedeutet $T_1 = T_2$, daß $T_1(\varphi) = T_2(\varphi)$ für alle $\varphi \in S(R_n)$ gilt.

Bemerkung 1. Das ist das Analogon zu Def. 22.1.2/2. Aus $\varphi_k \xrightarrow[D(R_n)]{} \varphi$ folgt $\varphi_k \xrightarrow[S(R_n)]{} \varphi$. Hieraus ergibt sich, daß die Einschränkung von $T \in S'(R_n)$ auf $D(R_n)$ zu $D'(R_n)$ gehört. In diesem Sinne ist also $S'(R_n) \subset D'(R_n)$. Ist andererseits $T \in E'(R_n)$ und $\psi \in D(R_n)$ eine Funktion mit $\psi(x) = 1$ in einer Umgebung von supp T, so ist $T(\varphi) = T(\varphi\psi)$ für $\varphi \in S(R_n)$ sinnvoll. Man prüft nach, daß $T(\varphi)$ unabhängig von ψ ist und $T \in S'(R_n)$ gilt. Also

$$E'(R_n) \subset S'(R_n) \subset D'(R_n)$$

im Sinne der obigen Interpretationen.

Satz. *Ist $T \in S'(R_n)$, so gibt es natürliche Zahlen k und l sowie eine positive Zahl C, so daß für alle $\varphi \in S(R_n)$ gilt*

$$|T(\varphi)| \leqq C\, \|\varphi\|_{k,l}. \tag{1}$$

Bemerkung 2. Das ist das Analogon zu Satz 22.1.5/1. Gilt umgekehrt für eine beliebige Linearform T über $S(R_n)$ eine Abschätzung der Form (1), so sieht man sofort, daß $T \in S'(R_n)$ eine temperierte Distribution ist.

Bemerkung 3 (Beispiele). T_f mit

$$T_f(\varphi) = \int_{R_n} f(x)\, \varphi(x)\, dx, \quad \varphi \in S(R_n), \tag{2}$$

$f \in L_p(R_n)$, $1 \leqq p \leqq \infty$, gehört zu $S'(R_n)$. Hierbei hat $L_p(R_n)$ die Bedeutung aus 14.6.4., wobei $f(x) \in L_p(R_n)$ jetzt auch komplexwertig sein kann (vgl. Bemerkung 20.1.1/2 und Bemerkung 17.3.2). Analog zur Interpretation $L_1^{\text{loc}}(R_n) \subset D'(R_n)$ aus 22.1.3. haben wir jetzt $L_p(R_n) \subset S'(R_n)$ für $1 \leqq p \leqq \infty$. Wählt man in (2) Polynome in R_n, so erhält man ebenfalls temperierte Distributionen. Man sieht zugleich, daß das Wachstum von $|f(x)|$ für $|x| \to \infty$ nicht zu groß sein darf, wenn T_f zu $S'(R_n)$ gehören soll (daher die Bezeichnungen aus der obigen Definition).

22.2.4. Die Fouriertransformation in $S'(R_n)$

Definition. *Ist* $T \in S'(R_n)$, *so heißt* FT *mit*

$$(FT)(\varphi) = T(F\varphi) \quad \text{für} \quad \varphi \in S(R_n)$$

die Fouriertransformierte von T *und* $F^{-1}T$ *mit*

$$(F^{-1}T)(\varphi) = T(F^{-1}\varphi) \quad \text{für} \quad \varphi \in S(R_n)$$

die inverse Fouriertransformierte von T.

Bemerkung 1. $(FT)(\varphi)$ und $(F^{-1}T)(\varphi)$ sind linear. Ist $|T(\varphi)| \leqq c\,\|\varphi\|_{k,l}$, so folgt

$$|(FT)(\varphi)| = |T(F\varphi)| \leqq c\,\|F\varphi\|_{k,l} \leqq c'\|\varphi\|_{l+n+1,\,k}\,.$$

Also ist $FT \in S'(R_n)$ und analog $F^{-1}T \in S'(R_n)$. Man erhält also wieder temperierte Distributionen.

Bemerkung 2. Ist $\varphi \in S(R_n)$, so haben wir zwei Definitionen für $F\varphi$, nämlich Def. 22.2.1/2 und die obige Definition, sofern man $\varphi = T_\varphi$ als Element aus $S'(R_n)$ interpretiert. Es zeigt sich, daß beide Definitionen zum gleichen Resultat führen. Mit anderen Worten: Die obige Festlegung dehnt die Fouriertransformation und die inverse Fouriertransformation von $S(R_n)$ auf $S'(R_n)$ aus.

Satz. *Die Fouriertransformation* F *vermittelt eine eineindeutige Abbildung von* $S'(R_n)$ *auf* $S'(R_n)$. *Ferner gilt*

$$F^{-1}FT = FF^{-1}T = T \quad \text{für} \quad T \in S'(R_n)\,.$$

Bemerkung 3. Das ist die Ausdehnung von Satz 22.2.2 auf $S'(R_n)$. Insbesondere vermittelt auch F^{-1} eine eineindeutige Abbildung von $S'(R_n)$ auf $S'(R_n)$.

Bemerkung 4. Ist $f(x) \in L_1(R_n)$, so kann man $f(x)$ nach Bemerkung 22.2.3/3 als reguläre Distribution aus $S'(R_n)$ ansehen. Ff ist dann ebenfalls eine reguläre Distribution aus $S'(R_n)$, und es gilt

$$(Ff)(x) = (2\pi)^{-\frac{n}{2}} \int_{R_n} e^{-i(x,\xi)} f(\xi)\, d\xi\,.$$

Bemerkung 5. Das folgende Beispiel ist für die dreidimensionale Wellengleichung von Interesse. Es sei

$$V_R(\varphi) = \int_{|x|=R} \varphi(x)\, ds \quad \text{für} \quad \varphi \in S(R_3) \quad \text{und} \quad R > 0\,.$$

Es ist $V_R \in E'(R_3)$ und somit auch $V_R \in S'(R_3)$. Der Träger der (singulären) Distribution V_R ist die Kugeloberfläche $\{x \mid |x| = R\}$ mit $R > 0$. Die Fouriertransformierte FV_R ist eine reguläre Distribution, und es gilt

$$FV_R(x) = \sqrt{\frac{2}{\pi}}\, R\, \frac{\sin R|x|}{|x|}\,.$$

22.2.5. Weitere Eigenschaften von Fouriertransformationen

Satz 1. (a) *Ist* T *eine Distribution mit* supp $T = \{0\}$, *so ist* FT *regulär und gleich einem Polynom.*

(b) *Ist* $T \in S'(R_n)$, *so gilt für jeden Multiindex* α

$$F(D^\alpha T) = i^{|\alpha|} x^\alpha FT \quad \text{und} \quad F(x^\alpha T) = i^{|\alpha|} D^\alpha (FT)\,.$$

Bemerkung 1. Nach Satz 22.1.5/2 folgt Teil (a) des Satzes aus

$$F\Big(\sum_{|\alpha|\leq N} a_\alpha D^\alpha \delta\Big) = \sum_{|\alpha|\leq N} (2\pi)^{-\frac{n}{2}} \mathrm{i}^{|\alpha|} a_\alpha x^\alpha .$$

Insbesondere ist also $F(\delta) = (2\pi)^{-\frac{n}{2}}$.

Bemerkung 2. Teil (b) des Satzes verallgemeinert Lemma 22.2.2/1. Mit $T \in S'(R_n)$ gehören auch $x^\alpha T$ und $D^\alpha T$ zu $S'(R_n)$.

Satz 2. *Die Fouriertransformation F und die inverse Fouriertransformations F^{-1} sind unitäre Operatoren, die den Hilbertraum $L_2(R_n)$ auf sich abbilden.*

Bemerkung 3. Dieser Satz ist von fundamentalem Interesse. Der Begriff des unitären Operators wurde in Def. 21.1.6 beschrieben. Mit den dortigen Bezeichnungen ist $V = F$ (oder $V = F^{-1}$), sowie $D(V) = R(V) = L_2(R_n)$. Gemeint sind also die Einschränkungen von F und F^{-1} (die ja ursprünglich auf ganz $S'(R_n)$ definiert sind) auf $L_2(R_n)$.

22.3. Tensorprodukte und Faltungen

22.3.1. Tensorprodukte

Es sei $x = (x_1, \ldots, x_n) \in R_n$, $y = (y_1, \ldots, y_m) \in R_m$ und $(x,y) = (x_1, \ldots, x_n, y_1, \ldots, y_m) \in R_{n+m}$. Wir betrachten Distributionen $T \in D'(R_n)$ und $S \in D'(R_m)$. Um die Abhängigkeit von den Variablen zu kennzeichnen, schreiben wir mitunter auch T_x statt T und S_y statt S.

Lemma. *Ist $S_y \in D'(R_m)$ und $\varphi(x, y) \in D(R_{n+m})$, so ist $\psi(x) = S_y(\varphi(x, y)) \in D(R_n)$, und es gilt*

$$D^\alpha \psi(x) = S_y(D_x^\alpha \varphi(x, y)) \quad \textit{für jeden Multiindex } \alpha .$$

Aus $\varphi_k(x, y) \xrightarrow[D(R_{n+m})]{} \varphi(x, y)$ folgt

$$S_y(\varphi_k(x, y)) = \psi_k(x) \xrightarrow[D(R_n)]{} \psi(x) = S_y(\varphi(x, y)).$$

Bemerkung 1. Hierbei bedeutet $D_x^\alpha \varphi(x, y) = \dfrac{\partial^{|\alpha|}\varphi(x, y)}{\partial x_1^{\alpha_1} \ldots \partial x_n^{\alpha_n}}$, der Index x deutet also an, daß nur nach $x_1, \ldots, x_n$, nicht aber nach $y_1, \ldots, y_m$ abgeleitet wird. Analoges gilt für D_y^β. Wenn keine Verwechslungsgefahr besteht, schreiben wir aber lieber D^α statt D_x^α oder D_y^α, gemeint ist dann, daß nach allen in Frage kommenden Variablen differenziert werden darf.

Satz. *Ist $T \in D'(R_n)$ und $S \in D'(R_m)$, so gibt es genau eine Distribution $U \in D'(R_{n+m})$, so daß für alle $\varphi(x) \in D(R_n)$ und alle $\psi(y) \in D(R_m)$*

$$U(\varphi(x)\, \psi(y)) = T(\varphi(x))\, S(\psi(y)) \tag{1}$$

gilt. Diese Distribution U berechnet sich für $\varrho(x, y) \in D(R_{n+m})$ aus

$$U(\varrho(x, y)) = S_y(T_x(\varrho(x, y))) = T_x(S_y(\varrho(x, y))) . \tag{2}$$

Bemerkung 2. Das Lemma zeigt, daß die Bildungen in (2) sinnvoll sind. Die Linearität von U ist klar, auch Eigenschaft (1). Was man zu zeigen hat, ist also die Stetigkeit von U und die Unitätsaussage.

Definition. *Ist $T \in D'(R_n)$ und $S \in D'(R_m)$, so heißt $U \in D'(R_{n+m})$ aus dem Satz das Tensorprodukt von T und S. Man schreibt $U = T \otimes S$.*

22.3.2. Eigenschaften von Tensorprodukten

Satz. *Ist* $T \in D'(R_n)$, $S \in D'(R_m)$ *und* $V \in D'(R_l)$, *so gilt*

$$T_x \otimes S_y = S_y \otimes T_x \quad (\textit{Kommutativität}), \tag{1}$$

$$(T \otimes S) \otimes V = T \otimes (S \otimes V) \quad (\textit{Assoziativität}), \tag{2}$$

$$D_x^\alpha(T_x \otimes S_y) = (D^\alpha T_x) \otimes S_y \quad \textit{und} \tag{3}$$

$$\operatorname{supp} T \otimes S = \{(x, y) \mid (x, y) \in R_{n+m},\ x \in \operatorname{supp} T,\ y \in \operatorname{supp} S\}.$$

Ferner ist das Tensorprodukt stetig: Aus $T_k \in D'(R_n)$, $T \in D'(R_n)$ *und* $T_k(\varphi) \to T(\varphi)$ *für alle* $\varphi \in D(R_n)$ *und* $k \to \infty$ *folgt*

$$(T_k \otimes S)(\varrho) \to (T \otimes S)(\varrho) \quad \textit{für alle} \quad \varrho \in D(R_{n+m}) \quad \textit{und} \quad k \to \infty.$$

Bemerkung 1. Formel (1) ist eine Umschrift von (22.3.1/2), die Assoziativität und (3) gewinnt man ebenfalls leicht aus dieser Darstellung.

Bemerkung 2. Es sei $f(x) \in L_1^{\mathrm{loc}}(R_n)$ und $g(y) \in L_1^{\mathrm{loc}}(R_n)$. Interpretiert man f und g als reguläre Distributionen, so ist $f \otimes g$ ebenfalls eine reguläre Distributionen, und es gilt

$$(f \otimes g)(x, y) = f(x)\, g(y) \quad \text{für} \quad x \in R_n \quad \text{und} \quad y \in R_m.$$

Das Tensorprodukt von Distributionen verallgemeinert also das punktweise Produkt von Funktionen.

22.3.3. Faltungen

Lemma. *Ist* $T \in D'(R_n)$, $S \in D'(R_n)$ *und* $\varphi \in D(R_n)$, *so gilt*

$$\operatorname{supp}\,[\varphi(x+y)(T \otimes S)] \subset$$
$$\{(x, y) \mid (x, y) \in R_{2n},\ x \in \operatorname{supp} T,\ y \in \operatorname{supp} S,\ x+y \in \operatorname{supp} \varphi\}.$$

Bemerkung 1. supp T wurde in Def. 22.1.4/2 eingeführt. Nach Bemerkung 22.1.4/7 ist es belanglos, ob man supp φ im Sinne von Def. 14.6.4/2 (als Funktion) oder im Sinne von Def. 22.1.4/2 (als Distribution) versteht.

Definition. *Es sei* $T \in D'(R_n)$ *und* $S \in D'(R_n)$. *Ist für jede Funktion* $\varphi \in D(R_n)$ *die Menge*

$$\{(x, y) \mid (x, y) \in R_{2n},\ x \in \operatorname{supp} T,\ y \in \operatorname{supp} S,\ x+y \in \operatorname{supp} \varphi\} \tag{1}$$

in R_{2n} *beschränkt, so ist* $T * S$ *mit*

$$(T * S)(\varphi) = [\varphi(x+y)(T \otimes S)](\varrho(x, y)) \quad \textit{für} \quad \varphi \in D(R_n) \tag{2}$$

die Faltung von T *und* S. *Hierbei ist* $\varrho(x, y) \in D(R_{2n})$ *mit* $\varrho(x, y) = 1$ *in einer Umgebung der Menge* (1).

Bemerkung 2. Das obige Lemma zeigt, daß $M = \operatorname{supp}\,[\varphi(x+y)(T \otimes S)]$ in der Menge (1) enthalten ist. Somit ist M eine abgeschlossene und beschränkte Menge in R_{2n}. Dann gibt es aber Funktionen $\varrho(x, y) \in D(R_{2n})$ mit $\varrho(x, y) = 1$ in einer Umgebung Ω (Gebiet) von M, also $M \subset \Omega$. (Das ist mit der Formulierung in der Definition gemeint.) Man prüft leicht nach, daß (2) von der Wahl derartiger Funktionen ϱ unabhängig ist.

22.3.4. Eigenschaften von Faltungen

Satz 1. (a) *Die Voraussetzungen von Def.* 22.3.3 *seien erfüllt. Dann ist* $T * S \in D'(R_n)$. *Ferner existiert auch* $S * T$ (*und gehört ebenfalls zu* $D'(R_n)$), *und es gilt* $T * S = S * T$ (*Kommutativität*). *Ist* α *ein Multiindex, so existieren auch die Faltungen* $D^\alpha T * S$ *und*

$T*D^\alpha S$ (und gehören zu $D'(R_n)$), und es gilt

$$D^\alpha(T*S) = D^\alpha T*S = T*D^\alpha S\ . \tag{1}$$

(b) *Existieren die Faltungen $T*S_1$ und $T*S_2$ im Sinne von Def.* 22.3.3 *und sind λ_1 und λ_2 komplexe Zahlen, so existiert auch $T*(\lambda_1 S_1 + \lambda_2 S_2)$, und es gilt*

$$T*(\lambda_1 S_1 + \lambda_2 S_2) = \lambda_1(T*S_1) + \lambda_2(T*S_2)\ .$$

Bemerkung 1. Es ist $\operatorname{supp} D^\alpha T \subset \operatorname{supp} T$. Damit ist klar, daß alle Distributionen aus (1) existieren.

Satz 2. (a) *Ist $T \in D'(R_n)$ und $S \in E'(R_n)$, so existiert $T*S$ (im Sinne von Def.* 22.3.3), *und es gilt*

$$(T*S)(\varphi) = S_y(\eta(y)\ T_x(\varphi(x+y))) = T_x(S_y(\varphi(x+y)))\ , \tag{2}$$

wobei $\eta \in D(R_n)$ eine Funktion mit $\eta(x) = 1$ in einer Umgebung von supp S *ist.*

(b) *Für jede Distribution $T \in D'(R_n)$ gilt*

$$T*\delta = \delta*T = T\ . \tag{3}$$

Bemerkung 2. Der Raum $E'(R_n)$ wurde in 22.1.5. eingeführt. Insbesondere ist $\delta \in E'(R_n)$, wobei δ die Bedeutung aus 22.1.3. hat. Da supp S für $S \in E'(R_n)$ beschränkt ist, sieht man leicht, daß unabhängig von $T \in D'(R_n)$ die Menge (22.3.3/1) beschränkt ist. Somit kann man $T * S = S * T$ bilden, alle Bildungen in (2) sind sinnvoll. Setzt man $S_y = \delta$ im letzten Ausdruck in (2), so folgt (3).

Satz 3. *Für $f(x) \in L_1^{\mathrm{loc}}(R_n)$ und $g(x) \in L_1^{\mathrm{loc}}(R_n)$ seien* supp f *und* supp g *die Träger dieser Funktionen im Sinne von Def.* 14.6.4/2. *Ist für jede positive Zahl N die Menge*

$$\{(x, y) \mid (x, y) \in R_{2n},\ |x+y| \leqq N,\ x \in \operatorname{supp} f,\ y \in \operatorname{supp} g\}$$

beschränkt, so existiert für fast alle $x \in R_n$

$$h(x) = \int_{R_n} f(x-y)\, g(y)\, \mathrm{d}y = \int_{R_n} f(y)\, g(x-y)\, \mathrm{d}y\ , \tag{4}$$

und es gilt $h(x) \in L_1^{\mathrm{loc}}(R_n)$. Deutet man f und g als Distributionen aus $D'(R_n)$, so existiert die Faltung $f*g$. Sie ist eine reguläre Distribution, und es gilt $(f*g)(x) = h(x)$ fast überall.

Bemerkung 3. Formel (4) war der Ausgangspunkt der Theorie der Faltungen von Funktionen. Faltungen von Distributionen hat man als Verallgemeinerung dieses ursprünglichen Begriffs anzusehen.

23. Partielle Differentialgleichungen und Distributionen

23.1. Fundamentallösungen

23.1.1. Grundeigenschaften

Sind $a_\alpha(x)$ komplexe, im R_n beliebig oft differenzierbare Funktionen und ist $U \in D'(R_n)$, so fragen wir nach Distributionen $T \in D'(R_n)$ mit

$$\sum_{|\alpha| \leqq m} a_\alpha(x)\, D^\alpha T = U\,. \tag{1}$$

Mit anderen Worten: Gesucht werden Distributionslösungen partieller Differentialgleichungen.

Lemma. *Sind U und T reguläre Distributionen und besitzt T (klassische) partielle Ableitungen bis zur Ordnung m, so ist T eine klassische Lösung von* (1).

Bemerkung 1. Da $T = t(x) \in C^m(R_n)$ ist, folgt aus (1), daß $U = u(x) \in C(R_n)$ gilt. Klassische Lösung bedeutet dann, daß (1) punktweise erfüllt ist. Umgekehrt ist jede klassische Lösung von (1) auch eine Distributionslösung. Die obige Aufgabenstellung ist also die Verallgemeinerung von Problemen wie sie in Kap. 19 behandelt wurden.

Definition. *Sind $a_\alpha(x)$ komplexe, im R_n beliebig oft differenzierbare Funktionen, so heißt $G \in D'(R_n)$ mit*

$$\sum_{|\alpha| \leqq m} a_\alpha(x)\, D^\alpha G = \delta \quad \textit{Fundamentallösung}\,.$$

Bemerkung 2. Genauer müßte man sagen: Fundamentallösung (oder Grundlösung) bezüglich des Differentialausdrucks auf der linken Seite von (1). Hierbei ist δ die δ-Distribution aus 22.1.3.

Satz. *Der Differentialausdruck $\sum_{|\alpha| \leqq m} a_\alpha D^\alpha T$ mit konstanten Koeffizienten a_α besitze eine Fundamentallösung G.*

(a) *Existiert für $U \in D'(R_n)$ die Faltung $T = G * U$, so ist T Lösung von*

$$\sum_{|\alpha| \leqq m} a_\alpha D^\alpha T = U.$$

(b) *In der Klasse der Distributionen, die sich mit G falten lassen, besitzt $\sum_{|\alpha| \leqq m} a_\alpha D^\alpha T = U$ höchstens eine Lösung.*

Bemerkung 3. Faltungen wurden in 22.3.3. und 22.3.4. beschrieben. Aus den dortigen Eigenschaften folgt

$$\sum_{|\alpha| \leqq m} a_\alpha D^\alpha (G * U) = \Big(\sum_{|\alpha| \leqq m} a_\alpha D^\alpha G\Big) * U = \delta * U = U\,,$$

womit (a) bewiesen ist. Zugleich zeigt der Satz die Bedeutung von Fundamentallösungen. Von Interesse ist der Nachweis der Existenz von Fundamentallösungen und deren explizite Konstruktion.

23.1.2. Die Laplace-Gleichung

Satz 1. *Die reguläre Distribution*

$$G(x)=\begin{cases} -\dfrac{1}{(n-2)\,|\omega_n|\,|x|^{n-2}} & \text{für} \quad n>2\,, \\ \dfrac{1}{2\pi}\ln|x| & \text{für} \quad n=2 \end{cases} \tag{1}$$

ist Fundamentallösung für Δ, also $\Delta G=\delta$.

Bemerkung 1. Man vergleiche mit Def. 19.2.1. Wie dort ist $\Delta=\sum\limits_{k=1}^{n}\dfrac{\partial^2}{\partial x_k^2}$ der Laplacesche Differentialausdruck. Wir setzen hier stets $n\geqq 2$ voraus.

Bemerkung 2. Wir können somit Satz 23.1.1(a) anwenden. Für den nachfolgenden Satz ist es von Interesse festzustellen, daß G nicht nur zu $D'(R_n)$, sondern sogar zu $S'(R_n)$ gehört. Ein Polynom $P(x)=\sum\limits_{|\alpha|\leqq m} b_\alpha x^\alpha$ heißt harmonisch, falls $\Delta P(x)\equiv 0$ ist. Hierbei ist (wie früher) $x^\alpha=x_1^{\alpha_1}\ldots x_n^{\alpha_n}$. Beispiele harmonischer Polynome sind $1, x_1,\ldots,x_n$, aber auch $x_1^2-x_2^2$ für $n=2$ usw.

Satz 2. (a) *Ist $U\in E'(R_n)$, so ist $U*G\in S'(R_n)$ Lösung von $\Delta(U*G)=U$. Ist umgekehrt $T\in S'(R_n)$ Lösung von $\Delta T=U$, so läßt sich T darstellen als*

$$T=U*G+P(x), \quad P(x) \ \text{harmonisches Polynom}\,. \tag{2}$$

(b) *Ist zusätzlich $U=u(x)\in E'(R_n)$ eine reguläre Distribution, so läßt sich (2) schreiben als*

$$T=t(x)=\int\limits_{R_n} G\,(x-y)\,u(y)\,dy+P(x)\,, \tag{3}$$

wobei $T=t(x)$ ebenfalls eine reguläre Distribution ist.

Bemerkung 3. Da $U\in E'(R_n)$ ist, existiert $U*G\in D'(R_n)$ nach Satz 22.3.4/2. Wie im obigen Satz behauptet, kann man wesentlich mehr beweisen, nämlich $U*G\in S'(R_n)$. (2) bzw. (3) gibt dann einen vollständigen Überblick über alle Lösungen von $\Delta T=U$, die zu $S'(R_n)$ gehören. (b) besagt, daß $u(x)\in L_1(R_n)$ einen beschränkten Träger hat, daß das Integral in (2) für fast alle $x\in R_n$ existiert und $t(x)\in L_1^{\text{loc}}(R_n)\cap S'(R_n)$ gilt. Man vergleiche (2) mit dem Newtonschen Potential aus Satz 19.2.5/1. Differenzierbarkeitsvoraussetzungen etwa der Form $u(x)\in C^2(R_n)$ sind jetzt überflüssig geworden.

23.1.3. Die Wärmeleitungsgleichung

Satz 1. *Die reguläre Distribution*

$$G(x,t)=\begin{cases} 2^{-n}\pi^{-\frac{n}{2}}\,t^{-\frac{n}{2}}\,e^{-\frac{|x|}{4t}} & \text{für} \quad t>0, \quad x\in R_n\,, \\ 0 & \text{für} \quad t\leqq 0, \quad x\in R_n\,, \end{cases}$$

ist Fundamentallösung für die Wärmeleitungsgleichung, also $\dfrac{\partial G}{\partial t}-\Delta G=\delta$.

Bemerkung 1. Es ist $(x,t)\in R_{n+1}$ mit $x=(x_1,\ldots,x_n)\in R_n$ und $t\in R_1$. Ferner ist $G(x,t)\in L_1^{\text{loc}}(R_{n+1})\subset D'(R_{n+1})$. Wie auch schon in Kap. 19 bedeutet $\Delta=\sum\limits_{k=1}^{n}\dfrac{\partial^2}{\partial x_k^2}$, enthält also keine Ableitungen nach t. Man vergleiche $G(x, t)$ mit $s(x, t)$ aus Lemma 19.4.1. Wir können jetzt Satz 23.1.1(a) anwenden.

Satz 2. *Ist $U \in E'(R_{n+1})$ und ist $G(x, t)$ die Funktion aus Satz 1, so ist $T = U * G$ eine Lösung der Differentialgleichung $\frac{\partial T}{\partial t} - \Delta T = U$. Ist zusätzlich $U = u(x, t)$ eine reguläre Distribution, so ist auch $T = T(x, t)$ eine reguläre Distribution, und es gilt*

$$T(x, t) = 2^{-n} \pi^{-\frac{n}{2}} \int_{-\infty}^{t} \int_{R_n} \frac{e^{-\frac{|x-y|^2}{4(t-\tau)}}}{(t-\tau)^{\frac{n}{2}}} u(y, \tau)\, dy\, d\tau . \tag{1}$$

Bemerkung 2. Nach Satz 22.3.4/2 ist klar, daß $U * G$ existiert. Der letzte Teil des Satzes besagt, daß für fast alle $(x, t) \in R_{n+1}$ das Integral in (1) existiert und $T(x, t) \in L_1^{\text{loc}}(R_{n+1})$ gilt, sofern $u(x, t) \in L_1(R_{n+1})$ einen beschränkten Träger hat. Ferner zeigt (1), daß man zur Berechnung von $T(x, t)$ nur τ-Werte mit $\tau \leqq t$ benötigt. Das ist physikalisch plausibel, wenn man t als die Zeit interpretiert.

23.1.4. Die Wellengleichung

In 19.3. haben wir die Wellengleichung in 1, 2 und 3 Dimensionen behandelt. Wir beschränken uns hier im wesentlichen auf den physikalisch interessanten dreidimensionalen Fall.

Satz. (a) *Für $x = (x_1, x_2, x_3) \in R_3$ und $t \in R_1$ ist die singuläre Distribution $G \in D'(R_4)$ mit*

$$G(\varphi) = \frac{1}{4\pi} \int_0^\infty \frac{1}{t} \int_{|x|=t} \varphi(x, t)\, ds_x dt, \quad \varphi \in D(R_4) , \tag{1}$$

eine Fundamentallösung der dreidimensionalen Wellengleichung, also $\frac{\partial^2 G}{\partial t^2} - \Delta G = \delta$.

(b) *Ist $U \in D'(R_4)$ mit* supp $U \subset \{(x, t) \mid (x, t) \in R_4,\ t \geqq 0\} = \overline{R_4^+}$, *so existiert $T = U * G$ und ist Lösung der Differentialgleichung $\frac{\partial^2 T}{\partial t^2} - \Delta T = U$. Es ist* supp $T \subset \overline{R_4^+}$. *Ist zusätzlich $U = u(x, t)$ eine reguläre Distribution, so ist auch $T = T(x, t)$ eine reguläre Distribution, und es gilt*

$$T(x, t) = \begin{cases} \dfrac{1}{4\pi} \displaystyle\int_{|x-y| \leqq t} \dfrac{u(y, t - |x-y|)}{|x-y|}\, dy & \text{für} \quad t > 0 , \\ 0 & \text{für} \quad t \leqq 0 . \end{cases} \tag{2}$$

Bemerkung 1. Formel (1) kann man auch als

$$G(\varphi) = \frac{1}{4\pi} \int_{R_3} \frac{\varphi(x, |x|)}{|x|}\, dx, \quad \varphi \in D(R_4) ,$$

schreiben. Dann folgt supp $G = \{(x, t) \mid (x, t) \in R_4,\ t = |x|\}$. Da dies eine Menge vom vierdimensionalen Maß 0 ist, muß G aus (1) singulär sein. Zum Beweis, daß G Fundamentallösung ist, verwendet man wesentlich Bemerkung 22.2.4/5. Man sieht jetzt leicht, daß die Faltung $U * G$ nach Def. 22.3.3 existiert, falls supp $U \subset \overline{R_4^+}$ gilt. Nach Satz 23.1.1(a) ist dann $T = U * G$

Lösung von $\frac{\partial^2 T}{\partial t^2} - \Delta T = U$, wobei wieder $\Delta T = \sum_{k=1}^{n} \frac{\partial^2 T}{\partial x_k^2}$ ist. (2) stimmt im wesentlichen mit den retardierten Potentialen aus (19.3.5/1) überein. Im Gegensatz zu den dortigen Betrachtungen benötigen wir jetzt keine Differenzierbarkeitsvoraussetzungen für $u(x, t)$.

Bemerkung 2. In gleicher Weise kann man für die ein- und zweidimensionale Wellengleichung Fundamentallösungen angeben. Wir verweisen auf [43]. Für die eindimensionale Wellengleichung ist die reguläre Distribution

$$G(x,t) = \begin{cases} \frac{1}{2} & \text{für} \quad t > |x| \\ 0 & \text{für} \quad t \leqq |x|, \end{cases}$$

$x \in R_1$ und $t \in R_1$ eine Fundamentallösung, also $\frac{\partial^2 G}{\partial t^2} - \frac{\partial^2 G}{\partial x^2} = \delta$.

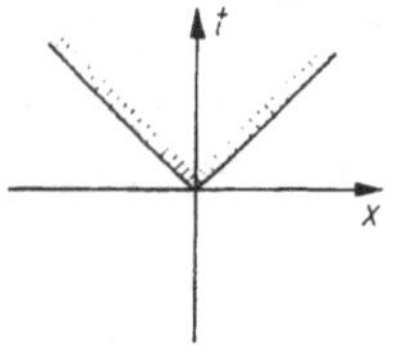

23.2. Anfangswertprobleme

23.2.1. Problemstellung

Wir hatten uns schon in 19.3. mit Anfangswertproblemen für die Wellengleichung und in 19.4.3. mit Anfangswertproblemen für die Wärmeleitungsgleichung beschäftigt. Die dortigen Aufgabenstellungen und Lösungen bezeichnen wir jetzt als „klassisch". In diesem Abschnitt betrachten wir Verallgemeinerungen im Rahmen der Theorie der Distributionen. Wir benutzen wieder die Sprache der Tensorprodukte und Faltungen aus 22.3. Wie dort schreiben wir z. B. statt $U_0 \in D'(R_n)$ auch $U_{0,x} \in D'(R_n)$, wenn $x = (x_1, \ldots, x_n)$ der allgemeine Punkt im R_n ist. Ferner sei in der nachfolgenden Definition δ die δ-Distribution im R_1, und δ' ist die erste Ableitung. Ist t der allgemeine Punkt im R_1, so schreiben wir auch δ_t statt δ (Verwechslungen mit der Terminologie in 22.1.3. sind wohl nicht zu befürchten). Analog schreiben wir δ_t' statt δ'. Ist $(x, t) \in R_{n+1}$ mit $x \in R_n$ und $t \in R_1$, so ist in diesem Sinne $U_0 \otimes \delta' = U_{0,x} \otimes \delta_t'$ das Tensorprodukt von $U_0 \in D'(R_n)$ und $\delta' \in D'(R_1)$. Schließlich haben R_{n+1}^+ und $\overline{R_{n+1}^+}$ die gleiche Bedeutung wie in 19.3.1., und es ist $\Delta = \sum_{k=1}^{n} \frac{\partial^2}{\partial x_k^2}$, also Ableitungen nach t gehen nicht in Δ ein.

Definition. (a) *Ist* $U_0 \in D'(R_n)$, $U_1 \in D'(R_n)$ *und* $F \in D'(R_{n+1})$ *mit* supp $F \subset \overline{R_{n+1}^+}$, *so heißt* $U \in D'(R_{n+1})$ *mit* supp $U \subset \overline{R_{n+1}^+}$ *und*

$$\frac{\partial^2 U}{\partial t^2} - \Delta U = F + U_0 \otimes \delta' + U_1 \otimes \delta \tag{1}$$

Lösung des Anfangswertproblems für die Wellengleichung mit der rechten Seite F *und den Anfangsdaten* U_0 *und* U_1.

(b) *Ist* $U_0 \in D'(R_n)$ *und* $F \in D'(R_{n+1})$ *mit* supp $F \subset \overline{R_{n+1}^+}$, *so heißt* $U \in D'(R_{n+1})$ *mit* supp $U \subset \overline{R^+_{n+1}}$ *und*

$$\frac{\partial U}{\partial t} - \Delta U = F + U_0 \otimes \delta \tag{2}$$

Lösung des Anfangswertproblems für die Wärmeleitungsgleichung mit der rechten Seite F und der Anfangsdate U_0.

Bemerkung 1. Entschuldigung für das Wort „Anfangsdate".

Bemerkung 2. Wie schon angedeutet, ist (x, t) mit $x \in R_n$ und $t \in R_1$ der allgemeine Punkt im R_{n+1}. Ferner ist $U_0 \otimes \delta' = U_{0,x} \otimes \delta'_t \in D'(R_{n+1})$ und $U_1 \otimes \delta = U_{1,x} \otimes \delta_t \in D'(R_{n+1})$. Es ist supp $(U_0 \otimes \delta') \subset \{(x, t) \mid (x, t) \in R_{n+1}, t = 0\}$ und analog für $U_1 \otimes \delta$ und $U_0 \otimes \delta$.

Bemerkung 3. Es entsteht das Problem, wie die obige Definition mit den „klassischen" Definitionen 19.3.1/1 und 19.4.3 zusammenhängt.

Satz. (**a**) *U sei Lösung des Anfangswertproblems für die Wellengleichung im Sinne des Teils (a) der obigen Definition. Es seien $U_0 = u_0(x) \in C^1(R_n)$, $U_1 = u_1(x) \in C(R_n)$, $F = f(x, t) \in C(\overline{R^+_{n+1}})$ und $U = u(x, t) \in C^2(R^+_{n+1}) \cap C^1(\overline{R^+_{n+1}})$ reguläre Distributionen aus $D'(R_n)$ bzw. $D'(R_{n+1})$. Dann ist $u(x, t)$ eine „klassische" Lösung des Anfangswertproblems für die Wellengleichung im Sinne von Def.* 19.3.1/1.

(**b**) *U sei Lösung des Anfangswertproblems für die Wärmeleitungsgleichung im Sinne des Teils (b) der obigen Definition. Es sei $U_0 = u_0(x) \in C(R_n)$, $F = f(x, t) \in C(\overline{R^+_{n+1}})$ und $U = u(x, t) \in C^2(R^+_{n+1}) \cap C(\overline{R^+_{n+1}})$. Dann ist $u(x, t)$ eine „klassische" Lösung des Anfangswertproblems für die Wärmeleitungsgleichung*

$$\frac{\partial u}{\partial t}(x, t) - \Delta u(x, t) = f(x, t) \quad \textit{für} \quad (x, t) \in R^+_{n+1},$$

$$u(x, 0) = u_0(x) \quad \textit{für} \quad x \in R_n.$$

Bemerkung 4. Bei der Formulierung des Satzes haben wir uns einige kleinere Inkorrektheiten erlaubt. Statt $F = f(x, t) \in C(\overline{R^+_{n+1}})$ muß es genauer heißen: Die Einschränkung von F auf R^+_{n+1} sei eine reguläre Distribution aus $D'(R^+_{n+1})$, die zu $C(\overline{R^+_{n+1}})$ gehört. Analog für $U = u(x, t)$. Da aber nach Definition supp $F \subset \overline{R^+_{n+1}}$ gilt, so sind wohl kaum Fehlinterpretationen möglich. Die Symbole $C^2(\overline{R^+_{n+1}})$ usw. wurden in 19.2.1. eingeführt.

Bemerkung 5. Zu dem Satz gibt es eine Umkehrung. Für $u_0(x) \in C^1(R_n)$, $u_1(x) \in C(R_n)$ und $f(x, t) \in C(\overline{R^+_{n+1}})$ sei $u(x, t) \in C^2(R^+_{n+1}) \cap C^1(\overline{R^+_{n+1}})$ eine klassische Lösung des Anfangswertproblems der Wellengleichung im Sinne von Def. 19.3.1/1. Setzt man $U_0 = u_0(x)$, $U_1 = u_1(x)$,

$$F = \begin{cases} f(x, t) & \text{für } x \in R_n, \quad t \geqq 0, \\ 0 & \text{für } x \in R_n, \quad t < 0, \end{cases} \qquad U = \begin{cases} u(x, t) & \text{für } x \in R_n, \quad t \geqq 0, \\ 0 & \text{für } x \in R_n, \quad t < 0, \end{cases}$$

so ist U Lösung des Anfangswertproblems im Sinne von Teil (a) der obigen Definition. Für $u_0(x) \in C(R_n)$ und $f(x, t) \in C(\overline{R^+_{n+1}})$ sei $u(x, t) \in C^2(R^+_{n+1}) \cap C(\overline{R^+_{n+1}})$ eine klassische Lösung des Anfangswertproblems der Wärmeleitungsgleichung im Sinne von Teil (b) des obigen Satzes. Haben U_0, F und U die gleiche Bedeutung wie oben, so ist U Lösung des Anfangswertproblems im Sinne von Teil (b) der obigen Definition. Diese Bemerkungen zeigen, daß die obige Definition eine elegante Verallgemeinerung klassischer Anfangswertprobleme im Rahmen der Theorie der Distributionen ist.

23.2.2. Die Wellengleichung

Satz. *Das Anfangswertproblem für die dreidimensionale Wellengleichung besitzt genau eine Lösung im Sinne von Def.* 23.2.1(*a*). *Haben* U_0, U_1 *und* F *die dortige Bedeutung, so ist*

$$U = G * (F + U_0 \otimes \delta' + U_1 \otimes \delta) \tag{1}$$

diese Lösung, wobei G *die Fundamentallösung aus Satz* 23.1.4 *ist. Sind* $U_0 = u_0(x)$, $U_1 = u_1(x)$ *und* $F = f(x, t)$ *reguläre Distributionen aus* $D'(R_3)$ *bzw.* $D'(R_4)$ (*mit* $\operatorname{supp} F \subset \overline{R_4^+}$), *so läßt sich* (1) *darstellen als*

$$U = \frac{\chi(t)}{4\pi} \int\limits_{|x-y| \leq t} \frac{f(y, t - |x-y|)}{|x-y|} \, dy + \frac{\chi(t)}{4\pi t} \int\limits_{|x-y| = t} u_1(y) \, ds_y + \frac{1}{4\pi} \frac{\partial}{\partial t} \left[\frac{\chi(t)}{t} \int\limits_{|y-x| \leq t} u_0(y) \, ds_y \right]. \tag{2}$$

Hierbei ist $\chi(t) = 1$ *für* $t \geq 0$ *und* $\chi(t) = 0$ *für* $t < 0$. *Ist* $u_0(x) \in C^3(R_3)$, $u_1(x) \in C^2(R_3)$ *und* $f(x, t) \in C^2(\overline{R_4^+})$, *so ist die reguläre Distribution* $U = u(x, t)$ *eine klassische Lösung des Anfangswertproblems für die Wellengleichung im Sinne von Def.* 19.3.1/1.

Bemerkung 1. Der letzte Teil des Satzes ist wieder im Sinne der Bemerkungen 23.2.1/4 und 23.2.1/5 zu verstehen.

Bemerkung 2. Da $\operatorname{supp} (F + U_0 \otimes \delta' + U_1 \otimes \delta) \subset \overline{R_4^+}$ ist, folgt aus Satz 23.1.4, daß (1) eine Lösung des Problems ist. Die Ableitung $\frac{\partial}{\partial t}$ in (2) ist als Distributionsableitung zu verstehen; es wird also nicht behauptet, daß die rechte Seite von (2) eine reguläre Distribution ist (im Gegensatz zum letzten Teil des Satzes bei relativ weitgehenden Zusatzvoraussetzungen für u_0, u_1 und f).

Bemerkung 3. Der letzte Teil des Satzes ist identisch mit Satz 19.3.5/2. Insbesondere ist also $U = u(x, t) \in C^2(\overline{R_4^+})$ im Sinne von Bemerkung 1. Somit ist der obige Satz eine wesentliche Verallgemeinerung der früheren klassischen Betrachtungen aus Kap. 19.

Bemerkung 4. Die Lösung (1) hängt im folgenden Sinn stetig von den Anfangsdaten ab. Für $\{U_0^k\}_{k=1}^\infty \subset D'(R_n)$, $\{U_1^k\}_{k=1}^\infty \subset D'(R_n)$ und $\{F^k\}_{k=1}^\infty \subset D'(R_{n+1})$ mit $\operatorname{supp} F^k \subset \overline{R_{n+1}^+}$ für $k = 1, 2, 3, \ldots$ sei

$$U_0^k(\varphi) \to U_0(\varphi), \; U_1^k(\varphi) \to U_1(\varphi) \quad \text{für} \quad \varphi \in D(R_n),$$
$$F^k(\psi) \to F(\psi) \quad \text{für} \quad \psi \in D(R_{n+1}) \quad \text{und} \quad k \to \infty.$$

U, U_0, U_1 und F haben die frühere Bedeutung. Ist U^k die Lösung (1) mit F^k, U_0^k und U_1^k statt F, U_0 und U_1, so gilt $U^k(\psi) \to U(\psi)$ für $k \to \infty$ und $\psi \in D(R_{n+1})$. Derartige Stabilitätsaussagen sind physikalisch sinnvoll: Kleine Störungen der Anfangsdaten bewirken nur kleine Störungen der Lösungen.

Bemerkung 5. Analoge Sätze und Bemerkungen kann man für die ein- und zweidimensionale Wellengleichung aufstellen, man vgl. mit § 15 in [43]. Im Fall der homogenen Wellengleichung (d. h. $F = 0$) erhält man dann Verallgemeinerungen der Sätze 19.3.2/2 und 19.3.3/2.

23.2.3. Die Wärmeleitungsgleichung

Satz. *Ist* $U_0 \in E'(R_n)$, $F \in E'(R_{n+1})$ *und* $\operatorname{supp} F \subset \overline{R_{n+1}^+}$, *so ist*

$$U = G * (F + U_0 \otimes \delta) \tag{1}$$

eine Lösung des Anfangswertproblems für die (*n-dimensionale*) *Wärmeleitungsgleichung im Sinne von Def.* 23.2.1(*b*). *Hierbei ist* G *die Fundamentallösung aus Satz*

23.1.3/1. *Sind $U_0 = u_0(x) \in E'(R_n)$ und $F = f(x, t) \in E'(R_{n+1})$ mit* supp $F \subset \overline{R^+_{n+1}}$ *reguläre Distributionen, so ist auch $U = u(x, t)$ aus* (1) *eine reguläre Distribution, und es gilt*

$$u(x, t) = \frac{\chi(t)}{2^n \pi^{\frac{n}{2}}} \int_0^t \int_{R_n} \frac{e^{-\frac{|x-y|^2}{4(t-\tau)}}}{(t-\tau)^{\frac{n}{2}}} f(y, \tau)\, dy\, d\tau + \frac{\chi(t)}{2^n \pi^{\frac{n}{2}} t^{\frac{n}{2}}} \int_{R_n} e^{-\frac{|x-y|^2}{4t}} u_0(y)\, dy\,. \tag{2}$$

Hierbei hat $\chi(t)$ die gleiche Bedeutung wie im Satz 23.2.2.

Bemerkung 1. Es ist supp $(F + U_0 \otimes \delta) \subset \overline{R^+_{n+1}}$ und $F + U_0 \otimes \delta \in E'(R_{n+1})$. Satz 23.1.3/2 zeigt nun, daß U aus (1) eine Lösung des Problems ist (man prüft rasch nach, daß supp $U \subset \overline{R^+_{n+1}}$ gilt). Der erste Summand in (2) stimmt mit (23.1.3/1) überein (abgesehen von den abgeänderten Bezeichnungen). Der zweite Summand in (2) ist analog zu (19.4.3/1). Ein Vergleich mit Satz 19.4.3 zeigt, daß hier $u_0(x) = \varphi(x) \in L_1(R_n)$ im allgemeinen nicht beschränkt ist, andererseits aber einen beschränkten Träger hat.

Bemerkung 2. Im Gegensatz zu Satz 23.2.2 enthält der obige Satz keine Unitätsaussage. Die Lösung des Anfangswertproblems für die Wärmeleitungsgleichung ist nicht eindeutig (vgl. [10], Kap. I, § 9). Man kann jedoch Unität erzwingen, indem man Zusatzforderungen an die Anfangsdaten und Lösungen stellt (Wachstumsbeschränkungen für $|x| \to \infty$ und $t \to \infty$). Satz 19.4.3 ist ein Beispiel hierfür.

Bemerkung 3. Stärkere Forderungen an die regulären Distributionen $u_0(x)$ und $f(x, t)$ sichern, daß $u(x, t)$ eine klassische Lösung ist. Ferner kann man analog zu Bemerkung 23.2.2/4 zeigen, daß (1) stetig von den Daten U_0 und F abhängt.

24. Grundbegriffe der klassischen Feldtheorie

24.1. Tensoren

24.1.1. Vorbemerkung

Das Axiom der klassischen Punktmechanik aus 12.2.1. ist ein Extremalprinzip. Einem Problem der Mechanik wurde eine Lagrangefunktion $L(t, x_k(t), \dot{x}_k(t))$ zugeordnet, und es wurde nach Extremalen des zugehörigen Variationsproblems im Sinne von Def. 11.1.3 gefragt. Das führte auf die Eulerschen Gleichungen aus Satz 11.1.3/1. Die Lösungen dieses Systems gewöhnlicher Differentialgleichungen (ergänzt durch Anfangsbedingungen) lieferten dann die Bahnkurven des mechanischen Problems. Die Idee, die Dynamik von Naturvorgängen durch Extremalprinzipien zu beschreiben, hat sich also in der Mechanik glänzend bewährt. Es ist deshalb naheliegend, zu fragen, ob man dieses Prinzip auf andere Teile der Physik ausdehnen kann. Hierzu hatten wir einige Bemerkungen in 11.2.1. gemacht. Insbesondere hatten wir erwähnt, daß die in Kap. 11 entwickelte Theorie (Variationsrechnung) für ein solches Vorhaben nicht ausreicht. Auf dieser Basis kann man nur Theorien entwickeln, deren Grundgleichungen gewöhnliche Differentialgleichungen sind. Viele Theorien der Physik werden aber von partiellen Differentialgleichungen beherrscht. Will man daran festhalten, diese partiellen Differentialgleichungen als Resultat von Extremalprinzipien zu erhalten, so muß man die Grundgedanken der Variationsrechnung aus Kap. 11 entscheidend verallgemeinern. Das Ziel, das wir hierbei vorerst anstreben, ist die Darstellung der Grundideen der speziellen Relativitätstheorie, einschließlich der Elektrodynamik. Das ist eine sogenannte absolute Raum-Zeit-Theorie: Die Geometrie des Raumes ist vorgegeben (der vierdimensionale Minkowski-Raum) und physikalische Vorgänge werden in ihm beschrieben. Dagegen bestimmen in allgemeinen Raum-Zeit-Theorien wie der allgemeinen Relativitätstheorie physikalische Vorgänge die Geometrie des Raumes (zumindest teilweise). Diese wenigen Andeutungen lassen bereits ahnen, daß das mathematische Instrumentarium allgemeiner Raum-Zeit-Theorien wesentlich komplizierter sein wird als jenes absoluter Raum-Zeit-Theorien. Zur Darstellung der allgemeinen Relativitätstheorie benötigen wir später die Theorie der C^∞-Mannigfaltigkeiten als Vorlauf. Hierauf aufbauend betrachten wir Tensoren und andere geometrische Objekte auf Mannigfaltigkeiten (Kap. 29). Im Moment können wir uns aber den Luxus leisten, diese relativ komplizierte Theorie auf einen späteren Zeitpunkt zu verschieben. Für die spezielle Relativitätstheorie und die damit verbundene Elektrodynamik ist es vorerst ausreichend, Tensorfelder zu betrachten, die über einem fixierten Gebiet im R_n definiert sind. Das erleichtert das Verständnis der ideellen Grundlagen dieser Theorie und ihrer Interpretationen wesentlich. Die rein rechnerische Seite dieser Angelegenheit ist in beiden Fällen nicht wesentlich verschieden: Eine mehr oder weniger virtuose Anwendung der Kettenregel der Differentialrechnung. Mit anderen Worten: Wir reduzieren die mathematischen Grundlagen in diesem Kapitel auf jenes Minimum, das wir hier und im folgenden Kap. 25 benötigen. Wer mehr wissen will, muß auch mehr investieren: Zum Verständnis der allgemeinen Relativitätstheorie in den Kapiteln 30 und 31 ist Kap. 29 notwendig, zum Verständnis von Kap. 33 ist Kap. 32 notwendig, aber zum Verständnis von Kap. 25 reicht eben Kap. 24.

24.1.2. Der Fundamentaltensor

Euklidisches Linienelement: Betrachtet man im R_n die stetig differenzierbare Kurve $x(t) = (x^1(t), \ldots, x^n(t))$, so ist nach 9.2.3.

$$s(t) = \int_{t_0}^{t} \sqrt{(\dot{x}^1(\tau))^2 + \ldots + (\dot{x}^n(\tau))^2}\, \mathrm{d}\tau, \quad \dot{x}^k = \frac{\mathrm{d}x^k}{\mathrm{d}\tau}, \tag{1}$$

die Bogenlänge. Im Rahmen der Theorie, die wir hier entwickeln wollen, ist es zweckmäßig (und üblich), die Koordinaten oben zu indizieren, also $x = (x^1, \ldots, x^n) \in \in R_n$. Aus (1) folgt

$$\left(\frac{\mathrm{d}s}{\mathrm{d}t}\right)^2 = \sum_{k=1}^{n} (\dot{x}^k(t))^2 = \sum_{k=1}^{n} \dot{x}^k(t)\, \dot{x}^k(t)\,. \tag{2}$$

Es ist üblich (und wie wir sehen werden in hohem Maße zweckmäßig),

$$\mathrm{d}s^2 = \sum_{k=1}^{n} \mathrm{d}x^k \mathrm{d}x^k = \mathrm{d}x^k \mathrm{d}x^k \tag{3}$$

statt (2) zu schreiben. Im letzten Ausdruck verwenden wir die Einsteinsche Summenkonvention: Über doppelt auftretende Indizes ist zu summieren, wobei von Fall zu Fall klar ist, in welchen Grenzen die Summe zu nehmen ist (in unserem Fall $k=1, \ldots, n$). Somit ist (3) eine verkürzende Schreibweise für (2), die andeutet, daß der Parameter t ohne Interesse ist. Neben den kartesischen Koordinaten $x^1, \ldots, x^n$ im R_n (oder in einem Gebiet im R_n) betrachten wir jetzt krummlinige Koordinaten

$x'^1, \ldots, x'^n$ im Sinne von 8.2.2., also $x'^k = x'^k(x^l)$ und $x^l = x^l(x'^k)$, wobei wir in Zukunft stets voraussetzen, daß alle derartigen Koordinatentransformationen beliebig oft differenzierbar sind. Die Funktionaldeterminante bezeichnen wir mit $\frac{\partial(x'^l)}{\partial(x^k)} = \frac{\partial(x'^1, \ldots, x'^n)}{\partial(x^1, \ldots, x^n)}$ und fordern $\frac{\partial(x'^l)}{\partial(x^k)} > 0$ (im R_n oder in dem Gebiet, wo die Koordinatentransformation betrachtet wird). Rüstet man jetzt (3) auf x'^k um, so folgt

$$ds^2 = g_{kl}\, dx'^k dx'^l \quad \text{mit} \quad g_{kl} = \frac{\partial x^m}{\partial x'^k} \cdot \frac{\partial x^m}{\partial x'^l} \,. \tag{4}$$

Hierbei hat man die obige Summenkonvention zu beachten. Man sieht leicht, daß

$$\det(g_{kl}) = \left(\frac{\partial(x^m)}{\partial(x'^p)}\right)^2 \neq 0 \quad \text{und} \quad g_{kl} = g_{lk} \tag{5}$$

ist. Hierbei ist $\det(g_{kl})$ die Determinante der positiv-definiten Matrix $(g_{kl})_{k,l=1}^n$. Somit ist $(g_{kl})_{k,l=1}^n$ eine positiv-definite, symmetrische Matrix. Fixiert man einen Punkt $P \sim x$, so kann man eine nicht-singuläre Matrix $A = A(P) = (a_{kl})_{k,l=1}^n$ mit

$$A^{-1}(g_{kl})_{k,l=1}^n A = \begin{pmatrix} 1 & & 0 \\ & \ddots & \\ 0 & & 1 \end{pmatrix} \quad \text{(Einheitsmatrix)} \tag{6}$$

finden. Wir machen darauf aufmerksam, daß dies eine punktale Eigenschaft ist: A variiert von Punkt zu Punkt. (4) ist also das euklidische Linienelement ds^2 in allgemeinen krummlinigen Koordinaten.

Das Linienelement ds^2: Wie in der Mathematik üblich, betrachtet man eine bewährte Theorie, formuliert sie um und fragt nach sinnvollen Verallgemeinerungen. Begriffe, die vorher abgeleitet wurden und somit Resultate waren, werden jetzt im Rahmen einer umfassenderen Theorie axiomatisch an die Spitze gestellt. So auch hier. Ω sei ein Gebiet im R_n (später ist insbesondere $\Omega = R_n$ und speziell $\Omega = R_4$ von Interesse). Vorgegeben sei eine symmetrische Matrix $(g_{kl})_{k,l=1}^n$, also $g_{kl} = g_{lk}$, wobei $g_{kl}(x)$ in Ω beliebig oft differenzierbare reelle Funktionen sind. Ferner sei $\det(g_{kl}) \neq 0$ in Ω. Wir nennen $(g_{kl})_{k,l=1}^n$ den Fundamentaltensor und bilden mit ihm das Linienelement

$$ds^2 = g_{kl} dx^k dx^l, \quad g_{kl} = g_{kl}(x)\,, \tag{7}$$

wobei wieder die Summenkonvention zu beachten ist. Hierbei sind $x = (x^1, \ldots, x^n)$ kartesische Koordinaten. Die entscheidende Änderung im Vergleich mit dem euklidischen Linienelement ist, daß $(g_{kl})_{k,l=1}^n$ nicht notwendig positiv-definit ist. Bei fixiertem $x \in \Omega$ kann man analog zu (6) die Normalform

$$A^{-1}(g_{kl})_{k,l=1}^n A = \begin{pmatrix} 1 & & & & & 0 \\ & \ddots & & & & \\ & & 1 & & & \\ & & & -1 & & \\ & & & & \ddots & \\ 0 & & & & & -1 \end{pmatrix} \tag{8}$$

erreichen. Hierbei hängt die nicht-singuläre Matrix $A = A(x)$ von x ab, nicht aber die Anzahl der Werte mit 1 und die Anzahl der Werte mit -1.

Beispiele. 1. Ist $\Omega = R_n$ und $g_{kl} = \delta_{kl}$, so daß $(g_{kl})_{k,l=1}^n$ die Einheitsmatrix ist, so ist $ds^2 = dx^k dx^k$ das euklidische Linienelement. 2. Ist $\Omega = R_4$ und

$$(g_{kl}) = \begin{pmatrix} 1 & & & 0 \\ & 1 & & \\ & & 1 & \\ 0 & & & -1 \end{pmatrix}, \tag{9}$$

so ist $ds^2 = (dx^1)^2 + (dx^2)^2 + (dx^3)^2 - (dx^4)^2$ die Lorentzmetrik mit $\det(g_{kl}) = -1$. Diese Metrik wird später eine entscheidende Rolle spielen. Zu dem Linienelement (7) sagt man mitunter auch Metrik, was aber nichts mit der Metrik des metrischen Raumes aus 1.3.3. zu tun hat.

Transformation des Fundamentaltensors: Wie schon bei dem euklidischen Linienelement betrachten wir in Ω neben den kartesischen Koordinaten $x^1, \ldots, x^n$ beliebige krummlinige Koordinaten $x'^1, \ldots, x'^n$, wobei wieder die früheren Bedingungen gelten sollen. Rechnet man ds^2 aus (7) um, so erhält man

$$ds^2 = g'_{kl} dx'^k \, dx'^l \quad \text{mit} \quad g'_{kl} = g_{pq} \frac{\partial x^p}{\partial x'^k} \cdot \frac{\partial x^q}{\partial x'^l} . \tag{10}$$

Lemma. *Sind (x'^k) und (x''^k) zwei krummlinige Koordinatensysteme in Ω und sind (g'_{kl}) und (g''_{kl}) die zugehörigen Fundamentaltensoren im Sinne von* (10), *so gilt*

$$g''_{kl} = g'_{pq} \frac{\partial x'^p}{\partial x''^k} \cdot \frac{\partial x'^q}{\partial x''^l}, \quad \det(g''_{kl}) = \left(\frac{\partial(x'^k)}{\partial(x''^l)} \right)^2 \det(g'_{kl}) . \tag{11}$$

Bemerkung 1. Formel (11) folgt leicht aus (10). Die erste Formel in (11) heißt das Transformationsgesetz eines kovarianten Tensors zweiter Stufe. Die zweite Formel in (10) ist ein Spezialfall. An (11) liest man bereits ab, daß die kartesischen Koordinaten keine ausgezeichnete Rolle mehr spielen. Noch sind sie der Primus inter pares, im Rahmen der allgemeineren Theorie in Kap. 29 verlieren sie auch diese Position.

Bemerkung 2. Aus (10) folgt $g'_{kl} = g'_{lk}$, die Symmetrie ist also invariant gegenüber Koordinatentransformationen.

24.1.3. Tensoren

Wie immer ist Ω ein fixiertes Gebiet im R_n. Zu jedem System (x'^l) krummliniger Koordinaten in Ω betrachten wir ein n^k-tupel

$$T'^{l \ldots m}{}_{p \ldots q}(x'^r) \quad \text{mit} \quad 1 \leqq l, \ldots, m, p, \ldots, q \leqq n \tag{1}$$

reeller beliebig oft differenzierbarer Funktionen. Hierbei sind $l, \ldots, m, p, \ldots, q$ insgesamt k Indizes, die unabhängig von 1 bis n laufen.

Definition. (1) *heißt Tensorfeld k-ter Stufe, falls für je zwei Systeme (x'^r) und (x''^s) krummliniger Koordinaten in Ω gilt*

$$T''^{\overbrace{a \ldots b}^{\text{kontravariant}}}{}_{\underbrace{c \ldots d}_{\text{kovariant}}}(x''^l) = T'^{r \ldots s}{}_{u \ldots v}(x'^w) \frac{\partial x''^a}{\partial x'^r} \cdots \frac{\partial x''^b}{\partial x'^s} \frac{\partial x'^u}{\partial x''^c} \cdots \frac{\partial x'^v}{\partial x''^d} \tag{2}$$

Bemerkung 1. Über doppelt auftretende Indizes wird summiert von 1 bis n. Die Struktur von (2) ist klar: Ein Index, der auf der linken Seite oben steht und sich auf x'' bezieht, steht auch auf der rechten Seite oben (etwa a). Analoges gilt für unten stehende Indizes. Summation erfolgt stets über gegenläufige Indizes, also einen oberen und einen unteren. (2) hat man als Identität zu verstehen: entweder in x'- oder in x''-Koordinaten. Mit Hilfe der obigen Bemerkungen kann man sich die Struktur der Formel fast merken. Die oben stehenden Indizes heißen kontravariant, die unten stehenden kovariant.

Bemerkung 2. Wesentlich ist, daß jedem krummlinigen Koordinatensystem in Ω ein separates n^k-tupel von C^∞-Funktionen zugeordnet wird. (2) stellt Beziehungen zwischen diesen separaten n^k-tupeln her, und es entsteht sofort die Frage, ob es überhaupt nicht-triviale Tensorfelder gibt. Geht man von einem festen Koordinatensystem in Ω (etwa den kartesischen Koordinaten $x^1, \ldots, x^n$) und einem beliebigen n^k-tupel $T^{r \cdots s}{}_{u \ldots v}(x)$ von C^∞-Funktionen in Ω aus und setzt man

$$T'^{a \ldots b}{}_{c \ldots d}(x'^l) = T^{r \cdots s}{}_{u \ldots v}(x^m) \frac{\partial x'^a}{\partial x^r} \cdots \frac{\partial x'^b}{\partial x^s} \frac{\partial x^u}{\partial x'^c} \cdots \frac{\partial x^v}{\partial x'^d},$$

so prüft man leicht nach, daß man auf diese Weise ein Tensorfeld k-ter Stufe erhält (Lemma 24.1.2 ist ein Beispiel für diese Behauptung). Es gibt also Tensorfelder wie Sand am Meer.

Bemerkung 3 (Beispiele). 1. Lemma 24.1.2 zeigt jetzt, daß g_{kl} (Klammern usw. schreiben wir jetzt nicht mehr) ein kovariantes Tensorfeld zweiter Stufe ist. 2. Es ist zweckmäßig, (skalare) Funktionen als Tensorfelder nullter Stufe zu bezeichnen, also $f'(x'^k) = f''(x''^l)$. 3. Ist $f'(x'^r)$ eine Funktion in Ω, so setzen wir $f'_{\prime l}(x'^r) = \frac{\partial f'}{\partial x'^l}(x'^r)$ für die partiellen Ableitungen, analog $f''_{\prime l} = \frac{\partial f''}{\partial x''^l}$. Hier steht also $'$ für partielle Ableitung, abgeleitet wird nach den nachfolgenden Indizes. Diese Vereinbarung gilt auch für höhere Ableitungen, also etwa $f''_{\prime lk} = \frac{\partial^2 f''}{\partial x''^l \partial x''^k}$. Ist jetzt $f'(x'^r) = f''(x''^s)$ ein Skalar (Tensorfeld nullter Stufe), so folgt aus

$$f''_{\prime k} = f'_{\prime l} \frac{\partial x'^l}{\partial x''^k}, \tag{3}$$

daß $f'_{\prime l}(x'^r)$ ein kovariantes Tensorfeld erster Stufe (auch kovariantes Vektorfeld genannt) ist. Die Transformationsgesetze für kovariante Vektorfelder a'_k und kontravariante Vektorfelder a'^k lauten also

$$a''_k = a'_l \frac{\partial x'^l}{\partial x''^k} \quad \text{und} \quad a''^k = a'^l \frac{\partial x''^k}{\partial x'^l}. \tag{4}$$

Mnemotechnische Bemerkung (zu deutsch: Eselsbrücke). Aus der Kettenregel folgt

$$\mathrm{d}x''^k = \frac{\partial x''^k}{\partial x'^l} \mathrm{d}x'^l. \tag{5}$$

Man kann sich also die Transformationsgesetze für kontravariante und kovariante Vektorfelder herleiten, indem man mit Hilfe der Kettenregel $\mathrm{d}x''^k$ (kontravariant, da k oben steht) auf $\mathrm{d}x'^l$ und $f''_{\prime k}$ (kovariant, da k unten steht) auf $f'_{\prime l}$ umrechnet: (3) und (5). Die allgemeinen Tensorfelder werden dann nach den obigen Prinzipien aufgebaut.

Terminologische Bemerkung. Statt Tensorfelder (und Vektorfelder) sprechen wir mitunter einfacher von Tensoren (und Vektoren). Üblicherweise bezeichnet man die n^k-tupel $T^{a \cdots b}{}_{c \ldots d}(P)$ in einem fixierten Punkt $P \in \Omega$ als Tensoren, sofern Transformationsgesetze der obigen Form gelten. Wir betrachten hier aber nur Tensorfelder, so daß Verwechslungen nur auftreten können, wenn man es vorsätzlich darauf anlegt.

24.1.4. Eigenschaften von Tensoren

Wie eben gesagt wurde, betrachten wir hier nur Tensorfelder im Gebiet Ω im R_n, sprechen aber mitunter einfacher von Tensoren (und Vektoren).

Satz 1. (a) *Sind* $T^{k\ldots l}{}_{u\ldots v}$ *und* $S^{k\ldots l}{}_{u\ldots v}$ *Tensoren mit dem gleichen Indexbild (also Tensoren gleicher Stufe und mit der gleichen Anzahl kovarianter und der gleichen Anzahl kontravarianter Indizes) und sind* λ *und* μ *reelle Zahlen, so ist*

$$\lambda T^{k\ldots l}{}_{u\ldots v} + \mu S^{k\ldots l}{}_{u\ldots v} \tag{1}$$

ein Tensor vom gleichen Typ.

(b) *Sind* $T^{k\ldots l}{}_{u\ldots v}$ *und* $S^{a\ldots b}{}_{c\ldots d}$ *zwei beliebige Tensoren (mit nicht notwendig gleichem Indexbild), so ist*

$$T^{k\ldots l}{}_{u\ldots v} S^{a\ldots b}{}_{\ldots d} = U^{k\ldots la\ldots b}{}_{u\ldots vc\ldots d} \tag{2}$$

ebenfalls ein Tensor.

(c) (*Verjüngung*). *Ist* $T^{k\ldots a\ldots l}{}_{u\ldots b\ldots v}$ *ein Tensor, so ist* $T^{k\ldots a\ldots l}{}_{u\ldots a\ldots v}$ *ebenfalls ein Tensor (Summation über* a*).*

Bemerkung 1. Ein Tensor ist vom Typ (k_1, k_2), falls er k_1 kontravariante und k_2 kovariante Indizes hat, $k_1 = 0, 1, 2, \ldots$ und $k_2 = 0, 1, 2, \ldots$ Hierbei ist $k = k_1 + k_2$ die Stufe des Tensors. Im Teil (a) sind also T und S und auch der Tensor aus (1) vom Typ (k_1, k_2). Ist im Teil (b) T vom Typ (k_1, k_2) und S vom Typ (k_1', k_2'), so ist U aus (2) vom Typ $(k_1 + k_1', k_2 + k_2')$. Ist in (c) $T^{k\ldots a\ldots l}{}_{u\ldots b\ldots v}$ vom Typ (k_1, k_2) mit $k_1 \geqq 1$ und $k_2 \geqq 1$, so ist $T^{k\ldots a\ldots l}{}_{u\ldots a\ldots v}$ vom Typ $(k_1 - 1, k_2 - 1)$.

Bemerkung 2. Ist $T^k{}_l$ ein Tensor vom Typ (1, 1), so ist $T^k{}_k$ ein Skalar. Das ist ein Beispiel zu Teil (c) des Satzes.

Satz 2. (a) $\delta^k{}_l = \begin{cases} 1 \text{ für } k = l \\ 0 \text{ für } k \neq l \end{cases}$ *in allen krummlinigen Koordinatensystemen ist ein Tensor vom Typ* (1,1).

(b) *Ist* T_k *ein kovarianter Vektor, so ist* $T_{k'l} - T_{l'k}$ *ein Tensor vom Typ* (0,2) (*Rotation von* T_k).

(c) *Ist* g_{kl} *der Fundamentaltensor und bestimmt man* g^{kl} *aus den Gleichungssystemen* $g^{kl} g_{lm} = \delta^k{}_m$, *so ist* g^{kl} *ein symmetrischer Tensor vom Typ* (2,0) (*die kontravariante Ausgabe des Fundamentaltensors*).

Bemerkung 3. Fixiert man $k = 1, \ldots, n$ und betrachtet man $m = 1, \ldots, n$, so besitzt das lineare Gleichungssystem $g^{kl} g_{lm} = \delta^k{}_m$ (Summation über l) genau eine Lösung, da $\det(g_{lm}) \neq 0$ ist. Die Aussagen des Satzes sind relativ einfach beweisbar, aber nicht trivial.

24.1.5. Metrische Geodäten

Metrische Geodäten spielen in der allgemeinen Relativitätstheorie eine entscheidende Rolle: Testteilchen und elektromagnetische Wellen bewegen sich auf metrischen Geodäten in einer vierdimensionalen gekrümmten Raum-Zeit, die punktal eine Lorentz-Metrik ist. Im Moment beschränken wir uns aber auf den punktal euklidischen Fall, den wir rasch mit unseren bisherigen Hilfsmitteln behandeln können. Ω sei wieder ein Gebiet im R_n, und der Fundamentaltensor aus 24.1.2. sei positiv-definit. Punktal kann man also g_{kl} wie in (24.1.2/6) in die Einheitsmatrix transformieren. Es ist dann $ds^2 = g_{kl} dx^k dx^l$ das Linienelement in Ω (wobei wir nicht notwendig annehmen, daß $x^1, \ldots; x^n$ kartesische Koordinaten in Ω sind). Es sei

$x(t) = (x^1(t), \ldots, x^n(t))$ eine stetig differenzierbare Kurve in Ω. In Analogie zur euklidischen Längenmessung in 9.2.3. und 11.2.3. setzen wir

$$s = L(x_k) = \int_{t_0}^{t} \sqrt{g_{kl}\dot{x}^k\dot{x}^l}\,\mathrm{d}t\,. \tag{1}$$

Da $g_{kl} = g_{kl}(x)$ positiv-definit ist, ist $g_{kl}\dot{x}^k\dot{x}^l \geqq c\dot{x}^k\dot{x}^k$ mit $c > 0$. Somit ist (1) sinnvoll. Wir setzen $\dot{x}^k\dot{x}^k > 0$ voraus.

Definition 1. *Kurven minimaler Länge s im Sinne von (1), die durch zwei Punkte A und B aus Ω laufen, heißen metrische Geodäten.*

Bemerkung 1. Das ist ein Variationsproblem im Sinne von Def. 11.1.3 (b) mit $L(t, x^k, \dot{x}^k) = \sqrt{g_{kl}\dot{x}^k\dot{x}^l}$, man vergleiche auch mit 11.2.3. und den dortigen Bemerkungen. s heißt wieder Bogenlänge der betrachteten Kurve.

Definition 2. *Die Christoffelsymbole erster Art sind*

$$\{jk, l\} = \frac{1}{2}\,(g_{jl'k} + g_{kl'j} - g_{jk'l}), \tag{2}$$

und die Christoffelsymbole zweiter Art sind

$$\left\{{j \atop kl}\right\} = g^{jr}\{kl, r\}\,. \tag{3}$$

Bemerkung 2. In (2) und (3) gelten natürlich wieder die üblichen Summationsvereinbarungen.

Satz. $x(s) = (x^1(s), \ldots, x^n(s))$ *ist genau dann eine metrische Geodäte, wenn*

$$\frac{\mathrm{d}^2x^k}{\mathrm{d}s^2} + \left\{{k \atop lm}\right\}\frac{\mathrm{d}x^l}{\mathrm{d}s}\cdot\frac{\mathrm{d}x^m}{\mathrm{d}s} = 0 \tag{4}$$

gilt, wobei s die Bogenlänge aus (1) *ist.*

Bemerkung 3. Die Formel (4) erhält man aus den Eulerschen Differentialgleichungen (11.1.3/2), wenn man berücksichtigt, daß s die Bogenlänge ist, also $g_{kl}\,\frac{\mathrm{d}x^k}{\mathrm{d}s}\,\frac{\mathrm{d}x^l}{\mathrm{d}s} = 1$ gilt.

Bemerkung 4. Im (global) euklidischen Fall stimmt der Satz mit Satz 11.2.3 überein. Der entscheidende Vorteil der obigen Betrachtungen besteht aber darin, daß wir eine Beschreibung metrischer Geodäten erhalten, die unabhängig von den gewählten krummlinigen Koordinaten ist. Sind (x^k) und (x'^k) krummlinige Koordinaten in Ω und sind g_{kl} und g'_{kl} die zugehörigen Ausgaben des Fundamentaltensors, so ist

$$g_{kl}(x^r)\,\frac{\mathrm{d}x^k}{\mathrm{d}t}\,\frac{\mathrm{d}x^l}{\mathrm{d}t} = g'_{kl}(x'^r)\,\frac{\mathrm{d}x'^k}{\mathrm{d}t}\,\frac{\mathrm{d}x'^l}{\mathrm{d}t}\,.$$

Somit ist die Problemstellung koordinaten-invariant und damit auch das Resultat (4). Die Gleichungen (4) spielen in der allgemeinen Relativitätstheorie eine wesentliche Rolle, der Fundamentaltensor g_{kl} ist dann aber punktal eine Lorentz-Metrik.

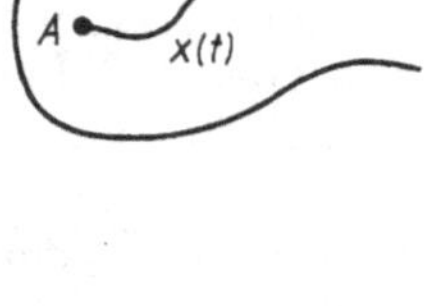

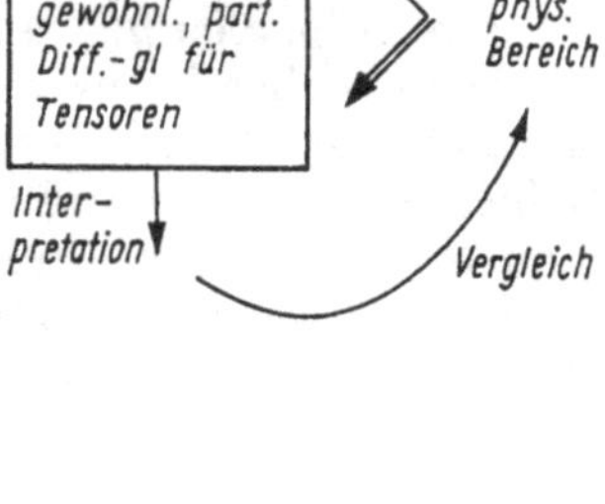

24.2. Klassische Feldtheorie

24.2.1. Das Modell der Feldtheorie

In 12.1. hatten wir über Modellbildung in der Physik gesprochen. Beispiele für dieses Konzept waren die klassische Punktmechanik in 12.2. und die Hydrodynamik in 16.1. Der Anspruch der Feldtheorie geht weiter: Sie ist die Basis für eine ganze Reihe von Theorien, die durch gewöhnliche und partielle Differentialgleichungen beschrieben werden. Trotz dieser Allgemeinheit läßt sich das Konzept aus 12.1. konkretisieren, insbesondere die black box „mathematische Theorie" aus 12.1.2. Das Bild aus 12.1.2. sieht jetzt wie folgt aus. Die mathematische Theorie besteht aus einer C^∞-Mannigfaltigkeit (in unserem bisher betrachteten Fall aus einem Gebiet Ω im R_n), einem Fundamentaltensor g_{kl} und Systemen von gewöhnlichen und partiellen Differentialgleichungen für Tensoren und andere (invariante) geometrische Objekte. Dabei gibt es einen wesentlichen Unterschied zwischen absoluten und allgemeinen Raum-Zeit-Theorien. In absoluten Raum-Zeit-Theorien sind Ω und die Geometrie in Form des Fundamentaltensors g_{kl} vorgegeben. (Beispiele sind der euklidische Raum R_{3n} für ein n-Teilchen-System der klassischen Punktmechanik oder der vierdimensionale Minkowski-Raum der speziellen Relativitätstheorie.) Dynamische Objekte, die vom „phys. Bereich" in die „math. Theorie" übersetzt werden müssen, sind dann Tensoren und verwandte geometrische Gebilde. In dem obigen Bild kommt von den Pfeilen ⇘⇙ nur ⇙ zum Tragen. Anders in allgemeinen Raum-Zeit-Theorien: Hier ist die Geometrie in Form des Fundamentaltensors g_{kl} selber dynamisches Objekt. Die Geometrie wird also durch das gegebene konkrete physikalische Problem erst bestimmt. Auf diesen Wesenszug der allgemeinen Relativitätstheorie gehen wir später noch ausführlich ein. Wie in 24.1.1. schon gesagt wurde, beschränken wir uns im Moment auf absolute Raum-Zeit-Theorien.

24.2.2. Lagrange-Dichten

Wie früher ist Ω ein beliebiges Gebiet im R_n, und g_{kl} ist ein Fundamentaltensor in Ω im Sinne von 24.1.2. Sind x'^k und x''^k beliebige krummlinige Koordinaten in Ω, so ist $x'(\tau) = (x'^1(\tau), \ldots, x'^n(\tau)) = (x''^1(\tau), \ldots, x''^n(\tau)) = x''(\tau)$ eine Kurve in Ω, wobei τ ein reeller Parameter ist. Wie schon in 24.1. setzen wir in Zukunft stillschweigend voraus, daß Koordinatentransformationen, Kurven usw. hinreichend glatt sind, etwa C^∞-Funktionen. Wie in 24.1.2. lassen wir nur Koordinatentransformationen $x''^k = x''^k(x'^l)$ mit $\dfrac{\partial(x''^k)}{\partial(x'^l)} > 0$ zu.

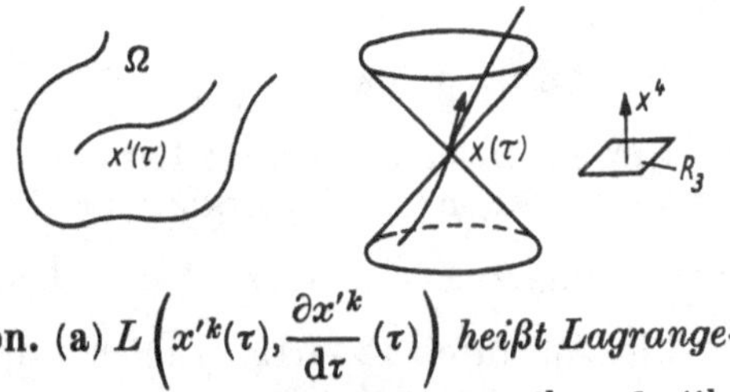

Definition. (a) $L\left(x'^k(\tau), \dfrac{\partial x'^k}{d\tau}(\tau)\right)$ *heißt Lagrange-Dichte für Kurven, falls für je zwei Systeme krummliniger Koordinaten* x'^k *und* x''^k

$$L\left(x'^k(\tau),\quad \frac{dx'^k}{d\tau}(\tau)\right) = L\left(x''^k(\tau),\quad \frac{dx''^k}{d\tau}(\tau)\right) \tag{1}$$

gilt.

(b) $L(x'^k, \overset{r}{T}'^{k\ldots l}{}_{p\ldots q}, \overset{r}{T}'^{k\ldots l}{}_{p\ldots q's})$ *heißt Lagrange-Dichte für die Tensoren* $\overset{r}{T}'^{k\ldots l}{}_{p\ldots q}$ *mit* $r=1, \ldots, R$, *falls für je zwei Systeme krummliniger Koordinaten* x'^k *und* x''^k

$$L(x'^k, \overset{r}{T}'^{k\ldots l}{}_{p\ldots q}, \overset{r}{T}'^{k\ldots l}{}_{p\ldots q's}) = \frac{\partial(x''^a)}{\partial(x'^b)} L(x''^k, \overset{r}{T}''^{k\ldots l}{}_{p\ldots q}, \overset{r}{T}''^{k\ldots l}{}_{p\ldots q's}) \tag{2}$$

gilt.

Bemerkung 1. Wie in Def. 11.1.3 verlangen wir, daß die Funktionen $L=L(u^1, \ldots, u^N)$ nach allen ihren Argumenten zweimal stetig differenzierbar sind. Es ist aber zweckmäßig (und auch ausreichend), diese Differenzierbarkeit nicht im ganzen R_N zu fordern, sondern nur in gewissen Gebieten (die von der Problemstellung abhängen). Man vergleiche hierzu mit den Beispielen aus 11.2., etwa mit Bemerkung 11.2.3/1. Das hat natürlich gewisse Beschränkungen bezüglich der zugelassenen Kurven und Tensoren zur Folge.

Bemerkung 2. Im Teil (b) der Definition betrachten wir R Tensoren, $\overset{r}{T}$, die im allgemeinen verschiedene Indexbilder haben. Wie früher ist $\overset{r}{T}'^{\cdots}{}_{\cdots 's} = \frac{\partial}{\partial x'^s} \overset{r}{T}'^{\cdots}{}_{\cdots}$

Beispiele. Wir betrachten den Minkowskiraum. Es ist also $\Omega = R_4$, und

$$(g_{kl}(x)) = \begin{pmatrix} 1 & & & 0 \\ & 1 & & \\ & & 1 & \\ 0 & & & -1 \end{pmatrix} \tag{3}$$

ist der Fundamentaltensor in den kartesischen Koordinaten $x=(x^1, x^2, x^3, x^4)$. Es ist $g=\det g_{kl}=-1$. Ist x'^k ein beliebiges krummliniges Koordinatensystem, so folgt aus Lemma 24.1.2, daß $g'=\det g'_{kl}<0$ ist. (Nach dem Transformationsgesetz (24.1.2/11) ist g'_{kl} in beliebigen Koordinatensystemen x'^k bekannt, wenn g_{kl} im Koordinatensystem x^k gegeben ist.) Betrachten wir im Minkowskiraum (mit kartesischen Koordinaten) die Kurve $x(\tau)=(x^1(\tau), x^2(\tau), x^3(\tau), x^4(\tau))$, so ist

$$\left(\frac{\mathrm{d}s}{\mathrm{d}\tau}\right)^2 = \left(\frac{\mathrm{d}x^1}{\mathrm{d}\tau}\right)^2 + \left(\frac{\mathrm{d}x^2}{\mathrm{d}\tau}\right)^2 + \left(\frac{\mathrm{d}x^3}{\mathrm{d}\tau}\right)^2 - \left(\frac{\mathrm{d}x^4}{\mathrm{d}\tau}\right)^2.$$

Später ist (x^1, x^2, x^3) der Ort (eines Teilchens) und $x^4=t$ die Zeit. In diesem Sinne nennt man eine Kurve $x(\tau)$ zeitartig, falls $\left(\frac{\mathrm{d}s}{\mathrm{d}\tau}\right)^2<0$ für alle (zur Konkurrenz zugelassenen) Parameterwerte τ gilt. $\left(\text{Ist stets } \left(\frac{\mathrm{d}s}{\mathrm{d}\tau}\right)^2>0, \text{ so heißt die Kurve raumartig.}\right)$ Geometrisch bedeutet dies folgendes: $(\xi^1-x^1(\tau))^2+(\xi^2-x^2(\tau))^2+(\xi^3-x^3(\tau))^2 = (\xi^4-x^4(\tau))^2$ sei der gerade Kreiskegel im R_4 mit $x(\tau)$ als singulärem Punkt. Die Kurve $x(\tau)$ ist genau dann zeitartig, wenn die Tangente $\frac{\mathrm{d}x}{\mathrm{d}\tau} = \left(\frac{\mathrm{d}x^1}{\mathrm{d}\tau}, \frac{\mathrm{d}x^2}{\mathrm{d}\tau}, \frac{\mathrm{d}x^3}{\mathrm{d}\tau}, \frac{\mathrm{d}x^4}{\mathrm{d}\tau}\right)$ stets ins Innere dieses Kegels zeigt. Um ein Beispiel für eine Langrange-Dichte für Kurven zu geben, beschränken wir uns im Sinne von Bemerkung 1 auf zeitartige Kurven $x(\tau)$. (Für die späteren Anwendungen ist dies ausreichend, denn physikalisches Geschehen wird im Minkowskiraum durch zeitartige Linien, oder Linien mit $\left(\frac{\mathrm{d}s}{\mathrm{d}\tau}\right)^2 \leqq 0$, beschrieben.) Man prüft jetzt rasch nach, daß

$$L\left(x'^k(\tau), \frac{\mathrm{d}x'^k}{\mathrm{d}\tau}(\tau)\right) = \sqrt{-g'_{kl}\frac{\mathrm{d}x'^k}{\mathrm{d}\tau}\cdot\frac{\mathrm{d}x'^l}{\mathrm{d}\tau}} \tag{4}$$

eine Lagrange-Dichte für zeitartige Kurven ist. Hierbei ist x'^k ein beliebiges krummliniges Koordinatensystem im Minkowskiraum. Um ein Beispiel für eine Lagrange-Dichte für Tensoren zu geben, erinnern wir zuerst an Lemma 24.1.2. Sind x'^k und x''^k zwei beliebige krummlinige Koordinatensysteme im Minkowskiraum und ist $g' = \det g'_{kl}$ und $g'' = \det g''_{kl}$, so folgt aus Lemma 24.1.2 und $\dfrac{\partial(x'^k)}{\partial(x''^l)} > 0$, daß

$$\sqrt{-g''} = \frac{\partial(x'^k)}{\partial(x''^l)} \sqrt{-g'} \tag{5}$$

gilt. Ist jetzt $\tilde{L}$ eine skalare Funktion mit

$$\tilde{L}(x'^k, \overset{r}{T}{}'^{k\ldots l}{}_{p\ldots q}, \overset{r}{T}{}'^{k\ldots l}{}_{p\ldots q's}) = \tilde{L}(x''^k, \overset{r}{T}{}''^{k\ldots l}{}_{p\ldots q}, \overset{r}{T}{}''^{k\ldots l}{}_{p\ldots q's}) \tag{6}$$

für beliebige Koordinatensysteme x'^k und x''^k, so folgt aus (5) und (6), daß

$$L(x'^k, \overset{r}{T}{}'^{k\ldots l}{}_{p\ldots q}, \overset{r}{T}{}'^{k\ldots l}{}_{p\ldots q's}) = \sqrt{-g'}\, \tilde{L}(x'^k, \overset{r}{T}{}'^{k\ldots l}{}_{p\ldots q}, \overset{r}{T}{}'^{k\ldots l}{}_{p\ldots q's}) \tag{7}$$

eine Lagrange-Dichte für die Tensoren $\overset{r}{T}$ ist. Ein typisches Beispiel ist

$$L = \sqrt{-g}\, G^{kl} H_{kl}\,, \tag{8}$$

wobei G^{kl} ein Tensor vom Typ (2,0) und H_{kl} ein Tensor vom Typ (0,2) ist. (Wir erinnern daran, daß über doppelt auftretende Indizes zu summieren ist, $G^{kl}H_{kl}$ ist nach doppelter Verjüngungsprozedur ein Skalar.)

Bemerkung 3. Um Mißverständnisse zu vermeiden, weisen wir darauf hin, daß (1) und (2) als Identitäten zu verstehen sind. Man hat beide Seiten von (1) und (2) nach Kettenregel und Transformationsgesetz für Tensoren auf ein fixiertes Koordinatensystem umzurechnen (etwa x'^k). Danach müssen dann (1) und (2) Identitäten für alle (zugelassenen) Kurven oder Tensoren sein. Die obigen Beispiele zeigen deutlich, wie dies zu verstehen ist.

24.2.3. Lagrange-Formalismus

Kurven: $x(\tau) = (x^1(\tau), \ldots, x^n(\tau))$ mit $\tau_0 \leqq \tau \leqq \tau_1$ sei eine Kurve im Gebiet Ω im R_n. Wie immer seien $x^k(\tau)$ glatte (etwa zweimal stetig differenzierbare) Funktionen. Es sei $\varphi(\tau) = (\varphi^1(\tau), \ldots, \varphi^n(\tau))$ mit $\varphi(\tau_0) = \varphi(\tau_1) = 0$, so daß $x(\tau) + \varepsilon\varphi(\tau)$ für $0 \leqq \varepsilon \leqq 1$ glatte (zweimal stetig differenzierbare) Kurven in Ω sind. Ist L eine Lagrange-Dichte für Kurven, so werden Kurven $x(\tau)$ gesucht, für die

$$\int_{\tau_0}^{\tau_1} L\left(x^k(\tau), \frac{dx^k}{d\tau}(\tau)\right) d\tau \tag{1}$$

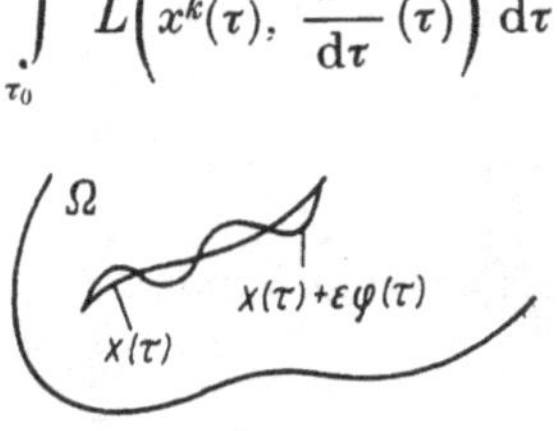

extremal (oder stationär) wird. (1) ist unabhängig von der Auswahl der (krummlinigen) Koordinaten x^k. In Analogie zu 11.1.3. heißt diese Aufgabenstellung, daß für alle $\varphi(\tau)$ mit den obigen Eigenschaften

$$\frac{d}{d\varepsilon} I(\varepsilon)\,|_{\varepsilon=0} = 0 \tag{2}$$

mit

$$I(\varepsilon)=\int_{\tau_0}^{\tau_1} L\left(x^k(\tau)+\varepsilon\varphi^k(\tau),\ \frac{\mathrm{d}}{\mathrm{d}\tau}\left[x^k(\tau)+\varepsilon\varphi^k(\tau)\right]\right)\mathrm{d}\tau$$

gilt. Abgesehen von der Forderung (24.2.2/1) ist dies das gebundene Randwertproblem aus Def. 11.1.3(b).

Tensoren: Vorgegeben ist ein Gebiet Ω und eine Lagrange-Dichte L für Tensoren im Sinne von Def. 24.2.2(b). Gesucht werden Tensoren $\overset{r}{T}{}^{k\ldots l}{}_{p\ldots q}$, für welche

$$\int_\omega L(x^k,\ \overset{r}{T}{}^{k\ldots l}{}_{p\ldots q},\ \overset{r}{T}{}^{k\ldots l}{}_{p\ldots q'_s})\,\mathrm{d}x \tag{3}$$

für jedes beschränkte Gebiet ω mit $\bar{\omega}\subset\Omega$ extremal (oder stationär) wird (bezogen auf die kartesischen Koordinaten x^k). Die Aufgabenstellung ist sinnvoll (unabhängig von der Auswahl der Koordinatensysteme): Sind x'^k und x''^k zwei Systeme krummliniger Koordinaten in Ω und sind ω' und ω'' die Bilder von ω bei Anwendung von $x'^k(x^l)$ und $x''^k(x^l)$ (interpretiert als Abbildung von Ω im R_n), so folgt aus Satz 9.2.2 und (24.2.2/2)

$$\int_{\omega''} L(x''^k,\ \overset{r}{T}{}''^{\cdots}{}_{\cdots},\ \overset{r}{T}{}''^{\cdots}{}_{\cdots'_s})\,\mathrm{d}x''$$

$$=\int_{\omega'} L(x'^k,\ \overset{r}{T}{}'^{\cdots}{}_{\cdots},\ \overset{r}{T}{}'^{\cdots}{}_{\cdots'_s})\,\frac{\partial(x'^b)}{\partial(x''^a)}\cdot\frac{\partial(x''^c)}{\partial(x'^d)}\,\mathrm{d}x'$$

$$=\int_{\omega'} L(x'^k,\ \overset{r}{T}{}'^{\cdots}{}_{\cdots},\ \overset{r}{T}{}'^{\cdots}{}_{\cdots'_s})\,\mathrm{d}x'\,.$$

Man kann also die Aufgabe auch koordinateninvariant ohne Bezug auf kartesische Koordinaten formulieren. Die Präzisierung der obigen Forderung sieht jetzt wie folgt aus. Ist $0\leqq\varepsilon\leqq 1$ und sind $\overset{r}{V}{}^{k\ldots l}{}_{p\ldots q}$ Tensoren mit dem gleichen Indexbild wie $\overset{r}{T}{}^{k\ldots l}{}_{p\ldots q}$, so sei

$$I_\omega(\varepsilon)=\int_\omega L(x^k,\ \overset{r}{T}{}^{k\ldots l}{}_{p\ldots q}+\varepsilon\overset{r}{V}{}^{k\ldots l}{}_{p\ldots q},\ \overset{r}{T}{}^{k\ldots l}{}_{p\ldots q'_s}+\varepsilon\overset{r}{V}{}^{k\ldots l}{}_{p\ldots q'_s})\,\mathrm{d}x\,.$$

Gesucht werden Tensoren $\overset{r}{T}{}^{k\ldots l}{}_{p\ldots q}$, so daß

$$\frac{\mathrm{d}}{\mathrm{d}\varepsilon}I_\omega(\varepsilon)\,|_{\varepsilon=0}=0$$

für alle beschränkten Gebiete ω mit $\bar{\omega}\subset\Omega$ und alle Tensoren $\overset{r}{V}$ mit $\overset{r}{V}{}^{k\ldots l}{}_{p\ldots q}\in D(\omega)$ gilt.

Satz. (**a**) (*Kurven*). *Die Kurve $x(\tau)$ ist genau dann extremal (stationär) im obigen Sinne, wenn für $k=1,\ldots,n$*

$$\frac{\partial L}{\partial x^k}-\frac{\mathrm{d}}{\mathrm{d}\tau}\left(\frac{\partial L}{\partial\dot{x}^k}\right)=0 \tag{5}$$

gilt (Euler-Lagrangesche Gleichungen).

(b) (*Tensoren*). *Die Tensoren (dynamische Objekte)* $\overset{r}{T}{}^{\cdots}{}_{\cdots}$ *sind genau dann extremal (stationär), wenn für* $r=1, \ldots, R$

$$\frac{\partial L}{\partial \overset{r}{T}{}^{k\ldots l}{}_{p\ldots q}} - \left(\frac{\partial L}{\partial \overset{r}{T}{}^{k\ldots l}{}_{p\ldots q's}}\right)_{'s} = 0 \tag{6}$$

gilt.

Bemerkung. Teil (a) ist identisch mit Satz 11.1.3/1. In Bemerkung 11.1.3/2 wurde erläutert, wie (5) zu verstehen ist. Man erhält also ein System von n gewöhnlichen Differentialgleichungen. In gleicher Weise hat man (6) zu interpretieren, wobei man jetzt ein System partieller Differentialgleichungen erhält. Hierbei wird über s summiert, während $k, \ldots, l, p, \ldots, q$ unabhängig von 1 bis n laufen. Ferner ist $r=1, \ldots, R$. Damit hat man eines der Ziele aus 24.1.1. erreicht: Gewinnung von Systemen partieller Differentialgleichungen aus Extremalprinzipien. Zu einer konkreten physikalischen Aufgabe muß man also eine Lagrange-Dichte L suchen, so daß (6) mit dem zugehörigen System partieller Differentialgleichungen übereinstimmt.

24.3. Beispiele für Feldtheorien

24.3.1. Die kovariante Punktmechanik

Wie in Kap. 12 betrachten wir ein System von n Massenpunkten im R_3 mit den Massen m_l, wobei $l=1, \ldots, n$ ist. Die Untersuchungen in 12.3.1. kann man jetzt wie folgt beschreiben: Ist $(x^{3r-2}(\tau), x^{3r-1}(\tau), x^{3r}(\tau))$ die Bahnkurve des r-ten Teilchens im R_3 in kartesischen Koordinaten, so setzen wir im Sinne von 24.2.

$$\Omega = R_{3n+1}, \quad (g_{kl}) = \begin{pmatrix} 1 & & 0 \\ & \ddots & \\ 0 & & 1 \end{pmatrix}. \tag{1}$$

Hierbei ist $t=x^{3n+1}(\tau)$ die Zeit. Man kann jetzt die Lagrangefunktion (= Lagrange-Dichte für Kurven) aus (12.3.1/1) leicht in unseren jetzigen Kalkül umschreiben (siehe unten). Hierbei ist die potentielle Energie $V=V(x^s)$ eine skalare Funktion, die jetzt von t unabhängig sein soll. (24.2.3/5) ist dann mit Satz 12.3.1 identisch. Die vorangehenden Abschnitte erlauben uns, das gleiche Problem in beliebigen krummlinigen Koordinaten zu formulieren. Sind wieder n Massenpunkte gegeben, so beschreiben wir den Ort des r-ten Teilchens in separaten krummlinigen Koordinaten im R_3, die wir wieder mit $(x^{3r-2}, x^{3r-1}, x^{3r})$ bezeichnen. Man kann sich leicht Probleme vorstellen, bei denen gewisse krummlinige Koordinaten viel zweckmäßiger sind, als kartesische Koordinaten, die auf die Spezifik des Problems keine Rücksicht nehmen. Hat man z. B. die a-priori-Kenntnis, daß sich ein Massenpunkt stets auf der Oberfläche einer Kugel bewegt, so ist es natürlich, Polarkoordinaten mit dem Kugelmittelpunkt als Zentrum zu benutzen. (1) hat man jetzt durch

$$\Omega \subset R_{3n+1}, \quad (g_{kl}) = \begin{pmatrix} (G_3) & & & 0 \\ & (G_3) & & \\ & & \ddots & \\ 0 & & & (G_3) \end{pmatrix} \tag{2}$$

zu ersetzen. Hierbei sind (G_3) 3×3-Matrizen, wobei die r-te Matrix (die dem r-ten Teilchen entspricht) die Form

$$g_{kl} = \frac{m_r}{g} \overset{r}{g}_{\alpha,\beta}(x^{3(r-1)+\gamma}), \quad k=3(r-1)+\alpha, \quad l=3(r-1)+\beta, \tag{3}$$

hat. Hierbei können α, β und γ die Werte 1, 2, 3 annehmen und $r=1, \ldots, n$. Ferner sind $(\overset{r}{g}_{\alpha\beta})^3_{\alpha\beta=1}$ positiv-definite symmetrische Matrizen, die zu dreidimensionalen

Linienelementen im euklidischen Raum R_3 bezüglich der krummlinigen Koordinaten $(x^{3r-2}, x^{3r-1}, x^{3r})$ gehören. Beispiele sind kartesische Koordinaten oder Polarkoordinaten, wobei man Ω passend zu wählen hat. Die $(3n+1)$-te Koordinate x^{3n+1} in (2) ist wieder die Zeit.

$$L = g_{kl} \frac{\mathrm{d}x^k}{\mathrm{d}\tau} \cdot \frac{\mathrm{d}x^l}{\mathrm{d}\tau} - V(x^s) \tag{4}$$

ist eine Lagrange-Dichte für Kurven, sofern $V(x^s)$ eine skalare Funktion (Tensor nullter Stufe) ist.

Satz. *Hängt V nicht explizit von $t = x^{3n+1}$ ab, so lauten die Eulerschen Gleichungen (24.2.3/5) für die Lagrange-Dichte L aus* (4)

$$\ddot{x}_l + \begin{Bmatrix} l \\ km \end{Bmatrix} \dot{x}^k \dot{x}^m = -\frac{1}{2} g^{kl} \frac{\partial V}{\partial x^k} \quad \textit{für} \quad l = 1, \ldots, 3n \tag{5}$$

und $\dfrac{\partial^2 t}{\partial \tau^2} = 0.$

Bemerkung 1. Es ist $\dot{x}^l = \dfrac{\mathrm{d}x^l}{\mathrm{d}\tau}$. Die Forderung, daß V nicht explizit von x^{3n+1} abhängt, heißt, daß wir ein konservatives System im Sinne von 12.3.3. betrachten. $\begin{Bmatrix} l \\ km \end{Bmatrix}$ sind die Christoffelsymbole zweiter Art aus Def. 24.1.5/2. Aus $\dfrac{\mathrm{d}^2 t}{\mathrm{d}\tau^2} = 0$ folgt, daß wir ohne Beschränkung der Allgemeinheit $t = \tau$ setzen können.

Bemerkung 2. Die Interpretation von (5) ist klar nach unserem bisherigen Vorgehen: Mit $\tau = t$ ist $(x^{3r-2}(t), x^{3r-1}(t), x^{3r}(t))$ die Bahnkurve des r-ten Teilchens mit der Zeit als Parameter. Bei der Vorgabe von Anfangsdaten $x^k(t_0)$ und $\dot{x}^k(t_0)$ besitzt (5) (zumindest lokal) genau eine Lösung. Ist $V(x^l) \equiv 0$, so folgt aus Satz 12.2.3, daß L längs einer Bahnkurve konstant ist. Die Konstante ist positiv. Abgesehen von einer positiven Konstanten stimmt somit t mit der Bogenlänge s aus 24.1.5. überein. Für $V(x^k) \equiv 0$ ist somit (5) mit (24.1.5/4) identisch.

Ein kräftefreies System, also $V(x^k) \equiv 0$, bewegt sich somit im R_{3n} auf einer metrischen Geodäten. (6)

Diese Aussage werden wir in der allgemeinen Relativitätstheorie wiederfinden. Von besonderem Interesse (hier und auch später) ist, daß diese Aussage unabhängig von der Wahl der krummlinigen Koordinaten ist.

Bemerkung 3. Nach den Newtonschen Axiomen

bewegt sich ein kräftefreier Massenpunkt in einem Inertialsystem geradlinig und gleichförmig (Lex prima). (7)

(5) zeigt, daß es zwei Arten von Kräften gibt, die einer geradlinigen und gleichförmigen Bewegung $\ddot{x}^l \equiv 0$ entgegenstehen: Die reale Kraft $\dfrac{1}{2} g^{kl} \dfrac{\partial V}{\partial x^k}$ und die Scheinkraft $\begin{Bmatrix} l \\ km \end{Bmatrix} \dot{x}^k \dot{x}^m$. Die reale Kraft ist physikalischen Ursprungs (Gravitationskräfte, elektromagnetische Kräfte usw.) und hat in ihrer Existenz nichts mit der Spezifik der gewählten Koordinaten x^k zu tun. Die Scheinkraft dagegen hat keine physikalische Ursache, sie ist gewissermaßen ein Maß für die Abweichung des gewählten Koordinatensystems von einem Inertialsystem. Man kann aber auch (6) als elegante Verallgemeinerung von (7) ansehen.

24.3.2. Die Maxwell-Lorentz-Gleichungen der Elektrodynamik

Die Maxwellschen Gleichungen sind die Grundgleichungen der Elektrodynamik. Ihre vierdimensionale Schreibweise im Minkowskiraum nennt man auch die Maxwell-Lorentz-Gleichungen. Wir betrachten hier die Gleichungen für das Vakuum. In diesem Abschnitt leiten wir sie aus einem Extremalprinzip ab, im Abschnitt 24.3.3. beschreiben wir Interpretationen und Umformungen. In 25.3. diskutieren wir typische Aufgabenstellungen. Im Rahmen der allgemeinen Relativitätstheorie werden wir später mehrfach die Einstein-Maxwellschen Gleichungen besprechen, siehe 30.1.3. und 33.5.

Minkowskiraum: Ausgangspunkt ist der Minkowskiraum aus den Beispielen in 24.2.2. Es ist also $\Omega = R_4$, und der Fundamentaltensor g_{kl} hat in kartesischen Koordinaten die Form (24.2.2/3). Sind (x^1, x^2, x^3, x^4) beliebige krummlinige Koordinaten im Minkowskiraum, so gewinnt man den zugehörigen Fundamentaltensor aus (24.2.2/3) nach bekannten Umrechnungsvorschriften, vgl. (24.1.2/11). Aus dieser Formel folgt auch, daß $g = \det g_{kl} < 0$ ist, was in den Beispielen in 24.2.2. ebenfalls schon benutzt wurde.

Satz. (**a**) *Ist F^{kl} ein kontravarianter Tensor und ist A_k ein kovarianter Vektor im Minkowskiraum, so ist*

$$L = \frac{1}{4} \sqrt{-g}\, F^{kl} g_{kr} g_{ls} F^{rs} - \frac{1}{2} \sqrt{-g}\, F^{kl} (A_{k'l} - A_{l'k}) \tag{1}$$

eine Lagrange-Dichte im Sinne von Def. 24.2.2(*b*).

(**b**) *Die Eulerschen Gleichungen im Sinne von Satz* 24.2.3(*b*) *für L bezüglich der dynamischen Objekte F^{kl} und A_k lauten in kartesischen Koordinaten*

$$F_{kl} = A_{k'l} - A_{l'k} \quad \textit{mit} \quad F_{kl} = g_{kr} g_{ls} F^{rs} \tag{2}$$

und

$$F^{kl}{}_{'l} = 0 \,. \tag{3}$$

Bemerkung 1. $A_{k'l} - A_{l'k}$ ist nach Satz 24.1.4/2(b) ein kovarianter Tensor. In (1), (2), (3) gilt natürlich wieder die frühere Vorschrift: Über doppelt auftretende Indizes ist zu summieren. Dann hat L die Struktur aus (24.2.2/8) und ist somit eine Langrange-Dichte für Tensoren im Minkowskiraum.

Bemerkung 2. Wie schon mehrfach betont wurde, betrachten wir im Moment absolute Raum-Zeit-Theorien. Der Fundamentaltensor in L ist also kein dynamisches Objekt, die Tensoren $\overset{r}{T}$ aus (24.2.3/6) sind also mit F^{kl} und A_k zu identifizieren. Man erhält für beliebige krummlinige Koordinatensysteme im Minkowskiraum

$$0 = \frac{\partial L}{\partial A_k} - \left(\frac{\partial L}{\partial A_{k'l}}\right)_{'l} = \frac{1}{2} (\sqrt{-g}\,(F^{kl} - F^{lk}))_{'l} \,, \tag{4}$$

$$0 = \frac{\partial L}{\partial F^{kl}} - \left(\frac{\partial L}{\partial F^{kl}{}_{'p}}\right)_{'p} = \frac{2}{4} \sqrt{-g}\, g_{kr} g_{ls} F^{rs} - \frac{1}{2} \sqrt{-g}\,(A_{k'l} - A_{l'k}) \,. \tag{5}$$

Man sieht jetzt leicht, daß sowohl F_{kl} aus (2) als auch F^{kl} antisymmetrisch sind, also $F_{kl} = -F_{lk}$ und $F^{kl} = -F^{lk}$. Berücksichtigt man dies, so folgt für kartesische Koordinaten (2) aus (5) und (3) aus (4).

Bemerkung 3. Die Formeln (2) und (3) sind die Maxwell-Lorentz-Gleichungen für das elektromagnetische Feld im Vakuum. Im nächsten Abschnitt schreiben wir diese Formeln um, so daß sie die übliche, nicht-relativistische Form erhalten, die viel komplizierter aussieht. Im Vergleich dazu ist (2), (3) eine sehr elegante Fassung. Wer da aber glaubt, daß diese Eleganz nicht mehr überboten werden kann, irrt. Wir verweisen auf 33.5. Man vergleiche auch mit [41], S. 30, wo die verschiedenen Formulierungen der Maxwellschen Gleichungen zu finden sind.

War es ein Gott, der diese Zeichen schrieb?
(Boltzmann über die Maxwellschen Gleichungen)

24.3.3. Interpretation und Umschrift der Maxwellschen Gleichungen

Interpretation: Im Sinne der Modellbildung in 12.1.2. und seiner Konkretisierung in 24.2.1. haben wir die nebenstehende Situation. Die „Übersetzung" erfolgt durch die Lagrange-Dichte L aus (24.3.2/1). Im Moment ist aber noch unklar, wie F^{kl} und

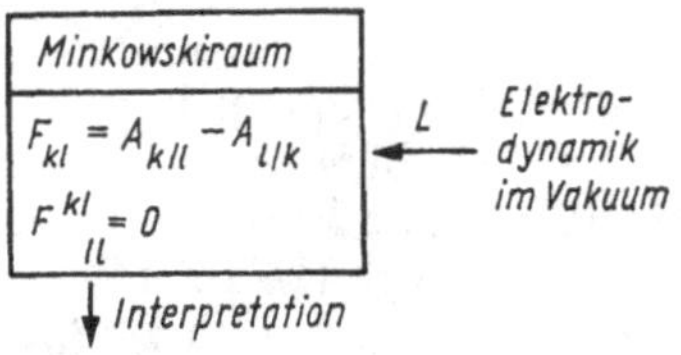

A_k mit physikalischen Größen zusammenhängen (wir haben schon übersetzt, wissen nur nicht, was). Wir betrachten im Minkowkiraum nur noch kartesische Koordinaten, die wir mit $(x, y, z, t) = (x^1, x^2, x^3, x^4)$ bezeichnen. Damit ist klar, wie diese Koordinaten interpretiert werden: $\bar{x} = (x, y, z)$ sind die Ortskoordinaten im realen dreidimensionalen Raum und t ist die Zeit. Ist

$\mathfrak{E}(\bar{x}, t) = (E_x, E_y, E_z)$ die elektrische und
$\mathfrak{B}(\bar{x}, t) = (B_x, B_y, B_z)$ die magnetische Feldstärke,

so wird der Tensor F_{kl} mit

$$(F_{kl}) = \begin{pmatrix} 0 & -B_z & B_y & -E_x \\ B_z & 0 & -B_x & -E_y \\ -B_y & B_x & 0 & -E_z \\ E_x & E_y & E_z & 0 \end{pmatrix} \tag{1}$$

identifiziert. Ferner sei

$$(A_k) = (A_x, A_y, A_z, \Phi) = (\mathfrak{A}, \Phi)\,, \tag{2}$$

wobei $\mathfrak{A} = (A_x, A_y, A_z)$ das Vektorpotential und Φ das skalare Potential der Elektrodynamik ist. Alle Funktionen hängen von $\bar{x} = (x, y, z)$ und t ab.

Satz 1. *Haben F_{kl} und A_k die Bedeutung aus* (1) *und* (2), *so lauten die Maxwellschen Gleichungen* (24.3.2/2) *und* (24.3.2/3)

$$\mathfrak{B} = \operatorname{rot} \mathfrak{A}, \quad \mathfrak{E} = \operatorname{grad} \Phi - \frac{\partial \mathfrak{A}}{\partial t}, \tag{3}$$

$$\operatorname{rot} \mathfrak{B} = \frac{\partial \mathfrak{E}}{\partial t}, \quad \operatorname{div} \mathfrak{E} = 0\,. \tag{4}$$

Bemerkung 1. Hierbei ist (3) die Umformung von (24.3.2/2) und (4) die Umformung von (24.3.2/3). Insgesamt sind dies 10 Gleichungen, 6 sind in (3) enthalten und 4 in (4). Wir erinnern an die Bedeutung von div, rot, grad: Es ist

$$\operatorname{div} \mathfrak{E} = \frac{\partial E_x}{\partial x} + \frac{\partial E_y}{\partial y} + \frac{\partial E_z}{\partial z}, \quad \operatorname{grad} \Phi = \left(\frac{\partial \Phi}{\partial x}, \frac{\partial \Phi}{\partial y}, \frac{\partial \Phi}{\partial z}\right),$$

$$\operatorname{rot} \mathfrak{A} = \left(\frac{\partial A_z}{\partial y} - \frac{\partial A_y}{\partial z}, \frac{\partial A_x}{\partial z} - \frac{\partial A_z}{\partial x}, \frac{\partial A_y}{\partial x} - \frac{\partial A_x}{\partial y}\right).$$

Die Komponenten von rot $\mathfrak{A}$ sind die Unterdeterminanten (unter Berücksichtigung des Vorzeichens) der symbolischen Matrix

$$\begin{pmatrix} * & * & * \\ \frac{\partial}{\partial x} & \frac{\partial}{\partial y} & \frac{\partial}{\partial z} \\ A_x & A_y & A_z \end{pmatrix}.$$

Schließlich ist $\frac{\partial \mathfrak{A}}{\partial t} = \left(\frac{\partial A_x}{\partial t}, \frac{\partial A_y}{\partial t}, \frac{\partial A_z}{\partial t}\right)$, analog $\frac{\partial \mathfrak{E}}{\partial t}$.

Bemerkung 2. Wie gesagt wurde, sind (3) und (4) die Umschriften von (24.3.2/2) und (24.3.2/3). Hierbei ist

$$(F^{kl}) = \begin{pmatrix} 0 & -B_z & B_y & E_x \\ B_z & 0 & -B_x & E_y \\ -B_y & B_x & 0 & E_z \\ -E_x & -E_y & -E_z & 0 \end{pmatrix}.$$

Satz 2. *Aus* (3) *und* (4) *folgt*

$$\operatorname{rot} \mathfrak{E} + \frac{\partial \mathfrak{B}}{\partial t} = 0, \quad \operatorname{div} \mathfrak{B} = 0, \tag{5}$$

$$\operatorname{rot} \mathfrak{B} - \frac{\partial \mathfrak{E}}{\partial t} = 0, \quad \operatorname{div} \mathfrak{E} = 0. \tag{6}$$

Bemerkung 3. Das ist die übliche Form der Maxwellschen Gleichungen im Vakuum bei Abwesenheit von Ladungen und Strömen. (5) und (6) folgen leicht aus (3) und (4) (nur (5) ist neu). Umgekehrt folgt aus (5), daß sich $\mathfrak{E}$ und $\mathfrak{B}$ durch (3) darstellen lassen, sofern man $\mathfrak{A}$ und Φ geeignet wählt. (6) wandelt man nicht in dieser Form ab. Bei Anwesenheit elektrischer Ladungen mit der Ladungsdichte ϱ und elektrischer Ströme mit der Stromdichte $j = (j_x, j_y, j_z)$ bleibt nämlich (5) ungeändert, (6) wird aber ersetzt durch

$$\operatorname{rot} \mathfrak{B} - \frac{\partial \mathfrak{E}}{\partial t} = 4\pi j, \quad \operatorname{div} \mathfrak{E} = 4\pi\varrho. \tag{7}$$

Man erhält dann die Maxwellschen Gleichungen im Vakuum bei Anwesenheit von Ladungen und Strömen. Typische Anfangswertprobleme für diese Maxwellschen Gleichungen behandeln wir in 25.3. Entsprechende Probleme für die Einstein-Maxwell-Gleichungen werden in 33.5. untersucht.

Bemerkung 4. Vor Aufstellung der Maxwellschen Gleichungen betrachtete man elektrische und magnetische Felder weitgehend getrennt. Daß diese beiden Felder so eng gekoppelt sind, wie es die Gleichungen (5), (7) ausdrücken, war wohl eine der Ursachen für den oben zitierten Ausspruch von Boltzmann. Die relativistische Formulierung und die Interpretationen im Kap. 25 zeigen noch mehr: Was in einem Inertialsystem ein rein elektrisches Feld ist, kann in einem anderen Inertialsystem als gemischtes elektrisches und magnetisches Feld erscheinen.

Absolute, true, and mathematical time, of itself, and from its own nature, flows equably without relation to anything external.
Absolute space, in its own nature, without relation to anything external, remains always similar and immovable. (Newton, Principia, 1687)[1]

Von Stund an sollen Raum für sich und Zeit für sich zu Schatten herabsinken, und nur noch eine Art Union der beiden soll Selbständigkeit bewahren. (Minkowski, 1909)

25. Prinzipien der speziellen Relativitätstheorie und der Elektrodynamik

25.1. Die Lorentz-Gruppe und die Raum-Zeit

25.1.1. Der Minkowskiraum und Inertialsysteme

Der Minkowskiraum wurde in 24.2.2. eingeführt. Es ist $\Omega = R_4$. Ferner ist

$$(\eta_{kl}) = (g_{kl}) = \begin{pmatrix} 1 & & & 0 \\ & 1 & & \\ & & 1 & \\ 0 & & & -1 \end{pmatrix} \tag{1}$$

der Fundamentaltensor in kartesischen Koordinaten, die wir in Zukunft je nach Bedarf mit (x^1, x^2, x^3, x^4) oder (x, y, z, t) bezeichnen werden. Der letzten Schreibweise liegt die physikalische Interpretation aus 24.3.3. zugrunde: (x, y, z) ist der Ort im realen dreidimensionalen Raum, und t ist die Zeit. Der Verzicht auf die freie Wahl beliebiger krummliniger Koordinatensysteme im Minkowskiraum ist schmerzlich, aber im Moment mathematisch und physikalisch notwendig. Unser Ziel ist, die neue Raum-Zeit-Auffassung der Relativitätstheorie zu beschreiben. Im Rahmen der speziellen Relativitätstheorie muß man sich dabei Beschränkungen auferlegen, die den Gültigkeitsbereich dieser Theorie einengen. Ein skrupelloses Hantieren mit diesem Kalkül führt nämlich zu mathematisch wie physikalisch peinlichen Widersprüchen, wie das Zwillingsparadoxon in 25.2.1. zeigt. Im Rahmen der allgemeinen Relativitätstheorie gibt es dann diese Einschränkungen nicht mehr: Die neue Raum-Zeit-Auffassung und die Möglichkeit, beliebige krummlinige Koordinatensysteme wählen zu können, sind wieder vereint. Als Preis hat man eine Ausweitung des Kalküls aus 24.1., insbesondere seiner Grundlagen, zu zahlen.

Inertialsysteme: Die spezielle Relativitätstheorie macht nur Aussagen über Inertialsysteme. Der dreidimensionale euklidische Raum mit den kartesischen Koordinaten (x, y, z) (oder ein Teilbereich hiervon) und eine ihm zugeordnete Zeitmessung t heißen Inertialsystem, falls sich

jeder kräftefreie Massenpunkt geradlinig und gleichförmig bewegt. (2)

In unserer Sprechweise heißt dies, daß der Minkowskiraum mit den kartesischen Koordinaten (x, y, z, t) und der obigen Interpretation von Ort und Zeit nur dann

[1] Das Zitat stammt aus I. Newton, Principia, herausgegeben von F. Cajori (Univ. of California Press, Berkeley, 1947) und wurde aus [2], S. 106, übernommen.

zur Konkurrenz zugelassen ist, wenn (2) erfüllt ist. Mathematisch ist dies zufriedenstellend, schon deshalb, weil wir im mathematischen Teil der nachfolgenden Betrachtungen von dieser Festlegung nie Gebrauch machen werden (wohl aber bei den physikalischen Interpretationen). Physikalisch erhebt sich die Frage: Gibt es in der Natur Inertialsysteme, und wie findet man sie? Hat man einen Raum, in dem keine eingeprägten (d. h. durch physikalische Ursachen bedingten) Kräfte wirken, so kann man die Bahnen von drei sich (nicht in einer Ebene) frei bewegenden Massenpunkten nehmen, um ein kartesisches Koordinatensystem zu konstruieren. Dann hat man die Zeitskala so zu wählen, daß sich diese Massenpunkte mit konstanter Geschwindigkeit bewegen. Das Resultat ist ein Inertialsystem. Man kann es auch (physikalisch) einfacher machen: Die Erfahrung lehrt, daß ein kartesisches Koordinatensystem mit dem Mittelpunkt der Sonne als Ursprung und starr zum Fixsternhimmel ausgerichtet ein Inertialsystem ist, sofern man die Zeit nach einer üblichen physikalischen Prozedur (etwa mittels einer Atomuhr) bestimmt.

Bemerkung. Die Betrachtungen in 24.3.1. zeigen jetzt, daß man bei einer derartigen Konzeption nicht mit beliebigen krummlinigen Koordinatensystemen rechnen kann.

Die Ätherhypothese: Es sei (x, y, z, t) ein Inertialsystem mit den Ortskoordinaten (x, y, z) und der Zeit t. Wir betrachten ein zweites System (x', y', z', t'), das sich im

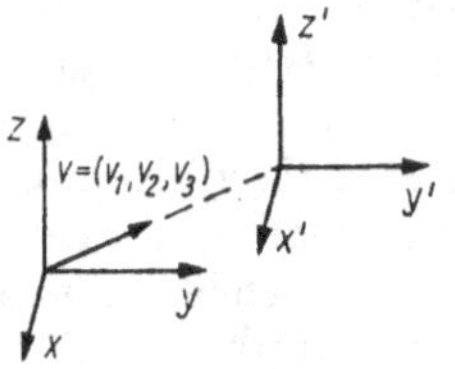

dreidimensionalen Raum gegenüber (x, y, z) geradlinig und gleichförmig bewegt. Die Zeitmessung soll in beiden Systemen gleich sein, also $t' = t$. Bei geeigneter Normierung erhält man dann die Galilei-Transformation

$$x = x' + v_1 t, \quad y = y' + v_2 t, \quad z = z' + v_3 t, \quad t = t' . \tag{3}$$

Das ist eine einfache geometrische Umrechnung. Man sieht sofort, daß (2) auch für (x', y', z', t') gilt, man erhält also ein neues Inertialsystem. Die beiden Systeme sind vollkommen gleichberechtigt, und die Gesetze der klassischen Mechanik sind invariant gegenüber Galilei-Transformationen. Wendet man (3) auf Gleichungen der Elektrodynamik an, etwa (24.3.3/5)–(24.3.3/7), so sieht man, daß diese Invarianz verloren geht. Die Formeln ändern ihre Gestalt. Das führte am Ende des letzten Jahrhunderts und zu Beginn unseres Jahrhunderts zur sogenannten Ätherhypothese. Danach gibt es ein ausgezeichnetes Inertialsystem, in dem sowohl die Maxwellschen Gleichungen als auch die Grundgleichungen der Mechanik in ihrer üblichen Form gelten. Betrachtet man ein zum Äther geradlinig und gleichförmig bewegtes Bezugssystem, so hat man die Formeln der Elektrodynamik gemäß (3) umzurechnen. Der Äther war ein hypothetisches Medium in dem sich elektromagnetische Wellen ausbreiteten. Insbesondere sollte die Lichtgeschwindigkeit in diesem Äther konstant und richtungsunabhängig sein. Wir normieren in diesem Kapitel den Wert der Lichtgeschwindigkeit auf 1. Die Konstanz der Lichtgeschwindigkeit eröffnet zugleich die Möglichkeit, die Existenz des Äthers experimentell nachzuweisen: Bewegt sich ein Koordinatensystem relativ zum Äther, etwa gemäß (3), so muß die Lichtgeschwindigkeit bezüglich dieses Koordinatensystems im allgemeinen von 1 abweichen. Der Effekt ist klein, lag aber schon damals im Bereich physikalischer Experimentierkunst. Die geistreichen Experimente zu diesem Thema lieferten aber durchweg negative Resultate: Im Rahmen der Meßgenauigkeit war ein Abweichen der Lichtgeschwindigkeit von 1 nicht festzustellen.

Die Konstanz der Lichtgeschwindigkeit: 1905 postulierte Einstein:

Die Lichtgeschwindigkeit im Vakuum ist in allen Inertialsystemen gleich groß

($=1$ in unserem Kalkül). Das steht natürlich im Widerspruch zur klassischen Newtonschen Auffassung von Raum und Zeit und widerspricht insbesondere (3). Ferner wurde verlangt, daß die Form der Maxwellschen Gleichungen ungeändert bleibt beim Übergang von einem Inertialsystem zu einem anderen. Alle Inertialsysteme sollten vollkommen gleichberechtigt sein, und es sollte unmöglich sein, durch mechanische oder elektrodynamische Experimente ein Inertialsystem besonders auszuzeichnen. Es ist klar, daß diese Forderungen nur durch ein neues Konzept von Raum und Zeit zu erfüllen waren.

25.1.2. Weltlinien

Bevor wir die Mathematik beschreiben, die der speziellen Relativitätstheorie zugrunde liegt, entwickeln wir die letzten Gedanken aus 25.1.1. noch etwas weiter. Betrachtet wird der Minkowskiraum mit den kartesischen Koordinaten (x, y, z, t), wobei $\bar{x}=(x, y, z)\in R_3$ der Ort des realen dreidimensionalen Raumes und t die Zeit ist. Wir setzen immer voraus, daß (x, y, z, t) ein Inertialsystem ist. Die Weltlinie eines am Ort $\bar{x}$ ruhenden Beobachters ist eine zur t-Achse parallele Gerade durch $\bar{x}$: Der Punkt $(\bar{x}, t)$ gibt an, daß sich der Beobachter zum Zeitpunkt t am Ort $\bar{x}$ befindet. Ein sich bewegender Beobachter hat die Weltlinie $x(\tau)=(x^1(\tau), x^2(\tau), x^3(\tau), x^4(\tau))$ (ausgezogene Linie). Die Spur (punktierte Linie) im R_3 gibt den Ort und $x^4(\tau)$ die Zeit an. Als Kurvenparameter τ wählen wir $\tau=t$. Für physikalisch sinnvolle Kurven bedeutet dies keine Einschränkung (die Zeitachse ist orientiert und Zeit wird nur von $-\infty$ nach ∞ durchlaufen). Ist $\bar{u}=(u_1, u_2, u_3)$ die übliche dreidimensionale Geschwindigkeit, so erhält man

$$\left(\frac{dx^k}{d\tau}\right)=(u_1, u_2, u_3, 1), \quad |\bar{u}|=\sqrt{u_1^2+u_2^2+u_3^2}\,. \tag{1}$$

Physikalisches Prinzip: In Übereinstimmung mit der Konstanz der Lichtgeschwindigkeit wird folgendes gefordert:

Wird längs der Weltlinie $x(\tau)$ physikalische Information transportiert, so ist $|\bar{u}|\leqq 1$.

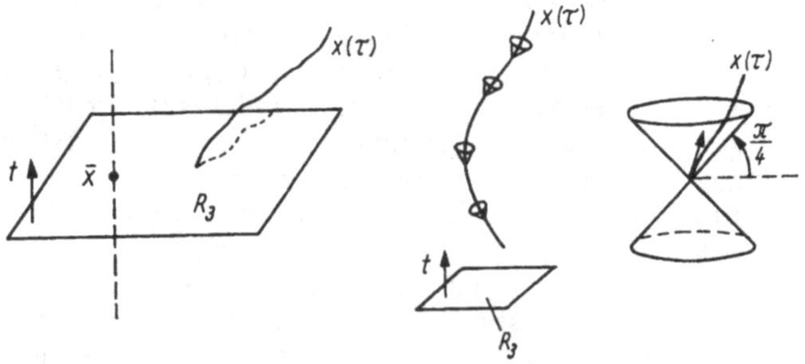

Insbesondere gilt dies für elektromagnetische Wellen (hier ist $|\vec{u}|=1$) und für Weltlinien materieller Teilchen. Ist stets $|\vec{u}|<1$, so heißt die Kurve zeitartig. Man vergleiche auch mit 24.2.2. Wie dort schon erwähnt, gilt für zeitartige Kurven

$$\eta_{kl}\frac{\mathrm{d}x^k}{\mathrm{d}\tau}\cdot\frac{\mathrm{d}x^l}{\mathrm{d}\tau}=u_1^2+u_2^2+u_3^2-1<0\,,$$

und die Tangente (1) an $x(\tau)$ zeigt stets ins Innere des dort beschriebenen geraden Kreiskegels mit $x(\tau)$ als singulärem Punkt.

25.1.3. Die Lorentz-Gruppe

Betrachtet wird der Minkowskiraum mit den kartesischen Koordinaten x^k und (25.1.1/1) als Fundamentaltensor. Die Interpretation als Raum-Zeit und die Forderung, daß es sich um ein Inertialsystem handeln soll, sind im Moment ohne Interesse. Es sei $x^k=a^k{}_l x'^l$, mit $\det(a^k{}_l)\neq 0$, wobei wie früher über doppelt auftretende Indizes summiert wird (von 1 bis 4). Bezüglich der neuen Koordinaten x'^l ist nach (24.1.2/11)

$$g'_{kl}=\frac{\partial x^r}{\partial x'^k}\cdot\frac{\partial x^s}{\partial x'^l}g_{rs}=a^r{}_k a^s{}_l\eta_{rs} \tag{1}$$

der zugehörige Fundamentaltensor.

Definition 1. *$x^k=a^k{}_l x'^l$ heißt (allgemeine) Lorentz-Transformation, falls $g'_{kl}=\eta_{kl}$ gilt.*

Bemerkung 1. Gesucht sind also affine Transformationen im Minkowskiraum, die den Fundamentaltensor (η_{kl}) nicht ändern. Es muß somit

$$\eta_{kl}=a^r{}_k a^s{}_l\eta_{rs} \tag{2}$$

gelten.

Satz 1. *Die Gesamtheit der Lorentz-Transformationen bildet eine Gruppe (die Lorentz-Gruppe), wobei die Gruppenmultiplikation die Hintereinanderausführung der Transformationen ist.*

Bemerkung 2. Der Beweis ist relativ einfach. Die identische Abbildung ist das 1-Element. Zwei Eigenschaften sind später von Interesse. Bildet man auf beiden Seiten von (2) die Determinante, so folgt

$$-1=(\det a^k{}_l)^2(-1),\quad \text{also}\quad \det a^k{}_l=\pm 1\,. \tag{3}$$

Ferner erhält man aus (2)

$$-1=\eta_{44}=(a^1{}_4)^2+(a^2{}_4)^2+(a^3{}_4)^2-(a^4{}_4)^2,\quad \text{also}\quad |a^4{}_4|\geqq 1\,. \tag{4}$$

Definition 2. *$x^k=a^k{}_l x'^l$ heißt eigentliche Lorentz-Transformation, falls $g'_{kl}=\eta_{kl}$, $\det a^k{}_l=1$ und $a^4{}_4\geqq 1$ gilt.*

Bemerkung 3. Nach (3) und (4) sind die Zusatzforderungen (im Vergleich mit Def. 1) sinnvoll.

Satz 2. *Die Gesamtheit der eigentlichen Lorentz-Transformationen bildet eine Gruppe (die eigentliche Lorentz-Gruppe).*

Bemerkung 4. Die eigentliche Lorentz-Gruppe ist somit eine Untergruppe der Lorentz-Gruppe.

25.1.4. Spezielle Transformationen der eigentlichen Lorentz-Gruppe

Die Transformation $V(v)$: Wir suchen eigentliche Lorentz-Transformationen der Form

$$V(v)=(a^k{}_l)=\begin{pmatrix}1&0&0&0\\0&1&0&0\\0&0&\gamma&-v\gamma\\0&0&-v\gamma&\gamma\end{pmatrix}. \tag{1}$$

Aus $\gamma=a^4{}_4\geqq 1$ und $\det V(v)=\gamma^2-v^2\gamma^2=1$ folgt $\gamma=\dfrac{1}{\sqrt{1-v^2}}$ mit $|v|<1$. Setzt man wieder $(x^k)=(x, y, z, t)$ und entsprechend für (x'^k), so erhält man

$$x'=x,\quad y'=y,\quad z'=\frac{z-vt}{\sqrt{1-v^2}},\quad t'=\frac{t-vz}{\sqrt{1-v^2}}. \tag{2}$$

(Daß wir im Vergleich mit Def. 25.1.3/1 die gestrichenen und die ungestrichenen Koordinaten vertauscht haben, ist belanglos.) Man prüft jetzt rasch nach, daß (2) tatsächlich eine eigentliche Lorentz-Transformation ist. Es gilt nämlich

$$(x')^2+(y')^2+(z')^2-(t')^2=x^2+y^2+(z'+t')\,(z'-t')$$

$$=x^2+y^2+\frac{1}{1-v^2}\,(1-v)\,(z+t)\,(1+v)\,(z-t)=x^2+y^2+z^2-t^2$$

und somit $g'_{kl}=\eta_{kl}$. Die inverse Transformation zu $V(v)$ ist $V(-v)$.

Drehungen im $\boldsymbol{R}_3$. Es sei

$$d=\begin{pmatrix}\alpha_{11}&\alpha_{12}&\alpha_{13}\\\alpha_{21}&\alpha_{22}&\alpha_{23}\\\alpha_{31}&\alpha_{32}&\alpha_{33}\end{pmatrix}\quad\text{und}\quad D=\begin{pmatrix}d&0\\0&1\end{pmatrix}\begin{matrix}\}\,3\\\}\,1\end{matrix} \tag{3}$$

mit $\alpha_{kr}\alpha_{lr}=\delta_{kl}=\begin{cases}1 \text{ für } k=l\\0 \text{ für } k\neq l\end{cases}$ (Summation über r von 1 bis 3) und $\det d=1$. Dann ist d eine Drehungsmatrix im R_3. Insbesondere gilt also $(x')^2+(y')^2+(z')^2=x^2+y^2+z^2$. Da $\det d=1$ ist, ist dann D eine eigentliche Lorentz-Transformation.

Die Transformation $D^{-1}V(v)\,D$. Mit D ist auch D^{-1} eine eigentliche Lorentz-Transformation und damit auch $D^{-1}V(v)\,D$. Diese Transformationen sind von physikalischem Interesse. Wir benötigen einige Strukturaussagen. Ist $(w_1, w_2, w_3)\in R_3$ der Einheitsvektor, der durch d aus (3) in (0, 0, 1) überführt wird, so sieht man leicht, daß

$$D=\left(\begin{array}{ccc|c}&*&&0\\&&&0\\w_1&w_2&w_3&0\\\hline 0&0&0&1\end{array}\right)\quad\text{und}\quad D^{-1}=\left(\begin{array}{ccc|c}&&w_1&0\\&*&w_2&0\\&&w_3&0\\\hline 0&0&0&1\end{array}\right) \tag{4}$$

gilt, wobei $*$ andeutet, daß die betreffenden Stellen mit uninteressanten Zahlen besetzt sind. Aus (1) erhält man dann

$$D^{-1}V(v)\,D=D^{-1}\left(\begin{array}{ccc|c}&&&0\\&*&&0\\&&&-v\gamma\\\hline -w_1v\gamma&-w_2v\gamma&-w_3v\gamma&\gamma\end{array}\right)=$$

$$= \left(\begin{array}{ccc|c} & * & & -w_1 v\gamma \\ & & & -w_2 v\gamma \\ & & & -w_3 v\gamma \\ \hline -w_1 v\gamma & -w_2 v\gamma & -w_3 v\gamma & \gamma \end{array} \right). \qquad (5)$$

25.1.5. Die Raum-Zeit (physikalische Aspekte)

Betrachtet werden zwei kartesische Koordinatensysteme (x, y, z) und (x', y', z') im realen dreidimensionalen Raum R_3. Die Beobachter O und O' befinden sich in den Koordinatenursprüngen dieser Systeme und verlassen diese Plätze im Laufe der

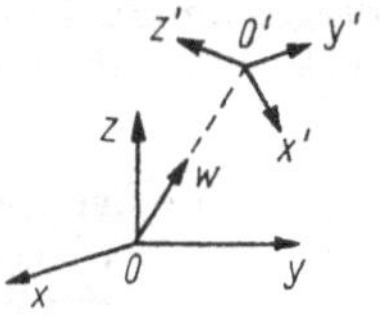

Zeit nicht. O und O' vereinbaren, daß sie Zeiten und Längen nach den gleichen physikalischen Prozeduren messen, etwa durch Atomuhren und normierte starre Körper oder Wellenlängen fixierter Schwingungen. Die Frage der Längen- und Zeitmessung ist nicht so problemlos, wie es im ersten Moment scheinen mag, da man zur konkreten Realisierung physikalische Sachverhalte benutzt, die man ja ihrerseits in Raum und Zeit beschreiben muß. Eine ausführliche Diskussion dieser Frage findet man in [2], siehe auch [18]. Wir setzen hier voraus, daß beide Beobachter O und O' in relativ zu ihnen ruhenden Laboratorien jeweils nach den gleichen Verfahren Längen und Zeitabstände messen. Somit verfügen O und O' über quantitative Raum-Zeiten (x, y, z, t) und (x', y', z', t'). Damit hat es einen Sinn, von Geschwindigkeiten zu sprechen. Wir setzen voraus, daß O bezüglich O' folgende Feststellung trifft: O' bewegt sich geradlinig und gleichförmig, und die Achsen des Koordinatensystems (x, y, z) können stets durch die gleiche zeitunabhängige Drehungsmatrix R in die Achsen des Koordinatensystems (x', y', z') überführt werden. Ferner setzen wir voraus, daß sich O und O' zum Zeitpunkt $t = t' = 0$ am gleichen Ort befinden (also $x = y = z = x' = y' = z' = 0$). Dann bewegt sich O' mit der Geschwindigkeit v auf einer Geraden, die durch $x = y = z = 0$ geht und deren Richtung durch den Einheitsvektor $w = (w_1, w_2, w_3)$ gegeben ist. Zum Zeitpunkt t befindet sich also O' am Ort $vtw = = t(v_1, v_2, v_3)$. Die Beobachter O und O' können jetzt ihre quantitativen physikalisch ermittelten Raum-Zeiten (x, y, z, t) und (x', y', z', t') experimentell vergleichen. Die Galilei-Transformation (25.1.1/3) als Umrechnungsformel wird dem negativen Ausgang der Versuche zur Ätherhypothese (siehe 25.1.1.) nicht gerecht (hierbei nehmen wir an, daß R die Einheitsmatrix ist). Vielmehr entsteht das Problem, diese beiden Raum-Zeiten so ineinander umzurechnen, daß sie mit den physiklischen Forderungen aus 25.1.1. und 25.1.2. verträglich sind und experimentellen Überprüfungen standhalten. Die experimentelle Seite ist nicht unsere Angelegenheit. Eine Beschreibung von Experimenten, die die spezielle Relativitätstheorie stützen findet man in [18]. Im nächsten Abschnitt legen wir axiomatisch fest, wie (x, y, z, t) in (x', y', z', t') umgerechnet wird. Zuvor erinnern wir aber nochmals an jene wünschenswerten Eigenschaften, die eine solche Transformation haben sollte.

I. Die Systeme (x, y, z, t) und (x', y', z', t') sind gleichberechtigt. Legt man eine Prozedur fest, die (x, y, z, t) in (x', y', z', t') überführt, so muß die gleiche Prozedur (x', y', z', t') in (x, y, z, t) überführen, sofern die gestrichenen und die ungestrichenen Koordinaten die Rollen tauschen.

II. Ist (x, y, z, t) ein Inertialsystem, so ist auch (x', y', z', t') ein Inertialsystem (und umgekehrt).

III. Die Maxwellschen Gleichungen in ihrer klassischen Form (24.3.3/5)–(24.3.3/7) bleiben beim Übergang von (x, y, z, t) zu (x', y', z', t') (und umgekehrt) ungeändert.

IV. Ist $\bar{x}(\tau)$ die Weltlinie eines physikalischen Ereignisses in (x, y, z, t), so sei $\bar{x}'(\tau)$ die Umrechnung dieser Weltlinie auf (x', y', z', t')-Koordinaten. Die dreidimensionalen Geschwindigkeiten im Sinne von (25.1.2/1) werden mit $|\bar{u}|$ und $|\bar{u}'|$ bezeichnet. Aus $|\bar{u}|<1$ soll $|\bar{u}'|<1$ und aus $|\bar{u}|=1$ soll $|\bar{u}'|=1$ folgen (und umgekehrt).

Bemerkung 1. Die Aussagen I, II und III entsprechen den Forderungen am Schluß von 25.1.1. Die Aussage IV ist eine Verschärfung des physikalischen Prinzips aus 25.1.2., die die Konstanz der Lichtgeschwindigkeit als Forderung mit einschließt.

Bemerkung 2. Die Korrekturen, die die spezielle Relativitätstheorie an der Newtonschen Mechanik anbringt, werden erst meßbar, wenn die Relativgeschwindigkeit v der beiden Koordinatensysteme (x, y, z) und (x', y', z') nicht zu klein im Vergleich zur Lichtgeschwindigkeit ist. Somit erscheint die Forderung sinnvoll, daß für $|v| \to 0$ die Umschrift von (x, y, z, t) in (x', y', z', t') näherungsweise die Galilei-Transformation (25.1.1/3) liefert (wobei R die Einheitsmatrix ist).

25.1.6. Die Raum-Zeit (mathematische Aspekte)

Die Drehungsmatrix R, der Einheitsvektor $w=(w_1, w_2, w_3)$ und die Geschwindigkeit v sollen die gleiche Bedeutung wie in 25.1.5. haben. In Übereinstimmung mit den physikalischen Prinzipien aus 25.1.2. setzen wir $|v|<1$ voraus. ($v<0$ ist zugelassen, w kann also auch durch $-w$ ersetzt werden). Setzt man

$$\hat{R}=\left(\begin{array}{c|c} R & 0 \\ \hline 0 & 1 \end{array}\right)\begin{matrix}\}\,3\\ \}\,1\,,\end{matrix} \tag{1}$$

so ist $\hat{R}$ eine eigentliche Lorentz-Transformation.

Axiom. *Die Raum-Zeiten (x, y, z, t) und (x', y', z', t') aus 25.1.5. werden durch*

$$(x', y', z', t')=\hat{R}D^{-1}\,V(v)\,D(x, y, z, t) \tag{2}$$

ineinander umgerechnet. Hierbei haben $V(v)$, D und D^{-1} die Bedeutung aus (25.1.4/1) *und* (25.1.4/4).

Bemerkung 1. Nach Satz 25.1.3/2 und den Betrachtungen aus 25.1.4. ist $\hat{R}D^{-1}V(v)\,D$ eine eigentliche Lorentz-Transformation.

Bemerkung 2. $\hat{R}$ ist eindeutig bestimmt, nicht aber D aus (25.1.4/4). Damit (2) sinnvoll ist, muß man zeigen, daß (2) unabhängig von der Wahl zulässiger Matrizen D ist. Sind D_1 und D_2 zwei zulässige Matrizen, so führt $D_2D_1^{-1}$ den Vektor (0, 0, 1, 0) in sich und den Vektor (0, 0, 0, 1) in sich über und hat somit die Form

$$D_2D_1^{-1}=\left(\begin{array}{cc|cc} \multicolumn{2}{c|}{\multirow{2}{*}{$*$}} & 0 & 0 \\ & & 0 & 0 \\ \hline 0 & 0 & 1 & 0 \\ 0 & 0 & 0 & 1 \end{array}\right)=D_3\,.$$

D_3 und D_3^{-1} kommutieren mit $V(v)$. Aus $D_2=D_3D_1$ und $D_2^{-1}=D_1^{-1}D_3^{-1}$ folgt dann

$$D_2^{-1}\,V(v)\,D_2=D_1^{-1}D_3^{-1}\,V(v)\,D_3D_1=D_1^{-1}\,V(v)\,D_1\,,$$

die gewünschte Unabhängigkeit.

Bemerkung 3. Da $T = \hat{R}D^{-1}V(v)\,D$ eine eigentliche Lorentz-Transformation ist, werden die Kegel aus 25.1.2. wieder auf Kegel des gleichen Typs abgebildet. Hierbei gehen die oberen Halbkegel (bezogen auf die Orientierung der t-Achse) wieder in obere Halbkegel über und untere Halbkegel in untere Halbkegel. Die Betrachtungen aus 25.1.2. zeigen jetzt aber sofort,

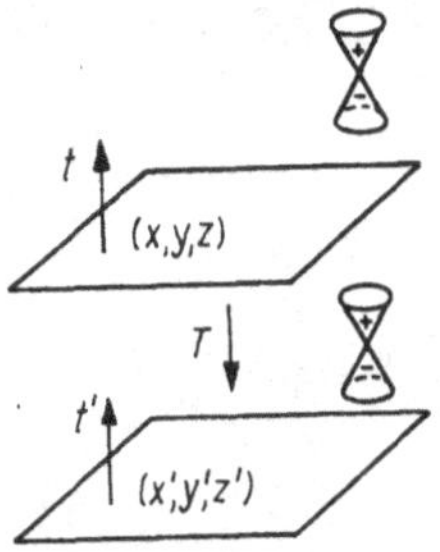

daß die Forderung IV aus 25.1.5. erfüllt ist. Insbesondere ist (in der dortigen Formulierung) $|\vec{u}| = 1$ genau dann, wenn $|\vec{u}'| = 1$ gilt: Konstanz der (auf 1 normierten) Lichtgeschwindigkeit.

Bemerkung 4. Eine Bewegung ist genau dann geradlinig und gleichförmig, wenn die zugehörige Weltlinie im Minkowskiraum eine Gerade ist. Da T linear ist, gehen Geraden in Geraden über. Das zeigt, daß auch Forderung II aus 25.1.5. erfüllt ist.

Bemerkung 5. Hieraus folgt insbesondere, daß der Beobachter O' bezüglich seiner Raum-Zeit (x', y', z', t') feststellt, daß sich O geradlinig und gleichförmig bewegt. $\hat{R}$ und D beeinflussen die Geschwindigkeit dieser Bewegung nicht, so daß wir annehmen dürfen, daß $T = V(v)$ durch (25.1.4/2) gegeben ist. v gewinnt man dann aus $O = z' = z - vt$. Da $V(-v)$ die inverse Transformation zu $V(v)$ ist, ergibt sich aus dem gleichen Argument, daß die Geschwindigkeit von O gemessen in der Raum-Zeit (x', y', z', t') gleich $-v$ ist. Will man jetzt das Axiom anwenden, indem man die Rollen von (x, y, z, t) und (x', y', z', t') vertauscht, so muß man folgende Ersetzungen vornehmen:

$$(x, y, z, t) \;:\; v,\ \hat{R}\ ,\ D$$
$$(x', y', z', t'):\ -v,\ \hat{R}^{-1},\ D\hat{R}^{-1}.$$

Forderung I aus 25.1.5. ist also erfüllt, wenn

$$(x, y, z, t) = \hat{R}^{-1}\hat{R}D^{-1}V(-v)\,D\hat{R}^{-1}(x', y', z', t') = D^{-1}V(-v)\,D\hat{R}^{-1}(x', y', z', t')$$

gilt. Nach (2) ist dies aber richtig.

Bemerkung 6. Schließlich ist die Forderung III aus 25.1.5. erfüllt, wie die Gewinnung von (24.3.3/5) und (24.3.3/6) aus den invarianten Gleichungen (24.3.2/2) und (24.3.2/3) zeigt. Damit hat man das gewünschte Ziel erreicht: Im Rahmen der Meßgenauigkeit wird (2) durch Experimente bestätigt, und die Forderungen I–IV aus 25.1.5. sind erfüllt. Schließlich erinnern wir an die (notwendige) Selbstbeschränkung aus 25.1.1.: Die Raum-Zeit (x, y, z, t) (und damit nach II aus 25.1.5. auch (x', y', z', t')) ist ein Inertialsystem. Die Grundgleichungen der Elektrodynamik sind nach den obigen Betrachtungen invariant gegenüber eigentlichen Lorentz-Transformationen. Dagegen sind die Grundgleichungen der Mechanik nicht invariant gegenüber eigentlichen Lorentz-Transformationen (wohl aber gegenüber Galilei-Transformationen). Um Invarianz zu erreichen, muß man also die Grundgleichungen der Mechanik (und nicht die der Elektrodynamik, wie man ursprünglich bei Zugrundelegung der Galilei-Transformation beabsichtigte) korrigieren.

Bemerkung 7. Im CGS-System mit $c \sim 3 \cdot 10^5$ km/s als Lichtgeschwindigkeit lauten die beiden letzten Formeln in (25.1.4/2)

$$z' = \frac{z - vt}{\sqrt{1 - \frac{v^2}{c^2}}}, \quad t' = \frac{-\frac{vz}{c^2}}{\sqrt{1 - \frac{v^2}{c^2}}}.$$

Ist $|v|$ klein gegenüber c, so gehen diese Formeln (bei großzügiger Interpretation) approximativ in $z' = z - vt$ und $t' = t$ über. Man vergleiche mit Bemerkung 25.1.5/2.

Bemerkung 8. Ist R die Einheitsmatrix, so folgt aus (2) und (25.1.4/5) die wichtige Formel

$$t' = \frac{t - (\bar{v}, \bar{x})}{\sqrt{1 - v^2}} \quad \text{mit} \quad \bar{v} = (v_1, v_2, v_3) = v(w_1, w_2, w_3) \quad \text{und} \quad \bar{x} = (x, y, z)\,. \qquad (3)$$

Hierbei ist $(\bar{v}, \bar{x}) = v_1 x + v_2 y + v_3 z$ das übliche Skalarprodukt im R_3.

25.2. Effekte der speziellen Relativitätstheorie

25.2.1. Die Zeitdilatation und das Zwillingsparadoxon

Es ist nicht unser Ziel, eine systematische Darstellung der speziellen Relativitätstheorie zu geben. Wir beschränken uns auf die Beschreibung einiger spektakulärer Effekte, die den radikalen Wandel der Raum-Zeit-Auffassung Einsteins im Vergleich zur Raum-Zeit-Auffassung Newtons zeigen.

Zeitdilatation: Wir betrachten die gleiche Situation wie in 25.1.5.: Zwei Beobachter O und O' mit den Raum-Zeiten (x, y, z, t) und (x', y', z', t'), die Inertialsysteme dar-

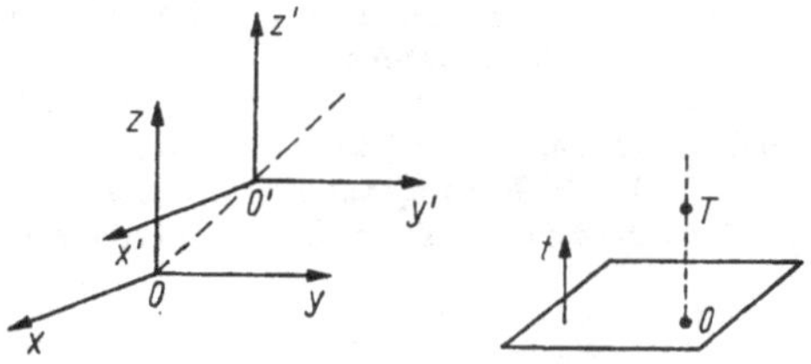

stellen. Es sei $R = E$ die Einheitsmatrix (eine Vereinfachung, die physikalisch bedeutungslos ist). Der Beobachter O löst zu den Zeitpunkten $t = 0$ und $t = T > 0$ je einen Lichtblitz aus und markiert auf diese Weise ein Zeitintervall der Länge T in der Raum-Zeit (x, y, z, t). Die Weltlinie von O ist eine Gerade durch $x = y = z = 0$ parallel zur t-Achse. Nach (25.1.6/3) stellt O' in seiner Raum-Zeit (x', y', z', t') fest, daß die beiden Lichtblitze zu den Zeiten $t' = 0$ und $t' = T' = \dfrac{T}{\sqrt{1 - v^2}}$ stattfinden. Insbesondere ist also $T' > T$. Mit anderen Worten: Die Größe des Zeitintervalls zwischen zwei Ereignissen hängt von der Wahl der Raum-Zeit (x', y', z', t') ab. Am kürzesten ist die Zeitspanne, wenn man ein Koordinatensystem wählt, das relativ zum Ereignis ruht.

μ-Mesonen. Ein eindrucksvolles (und experimentell gut bestätigtes) Beispiel für die Zeitdilatation sind die μ-Mesonen. Man weiß, daß sie in einer Höhe von 10–30 km über der Erdoberfläche entstehen und daß sie (in einem Ruhsystem) eine Lebensdauer von $2{,}2 \cdot 10^{-6}$s haben. Obwohl sie fast mit Lichtgeschwindigkeit fliegen, könnten sie nach klassischer Argumentation höchstens einen Weg von $2{,}2 \cdot 10^{-6}$ s $3 \cdot 10^5$ km/s < 1 km zurücklegen. Andererseits erreichen sie aber die Erdoberfläche. Der Grund für den obigen Fehlschluß liegt darin, daß in einem Koordinatensystem das relativ zur Erdoberfläche (aber eben nicht relativ zum μ-Meson) ruht, eine Zeitdilatation auftritt, die im vorliegenden Fall einen Faktor von 10^2 bis 10^3 ausmacht.

Zwillingsparadoxon. Kaum ein Effekt der Relativitätstheorie ist so ausführlich und so heftig diskutiert worden, wie das sogenannte Zwillingsparadoxon: Es gibt nicht nur eine riesige Flut von physikalischen und philosophischen Arbeiten zu diesem Thema, sondern ganze Bücher hierüber. Folgendes Problem wird betrachtet: Gegeben seien zwei Zwillinge. Der eine Zwilling bleibt auf der Erde, während der andere Zwilling einen ausgedehnten Ausflug ins Weltall unternimmt. Abgesehen von der (im Vergleich zum Gesamtflug zeitlich kurzen) Start-, Umkehr- und Landephase soll sich Zwilling 2 geradlinig und gleichförmig mit der Geschwindigkeit v bezüglich eines Koordinatensystems bewegen, in dessen Ursprung Zwilling 1 sitzt. Nach Beendigung des Raumfluges treffen sich die beiden Zwillinge und jeder behauptet von sich, daß er jünger als sein Zwillingsbruder sei. Das kollidiert mit elementarster Logik, läßt sich aber wie folgt begründen: (x, y, z, t) sei eine Raum-Zeit, in der

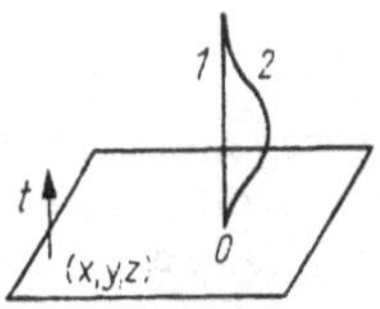

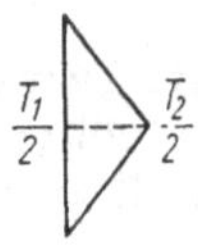

Zwilling 1 ruht. Seine Weltlinie ist also eine Gerade parallel zur t-Achse durch O. In diesem Koordinatensystem ist die Weltlinie des Zwillings 2 gekrümmt. Unter Vernachlässigung von Start, Landung und Umkehr idealisieren wir diesen gekrümmten Weg in einen dreieckigen Weg und betrachten nun das halbe Unternehmen. Ist (x', y', z', t') eine entsprechende Raum-Zeit für Zwilling 2, so haben wir die oben untersuchte Situation, die die Zeitdilatation $\frac{T_1}{2} = \frac{T_2}{2\sqrt{1-v^2}}$ liefert, also $T_1 > T_2$. Hierbei ist T_1 die Eigenzeit des Zwillings 1, die zwischen Trennung und Wiedersehen verstreicht. Analoges gilt für T_2. Die Eigenzeit ist jene Zeit, die ein Beobachter in einem Laboratorium ermittelt, das relativ zu ihm ruht. Sie gibt den Takt für (relativ zu ihm ruhendes) anorganisches und organisches Geschehen an und bestimmt somit auch die biologische Uhr, nach der er altert. Man kann jetzt die Rollen der beiden Zwillinge vertauschen und erhält $T_2 > T_1$. Damit hat man das paradoxe Resultat, daß beim Wiedersehen jeder der beiden Zwillinge jünger ist als der andere. Die obige Argumentation muß also fehlerhaft sein (sofern man darauf vertraut, daß das in 25.1. entwickelte mathematische Modell tatsächlich geeignet ist, physikalische Wirklichkeit befriedigend, insbesondere also logisch widerspruchsfrei, zu beschreiben).

Die erste Kritik, die man anbringen könnte, besteht in der Frage nach der Rechtmäßigkeit der obigen Idealisierung (also der Vernachlässigung des Starts, der Landung und der Umkehr). Denkt man sich die Reisen ins Weltall nach Belieben ausgedehnt, wobei bei jeder Reise Start, Umkehr und Landung stets in gleicher Weise vollzogen werden, so ist die obige Idealisierung zumindest physikalisch glaubwürdig.

Der Fehler steckt an einer anderen Stelle: Von den beiden Raum-Zeiten (x, y, z, t) und (x', y', z', t'), die Ruhsysteme für je einen Zwilling sind, kann höchstens eine ein Inertialsystem sein. Ist etwa (x, y, z, t) ein Inertialsystem (was man näherungsweise annehmen darf; nötigenfalls siedelt man den Zwilling 1 im Mittelpunkt der Sonne an und verwendet die Bemerkungen zu Inertialsystemen aus 25.1.1.), so sind die obigen Überlegungen, die zu $T_1 > T_2$ führten, im Rahmen der speziellen Relativitätstheorie zulässig: Die Betrachtungen spielen sich im Inertialsystem (x, y, z, t) ab. Dagegen ist (x', y', z', t') kein Raum-Zeit-System, auf das die spezielle Relativitätstheorie angewendet werden darf. In der obigen Argumentation kann man also die Rollen der Zwillinge nicht vertauschen. An dieser Stelle zeigt sich, daß die Beschränkung auf Inertialsysteme (x, y, z, t) in der speziellen Relativitätstheorie notwendig ist. Der Widerspruch ist also vom Tisch, was bleibt, ist ein leichtes Unbehagen.

Wie ist es nun wirklich? Das Zwillingsparadoxon ist eigentlich kein Effekt der speziellen, sondern der allgemeinen Relativitätstheorie. Ist (wie oben angenommen) (x, y, z, t) ein Inertialsystem, so ergibt sich in der allgemeinen Relativitätstheorie zwangsläufig (ohne jede Argumentationskünste, Vernachlässigungen usw.), daß stets $T_1 > T_2$ gilt (unabhängig davon, ob der Zwilling 2 eine längere oder eine kürzere Reise antritt, nur reisen muß er). Der Volksmund hat es schon immer gewußt: „Wer rastet, rostet".

25.2.2. Die Lorentz-Kontraktion

Im Inertialsystem (x, y, z, t) betrachten wir einen sich bewegenden Stab. Um die Länge dieses Stabes zu ermitteln, betrachten wir die Durchstoßpunkte der Weltlinien der beiden Stabenden durch die Ebene $t = T = \text{const}$. Der dreidimensionale

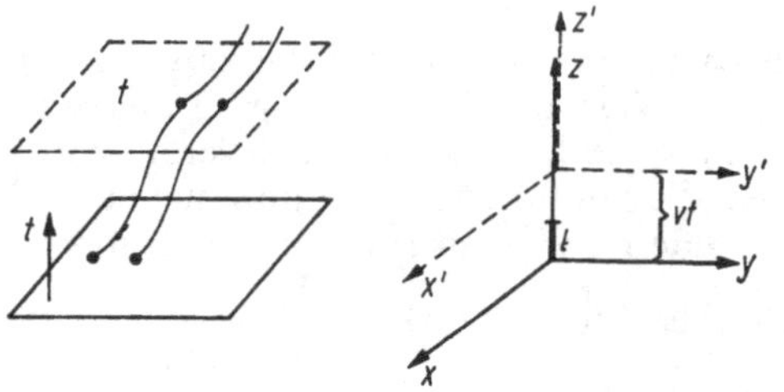

euklidische Abstand dieser beiden Durchstoßpunkte ist die Stablänge (zum Zeitpunkt $t = T$). Wir betrachten jetzt zwei Inertialsysteme (x, y, z, t) und (x', y', z', t'), wobei sich (x', y', z') längs der z-Achse gleichförmig mit der Geschwindigkeit v bewegen soll. Die Umrechnung der beiden Systeme erfolgt dann nach dem Axiom aus 25.1.6. durch (25.1.4/2). Sind $(0, 0, 0)$ und $(0, 0, l)$ Anfang und Ende eines Stabes, der im (x, y, z)-System ruht, so erhält man im (x', y', z', t')-System

$$z'_a = \frac{0 - vt_a}{\sqrt{1 - v^2}}, \quad t'_a = \frac{t_a - 0}{\sqrt{1 - v^2}} \quad \text{für den Anfang mit} \quad t = t_a, \tag{1}$$

$$z'_e = \frac{l - vt_e}{\sqrt{1 - v^2}}, \quad t'_e = \frac{t_e - vl}{\sqrt{1 - v^2}} \quad \text{für das Ende mit} \quad t = t_e\,. \tag{2}$$

Die Länge des Stabes im (x, y, z, t)-System ist l. Um die Länge des Stabes im (x', y', z', t')-System zu ermitteln, müssen wir $t'_a = t'_e$ setzen, also $t_a = t_e - vl$. Setzt man dies in (1), (2) ein, so folgt

$$l' = z'_e - z'_a = \frac{(1 - v^2)\, l}{\sqrt{1 - v^2}} = l\sqrt{1 - v^2}\,.$$

Es ist also $l' < l$. In einem bewegten Inertialsystem ist der Stab kürzer als in einem Ruhsystem.

25.2.3. Das relativistische Additionstheorem der Geschwindigkeiten

Betrachtet werden zwei Inertialsysteme (x, y, z, t) und (x', y', z', t'), wobei sich (x', y', z') geradlinig und gleichförmig längs der z-Achse bewegt. Nach (25.1.4/2) ist $x' = x$, $y' = y$,

$$z' = \frac{z - vt}{\sqrt{1 - v^2}} \quad \text{und} \quad t' = \frac{t - vz}{\sqrt{1 - v^2}}, \tag{1}$$

wobei v die Relativgeschwindigkeit ist. Ferner betrachten wir ein Teilchen, das sich

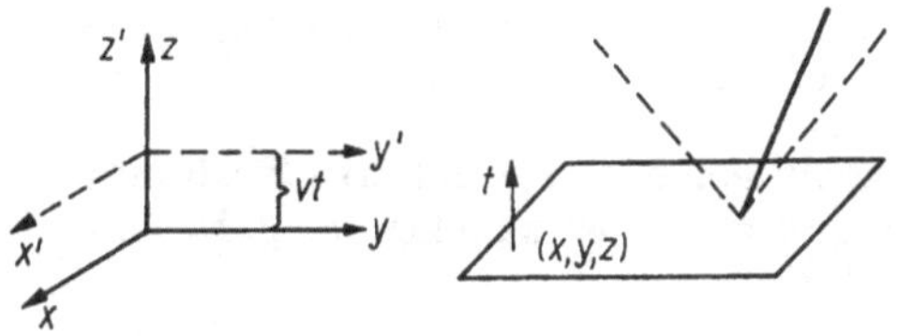

im (x, y, z, t)-System geradlinig und gleichförmig bewegt. Es ist

$$x = u_1 t, \quad y = u_2 t, \quad z = u_3 t, \tag{2}$$

wobei (u_1, u_2, u_3) der Geschwindigkeitsvektor ist. Setzt man (2) in (1) ein, so erhält man für den Geschwindigkeitsvektor (u_1', u_2', u_3') im (x', y', z', t')-System

$$u_1' = \frac{x'}{t'} = u_1 \frac{\sqrt{1 - v^2}}{1 - vu_3}, \quad u_2' = \frac{y'}{t'} = u_2 \frac{\sqrt{1 - v^2}}{1 - u_3 v}, \quad u_3' = \frac{z'}{t'} = \frac{u_3 - v}{1 - vu_3}. \tag{3}$$

Bewegt sich das Teilchen mit der Geschwindigkeit u in z-Richtung, also $u_1 = u_2 = 0$ und $u_3 = u$, so erhält man das relativistische Additionstheorem der Geschwindigkeiten

$$u' = \frac{u - v}{1 - vu}, \quad (u' = u_3'). \tag{4}$$

Das klassische Gegenstück lautet $u' = u - v$, der Faktor $(1 - vu)^{-1}$ ist also die relativistische Korrektur. Den Formeln (3) und (4) liest man nochmals die frühere Aussage ab: Ist $u_1^2 + u_2^2 + u_3^2 < 1$, so ist auch $u_1'^2 + u_2'^2 + u_3'^2 < 1$; aus $u = 1$ folgt $u' = 1$.

25.2.4. Das freie relativistische Teilchen

In einem Inertialsystem $(x^k) = (x, y, z, t)$ wird ein kräftefreies Teilchen betrachtet, das sich somit geradlinig und gleichförmig bewegt. Gefragt ist nach einer Lagrange-Dichte für Kurven, die diesen Sachverhalt beschreibt. Nach (24.2.2/4) machen wir den Ansatz

$$L = -\alpha \sqrt{-\eta_{kl} \frac{dx^k}{ds} \frac{dx^l}{ds}}. \tag{1}$$

Hierbei ist α eine (vorerst unwichtige) reelle Konstante. Aus (24.2.3/5) folgt jetzt $\frac{d^2 x^k}{ds^2} \equiv 0$, sofern man s mit dem geodätischen Parameter identifiziert, also $-\eta_{kl} \frac{dx^k}{ds} \frac{dx^l}{ds} = 1$. Abgesehen von Konstanten ist also $x^k = u^k s$. Aus $t = x^4 = u^4 s$ ergibt sich, daß die Bewegung geradlinig und gleichförmig ist, wie es auch sein muß.

25.2.5. Eigenzeit, Masse und Energie

Eigenzeit: Aus der Normierung $-\eta_{kl}\dfrac{dx^k}{ds}\dfrac{dx^l}{ds}=1$ und $t=u^4 s$ in 25.2.4. ergibt sich für das kräftefreie Teilchen $1=-|u|^2(u^4)^2+(u^4)^2$ mit $|u|^2=(u_1)^2+(u_2)^2+(u_3)^2$ und $u_k=\dfrac{dx^k}{dt}$. Somit ist nach Wahl eines passenden Vorzeichens $t=\dfrac{s}{\sqrt{1-|u|^2}}$. Aus (25.1.6/3) folgt jetzt, daß die Bogenlänge s die Eigenzeit des Teilchens ist, also die Zeit in einem relativ zum Teilchen ruhenden Inertialsystem. In der allgemeinen Relativitätstheorie dehnen wir dann diese Aussage auf beliebige (nicht notwendig geradlinige und gleichförmige) Bewegungen aus.

Masse und Energie: Wir führen noch ein paar spekulative Rechnungen aus, ohne aber auf physikalische Begründungen näher einzugehen (s. z. B. [55]). Für kleine Geschwindigkeiten $|u|$ folgt aus (25.2.4/1) mit t statt s

$$L=-\alpha'\sqrt{1-|u|^2}=-\alpha'+\frac{\alpha'}{2}|u|^2+\dots\,. \tag{1}$$

Die nicht-relativistische Lagrange-Dichte ist $L_{kl}=\dfrac{m_0}{2}|u|^2$, wobei m_0 die Masse (Ruhmasse) des Teilchens ist. Additive Konstanten spielen bei Lagrange-Dichten keine Rolle (in den Eulerschen Gleichungen treten nur partielle Ableitungen auf). Somit legt ein Vergleich von (1) und L_{kl} nahe, $\alpha'=m_0$ zu wählen, also $L=-m_0\sqrt{1-|u|^2}$. Der Impuls p_k ergibt sich aus

$$p_k=\frac{\partial L}{\partial u_k}=\frac{m_0 u_k}{\sqrt{1-|u|^2}}=m u_k \quad \text{mit} \quad m=\frac{m_0}{\sqrt{1-|u|^2}} \tag{2}$$

als träge Masse. Berechnet man die Energie aus $E=\sum_{k=1}^{3}p_k u_k-L$, so erhält man $E=\dfrac{m_0}{\sqrt{1-|u|^2}}=m$. Man bekommt somit die relativistische Formeln $m=\dfrac{m_0}{\sqrt{1-|u|^2}}$, $E=m$, die man experimentell überprüfen muß. Normiert man die Lichtgeschwindigkeit nicht auf 1, so ergibt sich im CGS-System $E=mc^2$, die berühmte Einsteinsche Formel.

25.3. Die Maxwellschen Gleichungen

25.3.1. Problemstellung

Im Satz 24.3.3/2 wurden die Maxwellschen Gleichungen im Vakuum bei Abwesenheit elektrischer Ladungen und Ströme beschrieben. Wir verwenden die dortigen Bezeichnungen, insbesondere ist $\bar{x}=(x, y, z)\in R_3$.

Problem 1 (*Anfangswertprobleme, klassische Lösungen*). *Gegeben seien die im R_3 dreimal stetig differenzierbaren Vektorfunktionen $\mathfrak{E}_0(\bar{x})$ und $\mathfrak{B}_0(\bar{x})$. Gesucht sind im $\overline{R_4^+}$ zweimal stetig differenzierbare Vektorfunktionen $\mathfrak{E}(\bar{x}, t)$ und $\mathfrak{B}(\bar{x}, t)$ mit*

$$\operatorname{rot}\mathfrak{E}+\frac{\partial\mathfrak{B}}{\partial t}=0, \quad \operatorname{div}\mathfrak{B}=0 \quad \text{im } \overline{R_4^+}, \tag{1}$$

$$\operatorname{rot}\mathfrak{B}-\frac{\partial\mathfrak{E}}{\partial t}=0, \quad \operatorname{div}\mathfrak{E}=0 \quad \text{im } \overline{R_4^+}, \tag{2}$$

und

$$\mathfrak{E}(\bar{x}, 0) = \mathfrak{E}_0(\bar{x}), \quad \mathfrak{B}(\bar{x}, 0) = \mathfrak{B}_0(\bar{x}) \quad im\ R_3\,. \tag{3}$$

Bemerkung 1. Wie in 24.3.3. haben $\mathfrak{E}(\bar{x}, t)$ und $\mathfrak{B}(\bar{x}, t)$ je eine x-Komponente, y-Komponente und z-Komponente. Analoges gilt für $\mathfrak{E}_0(\bar{x}) = (E_{0,x}(\bar{x}), E_{0,y}(\bar{x}), E_{0,z}(\bar{x}))$ und entsprechend für $\mathfrak{B}_0(\bar{x})$. Das ist ein typisches Anfangswertproblem, analog zu den Anfangswertproblemen für die Wellengleichung aus 19.3. Vorgegeben sind die elektrische und die magnetische Feldstärke zum Zeitpunkt $t=0$. Aus physikalischen Gründen sollte dann das obige Problem für $t>0$ genau eine Lösung haben.

Bemerkung 2. Sind Ladungen und Ströme anwesend, so hat man (1), (2), wie in Bemerkung 24.3.3/3 beschrieben wurde, durch

$$\operatorname{rot}\mathfrak{E} + \frac{\partial \mathfrak{B}}{\partial t} = 0, \qquad \operatorname{div}\mathfrak{B} = 0, \tag{4}$$

$$\operatorname{rot}\mathfrak{B} - \frac{\partial \mathfrak{E}}{\partial t} = 4\pi j, \qquad \operatorname{div}\mathfrak{E} = 4\pi\varrho\,, \tag{5}$$

zu ersetzen. ϱ ist die Ladungsdichte und $j = (j_x, j_y, j_z)$ die Stromdichte. Die Formulierung von Problem 1 könnte man sofort auf diesen Fall ausdehnen. Nun ist es aber physikalisch sinnvoll, punktförmige Ladungen, Ladungen auf Flächen, Ströme längs Linien usw. zu betrachten. Klassische Lösungen von (4), (5) (analog zu Problem 1) kann man dann nicht erwarten. Analog zu 23.2. wird man versuchen, Distributionslösungen zu finden. Wir verwenden die gleichen Symbole wie in 23.2.1. Im R_4 mit $(x, y, z, t) = (\bar{x}, t)$ bedeutet somit $E_{0,x}\otimes\delta$ das Tensorprodukt von $E_{0,x} \in D'(R_3)$ bezüglich $\bar{x}$ mit $\delta \in D'(R_1)$ bezüglich t. Zur Abkürzung setzen wir $\mathfrak{E}_0\otimes\delta = (E_{0,x}\otimes\delta, E_{0,y}\otimes\delta, E_{0,z}\otimes\delta)$, analog $\mathfrak{B}_0\otimes\delta$. Schließlich heißt $\operatorname{supp}\mathfrak{E} \subset \overline{R_4^+}$, daß die Träger aller Komponenten von $\mathfrak{E}$ im $\overline{R_4^+}$ liegen. Analoges gilt für andere Vektordistributionen.

Problem 2 (*Anfangsprobleme, Distributionslösungen*). *Gegeben sind* $\mathfrak{E}_0 = (E_{0,x}, E_{0,y}, E_{0,z})$ *und* $\mathfrak{B}_0 = (B_{0,x}, B_{0,y}, B_{0,z})$ *mit Komponenten aus* $D'(R_3)$ *sowie* $j = (j_x, j_y, j_z)$ *mit Komponenten aus* $D'(R_4)$ *und* $\operatorname{supp} j \subset \overline{R_4^+}$ *und* $\varrho \in D'(R_4)$ *mit* $\operatorname{supp}\varrho \subset \overline{R_4^+}$. *Gesucht sind* $\mathfrak{E} = (E_x, E_y, E_z)$ *und* $\mathfrak{B} = (B_x, B_y, B_z)$ *mit Komponenten aus* $D'(R_4)$ *und* $\operatorname{supp}\mathfrak{E} \subset \overline{R_4^+}$, $\operatorname{supp}\mathfrak{B} \subset \overline{R_4^+}$, *so daß gilt*

$$\operatorname{rot}\mathfrak{E} + \frac{\partial \mathfrak{B}}{\partial t} = \mathfrak{B}_0\otimes\delta, \qquad \operatorname{div}\mathfrak{B} = 0\,, \tag{6}$$

$$\operatorname{rot}\mathfrak{B} - \frac{\partial \mathfrak{E}}{\partial t} = 4\pi j - \mathfrak{E}_0\otimes\delta, \quad \operatorname{div}\mathfrak{E} = 4\pi\varrho\,. \tag{7}$$

Bemerkung 3. Das ist das Analogon zu Def. 23.2.1(a), wo Distributionslösungen für Anfangswertprobleme der Wellengleichung beschrieben wurden. Wie im Satz 23.2.1 darf man erwarten, daß Distributionslösungen klassische Lösungen sind, sofern alle Daten hinreichend glatt sind.

Satz. *Ist* $j=0$ *und* $\varrho=0$ *und sind die Komponenten von* $\mathfrak{E}_0$ *und* $\mathfrak{B}_0$ *im* R_3 *dreimal stetig differenzierbar, so stimmen Problem 1 und Problem 2 überein.*

25.3.2. Anfangswertprobleme

Satz 1. *Sind* $\mathfrak{E}_0(\bar{x})$ *und* $\mathfrak{B}_0(\bar{x})$ *im* R_3 *dreimal stetig differenzierbare Vektorfunktionen mit* $\operatorname{div}\mathfrak{E}_0(\bar{x}) \equiv \operatorname{div}\mathfrak{B}_0(\bar{x}) \equiv 0$, *so besitzt Problem 1 genau eine Lösung. Sie ist*

$$\mathfrak{E}(\bar{x}, t) = \frac{1}{4\pi t}\int\limits_{|\bar{y}-\bar{x}|=t} \operatorname{rot}\mathfrak{B}_0(\bar{y})\,ds_{\bar{y}} + \frac{1}{4\pi}\frac{\partial}{\partial t}\left[\frac{1}{t}\int\limits_{|\bar{y}-\bar{x}|=t} \mathfrak{E}_0(\bar{y})\,ds_{\bar{y}}\right],$$

$$\mathfrak{B}(\bar{x}, t) = \frac{1}{4\pi t}\int\limits_{|\bar{y}-\bar{x}|=t} \operatorname{rot}\mathfrak{E}_0(\bar{y})\,ds_{\bar{y}} + \frac{1}{4\pi}\frac{\partial}{\partial t}\left[\frac{1}{t}\int\limits_{|\bar{y}-\bar{x}|=t} \mathfrak{B}_0(\bar{y})\,ds_{\bar{y}}\right].$$

Bemerkung 1. Die expliziten Lösungen $\mathfrak{E}(\bar{x}, t)$ und $\mathfrak{B}(\bar{x}, t)$ stimmen (bei geeigneter Wahl von u_0 und u_1) mit der Lösung (19.3.3/2) für die Wellengleichung in drei Dimensionen überein. Das deutet auch an, wie man die Maxwellschen Gleichungen behandelt. Man führt sie auf Wellengleichungen für $\mathfrak{E}(\bar{x}, t)$ und $\mathfrak{B}(\bar{x}, t)$ zurück. In gekrümmten Raum-Zeiten beschreiben wir diese Prozedur in 33.5.

Satz 2. *Problem 2 ist genau dann lösbar, wenn*

$$\operatorname{div} j + \frac{\partial \varrho}{\partial t} = \operatorname{div} \mathfrak{E}_0 \otimes \delta \quad \textit{und} \quad \operatorname{div} \mathfrak{B}_0 = 0 \tag{1}$$

gilt. Ist diese Bedingung erfüllt, so besitzt Problem 2 genau eine Lösung. Sie ist

$$\mathfrak{E} = G * \left(-\operatorname{grad} \varrho - \frac{\partial j}{\partial t} + (\operatorname{rot} \mathfrak{B}_0) \otimes \delta + \mathfrak{E}_0 \otimes \delta' \right), \tag{2}$$

$$\mathfrak{B} = G * (\operatorname{rot} j - (\operatorname{rot} \mathfrak{E}_0) \otimes \delta + \mathfrak{B}_0 \otimes \delta'). \tag{3}$$

Bemerkung 2. Wie früher vereinbart, beziehen sich div, grad und rot stets nur auf x, y, z, nicht aber auf t. Man gewinnt diesen Satz durch Zurückführung auf Satz 23.2.2, insbesondere ist G die Fundamentallösung der dreidimensionalen Wellengleichung aus Satz 23.1.4. Sind alle beteiligten Distributionen regulär, so kann man $\mathfrak{E}$ und $\mathfrak{B}$ im Sinne von (23.2.2/2) explizit darstellen. Der obige Satz wurde von Leopold bewiesen [25].

26. Selbstadjungierte Operatoren im Hilbertraum

26.1. Unbeschränkte Operatoren

26.1.1. Abgeschlossene Operatoren

In 17.3. hatten wir die Geometrie des Hilbertraumes entwickelt. Insbesondere erinnern wir daran, daß ein Hilbertraum im Sinne unserer Terminologie stets komplex und separabel ist. Hilberträume sind somit spezielle separable Banachräume. Lineare Operatoren (auch Abbildungen genannt) wurden in Def. 20.2.1 beschrieben. Wir benutzen jetzt die dortigen Bezeichnungen. Die Kap. 20 und 21 enthalten eine Darstellung der Theorie der beschränkten (oder stetigen) Operatoren in Banachräumen und Hilberträumen. Es zeigt sich aber, daß viele mathematisch und physikalisch interessanten Operatoren nicht beschränkt sind. Eine zentrale Stellung nehmen hierbei die sogenannten selbstadjungierten Operatoren im Hilbertraum ein, deren Theorie wir in diesem Kapitel entwickeln wollen. Betrachtet werden in diesem Kapitel lineare Operatoren A, die in einem Hilbertraum H wirken, d. h., daß das (lineare) Definitionsgebiet $D(A)$ und der Wertevorrat $R(A)$ von A im Sinne von 20.2.1. und 20.2.3. in H liegen.

Definition. *H sei ein Hilbertraum und A ein linearer Operator mit $D(A) \subset H$ und $R(A) \subset H$.*

(a) *Für* $x \in D(A)$ *und* $y \in D(A)$ *sei* $[x, y] = (x, y) + (Ax, Ay)$.

(b) *A heißt abgeschlossen, falls das Grenzelement x jeder konvergenten Folge* $\{x_k\}_{k=1}^{\infty} \subset \subset D(A)$ *mit* $Ax_n \to y$ *zu* $D(A)$ *gehört und* $Ax = y$ *gilt.*

Bemerkung 1. Man prüft sofort nach, daß $[x, y]$ ein Skalarprodukt auf $D(A)$ ist. Durch $\|x\|_A = \sqrt{[x, x]}$ kann man somit auf $D(A)$ eine Norm einführen. Die Frage ist, ob $D(A)$ bezüglich dieser Norm vollständig ist.

Bemerkung 2. Im Teil (b) der Definition hat man also alle Folgen $\{x_k\}$ aus $D(A)$ zu betrachten, die konvergieren und deren Bilder $\{Ax_k\}$ ebenfalls konvergieren. Das ist eine typische Konstruktion für nicht-beschränkte Operatoren. Ist nämlich A beschränkt (im Sinne von Def. 20.2.1), so folgt sofort $Ax_n \to Ax$ aus $x_n \to x$. Insbesondere ist also jeder beschränkte Operator A mit $D(A) = H$ und $R(A) \subset H$ abgeschlossen. Von Interesse sind somit insbesondere nicht-beschränkte abgeschlossene Operatoren, wie auch der nachfolgende Satz zeigt.

Satz. (a) *Ist A ein abgeschlossener Operator mit* $D(A) = H$, *so ist A beschränkt.*

(b) *A ist genau dann abgeschlossen, wenn* $D(A)$ *bezüglich der Norm* $\|x\|_A$ *abgeschlossen ist.*

Bemerkung 3. Der Beweis von Teil (a) ist nicht so einfach, wie man im ersten Moment annehmen würde. Es ist die Umkehrung des Sachverhalts aus Bemerkung 2.

Bemerkung 4. Teil (b) besagt, daß $D(A)$ mit Norm $\|x\|_A$ ein Banachraum ist, falls A abgeschlossen ist. Ist dieser Banachraum separabel, so erhalten wir sogar einen Hilbertraum, da $\|x\|_A$ aus einem Skalarprodukt gewonnen wird.

26.1.2. Abschließbare Operatoren

Definition. *Der lineare Operator A heißt abschließbar, falls es einen abgeschlossenen Operator B im Sinne von Def.* 26.1.1 *gibt, der Fortsetzung (oder Erweiterung) von A ist.*

Bemerkung 1. Alle Operatoren in diesem Kapitel sind linear und wirken in einem Hilbertraum H. Ein Operator B heißt Fortsetzung des Operators A, falls $D(B) \supset D(A)$ und $Bx = Ax$ für $x \in D(A)$ gilt. Hierfür schreiben wir auch $B \supset A$ oder $A \subset B$.

Satz. *Ist A abschließbar, so gibt es eine eindeutig bestimmte minimale abgeschlossene Fortsetzung von A. Sie wird mit* $\bar{A}$ *bezeichnet, und ihr Definitionsgebiet* $D(\bar{A})$ *ist die Vervollständigung von* $D(A)$ *in der Norm* $\|\cdot\|_A$ *aus Bemerkung* 26.1.1/1.

Bemerkung 2. $\bar{A}$ heißt Abschluß von A. Behauptet wird also, daß $B \supset \bar{A}$ gilt, falls B eine abgeschlossene Fortsetzung von A ist. Der letzte Teil des Satzes besagt, daß $D(\bar{A})$ aus allen Elementen $x \in H$ besteht, für die es eine Fundamentalfolge $\{x_k\}_{k=1}^{\infty}$ in $D(A)$ (bezüglich der Norm $\|\cdot\|_A$) mit $x_k \to x$ in H für $k \to \infty$ gibt. $\{x_k\}_{k=1}^{\infty}$ Fundamentalfolge in $D(A)$ bez. der Norm $\|\cdot\|_A$ ist gleichbedeutend damit, daß $\{x_k\}_{k=1}^{\infty}$ und $\{Ax_k\}_{k=1}^{\infty}$ Fundamentalfolgen in H sind. Dann muß neben $x_k \to x$ auch $Ax_k \to \bar{A}x$ gelten.

26.1.3. Adjungierte Operatoren

Definition. *Ist A ein linearer Operator, dessen Definitionsgebiet* $D(A)$ *dicht im Hilbertraum H ist, so setzen wir*

$$D(A^*) = \{y \mid y \in H,\ \exists y^* \in H \text{ mit } (Ax, y) = (x, y^*) \text{ für alle } x \in D(A)\},$$
$$A^* y = y^* \quad \text{für} \quad y \in D(A^*).$$

Bemerkung 1. y^* ist eindeutig bestimmt. Aus $(Ax, y) = (x, y^*) = (x, y^{**})$ für alle $x \in D(A)$ folgt $(x, y^* - y^{**}) = 0$ für alle x aus der dichten Menge $D(A)$. Dann ist aber $y^* = y^{**}$. Somit ist

$A^*y = y^*$ sinnvoll. Man sieht sofort, daß $D(A^*)$ eine lineare Menge in H und A^* ein linearer Operator in H ist. A^* heißt adjungierter Operator zu A. Man sieht sofort, daß es sich um eine Verallgemeinerung von Def. 21.1.4 handelt.

Satz. *A sei ein linearer Operator, dessen Definitionsgebiet $D(A)$ dicht in H liegt.*
(a) *Der adjungierte Operator A^* ist abgeschlossen.*
(b) *Ist $B \supset A$, so ist $A^* \supset B^*$.*
(c) *Ist A abschließbar, so gilt $(\bar{A})^* = A^*$.*

Bemerkung 2. Die Aussage (b) ist sinnvoll, da mit $D(A)$ auch $D(B)$ dicht in H ist.

26.1.4. Symmetrische und selbstadjungierte Operatoren

Definition 1. *A sei ein linearer Operator, dessen Definitionsgebiet $D(A)$ dicht im Hilbertraum H ist.*
(a) *A heißt symmetrisch, falls für alle $x \in D(A)$ und $y \in D(A)$ gilt $(Ax, y) = (x, Ay)$.*
(b) *A heißt selbstadjungiert, falls $A = A^*$ gilt.*

Bemerkung 1. Ist A selbstadjungiert, so gilt $(Ax, y) = (x, A^*y) = (x, Ay)$ für alle $x \in D(A)$ und $y \in D(A)$. Selbstadjungierte Operatoren sind somit symmetrisch.

Satz. (a) *Ist A symmetrisch, so ist A abschließbar, und $\bar{A}$ ist ebenfalls symmetrisch.*
(b) *Ist B eine symmetrische Fortsetzung von A, so ist $B \subset A^*$.*
(c) *Ein linearer Operator A mit dichtem Definitionsgebiet $D(A)$ ist genau dann symmetrisch, wenn (Ax, x) für alle $x \in D(A)$ reell ist.*

Bemerkung 2. Teil (b) besagt, daß jede symmetrische Fortsetzung B des (notwendigerweise ebenfalls symmetrischen) Operators A eine Einschränkung von A^* ist. Insbesondere besitzt ein selbstadjungierter Operator keine echten symmetrischen Fortsetzungen.

Bemerkung 3. Beim Beweis von (c) benutzt man wesentlich, daß H ein komplexer Raum ist.

Definition 2. *Ein symmetrischer Operator A heißt wesentlich selbstadjungiert, falls sein Abschluß $\bar{A}$ selbstadjungiert ist.*

Bemerkung 4. Nach Teil (a) des Satzes ist die Definition sinnvoll. In den späteren Anwendungen in der Quantenmechanik sind wir an selbstadjungierten Operatoren interessiert. Andererseits liegt nach Bemerkung 26.1.2/2 der Operator $\bar{A}$ fest, wenn man A kennt. Somit ist es für physikalische Anwendungen ausreichend, wenn wir wissen, daß A wesentlich selbstadjungiert ist.

26.1.5. Kriterien für die Selbstadjungiertheit von Operatoren

Die selbstadjungierten und die wesentlich selbstadjungierten Operatoren nehmen in der Theorie dieses Kapitels und in den folgenden Anwendungen eine zentrale Stellung ein. Die Kriterien, die wir jetzt beschreiben, zeigen bereits, über welche bemerkenswerten Eigenschaften selbstadjungierte Operatoren verfügen.

Satz 1. *A sei ein symmetrischer Operator.*
(a) *Ist $D(A) = H$, so ist A selbstadjungiert und beschränkt.*
(b) *A ist selbstadjungiert, falls es eine komplexe Zahl λ mit $R(A - \lambda E) = R(A - \bar{\lambda} E) = H$ gibt.*
(c) *A ist genau dann selbstadjungiert, falls $R(A - \lambda E) = H$ für jede komplexe Zahl λ mit $\operatorname{Im} \lambda \neq 0$ gilt.*

Bemerkung 1. Teil (a) ist eine einfache Folge von $A = A^*$ und Satz 26.1.1(a).

Bemerkung 2. Teil (c) zeigt, daß für selbstadjungierte Operatoren A das Verhalten von $A-\lambda E$ von besonderem Interesse sein wird, wenn λ reell ist. Wie immer ist E der Einheitsoperator. Teil (c) folgt aus der Ungleichung

$$\|Ax-\lambda x\| \geqq |\operatorname{Im}\lambda| \, \|x\| \quad \text{für alle } x \in D(A).$$

Bemerkung 3. Wie früher, so werden wir auch hier statt des einzelnen Operators A die Operatorenschar $A-\lambda E$ betrachten. In diesem Zusammenhang ist folgende Aussage von Interesse: Ist λ eine komplexe Zahl und A ein symmetrischer Operator, so gilt $(A-\lambda E)^* = A^* - \bar{\lambda} E$, wobei $D(A-\lambda E) = D(A)$ ist. Ferner gilt wie in Satz 21.2.2

$$H = \overline{R(A-\lambda E)} \oplus N(A^* - \bar{\lambda} E),$$

wobei die Symbole die gleiche Bedeutung wie in 21.2.1. und 21.2.2. haben.

Satz 2. *A sei ein selbstadjungierter und B ein symmetrischer Operator mit $D(B) \supset D(A)$. Gibt es zwei reelle Zahlen c und δ mit $c \geqq 0$, $0 \leqq \delta < 1$ sowie*

$$\|Bx\| \leqq \delta \|Ax\| + c\|x\| \quad \forall \, x \in D(A),$$

so ist $A+B$ mit $D(A+B) = D(A)$ selbstadjungiert.

Bemerkung 4. Dieser Satz ist insbesondere in physikalischen Anwendungen von Interesse. Er besagt, daß die Selbstadjungiertheit eines Operators A stabil gegenüber kleinen symmetrischen Störungen B ist.

26.2. Das Spektrum selbstadjungierter Operatoren

26.2.1. Die Spektren $\tilde{D}_A$ und $\tilde{C}_A$

Die Resolventenmenge und das Spektrum eines beschränkten Operators hatten wir in 20.2.3. betrachtet. Wir wollen diese Untersuchungen auf unbeschränkte Operatoren im Hilbertraum ausdehnen („unbeschränkt" heißt „nicht notwendig beschränkt", insbesondere ist also ein beschränkter Operator ein spezieller unbeschränkter Operator: mathematisches Kauderwelsch). Wie immer in diesem Kapitel sind alle Operatoren A linear, Definitionsgebiet $D(A)$ und Wertevorrat $R(A)$ liegen im gleichen Hilbertraum H. Mit E wird der Einheitsoperator bezeichnet. $L(H)$ hat die gleiche Bedeutung wie in 20.2.3. Schließlich ist C_1 die endliche komplexe Ebene.

Definition 1. *Ist A ein linearer Operator, dessen Definitionsgebiet $D(A)$ dicht im Hilbertraum H liegt, so heißt*

$$M_A = \{\lambda \mid \lambda \in C_1, \ \exists \ (A-\lambda E)^{-1} \text{ und } (A-\lambda E)^{-1} \in L(H)\}$$

die Resolventenmenge (von A) und $S_A = C_1 \setminus M_A$ das Spektrum (von A). Ferner sei

$$\tilde{D}_A = \{\lambda \mid \exists x \in D(A) \text{ mit } \|x\| = 1 \text{ und } Ax = \lambda x\},$$
$$\tilde{C}_A = \{\lambda \mid \exists \ (A-\lambda E)^{-1}, \text{ gehört aber nicht zu } L(H)\}.$$

Bemerkung 1. Der erste Teil wiederholt im wesentlichen Def. 20.2.3. Wie früher bezeichnet $(A-\lambda E)^{-1}$ den Umkehroperator von $A-\lambda E$, der genau dann existiert, wenn $A-\lambda E$ eine eineindeutige Abbildung von $D(A) = D(A-\lambda E)$ auf $R(A-\lambda E)$ leistet. Man sieht leicht, daß M_A, $\tilde{D}_A$ und $\tilde{C}_A$ die Gesamtheit aller Möglichkeiten ausschöpfen. Insbesondere ist $S_A = \tilde{D}_A \cup \tilde{C}_A$. Wie früher ist $\tilde{D}_A$ die Gesamtheit der Eigenwerte des Operators A. Ist $\lambda \in \tilde{D}_A$ Eigenwert, so heißt $x \in D(A)$ mit $x \neq 0$ und $Ax = \lambda x$ (zugehöriges) Eigenelement. Es ist $\tilde{D}_A \cap \tilde{C}_A = \emptyset$.

Bemerkung 2. Das Spektrum S_A wird somit in das Eigenwertspektrum $\tilde{D}_A$ und in das Restspektrum $\tilde{C}_A$ unterteilt. Das ist naheliegend, aber für die nachfolgenden Betrachtungen nicht zweckmäßig. Wie in Def. 21.2.1 heißt die Dimension von $N(A-\lambda E)$ die Vielfachheit des Eigenwertes $\lambda \in \tilde{D}_A$. Unser Ziel ist, die Spektren $\tilde{D}_A$ und $\tilde{C}_A$ etwas zu modifizieren. Grob gesprochen wollen wir die Eigenwerte unendlicher Vielfachheit aus $\tilde{D}_A$ herausnehmen und sie $\tilde{C}_A$ zuordnen. Zur präzisen Formulierung benötigen wir den Begriff der Weylschen Folge.

Definition 2. *Ist A ein linearer Operator, dessen Definitionsgebiet $D(A)$ dicht im Hilbertraum H liegt, so heißt $\{x_k\}_{k=1}^{\infty} \subset D(A)$ Weylsche Folge für den Punkt λ, falls $\{x_k\}_{k=1}^{\infty}$ beschränkt und nicht-präkompakt ist, sowie $Ax_k - \lambda x_k \to 0$ für $k \to \infty$ gilt.*

Bemerkung 3. Präkompakte Mengen wurden in Def. 20.1.2/1(c) beschrieben. Der Prototyp einer beschränkten nicht-präkompakten Menge im Hilbertraum ist eine orthonormierte Folge $\{x_k\}_{k=1}^{\infty}$. Der Operator $A-\lambda E$ verwandelt „schlechte (Weylsche) Folgen" (vom Standpunkt der Konvergenz) in „gute Folgen". Man kann zumindest ahnen, daß Punkte λ, für welche eine Weylsche Folge existiert, von besonderem Interesse sind.

Satz. *A sei ein selbstadjungierter Operator.*

(a) *S_A ist eine Untermenge der reellen Zahlen, und es gilt*

$$\|(A-\lambda E)^{-1}\| \leq \frac{1}{|\operatorname{Im} \lambda|} \quad \text{für} \quad \operatorname{Im} \lambda \neq 0 .$$

(b) *λ gehört genau dann zu $\tilde{D}_A$, wenn $\overline{R(A-\lambda E)}$ ein echter Teilraum von H ist.*

(c) *λ gehört genau dann zu $\tilde{C}_A$, wenn $\overline{R(A-\lambda E)} = H$ und $R(A-\lambda E) \neq H$ gilt.*

(d) *Zu jedem Punkt $\lambda \in \tilde{C}_A$ gibt es eine Weylsche Folge.*

(e) *Zu jedem Eigenwert unendlicher Vielfachheit gibt es eine Weylsche Folge.*

Bemerkung 4. Teil (a) folgt aus Satz 26.1.5/1 und Bemerkung 26.1.5/2. Aussage (e) ist ebenfalls leicht zu sehen: Jede orthonormierte Folge $\{x_k\}_{k=1}^{\infty} \subset N(A-\lambda E)$ ist Weylsche Folge für den Punkt λ.

26.2.2. Die Spektren D_A und C_A

Mit Hilfe Weylscher Folgen kann man jetzt das Spektrum selbstadjungierter Operatoren neu aufteilen.

Definition. *Ist A ein selbstadjungierter Operator, so heißt*

$$D_A = \{\lambda \mid \lambda \text{ ist ein Eigenwert endlicher Vielfachheit}\}$$

das diskrete Spektrum und

$$C_A = \{\lambda \mid \exists \text{ Welysche Folge für } \lambda\}$$

das stetige oder kontinuierliche Spektrum von A.

Bemerkung 1. Nach Satz 26.2.1 ist $\tilde{C}_A \subset C_A$ und $D_A \subset \tilde{D}_A$, ferner gehören die Eigenwerte unendlicher Vielfachheit zu C_A. Damit ist klar, daß $\tilde{C}_A \cup \tilde{D}_A = S_A \subset C_A \cup D_A$ gilt. Das entstehende Problem, ob C_A auch Punkte der Resolventenmenge enthalten kann, wird durch den folgenden Satz negativ beantwortet.

Satz. *A sei ein selbstadjungierter Operator.*

(a) *Es gilt $S_A = C_A \cup D_A$.*

(b) *Ist $\lambda_1 \in D_A$, $\lambda_2 \in D_A$, $Ax_1 = \lambda_1 x_1$, $Ax_2 = \lambda_2 x_2$ und $\lambda_1 \neq \lambda_2$, so gilt $(x_1, x_2) = 0$.*

Bemerkung 2. Das ist die gewünschte (für unsere Zwecke) bessere Aufteilung des Spektrums S_A. Teil (b) folgt aus

$$\lambda_1(x_1, x_2) = (Ax_1, x_2) = (x_1, Ax_2) = \lambda_2(x_1, x_2) .$$

Eigenelemente verschiedener Eigenwerte sind also stets orthogonal.

26.2.3. Kompakte selbstadjungierte Operatoren

Daß kompakte Operatoren eine besondere Rolle spielen, zeigt die Theorie von Riesz und Schauder aus 21.2. Daß selbstadjungierte Operatoren eine besondere Rolle spielen, zeigen die obigen Untersuchungen.

Damit ist klar, daß selbstadjungierte kompakte Operatoren eine ganz besondere Rolle spielen. $L(H)$ hat die gleiche Bedeutung wie in 20.2.3.

Satz 1. *Ist $A\in L(H)$ selbstadjungiert, so gilt $S_A\subset[-\|A\|, \|A\|]$, wobei mindestens einer der beiden Punkte $\|A\|$ oder $-\|A\|$ zu S_A gehört.*

Bemerkung 1. $S_A\subset[-\|A\|, \|A\|]$ folgt sofort aus Satz 26.2.1(a) und Satz 20.2.3. Das Neue am Satz ist also die Feststellung, daß entweder $\|A\|$ oder $-\|A\|$ zum Spektrum gehören.

Satz 2. *$A\in L(H)$ sei selbstadjungiert und kompakt.*

(a) *Es ist $S_A\subset[-\|A\|, \|A\|]$ und $C_A=\{0\}$.*

(b) *D_A besteht aus höchstens abzählbar vielen verschiedenen Eigenwerten, die sich nur im Punkt 0 häufen können. Jeder von 0 verschiedene Eigenwert hat endliche Vielfachheit.*

(c) *Es gibt ein orthonormiertes System $\{x_k\}\subset H$ mit $Ax_k=\lambda_k x_k$ und*

$$Ax=\sum\lambda_k(x, x_k)x_k \quad \text{für jedes } x\in H\,. \tag{1}$$

Bemerkung 2. Im Satz wurde vorausgesetzt, daß H unendlich-dimensional ist (anderenfalls ist $C_A=\emptyset$). Die Eigenwerte kann man unter Berücksichtigung der Vielfachheiten nach Beträgen ordnen, $|\lambda_1|\geqq|\lambda_2|\geqq|\lambda_3|\geqq\ldots$ wobei $\lambda_k\to 0$ gilt (sofern es unendlich viele von null verschiedene Eigenwerte gibt). Zu einem festen Eigenwert λ kann man den Eigenwertraum $N(A-\lambda E)$ durch ein orthonormiertes System aufspannen. Die Gesamtheit dieser Systeme bilden dann das System $\{x_k\}$ aus Teil (c). (Nach Satz 26.2.2(b) sind Eigenelemente von verschiedenen Eigenwerten stets orthogonal). In (1) braucht man nur über die k mit $\lambda_k\neq 0$ zu summieren.

Satz 3. *Ein selbstadjungierter Operator $A\in L(H)$ ist genau dann kompakt, wenn $C_A=\{0\}$ ist.*

Bemerkung 3. Es ist wieder vorausgesetzt, daß H unendlich-dimensional ist.

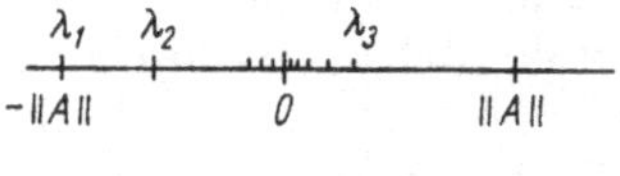

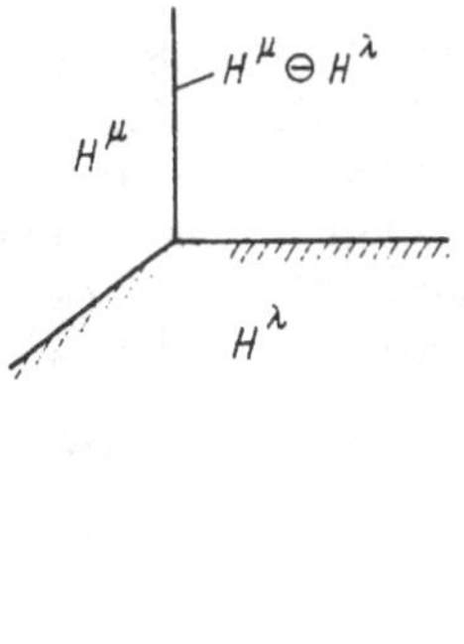

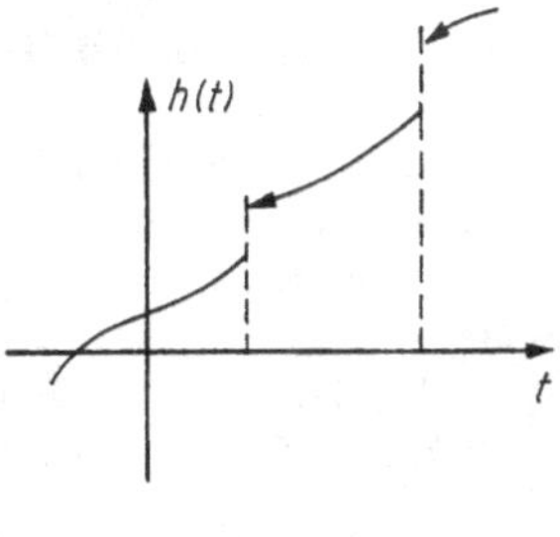

26.3. Spektralscharen

26.3.1. Definitionen

Definition. *Eine Schar $\{E_\lambda\}_{\lambda\in R_1}$ von Projektoren im Hilbertraum H heißt Spektralschar, falls sie folgende Eigenschaften hat:*

(a) *Für alle $x\in H$ gilt $\lim\limits_{\lambda\to-\infty} E_\lambda x=0$ und $\lim\limits_{\lambda\to\infty} E_\lambda x=x$.*

(b) *Für alle $x\in H$ und alle $\mu\in R_1$ gilt $\lim\limits_{\lambda\uparrow\mu} E_\lambda x=E_\mu x$.*

(c) *Für alle $\lambda\in R_1$ und $\mu\in R_1$ gilt $E_\lambda E_\mu=E_{\min(\lambda,\mu)}$.*

Bemerkung 1. Projektoren (oder Projektionsoperatoren) wurden in 21.1.5. beschrieben. Die Konvergenzen in (a) und (b) sind natürlich im Sinne der Norm in H zu verstehen. Wir früher bedeutet $\lambda\uparrow\mu$, daß $\lambda\to\mu$ und $\lambda<\mu$ gilt. Analog schreiben wir $\lambda\to\mu$ mit $\lambda>\mu$ als $\lambda\downarrow\mu$. Aus (c) folgt, daß $E_\lambda E_\mu = E_\mu E_\lambda$ ist. Ferner gilt $E_\lambda^2 = E_\lambda$, was nach Satz 21.1.5 eine notwendige Eigenschaft für Projektoren ist. Der gleiche Satz zeigt, daß Projektoren selbstadjungiert sind.

Lemma. *Für alle $x\in H$ und $\mu\in R_1$ existiert $\lim_{\lambda\uparrow\mu} E_\lambda x = E_{\mu+0}x$. Hierbei ist $E_{\mu+0}$ ein Projektor.*

Bemerkung 2. Nach Bemerkung 21.1.5/2 ist $H^\lambda = \{x \mid x\in H,\ E_\lambda x = x\}$ der zu E_λ gehörige Projektionsraum. Analog $H^{\lambda+0} = \{x \mid x\in H,\ E_{\lambda+0}x = x\}$.

Bemerkung 3. Die Eigenschaften (a) und (c) der obigen Definition sind wesentlich, während (b) und das Lemma Normierungen sind.

26.3.2. Eigenschaften

Alle Bezeichnungen haben die gleiche Bedeutung wie oben.

Satz. (a) *Für $-\infty<\lambda\leqq\mu<\infty$ gilt $H^\lambda\subset H^\mu\subset H^{\mu+0}$ und $\overline{\bigcup_\lambda H^\lambda} = H$. Ferner ist $E_\mu - E_\lambda$ der Projektor mit $H^\mu\ominus H^\lambda$ als Projektionsraum, und $E_{\mu+0}-E_\lambda$ ist der Projektor mit $H^{\mu+0}\ominus H^\lambda$ als Projektionsraum.*

(b) *Für $-\infty<\lambda<\mu<\infty$ gilt $H^{\lambda+0}\subset H^\mu$, und $E_\mu - E_{\lambda+0}$ ist der Projektor mit $H^\mu\ominus H^{\lambda+0}$ als Projektionsraum.*

Bemerkung 1. $H^\mu\ominus H^\lambda$ ist jener Raum, der H^λ orthogonal zum Raum H^μ ergänzt. Im Sinne von 17.3.5. ist also $H^\mu = H^\lambda\oplus(H^\mu\ominus H^\lambda)$. Analoges gilt für $H^{\mu+0}\ominus H^\lambda$.

Bemerkung 2. H^λ ist somit eine monoton wachsende Folge von Hilberträumen, die für $\lambda\to\infty$ den gesamten Hilbertraum H ausschöpfen: $\bigcup_\lambda H^\lambda$ ist dicht in H.

26.4. Spektraloperatoren

26.4.1. Riemann-Stieltjes Integrale für Funktionen

Bevor wir in den nächsten Abschnitten Riemann-Stieltjes Integrale für Spektralscharen betrachten, ist es zweckmäßig, entsprechende Integrale für Funktionen zu untersuchen. Ist $h(t)$ in R_1 eine reelle monoton wachsende (= nicht fallende) linksseitig stetige Funktion, so erzeugt $h(t)$ im Sinne von 13.2.4. ein Borelsches Maß $\mathrm{d}h(t)$. Ist $\varphi(t)$ eine reelle stetige Funktion in R_1 und $-\infty<a\leqq b<\infty$, so können wir nach Kap. 14 das Integral $\int_{\{a,b\}} \varphi(t)\,\mathrm{d}h(t)$ bilden. Hierbei ist $\{a, b\}$ entweder (a, b) oder $[a, b)$ oder $(a, b]$ oder $[a, b]$ (auch $\{a, b\} = \{a\}$ ist zugelassen). Ist $\varphi(t)$ komplexwertig, so setzen wir natürlich

$$\int \varphi(t)\,\mathrm{d}h(t) = \int \mathrm{Re}\,\varphi(t)\,\mathrm{d}h(t) + \mathrm{i}\int \mathrm{Im}\,\varphi(t)\,\mathrm{d}h(t).$$

Diesen Spezialfall der allgemeinen Integrationstheorie kann man aber auch im Sinne des Riemannschen Integrals aus 3.2. behandeln. Es sei $a = a_0 < a_1 < \ldots < a_n = a_{n+1} = b$ die Zerlegung aus (3.2.1/1) und $d(Z) = \max_{k=0,\ldots,n} |a_{k+1}-a_k|$. Ist $t_k\in[a_k, a_{k+1}]$, so gilt

$$\int_{[a,b)} \varphi(t)\,\mathrm{d}h(t) = \lim_{d(Z)\to 0} \sum_{k=0}^{n} \varphi(t_k)\,(h(a_{k+1}) - h(a_k))\,. \tag{1}$$

Ist $\{a, b\} = (a, b)$, so muß man $h(a_0)$ in (1) durch $h(a_0+0)$ ersetzen. Ist $\{a, b\} = (a, b]$, so muß man $h(a_0)$ in (1) durch $h(a_0+0)$ und $h(a_{n+1})$ durch $h(a_{n+1}+0)$ ersetzen. Ist $\{a, b\} = [a, b]$, so muß man $h(a_{n+1})$ in (1) durch $h(a_{n+1}+0)$ ersetzen. (1) und die angedeuteten Modifikationen sind das Analogon zu Lemma 3.2.1/2. Die Formulierung macht auch klar, daß (1) von der Wahl der t_k unabhängig ist. Existiert $\int_{R_1} \varphi(t)\, \mathrm{d}h(t)$ (im Sinne der Integrationstheorie aus Kap. 14), so ist klar, daß

$$\int_{R_1} \varphi(t)\, \mathrm{d}h(t) = \lim_{N\to\infty} \int_{[-N,N]} \varphi(t)\, \mathrm{d}h(t) \tag{2}$$

gilt.

Komplexe Verteilungsfunktionen: Ist $h(t) = h_1(t) - h_2(t) + \mathrm{i}h_3(t) - \mathrm{i}h_4(t)$, wobei $h_k(t)$ reelle monoton wachsende linksseitig stetige Funktionen sind, so setzt man

$$\int_{R_1} \varphi(t)\, \mathrm{d}h(t) = \int_{R_1} \varphi(t)\, \mathrm{d}h_1(t) - \int_{R_1} \varphi(t)\, \mathrm{d}h_2(t) + \mathrm{i} \int_{R_1} \varphi(t)\, \mathrm{d}h_3(t) - \mathrm{i} \int_{R_1} \varphi(t)\, \mathrm{d}h_4(t)\,. \tag{3}$$

Hierbei ist $\varphi(t)$ eine komplexe stetige Funktion im R_1, für die alle Integrale auf der rechten Seite von (3) existieren. Es ist klar, daß $\int_{R_1} \varphi(t)\, \mathrm{d}h(t)$ die üblichen Eigenschaften von Integralen hat.

Beispiele. $\{E_t\}_{t\in R_1}$ sei eine Spektralschar. Dann ist $h(t) = \|E_t x\|^2$ mit $x \in H$ eine reelle monoton wachsende linksseitig stetige Funktion. Ist $x \in H$ und $y \in H$, so ist $h(t) = (E_t x, y)$ eine komplexe Verteilungsfunktion im obigen Sinne. Das folgt aus

$$(E_t x, y) = \left\| E_t \frac{x+y}{2} \right\|^2 - \left\| E_t \frac{x-y}{2} \right\|^2 + \mathrm{i} \left\| E_t \frac{x+\mathrm{i}y}{2} \right\|^2 - \mathrm{i} \left\| E_t \frac{x-\mathrm{i}y}{2} \right\|^2 .$$

Somit kann man Riemann-Stieltjes Integrale der Form

$$\int_{R_1} \varphi(t)\, \mathrm{d}\, \|E_t x\|^2 \quad \text{und} \quad \int_{R_1} \varphi(t)\, \mathrm{d}(E_t x, y)$$

betrachten.

26.4.2. Riemann-Stieltjes Integrale für Spektralscharen auf endlichen Intervallen

Das Ziel ist, die Funktion $h(t)$ aus dem letzten Abschnitt durch die Hilbertraum-wertige Funktion $E_t x$ zu ersetzen, wobei $\{E_t\}_{t\in R_1}$ eine Spektralschar und $x \in H$ ist. Die verwendeten Symbole haben die gleiche Bedeutung wie im letzten Abschnitt, also $-\infty < a \leqq b < \infty$, sowie die Unterteilung $a = a_0 < a_1 < \ldots < a_{n+1} = b$, die Punkte t_k und $d(Z)$.

Satz. *$\{E_t\}_{t\in R_1}$ sei eine Spektralschar im Hilbertraum H. Ist $\varphi(t)$ eine komplexwertige stetige Funktion im R_1, so existiert für jedes $x \in H$*

$$\lim_{d(Z)\to 0} \sum_{k=0}^{n} \varphi(t_k)\, (E_{a_{k+1}} x - E_{a_k} x) = \int_{[a,b)} \varphi(t)\, \mathrm{d}E_t x \tag{1}$$

als Limes in H. Das Grenzelement gehört zum Projektionsraum von $E_b - E_a$, und es gilt

$$\Big\| \int_{[a,b)} \varphi(t)\, \mathrm{d}E_t x \Big\|^2 = \int_{[a,b)} |\varphi(t)|^2\, \mathrm{d}\, \|E_t x\|^2 . \tag{2}$$

Ist $x_1 \in H$ und $x_2 \in H$, und sind ϱ_1 und ϱ_2 komplexe Zahlen, so gilt

$$\int_{[a,b)} \varphi(t)\, \mathrm{d}E_t\, (\varrho_1 x_1 + \varrho_2 x_2) = \varrho_1 \int_{[a,b)} \varphi(t)\, \mathrm{d}E_t x_1 + \varrho_2 \int_{[a,b)} \varphi(t)\, \mathrm{d}E_t x_2 . \tag{3}$$

Bemerkung 1. Es ist klar, wie (1) zu verstehen ist: Die linke Seite von (1) existiert als Limes in H, wobei dieser Limes unabhängig von den gewählten Zerlegungen und den Punkten t_k ist.

Die rechte Seite von (1) ist dann die Definition eines Hilbertraum-wertigen Riemann-Stieltjes Integrals in Analogie zu (26.4.1/1). Daß dieses Integral zum Projektionsraum von $E_b - E_a$ gehört, prüft man relativ leicht nach. Die rechte Seite von (2) ist ein gewöhnliches Riemann-Stieltjes Integral für Funktionen im Sinne von 26.4.1.

Bemerkung 2. In Analogie zu 26.4.1. kann man entsprechende Integrale $\int_{\{a,b\}} \varphi(t)\, \mathrm{d}E_t x$ für die anderen Intervalltypen einführen. Ersetzt man $E_{a_0} x$ in (1) durch $E_{a_0+0}\, x$, so erhält man $\int_{(a,b)} \varphi(t)\, \mathrm{d}E_t x$. Ferner ist

$$\int_{(a,b]} \varphi(t)\, \mathrm{d}E_t x = \int_{(a,b)} \varphi(t)\, \mathrm{d}E_t x + \varphi(b)\, (E_{b+0} - E_b) x\,.$$

$$\int_{[a,b]} \varphi(t)\, \mathrm{d}E_t x = \int_{[a,b)} \varphi(t)\, \mathrm{d}E_t x + \varphi(b)\, (E_{b+0} - E_b) x\,.$$

(2) und (3) bleiben richtig, wenn man $[a, b)$ durch $\{a, b\}$ ersetzt. Ferner gehören die Integrale zu den entsprechenden Projektionsräumen, z. B.

$$\int_{(a,b)} \varphi(t)\, \mathrm{d}E_t x \in H^b \ominus H^{a+0}\,,$$

$$\int_{\{a\}} \varphi(t)\, \mathrm{d}E_t x = \varphi(a)\, (E_{a+0} - E_a) x \in H^{a+0} \ominus H^a\,.$$

26.4.3. Riemann-Stieltjes Integrale für Spektralscharen auf R_1

In Analogie zu (26.4.1/2) wollen wir die Betrachtungen des letzten Abschnitts auf R_1 ausdehnen. H ist wie immer ein Hilbertraum.

Satz. *$\{E_t\}_{t\in R_1}$ sei eine Spektralschar, $\varphi(t)$ sei eine komplexwertige stetige Funktion auf R_1 und*

$$M = \{y \mid y \in H,\ \int_{R_1} |\varphi(t)|^2\, \mathrm{d}\, \|E_t y\|^2 < \infty\}\,. \tag{1}$$

(a) *M ist eine lineare und dichte Menge in H.*

(b) $$\lim_{N\to\infty} \int_{(-N,N)} \varphi(t)\, \mathrm{d}E_t x = \int_{R_1} \varphi(t)\, \mathrm{d}E_t x \tag{2}$$

existiert genau dann, wenn $x \in M$ gilt.

(c) *Für $x \in M$ ist*

$$\|\int_{R_1} \varphi(t)\, \mathrm{d}E_t x\|^2 = \int_{R_1} |\varphi(t)|^2\, \mathrm{d}\|E_t x\|^2\,. \tag{3}$$

Bemerkung. In (2) kann man $\lim\limits_{N\to\infty} \int\limits_{(-N,N)}$ durch $\lim\limits_{\substack{\alpha\to\infty\\ \beta\to-\infty}} \int\limits_{(\beta,\alpha)}$ ersetzen. Es ist klar, daß die rechte Seite von (2) die Definition des entsprechenden Integrals ist, sofern die linke Seite von (2) existiert.

26.4.4. Spektraloperatoren

Definition. *Ist $\{E_t\}_{t\in R_1}$ eine Spektralschar und $\varphi(t)$ eine komplexwertige stetige Funktion auf R_1, so ist A,*

$$Ax = \int_{R_1} \varphi(t)\, \mathrm{d}E_t x$$

mit dem Definitionsgebiet

$$D(A) = \{x \mid \int_{R_1} |\varphi(t)|^2\, \mathrm{d}\|E_t x\|^2 < \infty\}$$

ein Spektraloperator.

Bemerkung 1. Aus Satz 26.4.3 und (26.4.2/3) folgt leicht, daß A ein linearer Operator mit dichtem Definitionsgebiet $D(A)$ im Hilbertraum H ist. Es entstehen zwei Fragen: 1. Welche Eigenschaften haben Spektraloperatoren? 2. Wie allgemein ist diese Begriffsbildung, welche Operatoren können als Spektraloperatoren dargestellt werden?

Satz 1. *A sei ein Spektraloperator bezüglich der Spektralschar $\{E_t\}_{t\in R_1}$ und der komplexen stetigen Funktion $\varphi(t)$.*

(**a**) *A ist ein abgeschlossener Operator mit dichtem Definitionsgebiet $D(A)$.*

(**b**) *Der adjungierte Operator A^* ist ebenfalls ein Spektraloperator, und es gilt*

$$A^*x = \int_{R_1} \overline{\varphi(t)}\, \mathrm{d}E_t x \quad \textit{und} \quad D(A^*) = D(A) . \tag{1}$$

(**c**) *Für $x \in D(A)$ und $y \in H$ gilt*

$$(Ax, y) = \int_{R_1} \varphi(t)\, \mathrm{d}(E_t x, y) . \tag{2}$$

(**d**) *A ist genau dann selbstadjungiert, wenn $\varphi(t)$ reell ist.*

Bemerkung 2. Da $D(A)$ dicht im Hilbertraum H ist, kann man nach 26.1.3. den adjungierten Operator A^* bilden. (d) folgt dann aus (1). Formel (2) ist nach 26.4.1. sinnvoll, wobei die Formulierung im Teil (c) die Konvergenz des Integrals in (2) einschließen soll.

Satz 2. *Ist $\{E_t\}_{t\in R_1}$ eine Spektralschar und sind $\varphi(t)$ und $\psi(t)$ zwei stetige Funktionen im R_1, so sei*

$$Ax = \int_{R_1} t\, \mathrm{d}E_t x \quad \textit{mit} \quad x \in D(A) , \tag{3}$$

$$\varphi(A)\, x = \int_{R_1} \varphi(t)\, \mathrm{d}E_t x \quad \textit{mit} \quad x \in D(\varphi(A)) , \tag{4}$$

und analog $\psi(A)$. Dann gilt

$$\overline{\varphi(A) \cdot \psi(A)} = \overline{\psi(A) \cdot \varphi(A)} = (\varphi\psi)\,(A) . \tag{5}$$

Ferner ist $\varphi(A) = A^n$, falls $\varphi(t) = t^n$ mit $n = 1, 2, 3, \ldots$ ist.

Bemerkung 3. Nach Satz 1 ist A selbstadjungiert. (4) besagt dann, daß wir Funktionen selbstadjungierter Spektraloperatoren bilden können. (5) zeigt, daß man mit Operatorfunktionen genau so rechnen kann, wie mit gewöhnlichen Funktionen. Hierbei ist das Definitionsgebiet

$$D(\varphi(A)\,\psi(A)) = \{x \mid x \in D(\psi(A)), \quad \psi(A)x \in D(\varphi(A))\}$$

die Gesamtheit der Elemente $x \in H$, auf denen man $\varphi(A)\,(\psi(A)\,x)$ ausführen kann. Dann ist $\varphi(A)\,\psi(A)$ ein abschließbarer Operator, und $\overline{\varphi(A)\,\psi(A)}$ ist der Abschluß. Die letzte Aussage des Satzes zeigt, daß diese Konstruktion mit der Produktbildung $A^2 = AA$, $A^n = AA^{n-1}$, verträglich ist.

26.4.5. Der Hauptsatz der Spektraltheorie

Satz. *Jeder selbstadjungierte Operator A im Hilbertraum H mit dem Definitionsgebiet $D(A)$ besitzt eine eindeutig bestimmte Spektralschar $\{E_t\}_{t\in R_1}$, so daß A und $D(A)$ darstellbar sind als*

$$Ax = \int_{R_1} t\, \mathrm{d}E_t x, \quad D(A) = \{x \mid x \in H, \quad \int_{R_1} t^2 \mathrm{d}\|E_t x\|^2 < \infty\} .$$

Bemerkung 1. Dies ist einer der fundamentalsten und schönsten Sätze der Operatorentheorie. Er zeigt, daß (26.4.4/3) nicht eine enge Untermenge der selbstadjungierten Operatoren beschreibt (wie man im ersten Moment vermuten könnte), sondern den allgemeinsten selbstadjungierten Operator darstellt. Insbesondere können wir also Operatorfunktionen $\varphi(A)$

beliebiger selbstadjungierter Operatoren A bilden. $\sin A$, $|A|$ oder $\sqrt{|A|}$ sind sinnvoll, da $\sin t$, $|t|$ und $\sqrt{|t|}$ zulässige Funktionen sind.

Bemerkung 2. Die Beweise zu den Sätzen aus 26.4.4. sind nicht trivial, aber doch vergleichsweise einfach. Dagegen ist ein vollständiger Beweis des obigen Satzes kompliziert.

26.4.6. Das Spektrum selbstadjungierter Operatoren

In 26.2.2. hatten wir die Spektren D_A, C_A und S_A eines selbstadjungierten Operators A betrachtet. Wir denken uns jetzt A in der Form von Satz 26.4.5 dargestellt. Die Räume H^λ und $H^{\lambda+0}$ haben die gleiche Bedeutung wie in 26.3.1. bezüglich der Spektralschar $\{E_t\}_{t\in R_1}$, die nach Satz 26.4.5 durch A eindeutig bestimmt ist.

Satz. (a) *Für jede reelle Zahl* λ *gilt* $N(A-\lambda E)=H^{\lambda+0}\ominus H^\lambda$.

(b) *Die reelle Zahl* λ *gehört genau dann zu* C_A, *wenn* $H^{\lambda+\varepsilon}\ominus H^{\lambda-\varepsilon}$ *für jede Zahl* $\varepsilon>0$ *unendlich-dimensional ist.*

Bemerkung. Ist λ ein Eigenwert, so ist also $H^{\lambda+0}\ominus H^\lambda$ der zugehörige Eigenwertraum, d. h. die Gesamtheit der Eigenelemente zum Eigenwert λ und das Nullelement. $\lambda\in D_A$ gilt genau dann, wenn $H^{\lambda+0}\ominus H^\lambda$ endlich-dimensional ist, aber nicht nur aus dem Nullelement besteht. Der Satz erlaubt somit eine bemerkenswerte Kennzeichnung der Spektren D_A und C_A durch Eigenschaften der zugehörigen Spektralschar im Sinne von Satz 26.4.5. Das zeigt die enge Verbindung von Spektrum und Spektralschar.

26.4.7. Operatoren mit reinem Punktspektrum

Die Spektren D_A und C_A für einen selbstadjungierten Operator A haben die gleiche Bedeutung wie in 26.2.2.

Definition. *Ein selbstadjungierter Operator* A *heißt Operator mit reinem Punktspektrum, falls* $C_A=\emptyset$ *ist.*

Bemerkung 1. Nach Satz 26.2.2 besteht somit das Spektrum $S_A=D_A$ nur aus Eigenwerten endlicher Vielfachheit. Derartige Operatoren spielen in physikalischen Anwendungen eine wichtige Rolle.

Satz 1. *Ein Operator mit reinem Punktspektrum ist nicht beschränkt.*

Bemerkung 2. Ein beschränkter selbstadjungierter Operator hat somit ein nicht-leeres stetiges Spektrum C_A. Wie früher, haben wir hier wieder stillschweigend vorausgesetzt, daß H unendlich-dimensional ist.

Satz 2. *A sei ein Operator mit reinem Punktspektrum. Dann besitzt A abzählbar unendlich viele verschiedene Eigenwerte endlicher Vielfachheit, die sich im Endlichen nicht häufen können. Ferner gibt es ein vollständiges orthonormiertes System* $\{x_k\}_{k=1}^\infty\subset D(A)$ *mit* $Ax_k=\lambda_k x_k$,

$$D(A)=\{x\mid x\in H,\ \sum_{k=1}^\infty \lambda_k^2\,|(x,x_k)|^2<\infty\}\,, \tag{1}$$

$$Ax=\sum_{k=1}^\infty \lambda_k(x,x_k)x_k \quad \text{für} \quad x\in D(A)\,. \tag{2}$$

Bemerkung 3. Das ist das Analogon von Satz 26.2.3/2. Wie dort haben wir vorausgesetzt, daß H unendlich-dimensional ist. Ordnet man die Eigenwerte $\{\lambda_k\}$ unter Berücksichtigung der Vielfachheit, so folgt $0\leq|\lambda_1|\leq|\lambda_2|\leq\ldots$ mit $|\lambda_k|\to\infty$ für $k\to\infty$. In jedem Eigenwertraum wählt man nach Belieben ein orthonormiertes System. Die Gesamtheit dieser Systeme bildet dann das System $\{x_k\}$ aus dem Satz. (Nach Satz 26.2.2(b) sind die Eigenelemente verschiedener Eigenwerte stets orthogonal).

Bemerkung 4. Die Darstellung (1), (2) ist die Konkretisierung von Satz 26.4.5 und stellt die unendlich-dimensionale Variante der bekannten Hauptachsentransformation von Flächen zweiter Ordnung der analytischen Geometrie dar. Satz 26.4.5 ist dann das kontinuierliche Analogon.

27. Differentialoperatoren und orthogonale Funktionen

27.1. Klassische orthogonale Funktionen

27.1.1. Vorbemerkung

Die Spektraltheorie aus Kap. 26, insbesondere Satz 26.4.7/2 und Bemerkung 26.4.7/3, kann man wirkungsvoll zum Studium gewöhnlicher und partieller Differentialoperatoren einsetzen. Das Schema läßt sich wie folgt beschreiben. Betrachtet wird ein Differentialausdruck, etwa $Ay = -y''$ im Intervall (a, b) mit $-\infty < a < b < < \infty$. Man sucht jetzt nach geeigneten Definitionsgebieten $D(A)$, so daß A im Hilbertraum $L_2(a, b)$ wesentlich selbstadjungiert wird (vgl. Def. 26.1.4/2). Dann ist der Abschluß $\bar{A}$ selbstadjungiert, und die Theorie aus Kap. 26 ist auf $\bar{A}$ anwendbar. Angestrebt wird, daß $\bar{A}$ ein Operator mit reinem Punktspektrum im Sinne von Def. 26.4.7 ist. Dann kann man auf Satz 26.4.7/2 und Bemerkung 26.4.7/3 zurückgreifen. Gefragt ist nach einer expliziten Bestimmung der Eigenwerte und Eigenelemente von $\bar{A}$. Aus 26.4.7. folgt dann, daß das entsprechende orthonormierte System der Eigenelemente vollständig in dem betreffenden Hilbertraum ist. Beliebige Elemente des betrachteten Hilbertraumes können anschließend nach derartigen Systemen entwickelt werden. Damit hat man eine Situation, wie sie für n-dimensionale trigonometrische Reihen und Legendresche Polynome in Kap. 18 beschrieben wurde. Die Nützlichkeit solcher Orthogonalentwicklungen ergibt sich etwa aus 19.5., wo Separationsansätze für partielle Differentialgleichungen auf dieser Basis behandelt wurden. Für uns dienen die Betrachtungen dieses Kapitels aber auch als Vorlauf für das nachfolgende Kapitel über Quantenmechanik.

27.1.2. Trigonometrische Funktionen

Ist $-\infty < a < b < \infty$, so liegt diesem Abschnitt der (komplexe) Hilbertraum $H = L_2(\Omega)$ mit $\Omega = (a, b)$ im Sinne von 17.3.2. zugrunde. Statt $L_2((a, b))$ schreiben wir einfacher $L_2(a, b)$. Mit $C^\infty([a, b])$ bezeichnen wir die Gesamtheit der in (a, b) komplexwertigen beliebig oft differenzierbaren Funktionen, deren sämtliche Ableitungen stetig auf $[a, b]$ fortgesetzt werden können.

Satz. (a) *Der Operator* $(A_D f)(x) = -f''(x)$ *mit dem Definitionsgebiet*

$$D(A_D) = \{f \mid f \in C^\infty([a, b]),\ f(a) = f(b) = 0\}$$

ist in $L_2(a, b)$ *wesentlich selbstadjungiert.* $\bar{A}_D$ *ist ein Operator mit reinem Punktspektrum. Die Eigenwerte sind* $\lambda_k = \frac{\pi^2 k^2}{(b-a)^2}$ *mit* $k = 1, 2, \ldots$ *Diese Eigenwerte sind einfach, und* $f_k(x) = \sqrt{\frac{2}{b-a}} \sin \frac{x-a}{b-a} \pi k$ *sind zugehörige orthonormierte Eigenfunktionen.*

(b) *Der Operator* $(A_N f)(x) = -f''(x)$ *mit dem Definitionsgebiet*

$$D(A_N) = \{f \mid f \in C^\infty([a, b]),\ f'(a) = f'(b) = 0\}$$

ist in $L_2(a, b)$ *wesentlich selbstadjungiert.* $\bar{A}_N$ *ist ein Operator mit reinem Punktspektrum. Die Eigenwerte sind* $\lambda_k = \frac{\pi^2 k^2}{(b-a)^2}$ *mit* $k = 0, 1, 2, \ldots$ *Diese Eigenwerte sind einfach, und* $f_0(x) = \frac{1}{\sqrt{b-a}}$ *sowie* $f_l(x) = \sqrt{\frac{2}{b-a}} \cos \frac{x-a}{b-a} \pi l$ *mit* $l = 1, 2, \ldots$ *sind zugehörige orthonormierte Eigenfunktionen.*

Bemerkung. Wie in 27.1.1. bereits erwähnt wurde, folgt aus diesem Satz sowie den Betrachtungen aus 26.4.7., daß sowohl

$$\left\{\sqrt{\frac{2}{b-a}} \sin \frac{x-a}{b-a} \pi k\right\}_{k=1}^{\infty} \quad \text{als auch} \quad \left\{\frac{1}{\sqrt{b-a}},\ \sqrt{\frac{2}{b-a}} \cos \frac{x-a}{b-a} \pi k\right\}_{k=1}^{\infty}$$

in $L_2(a, b)$ vollständige orthonormierte Systeme sind. Auf der Grundlage der Spektraltheorie selbstadjungierter Operatoren haben wir damit für den eindimensionalen Fall das gleiche Resultat wie im Satz 18.1.4 und in Bemerkung 18.1.4/1 erhalten. Man kann diese Betrachtungen auch auf den n-dimensionalen Fall ausdehnen.

27.1.3. Hermitesche Funktionen

Es sei $C_0^\infty(R_1) = D(R_1)$ die Gesamtheit der komplexen, in R_1 beliebig oft differenzierbaren finiten Funktionen, man vgl. mit Def. 14.6.4/2 und 22.1.2.

Satz. *Der Hermitesche Differentialoperator* $(Af)(x) = -f''(x) + x^2 f(x)$ *mit dem Definitionsgebiet* $D(A) = C_0^\infty(R_1)$ *ist in* $L_2(R_1)$ *wesentlich selbstadjungiert.* $\bar{A}$ *ist ein Operator mit reinem Punktspektrum. Die Eigenwerte sind* $\lambda_k = 2k + 1$ *mit* $k = 0, 1, 2, \ldots$ *Diese Eigenwerte sind einfach und*

$$H_k(x) = c_k e^{\frac{x^2}{2}} \frac{d^k}{dx^k} (e^{-x^2})$$

sind bei passender Wahl der positiven Konstanten c_k *zugehörige orthonormierte Eigenfunktionen.*

Bemerkung 1. Den ersten Teil des Satzes kann man wesentlich verallgemeinern: Ist $p(x)$ eine reelle stetige Funktion in R_1 mit $p(x) \to \infty$ für $|x| \to \infty$, so ist

$$(Af)(x) = -f''(x) + p(x) f(x), \quad D(A) = C_0^\infty(R_1),$$

in $L_2(R_1)$ wesentlich selbstadjungiert. Ferner ist auch in diesem Fall $\bar{A}$ ein Operator mit reinem Punktspektrum.

Bemerkung 2. Die Betrachtungen in 26.4.7. zeigen, daß $\{H_k(x)\}_{k=0}^{\infty}$ ein vollständiges orthonormiertes System in $L_2(R_1)$ ist. Man kann somit jede Funktion $f(x) \in L_2(R_1)$ als

$$f(x) = \sum_{k=0}^{\infty} (f, H_k)_{L_2(R_1)} H_k(x)$$

darstellen. Ist λ kein Eigenwert, so hat die (verallgemeinerte) Hermitesche Differentialgleichung $\bar{A}g - \lambda g = f$ genau eine Lösung, nämlich

$$g = \sum_{k=0}^{\infty} \frac{(f, H_k)_{L_2(R_1)}}{2k+1-\lambda} H_k(x) .$$

Bemerkung 3. Man sieht sofort, daß

$$h_k(x) = \frac{1}{c_n} e^{\frac{x^2}{2}} H_k(x) = e^{x^2} \frac{d^k}{dx^k} (e^{-x^2})$$

mit $k = 0, 1, 2, \ldots$ ein Polynom k-ten Grades ist. Das sind die bekannten Hermiteschen Polynome.

27.1.4. Legendresche Funktionen

In 18.2.2. hatten wir bereits Legendresche Polynome untersucht. Auf der Basis der Spektraltheorie selbstadjungierter Operatoren erweitern wir jetzt die dortigen Betrachtungen wesentlich.

Satz 1. *Der Legendresche Differentialoperator* $(Af)(x) = -((1-x^2) f'(x))'$ *mit dem Definitionsgebiet* $D(A) = C^\infty([-1, 1])$ *ist in* $L_2(-1, 1)$ *wesentlich selbstadjungiert.* $\bar{A}$ *ist ein Operator mit reinem Punktspektrum. Die Eigenwerte sind* $\lambda_k = k(k+1)$ *mit* $k = 0, 1, 2, \ldots$ *Diese Eigenwerte sind einfach, und die Legendreschen Polynome*

$$L_k(x) = \sqrt{\frac{2k+1}{2}}\, 2^{-k} \frac{1}{k!} \frac{d^k}{dx^k} [(1-x^2)^k] \tag{1}$$

sind zugehörige orthonormierte Eigenfunktionen.

Bemerkung 1. Die Bezeichnungen $C^\infty([-1, 1])$ und $L_2(-1, 1)$ haben die gleiche Bedeutung wie in 27.1.2. Abgesehen von Normierungsfaktoren stimmt (1) mit (18.2.2/1) überein. Aus 26.4.7. folgt wieder, daß $\{L_k(x)\}_{k=0}^{\infty}$ in $L_2(-1, 1)$ vollständig ist. Eine beliebige Funktion $f(x) \in L_2(-1, 1)$ kann man somit nach Legendreschen Polynomen entwickeln, wie es in Bemerkung 18.2.2/2 angegeben wurde.

Satz 2. *Ist* $m = 0, 1, 2, \ldots$, *so ist der Differentialoperator*

$$(A_m f)(x) = -((1-x^2) f'(x))' + \frac{m^2}{1-x^2} f(x) \quad \textit{mit}$$

$$D(A_m) = \{f \mid f(x) = (1-x^2)^{\frac{m}{2}} P(x),\ P(x)\ \textit{Polynom}\}$$

als Definitionsgebiet in $L_2(-1, 1)$ *wesentlich selbstadjungiert.* $\bar{A}_m$ *ist ein Operator mit reinem Punktspektrum. Die Eigenwerte sind* $\lambda_k = k(k+1)$ *mit* $k = m, m+1, m+2, \ldots$ *Diese Eigenwerte sind einfach, und*

$$L_k^m(x) = \sqrt{\frac{(k-m)!}{(k+m)!}} (1-x^2)^{\frac{m}{2}} \frac{d^m}{dx^m} L_k(x)$$

sind zugehörige orthonormierte Eigenfunktionen.

Bemerkung 2. Für $m = 0$ erhält man im wesentlichen Satz 1. Wie üblich (auch in (1)) ist $0! = 1$. Man nennt $L_k^m(x)$ zugeordnete Legendresche Funktionen. Die Vollständigkeit des Systems $\{L_k^m(x)\}_{k=m}^{\infty}$ in $L_2(-1, 1)$ ergibt sich wieder aus 26.4.7.

27.1.5. Laguerresche Funktionen

Mit $C^\infty([0, \infty))$ bezeichnen wir die Gesamtheit der komplexwertigen in $(0, \infty)$ beliebig oft differenzierbaren Funktionen $f(x)$, die für große Werte von x verschwinden und deren sämtliche Ableitungen stetig in den Punkt 0 fortgesetzt werden können.

Satz. *Ist $\alpha > -1$, so ist der Laguerresche Differentialoperator*

$$(A_\alpha f)(x) = -4(xf'(x))' + \left(x + \frac{\alpha^2}{x}\right) f(x) \quad mit$$

$$D(A_\alpha) = \{f \mid x^{-\frac{\alpha}{2}} f(x) \in C^\infty([0, \infty))\}$$

als Definitionsgebiet im Hilbertraum $L_2(0, \infty)$ wesentlich selbstadjungiert. $\bar{A}_\alpha$ ist ein Operator mit reinem Punktspektrum. Die Eigenwerte sind $\lambda_k = 2\,(2k+1+\alpha)$ mit $k = 0, 1, 2, \ldots$ Diese Eigenwerte sind einfach, und

$$L_{\alpha,k}(x) = c_{k,\alpha} e^{\frac{x}{2}} x^{-\frac{\alpha}{2}} \frac{d^k}{dx^k} (e^{-x} x^{n+\alpha})$$

sind bei passender Wahl der positiven Konstanten $c_{k,\alpha}$ zugehörige orthonormierte Eigenfunktionen.

Bemerkung 1. $L_{\alpha,k}(x)$ sind die Laguerreschen Funktionen. Aus 26.4.7. ergibt sich wieder, daß $\{L_{\alpha,k}(x)\}_{k=0}^\infty$ ein vollständiges orthonormiertes System in $L_2(0, \infty)$ ist. Insbesondere kann man jede Funktion $f(x) \in L_2(0, \infty)$ nach Laguerreschen Funktionen entwickeln, also

$$f(x) = \sum_{k=0}^\infty (f, L_{\alpha,k})_{L_2(0,\infty)}\, L_{\alpha,k}(x) .$$

Bemerkung 2. Man sieht sofort, daß

$$l_{\alpha,k}(x) = \frac{1}{c_{k,\alpha}} x^{-\frac{\alpha}{2}} e^{\frac{x}{2}} L_{\alpha,k}(x) = e^x x^{-\alpha} \frac{d^k}{dx^k} (e^{-x} x^{n+\alpha})$$

Polynome sind, die als Laguerresche Polynome bezeichnet werden.

Bemerkung 3. Der Satz stammt von U. Grünewald (Dissertation, Jena 1975).

27.2. Kugelflächenfunktionen

27.2.1. Der Beltramische Differentialoperator

Den Laplace-Operator $\Delta = \sum_{k=1}^n \frac{\partial^2}{\partial x_k^2}$ im R_n und in Gebieten $\Omega \subset R_n$ haben wir früher ausführlich untersucht: Kap. 19 und Kap. 23. Wir werden später in Kap. 33 den Laplace-Operator und den Wellenoperator in allgemeinen gekrümmten Räumen betrachten. Im Moment interessiert uns das Analogon von Δ auf der Oberfläche der Einheitskugel im R_n, also auf $\omega_n = \{x \mid |x| = 1\}$. Da wir die späteren (relativ komplizierten) Techniken hier nicht verwenden wollen, begnügen wir uns mit einer spezifischen Konstruktion. ϑ sei der allgemeine Punkt auf ω_n, und $C^\infty(\omega_n)$ sei die Gesamtheit der komplexwertigen, auf ω_n beliebig oft differenzierbaren Funktionen. Ist ds das Oberflächenelement auf ω_n im Sinne von 9.2.5., so ist

$$(f, g)_{L_2(\omega_n)} = \int_{\omega_n} f(\vartheta)\, \overline{g(\vartheta)}\, ds, \quad f \in C^\infty(\omega_n), \quad g \in C^\infty(\omega_n)\,, \tag{1}$$

ein Skalarprodukt. $L_2(\omega_n)$ sei der Hilbertraum, der durch Vervollständigung von $C^\infty(\omega_n)$ in der zu (1) gehörenden Norm entsteht. Diesen Raum kann man auch wie folgt beschreiben: $r=|x|$ sei der Abstand von $x\in R_n$ zum Punkt 0. Dann sei

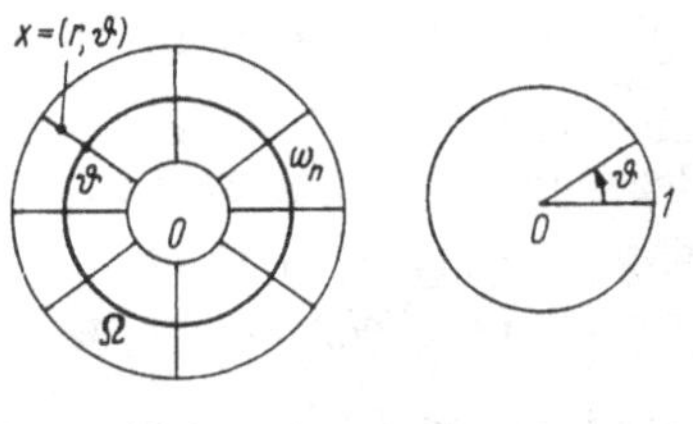

$\Omega=\left\{x \,\middle|\, \frac{1}{2}<|x|<2\right\}$. Man kann jetzt $x\in\Omega$ in eindeutiger Weise durch r und $\vartheta\in\omega_n$ kennzeichnen, $x=(r,\ \vartheta)$. Wir setzen jetzt $f\in C^\infty(\omega_n)$ durch $f_\Omega(x)=f(\vartheta)$ auf Ω fort (längs der Strahlen vom Nullpunkt ist also $f_\Omega(x)$ konstant). Man kann jetzt $L_2(\omega_n)$ als Vervollständigung von $\{f_\Omega(x)$ mit $f(\vartheta)\in C^\infty(\omega_n)\}$ in $L_2(\Omega)$, also als Unterraum von $L_2(\Omega)$, ansehen. Ein solcher (logisch vielleicht nicht ganz zufriedenstellender) Standpunkt ist für unsere Zwecke ausreichend.

Definition. $(Bf)(\vartheta)=-r^2\Delta f_\Omega(x)$ *mit* $f\in C^\infty(\omega_n)$ *heißt (zweiter) Beltramischer Differentialoperator,* $n\geqq 2$.

Bemerkung 1. Ist $f\in C^\infty(\omega_n)$, so hat $f_\Omega(x)$ mit $x\in\Omega$ die obige Bedeutung. Dann ist

$$-r^2\Delta f_\Omega(x)=-(x_1^2+\ldots+x_n^2)\sum_{k=1}^{n}\frac{\partial^2 f_\Omega}{\partial x_k^2}(x)$$

in Ω eine beliebig oft differenzierbare Funktion. Setzt man wieder $x=(r,\vartheta)$, so zeigt sich, daß diese Funktion von r unabhängig ist, also längs der Strahlen vom Nullpunkt konstant ist. Entsprechend der obigen Identifizierung ist dann $-r^2\Delta f_\Omega(x)\in C^\infty(\omega_n)$. In diesem Sinne ist die obige Definition zu verstehen. Man kann nach einer „inneren“ Beschreibung von B fragen, die keinen Gebrauch von der Ausdehnung von ω_n auf Ω macht. Systematische Betrachtungen dieser Art findet man in Kap. 33. Andererseits ist es möglich, mit Hilfe n-dimensionaler Polarkoordinaten B explizit zu beschreiben, vgl. [43], S. 418. In der folgenden Bemerkung beschränken wir uns auf die Fälle $n=2$ und $n=3$.

Bemerkung 2. Im Fall $n=2$ kennzeichnen wir die Punkte $\vartheta\in\omega_2$ in üblicher Weise durch den Winkel ϑ. Hierbei ist $0\leqq\vartheta<2\pi$. Bezüglich der Polarkoordinaten (r,ϑ) erhält man

$$\Delta u(x)=\frac{1}{r}\frac{\partial}{\partial r}\left(r\frac{\partial u}{\partial r}\right)+\frac{1}{r^2}\frac{\partial^2 u}{\partial\vartheta^2}\,.$$

Also ist $(Bf)(\vartheta)=-\dfrac{\partial^2 f}{\partial\vartheta^2}$ für $n=2$ und $f\in C^\infty(\omega_2)$. Im Fall $n=3$ verwenden wir die Polarkoordinaten aus 12.4.1. und erhalten

$$\Delta u(x)=\frac{1}{r^2}\frac{\partial}{\partial r}\left(r^2\frac{\partial u}{\partial r}\right)+\frac{1}{r^2\sin\vartheta}\frac{\partial}{\partial\vartheta}\left(\sin\vartheta\frac{\partial u}{\partial\vartheta}\right)+\frac{1}{r^2\sin^2\vartheta}\frac{\partial^2 u}{\partial\varphi^2}\,.$$

Also ist

$$(Bf)(\vartheta,\varphi)=-\frac{1}{\sin\vartheta}\frac{\partial}{\partial\vartheta}\left(\sin\vartheta\frac{\partial f}{\partial\vartheta}\right)-\frac{1}{\sin^2\vartheta}\frac{\partial^2 f}{\partial\varphi^2}\qquad(2)$$

für $n=3$ und $f\in C^\infty(\omega_3)$. Der Nachteil von (2) ist, daß das Polarkoordinatensystem (r,ϑ,φ) für $\vartheta=0$ und $\vartheta=\pi$ singulär wird.

27.2.2. Kugelflächenfunktionen als Eigenfunktionen

In Bemerkung 23.1.2/2 hatten wir harmonische Polynome $P(x)$ im R_n beschrieben. Ein Polynom heißt homogen, falls $P(x) = \sum_{|\alpha|=m} b_\alpha x^\alpha$ gilt, wobei wie früher $x^\alpha = x_1^{\alpha_1} \dots x_n^{\alpha_n}$ ist. Ein solches homogenes Polynom kann als $P(x) = r^m S(\vartheta)$ geschrieben werden, wobei $S(\vartheta) \in C^\infty(\omega_n)$ ist. Wir behalten alle Bezeichnungen aus 27.2.1 bei.

Definition. *Ist $k=0, 1, 2, \dots$, so heißt $S(\vartheta) \in C^\infty(\omega_n)$ Kugelflächenfunktion vom Grad k, falls $r^k S(\vartheta) = P(x)$ ein homogenes harmonisches Polynom im R_n ist.*

Bemerkung 1. $S(\vartheta) \equiv 1$ ist eine Kugelflächenfunktion nullten Grades, $S(\vartheta) = \frac{x_k}{r}$ ersten und $S(\vartheta) = \frac{x_1^2 - x_2^2}{r^2}$ zweiten Grades usw.

Satz. *Der Beltramische Differentialoperator B aus Def. 27.2.1 ist im Hilbertraum $L_2(\omega_n)$ wesentlich selbstadjungiert. $\bar{B}$ ist ein Operator mit reinem Punktspektrum. Die verschiedenen Eigenwerte sind $\lambda_k = k(k+n-2)$ mit $k=0, 1, 2, \dots$ Die Vielfachheit des Eigenwertes λ_k ist $V_n(k) = \binom{k+n-1}{n-1} - \binom{k+n-3}{n-1}$. Der zugehörige Eigenwertraum besteht aus den Kugelflächenfunktionen vom Grad k.*

Bemerkung 2. Hierbei ist $\binom{m}{k} = 0$ falls $m < k$ ist. Aus dem Satz folgt, daß es $V_n(k)$ linear unabhängige homogene harmonische Polynome vom Grad k im R_n gibt. Ferner kann man den Eigenwertraum zum Eigenwert λ_k durch $V_n(k)$ orthonormierte Kugelflächenfunktionen $S_r^{(k)}(\vartheta)$ aufspannen. Da Eigenfunktionen zu verschiedenen Eigenwerten stets orthogonal sind, folgt dann aus 26.4.7, daß $\{S_r^{(k)}\}_{\substack{k=0,1,2,\dots\\ r=1,\dots,V_n(k)}}$ ein vollständiges orthonormiertes System im Raum $L_2(\omega_n)$ ist. Eine beliebige Funktion $f(\vartheta) \in L_2(\omega_n)$ kann somit in $L_2(\omega_n)$ nach Kugelflächenfunktionen entwickelt werden,

$$f(\vartheta) = \sum_{k=0}^{\infty} \sum_{r=1}^{V_n(k)} (f, S_r^{(k)})_{L_2(\omega_n)} S_r^{(k)}(\vartheta) .$$

Bemerkung 3. Von besonderem Interesse sind die Fälle $n=2$ und $n=3$. Es ist $V_2(0)=1$ und $V_2(k)=2$ für $k=1, 2, 3, \dots$ Ferner ist $V_3(k) = 2k+1$. Den Fall $n=3$ behandeln wir im nächsten Abschnitt noch genauer. Für $n=2$ folgt aus Bemerkung 27.2.1/2, daß $(Bf)(\vartheta) = -f''(\vartheta)$ ist. Die Eigenwerte sind in diesem Fall $\lambda_k = k^2$ mit $k=0, 1, 2, \dots$ Die zugehörigen orthonormierten Eigenfunktionen sind $\frac{1}{\sqrt{2\pi}} e^{\pm ik\vartheta}$ (für $k=1, 2, 3, \dots$ sind das zwei Funktionen und für $k=0$ ist das eine Funktion). Somit ist

$$\left\{ \frac{1}{\sqrt{2\pi}}, \frac{1}{\sqrt{2\pi}} e^{ik\vartheta}, \frac{1}{\sqrt{2\pi}} e^{-ik\vartheta} \right\}_{k=1}^{\infty}$$

ein vollständiges orthonormiertes System im Hilbertraum $L_2(\omega_2) = L_2(0, 2, \pi)$. Das stimmt mit Bemerkung 18.1.1/4 und Satz 18.1.3 überein. Im Fall $n=2$ sind also $r^{\pm k} e^{ik\vartheta} = (x_1 \pm ix_2)^k$ harmonische Polynome, sofern man die Polarkoordinatendarstellung $x_1 = r \cos \vartheta$, $x_2 = r \sin \vartheta$ verwendet.

27.2.3. Dreidimensionale Kugelflächenfunktionen

Wir behandeln den Fall $n=3$. Wie in Bemerkung 27.2.1/2 sollen (r, ϑ, φ) die Polarkoordinaten aus 12.4.1 sein, $0 < r < \infty$, $0 < \vartheta < \pi$, $0 \leqq \varphi < 2\pi$. Der Beltramische Operator B hat jetzt die Bedeutung aus (27.2.1/1). Schließlich erinnern wir an die zugeordneten Legendreschen Funktionen $L_k^m(x)$ aus 27.1.4.

Satz. $\{S_m^{(k)}(\vartheta, \varphi)\}_{\substack{k=0,1,2,\ldots \\ m=-k,-k+1,\ldots,0,\ldots,k-1,k}}$ *mit*

$$S_m^{(k)}(\vartheta, \varphi) = \frac{1}{\sqrt{2\pi}} L_k^{|m|}(\cos \vartheta)\, e^{im\varphi} \tag{1}$$

ist ein vollständiges orthonormiertes System von dreidimensionalen Kugelflächenfunktionen.

Bemerkung 1. Hierbei ist $\{S_m^{(k)}(\vartheta, \varphi)\}_{m=-k,\ldots,0,\ldots,k}$ ein orthonormiertes System von $2k+1$ dreidimensionalen Kugelflächenfunktionen vom Grad k. Jede andere Kugelflächenfunktion vom Grad k läßt sich linear aus diesen $2k+1$ Kugelflächenfunktionen vom Grad k kombinieren. Aus Satz 27.2.2 folgt dann, daß diese Kugelflächenfunktionen die Eigenfunktionen des dreidimensionalen Beltramischen Operators aus (27.2.1/1) sind.

Bemerkung 2. Wie wir schon mehrfach betonten, kann man jede Funktion $f(\vartheta, \varphi) \in L_2(\omega_3)$ nach dem System $\{S_m^{(k)}\}$ entwickeln. Ferner erhält man aus den obigen Betrachtungen, daß $r^k S_m^{(k)}(\vartheta, \varphi)$ homogene harmonische Polynome im R_3 vom Grad k sind.

> ... diese, wie die zahlreichen weiteren Anwendungen sind es, denen die Mathematik ihr Ansehen verdankt, soweit sie solches im weiteren Publikum genießt.
>
> (Hilbert, Naturerkennen und Logik, 1930)

28. Prinzipien der Quantenmechanik

28.1. Axiomatik der Quantenmechanik

28.1.1. Das Hilbertraum-Modell

In 12.1. hatten wir über mathematische Modelle physikalischer Theorien gesprochen. Im Fall der Quantenmechanik läßt sich die schematische Darstellung aus 12.1.2. wie folgt konkretisieren, wobei die Zahlen die Abschnitte angeben, in denen

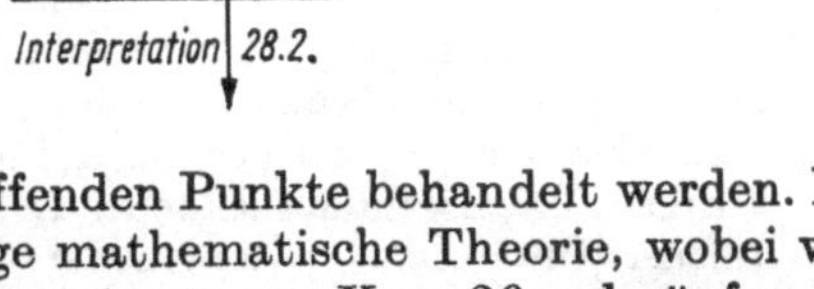

die betreffenden Punkte behandelt werden. In diesem Abschnitt betrachten wir die zugehörige mathematische Theorie, wobei wir an die Spektraltheorie selbstadjungierter Operatoren aus Kap. 26 anknüpfen. Wie dort, so soll auch hier H stets ein (komplexer separabler) unendlich-dimensionaler Hilbertraum sein.

Definition. *Ein quantenmechanisches System* $\mathfrak{S} = \{\mathcal{H}, \Psi\}$ *besteht aus einem selbstadjungierten Operator* $\mathcal{H}$ *in* H *und einem eindimensionalen Unterraum* Ψ *in* H. *Hierbei heißt* $\mathcal{H}$ *Hamiltonoperator von* $\mathfrak{S}$ *und* Ψ *Zustand von* $\mathfrak{S}$.

Bemerkung 1. Im Moment handelt es sich um die Definition von mathematischen Begriffen, die vorerst keinen physikalischen Inhalt haben. Die Wahl der Worte deutet aber bereits spätere physikalische Interpretationen an.

Bemerkung 2. Ein eindimensionaler Unterraum Ψ von H besteht aus allen Elementen $\lambda\psi$, wobei $\psi \in H$ mit $\|\psi\| = 1$ ein festes Element und λ eine beliebige komplexe Zahl ist. Hierbei ist ψ bis auf einen komplexen Faktor vom Betrag 1 eindeutig bestimmt. In diesem Sinne werden wir in Zukunft auch $\mathfrak{S} = \{\mathcal{H}, \psi\}$ mit $\|\psi\| = 1$ als quantenmechanisches System bezeichnen und ψ den zugehörigen Zustand nennen. ψ kann man also auch durch $\psi e^{i\varrho}$, ϱ reell, ersetzen. Alle Begriffsbildungen müssen somit invariant gegenüber der Ersetzung $\psi \to \psi e^{i\varrho}$ sein.

28.1.2. Die Dynamik quantenmechanischer Systeme

Wir betrachten ein quantenmechanisches System, das von der Zeit abhängt (genauer: von einem reellen Parameter, den wir Zeit nennen), $\mathfrak{S}(t) = \{\mathcal{H}, \psi(t)\}$. Hierbei soll der Hamiltonoperator $\mathcal{H}(t) = \mathcal{H}$ zeitunabhängig sein, veränderlich ist also nur der Zustand $\psi(t)$. Im Sinne von Bemerkung 28.1.1/2 ist $\|\psi(t)\| = 1$. Wir legen jetzt axiomatisch fest, was $\psi(t)$ für $t > 0$ ist, wenn $\psi(0)$ und $\mathcal{H}$ bekannt sind. Hierbei ist $\hbar = \dfrac{h}{2\pi}$ mit dem Planckschen Wirkungsquantum $h = 6{,}62 \cdot 10^{-27}$ erg · s.

Axiom. *Das quantenmechanische System* $\mathfrak{S} = \{\mathcal{H}, \psi\}$ *zum Zeitpunkt* $t = 0$ *geht in das quantenmechanische System* $\mathfrak{S}(t) = \{\mathcal{H}, \psi(t)\}$ *mit* $\psi(t) = e^{-i\frac{t}{\hbar}\mathcal{H}}\psi$ *zum Zeitpunkt* $t \geqq 0$ *über.*

Bemerkung 1. Hierbei hat $e^{-i\frac{t}{\hbar}\mathcal{H}}$ die Bedeutung aus Satz 26.4.5 und Satz 26.4.4/2 mit $A = \mathcal{H}$ und $\varphi(t) = e^{-i\frac{t}{\hbar}}$. Insbesondere ist $e^{-i\frac{t}{\hbar}\mathcal{H}}$ nach 26.4.4. und Satz 26.4.3 ein unitärer Operator im Hilbertraum H. Somit gilt $\|\psi(t)\| = \|\psi\| = 1$. Nach Bemerkung 28.1.1/2 ist das Axiom sinnvoll. Es beschreibt die Dynamik des Systems $\mathfrak{S}$: die Änderung des Zustands $\psi(t)$ bei konstantem Hamiltonoperator $\mathcal{H}$.

Bemerkung 2 (Schrödinger-Gleichung). Analog zum R_1 und C_1 kann man in H einen Ableitungsbegriff einführen. $\{\psi(t)\}_{t \geqq 0} \subset H$ heißt differenzierbar, falls für $t \geqq 0$

$$\lim_{\delta \to 0} \frac{\psi(t+\delta) - \psi(t)}{\delta} = \psi'(t) \quad \text{in} \quad H$$

existiert. (Für $t = 0$ hat man den rechtsseitigen Limes $\delta \downarrow 0$ zu nehmen.) Hat $\psi(t)$ die Bedeutung aus dem Axiom und ist $\psi \in D(\mathcal{H})$, so kann man zeigen, daß $\psi(t)$ differenzierbar ist und der abstrakten Schrödinger-Gleichung

$$\psi'(t) = -\frac{i}{\hbar}\mathcal{H}\psi(t), \quad \psi(0) = \psi \in D(\mathcal{H}), \tag{1}$$

genügt. Insbesondere ist stets $\psi(t) \in D(\mathcal{H})$. Man kann auch folgende Umkehrung beweisen: Ist $\psi \in D(\mathcal{H})$, so besitzt die Differentialgleichung (1) genau eine Lösung $\psi(t)$ mit $\psi(0) = \psi$. Für $\psi \in D(\mathcal{H})$ sind das Axiom und (1) gleichwertig. Das Axiom ist allgemeiner, da es für beliebige $\psi \in H$ gilt, (1) ist dagegen eleganter. Da die physikalisch interessanten Zustände, die wir später betrachten, zu $D(\mathcal{H})$ gehören, ist kein wesentlicher Unterschied zwischen der abstrakten Schrödinger-Gleichung (1) und dem Axiom.

28.1.3. Stationäre Zustände

Definition. *Ein quantenmechanisches System* $\mathfrak{S} = \{\mathcal{H}, \psi\}$ *heißt stationär (oder stabil) falls* $\mathfrak{S}(t) = \mathfrak{S}$ *für* $t \geqq 0$ *im Sinne von Axiom 28.1.2 gilt.*

Bemerkung 1. Nach Axiom 28.1.2 und Bemerkung 28.1.1/2 ist $\mathfrak{S}$ stationär, falls es eine reelle Funktion $\varrho(t)$ mit $\psi(t) = e^{i\varrho(t)}\psi$ gibt. Das System verharrt also zeitlich stets in dem gleichen Zustand. Derartige stationäre Zustände sind von besonderem Interesse. Mit ihrer Hilfe erhält man z. B. eine quantenmechanische Begründung für die Existenz von Atomen und Molekülen.

Satz. *Ein Zustand* ψ *eines quantenmechanischen Systems* $\mathfrak{S} = \{\mathcal{H}, \psi\}$ *ist genau dann stationär, wenn* ψ *ein Eigenelement des Hamiltonoperators* $\mathcal{H}$ *ist.*

Bemerkung 2 (Energieniveau). ψ ist also genau dann stationär, wenn es eine reelle Zahl E mit $\mathcal{H}\psi = E\psi$ gibt. E ist der zugehörige Eigenwert und heißt Energie.

Bemerkung 3. Eine Richtung des Beweises des Satzes ist einfach. Aus $\mathcal{H}\psi = E\psi$ folgt $(E_{E+0} - E_E)\psi = \psi$ und somit

$$\psi(t) = e^{-i\frac{t}{\hbar}\mathcal{H}}\psi = e^{-i\frac{t}{\hbar}E}\psi$$

nach Satz 26.4.4/2. Die Umkehrung ist etwas komplizierter.

28.2. Interpretationen

28.2.1. Das Bohrsche Postulat

Die Interpretationen im Sinne des Schemas aus 28.1.1. des Hilbertraum-Modells fassen wir im wesentlichen in zwei Interpretationsregeln zusammen: das Bohrsche Postulat und die statistische Interpretation, die wir in 28.2.2. beschreiben werden. Betrachtet wird jetzt folgende Situation: Vorgegeben ist ein quantenmechanisches System mit dem Hamiltonoperator $\mathcal{H}$, das sich in einem stationären Zustand ψ_1 befindet, also $\mathcal{H}\psi_1 = E_1\psi_1$. In diesem Zustand kann das System beliebig lange verharren. Später werden wir die bisherigen (mathematischen) quantenmechanischen Systeme mit konkreten (physikalischen) quantenmechanischen Systemen identifizieren. Derartige Systeme können spontan, etwa durch äußere Einflüsse wie elektromagnetische Strahlen, von dem stationären Zustand ψ_1 in einen anderen stationären Zustand ψ_2 springen, wobei sich der Hamiltonoperator $\mathcal{H}$ nicht ändert. Also ist $\mathcal{H}\psi_2 = E_2\psi_2$. Physikalisch interpretiert man das auch so, daß das System, gekennzeichnet durch den Hamiltonoperator $\mathcal{H}$, vom stationären Energieniveau E_1 in das stationäre Energieniveau E_2 springt. Bei diesem Vorgang wird elektromagnetische Strahlung absorbiert oder emittiert. Vor und nach diesem Vorgang befindet sich das System jeweils in einem zeitlich unveränderlichen stationären Zustand.

Bohrsches Postulat (1. *Interpretationsregel*). *Ist* $\mathcal{H}$ *der Hamiltonoperator eines quantenmechanischen Systems, das spontan von dem stationären Zustand* ψ_1 *mit* $\mathcal{H}\psi_1 = E_1\psi_1$ *in den stationären Zustand* ψ_2 *mit* $\mathcal{H}\psi_2 = E_2\psi_2$ *springt, so wird elektromagnetische Strahlung der Frequenz* $\nu = \frac{1}{h}\,|E_1 - E_2|$ *absorbiert oder emittiert.*

Bemerkung 1. Hierbei ist h wieder das Plancksche Wirkungsquantum aus 28.1.2. Da der Hilbertraum H separabel ist, hat $\mathcal{H}$ höchstens abzählbar unendlich viele Eigenwerte. Somit gibt es auch nur höchstens abzählbar unendlich viele scharfe Frequenzen im Sinne des Postulats. Das ist die Basis zur Erklärung der Absorptions- und Emissionsspektren von Atomen und Molekülen.

Normalzustand: *Ein stationäres quantenmechanisches System $\{\mathcal{H}, \psi\}$ ist bestrebt, einen Zustand minimaler Energie anzunehmen.*

Bemerkung 2. Gefragt ist also nach einem kleinsten Eigenwert E des Hamiltonoperators $\mathcal{H}$ und zugehörigen Eigenelementen ψ. Ist das stationäre System ungestört, so hält es sich in einem solchen Zustand ψ auf. Elektromagnetische Strahlung scharfer Frequenzen ν im Sinne des Postulats regt das System an, es springt in einen Zustand höherer Energie und absorbiert dabei elektromagnetische Strahlung entsprechender Frequenzen. Später springt dann das System spontan auf kleinere Energieniveaus zurück und emittiert dabei elektromagnetische Wellen entsprechender Frequenzen.

Bemerkung 3. Die obigen Betrachtungen setzen voraus, daß $\mathcal{H}$ Eigenwerte hat bzw. daß ein kleinster Eigenwert existiert. Viele konkrete quantenmechanische Operatoren haben diese Eigenschaft, wie wir später sehen werden.

> Gott würfelt nicht
> (Einstein, der die statistische Interpretation der Quantenmechanik ablehnte)
>
> God casts the die, not the dice
> (Literarisch überhöhte Variante)

28.2.2. Die statistische Interpretation der Quantenmechanik

Die Problemstellung wird jetzt erweitert, indem wir „Fragen" an ein gegebenes quantenmechanisches System $\mathfrak{S} = \{\mathcal{H}, \psi\}$ zulassen. Eine solche Frage soll mit einer Meßvorschrift verknüpft sein, die als Meßwert eine reelle Zahl liefert. Ist z. B. das (konkrete physikalische) quantenmechanische System des Wasserstoffatoms in einem gewissen Zustand gegeben, so kann man etwa nach Ort oder Impuls des Elektrons oder nach dem Abstand Atomkern – Elektron fragen (natürlich investiert man in derartige Fragen bereits eine gewisse Modellvorstellung vom Wasserstoffatom). Das Problem ist, derartige Fragen in die obige Theorie einzupassen. Hierzu ordnet man jeder (sinnvollen) Frage einen selbstadjungierten Operator A zu, der in diesem Zusammenhang auch Observable genannt wird. Das Verfahren dieser Zuordnung beschreiben wir später. $\{E_\lambda\}_{\lambda \in R_1}$ sei die Spektralschar von A im Sinne von Satz 26.4.5. In Analogie zu 26.4.2. setzen wir

$$\begin{aligned}
E_B &= E_b - E_a && \text{für } B=[a, b) && \text{mit } -\infty < a < b \leqq \infty\,,\\
E_B &= E_b - E_{a+0} && \text{für } B=(a, b) && \text{mit } -\infty \leqq a < b \leqq \infty\,,\\
E_B &= E_{b+0} - E_a && \text{für } B=[a, b] && \text{mit } -\infty < a \leqq b < \infty\,,\\
E_B &= E_{b+0} - E_{a+0} && \text{für } B=(a, b] && \text{mit } -\infty \leqq a < b < \infty\,.
\end{aligned}$$

Hierbei ist $E_{-\infty+0} = 0$ und $E_\infty = E$.

Statistische Interpretation (2. *Interpretationsregel*). *Die Wahrscheinlichkeit dafür, daß die Messung, die zur Observablen A gehört, einen Wert liefert, der im Intervall B liegt, ist gleich $\|E_B\psi\|^2 = w(\psi, A, B)$.*

Bemerkung 1. Ist $B = (-\infty, \lambda)$, so ist $E_B = E_\lambda$. Aus 26.4.1. folgt, daß $h(\lambda) = \|E_\lambda \psi\|^2$ mit $\|\psi\| = 1$ eine Verteilungsfunktion ist. Es gilt $h(\infty) = 1$ und

$$\|(E_b - E_a)\,\psi\|^2 = \|E_b\psi\|^2 - \|E_a\psi\|^2 = h(b) - h(a)$$

für $b > a$. Aus 13.3.4. und 13.3.5. folgt nun, daß man $w(\psi, A, B)$ in eindeutiger Weise zu einem Wahrscheinlichkeitsmaß auf den Borelmengen im R_1 fortsetzen kann. Das rechtfertigt die Bezeichnungsweise.

Bemerkung 2. Die Frage der klassischen Physik „Welchen Wert liefert die Messung?" hat man also in der Quantenmechanik durch die Frage „Wie groß ist die Wahrscheinlichkeit, daß der

Wert in eine gewisse Menge fällt?" zu ersetzen. Einstein hat sich mit dieser Deutung nie anfreunden können, obwohl er anerkannte, daß sie logisch einwandfrei und sehr erfolgreich ist. Er glaubte vielmehr an tiefere deterministische Zusammenhänge, deren Vergröberung statistische Aussagen der obigen Form liefert.

Bemerkung 3. Ist ψ ein Eigenelement von A zum Eigenwert a, so folgt aus Satz 26.4.6, daß $\psi=(E_{a+0}-E_a)\psi$ gilt. Mit $B=\{a\}$ ist dann $w(\psi, A, \{a\})=\|\psi\|^2=1$. Mit Wahrscheinlichkeit 1 erhält man also bei der Messung den Wert a.

28.2.3. Die Heisenbergsche Unschärferelation

Definition. *Es seien* $\mathfrak{S}=\{\mathcal{H}, \varphi\}$ *ein quantenmechanisches System und* A *eine Observable. Ist* $\varphi\in D(A)$, *so heißen* $(A\varphi, \varphi)$ *Mittelwert und* $\delta(\varphi, A)=\|A\varphi-(A\varphi, \varphi)\,\varphi\|$ *Varianz der zu* A *gehörenden Messung.*

Bemerkung 1. Aus 28.2.2. folgt, daß $h(\lambda)=\|E_\lambda\varphi\|^2=w(\varphi, A, (-\infty, \lambda))$ die Verteilungsfunktion ist, die das Wahrscheinlichkeitsmaß w auf R_1 erzeugt. Hierbei ist $\{E_\lambda\}_{\lambda\in R_1}$ die zu A gehörende Spektralschar im Sinne von Satz 26.4.5. Aus den Betrachtungen in 26.4.4. ergibt sich relativ leicht, daß

$$(A\varphi, \varphi)=\int_{R_1}\lambda\,\mathrm{d}h(\lambda), \quad \delta^2(\varphi, A)=\int_{R_1}|\lambda-(A\varphi, \varphi)|^2\,\mathrm{d}h(\lambda) \tag{1}$$

ist. Das sind aber die bekannten Definitionen aus der Wahrscheinlichkeitsrechnung. Die Größe von $\delta(\varphi, A)$ gibt an, mit welcher Genauigkeit der Mittelwert $(A\varphi, \varphi)$ angenommen wird.

Bemerkung 2. A sei ein Operator mit reinem Punktspektrum im Sinne von 26.4.7. Die Eigenwerte werden mit $\{\lambda_k\}_{k=1}^\infty$ bezeichnet. Dann konzentriert sich die gesamte Masse des Wahrscheinlichkeitsmaßes $w(\varphi, A, B)$ (B ist jetzt eine Borelmenge im R_1) in den Punkten λ_k, also $w(\varphi, A, \{\lambda_k\}_{k=1}^\infty)=1$. Bei einer Messung wird also einer der Punkte λ_k mit Wahrscheinlichkeit 1 angenommen. Ist $\varphi=\sum_{k=1}^\infty c_k\varphi_k$, wobei $\{\varphi_k\}_{k=1}^\infty$ ein vollständiges orthonormiertes System von Eigenelementen des Operators A ist, $A\varphi_k=\lambda_k\varphi_k$, so reduziert sich (1) auf

$$(A\varphi, \varphi)=\sum_{k=1}^\infty \lambda_k w(\varphi, A, \{\lambda_k\})=\sum_{k=1}^\infty \lambda_k|c_k|^2,$$

$$\delta^2(\varphi, A)=\sum_{k=1}^\infty |\lambda_k-(A\varphi, \varphi)|^2\, w(\varphi, A, \{\lambda_k\})=\sum_{k=1}^\infty|\lambda_k-(A\varphi, \varphi)|^2\,|c_k|^2.$$

Hierbei ist $\sum_{k=1}^\infty |c_k|^2=1$.

Bemerkung 3. Eine Messung heißt scharf, falls $\delta(\varphi, A)=0$ gilt. Aus der Definition der Varianz und (1) liest man leicht folgende Eigenschaften ab: 1. Eine Messung ist genau dann scharf, wenn φ Eigenelement von A ist. Ist μ der zugehörige Eigenwert, also $A\varphi=\mu\varphi$, so gilt $(A\varphi, \varphi)=\mu$. 2. Eine Messung ist genau dann scharf, wenn der Mittelwert $(A\varphi, \varphi)$ mit Wahrscheinlichkeit 1 angenommen wird. Ist $A=\mathcal{H}$ der Hamiltonoperator des Systems, so kann also die Energie des Systems dann und nur dann scharf gemessen werden, wenn φ ein stationärer Zustand ist. (Man vergleiche mit 28.2.1.).

Satz. $\mathfrak{S}=\{\mathcal{H}, \varphi\}$ *sei ein quantenmechanisches System.* A *und* B *seien Observable. Ist* $\varphi\in D(A)\cap D(B)$, $A\varphi\in D(B)$ *und* $B\varphi\in D(A)$, *so gilt*

$$\delta(\varphi, A)\cdot\delta(\varphi, B)\geqq\frac{1}{2}\,|(BA\varphi-AB\varphi, \varphi)|\,. \tag{2}$$

Bemerkung 4. Als Spezialfall erhält man hieraus die Heisenbergsche Unschärferelation: Ist $(BA-AB)\,\varphi=\frac{\hbar}{\mathrm{i}}\,\varphi$, so gilt

$$\delta(\varphi, A)\,\delta(\varphi, B)\geqq\frac{\hbar}{2}\,. \tag{3}$$

Ersetzt man $\frac{\hbar}{i}$ durch ϱ, so gilt (3) mit $\frac{\varrho}{2}$ statt $\frac{\hbar}{2}$. Formel (3) besagt, daß eine relativ scharfe Messung bezüglich A (also ein kleiner Wert von $\delta(\varphi, A)$) eine relativ unscharfe Messung bezüglich B (also einen großen Wert von $\delta(\varphi, B)$) zur Folge hat. Ferner zeigt Bemerkung 3, daß es keine Eigenelemente von A oder B mit den im Satz genannten zusätzlichen Eigenschaften gibt.

Vorstellungen ohne Erfahrungen sind leer;
Erfahrungen ohne Vorstellungen sind blind
(A. Einstein)

28.3. Quantisierung

28.3.1. Die Quantisierungsregel

Um das Schema in 28.1.1. zu vervollständigen, müssen wir noch die Frage klären, wie man ein konkretes physikalisches Problem der Quantenmechanik in unseren Kalkül umsetzt. Entscheidend hierbei ist die Gewinnung des zugehörigen Hamiltonoperators $\mathcal{H}$. Seine Spektraleigenschaften bestimmen dann die stationären Zustände zugehöriger quantenmechanischer Systeme sowie die Absorptions- und Emissionsspektren elektromagnetischer Strahlung.

Quantisierungsregel. *Betrachtet wird ein n-Teilchen-System der Mechanik und Elektrodynamik mit der klassischen Hamiltonfunktion* $f(x_1, \ldots, x_{3n}, p_1, \ldots, p_{3n})$, *wobei* $x_1, \ldots, x_{3n}$ *kartesische Ortskoordinaten und* $p_1, \ldots, p_{3n}$ *Impulskoordinaten sind. Der Hamiltonoperator* $\mathcal{H}$ *des zugehörigen quantenmechanischen Systems wird dann aus dem Differentialausdruck* $\mathcal{H}\varphi = f\left(x_k, \frac{\hbar}{i}\frac{\partial}{\partial x_k}\right)\varphi$ *gewonnen.*

Bemerkung 1. Die Prozedur läuft wie folgt ab: Zuerst bildet man die klassische Hamiltonfunktion $f(x_k, p_k)$ (mit $k = 1, \ldots, 3n$) nach den Spielregeln der Punktmechanik und Elektrodynamik. Hierbei ist $(x_{3k-2}, x_{3k-1}, x_{3k})$ mit $k = 1, \ldots, n$ der Ort des k-ten Teilchens, und $(p_{3k-2}, p_{3k-1}, p_{3k})$ ist sein Impuls. Anschließend ersetzt man x_k durch den Multiplikationsoperator x_k und p_k durch den Differentialoperator $\frac{\hbar}{i}\frac{\partial}{\partial x_k}$, wobei $\hbar$ die Bedeutung aus 28.1.2. hat. Das liefert einen Differentialausdruck $\mathcal{H}\varphi = f\left(x_k, \frac{\hbar}{i}\frac{\partial}{\partial x_k}\right)\varphi$. Man muß jetzt noch einen passenden Hilbertraum H wählen, in vielen Fällen wird dies $H = L_2(R_{3n})$ sein, und ein Definitionsgebiet $D(\mathcal{H})$ festlegen. Um Anschluß an die Theorie zu erhalten, muß $\mathcal{H}$ selbstadjungiert sein. Es würde aber auch reichen, wenn $\mathcal{H}$ wesentlich selbstadjungiert ist. In diesem Fall könnten wir $\overline{\mathcal{H}}$ als Hamiltonoperator wählen.

Bemerkung 2. Die Quantisierungsregel ist nicht zweifelsfrei. Einerseits sind verschiedene ergänzende Zutaten notwendig wie die Wahl des Hilbertraumes H und des Definitionsgebietes $D(\mathcal{H})$. Andererseits ist aber selbst die Bildung des Differentialausdrucks $f\left(x_k, \frac{\hbar}{i}\frac{\partial}{\partial x_k}\right)$ nicht in allen Fällen eindeutig. Betrachtet man etwa die Bildung $x_1 p_1$, so ist natürlich $x_1 p_1 = p_1 x_1$. Die Quantisierung dieser beiden Ausdrücke liefert $x_1 \frac{\hbar}{i}\frac{\partial}{\partial x_1}\varphi$ und

$$\frac{\hbar}{i}\frac{\partial}{\partial x_1}(x_1\varphi) = \frac{\hbar}{i}\, x_1 \frac{\partial\varphi}{\partial x_1} + \frac{\hbar}{i}\varphi\,,$$

die nicht gleich sind. Der Grund besteht darin, daß man von dem kommutativen Bereich der reellen Zahlen ausgeht und von dort in den nicht-kommutativen Bereich der Operatoren übersetzt. Die Physiker sind in solchen Situationen sehr weise und quantisieren $\frac{1}{2}(x_1 p_1 + p_1 x_1)$.

Bemerkung 3. Wir haben die Quantisierungsregel für Teilchen im R_3 formuliert. Für ein- oder zweidimensionale Probleme gilt natürlich eine ganz entsprechende Regel. Entscheidend ist stets die Ersetzung $x_k \to x_k$ und $p_k \to \frac{\hbar}{\mathrm{i}} \frac{\partial}{\partial x_k}$.

28.3.2. Beispiele zur Quantisierung

Das freie eindimensionale Teilchen: Betrachtet wird ein Teilchen der Masse m, das sich unbeeinflußt von äußeren Kräften frei auf dem R_1 bewegen kann. Die klassische Hamiltonfunktion ist $f(x, p) = \frac{p^2}{2m}$. Die Quantisierung liefert

$$\mathcal{H}\varphi = f\left(x, \frac{\hbar}{\mathrm{i}} \frac{\mathrm{d}}{\mathrm{d}x}\right)\varphi = \frac{1}{2m}\left(\frac{\hbar}{\mathrm{i}} \frac{\mathrm{d}}{\mathrm{d}x}\right)^2 \varphi = -\frac{\hbar^2}{2m} \frac{\mathrm{d}^2\varphi}{\mathrm{d}x^2}. \tag{1}$$

Als Hilbertraum bietet sich $H = L_2(R_1)$ und als Definitionsgebiet $D(\mathcal{H}) = C_0^\infty(R_1)$ an. Hierbei ist wie früher $C_0^\infty(R_1) = D(R_1)$ die Gesamtheit der komplexen im R_1 beliebig oft differenzierbaren finiten Funktionen. Man sieht also, daß in (1) ganz formal mit den Ableitungen gerechnet wird.

Der harmonische Oszillator: Den klassischen harmonischen Oszillator hatten wir schon in 12.3.4. behandelt. Die Hamiltonfunktion ist $f(x, p) = \frac{p^2}{2m} + \frac{k}{2} x^2$. Quantisierung liefert

$$\mathcal{H}\varphi = -\frac{\hbar^2}{2m} \frac{\mathrm{d}^2\varphi}{\mathrm{d}x^2} + \frac{k}{2} x^2\varphi. \tag{2}$$

Als Hilbertraum nehmen wir wieder $H = L_2(R_1)$ und als Definitionsgebiet $D(\mathcal{H}) = C_0^\infty(R_1)$.

Atome: Wir betrachten ein Atom, dessen Atomkern fest im Nullpunkt des Koordinatensystems sitzt und das n Elektronen besitzt. Die Ortskoordinaten und Impulskoordinaten des k-ten Elektrons sind $(x_{3k-2}, x_{3k-1}, x_{3k})$ bzw. $(p_{3k-2}, p_{3k-1}, p_{3k})$. Die Hamiltonfunktion ist

$$f(x_1, \ldots, p_{3n}) = \frac{1}{2m} \sum_{k=1}^{3n} p_k^2 - Z\varepsilon^2 \sum_{k=1}^{n} \frac{1}{r_k} + \varepsilon^2 \sum_{l>k} \frac{1}{r_{l,k}}, \tag{3}$$

$$r_k = \sqrt{x_{3k-2}^2 + x_{3k-1}^2 + x_{3k}^2}, \quad r_{l,k} = \sqrt{(x_{3k-2} - x_{3l-2})^2 + (x_{3k-1} - x_{3l-1})^2 + (x_{3k} - x_{3l})^2}.$$

Hierbei sind m und ε Masse und Ladung des Elektrons, während Z die Kernladungszahl ist. $Z = n$ sind neutrale Atome und $Z \neq n$ geladene Ionen. Quantisierung liefert

$$\mathcal{H}_{\mathrm{Atom}}\varphi = -\frac{\hbar^2}{2m} \Delta\varphi + \left(-Z\varepsilon^2 \sum_{k=1}^{n} \frac{1}{r_k} + \varepsilon^2 \sum_{l>k} \frac{1}{r_{l,k}}\right)\varphi. \tag{4}$$

Hierbei ist $\Delta\varphi = \sum_{r=1}^{3n} \frac{\partial^2\varphi}{\partial x_r^2}$. Wir wählen $H = L_2(R_{3n})$ als Hilbertraum und $D(\mathcal{H}_{\mathrm{Atom}}) = C_0^\infty(R_{3n})$ als Definitionsgebiet. Wir erinnern daran, daß $C_0^\infty(R_{3n}) = D(R_{3n})$ die Gesamtheit der komplexen, in R_{3n} beliebig oft differenzierbaren finiten Funktionen ist. Wandelt man (4) in naheliegender Weise ab, so erhält man einen entsprechenden Differentialausdruck für Moleküle.

Wasserstoffatom im elektromagnetischen Feld: Betrachtet wird das neutrale Wasserstoffatom in einem zeitlich unveränderlichen äußeren elektromagnetischen Feld mit der elektrischen Feldstärke $\mathfrak{E}(x)$ und der magnetischen Feldstärke $\mathfrak{B}(x)$. Hierbei ist $x=(x_1, x_2, x_3)\in R_3$. Entsprechend (24.3.3/3) sei $\mathfrak{B}(x)=\operatorname{rot}\mathfrak{A}(x)$ und $\mathfrak{E}(x)=\operatorname{grad}\Phi(x)$, wobei $\mathfrak{A}(x)=(A_1(x), A_2(x), A_3(x))$ das Vektorpotential und $\Phi(x)$ das skalare Potential ist. Man kann ohne Beschränkung der Allgemeinheit $\operatorname{div}\mathfrak{A}(x)\equiv 0$ voraussetzen. In (3) muß man jetzt $Z=n=1$ setzen und zusätzlich das elektromagnetische Feld berücksichtigen. Es ergibt sich nach den Regeln der Elektrodynamik

$$f(x_1, x_2, x_3, p_1, p_2, p_3)=\frac{1}{2m}\sum_{k=1}^{3}\left(p_k-\frac{\varepsilon}{c}A_k(x)\right)^2-\frac{\varepsilon^2}{r}-\varepsilon\Phi(x) \tag{5}$$

als klassische Hamiltonfunktion. Hierbei wird wieder angenommen, daß der Atomkern im Nullpunkt sitzt. (x_1, x_2, x_3) ist der Ort und (p_1, p_2, p_3) der Impuls des Elektrons, $r=\sqrt{x_1^2+x_2^2+x_3^2}$. Ferner ist m die Masse und ε die Ladung des Elektrons, c ist die Lichtgeschwindigkeit. Wendet man die Quantisierungsregel an und berücksichtigt man $\operatorname{div}\mathfrak{A}(x)\equiv 0$, so folgt

$$\mathcal{H}_{\mathfrak{A},V}\varphi=-\frac{\hbar^2}{2m}\Delta\varphi-\frac{\hbar\varepsilon}{mci}\sum_{k=1}^{3}A_k(x)\frac{\partial\varphi}{\partial x_k}+\left(\frac{\varepsilon^2}{2mc^2}|\mathfrak{A}(x)|^2-\frac{\varepsilon^2}{r}-\varepsilon\Phi(x)\right)\varphi, \tag{6}$$

wobei $|\mathfrak{A}(x)|^2=A_1^2(x)+A_2^2(x)+A_3^2(x)$ ist. Hierbei ist $\Delta=\frac{\partial^2}{\partial x_1^2}+\frac{\partial^2}{\partial x_2^2}+\frac{\partial^2}{\partial x_3^2}$. Als Hilbertraum wählt man $H=L_2(R_3)$ und als Definitionsgebiet $D(\mathcal{H}_{\mathfrak{A},V})=C_0^\infty(R_3)$.

Wasserstoffatom im schwachen konstanten Magnetfeld: Von besonderem Interesse ist

$$\Phi(x)\equiv 0,\quad A_1(x)=-\frac{A}{2}x_2,\quad A_2(x)=\frac{A}{2}x_1,\quad A_3(x)\equiv 0\,,$$

wobei A eine Konstante ist. Es ergibt sich $\mathfrak{E}(x)\equiv 0$, $\operatorname{div}\mathfrak{A}(x)\equiv 0$ und $\mathfrak{B}(x)=(0, 0, A)$. Es handelt sich also um ein räumlich und zeitlich konstantes Magnetfeld, das in x_3-Richtung zeigt. Ist $|A|$ klein, so hat man ein schwaches Magnetfeld. In diesem Fall glaubt man sich dazu berechtigt, den störenden Term $\frac{\varepsilon^2}{2mc^2}|\mathfrak{A}(x)|^2$ vernachlässigen zu können. Für das Wasserstoffatom im konstanten schwachen Magnetfeld $\mathfrak{B}(x)=(0, 0, A)$ macht man somit den Ansatz

$$\mathcal{H}_{\text{Zee}}\varphi=-\frac{\hbar^2}{2m}\Delta\varphi-\frac{\hbar\varepsilon}{2mci}A\left(x_1\frac{\partial\varphi}{\partial x_2}-x_2\frac{\partial\varphi}{\partial x_1}\right)-\frac{\varepsilon^2}{r}\varphi\,, \text{[1]} \tag{7}$$

wobei wieder $H=L_2(R_3)$ der zugehörige Hilbertraum und $D(\mathcal{H}_{\text{Zee}})=C_0^\infty(R_3)$ das Definitionsgebiet ist.

Bemerkung. Für eine Reihe wichtiger physikalischer Beispiele haben wir Differentialausdrücke $\mathcal{H}\varphi$ im Sinne der Quantisierungsregel aus 28.3.1. beschrieben. Die angegebenen Definitionsgebiete $D(\mathcal{H})$ und Hilberträume H garantieren in allen Fällen, daß $\mathcal{H}$ wesentlich selbstadjungiert ist (wobei man in (5) physikalisch sinnvolle Zusatzbedingungen an $A_k(x)$ und $\Phi(x)$ stellen muß). $\overline{\mathcal{H}}$ ist somit als Hamiltonoperator der entsprechenden Probleme verwendbar. Zugleich zeigen die Betrachtungen, daß die Quantisierungsregel wohl entscheidende Hinweise bezüglich der Struktur der zu verwendenden Differentialoperatoren liefert, daß wir aber von Fall zu Fall passende Modifikationen vornehmen. Ein Beispiel hierfür ist $\mathcal{H}_{\text{Zee}}$. Später werden wir neue Hamiltonoperatoren konstruieren, wobei wir uns noch weiter von der Quantisierungsregel entfernen werden.

---

[1]) Mit diesem Operator wird der sog. Zeeman-Effekt erklärt (siehe 28.5.2.).

28.4. Ein-Teilchen-Probleme

28.4.1. Das freie eindimensionale Teilchen

Satz 1. *Der Operator* $\mathcal{H}\varphi = -\dfrac{\hbar^2}{2m}\dfrac{d^2\varphi}{dx^2}$ *mit* $D(\mathcal{H}) = C_0^\infty(R_1)$ *ist im Hilbertraum* $H = L_2(R_1)$ *wesentlich selbstadjungiert. Es gilt* $C_{\overline{\mathcal{H}}} = [0, \infty)$ *und* $\tilde{D}_{\overline{\mathcal{H}}} = \emptyset$.

Definition. $\overline{\mathcal{H}}$ *aus Satz* 1 *ist der Hamiltonoperator des quantenmechanischen Systems eines freien Teilchens der Masse* m, *das sich auf* R_1 *bewegt.*

Bemerkung 1. Die Definition wird durch Satz 1 und (28.3.2/1) nahegelegt. $C_{\overline{\mathcal{H}}}$ und $\tilde{D}_{\overline{\mathcal{H}}}$ haben die Bedeutung aus 26.2.1. und 26.2.2. Satz 28.1.3 zeigt dann, daß das freie eindimensionale Teilchen keinen stationären Zustand besitzt, also nicht stabil ist. Nach Bemerkung 28.2.3/3 hat dies zur Folge, daß man die Energie dieses Systems in keinem Zustand scharf messen kann.

Bemerkung 2. Es sei jetzt $\mathfrak{S} = \{\overline{\mathcal{H}}, \psi\}$ das quantenmechanische System des freien eindimensionalen Teilchens, das sich im Zustand $\psi \in L_2(R_1)$ befindet. Im Sinne von 28.2.2. stellen wir die Frage: „Wo befindet sich das Teilchen?" Dieser Frage müssen wir eine Observable A zuordnen. Es ist naheliegend, wieder die Quantisierungsregel aus 28.3.1. zu bemühen und der Frage „In welchem Punkt $x \in R_1$ befindet sich das Teilchen?" die Observable A,

$$A\varphi = x\varphi(x), \quad D(A) = \{\varphi \mid \varphi(x) \in L_2(R_1),\ x\varphi(x) \in L_2(R_1)\}, \tag{1}$$

zuzuordnen.

Satz 2. *Es sei* $-\infty \leqq a < b \leqq \infty$, *und* ψ *sei der Zustand des freien eindimensionalen Teilchens. Dann ist* $\int\limits_a^b |\psi(x)|^2\, dx$ *die Wahrscheinlichkeit dafür, daß sich das Teilchen im Intervall* (a, b) *aufhält.*

Bemerkung 3. Der Satz ergibt sich aus der statistischen Interpretation aus 28.2.2. Man prüft relativ leicht nach, daß A aus (1) ein selbstadjungierte Operator in $L_2(R_1)$ ist. Die zu A gehörende Spektralschar $\{E_\lambda\}_{\lambda \in R_1}$ im Sinne von 26.4.5. ist

$$(E_\lambda\varphi)(x) = \chi(-\infty, \lambda)(x)\, \varphi(x) \quad \text{für} \quad \varphi \in L_2(R_1),$$

wobei $\chi(-\infty, \lambda)(x)$ die charakteristische Funktion für $(-\infty, \lambda)$ ist, also $\chi(-\infty, \lambda)(x) = 1$ für $x < \lambda$ und $\chi(-\infty, \lambda)(x) = 0$ für $x \geqq \lambda$. Hieraus gewinnt man leicht die Aussage aus Satz 2.

28.4.2. Der harmonische Oszillator

Satz. *Der Operator* $\mathcal{H}\varphi = -\dfrac{\hbar^2}{2m}\dfrac{d^2\varphi}{dx^2} + \dfrac{k}{2}x^2\varphi$ *mit* $D(\mathcal{H}) = C_0^\infty(R_1)$ *ist im Hilbertraum* $L_2(R_1)$ *wesentlich selbstadjungiert.* $\overline{\mathcal{H}}$ *ist ein Operator mit reinem Punktspektrum. Die Eigenwerte sind* $E_l = \hbar\sqrt{\dfrac{k}{m}}\left(l + \dfrac{1}{2}\right)$ *mit* $l = 0, 1, 2, \ldots$ *Diese Eigenwerte sind einfach, und bei passender Wahl der positiven Konstanten* c_l *in Satz* 27.1.3 *sind* $H_l\left((km)^{\frac{1}{4}}\hbar^{-\frac{1}{2}}x\right)$ *zugehörige orthonormierte Eigenfunktionen.*

Bemerkung 1. Abgesehen von den physikalischen Konstanten ist dies eine Wiederholung von Satz 27.1.3. Insbesondere sind $H_l(x)$ die Hermiteschen Funktionen aus 27.1.3.

Definition. $\overline{\mathcal{H}}$ *aus dem Satz ist der Hamiltonoperator des quantenmechanischen Systems des harmonischen Oszillators.*

Bemerkung 2. Die Definition wird durch (28.3.2/2) und den obigen Satz nahegelegt. m und k haben für den klassischen harmonischen Oszillator die Bedeutung aus 12.3.4. Der quantenmechanische harmonische Oszillator besitzt somit abzählbar unendlich viele stationäre Zustände $H_l((km)^{\frac{1}{4}}\hbar^{-\frac{1}{2}}x)$. Der Normalzustand ist $H_0((km)^{\frac{1}{4}}\hbar^{-\frac{1}{2}}x)=c_0 e^{-\frac{1}{2}(km)^{\frac{1}{2}}\hbar^{-1}x^2}$. Die zugehörigen Energieniveaus sind E_l.

28.4.3. Das relativistische freie Teilchen im R_3

Analog zu 28.4.1. kann man ein freies Teilchen im R_3 behandeln. $\mathcal{H}$ hat dann die Form $\mathcal{H}\varphi=-\frac{\hbar^2}{2m}\Delta\varphi$, wobei Δ der dreidimensionale Laplace-Operator ist. Die Dynamik des zugehörigen quantenmechanischen Systems wird dann durch die Schrödinger-Gleichung $\frac{\partial\varphi}{\partial t}=\frac{\mathrm{i}\hbar}{2m}\Delta\varphi$ aus (28.1.2/1) mit $\varphi=\varphi(x,t)$, $x=(x_1,x_2,x_3)$, beschrieben. Diese Gleichung zeigt deutlich, daß unser bisheriges Vorgehen nichtrelativistisch ist (auch die Hamiltonfunktion in der Quantisierungsregel aus 28.3.1. basiert auf der nicht-relativistischen Mechanik und Elektrodynamik). Die Lorentz-Transformationen der speziellen Relativitätstheorie aus Kap. 25 vermischen Raum und Zeit. Damit ist klar, daß eine Schrödinger-Gleichung, die ein relativistisches quantenmechanisches Teilchen beschreiben will, Ableitungen nach Raum und Zeit in gleicher Ordnung enthalten muß. Hält man an der bewährten Form (28.1.2/1) der abstrakten Schrödinger-Gleichung fest, so muß man für $\mathcal{H}$ einen Differentialausdruck erster Ordnung bezüglich der räumlichen Variablen suchen. Andererseits hat sich $-\Delta$ (mit passenden Konstanten multipliziert) als Hamiltonoperator für das freie nichtrelativistische Teilchen bewährt. Die Kombination beider Gedanken legt nahe, Operatoren der Form $\sqrt{-\Delta}$ zu benutzen. Im Rahmen der Spektraltheorie aus Kap. 26 kann man $\sqrt{-\Delta}$ einen präzisen Sinn geben. Das Resultat ist leider kein Differentialausdruck erster Ordnung. Den Ausweg aus diesem Dilemma hat Dirac durch folgende Konstruktion gewiesen: Statt des Hilbertraumes $L_2(R_3)$ als Basisraum wird der Hilbertraum

$$L_2^2(R_3)=\{f \mid f=\{f_1,f_2,f_3,f_4\},\ f_k\in L_2(R_3)\} \tag{1}$$

mit dem Skalarprodukt $(f,g)_{L_2^2(R_3)}=\sum_{k=1}^{4}(f_k,g_k)_{L_2(R_3)}$, $g=\{g_1,g_2,g_3,g_4\}$, betrachtet. (Die obere 2 in $L_2^2(R_3)$ ist der Exponent von $2^2=4$, später untersuchen wir Räume $L_2^n(R_k)$ mit 2^n Komponenten.) Gefragt wird nach einem Differentialausdruck $\mathcal{H}$ erster Ordnung in den räumlichen Variablen, dessen Quadrat $\mathcal{H}^2$, abgesehen von multiplikativen Konstanten, mit $(-\Delta,-\Delta,-\Delta,-\Delta)$ übereinstimmt. Ein solches Resultat würde den obigen heuristischen Bemerkungen voll Rechnung tragen. Die nachfolgenden Betrachtungen zeigen, daß diese Wünsche realisierbar sind.

Matrizen: Ist $\sigma=(\sigma_{k,l})_{k,l=1}^{N}$ eine quadratische N-reihige Matrix mit komplexen Koeffizienten, so heißt $\sigma^*=(\sigma_{k,l}^*)_{k,l=1}^{N}$ mit $\sigma_{k,l}^*=\bar{\sigma}_{l,k}$ die adjungierte Matrix. σ heißt selbstadjungiert, falls $\sigma=\sigma^*$ ist. Betrachtet man Matrizen als Abbildungen im komplexen Raum C_N, so stimmen diese Bezeichnungen mit den üblichen Begriffen der Operatorentheorie überein. Quadratische N-reihige Matrizen $\sigma_1,\ldots,\sigma_M$ bilden ein antikommutierendes normiertes System, falls $\sigma_k\sigma_l=-\sigma_l\sigma_k$ für $l\neq k$ gilt und σ_k^2 die Einheitsmatrix ist, $l=1,\ldots,M$ und $k=1,\ldots,M$. Wir betrachten hier zweireihige und vierreihige Matrizen. Die vierreihigen Matrizen stellen wir auch als $\begin{pmatrix}\alpha_{11} & \alpha_{12}\\ \alpha_{21} & \alpha_{22}\end{pmatrix}$ dar, wobei α_{kl} zweireihigen Matrizen sind.

Lemma. (a) *Die selbstadjungierten zweireihigen quadratischen Matrizen*

$$\sigma_1=\begin{pmatrix}0 & 1\\ 1 & 0\end{pmatrix},\quad \sigma_2=\begin{pmatrix}0 & -\mathrm{i}\\ \mathrm{i} & 0\end{pmatrix},\quad \sigma_3=\begin{pmatrix}1 & 0\\ 0 & -1\end{pmatrix} \tag{2}$$

bilden ein antikommutierendes normiertes System.

(b) *Die selbstadjungierten vierreihigen quadratischen Matrizen*

$$\alpha_k=\begin{pmatrix}\bar{0} & -\mathrm{i}\sigma_k\\ \mathrm{i}\sigma_k & \bar{0}\end{pmatrix},\quad k=1,2,3,\quad \alpha_4=\begin{pmatrix}\bar{1} & \bar{0}\\ \bar{0} & -\bar{1}\end{pmatrix},\quad \alpha_5=\begin{pmatrix}\bar{0} & \bar{1}\\ \bar{1} & \bar{0}\end{pmatrix} \tag{3}$$

bilden ein antikommutierendes normiertes System. Hierbei sind σ_1, σ_2, σ_3 die Matrizen aus (2), *sowie* $\bar{1}=\begin{pmatrix}1 & 0\\ 0 & 1\end{pmatrix}$ *und* $\bar{0}=\begin{pmatrix}0 & 0\\ 0 & 0\end{pmatrix}$.

Bemerkung 1. σ_1, σ_2 und σ_3 sind die Paulischen Spinmatrizen, $\alpha_1, \ldots, \alpha_5$ sind die Diracschen Matrizen.

Der Operator $\mathcal{H}^{\mathrm{Dirac}}$: Sind α_k die Diracschen Matrizen, so setzen wir

$$\mathcal{H}^{\mathrm{Dirac}}\varphi=\frac{c\hbar}{\mathrm{i}}\sum_{k=1}^{3}\alpha_k\frac{\partial\varphi}{\partial x_k}+mc^2\alpha_4\varphi\,. \tag{4}$$

Hierbei hat $\hbar$ die Bedeutung aus 28.1.2., c ist die Lichtgeschwindigkeit, und m ist die Masse des betrachteten Teilchens. Ferner ist $\varphi=\{\varphi_1(x), \varphi_2(x), \varphi_3(x), \varphi_4(x)\}$ mit $\varphi_k(x)\in C_0^\infty(R_n)$ und $x\in R_3$. Schließlich haben $\alpha_4\varphi$ und $\alpha_k\frac{\partial\varphi}{\partial x_k}$ mit $\frac{\partial\varphi}{\partial x_k}=\left\{\frac{\partial\varphi_1}{\partial x_k}, \frac{\partial\varphi_2}{\partial x_k}, \frac{\partial\varphi_3}{\partial x_k}, \frac{\partial\varphi_4}{\partial x_k}\right\}$ die übliche Bedeutung der Multiplikation einer Matrix mit einem Vektor, wobei φ und $\frac{\partial\varphi}{\partial x_k}$ als Spaltenvektoren anzusehen sind. $\mathcal{H}^{\mathrm{Dirac}}$ ist, wie gewünscht, ein Differentialausdruck erster Ordnung. Unter Verwendung des Lemmas kann man zeigen, daß

$$(\mathcal{H}^{\mathrm{Dirac}})^2\varphi=\{B\varphi_1, B\varphi_2, B\varphi_3, B\varphi_4\}$$

mit $B\psi=m^2c^4\psi-c^2\hbar^2\Delta\psi$ gilt. Damit haben wir den Anschluß an die obigen heuristischen Betrachtungen erhalten, und man kann versuchen, $\mathcal{H}^{\mathrm{Dirac}}$ zur quantenmechanischen Beschreibung des relativistischen freien Teilchens im R_3 zu benutzen.

Satz. *Der Operator $\mathcal{H}^{\mathrm{Dirac}}$ aus* (4) *mit dem Definitionsgebiet*

$$D(\mathcal{H}^{\mathrm{Dirac}})=\{\varphi \mid \varphi=\{\varphi_1, \varphi_2, \varphi_3, \varphi_4\}, \varphi_k\in C_0^\infty(R_3)\}$$

ist im Hilbertraum $L_2^2(R_3)$ wesentlich selbstadjungiert. Es ist

$$\bar{D}_{\bar{\mathcal{H}}\,\mathrm{Dirac}}=\emptyset \quad \text{und} \quad C_{\bar{\mathcal{H}}\,\mathrm{Dirac}}=(-\infty, -mc^2]\cup[mc^2, \infty)\,. \tag{5}$$

Definition. $\bar{\mathcal{H}}^{\mathrm{Dirac}}$ *ist der Hamiltonoperator des quantenmechanischen Systems eines relativistischen freien Teilchens im R_3.*

Bemerkung 2. Der Satz und die Vorbetrachtungen legen diese Definition nahe. Man kann zeigen, daß die zugehörige abstrakte Schrödinger-Gleichung (28.1.2/1) tatsächlich den Erfordernissen der speziellen Relativitätstheorie aus Kap. 25 gut angepaßt ist. Aus 28.1.3. folgt wieder, daß auch das relativistische freie Teilchen keinen stationären Zustand hat.

Bemerkung 3. Bis zur Aufstellung von $\mathcal{H}^{\mathrm{Dirac}}$ im Jahre 1928 war man gewohnt, daß alle quantenmechanischen Operatoren $\mathcal{H}$ nach unten halbbeschränkt waren, also $S_{\mathcal{H}}\subset[\mu, \infty)$, wobei μ

eine passende reelle Zahl ist. Dem entsprach die Halbbeschränktheit der möglichen Energiewerte, was man für physikalisch vernünftig hielt. Der unerwartete und unbeabsichtigte Effekt (5) widersprach dieser Auffassung entscheidend. Dirac wurde durch ihn aber zur Vorhersage des Positrons veranlaßt, eines Teilchens, das die gleiche Masse wie das Elektron und die Ladung $+|\varepsilon|$ hat. Das Positron wurde später experimentell nachgewiesen. Hieraus kann man eine in Mathematiker- und Physikerkreisen wohl bekannte Folgerung ziehen:

„*Formeln sind klüger als Menschen*".

28.5. Das Wasserstoffatom

28.5.1. Das Wasserstoffatom ohne Spin

Mit $S_M^{(L)}(\vartheta, \varphi)$ bezeichnen wir wieder die dreidimensionalen Kugelflächenfunktionen aus Satz 27.2.3, während $L_{\alpha,k}(r)$ die Laguerreschen Funktionen aus Satz 27.1.5 sind.

Satz. *Der Operator* $\mathcal{H}_H$,

$$\mathcal{H}_H\varphi = -\frac{\hbar^2}{2m}\,\Delta\varphi - \frac{\varepsilon^2}{r}\,\varphi \quad mit \quad D(\mathcal{H}_H) = C_0^\infty(R_3) \tag{1}$$

ist im Hilbertraum $L_2(R_3)$ *wesentlich selbstadjungiert. Es gilt*

$$C_{\overline{\mathcal{H}}_H} = [0, \infty) \quad und \quad \mathring{D}_{\overline{\mathcal{H}}_H} = D_{\overline{\mathcal{H}}_H} = \left\{-\frac{m\varepsilon^4}{2\hbar^2N^2}\right\}_{N=1}^{\infty}. \tag{2}$$

Der Eigenwertraum zum Eigenwert $-\dfrac{m\varepsilon^4}{2\hbar^2N^2}$ *hat die Dimension* N^2 *(Vielfachheit des Eigenwertes) und wird von den orthogonalen Eigenfunktionen*

$$\{f_{N,L,M}(x)\}_{\substack{L=0,\dots,N-1\\ M=-L,\dots,0,\dots,L}} \tag{3}$$

mit $f_{N,L,M}(x) = r^{-\frac{1}{2}}\, L_{2L+1,N-L-1}\left(\dfrac{2m\varepsilon^2}{\hbar^2N}\,r\right) S_M^{(L)}(\vartheta, \varphi)$, *aufgespannt.*

Bemerkung 1. $\mathcal{H}_H$ ist der Operator $\mathcal{H}_{\text{Atom}}$ aus (28.3.2/4) mit $Z=n=1$ oder der Operator $\mathcal{H}_{\mathfrak{A},V}$ aus (28.3.2/6) bei Abwesenheit elektromagnetischer Felder. Alle Größen haben die dortige Bedeutung. $\mathcal{H}_H$ entspricht also dem neutralen Wasserstoffatom. Der Satz legt somit folgende Festlegung nahe.

Definition. $\overline{\mathcal{H}}_H$ *ist der Hamiltonoperator des quantenmechanischen Systems des Wasserstoffatoms mit festem Atomkern im Nullpunkt.*

Bemerkung 2. Wir werden später noch andere Hamiltonoperatoren für das Wasserstoffatom beschreiben. Hierbei handelt es sich stets um das neutrale Wasserstoffatom mit festem Atomkern im Nullpunkt. $\overline{\mathcal{H}}_H$ entspricht dem nicht-relativistischen Wasserstoffatom ohne Spin. Später untersuchen wir das nicht-relativistische Wasserstoffatom mit Spin (28.5.3). und das relativistische Wasserstoffatom (28.5.4.). Aus der Vielzahl der physikalisch sinnvollen Hamiltonoperatoren für das Wasserstoffatom erkennt man wiederum, daß die Quantisierungsregel aus 28.3.1. nur ein (wenn auch sehr nützliches) Hilfsmittel ist, das durch teilweise umfangreiche Zusatzüberlegungen ergänzt werden muß.

Normalzustand: Aus 28.1.3. folgt, daß das Wasserstoffatom unendlich viele stationäre Zustände hat, wobei $E_N = -\dfrac{m\varepsilon^4}{2\hbar^2N^2}$ die zugehörigen Energiewerte sind. Der

Normalzustand ist nach 28.2.1. der Zustand minimaler Energie, also

$$\psi(x) = c_1 r^{-\frac{1}{2}} L_{1,0}\left(\frac{2m\varepsilon^2}{\hbar^2} r\right) S_0^{(0)}(\vartheta, \varphi) = c_2 e^{-\frac{m\varepsilon^2}{\hbar^2} r} \quad \text{mit} \quad E_1 = -\frac{m\varepsilon^4}{2\hbar^2}. \tag{4}$$

Hierbei sind c_1 und c_2 so zu wählen, daß $\|\psi\|_{L_2(R_3)} = 1$ gilt.

Wasserstoffspektrum: Aus dem Bohrschen Postulat aus 28.2.1. kann man jetzt das Absorptions- und Emissionsspektrum des Wasserstoffatoms berechnen. Es besteht aus scharfen Frequenzen. Ist

$$\mathrm{R} = \frac{2\pi^2 m\varepsilon^4}{\mathrm{h}^3} \quad \text{(Rydberg-Konstante)},$$

so erhält man als mögliche Frequenzen

$$\mathrm{R}\left(\frac{1}{N_1^2} - \frac{1}{N_2^2}\right) \quad \text{mit} \quad N_2 > N_1 \geqq 1. \tag{5}$$

Es ist üblich (und historisch bedingt), diese möglichen Frequenzen in Serien zusammenzufassen: $N_1 = 1$ mit $N_2 = 2, 3, \ldots$ ist die Lyman-Serie, $N_1 = 2$ mit $N_2 = 3, 4, \ldots$ die Balmer-Serie usw. Das Bild zeigt diese Serien qualitativ. Die Frequenzen der Balmer-Serie fallen in den Bereich des sichtbaren Lichtes und sind optisch gut beobachtbar. Die experimentellen Werte stimmen hervorragend mit diesen theoretischen Werten überein. Erst Präzisionsmessungen ergeben Abweichungen, die wir später im Rahmen der relativistischen Theorie behandeln werden.

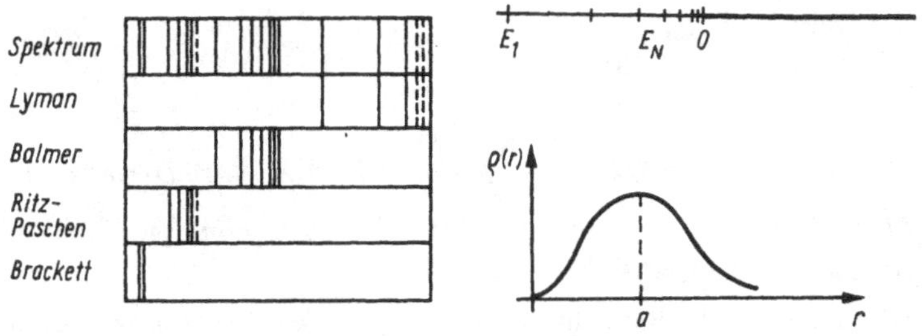

Bohrscher Atomradius: Bohr hat den Radius des Wasserstoffatoms mit

$$a = \frac{\hbar^2}{m\varepsilon^2} \sim 0{,}53 \cdot 10^{-8}\ \mathrm{cm}$$

angegeben. Es fragt sich, ob man diese Zahl im obigen Kalkül wiederfindet. Hierzu stellen wir im Sinne von 28.2.2. die „Frage": Wie groß ist der Abstand Elektron — Atomkern? Da der Atomkern im Nullpunkt sitzt, ist dies die Frage nach dem Abstand r des Elektrons vom Nullpunkt. Entsprechend der Quantisierungsregel 28.3.1 (und in Analogie zu (28.4.1/1)) ordnen wir dieser Frage den selbstadjungierten Operator A,

$$(A\varphi)(x) = |x|\, f(x), \quad D(A) = \{\varphi \mid \varphi(x) \in L_2(R_3),\ |x|\, \varphi(x) \in L_2(R_3)\},$$

im Raum $L_2(R_3)$ zu. Befindet sich das Wasserstoffatom im Normalzustand $\psi(x)$ aus (4), so erhält man folgendes Resultat: Die Wahrscheinlichkeit dafür, daß der Abstand des Elektrons vom Nullpunkt zwischen $\varkappa$ und λ mit $0 \leqq \varkappa \leqq \lambda \leqq \infty$ liegt, ist

$$\|(E_\lambda - E_\varkappa)\, \psi\|_{L_2(R_3)}^2 = c \int_\varkappa^\lambda r^2 e^{-\frac{2}{a} r}\, dr.$$

Hierbei ist $\{E_t\}_{t\in R_1}$ die Spektralschar von A. Der „wahrscheinlichste" Wert ist somit das Maximum der Wahrscheinlichkeitsdichte $\varrho(r)=cr^2e^{-\frac{2}{a}r}$. Das ist aber $r=a$ (siehe Zeichnung). Auf diese Weise findet man also den Bohrschen Atomradius in der hier beschriebenen Theorie wieder.

Quantenzahlen: $N=1, 2, \ldots$ in (3) heißt Hauptquantenzahl, $L=0, \ldots, N-1$ Nebenquantenzahl und $M=-L, \ldots, L$ magnetische Quantenzahl. Wir kommen später noch auf die Bedeutung dieser Zahlen zurück.

28.5.2. Der Zeeman-Effekt

Die Symbole haben die gleiche Bedeutung wie im letzten Abschnitt, insbesondere die Funktionen $f_{N,L,M}(x)$ und die Rydberg-Konstante R. Ferner sei

$$\mu_B=\frac{|\varepsilon|\,\hbar}{2mc}$$

das Bohrsche Magneton.

Wie immer sind m und ε Masse und Ladung des Elektrons, h ist das Plancksche Wirkungsquantum, $\hbar=\frac{h}{2\pi}$, und c ist die Lichtgeschwindigkeit.

Satz. *Für jede reelle Zahl A ist der Operator $\mathcal{H}_{\mathrm{Zee}}$ aus* (28.3.2/7) *mit $D(\mathcal{H}_{\mathrm{Zee}})=C_0^\infty(R_3)$ im Hilbertraum $L_2(R_3)$ wesentlich selbstadjungiert. Es gilt*

$$\tilde{D}_{\overline{\mathcal{H}}_{\mathrm{Zee}}}=D_{\overline{\mathcal{H}}_{\mathrm{Zee}}}=\left\{-\frac{\mathrm{Rh}}{N^2}-\mu_B A M\right\}_{\substack{N=1,2,\ldots\\ M=-N+1,\ldots,N-1}} \tag{1}$$

Der Eigenwertraum zum Eigenwert $-\frac{\mathrm{Rh}}{N^2}-\mu_B AM$ hat die Dimension $N-|M|$ (Vielfachheit des Eigenwertes) und wird von den orthogonalen Eigenfunktionen $\{f_{N,L,M}(x)\}_{L=|M|,\ldots,N-1}$ aufgespannt.

Bemerkung 1. Der Satz und die Betrachtungen in 28.3.2. legen folgende Festlegung nahe.

Definition. *$\overline{\mathcal{H}}_{\mathrm{Zee}}$ ist der Hamiltonoperator des quantenmechanischen Systems eines Wasserstoffatoms mit festem Atomkern im Nullpunkt im konstanten schwachen Magnetfeld $\mathfrak{B}(x)=(0, 0, A)$.*

Bemerkung 2. Aus (1) folgt, daß sich die Eigenwerte $-\frac{\mathrm{Rh}}{N^2}$ des Wasserstoffatoms ohne magnetisches Feld bei Einschalten eines schwachen konstanten Magnetfeldes in $2N-1$ äquidistante Eigenwerte aufspalten. Hierbei ist die Summe der Vielfachheiten der aufgespalteten Eigenwerte für $\overline{\mathcal{H}}_{\mathrm{Zee}}$ bei festem N gleich N^2, also der Vielfachheit des Eigenwertes $-\frac{\mathrm{Rh}}{N^2}$ von $\overline{\mathcal{H}}_{\mathrm{H}}$

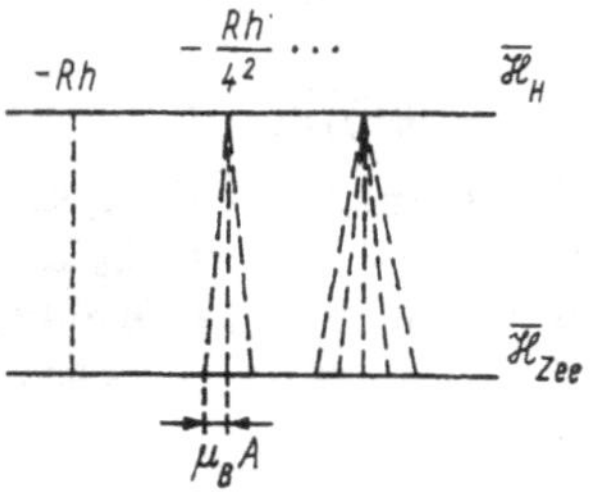

(der Eigenwertraum von $-\frac{\mathrm{Rh}}{N^2}$ für $\overline{\mathcal{H}}_{\mathrm{H}}$ wird zerlegt). Bei passender Wahl von A kann es durchaus passieren, daß

$$-\frac{\mathrm{Rh}}{N_1^2}-\mu_B A M_1 = -\frac{\mathrm{Rh}}{N_2^2}-\mu_B A M_2$$

mit $N_1 \neq N_2$ gilt. Diese Eigenwerte fallen dann „zufällig" zusammen, und man hat den Satz in naheliegender Weise zu modifizieren.

Spektrum und Auswahlregeln. Analog zu (28.5.1/5) sind jetzt

$$\mathrm{R}\left(\frac{1}{N_1^2}-\frac{1}{N_2^2}\right)=\frac{\mu_B}{\mathrm{h}}A(M_1-M_2)>0 \tag{2}$$

mögliche Frequenzen absorbierter oder emittierter elektromagnetischer Wellen. Hierbei ist $N_1=1, 2, \ldots$ und $N_2=1, 2, \ldots$, sowie $M_1=-N_1+1, \ldots, N_1-1$ und $M_2=-N_2+1, \ldots, N_2-1$. Es zeigt sich aber, daß von diesen möglichen Frequenzen nur einige tatsächlich realisiert werden. Das hängt mit den Auswahlregeln zusammen. Man kann die Frage stellen, mit welcher Wahrscheinlichkeit das System vom (normierten) Zustand $f_{N_1,L_1,M_1}(x)$ in den (normierten) Zustand $f_{N_2,L_2,M_2}(x)$ springt. Wir gehen hier auf diese Theorie nicht ein. Das Resultat sind die Auswahlregeln (für Dipolstrahlung): Der Übergang von $f_{N_1,L_1,M_1}(x)$ in $f_{N_2,L_2,M_2}(x)$ hat nur dann positive Wahrscheinlichkeit, wenn $|L_1-L_2|=1$ und $|M_1-M_2|\leqq 1$ ist. Mit diesen Einschränkungen sind die Frequenzen (2) gut experimentell bestätigt.

Quantenzahlen. Die Bezeichnung magnetische Quantenzahl für M ist jetzt klar: Sie ist für das Aufspalten des Spektrums bei Einschalten eines konstanten Magnetfeldes verantwortlich.

28.5.3. Das Wasserstoffatom mit Spin

Anomaler Zeeman-Effekt. Die Frequenzen (28.5.2/2) sind (unter Berücksichtigung der Auswahlregeln) experimentell bestätigt (normaler Zeeman-Effekt). Es treten jedoch zusätzliche Aufspaltungen auf, die ähnlich wie (28.5.2/2) sind, durch diese Formel aber nicht erfaßt werden: Anomaler Zeeman-Effekt. Man wird wieder versuchen, diese Frequenzen im Sinne des Bohrschen Postulats zu deuten. Gefragt ist nach einem passenden Hamiltonoperator, der geeignete Eigenwerte hat und möglichst wenig (und in physikalisch glaubhafter Form) von den bewährten Operatoren $\overline{\mathcal{H}}_{\mathrm{H}}$ und $\overline{\mathcal{H}}_{\mathrm{Zee}}$ abweicht. Die experimentellen Daten des anomalen Zeeman-Effekts legen eine Verdopplung des Spektrums von $\overline{\mathcal{H}}_H$ nahe (genauer: die Dimension des Eigenwertraumes zum Eigenwert $-\frac{\mathrm{Rh}}{N^2}$ sollte $2N^2$ statt N^2 sein), das sich dann bei Anlegen eines schwachen konstanten Magnetfeldes $\mathfrak{B}(x)=(0, 0, A)$ aufspaltet. Quantitativ sollte sich dabei (der nun zweifache, zuvor einfache) Eigenwert $-\mathrm{Rh}$ aufspalten in $-\mathrm{Rh}+\mu_B A$ und $-\mathrm{Rh}-\mu_B A$. Entsprechendes gilt für die anderen Eigenwerte. Mathematisch läßt sich eine derartige Reparatur einfach ausführen. Analog zu (28.4.3/1) betrachten wir den Hilbertraum

$$L_2^{\frac{1}{2}}(R_3)=\{f \mid f=\{f_1, f_2\}, f_k\in L_2(R_3)\} \tag{1}$$

mit dem Skalarprodukt

$$(f, g)_{L_2^{\frac{1}{2}}(R_3)}=(f_1, g_1)_{L_2(R_3)}+(f_2, g_2)_{L_2(R_3)}, \quad g=\{g_1, g_2\}.$$

Das Spektrum des Operators $\overline{\mathcal{H}}_{\mathrm{H}}$ verdoppelt man, indem man den selbstadjungierten Operator $\{\overline{\mathcal{H}}_{\mathrm{H}}\varphi_1, \overline{\mathcal{H}}_{\mathrm{H}}\varphi_2\}$ in $L_2^1(R_3)$ betrachtet. Entsprechendes gilt für $\overline{\mathcal{H}}_{\mathrm{Zee}}$. Die gewünschte (und notwendige) Korrektur, die dem anomalen Zeeman-Effekt entspricht, kann man jetzt wie folgt erreichen. Alle Symbole haben die frühere Bedeutung. Ableitungen $\Delta\varphi$ und $\frac{\partial\varphi}{\partial x_1}$ mit $\varphi=\{\varphi_1, \varphi_2\}$ sind wie in 28.4.3. zu verstehen.

Satz. *Der Operator* $\mathcal{H}_{\mathrm{Zee}}^{\mathrm{Spin}}$,

$$\mathcal{H}_{\mathrm{Zee}}^{\mathrm{Spin}}\varphi = -\frac{\hbar^2}{2m}\,\Delta\varphi - \frac{\varepsilon^2}{r}\,\varphi + \frac{\mu_B}{\mathrm{i}}\,A\left(x_1\,\frac{\partial\varphi}{\partial x_2} - x_2\,\frac{\partial\varphi}{\partial x_1}\right) + \mu_B A\,\{\varphi_1, -\varphi_2\} \tag{2}$$

mit $D(\mathcal{H}_{\mathrm{Zee}}^{\mathrm{Spin}})=\{\varphi \mid \varphi=\{\varphi_1, \varphi_2\},\ \varphi_k\in C_0^\infty(R_3)\}$ *ist im Hilbertraum* $L_2^1(R_3)$ *wesentlich selbstadjungiert. Es gilt*

$$\tilde{D}_{\overline{\mathcal{H}}_{\mathrm{Zee}}^{\mathrm{Spin}}} = D_{\overline{\mathcal{H}}_{\mathrm{Zee}}^{\mathrm{Spin}}} = \left\{-\frac{\mathrm{Rh}}{N^2} - \mu_B A M \pm \mu_B A\right\}_{\substack{N=1,2,\ldots\\ M=-N+1,\ldots,N-1}}. \tag{3}$$

Bemerkung 1. Die Modifikation gegenüber dem verdoppelten Operator $\mathcal{H}_{\mathrm{Zee}}$ aus 28.5.2. ist der „Spin-Term" $S\varphi=\mu_B A\,\{\varphi_1, -\varphi_2\}$. Dieser Operator ist sehr einfach. Er verschiebt das Spektrum von $\overline{\mathcal{H}}_{\mathrm{Zee}}$ um $\mu_B A$ in einer Komponente nach rechts und in der anderen nach links. Das ist gerade der gewünschte Effekt. Gleichzeitig sieht man, daß sich die Eigenwerträume zu den entsprechenden Eigenwerten aus den orthogonalen Elementen

$$f_{N,L,M}(x)\uparrow=\{f_{N,L,M}(x), 0\}, \quad f_{N,L,M}(x)\downarrow=\{0, f_{N,L,M}(x)\} \tag{4}$$

aufbauen. N, L, M haben die frühere Bedeutung. (Wir verzichten auf die elementare, aber etwas langwierige Klärung, welcher Eigenwert zu welchem Eigenelement gehört.) Die bisherigen Betrachtungen und die oben geschilderten Erfordernisse legen jetzt folgende Festlegung nahe.

Definition. $\overline{\mathcal{H}}_{\mathrm{Zee}}^{\mathrm{Spin}}$ *ist der Hamiltonoperator des quantenmechanischen Systems eines Wasserstoffatoms mit festem Atomkern im Nullpunkt im konstanten schwachen Magnetfeld* $\mathfrak{B}(x)=(0, 0, A)$ *unter Berücksichtigung des Spins.*

Bemerkung 2. In der Physik führt man zur Erklärung des anomalen Zeemann-Effekts einen zusätzlichen Freiheitsgrad des Elektrons ein, der Spin genannt wird. Der Spin hat hierbei nur zwei Möglichkeiten (Einstellungen), die man üblicherweise mit ↑ und ↓ kennzeichnet. Sie entsprechen in unserem Kalkül den Elementen (4). Man deutet den Spin als magnetisches Eigenmoment des Elektrons, das die Werte μ_B und $-\mu_B$ annehmen kann und entsprechend auf ein äußeres Magnetfeld reagiert.

Spektrum. Analog zu (28.5.1/5) und (28.5.2/2) sind jetzt

$$R\left(\frac{1}{N_1^2}-\frac{1}{N_2^2}\right)+\frac{\mu_B}{\mathrm{h}}\,A(M_1-M_2)>0 \text{ und}$$

$$R\left(\frac{1}{N_1^2}-\frac{1}{N_2^2}\right)+\frac{\mu_B}{\mathrm{h}}\,A(M_1-M_2\pm 2)>0$$

mögliche Frequenzen absorbierter oder emittierter elektromagnetischer Wellen. Hierbei ist wieder $N_1=1, 2, \ldots$ und $N_2=1, 2, \ldots$, sowie $M_1=-N_1+1, \ldots, N_1-1$ und $M_2=-N_2+1, \ldots, N_2-1$. Diese Möglichkeiten werden wieder durch die Auswahlregeln eingeschränkt, beschreiben ansonsten aber in guter Weise den normalen und anomalen Zeeman-Effekt.

Störungen: Die Eigenwerte von $\overline{\mathcal{H}}_{\mathrm{H}}$, $\overline{\mathcal{H}}_{\mathrm{Zee}}$ und $\overline{\mathcal{H}}_{\mathrm{Zee}}^{\mathrm{Spin}}$ sind i. allg. entartet (d. h. nicht einfach). Nach unserem bisherigen Kalkül ist jedes normierte Eigenelement eines Eigenwertes ein stationärer Zustand. Physikalisch real sind aber nur solche stationären Zustände, die sich bei kleinen Störungen des zugehörigen Hamiltonoperators nur wenig ändern. Wird bei einer solchen (physikalisch vernünftigen Störung) ein entarteter Eigenwert in eine Vielzahl einfacher Eigenwerte aufgelöst, so haben nur jene Eigenelemente des ungestörten Hamiltonoperators physikalische Existenzberechtigung, die sich bei gegen Null gehender Störung aus den Eigenelementen des gestörten Operators ergeben. Von einem ursprünglich K-dimensionalen Eigenwertraum bleiben dann nur noch K orthonormierte Eigenelemente mit physikalischer Relevanz übrig. Modifiziert man $\mathcal{H}_{\mathrm{Zee}}^{\mathrm{Spin}}$ durch

$$\mathcal{H}_{\mathrm{Zee}}^{\mathrm{Spin}}\varphi + h(r)\varphi + \delta A\{\varphi_1, -\varphi_2\},$$

so kann man $h(r)$ als (physikalisch vernünftige) Störung von $\frac{\varepsilon^2}{r}$ und δ als Störung von μ_B ansehen. Bei passender Wahl von $h(r)$ und δ lösen sich jetzt die K-fach entarteten Eigenwerte von (3) in K einfache Eigenwerte auf. Es zeigt sich ferner, daß die orthonormierten Eigenelemente mit physikalischer Relevanz mit dem System (4) übereinstimmen.

Quantenzahlen. Als Resultat ergibt sich: Das System (4) beschreibt die physikalisch sinnvollen stationären Zustände des Wasserstoffatoms (mit dem Kern im Nullpunkt) im konstanten schwachen Magnetfeld $\mathfrak{B}(x) = (0, 0, A)$ und unter Berücksichtigung des Spins. Hierbei ist

Hauptquantenzahl $N = 1, 2, \ldots,$
Nebenquantenzahl $L = 0, 1, \ldots, N-1,$
magnetische Quantenzahl $M = -L, \ldots, 0, \ldots, L,$
Spinquantenzahl $S = \uparrow, \downarrow.$

28.5.4. Das relativistische Wasserstoffatom

Der Operator $\mathcal{H}^{\mathrm{Dirac}}$ hat die gleiche Bedeutung wie in 28.4.3. Ferner sei $\alpha = \frac{\varepsilon^2}{\hbar c} \sim \frac{1}{137}$ die Sommerfeldsche Feinstrukturkonstante. Sie ist physikalisch dimensionslos (Man hatte ursprünglich angenommen, daß α genau $\frac{1}{137}$ ist. Das ist der Grund weshalb man auch heute noch $\alpha \sim \frac{1}{137}$ schreibt.)

Satz. *Der Operator* $\mathcal{H}_{\mathrm{H}}^{\mathrm{Dirac}}$,

$$\mathcal{H}_{\mathrm{H}}^{\mathrm{Dirac}}\varphi = \mathcal{H}^{\mathrm{Dirac}}\varphi - \frac{\varepsilon^2}{r}\varphi, \quad D(\mathcal{H}_{\mathrm{H}}^{\mathrm{Dirac}}) = D(\mathcal{H}^{\mathrm{Dirac}}), \tag{1}$$

ist im Hilbertraum $L_2^2(R_3)$ *wesentlich selbstadjungiert. Es ist*

$$C_{\overline{\mathcal{H}}_{\mathrm{H}}^{\mathrm{Dirac}}} = (-\infty, -mc^2] \cup [mc^2, \infty) \tag{2}$$

und

$$\tilde{D}_{\overline{\mathcal{H}}_{\mathrm{H}}^{\mathrm{Dirac}}} = D_{\overline{\mathcal{H}}_{\mathrm{H}}^{\mathrm{Dirac}}} = \{E_{n,k}\}_{\substack{n=0,1,2,\ldots\\ k=1,2,3,\ldots}}$$

mit

$$E_{n,k} = mc^2\left(1 + \frac{\alpha^2}{(n + \sqrt{k^2 - \alpha^2})^2}\right)^{-\frac{1}{2}}. \tag{3}$$

Bemerkung 1. Der Beweis weist eine Merkwürdigkeit auf: Man benutzt, daß $\alpha < \frac{1}{2}$ ist. Man benötigt also die Kenntnis der numerischen Werte physikalischer Konstanten. Das Punktspektrum $D_{\overline{\mathcal{H}}_{\mathrm{H}}^{\mathrm{Dirac}}}$ häuft sich von links am Punkt mc^2.

Bemerkung 2. Der Operator $\mathcal{H}_{\mathrm{H}}^{\mathrm{Dirac}}$ baut sich aus dem Operator $\mathcal{H}^{\mathrm{Dirac}}$ des relativistischen freien Teilchens im R_3 in gleicher Weise auf wie der Operator $\mathcal{H}_H$ aus 28.5.1. aus dem Operator $-\frac{\hbar^2}{2m}\Delta$ des nicht-relativistischen freien Teilchens im R_3. Der obige Satz legt dann folgende Festlegung nahe.

Definition. $\overline{\mathcal{H}}_{\mathrm{H}}^{\mathrm{Dirac}}$ *ist der Hamiltonoperator des quantenmechanischen Systems des relativistischen Wasserstoffatoms mit festem Atomkern im Nullpunkt.*

Bemerkung 3. Betrachtet man das relativistische Wasserstoffatom im konstanten schwachen Magnetfeld, so zeigt es sich, daß die obige Fassung den Spin im Sinne von 28.5.3. automatisch mit erfaßt.

Spektrum: Man kann jetzt wieder nach dem Bohrschen Postulat aus 28.2.1. die Frequenzen absorbierter und emittierter elektromagnetischer Wellen angeben. Von Interesse ist ein Vergleich mit den Frequenzen (28.5.1/5) des nicht-relativistischen Wasserstoffatoms. Entwickelt man (3) nach α, so erhält man

$$E_{n,k} - mc^2 = -\frac{m\varepsilon^4}{2\hbar^2(n+k)^2}\left[1 + \frac{\alpha^2}{k(n+k)} - \frac{3}{4}\frac{\alpha^2}{(n+k)^2} + \dots\right], \qquad (4)$$

wobei ... Terme mit α^4, α^6, ... sind. Da nur die Differenzen von $E_{n,k}$ von Interesse sind, spielt der Term mc^2 keine Rolle. Setzt man $N = n + k$ und vergleicht dies mit (28.5.1/2), so sieht man, daß die relativistische Korrektur weniger als $\alpha^2 10^2\,\%$, also weniger als $10^{-2}\,\%$ ist. Eine Winzigkeit, die aber bei Präzisionsmessungen experimentell nachweisbar ist. Gleichzeitig sieht man, daß der nichtrelativistische Eigenwert $-\frac{m\varepsilon^4}{2\hbar^2(n+k)^2}$ in verschiedene, sehr dicht benachbarte, relativistische Eigenwerte aufspaltet. Eine entsprechende Aufspaltung tritt dann bei den Frequenzen im Sinne des Bohrschen Postulats ein: Feinstruktur des Wasserstoffatoms. Diese winzig kleinen Aufspaltungen sind experimentell gut bestätigt.

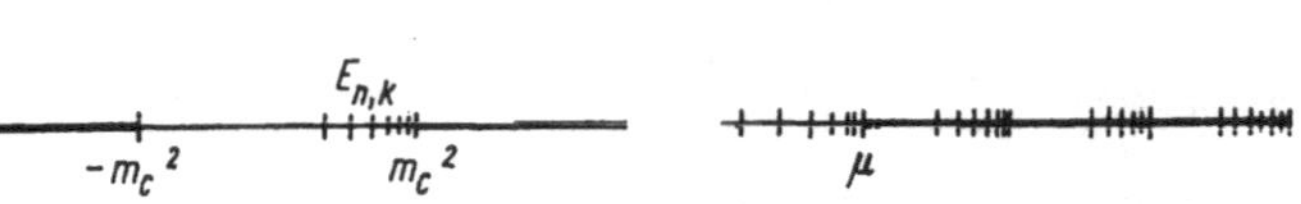

28.6. Atome und das Periodensystem der chemischen Elemente

28.6.1. Atome ohne Spin

Satz. *Der Operator* $\mathcal{H}_{\mathrm{Atom}}$ *aus* (28.3.2/4) *mit* $D(\mathcal{H}_{\mathrm{Atom}}) = C_0^\infty(R_{3n})$ *ist im Hilbertraum* $L_2(R_{3n})$ *wesentlich selbstadjungiert.*

Bemerkung 1. Aus den Betrachtungen in 28.3.2. folgt, daß $\mathcal{H}_{\mathrm{Atom}}$ geeignet sein könnte, das ionisierte Atom mit dem Kern im Nullpunkt zu beschreiben. Der Satz legt nun folgende Festlegung nahe.

Definition. $\overline{\mathcal{H}}_{\text{Atom}}$ *ist der Hamiltonoperator des quantenmechanischen Systems eines Atoms (ohne Spin und ohne Pauli-Prinzip) mit der Kernladungszahl Z, dessen Atomkern im Nullpunkt sitzt und das n Elektronen hat.*

Spektrum: Im Gegensatz zum Wasserstoffatom kann man das Spektrum von $\overline{\mathcal{H}}_{\text{Atom}}$ im allgemeinen nicht explizit bestimmen. Es gibt aber zahlreiche qualitative Aussagen. Für neutrale Atome, also $Z=n$, ist folgendes bekannt: Es gibt eine Zahl μ mit $C_{\overline{\mathcal{H}}_{\text{Atom}}}=[\mu, \infty)$, links von μ gibt es unendlich viele Eigenwerte endlicher Vielfachheit, die sich bei μ häufen. Ferner gibt es in $[\mu, \infty)$ ebenfalls unendlich viele Eigenwerte, die sich an unendlich vielen Stellen häufen. Der physikalisch interessante Teil des Spektrums, der in $(-\infty, \mu]$ liegt, ist also wasserstoff-ähnlich.

Bemerkung 2. Die Untersuchungen über das Wasserstoffatom zeigen, daß $\overline{\mathcal{H}}_{\text{Atom}}$ noch nicht das letzte Wort sein kann. Der Spin, den wir als wesentlichen neuen Gesichtspunkt beim Wasserstoffatom erkannt hatten, wird nicht berücksichtigt. Ferner müssen wir versuchen, das sogenannte Pauli-Prinzip, das zu einem tieferen Verständnis des Periodensystems der chemischen Elemente führt, in unsere Axiomatik einzubauen.

28.6.2. Der Raum $L^n_{2,A}(R_{3n})$

Wir entwickeln die notwendigen mathematischen Hilfsmittel für die weiteren Betrachtungen.

Raum $L^2_n(R_{3n})$. Es sei $\bar{x}_k=(x_{3k-2}, x_{3k-1}, x_{3k})\in R_3$ mit $k=1, \ldots, n$. In Analogie zu (28.4.3/1) sei $L^n_2(R_{3n})$ der Hilbertraum

$$\{f \mid f=\{f_0(\bar{x}_1, \ldots, \bar{x}_n), f_1(\bar{x}_1, \ldots, \bar{x}_n), \ldots, f_{2^n-1}(\bar{x}_1, \ldots, \bar{x}_n)\}, f_k\in L_2(R_{3n})\}$$

mit dem Skalarprodukt

$$(f, g)_{L^n_2(R_{3n})}=\sum_{k=0}^{2^n-1}(f_k, g_k)_{L_2(R_{3n})},$$

wobei $g=\{g_0, \ldots, g_{2^n-1}\}\in L^n_2(R_{3n})$ ist.

Gruppe $\mathfrak{S}_n$. Wie üblich ist $\mathfrak{S}_n$ die Gruppe der $n!$ verschiedenen Permutationen der natürlichen Zahlen von 1 bis n, also

$$q(1, \ldots, n)=(q_1, \ldots, q_n) \quad \text{und} \quad q(p_1, \ldots, p_n)=(q_{p_1}, \ldots, q_{p_n}).$$

Die Hintereinanderausführung ist die Gruppenmultiplikation, q^{-1} mit $q^{-1}(q_1, \ldots, q_n)=(1, \ldots, n)$ ist die inverse Transformation zu q, die identische Transformation ist das Einselement. Schließlich sei das Vorzeichen $(-1)^q$ durch

$$\prod_{k>l}^{1,\ldots,n}(y_k-y_l)=(-1)^q\prod_{k>l}(y_{q_k}-y_{q_l})$$

bestimmt. Ist $(-1)^q=1$, so heißt q gerade Permutation, und ist $(-1)^q=-1$, so heißt q ungerade Permutation.

Operation qf. Jede ganze Zahl j mit $0\leq j\leq 2^n-1$ läßt sich eindeutig als n-stellige Dualzahl darstellen, $j=\alpha_1\alpha_2\ldots\alpha_n$, wobei α_r gleich 0 oder gleich 1 ist. Ist $q\in\mathfrak{S}_n$, so setzen wir

$$q[j]=\alpha_{q_1}\ldots\alpha_{q_n},$$

falls $j=\alpha_1\ldots\alpha_n$ in Dualdarstellung ist. Ist $f\in L^n_2(R_{3n})$, so erzeugt

$$qf=\{f_0(\bar{x}_{q_1}, \ldots, \bar{x}_{q_n}), \ldots, f_j(\bar{x}_{q_1}, \ldots, \bar{x}_{q_n}), \ldots, f_{2^n-1}(\bar{x}_{q_1}, \ldots, \bar{x}_{q_n})\} \quad (1)$$

einen unitären Operator in $L_2^n(R_{3n})$. In (1) werden nicht nur die Koordinaten $\bar{x}_1, \ldots, \bar{x}_n$ permutiert, sondern auch die Plätze der Elemente f_j. Es ist $q[0]=0$ und $q[2^n-1]=$ $=2^n-1$.

Definition.

$$L_{2,A}^n(R_{3n}) = \{f \mid f \in L_2^n(R_{3n}) \quad \textit{mit} \quad qf = (-1)^q f \quad \textit{für alle} \quad q \in \mathfrak{S}_n\}\,.$$

Bemerkung 1. In $L_{2,A}^n(R_{3n})$ werden also alle Elemente aus $L_2^n(R_{3n})$ aufgenommen, die sich bei $f \to qf$ antisymmetrisch verhalten. Entsprechend kann man einen Raum $L_{2,S}^n(R_{3n})$ bilden, der aus allen Elementen aus $L_2^n(R_{3n})$ mit $qf=f$ für alle $q \in \mathfrak{S}_n$ besteht. Auch dieser Raum ist (wie der Raum $L_{2,A}^n(R_{3n})$) von physikalischem Interesse.

Satz. (**a**) *$L_{2,A}^n(R_{3n})$ ist ein unendlich-dimensionaler abgeschlossener Teilraum von $L_2^n(R_{3n})$ (und somit ein Hilbertraum). Der zugehörige Projektionsoperator P ist*

$$Pf = \frac{1}{n!} \sum_{q \in \mathfrak{S}_n} (-1)^q qf \quad \textit{für} \quad f \in L_2^n(R_{3n})\,.$$

(**b**) *Ist $h_1(\bar{y}), \ldots, h_k(\bar{y})$ mit $\bar{y}=(y_1, y_2, y_3)$ ein orthonormiertes System in $L_2(R_3)$ und $f=\{0, \ldots, 0, \underbrace{h_{l_1}(\bar{x}_1) \ldots h_{l_n}(\bar{x}_n)}_{\text{Stelle } j}, 0, \ldots, 0\}$, so gilt $Pf=0$ genau dann, wenn es mindestens zwei Indizes r und s mit $1 \leq r < s \leq n$, $h_{l_r}(\bar{y}) = h_{l_s}(\bar{y})$ und $\alpha_r = \alpha_s$ gibt. Hierbei ist $j=\alpha_1 \ldots \alpha_n$ die Dualdarstellung von j.*

Bemerkung 2. Teil (b) sieht relativ harmlos aus. Der Beweis ist aber nicht ganz einfach. Hinter dieser Formulierung verbirgt sich das Pauli-Prinzip. Von Interesse sind später Elemente f der obigen Form mit $Pf \neq 0$. Bei vorgegebenem k ist es dann eine kombinatorische Aufgabe, passende Produkte der Funktionen $h_r(\bar{y})$ an passende Stellen zu setzen.

28.6.3. Atome mit Spin

Satz. *Der Operator $\mathcal{H}_{\text{Atom}}^{\text{Pauli}}$,*

$$\mathcal{H}_{\text{Atom}}^{\text{Pauli}}\, \varphi = -\frac{\hbar^2}{2m} \Delta\varphi + \left(-Z\varepsilon^2 \sum_{k=1}^{n} \frac{1}{r_k} + \varepsilon^2 \sum_{l>k} \frac{1}{r_{l,k}}\right) \varphi \tag{1}$$

mit

$$D(\mathcal{H}_{\text{Atom}}^{\text{Pauli}}) = \{\varphi \mid \varphi = \{\varphi_0, \ldots, \varphi_{2^n-1}\} \in L_{2,A}^n(R_{3n}),\ \varphi_k \in C_0^\infty(R_{3n})\} \tag{2}$$

ist im Hilbertraum $L_{2,A}^n(R_{3n})$ wesentlich selbstadjungiert.

Spin und Pauli-Prinzip (*erste Fassung*). Den Übergang von $\mathcal{H}_{\text{Atom}}$ aus (28.3.2/4) und Satz 28.6.1 zu $\mathcal{H}_{\text{Atom}}^{\text{Pauli}}$ kann man in zwei Schritten beschreiben. Zuerst ersetzen wir $L_2(R_{3n})$ durch $L_2^n(R_{3n})$. Physikalisch entspricht dem die Berücksichtigung des Spins. Nach 28.5.3. deutet man den Spin als eine Eigenschaft des Elektrons, wobei die Spinquantenzahl S die Möglichkeiten $\uparrow$ und $\downarrow$ hat. n Elektronen erlauben in dieser Interpretation 2^n Spinkonfigurationen. Mit $\uparrow = 0$ und $\downarrow = 1$ kann man eine Spinkonfiguration $\uparrow \downarrow\downarrow\downarrow \ldots \uparrow = j$ als Dualdarstellung von j deuten und dieser Konfiguration in $\{\varphi_0, \ldots, \varphi_{2^n-1}\}$ den Platz j zuweisen. Jede der 2^n Komponenten $L_2(R_{3n})$ von $L_2^n(R_{3n})$ repräsentiert also eine bestimmte Spinkonfiguration der n Elektronen. Dem Übergang von $L_2(R_{3n})$ zu $L_2^n(R_{3n})$ entspricht also der Übergang von Atomen ohne Spin zu Atomen mit Spin. Es zeigt sich aber, daß $L_2^n(R_{3n})$ als Grundraum zu groß ist: Viele Eigenelemente erlauben keine physikalischen Interpretationen und widersprechen dem Pauli-Prinzip. Grob gesprochen besagt dieses Prinzip, daß nur jene Eigenelemente von $\mathcal{H}_{\text{Atom}}$ mit $L_2^n(R_{3n})$ statt $L_2(R_{3n})$ als Grundraum physikalische Relevanz besitzen, die zu $L_{2,A}^n(R_{3n})$ gehören. Der Satz ist diesem Sachverhalt angepaßt. Daß (1) in $L^n_{2,A}(R_{3n})$ wirkt, folgt aus der Vertauschbarkeit von $\mathcal{H}^{\text{Pauli}}_{\text{Atom}}$ mit P aus Satz 28.6.2, formal $\mathcal{H}^{\text{Pauli}}_{\text{Atom}}\,P = P\mathcal{H}^{\text{Pauli}}_{\text{Atom}}$. Benutzt man die obige Deutung der Stelle $j = \downarrow\downarrow\uparrow \ldots \downarrow$ als Charakterisierung einer bestimmten Spinkonfiguration, so kann man jetzt eine physikalische Interpretation der Operation qf aus (28.6.2/1) geben. Durch $q \in \mathfrak{S}_n$ werden die Plätze $\bar{x}_1, \ldots, \bar{x}_n$ der n Elektronen permutiert, $\bar{x}_{q_1} \to \bar{x}_1, \ldots, \bar{x}_{q_n} \to \bar{x}_n$. Haben die n Elektronen eine Spinkonfiguration $\uparrow\downarrow \ldots \uparrow = j$, so werden bei dieser Permutation die Plätze der Spinkonfiguration ungeändert mitgenommen, die Funktion auf dem Platz $j = \alpha_1 \ldots \alpha_n$ wandert dann (unter Vertauschung $\bar{x}_{q_k} \to \bar{x}_k$) auf den Platz $q[j] = \alpha_{q_1} \ldots \alpha_{q_n}$. Die obige erste grobe Fassung des Pauli-Prinzips kann man jetzt auch wie folgt formulieren: Es werden nur solche stationären Zustände φ von $\mathcal{H}^{\text{Pauli}}_{\text{Atom}}$ zugelassen, die bei einer Permutation der n Elektronen unter Beibehaltung der Spinkonfiguration antisymmetrisch sind, also $q\varphi = (-1)^q\,\varphi$. Im nächsten Abschnitt beschreiben wir die notwendigen Präzisierungen. Der Satz und die obigen Ausführungen legen jetzt folgende Festlegung nahe.

Definition. $\overline{\mathcal{H}}^{\text{Pauli}}_{\text{Atom}}$ *ist der Hamiltonoperator des quantenmechanischen Systems eines Atoms (mit Spin und mit Pauli-Prinzip) mit der Kernladungszahl Z, dessen Atomkern im Nullpunkt sitzt und das n Elektronen hat.*

Spektrum. Für neutrale Atome, also $Z = n$, ist der interessante Teil des Spektrums von $\overline{\mathcal{H}}^{\text{Pauli}}_{\text{Atom}}$ wieder wasserstoff-ähnlich: Es gibt eine reelle Zahl ν mit $C_{\overline{\mathcal{H}}^{\text{Pauli}}_{\text{Atom}}} = [\nu, \infty)$,

und links von ν gibt es unendlich viele Eigenwerte endlicher Vielfachheit, die sich bei ν häufen. Im Gegensatz zum Wasserstoffatom gibt es (für $n \geqq 2$) aber auch Eigenwerte in $[\nu, \infty)$. Insbesondere gibt es unendlich viele stationäre Zustände (welch ein Glück, sonst wüßten die Atome nicht, weshalb sie unsterblich sind). Es gibt einen kleinsten Eigenwert und somit Normalzustände.

28.6.4. Das Pauli-Prinzip

Von Interesse ist der kleinste Eigenwert von $\overline{\mathcal{H}}^{\text{Pauli}}_{\text{Atom}}$ und der zugehörige Eigenwertraum. Leider hat man keine Chance, beides explizit analytisch bestimmen zu können. Nach bester physikalischer Gepflogenheit versucht man, $\overline{\mathcal{H}}^{\text{Pauli}}_{\text{Atom}}$ durch einen einfacheren Operator zu ersetzen, wobei man hofft, daß dieser einfachere Operator näherungsweise (qualitativ und quantitativ) das gleiche Verhalten wie $\overline{\mathcal{H}}^{\text{Pauli}}_{\text{Atom}}$ zeigt. Störend in (28.6.3/1) sind die Wechselwirkungsterme $\varepsilon^2 \sum\limits_{l>k} \frac{1}{r_{l,k}}\,\varphi$ der Elektronen untereinander. Man versucht, diesen Ausdruck durch $\sum\limits_{k=1}^{n} V(r_k)\,\varphi$ zu ersetzen. Passende Wahl von V führt auch zum Erfolg im obigen Sinne. Der so modifizierte Operator ist wesentlich einfacher, die n Elektronen sind entkoppelt, und der Operator zerfällt im wesentlichen in n Operatoren vom Wasserstofftyp. Verzichtet man auf eine näherungsweise auch quantitativ richtige Beschreibung, so kann man $V(r) \equiv 0$ setzen. Das führt dann zum Operator $\mathring{\mathcal{H}}^{\text{Pauli}}_{\text{Atom}}$,

$$\mathring{\mathcal{H}}^{\text{Pauli}}_{\text{Atom}}\,\varphi = -\frac{\hbar^2}{2m}\,\Delta\varphi - Z\varepsilon^2 \sum_{r=1}^{n} \frac{1}{r_k}\,\varphi\,, \qquad (1)$$

$$D(\mathring{\mathcal{H}}^{\text{Pauli}}_{\text{Atom}}) = D(\mathcal{H}^{\text{Pauli}}_{\text{Atom}})\,,$$

der wieder im Hilbertraum $L^n_{2,A}(R_{3n})$ betrachtet wird. Man hofft (nicht vergebens, wie der Erfolg zeigt), daß $\mathring{\mathcal{H}}^{\text{Pauli}}_{\text{Atom}}$ das Spektrum von $\overline{\mathcal{H}}^{\text{Pauli}}_{\text{Aaom}}$, zumindest aber den kleinsten Eigenwert und die Struktur des zugehörigen Eigenwertraumes, qualitativ richtig beschreibt. Abgesehen von Z zerfällt $\mathring{\mathcal{H}}^{\text{Pauli}}_{\text{Atom}}$ in jeder der 2^n Komponenten von $\varphi=\{\varphi_0, \ldots, \varphi_{2^n-1}\}$ in n Hamiltonoperatoren für das Wasserstoffatom aus (28.5.1/1). Ersetzt man ε^2 in (28.5.1/1) durch $Z\varepsilon^2$, so hat der entsprechende Operator die Eigenwerte $-\frac{\text{Rh}Z^2}{N^2}$ mit $N=1, 2, \ldots$, wobei R wieder die Rydberg-Konstante ist. Entsprechend hat man ε^2 in (28.5.1/3) durch $Z\varepsilon^2$ zu ersetzen. Wir behalten aber für die so modifizierte Funktion die Bezeichnung $f_{N,L,M}(x)$ bei. Man kann jetzt Eigenwerte und Eigenfunktionen von $\mathring{\mathcal{H}}^{\text{Pauli}}_{\text{Atom}}$ aus $-\frac{\text{Rh}Z^2}{N^2}$ und $f_{N,L,M}(x)$ aufbauen, wobei man aber zu berücksichtigen hat, daß der Grundraum $L^n_{2,A}(R_{3n})$ (und nicht $L^n_2(R_{3n})$) ist.

Satz. *Der Operator* $\mathring{\mathcal{H}}^{\text{Pauli}}_{\text{Atom}}$ *aus* (1) *mit* $D(\mathring{\mathcal{H}}^{\text{Pauli}}_{\text{Atom}})=D(\mathcal{H}^{\text{Pauli}}_{\text{Atom}})$ *aus* (28.6.3/2) *als Definitionsgebiet ist im Hilbertraum* $L^n_{2,A}(R_{3n})$ *wesentlich selbstadjungiert. Ist* $N(n)$ *die nicht-negative ganze Zahl mit*

$$2\sum_{N=0}^{N(n)} N^2 \leqq n < 2\sum_{N=0}^{N(n)+1} N^2, \quad r(n)=n-2\sum_{N=0}^{N(n)} N^2, \tag{2}$$

so ist $E=-2\text{Rh}\,Z^2N(n)-\text{Rh}\,Z^2\frac{r(n)}{(N(n)+1)^2}$ *der kleinste Eigenwert des Abschlusses von* $\mathring{\mathcal{H}}^{\text{Pauli}}_{\text{Atom}}$. *Der zugehörige Eigenwertraum wird von*

$$P\{0, \ldots, 0, \underset{\text{Stelle } j}{\prod_{t=1}^{n} f_{N_t,L_t,M_t}(\bar{x}_t)}, 0, \ldots, 0\} \tag{3}$$

aufgespannt. Hierbei sind die Quadrupel $(N_t, L_t, M_t, \alpha_t)$ *mit* $t=1, \ldots, n$ *paarweise verschieden, wobei* $j=\alpha_1 \ldots \alpha_n$ *die Dualdarstellung von* $j=0, \ldots, 2^n-1$ *ist. Ferner ist* $N_t \leqq N(n)+1$, *wobei genau* $r(n)$ *der Zahlen* N_t *gleich* $N(n)+1$ *sind,* $L_t=0, \ldots, N_t-1$ *und* $M=-L_t, \ldots, 0, \ldots, L_t$.

Bemerkung 1. Würde man (1) in $L^n_2(R_{3n})$ betrachten, so wäre $-\text{Rh}\,Z^2n$ der kleinste Eigenwert, der zugehörige Eigenwertraum würde dann von Elementen $\left\{0, \ldots, 0, \prod_{t=1}^{n} f_{1,0,0}(\bar{x}_t), 0, \ldots, 0\right\}$ aufgespannt. Durch die Einschränkung auf $L^n_{2,A}(R_{3n})$ vergrößert sich der kleinste Eigenwert E wesentlich. Entscheidend ist (3) mit den angegebenen Einschränkungen. Hierbei handelt es sich um eine relativ einfache Umschrift von Satz 28.6.2(b). Insbesondere sieht man, daß die Elemente aus (3) nicht gleich 0 sind.

Definition. *Qualitativ wird der Grundzustand eines Atoms mit der Kernladungszahl Z und dem Atomkern im Nullpunkt durch das normierte Element* (3) *beschrieben, wobei die Quadrupel* $(N_t, L_t, M_t, \alpha_t)$ *den obigen Bedingungen genügen und* $\alpha_1 \ldots \alpha_n=j$ *die Spinkonfiguration der n Elektronen kennzeichnet.*

Bemerkung 2. In 28.5.3. hatten wir durch Störungsbetrachtungen festgestellt, daß bei festem N nur die Funktionen $f_{N,L,M}(x)$ (und nicht deren Linearkombinationen) physikalische Bedeutung haben. Hieran halten wir auch jetzt fest, wie (3) und die Definition zeigen. Die magnetische Quantenzahl würde aber erst bei Anlegen von Magnetfeldern eine Rolle spielen.

Pauli-Prinzip: (3) ist nach Satz 28.6.2(b) genau dann ungleich null (und beschreibt somit nach Normierung einen stationären Zustand), wenn die n Quadrupel $(N_t, L_t, M_t, \alpha_t)$ paarweise verschieden sind. Das ist die übliche Fassung des Pauli-Prinzips.

Sind die Zusatzbedingungen am Schluß des obigen Satzes erfüllt, so wird ein Zustand minimaler Energie realisiert: Das System befindet sich im Grundzustand. Höhere Energiewerte stellen angeregte Zustände dar. Das Springen zwischen diesen Zuständen liefert nach dem Bohrschen Postulat mögliche Frequenzen absorbierter und emittierter elektromagnetischer Wellen. Für $n=1$ (Wasserstoffatom) wirkt das Pauli-Prinzip nicht, man hat dann das System (28.5.3/4).

Aufbau-Prinzip: In der Physik ist folgende Interpretation von (3) üblich. Jedes der n Elektronen wird durch ein Quadrupel $(N_t, L_t, M_t, \alpha_t)$ von 4 Quantenzahlen gekennzeichnet, wobei N, L, M und $\alpha = S$ die gleiche Bedeutung wie am Schluß von 28.5.3. haben. Der Zustand des Atoms wird dann im Sinne von (3) aus den „Zuständen" der Elektronen aufgebaut. Wie weit ein derartiges Aufbau-Prinzip, das ja die Wechselwirkung der Elektronen untereinander vernachlässigt, eine befriedigende Beschreibung liefert, muß der Vergleich mit dem Experiment zeigen.

28.6.5. Das Periodensystem der chemischen Elemente

Definition. *Zwei (neutrale) Atome mit den Atomnummern n_1 und n_2 (Anzahl der Elektronen) sind chemisch verwandt, falls $r(n_1) = r(n_2)$ in (28.6.4/2) gilt.*

Periodensystem. Entsprechend dieser Definition weist das System der chemischen Elemente Perioden der Länge $2N^2$ mit $N = 1, 2, 3, \ldots$ auf. Die ersten Perioden besitzen dann 2, 8 und 18 Elemente. Die erste Periode umfaßt die Elemente H (Wasserstoff) und He (Helium). Nach Def. 28.6.4 genügen zur Konstruktion des Grundzustandes Funktionen $f_{N,L,M}(\bar{x})$ mit $N=1$. Ist $n=3$, Lithium Li, so benötigt man auch eine Funktion $f_{N,L,M}(\bar{x})$ mit $N=2$. Diese Periode reicht bis $n=10$, Neon Ne. Die nächste Periode beginnt mit $n=11$, also Natrium Na. Chemisch verwandt sind H, Li, Na mit $r(n)=1$, sowie He, Ne mit $r(n)=0$.

Schalenmodell. Das Aufbau-Prinzip aus 28.6.4. führt jetzt zum Schalenmodell. Die einzelnen Schalen werden von der Hauptquantenzahl N bestimmt, und auf der Schale N haben maximal $2N^2$ Elektronen Platz. Das Atom ordnet seine n Elektronen energetisch so günstig wie möglich an. Dem entspricht ein Auffüllen der Schalen von innen nach außen. Auf der äußersten $(N(n)+1)$-ten Schale sitzen dann $r(n)$ Elektronen, die für das chemische Verhalten des Atoms verantwortlich sind.

Störungen. Die qualitative Näherung aus Def. 28.6.4. wird um so fragwürdiger, je größer n ist. Außerdem wird man im Sinne der Störungsbetrachtungen aus 28.5.3. erwarten, daß neben N auch die Nebenquantenzahl L Einfluß auf die Größe des Eigenwertes nimmt. Die magnetische Quantenzahl M spielt dagegen keine Rolle. Vergleicht man die obigen Betrachtungen mit experimentellen Daten, so stellt man erstmals für $n=19$ eine Abweichung fest. Für größere Werte von n werden diese Abweichungen immer stärker. Wichtiger als diese Abweichungen ist aber die bemerkenswerte Feststellung, daß man eine quantenmechanische Begründung für das Periodensystem der chemischen Elemente geben kann.

29. Geometrie auf Mannigfaltigkeiten I (Tensoren)

29.1. Mannigfaltigkeiten

29.1.1. Der parakompakte Hausdorffraum

Topologie. Ein System $\mathfrak{B}$ von Untermengen einer gegebenen Menge M heißt Topologie in M, falls $\mathfrak{B}$ folgende drei Eigenschaften hat:

1. $\emptyset \in \mathfrak{B}$ und $M \in \mathfrak{B}$ (wie üblich wird die leere Menge als Untermenge jeder Menge angesehen).
2. Endliche Durchschnitte von Mengen aus $\mathfrak{B}$ gehören wieder zu $\mathfrak{B}$.
3. Beliebige Vereinigungen von Mengen aus $\mathfrak{B}$ gehören wieder zu $\mathfrak{B}$.

Man nennt $\mathfrak{B}$ mit den obigen Eigenschaften auch ein System offener Mengen. $B \in \mathfrak{B}$ heißt Umgebung eines Punktes x aus M, falls $x \in B$ gilt.

Hausdorffraum. Eine Menge M mit einer Topologie $\mathfrak{B}$ heißt Hausdorffraum, falls es zu je zwei verschiedenen Punkten $x \in M$ und $y \in M$ Mengen $B_x \in \mathfrak{B}$ und $B_y \in \mathfrak{B}$ mit $B_x \cap B_y = \emptyset$ gibt. $\mathfrak{B}$ ist also so reichhaltig, daß man mit seiner Hilfe die Punkte aus M trennen kann.

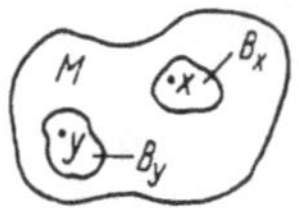

Kompakt. Eine Menge C aus einem Hausdorffraum M mit der Topologie $\mathfrak{B}$ heißt kompakt, falls man in jeder beliebigen (nicht notwendig abzählbaren) Überdeckung von C mit offenen Mengen endlich viele Mengen findet, die ihrerseits bereits C überdecken. Aus $\bigcup\limits_{i \in I} B_i \supset C$ mit $B_i \in \mathfrak{B}$ folgt also, daß es Mengen B_{i_k} mit $\bigcup\limits_{k=1}^{N} B_{i_k} \supset C$ gibt.

Abschluß. A heißt abgeschlossene Menge des Hausdorffraumes M mit der Topologie $\mathfrak{B}$, falls es eine Menge $B \in \mathfrak{B}$ mit $A = M \setminus B$ gibt. $\mathfrak{A}$ sei das System der abgeschlossenen Mengen in M. Ist C eine beliebige Menge aus M, so ist $\overline{C} = \bigcap D$, wobei der Durchschnitt über alle $D \in \mathfrak{A}$ mit $D \supset C$ gebildet wird. $\overline{C}$ heißt Abschluß von C und ist eine abgeschlossene Menge.

Definition. *M sei ein Hausdorffraum mit der Topologie $\mathfrak{B}$.*

(a) *Eine Überdeckung $\{U_i\}_{i \in I} \subset \mathfrak{B}$ von M, also $\bigcup\limits_{i \in I} U_i = M$, heißt Verfeinerung einer Überdeckung $\{V_k\}_{k \in K} \subset \mathfrak{B}$ von M, falls es zu jedem $i \in I$ ein $k = k(i) \in K$ mit $U_i \subset V_k$ gibt.*

(b) *Eine Überdeckung $\{U_i\}_{i \in I} \subset \mathfrak{B}$ von M heißt lokal-endlich, falls es zu jedem $x \in M$ eine Umgebung V_x gibt, so daß $U_i \cap V_x$ nur für endlich viele Parameterwerte $i \in I$ nicht leer ist.*

(c) *M heißt parakompakt, falls es zu jeder Überdeckung $\{V_k\}_{k \in K} \subset \mathfrak{B}$ von M eine lokal-endliche Überdeckung $\{U_i\}_{i \in I} \subset \mathfrak{B}$ gibt, die Verfeinerung von $\{V_k\}_{k \in K}$ ist.*

Bemerkung 1. Der R_n ist ein parakompakter Hausdorffraum, sofern man die üblichen offenen Mengen als Topologie wählt. Das gilt auch für beliebige (im üblichen Sinne) offene Mengen im R_n.

Bemerkung 2. „Überdeckung" heißt in Zukunft stets „Überdeckung mit offenen Mengen". Ferner arbeiten wir in Zukunft nur noch mit endlichen oder abzählbar unendlichen Überdeckungen. Man kann zeigen, daß dies keine Einschränkung ist, sofern der Hausdorffraum zusammenhängend ist. Hierbei heißt $B \in \mathfrak{B}$ (insbesondere also M) zusammenhängend, falls man B nicht als Vereinigung $B = B_1 \cup B_2$ zweier nichtleerer offener disjunkter Mengen darstellen kann.

29.1.2. C^∞-Mannigfaltigkeiten

Wir setzen ab jetzt stets voraus, daß $(M, \mathfrak{B})$ ein parakompakter zusammenhängender Hausdorffraum mit der Topologie $\mathfrak{B}$ ist.

Induzierte Topologie. *Ist* $B \in \mathfrak{B}$ zusammenhängend, so ist $(B, \mathfrak{B}_B)$ mit $\mathfrak{B}_B = \{C \mid C \in \mathfrak{B},\ C \subset B\}$ wieder ein parakompakter zusammenhängender Hausdorffraum. $\mathfrak{B}_B$ nennt man die (durch $\mathfrak{B}$) induzierte Topologie.

Homöomorphe Abbildung. $(M_1, \mathfrak{B}_1)$ und $(M_2, \mathfrak{B}_2)$ seien zwei Hausdorffräume. Ein Homöomorphismus ist eine eineindeutige Abbildung F von M_1 auf ganz M_2 mit $F(\mathfrak{B}_1) = \mathfrak{B}_2$. (Das System der offenen Mengen $\mathfrak{B}_1$ wird also eineindeutig auf das System der offenen Mengen $\mathfrak{B}_2$ abgebildet).

Dimension. Ein Hausdorffraum $(M, \mathfrak{B})$ hat die Dimension n, falls zu jedem $x \in M$ eine (zusammenhängende) Umgebung V_x existiert, die (ausgerüstet mit der induzierten Topologie) homöomorph auf eine (zusammenhängende) offene Menge im R_n abgebildet werden kann. (Offene Mengen im R_n haben stets die übliche Bedeutung.)

Atlas. $M = \bigcup_{k=1}^{\infty} V_k$ sei eine lokal-endliche Überdeckung des n-dimensionalen Hausdorffraumes $(M, \mathfrak{B})$. Ist F_k eine homöomorphe Abbildung von V_k auf eine offene Menge im R_n, so heißt $\{V_k;\ F_k\}_{k=1}^{\infty}$ Atlas. M wird dann durch lokale Koordinaten (oder lokale Karten) beschrieben.

Äquivalenzklassen von Atlanten. Ist $\{V_k;\ F_k\}$ ein Atlas von $(M, \mathfrak{B})$, so sei $F_k(V_k) = U_k \subset R_n$. Ist $V_k \cap V_l \neq \emptyset$, so vermittelt $F_l F_k^{-1}$ eine eineindeutige Abbildung von $F_k(V_k \cap V_l)$ auf $F_l(V_k \cap V_l)$. Wir verlangen in Zukunft stets, daß alle diese Abbildungen beliebig oft differenzierbar sind. Das Wort „Atlas" soll ab jetzt diese Eigenschaft mit einschließen. Zwei Atlanten $\{V_k;\ F_k\}$ und $\{W_l;\ G_l\}$ heißen verträglich,

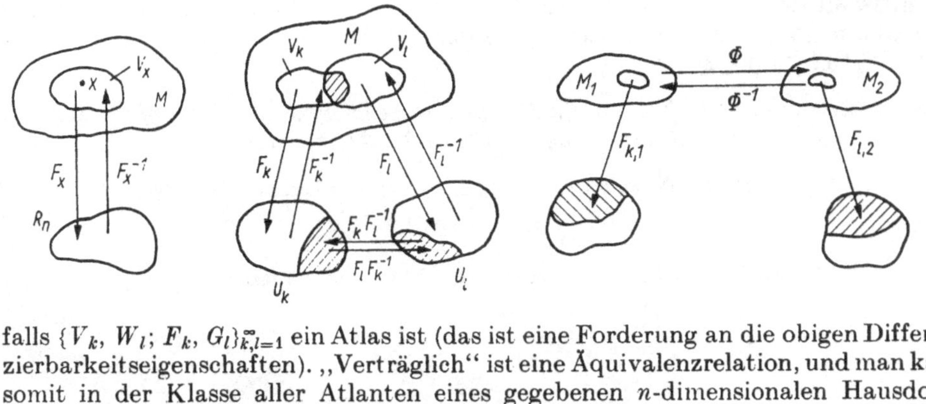

falls $\{V_k,\ W_l;\ F_k,\ G_l\}_{k,l=1}^{\infty}$ ein Atlas ist (das ist eine Forderung an die obigen Differenzierbarkeitseigenschaften). „Verträglich" ist eine Äquivalenzrelation, und man kann somit in der Klasse aller Atlanten eines gegebenen n-dimensionalen Hausdorffraumes Äquivalenzklassen verträglicher Atlanten bilden.

Orientierung. Ein Atlas $\{V_k; F_k\}$ heißt orientierbar, falls die Funktionaldeterminanten aller obigen Abbildungen $F_l F_k^{-1}$ von $F_k(V_k \cap V_l)$ auf $F_l(V_k \cap V_l)$ positiv sind. (Da diese Abbildungen $x'^k = x'^k(x^l)$ von einem Gebiet im R_n auf ein anderes eineindeutig sind, sind die Funktionaldeterminanten in jedem Fall ungleich null, vgl. 8.2.1. und 8.2.2.).

Definition. *Eine n-dimensionale orientierbare C^∞-Mannigfaltigkeit besteht aus einem n-dimensionalen parakompakten zusammenhängenden Hausdorffraum und einer Äquivalenzklasse von Atlanten, die mindestens einen orientierbaren Atlas enthält.*

Bemerkung 1. Die Forderung, daß der Raum zusammenhängend sein soll, ist nicht notwendig, aber bequem.

Bemerkung 2. Beispiele für orientierbare C^∞-Mannigfaltigkeiten sind zusammenhängende offene Gebiete im R_n, aber auch glatte Flächen, wie sie etwa in 8.1.5. behandelt wurden. Eine nicht orientierbare C^∞-Mannigfaltigkeit ist z. B. das bekannte Möbiussche Band. In Zukunft betrachten wir nur orientierbare Mannigfaltigkeiten und orientierbare Atlanten, so daß wir dies nicht immer extra erwähnen werden.

Bemerkung 3. Wir beschränken uns hier auf C^∞-Mannigfaltigkeiten. In gleicher Weise könnte man C^k-Mannigfaltigkeiten und analytische Mannigfaltigkeiten untersuchen.

Diffeomorphe Abbildung. $(M_1, \mathfrak{B}_1)$ und $(M_2, \mathfrak{B}_2)$ seien zwei n-dimensionale orientierbare C^∞-Mannigfaltigkeiten. $\{V_{k,1}; F_{k,1}\}$ und $\{V_{k,2}; F_{k,2}\}$ seien zwei zugehörige Atlanten. Ein Homöomorphismus Φ von M_1 auf M_2 heißt Diffeomorphismus, falls $F_{l,2}\Phi F_{k,1}^{-1}$ für alle k und l eine C^∞-Abbildung von

$$F_{k,1}(V_{k,1} \cap \Phi^{-1} V_{l,2}) \quad \text{auf} \quad F_{l,2}(\Phi V_{k,1} \cap V_{l,2})$$

leistet (s. Zeichn. auf S. 315). Hierbei setzen wir natürlich $V_{k,1} \cap \Phi^{-1} V_{l,2} \neq \emptyset$ voraus. Die Definition ist sinnvoll, da sie unabhängig von der Auswahl der Atlanten ist.

29.1.3. Funktionen auf C^∞-Mannigfaltigkeiten

Ist f eine reelle Funktion auf einer n-dimensionalen C^∞-Mannigfaltigkeit M (also eine Vorschrift, die jedem Punkt aus M eine reelle Zahl zuordnet), so kann man f in R_n verpflanzen: Ist $\{V_k; F_k\}_{k=1}^\infty$ ein Atlas, so sei $f_k(x) = f(F_k^{-1}x)$ mit $x \in U_k$. Mit $C^\infty(M)$ wird die Gesamtheit der Funktionen f bezeichnet, für die die Funktionen $f_k(x)$ in U_k beliebig oft differenzierbar sind, $k = 1, 2, \ldots$ Diese Definition ist unabhängig von der Auswahl des Atlasses. $C_0^\infty(M)$ sei die Gesamtheit der Funktionen $\varphi \in C^\infty(M)$ mit kompaktem Träger supp φ, wobei supp φ der Abschluß von $\{p \mid p \in M, \varphi(p) \neq 0\}$ ist (vgl. mit Def. 14.6.4/2).

Lemma (*Zerlegung der Einheit*). *Ist M eine n-dimensionale C^∞-Mannigfaltigkeit und ist $\{V_k; F_k\}_{k=1}^\infty$ ein zugehöriger Atlas, so gibt es Funktionen $\varphi_k \in C_0^\infty(M)$ mit $0 \leq \varphi_k \leq 1$, $\sum_{k=1}^\infty \varphi_k(p) = 1$ für alle $p \in M$ sowie* supp $\varphi_k \subset V_l$ *für $k = 1, 2, \ldots$ bei passender Wahl $l = l(k)$.*

Bemerkung. Dieses Lemma kann man auf Lemma 22.1.4 zurückführen.

29.2. Geometrische Objekte

29.2.1. Faserbündel

Über jedem Punkt μ der n-dimensionalen C^∞-Mannigfaltigkeit M errichten wir die Faser $N = R_k$, wobei R_k wieder der k-dimensionale euklidische Raum ist. (Diese Spezialisierung von N ist vorerst unwesentlich, ebenso wie die Annahme, daß über jedem Punkt $\mu \in M$ die gleiche Faser errichtet wird.) Betrachtet wird also das Faserbündel $M \times N = \{(\mu, \nu) \mid \mu \in M, \nu \in N\}$, wobei wir (im Gegensatz zur Literatur) darauf verzichten, auf $M \times N$ eine Topologie einzuführen. Wir schreiben auch N_μ, um anzudeuten, daß die Faser N über $\mu \in M$ gemeint ist.

Definition. *Ein geometrisches Objekt ist ein Schnitt im Faserbündel $M \times N$, d. h. eine eindeutige Zuordnung $\mu \in M \to \nu(\mu) \in N_\mu$.*

Transitivität. $\{V_k;\ F_k\}_{k=1}^\infty$ sei ein Atlas der n-dim. C^∞-Mannigfaltigkeit M und $U_k = F_k(V_k)$ das Bild von V_k in R_n. Dann setzen wir die Abbildung F_k von V_k auf $V_k \times N$ fort:

$$F_k(\mu, \nu) = (F_k\mu,\ F_k^\mu \nu) \in U_k \times N\,, \tag{1}$$

wobei $F_k^\mu \nu$ eine eineindeutige Abbildung der Faser N über $\mu \in M$ auf die ganze Faser N über $F_k\mu$ sein soll. Insbesondere existiert F_k^{-1} als Abbildung von $U_k \times N$ auf ganz $V_k \times N$. Dann ist $F_l F_k^{-1} = F_{l,k}$ eine eineindeutige Abbildung von $F_k(V_k \cap V_l) \times N$ auf $F_l(V_k \cap V_l) \times N$ mit

$$F_{l,k}(F_k\mu,\ F_k^\mu \nu) = (F_l\mu,\ F_l^\mu \nu)\,.$$

Ist $V_k \cap V_l \cap V_i \neq \emptyset$ und $G = F_i(V_k \cap V_l \cap V_i)$, so folgt hieraus sofort die Transitivitätsrelation

$$F_{l,k} F_{k,i}(\varkappa, \nu) = F_{l,i}(\varkappa, \nu) \quad \text{für} \quad (\varkappa, \nu) \in G \times N\,. \tag{2}$$

Lokales geometrisches Objekt. Ist M eine n-dim. C^∞-Mannigfaltigkeit mit dem Atlas $\{V_k;\ F_k\}$, so werden die Mengen $U_k \times N$ betrachtet. Wir setzen die C^∞-Abbildungen $F_l F_k^{-1}$ von $F_k(V_k \cap V_l)$ auf $F_l(V_k \cap V_l)$ analog zu (1) auf $F_k(V_k \cap V_l) \times N$ fort: Die Faser N über $F_k\mu$ wird eineindeutig auf die Faser N über $F_l\mu$ abgebildet, $\mu \in V_k \cap V_l$. Nennt man die so fortgesetzte Abbildung wieder $F_{l,k}$ und ist (2) erfüllt, so heißt $\{U_k \times N\}_{k=1}^\infty$ lokales Faserbündel. Ein Schnitt in diesem lokalen Faserbündel heißt lokales geometrisches Objekt.

Satz. *Ein geometrisches Objekt geht durch* (1) *in ein lokales geometrisches Objekt über. Jedes lokale geometrische Objekt kann auf diese Weise aus einem geometrischen Objekt gewonnen werden.*

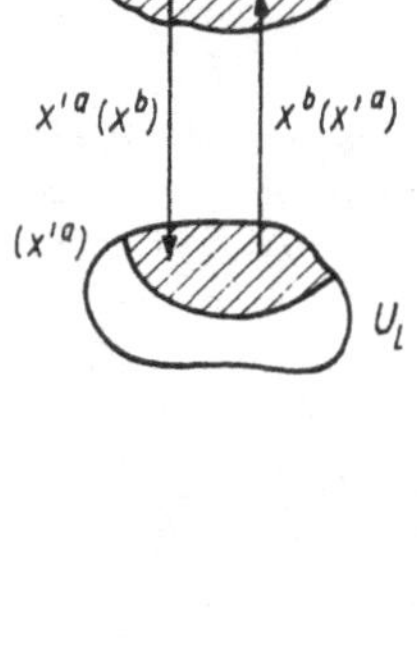

Bemerkung 1. Das geometrische Objekt, das gemäß (1) ein gegebenes lokales geometrisches Objekt erzeugt, ist natürlich nicht eindeutig bestimmt, da die eineindeutigen Abbildungen der Fasern N aufeinander weitgehend willkürlich sind. Entscheidend ist auch, daß wir $M \times N$ und $U_k \times N$ nicht topologisiert haben. Der Satz unter Einschluß von Topologien ist nämlich i. allg. nicht richtig, wobei wir jetzt nicht präzisieren wollen, was dies heißt. Wichtig für uns ist, daß uns der Satz ermöglicht, geometrische und lokale geometrische Objekte zu identifizieren. In Zukunft können wir uns somit auf lokale geometrische Objekte beschränken, die durch explizite Transformationsvorschriften $F_{l,k}$ gegeben sind, die (2) erfüllen.

Bemerkung 2. In den Kapiteln 29 und 32 geben wir eine Beschreibung der Geometrie auf Mannigfaltigkeiten, die für unsere Zwecke ausreichend ist. Ausführlichere Darstellungen, die sich insbesondere an Leser wenden, die an physikalischen Anwendungen interessiert sind, findet man in [53, 54].

29.2.2. Tensordichten

Wie immer ist M eine n-dim. C^∞-Mannigfaltigkeit. Ist $\{V_k\,;\,F_k\}$ ein zugehöriger Atlas, so sei wieder $U_k = F_k(V_k)$ ein Gebiet im R_n. Wir betrachten jetzt beliebige U_k und U_l mit $l \neq k$ und bezeichnen die kartesischen Koordinaten in U_k mit x^a und in U_l mit x'^a. Dann schreiben wir $F_l F_k^{-1}$ als $x'^a(x^b)$. Wie in 24.1.2. ist $\dfrac{\partial(x'^a)}{\partial(x^b)}$ (>0) die zugehörige Funktionaldeterminante. Ferner benutzen wir wieder die Summenkonvention aus 24.1.2. (s. Zeichn. auf S. 317).

Satz. *Ist w eine reelle Zahl und ist R_{n^K} mit $K = 0, 1, 2, \ldots$ die obige Faser N, so ist $T^{a\ldots b}{}_{c\ldots d}$ (wobei die K Parameter $a, \ldots, b, c, \ldots, d$ jeweils von 1 bis n laufen) ein geometrisches Objekt, falls für je zwei lokale Karten U_k und U_l der obigen Form beliebiger zulässiger Atlanten*

$$T'^{a\ldots b}{}_{c\ldots d}(x') = \left(\frac{\partial(x^p)}{\partial(x'^q)}\right)^w \frac{\partial x'^a}{\partial x^r} \cdots \frac{\partial x'^b}{\partial x^s} \frac{\partial x^u}{\partial x'^c} \cdots \frac{\partial x^v}{\partial x'^d}\, T^{r\ldots s}{}_{u\ldots v}(x) \tag{1}$$

gilt (Tensordichtefelder K-ter Stufe mit dem Gewicht w, K_1 kontravarianten Komponenten $a, \ldots, b$ und K_2 kovarianten Komponenten $c, \ldots, d$, wobei $K_1 + K_2 = K$ ist).

Bemerkung 1. Nach Satz 29.2.1 brauchen wir nicht mehr zwischen geometrischen und lokalen geometrischen Objekten unterscheiden. In diesem Sinne denken wir uns in jedem Punkt $x \in U_k$ ein n^K-tupel $T^{a\ldots b}{}_{c\ldots d}(x)$ reeller Zahlen gegeben. Ist $x' \in U_l$, so bezeichnen wir diese n^K-tupel zur Unterscheidung mit $T'^{a\ldots b}{}_{c\ldots d}$. Der Satz besagt dann: Gilt (1), so ist die Transitivitätsbedingung (29.2.1/2) erfüllt, und wir erhalten ein lokales geometrisches Objekt, das man nach Satz 29.2.1 in ein geometrisches Objekt verwandeln kann. Die Transitivitätsbedingung folgt im wesentlichen aus der Kettenregel.

Bemerkung 2. Ist $w = 0$, so sprechen wir wie in 24.1.3. von Tensorfeldern.

Sprechweise. In Zukunft sagen wir „Tensor" statt „Tensorfeld" und „Tensordichte" statt „Tensordichtefeld", vgl. 24.1.3.

Bemerkung 3. Im Sinne von (1) bezeichnen wir die skalare Dichte $T'(x') = \left(\dfrac{\partial(x^p)}{\partial(x'^q)}\right)^w T(x)$ als Tensordichte nullter Stufe (vom Gewicht w). Es ist ein geometrisches Objekt mit $N = R_1$. Für $w = 0$ erhält man Funktionen. Ist $K = 1$, also $N = R_n$, so heißt T^a mit (1) und $w = 0$ kontravarianter Vektor und T_a mit (1) und $w = 0$ kovarianter Vektor, vgl. 24.1.3., insbesondere die dortige mnemotechnische Bemerkung.

29.3. Tensoranalysis

29.3.1. Grundoperationen für Tensordichten

Wir verallgemeinern 24.1.4. Eine Tensordichte sei vom Typ $(k, l; w)$, wenn sie k kontravariante und l kovariante Komponenten besitzt sowie das Gewicht w hat. Ist $w=0$, so schreiben wir (k, l) statt $(k, l; 0)$. $\mathfrak{S}_k$ sei die Permutationsgruppe aus 28.6.2., und $(-1)^p$ mit $p \in \mathfrak{S}_k$ habe die dortige Bedeutung.

Satz 1. (a) *Sind* $T^{a\ldots b}{}_{c\ldots d}$ *und* $S^{a\ldots b}{}_{c\ldots d}$ *Tensordichten vom Typ* $(k, l; w)$ *und sind* λ *und* μ *reelle Zahlen, so ist* $\lambda T^{a\ldots b}{}_{c\ldots d} + \mu S^{a\ldots b}{}_{c\ldots d}$ *eine Tensordichte vom gleichen Typ.*

(b) *Ist* $T^{a\ldots b}{}_{c\ldots d}$ *eine Tensordichte vom Typ* $(k_1, l_1; w_1)$ *und* $S^{u\ldots v}{}_{r\ldots s}$ *eine Tensordichte vom Typ* $(k_2, l_2; w_2)$, *so ist* $T^{a\ldots b}{}_{c\ldots d}\, S^{u\ldots v}{}_{r\ldots s}$ *eine Tensordichte vom Typ* $(k_1+k_2, l_1+l_2; w_1+w_2)$.

(c) *Ist* $T^{a\ldots b}{}_{c\ldots d}$ *eine Tensordichte vom Typ* $(k, l; w)$, *so sind*

$$T^{(a\ldots b)}{}_{c\ldots d} = \frac{1}{k!} \sum_{p \in \mathfrak{S}_k} T^{p(a\ldots b)}{}_{c\ldots d} \tag{1}$$

und

$$T^{[a\ldots b]}{}_{c\ldots d} = \frac{1}{k!} \sum_{p \in \mathfrak{S}_k} (-1)^p T^{p(a\ldots b)}{}_{c\ldots d} \tag{2}$$

Tensordichten vom gleichen Typ. Analoges gilt für die kovarianten Komponenten.

(d) (*Verjüngung*). *Ist* $T^{r\ldots a\ldots s}{}_{u\ldots b\ldots v}$ *eine Tensordichte vom Typ* $(k, l; w)$, *so ist* $T^{r\ldots a\ldots s}{}_{u\ldots a\ldots v}$ (*Summation über* a) *eine Tensordichte vom Typ* $(k-1, l-1; w)$.

Bemerkung 1. Die Bemerkungen 1 und 2 aus 24.1.4 gelten sinngemäß auch für Tensordichten.

Bemerkung 2. Eine Tensordichte $T^{a\ldots b}{}_{c\ldots d}$ mit $T^{a\ldots b}{}_{c\ldots d} = T^{(a\ldots b)}{}_{c\ldots d}$ heißt symmetrisch und mit $T^{[a\ldots b]}{}_{c\ldots d} = T^{a\ldots b}{}_{c\ldots d}$ antisymmetrisch. Zum Beispiel ist T^{ab} mit $T^{ab} = T^{ba}$ symmetrisch und mit $T^{ab} = -T^{ba}$ antisymmetrisch.

Satz 2. (a) $\delta^a{}_b$ *mit* $\delta^a{}_b = 1$ *für* $a=b$ *und* $\delta^a{}_b = 0$ *für* $a \neq b$ *ist ein Tensor vom Typ* $(1,1)$.

(b) $\varepsilon^{a\ldots b}$ (*n Indizes*) *mit* $\varepsilon^{a\ldots b} = (-1)^p$, *falls* $(a, \ldots, b) = p(1, \ldots, n)$ *eine Permutation der Zahlen* $1, \ldots, n$ *ist, und* $\varepsilon^{a\ldots b} = 0$ *sonst, ist eine Tensordichte vom Typ* $(n, 0; 1)$ (*Levi-Civita-Tensordichte*).

(c) *Ist* T_{ab} *eine Tensordichte vom Typ* $(0, 2; w)$ *mit* $\det T_{ab} > 0$, *so ist* $(\det T_{ab})^\varkappa$ *eine skalare Dichte mit dem Gewicht* $\varkappa(nw+2)$. *Hierbei ist* $\varkappa$ *eine reelle Zahl.*

Bemerkung 3. $\det T_{ab}$ ist die Determinante von $(T_{ab})^n_{a,b=1}$. Im Sinne von (29.2.2/1) gilt

$$(\det T_{ab})' = \left(\frac{\partial(x^p)}{\partial(x'^q)}\right)^{nw+2} \det T_{ab}\,. \tag{3}$$

Da $\dfrac{\partial(x^p)}{\partial(x'^q)} > 0$ ist, ist die Forderung, $\det T_{ab} > 0$ sinnvoll und unabhängig von der Auswahl der lokalen Koordinaten.

29.3.2. Differentielle Operationen

Ist $\varphi \in C^\infty(M)$, so kann man φ (unter Beibehaltung des gleichen Symbols) auch als C^∞-Funktion auf den lokalen Karten $U_k = F_k(V_k)$ betrachten. Alle Symbole haben die frühere Bedeutung. Wie in 24.1.3. sei $\varphi_{'k} = \dfrac{\partial\varphi}{\partial x^k}$, $\varphi_{'kl} = \dfrac{\partial^2\varphi}{\partial x^k \partial x^l}$ usw. Man prüft jetzt leicht nach:

$\varphi_{'k}$ ist ein kovarianter Vektor.

Dagegen ist $\varphi_{'kl}$ (im allgemeinen) kein kovarianter Tensor.

Satz. (**a**) *Ist T_k ein kovarianter Vektor, so ist $T_{k'l} - T_{l'k}$ ein Tensor vom Typ* (0,2) (*Rotation von T_k*).

(**b**) *Ist T^k eine Tensordichte vom Typ* (1, 0; 1), *so ist $T^k{}_{'k}$ eine skalare Dichte mit dem Gewicht $w=1$* (*Divergenz von T_k*).

(**c**) *Ist T^{kl} eine antisymmetrische Tensordichte vom Typ* (2, 0; 1) (*also $T^{kl} = -T^{lk}$*), *so ist $T^{kl}{}_{'k}$ eine Tensordichte vom Typ* (1, 0; 1).

Bemerkung. Im Satz und auch in den weiteren Betrachtungen setzen wir stets voraus, daß die Komponenten von Vektoren, Tensoren, Tensordichten usw. beliebig oft differenzierbar sind (bez. der lokalen Koordinaten). Da M eine C^∞-Mannigfaltigkeit ist, ist dies sinnvoll.

29.3.3. Integrale auf Mannigfaltigkeiten

Ist $\{V_k; F_k\}$ ein Atlas für die n-dim. C^∞-Mannigfaltigkeit M, so sei $\{\varphi_k\}_{k=1}^\infty$ eine zugehörige Zerlegung der Einheit im Sinne von Lemma 29.1.3. Wie früher sei $U_k = F_k(V_k)$. Ferner sei der Träger einer Tensordichte $T^{a\ldots b}{}_{c\ldots d}$ auf M der Abschluß $\overline{C}$ der Menge C, wobei C aus allen Punkten $m \in M$ besteht, für die mindestens eine Komponente $T^{a\ldots b}{}_{c\ldots d}$ $(F_k m)$ ungleich null ist (hierbei soll $m \in V_k$ sein). Da Tensordichten lineare geometrische Objekte sind, ist diese Definition unabhängig von der Wahl des Atlasses.

Definition. *Ist f eine stetige skalare Dichte vom Gewicht* 1 *mit kompaktem Träger auf M, so sei*

$$\int_M f \,\mathrm{d}m = \sum_{k=1}^\infty \int_{U_k} (f \cdot \varphi_k)\,(F_k^{-1}x)\,\mathrm{d}x\,. \tag{1}$$

Bemerkung 1. Da f einen kompakten Träger hat, kann man davon ausgehen, daß nur endlich viele Integrale auf der rechten Seite von (1) ungleich null sind. Ferner ist (1) unabhängig von der Auswahl der Atlanten und der Funktionen φ_k. Das folgt im wesentlichen aus Satz 9.2.2, wenn man berücksichtigt, daß die Funktionaldeterminanten der hier betrachteten Abbildungen stets positiv sind. Man erkennt auch, daß das Gewicht $w=1$ notwendig ist.

Satz. *Ist T^k eine* (*stetig differenzierbare*) *Tensordichte vom Typ* (1, 0; 1) *mit kompaktem Träger, so ist $\int_M T^k{}_{'k}\,\mathrm{d}m = 0$.*

Bemerkung 2. Satz 29.3.2(b) zeigt, daß die obige Definition auf $f = T^k{}_{'k}$ anwendbar ist. Der Satz folgt im wesentlichen aus Satz 9.3.1/2.

29.4. Affine Räume

29.4.1. Affinitäten

Im nachfolgenden Satz haben die Symbole die gleiche Bedeutung wie in 29.2.2.

Satz. *Ist R_{n^3} die Faser N, so ist Γ^a_{bc} (wobei a, b, c von* 1 *bis n laufen) ein* (*nicht-lineares*) *geometrisches Objekt, falls für je zwei lokale Karten U_k und U_l*

$$\Gamma'^a_{bc}(x') = \frac{\partial x'^a}{\partial x^r}\frac{\partial x^s}{\partial x'^b}\frac{\partial x^t}{\partial x'^c}\,\Gamma^r_{st}(x) + \frac{\partial x'^a}{\partial x^r}\,\frac{\partial^2 x^r}{\partial x'^b x'^c} \tag{1}$$

gilt (*Affinität*).

Bemerkung 1. Bezüglich der Symbole vergleiche man auch mit Bemerkung 29.2.2/1. Zum Beweis des Satzes muß man die Transitivitätsrelation (29.2.1/2) nachprüfen.

Bemerkung 2. Man sieht sofort, daß $\Gamma^a_{bc} - \Gamma^a_{cb}$ ein Tensor ist (Torsions-Tensor). Eine Affinität heißt symmetrisch, falls $\Gamma^a_{bc} = \Gamma^a_{cb}$ gilt.

Definition. *Ein affiner Raum besteht aus einer (n-dim. orientierbaren) C^∞-Mannigfaltigkeit und einer symmetrischen Affinität.*

Bemerkung 3. Wir beschränken uns also auf „torsionsfreie“ affine Räume.

29.4.2. Normale Koordinaten

Satz. *Ist M ein affiner Raum und $m \in M$, so gibt es in der Äquivalenzklasse der zugehörigen Atlanten einen Atlas $\{V_k; F_k\}_{k=1}^\infty$ und eine Zahl l mit $m \in V_l$ und*

$$\Gamma^a_{bc}(x_0) = 0 \quad \text{für } a,\ b,\ c \text{ zwischen } 1 \text{ und } n \text{ sowie } x_0 = F_l m\ . \tag{1}$$

Bemerkung. Die kartesischen Koordinaten x in der lokalen Karte $U_l = F_l(V_l)$ nennt man normale Koordinaten bez. x_0. Man beweist die Existenz derartiger normaler Koordinaten, indem man die Nichtlinearität in (29.4.1/1) ausnutzt. Der Satz sieht harmlos aus, die normalen Koordinaten sind aber ein äußerst wirkungsvolles Instrument in affinen Räumen.

29.4.3. Kovariante Differentiation

Ist φ eine Funktion, so ist $\varphi_{,k}$ ein kovarianter Vektor. Höhere Ableitungen von φ ergeben aber im allgemeinen keine geometrischen Objekte. Das gilt auch für beliebige (auch erste) Ableitungen von Tensordichten. Man hält deshalb nach einem Ersatz Ausschau, der einerseits typische Eigenschaften partieller Ableitungen hat, andererseits Tensordichten wieder in Tensordichten transformiert: Die kovariante Differentiation, die mit einem Semikolon „;“ gekennzeichnet wird.

Satz. *Ist $T^{a\ldots b}{}_{c\ldots d}$ eine Tensordichte vom Typ $(k, l; w)$ in einem affinen Raum, so ist*

$$\begin{aligned} T^{a\ldots b}{}_{c\ldots d;e} = {} & T^{a\ldots b}{}_{c\ldots d,e} + \Gamma^a_{re} T^{r\ldots b}{}_{c\ldots d} + \cdots + \Gamma^b_{re} T^{a\ldots r}{}_{c\ldots d} \\ & - \Gamma^r_{ce} T^{a\ldots b}{}_{r\ldots d} - \cdots - \Gamma^r_{de} T^{a\ldots b}{}_{c\ldots r} - w\Gamma^r_{re} T^{a\ldots b}{}_{c\ldots d} \end{aligned} \tag{1}$$

eine Tensordichte vom Typ $(k, l+1; w)$.

Bemerkung 1. Hierbei ist (1) wieder als Darstellung in lokalen Koordinaten gedacht; die Komponenten von $T^{a\ldots b}{}_{c\ldots d}$ sollen beliebig oft differenzierbar sein, über doppelt auftretende Indizes ist wie üblich zu summieren.

Bemerkung 2. Ist φ eine Funktion, so schreiben wir auch $\varphi_{,k} = \varphi_{;k}$. Beispiele von (1) sind

$$T^a{}_{;e} = T^a{}_{,e} + \Gamma^a_{re} T^r$$

für einen kontravarianten und

$$T_{a;e} = T_{a,e} - \Gamma^r_{ae} T_r$$

für einen kovarianten Vektor.

Bemerkung 3. In normalen Koordinaten ist

$$T^{a\ldots b}{}_{c\ldots d;e}(x_0) = T^{a\ldots b}{}_{c\ldots d,e}(x_0).$$

Hieraus folgt insbesondere, daß die üblichen Rechenregeln für partielle Ableitungen auch für kovariante Ableitungen gelten, insbesondere die Leibnizsche Regel.

Bemerkung 4. Aus Bemerkung 3 folgt $\delta^a{}_{b;e} = 0$.

29.4.4. Parallelverschiebung

Es sei M ein affiner Raum und U eine lokale Karte von M in R_n. Betrachtet wird eine glatte (einmal stetig differenzierbare) Kurve γ in U, die durch $x^k(\tau)$ mit $0 \leqq \tau \leqq 1$ gegeben sei, $k=1, \ldots, n$. Die Tangente $\frac{\mathrm{d}x^k}{\mathrm{d}\tau}$ transformiert sich bei einer Koordinatentransformation $x'=x'(x)$ wie ein kontravarianter Vektor: $\frac{\mathrm{d}x'^k}{\mathrm{d}\tau} = \frac{\partial x'^k}{\partial x^l} \cdot \frac{\mathrm{d}x^l}{\mathrm{d}\tau}$.

Definition. (**a**) *Ein kontravarianter Vektor T^k heißt parallel längs γ, falls*

$$T^k{}_{;l} \frac{\mathrm{d}x^l}{\mathrm{d}\tau} = 0 \quad \textit{für} \quad k=1, \ldots, n \quad \textit{und} \quad 0 \leqq \tau \leqq 1 \tag{1}$$

gilt.

(**b**) *Ein kovarianter Vektor T_k heißt parallel längs γ, falls*

$$T_{k;l} \frac{\mathrm{d}x^l}{\mathrm{d}\tau} = 0 \quad \textit{für} \quad k=1, \ldots, n \quad \textit{und} \quad 0 \leqq \tau \leqq 1 \tag{2}$$

gilt.

Bemerkung 1. Wir erinnern daran, daß „Vektor" stets „Vektorfeld" bedeutet, wobei die Komponenten beliebig oft differenzierbar sein sollen. Da sich $\frac{\mathrm{d}x^k}{\mathrm{d}\tau}$ kontravariant transformiert, sind die Definitionen von der Auswahl der Karten unabhängig. Insbesondere kann man die Definition sofort auf Kurven γ ausdehnen, die nicht in einer Karte liegen.

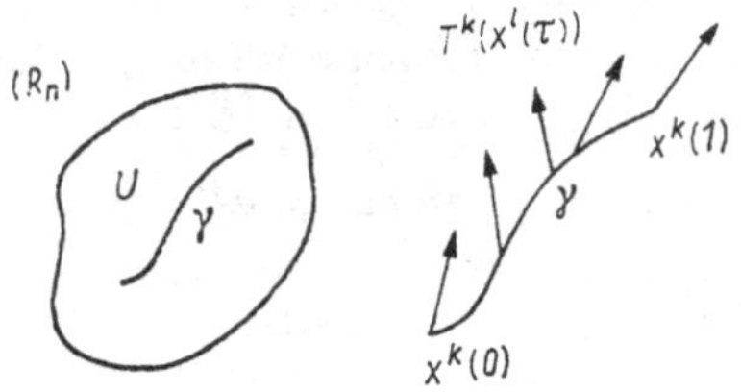

Bemerkung 2. (1) und (2) sind gewöhnliche Differentialgleichungssysteme für T^k erster Ordnung. (1) liefert

$$\frac{\mathrm{d}T^k}{\mathrm{d}\tau} = T^k{}_{,l} \frac{\mathrm{d}x^l}{\mathrm{d}\tau} = -\Gamma^k_{rl} \cdot T^r \frac{\mathrm{d}x^l}{\mathrm{d}\tau}, \tag{3}$$

wobei man $x^k = x^k(\tau)$ einzusetzen hat. Ist $T^k(x^l(0))$ gegeben, so erhält man aus (3) genau eine Lösung $T^k(x^l(\tau))$: Der Vektor $T^k(x^l(0))$ wird längs γ in eindeutiger Weise parallel verschoben. Analoges gilt für (2)

Fernparallelismus. M heißt Raum mit Fernparallelismus, falls diese Parallelverschiebung wegunabhängig ist. Die übliche Parallelverschiebung im R_n ist hierfür ein Beispiel. Im allgemeinen hängt die Parallelverschiebung aber vom Weg γ ab.

29.4.5. Affine Geodäten

Definition. *Eine glatte Kurve $\gamma \sim x^k(\tau)$ im affinen Raum M heißt affine Geodäte, falls*

$$\frac{d^2x^k}{d\tau^2} + \Gamma^k_{st}\frac{dx^s}{d\tau}\cdot\frac{dx^t}{d\tau} = 0 \tag{1}$$

für $k = 1, \ldots, n$ und für einen passenden Parameter τ gilt.

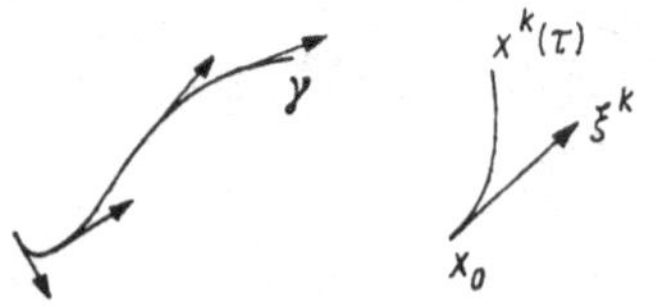

Bemerkung 1. Ist T^k ein kontravarianter Vektor, der längs γ mit $\frac{dx^k}{d\tau}$ übereinstimmt (es gibt stets solche Vektoren), so sind (1) und

$$T^k{}_{;t}\frac{dx^t}{d\tau} = 0 \quad \text{längs } \gamma \tag{2}$$

äquivalent. Das folgt aus (29.4.4/3). Das heißt (bei großzügiger Sprechweise): γ ist genau dann affine Geodäte, wenn der kovariante Tangentenvektor $\frac{dx^k}{d\tau}$ parallel längs γ ist.

Bemerkung 2. (1) ist ein System gewöhnlicher Differentialgleichungen zweiter Ordnung. Ist U eine lokale Karte, $x_0 \in U$ und $\xi^k \in R_n$, so gibt es lokal genau eine affine Geodäte $x(\tau) = (x^k(\tau))$ mit $x(0) = x_0$ und $\frac{dx^k}{d\tau}(0) = \xi^k$.

Bemerkung 3. Ist $\sigma = \sigma(\tau)$ eine streng monotone differenzierbare Funktion, so kann man γ durch σ parametrisieren. (1) lautet dann

$$\frac{d^2x^k}{d\sigma^2} + \Gamma^k_{st}\frac{dx^s}{d\sigma}\cdot\frac{dx^t}{d\sigma} = -\frac{\sigma''}{\sigma'^2}\frac{dx^k}{d\sigma}.$$

Will man wieder die Form (1) mit σ statt τ haben, so muß $\sigma'' = 0$ sein. Derartige Parameter nennt man affin oder geodätisch.

Satz. *σ ist genau dann geodätischer Parameter für die affine Geodäte γ, falls $\sigma = c\tau + d$ ist. Hierbei ist τ der Parameter aus (1), c und d sind reelle Zahlen mit $c \neq 0$.*

29.4.6. Krümmungstensor

Satz. *Ist M ein affiner Raum, so ist*

$$B^a{}_{bcd} = \Gamma^a_{bc,d} - \Gamma^a_{bd,c} + \Gamma^a_{dr}\Gamma^r_{bc} - \Gamma^a_{cr}\Gamma^r_{bd} \tag{1}$$

ein Tensor vom Typ (1, 3) (Riemannscher Krümmungstensor). Ist T^a ein beliebiger kontravarianter Vektor, so ist

$$T^a{}_{;cd} - T^a{}_{;dc} = B^a{}_{bcd}T^b. \tag{2}$$

Bemerkung 1. Ist $T^a{}_{;c} = S^a{}_c$, so bedeutet $T^a{}_{;cd} = S^a{}_{c;d}$, also zweifache kovariante Differentiation.

Bemerkung 2. Ausgangspunkt ist (2), Formel (1) gibt dagegen einen expliziten Ausdruck an, der aber nicht so sehr von Interesse ist. Bekanntlich ist $\frac{\partial^2}{\partial x^c \partial x^d} = \frac{\partial^2}{\partial x^d \partial x^c}$. Somit ist $B^a{}_{bcd}$ in

(2) ein Maß dafür, wie weit die kovariante Differentiation von der partiellen abweicht. Ein affiner Raum M heißt lokal euklidisch, falls $\Gamma^a{}_{bc} \equiv 0$ bei passender Wahl eines Atlasses erreichbar ist. Dann ist $B^a{}_{bcd} = 0$, kovariante und partielle Ableitung stimmen überein. Im allgemeinen Fall drückt $B^a{}_{bcd}$ aus, wie weit M von einem lokalen euklidischen Raum abweicht, wie „krumm" M ist. Man könnte versuchen, T^a in (2) durch eine skalare Funktion f zu ersetzen. Man sieht aber leicht, daß $f_{;ab} = f_{;ba}$ gilt. Eine Abweichung von der gewohnten Vertauschungsregel tritt also erst bei Vektoren auf.

Bemerkung 3. In normalen Koordinaten für x_0 vereinfacht sich (1) zu

$$B^a{}_{bcd}(x_0) = \Gamma^a{}_{bc\prime d}(x_0) - \Gamma^a{}_{bd\prime c}(x_0)\,. \tag{3}$$

Symmetrien: Unter Verwendung von (3) zeigt man

$$\begin{aligned} B^a{}_{bcd} &= -B^a{}_{bdc}\,,\\ B^a{}_{[bcd]} &= 0 = B^a{}_{bcd} + B^a{}_{cdb} + B^a{}_{dbc}\,,\\ B^a{}_{b[cd;e]} &= 0 = B^a{}_{bcd;e} + B^a{}_{bde;c} + B^a{}_{bec;d}\,. \end{aligned} \tag{4}$$

(4) heißt *Bianchi-Identität.*

9 .4.7. Flache affine Räume

Definition. *M sei ein affiner Raum.*

(a) *M heißt flach, falls $B^a{}_{bcd} \equiv 0$ gilt.*

(b) *M heißt lokal euklidisch, falls es in der Äquivalenzklasse der zugehörigen Atlanten einen Atlas $\{V_k;\ F_k\}_{k=1}^{\infty}$ gibt, so daß $\Gamma^a_{bc}(x) \equiv 0$ für $x \in U_k = F_k(V_k)$ ist.*

(c) *Ein kontravarianter Vektor T^k heißt konstant, falls $T^k{}_{;l} = 0$ für $k = 1, \ldots, n$ und $2 = 1, \ldots, n$ gilt.*

Bemerkung. Die Begriffe (a) und (b) drücken zusätzliche Eigenschaften von M aus, die M näher an den euklidischen Raum R_n heranrücken. Wir erinnern noch an den Begriff des Fernparallelismus aus 29.4.4. Mit $\Gamma^a_{bc} \equiv 0$ ist R_n flach, lokal euklidisch und besitzt einen Fernparallelismus. Ferner gibt es nicht-triviale konstante Vektoren.

Satz. *Ist M ein affiner Raum, so sind folgende vier Aussagen äquivalent.* **1.** *M ist flach;* **2.** *M ist lokal-euklidisch;* **3.** *M besitzt einen Fernparallelismus;* **4.** *ist U eine lokale Karte, $x_0 \in U$ und $\xi^k \in R_n$, so gibt es genau einen konstanten kontravarianten Vektor T^k mit $T^k(x_0) = \xi^k$.*

29.5. Metrische Räume

29.5.1. Fundamentaltensor

Wir verstehen unter einer C^∞-Mannigfaltigkeit stets eine n-dim. orientierbare zusammenhängende Mannigfaltigkeit (vgl. Def. 29.1.2), ohne diese zusätzlichen Eigenschaften ständig zu erwähnen. Auf einer solchen Mannigfaltigkeit M wird ein Tensor g_{kl} vom Typ (0, 2) mit

$$g_{kl} = g_{lk} \quad \text{(Symmetrie) und} \quad \det g_{kl} \neq 0 \tag{1}$$

betrachtet. Die Komponenten von g_{kl} sollen beliebig oft differenzierbar sein. det g_{kl} ist die Determinante von $(g_{kl})_{k,l=1}^n$ und nach (29.3.1/3) eine skalare Dichte. Hieraus folgt, daß (1) (einschließlich der Symmetrie) von der Auswahl lokaler Karten unabhängig und somit sinnvoll ist. Ist $m \in M$, so kann man einen zulässigen Atlas

$\{V_k;\, F_k\}_{k=1}^{\infty}$ mit $m \in V_r$ finden, so daß g_{kl} (als symmetrische Matrix interpretiert) im Punkt $x_0 = F_r m$ die Normalform

$$(g_{kl}(x_0)) = \begin{pmatrix} 1 & & & & 0 \\ & \ddots & & & \\ & & 1 & & \\ & & & -1 & \\ & & & & \ddots \\ 0 & & & & & -1 \end{pmatrix} \begin{matrix} \}s_+ \\ \\ \}s_- \end{matrix} \tag{2}$$

annimmt. Das ist eine Aussage der analytischen Geometrie. Dabei sind s_+ und s_- (die Anzahlen der 1 und der -1) invariant: Jede zulässige Transformation, die auf (2) führt, liefert die gleichen Zahlen. Aus Stetigkeitsgründen folgt, daß s_+ und s_- auch von x_0 unabhängig sind und somit charakteristische Zahlen auf M darstellen. $s = s_+ - s_- = 2s_+ - n$ heißt Signatur. Von besonderem Interesse sind zwei Fälle:

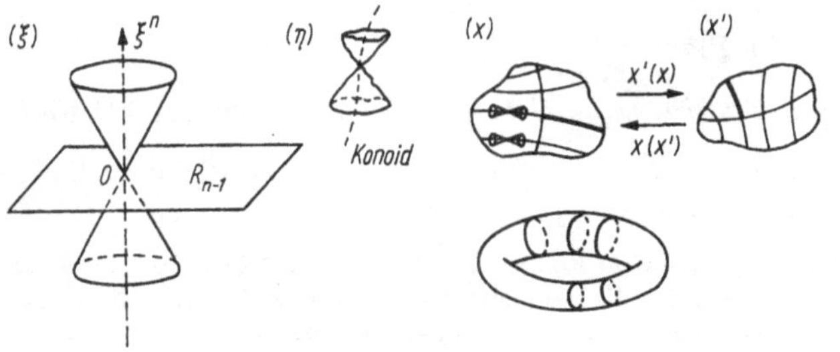

$s = n$: positiv-definite Metrik,
$s = n - 2$: Lorentz-Metrik,

wobei wir g_{kl} auch als Metrik auf M bezeichnen. Ist g_{kl} eine Lorentz-Metrik, so betrachten wir das Nullstellengebilde von

$$g_{kl}(x_0)\, \xi^k \xi^l = \sum_{r=1}^{n-1} (\xi^r)^2 - (\xi^n)^2 \quad \text{im} \quad R_n .$$

Es ist ein gerader Kreiskegel.

Konoid: Ein Konoid entsteht aus dem Kegel $\sum_{r=1}^{n-1} (\xi^r)^2 = (\xi^n)^2$ durch eine eineindeutige beliebig oft differenzierbare Abbildung $\eta = \eta(\xi)$, die in einer Umgebung von $0 \in R_n$ definiert ist. $\eta(0)$ heißt Ursprung des Konoids.

Liniensystem: Ist M eine C^∞-Mannigfaltigkeit mit Lorentz-Metrik, so gibt es in jedem Punkt $x \in U_k$ der lokalen Karten $U_k = F_k(V_k)$ ein lokales Konoid. Die Richtungen der lokalen Symmetrieachse im Ursprung dieses Konoids erzeugen auf M ein singularitätenfreies Liniensystem, das M schlicht und lückenlos überdeckt.

Satz. *M sei eine C^∞-Mannigfaltigkeit.*
(**a**) *Auf M gibt es stets eine positiv-definite Metrik.*
(**b**) *Auf M existiert genau dann eine Lorentz-Metrik, wenn es ein singularitätsfreies (schlichtes, lückenloses) Liniensystem gibt.*
(**c**) *Ist M nicht kompakt, so gibt es eine Lorentz-Metrik.*

Bemerkung 1. Auf der Oberfläche einer Kugel im R_3 gibt es nach (b) keine Lorentz-Metrik, wohl aber auf der Oberfläche eines Torus (siehe Zeichnung).

Bemerkung 2. g_{kl} mit (1) heißt Fundamentaltensor. Dabei stellt man sich vor, daß g_{kl} auf M fest vorgegeben ist. Man vgl. mit 24.1.2.

29.5.2. Indexziehen

Es sei M eine C^∞-Mannigfaltigkeit mit gegebenem Fundamentaltensor g_{kl}.

Lemma. *Bestimmt man g^{kl} aus $g^{kl}g_{lm} = \delta^k{}_m$, so ist g^{kl} ein Tensor vom Typ* (2, 0).

Bemerkung. Man vgl. mit Satz 2(c) und Bemerkung 3 in 24.1.4.

Indexziehen. Ist $T^{ab\ldots c}{}_{de\ldots f}$ eine Tensordichte, so betrachten wir die Tensordichten

$$T^{b\ldots c}{}_{ade\ldots f} = g_{ar}T^{rb\ldots c}{}_{de\ldots f}, \qquad T^{ab\ldots cd}{}_{e\ldots j} = g^{dr}T^{ab\ldots c}{}_{re\ldots f}$$

als nicht wesentlich verschieden von $T^{a\ldots}{}_{\ldots f}$. Mit Hilfe der fixierten Tensoren g_{ab} und g^{ab} kann man also Indizes herauf und herab ziehen. Es gibt dann ko- und kontravariante Ausgaben von Tensordichten usw. Man muß diese Prozeduren des Indexziehens stets von Fall zu Fall explizit angeben, einschließlich der Stellen, wo die Indizes zu placieren sind, um Mißverständnisse zu vermeiden.

29.5.3. Charakteristische Flächen

Definition. *Ist M eine C^∞-Mannigfaltigkeit mit Lorentz-Metrik g^{kl} und $\omega(x)$ eine C^∞-Funktion in M, so heißt $\Omega = \{x \mid \omega(x) = 0\}$ mit $\sum_{r=1}^{n} \omega_{'r}^2(x) > 0$ für $x \in \Omega$ charakteristische Fläche, falls $g^{kl}(x)\,\omega_{'k}(x)\,\omega_{'l}(x) = 0$ für $x \in \Omega$ gilt.*

Bemerkung 1. Das ist eine Definition in lokalen Karten. Da sich $\omega_{'k}$ kovariant transformiert, ist sie unabhängig von der Wahl der Karten und kann insbesondere von einer Karte in eine andere Karte übertragen werden. Es handelt sich also um eine globale Definition.

Satz 1. *Ist U eine lokale Karte, so geht durch jeden Punkt $x_0 \in U$ genau ein Konoid mit x_0 als Ursprung, das charakteristische Fläche ist (charakteristisches Konoid).*

Bemerkung 2. x_0 gehört nicht zu dieser charakteristischen Fläche, da diese dort singulär wird.

Bemerkung 3. Ist $M = R_n$, wobei g_{kl} die Form (29.5.1/2) mit $s_- = 1$ hat, so sind die Kegel

$$0 = \omega(x + x_0) = \sum_{k=1}^{n-1} (x^k)^2 - (x^n)^2$$

die gesuchten charakteristischen Konoide. Für $n = 4$ (Minkowskiraum) erhält man die Lichtkegel der speziellen Relativitätstheorie.

Strahlen. Ist $x_1 \neq x_0$ ein Punkt auf dem charakteristischen Konoid für x_0, so berühren sich die charakteristischen Konoide für x_0 und x_1 längs einer C^∞-Kurve $x^k(\tau)$. Diese Kurven heißen Strahlen. Man erhält so auf dem charakteristischen Konoid ein ausgezeichnetes Liniensystem. Im Fall des Kegels aus Bemerkung 3 sind dies Geraden, die durch den Ursprung des Kegels gehen.

Satz 2. *Ist $x^k(\tau)$ ein Strahl, so gilt* $g_{kl}\dfrac{\mathrm{d}x^k}{\mathrm{d}\tau}\dfrac{\mathrm{d}x^l}{\mathrm{d}\tau} = 0.$

Bemerkung 4. Da sich $\dfrac{\mathrm{d}x^k}{\mathrm{d}\tau}$ wie ein kontravarianter Vektor transformiert, ist die Aussage sinnvoll (koordinatenunabhängig).

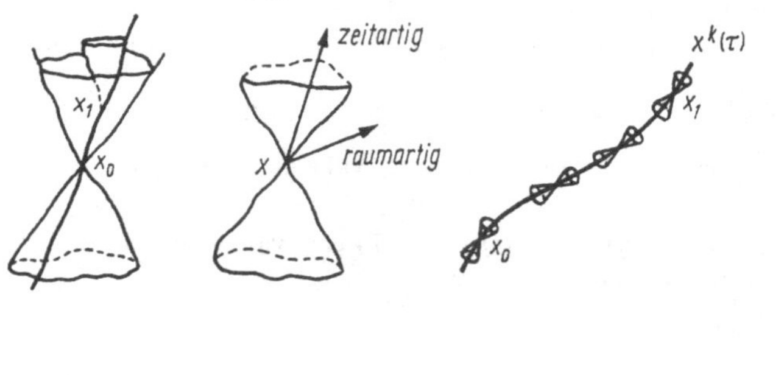

29.5.4. Metrische Geodäten

Ist M eine C^∞-Mannigfaltigkeit mit gegebenem Fundamentaltensor g_{kl}, so haben die Christoffelsymbole $\{jk, l\}$ und $\left\{ {j \atop kl} \right\}$ die gleiche Bedeutung wie in (2) und (3) aus 24.1.5.

Definition 1. *Ist M eine n-dim. C^∞-Mannigfaltigkeit mit Lorentz-Metrik, so heißt jede C^∞-Kurve $x^a(s)$, die Lösung des Differentialgleichungssystems*

$$\frac{\mathrm{d}^2x^a}{\mathrm{d}s^2} + \left\{ {a \atop bc} \right\} \frac{\mathrm{d}x^b}{\mathrm{d}s} \frac{\mathrm{d}x^c}{\mathrm{d}s} = 0, \quad a = 1, \ldots, n, \tag{1}$$

ist, metrische Geodäte.

Bemerkung 1. Diese Definition ist die Ausdehnung von Satz 24.1.5 auf Mannigfaltigkeiten mit Lorentz-Metrik. Natürlich kann man die Definition auf Mannigfaltigkeiten mit beliebigen Fundamentaltensoren verallgemeinern, woran wir aber nicht interessiert sind.

Bemerkung 2. Ist U eine lokale Karte, $x_0 \in U$ und $\xi^k \in R_n$, so gibt es lokal genau eine metrische Geodäte $x(s) \sim x^k(s)$ mit $x(0) = x_0$ und $\frac{\mathrm{d}x^k}{\mathrm{d}s}(0) = \xi^k$.

Lemma. *Ist $x^k(s)$ eine metrische Geodäte, so gibt es eine reelle Zahl c mit*

$$g_{kl}(x^r(x)) \frac{\mathrm{d}x^k}{\mathrm{d}s} \frac{\mathrm{d}x^l}{\mathrm{d}s} \equiv c\,. \tag{2}$$

Definition 2. *Eine metrische Geodäte heißt zeitartig, falls $c < 0$, nullartig (oder Nullgeodäte), falls $c = 0$, und raumartig, falls $c > 0$ in (2) gilt.*

Bemerkung 3. Ist $x \in U$ (lokale Karte), so heißt ein kontravarianter Vektor ξ^k zeitartig (im Punkt x), falls $g_{kl}(x)\, \xi^k \xi^l < 0$, nullartig, falls $g_{kl} \xi^k \xi^l = 0$, und raumartig, falls $g_{kl}(x)\, \xi^k \xi^l > 0$ gilt. Eine metrische Geodäte ist somit zeitartig, falls ihr Tangentenvektor $\frac{\mathrm{d}x^k}{\mathrm{d}\tau}$ zeitartig ist. Analoges gilt für nullartig und raumartig. Zeitartige Vektoren zeigen ins Innere des charakteristischen Konoids.

Bemerkung 4. Die zeitartigen (und bei entsprechender Modifikation auch die raumartigen) metrischen Geodäten kann man wie in 24.1.5. aus einem Extremalprinzip gewinnen. Ist $x(\tau) \sim x^k(\tau)$ eine zeitartige Kurve, d. h. $\frac{\mathrm{d}x^k}{\mathrm{d}\tau}$ ist stets zeitartig, so sei

$$L_{x_0x_1} = \int_{\tau_0}^{\tau_1} \sqrt{-g_{kl}(x(\tau)) \frac{\mathrm{d}x^k}{\mathrm{d}\tau} \frac{\mathrm{d}x^l}{\mathrm{d}\tau}}\, \mathrm{d}\tau \tag{3}$$

die Bogenlänge von $x(\tau)$. Hierbei sei $x_0 = x(\tau_0)$, $x_1 = x(\tau_1)$ und $\tau_0 < \tau_1$. Man sieht leicht, daß (3) invariant ist gegenüber Koordinatentransformationen $x'^k = x'^k(x^l)$ und Parametertransformationen $\tau = \tau(s)$. Man kann s so wählen, daß (2) mit $c = -1$ gilt. Dann ist $L_{x_0x_1} = |s_0 - s_1|$, s ist also die Bogenlänge. Sie ist eindeutig bestimmt bis auf $s \to s + s_0$ und $s \to -s + s_0$, s_0 reell. Man kann jetzt wie in 24.1.5. Kurven $x^k(\tau)$ extremaler Bogenlänge zwischen zwei Punkten suchen. Das ist ein Variationsproblem, und als Resultat erhält man (analog zu Satz 24.1.5) zeitartige metrische Geodäten.

Bemerkung 5. Metrische Geodäten sind mit den Lösungen des Differentialgleichungssystems

$$\frac{\mathrm{d}x^k}{\mathrm{d}s} = \frac{\partial H}{\partial \xi_k}, \quad \frac{\mathrm{d}\xi_k}{\mathrm{d}s} = -\frac{\partial H}{\partial x^k}, \quad H = \frac{1}{2} g^{kl}(x)\, \xi_k \xi_l\,, \tag{4}$$

identisch (kanonische Form).

Satz. *Die Nullgeodäten stimmen mit den Strahlen aus 29.5.3. überein.*

29.5.5. Geodätisch konvexe Gebiete

Definition. *Ist M eine C^∞-Mannigfaltigkeit mit Lorentz-Metrik, so heißt eine offene Menge D in M geodätisch konvex, falls man je zwei Punkte aus D durch genau eine metrische Geodäte verbinden kann.*

Bemerkung 1. Das ist das Analogon konvexer Gebiete im R_n.

Satz. *Jeder Punkt aus M besitzt eine geodätisch konvexe Umgebung.*

Bemerkung 2. Der Satz ist plausibel, aber nicht trivial.

29.5.6. Metrische Räume

Lemma 1. *Ist M eine C^∞-Mannigfaltigkeit mit dem Fundamentaltensor g_{kl}, so ist $\Gamma^a_{bc} = \left\{ {a \atop bc} \right\}$ eine Affinität im Sinne von Satz 29.4.1.*

Bemerkung 1. $\left\{ {a \atop bc} \right\}$ ist das Christoffelsymbol aus (29.1.5/3). Ein Vergleich der affinen Geodäten aus (29.4.5/1) und der metrischen Geodäten aus (29.5.4/1) legt jetzt folgende Festlegung nahe.

Definition 1. *Ein metrischer Raum ist eine (n-dim. orientierbare) C^∞-Mannigfaltigkeit mit einem Fundamentaltensor g_{kl} und der (symmetrischen) Affinität $\Gamma^a_{bc} = \left\{ {a \atop bc} \right\}$.*

Bemerkung 2. Metrische Räume sind also spezielle affine Räume (diese Festlegung weicht von der üblichen Terminologie ab). Man kann alle Betrachtungen über affine Räume aus 29.4. übernehmen, insbesondere die kovariante Ableitung. Da affine und metrische Geodäten identisch sind, sprechen wir in Zukunft nur von Geodäten. Die Bezeichnung „metrischer Raum" ist üblich, sollte aber nicht mit dem metrischen Raum aus 1.3.3. verwechselt werden. Ein Lorentz-metrischer Raum ist ein metrischer Raum mit Lorentz-Metrik.

Satz 1. *Es ist $g_{ab;c} = g^{ab}{}_{;c} = \delta^a{}_{b;c} = 0$.*

Bemerkung 3. Der Fundamentaltensor verhält sich also beim kovarianten Differenzieren wie eine Konstante.

Lemma 2 (*Normale Koordinaten*). *Ist M ein Lorentz-metrischer Raum und $m \in M$, so gibt es in der Äquivalenzklasse der zugehörigen Atlanten einen Atlas $\{V_k; F_k\}$ und eine Zahl l mit $m \in V_l$ und*

$$g_{ab}(x_0) = \begin{pmatrix} 1 & & & 0 \\ & \ddots & & \\ & & 1 & \\ 0 & & & -1 \end{pmatrix}, \quad g_{ab'c}(x_0) = 0, \quad x_0 = F_l m .$$

Bemerkung 4. Man sieht leicht, daß dann $\left\{ {a \atop bc} \right\}(x_0) = 0$ gilt. Damit hat man den Anschluß an die normalen Koordinaten aus 29.4.2. gewonnen.

Definition 2. *Ein Lorentz-metrischer Raum heißt metrisch-flach, falls* $g_{ab}(x) \equiv$
$\equiv \begin{pmatrix} 1 & & & 0 \\ & \ddots & & \\ & & 1 & \\ 0 & & & -1 \end{pmatrix}$ *in einem passenden Atlas gilt.*

Satz 2. *Ein Lorentz-metrischer Raum ist genau dann metrisch-flach, wenn er flach ist.*

Bemerkung 5. Das ist eine Ergänzung zu 29.4.7.

29.5.7. Krümmungstensor und verwandte Tensoren

In einem metrischen Raum schreiben wir $R^a{}_{bcd} = B^a{}_{bcd}$ für den Krümmungstensor aus 29.4.6. Ferner sei

$$R_{abcd} = g_{ar} R^r{}_{bcd} .$$

Satz 1. $R_{abcd} = -R_{abdc} = -R_{bacd} = R_{cdab}$,

$$R_{a[bcd]} = 0 = R_{abcd} + R_{acdb} + R_{adbc} ,$$

$$R_{ab[cd;e]} = 0 = R_{abcd;e} + R_{abde;c} + R_{abec;d} \quad (\textit{Bianchi-Identität}).$$

Bemerkung 1. Die beiden letzten Formeln folgen aus 29.4.6.

Bemerkung 2. Durch die Symmetrierelationen reduziert sich die Anzahl der unabhängigen Komponenten von R_{abcd} auf $\frac{1}{12} n^2(n^2-1)$. Für $n=2$ kann man alle Komponenten von R_{abcd} durch R_{1212} ausdrücken.

Definition. *Der Ricci-Tensor ist* $R_{ab} = R^r{}_{arb}$ *bzw.* $R^a{}_b = g^{ar} R_{br}$. *Der Krümmungsskalar ist* $R = R^a{}_a$. *Der Einstein-Tensor ist* $G_{ab} = R_{ab} - \frac{1}{2} R g_{ab}$ *bzw.* $G^a{}_b = g^{ar} G_{br}$.

Satz 2. *Es ist* $R_{ab} = R_{ba}$ *(und somit auch* $G_{ab} = G_{ba}$*). Ferner gilt* $G^a{}_{b;a} = 0$.

Bemerkung 3. Die Gleichung $G^a{}_{b;a} = 0$ ist fundamental. Sie ist die Basis der allgemeinen Relativitätstheorie.

Bemerkung 4. Krümmungstensor und Ricci-Tensor haben die Form

$$R_{abcd} = \frac{1}{2} (g_{ac,bd} + g_{bd,ac} - g_{ad,bc} - g_{bc,ad})$$
$$+ g^{rs}(\{ac, r\}\{bd, s\} - \{ad, r\}\{bc, s\}),$$

$$R_{ab} = \begin{Bmatrix} r \\ ar \end{Bmatrix}_{,b} - \begin{Bmatrix} r \\ ab \end{Bmatrix}_{,r} + \begin{Bmatrix} r \\ sa \end{Bmatrix} \begin{Bmatrix} s \\ rb \end{Bmatrix} - \begin{Bmatrix} r \\ ab \end{Bmatrix} \begin{Bmatrix} s \\ rs \end{Bmatrix} . \qquad (1)$$

Somit sind R_{abcd}, R_{ab}, R und G_{ab} Differentialausdrücke zweiter Ordnung, die in den zweiten Ableitungen linear, in g_{ab} und seinen ersten Ableitungen aber nicht-linear sind.

Einstein bezüglich der Begriffe Raum und Zeit:
„welche die Physiker, von Tatsachen gezwungen, aus dem Olymp des Apriori herunterholen mußten, um sie zu reparieren und wieder in einen brauchbaren Zustand setzen zu können.“

30. Allgemeine Relativitätstheorie I (Grundgleichungen)

30.1. Extremalprinzipien

30.1.1. Lagrange-Formalismus

Die Gewinnung von Feldgleichungen aus Extremalprinzipien hatten wir ausführlich in 24.2. geschildert. Wir beschränken uns deshalb auf wenige Bemerkungen, die den Anschluß der damaligen Betrachtungen an Kap. 29 herstellen. Gegeben ist eine C^∞-Mannigfaltigkeit M, die durch einen Fundamentaltensor g_{kl} in einen metrischen Raum im Sinne von Def. 29.5.6/1 verwandelt werden soll. Im Gegensatz zu den absoluten Raum-Zeit-Theorien aus 24.2.1. ist g_{kl} aber nicht vorgegeben, sondern dynamisches Objekt. Wir verlangen aber, daß g_{kl} im Sinne von 29.5.1. stets eine 4-dimensionale Lorentz-Metrik ist ($n=4$ in der dortigen Bezeichnungsweise). Betrachtet werden also allgemeine Raum-Zeit-Theorien. Die Untersuchungen in 24.2. waren lokal. Der Übergang von dem dortigen fixierten Gebiet Ω zu einer beliebigen C^∞-Mannigfaltigkeit M bereitet also keinerlei Schwierigkeiten. Lagrange-Dichten für Kurven werden wieder wie in Def. 24.2.2(a) festgelegt. Für zeitartige Kurven ist (24.2.2/4) ein Beispiel, wovon wir in Bemerkung 29.5.4/4 auch schon Gebrauch gemacht hatten. Def. 24.2.2(b) erweitern wir in naheliegender Weise wie folgt. Eine Lagrange-Dichte für geometrische Objekte ist eine skalare Dichte L mit dem Gewicht $w=1$ (siehe 29.2.2.) der Form

$$L = L(x^k, \overset{r}{T}{}^{k\ldots l}{}_{p\ldots q}, \overset{r}{T}{}^{k\ldots l}{}_{p\ldots q's}) ,$$

wobei $\overset{r}{T}{}^{k\ldots}{}_{\ldots q}$ die Komponenten geometrischer Objekte sind (Tensordichten und Affinitäten sind ausreichend), $r=1, \ldots, N$. Die Forderung, daß L eine skalare Dichte mit dem Gewicht $w=1$ ist, ist mit (24.2.2/2) identisch. Ist g_{kl} eine Lorentz-Metrik, so ist

$$L=\sqrt{-g} \quad \text{mit} \quad g=\det g_{kl}$$

nach Satz 29.3.1/2 eine Lagrange-Dichte, siehe (24.2.2/5). Dann ist auch (24.2.2/8) ein Beispiel für eine Lagrange-Dichte, wobei wie dort G^{kl} und H_{kl} Tensoren sind. Der Lagrange-Formalismus aus 24.2.3. kann ungeändert übertragen werden. Insbesondere gelten die Euler-Lagrangeschen Gleichungen (24.2.3/6).

30.1.2. Die Einsteinschen Gleichungen

Vorgegeben sind eine 4-dim. Mannigfaltigkeit M, eine Lorentz-Metrik g_{kl} und eine Affinität Γ^k_{lm} auf M. Ist Λ eine reelle Zahl, so ist

$$L=\sqrt{-g}\,(R-2\Lambda) \quad \text{mit} \quad R=g^{kl}(\Gamma^a_{ka'l}-\Gamma^a_{kl'a}+\Gamma^a_{kb}\Gamma^b_{la}-\Gamma^a_{kl}\Gamma^b_{ab})$$

eine Lagrange-Dichte mit den dynamischen Objekten g^{kl} und Γ^a_{bc}: Aus Satz 29.4.6 und den üblichen Verjüngungskurven folgt nämlich, daß R ein Skalar ist.

Satz. *Die Euler-Lagrangeschen Gleichungen* (24.2.3/6) *lauten*

$$\Gamma^a_{bc} = \begin{Bmatrix} a \\ bc \end{Bmatrix}, \quad G^{kl} + \Lambda g^{kl} = 0 \,. \tag{1}$$

Bemerkung 1. $\begin{Bmatrix} a \\ bc \end{Bmatrix}$ ist das Christoffelsymbol aus 24.1.5., und G^{kl} ist der Einsteintensor aus Def. 29.5.7. Diese trickreiche Entkopplung von Lorentz-Metrik g_{kl} und Affinität Γ^a_{bc} heißt Palatini-Formalismus. Man hofft natürlich, daß sich dann automatisch die „richtige“ Affinität $\Gamma^a_{bc} = \begin{Bmatrix} a \\ bc \end{Bmatrix}$ einstellt, so daß M ein metrischer Raum im Sinne von Def. 29.5.6/1 ist. Nach 29.5.7. ist dann R der übliche Krümmungsskalar.

Bemerkung 2. Die zweiten Gleichungen in (1), also

$$R^{kl} - \frac{1}{2} R g^{kl} + \Lambda g^{kl} = 0 \tag{2}$$

sind die berühmten Einsteinschen Feldgleichungen für den leeren Raum. Mit $\Lambda = 0$ wurden diese Gleichungen (einschließlich des Energie-Impuls-Tensors aus Bemerkung 3) von Einstein und Hilbert fast gleichzeitig im Jahre 1915 aufgestellt. Die elegante Herleitung aus einem Extremalprinzip stammt von Hilbert. Einstein hat später den Term Λg^{kl} mit der kosmologischen Konstanten Λ hinzugefügt, um (wie er meinte) unangenehme kosmologische Konsequenzen zu vermeiden. Er glaubte (wie wohl alle Physiker jener Tage) an ein statisches (zeitlich unveränderliches) Weltall. (2) mit $\Lambda = 0$ führte nicht zu diesem Resultat. Nach den Entdeckungen Hubbles, die ein expandierendes Weltall nahelegten, betrachtete Einstein die Einführung des kosmologischen Terms Λg^{kl} als einen schweren Fehler.

Bemerkung 3. Im allgemeinen Fall lauten die Einsteinschen Gleichungen

$$R^{kl} - \frac{1}{2} R g^{kl} + \Lambda g^{kl} = \varkappa T^{kl}, \tag{3}$$

wobei T^{kl} der Energie-Impuls-Tensor ist. Er enthält alle äußeren Einflüsse wie Massen, elektromagnetische Felder usw. $\varkappa$ ist eine Kopplungskonstante. (29.5.7/1) zeigt, daß (3) ein System von 10 partiellen Differentialgleichungen zweiter Ordnung ist. Die zweiten Ableitungen von g_{kl} gehen linear ein, nicht aber g_{kl} und die ersten Ableitungen. (3) zeigt auch, daß Geometrie (gegeben durch g^{kl}) und Materie (gegeben durch T^{kl}) eng gekoppelt sind: Machsches Prinzip.

30.1.3. Die Einstein-Maxwell-Gleichungen

Es fragt sich, ob man die allgemeinen Gleichungen (30.1.2/3) ebenfalls aus einem Extremalprinzip gewinnen kann. In speziellen Fällen ist dies möglich. Betrachtet man ein elektromagnetisches Feld, so hatten wir in 24.3.2. die Maxwell-Lorentz-Gleichungen aus einem Extremalprinzip gewonnen. Die Funktion aus (24.3.2/1) ist auch im Sinne von 30.1.1. eine Lagrange-Dichte (vgl. Satz 29.3.2(a)). Unter Beibehaltung der Bezeichnungen aus 24.3.2. und 30.1.2. ist es somit naheliegend, die dortigen Lagrange-Dichten zu kombinieren:

$$L = \sqrt{-g}\left\{-\frac{R}{2} + \Lambda - \varkappa g^{kl} g^{rs} \left[\frac{1}{2} F_{kr} F_{ls} - F_{kr}(A_{l's} - A_{s'l})\right]\right\}$$

mit

$$R = g^{kl}(\Gamma^a_{ka'l} - \Gamma^a_{kl'a} + \Gamma^a_{kb}\Gamma^b_{la} - \Gamma^a_{kl}\Gamma^b_{ab}) \,.$$

L ist wieder Lagrange-Dichte. Die dynamischen Objekte sind g^{kl}, Γ^a_{bc}, F_{kl} und A_k.

Satz. *Die Lagrangeschen Gleichungen* (24.2.3/6) *lauten*

$$F_{kl} = A_{k'l} - A_{l'k}, \quad (\sqrt{-g}\, F^{kl})_{'l} = 0, \tag{1}$$

$$\Gamma^a_{bc} = \begin{Bmatrix} a \\ bc \end{Bmatrix}, \quad R^{kl} - \frac{1}{2} R g^{kl} + \Lambda g^{kl} = \varkappa T^{kl} \tag{2}$$

mit

$$T^{kl} = F^{kr} F^l{}_r - \frac{1}{2} g^{kl} F^{rs} F_{rs}. \tag{3}$$

Bemerkung 1. Die ersten Gleichungen in (2) sind wieder die „richtigen" Affinitäten, so daß M wieder ein Lorentz-metrischer Raum wird. (1) sind die Maxwellschen Gleichungen aus 24.3.2. in gekrümmten Raum-Zeiten. (3) ist der übliche Energie-Tensor für das Maxwellfeld, sofern man wieder die Interpretation aus (24.3.3/1) benutzt. Die Einstein-Maxwell-Gleichungen sind dann die jeweils zweiten Gleichungen in (1) und (2): Ein gekoppeltes System von 14 partiellen Differentialgleichungen für g^{kl} und F^{kl}, wobei F_{kl} die Struktur der ersten Gleichung in (1) hat. Insbesondere sieht man, daß die Lorentz-Metrik g_{kl} des Raumes durch das elektromagnetische Feld beeinflußt wird.

Bemerkung 2. Da F^{kl} antisymmetrisch ist und $\sqrt{-g}$ eine skalare Dichte vom Gewichte $w = 1$ ist, folgt aus Satz 29.3.2, daß

$$F^{kl}{}_{;l} = \frac{1}{\sqrt{-g}} (\sqrt{-g}\, F^{kl})_{'l} \tag{4}$$

gilt: Die kontravarianten Vektoren auf beiden Seiten von (4) stimmen nämlich in normalen Koordinaten (vgl. Lemma 29.5.6/2) überein. Die zweiten Gleichungen in (1) kann man also auch als $F^{kl}{}_{;l} = 0$ schreiben. Dies sind die Maxwellgleichungen im Vakuum (ohne elektrische Ladungen und Ströme). Sind Ladungen und Ströme anwesend, so faßt man Stromdichte j und Ladungsdichte ϱ aus Bemerkung 24.3.3/3 zum Viererstrom σ^k zusammen. Die Maxwellschen Gleichungen lauten dann

$$F^{kl}{}_{;l} = \sigma^k. \tag{5}$$

Bemerkung 3. Geht man davon aus, daß F^{kl} die Lorentz-Metrik nur unwesentlich beeinflußt, so kann man die Einstein-Maxwell-Gleichungen entkoppeln: Man betrachtet dann (5) und die erste Gleichung aus (1) bei gegebener Lorentz-Metrik g_{kl} (und gegebenem Viererstrom).

Einstein während einer
Vorlesung in Pasadena, 1930

30.1.4. Äußerungen Einsteins zur Relativitätstheorie und zur Quantentheorie

In [30], § 17.7, findet man Zitate aus den fundamentalen Arbeiten von Einstein und Hilbert, die die Entstehung der allgemeinen Relativitätstheorie beleuchten. Einige der wichtigsten und berühmtesten Arbeiten Einsteins zu diesem Thema sind in der Kasette „Albert Einstein, Akademie-Vorträge" (Akademie-Verlag, Berlin, 1978) enthalten. Sie zeigen in sehr eindrucksvoller Weise die Endphase des Kampfes um die endgültige Formulierung der Grundgleichungen der allgemeinen Relativitätstheorie, also der Gleichungen (30.1.2/3) (mit $\Lambda = 0$). Wir geben hier einige Passagen wörtlich wieder, auch um einen Eindruck von der Sprache Einsteins und der Art der Darstellung zu vermitteln. (Einige Bezeichnungen ändern wir im Sinne der Symbolik dieses Buches ab.) In „Zur allgemeinen Relativitätstheorie" (Preuß. Akad. Wiss. Berlin, Sitzungsber., 11. 11. 1915) schreibt Einstein:

„Wie die spezielle Relativitätstheorie auf das Postulat gegründet ist, daß ihre Gleichungen bezüglich linearer, orthogonaler Transformationen kovariant sein sollen, so ruht die hier darzulegende Theorie auf dem Postulat der Kovarianz aller Gleichungssysteme bezüglich Transformationen von der Substitutionsdeterminante 1. Dem Zauber dieser Theorie wird sich kaum jemand entziehen können, der sie wirklich erfaßt hat; sie bedeutet einen wahren Triumph der durch Gauß, Riemann, Christoffel, Ricci und Levi-Civita begründeten Methode des allgemeinen Differentialkalküls... Nach dem bisher Gesagten liegt es nahe, die Feldgleichungen der Gravitation in der Form

$$R^0_{\mu\nu} = \varkappa T_{\mu\nu}$$

anzusetzen, da wir bereits wissen, daß diese Gleichungen gegenüber beliebigen Transformationen von der Determinante 1 kovariant sind."

($R^0_{\mu\nu}$ ist hier ein Teil des Ricci-Tensors $R_{\mu\nu}$). In „Zur allgemeinen Relativitätstheorie (Nachtrag)" (Preuß. Akad. Wiss. Berlin, Sitzungsber., 18. 11. 1915) knüpft Einstein wie folgt an die vorhergehende Arbeit an:

„In einer neulich erschienenen Untersuchung habe ich gezeigt, wie auf Riemanns Kovariantentheorie mehrdimensionaler Mannigfaltigkeiten eine Theorie der Gravitationsfelder gegründet werden kann. Hier soll nun dargetan werden, daß durch Einführung einer allerdings kühnen zusätzlichen Hypothese über die

Struktur der Materie ein noch strafferer logischer Aufbau der Theorie erzielt werden kann ... Wir setzen im folgenden voraus, daß die Bedingung $T^{\mu}{}_{\mu}=0$ tatsächlich allgemein erfüllt ist ... Setzen wir nun fest, daß die Feldgleichungen der Gravitation lauten sollen

$$R_{\mu\nu}=\varkappa T_{\mu\nu}\ ,$$

so haben wir damit allgemein kovariante Feldgleichungen gewonnen."

Schließlich erreicht Einstein in „Die Feldgleichungen der Gravitation" (Preuß. Akad. Wiss. Berlin, Sitzungsber., 2. 12. 1915) das Endziel seiner Bemühungen zur Aufstellung der allgemeinen Feldgleichungen:

„In zwei vor kurzem erschienenen Mitteilungen habe ich gezeigt, wie man zu Feldgleichungen der Gravitation gelangen kann, die dem Postulat allgemeiner Relativität entsprechen, d. h. die in ihrer allgemeinen Fassung beliebigen Substitutionen der Raumzeitvariablen gegenüber kovariant sind. Der Entwicklungsgang war dabei folgender. Zunächst fand ich Gleichungen, welche die Newtonsche Theorie als Näherung enthalten und beliebigen Substitutionen von der Determinante 1 gegenüber kovariant waren. Hierauf fand ich, daß diesen Gleichungen allgemein kovariante entsprechen, falls der Skalar des Energietensors der „Materie" verschwindet. Das Koordinatensystem war dann nach der einfachen Regel zu spezialisieren, daß $\sqrt{-g}$ zu 1 gemacht wird, wodurch die Gleichungen der Theorie eine eminente Vereinfachung erfahren. Dabei mußte aber, wie erwähnt, die Hypothese eingeführt werden, daß der Skalar des Energietensors der Materie verschwindet. Neuerdings finde ich nun, daß man ohne Hypothese über den Energietensor der Materie auskommen kann, wenn man den Energietensor der Materie in etwas anderer Weise in die Feldgleichungen einsetzt, als dies in meinen früheren Mitteilungen geschehen ist ... Wir setzen

$$R_{im}=\varkappa\left(T_{im}-\frac{1}{2}\,g_{im}T\right), \tag{1}$$

wobei $g^{\varrho\sigma}T_{\varrho\sigma}=T^{\sigma}{}_{\sigma}=T$ gesetzt ist ... Damit ist endlich die allgemeine Relativitätstheorie als logisches Gebäude abgeschlossen. Das Relativitätspostulat in seiner allgemeinsten Fassung, welches die Raumzeitkoordinaten zu physikalisch bedeutungslosen Parametern macht, führt mit zwingender Notwendigkeit zu einer ganz bestimmten Theorie der Gravitation, welche die Periheldrehung des Merkur erklärt."

Es ist nicht schwer zu sehen, daß (1) identisch mit (30.1.2/3) mit $\Lambda=0$ ist. In „Geometrie und Erfahrung" (Preuß. Akad. Wiss. Berlin, Sitzungsber., 3. 2. 1921) äußert sich Einstein wie folgt über die Rolle der Mathematik:

„Die Mathematik genießt vor allen anderen Wissenschaften aus einem Grunde ein besonderes Ansehen; ihre Sätze sind absolut sicher und unbestreitbar, während die aller anderen Wissenschaften bis zu einem gewissen Grad umstritten und stets in Gefahr sind, durch neu entdeckte Tatsachen umgestoßen zu werden ... Aber jenes große Ansehen der Mathematik ruht andererseits darauf, daß die Mathematik es auch ist, die den exakten Naturwissenschaften ein gewisses Maß von Sicherheit gibt, das sie ohne Mathematik nicht erreichen könnten ... Insofern sich die Sätze der Mathematik auf die Wirklichkeit beziehen, sind sie nicht sicher, und insofern sie sicher sind, beziehen sie sich nicht auf die Wirklichkeit ... Dieser geschilderten Auffassung der Geometrie lege ich deshalb besondere Bedeutung bei, weil es mir ohne sie unmöglich gewesen wäre, die Relativitätstheorie aufzustellen. Ohne sie wäre nämlich folgende Erwägung unmöglich gewesen: In einem relativ zu einem Inertialsystem rotierenden Bezugssystem entsprechen die Lagerungsgesetze starrer Körper wegen der Lorentz-Kontraktion nicht den Regeln der euklidischen Geometrie; also muß man bei Zulassung von Nicht-Inertialsystemen als gleichberechtigten Systemen die euklidische Geometrie verlassen.“

Die nachfolgenden Zitate Einsteins sind dem Buch von H. Dukas und B. Hoffmann „Albert Einstein, the human side“ (Princeton, Univ. Press, 1979) entnommen und stammen aus persönlichen Briefen Einsteins:

„Mein eigentliches Forschungsziel war stets die Vereinfachung und Vereinheitlichung des physikalischen theoretischen Systems. Das Ziel erreichte ich befriedigend für die makroskopischen Phänomene, nicht aber für die Phänomene der Quanten und die atomistische Struktur. Ich glaube, daß auch die moderne Quantenlehre von einer befriedigenden Lösung des letzteren Problemkomplexes trotz erheblicher Erfolge noch weit entfernt ist.“ (1932)

„Vom skeptischen Empirismus etwa Mach'scher Art herkommend hat das Gravitationsproblem mich zu einem gläubigen Rationalisten gemacht, d. h. zu einem, der die einzige zuverlässige Quelle der Wahrheit in der mathematischen Einfachheit sucht.“ (1938)

„Glaube an Erfaßbarkeit der Realität durch etwas logisch Einfaches und Einheitliches . . . Es scheint hart, dem Herrgott in seine Karten zu gucken. Aber daß er würfelt oder sich ‚telepathischer‘ Mittel bedient (wie es ihm von der gegenwärtigen Quantentheorie zugemutet wird) kann ich keinen Augenblick glauben.“ (1942)

„Je mehr man den Quanten nachjagt, desto besser verbergen sie sich.“ (1924)

In einem Gespräch mit E. Straus (Assistent bei Einstein von 1944–1948) sagt Einstein:

„Was mich eigentlich interessiert, ist, ob Gott die Welt hätte anders machen können; das heißt, ob die Forderung der logischen Einfachheit überhaupt eine Freiheit läßt.“

Bemerkung. Hilbert hat fast gleichzeitig mit Einstein im November 1915 die allgemeinen Feldgleichungen (1) (dem entspricht (30.1.2/3) mit $\Lambda=0$) gefunden. Die Gewinnung von (30.1.2/3) aus einem Extremalprinzip, wie es in 30.1.2. angedeutet wurde, entspricht dem Hilbertschen Vorgehen. Hilbert hat stets darauf hingewiesen, daß die Priorität Einstein gebührt und daß er auf früheren Arbeiten von Einstein aufgebaut hat. Trotzdem ist es merkwürdig, daß diese bedeutsame Leistung Hilberts immer nur am Rande erwähnt wird (wie ja auch hier).

30.2. Der Energie-Impuls-Tensor

30.2.1. Killingvektoren und Erhaltungssätze

Das Ziel von 30.2. ist, den Tensor T^{kl} und die Kopplungskonstante $\varkappa$ aus (30.1.2/3) näher zu untersuchen. Hierzu sind einige Vorbetrachtungen nützlich. Aus (30.1.2/3) und Satz 29.5.7/2 folgen

$$T^{kl}=T^{lk} \quad \text{und} \quad T^{kl}{}_{;l}=0 \tag{1}$$

als notwendige Bedingungen für den Energie-Impuls-Tensor.

Definition. *Der kontravariante Vektor K^l heißt Killing-Vektor, falls $K^r{}_{;s}+K^s{}_{;r}=0$ für alle r und s gilt.*

Bemerkung 1. Wie früher vereinbart, sprechen wir von Vektoren statt (genauer) von Vektorfeldern.

Satz (*Erhaltungssatz*). *Ist* (1) *erfüllt und ist* K^r *ein Killing-Vektor, so gilt*

$$(\sqrt{-g}P^k)_{,k}=0 \quad mit \quad P^k=T^{kl}K_l\,.$$

Bemerkung 2. Man prüft sofort $P^k{}_{;k}=0$ nach. Der Satz folgt dann aus Satz 29.3.2(b) und einer Betrachtung in lokalen Koordinaten. Diesen differentiellen Erhaltungssatz kann man leicht in einem integralen Erhaltungssatz umformen, wenn man den Gaußschen Satz 9.3.1/2 benutzt.

Bemerkung 3. Nicht-triviale Killing-Vektoren führen also zu (differentiellen und integralen) Erhaltungssätzen. Die Existenz von nicht-trivialen Killing-Vektoren ist aber stets mit Symmetrien im gegebenen metrischen Raum verbunden. Ein beliebiger Lorentz-metrischer Raum besitzt keine nicht-trivialen Killing-Vektoren. Maximal gibt es 10 linear unabhängige Killing-Vektoren $\left(\text{maximal } \frac{n(n+1)}{2} \text{ in einem } n\text{-dim. metrischen Raum}\right)$. Die Maximalzahl 10 wird genau dann angenommen, wenn der Raum konstante Krümmung hat, d. h.

$$R_{abcd}=\frac{R}{12}(g_{ac}g_{bd}-g_{bc}g_{ad})$$

gilt.

Bemerkung 4. Im Minkowskiraum sind die 10 linear unabhängigen Killing-Vektoren durch

$$\xi_a=c_a+\varepsilon_{ab}x^b, \quad \varepsilon_{ab}=-\varepsilon_{ba}\,,$$

gegeben, c_a und ε_{ab} sind Konstanten.

30.2.2. Das Kovarianzprinzip

Wählt man in einem Punkt eines 4-dim. Lorentz-metrischen Raumes normale Koordinaten im Sinne von Lemma 2 und Bemerkung 4 aus 29.5.6., so gehen in dem betreffenden Punkt kovariante Ableitungen in partielle über, und man hat approximativ in einer Umgebung dieses Punktes die gleichen Verhältnisse wie im Minkowskiraum. Es ist somit naheliegend, normale Koordinaten approximativ als lokale Intertialsysteme im Sinne der speziellen Relativitätstheorie zu betrachten, vgl. 25.1.1. Das legt folgende Vorschrift zur Gewinnung physikalischer Gesetze im Rahmen der allgemeinen Relativitätstheorie nahe.

Komma-Semikolon-Regel (*Kovarianzprinzip*). *Man formuliere solche physikalischen Gesetze, die nichts mit Gravitation zu tun haben, in ihrer speziell-relativistischen Form und ersetze anschließend partielle Ableitungen durch kovariante Ableitungen* (*also Kommas durch Semikolons*).

Bemerkung 1. Ein Beispiel sind die Maxwellschen Gleichungen $F^{kl}{}_{,l}=0$ aus (24.3.2/3) und $F^{kl}{}_{;l}=0$ aus Bemerkung 30.1.3/2.

Bemerkung 2. Bei der Komma-Semikolon-Regel treten die gleichen Schwierigkeiten auf, wie bei der Quantisierungsregel aus 28.3.1.: Man übersetzt aus einem kommutativen Bereich in einen nicht-kommutativen Bereich. Im Falle der Quantisierungsregel transformiert man (kommutierende) reelle Zahlen in (nicht-kommutierende) Operatoren, im Falle der Komma-Semikolon-Regel (kommutierende) partielle Ableitungen in (nicht-kommutierende) kovariante Ableitungen. Bei Differentialausdrücken zweiter und höherer Ordnung hat man somit eine Vielzahl von Varianten zur Verfügung. Die Auswahl der „richtigen“ ist eine Angelegenheit physikalischer Intuition: Man kann eben nicht eine höhere Theorie aus einer niederen rein deduktiv ableiten.

Bemerkung 3. Die obigen Betrachtungen und Bemerkung 30.2.1/4 zeigen, daß in der allgemeinen Relativitätstheorie approximativ die differentiellen Erhaltungssätze der speziellen Relativitätstheorie gelten. Die Basis hierfür war die Existenz von Killing-Vektoren und die Forderung $T^{kl}{}_{,l}=0$ im Minkowskiraum. Im Sinne der obigen Regel übersetzt man $T^{kl}{}_{,l}=0$ in $T^{kl}{}_{;l}=0$. Damit hat man ein physikalisches Motiv für (30.2.1/1) gefunden: Es ist der Wunsch, daß in der allgemeinen Relativitätstheorie approximativ die differentiellen Erhaltungssätze der speziellen Relativitätstheorie gelten mögen.

30.2.3. Energie-Impuls-Tensor für ideale Flüssigkeiten

Das Kovarianzprinzip wird man natürlich auch auf den Energie-Impuls-Tensor T^{k} ausdehnen, wobei $\varkappa$ aus (30.1.2/3) eine später zu bestimmende Kopplungskonstante ist. Es erscheint zumindest plausibel, Weltlinien von Partikeln (z. B. Galaxien) in einer gekrümmten 4-dim. Raum-Zeit im Sinne des Kovarianzprinzips nach den klassischen Gesetzen idealer Flüssigkeiten zu behandeln und den entsprechenden Energie-Tensor aufzustellen. Ist V^k die kontravariante Ausgabe des Tangentialvektors der zeitartigen Weltlinie eines strömenden Partikels, so normieren wir $V^k V_k = -1$. Der Energie-Tensor ist dann

$$T^{kl} = (\mu + p)\, V^k V^l + p g^{kl}\,, \tag{1}$$

wobei die Energiedichte μ und der Druck p skalare Funktionen sind (μ schließt die Massendichte ϱ ein). Wie schon angedeutet, spielt sich alles in einem 4-dim. Lorentzmetrischen Raum mit g_{kl} als Fundamentaltensor ab. Aus (30.1.2/3) und $T^{kl}{}_{;l}=0$ erhält man

$$R^{kl} - \frac{1}{2} R g^{kl} + \Lambda g^{kl} = \varkappa T^{kl}\,, \tag{2}$$

$$\mu_{;l} V^l + (\mu + p)\, V^l{}_{;l} = 0, \quad V_l V^l = -1\,, \tag{3}$$

$$(\mu + p)\, V^k{}_{;l} V^l + (g^{kl} + V^k V^l)\, p_{;l} = 0\,. \tag{4}$$

Dieses fundamentale System liegt vielen lokalen und kosmologischen Betrachtungen zugrunde.

30.2.4. Vergleich mit der Newtonschen Gravitationstheorie

Der Tensor T^{kl} in (30.1.2/3) wird auf der Grundlage klassischer Energie-Impuls-Tensoren nach dem Kovarianzprinzip gebildet. Was bleibt, ist die Bestimmung von $\varkappa$. Hierzu betrachtet man den Newtonschen Grenzfall: Bei vorgegebener Massendichte ϱ im R_3 ist im CGS-System $T_{44} = \varrho c^2$ die dominierende Komponente im Energie-Tensor (c ist die Lichtgeschwindigkeit), wobei wir voraussetzen, daß keine elektromagnetischen Felder usw. existieren, die Beiträge zum Energie-Tensor liefern. Die Lorentz-Metrik sei $g_{kl} = \eta_{kl} + f_{kl}$, wobei η_{kl} die Metrik im Minkowskiraum (vgl. 25.1.1/1) und f_{kl} eine kleine Störung ist. Geht man mit diesem Ansatz in (30.2.3/2) mit $\Lambda = 0$ ein, so liefert eine Näherungsrechnung $\Delta f_{44} = -\varkappa \varrho c^2$, wobei Δ der (dreidimensionale) Laplace-Ausdruck ist. Das Newtonsche Gravitationspotential Φ bestimmt sich bekanntlich aus $\Delta\Phi = 4\pi G \varrho$, wobei G die Newtonsche Gravitationskonstante ist. Es zeigt sich, daß man $\Phi = -\frac{c^2}{2} f_{44}$ setzen muß. Dann liefert ein Vergleich der beiden Potentialgleichungen die Einsteinsche Konstante

$$\varkappa = \frac{8\pi G}{c^4} = 2 \cdot 10^{-48}\, \mathrm{g}^{-1}\, \mathrm{cm}^{-1}\, \mathrm{s}^2\,,$$

eine Winzigkeit. Details findet man in jedem seriösen Lehrbuch der allgemeinen Relativitätstheorie, z. B. in [39], S. 89–91.

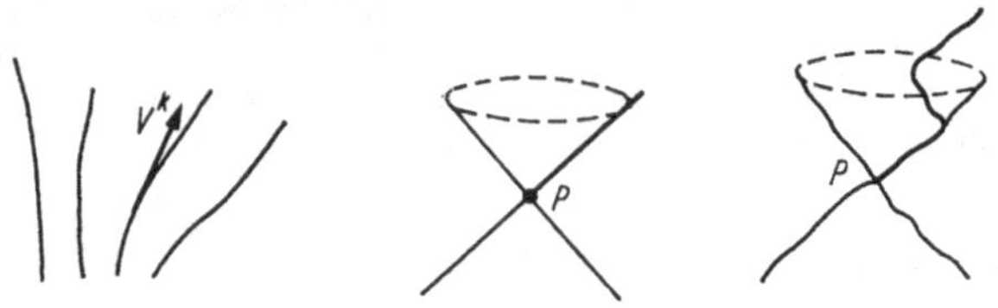

30.3. Bewegungsgleichungen

30.3.1. Testteilchen und elektromagnetische Wellen

Die Newtonsche Gravitationstheorie oder die Maxwellschen Feldgleichungen sagen noch nichts über die Bewegungsgleichungen von Teilchen in den entsprechenden Feldern aus. Diese müssen separat postuliert werden. Man vgl. z. B. mit den Betrachtungen über Inertialsysteme aus (25.1.1/2). Ursprünglich glaubte man, daß man auch die Einsteinschen Feldgleichungen durch unabhängige Bewegungsgleichungen für Testteilchen ergänzen müsse (und könne). Testteilchen sind Teilchen mit positiver Masse m, die sich in einem vorgegebenen 4-dim. Lorentz-metrischen Raum kräftefrei bewegen, ohne diesen zu beeinflussen. Die Festlegung lautete: Ein Testteilchen bewegt sich auf einer zeitartigen Geodäten. Später erkannte man, daß diese Forderung mit einer gewissen Zwangsläufigkeit aus den Einsteinschen Gleichungen folgt. Physikalisch glaubhaft, aber mathematisch etwas makaber, kann man wie folgt argumentieren. Ist $x^k(s)$ die Bahn des Teilchens, so setzt man $V^k = \frac{\mathrm{d}x^k}{\mathrm{d}s}$ für $x^k = x^k(s)$ (Punkt der Bahnkurve) und $V^k = 0$ sonst. (Dies ist eine kontravariante Vektordistribution, wie sie in 32.3.2. behandelt wird.) Hierbei ist s die Bogenlänge im Sinne von 29.5.4., so daß $V^l V_l = -1$ für $x^k = x^k(s)$ erfüllt ist. Mit $p = 0$ sowie $\mu = \varrho = m$ erhält man dann den Energie-Impuls-Tensor (30.2.3/1) im Sinne des Kovarianzprinzips. (30.2.3/4) liefert dann

$$\left(\frac{\mathrm{d}x^k}{\mathrm{d}s}\right)_{;l} \frac{\mathrm{d}x^l}{\mathrm{d}s} = 0, \quad k = 1, 2, 3, 4\,. \tag{1}$$

Nach Bemerkung 29.4.5/1 sind dies (zeitartige) Geodäten.

Axiom. (**a**) *Testteilchen bewegen sich auf einer zeitartigen Geodäten.*

(**b**) *Elektromagnetische Wellen bewegen sich auf Strahlen.*

(**c**) *Weltlinien, die physikalische Vorgänge mit Informationstransport beschreiben, sind in jedem Punkt zeitartig oder nullartig.*

Bemerkung 1. Teil (a) sanktioniert die obigen Betrachtungen. Strahlen (= Nullgeodäten) wurden in 29.5.3. und 29.5.4. behandelt. Teil (c) meint, daß $g_{kl} \frac{\mathrm{d}x^k}{\mathrm{d}\tau} \frac{\mathrm{d}x^l}{\mathrm{d}\tau} \leqq 0$ in jedem Kurvenpunkt $x^k = x^k(\tau)$ gilt. Natürlich spielt sich alles in einem 4-dim. Lorentz-metrischen Raum ab.

Bemerkung 2. Teil (b) muß großherzig interpretiert werden. Betrachtet man einen Lichtblitz im Punkt P im Minkowski-Raum, so breitet sich dieser längs Geraden (= Strahlen) auf dem zugehörigen Kegelmantel ins Unendliche aus. Hierbei wird die Ausbreitung von Licht durch die Maxwellgleichungen beschrieben, siehe 25.3.2. Diese Lösungen zeigen, daß die huygenssche Eigenschaft erfüllt ist, vgl. 19.3.4. In gekrümmten Raum-Zeiten geht die huygenssche Eigenschaft im allgemeinen verloren (vgl. Kap. 33, wo wir solche Fragen ausführlich behandeln). Ein Lichtblitz im Punkt P einer gekrümmten Raum-Zeit wird im allgemeinen in allen Weltpunkten registriert, die im Innern und auf dem Rand des zugehörigen charakteristischen

Konoids liegen. Teil (b) des Axioms ist also so zu verstehen, daß ein Lichtstrahl einen Zick-Zack-Weg beschreibt, dessen Stücke Strahlen sind. Die (mathematische) Ursache für diesen Streueffekt ist die Krümmung des Raumes.

Bemerkung 3. Teil (a) des Axioms kann man (fast) aus den Einsteinschen Feldgleichungen herleiten (genauer gesagt aus $T^{kl}{}_{;l}=0$). Es fragt sich, ob dieses verblüffende Kunststück auch für andere Gleichungen gelingt, die man im ersten Moment als unabhängig ansehen würde. Wendet man auf den Energie-Tensor T^{kl} für das Maxwellfeld (30.1.3/3) $T^{kl}{}_{;l}=0$ an, so erhält man generisch (d. h. im allgemeinen Fall) die Maxwell-Gleichungen für das Vakuum $F^{kl}{}_{;l}=0$ aus 30.1.3. Details (insbesondere bezüglich „generisch") findet man in [30], S. 471–473. Somit kann man auch die Maxwellschen Gleichungen im Vakuum (fast) aus den Einsteinschen Gleichungen herleiten.

Wer rastet, rostet
(Volksmund)

30.3.2. Eigenzeit und Zwillingsparadoxon

Axiom. *Die Eigenzeit eines Beobachters ist gleich der Bogenlänge seiner zeitartigen Weltlinie.*

Bemerkung 1. Betrachtet wird also ein Beobachter (d. h. ein physikalisches Geschehen) mit der zeitartigen Weltlinie $x^k(s)$, wobei s die Bogenlänge im Sinne von Bemerkung 29.5.4/4 ist. Differenzen von s, also Zeitabstände, sind durch dieses Verfahren eindeutig bestimmt. Physikalisch hat man die gleiche Situation wie zu Beginn von 25.1.5.: Ein Beobachter bestimmt seine Eigenzeit nach einer fixierten physikalischen Prozedur (etwa durch eine Atomuhr, die relativ zu ihm ruht, sich also stets am gleichen Ort wie er selber befindet). Damit ist der Takt festgelegt, nach dem sich alles relativ zu ihm ruhende anorganische, organische und biologische Geschehen zu richten hat (auch das Altern des Beobachters).

Bemerkung 2. Die allgemeine Relativitätstheorie legt fest: Zeit = Weg. Der Volksmund behauptet: Zeit = Geld. Folgerung: Weg = Geld. Das ist paradox, denn bekanntlich wird das meiste Geld durch Sitzen verdient.

Zwillingsparadoxon. Das Zwillingsparadoxon aus 25.2.1. findet jetzt eine einfache Lösung. Zwei Weltlinien, die längs der Wege 1 und 2 von P nach Q laufen (s. Zeichnung auf S. 340), haben im allgemeinen verschiedene Bogenlängen. Somit sind die entsprechenden Eigenzeitdifferenzen verschieden. Zwei in P gleichaltrige Zwillinge können somit beim Wiedersehen in Q verschiedenes Alter haben. Zwilling 1 sei ein Testteilchen: Er überläßt sich dem freien Spiel der Kräfte und bewegt sich somit auf einer zeitartigen Geodäten der Länge s_1 von P nach Q. Zwilling 2 wehrt sich, etwa in Form ausgedehnter Weltraumausflüge, sein Weg von P nach Q habe die Länge s_2. Nach Bemerkung 29.5.4/4 ist s_1 extremal. Man prüft leicht nach, daß s_1 maximal ist. Somit ist $s_2 < s_1$ (alle Betrachtungen sind lokal). Der dynamische Zwilling 2 ist also jünger als sein träger Bruder 1. Der Volksmund hat es schon immer gewußt: Wer rastet, rostet.

30.4. Die Schwarzschild-Lösung

30.4.1. Das Birkhoff-Theorem

Im R_3 mit den kartesischen Koordinaten x^1, x^2, x^3 und $r=\sqrt{(x^1)^2+(x^2)^2+(x^3)^2}$ sei $\omega=\{(x^1, x^2, x^3) \mid r_i<r<r_a\}$. Hierbei ist $0<r_i<r_a\leqq\infty$. Eine Lorentz-Metrik $g_{kl}(x^\alpha)$ in der 4-dim. Raum-Zeit $\omega\times(-\infty, \infty)$ heißt rotationssymmetrisch, falls $g_{kl}(x^\alpha)$ nur von r und $x^4=t$ abhängt.

Satz (*Theorem von Birkhoff*). *Nach Wahl geeigneter Koordinaten läßt sich in* $\omega\times(-\infty, \infty)$ *jede rotationssymmetrische Lösung* g_{kl} *der Einsteinschen Gleichungen im leeren Raum,*

$$R^{kl}-\frac{R}{2}g^{kl}=0 \tag{1}$$

als

$$ds^2=(dx^1)^2+(dx^2)^2+(dx^3)^2+\left[\left(1-\frac{2M}{r}\right)^{-1}-1\right]dr^2-\left(1-\frac{2M}{r}\right)dt^2 \tag{2}$$

darstellen. Hierbei ist M eine beliebige positive Konstante.

Bemerkung 1. Wir verwenden die übliche Schreibweise $ds^2=g_{kl}dx^k dx^l$. Man kann sich (1) in x^1, x^2, x^3 und $x^4=t$ geschrieben denken. Die Mannigfaltigkeit $\omega\times(-\infty, \infty)$ besteht dann aus einer Karte, die mit passenden Koordinaten $x^1, \ldots, x^4$ versehen wird. Damit g_{kl} eine Lorentz-Metrik wird, fordern wir $2M<r_i<r_a\leqq\infty$ (äußere Schwarzschild-Lösung). $2M$ hat die Dimension einer Länge und heißt Schwarzschild-Radius. Bemerkenswert ist die Tatsache, daß g_{kl} nur von r und nicht von t abhängt. Man erhält also (obwohl nicht gefordert) eine stationäre (d. h. von t unabhängige) Lösung von (1).

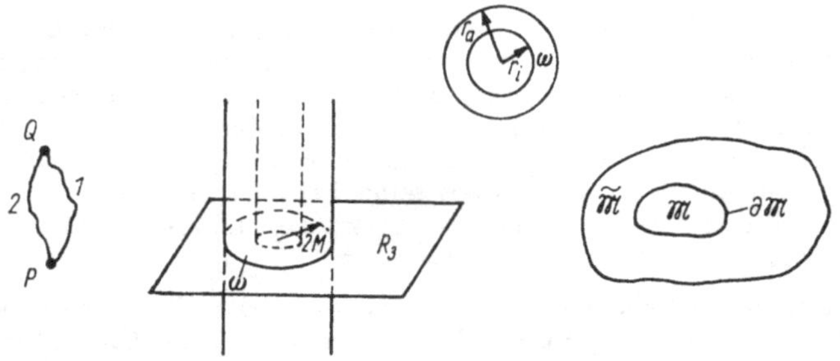

Bemerkung 2. Verwendet man die Polarkoordinaten r, ϑ, φ aus 12.4.1., so lautet (2)

$$ds^2=\left(1-\frac{2M}{r}\right)^{-1}dr^2+r^2d\vartheta^2+r^2\sin^2\vartheta d\varphi^2-\left(1-\frac{2M}{r}\right)dt^2, \tag{3}$$

(vgl. mit (12.4.1/2)). Dies ist die übliche Form. Sie ist einfacher, täuscht aber für $\vartheta\to 0$ und $\vartheta\to\pi$ Singularitäten vor. Eine Beschreibung in Polarkoordinaten erfordert also mehrere Karten. (3) ist dann eine lokale Darstellung bei passender Wahl der x^3-Achse.

Interpretation. Für $r\to\infty$ strebt ds^2 in (2) (oder (3)) gegen die Metrik des Minkowski-Raumes, dem wir ja physikalische Realität zuerkannt hatten. Hierbei waren x^1, x^2, x^3 Ortskoordinaten und $x^4=t$ die Zeitkoordinate. Es ist deshalb naheliegend, diese Interpretation auch im leeren Einsteinschen Raum

$$\{(x^1, x^2, x^3) \mid 2M<r<\infty\}\times(-\infty, \infty) \quad \text{mit der Lorentz-Metrik (2)}$$

beizubehalten. Dann ergibt sich aus einem Vergleich mit der Newtonschen Mechanik im Sinne von 30.2.4.

$$M=m\frac{G}{c^2} \quad \text{im CGS-System}. \tag{4}$$

Hierbei ist m die Masse eines Teilchens im Nullpunkt, G ist die Newtonsche Gravitationskonstante und c ist die Lichtgeschwindigkeit. Die Interpretation lautet also: Ein Teilchen der Masse m im Nullpunkt des R_3 erzeugt in $\{(x^1, x^2, x^3) \mid 2M<r<\infty\}\times$ $\times(-\infty, \infty)$ eine Raum-Zeit, deren Metrik durch (2) gegeben ist. (x^1, x^2, x^3) sind

Ortskoordinaten und $x^4=t$ ist eine Zeitkoordinate (die aber nicht mit der Eigenzeit von Teilchen zu verwechseln ist, die sich in dieser Raum-Zeit bewegen). Für die Erde ergibt sich $2M=8{,}8$ mm und für die Sonne $2M=3$ km. Der Schwarzschildradius wird erst für massenreiche, aber relativ kleine Sterne von Interesse.

30.4.2. Die Eddington-Form der Schwarzschild-Lösung

Es sei $\widetilde{\mathfrak{M}}$ ein metrischer Raum im Sinne von Def. 29.5.6/1 mit der Metrik $\tilde{g}_{kl}$. Ist $\mathfrak{M}$ eine offene zusammenhängende echte Teilmenge von $\widetilde{\mathfrak{M}}$, so kann man nach 29.1.2. die induzierte Topologie auf $\mathfrak{M}$ bilden. Durch eine entsprechende Einschränkung der zugehörigen Äquivalenzklasse von Atlanten im Sinne von Def. 29.1.2 und durch $g_{kl}(P)=\tilde{g}_{kl}(P)$ für $P\in\mathfrak{M}$ wird $\mathfrak{M}$ in einen metrischen Raum verwandelt. Die Äquivalenzklasse der zulässigen Atlanten für $\mathfrak{M}$ ist aber sehr viel größer als die Menge jener Atlanten, die durch Einschränkung zulässiger Atlanten von $\widetilde{\mathfrak{M}}$ auf $\mathfrak{M}$ entstehen. Insbesondere kann man sich zulässige Atlanten vorstellen, die singulär werden, wenn man sich dem Rand $\partial\mathfrak{M}=\widetilde{\mathfrak{M}}/\mathfrak{M}$ von $\mathfrak{M}$ nähert. Durch passende Atlanten (lokale Karten) kann man also vollkommen die Entstehung von $\mathfrak{M}$ aus $\widetilde{\mathfrak{M}}$ verwischen. Von Interesse ist jetzt die Umkehrung dieser Fragestellung: Gegeben ist ein metrischer Raum $\mathfrak{M}$ mit der Metrik g_{kl}. Gefragt ist, ob man $\mathfrak{M}$ im obigen Sinne in einen größeren metrischen Raum $\widetilde{\mathfrak{M}}$ einbetten kann. Die Betrachtungen zeigen, daß man bei der Beurteilung dieser Frage sehr vorsichtig sein muß. Ein ungeschickter Atlas in $\mathfrak{M}$ könnte Singularitäten vortäuschen, die in Wahrheit nicht vorhanden sind. Die nachfolgenden Untersuchungen sind ein Beispiel hierfür.

Eddington-Metrik. Betrachtet wird die Schwarzschild-Metrik (30.4.1/2) in $\mathfrak{M}= =\{(x^1, x^2, x^3)\mid 2M<r<\infty\}\times(-\infty,\infty)$. (Wir schreiben $\mathfrak{M}$ statt M, um Verwechslungen mit dem Schwarzschildradius zu vermeiden.) Wir verwenden in Zukunft stets die Form (30.4.1/3), wobei klar ist, wie man die scheinbaren Singularitäten für $\vartheta\to 0$ und $\vartheta\to\pi$ zu beheben hat. Führt man durch

$$x^k=x'^k \quad \text{für} \quad k=1,2,3 \text{ und } x^4=x'^4\pm 2M\ln\left(\frac{r'}{2M}-1\right)$$

neue lokale Koordinaten in $\mathfrak{M}$ ein, so erhält man $\mathrm{d}s^2=g'_{kl}\mathrm{d}x'^k\mathrm{d}x'^l$ mit

$$g'_{kl}=\begin{pmatrix} 1+\frac{2M}{r} & 0 & 0 & \pm\frac{2M}{r} \\ 0 & r^2 & 0 & 0 \\ 0 & 0 & r^2\sin^2\vartheta & 0 \\ \pm\frac{2M}{r} & 0 & 0 & -\left(1-\frac{2M}{r}\right) \end{pmatrix}. \tag{1}$$

Ist $x^4=x'^4+\ldots$, so ist $g'_{14}=+\frac{2M}{r}$, ist $x^4=x'^4-\ldots$, so ist $g'_{14}=-\frac{2M}{r}$. Die scheinbaren Singularitäten für $\vartheta\to 0$ und $\vartheta\to\pi$ kann man wieder durch Übergang zu den kartesischen Koordinaten x^k beseitigen. Man sieht jetzt leicht, daß man die Eddington-Metrik von $\mathfrak{M}$ auf

$$\widetilde{\mathfrak{M}}=\{(x^1, x^2, x^3)\mid 0<r<\infty\}\times(-\infty,\infty)$$

ausdehnen kann ($r=2M$ ist keine Singularität) und daß $\tilde{g}_{kl}=g'_{kl}$ in $\widetilde{\mathfrak{M}}$ eine Lösung der Einsteinschen Gleichung im leeren Raum $R'^{kl}-\frac{R'}{2}g'^{kl}=0$ ist.

Interpretation. Bei der Transformation $x'^k = x'^k(x^l)$ wird nur die Koordinatenzeit t in t' abgewandelt. Die Ortskoordinaten x^1, x^2, x^3 bleiben unangetastet. Somit können wir die Interpretation aus 30.4.1. übernehmen und von $\mathfrak{M}$ auf $\widetilde{\mathfrak{M}}$ ausdehnen.

30.5. Die klassischen Effekte der allgemeinen Relativitätstheorie

30.5.1. Planetenbewegung

Die Planetenbewegung im Rahmen der Newtonschen Gravitationstheorie hatten wir in 12.4. behandelt. Wir untersuchen jetzt das gleiche Problem im Rahmen der Einsteinschen Theorie. Von Interesse sind die hierbei auftretenden Abweichungen gegenüber der Newtonschen Theorie.

Das Modell. Die Sonne sei im Nullpunkt des R_3 fixiert. Gemäß der Interpretation aus 30.4.1. erzeugt sie (im ansonsten leeren Raum) eine Raum-Zeit in $\mathfrak{M} = \{(x^1, x^2, x^3) \mid 2M < r < \infty\}$ mit der Schwarzschild-Metrik (2) oder (3) aus 30.4.1. Hierbei ist $2M = 3$ km. Planeten werden als Testteilchen behandelt, die diese Geometrie nicht beeinflussen. Nach Axiom 30.3.1(a) bewegen sich Planeten somit auf zeitartigen Geodäten in $\mathfrak{M}$ (mit Schwarzschild-Metrik). x^1, x^2, x^3 werden hierbei als Ortskoordinaten des realen 3-dim. Raumes interpretiert. Mit s als Bogenlänge (Eigenzeit) hat man somit das Differentialgleichungssystem

$$\frac{\mathrm{d}^2 x^k}{\mathrm{d}s^2} + \begin{Bmatrix} k \\ lm \end{Bmatrix} \frac{\mathrm{d}x^l}{\mathrm{d}s} \frac{\mathrm{d}x^m}{\mathrm{d}s} = 0, \quad g_{kl} \frac{\mathrm{d}x^k}{\mathrm{d}s} \frac{\mathrm{d}x^l}{\mathrm{d}s} = -1 \tag{1}$$

zu lösen. Benutzt man wieder Polarkoordinaten r, ϑ, φ und t als Funktionen von s, so folgt aus (1) (ohne die letzte Gleichung) und (30.4.1/3)

$$\frac{\mathrm{d}}{\mathrm{d}s}\left(R \frac{\mathrm{d}t}{\mathrm{d}s}\right) = 0 \quad \text{mit} \quad R(r) = 1 - \frac{2M}{r}, \tag{2}$$

$$\frac{\mathrm{d}}{\mathrm{d}s}\left(R^{-1} \frac{\mathrm{d}r}{\mathrm{d}s}\right) + \frac{1}{2}\frac{\mathrm{d}R}{\mathrm{d}r}\left(\frac{\mathrm{d}t}{\mathrm{d}s}\right)^2 + \frac{1}{2}\frac{\mathrm{d}R}{\mathrm{d}r}\left(\frac{\mathrm{d}r}{\mathrm{d}s}\right)^2 - r\left(\frac{\mathrm{d}\vartheta}{\mathrm{d}s}\right)^2 - (r \sin^2\vartheta)\left(\frac{\mathrm{d}\varphi}{\mathrm{d}s}\right)^2 = 0, \tag{3}$$

$$\frac{\mathrm{d}}{\mathrm{d}s}\left(r^2 \frac{\mathrm{d}\vartheta}{\mathrm{d}s}\right) - r^2 \sin\vartheta \cos\vartheta \left(\frac{\mathrm{d}\varphi}{\mathrm{d}s}\right)^2 = 0, \tag{4}$$

$$\frac{\mathrm{d}}{\mathrm{d}s}\left(r^2 \sin^2\vartheta \frac{\mathrm{d}\varphi}{\mathrm{d}s}\right) = 0. \tag{5}$$

Bei Vorgabe der Anfangsdaten (12.4.1/6) sowie $t(0)$ und $\dot{t}(0)$ ist (2)–(5) (zumindest lokal) eindeutig lösbar. Hierbei ist $\dot{\vartheta} = \frac{\mathrm{d}\vartheta}{\mathrm{d}s}$ usw. Das ist das Analogon von (3)–(6) aus 12.4.1.

Ebene Bahnen und Flächensatz. Aus (4), den Anfangsbedingungen $\vartheta(0) = \frac{\pi}{2}$ und $\frac{\mathrm{d}\vartheta}{\mathrm{d}s}(0) = 0$ sowie der Unität der Lösung erhält man $\vartheta \equiv \frac{\pi}{2}$. Aus (5) folgt dann $r^2 \frac{\mathrm{d}\varphi}{\mathrm{d}s} \equiv h$. Mit anderen Worten: Satz 12.4.2/2 gilt auch im Rahmen der Einsteinschen Theorie.

Periheldrehung. Wie in 12.4.1. soll $s = 0$ den sonnennächsten Punkt der Planetenbahn kennzeichnen (Perihel). Wie in 12.4.3. verwenden wir φ statt s als Parameter und setzen $r(s) = \frac{1}{\varrho(\varphi)}$. Dann erhält man (unter Verwendung der letzten Gleichung in (1))

$$\frac{d^2\varrho}{d\varphi^2} + \varrho = \frac{M}{h^2} + 3M\varrho^2 . \tag{6}$$

Ohne den Term $3M\varrho^2$ ist dies genau die Differentialgleichung für $\varrho(\varphi)$ aus 12.4.3., die zur Lösung (12.4.3/1) führte,

$$\frac{M}{h^2}(1 + e\cos\varphi), \quad 0 < e < 1 . \tag{7}$$

Das war eine Ellipse mit dem Perihel für $s = 0$ und $\varphi(0) = 0$. Für den Merkur, den sonnennächsten Planeten, ist

$$3M\varrho^2/\frac{M}{h^2} \sim 7{,}7.10^{-8} .$$

Für die anderen Planeten ist diese dimensionslose Zahl noch kleiner. Die relativistische Korrektur $3M\varrho^2$ in (6) ist also wahrhaft winzig. Das legt nahe, eine Näherungslösung von (6) zu suchen, die die Struktur von (7) hat. Hierzu ersetzt man $\cos\varphi$ in (7) durch $\cos\varepsilon\varphi$, wobei ε eine Zahl dicht bei 1 sein soll. Der beste Wert von ε liefert die Näherungslösung

$$\varrho(\varphi) \sim \frac{M}{h^2}\left[1 + e\cos\left(1 - 3\frac{M^2}{h^2}\right)\varphi\right] \tag{8}$$

von (7). Nach Festlegung ist $\varphi = 0$ ein Perihel. Das nächste Perihel erhält man, wenn $\varphi\left(1 - \frac{3M^2}{h^2}\right) = 2\pi$ ist, also für $\varphi \sim 2\pi\left(1 + \frac{3M^2}{h^2}\right)$. Es ergibt sich also eine Periheldrehung von $\Delta = 6\pi\frac{M^2}{h^2}$. Die Kepler-Newtonsche Ellipse verwandelt sich also in eine (sich langsam drehende) Rosette. Die entsprechende zeitartige Geodäte in $\mathfrak{M}$

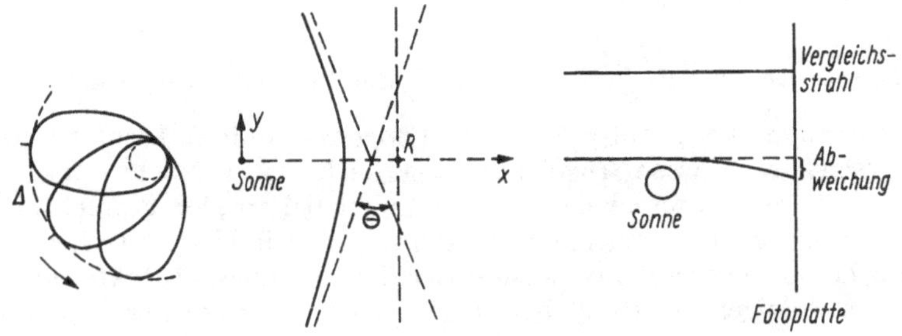

ist eine Spirale in t-Richtung, deren Projektion die Rosette liefert. Die untenstehende Tabelle vergleicht diese theoretischen Werte mit experimentellen Werten. Die Zahlen geben die Periheldrehung in Bogensekunden pro Jahrhundert an. (Hierbei sind gegenseitige Störeinflüsse der Planeten bereits eliminiert.)

	Theorie	Beobachtung
Merkur	43,03	43,11 ± 0,45
Venus	8,6	8,4 ± 4,8
Erde	3,8	5,0 ± 1,2
Mars	1,35	

30.5.2. Ablenkung von Lichtstrahlen

Gefragt wird nach dem Verhalten von elektromagnetischen Wellen in der Nähe von schweren Massen.

Modell. Wir wählen wieder die gleiche Raum-Zeit $\mathfrak{M}$ wie in 30.5.1. mit der Schwarzschild-Metrik (2) oder (3) aus 30.4.1. Es sei wieder $2M = 3$ km (die schwere Masse ist also die Sonne). Nach Axiom 30.3.1(b) bewegen sich elektromagnetische Wellen (unter Vernachlässigung eventueller Streueffekte) auf Strahlen (= Nullgeodäten). x^1, x^2, x^3 werden wieder als Ortkoordinaten eines realen 3-dim. Raumes interpretiert. Dann hat man das System (30.5.1/1) zu betrachten, wobei man -1 in der letzten Gleichung durch 0 ersetzen muß. Beim Übergang zu Polarkoordinaten bleiben die Gleichungen (2)–(5) aus 30.5.1. ungeändert.

Lichtablenkung. Mit den Anfangsbedingungen $\vartheta(0) = \frac{\pi}{2}$ und $\frac{d\vartheta}{ds}(0) = 0$ erhält man wieder $\vartheta(s) \equiv \frac{\pi}{2}$. Also auch Lichtstrahlen bewegen sich in einer festen Ebene, hier die x^1, x^2-Ebene. Unter Verwendung von $g_{kl} \frac{dx^l}{ds}\frac{dx^k}{ds} = 0$ lautet jetzt das Analogon von (30.5.1/6)

$$\frac{d^2\varrho}{d\varphi^2} + \varrho = 3M\varrho^2 \,, \tag{1}$$

wobei $\varrho = \frac{1}{r}$ und φ die gleiche Bedeutung wie in 30.5.1. haben. Die Näherungsgleichung $\frac{d^2\tilde{\varrho}}{d\varphi^2} + \tilde{\varrho} = 0$ hat die Lösung $\frac{1}{\tilde{r}} = \tilde{\varrho} = \frac{\cos\varphi}{R}$, also $x^1 = \tilde{r}\cos\varphi \equiv R$. Setzt man diese nullte Näherung in die rechte Seite von (1) ein, so erhält man die Näherungslösung

$$x = R - \frac{M}{R}\frac{x^2 + 2y^2}{\sqrt{x^2 + y^2}}\,, \quad x = x^1, \quad y = x^2\,,$$

mit den Asymptoten $x \sim R - \frac{2M}{R}|y|$. Ist R der Sonnenradius, so ist der Winkel zwischen den beiden Asymptoten $\Theta = 1{,}75''$ (Bogensekunden). Lichtstrahlen werden also durch schwere Massen abgelenkt. Vergleicht man Nachtaufnahmen einer Himmelsgegend mit entsprechenden Aufnahmen bei totaler Sonnenfinsternis, so kann man diesen Effekt experimentell nachweisen. Die Meßwerte liegen zwischen 1,28″ und 2,71″. Eine qualitativ bessere Bestätigung dieses Effekts (mit einer Abweichung von weniger als 10%) liefert die Bedeckung starker Radioquellen im Weltall durch die Sonne.

30.5.3. Rotverschiebung im Gravitationsfeld

Frequenzverschiebungen. Betrachtet wird ein 4-dim. Lorentz-metrischer Raum mit der stationären Metrik

$$ds^2 = g_{\alpha\beta}dx^\alpha dx^\beta + g_{44}(dt)^2, \quad \alpha = 1, 2, 3 \quad \text{und} \quad \beta = 1, 2, 3,$$

wobei über doppelt auftretende Indizes zu summieren ist (von 1 bis 3). Stationär heißt, daß g_{kl} wohl von $x = (x^1, x^2, x^3)$, nicht aber von $t = x^4$ abhängt. Aus 29.5.3. folgt dann, daß mit $\omega(x, t) = 0$ auch $\omega(x, t + c) = 0$ für jede reelle Zahl c eine charakteristische Fläche ist: Translationsinvarianz in t-Richtung. Dann sind aber auch charakteristische Konoide und somit auch Strahlen (siehe 29.5.3.) in t-Richtung translationsinvariant. Strahlen sind nach Axiom 30.3.1(b) Weltlinien elektromagnetischer Wellen. $x=(x^1, x^2, x^3)$ wird als Ort in einem realen 3-dim. Raum interpretiert und t als Koordinatenzeit. Die Weltlinie eines ruhenden Beobachters x_0 ist somit eine Gerade durch x_0 parallel zur t-Achse. Für die Eigenzeit T_0 von x_0 gilt dann $\mathrm{d}T_0^2 = -g_{44}(x_0)\,\mathrm{d}t^2$. Also ist $\Delta T_0 = \sqrt{-g_{44}(x_0)}\,\Delta t$. Analoges gilt für x_1. Der Beob-

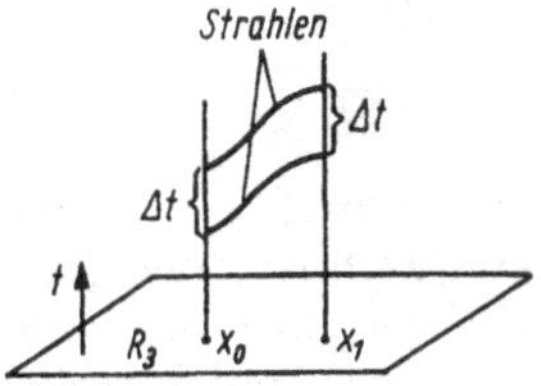

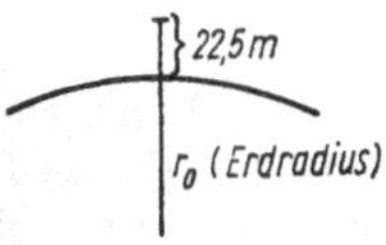

achter x_0 sendet Licht aus mit N Schwingungen in der Koordinatenzeit Δt. Der Beobachter x_1 registriert dies ebenfalls als N Schwingungen in Δt. Die Frequenz ν_0 bei x_0, die ja auf die Eigenzeit bezogen werden muß, ist dann

$$\nu_0 = \frac{N}{\Delta T_0} = \frac{N}{\sqrt{-g_{44}(x_0)}\,\Delta t},$$

analog ν_1 bei x_1. Hieraus ergibt sich

$$\nu_1 = \nu_0 \sqrt{\frac{g_{44}(x_0)}{g_{44}(x_1)}}. \tag{1}$$

Mit $|g_{44}(x_1)| > |g_{44}(x_0)|$ tritt eine Rotverschiebung des Spektrums, d. h. eine Frequenzverkleinerung, ein.

Schwarzschild-Metrik. Die obigen Voraussetzungen sind für die Schwarzschild-Metrik (30.4.1/3) mit $g_{44}(x) = -\left(1 - \frac{2M}{r}\right)$ erfüllt. Berücksichtigt man, daß in realen Fällen $\frac{M}{r}$ winzig ist, so erhält man (näherungsweise)

$$\frac{\Delta\nu}{\nu_0} = M\left(\frac{1}{r_0} - \frac{1}{r_1}\right) \quad \text{mit} \quad 2M < r_0 < r_1 < \infty \quad \text{und} \quad \Delta\nu = \nu_0 - \nu_1$$

als Rotverschiebung in der Schwarzschild-Metrik.

Test. Wählt man als r_0 den Erdradius und $r_1 = r_0 + 22{,}5$ m, so erhält man $\frac{\Delta\nu}{\nu_0} = 2{,}5 \cdot 10^{-15}$. Es ist kaum zu glauben, aber dieser Effekt ist experimentell überprüfbar. Man erhält mit

$$\frac{\Delta\nu}{\nu_0} = 2{,}5 \cdot 10^{-15}(1{,}05 \pm 0{,}10)$$

zugleich eine der besten qualitativen Bestätigung der allgemeinen Relativitätstheorie.

Now, my suspicion is that the universe is not only queerer than we suppose, but queerer than we **can** suppose.
(J. B. S. Haldane, "Possible Worlds")

31. Allgemeine Relativitätstheorie II (Singularitäten, schwarze Löcher, Kosmologie)

31.1. Singuläre Mannigfaltigkeiten

31.1.1. Kriterien

Die moderne Relativitätstheorie ist durch tiefliegende qualitative Untersuchungen über Singularitäten in gekrümmten Raum-Zeiten gekennzeichnet. In 31.1. und 31.2. versuchen wir, einen Eindruck zu vermitteln. Hierbei beschränken wir uns auf einige (wie wir hoffen) typische Begriffsbildungen. Details, notwendige Präzisierungen und eine Vielzahl weiterer grundlegender Begriffe findet man in [16]. Dieses Buch liegt auch den folgenden Darstellungen zugrunde. Wir verweisen ferner auf Kap. 33, das man als Fortsetzung der jetzigen Betrachtungen ansehen kann. Eine Darstellung des heutigen Standes der Relativitätstheorie findet man in [69]. Wie in Kap. 30 sei M stets ein 4-dim. Lorentz-metrischer Raum: eine (gekrümmte) Raum-Zeit. Gefragt wird nach mathematischen und physikalischen Kriterien, nach denen eine solche Raum-Zeit beurteilt werden kann.

Definition 1. *Eine Raum-Zeit M heißt zeitartig vollständig (timelike complete), falls jede zeitartige Geodäte und jede Nullgeodäte Teil einer entsprechenden Geodäte ist, deren geodätischer Parameter alle reellen Zahlen durchläuft. M heißt singulär, falls M nicht zeitartig vollständig ist.*

Bemerkung 1. Nach Satz 29.4.5 ist die Definition sinnvoll. Gefragt wird also, ob man jede zeitartige Geodäte und jede nullartige Geodäte so verlängern kann, daß ihr geodätischer Parameter s von $-\infty$ bis ∞ läuft. Eine solche Fragestellung erscheint sehr sinnvoll, da s (nach Normierung) bei zeitartigen Geodäten die Eigenzeit von Testteilchen ist. Ist M vollständig, so kann also ein Testteilchen unendlich lange reisen, ohne daß etwas passiert.

Bemerkung 2. Es gibt mehrere andere (z. T. wesentlich schärfere) Vollständigkeitsbegriffe, die von Penrose, Hawking und Ellis entwickelt wurden. Wir verweisen auf [16].

Bemerkung 3. Der Minkowskiraum ist zeitartig vollständig. Die Geodäten stimmen hier mit den Geraden überein. Nimmt man aber aus dem Minkowskiraum einen Punkt oder eine abgeschlossene Menge ω heraus, so ist der Rest eine singuläre Raum-Zeit.

Problem. Das letzte Beispiel zeigt das Problem, auf das man stößt: Kann man eine gegebene singuläre Raum-Zeit M diffeomorph in eine größere zeitartig vollständige Raum-Zeit $\widetilde{M}$ einbetten? Genauer: Gesucht wird eine zeitartig vollständige Raum-Zeit $\widetilde{M}$ und eine offene Menge Ω in $\widetilde{M}$ mit folgender Eigenschaft: Verwandelt man Ω wie zu Beginn von 30.4.2. geschildert in eine Raum-Zeit, so gibt es einen Diffeomorphismus von M auf Ω im Sinne von 29.1.2. Im allgemeinen geht dies nicht. Dadurch wird man gezwungen, neue Begriffe einzuführen.

Definition 2. *Eine Raum-Zeit M heißt nicht erweiterungsfähig (locally inextendible), falls es keine offene Menge ω von M mit folgenden Eigenschaften gibt:*
1. *$\bar{\omega}$ (der Abschluß von ω in M) ist nicht kompakt,*

2. *ω kann diffeomorph in eine Raum-Zeit $\tilde{M}$ eingebettet werden, so daß $\bar{\tilde{\omega}}$ (der Abschluß des Bildes $\tilde{\omega}$ von ω in $\tilde{M}$) kompakt ist.*

Anderenfalls heißt M erweiterungsfähig.

Bemerkung 4. Kompakte Mengen wurden in 29.1.1. beschrieben. Vergröbert besagt die Definition folgendes: Da $\bar{\omega}$ in M nicht kompakt ist, stößt ω längs der stark eingezeichneten Linie an den Rand von M an (das ist keine präzise Formulierung). Gelingt es, ω über diesen Rand in $\tilde{M}$

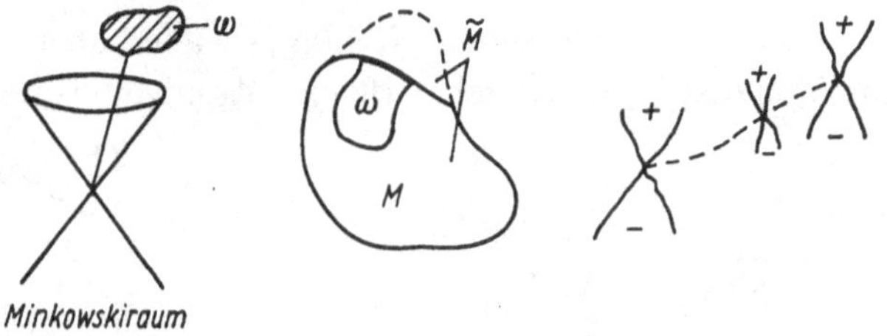

fortzusetzen, so ist $\bar{\omega}$ in $\tilde{M}$ kompakt. Sämtliche Ränder von ω liegen dann im Innern von $\tilde{M}$. Die Definition ist im wesentlichen die präzise Fassung dieses anschaulichen Sachverhalts.

Bemerkung 5. Ist etwa $g(x) = \det g_{kl}(x) \to 0$, falls $x \in \omega$ gegen die stark eingezeichnete Linie strebt, so zeigt dies, daß keine Fortsetzung über diesen Randteil möglich ist.

Zeitorientierbar. Von Fall zu Fall werden wir zusätzliche, physikalisch sinnvolle Bedingungen an eine Raum-Zeit und an Energie-Impuls Tensoren T^{kl} stellen. So ist die Forderung, daß es keine zeitartigen geschlossenen Linien geben soll, physikalisch vernünftig (chronology condition). Man soll eben nicht in seine eigene Vergangenheit reisen können. Wesentlich ist der Begriff der Zeitorientierbarkeit: Eine Raum-Zeit M heißt zeitorientierbar (time-orientable), falls man die lokalen Lichtkegel (lokale charakteristische Konoide) widerspruchsfrei und stetig in M in einen „Zukunftskegel" + und einen „Vergangenheitskegel" – unterteilen kann. Lokal (in einer Karte) ist dies immer möglich (siehe auch 33.2.2.), global auf ganz M ist es eine wesentliche Zusatzforderung, die physikalisch sehr sinnvoll ist.

Forderungen an T^{kl}. Der Energie-Impuls-Tensor T^{kl} und die Metrik g_{kl} der Raum-Zeit M genügen den Einsteinschen Gleichungen (30.1.2/3). Folgende (paarweise unabhängige) Forderungen an T^{kl} sind physikalisch sinnvoll:

(a) (*Energiebedingung*, weak energy condition): Für alle zeitartigen Vektoren V_k gilt $T^{kl} V_k V_l \geqq 0$.

(b) (*Zeitartige Konvergenzbedingung*, timelike convergence condition): Für alle zeitartigen Vektoren V_k gilt $R^{kl} V_k V_l \geqq 0$.

(c) (*Allgemeinheitsbedingung*, generic condition): Für jede zeitartige oder nullartige Geodäte ist an mindestens einer Stelle dieser Geodäte der Tensor $V_{[k} R_{l]pq[r} V_{s]} V^p V^q$ nicht gleich null. V_k ist der Tangentialvektor an die Geodäte.

Bemerkung 6. Wir werden von Fall zu Fall genau aufschreiben, welche zusätzlichen Bedingungen an eine Raum-Zeit gestellt werden.

31.1.2. Die Schwarzschild-Eddington-Kruskal-Metrik

Wir wenden die Betrachtungen aus 31.1.1. auf die Schwarzschild-Metrik (30.4.1/3) in $\mathfrak{M}$ und auf die Schwarzschild-Eddington-Metrik (30.4.2/1) in $\tilde{\mathfrak{M}}$ an. $\mathfrak{M}$ und $\tilde{\mathfrak{M}}$ sind die Raum-Zeiten aus 30.4.2. Hat das Gebiet ω die angegebene Form (s. S. 348), so ist $\bar{\omega}$ in $\mathfrak{M}$ nicht kompakt, aber in $\tilde{\mathfrak{M}}$ kompakt. $\mathfrak{M}$ ist somit erweiterungsfähig und damit nicht vollständig. $\widetilde{\mathfrak{M}}$ ist Erweiterung von $\mathfrak{M}$. In $\widetilde{\mathfrak{M}}$ ist der Krümmungsskalar $R = \frac{48M^2}{r^6}$, wird also für $r \to 0$ singulär. Andererseits ist im CGS-System die Eigenzeit einer zeitartigen Linie, die in einem Punkt $0 < r < 2M$ beginnt (hier startet man auch die Zählung der Eigenzeit) und sich in positiver t-Richtung bewegt, maximal $1{,}54 \cdot 10^{-5} \frac{M}{M_\odot}$ s ($M_\odot = 1{,}5$ km ist der Schwarzschildradius der Sonne). Aus diesen beiden Fakten folgt, daß $\widetilde{\mathfrak{M}}$ nicht zeitartig vollständig ist, aber über $r = 0$ nicht fortgesetzt werden kann. Trotzdem zeigt es sich, daß auch $\widetilde{\mathfrak{M}}$ erweiterungsfähig ist.

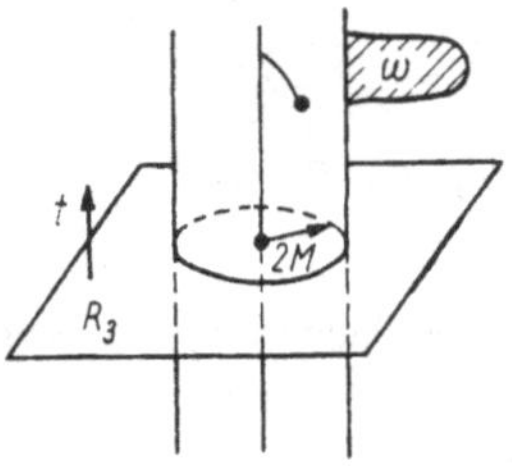

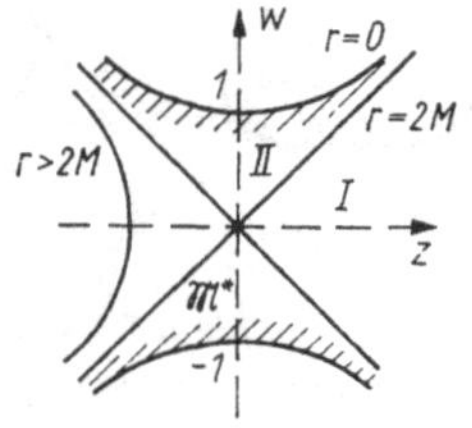

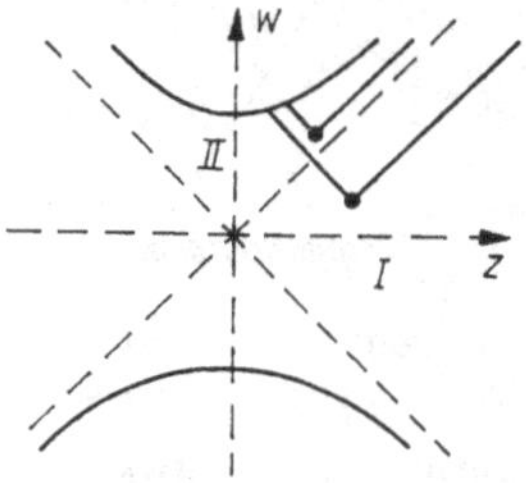

Kruskal-Metrik. Die Kruskal-Metrik hat die Form

$$ds^2 = \frac{32M^3}{r} e^{-\frac{r}{2M}} (dz^2 - dw^2) + r^2(d\vartheta^2 + \sin^2 \vartheta d\varphi^2) . \tag{1}$$

Sie entsteht aus der Schwarzschild-Metrik (30.4.1/3) durch $z = z(r, t)$, $w = w(r, t)$, φ und ϑ ungeändert, wobei

$$z^2 - w^2 = \frac{1}{2M} (r - 2M) e^{\frac{r}{2M}}, \quad \frac{w}{z} = \frac{e^{\frac{t}{4M}} - e^{-\frac{t}{4M}}}{e^{\frac{t}{4M}} + e^{-\frac{t}{4M}}}, \tag{2}$$

ist. Damit sind auch $r = r(z, w)$ sowie φ und ϑ in (1) klar. $r \equiv$ const sind Hyperbeln in einer z, w-Ebene, wobei man die uninteressante ϑ-φ-Abhängigkeit wegläßt. Die Kruskal-Raum-Zeit $\mathfrak{M}^*$ liegt dann zwischen den beiden Ästen der Hyperbel $w^2 = z^2 + 1$. Hierbei geht die Schwarzschild-Raum-Zeit $\mathfrak{M}$ in I über, d. h. $\{(w, z) \mid z > 0, |w| < z\}$, während die Eddington-Raum-Zeit $\widetilde{\mathfrak{M}}$ in I + II übergeht, d. h. $\{(w, z) \mid (w, z) \in \mathfrak{M}^*, w + z > 0\}$. (Hierbei müssen stets noch ϑ und φ hinzugefügt werden, so daß man 4-dim. Mannigfaltigkeiten erhält.) $\mathfrak{M}^*$ ist also eine Erweiterung von $\widetilde{\mathfrak{M}}$. Sie ist nicht vollständig (denn die obigen Überlegungen für $r \to 0$ bez. der Eddington-Metrik gelten nach wie vor), aber nicht erweiterungsfähig.

Lichtkegel. Die Geraden $z = \pm w +$ const sind Nullgeodäten in $\mathfrak{M}^*$. Das folgt aus (1) mit $\vartheta \equiv$ const und $\varphi \equiv$ const. $\mathfrak{M}$ ist zeitorientierbar. Die Richtung wachsender w-Werte sei die Zukunftsrichtung. Dem entspricht der eingezeichnete Zukunftskegel in I. Stetig dehnt man die Zukunftsrichtung auf $\mathfrak{M}^*$ aus. Damit erhält man folgende interessante Situation: Von I (also $\mathfrak{M}$) können in II (also $\widetilde{\mathfrak{M}} \setminus \mathfrak{M}$) Informationen auf zeitartigen und nullartigen Weltlinien eindringen. Dagegen gelangen keine Informationen von II nach I. In der späteren Sprechweise ist II ein schwarzes Loch.

31.1.3. Einschlußflächen

Einschlußflächen (closed trapped surfaces) spielen in der von Penrose, Hawking, Ellis u. a. entwickelten Singularitätentheorie von Raum-Zeiten eine fundamentale Rolle.

Definition. *M sei eine zeitorientierbare Raum-Zeit. F sei eine randlose kompakte raumartige zweidimensionale Fläche in M. Dann heißt F zukunftsgerichtete Einschlußfläche, falls jede der beiden zu F orthogonalen zukunftsgerichteten Scharen von Strahlen konvergiert (analog vergangenheitsgerichtete Einschlußflächen).*

Bemerkung 1. Zeitorientierbare Raum-Zeiten wurden in 31.1.1. definiert. Eine Fläche F (die natürlich als C^∞-Fläche angesehen wird) heißt raumartig, falls die Tangentialvektoren $V^k = \frac{\mathrm{d}x^k}{\mathrm{d}\tau}$ jeder in ihr verlaufenden C^∞-Kurve $x^k(\tau)$ raumartig sind, also $g_{kl} V^k V^l > 0$ gilt. Errichtet man in jedem Punkt von F die lokalen Zukunfts-Lichtkegel, so erhält man als einhüllende Flächen zwei charakteristische Flächen. Details hierzu findet man in 33.1.2. und 33.1.3. Dort wird auch begründet, daß diese zwei charakteristischen Flächen von ausgezeichneten Strahlen

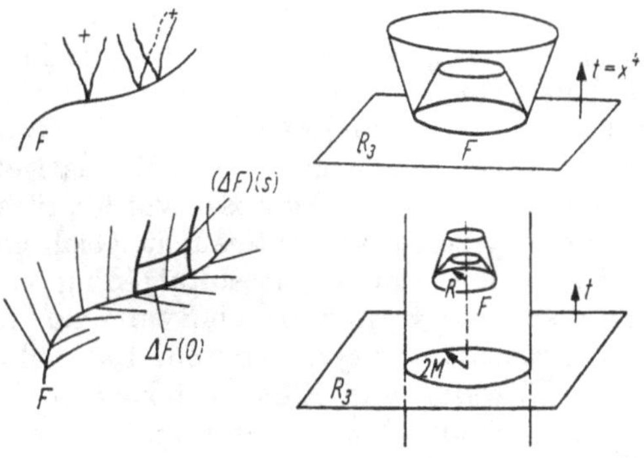

aufgespannt werden, die orthogonal zu F sind (vgl. (1) und (2) in 33.1.3.). Dies sind die beiden in der Definition genannten orthogonalen zukunftsgerichteten Scharen von Strahlen. Was mit Konvergenz eines solchen Systems von Strahlen gemeint ist, ist anschaulich klar (man vgl. mit dem Begriff der Kaustik in 33.1.3.). Eine präzise Formulierung ist aber relativ kompliziert, siehe [16], S. 262 und S. 101. Eine erste Fassung könnte wie folgt aussehen: Betrachtet wird ein (infinitesimales) zweidimensionales Flächenstück ΔF in F. Die Strahlen durch ΔF (wobei wir eines der beiden Systeme fixieren) werden durch (33.1.3/2) beschrieben. Fixiert man $s > 0$ (hierbei entspricht $s = 0$ der Fläche F), so erhält man ein Flächenstück $(\Delta F)(s)$. Die 4-dim. Lorentz-Metrik g_{kl} induziert auf ΔF und $(\Delta F)(s)$ eine (lokal euklidische) zweidim. Metrik. Mit deren Hilfe kann man das Flächenmaß $|\Delta F(s)|$ bilden. Konvergenz der Strahlen bedeutet nun $\frac{\mathrm{d}}{\mathrm{d}s} |\Delta F(s)| < 0$. (Obwohl nicht unmittelbar klar ist, ob eine solche Festlegung der Konvergenz mit der in [16], S. 262/267, übereinstimmt, erhält man zumindest ein qualitativ richtiges Bild.)

Bemerkung 2. Ist F im Minkowskiraum die Oberfläche einer 3-dim. Kugel in der Ebene $x^4 = 0$, so sind die beiden oben genannten charakteristischen Flächen Kegel. Die zugehörigen Strahlen (in diesem Fall Geraden) konvergieren für den „inneren" Kegel und divergieren für den „äußeren" Kegel. Im Minkowskiraum gibt es keine Einschlußflächen. Das entsprechende Bild in der Eddington-Metrik (30.4.2/1) mit „+" sieht anders aus. Wählt man für F die Oberfläche einer 3-dim. Kugel mit 0 als Mittelpunkt und einen Radius $R < 2M$, so zeigt die Diskussion in 31.2.1., daß jetzt beide der oben genannten charakteristischen Flächen „nach innen" laufen. Beide Scharen von Strahlen konvergieren. F ist eine Einschlußfläche.

Bemerkung 3. Das letzte Beispiel zeigt den physikalischen Sinn der Begriffsbildung. Schaltet man auf F Licht ein, so läuft dieses Licht ins Kugelinnere. Das Licht wird gefangen (trapped surface).

31.1.4. Singularitäten

Bis in die sechziger Jahre hinein war folgende Meinung unter den Relativitätstheoretikern weit verbreitet: Die Singularitäten der bekannten expliziten Lösungen der Einsteinschen Gleichungen sind durch die hohen Symmetrien der entsprechenden Metriken bedingt (die Schwarzschild-Eddington-Metrik diente als Kronzeuge). Man glaubte (und hoffte), daß allgemeine (nicht-symmetrische, realistische) Lösungen der Einsteinschen Gleichungen derartige Singularitäten vermeiden würden. Die Klärung dieser Frage wurde immer dringender. Einmal waren die kosmologischen Konsequenzen derartiger Singularitäten seit langem bekannt: Friedmansche Modelle, Urknall (siehe 31.3.). Zum anderen legten die Resultate der modernen Astrophysik die Existenz von Sternen mit unglaublich hoher Massendichte nahe: weiße Zwerge, Pulsare, Neutronensterne (siehe 31.2.2.). Kugelförmige Sterne, deren Massendichte so hoch ist, daß ihr Radius kleiner als ihr Schwarzschildradius ist, schienen und scheinen durchaus physikalisch real zu sein (schwarze Löcher). Die Schwarzschild-Eddington-Metrik liefert hierfür eine eindrucksvolle theoretische Beschreibung (siehe 31.2.). Die Frage, ob Singularitäten für reale Raum-Zeiten lokal und global unvermeidlich sind, ist somit nicht nur von mathematischem, sondern auch von physikalischem Interesse. Seit 1965 (Penrose) wurden diese Fragen im Rahmen einer qualitativen Theorie systematisch untersucht. Grob gesprochen lautet das (je nach Standort positive oder negative) Resultat: Singularitäten in realen Raum-Zeiten sind nicht die Ausnahme (bedingt durch Symmetrien), sondern die Regel. [16] (insbesondere Kap. 8) enthält eine systematische Darstellung dieser Resultate, die auf Penrose, Geroch, Hawking und Ellis zurückgehen. Wir geben hier einen typischen Satz an, der einen Eindruck von dieser Theorie vermittelt.

Satz (*Hawking, Penrose 1970*). *M sei eine zeitorientierbare Raum-Zeit ohne zeitartige geschlossene Linien. Ist T^{kl} der Energie-Impuls-Tensor im Sinne der Einsteinschen Gleichungen* (30.1.2/3), *so sollen die Forderungen* (*b*) (*zeitartige Konvergenzbedingung*) *und* (*c*) (*Allgemeinheitsbedingung*) *an T^{kl} am Ende von* 31.1.1. *erfüllt sein. Besitzt M eine zukunftsgerichtete Einschlußfläche, so ist M singulär* (*im Sinne von Def.* 31.1.1/1).

Bemerkung. Von expliziten Lösungen von (30.1.2/3) ist hier nicht mehr die Rede. Es sind rein qualitative Aussagen. Daß die Existenz von Einschlußflächen zu Singularitäten führt, erscheint physikalisch plausibel. Man kann sich dies am Beispiel der Schwarzschild-Eddington-Metrik klar machen. Da die Art der Zeitorientierung belanglos ist, kann die Einschlußfläche im Satz auch vergangenheitsgerichtet sein.

31.1.5. Schwarze Löcher

Eine präzise Definition eines schwarzen Loches im Rahmen der qualitativen Penrose-Theorie ist relativ kompliziert (siehe [16]). Wir begnügen uns hier mit einer etwas unscharfen Darstellung, von der wir aber hoffen, daß sie das Wesen dieses fundamentalen Begriffs richtig beschreibt. Betrachtet wird eine zeitorientierbare Mannigfaltigkeit M. Ohne Beschränkung der Allgemeinheit nehmen wir an, daß M durch eine einzige Karte dargestellt werden kann: M sei eine offene Teilmenge von $R_4 = R_3 \times (-\infty, \infty)$. (Anderenfalls muß man die folgenden Untersuchungen

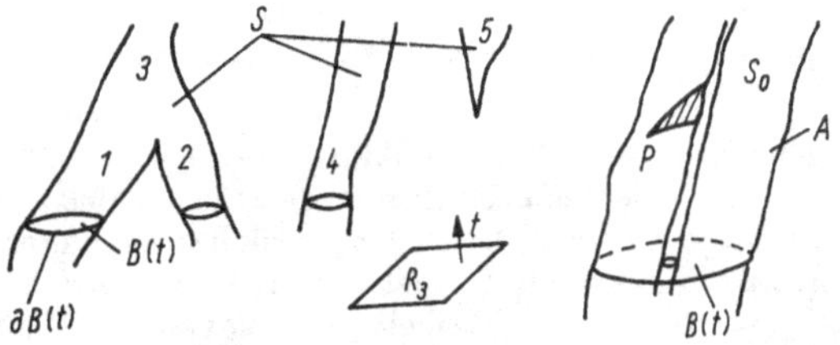

lokal interpretieren.) Die Zukunftsrichtung soll wachsenden t-Werten entsprechen ($t=x^4$). In R_4 sei S eine offene Menge, die in der angegebenen Form aus endlich vielen Schläuchen besteht. Insbesondere sei $\overline{S \cap \{t=\text{const}\}}$ für jedes $t \in R_1$ eine 3-dim. kompakte Menge, die aus endlich vielen zusammenhängenden Komponenten besteht. $B(t)$ sei eine solche zusammenhängende Komponente, $\partial B(t)$ sei ihr 2-dim. Rand, also $\partial B(t) = \overline{B(t)} - B(t)$ (in R_3 bei festem t). Der Inhalt wird mit $|\partial B(t)|$ bezeichnet. M sei jetzt die Vereinigung von $R_4 \backslash S$ und einer offenen Menge S_0 mit $S_0 \subset S$: Also das Äußere der Schläuche und Teile der Schläuche. Als Ast von S bezeichnen wir 4 oder 5, aber auch 1–3 oder 2–3 (siehe Zeichnung).

Schwarzes Loch (*black hole*): *Ein Ast A von S heißt schwarzes Loch, falls mit jedem Punkt $P \in A \cap M$ auch der zukunftsgerichtete Lichtkegel (charakteristisches Konoid), der im Punkt P beginnt, in $A \cap M$ liegt.*

Weißes Loch: *Ein Ast A von S heißt weißes Loch, falls mit jedem Punkt $P \in A \cap M$ auch der vergangenheitsgerichtete Lichtkegel, der im Punkt P beginnt, in $A \cap M$ liegt.*

Bemerkung 1. Die genaue Definition sieht komplizierter aus. Sie besteht in einer konstruktiven Beschreibung von $B(t)$. Von besonderem Interesse ist die Frage nach dem Endstadium eines schwarzen Loches. Was wird aus $B(t)$ für $t \to \infty$ (stationäres schwarzes Loch)?

Vermutung. *Das Endstadium eines schwarzen Loches wird durch eine Kerr-Newman-Metrik beschrieben.*

Bemerkung 2. Die Kerr-Newman-Metrik enthält 3 Parameter, die der Masse, dem Drehimpuls und der Ladung des schwarzen Loches entsprechen. Spezialfälle sind die Eddington-Metrik (ruhendes ungeladenes schwarzes Loch: Drehmoment und Ladung sind 0) und die Kerr-Metrik (rotierendes ungeladenes schwarzes Loch: Ladung ist 0). Diese Fälle werden wir in 31.2. ausführlich behandeln. Die obige Vermutung scheint noch nicht endgültig bewiesen zu sein. Aber es gibt zahlreiche Sätze, die in diese Richtung weisen (natürlich auf der Grundlage einer genauen Definition eines schwarzen Loches), siehe [16], S. 331, und [30], S. 876. Das Überraschende ist, daß ein stationäres schwarzes Loch alle physikalischen Besonderheiten über Bord wirft und sich auf 3 Maßzahlen reduziert (Masse, Drehmoment, Ladung). Das Angenehme ist, daß man die zugehörige Raum-Zeit explizit kennt (seit 1965).

Bemerkung 3. Der physikalische Sinn der Definition eines schwarzen Loches ist klar: In ein schwarzes Loch $A \cap M$ können von außen, also von $R_4 \backslash S$, längs zeitartiger und nullartiger Weltlinien Informationen eindringen, aber keine Information kann von $A \cap M$ nach $R_4 \backslash S$ gelangen. Diesen Effekt werden wir später noch im Detail untersuchen, man vgl. auch mit den Betrachtungen zur Kruskal-Metrik in 31.1.2.

Bemerkung 4. Die obige Vermutung legt nahe, daß sich schwarze Löcher nicht auflösen können. Dagegen können sie im Laufe der Zeit entstehen oder auch zusammenstoßen (5 bzw. 1–3 und 2–3 in der Zeichnung). Auf der Basis der Penrose-Theorie kann man folgende Aussage beweisen.

Satz (*Hawking*, 1971). *Stoßen zwei schwarze Löcher $B_1(t')$ und $B_2(t')$ zusammen, so entsteht ein neues schwarzes Loch $B_3(t'')$, und es gilt*

$$|\partial B_3(t'')| > |\partial B_1(t')| + |\partial B_2(t')| \,. \tag{1}$$

Bemerkung 5. t' ist ein Zeitpunkt lange vor dem Zusammenstoß ($B_1(t')$ und $B_2(t')$ sind dann fast stationär), und t'' ist ein Zeitpunkt lange nach dem Zusammenstoß ($B_3(t'')$ ist dann fast stationär).

Bemerkung 6. Die Frage entsteht, ob schwarze Löcher physikalisch real sind. Schwarze Löcher kann man (definitionsgemäß) nicht sehen. Aber sie beeinflussen dicht benachbarte Sterne und Gaswolken. Das Resultat sind u. a. Röntgenstrahlen. Die Astrophysik hat auf dieser Basis zwei Kandidaten für schwarze Löcher ausfindig gemacht, der bekanntere ist Cygnus X1 im Sternbild des Schwans. Die Satelliten „Uhuru" (das heißt „Freiheit" auf Suaheli), 1970, und „Copernicus", 1973, zur Messung von Röntgenstrahlen haben den Verdacht erhärtet, siehe [12], S. 134. Man vgl. hierzu auch mit [64] sowie [63], S. 264, und insbesondere mit [59], S. 85–87. Es soll Relativitätstheoretiker geben, die die Situation wie folgt einschätzen:

Entweder gibt es Löcher im Himmel oder in der allgemeinen Relativitätstheorie.

31.2. Die Theorie der schwarzen Löcher, Sternentwicklung

31.2.1. Die Eddington-Metrik

Wie in Bemerkung 31.1.5/2 erwähnt wurde, wird ein stationäres (d. h. zeitlich unveränderliches) ruhendes ungeladenes schwarzes Loch durch die Eddington-Metrik (30.4.2/1) beschrieben. „Ruhend" bezieht sich hier auf den Fixsternhimmel, der als Inertialsystem angesehen wird. Die Raum-Zeit $\mathfrak{M}$ aus 30.4.2. ist zeitorientierbar. Als Zukunftsrichtung wählen wir wachsende t-Werte ($t = x^4$). Um ein schwarzes Loch zu erhalten, müssen wir dann in (30.4.2/1) das „+" wählen, also

$$ds^2 = \left(1 + \frac{2M}{r}\right) dr^2 + 4\,\frac{M}{r}\,dr dt - \left(1 - \frac{2M}{r}\right) dt^2 + r^2 d\vartheta^2 + r^2 \sin^2 \vartheta d\varphi^2 \,. \tag{1}$$

Im Sinne der Bezeichnungen aus 30.1.5. ist $S = \{(x^k) \mid 0 \leq r < 2M,\ t \in R_1\}$ und $S_0 = \{(x^k) \mid 0 < r < 2M, t \in R_1\}$. Um zu zeigen, daß S_0 ein schwarzes Loch ist, beschränken wir uns auf r-t-Diagramme (also auf Linien mit $\varphi \equiv \text{const}$ und $\vartheta \equiv \text{const}$). Die Strahlen $ds^2 = 0$ werden dann durch die Differentialgleichungen $dr + dt = 0$ und $dt = dr\left(\dfrac{2}{1 - \dfrac{2M}{r}} - 1\right)$ beschrieben, die in der Zeichnung dargestellt sind. Die zukunftsgerichteten Lichtkegel haben dann die angegebene Form. Man sieht, daß S_0 ein schwarzes Loch ist. Mit „−" in (30.4.2/1) würde man ein weißes Loch erhalten.

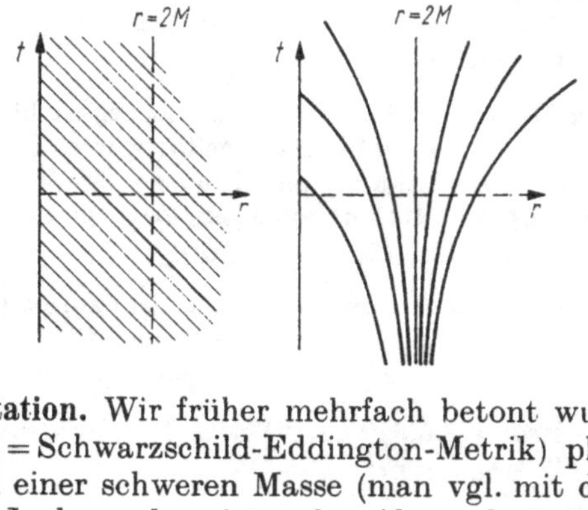

Interpretation. Wir früher mehrfach betont wurde, erkennen wir der Eddington-Metrik (= Schwarzschild-Eddington-Metrik) physikalische Realität zu: Gravitationsfeld einer schweren Masse (man vgl. mit den Interpretationen in 30.4.1. und 30.4.2.). Insbesondere ist r der Abstand eines Beobachters von dieser schweren

Masse. Für $r > 2M$ ist die (zeitartige) Weltlinie eines ruhenden Beobachters A eine Gerade parallel zur t-Achse. Für $0 < r < 2M$ ist eine solche Weltlinie unmöglich, für $r = 2M$ kann sie nur noch von elektromagnetischen Wellen realisiert werden (stationäres Licht). Betrachten wir einen Beobachter B, der sich auf der eingezeichneten Weltlinie dem schwarzen Loch nähert (ein Ausflug im Raumschiff). Überschreitet er P, so ist er unrettbar verloren. Innerhalb kurzer Eigenzeit zerschellt er an der

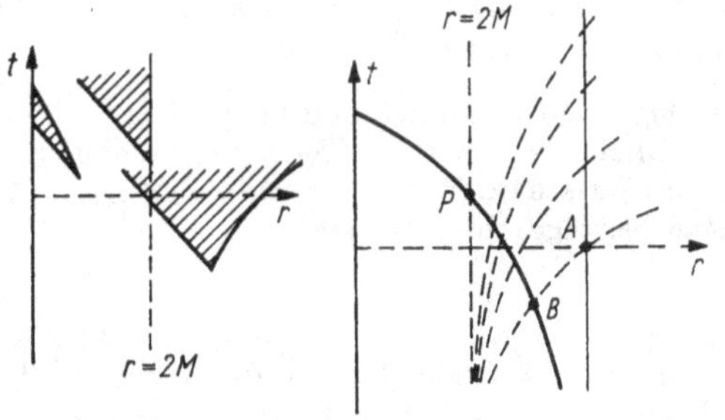

Singularität $r = 0$ (siehe 31.1.2.). A und B beurteilen alles Geschehen bezüglich ihrer jeweiligen Eigenzeit (also der Bogenlänge s ihrer Weltlinien). Für A (mit $r \equiv \text{const}$, $\vartheta \equiv \text{const}$, $\varphi \equiv \text{const}$) ist die Eigenzeit proportional zu t. Betrachtet der ruhende Beobachter A seinen reisenden Kollegen B, so stellt er fest, daß sich dieser langsam dem schwarzen Loch nähert, es aber niemals (in A-Eigenzeit) erreicht. B stellt dagegen mit Bedauern fest, daß er sehr rasch (in endlicher B-Eigenzeit) im schwarzen Loch verschwindet.

31.2.2. Sterne

Man glaubt, daß man heute die Lebensgeschichte eines Sterns kennt, obwohl einige Details noch geklärt werden müssen. Man hat hierfür umfangreiche Rechnungen durchgeführt. Die Basis sind thermodynamische, nukleare u. a. Prozesse. Die so erhaltenen Sternmodelle stehen in guter Übereinstimmung mit den beobachteten Sterntypen. Danach stellt sich die Lebensgeschichte eines Sterns wie folgt dar:

Geburt. Unter dem Einfluß der Gravitation kontrahiert eine kalte Gaswolke. Sie erhitzt sich. Ist die Masse m der Gaswolke kleiner als $10^{-2}\, m_\odot$ (wobei $m_\odot$ die Masse der Sonne ist), so wird jene Temperatur nicht erreicht, die den Prozeß $H \to He$ (Verbrennung von Wasserstoff zu Helium unter gleichzeitiger Freisetzung von Energie) in Gang setzt. Die Gaswolke zerfällt wieder.

Leben. Ist $m > 10^{-2}\, m_\odot$, so entsteht (nach einer Übergangsphase) ein stabiler strahlender Stern. Ist der Stern sehr massenreich, so können neben und nach $H \to He$ weitere nukleare Prozesse ablaufen (der Stern verbrennt seine Asche). Dieses stabile Stadium dauert etwa $2 \cdot 10^{10} \left(\frac{m_\odot}{m}\right)^2$ Jahre und endet, wenn der nukleare Brennstoff aufgebraucht ist. Die Formel zeigt, daß massenreiche Sterne früh sterben.

Tod. Ist $m < 1{,}2\, m_\odot$ (*Chandrasekhar-Limit*), so endet der Stern als weißer (und später vermutlich schwarzer) Zwerg. Derartige Sterne haben Radien von $3 \cdot 10^3$ bis $2 \cdot 10^4$ km, eine Massendichte μ von etwa $10^6 \frac{\text{g}}{\text{cm}^3}$ und bestehen aus nackten Atomkernen und freien Elektronen (Elektronengas). Ist $m > 1{,}2\, m_\odot$, so schleudert der Stern einen großen Teil seiner Masse in den Weltraum. Es entsteht das astronomische Spektakel einer Supernova. Die verbliebenen Reste verwandeln sich in einen Neutronenstern. Derartige Sterne haben Radien von 6 bis 100 km, eine Massendichte μ von etwa 10^{13} bis $10^{15}\ \frac{\mathrm{g}}{\mathrm{cm}^3}$ und bestehen aus Neutronen (Neutronengas). Man glaubt, daß die Pulsare Neutronensterne sind. Das bekannteste Beispiel einer Supernova und eines zugehörigen Pulsars ist der Krebsnebel (diese Supernova wurde 1054 von den Chinesen beobachtet und beschrieben).

Bemerkung 1. Man glaubt, daß das obige Bild qualitativ und (abgesehen von Vorfaktoren) quantitativ richtig ist. Es wird durch zahlreiche theoretische Überlegungen und experimentelle Daten (insbesondere der Radioastronomie) gestützt. Wir verweisen auf [30], §§ 24.2 und 24.3, [36], Kap. 1, [12, 44, 63]. Für uns sind Beiträge von Interesse, die die Relativitätstheorie zu dieser Frage liefern kann.

Kritische Größen. Wir betrachten wieder die Eddington-Metrik. Ein kontrahierender (kugelförmiger) Stern wird ein schwarzes Loch, falls sein Radius r kleiner als sein Schwarzschildradius $r_c = 2M$ wird. Nach (30.4.1/4) erhält man im CGS-System

$$r \leqq 2\,\frac{\mathrm{G}}{\mathrm{c}^2}\cdot\frac{4}{3}\,r^3\pi\mu\,,$$

wobei μ die Massendichte ist. Ersetzt man r in dieser Formel durch die Masse $m = \frac{4}{3}\,\pi r^3\mu$, so erhält man eine kritische Masse m_c. Es ergeben sich

$$r \geqq r_c \sim \frac{10^{13}}{\sqrt{\mu}}\,\mathrm{cm} \quad \text{und} \quad m \geqq m_c \sim 4\cdot\frac{10^{39}}{\sqrt{\mu}}\,\mathrm{g}\,, \tag{1}$$

wobei μ in $\frac{\mathrm{g}}{\mathrm{cm}^3}$ einzusetzen ist. In dem Diagramm sind einige typische Zahlenwerte eingetragen. Oberhalb der kritischen Kurven verschwindet der Stern hinter seinem Schwarzschildradius und wird zu einem schwarzen Loch.

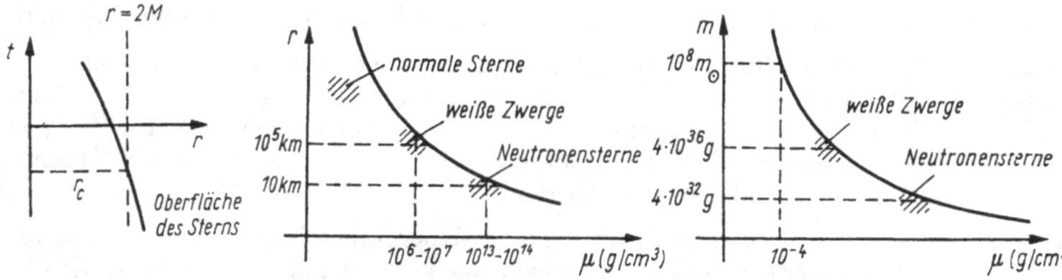

Bemerkung 2. Ist $\mu \sim 10^{-4}\ \frac{\mathrm{g}}{\mathrm{cm}^3}$ (Dichte der Luft), so ist die kritische Masse $m_c \sim 10^8\ m_\odot$. Bei einer solchen geringen Massendichte ist die Verbrennung H → He nicht möglich. Zumindest theoretisch ist somit die Existenz riesiger kalter Massen denkbar, die ein schwarzes Loch bilden.

Bemerkung 3. Vergleichszahlen für die Sonne $\odot$ und die Erde E sind: $r_\odot = 7\cdot 10^5$ km, $\mu_\odot = 1{,}4\ \frac{\mathrm{g}}{\mathrm{cm}^3}$, $m_\odot = 2\cdot 10^{33}$ g, $r_{\mathrm{E}} = 6\cdot 10^3$ km und $\mu_{\mathrm{E}} = 5{,}3\ \frac{\mathrm{g}}{\mathrm{cm}^3}$.

Oh, Be A Fine Girl, Kiss Me Right Now, Sweet!
(Eselsbrücke zum Lernen der Spektralklassen)

31.2.3. Das Hertzsprung-Russel-Diagramm und die himmlische Skala

Bücher über die moderne Astrophysik und Radioastronomie lesen sich spannender als mancher Krimi [12, 36, 44, 56, 63]. Im letzten Abschnitt haben wir einige quantitative Angaben über Sterne gemacht. Weitere Aussagen (insbesondere über Abstände im Weltraum) sind für die späteren kosmologischen Betrachtungen von Interesse. Wir wollen deshalb einige Bemerkungen zur Abstandmessung machen.

1. Stufe (*der himmlischen Skala*). Betrachtet man einen nicht sehr weit entfernten Stern aus verschiedenen Stellungen der Erdumlaufbahn, so schwankt seine Position relativ zum übrigen Fixsternhimmel geringfügig (Winkel α). Da der Durchmesser der Erdumlaufbahn bekannt ist, kann man hieraus den Abstand zur Erde berechnen. Für viele Sterne ist dieser Effekt zu klein, um meßbar zu sein.

Das Hertzsprung-Russell-Diagramm. Andererseits ist aber die Anzahl der Sterne, deren Abstände durch diese geometrische Methode bestimmt werden können, so groß, daß man einen bemerkenswerten Zusammenhang zwischen den Spektralklassen der Sterne und ihrer absoluten Helligkeit (Vielfaches der Sonnenhelligkeit im Diagramm) feststellen kann. Den Spektralklassen (Gesamtheit charakteristi-

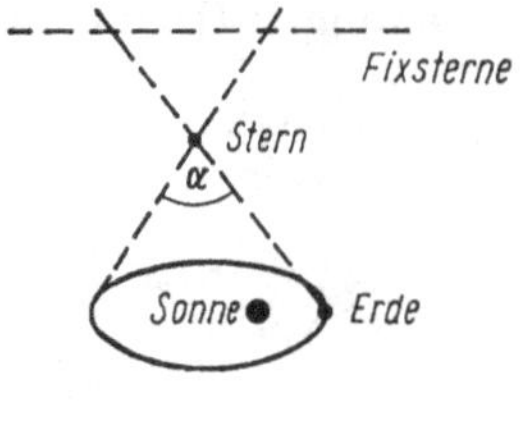

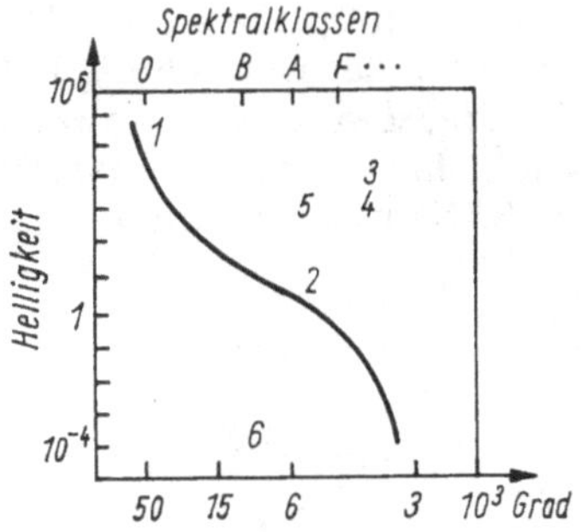

1 Extrem heiße blaue Sterne
2 Sonnenähnliche Sterne
3,4 Rote Riesen
5 Veränderliche Sterne
6 Weiße Zwerge

scher Linien im Spektrum des Lichts, die bestimmten chemischen Elementen zugeordnet werden) entsprechen Oberflächentemperaturen. Das Resultat ist das Hertzsprung-Russell-Diagramm mit einer Hauptlinie und einigen Nebenlinien.

Veränderliche Sterne. Die geometrische Methode liefert aber noch ein zweites bemerkenswertes Resultat. Es gibt Sterne, deren Helligkeit periodisch schwankt (die Periode beträgt einige Tage). Die geometrische Methode erlaubt für einige (hinreichend viele) Veränderliche den Abstand und damit die absolute Helligkeit zu bestimmen. Es ergibt sich, daß die Periode um so größer ist, je heller der Stern ist (siehe Zeichnung).

2. Stufe. Man nimmt nun an, daß das Hertzsprung-Russell-Diagramm und das Helligkeits-Perioden-Gesetz der Veränderlichen für alle Sterne gelten (und nicht nur für jene, deren Abstand geometrisch bestimmt werden kann). Damit kann man aber die Abstände aller Sterne ermitteln: Man bestimmt die Spektralklasse, kennt damit die absolute Helligkeit, vergleicht sie mit der beobachteten Helligkeit und berechnet hieraus den Abstand.

3. Stufe. Ende der zwanziger Jahre entdeckte Hubble in einigen Galaxien veränderliche Sterne. Mit Hilfe der Methode aus der zweiten Stufe konnte er die Abstände dieser Sterne (und damit der Galaxien) ermitteln. Andererseits weist das Licht (der Mehrzahl) der Galaxien eine Rotverschiebung der Spektrallinien auf. Deutet man diese Rotverschiebung (Verringerung der Frequenz) als Doppler-Effekt, so erhält man eine Fluchtgeschwindigkeit dieser Galaxien von unserer Milchstraße, die proportional zur Entfernung ist (siehe 31.3.1.). Wiederum nimmt man an, daß dieses Gesetz allgemeingültig ist. Damit kann man durch Messung der Rotverschiebung die Entfernung ferner Galaxien von der Milchstraße bestimmen.

Sternentwicklung. Den Lebensweg von Sternen kann man im Hertzsprung-Russell-Diagramm verfolgen (nach [37]). Das erste Diagramm ist die Entwicklung eines Sterns vom Typ unserer Sonne: Entstehung 1, Hauptlinie 2, Roter Riese 3, Abstoßen von Materie 4, Weißer Zwerg 5. Das zweite Diagramm kennzeichnet die Entwicklung eines massenreichen Sterns ($m > 3m_\odot$): Entstehung 1, Hauptlinie 2, Roter Riese und Supernova 3, Neutronenstern 4.

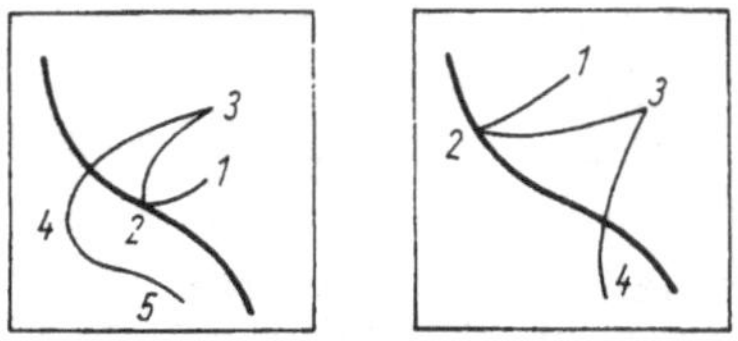

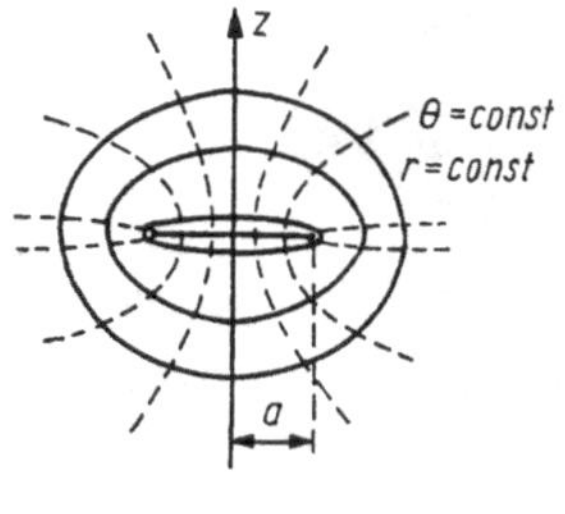

31.2.4. Die Kerr-Metrik

Wie in Bemerkung 31.1.5/2 erwähnt wurde, wird ein stationäres (d. h. zeitlich unveränderliches) rotierendes ungeladenes schwarzes Loch durch eine Kerr-Metrik beschrieben. „Rotierend" bezieht sich hier auf den Fixsternhimmel, der als Inertialsystem angesehen wird. Auch der Drehimpuls wird von einem weit entfernten ruhenden Beobachter gemessen. Die Kerr-Metrik ist eine Lösung der Einsteinschen Gleichungen im leeren Raum $R^{kl} - \frac{1}{2} R g^{kl} = 0$ und hat die Form

$$ds^2 = \varrho^2 \left(\frac{dr^2}{\Delta} + d\vartheta^2\right) + (r^2 + a^2) \sin^2\vartheta d\varphi^2 - dt^2 + \frac{2Mr}{\varrho^2} (a \sin^2\vartheta d\varphi - dt)^2 , \tag{1}$$

$$\varrho^2 = \varrho^2(r, \Theta) = r^2 + a^2 \cos^2 \vartheta, \quad \Delta = \Delta(r) = r^2 - 2Mr + a^2 . \tag{2}$$

Hierbei sind M und a Konstanten, $0<r<\infty$, $0<\vartheta<\pi$ und $0\leqq\varphi<2\pi$. Für $a=0$ erhält man die Schwarzschild-Metrik (30.4.1/3). Das legt nahe, $M=m\frac{\mathrm{G}}{\mathrm{c}^2}$ wie früher in (30.4.1/4) zu setzen, wobei m die Masse des schwarzen Loches ist. Ferner zeigt sich, daß Ma proportional zum Drehimpuls ist, wobei sich der Körper um die Achse $\vartheta=0$ bzw. $\vartheta=\pi$ dreht. Aus (2) folgt, daß (1) singulär wird für $\Delta(r)=0$. Dem entspricht

$$r_+=M+\sqrt{M^2-a^2} \quad \text{und} \quad r_-=M-\sqrt{M^2-a^2}\,. \tag{3}$$

Der Fall $M<a$. Für $M<a$ treten keine Singularitäten $\Delta(r)=0$ auf. Durch eine Transformation von r, Θ, φ, t in x, y, z, $\bar{t}$ kann man die Form

$$\begin{aligned} ds^2 &= dx^2+dy^2+dz^2-d\bar{t}^2 \\ &+\frac{2Mr^3}{r^4+a^2z^2}\left(\frac{r(x\,dx+y\,dy)-a(x\,dy-y\,dx)}{r^2+a^2}+\frac{z\,dz}{r}\,d\bar{t}\right)^2 \end{aligned} \tag{4}$$

erreichen. Hierbei hängen x, y, z und r durch $\frac{x^2+y^2}{a^2+r^2}+\frac{z^2}{r^2}=1$ zusammen. Das sind konfokale Ellipsoide im R_3, die sich für $r\to0$ auf die Kreisscheibe $x^2+y^2=a^2$ in der Ebene $z=0$ zusammenziehen. Für $r\to\infty$ strebt (4) gegen die Minkowski-Metrik. Das legt nahe, (x, y, z) als reale Ortskoordinaten zu interpretieren. (4) ist das Analogon von (30.4.1/2) und beschreibt das Gravitationsfeld einer um die z-Achse rotierenden schweren Masse (die kein schwarzes Loch ist).

Der Fall $M>a$. In der Hoffnung, das Gravitationsfeld eines rotierenden schwarzen Lochs beschreiben zu können, wird man zuerst nach einer Umschrift von (1) fragen, die für $a=0$ die Eddington-Metrik liefert. Die entsprechende Metrik lautet

$$\begin{aligned} ds^2 = &-\left(1-\frac{2Mr}{\varrho^2}\right)dt^2+\frac{4Mr}{\varrho^2}\,dt\,dr+\left(1+\frac{2Mr}{\varrho^2}\right)dr^2-2a\sin^2\vartheta\left(1+\frac{2aM}{\varrho^2}r\right)dr\,d\varphi \\ &-4\frac{a}{\varrho^2}Mr\sin^2\vartheta\,d\varphi\,dt+\frac{1}{\varrho^2}\left[(r^2+a^2)^2-a^2\Delta\sin^2\vartheta\right]\sin^2\vartheta\,d\varphi^2+\varrho^2d\vartheta^2\,. \end{aligned} \tag{5}$$

ϱ und Δ haben die Bedeutung aus (2), ferner ist $0<r<\infty$ und $0<\vartheta<\pi$. Dagegen ändert φ seine Bedeutung. $a=0$ liefert (31.2.1/1). Für $r\to\infty$ ergibt sich näherungsweise wieder die Minkowski-Metrik (etwas gestört durch φ), so daß man r für große Werte als Abstand vom rotierenden Körper ansehen kann. Für $r\to r_+$ treten Verzerrungen ähnlich wie im Fall $M<a$ auf. Es zeigt sich, daß $B(t)=\{r \mid r<r_+\}$ ein stationäres schwarzes Loch ist. $r=r_-$ hat keine besondere Bedeutung. Im Gegensatz zur Eddington-Lösung (d. h. $a=0$) erhält man für $a>0$ keine punktförmige Singularität, sondern eine kreisförmige Singularität (analog zum Fall $M<a$). Ein Ereignis im Punkt C erscheint nach kurzer Zeit im Kreis ○ dicht bei C: Stationäres

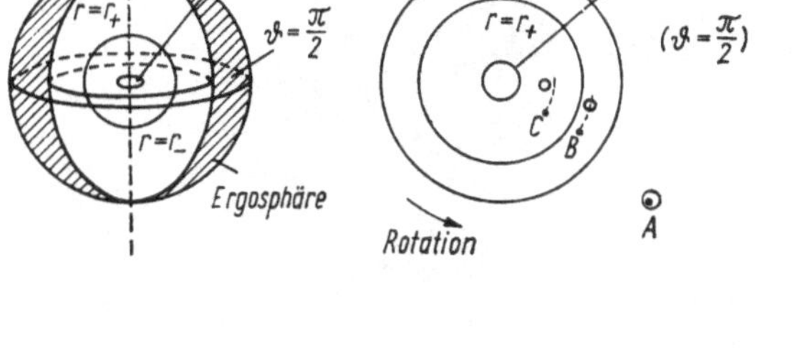

Verhalten ist nicht möglich, $B(t)$ kann man nicht entfliehen. Ein Beobachter A registriert die Rotation wohl, kann aber stationär verharren. Es gibt eine interessante Zwischenzone, die sogenannte *Ergosphäre*. Sie wird auf der Innenseite durch $r = r_+$ und auf der Außenseite durch $r = M + \sqrt{M^2 - a^2 \cos^2 \vartheta}$ begrenzt. Ein Beobachter B kann nicht stationär verharren, aber er kann diese gefährliche Zone wieder nach außen verlassen: Heftige Rotation mit Fluchtmöglichkeit. Nach 31.1.5. ist $|\partial B(t)|$ von Interesse. Es ergibt sich

$$|\partial B(t)| = 8\pi M(M + \sqrt{M^2 - a^2}) . \tag{6}$$

Energieversorgung. In [30], S. 906 und S. 908, ist folgendes beschrieben: Eine fortgeschrittene Zivilisation schießt Müll-Container auf einer Penrosebahn (siehe auch 31.2.5.) in die Nähe eines rotierenden schwarzen Lochs (in die Ergosphäre). An einer passenden Stelle wird der Müll in das schwarze Loch gekippt. Durch die gewaltige Rotation des schwarzen Lochs saust der leere Container mit riesiger Geschwindigkeit an seinen Ausgangspunkt zurück. Dort wird seine kinetische Energie etwa zur Stromerzeugung ausgenutzt. Im Endeffekt wird nicht nur der Müll in Energie verwandelt, sondern man zapft dem schwarzen Loch zusätzlich noch Energie ab.

31.2.5. Energiebilanz schwarzer Löcher

Was passiert, wenn zwei schwarze Löcher zusammenstoßen oder ein Teilchen in ein schwarzes Loch stürzt?

Zusammenstoß. Wir nehmen an, daß beim Zusammenstoß zweier ungeladener schwarzer Löcher (dargestellt durch Kerr-Metriken mit den Parametern M_1, a_1 bzw. M_2, a_2) wieder ein ungeladenes schwarzes Loch (Kerr-Metrik mit den Parametern M_3, a_3) entsteht. Dem entsprechen Vermutung 31.1.5 und Satz 31.1.5. Aus (31.1.5/1) und (31.2.4/6) folgt dann

$$M_3(M_3 + \sqrt{M_3^2 - a_3^2}) > M_1(M_1 + \sqrt{M_1^2 - a_1^2}) + M_2(M_2 + \sqrt{M_2^2 - a_2^2}) . \tag{1}$$

Hierbei kann es durchaus passieren, daß $M_1 + M_2 - M_3 > 0$ gilt. Entsprechend den Einsteinschen Vorstellungen aus 25.2.5. wird dieser Massendefekt in Energie verwandelt. Ein extremer Fall ist $M_1 = M_2 = a_1 = a_2$ und $a_3 = 0$. Aus (1) folgt dann $M_3 > M_1$. Also ist $M_1 + M_2 - M_3 \sim M_1$ möglich.

Teilchen. Nach Penrose hinterläßt ein Teilchen, das in ein schwarzes Loch $B_1(t)$ stürzt wieder ein neues schwarzes Loch $B_2(t')$. Dabei gilt $|\partial B_2(t')| > |\partial B_1(t)|$. Wir nehmen wieder an, daß beide schwarze Löcher durch Kerr-Metriken mit den Parametern M_1, a_1 bzw. M_2, a_2 beschrieben werden. Aus (31.2.4/6) folgt dann

$$M_2(M_2 + \sqrt{M_2^2 - a_2^2}) > M_1(M_1 + \sqrt{M_1^2 - a_1^2}) . \tag{2}$$

Wird bei diesem Vorgang die Rotation abgebremst, also $a_1 > a_2$, so ist nach (2) $M_1 > M_2$ möglich. $M_1 - M_2$ wird in Energie verwandelt. Dieses Resultat ist die Basis zu den Betrachtungen zur Energieversorgung am Ende von 31.2.4.

31.3. Kosmologie

31.3.1. Prinzipien

Von Anfang an hat die allgemeine Relativitätstheorie den Anspruch erhoben, Aussagen über die Welt als Ganzes machen zu können. Losgelöst von lokalen Besonderheiten (Sterne, Galaxien, schwarze Löcher usw.) sucht man globale Lösungen der Einsteinschen Gleichungen

$$R^{kl} - \frac{1}{2} R g^{kl} + \Lambda g^{kl} = \varkappa T^{kl} \tag{1}$$

unter vernünftigen Annahmen für den Energie-Impuls-Tensor T^{kl}. Man fordert, daß das kosmologische Prinzip erfüllt ist: Die Welt sieht (global) von allen ihren Punkten gleich aus, es gibt keine ausgezeichneten Richtungen. Astronomische Daten bestätigen dieses Prinzip näherungsweise: Galaxien, selbst Galaxien-Haufen, Radioquellen und die sogenannte 3K-Hintergrundstrahlung sind weitgehend isotrop (richtungsunabhängig) verteilt.

Daten. Es gibt nur wenige Daten, die für kosmologische Untersuchungen von Interesse sind. Neben der 3K-Hintergrundstrahlung, die wir später noch behandeln werden, sind dies:

1. Die mittlere Massendichte ϱ im Weltall. Man schätzt ihren Wert auf $10^{-31} \frac{\text{g}}{\text{cm}^3} \leqq \varrho \leqq 10^{-29} \frac{\text{g}}{\text{cm}^3}$.
2. Die Frequenzen ν der Spektrallinien des Lichts weit entfernter Galaxien (und von Objekten der Radioastronomie) sind um den Betrag $\Delta\nu$ verkleinert (Rotverschiebung). Es gilt das Hubblesche Gesetz $\frac{\Delta\nu}{\nu} = -\text{H}r$, wobei H die Hubblesche Konstante und r der Abstand des Objekts von der Erde ist (siehe 31.2.3.). Der derzeitige Wert ist etwa $\text{H}^{-1} \sim 10^{28}\,\text{cm} \sim 10^{10}$ Lichtjahre (in [30], S. 732, wird $\text{H}^{-1} = 18 \cdot 10^9$ Lichtjahre angegeben).
3. Für das Weltalter gibt es folgende Aussagen. Untersuchungen von Steinen auf der Erde mit Hilfe von Halbwertszeiten radioaktiver Elemente führen auf ein Alter von maximal $4{,}5 \cdot 10^9$ Jahren. Sternmodelle liefern Altersangaben von maximal $3 \cdot 10^{10}$ Jahren.

Bemerkung. Jedes Weltmodell muß (zumindest in der Größenordnung) diesen Daten Rechnung tragen. Untersucht man umgekehrt Weltmodelle, die freie Parameter enthalten (und dies wird der Fall sein), so kann man diese Daten benutzen, um diese Parameter zu bestimmen.

Ansatz für T^{kl}. Für T^{kl} machen wir den Ansatz (30.2.3/1), also $T^{kl} = (\mu + p) V^k V^l + p g^{kl}$, wobei wir im Sinne des kosmologischen Prinzips voraussetzen, daß $\mu = \mu(t)$ und $p = p(t)$ nur von der Zeit $t = x^4$ und nicht vom Ort (x^1, x^2, x^3) abhängen. Man erhält dann das System (1) – (4) aus 30.2.3. Für die Stromlinien V^k aus 30.2.3. führen wir 3 Kenngrößen ein: Dilatation $V^k{}_{;k}$, Rotation $V_{[k;l]}$ und Scherung (oder Schub) $\sigma_{kl} = V_{(k;l)} - \frac{1}{3} V^l{}_{;l}$.

31.3.2. Die Robertson-Walker-Metrik

Satz. *Ein rotationsfreies und schubfreies Weltmodell läßt sich in geeigneten lokalen Koordinaten als Robertson-Walker-Metrik* $ds^2 = S^2(t) \cdot d\sigma^2 - dt^2$ *darstellen. Hierbei ist* $d\sigma^2$ *ein positiv-definites dreidimensionales Linienelement, dessen zugehöriger Krümmungsskalar konstant ist.*

Bemerkung 1. Gesucht wird also eine Lösung von (31.3.1/1), wobei T^{kl} dem Ansatz aus 31.3.1. genügt und $V_{[k;l]} = \sigma_{kl} = 0$ gilt.

Bemerkung 2. Es ist $d\sigma^2 = \gamma_{\alpha\beta} dx^\alpha dx^\beta$, wobei über α und β von 1 bis 3 summiert wird. Hierbei ist der Fundamentaltensor $\gamma_{\alpha\beta}$ positiv-definit, d. h., seine Signatur im Sinne von 29.5.1. ist 3. Ist ε der Krümmungsskalar, der im Sinne von Def. 29.5.7. zu $\gamma_{\alpha\beta}$ gehört, so können wir im Satz $\varepsilon \equiv 1$, oder $\varepsilon \equiv 0$ oder $\varepsilon \equiv -1$ annehmen. Ist das nicht der Fall, so ändern wir $S(t)$ im Satz durch einen positiven konstanten Faktor ab.

31.3.3. Der Staubkosmos

Gefragt wird nach $S(t)$ aus Satz 31.3.2. Gesucht wird also ein Weltmodell, d.h. eine Lösung von (31.3.1/1), das durch eine Robertson-Walker-Metrik beschrieben wird und dessen Energie-Impuls-Tensor T^{kl} dem Ansatz aus 31.3.1. genügt. Eine quantitative Diskussion der empirischen Daten bezüglich der Energiedichte μ und des Drucks p findet man in [30], S. 711–713. Die dortigen Resultate legen folgenden Ansatz nahe, den man als Staubkosmos bezeichnet: In (30.2.3/1) sei $p(t) \equiv 0$ und $\mu(t) \equiv \varrho(t)$, wobei $\varrho(t)$ die mittlere Massendichte im Kosmos zum Zeitpunkt t ist.

Satz. *Im Staubkosmos gilt*

$$\frac{4}{3} \pi S^3(t) \, \varrho(t) = M \, , \tag{1}$$

$$\dot{S}^2(t) = \frac{\varkappa}{4\pi} \frac{M}{S(t)} + \frac{\Lambda}{3} S^2(t) - \varepsilon \, . \tag{2}$$

Bemerkung 1. (1) und (2) gewinnt man also aus (2)–(4) in 30.2.3. und den obigen Vereinbarungen. Hierbei ist $\varkappa$ die Einsteinsche Konstante, Λ die kosmologische Konstante und $\varepsilon = -1, 0, 1$ im Sinne von Bemerkung 31.3.2/2. Ferner ist $\dot{S}(t) = \frac{dS}{dt}$. Die Normierung von ε legt nahe, $d\sigma^2$ in Satz 31.3.2 im CGS-System als dimensionslos anzusehen. Dann hat $S(t)$ die Dimension einer Länge (wie auch dt^2 im Sinne der Vereinbarung Zeit = Weg). Somit ist $\frac{4}{3} \pi S^3(t)$ das Volumen einer (euklidischen) Kugel. $S(t)$ nennt man den Radius der Welt. (1) besagt dann, daß die Gesamtmasse M der Welt von der Zeit unabhängig ist (Massenerhaltungssatz). M ist eine (mathematisch) beliebig vorgebbare Integrationskonstante.

Bemerkung 2. (2) ist die berühmte Friedmansche Differentialgleichung. Von besonderem Interesse (nicht zuletzt aus ästhetischen Gründen) ist der Fall $\Lambda = 0$. Einstein hat sich in seinen späteren Jahren (nach Hubbles Entdeckungen) stets dafür eingesetzt, nur diesem Fall physikalische Bedeutung beizumessen.

31.3.4. Das Hubblesche Gesetz

Ab jetzt setzen wir $\Lambda=0$ in (31.3.3/2). Dann streben wir folgendes Ziel an: Aus Kenntnis der mittleren Massendichte ϱ und der Hubble-Konstante H zum jetzigen Zeitpunkt (siehe 31.3.1.) wollen wir die noch unbekannten Parameter ε (mit den möglichen Werten -1, 0, 1) und M aus Satz 31.3.3 bestimmen. Anschließend kann man (31.3.3/2) (mit $\Lambda=0$) lösen. Aus der expliziten Formel für $S(t)$ kann man dann das Alter der Welt bestimmen, wobei man natürlich hofft, daß der theoretische Wert mit dem empirischen Wert aus 31.3.1. übereinstimmt.

Hubble-Konstante. Die Lichtkegel in einer Robertson-Walker-Metrik bestimmen sich aus $ds^2=0$, also $dt^2=S^2(t)d\sigma^2$. Aus der Isotropie des Raumes, aber auch aus den expliziten Linienelementen $d\sigma^2$ für jeden der 3 Fälle $\varepsilon=-1, 0, 1$, liest man ab, daß diese Lichtkegel in σ-Richtung translationsinvariant sind. Betrachtet man zwei Beobachter 1 und 2, so erhält man infinitesimal (im kosmischen Maßstab sind dies etwa Abstände zwischen benachbarten Galaxien) $a=S(t_1)d$ und $b=S(t_2)d$. Die Eigenzeit der beiden ruhenden Beobachter ist t. Sendet 1 Licht der Frequenz ν_1

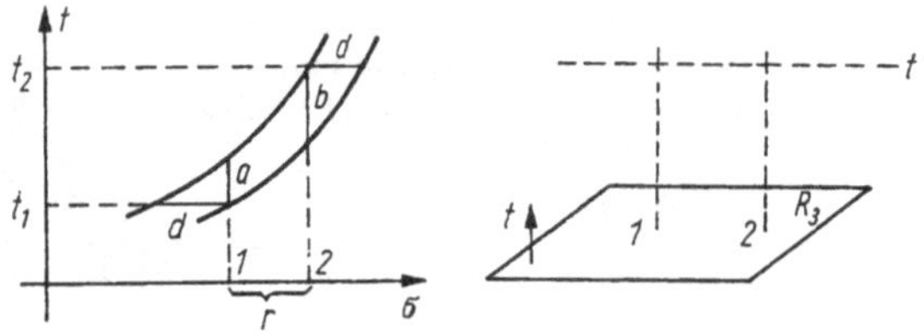

aus, so empfängt 2 dieses Licht mit der Frequenz ν_2, wobei $a\nu_1=b\nu_2$ (= Anzahl der Schwingungen in den Eigenzeitintervallen a bzw. b) gilt. Mit $\Delta\nu=\nu_2-\nu_1$ und $\nu=\nu_1$ ergibt dies $\frac{\Delta\nu}{\nu}=\frac{S(t_1)}{S(t_2)}-1$. Für $t_1\to t_2$ und $t=t_2$ erhält man

$$\frac{\Delta\nu}{\nu}=-\frac{\dot{S}(t)}{S(t)}r, \quad \text{also } H(t)=\frac{\dot{S}(t)}{S(t)}. \tag{1}$$

Hierbei haben wir noch $\Delta t=t_2-t_1=r$ (Abstand der beiden Beobachter) benutzt.

Friedmansche Differentialgleichung. Aus Satz 31.3.3 (mit $\Lambda=0$) folgt sofort

$$H^2(t)=\frac{\varkappa}{3}\varrho(t)-\frac{\varepsilon}{S^2(t)}. \tag{2}$$

Hieraus kann man eine phantastisch anmutende Kette von Folgerungen ziehen. Sind $H(t)$ und $\varrho(t)$ zu einem Zeitpunkt $t=t_0$ bekannt (unser Zeitpunkt), so kann man aus (2) die Größen ε (also $\varepsilon=-1, 0, 1$) und $S(t_0)$ bestimmen. Mit $t=t_0$ in (31.3.3/1) berechnet man dann die Gesamtmasse M. Anschließend löst man (33.3.3/2) mit $\Lambda=0$. Aus den expliziten Lösungen kann man schließlich (wie wir sehen werden) t_0 bestimmen: Das Alter der Welt.

Dilatation. Für die späteren Betrachtungen ist noch folgende Bemerkung nützlich. Der Abstand zweier Beobachter in der Robertson-Walker-Metrik ist durch $ds^2=S^2(t)\,d\sigma^2$ bestimmt. Bezogen auf den zeitunabhängigen Standardabstand σ ist somit $s=S(t)\sigma$. Wächst $S(t)$, so wächst s. Die Länge von im Weltall vorhandenen Wellen wächst also im Laufe der Zeit. Es entsteht eine Rotverschiebung der Frequenzen, die wieder durch (1) beschrieben wird.

31.3.5. Lösungen der Friedmanschen Differentialgleichung

Satz. *Die Friedmansche Differentialgleichung* (31.3.3/2) *mit* $\Lambda=0$ *hat folgende Lösungen:*

$$S(\tau)=\frac{\mathrm{G}M}{2}\tau^2,\quad t=\frac{\mathrm{G}M}{6}\tau^3 \quad \textit{für} \quad \varepsilon=0\,, \tag{1}$$

$$S(\tau)=\mathrm{G}M\left(\frac{\mathrm{e}^\tau+\mathrm{e}^{-\tau}}{2}-1\right),\quad t=\mathrm{G}M\left(\frac{\mathrm{e}^\tau-\mathrm{e}^{-\tau}}{2}-\tau\right) \quad \textit{für} \quad \varepsilon=-1\,, \tag{2}$$

$$S(\tau)=\mathrm{G}M\,(1-\cos\tau),\quad t=\mathrm{G}M(\tau-\sin\tau) \quad \textit{für} \quad \varepsilon=1\,. \tag{3}$$

Hierbei ist G *die Newtonsche Konstante.*

Bemerkung 1. Das sind spezielle Lösungen. Die allgemeine Lösung erhält man, wenn man t durch $-t$ und durch $t+\text{const}$ ersetzt. In jedem Fall ist $t=t(\tau)$ eine monotone Funktion. Es existiert also $\tau=\tau(t)$. Die Lösung von (31.3.3/2) ist dann $S(\tau(t))$.

Bemerkung 2. In allen Fällen gilt $S(0)=0$. Für $\tau\geqq 0$ sind $S(\tau)$ in (1) und (2) monoton wachsende Funktionen von τ (und somit auch von t). Der Radius der Welt $S(\tau(t))$ wächst also monoton von 0 bis ∞: Das Weltall expandiert. (3) ist die Parameterdarstellung einer Zykloide, siehe 11.2.2. Man erhält ein pulsierendes Weltall. Es ist jetzt auch klar, wie man das Alter der Welt T bestimmen kann: Sind $H(T)$ und $\varrho(T)$ bekannt, so berechnet man ε und $S(T)$ aus (31.3.4/2). Dann

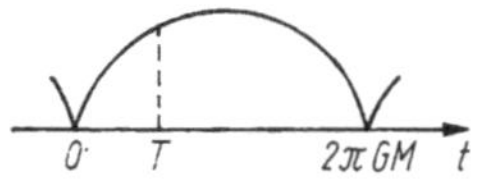

ist auch T bestimmt, wobei man im Fall $\varepsilon=1$ zwei Möglichkeiten hat. Da das Hubblesche Gesetz einem expandierenden Weltall entspricht, muß man für $\varepsilon=1$ den kleineren der beiden möglichen T-Werte wählen.

31.3.6. Die Friedmanschen Modelle

Kritische Massendichte. Ist $\varepsilon=0$, so gilt $\ln S=c+\frac{2}{3}\ln t$ und somit $H(t)=\frac{2}{3t}$ nach (31.3.4/1). Mit $H^{-1}(T)=18\cdot 10^9$ Jahre ergibt sich als Weltalter $T=12\cdot 10^9$ Jahre. Das ist, nach heutiger Kenntnis, ein durchaus diskutabler Wert. Rechnet man aus (31.3.4/2) die zugehörige Massendichte aus, so ergibt sich $\varrho_c=6\cdot 10^{-30}\,\frac{\mathrm{g}}{\mathrm{cm}^3}$. Ist $\varrho>\varrho_c$, so folgt aus (31.3.4/2), daß $\varepsilon=1$ ist (pulsierendes Weltall). Für $\varrho<\varrho_c$ ist $\varepsilon=-1$ (expandierendes Weltall). Schließlich kann man in allen Fällen den Radius der Welt $S(T)$ bestimmen. Der derzeitige experimentelle Wert für die mittlere Massendichte aus 31.3.1. erlaubt noch keine abschließende Aussage, welcher der drei Fälle $\varepsilon=-1,\,0,\,1$, zutrifft.

Linienelement $\mathrm{d}\sigma^2$. Das Linienelement $\mathrm{d}\sigma^2$ aus Satz 31.3.2 hat die Form

$$\mathrm{d}\sigma^2=\mathrm{d}r^2+f^2(r)\,(\mathrm{d}\vartheta^2+\sin^2\vartheta\,\mathrm{d}\varphi^2)$$

mit

$$f(r)=\sin r \quad \text{für} \quad \varepsilon=1\,,$$

$$f(r)=r \quad \text{für} \quad \varepsilon=0 \quad \text{und}$$

$$f(r)=\frac{1}{2}\,(\mathrm{e}^r-\mathrm{e}^{-r}) \quad \text{für} \quad \varepsilon=-1\,.$$

Für $\varepsilon=0$ ist dies das euklidische Linienelement in Polarkoordinatendarstellung: $0<r<\infty$, $0<\vartheta<\pi$, $0\leqq\varphi<2\pi$. Für $\varepsilon=1$ ist

$$d\sigma^2=dr^2+\sin^2 r\, d\vartheta^2+\sin^2 r \sin^2 \vartheta\, d\varphi^2$$

mit $0<r<\pi$, $0<\vartheta<\pi$ und $0\leqq\varphi<2\pi$ das Oberflächenelement der Einheitskugel im 4-dim. euklidischen Raum. $S^2(t)\, d\sigma^2$ ist dann das Oberflächenelement einer Kugel vom Radius $S(t)$ im R_4. Das pulsierende Weltall kann man sich also als Oberfläche einer pulsierenden Kugel im R_4 vorstellen.

Unsere Welt. Folgende Daten hält man für realistisch (mit gewissen Unsicherheitsfaktoren): Radius der Welt $18\cdot10^9$ Lichtjahre, Alter der Welt $11\cdot10^9$ Jahre. Die von Hubble entdeckte Rotverschiebung ist heute weitgehend als Zeichen eines expandierenden Weltalls akzeptiert.

31.3.7. Der Urknall

Die obigen Weltmodelle beginnen zum Zeitpunkt 0, und dort ist der Radius der Welt $S(0)=0$. Die Welt beginnt mit einem Urknall: Ein riesiger Feuerball in dem hektische thermo-nukleare Prozesse ablaufen. Es fragt sich, ob man heute eine derartige Annahme experimentell stützen kann. Modellrechnungen legen folgendes nahe: In dieser Anfangsphase muß relativ viel Wasserstoff in schwerere Elemente, insbesondere Helium, umgewandelt worden sein. Ferner darf man erwarten, daß eine Hohlraumstrahlung entstanden ist, die dem Planckschen Gesetz $u(\nu, T)=$ $=c\nu^3\,(e^{\frac{c'\nu}{T}}-1)^{-1}$ genügt. Hierbei ist ν die Frequenz und $u(\nu, T)$ die Energiedichte. c und c' sind positive Konstanten, und T ist ein Parameter, die Strahlungstemperatur. Tatsächlich hat man im Weltall einen relativen Reichtum an Helium nachgewiesen. Viel erstaunlicher sind aber die Vorhersage und das Auffinden der 3K-(Kelvin, absolute Temperatur)-Hintergrundstrahlung. Im Stadium des Entstehens muß die Strahlungstemperatur T sehr hoch gewesen sein. Durch die Expansion des Weltalls tritt nach den Betrachtungen zur Dilatation am Ende von 31.3.4. eine starke Rotverschiebung ein, die sich in einer Verringerung der Strahlungstemperatur im Planckschen Gesetz ausdrückt. Es wurde vorhergesagt, daß der heutige Wert der Strahlungstemperatur etwa 3K beträgt. 1965 fanden Penzias und Wilson tatsächlich diese 3K-Hintergrundstrahlung (der genaue Wert ist 2,7K). Dem kosmologischen Prinzip entsprechend ist sie isotrop (richtungsunabhängig). Diese Entdeckung wurde 1978 mit dem Nobelpreis für Physik belohnt. Sie ist die wohl eindrucksvollste experimentelle Stütze der Theorie vom Urknall. Darstellungen dieser Theorie findet man in [63, 65].

> We may indeed be very low in the cosmical intelligence scale, but it is a measure of our scientific advance during the last few centuries that we have come to realize how unimportant we really are.
> (P. Moore, [58, S. 223])

31.3.8. Die Entstehung des Lebens im Weltall

Wenn man die Frage nach der Entstehung des Lebens auf der Erde stellt und beim Urknall beginnt, so kann man 3 Etappen unterscheiden:

1. Die Bildung der chemischen Elemente.

2. Die Entstehung jener biochemischen Moleküle, die die Bausteine des Lebens sind: Polysaccharide (Zellulose, Stärke), Aminosäuren, Chlorophyll usw.
3. Die Entwicklung primitivster Lebensformen bis hin zur heutigen Pflanzen- und Tierwelt.

Niemand bezweifelt heute ernsthaft, daß die erste Etappe eine kosmische und die dritte Etappe eine irdische Angelegenheit ist. Die moderne Astrophysik hat sämtliche stabilen chemischen Elemente im Weltall nachgewiesen, wenn auch in sehr unterschiedlichen Quantitäten, [56, S. 169]. Hierbei zeigt sich, daß neben den dominierenden Elementen Wasserstoff und Helium auch Kohlenstoff, Stickstoff und Sauerstoff relativ reichhaltig vorhanden sind, Man kann sich vorstellen, daß die Mehrzahl der chemischen Elemente im Rahmen jener Prozesse entstehen, die in 31.2.2. und 31.2.3. beschrieben wurden: Leben und Sterben von Sternen. Bezüglich der zweiten Etappe hat in den letzten Jahren ein bemerkenswertes Umdenken stattgefunden. Die phantastischen Erfolge der Radioastronomie und der Infrarotastronomie der letzten Jahre haben es zumindest sehr wahrscheinlich gemacht, daß die Bausteine des Lebens (oder doch wenigstens die Bausteine für die Bausteine) relativ reichlich im Weltall vorhanden sind. Astronomiebücher der letzten Jahre weisen dies klar aus: [58, Abschnitt 27], [12, S. 85–87], [44, S. 165] und [68, S. 97, 109–110]. Den wohl eindrucksvollsten Bericht über diese Frage findet man aber in [56]. In den nachfolgenden Stichworten wollen wir wenigstens einige flüchtige Anmerkungen zu diesem Thema machen, wobei wir im wesentlichen der Darstellung in [56] folgen.

Leben auf der Erde. Die ältesten Funde, die Spuren von Leben auf der Erde enthalten, haben ein Alter von $3{,}1 \cdot 10^9$ Jahren. Das Alter der Erde beträgt $4{,}5 \cdot 10^9$ Jahre. Man darf also annehmen, daß sich primitive Lebensformen sehr früh auf der Erde entwickelt haben.

Moleküle in Gaswolken. Seit Ende der sechziger Jahre hat man in interstellaren Gaswolken eine Vielzahl anorganischer und organischer Moleküle nachgewiesen. Eine lange Liste findet man in [56, S. 180/181]. Wasser ist dort ebenso vertreten wie eine Vielzahl von Kohlenstoffverbindungen, einschließlich Alkohol. Der Orionnebel ist hierbei ein besonders ergiebiges Objekt. Andererseits weiß man, daß der Orionnebel ein Gebiet mit extrem jungen Sternen ist. Man beobachtet also die Sternbildung in einem Nebel, der eine Vielzahl organischer Moleküle enthält. Wir verweisen auch auf [59, S. 102–105]. Man nimmt an, daß sich vor $4 \cdot 10^9$ bis $5 \cdot 10^9$ Jahren Sonne und Erde in einer ähnlichen Situation befunden haben.

Staub. Man weiß heute, daß es im Weltall ausgedehnte Dunkelwolken gibt, die das Licht von Sternen absorbieren. Hieraus schließt man, daß es sich um 10^{-4} cm große Teilchen handeln muß: Metall-, Graphit- und Steinkörnchen. Es gehört sicherlich zu den bemerkenswertesten Erfolgen der Infrarotastronomie, in diesen Staubwolken auch komplexe organische Moleküle nachgewiesen zu haben: Polysaccharide (wie etwa Zellulose) und Bausteine für Chlorophyll. Erklärungen, wie es möglich ist, daß es derartig komplexe Moleküle im Weltall gibt, findet man in den Abschnitten 9 und 10 in [56].

Entstehung des Lebens. Nach [56] sieht nun die Entstehung des Lebens auf der Erde wie folgt aus. Kurz nach ihrer Geburt ist die Sonne von Gas und Staub umgeben, wobei es (in größeren Entfernungen von der Sonne) relativ viele komplexe organische Moleküle gibt (analog zum Orionnebel und den benachbarten Staubwolken). Die Erde, die nur wenig später entsteht, besitzt keine komplexen Moleküle, da in Sonnennähe solche Moleküle zerstört wurden. Aus größeren Entfernungen werden aber nachträglich solche Moleküle im Innern von Meteoren, die auf der Erde landen, herangetragen. Unter den nunmehr günstigen Erdbedingungen entwickelt sich hieraus schließlich primitives Leben.

Kometen und Meteore. Um die obige Theorie zu stützen, hat man in den letzten Jahren das Licht von Kometen untersucht. Man konnte nicht erwarten, komplizierte organische Moleküle zu finden, da sie in Sonnennähe zerstört werden (sofern sie nicht vor den Einwirkungen des Sonnenlichts geschützt sind). Organische Zerfallsprodukte solcher wünschenswerten Moleküle hat man aber nachgewiesen, [56, S. 90]. Die Untersuchung von Meteoriten hat folgendes ergeben. Etwa 3% aller Meteoriten gehören (in der englischen Bezeichnung) zur Klasse „carbonaceous chondrites“ (kohlenstoffhaltig mit einer Kornstruktur). Ihr Alter ist $4{,}5 \cdot 10^9$ bis

$4{,}7 \cdot 10^9$ Jahre, und zumindest einige gehören nicht zum Sonnensystem. Bei einigen hat man Aminosäuren nachgewiesen, auch zelluloseähnliche Moleküle. Diese Resultate stützen die obige Theorie sehr eindrucksvoll.

Planetensysteme. Da die biochemischen Bausteine des Lebens im Weltall weit verbreitet sind, kann man annehmen, daß sich auch an anderen Stellen Leben entwickelt hat, sofern die Bedingungen geeignet waren, etwa erdähnlich. Die heute allgemein akzeptierte Theorie der Entstehung unseres Planetensystems legt nahe, daß Planetensysteme im Weltall reichlich vorhanden sind [56, Abschnitt 13]. Auch diese Aussage wird durch Beobachtungen gestützt. Unmittelbar hat man noch kein Planetensystem eines anderen Sterns gesehen. Aber die Existenz eines solchen Systems müßte den entsprechenden Stern zu einer gewissen periodischen Zitterbewegung veranlassen. Und derartige Schwankungen hat man tatsächlich beobachtet. Bereits der drittnächste Stern, Barnard's Stern im Abstand von 5,88 Lichtjahren, müßte nach dieser Interpretation mindestens zwei Planeten besitzen [59, S. 87–88]. In [56, S. 137] sind weitere 5 Sterne im Abstand von 8 bis 27 Lichtjahren angegeben, die Planetensysteme besitzen.

Bewohnbare Planeten. Nach [56] ist der geschätzte mittlere Abstand zweier Planeten in unserer Milchstraße, die zu einem gegebenen Zeitpunkt höhere Zivilisationen beherbergen, mindestens 200 Lichtjahre. Gegenseitige Besuche werden ins Reich der Phantasie verwiesen (der Krieg der Sterne findet nicht statt), dagegen wird der Möglichkeit, Signale fremder Zivilisationen aufzufangen, eine gewisse, wenn auch geringe Chance eingeräumt.

32. Geometrie auf Mannigfaltigkeiten II (Formen)

32.1. Tensoren und Differentialformen

32.1.1. Die Vektoren $\frac{\partial}{\partial x^k}$ und dx^k. Tensorprodukte

Wir knüpfen an die Betrachtungen in Kap. 29 an. In 29.2.2. hatten wir Tensoren (genauer Tensorfelder) als lokale geometrische Objekte mit dem Transformationsverhalten (29.2.2/1) eingeführt ($w=0$). Wir streben jetzt eine kompaktere Schreibweise an, wobei wir uns von der Komponentendarstellung lösen und Tensoren als Multilinearformen interpretieren wollen.

Basisvektoren. M sei eine n-dimensionale orientierbare C^∞-Mannigfaltigkeit im Sinne von Def. 29.1.2, und U sei eine lokale Karte eines zugehörigen Atlasses. Bezüglich der kartesischen Koordinaten x^k in U bilden wir den Vektor ξ mit den Komponenten $\xi_a = 1$ für $a = l$ und $\xi_a = 0$ für $a \neq l$. Hierbei ist l eine vorgegebene Zahl, und a läuft von 1 bis n. (Wie früher vereinbart, sprechen wir von Vektoren und Tensoren statt von Vektorfeldern und Tensorfeldern.) Setzt man diesen Vektor nach dem kovarianten Transformationsgesetz (29.2.2/1) auf sämtliche lokalen Karten des Atlasses fort, so entsteht ein kovarianter Vektor, den wir ab jetzt mit $\frac{\partial}{\partial x^l}$ bezeichnen. Die entsprechende kontravariante Fortsetzung liefert einen kontravarianten Vektor, der dx^l heißt. Hierbei hat dx^l nichts mit einer infinitesimalen Größe zu tun. Die Bezeichnungen $\frac{\partial}{\partial x^l}$ und dx^l sind aber sehr suggestiv, da sie sich nach den üblichen Rechenregeln (Kettenregel, totales Differential) transformieren. $\frac{\partial}{\partial x^l}$ und dx^l heißen Basisvektoren.

Basistensoren. Mit $\frac{\partial}{\partial x^k} \otimes \ldots \otimes \frac{\partial}{\partial x^l}$ wird die kovariante Fortsetzung im Sinne von (29.2.2/1) des Tensors ξ mit $\xi_{a\ldots b} = 1$ für $a = k$ bis $b = l$ und $\xi_{a\ldots b} = 0$ sonst bezeichnet. Hierbei sind $k, \ldots, l$ fixierte Zahlen zwischen 1 bis n. Die kontravariante Fortsetzung heißt $dx^k \otimes \ldots \otimes dx^l$. Man kann natürlich auch entsprechende gemischt variante Fortsetzungen bilden, etwa $dx^k \otimes \ldots \otimes \frac{\partial}{\partial x^l}$. Diese Tensoren (genauer Tensorfelder) heißen Basistensoren.

Tensoren (*Neue Interpretation*). Ist $T_{k\ldots l}$ ein kovarianter Tensor im Sinne von Satz 29.2.2, so ist

$$T = T_{k\ldots l}\, dx^k \otimes \ldots \otimes dx^l$$

ein Skalar (Satz 29.3.1/1(d)). In Zukunft werden wir den Skalar T mit der angegebenen Basisdarstellung als kovarianten Tensor (entsprechender Stufe) bezeichnen. Das ist eine koordinatenfreie Schreibweise. Beim Übergang von x^k zu x'^k ist

$$T = T_{k\ldots l}\, dx^k \otimes \ldots \otimes dx^l = T'_{k\ldots l} dx'^k \otimes \ldots \otimes dx'^l .$$

Trägt man die Transformationen für dx^l ein, so stellen sich automatisch die richtigen Transformationen (im Sinne von Satz 29.2.2) ein. Man kann also Tensoren auch auf diese Weise definieren. Analoge Sprechweisen sollen für kontravariante und gemischt-variante Tensoren gelten, wobei man an den entsprechenden Stellen dx^l durch $\frac{\partial}{\partial x^l}$ ersetzen muß.

Definition. (**a**) *Sind*

$$T = T_{a\ldots b} dx^a \otimes \ldots \otimes dx^b \quad \textit{und} \quad S = S_{a\ldots b} dx^a \otimes \ldots \otimes dx^b$$

Tensoren gleicher Stufe und sind λ und μ reelle Zahlen, so sei

$$\lambda T + \mu S = (\lambda T_{a\ldots b} + \mu S_{a\ldots b})\, dx^a \otimes \ldots \otimes dx^b.$$

(**b**) (*Tensorprodukt*) *Sind S und T beliebige kovariante Tensoren, so sei*

$$S \otimes T = S_{a\ldots b} T_{c\ldots d} dx^a \otimes \ldots \otimes dx^b \otimes dx^c \otimes \ldots \otimes dx^d .$$

Bemerkung. Das ist die jetzige Variante von Satz 29.3.1/1. Insbesondere sind $\lambda T + \mu S$ und $S \otimes T$ wieder kovariante Tensoren. Es ist klar, wie man die Definition für kontravariante und gemischtvariante Tensoren abzuwandeln hat.

32.1.2. Das alternierende Produkt und das Keilprodukt

Ist $\mathfrak{S}_k$ die Permutationsgruppe aus 28.6.2., so hat $(-1)^p$ für $p \in \mathfrak{S}_k$ die dortige Bedeutung. Alle Betrachtungen spielen sich wieder in einer n-dimensionalen orientierbaren C^∞-Mannigfaltigkeit ab.

Definition. (a) (*Alternierendes Produkt*) *Ist T ein kovarianter Tensor vom Typ* (0, k), *so ist*

$$\operatorname{Alt} T = \frac{1}{k!} \sum_{p \in \mathfrak{S}_k} (-1)^p T_{p(a,\ldots,b)} \mathrm{d}x^a \otimes \ldots \otimes \mathrm{d}x^b . \tag{1}$$

(b) *Ein kovarianter Tensor vom Typ* (0, k) *heißt k-Form, falls* $T = \operatorname{Alt} T$ *gilt.*

(c) (*Keilprodukt*) *Ist T eine k-Form und S eine l-Form, so ist*

$$T \wedge S = \frac{(k+l)!}{k!l!} \operatorname{Alt}(T \otimes S) .$$

Bemerkung 1. (1) ist die kovariante Ausgabe von (29.3.1/2). Alt T ist wieder ein Tensor vom Typ (0, k), man nennt ihn alternierenden Teil von T.

Bemerkung 2. Wir vereinbaren, daß Skalare auch 0-Formen heißen, 1-Formen sind kovariante Vektoren. Ist $S = \lambda$ eine 0-Form, so soll $T \wedge S = S \wedge T = \lambda T$ sein.

Lemma. (a) *T ist genau dann eine k-Form, wenn* $T_{p(a,\ldots,b)} = (-1)^p T_{a\ldots b}$ *gilt für alle* $p \in \mathfrak{S}_k$.

(b) *Ist* $k > n$, *so gibt es keine nicht-triviale k-Form.*

(c) *Ist* $0 \leqq k \leqq n$, *so gibt es in jedem Punkt einer n-dim.* C^∞-*Mannigfaltigkeit genau* $\binom{n}{k}$ *linear unabhängige k-Formen.*

Bemerkung 3. Ist T eine k-Form, so folgt aus (a), daß $T_{a\ldots b\ldots b\ldots c} = 0$ gilt (zwei gleiche Indizes, keine Summation). Das beweist (b). Ferner sieht man im Fall (c), daß man jede k-Form in jedem Punkt der Mannigfaltigkeit linear aus den $\binom{n}{k}$ speziellen k-Formen

$$\sum_{p \in \mathfrak{S}_k} (-1)^p \, \mathrm{d}x^{p(a)} \otimes \ldots \otimes \mathrm{d}x^{p(b)} \quad \text{mit} \quad 1 \leqq a < \ldots < b \leqq n$$

kombinieren kann. Hierbei ist $p(a, \ldots, b) = (p(a), \ldots, p(b))$.

Satz. (a) *Ist T eine k-Form und ist S eine l-Form, so ist* $T \wedge S$ *eine* $(k+l)$-*Form.*

(b) $T_{(r)}$ *seien* k_r-*Formen. Dann ist*

$$T_{(1)} \wedge (T_{(2)} \wedge T_{(3)}) = (T_{(1)} \wedge T_{(2)}) \wedge T_{(3)} = T_{(1)} \wedge T_{(2)} \wedge T_{(3)}$$

und (*falls* $k_2 = k_3$ *gilt*)

$$T_{(1)} \wedge (T_{(2)} + T_{(3)}) = T_{(1)} \wedge T_{(2)} + T_{(1)} \wedge T_{(3)} .$$

Reduzierte Darstellung. Insbesondere gilt $\mathrm{d}x^k \wedge \mathrm{d}x^l = -\mathrm{d}x^l \wedge \mathrm{d}x^k$. Dies zeigt aber, daß sich jede k-Form als

$$T = k! \sum_{1 \leqq a < \ldots < b \leqq n} T_{a\ldots b} \mathrm{d}x^a \wedge \ldots \wedge \mathrm{d}x^b \tag{2}$$

schreiben läßt. Dies ist die reduzierte Darstellung, da nicht entsprechend der Summenkonvention über die volle Summe summiert wird. Die fehlenden Koeffizienten berechnen sich aus $T_{p(a,\ldots,b)} = (-1)^p T_{a\ldots b}$. Insbesondere ist $\mathrm{d}x^a \wedge \ldots \wedge \mathrm{d}x^b$ (k Faktoren und $1 \leqq a < \ldots < b \leqq n$) eine (linear unabhängige) Basis im Raum der k-Formen.

Bemerkung 4. Läßt man in (2) die volle Summe über $a, \ldots, b$ von 1 bis n zu, so entfällt der Faktor $k!$ Ferner ist beim Übergang von den lokalen Koordinaten x^k zu den lokalen Koordinaten x'^l

$$T = T_{a\ldots b} \mathrm{d}x^a \wedge \ldots \wedge \mathrm{d}x^b = T_{a\ldots b} \left(\frac{\partial x^a}{\partial x'^c} \mathrm{d}x'^c \right) \wedge \ldots \wedge \left(\frac{\partial x^b}{\partial x'^d} \mathrm{d}x'^d \right) , \tag{3}$$

was in der üblichen naheliegenden Weise ausgerechnet wird.

32.1.3. Die äußere Ableitung

Lemma. *Ist* $T = T_{a\ldots b}\mathrm{d}x^a \wedge \ldots \wedge \mathrm{d}x^b$ *eine* k*-Form, so ist*

$$\mathrm{d}T = \frac{\partial T_{a\ldots b}}{\partial x^c}\,\mathrm{d}x^c \wedge \mathrm{d}x^a \wedge \ldots \wedge \mathrm{d}x^b$$

eine $(k+1)$*-Form (äußere Ableitung).*

Bemerkung 1. Es ist $T_{a\ldots b} = T_{a\ldots b}(x)$. Das Lemma ist eine Verallgemeinerung von Satz 29.3.2(a). Wir vereinbaren $\mathrm{d}T = f_{/c}\mathrm{d}x^c$, falls $T = f(x)$ eine 0-Form (Skalar) ist.

Satz. *Ist* T *eine* k*-Form und* S *eine* l*-Form, so gilt*

$$\begin{aligned} &\mathrm{d}(T+S) = \mathrm{d}T + \mathrm{d}S, \quad \mathrm{d}^2T = \mathrm{d}(\mathrm{d}T) = 0\,, \\ &\mathrm{d}(T\wedge S) = \mathrm{d}T\wedge S + (-1)^k T\wedge \mathrm{d}S\,. \end{aligned} \tag{1}$$

Bemerkung 2. Von besonderer Wichtigkeit ist $\mathrm{d}^2T = 0$. Diese Eigenschaft folgt aus der Antisymmetrie des Keilprodukts und der Vertauschbarkeit partieller Ableitungen.

32.1.4. n-Formen

Betrachtet wird ein n-dimensionaler metrischer Raum im Sinne von Def. 29.5.6/1. Den zugehörigen Fundamentaltensor schreiben wir jetzt in der Form $g = g_{kl}\mathrm{d}x^k \otimes \mathrm{d}x^l$. Ferner sei $|g| = |\det g_{kl}|$. Nach Satz 29.3.1/2 gilt $\sqrt{|g'(x')|} = \frac{\partial(x^p)}{\partial(x'^q)}\sqrt{|g(x)|}$, wobei die Symbole die frühere Bedeutung haben. Nach (32.1.2/2) hat eine n-Form T in der reduzierten Darstellung die Gestalt $T = n!\ T_{1\ldots n}\mathrm{d}x^1 \wedge \ldots \wedge \mathrm{d}x^n$.

Satz. $\mu = \sqrt{|g(x)|}\ \mathrm{d}x^1 \wedge \ldots \wedge \mathrm{d}x^n$ *ist eine* n*-Form.*

Bemerkung. Gemeint ist, daß bei Koordinatentransformationen $x'^k = x'^k(x^l)$

$$\sqrt{|g(x)|}\ \mathrm{d}x^1 \wedge \ldots \wedge \mathrm{d}x^n = \sqrt{|g'(x')|}\ \mathrm{d}x'^1 \wedge \ldots \wedge \mathrm{d}x'^n$$

gilt. Das prüft man aber leicht auf der Grundlage von (32.1.2/3) und dem obigen Transformationsgesetz für $\sqrt{|g(x)|}$ nach.

32.1.5. Der Satz von Poincaré

Ist A eine $(k-1)$-Form in einer n-dim. orientierbaren C^∞-Mannigfaltigkeit, so ist $\mathrm{d}T = 0$ für die k-Form $T = \mathrm{d}A$. Gefragt wird nach einer Umkehrung dieser Aussage.

Satz (*Poincaré*). *Ist* T *eine* k*-Form mit* $\mathrm{d}T = 0$, *so gibt es lokal (d. h. in einer passenden Umgebung eines jeden Punktes der Mannigfaltigkeit) eine* $(k-1)$*-Form* A *mit* $T = \mathrm{d}A$.

Bemerkung 1. $\mathrm{d}A = T$ ist bei gegebenem T ein System linearer partieller Differentialgleichungen erster Ordnung für die Komponenten von A. Der Satz gibt eine positive Antwort auf die Frage, ob die notwendige Integrabilitätsbedingung $\mathrm{d}T = 0$ (zumindest lokal) auch hinreichend ist. Ist in einer lokalen Karte (reduzierte Darstellung)

$$T = k! \sum_{1\leqq a<\ldots<b\leqq n} T_{a\ldots b}\mathrm{d}x^a \wedge \ldots \wedge \mathrm{d}x^b\,,$$

$$A = (k-1!) \sum_{1\leqq c<\ldots<d\leqq n} A_{c\ldots d}\mathrm{d}x^c \wedge \ldots \wedge \mathrm{d}x^d\,,$$

so ist lokal

$$A_{c\ldots d}=\frac{1}{k}\,x^l\int\limits_0^1 T_{lc\ldots d}(tx)\,t^{k-1}\mathrm{d}t$$

eine Lösung von $T=\mathrm{d}A$ (siehe [40], S. 218).

Bemerkung 2. Ist A_0 eine spezielle Lösung von $\mathrm{d}A=T$, so ist $A=A_0+\mathrm{d}B$ die allgemeine Lösung, wobei B eine beliebige $(k-2)$-Form ist.

32.2. Integralrechnung auf Mannigfaltigkeiten

32.2.1. Integrale über n-Formen

Wir wollen die Untersuchungen in 29.3.3. ausbauen. Wir setzen ab jetzt stets voraus, daß M ein n-dim. metrischer Raum (im Sinne von Def. 29.5.6/1) mit dem Fundamentaltensor $g=g_{kl}\mathrm{d}x^k\otimes\mathrm{d}x^l$ ist. Gegeben sei eine n-Form T in reduzierter Darstellung

$$T=n!\;T_{1\ldots n}\mathrm{d}x^1\wedge\ldots\wedge\mathrm{d}x^n \tag{1}$$

mit kompaktem Träger supp T, wobei wir vorerst annehmen, daß supp T in einer passenden lokalen Karte U liegt. Ist $T_{1\ldots n}(x)$ im Lebesgueschen Sinne integrierbar, so setzen wir

$$\int T=n!\int T_{1\ldots n}(x)\,\mathrm{d}x\,.$$

Man sieht leicht, daß diese Festlegung unabhängig von der Wahl der lokalen Koordinaten ist. Das folgt aus $T'_{1\ldots n}(x')=T_{1\ldots n}(x)\dfrac{\partial(x^l)}{\partial(x'^k)}$, wobei $x'^k=x'^k(x^l)$ eine zulässige Koordinatentransformation ist.

Definition. (a) *Ist T eine integrierbare n-Form auf M mit kompaktem Träger und ist $\{\varphi_k\}_{k=1}^\infty$ eine Zerlegung der Einheit im Sinne von Lemma 29.1.3, so ist*

$$\int T=\sum_{k=1}^\infty\int T\varphi_k\,.$$

(b) *Ist f eine integrierbare Funktion auf M mit kompaktem Träger und ist μ die n-Form aus Satz 32.1.4, so ist*

$$\int f\mu=\int T\quad\textit{mit}\quad T=f(x)\,\mu\,.$$

Bemerkung 1. T heißt lokal-integrierbar, falls $T_{1\ldots n}(x)\,\varphi_k(x)$ für jede der obigen Funktionen φ_k in der zugehörigen lokalen Karte Lebesgue-integrierbar ist. Da T kompakten Träger hat, sind nur endlich viele Summanden in $\sum_{k=1}^\infty\int T\varphi_k$ von null verschieden. (a) ist sinnvoll und unabhängig von der Auswahl der Zerlegung der Einheit.

Bemerkung 2. Ist $f(x)$ eine beliebige lokal-integrierbare Funktion auf M und ist χ die charakteristische Funktion einer kompakten Menge D in M, so schreiben wir $\int\limits_D f\mu=\int f\chi\mu$.

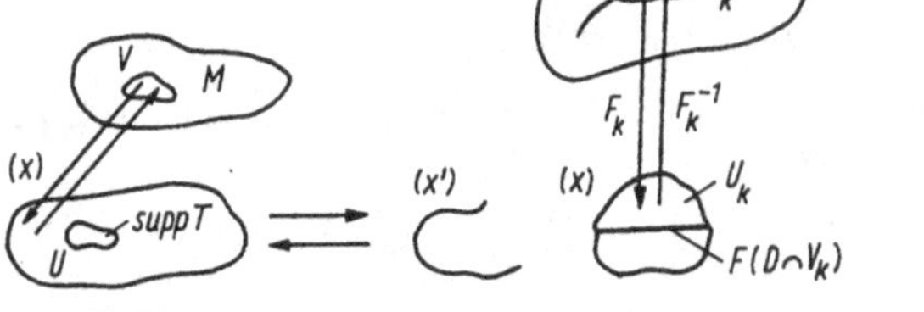

32.2.2. Der de Rham Operator

Satz. *Ist* $\xi = \xi^k \dfrac{\partial}{\partial x^k}$ *ein kontravarianter Vektor, so ist*

$$*\xi = \sum_{r=1}^{n} (-1)^{r+1} \sqrt{|g(x)|}\, \xi^r(x)\, dx^1 \wedge \ldots \wedge dx^{r-1} \wedge dx^{r+1} \wedge \ldots \wedge dx^n \tag{1}$$

eine $(n-1)$*-Form, und es gilt* $d(*\xi) = (\operatorname{div} \xi)\mu$, *wobei* μ *die* n*-Form aus Satz 32.1.4 ist.*

Bemerkung. Gemeint ist, daß man beim Übergang von den Koordinaten x^k zu den Koordinaten x'^l in (1) nur x durch x' (sowie $g(x)$ durch $g'(x')$ und $\xi^r(x)$ durch $\xi'^r(x')$) zu ersetzen braucht. Nach 29.3.2. ist

$$\operatorname{div} \xi = \xi^k{}_{;k} = \frac{1}{\sqrt{|g|}} \frac{\partial}{\partial x^k} (\sqrt{|g|}\, \xi^k) \tag{2}$$

ein Skalar. Die letzte Aussage des Satzes folgt dann aus Lemma 32.1.3.

32.2.3. Der Satz von Stokes

Wie immer ist M ein n-dim. metrischer Raum (im Sinne von Def. 29.5.6/1).

Definition. *Ist* $1 \leqq m < n$, *so heißt die Teilmenge* D *von* M *eine* m*-dimensionale (glatte) Untermannigfaltigkeit von* M, *falls man bei Wahl eines passenden Atlasses* $\{V_k; F_k\}$ *stets*

$$F_k(D \cap V_k) = \{x \mid x \in U_k,\ x^{m+1} = \ldots = x^n = 0\}$$

in jeder Karte $U_k = F_k(V_k)$ *erreichen kann* (siehe Zeichnung auf S. 369).

Bemerkung 1. $\{V_k; F_k\}$ hat die Bedeutung aus 29.1.2. Man sieht leicht, daß D eine m-dim. C^∞-Mannigfaltigkeit im Sinne von Def. 29.1.2 ist.

Bemerkung 2. In einer beliebigen lokalen Karte läßt sich das Bild von D (soweit es durch diese lokale Karte erfaßt wird) als $x^k = x^k(\lambda^r)$ mit $k = 1, \ldots, n$ und $r = 1, \ldots, m$ darstellen (Parameterdarstellung).

Bemerkung 3. Von besonderem Interesse sind $(n-1)$-dim. Untermannigfaltigkeiten (Hyperflächen), die sich in lokalen Karten als $S(x) \equiv 0$ oder $S(x) \equiv c$ darstellen lassen, wobei $S(x)$ eine C^∞-Funktion mit $\operatorname{grad} S(x) \neq 0$ ist.

Lemma. *Ist* D *eine* m*-dim. Untermannigfaltigkeit von* M *mit der Parameterdarstellung* $x^k = x^k(\lambda^r)$ *in lokalen Karten und ist* $T = T_{a_1 \ldots a_k} dx^{a_1} \wedge \ldots \wedge dx^{a_k}$ *eine* k*-Form auf* M, *so ist*

$$\begin{aligned} T_D &= T_{a_1 \ldots a_k} \left(\frac{\partial x^{a_1}}{\partial \lambda^{b_1}} d\lambda^{b_1} \right) \wedge \ldots \wedge \left(\frac{\partial x^{a_k}}{\partial \lambda^{b_k}} d\lambda^{b_k} \right) \\ &= T_{a_1 \ldots a_k}(x(\lambda)) \frac{\partial x^{a_1}}{\partial \lambda^{b_1}} \cdots \frac{\partial x^{a_k}}{\partial \lambda^{b_k}} d\lambda^{b_1} \wedge \ldots \wedge d\lambda^{b_k} \end{aligned} \tag{1}$$

eine k*-Form auf* D. *Ferner gilt*

$$(T+S)_D = T_D + S_D, \quad (T \wedge S)_D = T_D \wedge S_D, \quad (dT)_D = d(T_D), \tag{2}$$

wobei S *eine* l*-Form ist (in der ersten Formel in (2) muß* $k = l$ *sein).*

Bemerkung 4. In (1) wird über a_s von 1 bis n und über b_t von 1 bis m summiert. T_D ist die Einschränkung von T auf D, die induzierte Form.

Satz. *Ω sei eine offene Menge in M, so daß $\bar{\Omega}$ (der Abschluß von Ω) kompakt ist. Ferner sei der Rand $\partial\Omega = \bar{\Omega} - \Omega$ eine $(n-1)$-dim. Hyperfläche. Ist $\xi = \xi^k \frac{\partial}{\partial x^k}$ ein kontravarianter Vektor, so gilt*

$$\int_{\partial\Omega} (*\xi)_{\partial\Omega} = \int_{\Omega} (\operatorname{div} \xi)\, \mu = \int_{\Omega} d(*\xi)\,. \tag{3}$$

Bemerkung 5. $\partial\Omega$ ist eine $(n-1)$-dim. kompakte orientierbare C^∞-Mannigfaltigkeit. Satz 32.2.2 und das obige Lemma zeigen dann, daß man das erste Integral in (3) nach Def. 32.2.1 bilden kann. Ferner zeigt Satz 32.2.2, daß die beiden letzten Integrale in (3) sinnvoll und gleich sind.

Bemerkung 6. Verwendet man (32.2.2/2) und lokale Karten, so kann man den Satz auf Satz 9.3.1/2 zurückführen. Hierbei hat man die Richtung der Normalen ν in Satz 9.3.1/2 geeignet zu wählen (dem entspricht die Fixierung einer Orientierung auf $\partial\Omega$, siehe [9], S. 26).

32.2.4. Leray-Formen

In dem n-dim. metrischen Raum M sei eine offene Menge Ω gegeben. Ferner sei $S(p)$ auf Ω eine C^∞-Funktion mit grad $S \neq 0$ in Ω. Dann ist

$$S_t = \{p \mid p \in \Omega \text{ mit } S(p) = t\}$$

eine Schar von $(n-1)$-dim. C^∞-Hyperflächen (falls S_t nicht leer ist).

Satz 1. *Ist μ die n-Form aus Satz 32.1.4 und ist $dS = S_{,k}dx^k$, so gibt es in Ω eine $(n-1)$-Form μ_S (Leray-Form) mit $\mu = dS \wedge \mu_S$. Hierbei ist die Einschränkung $(\mu_S)_{S_t}$ von μ_S auf S_t eindeutig bestimmt.*

Bemerkung 1. Der geometrische Sinn von μ_S wird klar, wenn man $\mu = dS \wedge \mu_S$ mit dem üblichen infinitesimalen klassischen Analogon $dx = d\sigma \cdot d\nu$ vergleicht. Ist etwa $|g(x)| = 1$, so entspricht μ dem n-dim. Volumenelement dx, dS dem Vektor $|\text{grad}\, S|\, d\nu$ (ν ist der Normalenvektor), und $(\mu_S)_{S_t}\, |\text{grad}\, S|$ dem $(n-1)$-dim. Flächenelement $d\sigma$ auf der Fläche S_t.

Satz 2. *Ist ψ eine integrierbare Funktion mit kompaktem Träger in Ω, so gilt*

$$\int \psi\mu = \int dt \int_{S_t} \psi\mu_S\,.$$

Ferner ist

$$\frac{d}{dt} \int_{S<t} \psi\mu = \int_{S_t} \psi\mu_S \quad \textit{für fast alle } t\,.$$

Bemerkung 2. Der Satz wird klar, wenn man ihn mit dem klassischen Analogon im Sinne von Bemerkung 1 vergleicht. Mit $S<t$ ist die Menge $\{p \mid p \in \Omega,\, S(p) < t\}$ gemeint. Im Sinne von Lemma 32.2.3 müßte man genauer $(\mu_S)_{S_t}$ statt μ_S im Satz schreiben. Da μ_S eine $(n-1)$-Form ist, sind alle Integrale definiert. $\int dt$ ist ein Integral über R_1. Schließlich sieht man bei der Herleitung des Satzes, daß man die Orientierung auf S_t geeignet wählen muß (anderenfalls muß man μ_S durch $-\mu_S$ ersetzen).

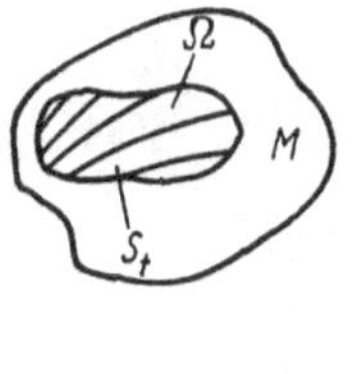

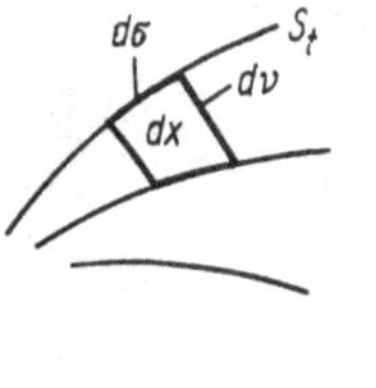

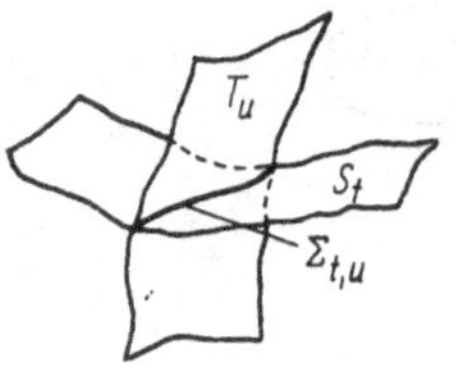

Bemerkung 3. $S(p)$ und $T(p)$ seien zwei C^∞-Funktionen in Ω mit $dS \neq 0$ und $dT \neq 0$. Es sei wieder $S_t = \{p \mid S(p) = t\}$ und $T_u = \{p \mid T(p) = u\}$. Es ist

$$dS \wedge dT = S'_k T'_l dx^k \wedge dx^l = \sum_{1 \leq k < l \leq n} (S'_k T'_l - T'_k S'_l)\, dx^k \wedge dx^l .$$

Hieraus folgt, daß grad S genau dann parallel zu grad T ist, wenn $dS \wedge dT = 0$ gilt. Fordert man $dS \wedge dT \neq 0$, so schneiden sich die Flächen S_t und T_u mit einem positiven Schnittwinkel (geeignete Wahl von t und u vorausgesetzt). Es sei $\sum_{t,u} = S_t \cap T_u$. Durch Iteration folgt aus Satz 1 und Satz 2, daß eine $(n-2)$-Leray-Form $\mu_{S,T}$ mit $\mu = dS \wedge dT \wedge \mu_{S,T}$ existiert. Es ist $\mu_{S,T} = -\mu_{T,S}$. Ferner gilt unter den Voraussetzungen von Satz 2 für fast alle t und u

$$\int_{\Sigma_{t,u}} \psi \mu_{S,T} = \frac{\delta}{\delta u} \frac{\delta}{\delta t} \int_{\substack{S<t \\ T<u}} \psi \mu .$$

32.3. Distributionen auf Mannigfaltigkeiten

32.3.1. Skalare Distributionen

In Kap. 22 hatten wir Distributionen in Gebieten Ω des R_n betrachtet. Das Ziel ist, die Def. 22.1.2/2 von $D'(\Omega)$ auf C^∞-Mannigfaltigkeiten M auszudehnen. Hierbei stößt man auf Schwierigkeiten, die man auf verschiedene Weisen überwinden kann. Wir folgen hier der Darstellung in [9]. Wir setzen stets voraus, daß M ein metrischer Raum im Sinne von Def. 29.5.6/1 mit dem Fundamentaltensor $g = g_{kl} dx^k \otimes dx^l$ ist. Wie in 32.1.4. sei $|g| = |\det g_{kl}|$. Schließlich bezeichnen wir mit $D(M)$ (in Analogie zu 22.1.2.) die komplexwertige Variante von $C_0^\infty(M)$ aus 29.1.3., also die Gesamtheit der komplexen in M beliebig oft differenzierbaren Funktionen mit kompaktem Träger.

Definition. *Eine komplexwertige Linearform T über $D(M)$ heißt Distribution auf M, falls es für jede lokale Karte U eine Distribution $T_U \in D'(U)$ gibt, so daß $T(\varphi) = T_U(\sqrt{|g(x)|}\, \varphi(x))$ für alle $\varphi \in D(U)$ gilt. Der Raum der Distributionen auf M wird mit $D'(M)$ bezeichnet.*

Bemerkung 1. Hierbei heißt T Linearform, falls $T(\lambda_1\varphi_1 + \lambda_2\varphi_2) = \lambda_1 T(\varphi_1) + \lambda_2 T(\varphi_2)$ für beliebige komplexe Zahlen λ_1 und λ_2 sowie $\varphi_1 \in D(M)$ und $\varphi_2 \in D(M)$ gilt. Als lokale Karte ist U eine offene Menge im R_n. Es ist $U = F(V)$, wobei V eine offene Menge in M und F eine homöomorphe Abbildung ist (siehe 29.1.2.). In der obigen Definition müßte man also genauer $\varphi \in D(M)$ mit supp $\varphi \subset V$ und $(F\varphi)(x)$ statt $\varphi(x)$ schreiben. Verwechslungen sind aber nicht zu befürchten. $D'(U)$ hat natürlich die frühere Bedeutung aus 22.1.2. Da aber $\sqrt{|g(x)|}\, \varphi(x) \in D(U)$ gilt, ist $T_U(\sqrt{|g(x)|}\, \varphi(x))$ sinnvoll.

Bemerkung 2. Distributionen werden analog zu Def. 22.1.4/1(b, c) addiert und mit komplexen C^∞-Funktionen multipliziert. $D'(M)$ wird dann ein linearer Raum. Die Differentiation im Sinne von Def. 22.1.4/1(a) ist dagegen etwas komplizierter und führt zur Definition von Tensordistributionen.

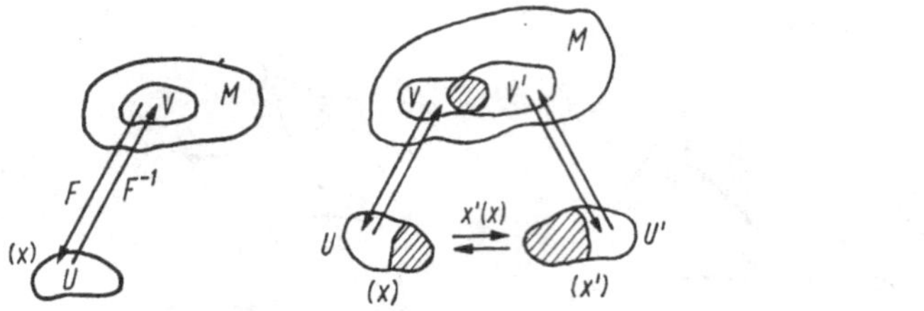

Reguläre Distributionen: Mit $L_1^{\text{loc}}(M)$ bezeichnen wir die Gesamtheit der komplexwertigen lokal-integrierbaren Funktionen auf M im Sinne von Bemerkung 32.2.1/1 (komplexe Variante). Ist $f \in L_1^{\text{loc}}(M)$ und $\varphi \in D(M)$, so ist

$$T(\varphi) = \int f\varphi\mu \tag{1}$$

nach Def. 32.2.1 sinnvoll. Es ist $T \in D'(M)$. Ist nämlich $\varphi(x) \in D(U)$ im Sinne der obigen Bezeichnung, so gilt nach 32.2.1.

$$T(\varphi) = \int \sqrt{|g(x)|}\, f(x)\, \varphi(x)\, dx\,,$$

wobei $f(x)$ wieder die in U überpflanzte Funktion ist. $T_U \in D'(U)$ ist also gleich $\sqrt{|g(x)|}\, f(x)$. Damit hat man zugleich ein Motiv für die obige Definition. Außerdem sieht man, daß die Zuordnung zwischen $f \in L_1^{\text{loc}}(M)$ und zugehörigen Distributionen im Sinne von (1) eineindeutig ist, sofern man zwei Funktionen $f(x) \in L_1^{\text{loc}}(M)$ und $g(x) \in L_1^{\text{loc}}(M)$ identifiziert, deren Bilder $f(x)$ und $g(x)$ in lokalen Karten fast überall (im Lebesgueschen Sinne) übereinstimmen. In diesem Sinne sei (analog zu 22.1.3.) $L_1^{\text{loc}}(M) \subset D'(M)$, und $f \in L_1^{\text{loc}}(M)$ heißt reguläre Distribution.

δ-Distribution: Ist $p \in M$ und $\varphi \in D(M)$, so setzen wir $\delta_p(\varphi) = \varphi(p)$. Das ist das Analogon zur δ-Distribution aus 22.1.3. Es ist $\delta_p \in D'(M)$. Ist U eine lokale Karte mit $Fp \in U$, so gilt für $\varphi \in D(U)$

$$(F^{-1}\varphi)(p) = \delta_p(F^{-1}\varphi) = (\delta_p)_U(\sqrt{|g(x)|}\, \varphi(x),) \quad \text{also} \quad (\delta_p)_U(\varphi) = \frac{\varphi(Fp)}{\sqrt{|g(Fp)|}}\,,$$

wobei wir dieses Mal zur Deutlichkeit zwischen $\varphi(x) \in D(U)$ und seinem Bild $F^{-1}\varphi \in D(M)$ unterschieden haben.

Verträglichkeit. Ist $V \cap V' \neq \emptyset$ und $\varphi \in D(V \cap V')$, so seien $\varphi(x)$ und $\varphi'(x')$ die Übertragungen in die lokalen Karten U und U'. Ist $T \in D'(M)$, so gilt

$$T_U(\sqrt{|g(x)|}\, \varphi(x)) = T_{U'}(\sqrt{|g'(x')|}\, \varphi'(x'))\,. \tag{2}$$

Satz. (**a**) *$\{V_k;\, F_k\}$ sei ein Atlas von M mit den lokalen Karten $U_k = F_k(V_k)$. Erfüllen die Distributionen $T_{U_k} \in D'(U_k)$ die Verträglichkeitsbedingung (2) für beliebige Paare (U_k, U_l) statt (U, U'), so gibt es eine eindeutig bestimmte Distribution $T \in D'(M)$ im Sinne der obigen Definition (mit U_k statt U).*

(**b**) *Eine komplexwertige Linearform T über $D(M)$ ist genau dann eine Distribution, falls es zu jeder kompakten Menge Ω in M eine positive Zahl C und eine natürliche Zahl N gibt, so daß für alle $\varphi \in D(M)$ mit* supp $\varphi \subset \Omega$

$$|T(\varphi)| \leq C \sup_{p \in \Omega} \sum_{|\alpha| \leq N} |\varphi_{;\alpha_1 \ldots \alpha_n}(p)| \tag{3}$$

gilt.

Bemerkung 3. Teil (a) ist ein Lokalisationssatz im Sinne von Satz 22.1.4. Es genügt also, Distributionen lokal zu betrachten, analog zum lokalen geometrischen Objekt aus 29.2.1. Ist $\{\varphi_k\}$ eine zu $\{V_k\}$ gehörige Zerlegung der Einheit im Sinne von Lemma 29.1.3, so kann man T bestimmen:

$$T(\varphi) = \sum_{k=1}^{\infty} T_{U_k}(\sqrt{|g(x)|}\, \varphi_k(x)\, \varphi(x))\,, \quad \varphi \in D(M)\,.$$

Bemerkung 4. (3) deutet man am besten in lokalen Koordinaten. Es ist das Analogon zu (22.1.5/1). Wie dort ist $\alpha = (\alpha_1, \ldots, \alpha_n)$ ein Multiindex mit $|\alpha| = \sum_{l=1}^{n} \alpha_l$. Ferner ist $\varphi_{;\,\alpha_1 \ldots \alpha_n}$ ein Tensor vom Typ $(0, |\alpha|)$, wobei φ insgesamt $|\alpha|$-mal kovariant abgeleitet wird nach $\alpha_1, \ldots, \alpha_n$. Die Formel zeigt, daß man Distributionen auch differenzieren darf, der Faktor $\sqrt{|g(x)|}$ in der obigen Definition legt aber kovariante Differentiation nahe.

32.3.2. Tensordistributionen

Definition. (a) *$D^{(r,s)}(M)$ ist die Gesamtheit der Tensoren φ vom Typ (r, s) mit kompaktem Träger und komplexwertigen beliebig oft differenzierbaren Komponenten.*

(b) *Eine komplexwertige Linearform T über $D^{(s,r)}(M)$ heißt Tensordistribution vom Typ (r, s), falls es für jede lokale Karte U ein System von Distributionen $T_U{}^{a_1\ldots a_r}{}_{b_1\ldots b_s} \in D'(U)$ gibt, so daß*

$$T(\varphi) = T_U{}^{a_1\ldots a_r}{}_{b_1\ldots b_s}(\sqrt{|g(x)|}\varphi^{b_1\ldots b_s}{}_{a_1\ldots a_r}(x)) \tag{1}$$

für alle $\varphi = \varphi^{a_1\ldots a_s}{}_{b_1\ldots b_r}\dfrac{\partial}{\partial x^{a_1}}\otimes\ldots\otimes\dfrac{\partial}{\partial x^{a_s}}\otimes dx^{b_1}\otimes\ldots\otimes dx^{b_r} \in D^{(s,r)}(M)$ *mit kompaktem Träger in U gilt. Die Komponenten von T transformieren sich nach dem entsprechenden Tensorgesetz. Der Raum dieser Tensordistributionen wird mit $D'^{(r,s)}(M)$ bezeichnet.*

Bemerkung 1. Im Teil (a) lassen wir jetzt (im Gegensatz zu den früheren Festlegungen) zu, daß die Komponenten des Tensors

$$\varphi = \varphi^{a_1\ldots a_r}{}_{b_1\ldots b_s}\frac{\partial}{\partial x^{a_1}}\otimes\ldots\otimes\frac{\partial}{\partial x^{a_r}}\otimes dx^{b_1}\otimes\ldots\otimes dx^{b_s}$$

komplexwertig sind. Analog zu den Schreibweisen in 32.3.1. ist $\varphi^{a_1\ldots a_r}{}_{b_1\ldots b_s}(x)$ in (1) die entsprechende Komponente in der lokalen Karte U. Die Forderung, daß diese Komponenten beliebig oft differenzierbar sein sollen, ist sinnvoll, da M eine C^∞-Mannigfaltigkeit ist. Den Träger von φ ermittelt man wieder in den lokalen Karten als den Abschluß der Menge aller Punkte x, für welche mindestens eine der Komponenten $\varphi^{a_1\ldots a_r}{}_{b_1\ldots b_s}(x)$ von φ von null verschieden ist.

Bemerkung 2. Teil (b) der Definition verallgemeinert Def. 32.3.1. Insbesondere ist also $D'^{(0,0)}(M) = D'(M)$. Addition von Tensordistributionen und Multiplikation mit komplexen Zahlen werden in naheliegender Weise erklärt. Dann wird $D'^{(r,s)}(M)$ ein linearer Raum.

Reguläre Tensordistributionen: Ist der Tensor T vom Typ (r, s) lokal integrierbar (d. h., die Komponenten von T sind lokal integrierbar), so ist

$$T(\varphi) = \int T^{a_1\ldots a_r}{}_{b_1\ldots b_r}\varphi^{b_1\ldots b_s}{}_{a_1\ldots a_r}\mu \tag{2}$$

mit $\varphi = \varphi^{b_1\ldots b_s}{}_{a_1\ldots a_r}\dfrac{\partial}{\partial x^{b_1}}\otimes\ldots\otimes dx^{a_r} \in D^{(s,r)}(M)$ eine Tensordistribution. Identifiziert man wieder lokal-integrierbare Tensoren, deren Komponenten fast überall übereinstimmen, so erhält man eine eineindeutige Zuordnung zwischen diesen lokal integrierbaren Tensoren und den zugehörigen Distributionen im Sinne von (2).

32.3.3. Kovariante Ableitung und Koableitung von Distributionen

Definition 1 (*Koableitung*). *Für $\varphi = \{\varphi^{a_0a_1\ldots a_s}{}_{b_1\ldots b_r}\} \in D^{(s+1,r)}(M)$ seien*

$$(\delta\varphi)^{a_1\ldots a_s}{}_{b_1\ldots b_r} = -\varphi^{a_0a_1\ldots a_s}{}_{b_1\ldots b_r;a_0}$$

die Komponenten von $\delta\varphi$.

Bemerkung 1. Man sieht sofort $\delta\varphi \in D^{(s,r)}(M)$.

Lemma. *Ist* $T = \{T^{b_1 \ldots b_r}{}_{a_1 \ldots a_s}\} \in D^{(r,s)}(M)$ *und* $\varphi = \{\varphi^{a_0 a_1 \ldots a_s}{}_{b_1 \ldots b_r}\} \in D^{(s+1,r)}(M)$, *so gilt*

$$\int T^{b_1 \ldots b_r}{}_{a_1 \ldots a_s ; a_0} \varphi^{a_0 a_1 \ldots a_s}{}_{b_1 \ldots b_r} \mu = \int T^{b_1 \ldots b_r}{}_{a_1 \ldots a_s} (\delta\varphi)^{a_1 \ldots a_s}{}_{b_1 \ldots b_r} \, \mu \, . \tag{1}$$

Bemerkung 2. Diese Formel ist der Ausgangspunkt, um Ableitungen von Tensordistributionen (insbesondere also von skalaren Distributionen) zu definieren.

Definition 2. (a) (*Kovariante Ableitung*). *Ist* $T = \{T^{b_1 \ldots b_r}{}_{a_1 \ldots a_s}\} \in D'^{(r,s)}(M)$, *so sei* $\nabla T = \{T^{b_1 \ldots b_r}{}_{a_1 \ldots a_s ; a_0}\}$ *mit*

$$(\nabla T)(\varphi) = T(\delta\varphi) \quad \textit{für} \quad \varphi \in D^{(s+1,r)}(M) \, .$$

(b) (*Koableitung*). *Ist* $T = \{T^{a_0 a_1 \ldots a_s}{}_{b_1 \ldots b_r}\} \in D'^{(s+1,r)}(M)$, *so sei* $\delta T = \{(\delta T)^{a_1 \ldots a_s}{}_{b_1 \ldots b_r}\}$ *mit* $(\delta T)(\varphi) = T(\nabla\varphi)$ *für* $\varphi \in D^{(r,s)}(M)$.

Bemerkung 3. Hierbei ist $\nabla\varphi = \{\varphi^{a_1 \ldots a_r}{}_{b_1 \ldots b_s ; b_0}\}$ für $\varphi = \{\varphi^{a_1 \ldots a_r}{}_{b_1 \ldots b_s}\}$. Die Definitionen sind sinnvoll und stimmen für glatte Distributionen mit (1) überein. Im Fall (a) ist $\nabla T \in D'^{(r,s+1)}(M)$, und im Fall (b) ist $\delta T \in D'^{(s,r)}(M)$. Hierbei sind s und r ganze Zahlen mit $r \geqq 0$ und $s \geqq 0$.

div und grad: Ist $T \in D'^{(1,0)}(M)$, so sei div $T = -\delta T$; nisbesondere ist also div $T \in D'(M)$. Ist $T \in D'(M)$, so sei grad $T = \nabla T$; insbesondere ist also grad $T \in D'^{(0,1)}(M)$. Es gilt also

$$\operatorname{grad} T(\varphi) = -T(\operatorname{div} \varphi) \quad \text{für} \quad T \in D'(M), \quad \varphi \in D^{(1,0)}(M) \, , \tag{2}$$

$$\operatorname{div} T(\varphi) = -T(\operatorname{grad} \varphi) \quad \text{für} \quad T \in D'^{(1,0)}(M), \quad \varphi \in D(M) \, . \tag{3}$$

Insbesondere ist grad $\varphi = \{\varphi_{,k}\}$ für $\varphi \in D(M)$ und

$$\operatorname{div} \varphi = \varphi^k{}_{;k} = \frac{1}{\sqrt{|g(x)|}} \frac{\partial}{\partial x^k} \left(\sqrt{|g(x)|}\, \varphi^k(x)\right) \tag{4}$$

für $\varphi \in D^{(1,0)}(M)$. Die Richtigkeit der letzten Formel folgt aus Satz 29.3.2(b) unter Verwendung der normalen Koordinaten aus Lemma 29.5.6/2.

32.3.4. Der Wellenoperator

In diesem Abschnitt sei M eine n-Raum-Zeit, also ein n-dim. metrischer Raum mit Signatur $n-2$ (Lorentz-Metrik), siehe 29.5.1. Für $n=4$ hat man die übliche Raum-Zeit.

Definition (*Wellenoperator*). *Ist* $T \in D'(M)$, *so sei*

$$\Box T = \operatorname{div}\, (g^{kl}(\operatorname{grad} T)_l) = \operatorname{div}\, (g^{kl}(\nabla T)_l) \, . \tag{1}$$

Bemerkung 1. Die Definition ist sinnvoll. Es ist $g^{kl}(\nabla T)_l \in D'^{(1,0)}(M)$, wobei Multiplikationen von Tensordistributionen mit C^∞-Funktionen in der üblichen Weise erklärt werden. Insbesondere ist dann $\Box T \in D'(M)$ wieder eine skalare Distribution.

Bemerkung 2. Ist T eine glatte Funktion, etwa $T \in D(M)$, so folgt aus (32.3.3/4)

$$\Box T = \frac{1}{\sqrt{|g(x)|}} \frac{\partial}{\partial x^k} \left(\sqrt{|g(x)|}\, g^{kl}(x) \frac{\partial T}{\partial x^l}(x) \right) . \tag{2}$$

In normalen Koordinaten (Lemma 29.5.6/2) ist dann

$$(\Box T)(x_0) = \sum_{r=1}^{n-1} \frac{\partial^2 T}{(\partial x_0^r)^2} - \frac{\partial^2 T}{(\partial x_0^n)^2} \, . \tag{3}$$

Das ist aber der übliche Wellenoperator. (2) ist somit die invariante Fassung von (3), und (1) ist die Ausdehnung dieser Fassung auf Distributionen.

Bemerkung 3. Aus (32.3.3/2) und (32.3.3/3) folgt

$$\Box T(\varphi) = T(\Box\varphi) \quad \text{für} \quad T \in D'(M) \quad \text{und} \quad \varphi \in D(M)\,. \tag{4}$$

Somit ist $\Box$ formal selbstadjungiert.

Allgemeiner Wellenoperator. Es sei $a = \{a^l\}$ ein Vektor mit C^∞-Komponenten, b eine C^∞-Funktion und $T \in D'(M)$. Dann ist $PT \in D'(M)$ mit

$$PT = \Box T + a^l(\nabla T)_l + bT\,. \tag{5}$$

Das Analogon zu (4) lautet jetzt für $T \in D'(M)$ und $\varphi \in D(M)$

$$(PT)(\varphi) = T(P^*\varphi) \quad \text{mit} \quad P^*\varphi = \Box\varphi - \operatorname{div}(a\varphi) + b\varphi\,. \tag{6}$$

32.3.5. Distributionen vom Typ $f(S)$

Wir betrachten die gleiche Situation wie in 32.2.4. Die offene Menge Ω, die C^∞-Funktion $S(p)$, die Flächen S_t und die Leray-Form μ_S haben die dortige Bedeutung.

Satz. *Ist $f \in D'(R_1)$ und*

$$f(S)(\varphi) = f(\int_{S_t} \varphi\mu_S) \quad \textit{für} \quad \varphi \in D(\Omega)\,, \tag{1}$$

so ist $f(S) \in D'(\Omega)$, und es gilt $\nabla f(S) = f'(S)\ \nabla S$.

Bemerkung 1. (1) ist sinnvoll, da $\int_{S_t} \varphi\mu_S \in D(R_1)$ gilt. $f' \in D'(R_1)$ ist die Distributionsableitung von f. Dann ist $f'(S)$ nach dem Vorbild von (1) zu bestimmen.

Bemerkung 2. Ist $f \in L_1^{\text{loc}}(R_1)$, so folgt aus Satz 32.1.4/2

$$f(S)\,(\varphi) = \int f(t)\,\mathrm{d}t \int_{S_t} \varphi\mu_S = \int f(S(p))\,\varphi(p)\,\mu\,. \tag{2}$$

Das rechtfertigt den Ansatz (1).

Bemerkung 3. $f(S)$ hängt stetig von f ab: Aus $f_j \to f$ in $D'(R_1)$ (d. h. $f_j(\psi) \to f(\psi)$ für alle $\psi \in D(R_1)$) folgt $f_j(S) \to f(S)$ in $D'(\Omega)$ (d. h. $f_j(S)(\varphi) \to f(S)\,(\varphi)$ für alle $\varphi \in D(\Omega)$).

Bemerkung 4. Haben S und T sowie $\mu_{S,T}$ die Bedeutung aus Bemerkung 32.2.4/3 und ist $f \in D'(R_2)$, so folgt $f(S, T) \in D'(\Omega)$ mit

$$f(S, T)\,(\varphi) = f(\int_{\Sigma_{t,u}} \varphi\mu_{S,T}) \quad \text{für} \quad \varphi \in D(\Omega)\,.$$

33. Die Wellengleichung in gekrümmten Raum-Zeiten

33.1. Charakteristische Flächen und Singularitäten

33.1.1. Charakteristische Flächen

In diesem Kapitel bezeichnen wir einen n-dimensionalen Lorentz-metrischen Raum im Sinne von Bemerkung 29.5.6/2 als n-Raum-Zeit. Ist $n=4$, so sprechen wir wie in den Kapiteln über allgemeine Relativitätstheorie von einer Raum-Zeit. In 33.1. betrachten wir n-Raum-Zeiten, während wir uns später auf den physikalisch interessanten Fall $n=4$, also auf Raum-Zeiten, beschränken.

Definition. *M sei eine n-Raum-Zeit.*

(**a**) *Eine m-dimensionale Untermannigfaltigkeit von M heißt raumartig, falls jede in ihr verlaufende Kurve $x^k(s)$ raumartig ist, also $g^{kl}(x(s))\,\frac{dx^l}{ds}\,\frac{dx^k}{ds}>0$ gilt.*

(**b**) *Eine $(n-1)$-dimensionale Fläche $S(x)=0$ heißt charakteristische Fläche, falls $dS\neq 0$ und $g^{kl}(x)\,S_{\prime k}S_{\prime l}=0$ auf $S(x)=0$ gilt.*

Bemerkung 1. Mit Ausnahme von Spitzen von charakteristischen Konoiden (siehe Bemerkung 2) setzen wir stets voraus, daß alle betrachteten Flächen glatt sind (beliebig oft differenzierbar). Die Definition ist dann sinnvoll. Raumartige Flächen hatten wir schon in 31.1.3. beschrieben, siehe auch Def. 32.2.3, wo der Begriff der Untermannigfaltigkeit erklärt wurde. In (a) ist $1\leqq m\leqq n-1$. Teil (b) stimmt mit Def. 29.5.3 überein. Mit $dS\neq 0$ ist gemeint, daß in einem Punkt x mit $S(x)=0$ nicht gleichzeitig alle Ableitungen $S_{\prime k}(x)$ verschwinden. $S(x)$ sei stets eine (zumindest lokal definierte) C^∞-Funktion.

Bemerkung 2. Charakteristische Konoide und Strahlen sollen die gleiche Bedeutung wie in 29.5.3. haben. Im Ursprung eines solchen Konoids (x_0 in 29.5.3.) ist $dS\neq 0$ nicht erfüllt.

Bemerkung 3. Ist $S(x)=0$ eine $(n-1)$-dim. Fläche mit $dS\neq 0$ und ist $x^k(s)$ eine Kurve in dieser Fläche, also $S(x^k(s))=0$, so folgt $S_{\prime k}\,\frac{dx^k}{ds}=0$. Somit ist grad $S=\{S_{\prime k}\}$ orthogonal zu $S(x)=0$ (in der Lorentz-Metrik).

Satz. (**a**) *Ist $S(x)=0$ eine charakteristische Fläche, so sind die in ihr verlaufenden Strahlen (Nullgeodäten) identisch mit den Lösungskurven $x^k(s)$ von $\frac{dx^k}{ds}=g^{kl}S_{\prime l}(x^r(s))$.*

(**b**) *Ist $Pf=\square f+a^l(\nabla f)_l+bf$ der allgemeine Wellenoperator aus (32.3.4/5) für beliebige C^∞-Funktionen f, so ist eine $(n-1)$-dim. Hyperfläche (Untermannigfaltigkeit) $S(x)=0$ genau dann charakteristische Fläche, wenn die Einschränkung von Pf auf $S(x)=0$ durch die Tangentialableitungen der Einschränkungen von $f(x)$ und $(\nabla f)(x)$ auf $S(x)=0$ ausgedrückt werden kann.*

Bemerkung 4. Nach Satz 29.5.4 sind Strahlen und Nullgeodäten identisch. Teil (a) folgt jetzt relativ leicht aus

$$g_{kl}\,\frac{dx^k}{ds}\,\frac{dx^l}{ds}=g_{kl}g^{ku}S_{\prime u}g^{lv}S_{\prime v}=g^{uv}S_{\prime u}S_{\prime v}=0\;.$$

Ferner sieht man, daß die kontravariante Ausgabe $g^{kl}S_{\prime l}$ des Orthogonalvektors grad S (Bemerkung 3) Tangentialvektor ist.

Bemerkung 5. Um Teil (b) zu erläutern, können wir $S(x) \equiv x^1$ annehmen. Aus (32.3.4/2) folgt dann $Pf = g^{11} \frac{\partial^2 f}{(\partial x^1)^2} + \ldots$, wobei der Rest $+\ldots$ Terme der Form $f(x)$, $f'_k(x)$ und $f'_{kr}(x)$ mit $k = 1, \ldots, n$ und $r = 2, \ldots, n$ umfaßt. Dieser Rest ist somit durch die Tangentialableitungen $\frac{\partial}{\partial x^2}, \ldots, \frac{\partial}{\partial x^n}$ von f und ∇f ausdrückbar. Die Forderung, daß Pf auf diese Weise ausdrückbar ist, ist somit mit $g^{11}(x) \equiv 0$ für $S(x) = 0$ identisch. Da aber $S(x) \equiv x^1$ ist, ist $g^{11}(x) \equiv 0$ für $S(x) = 0$ gleichbedeutend damit, daß $S(x) = 0$ charakteristische Fläche ist. Damit ist (b) bewiesen.

Bemerkung 6. Teil (b) zeigt, daß das Cauchyproblem für Pf in seiner üblichen Fassung für charakteristische Flächen sinnlos ist. $f(x)$ und $\nabla f(x)$ können auf einer charakteristischen Fläche $S(x) = 0$ nicht frei vorgegeben werden, wenn man Lösungen von $Pf(x) \equiv 0$ in einer Umgebung dieser Fläche sucht. Aus $Pf \equiv 0$ und Teil (b) folgt nämlich, daß eine Abhängigkeit zwischen $f(x)$ und $\nabla f(x)$ auf $S(x) = 0$ besteht. Das typische Anfangswertproblem für die Wellengleichung mit Daten auf charakteristischen Flächen sieht so aus, daß man nur $f(x)$ auf diesen Flächen vorgibt. Später beschäftigen wir uns vorwiegend mit dem Cauchyproblem mit vorgegebenen Daten auf raumartigen Hyperflächen. Dort hat man dann die übliche Fassung.

33.1.2. Anfangswertprobleme für charakteristische Flächen und Nullfelder

Satz 1. *Ist σ eine $(n-2)$-dim. raumartige Untermannigfaltigkeit, so gibt es lokal (d. h. in einer passenden Umgebung eines beliebigen Punktes von σ) genau zwei verschiedene charakteristische Flächen, die σ enthalten.*

Bemerkung 1. Ist σ eine geschlossene kompakte $(n-2)$-dim. raumartige Untermannigfaltigkeit, so gilt der Satz global, d. h. für eine passende Umgebung der gesamten Fläche σ. Es sei $g_{kl}(x) \equiv 0$ für $k \neq l$, $g_{kk}(x) \equiv 1$ für $k = 1, \ldots, n-1$ und $g_{nn}(x) \equiv -1$ (n-dim. Variante des Minkowskiraumes), und σ sei die Oberfläche einer $(n-1)$-dim. Kugel in der Ebene $x^n = 0$. Dann sind die beiden gesuchten charakteristischen Flächen die beiden Kreiskegel, die mit $\{x^n = 0\}$ einen Winkel $\frac{\pi}{4}$ bilden und durch σ gehen. Der allgemeine Fall ist die lokal diffeomorph verzerrte Variante dieses Bildes.

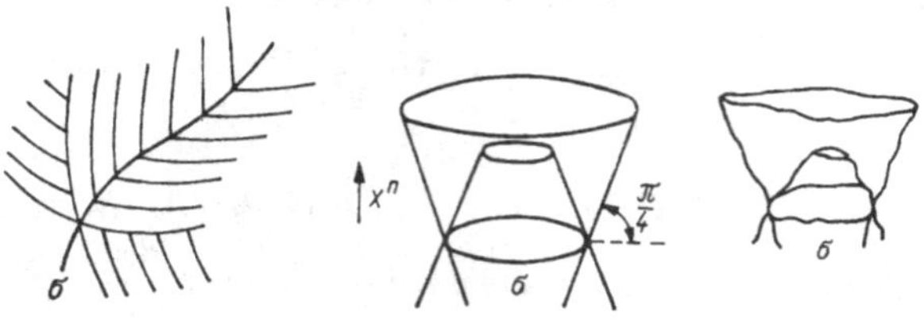

Nichtlineare Differentialgleichungen: Satz 1 und Bemerkung 1 sind die lokale bzw. globale geometrische Fassung der Lösung eines Anfangswertproblems für eine nichtlinear partielle Differentialgleichung erster Ordnung. Gesucht ist eine Funktion $S(x)$ mit $dS \neq 0$, die in einer (lokalen oder globalen) Umgebung von σ beliebig oft differenzierbar ist, die Gleichung

$$g^{kl}(x) \frac{\partial S}{\partial x^k} \frac{\partial S}{\partial x^l} = 0 \quad \text{für Punkte } x \text{ mit} \quad S(x) = 0 \tag{1}$$

erfüllt und deren zugehörige Fläche $S(x) = 0$ (lokal oder global) die Untermannigfaltigkeit σ enthält. Im Gegensatz zur linearen Theorie erhält man keine eindeutige Lösung, sondern zwei Lösungen (σ ist wie im Satz raumartig).

Huygenssche Konstruktion: Wie in der geometrischen Optik kann man die beiden charakteristischen Flächen aus Satz 1 als Wellenfronten konstruieren. Zu jedem

Punkt $x \in \sigma$ bildet man nach Satz 29.5.3/1 das charakteristische Konoid K_x. Die beiden charakteristischen Flächen aus Satz 1 sind dann (lokal oder global) die Einhüllenden dieser Konoide, also $\partial(\bigcup_x K_x)$.

Nullfelder: Die obige Problemstellung (1) kann man wie folgt erweitern. In einer offenen Menge Ω von M wird eine C^∞-Funktion $S(x)$ mit $dS \neq 0$ gesucht, so daß

$$g^{kl}(x) \frac{\partial S}{\partial x^k} \frac{\partial S}{\partial x^l} = 0 \quad \text{für} \quad x \in \Omega \tag{2}$$

gilt (Nullfelder). Hierbei sind auf einer $(n-1)$-dim. Hyperfläche Λ in Ω Anfangsdaten $S(x) = S_0(x)$ für $x \in \Lambda$ vorgegeben. $S_0(p)$ ist eine C^∞-Funktion auf Λ, und es wird zusätzlich verlangt, daß $S_0(p) \equiv c = \text{const}$ für jedes zulässige c eine $(n-2)$-dim. (glatte) Untermannigfaltigkeit von M liefert.

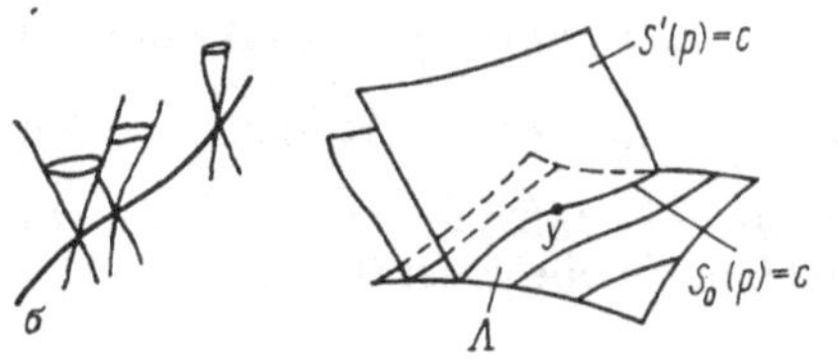

Satz 2. $\{p \mid S_0(p) \equiv \text{const}\}$ *seien* $(n-2)$*-dim. raumartige Untermannigfaltigkeiten von* M.

(**a**) *Ist* Λ *raumartig, so gibt es in einer passenden Umgebung* U *eines beliebigen Punktes* $y \in \Lambda$ *genau zwei Nullfelder* $S'(x)$ *und* $S''(x)$ *mit* $S'(x) = S''(x) = S_0(x)$ *für* $x \in U \cap \Lambda$.

(**b**) *Ist* Λ *eine charakteristische Fläche, so gibt es in einer passenden Umgebung* U *eines beliebigen Punktes* $y \in \Lambda$ *genau ein Nullfeld* $S(x)$ *mit* $S(x) = S_0(x)$ *für* $x \in U \cap \Lambda$.

Bemerkung 2. Die Nullfelder können wieder nach der huygensschen Konstruktion gebildet werden.

33.1.3. Kaustik

Die charakteristischen Flächen und Nullfelder aus den Sätzen 1 und 2 aus 33.1.2. kann man wie folgt konstruieren. (Im Beweis dieser Sätze wird mit diesen Konstruktionen begonnen, und anschließend wird gezeigt, daß die so erhaltenen Flächen die geforderten Eigenschaften haben.) σ sei wieder eine $(n-2)$-dim. raumartige Untermannigfaltigkeit. Ist $y \in \sigma$, so sei

$$g_{kl}(y)\, \xi^k t^l = 0$$

für alle Tangentialvektoren $t = \{t^l\}$ von σ in y. Die Gesamtheit dieser orthogonalen Vektoren $\xi = \{\xi^k\}$ spannen eine 2-dim. Ebene auf (im Raum der Vektoren). In dieser Ebene gibt es zwei Nullvektoren (nullartige Vektoren) $\xi_{(1)}(y) = \{\xi^k_{(1)}(y)\}$ und

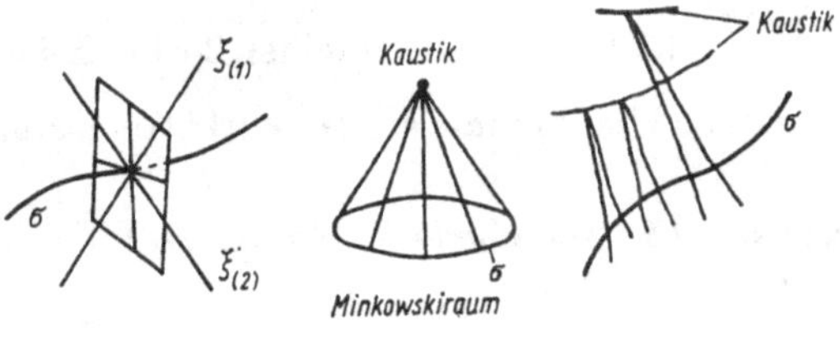

$\xi_{(2)}(y) = \{\xi^k{}_{(2)}(y)\}$. Man bestimmt jetzt die beiden Geodäten, die durch y gehen und als Richtungen diese Nullvektoren haben,

$$\frac{d^2x^k}{ds^2} + \begin{Bmatrix} k \\ lm \end{Bmatrix} \frac{dx^l}{ds}\frac{dx^k}{ds} = 0, \quad x^k(0) = y, \quad \frac{dx^k}{ds}(0) = \xi^k, \tag{1}$$

wobei $\xi^k = \xi^k{}_{(1)}(y)$ oder $\xi^k = \xi^k{}_{(2)}(y)$ ist. Variiert man $y \in \sigma$, so erhält man dann zwei Flächen S_1 und S_2, die von der Gesamtheit dieser Nullgeodäten aufgespannt werden. Dies sind die gesuchten charakteristischen Flächen aus Satz 33.1.2/1. Fixiert man eine dieser beiden Flächen, etwa $S = S_1$, und parametrisiert man σ durch $x^k = x^k(\lambda^1, \ldots, \lambda^{n-2})$ mit $k = 1, \ldots, n$, so ist

$$p = x^k = x^k(s, \lambda^1, \ldots, \lambda^{n-2}) \quad \text{mit} \quad k = 1, \ldots, n \tag{2}$$

eine Parametrisierung von S. Hierbei ist s die Bogenlänge der zugehörigen Nullgeodäte im Sinne von (1). Zumindest lokal ist dies eine Darstellung der charakteristischen Fläche. In einer Umgebung eines Punktes $y \in \sigma$ sind die $n-1$ Vektoren $\left\{\frac{\partial x^k}{\partial s}\right\}, \left\{\frac{\partial x^k}{\partial \lambda^1}\right\}, \ldots, \left\{\frac{\partial x^k}{\partial \lambda^{n-2}}\right\}$ linear unabhängig. Verlängert man die Nullgeodäten (1), so können Singularitäten auftreten. Ein Beispiel ist etwa die Spitze eines Kegels im Minkowskiraum, wobei σ die Oberfläche einer 3-dim. Kugel in der Ebene $x^4 = 0$ ist.

Definition. *Die Kaustik (der charakteristischen Fläche S) ist die Gesamtheit der Punkte p für die (in lokalen Koordinaten) die Vektoren $\left\{\frac{\partial x^k}{\partial s}\right\}, \left\{\frac{\partial x^k}{\partial \lambda^1}\right\}, \ldots, \left\{\frac{\partial x^k}{\partial \lambda^{n-2}}\right\}$ linear abhängig sind.*

Bemerkung 1. Das obige Beispiel eines Kegels im Minkowskiraum ist nicht typisch. Im allgemeinen besteht die auf S gelegene Kaustik aus mehreren $(n-2)$-dim. Mannigfaltigkeiten. Die Anzahl dieser $(n-2)$-dim. Mannigfaltigkeiten ist im allgemeinen $n-2$.

Bemerkung 2. Betrachtet man Nullfelder im Sinne von Satz 33.1.2/2, so kann man auf jeder charakteristischen Fläche $S'(x) \equiv c$ die Kaustik konstruieren. Bei variablem c erhält man dann im allgemeinen mehrere $(n-1)$-dim. Flächen.

Satz. *Ein Punkt $p = x^k(x, \lambda^1, \ldots, \lambda^{n-2})$ der charakteristischen Fläche S gehört genau dann zur Kaustik, wenn*

$$\Delta(s, \lambda) = \det \left(g_{kl} \frac{\partial x^k}{\partial \lambda^\alpha} \frac{\partial x^l}{\partial \lambda^\beta} \right)_{\alpha,\beta=1}^{n-2} (s, \lambda) = 0$$

gilt.

Bemerkung 3. Zur Berechnung von $\Delta(s, \lambda)$ muß man lokale Karten benutzen. Gilt aber $\Delta(s, \lambda) = 0$ in einer lokalen Karte, so gilt dies auch in allen anderen zulässigen lokalen Karten.

33.1.4. Die Kaustik im Minkowskiraum

Ist M der (4-dim.) Minkowskiraum der speziellen Relativitätstheorie (siehe z. B. (24.2.2/3)), so stimmen die Strahlen mit den Geraden überein, die mit der x^4-Achse einen Winkel von $\frac{\pi}{4}$ bilden. Unser Ziel ist, die Kaustik einer 2-dim. Fläche, die in der Ebene $x^4 = 0$ liegt, zu bestimmen. Hierzu sind einige Vorbetrachtungen nützlich.

Evolute: Das Analogon einer Kaustik für eine ebene Kurve im 2-dim. euklidischen Raum ist die Evolute dieser Kurve, siehe 17.1.3.

Hauptkrümmungen. Im euklidischen 3-dim. Raum werden 2-dim. glatte Flächen betrachtet. Ist $x=(x^1, x^2, x^3)$ ein Punkt dieser Fläche, so sei N der zugehörige Normalenvektor. Ein Normalenschnitt ist eine Ebene durch x, die N enthält. Dadurch wird eine ebene Kurve ausgeschnitten. Ihre Krümmung im Sinne von 17.1.3.

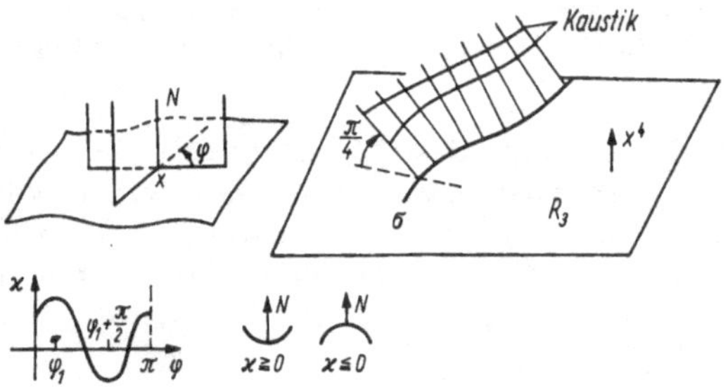

sei $\varkappa$. Wir denken uns jetzt $\varkappa$ vorzeichenbehaftet, wie in der Zeichnung angedeutet. Hat φ die angegebene Bedeutung, so hängt $\varkappa=\varkappa(\varphi)$ von φ ab. Punkte mit $\varkappa(\varphi)\equiv$ $\equiv$const heißen Nabelpunkte. Ist x kein Nabelpunkt, so gibt es genau ein Maximum $\varkappa_1=\varkappa(\varphi_1)$ und genau ein Minimum $\varkappa_2=\varkappa(\varphi_2)$, wobei $\varphi_2=\varphi_1+\frac{\pi}{2}$ gilt. Diese beiden Werte heißen Hauptkrümmungen.

Kaustik. Im Minkowskiraum wird eine 2-dim. glatte Fläche σ betrachtet, die in der Ebene $x^4=0$ liegt. Dann ist σ raumartig. σ sei nabelpunktfrei und durch $x^k=$ $=x^k(\lambda^1, \lambda^2)$ parametrisiert, $k=1, 2, 3$. Ferner sei eine der beiden charakteristischen Flächen S durch (33.1.3/2) mit $n=4$ gegeben, wobei $s=0$ der Fläche σ entspricht. Die Hauptkrümmungen von σ im Punkt (λ^1, λ^2) seien $\varkappa_1(\lambda^1, \lambda^2)$ und $\varkappa_2(\lambda^1, \lambda^2)$. Schließlich sei $N=\{N^k(\lambda^1, \lambda^2)\}_{k=1}^3$ der normierte und in seiner Richtung fixierte Normalenvektor in R_3 im Punkt (λ^1, λ^2) an σ.

Satz. *Unter den obigen Voraussetzungen besteht die Kaustik auf S aus zwei Flächen, die durch*

$$y^k(\lambda^1, \lambda^2)=x^k(\lambda^1, \lambda^2)+\frac{N^k(\lambda^1, \lambda^2)}{\varkappa_r(\lambda^1, \lambda^2)} \quad \textit{für} \quad k=1, 2, 3 \quad \textit{und} \quad y^4(\lambda^1, \lambda^2)=\frac{1}{\varkappa_r(\lambda^1, \lambda^2)}$$

gegeben sind. Hierbei ist $r=1, 2$.

Bemerkung 1. Das ist das Analogon zur Konstruktion der Evolute in 17.1.3.

Bemerkung 2. Man kann diese Konstruktion auf den n-dimensionalen Minkowskiraum $ds^2=\sum_{k=1}^{n-1}(dx^k)^2-(dx^n)^2$ ausdehnen. Die Kaustik besteht dann aus $n-2$ Flächen.

33.1.5. Unstetigkeiten von Lösungen der Wellengleichung und Katastrophen

Es sei Ω eine offene zusammenhängende Menge in der n-Raum-Zeit M. Ferner sei Σ eine $(n-1)$-dim. Hyperfläche, die Ω in die offenen Mengen Ω_1 und Ω_2 sowie Σ zerlegt. $u(x)$ sei sowohl in $\bar{\Omega}_1$ als auch in $\bar{\Omega}_2$ zweimal stetig differenzierbar, und für $p\in\Sigma$ sei

$$[u(p)]=\lim_{\substack{q\to p\\ q\in\Omega_1}} u(q)-\lim_{\substack{q\to p\\ q\in\Omega_2}} u(q) \quad (\text{Sprung bei } \Sigma)\,.$$

Analog wird $[\nabla u(p)]$ gebildet. Pu sei der allgemeine Wellenoperator aus (32.3.4/5).

Satz 1. *Erfüllt $u(x)$ die obigen Voraussetzungen, ist $Pu=0$ in $D'(\Omega)$ und gilt weiterhin $|[u]|+|[\nabla u]| \neq 0$ auf Σ, so ist Σ eine charakteristische Fläche.*

Bemerkung 1. Unstetigkeiten von Lösungen von Wellengleichungen können also nur an charakteristischen Flächen auftreten. Hieran ändert selbst die Flucht in die Theorie der Distributionen nichts.

Klassische Variante: Die klassische Variante des obigen Satzes sieht wie folgt aus. $u(x)$ sei in Ω eine zweimal stetig differenzierbare (klassische) Lösung von $Pu=0$. Ferner sei $u(x)$ sowohl in $\bar{\Omega}_1$ als auch in $\bar{\Omega}_2$ jeweils k-mal stetig differenzierbar mit $k \geqq 3$ und $\sum_{|\alpha|=k} [D^\alpha u] \neq 0$ auf Σ. Dann ist Σ eine charakteristische Fläche. Hierbei ist $[D^\alpha u(p)]$ analog wie $[u(p)]$ erklärt.

Satz 2. *Die charakteristische Fläche Σ im Gebiet Ω sei entsprechend (33.1.3/2) durch $x^k = x^k(s, \lambda)$ mit $\lambda = (\lambda^1, \ldots, \lambda^{n-2})$ parametrisiert. Ist $Pu=0$ in Ω und sind s' und s'' zwei zulässige Parameter, so gilt*

$$[u(x(s'', \lambda))]^2 \, |\Delta(s'', \lambda)|^{\frac{1}{2}} = [u(x(s', \lambda))]^2 \, |\Delta(s', \lambda)|^{\frac{1}{2}} \, e^{-\int_{s'}^{s''} a_l(x(s,\lambda)) \frac{\partial x^l(s,\lambda)}{\partial s} ds} . \quad (1)$$

Bemerkung 2. a_l ist die kovariante Ausgabe von a^l. Ferner hat $\Delta(s, \lambda)$ die Bedeutung aus Satz 33.1.3. Für $a^l = 0$, das entspricht dem selbstadjungierten Fall $P = P^*$ aus 32.3.4., wird (1) besonders einfach.

Bemerkung 3. Bei fixiertem λ ist $x^k = x^k(s, \lambda)$ eine Nullgeodäte. Unstetigkeiten von Lösungen $Pu=0$ der Wellengleichung werden also längs Nullgeodäten transportiert.

Katastrophen: Es sei $[u(x(s', \lambda))] \neq 0$. Läuft s'' auf der Nullgeodäte $x^k(s, \lambda)$ gegen einen Punkt der Kaustik, so folgt $\Delta(s'', \lambda) \to 0$ nach Satz 33.1.3. Aus (1) erhält man dann $[u(x(s'', \lambda))] \to \infty$. Beschreibt also u einen physikalischen Vorgang, der eine Unstetigkeit längs einer charakteristischen Fläche aufweist, so tritt bei Annäherung an die Kaustik eine Katastrophe ein.

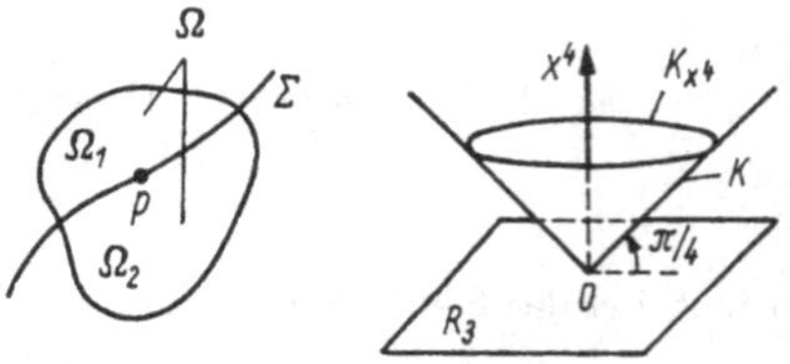

33.2. Fundamentallösungen

33.2.1. Problemstellung

Fundamentallösungen partieller Differentialgleichungen im Rahmen der Theorie der Distributionen $D'(R_n)$ wurden in 23.1. untersucht (Def. 23.1.1). Solche Lösungen erwiesen sich als nützlich, insbesondere zur Behandlung von Anfangswertproblemen. Von den drei dort behandelten Typen Δ, $\Delta - \frac{\partial}{\partial t}$ und $\Box$ interessiert uns jetzt der Wellenoperator $\Box$. Satz 23.1.4 lautet in unserer jetzigen Sprachregelung wie folgt: Im (4-dim.) Minkowskiraum mit dem Linienelement $ds^2 = (dx^1)^2 + (dx^2)^2 +$

$+(dx^3)^2-(dx^4)^2$ ist

$$G(\varphi) = -\frac{1}{4\pi}\int_0^\infty \frac{dx^4}{x^4}\int_{K_{x^4}} \varphi(x^1, x^2, x^3, x^4)\, ds_{x^4} \tag{1}$$

mit $\varphi\in D(R_4)$ eine Lösung von

$$\Box G = \frac{\partial^2 G}{(\partial x^1)^2}+\frac{\partial^2 G}{(\partial x^2)^2}+\frac{\partial^2 G}{(\partial x^3)^2}-\frac{\partial^2 G}{(\partial x^4)^2}=\delta\,. \tag{2}$$

Hierbei ist K der obere Teil des Lichtkegels (charakteristischer Kegel) im Punkt 0 und K_{x^4} der Schnitt mit x^4, also die 3-dim. Kugel $\{(x^1, x^2, x^3) \mid (x^1)^2+(x^2)^2+(x^3)^2 = (x^4)^2\}$ mit dem Flächenelement ds_{x^4}. Es ist $\operatorname{supp} G = K$ (siehe Bemerkung 23.1.4./1) und G ist singulär. Das weitere Ziel ist die Ausdehnung dieses Resultats auf den allgemeinen Wellenoperator P aus (32.3.4/5) in einer beliebigen Raum-Zeit. Insbesondere setzen wir also ab jetzt stets $n=4$ voraus, betrachten also Raum-Zeiten im Sinne der Vereinbarung zu Beginn von 33.1.1. Mit P^* wird der adjungierte Operator aus (32.3.4/6) bezeichnet.

Definition. *Ω sei eine zusammenhängende offene Menge in der Raum-Zeit M. Ist $q\in\Omega$, so heißt $G_q\in D'(\Omega)$ Fundamentallösung von P in Ω, falls*

$$(PG_q)(\varphi) = G_q(P^*\varphi) = \varphi(q) \quad \textit{für alle} \quad \varphi\in D(\Omega) \quad \textit{gilt}\,. \tag{3}$$

Bemerkung 1. Die Formulierung soll einschließen, daß man für jeden Punkt $q\in\Omega$ eine entsprechende Distribution G_q findet. Im Sinne der δ-Distribution aus 32.3.1. heißt dann (3) auch $PG_q=\delta_q$ für alle $q\in\Omega$. Insbesondere haben Distributionen auf Mannigfaltigkeiten stets die Bedeutung aus 32.3. Natürlich kann man die obige Definition sofort auf n-Raum-Zeiten ausdehnen.

Bemerkung 2. Die obige Definition ist das Analogon von Def. 23.1.1 für Raum-Zeiten und allgemeine Wellenoperatoren. Im Gegensatz zu früher haben wir es jetzt nicht mit einer Fundamentallösung, sondern mit einer Schar $\{G_q\}_{q\in\Omega}$ zu tun. Ist M der Minkowskiraum und $P=\Box$, so kann man G_q aus (1) durch $G_q(\varphi)=G(\varphi\,(q+\cdot))$ gewinnen. Im allgemeinen Fall hat man aber eine derartige Operation $\varphi(x)\to\varphi(q+x)$ nicht zur Verfügung. Im Gegensatz zu früher sind jetzt alle Betrachtungen lokal.

33.2.2. Kausalgebiete

Nach Satz 29.5.5 gibt es zu jedem Punkt p einer gegebenen Raum-Zeit M eine geodätisch konvexe Umgebung Ω. In Ω kann man jetzt eine Zeitorientierung einführen, indem man die Lichtkegel (charakteristische Konoide) in Ω stetig und widerspruchsfrei in Zukunftskegel und Vergangenheitskegel unterteilt (siehe 31.1.1.). Hierzu beginnt man in einem Punkt $p_1\in\Omega$ mit der Unterteilung und setzt diese dann stetig längs der eindeutig bestimmten Geodäten von p_1 nach p_2 fort. Lokal ist somit Zeitorientierung stets möglich, global ist es eine wesentliche Zusatzforderung.

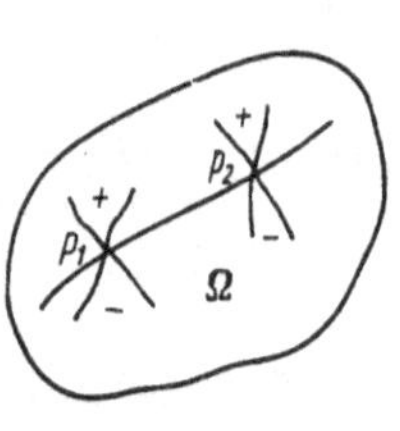

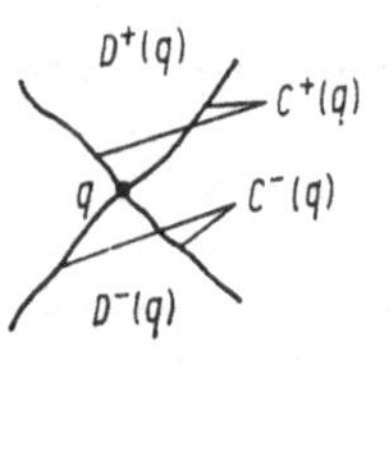

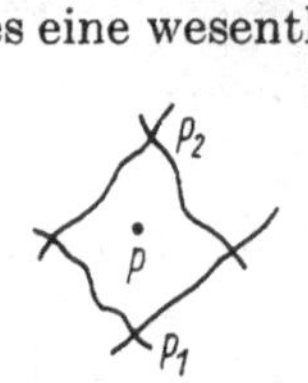

Definition 1. *Ω sei ein geodätisch konvexes Gebiet der Raum-Zeit M, und es sei $q \in \Omega$. Dann ist*

$$D^+(q) = \{p \mid p \in \Omega, \text{ die Geodäte von } q \text{ nach } p \text{ ist zeitartig und zukunftsgerichtet}\},$$

$$C^+(q) = \{p \mid p \in \Omega, \text{ die Geodäte von } q \text{ nach } p \text{ ist nullartig und zukunftsgerichtet}\},$$

$$J^+(q) = D^+(q) \cup C^+(q) \text{ (Zukunftsausstrahlungsgebiet von } q, \text{ future emission of } q).$$

Analoges gilt für $D^-(q)$, $C^-(q)$ und $J^-(q)$.

Bemerkung 1. Ist $q \in \Omega$, so ist $D^+(q)$ das Innere des Zukunftskonoids mit q als Ursprung, soweit es in Ω liegt, und $C^+(q)$ ist dieses Zukunftskonoid, soweit es in Ω liegt. Es ist $C^+(q) = \partial D^+(q)$ (insbesondere soll also $q \in C^+(q)$ gelten).

Definition 2. *Eine zusammenhängende offene Menge Ω heißt Kausalgebiet, falls Ω in ein geodätisch konvexes Gebiet Ω_0 eingebettet werden kann, $\Omega \subset \Omega_0$, und falls $J^+(p_1) \cap J^-(p_2)$ für je zwei Punkte $p_1 \in \Omega$ und $p_2 \in \Omega$ entweder eine kompakte Teilmenge von Ω oder leer ist.*

Bemerkung 2. Ein Kausalgebiet zu $p \in M$ kann man wie folgt konstruieren. p_1 und p_2 seien Punkte mit $p \in D^-(p_2)$ und $p \in D^+(p_1)$. Bei geeigneter Wahl von p_1 und p_2 ist dann $D^-(p_2) \cap D^+(p_1)$ ein Kausalgebiet, das p enthält.

33.2.3. Die Distribution $\delta_{q^+}(\Gamma)$

Betrachtet wird ein Kausalgebiet Ω in einer Raum-Zeit M. Ist $q \in \Omega$ und $p \in D^+(q)$, so sei s die Bogenlänge (im Sinne von Bemerkung 29.5.4/4) der eindeutig bestimmten zeitartigen Geodäten $x(s)$, die p mit q verbindet. Ist $q = x(s_1)$ und $p = x(s_2)$, so sei $\Gamma(p, q) = |s_1 - s_2|$ der geodätische Abstand der beiden Punkte p und q. Es sei

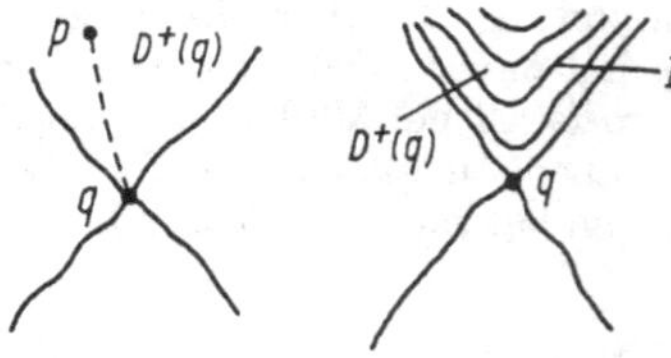

$\Gamma(p, q) = 0$ für $p \in C^+(q)$ und $\Gamma_\varepsilon = \{p \mid p \in D^+(q), \Gamma(p, q) = \varepsilon\}$ für $\varepsilon > 0$. (Da q fest ist, vermerken wir die Abhängigkeit von q nicht.) Im Minkowskiraum ist $\Gamma_\varepsilon = \{x \mid (x^1)^2 + (x^2)^2 + (x^3)^2 - (x^4)^2 = \varepsilon^2\}$ für $q = 0$. Im allgemeinen Fall ist Γ_ε das diffeomorphe Bild derartiger Hyperboloide.

Lemma. *Ist $S(p) = \Gamma(p, q)$ (mit festem q und variablem p), so ist $g^{kl}\, S_{,k} S_{,l} = 4S$ in $D^+(q)$.*

Bemerkung 1. Insbesondere ist also grad $S \neq 0$ in $D^+(q)$. Damit hat man die in 32.2.4. und 32.3.5. beschriebene Situation (wobei das dortige Gebiet Ω jetzt $D^+(q)$ ist).

Definition. *Ist $\delta_\varepsilon \in D'(R_1)$ die δ-Distribution bezüglich des Punktes $\varepsilon > 0$, also $\delta_\varepsilon(\psi) = \psi(\varepsilon)$ für $\psi \in D(R_1)$, so sei $\delta_{q^+}(\Gamma - \varepsilon) = \delta_\varepsilon(S)$ im Sinne von Satz 32.3.5.*

Bemerkung 2. In Satz 32.3.5 muß man Ω durch $D^+(q)$ ersetzen. Es ist also $\delta_{q^+}(\Gamma - \varepsilon) \in D'(D^+(q))$ und

$$\delta_{q^+}(\Gamma - \varepsilon)(\varphi) = \int_{\Gamma_\varepsilon} \varphi(p)\, \mu_S \quad \text{für} \quad \varphi \in D(D^+(q)) \,. \tag{1}$$

Es ist klar, daß man (1) auf $\varphi \in D(\Omega)$ ausdehnen kann. Dann ist $\delta_{q^+}(\Gamma - \varepsilon) \in D'(\Omega)$.

Satz. $\delta_{q+}(\Gamma)=\lim_{\varepsilon\downarrow 0}\delta_{q+}(\Gamma-\varepsilon)$ *konvergiert in* $D'(\Omega)$.

Bemerkung 3. Gemeint ist $\delta_{q+}(\Gamma)\in D'(\Omega)$ und $\delta_{q+}(\Gamma-\varepsilon)(\varphi)\to\delta_{q+}(\Gamma)(\varphi)$ für $\varphi\in D(\Omega)$.

Bemerkung 4. Ist M der Minkowskiraum und $q=0$, so stimmt $\delta_{q+}(\Gamma)$ bis auf einen Faktor mit G aus (33.2.1/1) überein. Somit ist $\delta_{q+}(\Gamma)$ die invariante (und lokale) Fassung von G.

Bemerkung 5. Man kann $D^+(q)$ durch $D^-(q)$ ersetzen. Man erhält dann eine entsprechende Distribution $\delta_{q-}(\Gamma)$.

33.2.4. Fundamentallösungen

Satz. *Ist Ω ein Kausalgebiet in der Raum-Zeit M, so gibt es im Sinne von Def. 33.2.1 genau eine Fundamentallösung G_q von P in Ω mit* supp $G_q\subset J^+(q)$ *für $q\in\Omega$. Bezeichnet man diese Fundamentallösung mit G_q^+, so ist sie als $G_q^+=U\delta_{q+}(\Gamma)+V^+$ darstellbar. Hierbei hat $\delta_{q+}(\Gamma)$ die Bedeutung aus Satz 33.2.3. Ferner ist $U=U(p,q)$ eine in $\Omega\times\Omega$ beliebig oft differenzierbare Funktion und $V^+=V^+(p,q)$ eine in $\Omega\times\Omega$ definierte Funktion mit* supp $V^+\subset\Lambda^+=\{(p,q)\mid p\in\Omega,\ q\in\Omega,\ p\in J^+(q)\}$, *die in Λ^+ beliebig oft differenzierbar ist.*

Bemerkung 1. Man kann einen entsprechenden Satz für eine Fundamentallösung G_q^- formulieren.

Bemerkung 2. Es ist supp $\delta_{q+}(\Gamma)=C^+(q)$. Der Träger des singulären Anteils $U\delta_{q+}(\Gamma)$ von G_q^+ liegt also in $C^+(q)$, wie im Fall des Minkowskiraumes, wo G_q^+ im wesentlichen gleich G aus (33.2.1/1) ist. Im allgemeinen Fall wird diese (huygenssche) Eigenschaft durch den Summanden V^+ gestört.

Bemerkung 3. M sei ein Raum konstanter Krümmung, also $R_{abcd}=\frac{R}{12}(g_{ac}g_{bd}-g_{bc}g_{ad})$ im Sinne von Bemerkung 30.2.1/3. Ferner sei $P=\Box+b$, also $a^l=0$ in (32.3.4/5). Dann ist

$$G_q^+=-\frac{1}{2\pi}\delta_{q+}(\Gamma)+\frac{R}{48\pi}H_{q+}(\Gamma)\quad\text{mit}\quad H_{q+}(\Gamma)=\begin{cases}1 & \text{für}\quad p\in J^+(q),\\ 0 & \text{für}\quad p\notin J^+(q).\end{cases}$$

$R=0$ ist der Minkowskiraum, also $G_q^+=G$ aus (33.2.1/1) für $q=0$.

33.3. Lösungen von $Pu=f$, Cauchyprobleme

33.3.1. Vergangenheits-kompakte Mengen und Distributionen

Das Kausalgebiet Ω der Raum-Zeit M identifizieren wir mit einer lokalen Karte. Das ist keine Einschränkung, da Ω Teil eines geodätisch konvexen Gebietes ist und derartige Gebiete stets durch eine einzige Karte dargestellt werden können. G_q^+ hat die Bedeutung aus Satz 33.2.4.

Lemma 1.(a) *Ist $\varphi\in D(\Omega)$, so ist $G_q^+(\varphi)$ als Funktion von q in Ω beliebig oft differenzierbar, und es gilt* supp $G_q^+(\varphi)\subset J^-($supp $\varphi)$.
(b) *Sind K und K' zwei kompakte Teilmengen von Ω und ist $N=0, 1, 2, \ldots$, so gibt es eine positive Zahl $c=c(K,K',N)$, so daß für alle $\varphi\in D(\Omega)$ mit* supp $\varphi\subset K$ *gilt*

$$\sum_{|\alpha|\le N}\sup_{q\in K'}|D_q^\alpha G_q^+(\varphi)|\le c\sum_{|\alpha|\le N}\sup_{p\in K\cap J^+(K')}|D_p^\alpha\varphi(p)|\,. \tag{1}$$

Bemerkung 1. Ist K eine Menge in Ω, so ist $J^-(K)=\bigcup_{q\in K}J^-(q)$ und $J^+(K)=\bigcup_{q\in K}J^+(q)$. Ferner hat D_q^α die übliche Bedeutung, wobei nach $q=(q^1, \ldots, q^n)$ differenziert wird. Die Aussage über den Träger von $G_q^+(\varphi)$ in (a) folgt unmittelbar aus supp $G_q^+ \subset J^+(q)$. Das erklärt auch die Einschränkung $p \in K \cap J^+(K')$ in (1).

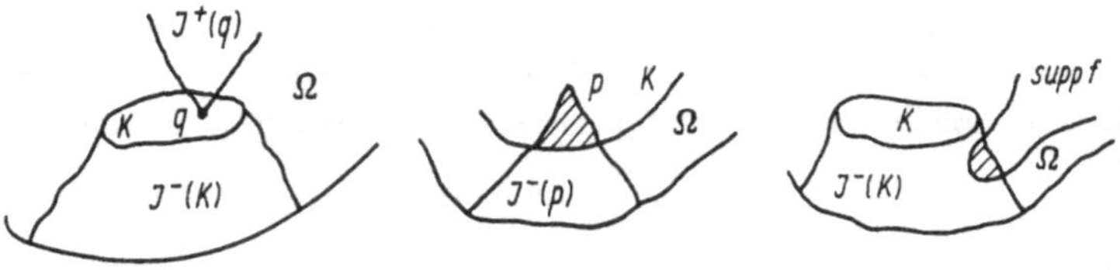

Definition. (a) *Eine Menge K aus Ω heißt vergangenheits-kompakt, falls $J^-(p) \cap K$ für alle $p \in \Omega$ entweder leer oder kompakt ist.*

(b) *$D^+(\Omega)$ ist die Gesamtheit der in Ω beliebig oft differenzierbaren Funktionen mit vergangenheits-kompaktem Träger.*

(c) *$D'^+(\Omega)$ ist die Gesamtheit der Distributionen aus $D'(\Omega)$ mit vergangenheits-kompaktem Träger.*

Bemerkung 2. Jede kompakte Menge ist vergangenheits-kompakt. Man kann aber leicht Mengen angeben, die vergangenheits-kompakt, aber nicht kompakt sind. $D'^+(\Omega)$ ist nicht der duale Raum zu $D^+(\Omega)$. Funktionen aus $D^+(\Omega)$ brauchen keinen kompakten Träger zu haben. Betrachtet man etwa im Minkowskiraum das Kausalgebiet $\Omega=\{x \mid |x^4|<2\}$, so ist $K=\{x \mid |x^4| \leq 1\}$ eine vergangenheits-kompakte Menge, und man kann leicht C^∞-Funktionen angeben, die K als Träger haben.

Lemma 2. *Ist K kompakt und K' vergangenheits-kompakt, so ist $J^-(K) \cap K'$ kompakt.*

Bemerkung 3. Man kann auch zeigen, daß $J^+(K')$ vergangenheits-kompakt ist, wenn K' vergangenheits-kompakt ist.

Satz. *Ist $f \in D'^+(\Omega)$, so ist $f[G_q^+] \in D'(\Omega)$ mit $f[G_q^+](\varphi)=f(G_q^+(\varphi))$ für $\varphi \in D(\Omega)$.*

Bemerkung 4. Ist $\varphi \in D(\Omega)$ mit supp $\varphi \subset K$, so ist supp $G_q^+(\varphi) \subset J^-(K)$ nach Lemma 1(a). Ist K kompakt, so folgt aus Lemma 2, daß auch $J^-(K) \cap \operatorname{supp} f$ kompakt ist. Der Satz ergibt sich dann aus (1) mit $K'=J^-(K) \cap \operatorname{supp} f$ und bekannten Spielregeln aus der Theorie der Distributionen.

33.3.2. Ein Existenz- und Unitätssatz

Betrachtet wird der allgemeine Wellenoperator P aus (32.3.4/5) in einem Kausalgebiet Ω der Raum-Zeit M. Ist $p \in \Omega$, so hat $\Gamma(p, q)$ die Bedeutung aus 33.2.3., wobei wir jetzt $\Gamma(p, q)$ auf alle Punkte q mit $q \neq p$ ausdehnen. Ist $x^k(s)$ die eindeutig bestimmte Geodäte, die p mit q verbindet, wobei s ein geodätischer Parameter im Sinne von 29.4.5. mit $p=x^k(0)$ ist, so gilt $\nabla \Gamma(p, q)=2\,|s|\,\frac{\mathrm{d}x^k}{\mathrm{d}s}$ (∇ wird bezüglich q genommen). Insbesondere ist also $\nabla \Gamma(p, q) \neq 0$ für $q \neq p$, und man kann Satz 32.2.4/1 mit $S(q)=\Gamma(p, q)$ (p ist fest) anwenden. Es ist also $\mu(q)=d_q\Gamma(p, q) \wedge \mu_\Gamma(q)$, wobei wir zur Deutlichkeit die Abhängigkeit von q markiert haben.

Satz. *Ist $f \in D'^+(\Omega)$, so besitzt $Pu=f$ genau eine Lösung aus $D'^+(\Omega)$. Diese Lösung ist $u=f[G_q^+]$, und es gilt* supp $u \subset J^+$ (supp f). *Ist $f \in D^+(\Omega)$, so gehört $u(p)$ zu $D^+(\Omega)$ und läßt sich darstellen als*

$$u(p)=\frac{1}{2\pi}\int_{C^-(q)} U(p, q)\, f(q)\, \mu_\Gamma(q)+\frac{1}{2\pi}\int V^+(p, q)\, f(q)\, \mu(q)\,. \tag{1}$$

Bemerkung 1. $U(p, q)$ und $V^+(p, q)$ haben die Bedeutung aus Satz 33.2.4. Ferner hat man $\int\limits_{C^-(p)} \ldots$ als $\lim\limits_{\varepsilon \downarrow 0} \int\limits_{C^-(p), |s| > \varepsilon} \ldots$ zu verstehen. Im Minkowskiraum mit der üblichen Koordinatendarstellung ist μ_Γ bis auf einen Faktor gleich $\frac{dx^1 \wedge dx^2 \wedge dx^3}{x^4}$. In diesem Fall sieht man rasch, daß der obige Limes existiert. Lokal ist der allgemeine Fall das diffeomorphe Bild der Situation im Minkowskiraum. Hieraus ergibt sich, daß das obige Integral auch im allgemeinen Fall existiert.

Bemerkung 2. Daß $u=f[G_q^+]$ eine Lösung von $Pu=f$ ist, folgt aus

$$(Pu)(\varphi)=u(P^*\varphi)=f(G_q^+(P^*\varphi))=f(\varphi)$$

(siehe (32.3.4/6), Satz 33.3.1 und Def. 33.2.1). Die Aussage über den Träger von u folgt aus der Konstruktion von $f[G_q^+]$.

Bemerkung 3. Im Fall des Minkowskiraumes mit dem üblichen Linienelement $ds^2=(dx^1)^2+ +(dx^2)^2+(dx^3)^2-(dx^4)^2$ ist $V^+\equiv 0$, $U\equiv 1$ und $\mu_\Gamma=c\,\frac{dx^1 \wedge dx^2 \wedge dx^3}{x^4}$, wobei c eine geeignete Konstante ist. Dann stimmt $u(p)$ aus (1) mit den bekannten retardierten Potentialen überein (vgl. mit (19.3.5/1) und dem ersten Term in (23.2.2/2)).

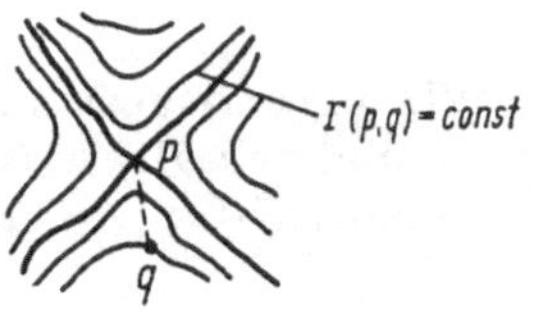

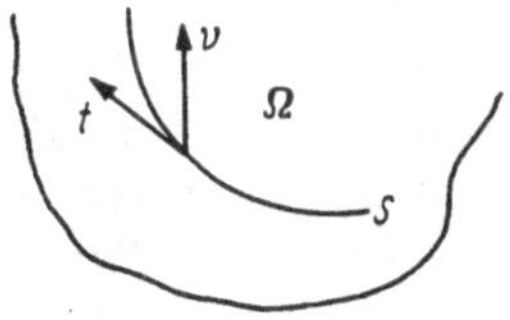

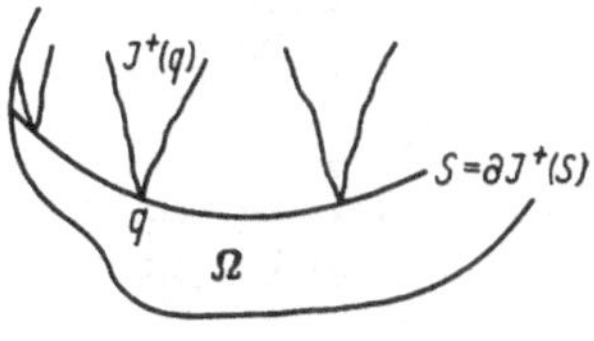

33.3.3. Das Cauchyproblem: Existenz und Unität

Das Cauchyproblem (Anfangswertproblem) für die Wellengleichung im Minkowskiraum (in unserer jetzigen Sprechweise) wurde in 19.3.5. (klassische Lösung) und in 23.2.2. (Distributionslösung) behandelt. Unser Ziel ist, die früheren Betrachtungen auf beliebige Raum-Zeiten M (also 4-dim. Lorentz-metrische Räume) und auf die Wellenoperatoren P aus (32.3.4/5) auszudehnen. Hierbei beschränken wir uns auf C^∞-Funktionen, also klassische Lösungen.

Cauchy-Daten: Ω sei ein Kausalgebiet in einer Raum-Zeit M. Wir nehmen wieder an, daß Ω mit seiner lokalen Karte identisch ist. S sei eine 3-dim. (glatte) Hyperfläche in Ω. Ist u eine C^∞-Funktion auf S und ist t eine Tangentialrichtung auf S, so ist mit u auch $\frac{\partial u}{\partial t}$ bekannt. Ist außerdem $\frac{\partial u}{\partial \nu}$ gegeben, wobei ν keine Tangentialrichtung ist, so sind alle ersten partiellen Ableitungen von u auf S bekannt. Wir sagen dann, daß auf S Cauchy-Daten gegeben sind.

Satz. *Ω sei ein Kausalgebiet, und S sei eine vergangenheits-kompakte raumartige 3-dim. Hyperfläche in Ω mit $\partial J^+(S)=S$. Ferner sei f eine C^∞-Funktion in Ω, und es seien C^∞-Cauchy-Daten auf S gegeben. Dann besitzt das Cauchyproblem*

$$Pu=f \text{ in } J^+(S),\ u \text{ ist } C^\infty\text{-Funktion in } J^+(S),$$
$$u|_S \text{ und } \nabla u|_S \text{ nehmen vorgeschriebenen Werte auf } S \text{ an},$$

genau eine Lösung.

Bemerkung 1. Die Begriffe raumartig und vergangenheits-kompakt wurden früher beschrieben (Def. 33.1.1 und Def. 33.3.1). Wie früher ist $J^+(S)=\bigcup\limits_{q\in S} J^+(q)$, und $\partial J^+(S)$ ist der Rand dieser

Menge, wobei als Randpunkte natürlich nur Punkte aus der offenen Menge Ω in Frage kommen (und nicht etwa Punkte von $\partial\Omega$ im Sinne der Einbettung von Ω im R_n). Die Aussage, daß u eine C^∞-Funktion in $J^+(S)$ ist, bedeutet, daß u im Innern von $J^+(S)$ beliebig oft differenzierbar ist und daß alle Ableitungen stetig auf den Rand von $J^+(S)$ fortgesetzt werden können.

Bemerkung 2. Die Voraussetzungen an S sind natürlich, insbesondere die Forderung, daß S raumartig ist. Ist $\Omega = M$ der Minkowskiraum, $P = \Box$ und $S = \{x \mid x^4 = 0\}$, so stimmt der obige Satz im wesentlichen mit der Existenz- und Unitätsaussage aus Satz 19.3.5/2 überein. Unser Ziel ist, die dortige explizite Konstruktion der Lösung auf den jetzigen Fall zu verallgemeinern.

33.3.4. Das Cauchyproblem: Darstellung

Es gelten die gleichen Voraussetzungen wie in 33.3.3.: Ω ist ein Kausalgebiet in der Raum-Zeit M, das mit seiner lokalen Karte übereinstimmt. S ist wieder eine vergangenheits-kompakte raumartige 3-dim. Hyperfläche in Ω mit $\partial J^+(S) = S$. Ist $p \in J^+(S)$ mit $p \notin S$, so werden folgende Bezeichnungen eingeführt:

$$D_p = J^-(p) \cap J^+(S), \qquad C_p = C^-(p) \cap J^+(S),$$
$$S_p = J^-(p) \cap S, \qquad \sigma_p = C^-(p) \cap S.$$

Dann ist $C_p \cup S_p = \partial D_p$ (vierdimensional) und $\sigma_p = \partial S_p$ (dreidimensional). σ_p ist eine 2-dim. geschlossene raumartige kompakte Untermannigfaltigkeit. Nach Satz 33.1.2/1 und Bemerkung 33.1.2/1 gibt es genau zwei charakteristische Flächen, die

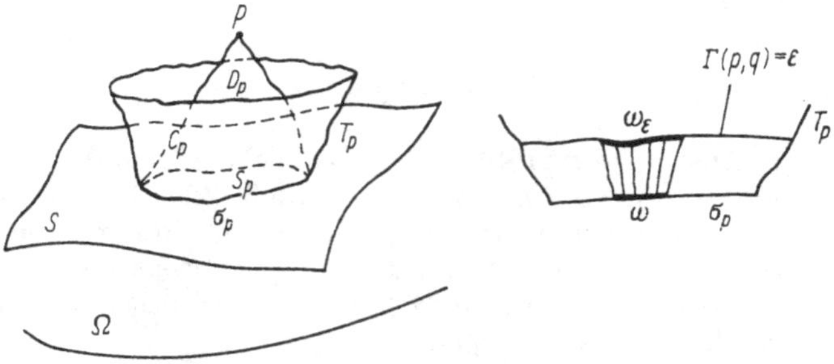

σ_p enthalten, $C^-(p)$ ist eine davon, die andere wird mit T_p bezeichnet. $\mu = \mu(q)$ sei das invariante Maß aus Satz 32.1.4. Auf C_p sei $\mu_\Gamma = \mu_\Gamma(q)$ die Leray-Form aus 33.3.2. Schließlich sei die 2-Form $d\sigma_p$ das invariante Maß auf σ_p, wobei die Metrik in σ_p durch die Metrik in M induziert wird. Ist η ein kontravarianter Vektor, so sei $*\eta$ die 3-Form aus Satz 32.2.2. Im Sinne von 32.2.3. sei $(*\eta)_{S_p}$ die Einschränkung von $*\eta$ auf S_p.

Dilatationsfaktor: Nach 33.1.3. kann man T_p durch die Nullgeodäten erzeugen, die durch σ_p laufen. $\xi^l(q)$ sei der kontravariante Tangentenvektor an diese Nullgeodäten, der durch $\xi^l(q)\,(\nabla\Gamma(p, q))_l = -1$ normiert wird (∇ wird bezüglich q genommen, siehe auch 33.3.2.). $\Gamma(p, q) = \varepsilon$ schneidet auf T_p eine 2-dim. Untermannigfaltigkeit aus. Ist ω eine offene 2-dim. Untermenge von σ_p, so wird durch die Nullgeodäten, die T_p erzeugen und durch ω gehen, auf $T_p \cap \{\Gamma(p, q) = \varepsilon\}$ eine Menge ω_ε ausgeschnitten. Ist $d\sigma_p^\varepsilon$ das invariante Maß auf $T_p \cap \{\Gamma(p, q) = \varepsilon\}$, so gibt es auf σ_p eine Funktion Θ (Dilatationsfaktor) mit

$$\lim_{\varepsilon \downarrow 0} \frac{1}{\varepsilon}\left(\int_{\omega_\varepsilon} d\sigma_p^\varepsilon - \int_\omega d\sigma_p\right) = -\int_\omega \Theta\, d\sigma_p\,.$$

Im nachfolgenden Satz haben alle Symbole die obige Bedeutung. P ist der allgemeine Wellenoperator aus (32.3.4/5). $U=U(p,q)$ und $V^+=V^+(p,q)$ haben die gleiche Bedeutung wie im Satz 33.3.2 und werden als Funktionen von q betrachtet.

Satz. *Ist u in Ω beliebig oft differenzierbar und ist $p\in J^+(S)$ mit $p\notin S$, so läßt sich $u(p)$ darstellen als*

$$u(p)=u^{(1)}(p)+u^{(2)}(p)+u^{(3)}(p)\,,$$

$$u^{(1)}(p)=\frac{1}{2\pi}\int\limits_{C_p} UPu\mu_\Gamma+\frac{1}{2\pi}\int\limits_{D_p} V^+Pu\mu\,,$$

$$u^{(2)}(p)=\frac{1}{2\pi}\int\limits_{S_p}(*\eta)_{S_p}\quad mit\quad \eta=\{\eta^k\}\,,$$

$$\eta^k=V^+g^{kl}(\nabla u)_l-ug^{kl}(\nabla V^+)_l+a^kV^+u\,,$$

$$u^{(3)}(p)=\frac{1}{2\pi}\int\limits_{\sigma_p}[2U\xi^k(\nabla u)_k+\Theta Uu+a^l\xi_lUu+V^+u]\,d\sigma_p\,.$$

Bemerkung 1. Ersetzt man Pu durch f sowie u und ∇u auf S durch die gegebenen Cauchy-Daten, so erhält man eine Darstellung der eindeutig bestimmten Lösung u des Cauchyproblems aus Satz 33.3.3. Unter den Bedingungen von Satz 33.3.2 mit $f\in D^+(\Omega)$ ergibt sich im wesentlichen (33.3.2/1). Der obige Satz (in seiner Interpretation als Lösung des Cauchyproblems) verallgemeinert auch Satz 19.3.5/2. Dort ist $\Omega=M$ der Minkowskiraum, $P=\Box$ sowie $V^+\equiv 0$, $U\equiv 1$, $a^l\equiv 0$ und $u^{(2)}(p)\equiv 0$.

Bemerkung 2. Zur Bestimmung von $u(p)$ benötigt man die Kenntnis von Pu in D_p und die Kenntnis der Cauchy-Daten auf S_p. Ist V^+ nicht identisch null, so genügt die Kenntnis der Cauchy-Daten auf σ_p nicht (anderenfalls handelt es sich um die huygenssche Eigenschaft aus 19.3.4.). In einer gekrümmten Raum-Zeit lebt es sich also schlechter als im euklidischen Raum. Im Sinne der Interpretation aus 19.3.4. klingt eine Schallwelle in einer gekrümmten Raum-Zeit nie ganz ab.

33.4. Tensor-Wellengleichungen

33.4.1. Definitionen

Bisher wurde der Wellenoperator P aus (32.3.4/5) in $D'(M)$ betrachtet. Auch in diesem Abschnitt ist M stets eine Raum-Zeit (also ein 4-dim. Lorentz-metrischer Raum). Die Untersuchungen und viele Resultate lassen sich auf Tensordistributionen im Sinne von Def. 32.3.2 und entsprechende Tensor-Wellenoperatoren übertragen. Da man Tensorindizes nach Belieben herauf- und herabziehen kann, werden wir uns auf rein kovariante bzw. rein kontravariante Tensordistributionen beschränken. Die kovariante Ableitung ∇ und die Koableitung δ haben die gleiche Bedeutung wie in Def. 32.3.3/2.

Definition. *M sei eine Raum-Zeit und $m=0, 1, 2, \ldots$ Für $T\in D'^{(0,m)}(M)$ sei $\Box T=-\delta(g^{kl}(\nabla T)_l)$ (Tensor-Wellenoperator).*

Bemerkung 1. Aus $T\in D'^{(0,m)}(M)$ folgt $\nabla T\in D'^{(0,m+1)}(M)$, $g^{kl}(\nabla T)_l\in D'^{(1,m)}(M)$ und $\Box T=-\delta(g^{kl}(\nabla T)_l)\in D'^{(0,m)}(M)$. Ist $m=0$, also $T\in D'(M)=D'^{(0,0)}(M)$, so ist $\Box T$ der Wellenoperator aus Def. 32.3.4. Natürlich kann man die obige Definition sofort auf eine beliebige n-Raum-Zeit ausdehnen.

Bemerkung 2. Ist $T=\{T_{k_1\dots k_m}(x)\}$ ein Tensor mit beliebig oft differenzierbaren Komponenten (wir erinnern daran, daß wir stets von Tensoren statt genauer von Tensorfeldern reden), so ist

$$(\Box T)_{k_1\dots k_m}=(g^{kl}T_{k_1\dots k_m;l})_{;k}=g^{kl}T_{k_1\dots k_m;lk}\,.$$

Bemerkung 3. Man kann die Definition auch verwenden, wenn $T\in D'^{(r,s)}(M)$ ist. Ist z. B. $\varphi=\{\varphi^{k_1\dots k_m}(x)\}\in D^{(m,0)}(M)$, so gilt analog zu Bemerkung 2

$$(\Box\varphi)^{k_1\dots k_m}=g^{kl}\varphi^{k_1\dots k_m}{}_{;lk}. \tag{1}$$

Lemma. *$\{b^{r_1\dots r_m}{}_{s_1\dots s_m}\}$ sei ein Tensor vom Typ (m, m) mit beliebig oft differenzierbaren Komponenten. Ist $T=\{T_{r_1\dots r_m}\}\in D'^{(0,m)}(M)$ und $\varphi=\{\varphi^{s_1\dots s_m}\}\in D^{(m,0)}(M)$, so gilt*

$$(\Box T+\{b^{r_1\dots r_m}{}_{s_1\dots s_m}T_{r_1\dots r_m}\})(\varphi)=T(\Box\varphi+\{b^{r_1\dots r_m}{}_{s_1\dots s_m}\varphi^{s_1\dots s_m}\})\,. \tag{2}$$

Bemerkung 4. Verwendet man (1), so folgt das Lemma aus Def. 32.3.3/2. Hierbei ist $\{b^{r_1\dots r_m}{}_{s_1\dots s_m}T_{r_1\dots r_m}\}\in D'^{(0,m)}(M)$ die Tensordistribution, deren Komponenten $b^{r_1\dots r_m}{}_{s_1\dots s_m}\times$ $\times T_{r_1\dots r_m}$ sind. Analog $\{b^{r_1\dots r_m}{}_{s_1\dots s_m}\varphi^{s_1\dots s_m}\}\in D^{(m,0)}(M)$.

Bemerkung 5. Analog wie früher setzen wir für $T\in D'^{(0,m)}(M)$

$$PT=\Box T+\{b^{r_1\dots r_m}{}_{s_1\dots s_m}T_{r_1\dots r_m}\}\,. \tag{3}$$

Das Lemma zeigt dann, daß sich der adjungierte Operator P^* für $\varphi\in D^{(m,0)}(M)$ aus

$$P^*\varphi=\Box\varphi+\{b^{r_1\dots r_m}{}_{s_1\dots s_m}\varphi^{s_1\dots s_m}\} \tag{4}$$

berechnet. (2) lautet dann $(PT)(\varphi)=T(P^*\varphi)$. Beim Übergang von P zu P^* vertauschen sich hierbei ko- und kontravariante Komponenten.

Bemerkung 6. In Analogie zu (32.3.4/5) kann man PT aus (3) verallgemeinern und

$$PT=\Box T+\{a^{rr_1\dots r_m}{}_{s_1\dots s_m}(\nabla T)_{rr_1\dots r_m}\}+\{b^{r_1\dots r_m}{}_{s_1\dots s_m}T_{r_1\dots r_m}\}$$

für $T=\{T_{r_1\dots r_m}\}\in D'^{(0,m)}(M)$ setzen. Hierbei sind a und b Tensoren mit beliebig oft differenzierbaren Komponenten. Um die Maxwellschen Gleichungen in Raum-Zeiten behandeln zu können, ist aber (3) ausreichend. Wir beschränken uns deshalb in Zukunft auf diesen Fall.

33.4.2. Fundamentallösungen

Die Operatoren P und P^* haben die Bedeutung aus 33.4.1., Formeln (3) und (4). Gefragt wird nach Fundamentallösungen analog zu Def. 33.2.1 und Satz 33.2.4.

Definition. *Ω sei eine zusammenhängende offene Menge in der Raum-Zeit M. Ist $q\in\Omega$ so heißt $G_q=\{G_{qs_1\dots s_m}^{r_1\dots r_m}\}$ Fundamentallösung von P in Ω, falls $G_q^{r_1\dots r_m}=\{G_{qs_1\dots s_m}^{r_1\dots r_m}\}\in$ $\in D'^{(0,m)}(\Omega)$ und*

$$(PG_q^{r_1\dots r_m})(\varphi)=G_q^{r_1\dots r_m}(P^*\varphi)=\varphi^{r_1\dots r_m}(q)$$

für $\varphi\in D^{(m,0)}(\Omega)$ und für jedes feste Indexsystem $r_1, \dots, r_m$ gilt. Ferner transformiere sich $G_{qs_1\dots r_m}^{r_1\dots r_m}$ bei fixiertem Indexsystem $s_1, \dots, s_m$ wie ein kontravarianter Tensor bezüglich der Variablen q und der Indizes $r_1, \dots, r_m$.

Bemerkung 1. Für den skalaren Fall $m=0$ stimmt dies mit Def. 33.2.1 überein.

Bi-Tensoren: Es sei $\tau=\{\tau_{s_1\dots s_m}^{r_1\dots r_m}(p, q)\}$ ein System von Funktionen auf $\Omega\times\Omega$ (oder auf $M \times M$). Dann heißt τ Bi-Tensor (genauer: Bi-Tensor-Feld), falls $\tau^{r_1 \ldots r_m}(p) = \{\tau^{r_1 \ldots r_m}_{s_1 \ldots s_m}(p, q)\}$ bei fixiertem p und $r_1, \ldots, r_m$ ein kovarianter Tensor (bez. q und $s_1 \ldots s_m$) und $\tau_{s_1 \ldots s_m}(q) = \{\tau^{r_1 \ldots r_m}_{s_1 \ldots s_m}(p, q)\}$ bei fixiertem q und $s_1, \ldots, s_m$ ein kontravarianter Tensor (bez. p und $r_1, \ldots, r_m$) ist. Eine entsprechende Definition ist auch möglich, wenn die Anzahl der r-Indizes und s-Indizes nicht gleich ist oder wenn statt ko- und kontravarianter Tensoren gemischt-variante Tensoren auftreten. G_q ist die Distributionsvariante eines Bi-Tensors.

Satz. *Ist Ω ein Kausalgebiet in der Raum-Zeit M, so gibt es im Sinne der obigen Definition genau eine Fundamentallösung G_q von P in Ω mit* supp $G_q \subset J^+(q)$ *für* $q \in \Omega$. *Bezeichnet man diese Fundamentallösung mit G_q^+, so ist sie als*

$$G^{+\,r_1 \ldots r_m}_{q\;s_1 \ldots s_m} = \tau^{r_1 \ldots r_m}_{s_1 \ldots s_m}(\cdot, q)\, \delta_{q+}(\Gamma) + V^{+\,r_1 \ldots r_m}_{\;s_1 \ldots s_m}(\cdot, q) \tag{1}$$

darstellbar. Dabei hat $\delta_{q+}(\Gamma)$ die Bedeutung aus Satz 33.2.3. Ferner sind $\{\tau^{r_1 \ldots r_m}_{s_1 \ldots s_m}(p, q)\}$ und $\{V^{+\,r_1 \ldots r_m}_{\;s_1 \ldots s_m}(p, q)\}$ Bi-Tensoren. Hierbei ist $\tau^{r_1 \ldots r_m}_{s_1 \ldots s_m}(p, q)$ in $\Omega \times \Omega$ beliebig oft differenzierbar. Hat Δ^+ die Bedeutung aus Satz 33.2.4, so ist supp $V^{+\,r_1 \ldots r_m}_{\;s_1 \ldots s_m} \subset \Delta^+$ *und $V^{+\,r_1 \ldots r_m}_{\;s_1 \ldots s_m}$ ist in Δ^+ beliebig oft differenzierbar.*

Bemerkung 2. Mit supp $G_q \subset J^+(q)$ ist gemeint, daß supp $G_q^{\,r_1 \ldots r_m} \subset J^+(q)$ (betrachtet als kovariante Tensordistribution) für jedes Indexsystem $r_1, \ldots, r_m$ gilt. Der Satz ist das Analogon von Satz 33.2.4.

33.4.3. Lösungen von $Pu = f$

Satz 33.4.2 ist das Analogon von Satz 33.2.4. Damit ist es möglich, die Lösungs theorie aus 33.3. für skalare Wellenoperatoren auf Tensor-Wellenoperatoren zu übertragen. Das trifft sowohl auf das Analogon von Satz 33.3.2 als auch auf die Cauchyprobleme aus 33.3.3. und 33.3.4. zu. Wir formulieren hier das Analogon von Satz 33.3.2 und verzichten auf eine Behandlung von Cauchyproblemen. Betrachtet wird wieder ein Kausalgebiet Ω in einer Raum-Zeit M. Ferner hat P die Bedeutung aus (33.4.1/3).

Satz. *Hat $f \in D'^{(0,m)}(\Omega)$ einen vergangenheits-kompakten Träger, so besitzt $Pu = f$ genau eine Lösung $u = \{u_{s_1 \ldots s_m}\} \in D'^{(0,m)}(\Omega)$ mit vergangenheits-kompaktem Träger. Diese ist durch*

$$u(\varphi) = f(G_q^+(\varphi)) = f(\{G_q^{+\,r_1 \ldots r_m}(\varphi)\}) \quad \textit{für} \quad \varphi \in D^{(m,0)}(\Omega) \tag{1}$$

gegeben, und es gilt supp $u \subset J^+(\text{supp } f)$. *Sind die Komponenten von f zusätzlich in Ω beliebig oft differenzierbar, so sind auch die Komponenten von u aus* (1) *in Ω beliebig oft differenzierbar, und es gilt*

$$u_{s_1 \ldots s_m}(p) = \frac{1}{2\pi} \int\limits_{C^-(p)} \tau^{r_1 \ldots r_m}_{s_1 \ldots s_m}(p, q)\, f_{r_1 \ldots r_m}(q)\, \mu_\Gamma(q)$$
$$+ \frac{1}{2\pi} \int V^{+\,r_1 \ldots r_m}_{\;s_1 \ldots s_m}(p, q)\, f_{r_1 \ldots r_m}(q)\, \mu(q)\,. \tag{2}$$

Bemerkung. Der Satz verallgemeinert Satz 33.3.2. Vergangenheits-kompakte Mengen wurden in 33.3.1. betrachtet. f gehört also zur Tensorvariante von $D'^+(\Omega)$ aus Def. 33.3.1(c). Ferner haben G_q^+ und die Funktionen aus (2) die Bedeutung aus Satz 33.4.2. Um $u \in D'^{(0,m)}(\Omega)$ zu beweisen, muß man nachprüfen, daß die Zuordnung $\varphi \in D^{(m,0)}(\Omega) \to f(G_q^+(\varphi))$ eine Tensordistribution aus $D'^{(0,m)}(\Omega)$ ist. Das geschieht wie in 33.3.1. Anschließend sieht man leicht, daß u aus (1) eine Lösung ist: Für $\varphi \in D^{(m,0)}(\Omega)$ ist

$$(Pu)(\varphi) = u(P^*\varphi) = f(G_q^+(P^*\varphi)) = f(\varphi)\,,$$

siehe Lemma 33.4.1, Def. 33.4.2 und Satz 33.4.2.

33.5. Die Maxwellschen Gleichungen

33.5.1. Definition

Wie immer bezeichnen wir einen 4-dim. Lorentz-metrischen Raum als Raum-Zeit.

Definition. *Ist M eine Raum-Zeit und ist σ (Stromdichte) ein gegebener Vektor, dessen Komponenten in M beliebig oft differenzierbar sind, so wird eine 2-Form F (elektromagnetisches Feld) mit*

$$\mathrm{d}F = 0 \quad \textit{und} \quad \delta F = \sigma \quad (\textit{Maxwellsche Gleichungen}) \tag{1}$$

gesucht, deren Komponenten in M beliebig oft differenzierbar sind.

Bemerkung 1. Als 2-Form ist $F = \{F_{kl}\}$ ein kovarianter Tensor, der nach Def. 32.1.2 und Lemma 32.1.2 die (notwendige und hinreichende) Bedingung $F_{kl} = -F_{lk}$ erfüllt. Nach Lemma 32.1.3 besagt dann die erste Gleichung in (1), daß die 3-Form

$$\mathrm{d}F = F_{kl'm}\, \mathrm{d}x^m \wedge \mathrm{d}x^k \wedge \mathrm{d}x^l = 0 \tag{2}$$

ist. Im Sinne des Indexziehens unterscheiden wir nicht zwischen ko- und kontravarianten Komponenten eines Tensors. In der zweiten Gleichung in (1) muß man F als kontravarianten oder gemischt-varianten Tensor interpretieren. Nach Def. 32.3.3/1 erhält man dann

$$F^{kl}{}_{;l} = -F^{lk}{}_{;l} = (\delta F)^k = \sigma^k\,. \tag{3}$$

Bemerkung 2. In der obigen Definition haben wir uns auf beliebig oft differenzierbare Vektoren σ und Formen F beschränkt. Dem entspricht unser weiteres Vorgehen. Die Maxwellschen Gleichungen (1) kann man aber auch auf Tensordistributionen σ und F ausdehnen.

Bemerkung 3. Der Satz von Poincaré aus 32.1.5. zeigt, daß lokal $\mathrm{d}F = 0$ mit $F = \mathrm{d}A$ äquivalent ist, wobei A ein Vektor ist. Lokal sind also die Maxwellschen Gleichungen (1) mit

$$F_{kl} = A_{k'l} - A_{l'k}\,, \tag{4}$$

$$\frac{1}{\sqrt{|g|}} (\sqrt{|g|}\, F^{kl})_{'l} = F^{kl}{}_{;l} = \sigma^k\,, \tag{5}$$

identisch. Damit hat man Anschluß an 30.1.3. gewonnen. Im Sinne von Bemerkung 30.1.3/3 denkt man sich das Einstein-Maxwell-Feld entkoppelt: Die Geometrie des Raumes wird lokal durch schwere Massen und global durch die betrachteten Weltmodelle bestimmt, und ein zu untersuchendes elektromagnetisches Feld beeinflußt diese Geometrie nicht.

33.5.2. Kontinuitätsgleichung und Cauchy-Daten

Lemma. *Die Stromdichte σ aus den Maxwellschen Gleichungen (33.5.1/1) genügt der Kontinuitätsgleichung $\delta\sigma = 0$.*

Bemerkung 1. Das Lemma ergibt sich aus $F^{kl} = -F^{lk}$, (33.5.1/5) und Def. 32.3.3/1:

$$0 = (\sqrt{|g|} F^{kl})_{'lk} = (\sqrt{|g|}\, \sigma^k)_{'k} = \sqrt{|g|}\sigma^k{}_{;k} = -\sqrt{|g|}\delta\sigma\,.$$

Cauchyproblem: Die Maxwellschen Gleichungen im Minkowskiraum wurden in 25.3. behandelt. Wir versuchen die dortigen Problemstellungen auf den Fall beliebiger Raum-Zeiten zu übertragen. Wie früher, so lehnen wir uns auch jetzt an das Vorbild der Wellengleichung an (s. 33.3.3. und 33.3.4.). Wie dort sei Ω ein Kausalgebiet in einer Raum-Zeit M, und S sei eine 3-dim. vergangenheits-kompakte

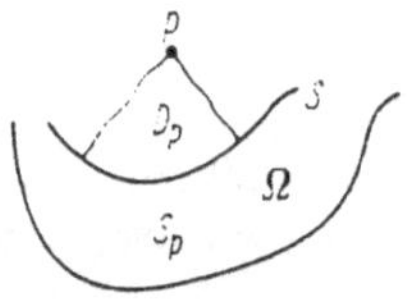

raumartige Hyperfläche in Ω mit $\partial J^+(S)=S$. Für $p\in J^+(S)$ mit $p\notin S$ haben D_p und S_p die gleiche Bedeutung wie in 33.3.4. Die klassische Theorie aus 25.3. und physikalische Gründe legen folgende Frage nahe: Ist σ in Ω und ist F auf S vorgegeben, besitzen dann die Maxwellschen Gleichungen (33.5.1/1) in $J^+(S)$ genau eine Lösung F mit vorgeschriebenen Anfangsdaten auf S? Wünschenswert ist ferner, daß diese Lösung F im Punkt p nur von σ in D_p und von F auf S_p abhängt (Abhängigkeitsgebiete analog zu 19.3.4. und 33.3.4.).

Cauchy-Daten: Damit das Cauchyproblem sinnvoll gestellt ist, muß neben der Kontinuitätsgleichung $\delta\sigma=0$ in Ω noch

$$(\mathrm{d}F)(q)=0 \quad \text{und} \quad (\delta F)(q)=\sigma(q) \quad \text{für} \quad q\in S \tag{1}$$

gelten. Um diese Bedingungen zu diskutieren, wählen wir normale Koordinaten im Sinne von Lemma 29.5.6/2 im Punkt $q=0$. Ferner sei S in einer Umgebung von 0 ein Stück der Ebene $\{x^4=0\}$. Nach (33.5.1/2) und (33.5.1/3) reduziert sich dann (1) auf

$$F_{[kl'm]}(0)=0 \quad \text{und} \quad F^{kl}{}_{,l}(0)=\sigma^k(0)\,. \tag{2}$$

Da wir im Moment annehmen, daß F nur auf S gegeben ist, so ergeben nur 2 dieser 8 Gleichungen zusätzliche Bedingungen an die Anfangsdaten, nämlich

$$F_{[12'3]}(0)=0 \quad \text{und} \quad F^{4l}{}_{,l}(0)=\sigma^4(0) \quad \text{sowie} \quad F_{kl}=-F_{lk}\,. \tag{3}$$

Die restlichen 6 Gleichungen lauten

$$F_{ab'4}(0)=-F_{4a'b}(0)-F_{b4'a}(0)\,,$$
$$F^{a4}{}_{,4}(0)=\sigma^a(0)-F^{a1}{}_{,1}(0)-F^{a2}{}_{,2}(0)-F^{a3}{}_{,3}(0)\,, \tag{4}$$

wobei a und b von 1 bis 3 laufen. Diese Gleichungen erlauben bei Kenntnis von F^{kl} auf S, die Ableitungen von F^{kl} nach x^4 zu berechnen. Da die Ableitungen nach x^1, x^2, x^3 von F^{kl} ebenfalls bekannt sind, kennt man dann alle partiellen Ableitungen erster Ordnung von F^{kl} auf S. Iterativ folgt dann aus (4), daß man sämtliche partiellen Ableitungen von F^{kl} auf S bestimmen kann. Wir sprechen in Zukunft von Cauchy-Daten für die Maxwellschen Gleichungen, falls auf S ein antisymmetrisches Feld $F^{kl}(q)$, also $F^{kl}(q)=-F^{kl}(q)$, gegeben ist, das (1) (oder (3) in kanonischer Form) genügt und dessen sämtliche partielle Ableitungen auf S nach dem obigen Verfahren aus F^{kl} berechnet werden.

Bemerkung 2. Verwendet man die Identifizierung von F^{kl} mit der elektrischen Feldstärke $\mathfrak{E}$ und der magnetischen Feldstärke $\mathfrak{B}$ aus 24.3.3. und $\sigma^4=-\varrho$ (Ladungsdichte), so lautet (3)

$$(\operatorname{div}\mathfrak{B})(0)=0 \quad \text{und} \quad (\operatorname{div}\mathfrak{E})(0)=\varrho(0)\,.$$

Dem entsprechen die Bedingungen aus 25.3.2.

Definition (*Cauchyproblem für die Maxwellschen Gleichungen*). *Ω sei ein Kausalgebiet in der Raum-Zeit M, und S sei eine 3-dim. vergangenheits-kompakte raumartige Hyperfläche in Ω mit $\partial J^+(S)=S$. Auf S seien beliebig oft differenzierbare Cauchy-Daten*

$F(q)=\{F^{kl}(q)\}$ für die Maxwellschen Gleichungen gegeben. Ferner sei $\sigma=\{\sigma^k\}$ mit $\delta\sigma=0$ in $J^+(S)$ mit beliebig oft differenzierbaren Komponenten σ^k gegeben. Gesucht ist eine 2-Form F mit beliebig oft differenzierbaren Komponenten, die eine Lösung von

$$\mathrm{d}F=0 \quad \textit{und} \quad \delta F=\sigma \quad \textit{in} \quad J^+(S)$$

ist und auf S die vorgeschriebenen Anfangswerte annimmt.

Bemerkung 3. Das ist das Analogon zum Cauchyproblem für die Maxwellgleichungen im Minkowskiraum aus 25.3.1. und 25.3.2. Wie dort, so kann man auch hier ein entsprechendes Problem im Rahmen der Theorie der Distributionen formulieren.

33.5.3. Eichbedingung und Viererpotential

Wie in Bemerkung 33.5.1/3 festgestellt wurde, ist $\mathrm{d}F=0$ lokal äquivalent zu $F=\mathrm{d}A$, wobei die 1-Form A als Viererpotential bezeichnet wird. Die Maxwellschen Gleichungen aus (33.5.1/1) reduzieren sich dann auf $\delta \mathrm{d}A=\sigma$.

Cauchy-Daten: Wir betrachten die gleiche Situation wie in Def. 33.5.2. Ω ist wieder ein Kausalgebiet in der Raum-Zeit M, und S hat die dort angegebenen Eigenschaften. $F(q)$ seien Cauchy-Daten für die Maxwellschen Gleichungen auf S. Ohne Beschränkung der Allgemeinheit nehmen wir an, daß S ein Stück der Ebene $x^4=0$ ist. Dann zeigt die Konstruktion von A in Bemerkung 32.1.5, daß mit gegebenen Cauchy-Daten $F(q)$ auf S auch die Komponenten A_k des Viererpotentials A und alle partiellen Ableitungen dieser Komponenten auf S bekannt sind. Berechnen sich A_k und sämtliche partielle Ableitungen von A_k auf S auf diese Weise aus den Cauchy-Daten $F(q)$, so sprechen wir von gegebenen Cauchy-Daten für das Viererpotential A auf S.

Eichbedingung (gange condition). Nach Bemerkung 32.1.5/2 kann man A mit $F=\mathrm{d}A$ durch $A+\mathrm{d}B$ ersetzen, wobei B eine Funktion ist. Es ist nun relativ leicht zu sehen, daß man B so wählen kann, daß $(\delta A)(q)=-A^k{}_{;k}(q)=0$ für $q\in S$ gilt (Eichbedingung). Wir setzen in Zukunft stets voraus, daß A auf S die Eichbedingung bei gegebenen Cauchy-Daten erfüllt.

Lemma. *Die reduzierte Maxwellsche Gleichung $\delta \mathrm{d}A=\sigma$ lautet in Komponentenschreibweise*

$$\sigma_k=(\Box A)_k+(\delta A)_{;k}+R^s{}_kA_s\,, \tag{1}$$

wobei $R^s{}_k$ der Ricci-Tensor aus Def. 29.5.7 ist.

Bemerkung 1. Der Term $(\delta A)_{;k}=-A^l{}_{;lk}$ ist störend. Ohne ihn wäre (1), also $(\Box A)_k+R^s{}_kA_s$, ein Tensor-Wellenoperator der Form (33.4.1/3) für $A=\{A_k\}$. Es fragt sich, ob man die Freiheiten, die man bei der Wahl von A hat, ausnutzen kann, um den Term $(\delta A)_{;k}$ unschädlich zu machen.

Definition (*Cauchyproblem für das Viererpotential A*). *Ω sei ein Kausalgebiet in der Raum-Zeit M, und S sei eine 3-dim. vergangenheits-kompakte raumartige Hyperfläche in Ω mit $\partial J^+(S)=S$. In $J^+(S)$ sei $\sigma=\{\sigma^k\}$ mit $\delta\sigma=0$ und beliebig oft differenzierbaren Komponenten gegeben. Ferner seien auf S beliebig oft differenzierbare Cauchy-Daten für $A=\{A_k\}$ gegeben, die sich aus entsprechenden Cauchy-Daten $F(q)$ für die Maxwellschen Gleichungen im obigen Sinne bestimmen. Es gelte die Eichbedingung $(\delta A)(p)=0$ für $p\in S$. Gesucht sind beliebig oft differenzierbare Vektoren A mit*

$$\sigma_k=(\Box A)_k+R^s{}_kA_s \quad \textit{und} \quad \delta A=0 \quad \textit{in} \quad J^+(S)\,, \tag{2}$$

so daß A_k und $A_{k;l}$ auf S die vorgeschriebenen Anfangswerte annehmen.

Bemerkung 2. (2) ist die Entkopplung von (1). Im allgemeinen Fall ist das System (2) überbestimmt. Bei Vorgabe von beliebigen Anfangsdaten auf S besitzt die erste Gleichung in (2) als Tensorwellengleichung genau eine Lösung. Die Frage ist, ob diese Lösung auch $\delta A=0$ erfüllt. Es ist klar, daß dies nur bei besonderen Bedingungen der Fall sein kann.

Satz. *Das Cauchyproblem für das Viererpotential A (im Sinne der obigen Definition) besitzt genau eine Lösung $A=\{A_k\}$. Ist $p\in J^+(S)$ mit $p\notin S$, so hängt $A_k(p)$ nur von den Werten von σ_l in D_p und den Werten von F^{lm} in S_p ab.*

Bemerkung 3. D_p und S_p haben die gleiche Bedeutung wie in 33.3.4. und 33.5.2. Wie in Bemerkung 2 bereits angedeutet, betrachtet man zuerst das Cauchyproblem für die Tensorwellengleichung

$$(\Box A)_k+R^s{}_kA_s=\sigma_k\,.$$

Das Tensor-Analogon zu Satz 33.3.3 zeigt, daß dieses Problem genau eine Lösung besitzt. Diese Lösung A_k hängt auch in der angegebenen Form von σ_l und F^{lm} ab. Der Nachweis, daß diese Lösung automatisch $\delta A=0$ in $J^+(S)$ erfüllt, basiert auf der Eichbedingung $(\delta A)(q)=0$ für $q\in S$ sowie $\delta\sigma=0$ in $J^+(S)$ und der speziellen Wahl der Cauchy-Daten für A.

33.5.4. Das Cauchyproblem für die Maxwellschen Gleichungen

Satz. *Das Cauchyproblem für die Maxwellschen Gleichungen im Sinne von Def. 33.5.2 hat genau eine Lösung $F=\{F_{kl}\}$. Ist $p\in J^+(S)$ mit $p\notin S$, so hängt $F_{kl}(p)$ nur von den Werten von σ_r in D_p und den Werten von F_{rs} in S_p ab.*

Bemerkung 1. D_p und S_p haben wieder die gleiche Bedeutung wie in 33.3.4. und 33.5.2. Den Satz führt man auf Satz 33.5.3 zurück, indem man $F=\mathrm{d}A$ setzt. Dann ist $\mathrm{d}F=0$. Die rechte Seite von (33.5.3/1) ist identisch mit δF. Zusammen mit $\delta A=0$ folgt dann $\delta F=\sigma$. Damit hat man die Existenz der Lösung und die genannte Abhängigkeit von $F_{kl}(p)$ von den Anfangsdaten bewiesen. Die Unitätsaussage führt man ebenfalls auf Satz 33.5.3 zurück.

Bemerkung 2. Der Satz ist das Analogon von Satz 25.3.2/1. Wie dort, so ist es wohl auch hier möglich, die Lösungen explizit anzugeben und die Betrachtungen auf Distributionen auszudehnen.

34. Singularitätentheorie

34.1. Lokale Abbildungen

34.1.1. Abbildungskeime, das Ideal $m(n)$

Mit $C^\infty(R_n, R_l)$ bezeichnen wir die Gesamtheit der beliebig oft differenzierbaren Abbildungen $y=f(x)$ von R_n in R_l. Alle Funktionen und Abbildungen dieses Kapitels sind reell.

Definition 1. *Zwei Abbildungen aus $C^\infty(R_n, R_l)$ heißen äquivalent, falls sie in einer passenden Umgebung des Nullpunktes (im R_n) übereinstimmen. Die Restklassen bezüglich dieser Äquivalenzrelation heißen Abbildungskeime (oder kürzer: Keime, germs). Ihre Gesamtheit wird mit $\varepsilon(n, l)$ bezeichnet.*

Bemerkung 1. Die obige Äquivalenzrelation $f\sim g$ erfüllt die üblichen Eigenschaften: 1. $f\sim f$ 2. Aus $f\sim g$ folgt $g\sim f$ und 3. Aus $f\sim g$ und $g\sim h$ folgt $f\sim h$. Die Restklassenbildung ist somit sinnvoll. Wir werden in Zukunft Restklassen und ihre Repräsentanten nicht unterscheiden. Wir sprechen also von Keimen $f\in C^\infty(R_n, R_l)$ usw. (Diese Vereinbarung ist analog zur Schreibweise $f\in L_p(R_n)$. Auch hier wird f mit der Restklasse jener Funktionen identifiziert, die fast überall mit f übereinstimmen.) Alle Aussagen dieses Kapitels sind lokal (sofern nicht ausdrücklich anders betont) und beziehen sich auf Keime.

Bemerkung 2. Statt beliebig oft differenzierbarer Funktionen könnte man auch stetige, differenzierbare oder analytische Funktionen usw. betrachten und die entsprechenden Restklassenbildungen vornehmen.

Definition 2. *Es sei $\varepsilon(n)=\varepsilon(n, 1)$,*

$$m^k(n)=\{f \mid f\in\varepsilon(n),\ (D^\alpha f)(0)=0 \text{ für } |\alpha|\leq k-1\}$$

für $k=1, 2, 3, \ldots$ und $m(n)=m^1(n)$.

Bemerkung 3. In dieser Definition haben wir schon von der obigen Vereinbarung Gebrauch gemacht, Restklassen und ihre Repräsentanten zu identifizieren. Die Elemente von $\varepsilon(n)$ sind also Funktionenkeime (oder Funktionen im Sinne der obigen Sprechweise).

Satz. *$\varepsilon(n)$ ist ein kommutativer Ring mit 1-Element und einem eindeutig bestimmten maximalen Ideal. Dieses maximale Ideal ist $m(n)$, es wird von $x_1, \ldots, x_n$ erzeugt.*

Bemerkung 4. Addition und Multiplikation von Keimen erfolgen punktweise und sind von der Auswahl der Repräsentanten unabhängig. Da $f\cdot g=g\cdot f$ ist, ist $\varepsilon(n)$ ein kommutativer Ring. Das 1-Element ist $f(x)\equiv 1$. Ferner heißt $h(n)$ Ideal, falls aus $f\in h(n)$ und $g\in\varepsilon(n)$ folgt $fg\in h(n)$, was für $h(n)=m(n)$ erfüllt ist. Ein Ideal $h(n)$ heißt maximal, falls $h(n)$ nicht mit $\varepsilon(n)$ übereinstimmt und es kein von $\varepsilon(n)$ verschiedenes Ideal gibt, das echt größer als $h(n)$ ist. Der Satz behauptet, daß $h(n)=m(n)$ das einzige maximale Ideal in $\varepsilon(n)$ ist. Die Aussage, daß $m(n)$ von $x_1, \ldots, x_n$ erzeugt wird, bedeutet, daß $f\in m(n)$ dargestellt werden kann als

$$f(x)=\sum_{r=1}^{n} x_r\alpha_r(x) \quad \text{mit} \quad \alpha_r(x)\in\varepsilon(n)\,.$$

Bemerkung 5. Entsprechend kann man zeigen, daß $m^k(n)$ ein Ideal in $\varepsilon(n)$ ist, das von den Polynomen $x_1^{\alpha_1}\ldots x_n^{\alpha_n}$, $\alpha=(\alpha_1, \ldots, \alpha_n)$ Multiindex, $|\alpha|=\sum_{r=1}^{n}\alpha_r=k$, erzeugt wird.

34.1.2. Endlich-determinierte Keime

Definition. (**a**) *Die Keime* $f \in m(n)$ *und* $g \in m(n)$ *heißen äquivalent, falls es einen Keim* $y = \varphi(x) \in \varepsilon(n, n)$ *mit* $\varphi(0) = 0$, $\dfrac{\partial(y_1, \ldots, y_n)}{\partial(x_1, \ldots, x_n)}(0) \neq 0$ *und* $f(x) = g(\varphi(x))$ *gibt.*

(**b**) $f \in m(n)$ *heißt k-determiniert mit* $k = 1, 2, 3, \ldots$, *falls jeder Keim* $g \in m(n)$ *mit* $(D^\alpha g)(0) = (D^\alpha f)(0)$ *für* $|\alpha| \leq k$ *zu f äquivalent ist.*

(**c**) $f \in m(n)$ *heißt endlich-determiniert, falls es eine Zahl k gibt, so daß f k-determiniert ist.*

Bemerkung 1. Alle Aussagen sind lokal zu verstehen, also auch die Darstellung $f(x) = g(\varphi(x))$. Wie üblich ist $\dfrac{\partial(y_1, \ldots, y_n)}{\partial(x_1, \ldots, x_n)}$ die Funktionaldeterminante von $y = y(x) = \varphi(x)$ aus 8.2.1. Die Forderungen $\varphi(0) = 0$ und $\dfrac{\partial(y_1, \ldots, y_n)}{\partial(x_1, \ldots, x_n)}(0) \neq 0$ besagen, daß $\varphi(x)$ eine Umgebung von $0 \in R_n$ eineindeutig und beliebig oft differenzierbar auf eine Umgebung von $0 \in R_n$ abbildet (siehe 8.2.2.). Eine derartige Abbildung kann man auch als die Einführung neuer krummliniger Koordinaten in einer Umgebung von $0 \in R_n$ interpretieren. Die Koordinatenflächen sind dann $y_k(x) \equiv \text{const}$. In diesem Sinne heißen f und g äquivalent, falls man f aus g durch Reparametrisierung gewinnen kann.

Bemerkung 2. Ist $g \in m(n)$, aber $g \notin m^2(n)$, also $\sum_{k=1}^{n} \left| \dfrac{\partial g}{\partial x_k}(0) \right| > 0$, so ist g äquivalent zu $f(x) = x_1$. Aus dieser Normalform kann man leicht herleiten, daß je zwei Keime g und h mit $g \in m(n)$, $h \in m(n)$, $g \notin m^2(n)$ und $h \notin m^2(n)$ äquivalent sind. Insbesondere folgt hieraus, daß $g \in m(n)$ mit $g \notin m^2(n)$ 1-determiniert ist. (b) und (c) sind also in erster Linie für singuläre Keime $f \in m^2(n)$ von Interesse.

Bemerkung 3 (Beispiele). Ist $n = 2$, so ist $f(x, y) = x^2$ nicht endlich-determiniert. Das sieht man, wenn man die Nullstellengebilde von $f(x, y) = x^2$ und $f(x, y) = x^2 - y^{2N}$ vergleicht. Für $n = 2$ ist $f(x, y) = x^2 + y^3$ ein Beispiel für einen 3-determinierten Keim.

34.1.3. Kriterien für endlich-determinierte Keime

Ist $f \in \varepsilon(n)$, so wird mit

$$\left\langle \frac{\partial f}{\partial x} \right\rangle = \left\{ g \mid g \in \varepsilon(n),\ \exists \alpha_k(x) \in \varepsilon(n) \text{ mit } g(x) = \sum_{k=1}^{n} \alpha_k(x) \frac{\partial f}{\partial x_k} \right\} \tag{1}$$

das von $\dfrac{\partial f}{\partial x_k}$ erzeugte Ideal in $\varepsilon(n)$ bezeichnet. Wir erinnern an die frühere Vereinbarung, wonach wir nicht zwischen Keimen und ihren Repräsentanten unterscheiden. Die obige Darstellung für $g(x)$ braucht also nur lokal in einer Umgebung von $0 \in R_n$ zu gelten.

Bemerkung 1. Für das Beispiel $f(x_1, x_2) = x_1^2 + x_2^3$ aus Bemerkung 34.1.2/3 ist $\left\langle \dfrac{\partial f}{\partial x} \right\rangle = \langle x_1, x_2^2 \rangle$.

Satz. $f \in m(n)$ *ist genau dann endlich-determiniert, wenn es eine natürliche Zahl k mit* $m^k(n) \subset \left\langle \dfrac{\partial f}{\partial x} \right\rangle$ *gibt.*

Bemerkung 2. Der Satz ist nicht trivial. Daß aber derartige Inklusionen eine Rolle spielen könnten, sieht man wie folgt. Entwickelt man $g \in m(n)$ bei 0 in eine Taylorreihe, so werden durch Def. 34.1.2(b) die Anfänge der Taylorreihen von f und g verglichen, während der Rest der Taylorreihe für g, der zu $m^k(n)$ gehört, nach dem Satz durch f eingefangen wird.

Bemerkung 3. Den Satz erhält man aus folgenden zwei Teilaussagen, die zugleich Präzisierungen sind. (a) f ist k-determiniert, falls $m^{k+1}(n) \subset m^2(n) \left\langle \frac{\partial f}{\partial x} \right\rangle$ gilt. (b) Ist f k-determiniert, so gilt $m^{k+1}(n) \subset m(n) \left\langle \frac{\partial f}{\partial x} \right\rangle$. Hierbei ist $m(n) \left\langle \frac{\partial f}{\partial x} \right\rangle$ die Gesamtheit der Produkte aus Elementen von $m(n)$ und $\left\langle \frac{\partial f}{\partial x} \right\rangle$, analog $m^2(n) \left\langle \frac{\partial f}{\partial x} \right\rangle$.

Definition. *Ist $f \in m^2(n)$, so ist* cod f *(Kodimension von f) die Minimalzahl von Keimen $g_l \in m(n)$ mit $l = 1, \ldots, N$, so daß jeder Keim $g \in m(n)$ als*

$$g = \sum_{l=1}^{N} a_l g_l + \sum_{k=1}^{n} \alpha_k(x) \frac{\partial f}{\partial x_k}, \quad a_l \text{ reell}, \quad \alpha_k(x) \in \varepsilon(n), \tag{2}$$

dargestellt werden kann. Ist $N =$ cod f, *so heißt $g_1, \ldots, g_N$ Basis von $m(n)$ bezüglich* $\left\langle \frac{\partial f}{\partial x} \right\rangle$.

Bemerkung 4. In formaler Schreibweise ist also $\operatorname{cod} f = \dim_{R_1} m(n) \Big/ \left\langle \frac{\partial f}{\partial x} \right\rangle$, und $g_1, \ldots, g_N$ mit $N = \operatorname{cod} f$ ist eine Basis von $m(n) \Big/ \left\langle \frac{\partial f}{\partial x} \right\rangle$. Zu beachten ist, daß a_l in (2) reelle Zahlen sind.

Bemerkung 5. In der Definition haben wir stillschweigend angenommen, daß es eine natürliche Zahl N mit den genannten Eigenschaften gibt. Ist $m(n) = \left\langle \frac{\partial f}{\partial x} \right\rangle$, so setzen wir cod $f = 0$. Gibt es keine Zahl $N = 0, 1, 2, \ldots$ im Sinne der Definition, so sei $\operatorname{cod} f = \infty$.

Bemerkung 6. Für $n = 2$ ist cod $(x^2 y) = \infty$, also $\dim_{R_1} m(2)/\langle xy, x^2 \rangle = \infty$, da die Keime $y, y^2, y^3, \ldots$ nicht durch endlich viele Adjunktionen passender Keime g_l eingefangen werden können. Für $n = 2$ ist cod $(x^3 + y^3) = 3$, also $\dim_{R_1} m(2)/\langle x^2, y^2 \rangle = 3$, wobei x, y, xy eine Basis ist.

34.2. Stabilität

34.2.1. Definitionen

Definition. (a) *Globaler Diffeomorphismus im R_n. Eine eineindeutige C^∞-Abbildung $h(x)$ von R_n auf R_n heißt Diffeomorphismus.*

(b) *Lokaler Diffeomorphismus im R_n. Eine C^∞-Abbildung $h(x)$ von R_n in R_n heißt lokaler Diffeomorphismus bei $x^0 \in R_n$, falls eine Umgebung von x^0 eineindeutig auf eine Umgebung von $h(x^0) \in R_n$ abgebildet wird.*

(c) *Diffeomorphismus auf Mannigfaltigkeiten. Eine homöomorphe Abbildung h einer (n-dim. orientierbaren) C^∞-Mannigfaltigkeit M auf sich heißt Diffeomorphismus, falls $h(x)$ in jeder lokalen Karte eine C^∞-Abbildung ist.*

Bemerkung 1. Die Bezeichnung „Abbildung von R_n *auf* R_n" bedeutet, daß jeder Punkt des R_n Bildpunkt ist (der Wertevorrat einer solchen Abbildung ist also ganz R_n). Ist dies nicht gesichert, so sprechen wir von einer „Abbildung von R_n *in* R_n". Mit C^∞-Abbildung meinen wir eine Abbildung $h(x) = (h_1(x), \ldots, h_n(x))$, deren sämtliche Komponenten beliebig oft differenzierbar sind. Teil (b) besagt, daß $\varphi(x) = h(x + x^0) - h(x^0) \in \varepsilon(n, n)$ eine Abbildung mit den Eigenschaften aus Def. 34.1.2 ist. Mannigfaltigkeiten M sowie homöomorphe und diffeomorphe Abbildungen auf ihnen wurden in 29.1.2. erklärt.

Bemerkung 2. Ist $f(x)=(f_1(x),\ldots,f_l(x))$ eine Abbildung von R_n in R_l, so setzen wir in Zukunft

$$|f(x)|=\sum_{k=1}^{l}|f_k(x)| \text{ und } (D^\alpha f)(x)=(D^\alpha f_1(x),\ldots,D^\alpha f_l(x)).$$

Definition 2. (a) *Eine C^∞-Abbildung $f(x)$ von R_n in R_l heißt stabil, falls es eine positive Zahl ε und eine natürliche Zahl k gibt, so daß es für jede C^∞-Abbildung $g(x)$ von R_n in R_l mit*

$$\sup_{x\in R_n}\sum_{|\alpha|\leq k}|D^\alpha f(x)-D^\alpha g(x)|<\varepsilon$$

einen Diffeomorphismus h_1 in R_n und einen Diffeomorphismus h_2 in R_l gibt, für welche das Diagramm

$$\begin{array}{ccc} R_n & \xrightarrow{f} & R_l \\ h_1\downarrow & & \downarrow h_2 \\ R_n & \xrightarrow[g]{} & R_l \end{array} \tag{1}$$

kommutativ ist.

(b) *Eine C^∞-Abbildung $f(x)$ von R_n in R_l heißt stabil im Punkt $x^0\in R_n$, falls eine positive Zahl r_0 existiert, so daß es für jede Kugel $K_r=\{x \mid |x-x^0|<r\}$ mit $0<r<r_0$ eine positive Zahl $\varepsilon=\varepsilon(r)$ und eine natürliche Zahl $k=k(r)$ mit folgender Eigenschaft gibt: Für jede C^∞-Abbildung $g(x)$ von R_n in R_l mit*

$$\sup_{x\in K_r}\sum_{|\alpha|\leq k}|D^\alpha f(x)-D^\alpha g(x)|<\varepsilon$$

gibt es einen lokalen Diffeomorphismus h_1 bei $x^0\in R_n$ und einen lokalen Diffeomorphismus h_2 bei $f(x^0)\in R_l$, so daß das Diagramm (1) lokal kommutativ ist.

Bemerkung 3. Die Kommutativität von (1) bedeutet, daß für $x\in R_n$ gilt $g(h_1(x))=h_2(f(x))$, was man auch als $g\circ h_1=h_2\circ f$ schreibt. Mit h_1 ist auch h_1^{-1} ein Diffeomorphismus, so daß man (1) auch als $g=h_2\circ f\circ h_1^{-1}$ schreiben kann. Mit anderen Worten: g entsteht aus f durch Reparametrisierung (Einführung krummliniger Koordinaten) in R_n und R_l.

Bemerkung 4. (b) ist die lokale Variante von (a). Die Kugelschar K_r mit $r\to 0$ ist notwendig, da man nur lokale Eigenschaften von f bei x^0 (bzw. von Vergleichsabbildungen g) benutzen möchte. Die lokale Variante des Diagramms (1) lautet wie folgt. Der lokale Diffeomorphismus h_1 bildet

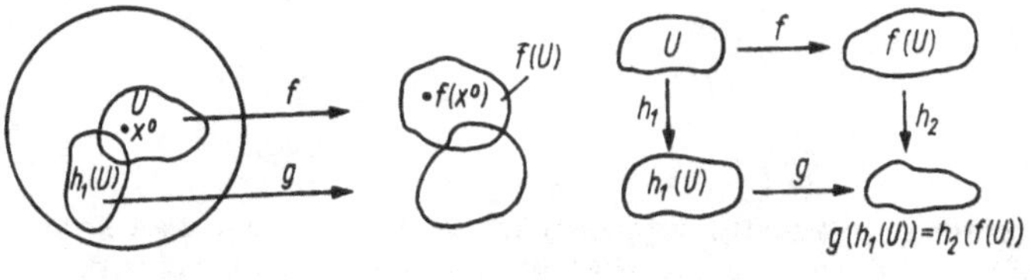

eine Umgebung U von x^0 mit $U\subset K_r$ auf $h_1(U)\subset K_r$ ab. f und g bilden U und $h_1(U)$ auf Mengen in R_l ab. Schließlich wird $f(U)$ durch h_2 diffeomorph auf $h_2(f(U))$ abgebildet, und es bestehen die angegebenen Relationen. g gewinnt man also lokal durch Reparametrisierung aus f.

Bemerkung 5. Der obige Begriff der lokalen Stabilität ist einerseits naheliegend, andererseits aber auch relativ allgemein. Wir werden verschiedene Spezialisierungen betrachten. Ein Spezialfall ist Def. 34.1.2(a). Dort ist $l=1$, $h_1(x)=\varphi(x)$ mit $\varphi(0)=0$, h_2 ist die Identität.

Bemerkung 6. In naheliegender Weise kann man die Stabilität von C^∞-Abbildungen zwischen Mannigfaltigkeiten definieren.

Bemerkung 7. Reguläre Abbildungen, die stabil sind, betrachten wir im nächsten Abschnitt. Wir beschränken uns deshalb im Moment auf einige singuläre Abbildungen, die später eine wesentliche Rolle spielen werden. (Die Begriffe „regulär“ und „singulär“ werden später erklärt.) (**a**) $f(x)=x^2$ ist eine stabile Abbildung von R_1 in R_1 (hier ist $n=l=1$). (**b**) (*Die Whitneysche Schnabelspitze*).

$$u(x, y)=xy-x^3, \quad v(x, y)=y\,, \tag{2}$$

ist eine stabile Abbildung von R_2 in R_2 (hier ist $n=l=2$). (**c**) $f(x)=x^3$ ist keine stabile Abbildung von R_1 in R_1 (hier ist $n=l=1$). $f(x)$ ist auch nicht lokal stabil bei $x^0=0$. Aus der Annahme der lokalen Stabilität bei 0 würde die Existenz zweier lokaler Diffeomorphismen h_1 und h_2 mit $g\circ h_1=h_2\circ f$ für $g(x)=x^3+\varepsilon x$ folgen. Die Kettenregel zeigt dann, daß $(h_2\circ f)'$ in einer Umgebung von 0 genau eine Nullstelle, aber $(g\circ h_1)'$ mit $\varepsilon<0$ zwei Nullstellen hat. Das ist ein Widerspruch.

34.2.2. Immersionen und Submersionen

Ist $f(x)=(f_1(x), \ldots, f_l(x))$ eine C^∞-Abbildung von R_n in R_l, so sei

$$(Jf)\ (x)=\begin{pmatrix} \frac{\partial f_1}{\partial x_1} \cdots \frac{\partial f_1}{\partial x_n} \\ \vdots \qquad \vdots \\ \frac{\partial f_l}{\partial x_1} \cdots \frac{\partial f_l}{\partial x_n} \end{pmatrix}(x)$$

die zugehörige Jacobische Matrix. Ist $n=l$ und $\det\,(Jf)\,(x^0)\neq 0$, so folgt aus Satz 8.2.2/1, daß $f(x)$ ein lokaler Diffeomorphismus bei x^0 ist. Damit ist zumindest plausibel, daß der Rang von Jf bei der Untersuchung lokaler Abbildungseigenschaften von wesentlichem Interesse ist.

Definition. (**a**) *$x^0\in R_n$ heißt regulärer Punkt von f, falls $(Jf)(x^0)$ maximalen Rang hat, also Rang $(Jf)\,(x^0)=\min\,(n, l)$ gilt.*

(**b**) *f heißt Immersion, falls $n\leqq l$ gilt und f in jedem Punkt $x\in R_n$ regulär ist.*

(**c**) *f heißt Submersion, falls $n\geqq l$ gilt und f in jedem Punkt $x\in R_n$ regulär ist.*

Bemerkung 1. Die Definition ist lokaler Natur. Mit Hilfe lokaler Karten kann man sie sofort auf Abbildungen zwischen Mannigfaltigkeiten im Sinne von Def. 29.1.2 ausdehnen.

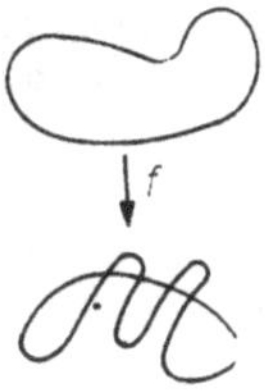

Bemerkung 2. Eine geschlossene glatte doppelpunktfreie Kurve kann man immers auf sehr komplizierte Gebilde in der Ebene abbilden (hier ist $n=1$ und $l=2$ im Sinne der obigen Definition und Bemerkung 1). Dagegen kann man eine solche Kurve nicht immers auf den R_1 abbilden. Die globalen Eigenschaften von Immersionen können sehr kompliziert sein. Die Definition (und ihre Ausdehnung auf Mannigfaltigkeiten) regelt die Regularität nur lokal.

Satz 1. *Ist x^0 ein regulärer Punkt von f im Sinne der obigen Definition, so ist f im Punkte x^0 im Sinne von Def. 34.2.1*(b) *stabil.*

Bemerkung 3. Für $n=l$ folgt dies wieder leicht aus dem Satz 8.2.2/1.

Bemerkung 4. Die Umkehrung des Satzes ist nicht richtig, wie die Beispiele aus Bemerkung 34.2.1/7 zeigen.

Bemerkung 5. Man kann den Satz wesentlich verschärfen. Ist x^0 ein regulärer Punkt von f und ist $n \leqq l$, so gibt es einen lokalen Diffeomorphismus g bei $f(x^0) \in R_l$, so daß in einer Umgebung U von x^0

$$(g \circ f)(x) = (x_1, \ldots, x_n, 0, \ldots, 0), \quad x \in U\,, \tag{1}$$

gilt (lokale Normalform für Immersionen). Ist x^0 ein regulärer Punkt von f und ist $n \geqq l$, so gibt es einen lokalen Diffeomorphismus h bei $x^0 \in R_n$, so daß in einer Umgebung U von x^0

$$(f \circ h)(x) = (x_{n-l+1}\,, \ldots, x_n) \quad \text{für} \quad x \in U \tag{2}$$

gilt (lokale Normalform für Submersionen). Der Satz ist eine einfache Folgerung aus (1) und (2).

Der Raum $C^\infty(R_n, R_l)$: Wie in 34.1.1. besteht $C^\infty(R_n, R_l)$ aus allen beliebig oft differenzierbaren Abbildungen von R_n in R_l. Elemente aus $C^\infty(R_n, R_l)$ werden punktweise addiert und mit reellen Zahlen multipliziert. Man erhält dann einen linearen Raum. $C^\infty(R_n, R_l)$ wird ein Hausdorffraum im Sinne von 29.1.1., wenn man als offene Mengen beliebige Vereinigungen von

$$\{g \mid \sup_{x \in R_n} \sum_{|\alpha| \leqq k} |D^\alpha f(x) - D^\alpha g(x)| < \varepsilon\} \tag{3}$$

wählt. Hierbei ist $\varepsilon > 0$, $f \in C^\infty(R_n, R_l)$, $g \in C^\infty(R_n, R_l)$ und $k = 0, 1, 2, \ldots$ (siehe Bemerkung 34.2.1/2). Derartige Räume nennt man auch lokal-konvex. Wenn wir in Zukunft von dichten Mengen in $C^\infty(R_n, R_l)$ sprechen, so ist dies stets im Sinne der obigen Topologie gemeint. Sind N und L zwei beliebige Mannigfaltigkeiten der Dimensionen n und l, so kann man ganz analog $C^\infty(N, L)$ definieren und in einen Hausdorffraum verwandeln.

Satz 2. *Ist $l \geqq 2n$, so ist die Gesamtheit der Immersionen von R_n in R_l dicht in $C^\infty(R_n, R_l)$.*

Bemerkung 6. Der Satz bleibt richtig, wenn man R_n durch eine beliebige n-dimensionale und R_l durch eine beliebige l-dimensionale Mannigfaltigkeit ersetzt. In jedem Fall bilden die Immersionen eine offene Menge.

Bemerkung 7. Die Einschränkung $l \geqq 2n$ ist störend. Wir behandeln später Dichtheitsfragen für zwei Fälle, die nicht im obigen Satz enthalten sind: (a) $l = 1$, n beliebig (Morse-Theorie), (b) $n = l = 2$ (Whitneysche Theorie). Es zeigt sich dann, daß man in diesen Fällen dichte Mengen in $C^\infty(R_n, R_l)$ nur dann konstruieren kann, wenn man auch spezielle singuläre Abbildungen zuläßt.

34.2.3. Globale Sätze

Die Begriffe „stabil" und „generisch" sind fundamental für die Singularitätentheorie. Lokale und globale Stabilität hatten wir in den vorhergehenden Abschnitten ausführlich behandelt. Der Begriff „generisch" ist nicht so scharf umrissen. Wir verwenden ihn hier im folgenden Sinn: Gesucht sind Mengen in $C^\infty(R_n, R_l)$ (oder allgemeiner in $C^\infty(N, L)$, wobei N eine n-dimensionale und L eine l-dimensionale Mannigfaltigkeit im Sinne von Def. 29.1.2 ist) mit zwei Eigenschaften: 1. Diese Mengen sollen dicht in $C^\infty(R_n, R_l)$ (oder $C^\infty(N, L)$) sein. 2. Die Elemente dieser Mengen sollen möglichst viele gute Eigenschaften besitzen. Der Sinn ist klar: Man möchte nicht mit pathologischen Phänomenen isolierter Abbildungen kämpfen, wenn in beliebiger Nähe (bezüglich der Topologie von $C^\infty(R_n, R_l)$ bzw. $C^\infty(N, L)$) Abbildungen mit wesentlich besseren Eigenschaften liegen. Für die Anwendungen der Singularitätentheorie auf Probleme der Physik und Biologie ist dieser Standpunkt vernünftig. Die beiden Sätze aus 34.2.2. zeigen, daß lokal-stabile Abbildungen generisch sind, sofern $l \geqq 2n$ gilt. Wünschenswert wären analoge Aussagen für globale Stabilität bzw. Kriterien für globale Stabilität. Daß global die Verhält-

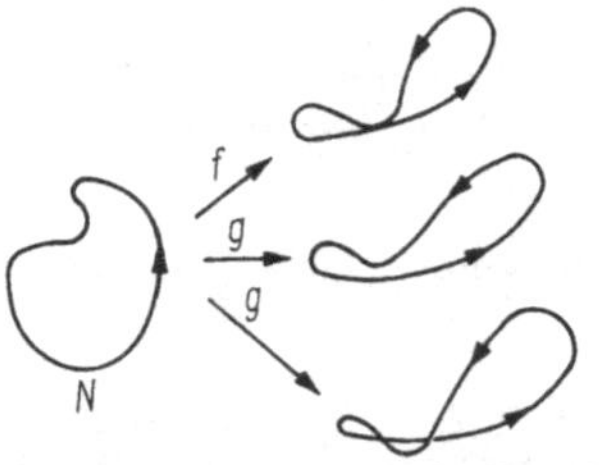

nisse sehr kompliziert sein können, zeigt folgendes Beispiel. Es sei $n=1$ und $l=2$ im obigen Sinne. Eine geschlossene doppelpunktfreie C^∞-Kurve N kann man auf die angegebene Weise durch f immers in $L=R_2$ abbilden. Geringfügige Abänderungen g von f (im Sinne von $C^\infty(N, L)$) können zu qualitativ neuen Situationen führen. Die Bilder zeigen, daß f wohl lokal, aber nicht global stabil ist, da Doppelpunkte, Berührungspunkte usw. invariant gegenüber diffeomorphen Abbildungen sind. Man wird nach eineindeutigen Immersionen fragen und sich erkundigen, ob sie generisch und global stabil sind.

Satz. *N sei eine n-dimensionale und L eine l-dimensionale Mannigfaltigkeit. Ferner sei $l \geqq n$.*

(a) *Ist N kompakt, so ist jede eineindeutige Immersion global stabil.*

(b) *Ist N kompakt und ist $l \geqq 2n+1$, so ist $f \in C^\infty(N, L)$ genau dann global stabil, wenn f eine eineindeutige Immersion ist.*

(c) *Ist $l \geqq 2n+1$, so ist die Gesamtheit der eineindeutigen Immersionen von N in L dicht in $C^\infty(N, L)$.*

Bemerkung 1. Wir werden uns vorwiegend mit lokalen Eigenschaften beschäftigen. Globale Aussagen, wie der obige Satz, spielen in Zukunft nur eine untergeordnete Rolle.

Bemerkung 2. Im Teil (c) wird nicht verlangt, daß N kompakt ist. Insbesondere kann also $N=R_n$ und $L=R_l$ sein. Ist aber zusätzlich N kompakt, so bilden die eineindeutigen Immersionen eine offene Menge in $C^\infty(N, L)$.

34.3. Singularitäten und Morse-Funktionen

34.3.1. Singularitäten

In Def. 34.2.2(a) haben wir festgelegt, wann $x^0 \in R_n$ ein regulärer Punkt von $f \in C^\infty(R_n, R_l)$ ist. f und Jf haben die gleiche Bedeutung wie dort.

Definition 1. *$x^0 \in R_n$ heißt singulärer Punkt von $f \in C^\infty(R_n, R_l)$, falls der Rang von $(Jf)(x^0)$ nicht maximal ist, also Rang $(Jf)(x^0) < \min(n, l)$ gilt.*

Bemerkung 1. Die Definition kann man sofort auf $f \in C^\infty(N, L)$ übertragen, wobei N eine n-dimensionale und L eine l-dimensionale C^∞-Mannigfaltigkeit ist.

Bemerkung 2. Ist $f \in C^\infty(R_n, R_1)$ eine Funktion (also $l=1$ in der obigen Definition), so ist $x^0 \in R_n$ genau dann ein singulärer Punkt von $f(x)$, wenn $\frac{\partial f}{\partial x_k}(x^0)=0$ für $k=1, \ldots, n$ gilt.

Bemerkung 3. Für die Beispiele $f(x)=x^2$ und $f(x)=x^3$ aus Bemerkung 34.2.1/7 ist $x=0$ singulärer Punkt (hier ist $n=l=1$). Für das Beispiel (34.2.1/2) (hier ist $n=l=2$) gilt

$$(Jf)(x)=\begin{pmatrix} y-3x^2 & x \\ 0 & 1 \end{pmatrix}.$$

Ein Punkt $(x, y)\in R_2$ ist somit genau dann singulär, wenn er auf der Parabel $y=3x^2$ liegt.

Definition 2. *Ist $f\in C^\infty(R_n, R_1)$ (also $l=1$ im Sinne von Def. 1), so heißt $x^0\in R_n$ nicht-entarteter kritischer Punkt von f, falls x^0 ein singulärer Punkt ist $\left(\text{also } \frac{\partial f}{\partial x_k}(x^0)=0\right.$ für $\left.k=1, \ldots, n\right)$ und $\det\left(\frac{\partial^2 f}{\partial x_k \partial x_l}\right)_{k,l=1}^n (x^0)\neq 0$ gilt.*

Bemerkung 4. $\left(\frac{\partial^2 f}{\partial x_k \partial x_l}\right)_{k,l=1}^n$ heißt auch die Hessesche Matrix.

Bemerkung 5. Für $f(x)=x^2$ ist $x=0$ ein nicht-entarteter kritischer Punkt. Für $f(x)=x^3$ ist $x=0$ ein „entarteter" kritischer Punkt (hier ist $n=1$).

34.3.2. Morse-Funktionen

Definition. *$f\in C^\infty(R_n, R_1)$ heißt Morse-Funktion, falls jeder Punkt $x\in R_n$ entweder ein regulärer Punkt oder ein nicht-entarteter kritischer Punkt von f ist.*

Bemerkung 1. $f(x)=x$ und $f(x)=x^2$ sind Morse-Funktionen, nicht aber $f(x)=x^3$ (hier ist $n=1$).

Satz. (a) *Die Morse-Funktionen sind dicht in $C^\infty(R_n, R_1)$.*
(b) *Eine Morse-Funktion ist in jedem Punkt $x\in R_n$ stabil.*

Bemerkung 2. Dichtheit in $C^\infty(R_n, R_1)$ ist im Sinne der Topologie aus 34.2.2. zu verstehen. Lokale Stabilität wurde in Def. 34.2.1/2(b) erklärt. Für reguläre Punkte ist Teil (b) bereits bekannt, siehe Satz 34.2.2/1.

Bemerkung 3. Die Eigenschaft Morse-Funktion zu sein, ist in $C^\infty(R_n, R_1)$ generisch (im Sinne der Sprachregelung in 34.2.3.). Im Gegensatz zu Satz 34.2.2/2 (im Fall $l\geqq 2n$ sind Abbildungen generisch, die nur aus regulären Punkten bestehen) muß man jetzt neben regulären Punkten auch gewisse singuläre Punkte zulassen, um Funktionen mit generischen Eigenschaften zu bekommen. Es ist klar, daß man versuchen wird, diese Singularitäten so harmlos wie irgend möglich zu halten. Das führt zum Begriff des nicht-entarteten kritischen Punktes aus Def. 34.3.1/2.

Bemerkung 4 (Normalformen). Ist $x^0\in R_n$ ein regulärer Punkt von $f\in C^\infty(R_n, R_1)$, so kann man nach Bemerkung 34.2.2/5 in einer Umgebung von x^0 die Normalgestalt $(f\circ h)(x)=x_n$ erreichen, wobei h ein lokaler Diffeomorphismus ist. Ist $x^0\in R_n$ ein nicht-entarteter kritischer Punkt von $f\in C^\infty(R_n, R_1)$, so kann man in einer Umgebung von x^0 die Normalgestalt $(f\circ h)(x)=x_1^2+\ldots+x_k^2-x_{k+1}^2-\ldots-x_n^2$ erreichen, wobei k eine passende Zahl mit $k=0, \ldots, n$ und h ein lokaler Diffeomorphismus ist.

Bemerkung 5 (*Globale Fassung des Satzes*). $f\in C^\infty(R_n, R_1)$ ist genau dann global stabil, wenn f eine Morse-Funktion ist und die Funktionswerte an den singulären Stellen paarweise verschieden sind (es soll also $f(x^1)\neq f(x^2)$ gelten, falls x^1 und x^2 singuläre Punkte von f mit $x^1\neq x^2$ sind). Da wir uns später vorwiegend für lokale Effekte interessieren, haben wir diese interessante Aussage nur als Bemerkung formuliert.

34.4. Abbildungen in der Ebene

34.4.1. Gute und exzellente Abbildungen

Wir beschäftigen uns mit Abbildungen $f \in C^\infty(R_2, R_2)$ der Ebene in sich. Dabei schreiben wir $f = (u(x, y), v(x, y))$. Es sei

$$(Jf)(x, y) = \begin{pmatrix} \frac{\partial u}{\partial x} & \frac{\partial u}{\partial y} \\ \frac{\partial v}{\partial x} & \frac{\partial v}{\partial y} \end{pmatrix}, \quad \det (Jf)(x, y) = \frac{\partial u}{\partial x}\frac{\partial v}{\partial y} - \frac{\partial u}{\partial y}\frac{\partial v}{\partial x},$$

die Jacobische Matrix aus 34.2.2. bzw. die Funktionaldeterminante.

Definition 1. *$f \in C^\infty(R_2, R_2)$ heißt gute Abbildung, falls*

$$|\det (Jf)(x, y)| + \left|\frac{\partial}{\partial x} \det (Jf)(x, y)\right| + \left|\frac{\partial}{\partial y} \det (Jf)(x, y)\right| > 0$$

in jedem Punkt $(x, y) \in R_2$ gilt.

Lemma. *Ist f eine gute Abbildung, so besteht die Menge der singulären Punkte aus C^∞-Kurven in R_2, die sich paarweise nicht schneiden.*

Bemerkung 1. Nach Def. 34.3.1/1 ist $(x, y) \in R_2$ genau dann ein singulärer Punkt von $f \in C^\infty(R_2, R_2)$, falls $\det (Jf)(x, y) = 0$ gilt. $\gamma(t) = (\gamma_1(t), \gamma_2(t))$ sei eine glatte Parametrisierung einer C^∞-Kurve singulärer Punkte von f.

Definition 2. (**a**) *f sei eine gute Abbildung und $\gamma(t)$ sei eine Kurve singulärer Punkte. $p = \gamma(t_0)$ heißt Faltpunkt (fold point), falls*

$$\frac{\mathrm{d}}{\mathrm{d}t} f(\gamma_1(t_0), \gamma_2(t_0)) \neq 0$$

ist. $p = \gamma(t_0)$ heißt Spitzenpunkt (cusp point), falls

$$\frac{\mathrm{d}}{\mathrm{d}t} f(\gamma_1(t_0), \gamma_2(t_0)) = 0 \quad \textit{und} \quad \frac{\mathrm{d}^2}{\mathrm{d}t^2} f(\gamma_1(t_0), \gamma_2(t_0)) \neq 0$$

ist.

(**b**) *Eine Abbildung $f \in C^\infty(R_2, R_2)$ heißt exzellent, falls f eine gute Abbildung ist und ihre singulären Punkte entweder Faltpunkte oder Spitzenpunkte sind.*

Bemerkung 2. Mit 0 ist stets $0 \in R_2$ gemeint. Man prüft leicht nach, daß die Definition der Faltpunkte und Spitzenpunkte von der Art der Parametrisierung der Kurve $\gamma(t)$ unabhängig ist.

Bemerkung 3. Spitzenpunkte sind stets isolierte Punkte. Ist p ein Spitzenpunkt auf $\gamma(t)$, so bestehen die angrenzenden Kurvenbögen von $\gamma(t)$ in einer Umgebung von p nur aus Faltpunkten.

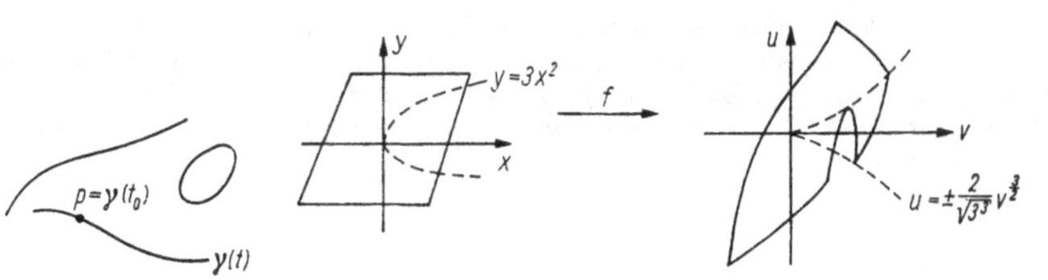

34.4.2. Normalformen von Faltpunkten und Spitzenpunkten

Satz. *Ist* $f=(u(x, y), v(x, y))$ *eine exzellente Abbildung, so lassen sich lokal durch Reparametrisierung folgende Normalformen erreichen:*

(*a*) $u=x$, $v=y$, *wobei* (0, 0) *ein regulärer Punkt ist.*

(*b*) $u=x^2$, $v=y$, *wobei* (0, 0) *ein Faltpunkt ist.*

(*c*) $u=-xy+x^3$, $v=y$, *wobei* (0, 0) *ein Spitzenpunkt ist.*

Bemerkung 1. Mit Reparametrisierung ist hierbei die lokale Variante von (34.2.1/1) gemeint, wobei h_1 und h_2 lokale Diffeomorphismen der x, y-Ebene und der u, v-Ebene sind. Der zu untersuchende Punkt wird hierbei auf (0, 0) abgebildet.

Falte: Der Satz legt nahe, die Abbildungen in (b) und (c) auch global zu untersuchen. Die Abbildung $f=(u, v)$ mit $u=x^2$ und $v=y$ heißt die Falte. Es ist

$$(Jf)(x, y)=\begin{pmatrix} 2x & 0 \\ 0 & 1 \end{pmatrix}, \quad \det\,(Jf)(x, y)=2x, \quad \frac{\partial}{\partial x}\det\,(Jf)(x, y)=2\,.$$

f ist eine exzellente Abbildung. Die Punkte $(x, y)\in R_2$ mit $x\neq 0$ sind regulär. Die Punkte $(0, y)$ sind singulär, es handelt sich um Faltpunkte. f faltet die x,y-Ebene und bildet sie auf die Halbebene $\{u\geqq 0, v\}$ ab.

Spitze (*Whitneysche Schnabelspitze* aus Bemerkung 34.2.1/7, cusp): Die Abbildung $f=(u, v)$ mit $u=-xy+x^3$ und $v=y$ heißt die Spitze. Es ist

$$(Jf)(x, y)=\begin{pmatrix} -y+3x^2 & -x \\ 0 & 1 \end{pmatrix}, \quad \det\,(Jf)(x, y)=3x^2-y\,,$$

$$\frac{\partial}{\partial x}\det\,(Jf)(x, y)=6x, \qquad \frac{\partial}{\partial y}\det\,(Jf)(x, y)=-1\,.$$

f ist eine exzellente Abbildung. Die singulären Punkte liegen auf der Parabel $y=3x^2$, die durch $\gamma(t)=(t, 3t^2)$ parametrisiert werden kann. Dann ist $f(\gamma(t))=(-2t^3, 3t^2)$ sowie

$$\frac{\mathrm{d}}{\mathrm{d}t}f(\gamma(t))=(-6t^2, 6t) \quad \text{und} \quad \frac{\mathrm{d}^2}{\mathrm{d}t^2}f(\gamma(t))=(-12t, 6)\,.$$

Die Punkte mit $t\neq 0$ sind somit Faltpunkte, und der Punkt mit $t=0$ (also (0, 0)) ist ein (isolierter) Spitzenpunkt. Die Abbildung wird an der Parabel $y=3x^2$ gefaltet. Das Bild dieser Parabel ist die semi-kubische Parabel (oder Neilsche Parabel oder Schnabelspitze) $u=\pm\dfrac{2}{\sqrt{3^3}}v^{\frac{3}{2}}$.

34.4.3. Die Whitneysche Theorie

Satz. (**a**) *Die Abbildung* $f\in C^\infty(R_2, R_2)$ *ist genau dann in jedem Punkt* $(x, y)\in R_2$ *stabil, wenn* f *exzellent ist.*

(**b**) *Die exzellenten Abbildungen sind dicht in* $C^\infty(R_2, R_2)$.

Bemerkung 1. Die Dichtheit in $C^\infty(R_2, R_2)$ ist im Sinne der Topologie aus 34.2.2. zu verstehen. Lokale Stabilität wurde in Def. 34.2.1/2(b) erklärt. Man vergleiche den obigen Satz mit den Betrachtungen in 34.3.2. und Satz 34.2.2/2. Exzellent zu sein ist eine generische Eigenschaft von Abbildungen der Ebene in sich.

Bemerkung 2 (*Globale Fassung des Satzes*). $f \in C^\infty(R_2, R_2)$ ist genau dann global stabil, wenn f exzellent ist und folgende zusätzliche Eigenschaft gilt: Die Bilder der C^∞-Kurven, die aus Faltpunkten bestehen, schneiden sich höchstens paarweise und nicht unter Nullwinkeln. Ferner sind die Menge der Bilder der Faltpunkte und die Menge der Bilder der Spitzenpunkte disjunkt.

34.5. Entfaltungen

34.5.1. Definition

Neben „*stabil*" und „*generisch*" ist der Begriff der *Entfaltung* (*unfolding*) der dritte fundamentale Begriff der Singularitätentheorie und Katastrophentheorie.

Definition. *Ist $f \in m(n)$, so heißt $F \in m\ (n+r)$ Entfaltung von f, falls $F(x, 0) = f(x)$ für $x \in R_n$ und $0 \in R_r$ gilt. r heißt Kodimension der Entfaltung.*

Bemerkung 1. $m(n)$ und $m(n+r)$ haben die Bedeutung aus Def. 34.1.1/2. Damit ist auch klar, daß alle Betrachtungen lokal sind und sich auf eine Umgebung von $0 \in R_{n+r}$ beziehen. Der Keim $f(x) \in m(n)$ mit $x \in R_n$ wird also in R_{n+r} fortgesetzt durch $F(x, u) \in m(n+r)$ mit $x \in R_n$ und $u \in R_r$. In diesem Sinne ist auch $F(x, 0) = f(x)$ zu verstehen. Es ist $r = 0, 1, 2, \ldots$ Da die Kodimension r später eine große Rolle spielen wird, schreiben wir auch (F, r) statt F. Verwechslungen mit $F(x, u)$ sind nicht zu befürchten!

Bemerkung 2 (*Beispiele*). 1. Ist $f(x) \in m(n)$, so ist

$$F(x, u) = f(x) \quad \text{für} \quad x \in R_n \quad \text{und} \quad u \in R_r$$

die konstante Entfaltung. 2. Ist $f(x) \in m(n)$, so ist

$$F(x, u) = f(x) + \sum_{k=1}^{r} b_k(x)\, u_k, \quad b_k \in \varepsilon(n), \quad u = (u_1, \ldots, u_r)\,,$$

eine Entfaltung $F \in m\ (n+r)$ von f.

Bemerkung 3. Der Sinn dieses Begriffs läßt sich wie folgt beschreiben. In der Katastrophentheorie werden physikalische oder biologische Vorgänge, die unstetig sind, durch Keime $f \in m(n)$ beschrieben, die instabil sind: Minimale C^∞-Störungen ändern die topologische Struktur der Keime wesentlich (der ungestörte und der gestörte Keim können nicht mehr durch Reparametrisierung ineinander überführt werden). Man versucht, diesen isolierten Katastrophenvorgang in ein r-parametriges Geschehen einzubetten, das durch ein „strukturell stabiles Potential" $F(x, u)$ beschrieben wird. Katastrophen treten dann an isolierten Punkten des ansonsten strukturell stabilen Geschehens auf. Passiert eine Katastrophe an einem bestimmten Ort des R_3 und zu einem bestimmten Zeitpunkt, so kann man das Geschehen in eine vierdimensionale Raum-Zeit einbetten, $r = 4$. Alle Betrachtungen sind lokal.

34.5.2. Assoziierte und äquivalente Entfaltungen

Das Ziel ist, minimale stabile Entfaltungen eines gegebenen Keims $f \in m(n)$ zu finden. Hierzu sind einige neue Begriffe notwendig. Zwei Keime $f \in m(n)$ und $g \in m(n)$ wird man nicht wesentlich unterscheiden, wenn sie im Sinne von Def. 34.1.2(a) äquivalent sind.

Definition. *(F, r) sei eine Entfaltung von $f \in m(n)$, und (G, s) sei eine Entfaltung von $g \in m(n)$.*

(a) *(G, s) heißt zu (F, r) assoziiert, falls es Keime*

$$\Phi \in \varepsilon(n+s, n+r) \text{ mit } \Phi(0) = 0, \quad \psi \in \varepsilon(s, r) \quad \text{mit} \quad \psi(0) = 0\,,$$

und $\alpha \in m(s)$ mit folgenden zwei Eigenschaften gibt:
1. $\Phi(x, u) = (y(x, u), \psi(u))$; $x \in R_n$, $u \in R_s$, $y(x, u) \in R_n$, $\psi(u) \in R_r$;
2. $G(x, u) = F(y(x, u), \psi(u)) + \alpha(u)$.

(**b**) *(G, s) und (F, r) heißen äquivalent (oder isomorph), falls (G, s) zu (F, r) assoziiert ist, $r = s$ gilt, $\psi(u)$ ein lokaler Diffeomorphismus in R_r ist, und $y(x, u)$ bei fixiertem u ein lokaler Diffeomorphismus in R_n ist.*

Bemerkung 1. Die Forderung 1 bedeutet, daß $\Phi(x, u)$ eine fasertreue Abbildung ist. Die durch „u" gekennzeichnete Faser R_n wird in die durch „$\psi(u)$" gekennzeichnete Faser R_n überführt. Bei fixierter Faser u ist dann $y(x, u) \in C^\infty(R_n, R_r)$. Die Forderung 2 heißt, daß G auf F zurückführbar ist. Für $u = 0$ erhält man

$$g(x) = G(x, 0) = F(y(x, 0), 0) + 0 = f(y(x)) . \tag{1}$$

Insbesondere ist also der Keim g auf den Keim f zurückführbar.

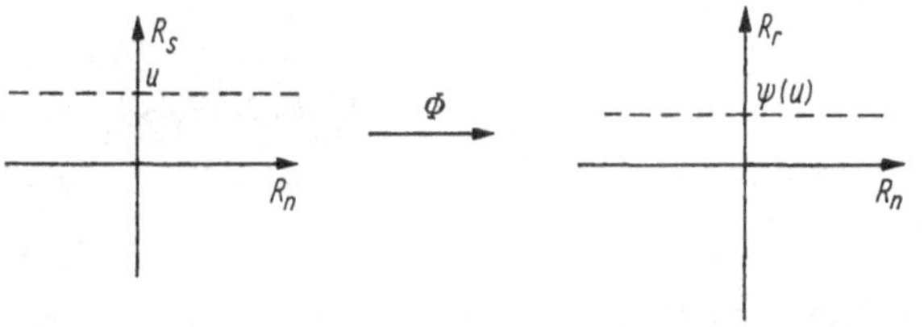

Bemerkung 2. Im Fall (b) sagt (1), daß f und g im Sinne von Def. 34.1.2(a) äquivalent sind. Ferner kann man im Fall (b) leicht zeigen, daß die Definition symmetrisch bezüglich (G, s) und (F, r) ist. Das rechtfertigt die Bezeichnung.

Bemerkung 3. Vergleicht man die Forderung 2 mit (1), so ist $\alpha(u) \equiv 0$ wünschenswert. Der Unterschied ist jedoch gering und aus technischen Gründen erforderlich. Eine wesentlich allgemeinere Fassung ist dagegen

$$G(x, u) = \lambda[F(y(x, u), \psi(u)), u] \quad \text{mit} \quad \lambda(t, u) \in \varepsilon(1 + s), \quad \lambda(t, 0) = t ,$$

wie sie etwa in [42], S. 33, betrachtet wird.

34.5.3. Stabile und universelle Entfaltungen (Definition und Beispiele)

Definition. (**a**) *Eine Entfaltung (F, r) von $f \in m(n)$ heißt stabile Entfaltung von f, falls jede Entfaltung (G, s) von f zu (F, r) assoziiert ist.*

(**b**) *Eine Entfaltung (F, r) von $f \in m(n)$ heißt universelle Entfaltung von f, falls (F, r) eine stabile Entfaltung von f ist und r minimal ist.*

Bemerkung 1. (F, r) heißt also stabile Entfaltung, falls jede andere Entfaltung (G, s) von f auf (F, r) zurückführbar ist. Insbesondere sind also kleine Störungen von (F, r), sofern sie wieder Entfaltungen von f sind, auf (F, r) zurückführbar.

Bemerkung 2 (Beispiele). 1. Ist $f \in m(n)$ regulär, also $f \notin m^2(n)$, so ist $(F, 0) = f$ die universelle Entfaltung von f (es gibt nichts zu entfalten). Das folgt aus Bemerkung 34.1.2/2 (hier ist $\alpha(u) \equiv 0$ und $\psi(u) \equiv 0$ in Def. 34.5.2). Somit ist der Begriff der Entfaltung nur für singuläre Keime $f \in m^2(n)$ von Interesse. 2. Für $f = x^2 \in m^2(1)$ ist wie im ersten Beispiel $r = 0$ die Kodimension der universellen Entfaltung. Das folgt im wesentlichen aus Satz 34.3.2 und Bemerkung 34.3.2/4, da x^2 eine Morse-Funktion ist. 3. Nach Bemerkung 34.2.1/7 ist $f(x) = x^3 \in m^3(1)$ nicht stabil. Man kann somit nicht erwarten, daß $r = 0$ die Kodimension einer universellen Entfaltung ist. Es zeigt sich, daß $F(x, u) = x^3 - xu$ eine universelle Entfaltung von $f(x) = x^3$ ist ($r = 1$ ist somit die Kodimension einer universellen Entfaltung). Das folgt im wesentlichen aus Satz 34.4.3, da $F(x, u)$ der Whitneyschen Schnabelspitze entspricht, die eine exzellente Abbildung in der Ebene ist.

34.5.4. Stabile und universelle Entfaltungen (Kriterien)

Ist $F(x, u) \in m(n+r)$ mit $x \in R_n$ und $u=(u_1, \ldots, u_r) \in R_r$ eine Entfaltung von $f(x) \in m(n)$, so setzen wir

$$V_F = \left\{ a_0 + \sum_{k=1}^{r} a_k \frac{\partial F}{\partial u_k}(x, 0),\ a_l \text{ reell} \right\} \subset \varepsilon(n).$$

Satz 1. (**a**) *$f \in m^2(n)$ besitzt genau dann eine stabile Entfaltung, wenn f endlich-determiniert ist.*

(**b**) *Die Entfaltung (F, r) von $f \in m^2(n)$ ist genau dann stabil, wenn*

$$\varepsilon(n) = \left\langle \frac{\partial f}{\partial x} \right\rangle + V_F \tag{1}$$

gilt.

Bemerkung 1. Endlich-determinierte Keime wurden in 34.1.2. betrachtet. $\left\langle \frac{\partial f}{\partial x} \right\rangle$ wurde in 34.1.3. definiert. (1) besagt, daß man versuchen muß, $\left\langle \frac{\partial f}{\partial x} \right\rangle$ durch Adjunktion endlich vieler Keime zu $\varepsilon(n)$ zu erweitern.

Satz 2. *Ist $f \in m^2(n)$ endlich-determiniert, so ist* cod f *aus Def.* 34.1.3 *die Kodimension einer universellen Entfaltung von f.*

Bemerkung 2. Ist $g_1, \ldots, g_r$ mit $r = \operatorname{cod} f$ eine Basis von $m(n) \Big/ \left\langle \frac{\partial f}{\partial x} \right\rangle$ im Sinne von Def. 34.1.3, so ist

$$F(x, u) = f(x) + \sum_{k=1}^{r} u_k g_k(x) \quad \text{mit} \quad x \in R_n \quad \text{und} \quad u = (u_1, \ldots, u_r) \in R_r$$

eine universelle Entfaltung des endlich-determinierten Keims $f \in m^2(n)$. Das folgt aus Satz 1.

Bemerkung 3. In Übereinstimmung mit den Beispielen aus Bemerkung 34.5.3/2 ist cod $x^2 = 0$ und cod $x^3 = 1$ (hierbei ist $n = 1$).

34.5.5. Reduktion von Entfaltungen

Es sei $G(x, u)$ eine Entfaltung von $g(x) \in m(n)$, wobei $u \in R_r$ gilt. In den späteren Anwendungen ist R_r der Kontrollraum mit u als Kontrollparameter und R_n der Phasenraum mit x als Phasen- oder Zustandsparameter. $G(x, u)$ ist dann ein Potential, das das Geschehen beschreibt. Von Interesse sind die lokalen relativen Minima von $G(x, u)$ bei fixiertem u (die zugehörigen x-Werte beschreiben die möglichen Zustände). Für $u \to 0$ strebt das System einer Katastrophe entgegen. Gesucht sind also x-Werte mit

$$\frac{\partial G}{\partial x_1}(x, u) = \ldots = \frac{\partial G}{\partial x_n}(x, u) = 0, \quad u \in R_r \text{ fest}, \tag{1}$$

wobei alle Betrachtungen auf eine Umgebung von $0 \in R_{n+r}$ beschränkt sind. Von wirklichem Interesse sind nur die Minima von $G(x, u)$, so daß Prozeduren, die die topologische Struktur der Gesamtheit dieser Minima nicht ändern, zulässig sind. Es sei

$$h(x, y) = g(x) + \sum_{k=1}^{q} y_k^2 \in m(n+q)\,. \tag{2}$$

Mit $x \in R_n$, $y \in R_q$, $u \in R_r$ und $v \in R_s$ ist dann

$$\hat{G}(x, y, u, v) = G(x, u) + \sum_{k=1}^{q} y_k^2 \tag{3}$$

eine Entfaltung von h der Kodimension $r+s$, wobei wir es bezüglich $v \in R_s$ mit der konstanten Entfaltung im Sinne von Bemerkung 34.5.1/2 zu tun haben. $(u, v) \in R_{r+s}$ sind jetzt die Kontrollparameter. Die Minima von $\hat{G}$ aus (3) bei fixiertem $(u, v) \in R_{r+s}$ sind mit den Minima von G identisch, sofern $y_1 = \ldots = y_q = 0$ ist.

Definition. *(G, r) sei eine Entfaltung von $g \in m(n)$, und $(F, r+s)$ sei eine Entfaltung von $f \in m(n+q)$. Hierbei ist $q \geqq 0$ und $s \geqq 0$.*

(**a**) *F reduziert sich auf G, falls F äquivalent zu $\hat{G}$ aus (3) ist (im Sinne einer $(r+s)$-Entfaltung).*

(**b**) *G heißt echte Reduktion von F, falls sich F auf G reduziert und $q+s>0$ gilt.*

(**c**) *F heißt irreduzibel, falls F keine echten Reduktionen besitzt.*

Bemerkung. Ausgangspunkt sind der Keim f und seine Entfaltung F. Gefragt wird nach einfachen Prozeduren, die einerseits die Struktur der Gesamtheit der Minima nicht ändern, andererseits die Anzahl der Phasenparameter und die Anzahl der Entfaltungsparameter verkleinern. Man möchte also überflüssige Parameter loswerden, die das qualitative Bild der Gesamtheit der Minima nicht beeinflussen. Aus Bemerkung 34.5.2/2 folgt, daß im Fall (a) die Keime f und h aus (2) äquivalent sind (im Sinne von Def. 34.1.2(a)). Man versucht also f durch einen lokalen Diffeomorphismus auf die Form (2) zu bringen, wobei man dann anschließend die uninteressanten Parameter $y_1, \ldots, y_q$ weglassen und sich auf g beschränken kann. Die zweite Prozedur besteht im Weglassen jener Entfaltungsparameter, in denen die Entfaltung konstant ist.

34.5.6. Minima

Einfaches Minimum: Ist $f \in m^2(n)$ äquivalent zu $Q(x) = \sum_{k=1}^{n} x_k^2$ im Sinne von Def. 34.1.2(a), so gilt nach Satz 34.1.1

$$\left\langle \frac{\partial f}{\partial x} \right\rangle = \left\langle \frac{\partial Q}{\partial x} \right\rangle = \langle x_1, \ldots, x_n \rangle = m(n) .$$

Aus Satz 34.5.4/2 folgt dann, daß f seine eigene universelle Entfaltung ist (f ist eine Morse-Funktion, Def. 34.3.2). Ist (F, r) eine Entfaltung von f, so sieht man leicht, daß (F, r) äquivalent zur r-dimensionalen konstanten Entfaltung von f ist. Man sagt in diesem Fall, daß F im Punkt 0 ein einfaches Minimum hat.

Definition. *(F, r) sei eine Entfaltung von $f \in m(n)$. Dann hat F ein lokales Minimum bei $0 \in R_{n+r}$, falls es zu jeder Umgebung W von $0 \in R_{n+r}$ einen Punkt $u_W \in R_r$ gibt, so daß bei fixiertem u_W die Funktion $F(x, u)$ ein lokales Minimum in $W \cap \{u = u_W\}$ besitzt.*

Bemerkung. Hat (F, r) ein einfaches Minimum (ist also $f \in m(n)$ äquivalent zu $\sum_{k=1}^{n} x_k^2$), so hat F ein lokales Minimum im Punkt 0. In diesem Fall kann man stets $u_W = 0$ wählen. Von Interesse sind aber gerade jene Fälle, in denen $F(x, 0)$ kein Minimum im Punkt $0 \in R_n$ besitzt, es aber in beliebiger x,u-Nachbarschaft von $0 \in R_{n+r}$ Minima gibt. Ein typisches Beispiel ist

$$f(x) = x^3 \in m(1) \quad \text{und} \quad F(x, u) = x^3 + ux .$$

34.5.7. Der Satz von Thom

Satz. *Es sei* $f \in m^2(n)$ *ein endlich-determinierter Keim.* (F, r) *sei eine stabile Entfaltung von* f *mit der Kodimension* $r \leqq 4$, *die ein lokales Minimum bei* 0 *besitzt. Dann hat* F *entweder ein einfaches Minimum im Punkt* 0 *oder* F *reduziert sich auf eine der folgenden* 7 *irreduziblen (kanonischen) Entfaltungen* G_k *der Keime* g_k:

Name	*Keim* g_k	*Entfaltung* G_k	Kodim. r
Falte (fold)	x^3	$x^3 + ux$	1
Spitze (cusp)	x^4	$x^4 - ux^2 + vx$	2
Schwalbenschwanz	x^5	$x^5 + ux^3 + vx^2 + wx$	3
hyperbolischer Nabelpunkt	$x^3 + y^3$	$x^3 + y^3 + wxy - ux - vy$	3
elliptischer Nabelpunkt	$\frac{x^3}{3} - xy^2$	$\frac{x^3}{3} - xy^2 + w(x^2 + y^2) - ux - vy$	3
Schmetterling	x^6	$x^6 + tx^4 + ux^3 + vx^2 + wx$	4
parabolischer Nabelpunkt	$x^2y + \frac{y^4}{4}$	$x^2y + \frac{y^4}{4} + tx^2 + wy^2 - ux - vy$	4

Bemerkung 1. Sämtliche im Satz verwendeten Begriffe wurden früher erklärt: Endlich-determinierte Keime in Def. 34.1.2, stabile Entfaltungen in Def. 34.5.3, lokales Minimum bei 0 und einfaches Minimum in 34.5.6, Reduktion von Entfaltungen in 34.5.5. Die drei Nabelpunkte hören auch auf folgende Spitznamen: *Wellenkamm* (hyp. Nabelpunkt), *Haar* (ellipt. Nabelpunkt) und *Pilz* (parab. Nabelpunkt). Die poetischen Namen werden klar, wenn wir später einige Bilder zeichnen.

Bemerkung 2. Das ist die berühmte Thomsche Liste der sieben elementaren Katastrophen. Sie sind das Fundament der Katastrophentheorie. Daß G_k universelle Entfaltung von g_k ist, prüft man relativ leicht auf der Grundlage von 34.5.4. nach. Das Überraschende an dieser Liste ist ihre Endlichkeit und ihre Unabhängigkeit von der Anzahl n der Phasenparameter. Unter den Voraussetzungen des Satzes erweisen sich von den n Phasenparametern nur einer oder zwei als wesentlich (im Sinne der Reduktion aus 34.5.5.). Die naheliegende Vermutung, daß die Liste immer länger wird, wenn n wächst, ist also nicht richtig.

Bemerkung 3. Die Voraussetzungen, daß (F, r) stabil ist und ein lokales Minimum bei 0 besitzt, sind natürlich. In den Anwendungen ist (F, r) ein „strukturell stabiles Potential", und die stabilen Zustände des Systems werden durch die Minima des Potentials im Sinne von 34.5.6. beschrieben. Die Beschränkung auf $r \leqq 4$ ist in biologischen Anwendungen sinnvoll, da dort die Entfaltungsparameter (Kontrollparameter) mit einer Raum-Zeit identifiziert werden, während $x \in R_n$ etwa den biochemischen Zustand einer Zelle beschreibt. Aber auch $r > 4$ ist von Interesse, insbesondere in physikalischen Anwendungen. Unklar ist im Moment, welche Rolle die Voraussetzung spielt, daß f endlich-determiniert ist. Wie wir später sehen werden, ist diese Forderung generischer Natur und sinnvoll für Anwendungen.

Bemerkung 4. Läßt man andere Kodimensionen r zu, so ergibt sich folgendes Bild:

Kodim. r der Entfaltung	1	2	3	4	5	6
Anzahl der Typen	1	2	5	7	11	∞

Hierbei ist das einfache Minimum nicht mitgerechnet. Die ersten Fälle entnimmt man dem obigen Satz.

Bemerkung 5. Der erste Schritt beim Beweis des Satzes ist das sogenannte „*splitting lemma*", eine Verfeinerung der Normalformen für Morse-Funktionen aus Bemerkung 34.3.2/4: Ist 0 ein entarteter kritischer Punkt von $f \in m^2(n)$, also ein singulärer Punkt mit $\det \left(\frac{\partial^2 f}{\partial x_k \partial x_l} \right)_{k,l=1}^{n} (0) = 0$, so ist $f(x)$ äquivalent zu $\sum_{k=1}^{r} \varepsilon_k x_k^2 + \psi(x_{r+1}, \ldots, x_n)$, wobei $r = 0, \ldots, n-1$ ist, $\varepsilon_k = \pm 1$, $\psi \in m^3(n)$.

Bemerkung 6. Die Darstellung dieses Kapitels folgt [27]. Wir verweisen ferner auf [4, 42]. Vollständige Beweise des obigen Satzes findet man in [45, 51].

35. Katastrophen: Theorie und Anwendung

35.1. Prinzipien und Modelle

35.1.1. Allgemeine Prinzipien und Grundgedanken

Eine ausführliche Betrachtung der Möglichkeiten der Katastrophentheorie findet man in dem berühmten Buch von R. Thom [42]. Die mathematische Grundlage ist die Singularitätentheorie aus Kap. 34, insbesondere Satz 34.5.7. Das Ziel der Katastrophentheorie besteht in der mathematischen Beschreibung unstetiger Vorgänge (insbesondere in der Physik und der Biologie), wie z. B. der Übergang eines Gases in die flüssige Phase, die Knickung eines elastischen Stabes oder die Spezialisierung von Zellen in einem Gewebe. Die nachfolgenden heuristischen Betrachtungen ordnen wir nach einigen markanten Stichpunkten. Das Ziel ist, plausibel zu machen, daß Satz 34.5.7 ein nützliches Instrument bei der Modellierung unstetiger Naturvorgänge ist.

Potential: Vorgegeben sei ein physikalisches, chemisches oder biologisches System, das von endlich vielen Kontrollparametern $u \in R_r$ (*Kontrollraum*) abhängt, z. B. ein thermodynamisches System (mit Temperatur und Druck als Kontrollparameter) oder eine lebende Zelle (mit Raum und Zeit als Kontrollparameter). Der Zustand des Systems sei durch n Zustandsparameter $x \in R_n$ (*Phasenraum*) beschrieben, z. B. das Volumen eines thermodynamischen Systems oder der biochemische Zustand einer lebenden Zelle. Es wird vorausgesetzt, daß das System durch ein Potential $F = F(x, u)$ beschrieben werden kann, das jedem (zulässigen) $u \in R_r$ aus dem Kontrollraum und jedem (zulässigen) Zustand $x \in R_n$ aus dem Phasenraum einen reellen Wert $F(x, u)$ zuordnet. Bei gegebenem $u \in R_r$ werden die möglichen stabilen Zustände durch die relativen Minima von $F(x, u)$ bestimmt. Das ist eine wohlbekannte Prozedur, die analog zur klassischen Feldtheorie ist. Die Forderung, daß ein Potential existiert, bedeutet natürlich eine Einschränkung, die man teilweise lockern kann, wenn man die moderne qualitative Theorie der dynamischen Systeme benutzt, siehe z. B. [5, 19]. Ist $u \in R_r$ fixiert, so erzeugt ein Potential $F(x, u)$ ein sogenanntes Gradientenfeld

$$\frac{dx_k}{dt} = \frac{\partial F}{\partial x_k}(u, x_1(t), \ldots, x_n(t)); \quad k = 1, \ldots, n.$$

Man kann zumindest teilweise die nachfolgenden Betrachtungen für Potentiale bzw. Gradientensysteme, auch für allgemeinere dynamische Systeme

$$\frac{dx_k}{dt} = X_k(u, x_1(t), \ldots, x_n(t)); \quad k = 1, \ldots, n,$$

durchführen, siehe [42]. Wir beschränken uns aber hier auf Potentiale, wo ein Rückgriff auf dynamische Systeme nicht notwendig ist.

Strukturelle Stabilität: Es ist vernünftig und plausibel zu fordern, daß kleine Störungen des Potentials $F(x, u)$ eines realen Systems den topologischen Charakter von $F(x, u)$ nicht ändern. Insbesondere sollen kleine Änderungen des Potentials auch nur kleine Änderungen der möglichen stabilen Zustände des Systems (also der relativen Minima von $F(x, u)$ bei fixiertem $u \in R_r$) zur Folge haben. Diese (etwas unscharfe) Forderung bezeichnet man als strukturelle Stabilität. Wird ein System von einem Potential beschrieben, das noch nicht explizit bekannt ist, so kann man z. B. versuchen, $F(x, u)$ experimentell zu bestimmen. Hierbei treten Meßfehler auf. Damit ist klar, daß minimale Änderungen von $F(x, u)$ keinen wesentlichen Einfluß haben dürfen.

Lokale Betrachtung: Die obigen Betrachtungen sind lokal, $F(x, u)$ wird in der Umgebung eines gegebenen Punktes $(x_0, u_0) \in R_{n+r}$ untersucht. Natürlich können wir ohne Beschränkung der Allgemeinheit $x_0 = 0 \in R_n$ und $u_0 = 0 \in R_r$ sowie $F(0, 0) = 0$ setzen. Aus der strukturellen Stabilität folgt, daß $F \in C^\infty(R_{n+r})$ eine sinnvolle Forderung ist. Also ist $F \in m(n+r)$ ein Keim im Sinne von Def. 34.1.1/2. Die Kontrollparameter $u \in R_r$ ändern sich stetig (was auch ein Auswahlkriterium für diese Parameter ist), während sich die Zustandsparameter $x \in R_n$ auch sprunghaft ändern können (Springen von einem relativen Minimum in ein anderes relative Minimum). Im nächsten Abschnitt beschreiben wir die Regeln dieses Springens noch genauer. Wir nehmen an, daß $x = 0 \in R_n$ und $u = 0 \in R_r$ ein isolierter Punkt ist, in dem das System entartetes Verhalten zeigt, während es in jeder Umgebung W von $0 \in R_{n+r}$ relative Minima von $F(x, u)$ im obigen Sinne gibt. Das legt folgende Interpretation nahe: $F(x, u) = (F, r)$ ist die stabile Entfaltung (mit der Kodimension r) eines Keims $f \in m(n)$, die ein lokales Minimum bei $0 \in R_{n+r}$ im Sinne von Def. 34.5.6 hat. Damit hat „stabil" einen scharfen mathematischen Sinn und wird dem obigen heuristischen Begriff der „strukturellen Stabilität" gerecht. Diese Auffassung der Stabilität ist der Situation sehr gut angepaßt, da nur solche Deformationen zugelassen sind, die die Kontrollparameter für sich und die Zustandsparameter für sich transformieren.

Katastrophen: Das obige System läuft nach einem Prozeß ab: Jedem Kontrollparameter u wird ein Zustand $x(u)$ zugeordnet. Im nächsten Abschnitt sagen wir noch etwas zu dieser Zuordnung. Ein regulärer Punkt des Prozesses ist ein Parameterwert u_0 im Kontrollraum, in dessen Umgebung sich $x(u)$ stetig ändert, wenn sich u stetig ändert. Ist dies nicht der Fall, so heißt u_0 Katastrophenpunkt. Damit eine Entfaltung von $f \in m(n)$ ein lokales Minimum bei 0 besitzt, muß $f \in m^2(n)$ sein (siehe

Def. 34.1.1/2). Der Fall, daß F als Entfaltung von $f \in m^2(n)$ ein einfaches Minimum im Punkt 0 im Sinne von 34.5.6. hat, ist ebenfalls uninteressant. Dann ist nämlich $u=0$ ein regulärer Punkt.

Elementare Katastrophen: Setzt man jetzt zusätzlich voraus, daß $f \in m^2(n)$ endlich-determiniert ist und daß $r \leqq 4$ gilt, so kann man Satz 34.5.7 anwenden (die Struktur der relativen Minima von $F(x, u)$ bei festem u wird durch die Reduktion im Sinne von Satz 34.5.7 nicht geändert). Mit anderen Worten: Die allgemeinen Katastrophenphänomene können im Sinne von Satz 34.5.7 auf 7 Grundtypen reduziert werden, sofern $f \in m^2(n)$ endlich-determiniert und $r \leqq 4$ ist. Störend ist im Moment die Forderung, daß f endlich-determiniert ist. Wir werden aber später in 35.2.1. sehen, daß diese Einschränkung generischen Charakter hat und stets als erfüllt vorausgesetzt werden darf. Die topologische Situation von Katastrophenvorgängen wird somit vollständig durch die Thomsche Liste beschrieben, sofern $r \leqq 4$ ist.

Globale Betrachtung: Alle bisherigen Betrachtungen sind lokaler Natur, d. h. in der Umgebung eines (x, u)-Punktes. Einen globalen Prozeß muß man in lokale Prozesse zerlegen: In der Umgebung von entarteten Punkten im x,u-Raum muß man die zugehörigen „Katastrophenpotentiale" finden (nach Reduktion sind dies Entfaltungen im Sinne von Satz 34.5.7). Anschließend muß man die lokalen Katastrophen glatt (und physikalisch oder biologisch sinnvoll) vereinigen. Rezepte gibt es hierfür nicht.

Zeichenerkennung: Vorgegeben sei ein Prozeß $(x(u), u)$, von dem wir glauben (oder hoffen), daß er durch ein (noch unbekanntes) Potential $F(x, u)$ im obigen Sinne beschrieben werden kann und daß $r \leqq 4$ bezüglich der Anzahl der Kontrollparameter $u \in R_r$ gilt. Dann kann man experimentell versuchen, alle Katastrophenpunkte u zu ermitteln, also jene Punkte u, für die $x(u)$ möglicherweise unstetig ist. In der Umgebung eines Katastrophenpunktes darf man durch vielfache Wiederholung passender Experimente hoffen, daß alle möglichen stabilen Zustände auch tatsächlich angenommen werden. Man kann jetzt die erhaltenen Daten mit den 7 elementaren Katastrophen aus Satz 34.5.7 vergleichen (wobei man Reduktionen, Diffeomorphismen usw. ausschalten muß, was eine Aufgabe für eine Rechenmaschine ist). Man darf hoffen, auf diese Weise das Katastrophenpotential berechnen (erraten) und seinen Typ bestimmen zu können.

Formalisierung. Ist $(F, r) = F(x, u)$ eine stabile Entfaltung von $f \in m^2(n)$, so setzen wir

$$\Sigma_F = \left\{(x, u) \in R_{n+r} \,\middle|\, \frac{\partial F}{\partial x_1}(x, u) = \ldots = \frac{\partial F}{\partial x_n}(x, u) = 0\right\}, \tag{1}$$

$$\Delta_F = \left\{(x, u) \in \Sigma_F \,\middle|\, \det\left(\frac{\partial^2 F}{\partial x_k \partial x_l}\right)_{k,l=1}^n (x, u) = 0\right\}, \tag{2}$$

$$D_F = \{u \in R_r \mid \exists x \in R_n \text{ mit } (x, u) \in \Delta_F\}. \tag{3}$$

Die stabilen Zustände des Systems mit dem Potential $F(x, u)$ sind eine Teilmenge von Σ_F, nämlich die in (1) enthaltenen Minima. Ist (x, u) ein solches Minimum mit

$$\det\left(\frac{\partial^2 F}{\partial x_k \partial x_l}\right)_{k,l=1}^n (x, u) \neq 0,$$

so liegt ein einfaches Minimum im Sinne von 34.5.6. vor (s. Bemerkung 34.3.2/4). Dann ist u kein Katastrophenpunkt (zumindest für die Verweilregel, die im nächsten Abschnitt betrachtet wird). Man muß sich hier etwas vorsichtig ausdrücken, da die Maxwellsche Konvention aus 35.1.2. nicht ganz in dieses Schema paßt. In jedem Fall ist aber klar, daß die Menge D_F bei der Untersuchung möglicher Katastrophenpunkte von besonderem Interesse ist.

Bemerkung. Alle Betrachtungen sind lokal. Es ist aber vernünftig, die 7 elementaren Katastrophen aus Satz 34.5.7 global zu untersuchen.

35.1.2. Das lokale Regime

Wie in 35.1.1. betrachten wir ein (physikalisches, chemisches oder biologisches) System, das ein Potential $F(x, u) \in m(n+r)$ mit den Kontrollparametern $u \in R_r$ und den Zustandsparametern $x \in R_n$ besitzt. Wie gesagt wurde, wird ein Prozeß dieses Systems durch $(x(u), u)$ beschrieben. Zur Untersuchung der möglichen Katastrophenphänomene können wir uns auf die Thomsche Liste aus 34.5.7. beschränken.

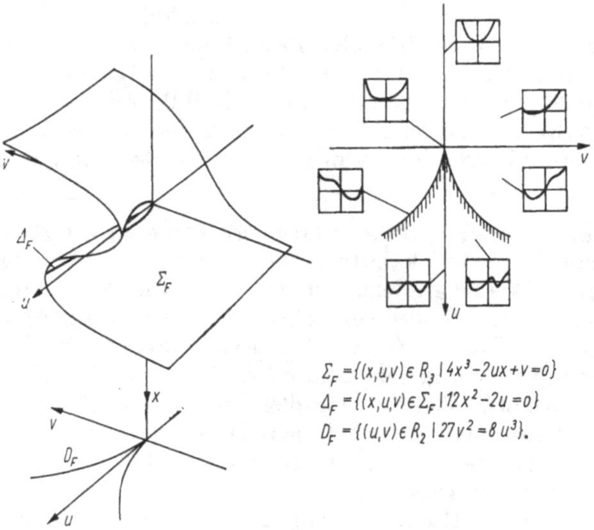

Beispiel (*Die Spitze*). Es sei $f(x) = x^4 \in m^2(1)$, $F(x, u, v) = x^4 - ux^2 + vx$. Dann haben Σ_F, Δ_F und D_F die angegebene Form. Im linken Bild sind die u, v-Achsen zweimal gezeichnet, die x-Achse gilt für beide Bilder. Im rechten Bild sind Funktionsverläufe für $F(x, u, v)$ für einige Parameterwerte von (u, v) eingetragen. (u, v) sind Kontrollparameter, x ist Phasenparameter. Es handelt sich um die zweite elementare Katastrophe aus Satz 34.5.7. Hierbei ist D_F eine Neilsche oder semi-kubische Parabel. Im Innern der Neilschen Parabel (schraffiertes Gebiet) hat F bei fixiertem (u, v) je 2 Minima, auf D_F verschwindet eines der beiden Minima, und im Äußeren der Neilschen Parabel gibt es nur 1 Minimum. Die beiden Minima im Innern der Neilschen Parabel sind genau dann gleich groß, wenn $v = 0$ ist (positive u-Achse).

Lokales Regime: $F(x, u)$ sei jetzt ein beliebiges Potential, $u \in R_r$ und $x \in R_n$. Der Prozeß, den das System in einer Umgebung von $x = 0$, $u = 0$ durchläuft, wird durch $(x(u), u)$ beschrieben, wobei $x(u)$ ein relatives Minimum von $F(x, u)$ bei fixiertem u ist (lokales Regime). Die Frage ist, welches Minimum angenommen wird (falls es mehrere gibt) und wie sich das System bei Variation von u entwickelt. Hierzu gibt es zwei Regeln:

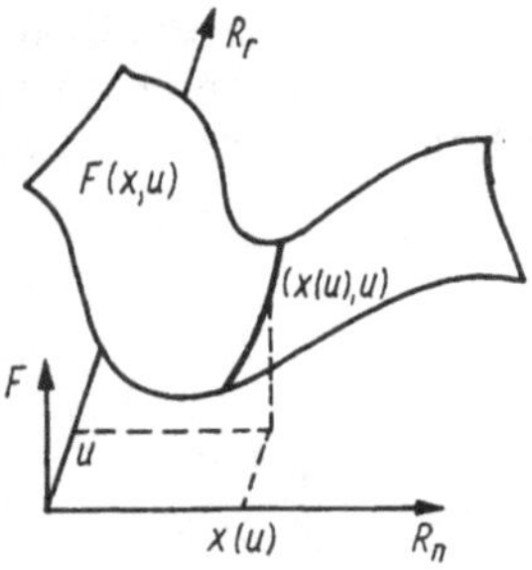

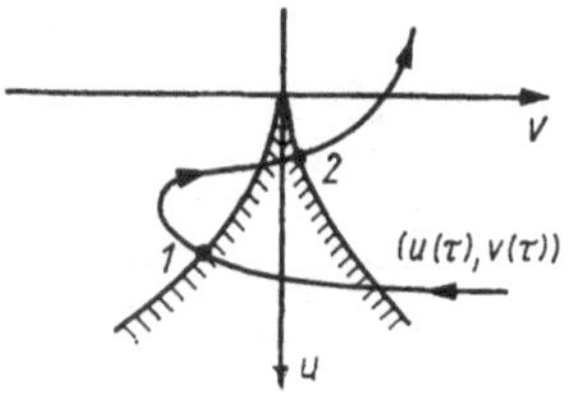

Verweilregel (*delay rule*): Für $u^0 \in R_r$ befinde sich das System im Zustand $x(u^0)$ (relatives Minimum). *Ändert sich u stetig* (in einer Umgebung von u^0), *so ist das System bestrebt, seinen Zustand ebenfalls stetig zu ändern.* Es verweilt so lange wie irgend möglich in einem Zustand $x(u)$, der stetig in $x(u^0)$ überführt werden kann. Katastrophen (sprunghafte Zustandsänderungen) treten genau dann auf, wenn bei Variation von u das zugehörige Minimum $x(u)$ verschwindet. Ist im obigen Beispiel $(u^0, v^0) \in R_2$ ein Punkt aus dem inneren schraffierten Gebiet, so können auf D_F (und nur dort) Katastrophen auftreten. Ob wirklich eine Katastrophe auftritt, wenn D_F überschritten wird, hängt davon ab, welches Minimum gewählt wird. Wird D_F von außen überschritten, so tritt keine Katastrophe auf.

Maxwell-Konvention: *Bei festem $u \in R_r$ realisiert das System stets jenen Zustand, der dem absoluten Minimum entspricht.* Katastrophen können somit nur an jenen u-Werten auftreten, wo das absolute Minimum nicht mehr eindeutig bestimmt ist. Im obigen Beispiel ist dies die positive u-Achse.

Systementwicklung: Durchlaufen die Kontrollparameter den Weg $u(\tau)$, wobei τ ein Kurvenparameter ist, so durchläuft das System die Zustände $x = x(u(\tau))$. Es ist ganz nützlich, sich im obigen Beispiel in der u, v-Ebene einen Weg vorzugeben und zu beobachten, wie sich das System verhält. Für den eingezeichneten Weg treten Katastrophen bei 1 und 2 auf, sofern sich das System entsprechend der Verweilregel verhält.

Bemerkung. Die Maxwell-Konvention erscheint im ersten Moment etwas künstlich. Sie hat aber ein Gegenstück in der Morse-Theorie. Bei fixiertem $u \notin D_F$ ist $F(x, u) \in C^\infty(R_n, R_1)$ nach Def. 34.3.2 eine Morse-Funktion. Nach Bemerkung 34.3.2/5 geht aber die globale Stabilität von $F(x, u)$ verloren, wenn u ein Punkt ist, in dem das absolute Minimum nicht mehr eindeutig bestimmt ist. Die Größe der Funktionswerte spielt also auch in der Singularitätentheorie eine Rolle.

35.1.3. Anwendungsbeispiele

In diesem Abschnitt werden mögliche Anwendungen beschrieben. Eine genaue Untersuchung erfolgt aber erst später.

Van der Waalssche Gleichung: Gegeben sei ein reales Gas. Die 3 charakteristischen Kennzahlen, das Volumen V, der Druck P und die Temperatur T genügen der van der Waalsschen Zustandsgleichung für 1 Mol

$$\left(P + \frac{a}{V^2}\right)(V - b) = rT.$$

Hierbei sind a, b und r physikalische Konstanten. Bei festem T erhält man unterhalb einer gewissen kritischen Temperatur die Kurve (1). Erhöht man den Druck bei konstanter Temperatur, so vermindert sich das Volumen, und das Gas verwan-

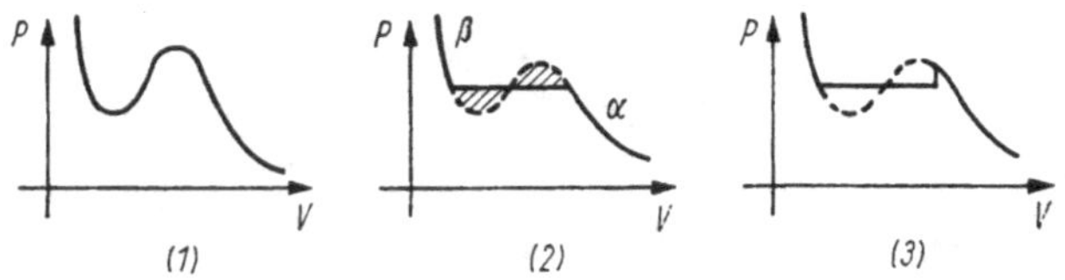

delt sich in Flüssigkeit. Der reale Ablauf entspricht dem Bild (2), wobei der Bogen α die gasförmige und der Bogen β die flüssige Phase beschreibt. Nach der Maxwellschen Vorschrift muß die Gerade in (2) so eingezeichnet werden, daß die beiden schraffierten Gebiete den gleichen Flächeninhalt haben. Wie wir später sehen werden, entspricht dies der Maxwell-Konvention aus 35.1.2. Der in (2) beschriebene Prozeß ist reversibel. Bei außerordentlich sorgfältigen Versuchsbedingungen kann man einen irreversiblen thermodynamischen Prozeß erzeugen, der der Kurve in (3) entspricht. Analog kann man von der flüssigen zur gasförmigen Phase übergehen. Im Rahmen der Katastrophentheorie kann man eine quantitativ und qualitativ befriedigende Beschreibung liefern (siehe 35.3.1.). Die Situation legt nahe, P und T als Kontrollparameter sowie V als Zustandsparameter zu betrachten.

Weitere physikalische Beispiele. Untersucht man einen belasteten elastischen Stab, so treten bei kritischen Belastungen Knickungen und Ausbeulungen auf. Solche und ähnliche Phänomene der Elastizitätstheorie können im Rahmen der Katastrophentheorie gut behandelt werden (siehe 35.3.2.). Der Druck auf den Stab ist Kontrollparameter, die Abweichung von der Normallage ist Zustandsparameter. In der geometrischen Optik kann das Phänomen der Kaustik (siehe 33.1.3. und 33.1.4.) durch die Katastrophentheorie beschrieben werden. Hierauf gehen wir jedoch nicht ein. In 35.3.3. behandeln wir das Umbrechen einer Wasserwelle beim Auflaufen auf den Strand.

Biologische Beispiele: Das Buch von R. Thom [42] wirbt für die Anwendung der Katastrophentheorie in der Biologie. Im Laufe der Entwicklung eines Lebewesens spezialisieren sich die Zellen. Ist $u \in R_3$ der Ort einer Zelle und t die Zeit, so kann man $(u, t) \in R_4$ als Kontrollparameter deuten. Der Zustand der Zelle wird durch biochemische Parameter gekennzeichnet. Die (u, t)-Punkte, in denen über weitere Spezialisierungen der Zelle entschieden wird, sind Katastrophenpunkte. In Analogie zum elektromagnetischen Feld oder zum Gravitationsfeld meint R. Thom [42], S. 151–152, daß man auch ein „Lebensfeld" betrachten kann. Lebewesen sind dann Teilchen oder strukturell stabile Singularitäten dieses Feldes. Alle Lebensäußerungen entstehen dann durch Einwirken dieser Teilchen aufeinander und im Kampf dieser Teilchen: fressen und gefressen werden. Das Problem besteht in der geometrischen Beschreibung dieses Lebensfeldes. In 35.4.2. behandeln wir zwei Beispiele: die Gastrulation von Amphibien und die Freßlust von Phagozyten.

Geometrie der Formen: Die Diskussion der 7 elementaren Katastrophen führt zu einem gewissen Vorrat an geometrischen Gebilden (Singularitätenflächen usw.). Betrachtet man einen unstetigen Naturvorgang (z. B. geologische Verwerfungen, meteorologische Erscheinungen, medizinische Katastrophen), so kann man versuchen, die Dynamik des Prozesses auf diese geometrischen Grundtypen zu reduzieren. Das hängt eng mit den biologischen Modellen zusammen. Wir verweisen auf [42].

Anwendungen: Die Katastrophentheorie hat Anwendungen gefunden in: Medizin, Biologie, Thermodynamik, Elastizitätstheorie, Linguistik, Meteorologie, Optik, Geophysik, Soziologie u. a. Außer auf die bereits genannten Bücher [27, 42] verweisen wir in diesem Zusammenhang auf [60, 66, 67]. Mathematisch befriedigend sind z. Z. aber wohl nur die physikalischen Anwendungen.

35.1.4. Die drei Interpretationen der Katastrophentheorie

J. Guckenheimer unterscheidet in [13] 3 Interpretationen der Katastrophentheorie.
1. (*V. I. Arnold*). Katastrophentheorie ist Singularitätentheorie von Flächen und Abbildungen, also eine innermathematische Theorie, deren Anfänge in Kap. 34 dargestellt wurden. Das schließt ausgewählte Anwendungen, insbesondere auf physikalische Probleme, nicht aus.
2. (*R. Thom*). Der Standpunkt von Thom ist mehr philosophischer Art. Vorgänge in belebter und unbelebter Natur sollten geometrisiert werden und als Abfolge (elementarer und allgemeiner) Katastrophen dargestellt werden. Die Singularitätentheorie erscheint als mathematisches Hilfsmittel, sie ist aber nicht der Kern der Theorie.
3. (*E. C. Zeeman*). Die geometrischen Flächen der Singularitätentheorie werden für konkrete Modelle aus Medizin, Biologie, Soziologie usw. benutzt. Diese Modelle sind einerseits spekulativ (was die verwendeten Hypothesen anbelangt), andererseits aber so konkret in ihren Aussagen (was bei Thom nicht immer der Fall ist), daß sie kritikfähig sind. Ein typisches Beispiel ist das Modell, das die Aggression von Hunden beschreibt (siehe 35.4.3.). Diese konkreten Modelle sind es, die die Katastrophentheorie über den Kreis der Mathematiker und Physiker hinaus bekannt gemacht haben. Sie haben aber auch viel Kritik auf sich gezogen, siehe [13].

35.2. Elementare Katastrophen

35.2.1. Der generische Aspekt

Es sei $F(x, u)$ mit $x \in R_n$ und $u \in R_r$ ein strukturell stabiles Potential im Sinne von 35.1.1. Von Interesse sind Katastrophenpunkte unter Berücksichtigung der Regeln aus 35.1.2. Wie wir bemerkt hatten, führt dies auf folgendes Problem: $F(x, u) \in \in m(n+r)$ ist die stabile Entfaltung eines Keims $f \in m^2(n)$, die bei $0 \in R_{n+r}$ ein lokales Minimum besitzt. Ist $r \leqq 4$, so kann man Satz 34.5.7 anwenden, sofern f endlich-determiniert ist. Es bleibt das Problem, ob diese (nach Satz 34.5.4/1 notwendige) Voraussetzung die Menge der zulässigen Potentiale nicht zu sehr einschränkt.

Satz. *Es sei $r = 1, 2, 3, 4$. In $C^\infty(R_{n+r}, R_1)$ gibt es eine offene und dichte Menge J_r, deren Elemente $F(x, u) \in C^\infty(R_{n+r}, R_1)$, $x \in R_n$, $u \in R_r$, folgende Eigenschaften haben:*
1. Σ_F aus 35.1.1. ist eine r-dimensionale Mannigfaltigkeit.
2. Ist $(x^0, u^0) \in \Sigma_F$, so ist $F(x, u)$ in einer Umgebung von (x^0, u^0) eine stabile Entfaltung des Keims $F(x, u^0) \in C^\infty(R_n, R_1)$ (bezüglich einer Umgebung von x^0 in R_n).

Bemerkung 1. Der Punkt (x^0, u^0) übernimmt jetzt die Rolle des Punktes $(0, 0)$ aus 34.5. (siehe Def. 34.5.1). Aus Satz 34.5.4/1 folgt, daß $f(x) = F(x + x^0, u^0) \in m^2(n)$ für $F \in J_r$ und $(x^0, u^0) \in \Sigma_F$

endlich-determiniert ist. Liegt ein lokales Minimum vor, so kann man also die Thomsche Klassifikation aus Satz 34.5.7 anwenden.

Bemerkung 2. Wird ein physikalischer Prozeß durch ein Potential $F_0(x, u) \in C^\infty(R_{n+r}, R_1)$ mit $r \leq 4$ beschrieben, so findet man in beliebiger Nähe von F_0 ein Potential $F \in J_r$. Im Sinne der strukturellen Stabilität ist es somit sinnvoll, sofort $F_0 \in J_r$ zu fordern.

Bemerkung 3. Auf zwei Punkte soll nochmals aufmerksam gemacht werden: (a) Katastrophenphänomene sind lokale Phänomene (auch wenn die Grundtypen global untersucht werden). (b) Die Thomsche Liste entsteht erst nach Reduktion. Bei konkreten Aufgaben muß man also noch konstante Entfaltungen und das Hinzufügen positiv-definiter quadratischer Formen berücksichtigen. Eine genaue Beschreibung der damit verbundenen mathematischen Operationen findet man im Anhang I in [27].

35.2.2. Bilder elementarer Katastrophen

Von Interesse ist eine detaillierte geometrische Diskussion der Entfaltungen $F = G_k$ aus Satz 34.5.7 und der zugehörigen Gebilde Σ_F, Δ_F und D_F aus 35.1.1. Insbesondere für die Verweilregel aus 35.1.2. sind die möglichen Katastrophenpunkte in D_F enthalten. Für die „Spitze" haben wir bereits in 35.1.2. entsprechende Betrachtungen angestellt. Wir beschränken uns hier auf eine Auswahl, wobei die nachfolgenden Bilder aus [4] und [42] stammen.

Die Falte:

$$f = x^3 \in m^2(1), \quad F(x, u) = x^3 + ux .$$

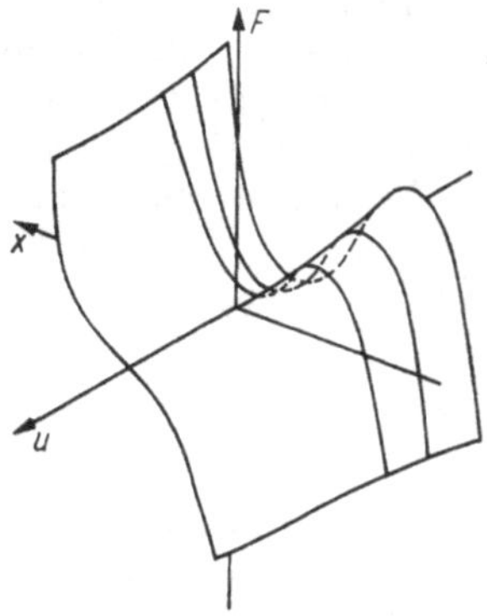

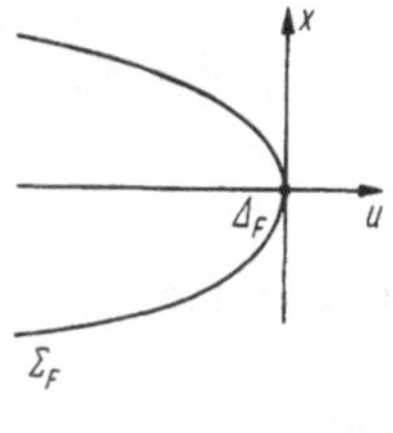

$$\Sigma_F = \{(x, u) \in R_2 \mid 3x^2 + u = 0\} ,$$

$$\Delta_F = \{(x, u) \in R_2 \mid x = u = 0\} ,$$

$$D_F = \{0\} .$$

Die Falte ist keine sehr interessante elementare Katastrophe. $F(x, u)$ besitzt für $u < 0$ genau ein Minimum, das für $u \to 0$ verschwindet. Ein Springen von einem Minimum in ein anderes tritt nicht auf.

Der Schwalbenschwanz:

$$f = x^5 \in m^2(1), \quad F(x, u, v, w) = x^5 + ux^3 + vx^2 + wx ,$$

$$\Sigma_F = \{(x, u, v, w) \in R_4 \mid 5x^4 + 3ux^2 + 2vx + w = 0\} ,$$

$$\Delta_F = \{(x, u, v, w) \in \Sigma_F \mid 20x^3 + 6ux + 2v = 0\} ,$$
$$D_F = \{(u, v, w) \in R_3 \mid \exists x \text{ mit } 5x^4 + 3ux^2 + 2vx + w = 20x^3 + 6ux + 2v = 0\} .$$

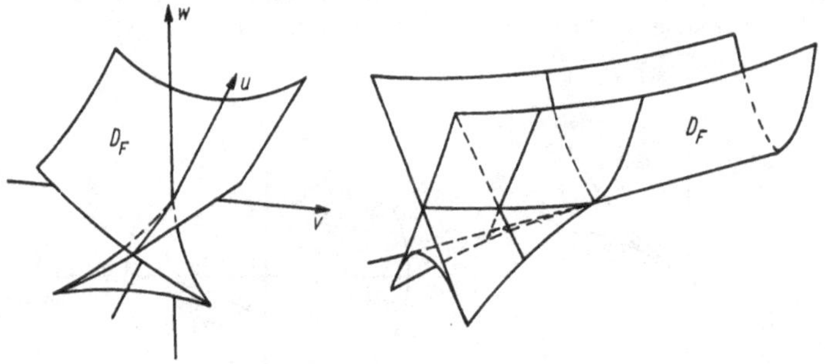

Der Wellenkamm (*hyperbolischer Nabelpunkt*):

$$f = x^3 + y^3 \in m^2(\dot{2}), \quad F(x, y, u, v, w) = x^3 + y^3 + wxy - ux - vy ,$$
$$\Sigma_F = \{(x, y, u, v, w) \in R_5 \mid 3x^2 + wy - u = 3y^2 + wx - v = 0\} ,$$
$$\Delta_F = \left\{(x, y, u, v, w) \in \Sigma_F \mid \begin{vmatrix} 6x & w \\ w & 6y \end{vmatrix} = 0\right\} ,$$
$$D_F = \{(u, v, w) \in R_3 \mid \exists (x, y) \text{ mit } u = 3x^2 + wy,\ v = 3y^2 + wx,\ w^2 = 36xy\} .$$

Bei fixiertem w ist

$$(x, y) \to (u, v) = (3x^2 + wy, 3y^2 + wx)$$

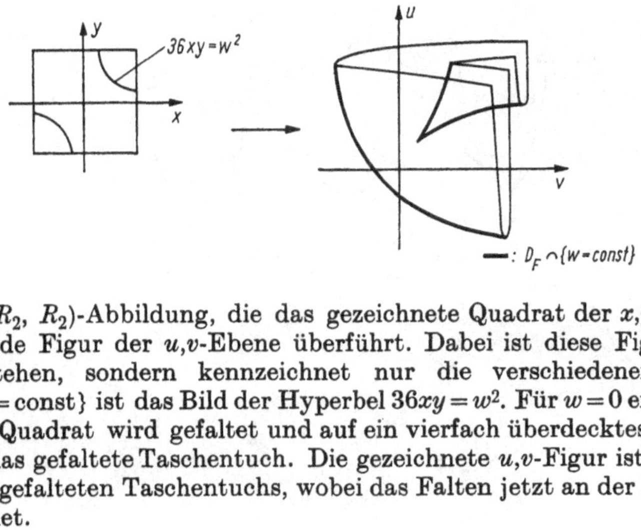

eine $C^\infty(R_2, R_2)$-Abbildung, die das gezeichnete Quadrat der x,y-Ebene in die entsprechende Figur der u,v-Ebene überführt. Dabei ist diese Figur nicht räumlich zu verstehen, sondern kennzeichnet nur die verschiedenen Überdeckungen. $D_F \cap \{w = \text{const}\}$ ist das Bild der Hyperbel $36xy = w^2$. Für $w = 0$ entartet diese Figur: Das x,y-Quadrat wird gefaltet und auf ein vierfach überdecktes u,v-Quadrat abgebildet, das gefaltete Taschentuch. Die gezeichnete u,v-Figur ist also das generische Bild des gefalteten Taschentuchs, wobei das Falten jetzt an der Hyperbel $36xy = w^2$ stattfindet.

Das Haar (*elliptischer Nabelpunkt*):

$$f = \frac{x^3}{3} - xy^2 \in m^2(2), \quad F(x, y, u, v, w) = \frac{x^3}{3} - xy^2 + w(x^2 + y^2) - ux - vy,$$
$$D_F = \{(u, v, w) \in R_3 \mid \exists (x, y) \text{ mit } u = x^2 - y^2 + 2wx,\ v = -2xy + 2wy,$$
$$x^2 + y^2 = w^2\} .$$

D_F ist eine zweidimensionale Fläche im u,v,w-Raum. Der Schnitt von D_F mit

$w = \text{const}$ ist eine Hypozykloide: Ein Kreis vom Radius $\frac{|w|}{3}$ rollt innen an einem Kreis vom Radius $|w|$ ab. Fixiert man einen Punkt auf dem kleineren Kreis, so ist die Spur dieses Punktes beim Abrollen eine Hypozykloide.

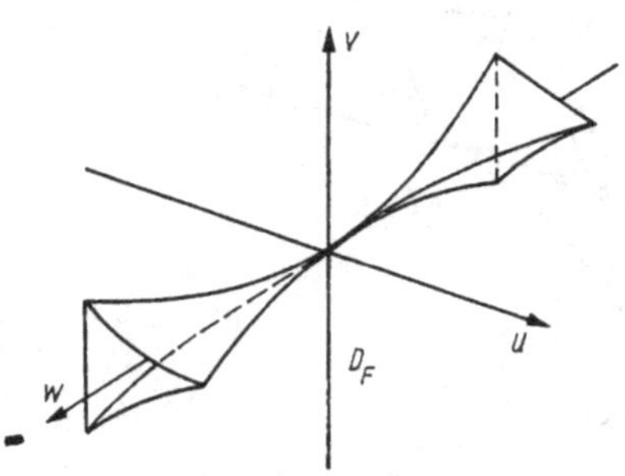

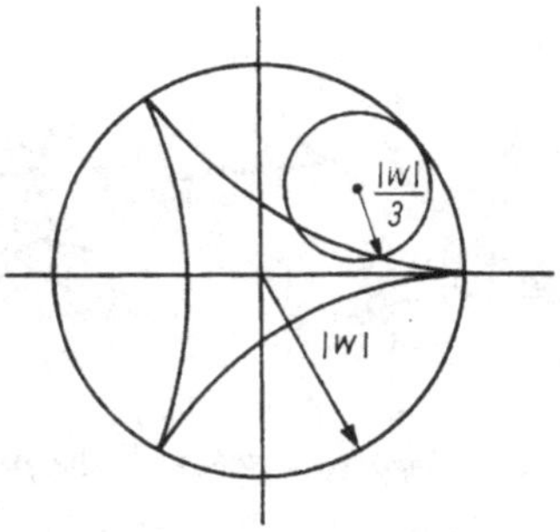

Der Pilz (*parabolischer Nabelpunkt*):

$$f = x^2y + \frac{y^4}{4} \in m^2(2),\quad F(x, y, u, v, w, t) = x^2y + \frac{y^4}{4} + tx^2 + wy^2 - ux - vy\ ,$$

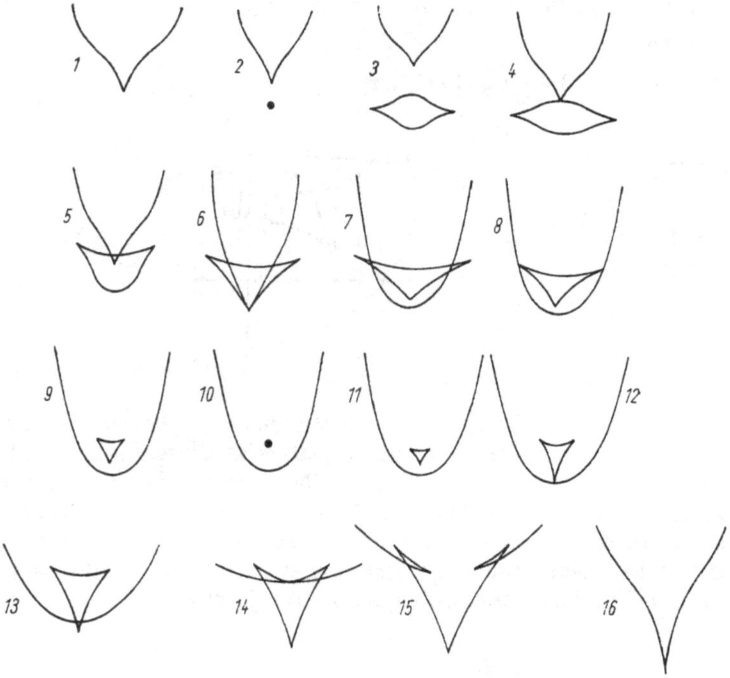

$$\Sigma_F = \{(x, y, u, v, w, t) \in R_6 \mid 2x(y+t) - u = x^2 + y^3 + 2wy - v = 0\}\ ,$$

$$\Delta_F = \left\{(x, y, u, v, w, t) \in \Sigma_F \,\middle|\, \begin{vmatrix} 2(y+t) & 2x \\ 2x & 3y^2 + 2w \end{vmatrix} = 0\right\},$$

$$D_F = \{(u, v, w, t) \in R_4 \mid \exists (x, y) \text{ mit } u = 2x(y+t),\ v = x^2 + y^3 + 2wy,$$
$$2x^2 = (y+t)(3y^2 + 2w)\}\ .$$

Der Pilz ist die komplizierteste elementare Katastrophe. D_F ist eine dreidimensionale Fläche im R_4. Setzt man $x = x(y, t, w)$ in u und v ein, so erhält man $u = u(y, t, w)$ und $v = v(y, t, w)$. Dann sind $D_F \cap \{w = \text{const}, \ t = \text{const}\}$ Kurven in der u,v-Ebene mit y als Kurvenparameter. Variiert man w und t, so daß $w^2 + t^2 = c^2$ ist ($c > 0$ klein), so erhält man nach [42], S. 86–88, eine Folge von Kurven, die den einzelnen Gebie-

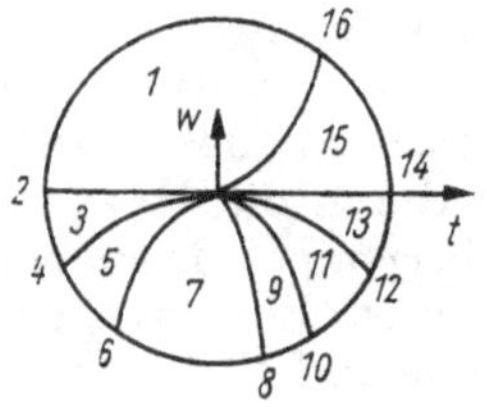

ten bzw. Kurven der w,t-Ebene entsprechen: Ist (w, t) aus dem Gebiet 1, so ist Bild 1 zuständig, liegt (w, t) auf der Kurve 6, so ist Bild 6 zuständig usw. Das interessante ist, daß eine Reihe früherer Katastrophen als Spezialfälle wieder erscheinen. 1 ist eine „Spitze" (eine diffeomorph verzerrte Neilsche Parabel), bei 2 erscheint ein Punkt, der sich anschließend in die Lippen-Katastrophe verwandelt und in 5 Pilzform annimmt (das erklärt auch den Namen). 6 entspricht der Wellenkamm-Katastrophe (das generische Bild des gefalteten Taschentuchs). Das anschließende krummlinige Dreieck ist analog zu den Hypozykloiden der Haar-Katastrophe, das Dreieck verschwindet und erscheint anschließend sofort wieder. Details und Formeln findet man in [42], S. 81–90.

Bemerkung. Man sieht den Bildern für „*Schwalbenschwanz*", „*Haar*" und „*Pilz*" an, woher die poetischen Namen stammen. Ähnlich ist es für die *Schmetterlings*-Katastrophe, siehe [4, 42]. Auf die Deutung von „Wellenkamm" kommen wir später noch zurück.

35.3. Anwendungen in der Physik

35.3.1. Die van der Waalssche Gleichung

Der physikalische Sachverhalt wurde in 35.1.3. beschrieben. Sind wie dort P, V und T Druck, Volumen und Temperatur eines realen Gases, so ist für 1 Mol

$$\left(P + \frac{a}{V^2}\right)(V - b) = rT \tag{1}$$

die van der Waalssche Zustandsgleichung. Sie ist eine gute Beschreibung außerhalb des Überganges von der flüssigen zur gasförmigen Phase (oder umgekehrt), also für die Bögen α und β im Bild (2) in 35.1.3. Wir diskutieren diese Gleichung in zwei Varianten.

1. Variante (*quantitativ*). Der kritische Punkt von (1) ist

$$P_c = \frac{a}{27b^2}, \quad V_c = 3b, \quad T_c = \frac{8a}{27br}.$$

Setzt man $p = \frac{P}{P_c} - 1$, $t = \frac{T}{T_c} - 1$ und $x = \frac{V_c}{V} - 1$, so erhält man

$$3x^3 + (8t + p)x + (8t - 2p) = 0 .$$

Mit $u = -\frac{2}{3}(8t+p)$, $v = \frac{4}{3}(8t-2p)$ ergibt sich

$$4x^3 - 2ux + v = 0 . \tag{2}$$

Ist $F = F(x, u, v) = x^4 - ux^2 + vx$, so ist F die universelle Entfaltung von $f = x^4 \in m^2$ (1) aus Satz 34.5.7, die Spitze. Dann stimmt (2) mit Σ_F aus 35.1.1. überein. Rechnet man F wieder auf P, V und T um, so erhält man eine Funktion, die in einer Umgebung des kritischen Punktes qualitativ das Gibbssche thermodynamische Potential $G(V, P, T)$ beschreibt. Die möglichen stabilen Zustände des Systems werden durch (2) beschrieben, wobei man die Modifikation durch die Maxwellsche Vorschrift im Sinne von Bild (2) aus 35.1.3. zu berücksichtigen hat. Diese Maxwellsche Vorschrift in der Sprache des Gibbsschen Potentials lautet: Bei vorgegebenen Kontrollparametern P und T realisiert das System einen Zustand V, der durch ein absolutes Minimum von $G(V, P, T)$ (bei festem P und T) gegeben ist. Bei den obigen Transformationen überträgt sich diese Eigenschaft in einer Umgebung von (P_c, T_c, V_c)

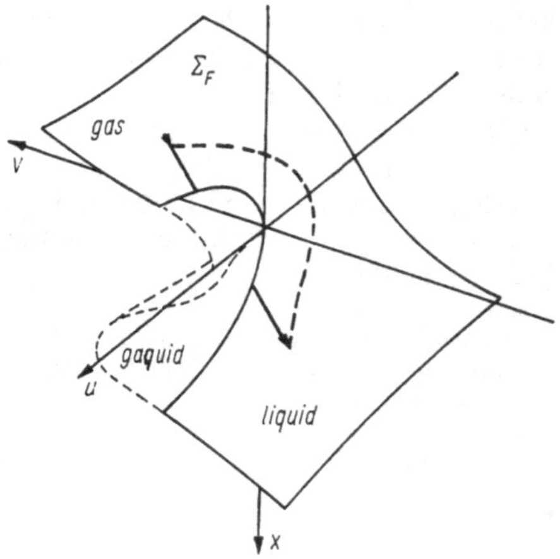

auf $F(x, u, v)$ in einer Umgebung von $0 \in R_3$ mit u, v als Kontrollparameter und x als Phasenparameter. Das ist aber die Maxwell-Konvention für die zweite elementare Katastrophe, die Spitze. „liquid" und „gas" kennzeichnen den flüssigen und den gasförmigen Zustand. Der stark eingezeichnete Pfeil ist der übliche Katastrophenweg mit einer schlagartigen Volumenänderung bei Erreichen eines Punktes mit $v = 0$ und $u > 0$. Man kann aber Anfang und Ende dieses Vorganges auch auf dem gestrichelten nicht-Katastrophenweg erreichen. „gaquid" kennzeichnet jenes Gebiet, das bei sorgfältigen Bedingungen experimentell erreichbar ist, Bild (3) in 35.1.3.

2. Variante (*qualitativ*). Vom Standpunkt der Katastrophentheorie gibt es eine sehr elegante, rein qualitative Betrachtung, die mit einer gewissen Notwendigkeit zu dem obigen Bild führt, ohne die van der Waalssche Zustandsgleichung zu kennen. Man investiert folgende Hypothesen: 1. Das Gas-Flüssigkeits-Gemisch besitzt einen kritischen Punkt P_c, V_c, T_c (was experimentell gesichert ist), und das Verhalten des Systems in der Nähe dieses Punktes wird durch ein strukturell stabiles Katastrophen-Potential $G(V, P, T)$ beschrieben. 2. Es ist zweckmäßig, den Druck P und die Temperatur T als stetige Kontrollparameter und das Volumen V als (eventuell unstetigen) Phasenparameter anzusehen. Mustert man jetzt die Thomsche Liste aus Satz 34.5.7 durch, so gibt es nur eine Möglichkeit für diese Situation, nämlich die zweite elementare Katastrophe, die Spitze. Man hat jetzt für das lokale Regime noch zwei Möglichkeiten, die Maxwell-Konvention und die Verweilregel. Die experimentellen Daten sprechen für die Maxwell-Konvention.

Folgerung. Die Katastrophentheorie liefert eine Beschreibung in der Nähe des kritischen Punktes (P_c, V_c, T_c); die van der Waalssche Gleichung ist brauchbar für Punkte (P, V, T), die weit weg von diesem kritischen Punkt sind. Daß diese beiden vollkommen verschiedenen Betrachtungen so wunderbar harmonieren, ist ein weiteres Beispiel für den wohlbekannten Sachverhalt:

„Formeln sind eben doch klüger als Menschen“.

35.3.2. Eulersche Deformationen

In diesem Punkt folgen wir der Darstellung bei E. C. Zeeman [50].

Eulerscher Bogen: Zwei Stäbe gleicher Länge sind durch ein Gelenk verbunden. Von rechts und links wirkt die Kraft β. Einem möglichen Ausknicken wirkt eine Feder am Gelenk entgegen. Dadurch ist das System in der Lage, ein Ausknicken zu verhindern, sofern β kleiner als ein kritischer Wert β_c bleibt. Für $\beta > \beta_c$ knickt der Stab nach oben oder unten aus, nicht ruckartig, sondern stetig mit stetig wachsendem β. Das Maß der Ausknickung wird durch den Winkel x beschrieben. (Wir betrachten

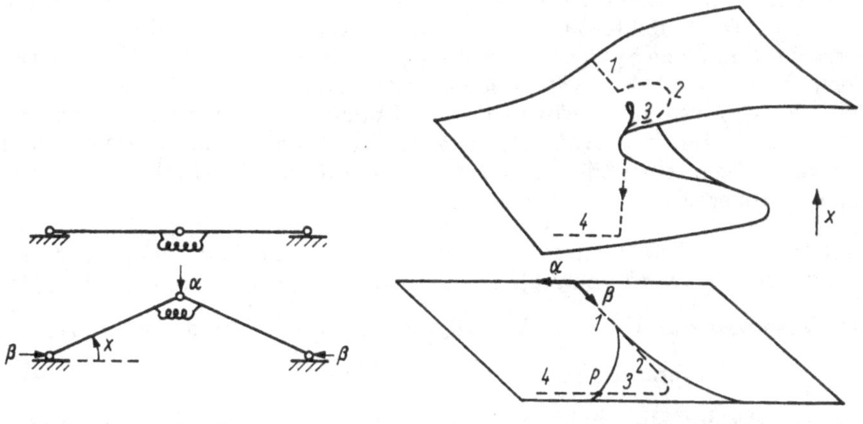

nur stabile Gleichgewichtszustände, schließen also den Fall des instabilen Gleichgewichts $x=0$ für $\beta > \beta_c$ aus). Die Kraft α wirkt am Gelenk des ausgeknickten Stabes. Wächst α, so springt das System bei einem kritischen Wert ruckartig in eine untere stabile Lage.

Energiebilanz: Eine Analyse zeigt, daß das System durch das Potential

$$V(x, \alpha, \beta) = \frac{1}{2}\,\mu(2x)^2 + \alpha \sin x - 2\beta(1 - \cos x)$$

beschrieben werden kann (Gesamtenergie). $\mu > 0$ ist hierbei eine feste Federkonstante. α und β sind variabel. Bei gegebenen α und β realisiert das System einen Zustand minimaler Energie, insbesondere ist dann

$$0 = \frac{\partial V}{\partial x} = 4\mu x + \alpha \cos x - 2\beta \sin x\,.$$

Diese Formel zeigt, daß $\beta = 2\mu$ für $\alpha = 0$ und kleine x (und nur solche werden hier betrachtet) ein besonderer Wert ist. Wie wir sehen werden, ist $\beta_c = 2\mu$. Mit $\beta = 2\mu + b$ erhält man

$$V(x, \alpha, \beta) = \alpha x - bx^2 - \frac{\alpha}{6} x^3 + \frac{2\mu + b}{12} x^4 + O(x^5)$$

$$= \frac{\mu}{6} x^4 + \alpha x \left(1 - \frac{x^2}{6}\right) - bx^2 \left(1 - \frac{x^2}{12}\right) + O(x^5) . \tag{1}$$

Von Interesse ist das Verhalten in einer Umgebung von $\alpha = b = 0$. Wir erinnern an die Spitzen-Katastrophe und ihre universelle Entfaltung aus Satz 34.5.7 und 35.1.2.

$$f(x) = x^4 \in m^2(1), \quad F(x, u, v) = x^4 - ux^2 + vx . \tag{2}$$

Durch unwesentliche diffeomorphe Abbildungen kann man jetzt (1) auf die Normalform (2) bringen, also $F(x, u, v) \sim V(x, \alpha, b + 2\mu)$ mit $\alpha \sim v$ und $b \sim u$ (wobei „$\sim$" näherungsweise Gleichheit bedeutet). Somit ist (1) eine universelle (insbesondere also eine strukturell stabile) Entfaltung des Keims $\frac{\mu}{6} x^4$ im Sinne von Satz 34.5.7. Insbesondere hat also $V(x, \alpha, \beta)$ qualitativ das in 35.1.2. gezeichnete Verhalten. Das lokale Regime wird durch die Verweilregel bestimmt. Ein typisches Beispiel ist der eingezeichnete Weg: Längs 1 ist $\alpha = 0$ und $\beta < 2\mu$. Hier hat V genau ein Minimum, nämlich bei $x = 0$. Längs 2 ist $\alpha = 0$ und $\beta > 2\mu$. Innerhalb der (diffeomorph verzerrten) Neilschen Parabel hat V zwei Minima. Die entsprechenden (positiven oder negativen) x-Werte deuten das stetige Ausknicken nach oben oder unten an. Längs 3 betrachtet man das System bei wachsendem α, festem β und $x > 0$. Entsprechend der Verweilregel bleibt das System in einem Zustand mit $x > 0$. Nähert sich das System dem Punkt P, so verschwindet dieses Minimum (man vergleiche mit den Bildern für das Potential in 35.1.2.). Es tritt eine Katastrophe ein, das System springt in den verbleibenden stabilen Zustand mit $x < 0$. Längs 4 befindet sich das System in einem stabilen Zustand mit $x < 0$.

Eulerscher Knickstab: Ein homogener elastischer Stab mit dem Elastizitätsmodul μ und der Länge λ wird von rechts und links mit β belastet. Nach Euler hält der Stab der Belastung stand, bis der kritische Wert $\beta = \mu \left(\frac{\pi}{\lambda}\right)^2$ erreicht ist. Der Stab beult dann aus und nimmt die Form $f(s) = x \sin \frac{\pi s}{\lambda} + O(x^3)$ an. Hierbei ist x die Amplitude der Auslenkung (die als klein vorausgesetzt wird), s ist die Bogenlänge, und $f(s)$ ist die Auslenkung aus der Normallage. Wird der ausgebeulte Stab unsymmetrisch mit α belastet, so erhält man zuerst eine Figur, die der Summe zweier Sinuskurven mit den Amplituden x und y entspricht. Hierbei ist $y = y(\alpha, \varepsilon)$. Wächst α, so gibt es

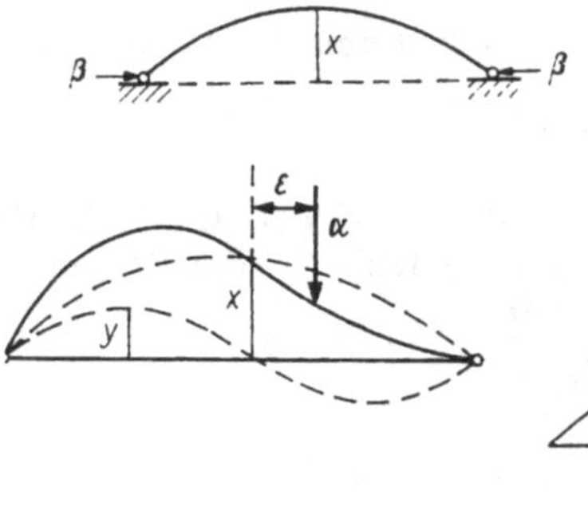

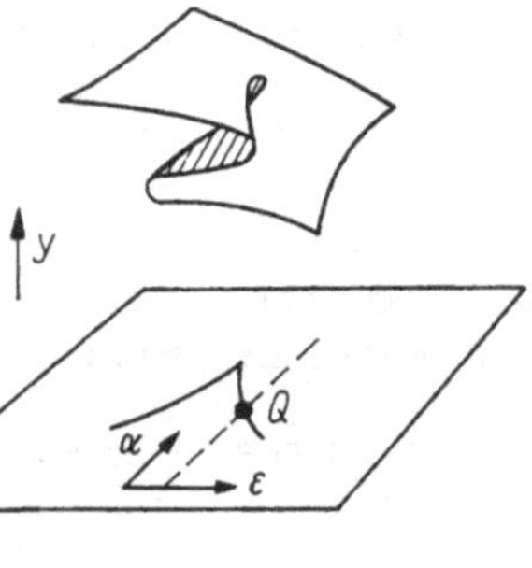

einen kritischen Wert. Der Stab springt dann in eine untere stabile Lage. Nach Zeeman wird $y = y(\alpha, \varepsilon)$ durch eine duale Spitzen-Katastrophe beschrieben. Dual heißt, daß die stabile Lage durch die y-Werte auf der schraffierten Mittelfläche dargestellt wird. Wächst α bei konstantem ε, so wird bei Q ein kritischer Wert erreicht. Dann springt der Stab in eine neue stabile Lage, die nicht eingezeichnet ist.

35.3.3. Brechung von Wasserwellen

In diesem Punkt folgen wir den Darstellungen von E. C. Zeeman [48] und Thom [42], S. 78–79. Eine Wasserwelle, die sich dem Strand nähert, bricht um. Die Geometrie dieses Vorganges läßt sich gut mit der Wellenkamm-Katastrophe und der zugehörigen Entfaltung nach Satz 34.5.7 und 35.2.2. beschreiben.

$$f = x^3 + y^3 \in m^2(2), \quad F = x^3 + y^3 + wxy - ux - vy .$$

Deutet man w als Zeitparameter und u, v als Ortsparameter, so ergeben sich nach 35.2.2. für $D_F \cap \{w = \text{const}\}$ die angegebenen Bilder. Die Kurven fallen für $w = 0$ zusammen und vertauschen für $w > 0$ ihre Rollen. Das Ablösen einer runden (stabi-

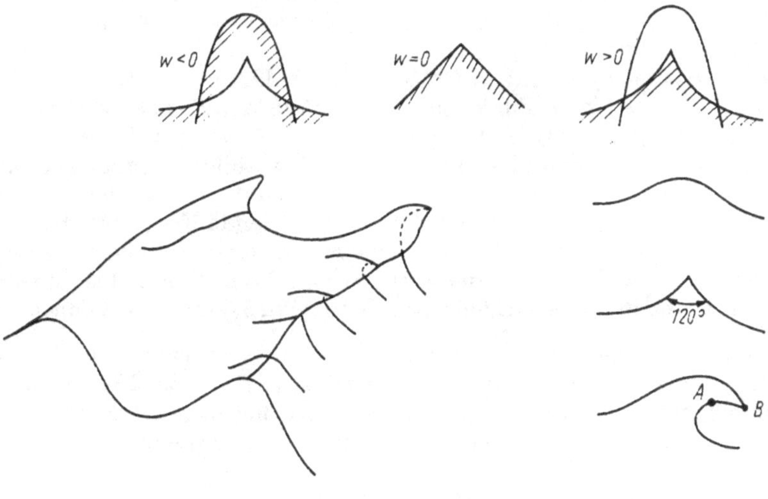

len) Form durch eine spitze (instabile) Form entspricht dem Umbrechen von Wellen. Eine generische Verzerrung dieses Bildes, kombiniert mit Aussagen der klassischen Hydrodynamik (und passender Identifizierung der auftretenden Parameter mit physikalischen Größen) liefert ein qualitativ und quantitativ befriedigendes Bild (nach Zeeman): Im Moment des Umbrechens ist die Welle lokal symmetrisch, es tritt ein Winkel von 120^0 auf, nach dem Umbrechen ist AB ein Parabelbogen.

35.3.4. Katastrophenmaschinen

In diesem Punkt verwenden wir die Arbeit von T. Poston [33]. Katastrophenmaschinen sind explizit konstruierte physikalische (zumeist mechanische) Systeme, die durch Potentiale beschrieben werden, die den Entfaltungen der sieben elementaren Katastrophen aus Satz 34.5.7 entsprechen. Insbesondere hängen diese Potentiale von Parametern ab (Ordnung der Katastrophenmaschine). Eine Katastrophenmaschine nullter Ordnung entspricht dem einfachen Minimum aus 34.5.6., eine Katastrophenmaschine erster Ordnung der Falt-Katastrophe usw. Man kann diesen Begriff auch verallgemeinern und Katastrophenmaschinen betrachten, die von unendlich vielen Parametern abhängen (oder von Funktionen). Beispiele hierfür sind Seifenlamellen in Drahtschlingen und ihr Katastrophenverhalten bei Deformation der Drahtschlingen. Wir beschränken uns hier auf zwei einfache Fälle.

Katastrophenmaschinen nullter Ordnung: Betrachtet wird ein streng konvexer Körper B mit der C^∞-Oberfläche $D=\partial B$. Dann ist D eine C^∞-Mannigfaltigkeit. Ist $P\in D$, so sei $f(P)\in C^\infty(D, R_1)$ die potentielle Energie des Körpers in der Lage, in der P den Boden berührt. Der Körper versucht, eine stabile Lage einzunehmen, indem er ein relatives Minimum von $f(P)$ realisiert. Da die Morse-Funktionen nach Satz

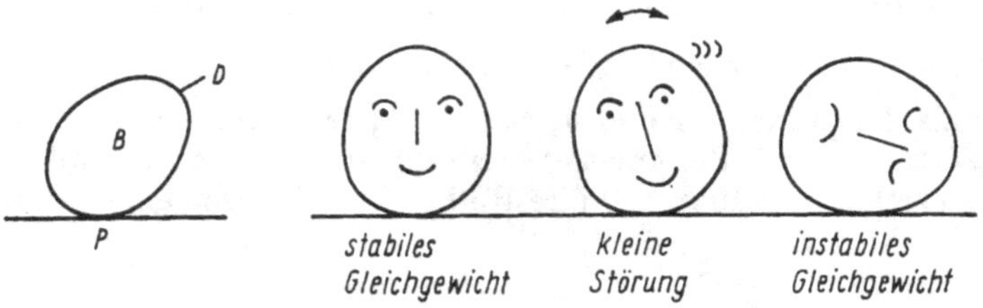

34.3.2 (mit D statt R_n) dicht in $C^\infty(D, R_1)$ sind, kann man generisch davon ausgehen, daß $f(P)$ eine Morse-Funktion ist. Ebenfalls aus Satz 34.3.2 mit D statt R_n folgt dann, daß jedes relative Minimum lokal stabil ist. Wird der Körper geringfügig ausgelenkt, so pendelt er sich wieder auf die stabile Ausgangslage ein. Hat ein Körper eine Symmetrieachse, etwa ein Ei, so besitzt er instabile Gleichgewichte. Eine solche Figur ist nicht generisch. Das wirft folgende Frage auf. Hat ein (physikalisches oder sonstiges) Problem natürliche Symmetrien, so scheint es zweckmäßig zu sein, generisch diese Symmetrien nicht zu zerstören. Das Ziel ist eine Singularitätentheorie unter Berücksichtigung von Symmetrien, eine neue Thomsche Liste.

Katastrophenmaschinen erster Ordnung: Es seien $f=x^3\in m^2(1)$ und $F=x^3+ux$ die Falt-Katastrophe und ihre universelle Entfaltung. Es ist das Ziel, ein Beispiel aus der Mechanik zu finden, dessen Potential im wesentlichen gleich F ist. Ein gewichtsloses Rad (etwa aus dünnem Blech) vom Radius 1 liegt auf einer schiefen Ebene mit

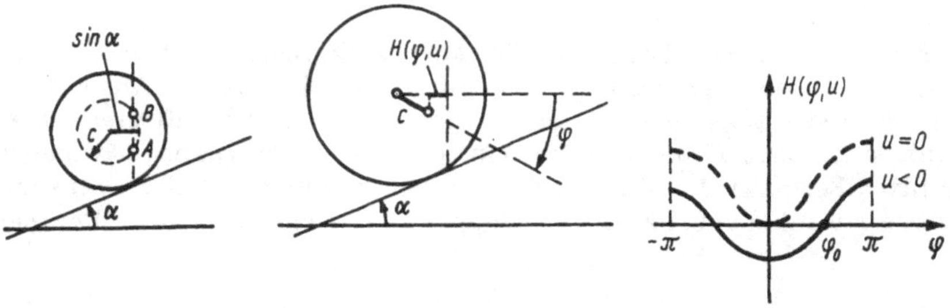

dem Neigungswinkel α. Im Abstand c mit $0<c<1$ vom Zentrum befindet sich ein schweres Gewicht (etwa ein Magnet). Ist $c>\sin\alpha$, so gibt es zwei Gleichgewichtszustände, ein stabiles Gleichgewicht, wenn sich das Gewicht im Punkt A befindet, und ein labiles Gleichgewicht, wenn sich das Gewicht im Punkt B befindet. Für $c=\sin\alpha$ hat das System einen singulären Punkt, und wir setzen $c=-u+\sin\alpha$. Ist $H(\varphi, u)$ die eingezeichnete Größe, so ist das System genau dann im Gleichgewicht, wenn $H(\varphi, u)=0$ ist. Von Interesse ist das Verhalten in der Nähe des kritischen Punktes $u=\varphi=0$. Es ergibt sich

$$H(\varphi, u)=\sin\alpha-c\cos\varphi=\sin\alpha\,(1-\cos\varphi)+u\cos\varphi\,,$$

$$F(\varphi, u)=\sin\alpha\,(\varphi-\sin\varphi)+u\sin\varphi=\frac{\sin\alpha}{6}\varphi^3+u\varphi+\ldots,$$

wobei F ein Potential mit $\frac{\partial F}{\partial\varphi}=H$ ist. Das ist aber die Entfaltung der Falt-Katastrophe. Es gibt für $u<0$ zwei φ-Werte mit $\frac{\partial F}{\partial\varphi}=H(\varphi, u)=0$. Aber nur für φ_0 erhält man ein Minimum, da $\frac{\partial^2F}{\partial\varphi^2}(\varphi_0,u)=\frac{\partial H}{\partial\varphi}(\varphi_0, u)>0$ gilt.

35.4. Weitere Anwendungen

35.4.1. Taylorreihen und Zellen

Thom betrachtet die Katastrophentheorie auch als eine Theorie der Analogien. Danach sind etwa zwei Katastrophenvorgänge analog, wenn sie durch die gleiche elementare Katastrophe beschrieben werden können. Diese Analogien gehen aber noch viel weiter und sind teilweise sehr formaler Natur, wie das folgende Beispiel zeigt (vgl. [42], S. 30/31). Es sei $f(x, y)\in C^\infty(R_2, R_1)$ mit $f(0, 0)=0$ und der formalen Taylorreihenentwicklung

$$f(x, y)\sim\sum_{k,l=0}^{\infty}a_{k,l}x^ky^l,\quad a_{0,0}=0\,.$$

Bezüglich der topologischen Natur (Normalformen, die durch lokale Diffeomorphismen erreicht werden können) von $f(x, y)\in m(2)$ kann man folgendes sagen: Ist $|a_{1,0}|+|a_{0,1}|>0$, so ist die topologische Struktur von $f(x, y)$ nach Bemerkung 34.3.2/4 durch $a_{1,0}x+a_{0,1}y$ festgelegt. Die Normalform ist $f(x, y)=x$. Für $a_{1,0}=a_{0,1}=0$ ist die topologische Struktur vorerst unbekannt. Ist

$$a_{2,0}a_{0,2}-a_{1,1}^2\neq 0\,,$$

so ist $f(x, y)$ (lokal) eine Morse-Funktion im Sinne von Def. 34.3.2. Die topologische Struktur ist dann durch $a_{2,0}x^2+2a_{1,1}xy+a_{0,2}y^2$ bestimmt, nach Bemerkung 34.3.2/4 sind $f(x, y)=\pm x^2\pm y^2$ die Normalformen. Ist dagegen $a_{2,0}a_{0,2}-a_1^2=0$, so ist die topologische Struktur vorerst unklar, und man muß weitere Untersuchungen anstellen. Man erhält folgendes Bild: Die topologische Struktur der Taylorreihen mit $|a_{1,0}|+|a_{0,1}|>0$ ist bereits durch die linearen Terme bestimmt, höhere Terme haben keinen Einfluß. Auf der nächsten Entwicklungsstufe wird die topologische Struktur der Taylorreihen mit $a_{1,0}=a_{0,1}=0$ und $a_{2,0}a_{0,2}-a_{1,1}^2\neq 0$ bestimmt usw. Die Analogie zur Zellentwicklung ist wie folgt: Auf einer ersten Entwicklungsstufe wird die Funktion gewisser Zellen fixiert, wobei spätere biochemische Störungen die Funktion dieser Zellen nicht mehr beeinträchtigen können. Andere Zellen, die für höhere Aufgaben bestimmt sind, sind nocht nicht in ihrer Funktion festgelegt. Auf einer zweiten Stufe (dem entsprechen etwa die Morse-Funktionen in den obigen Betrachtungen) werden weitere Zellen in ihrer Funktion fixiert und immun gegen spätere biochemische Störungen. Andere Zellen, die für noch höhere Aufgaben bestimmt sind, sind noch nicht in ihrer Funktion fixiert usw. Die Analogie ist klar, wenn auch sehr formal.

35.4.2. Anwendungen in der Biologie

Es ist die Idee von Thom, aus der Geometrie eines Katastrophenvorganges Rückschlüsse auf die Dynamik des Prozesses zu ziehen (Erraten der topologischen Form des Potentials). Insbesondere wendet er dies auf biologische Vorgänge an. Isolierte elementare Katastrophen reichen für ein solches Programm nicht aus. Es werden Zusammenstöße elementarer Katastrophen, Häufungspunkte elementarer Katastrophen, elementare Katastrophen längs Linien und Flächen usw. betrachtet. Das führt zu sehr spekulativen Untersuchungen in der Entwicklungsbiologie: Spezialisierung von Zellen, Herausbildung von Knochen usw. Wir geben ohne Details zwei Beispiele an, die man in [42], S. 169–171 und S. 187–189, findet.

Gastrulation von Amphibien: Die Zellen der Keimblase von Amphibien (Lurchen) strömen an einer bestimmten Stelle in das Innere der Keimblase ein. Es entsteht eine Einstülpung, der Urmund. Nach Thom kann die Geometrie dieses Prozesses durch die Schwalbenschwanz-Katastrophe beschrieben werden.

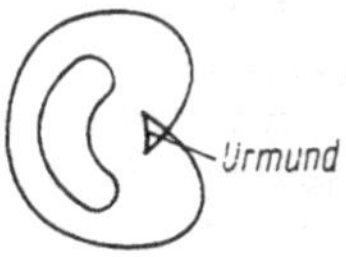

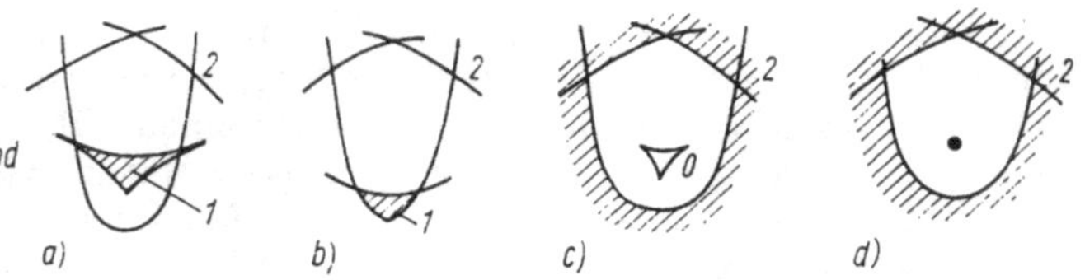

Phagozyten: Phagozyten nehmen besonders leicht Fremdkörper auf. Die Geometrie dieses Vorganges läßt sich durch die Pilz-Katastrophe beschreiben. Die Pilz-Katastrophe (siehe 35.2.2.) erlaubt den strukturell stabilen Übergang von der Wellenkamm-Katastrophe (hyperbolischer Nabelpunkt) zur Haar-Katastrophe (elliptischer Nabelpunkt). Nach Thom [42], S. 187: Wir betrachten eine Situation, die durch generische Deformation der Haar-Katastrophe entsteht (a). Nähert sich das Opfer, so verwandelt sich dieser elliptische Zustand (in Spannung) in einen hyperbolischen (b). Regime 1 wird durch das einfachere, entspanntere Regime 2 abgelöst. Die äußeren Lippen von 1 bewegen sich nach außen und vereinigen sich, um ein Stück der äußeren Umgebung zu fangen. Das Opfer O wird in eine Höhle eingeschlossen und verdaut (c). Schließlich wird der elliptische Zustand (d) angenomme·

Bemerkung. Diese Beispiele sind sehr flüchtig und unvollständig. Aber sie zeigen eines de wesentlichsten Anliegen dieser Betrachtungsweise: die Topologie von Katastrophenvorgängen in der Biologie auf einige wenige Grundtypen (etwa im Sinne der Thomschen Liste) zu reduzieren.

35.4.3. Hunde und Mathematiker

Der vorangegangene Punkt gibt einen (wenn auch nur sehr groben, unvollständigen und oberflächlichen) Eindruck vom Anliegen R. Thoms. Die Anwendungen von E. C. Zeeman sind häufig viel konkreter und auf die Geometrisierung isolierter Sachverhalte gerichtet, die von wenigen (mitunter nur qualitativ erfaßbaren) Parametern abhängen. Wir geben zwei Beispiele an: Ein (tierisch) ernst gemeintes und ein (menschlich) nicht ganz so ernst gemeintes.

Aggressionsverhalten von Hunden: Als Modellfläche dient die Spitzen-Katastrophe Furcht und Wut sind die stetigen Kontrollparameter. Das Verhalten des Hundes

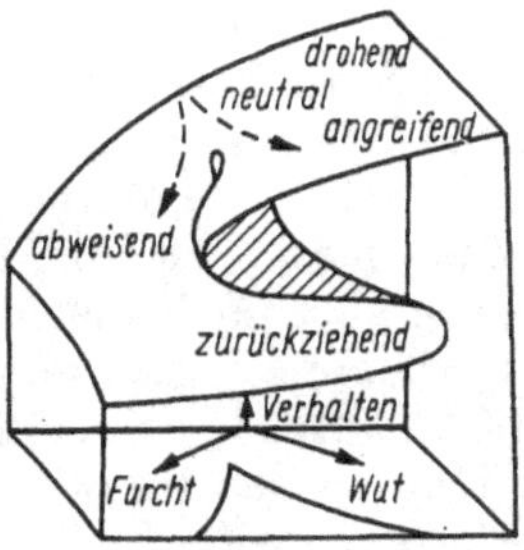

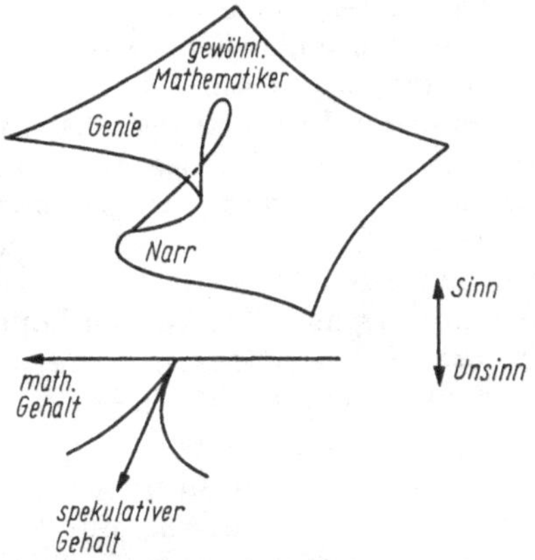

ist der eventuell unstetige Phasenparameter. Das Bild des Zeemanschen Hundemodells wurde [13] entnommen.

Mathematiker: Zu diesem Hundemodell gibt es ein (nicht ganz ernst gemeintes) Analogon bezüglich der Fähigkeiten eines Mathematikers, das ebenfalls von E. C. Zeeman stammt [49]. Das Modell basiert ebenfalls auf der Spitzen-Katastrophe. Die Kontrollparameter sind der mathematische und der spekulative Gehalt (etwa einer Publikation). Der (sich eventuell unstetig ändernde) Phasenparameter klärt die Frage, ob es sich um einen gewöhnlichen Mathematiker, ein Genie oder einen Narren handelt. Gewöhnliche Mathematiker spekulieren nicht, aber ein spekulierender Mathematiker kann sich rasch von einem Genie in einen Narren verwandeln. E. C. Zeeman schreibt: „Thom gehört nicht zu den gewöhnlichen Mathematikern, wie seine energischen spekulativen Ausflüge zeigen. Wie dicht er auch immer an die Kante segelt, irgendwie schafft er es stets, auf der oberen Fläche zu bleiben".

Anhang: Über das Verhältnis von Geometrie und Realität im Wandel der Zeiten[1]

1. Die Emanzipation der Mathematik

Die Geschichte der modernen Mathematik beginnt mit *Pythagoras* (um 540 v. u. Z.). Bis zu diesem Zeitpunkt war Mathematik, insbesondere aber Geometrie, eine Art Naturwissenschaft. Es gab empirisch gefundene „Gesetze", die jederzeit experi-

[1]) Vortrag im Rahmen der Vorlesung „Geschichte der Mathematik" anläßlich des 100. Geburtstages von A. Einstein am 14. 3. 1979.

mentell nachprüfbar waren, etwa geometrische Sätze im rechtwinkligen Dreieck usw. Erst Pythagoras stellte klar heraus, daß mathematische Sätze auf Annahmen (Axiomen) beruhen, und daß sie durch rein logische Schlüsse aus diesen Annahmen hergeleitet werden müssen. Er führte den abstrakten Beweis in die Mathematik ein: Eine der größten Leistungen in der Geschichte der Mathematik, die aber heute fast eine Selbstverständlichkeit geworden ist. Pythagoras ist aber noch aus einem zweiten Grund zu erwähnen. Er und seine Schüler (die Pythagoreer) glaubten, daß das Universum durch die ganzen Zahlen 1, 2, 3, . . . „regiert" wird. Durch einfache (von den Pythagoreern zugelassene) Prozeduren kommt man zu den negativen ganzen Zahlen und von dort zu den rationalen Zahlen. Die zweite große Entdeckung der Pythagoreer war zugleich das Ende dieses Traums. Sie lautet in unserer heutigen Sprache: $\sqrt{2}$ ist irrational. Dieser Satz ist für das Verständnis, was moderne Mathematik ist, fundamental. Denn bis zu diesem Zeitpunkt waren alle geometrischen Sätze (ganz gleich ob sie nun empirisch gefunden oder im Sinne von Pythagoras logisch abgeleitet waren) experimentell nachprüfbar (wie naturwissenschaftliche Gesetze). Ob eine gegebene Strecke das rationale oder das irrationale Vielfache einer anderen gegebenen Strecke ist, ist nicht experimentell entscheidbar. Das heißt, daß der obige Sachverhalt ($\sqrt{2}$ ist irrational) ein innermathematischer Satz ohne Bezug zur Realität ist (sofern man Realität mit dem Attribut der experimentellen Überprüfbarkeit versieht). Die Mathematik hatte sich emanzipiert: Abstrakte Beweise und die Existenz innermathematischer Sätze gaben ihr jenes Gepräge, das sie bis zum heutigen Tage aus der großen Familie aller Wissenschaften in einzigartiger Weise heraushebt.

2. Die Elemente des Euklid

Die Elemente des Euklid stammen etwa aus dem Jahre 325 v. u. Z. und stellen den Versuch dar, die Geometrie der Ebene (soweit sie Punkte, Geraden und Kreise betrifft) axiomatisch zu fassen. Im Sinne von Pythagoras werden einige wenige Annahmen (Axiome) an die Spitze gestellt und alle anderen Sätze aus ihnen durch rein logische Schlüsse hergeleitet. (Daß nach unserer heutigen Auffassung dieser Versuch Lücken aufweist, ändert nichts an seiner überragenden Bedeutung.) Im wesentlichen handelt es sich hierbei um Sätze über Geraden, Dreiecke und Kreise in der Ebene, die eine anschauliche unmittelbare geometrische Bedeutung haben. Die empirische Abstammung (zumindest der überwiegenden Mehrzahl) der geometrischen Sätze wird nicht geleugnet. Es geht vielmehr darum, das Arsenal vorhandener Sätze der Geometrie der Ebene systematisch zu ordnen und auf einige wenige Axiome zu reduzieren. Geometrie wird hier idealisierte und mathematisierte Realität.

3. Die analytische Geometrie

Am 8. Juni 1637 erschien jenes Werk von *Descartes*, das den Grundstein zur analytischen Geometrie legte. Die Ebene, der dreidimensionale euklidische Raum (und seine n-dimensionale Verallgemeinerung) werden mit kartesischen Koordinaten versehen (heute ebenfalls eine Selbstverständlichkeit). Die anschaulichen synthetisch-konstruktiven Methoden der Griechen werden durch analytische Methoden ersetzt oder doch wenigstens entscheidend ergänzt. Geometrische Gebilde konnten analytisch beschrieben werden, geometrische Fragen konnten auf analytisch-algebraische Fragen reduziert werden.

4. Die Newtonsche Mechanik

Zusammen mit *Archimedes* und *Gauß* wird *Newton* zu den größten Mathematikern gezählt, die bisher gelebt haben. Sein Hauptwerk „*Philosophiae Naturalis Principia Mathematica*“ erschien 1687 und zählt zu den bedeutendsten Büchern, die je geschrieben wurden. Es enthält u. a. die Grundzüge der klassischen Punktmechanik, insbesondere eine analytische Beschreibung der Planetenbewegung. Der dreidimensionale euklidische Raum und eine „*gleichmäßig dahinfließende*“ Zeit gelten als gegeben. Sie sind gewissermaßen göttliche Einrichtungen, die es dem Menschen ermöglichen, sich mit Physik zu beschäftigen. Ausgerüstet mit der analytischen Geometrie entwickelte Newton die Mechanik aus wenigen Grundprinzipien. Der Eindruck auf seine Zeitgenossen und unmittelbaren Nachfolger muß ungeheuer gewesen sein. Und auch heute noch ist es wohl ein guter Test für einen jungen Mathematik- oder Physikstudenten, ob er sich von dem in sich geschlossenen, großartigen Gebäude der klassischen Punktmechanik begeistern läßt oder nicht (ohne Begeisterung geht es nämlich nicht in der Mathematik). 1942, zum 300. Geburtstag Newtons, widmete *Einstein* seinem großen Vorgänger folgendes Gedicht:

„*Seht die Sterne, die da lehren,*
wie man soll den Meister ehren.
Jeder folgt nach Newton's Plan
ewig schweigend seiner Bahn.“

Die Realität des dreidimensionalen euklidischen Raumes als Hülle, in der die Physik passierte, war bald unumstritten. (Bedenken von Leibniz waren bald vergessen. Es gab eigentlich auch keinen Grund für Zweifel, denn diese hätten sich, zumindest vom naturwissenschaftlichen Standpunkt aus gesehen, auf experimentell überprüfbare Fakten stützen müssen. Und diese gab es damals nicht.) Geometrie, insbesondere analytische Geometrie, war das Instrumentarium, diese Realität mathematisch zu beschreiben.

5. Das Parallelenaxiom und seine Folgen

Wie in Punkt 2 gesagt wurde, hat Euklid die Geometrie der Ebene axiomatisiert. Seine Axiome sind durchweg ganz einfach, mit Ausnahme des Parallelenaxioms. Es lautet wie folgt: *Ist g eine* (nach beiden Seiten unendlich ausgedehnte) *Gerade und*

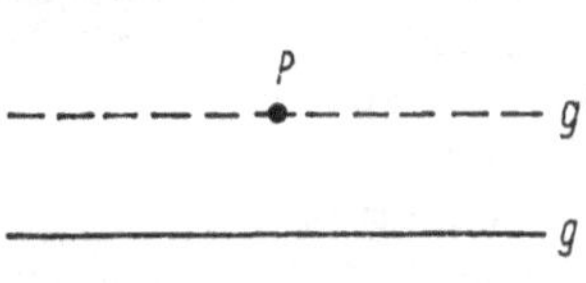

ist P ein Punkt, der nicht auf g liegt, so gibt es genau eine (nach beiden Seiten unendlich ausgedehnte) *Gerade g', die durch P geht und g nicht schneidet.* Eine solche Gerade heißt Parallele. Man bemühte sich 2000 Jahre, dieses komplizierte Axiom aus den anderen einfacheren Axiomen des Systems von Euklid herzuleiten. Ohne Erfolg. Die Situation um 1800 war etwa folgende: Newton hatte sich bezüglich Raum und Zeit sehr vorsichtig ausgedrückt. Von seinen Nachfolgern wurde aber der dreidimensionale euklidische Raum zum Dogma erhoben. In ihm und nur in ihm konnten Naturvorgänge ablaufen. Von philosophischer Seite erklärte Kant den dreidimensionalen euklidischen Raum als denknotwendig. In dieser Situation erscheinen die beiden Alternativen zum obigen Parallelenaxiom, nämlich

1. *Es gibt keine Parallele g'*

und

2. *Es gibt mehr als eine Parallele g'*,

als Ketzerei. *Gauß* beschäftigte sich intensiv mit dem Parallelenaxiom und kam (wie wir heute wissen) etwa um 1816 zu der Vorstellung, daß auch andere Geometrien als die euklidische denkmöglich sind. Genauer gesagt: Ersetzt man im System von Euklid das Parallelenaxiom durch eine der beiden angedeuteten Alternativen, so erhält man eine in sich widerspruchsfreie mathematische Theorie, eine nicht-euklidische Geometrie. Gauß publizierte nichts, um sich Anfeindungen zu ersparen. So wurde unabhängig von ihm (und zeitlich etwas später) die Möglichkeit nichteuklidischer Geometrien von *J. Bolyai* und *Lobatschewski* entdeckt. Die erste Publikation zu diesem Thema stammt von Lobatschewski aus dem Jahre 1829/30 im *Kasaner Boten*. Nachdem der Bann gebrochen war, entwickelten sich in der zweiten Hälfte des letzten Jahrhunderts zahlreiche Geometrien, die nach rein innermathematischen Gesichtspunkten aufgebaut waren. Geometrie spiegelte nicht mehr Realität wider, die Geometrie hatte sich emanzipiert und von der Physik gelöst. Sie war eine innermathematische Teildisziplin geworden (was physikalische Anwendungen ja nicht ausschließt). Andererseits ist es äußerst bemerkenswert, daß Gauß Geraden mit Lichtstrahlen identifizierte und sich fragte, ob die Realität tatsächlich durch die euklidische Geometrie beschrieben wird. Erst Einstein hat hier wieder angeknüpft.

6. Differentialgeometrien

Von besonderem Interesse für die weiteren Betrachtungen sind Differentialgeometrien. Betrachtet man eine zweidimensionale Fläche im dreidimensionalen euklidischen Raum, z. B. die Oberfläche einer Kugel, so kann man sich nach den inneren geometrischen Verhältnissen dieser Fläche erkundigen. Diese fallen im allgemeinen anders aus, als man es von der zweidimensionalen Ebene gewöhnt ist. Die Welt hypothetisch angenommener zweidimensionaler Lebewesen auf der Oberfläche einer Kugel ist verschieden von der euklidischen Welt entsprechender zweidimensionaler Lebewesen in der Ebene. Diese zweidimensionalen Lebewesen müssen ihre Geometrie aufbauen, indem sie von ihren (zweidimensionalen) Erfahrungen ausgehen. Wir, die wir mit einer dritten Dimension begabt sind, schauen von „oben" auf diese zweidimensionalen Welten. Wir sind die Götter dieser Wesen. Unser Wissen, daß diese zweidimensionale Welt eine Fläche im dreidimensionalen euklidischen Raum ist, nützt diesen Wesen nichts, da sie keinen Sinn für eine dritte Dimension haben. Die Idee „innerer Geometrien" geht auf Gauß zurück. Er hat im wesentlichen den anschaulichen (oder, wenn man möchte, realen) Fall zweidimensionaler Flächen im dreidimensionalen euklidischen Raum behandelt. Hierbei spielen lokale differentielle Eigenschaften von Funktionen eine entscheidende Rolle, daher auch die Bezeichnung Differentialgeometrie. Entscheidende Verallgemeinerungen stammen von *Riemann*, einem Schüler von Gauß. Es wurden Differentialgeometrien in beliebigen n-dimensionalen Räumen untersucht. Die Fragestellungen (und, wie man vermuten wird, auch die Antworten) waren rein innermathematisch. Geometrie und Realität (in Form der Physik) hatten sich endgültig getrennt und gingen ihre eigenen Wege. So sah es jedenfalls am Ende des letzten Jahrhunderts aus.

7. Wie den Göttern die Zeit gestohlen wurde

Um das Jahr 1900 herum vertraten führende Physiker die Meinung, daß ihre Disziplin kurz vor ihrer Vollendung steht (was die theoretischen Grundlagen betrifft). Die wenigen noch offenen Probleme hoffte man im Rahmen der vorhandenen Theorien lösen zu können. Die Mathematik, die diesen Theorien zugrunde lag, war relativ einfach (gemessen am damaligen Stand der Mathematik oder verglichen mit dem heutigen mathematischen Instrumentarium der theoretischen Physik) und hatte wenig mit dem zu tun, was die Mehrzahl der Mathematiker jener Zeit bewegte. Eines der noch offenen Probleme der Physik ergab sich aus den unterschiedlichen Raum-Zeit-Strukturen der Newtonschen Mechanik und der Maxwellschen Elektrodynamik. Die Newtonsche Auffassung von Raum und Zeit (die sich ja im Laufe von Jahrhunderten in so glänzender Weise bewährt hatte) galt als unantastbar. Sie führte jetzt aber zu Schwierigkeiten. Im Jahre 1905 ersetzte *Einstein* die Newtonsche Auffassung von Raum und Zeit durch ein neues Konzept, das zur speziellen Relativitätstheorie führte. Der Bann war gebrochen, und eine neue Auffassung von Raum und Zeit setzte sich durch. Bei Newton war die Zeit gegeben, sie wurde durch nichts beeinflußt. Einstein degradierte die Zeit. Sie war nicht mehr a-priori vorhanden, sondern wurde etwa durch einen periodischen Naturvorgang, also durch eine physikalische Prozedur, festgelegt. Zwei Beobachter vereinbaren lediglich, daß sie ihre „*Eigenzeit*" nach der gleichen physikalischen Prozedur ermitteln. Anschließend können sie sich dann über ihre Eigenzeiten unterhalten und diese experimentell vergleichen. Hierbei spielen dann die Aufenthaltsorte dieser beiden Beobachter und ihre Relativgeschwindigkeit eine entscheidende Rolle. Rechnen diese zwei Beobachter ihre Raum- und Zeitkoordinaten ineinander um, so vermischen sich Raum und Zeit (Lorentz-Transformationen). Das hat Minkowski 1909 zu folgendem Satz veranlaßt:

> „*Von Stund an sollen Raum für sich und Zeit für sich zu Schatten herabsinken, und nur noch eine Art Union der beiden soll Selbständigkeit bewahren.*" [1])

Die Zeit wurde gewissermaßen den Göttern gestohlen und den Physikern übereignet. Als Trost dürfen die Götter noch bis 1915 den dreidimensionalen euklidischen Raum behalten. Mit anderen Worten: Physik spielt sich auch in der speziellen Relativitätstheorie im dreidimensionalen euklidischen Raum ab, der von physikalischen Vorgängen unbeeinflußt ist. Die Formeln der speziellen Relativitätstheorie sind relativ einfach. Es sind die Interpretationen dieser Formeln, die (zusammen mit der Quantenhypothese) eine neue Ära der Physik einläuteten.

8. Die allgemeine Relativitätstheorie

Im Jahre 1915 wird eine der glanzvollsten und geistreichsten Theorien vollendet die sich menschlicher Geist je erdacht hat: Die allgemeine Relativitätstheorie von *Einstein*. Sie ist eine in sich geschlossene, komplizierte, hoch elegante mathematisch-physikalische Theorie. Ihre Sprache ist die der Riemannschen Geometrie (in einem verallgemeinerten Sinne), von der man doch einst glaubte, daß sie nichts mit

---

[1]) Wilhelm Busch hat sich in „Tobias Knopp" (ohne es zu wissen) wie folgt zum Thema Eigenzeit geäußert:

„Einszweidrei, im Sauseschritt
Läuft die Zeit; wir laufen mit."

(Seriöse Leser bitte ich um Entschuldigung.)

Realität zu tun hätte! In dieser Theorie muß schließlich auch die Newtonsche Vorstellung vom ewig real existierenden dreidimensionalen euklidischen Raum weichen (Die Götter sind nun arbeitslos). Die Struktur des Raumes wird durch physikalische Vorgänge beeinflußt, z. B. durch schwere Massen. Betrachtet man etwa die hypothetischen zweidimensionalen Lebewesen aus Abschnitt 6, so kann man sich vorstellen, daß es viele derartige zweidimensionale Welten mit unterschiedlichen Geometrien gibt. Eine allgemeine Relativitätstheorie für diese zweidimensionalen Wesen würde etwa folgende Aussage machen: Die Fläche, in der diese zweidimensionalen Wesen leben, ist nicht für immer und ewig vorgegeben, sondern ändert sich im Laufe der Zeit und wird von (zweidimensionalen) physikalischen Vorgängen (schwere Massen, elektromagnetische Wellen) beeinflußt. Unsere reale Welt ist dreidimensional. Da auch in der allgemeinen Relativitätstheorie Raum und Zeit gekoppelt sind, muß man die Zeit als vierte Dimension hinzunehmen. Physikalisches Geschehen spielt sich somit in einer vierdimensionalen Raum-Zeit ab, deren Struktur durch eine (verallgemeinerte) Riemannsche Geometrie bestimmt wird, die ihrerseits von physikalischen Vorgängen beeinflußt wird.

9. Ausblick

Geometrie als Sprache der Physik hat sich als überaus fruchtbar erwiesen. Gerade in unseren Tagen erlebt die Geometrisierung physikalischer Vorgänge einen neuen Höhepunkt. Wie nicht anders zu erwarten, ist dies wieder mit einer Verkomplizierung des verwendeten mathematischen Instrumentariums verbunden. Eine der neuesten Entwicklungen ist die Katastrophentheorie des französischen Mathematikers *R. Thom.* Sein Buch „*Stabilité structurelle et morphogénèse*“ (1972) hat großes Aufsehen erregt. Wiederum spielen geometrische Theorien eine entscheidende Rolle. Von Thom stammt der Satz:

> „*Geometrie ist Magie, die funktioniert ... Ist nicht alle*
> *Magie in dem Maße, wie sie erfolgreich ist, Geometrie?*“

Ist das die Zahlenmystik der Pythagoreer im geometrischen Gewand? Könnte dieser Satz nicht auch von Einstein stammen?

10. Schlußbemerkung

> *Prometheus stahl den Göttern das Feuer*
> *und lehrte, wie es zu nutzen sei.*
> *Einstein stahl den Göttern die Raum-Zeit*
> *und lehrte, wie sie zu nutzen sei.*

Literatur

[1] *Achieser, N. I.; Glasmann, I. M.:* Theorie der linearen Operatoren im Hilbert-Raum. (Übersetzung a. d. Russ.) 5. Aufl. Berlin: Akademie-Verlag 1968.

[2] *Anderson, J. L.:* Principles of Relativity Physics. New York, London: Academic Press 1967.

[3] *Behnke, H.; Sommer, F.:* Theorie der analytischen Funktionen einer komplexen Veränderlichen. Berlin, Göttingen, Heidelberg: Springer-Verlag 1962.

[4] *Bröcker, T.; Lander, L.:* Differentiable Germs and Catastrophes. London Math. Soc. Lect. Notes Ser. 17, Cambridge Univ. Press 1975.

[5] *Chillingworth, D. R. J.:* Differential Topology with a View to Applications. London, San Francisco, Melbourne: Pitman Publ. 1977.

[6] *Dunford, N.; Schwartz, J. T.:* Linear Operators, I, II. New York: Interscience Publ. 1958, 1963 (Russische Übersetzung: Mir, Moskva 1962, 1966).

[7] *Duschek, A.:* Vorlesungen über höhere Mathematik, I. II. Wien: Springer-Verlag 1960, 1963.

[8] *Fichtenholz, G. M.:* Differential- und Integralrechnung, I–III. (Übers. a. d. Russ.) 9., 6., 8. Aufl. Berlin: VEB Deutscher Verlag der Wissenschaften 1975–1977.

[9] *Friedlander, F. G.:* The Wave Equation on a Curved Space-Time. Cambridge, London, New York, Melbourne: Cambridge Univ. Press 1975.

[10] *Friedman, A.:* Partial Differential Equations of Parabolic Type. Englewood Cliffs: Prentice-Hall 1964.

[11] *Gelfand, I. M.; Schilow, G. E.:* Verallgemeinerte Funktionen, I, II. (Übers. a. d. Russ.) 2. Aufl. Berlin: VEB Deutscher Verlag der Wissenschaften 1967, 1969.

[12] *Golden, F.:* Quasars, Pulsars, and Black Holes. Pocket Books. New York: Gulf and Western Corporation 1977.

[13] *Guckenheimer, J.:* The Catastrophe controversy. The Mathematical Intelligencer 1, **1** (1978), 15–20.

[14] *Günther, P.; Beyer, K.; Gottwald, S.; Wünsch, V.:* Grundkurs Analysis, I–IV. Leipzig: BSB B. G. Teubner Verlagsgesellschaft 1972–1974.

[15] *Halmos, P. R.:* Measure Theory. New York, Cincinnati, Toronto, London, Melbourne: Van Nostrand Reinhold Comp. 1973.

[16] *Hawking, S. W.; Ellis, G. F. R.:* The Large Scale Structure of Space-Time. Cambridge: Cambridge Univ. Press 1973.

[17] *Hellwig, G.:* Partial Differential Equations, 2nd ed. Stuttgart: B. G. Teubner 1977.

[18] *Herlt, E.; Salié, N.:* Spezielle Relativitätstheorie. Berlin: Akademie-Verlag 1978.

[19] *Hirsch, M. W.; Smale, S.:* Differential Equations, Dynamical Systems, and Linear Algebra. New York: Academic Press 1974.

[20] *Hund, F.:* Einführung in die theoretische Physik. I. Mechanik. Leipzig: Bibliographisches Institut 1945.

[21] *Kamke, E.:* Differentialgleichungen, Teil I. 6. Aufl. Leipzig: Akademische Verlagsgesellschaft Geest & Portig 1969.

[22] *Kolmogorov, A. N.; Fomin, S. V.:* Reelle Funktionen und Funktionalanalysis. (Übers. a. d. Russ.) Berlin: VEB Deutscher Verlag der Wissenschaften 1975.

[23] *Kufner, A.; Kadlec, J.:* Fourier Series. Prague: Academia 1971.

[24] *Landau, L. D.; Lifschitz, E. M.:* Theoretische Physik kurzgefaßt. I, II. (Übers. a. d. Russ.) Berlin: Akademie-Verlag 1973, 1975.

[25] *Leopold, H.-G.:* Die Cauchyaufgabe für die Maxwellschen Gleichungen in Distributionen. Math. Nachrichten **78** (1977), 231–247.

[26] *Ljusternik, L. A.; Sobolev, W. I.:* Elemente der Funktionalanalysis. (Übers. a. d. Russ.) 4. Aufl. Berlin: Akademie-Verlag 1968.
[27] *Lu, Y.-C.:* Singularity Theory and an Introduction to Catastrophe Theory. New York, Heidelberg, Berlin: Springer-Verlag 1976.
[28] *v. Mangoldt, H.; Knopp, K.:* Einführung in die höhere Mathematik, I–III. 16. bzw. 15. Aufl. Leipzig: S. Hirzel Verlag 1979, 1978, 1981.
[29] *Маркушевич, А.И.:* Теория аналитических функции, II. Москва: Изд. Наука 1967.
[30] *Misner, C. W.; Thorne, K. S.; Wheeler, J. A.:* Gravitation. San Francisco: W. H. Freeman and Comp. 1973.
[31] *Petrowski, I. G.:* Vorlesungen über die Theorie der gewöhnlichen Differentialgleichungen. (Übers. a. d. Russ.) Leipzig: B. G. Teubner Verlagsgesellschaft 1954.
[32] *Petrowski, I. G.:* Vorlesungen über partielle Differentialgleichungen. (Übers. a. d. Russ.) Leipzig: B. G. Teubner Verlagsgesellschaft 1955.
[33] *Poston, T.:* Various catastrophe machines. In „Structural Stability, the Theory of Catastrophes, and Applications in Sciences". Lecture Notes in Math. 525. New York, Heidelberg, Berlin: Springer-Verlag 1976.
[34] *Priwalow, I. I.:* Einführung in die Funktionentheorie. I–III. (Übers. a. d. Russ.) Leipzig: B. G. Teubner Verlagsgesellschaft 1958/59.
[35] *Riesz, F.; Sz.-Nagy, B.:* Vorlesungen über Funktionalanalysis. (Übers. a. d. Franz.) 2. Aufl. Berlin: VEB Deutscher Verlag der Wissenschaften 1968.
[36] *Sciama, D. W.:* Modern Cosmology. Cambridge: Cambridge Univ. Press 1973.
[37] Science & The Universe. The Mitchell Beazley Joy of Knowledge Library. London 1977.
[38] *Smirnow, W. I.:* Lehrgang der höheren Mathematik. I–IV. (Übers. a. d. Russ.) 12., 13., 8., 6., 11. Aufl. Berlin: VEB Deutscher Verlag der Wissenschaften 1973–1977.
[39] *Stephani, H.:* Allgemeine Relativitätstheorie. Berlin: VEB Deutscher Verlag der Wissenschaften 1977.
[40] *Sulanke, R.; Wintgen, P.:* Differentialgeometrie und Faserbündel. Berlin: VEB Deutscher Verlag der Wissenschaften 1972.
[41] *Thirring, W.:* Lehrbuch der mathematischen Physik. II. Wien, New York: Springer-Verlag 1978.
[42] *Thom, R.:* Structural Stability and Morphogenesis. London, Amsterdam, Don Mills, Sydney, Tokyo: Benjamin 1976.
[43] *Triebel, H.:* Höhere Analysis. Berlin: VEB Deutscher Verlag der Wissenschaften 1972.
[44] *Verschuur, G. L.:* The Invisible Universe. New York, Heidelberg, Berlin: Springer-Verlag 1974.
[45] *Wassermann, G.:* Stability of Unfolding. Lecture Notes in Math. 393. New York, Heidelberg, Berlin: Springer-Verlag 1974.
[46] *Weidmann, J.:* Lineare Operatoren in Hilberträumen. Stuttgart: B. G. Teubner 1976.
[47] *Wladimirow, W. S.:* Gleichungen der mathematischen Physik. (Übers. a. d. Russ.) Berlin: VEB Deutscher Verlag der Wissenschaften 1972.
[48] *Zeeman, E. C.:* Breaking of waves. Symposium on Differential Equations and Dynamical Systems. Lecture Notes in Math. 206. New York, Heidelberg, Berlin: Springer-Verlag 1971, 2–6.
[49] *Zeeman, E. C.:* Catastrophe theory: a reply to Thom. Manifold 15, Univ. Warwick 1974.
[50] *Zeeman, E. C.:* Euler buckling. In „Structural Stability, the Theory of Catastrophes, and Applications in Sciences". Lecture Notes in Math. 525. New York, Heidelberg, Berlin: Springer-Verlag 1976.
[51] *Zeeman, E. C.; Trotman, D. J. A.:* The classification of elementary catastrophes of codimension $\leqq 5$. In „Structural Stability, the Theory of Catastrophes, and Applications in Sciences". Lecture Notes in Math. 525. New York, Heidelberg, Berlin: Springer-Verlag 1976, 263–327.
[52] *Zygmund, A.:* Trigonometric Series. I, II. Cambridge: Cambridge Univ. Press 1977.
[53] *Abraham, R.; Marsden, J. E.:* Foundations of Mechanics. London, Amsterdam, Don Mills, Sydney, Tokyo: Benjamin 1978.
[54] *Choquet-Bruhat, Y.; DeWitt-Morette, C.; Dillard-Bleick, M.:* Analysis, Manifolds and Physics. Amsterdam, New York, Oxford: North-Holland Publ. Company 1977.
[55] *Dixon, W. G.:* Special Relativity. Cambridge: Cambridge Univ. Press 1978.

[56] *Hoyle, F.; Wickramasinghe, N. C.:* Life Cloud. London: Sphere Books Ltd. 1979.
[57] *Kramer, D.; Stephani, H.; MacCallum, M.; Herlt, E.:* Exact Solutions of Einstein's Field Equations. Berlin: VEB Deutscher Verlag der Wissenschaften 1980.
[58] *Moore, P.:* The Story of Astronomy. 5. Edition. London: MacDonald and Jane's Publ. Ltd. 1977.
[59] *Murdin, P.; Allen, D.:* Catalogue of the Universe. Cambridge, London, Melbourne: Cambridge Univ. Press 1979.
[60] *Poston, T.; Stewart, I.:* Catastrophe Theory and its Applications. London, San Francisco, Melbourne: Pitman Publ. Ltd. 1978.
[61] *Sachs, R. K.; Wu, H.:* General Relativity for Mathematicians. New York, Heidelberg, Berlin: Springer Verlag 1977.
[62] *Schmutzer, E.:* Relativistische Physik. Leipzig: B. G. Teubner Verlagsgesellschaft 1968.
[63] *Silk, J.:* The Big Bang. San Francisco: W. H. Freeman and Comp. 1980.
[64] *Sullivan, W.:* Black Holes. New York: Warner Book 1980.
[65] *Weinberg, S.:* The First Three Minutes. New York: Bantam Books 1979.
[66] *Woodcock, A.; Davis, M.:* Catastrophe Theory. Harmondsworth: Penguin Books Ltd. 1980.
[67] *Zeeman, E. C.:* Catastrophe Theory (Selected Papers). London: Addison-Wesley Publ. Comp. 1977.
[68] Encyclopedia of Astronomy and Space (Editor I. Ridpath). London: Macmillan Ltd. 1976.
[69] General Relativity. An Einstein Centenary Survey (Editors: S. W. Hawking and W. Israel). Cambridge, New York: Cambridge Univ. Press 1979.

Literaturhinweise

Kap. 1–9: [7, 8, 14, 28, 38]
Kap. 10 (auch 4): [14 IV, 21, 31]
Kap. 11, 12: [20, 24]
Kap. 13, 14: [15, 22]
Kap. 15: [3, 14 IV, 34]
Kap. 16: [29, 34 II]
Kap. 17: [34 I, 43]
Kap. 18: [23, 52]
Kap. 19: [17, 32]
Kap. 20, 21, 26 (auch 6 und 17.3): [1, 6, 26, 35, 43, 46]
Kap. 22, 23: [11, 43, 47]
Kap. 24, 25: [2, 18, 24 I, 55]
Kap. 27, 28: [43]
Kap. 29: [2, 39, 53, 54]
Kap. 30, 31: [2, 16, 30, 39, 57, 61, 62, 69]
Kap. 32: [9, 53, 54]
Kap. 33: [9]
Kap. 34, 35: [4, 27, 42, 60, 66, 67]

Register

Abbildung, beschränkte 218
–, diffeomorphe 316
–, exzellente 404
–, gleichmäßig stetige 36
–, gute 404
–, homöomorphe 315
–, kompakte 218
–, konforme 164
–, kontrahierende 39
–, lineare 37, 218
–, meßbare 139
–, stetige 36, 218
Abbildungskeim 396
Ableitung, äußere 368
–, kovariante 375
–, partielle 73
Additionssatz 33
Affinität 320
–, symmetrische 321
Algebra 121
–, Fundamentalsatz der 59, 157
Anfangswertproblem 202, 209, 241, 242, 243, 272ff.
Arzelà-Ascoli, Satz von 216
Ätherhypothese 261
Atlas 315
Atome 297
–, chemisch verwandte 313
Aufbau-Prinzip 313
Auflösungssatz 80, 81
Auswahlregeln 305

Balmer-Serie 303
Banachraum 64
–, endlichdimensionaler 216
–, separabler 215
Banachräume, isomorphe 221
Banachscher Fixpunktsatz 39
Basistensoren 366
Basisvektoren 365, 366
Beltramischer Differentialoperator 289
Besselsche Ungleichung 189, 192
Bianchi-Identität 324, 329
Bildmaß 139
Bilinearform 222
Birkhoff, Theorem von 340
Bi-Tensor 391
Bohrscher Atomradius 303
Bohrsches Magneton 304
– Postulat 293
Borelmenge 122, 125
Brachistochrone 108

C^∞-Abbildung, stabile 399
Casorati-Weierstraß, Satz von 158
Cauchyfolge 29, 38, 132
Cauchyproblem 202, 209
Chandrasekhar-Limit 353
Christoffelsymbole erster bzw. zweiter Art 250
C^∞-Mannigfaltigkeit 316, 365
Cornusche Spirale 153

Darstellung, reduzierte 367
δ-Distribution 229, 373
Diffeomorphismus 398
Differential, totales 96
Differentialgleichung, exakte 95
–, Friedmannsche 360, 361, 362
–, gewöhnliche 49
–, homogene 94
–, lineare 96, 97
–, partielle 196
–, trennbare 93
Differentialgleichungen, Cauchy-Riemannsche 150
Differentialgleichungssysteme 50, 97, 99, 100
Differentiation, gliedweise 61
–, kovariante 321
Differenz 121
differenzierbar 40, 43, 76, 148
Dimension eines Hausdorffraumes 315
Dipolströmung 176
Distribution 228, 372
–, langsam wachsende 233
–, reguläre 229, 373
–, temperierte 233
–, Träger einer 230
Distributionen, Faltung von 236, 237
–, Tensorprodukt von 235
Divergenz 320
3 K-Hintergrundstrahlung 359, 363
Durchschnitt 121
dynamische Objekte 255

Eddington-Metrik 341, 352, 354
Eichbedingung 394
Eigenwert 224
Eigenzeit 272, 339
Einheitskugel 89
Einheitswurzel 58
Einschlußflächen 349
Einstein-Maxwell-Gleichungen 331
Einsteinsche Gleichungen 330, 331
– Konstante 337
– Summenkonvention 246
Einstein-Tensor 329
Elementarmaß 123, 126
ε-Netz 215
Energieerhaltungssatz 114, 115
Energie-Impuls-Tensor 331, 335, 337, 347
Entfaltung 406, 407
Ergosphäre 358
Erhaltungssatz 336
Erlanger Programm 183
Euler-Lagrangesche Gleichungen 254
Euler-Mascheronische Zahl 72
Eulersche Gleichungen 106, 113
Eulerscher Bogen 423
– Knickstab 424
Evolute einer ebenen Kurve 182
Extremale des freien Randwertproblems 105
– – gebundenen Randwertproblems 106
Extremum, relatives 82

Faltpunkt 404
Faserbündel 317
fast überall (f. ü.) 131, 132
Fatou, Satz von 139
Feldstärke, elektrische bzw. magnetische 258
Fernparallelismus 322
Fläche, charakteristische 326, 377
Flächenintegral 89
Flächensatz 117
Folge, konvergente 28, 38
–, Weylsche 278
Fortsetzungssatz 127
Fourierkoeffizient 188, 192
Fouriertransformation 232, 234
–, inverse 232
Fredholmscher Alternativsatz 226
Frenetsche Formeln 181
Friedmannsche Modelle 362
Fubini, Satz von 86, 142
Fundamentalfolge 29, 38, 132
Fundamentallösung 238, 383, 390
Fundamentalsystem 98, 101
Fundamentaltensor 246, 325
Funktion, analytische 63
–, charakteristische 132
Funktion, differenzierbare 43, 148
–, einfache 131
–, – integrierbare 134
–, finite 146
–, ganze 159
–, gleichmäßig stetige 34
–, Greensche 199, 200
–, harmonische 150, 199ff.
–, holomorphe 148
–, implizite 81
–, integrierbare 44, 85, 135
–, konkave 52
–, konvexe 52
–, meromorphe 159
–, meßbare 129
–, periodische 54
–, rationale 41, 159
–, reelle 33, 37
–, stetige 34, 148
–, Träger einer 316
–, trigonometrische 191ff., 285
Funktionaldeterminante 80
Funktionale, lineare 219
Funktionen, Hermitesche 286, 299
–, Laguerresche 288
–, Legendresche 287

Galilei-Transformation 261
Gebiet, einfach zusammenhängendes 152
–, säulenförmiges 91
Gebietstreue, Satz von der 161
generisch 401
Geodäte, affine 323
Geodäte, metrische, 249ff., 327
Γ-Funktion 73, 90
gleichgradig stetig 216
gleichmäßig konvergent 45
Greenscher Satz, erster bzw. zweiter 92
Grundlösung 199

Hahn-Banach, Satz von 219
Hamiltonfunktion 296
Hamiltonoperator 292, 296
Hamiltonprinzip 113
Häufungspunkt 23, 26, 27
Hauptkrümmung 381
Hauptquantenzahl 307
Hausdorffraum 314, 315
Heaviside-Funktion 230
Heisenbergsche Unschärferelation 295
Hertzsprung-Russel-Diagramm 355
Hilbertraum 187
Höldersche Ungleichung 65, 145
l'Hospitalsche Regel 43
Hubblesches Gesetz 359, 361
huygenssche Eigenschaft 207, 338, 385

huygenssche Konstruktion 378
Hydrodynamik, Grundgleichungen der 173ff.
hyperbolische Geometrie 183

Identitätssatz 156
I-Gebiet 83
Immersion 400
Indexziehen 326
Inertialsystem 256, 260
Infimum 28, 33
Integral, erstes 114
–, Fresnelsches 153
–, Riemannsches 44
–, uneigentliches Riemannsches 71, 90
Integralformel, Cauchysche 154
– von Gauß 91
Integralgleichungen, Fredholmsche 225ff.
Integraloperator 47, 225
Integralsatz, Cauchyscher 153
Integration, partielle 67
integrierbar 84
integrierender Faktor 96
irreduzibel 409

Jacobische Determinante 80

Karten, lokale 315
Katastrophe 382, 412
Katastrophen, elementare 413, 417ff.
Katastrophenmaschinen 425
Katenoid 109
Kausalgebiet 384
Kaustik 379, 380, 381
k-determiniert 397
Keilprodukt 367
Keim, endlich-determinierter 397
Keplersches Gesetz, drittes 117, 120
– –, erstes 117, 118
– –, zweites 117, 119
Kerr-Metrik 356
Kerr-Newman-Metrik 351
Kettenregel 41, 76
k-Form 367
Killing-Vektor 335
Koableitung 374, 375
Kodimension der Entfaltung 406
kompakt 215
Komplement 121
Konoid 325
Kontinuitätsgleichung 392
kontravariant 248, 318
Kontrollraum 411
Konvergenz f. ü. 132
– im Mittel 136
Konvergenzradius 60, 156
Koordinaten, krummlinige 80
Koordinaten, lokale 315
–, normale 321
kosmologisches Prinzip 359
kovariant 248, 255, 318, 321
Kovarianzprinzip 336
Kreisbüschel, elliptisch-hyperbolisches 168
–, parabolisches 168
Kreiskettenverfahren 162
Krümmungsskalar 329
Krümmungstensor 323
Kruskal-Metrik 348
Kugelflächenfunktion 290, 291
Kugelwellen 207
Kurve, Bogenlänge einer 87
–, differenzierbare 76
–, ebene 182
–, natürliche Gleichungen einer 182
Kurven, Lagrange-Dichte für 251, 330
Kurvenintegrale, komplexe 151

Lagrange-Dichte für geometrische Objekte 330
Lagrange-Formalismus 253, 330
Lagrangefunktion 113
Lagrangesche Bewegungsgleichungen zweiter Art 113
Laplace-Gleichung, Fundamentallösung für 239
Laplace-Poisson-Gleichung 197ff.
Laplacescher Differentialausdruck 197
Laurentreihe 157
L_1-Cauchyfolge 136
Lebesgue, Satz von 137
Lebesguesches Elementarmaß 126
Leray-Form 371
Levi, Satz von 139
Levi-Civita-Tensordichte 319
L_1-Fundamentalfolge 136
Lichtablenkung 344
linksseitig differenzierbar 40
– stetig 34
Liouville, Satz von 157
Lipschitzbedingung 47, 48
Lipschitz-stetig 46
L_1-Konvergenz 136
lokales Regime 414
Lorentz-Gruppe 263
Lorentz-Kontraktion 270
Lorentz-Metrik 325, 447
Lorentz-Metrik, rotationssymmetrische 339
Lorentz-Transformation, allgemeine 263
–, eigentliche 263
Lyman-Serie 303

Majorantenkriterium 31
Maß 123

Maß, absolut-stetiges 140
–, äußeres 127
–, Borelsches 128
–, Diracsches 123, 128
–, induziertes 127
–, Lebesguesches 128
– 0, Menge vom 131
–, vollständiges 127
Maßkonvergenz 132
Mathematik 334
mathematisches Modell 111
Matrix, Diracsche 301
–, Hessesche 403
Maximum, relatives 82
Maxwell-Konvention 415
Maxwell-Lorentz-Gleichungen 257
Maxwellsche Gleichungen 257, 258, 332, 339, 392ff.
– –, Anfangswertproblem für 272
– –, Cauchyproblem für 393
μ-Cauchyfolge 132
Membran, schwingende 206, 213
Menge, abgeschlossene 215, 314
–, Borelmeßbare 128
–, dichte 145
–, geodätisch konvexe 328
–, kompakte 314
–, konvexe 189
–, Lebesgue-meßbare 128
–, offene 314
–, vergangenheits-kompakte 386
– vom Maß 0 131
Mengenfunktion, endliche 124
Messung, scharfe 295
Metrik 27
–, positiv-definite 325
μ-Fundamentalfolge 132
Minimalfläche 109
Minimalproblem, Plateausches 109
Minimum, einfaches 409
–, lokales 409
–, relatives 82
Minkowskiraum 257
Minkowskische Ungleichung 65, 165
Mittel, sphärisches 205
Mittelungsverfahren, Sobolevsches 147
Mittelwert 295
Mittelwerteigenschaft 201
μ-Konvergenz 132
μ-Mesonen 268
Moivresche Formel 56
Monodromiesatz 163
Morse-Funktion 403
Multiplikationssatz 32
Multipolströmung 176

Nebenquantenzahl 307
Neutronenstern 354
Newton, Geburtstag 117
Newtonsche Gravitationskonstante 114, 337
– Gravitationstheorie 337
Norm 64
Normalenvektor 77
Normalgebiete 91
Normalzustand 294
Normen, äquivalente 66
Nullfelder 379
Nullgeodäte 327
Nullraum 224

Oberflächenelement 88
Objekt, dynamisches 255
–, geometrisches 317, 330
–, lokales geometrisches 317
Observable 294
Operator, abgeschlossener 275
–, abschließbarer 275
–, adjungierter 222, 275
–, ausgearteter 223
–, isometrischer 223
– mit reinem Punktspektrum 284
–, selbstadjungierter 276
–, symmetrischer 276
–, unitärer 223
– von de Rham 370
–, wesentlich selbstadjungierter 276
Operatoren, Fortsetzung von 219
orthogonal 77, 188
Orthogonalzerlegungen 189
orthonormiert 188
Oszillator, harmonischer 116, 297, 299

Palatini-Formalismus 331
parakompakt 314
Parallelenaxiom 183
Parallelströmung 175
Parallelverschiebung 322
Parameter, affiner 323
–, geodätischer 323
Parsevalsche Gleichung 189, 193
Partialbruchzerlegung 68
Pauli-Prinzip 310, 311ff.
Periheldrehung 342
Periodensystem 313
Permutation 32, 309
Phasenraum 411
Plancksches Gesetz 363
– Wirkungsquantum 292
Planetenbewegung 117, 342
Platte, eingespannte 210
Poincaré, Satz von 368
Poisson-Gleichung 202

Poisson-Integral 209
Polarkoordinaten 118
Polarkoordinatendarstellung komplexer Zahlen 56
Polstelle 158
Polynom, harmonisches 239
–, homogenes 290
Polynome, Hermitesche 287
–, Laguerresche 288
–, Legendresche 196, 287
Positron 302
Potential, Newtonsches 202
–, retardiertes 208, 387
–, skalares 258
Potentialtopf 116
Potenzreihe 60
Prä-Borelmengen 125, 126
präkompakt 215
Produkt, alternierendes 367
Produktmaß 141
Produkt-σ-Algebra 141
Profilströmungen 177
Projektion, stereographische 147
Projektionsoperator 223
Projektor 223
Punkt, nicht-entarteter kritischer 403
–, regulärer 400
–, singulärer 402
Punktmechanik, kovariante 255
Punktspektrum, Operator mit reinem 284

Q-Gebiet 83
quadratische Form 82
Quantenzahl 304, 305, 307
Quantisierungsregel 296
Quellen 172, 176
Quotientenkriterium 31

Radon-Nikodym-Ableitung 140
Radon-Nikodym, Satz von 140
Rand-Anfangswertproblem 203
Randbedingungen, natürliche 106
Randwertproblem, Dirichletsches 201
Randwertprobleme, freie 104, 105
–, gebundene 104, 106
Raum, affiner 321
–, flacher 324
–, lokal euklidischer 324
–, metrischer 27, 324, 328, 341
–, metrisch-flacher 328
–, normierter 64
–, vollständig metrischer 38
Raumkurve, Krümmung bzw. Windung einer 181
Raum-Zeit, nicht erweiterungsfähige 346
–, singuläre 346
Raum-Zeit, zeitartig vollständige 346
–, zeitorientierbare 347
rechtsseitig differenzierbar 40
– stetig 34
Reduktion 409
Reihe, harmonische 31
–, v. Neumannsche 220
–, unendliche 30
Residuensatz 159
Residuum 159
–, logarithmisches 160, 161
Resolvente 219
Resolventenmenge 219, 277
Restglied 62
Ricci-Tensor 329, 394
Richtungsableitung 78
Riemannsche Fläche 57, 163
– Zahlenkugel 147
Riemannscher Abbildungssatz 165
– Zugang 156
Riemannsches Integral 44
– –, uneigentliches 71, 90
Riemann-Stieltjes Integrale für Funktionen 280
– – – Spektralscharen 281ff.
Riesz-Fischer, Satz von 222
Riesz-Schauder, Theorie von 224ff.
Robertson-Walker-Metrik 360
Rolle, Satz von 42
Rotation 320
Rotverschiebung 344, 345, 356
Rydberg-Konstante 303

Saite, eingespannte 205
–, schwingende 197, 204, 213
Schalenmodell 313
Schallausbreitung 207
Schauder und Riesz, Theorie von 224ff.
Scheinkraft 256
Schmidtsches Orthogonalisierungsverfahren 189
Schmiegebene 181
Schnabelspitze 405
Schrödinger-Gleichung 292
schwarzer Zwerg 353
schwarzes Loch 348, 350, 351, 352, 358
Schwarzsche Ungleichung 186
Schwarzschild-Eddington-Kruskal-Metrik 347
Schwarzschild-Lösung, äußere 340
Schwarzschild-Radius 340, 341
Senken 172, 176
Separationsansätze 210ff.
σ-Additivität 123
σ-Algebra 121
σ-Endlichkeit 123

Signatur 325
Singularität, hebbare 158
–, wesentliche 158
singularitätenfreies Liniensystem 325
Skalarprodukt 186
Sommerfeldsche Feinstrukturkonstante 307
Spektraloperator 282
Spektralscharen 279ff.
–, Riemann-Stieltjes Integrale für 281ff.
Spektraltheorie, Hauptsatz der 283
Spektrum 219, 277
–, diskretes 278
– kompakter Operatoren 225
–, kontinuierliches 278
–, stetiges 278
Spiegelungsprinzip 169
Spin 306
Spinmatrizen, Paulische 301
Spinquantenzahl 307
Spitze 405
Spitzenpunkt 404
Stabilität, lokale 399
–, strukturelle 412
Stammfunktion 47
stationärer Zustand 293
statistische Interpretation 294
Staubkosmos 360
Staupunktströmung 176
Stern 353
Sterne, veränderliche 355
stetig differenzierbar 42
Stetigkeit, gleichmäßige 34
Stokes, Satz von 370
Strahlen 326
Stromfunktion 173, 174
Stromlinien 172
Strömungen, ebene 172
Strömungsfunktion 174
Strudel 176
stückweise stetig 46
Submersion 400
Supernova 354
Supremum 28, 33
–, wesentliches 145
System, konservatives 115
–, kräftefreies 115
– gewöhnlicher Differentialgleichungen 50
–, orthonormiertes 188
–, quantenmechanisches 292
–,– stationäres 293

Tangentialebene 77
Taylorpolynom 75
Taylorreihe 61, 75, 155
Teilchen, freies 271, 297, 299, 300
Tensor 247ff., 366
Tensordichte 318
–, antisymmetrische bzw. symmetrische 319
–, Typ einer 319
Tensordichtefeld 318
Tensordistribution 374
Tensoren, Lagrange-Dichte für 252
Tensorfeld 247
Tensorprodukt für Distributionen 235
– – Funktionen 366
Tensors, Typ eines 249
Tensor-Wellenoperator 389
Testteilchen 338
Topologie 314
–, induzierte 315
Torsions-Tensor 321
Transformation, lineare 166

Überdeckungssatz von Heine-Borel 124
Umkehrfunktion 42, 162
Umordnungssatz, großer 32
Untermannigfaltigkeit 370
–, raumartige 377
Unterraum 190
Urknall 363

Variablensubstitution 67
Varianz 295
Variationsrechnung, Fundamentallemma der 105
Vektor, konstanter 324
Vektorpotential 258
Vektorraum, isometrisch-isomorpher 217
–, linearer 64
Vereinigung 121
Verjüngung 249
Verweilregel 415
Viererpotential 394

Waalsche Gleichung, van d. 415, 421
Wärmeleitung 198
Wärmeleitungsgleichung 197, 208ff.
–, Anfangswertproblem für die 242, 243
–, Fouriersche Methode für die 214
–, Fundamentallösung 239
Wasserstoffatom 298, 302ff.
Wasserstoffatoms, Feinstruktur des 308
Weierstraßscher Approximationssatz 195
– Zugang 156
weißer Zwerg 353
weißes Loch 351
Wellen, elektromagnetische 338
Wellengleichung 197, 202ff.
–, Anfangswertproblem für die 241, 243
–, Fouriersche Methode für die 212
–, Fundamentallösung der 240
Wellenoperator 375, 376

Weltall, expandierendes 331
Weltlinie 262, 338
Wertevorrat 219, 224
Windung einer Raumkurve 181
Wirbel 172, 176
Wronskideterminante 98, 101
Wurzelkriterium 31

Zahl, komplexe 23
Zahl, konjugierte 24
Zeitdilatation 268
Zeeman-Effekt 304
–, anomaler 305
Žukovskij-Profile 179
Zustand 292
Zwillingsparadoxon 269, 339
Zwischenwertsatz 35
Zykloide 108

Symbolverzeichnis

${B^a}_{bcd}$ 323
C 147
C_1 26
C_A 277, 278
C_n 27, 66, 187
C_p 388
$C[a, b]$ 38
$C(\Omega)$ 199
$C(\bar{\Omega})$ 199, 216
$C^k(\Omega)$ 199
$C^k(\bar{\Omega})$ 199
$C^\infty(\omega_n)$ 288
$C^+(q)$ 384
$C^\infty(R_n, R_l)$ 396
$\tilde{D}_A$ 278
D_A 277
D_F 413
Δ_F 413
D_p 388
$\delta_q^+(\Gamma)$ 384
$D(\Omega)$ 228
$D'(\Omega)$ 228
$D^+(\Omega)$ 386
$D'^+(\Omega)$ 386
$D^+(q)$ 384
E_λ 279
$E_{\lambda+0}$ 280
$E_{\lambda-0}$ 280
$\varepsilon(n, l)$ 396
$E'(\Omega)$ 231
(F, r) 406
G_{ab} 329
$\hbar$ 292
$\mathcal{H}_{\mathfrak{A}, V}$ 298
$\mathcal{H}_{\mathrm{Atom}}$ 297
$\mathcal{H}_{\mathrm{Atom}}^{\mathrm{Pauli}}$ 310
$\mathring{\mathcal{H}}_{\mathrm{Atom}}^{\mathrm{Pauli}}$ 311
$\mathcal{H}^{\mathrm{Dirac}}$ 301
$\mathcal{H}_{\mathrm{H}}$ 302
$\mathcal{H}_{\mathrm{H}}^{\mathrm{Dirac}}$ 307
H^λ 280
$H^{\lambda+0}$ 280
$\mathcal{H}_{\mathrm{Zee}}$ 298
$\mathcal{H}_{\mathrm{Zee}}^{\mathrm{Spin}}$ 306
J_r 417
$(Jf)(x, y)$ 404
$J^+(q)$ 384
l_2 187
l_p 66, 145
$(l_p)'$ 220
l_p^n 66
$L(B_1, B_2)$ 218
$L_1^{\mathrm{loc}}(\Omega)$ 228
$L_2(\Omega)$ 187
$L_1(X, \mathfrak{B}, \mu)$ 138
$L_2^2(R_3)$ 300
$L_2^n(R_{3n})$ 309
$L_{2,A}^n(R_{3n})$ 310
$L_p(\Omega)$ 146, 188
$L_p(R_n)$ 146
$L_p(X, \mathfrak{B}, \mu)$ 145
L_∞ 145
$L_\infty(X, \mathfrak{B}, \mu)$ 145
M_A 219, 277
$m(n)$ 396
$m^k(n)$ 396
R_{ab} 329
${R^a}_{bcd}$ 329
R_n 26, 66
$R(A)$ 219
S_A 219
Σ_F 413
S_p 388
$\mathfrak{S}_n$ 309
σ_p 388
$S(R_n)$ 232
$S'(R_n)$ 233
$\square T$ 375
$*\xi$ 370

FSC
www.fsc.org
MIX
Papier | Fördert gute Waldnutzung
FSC® C083411

Kolibri 360 GmbH
Ferdinand-Jühlke-Straße 7
99095 Erfurt, Deutschland
produktsicherheit@kolibri360.de